Handbuch der internationalen Dokumentation und Information

Band 13

Handbook of International Documentation and Information

Volume 13

Verbände und Gesellschaften der Wissenschaft

World Guide to Scientific Associations

1. Ausgabe

1st Edition

Ein internationales Verzeichnis

Verlag Dokumentation
Pullach bei München 1974

Redaktionelle Bearbeitung: Michael Zils

Lichtsatz (Digiset): Programmsatz GmbH, Darmstadt
Datenerfassung, Organisation und Abwicklung: Büro für Satztechnik
Dipl.-Kfm. Karlheinz Wenzel, Offenbach/Main
Druck: BELTZ Offsetdruck, Hemsbach/Bergstr.
Binden: Wilhelm Osswald, Neustadt/Weinstr.
ISBN 3-7940-1013-2

Vorwort

Das vorliegende Handbuch erfaßt mehr als 10.000 Verbände und Gesellschaften aus allen Bereichen von Wissenschaft und Forschung in 134 Staaten aller fünf Kontinente. Außerdem werden alle Akademien, Ärzte- und Lehrerorganisationen aufgeführt.

Die Verbände sind nach Erdteilen, darin nach Ländern, zuletzt in mechanischer Folge geordnet. Jeder Eintrag nennt den Namen des Verbandes, die Abkürzung (sofern bekannt), Gründungsjahr und Anschrift. Bei Adressen solcher Länder, die ein Postleitzahlensystem aufgebaut haben, wurde der Leitzahlen-Code (soweit möglich) in jede Anschrift aufgenommen. Ein ausführliches Verzeichnis nach Fachgebieten informiert über die Funktionen und Arbeitsgebiete der Verbände mit jeweils vollständiger Namensangabe.

Unser Dank gilt zahlreichen Botschaften und Konsulaten für ihre freundliche Unterstützung. Der Verlag hofft, annähernde Vollständigkeit erreicht zu haben und nimmt Anregungen zur Aufnahme bisher noch nicht erfaßter Institutionen oder zu sonstigen Verbesserungen für die nächste Auflage gern entgegen.

München, im Dezember 1973 — Die Redaktion

Preface

This handbook contains more than 10,000 associations and groups from all fields of science and research in 134 states of all five continents. In addition to this all academies, organizations of physicians and teachers have been listed. The associations are organized by continents, then by countries and finally in mechanical alphabetical order. Each entry contains the name of the association, the abbreviation if known, the year of foundation and the address. Postal codes are given if the country in question has such a system. A detailed subject index gives information on functions and subject area of the associations with complete names.

We would like to thank the many embassies and consulates for their kind support. We hope to have achieved as complete a directory as possible and are grateful for suggestions as to any listings we may have missed or other improvements for the next edition.

Munich, December 1973 The Editor

Inhaltsverzeichnis

Vorwort V
Inhaltsverzeichnis IX

Europa

Albanien 2
Belgien 2
Bulgarien 7
Dänemark 8
Deutsche Demokratische Republik (DDR) 12
Bundesrepublik Deutschland (BRD) ... 13
Finnland 35
Frankreich 37
Gibraltar 51
Griechenland 51
Großbritannien 52
Irische Republik 84
Island 86
Italien 86
Jugoslawien 93
Liechtenstein 95
Luxemburg 95
Malta 95
Monaco 96
Niederlande 96
Norwegen 101
Österreich 103
Polen 107
Portugal 109
Rumänien 110
Schweden 111
Schweiz 115
Spanien 120
Tschechoslowakei (CSSR) 123
Türkei 124
Ungarn 124
Union der Sozialistischen Sowjetrepubliken (UdSSR) 126
Vatikan 128
Zypern 128

Contents

Preface VII
Contents XI

Europe

Albania 2
Austria 103
Belgium 2
Bulgaria 7
Cyprus 128
Czechoslovakia 123
Denmark 8
Finland 35
France 37
German Democratic Republic 12
Federal Republic of Germany 13
Gibraltar 51
Great Britain 52
Greece 51
Hungary 124
Iceland 86
Irish Republic 84
Italy 86
Liechtenstein 95
Luxembourg 95
Malta 95
Monaco 96
Netherlands 96
Norway 101
Poland 107
Portugal 109
Romania 110
Spain 120
Sweden 111
Switzerland 115
Turkey 124
Union of Soviet Socialist Republics (U.S.S.R.) 126
Vatican 128
Yugoslavia 93

Amerika

Argentinien 130
Barbados 133
Bermudas 133
Bolivien 133
Brasilien 134
Chile 137
Costa Rica 139
Dominikanische Republik 139
Ecuador 139
El Salvador 140
Französisch Guayana 140
Guatemala 140
Haiti 141
Honduras 141
Jamaika 141
Kanada 142
Kolumbien 144
Kuba 146
Martinique 146
Mexiko 146
Nicaragua 149
Panama 149
Paraguay 149
Peru 149
Puerto Rico 151
Surinam 151
Trinidad und Tobago 151
Uruguay 152
Venezuela 152
Vereinigte Staaten von Amerika (USA) 154

Afrika

Ägypten 216
Äthiopien 216
Algerien 217
Angola 217
Elfenbeinküste 217
Ghana 217
Kamerun 217
Kenia 217
Volksrepublik Kongo 218
Liberia 218
Libyen 218
Madagaskar 218
Malawi 218
Mali 218
Marokko 218
Mauritius 219
Mozambique 219

America

Argentina 130
Barbados 133
Bermudas 133
Bolivia 133
Brazil 134
Canada 142
Chile 137
Colombia 144
Costa Rica 139
Cuba 146
Dominican Republic 139
Ecuador 139
El Salvador 140
French Guiana 140
Guatemala 140
Haiti 141
Honduras 141
Jamaica 141
Martinique 146
Mexico 146
Nicaragua 149
Panama 149
Paraguay 149
Peru 149
Puerto Rico 151
Surinam 151
Trinidad and Tobago 151
United States of America (USA) 154
Uruguay 152
Venezuela 152

Africa

Algeria 217
Angola 217
Cameroon 217
Chad 222
People's Republic of the Congo 218
Egypt 216
Ethiopia 216
Ghana 217
Ivory Coast 217
Kenya 217
Liberia 218
Libya 218
Madagascar 218
Malawi 218
Mali 218
Mauritius 219
Morocco 218

(Fortsetzung Afrika)

Namibia 219
Nigeria 219
Obervolta 219
Réunion 219
Rhodesien 220
Sambia 220
Senegal 220
Sierra Leone 220
Sudan 220
Südafrika 221
Swasiland 222
Tansania 222
Togo 222
Tschad 222
Tunesien 222
Uganda 222
Zaire 222

Asien

Afghanistan 224
Bangla Desh 224
Burma 224
Volksrepublik China 224
Hongkong 226
Indien 227
Indonesien 229
Irak 229
Iran 229
Israel 230
Japan 232
Demokratische Volksrepublik Jemen . . 241
Jordanien 241
Khmer-Republik 241
Demokratische Volksrepublik Korea . . 241
Republik Korea 241
Libanon 242
Macao 242
Malaysia 242
Mongolische Volksrepublik 242
Nepal 242
Pakistan 242
Philippinen 243
Saudi-Arabien 244
Singapur 244
Sri Lanka 244
Syrien 244
Taiwan 244
Thailand 247
Demokratische Republik Vietnam 247
Republik Vietnam 248

(Continuation Africa)

Mozambique 219
Namibia 219
Nigeria 219
Réunion 219
Rhodesia 220
Senegal 220
Sierra Leone 220
South Africa 221
Sudan 220
Swaziland 222
Tanzania 222
Togo 222
Tunisia 222
Uganda 222
Upper Volta 219
Zaire 222
Zambia 220

Asia

Afghanistan 224
Bangla Desh 224
Burma 224
People's Republic of China 224
Hong Kong 226
India 227
Indonesia 229
Iran 229
Iraq 229
Israel 230
Japan 232
Jordan 241
Khmer Republic 241
Democratic People's Republic of Korea 241
Republic of Korea 241
Lebanon 242
Macao 242
Malaysia 242
Mongolian People's Republic 242
Nepal 242
Pakistan 242
Philippines 243
Saudi-Arabia 244
Singapore 244
Sri Lanka 244
Syria 244
Taiwan 244
Thailand 247
Democratic Republic of Viet-Nam 247
Republic of Viet-Nam 248
People's Democratic Republic of Yemen 241

Ozeanien

Australien. 250
Fidschi 256
Französisch Polynesien. 256
Neukaledonien 256
Neuseeland. 256

Register

Alphabetische Liste der Stichworte zu den Fachgebieten der wissenschaftlichen Gesellschaften . . . 261
Die wissenschaftlichen Gesellschaften nach Fachgebieten. 269

Oceania

Australia. 250
Fiji 256
French Polynesia 256
New Caledonia 256
New Zealand 256

Indexes

Alphabetical Index of Key Words to the Classified Subject List of Scientific Associations. 265
Classified Subject List of Scientific Associations. 269

Europa

Europe

Albanien

Albania

Association of Scientific Workers of the People's Republic of Albania, c/o State University of Tirana, Tirana

League of Artists and Writers, (1957), Tirana

Belgien

Belgium

Académie Européenne d'Allergie, 52 Bd de la Cambre, B-1050 Bruxelles

Académie Internationale de Médecine Aeronautique et Spatiale, (1959), 35 Rue Cardinal Mercier, B-1000 Bruxelles

Académie Royale d'Archéologie de Belgique, (1842), 25 Rue Félix Delhasse, B-1060 Bruxelles

Académie Royale de Langue et Litterature Françaises, 1 Rue Ducale, B-1000 Bruxelles

Académie Royale des Beaux-Arts, (1711), 144 Rue du Midi, B-1000 Bruxelles

Académie Royale des Sciences, des Lettres et des Beaux-Arts de Belgique, (1772), 1 Rue Ducale, B-1000 Bruxelles

Académie Royale des Sciences d'Outre Mer, (1928), 80a Rue de Livourne, B-1050 Bruxelles

Association Belge de Documentation, (1947), 90 Av des Armures, B-1190 Bruxelles

Association Belge de Photographie et de Cinématographie, (1874), 57 Rue Claessens, B-1020 Bruxelles

Association Belge des Sociétés d'Etudes pour le Développement, 522 Av Louise, B-1050 Bruxelles

Association Belge d'Hygiène et de Médecine Sociale, (1938), 7 Rue Heger-Bordet, B-1000 Bruxelles

Association Belge pour l'Étude, l'Éssai, l'Emploi des Materiaux, ABEM, 127 Av Adolphe Buyl, B-1050 Bruxelles

Association de l'Europe Occidentale pour la Psychologie Aéronautique, (1956), 35 Rue Cardinal Mercier, B-1000 Bruxelles

Association des Archivistes et Bibliothécaires de Belgique, (1927), 4 Bd de l'Empereur, B-1000 Bruxelles

Association des Artistes Professionels de Belgique, 461 Av Louise, B-1050 Bruxelles

Association des Ecrivains Belges, (1902), 150 Chaussée de Wavre, B-1050 Bruxelles

Association des Groupes d'Education Nouvelle de Langue Française, AGELAF, (1964), 105 Bd du Souverain, B-1160 Bruxelles

Association des Kinésithérapeutes de Belgique, AKB, (1964), 15 Rue d'Albanie, B-1060 Bruxelles

Association des Pédiatres Cardiologues Européens, (1964), Sint Rafaëlskliniek, B-3000 Leuven

Association des Sociétés Nationales Européennes et Méditerranéennes de Gastro-Enterologie, ASNEMGE, (1947), Lange Lozanastr 222, B-2000 Antwerpen

Association des Sociétés Scientifiques Médicales Belges, 43 Rue des Champs Elysées, B-1050 Bruxelles

Association Européenne contre la Poliomyélite et les Maladies Associées, (1951), 30 Bd Général Jacques, B-1050 Bruxelles

Association Européenne de Médecine Interne d'Ensemble, 75 Rue des Eburons, B-1040 Bruxelles

Association Européenne de Recherches sur la Glande Thyroïde, Brusselsestr 69, B-3000 Leuven

Association Européenne des Centres de Perfectionnement dans la Direction des Entreprises, (1959), 53 Rue de la Concorde, B-1050 Bruxelles

Association Européenne d'Etudes de Motivation Economique, Commerciale e Industrielle, EUMOTIV, (1967), 99 Av Nouvelle, B-1040 Bruxelles

Association Européenne pour l'Etude du Foie, (1966), Minneveldstr 26, B-3070 Kortenberg

Association Internationale de Cybernétique, (1957), Palais des Expositions, Pl André Rijckmans, B-5000 Namur

Association Internationale de Littérature Comparée, AICL, (1954), 17 Pl Guy d'Arezzo, B-1060 Bruxelles

Association Internationale de Papyrologues, AIP, (1947), Fondation Egyptologique Reine Elisabeth, Musées Royaux Art et Histoire, Parc Cinquantenaire, B-1040 Bruxelles

Association Internationale de Psychologie Appliquée, AIPA, (1920), 36 Bd Piercot, B-4000 Liège

Association Internationale de Science Politique, AISP, (1949), 43 Rue des Champs Elysées, B-1050 Bruxelles

Association Internationale de Volcanologie et de Chimie de l'Intérieur de la Terre, AIVCIT, (1919), 45 Av des Tilleuls, B-4000 Liège

Association Internationale des Anesthésistes - Réanimateurs d'Expression Française, AIAREF, (1963), 27 Av Rogier, B-4000 Liège

Association Internationale des Anthropologistes, (1967), 44 Av Jeanne, B-1050 Bruxelles

Association Internationale des Métiers et Enseignements d'Art, AIMEA, (1938), 36 Av Van Goolen, B-1150 Bruxelles

Association Internationale des Sciences de l'Education, (1953), Henri Dunantlaan 1, B-9000 Gent

Association Internationale des Urbanistes, AIU, (1965), 20 Rue des Vingt-Deux, B-4000 Liège

Association Internationale d'Hydrologie Scientifique, AIHS, (1924), Braemstr 61, B-9001 Gentbrugge

Association Internationale pour la Recherche et la Diffusion des Méthodes Audio-Visuelles et Structuro-Globales, AIMAV, (1965), 109 Av Georges Bergmann, B-1050 Bruxelles

Association Internationale pour le Calcul Analogique, ASICA, 50 Av Franklin D. Roosevelt, B-1050 Bruxelles

Association Internationale pour le Progrès Social, AIPS, (1925), 47 Rue Louvrex, B-4000 Liège

Association Internationale pour l'Histoire du Verre, (1958), 13 Quai de Maastricht, B-4000 Liège

Association Nationale des Bibliothécaires, 56 Rue de la Station, B-5370 Havelange

Association pour les Études et Recherches de Zoologie Appliquée et de Phytopathologie, (1945), 18 Av des Arts, B-1000 Bruxelles

Association pour l'Étude Médico-Sociale sur la Croissance et le Développement de l'Enfant, 7 Rue Héger-Bordet, B-1000 Bruxelles

Association Professionnelle Belge des Pédiatres, 20 Av de la Couronne, B-1050 Bruxelles

Association Royale des Artistes Professionnels de Belgique, (1931), 1 Rue Paul Lauters, B-1050 Bruxelles

Association Royale des Demeures Historiques, 68 Av Jules César, B-1150 Bruxelles

Association Scientifique Européenne d'Economie Appliquée, (1961), 49 Rue du Châtelain, B-1050 Bruxelles

Belgian Surgical Society, c/o Prof. W. Smets, Clinique Paul-Héger, 3 Rue Héger-Bordet, B-1000 Bruxelles

Belgische Natuurkundige Vereniging, Boeretang 200, B-2400 Mol

Bureau International d'Audiophonologie, BIAP, 29 Rue J. B. Vandercammen, B-1160 Bruxelles

Bureau International pour l'Etude des Problèmes de l'Enseignement du Grec et du Latin, Blandijnberg 2, B-9000 Gent

Centre de Recherche, d'Etude et de Documentation en Publicité, CREDOP, (1966), 23 Rue de l'Hôpital, B-1000 Bruxelles

Centre d'Etude Belge de Publicité, CEBSP, (1959), 112 Rue de Trèves, B-1040 Bruxelles

Centre d'Etude Européen des Fabricants de Verre d'Emballage, (1958), 82 Rue de la Loi, B-1040 Bruxelles

Centre Européen de Documentation et d'Etudes Gérontologique, CEDEG, (1964), 363b Chaussée de Waterloo, B-1060 Bruxelles

Centre International de Documentation Economique et Sociale Africaine, CIDESA, (1961), 7 Pl Royale, B-1000 Bruxelles

Centre International de Recherches et d'Information sur l'Economie Collective, CIRIEC, 45 Quai de Rome, B-4000 Liège

Centre International des Etudes de la Musique Ancienne, CIEMA, (1965), Kelleveld 30, B-1990 Hoeilaart

Centre International d'Etudes de la Formation Religieuse, (1935), 186 Rue Washington, B-1050 Bruxelles

Centre International pour l'Etude de la Marionnette Traditionnelle, CIPEMAT, (1958), 10 Quai de Rome, B-4000 Liège

Centre National de Calcul Mécanique, 44 Rue de Louvain, B-1000 Bruxelles

Centre pour l'Étude des Problèmes du Monde Musulman Contemporain, (1957), 44 Av Jeanne, B-1050 Bruxelles

Centrum voor de Studie van de Mens, (1951), Italiëlei 221, B-2000 Antwerpen

Cercle d'Études Littéraires Françaises, C.E.L.F., (1935), 42 Av de la Couronne, B-1000 Bruxelles

Comité Belge d'Histoire des Sciences, (1933), Rozier 9, B-9000 Gent

Comité de Liaison des Practiciens de l'Art Dentaire des Pays de la CEE, 440 Av Louise, B-1050 Bruxelles

Comité de Liaison des Vétérinaires de la CEE, 45 Rue des Vétérinaires, B-1070 Bruxelles

Comité d'Etudes Economiques de l'Industrie du Gaz, COMETEC-GAZ, (1954), 4 Av Palmerston, B-1040 Bruxelles

Comité Européen de Coordination des Normes Electrotechniques des Etats Membres de la CEE, CENELCOM, 4 Galerie Ravenstein, B-1000 Bruxelles

Comité International de Coordination pour l'Initiation à la Science et le Développement des Activités Scientifiques Extra-Scolaires, CIC, (1962), 2 Pl Saint Lazare, B-1030 Bruxelles

Comité International de Médecine et de Pharmacie Militaires, CIMPM, (1921), 79 Rue Saint Laurent, B-4000 Liège

Comité International de Recherche et d'Etude de Facteurs de l'Ambiance, CIFA, 50 Av Franklin Roosevelt, B-1050 Bruxelles

Comité International de Standardisation en Biologie Humaine, CISBH, (1958), 100 Rue Belliard, B-1040 Bruxelles

Comité International des Dialectologues, Ravenstr 46, B-3000 Leuven

Comité International des Sciences Onomastiques, CISO, (1949), Blijde-Inkomststr 5, B-3000 Leuven

Comité International d'Etude des Géants Processionnels, (1954), 27 Dreve des Wegelias, B-1170 Bruxelles

Comité Maritime International, CMI, (1897), 33 Rue Jacob Jordaens, B-2000 Antwerpen

Comité National Belge de l'Organisation Scientifique, CNBOS, (1926), Rue de Stassart 93, B-1050 Bruxelles

Comité Permanent des Médecins de la CEE, (1959), c/o Fédération Nationale des Chambres Syndicales des Médecins de Belgique, 15 Rue du Château, B-1420 Braine l'Alleud

Commission Belge de Bibliographie, (1951), 80-84 Rue des Tanneurs, B-1000 Bruxelles

Commission Internationale pour l'Enseignement de l'Histoire, (1956), 68 Faisanderie, B-1150 Bruxelles

Commission Internationale Scientifique sur la Famille, 2 Rue van Even, B-3000 Louvain

Confédération Européenne des Syndicats Nationaux, Associations et Sections Professionnelles des Pédiatres, (1959), 20 Av de la Couronne, B-1050 Bruxelles

Conférence des Régions de l'Europe du Nord-Ouest, (1955), Dyver 11, B-8000 Brugge

Congrès Internationaux sur la Communication de la Culture par l'Architecture, les Arts et les Mass Media, 29 Rue Washington, B-1050 Bruxelles

Conseil National des Bibliothèques d'Hôpitaux de la Croix-Rouge, 98 Chaussée de Vleurgat, B-1050 Bruxelles

Conseil Supérieur de Statistique, (1841), 44 Rue de Louvain, B-1000 Bruxelles

Coopération Internationale pour le Développement Socio-Economique, CIDSE, (1965), 59-61 Av Adolphe Lacomblé, B-1040 Bruxelles

European Airlines Research Bureau, (1952), 26 Rue Jacques Jordaens, B-1050 Bruxelles

Fédération Belge d'Education Physique, FBEP, (1907), 48 Av de Stalingrad, B-1000 Bruxelles

Fédération Belge des Alliances Françaises et Institutions Associées, 6 Place Quetelet, B-1030 Bruxelles

Fédération Belge des Sociétés Scientifiques, (1949), 31 Rue Vautier, B-1040 Bruxelles

Fédération de l'Enseignement Moyen Officiel du Degré Supérieur de Belgique, FEMO, (1912), c/o Paul Esquement, 110 Av Royale, B-7700 Mouscron

Fédération Européenne des Associations contre la Lèpre, (1966), 198 Rue Stévin, B-1040 Bruxelles

Fédération Générale du Personnel Enseignant, FGPE, (1857), 32 Rue de Louvain, B-1000 Bruxelles

Fédération Internationale des Archives du Film, FIAF, (1938), 74 Galerie Ravenstein, B-1000 Bruxelles

Fédération Internationale des Associations de Médecins Catholiques, FIAMC, (1936), 38 Rue des Deux Eglises, B-1040 Bruxelles

Fédération Internationale des Communautés d'Enfants, FICE, (1948), 15 Bd Joseph II, B-6000 Charleroi

Fédération Internationale des Instituts de Recherches socio-réligieuses, FERES, (1946), Vlamingenstr 116, B-3000 Louvain

Fédération Internationale des Sociétés d'Ophthalmologie, (1933), De Smet de Naeyerpl 15, B-9000 Gent

Fédération Internationale pour le Droit Européen, FIDE, (1961), Palais de Justice, B-1000 Bruxelles

Fédération Nationale des Bibliothèques Catholiques, FNBC, (1960), 21 Rue du Marais, B-1000 Bruxelles

Fédération Nationale des Chambres Syndicales de Médecins, FNCSM, (1963), 17 Av des Gaulois, B-1040 Bruxelles

Fédération Nationale des Chambres Syndicales Dentaires, 54 Bd de Waterloo, B-1000 Bruxelles

Groupe Européen pour l'Etude des Lysosomes, EGSL, (1968), Dekenstr 6, B-3000 Leuven

Groupement des Unions Professionnelles Belges de Médecins Spécialistes, 20 Av de la Couronne, B-1050 Bruxelles

Groupement International pour la Recherche Scientifique en Stomatologie, GIRS, (1957), 322 Rue Haute, B-1000 Bruxelles

Institut Belge de Droit Comparé, (1907), 14 Rue Bosquet, B-1000 Bruxelles

Institut Belge de Normalisation, IBN, (1946), 29 Av de la Brabançonne, B-1040 Bruxelles

Institut Belge de Régulation et d'Automatisme, IBRA, (1955), 3 Rue Ravenstein, B-1000 Bruxelles

Institut Belge de Science Politique, (1951), 43 Rue des Champs Elysées, B-1000 Bruxelles

Institut Belge des Sciences Administratives, (1936), 11 Place Royale, B-1000 Bruxelles

Institut Belge d'Information et de Documentation, (1962), 3 Rue Montoyer, B-1040 Bruxelles

Institut de Droit International, IDI, (1873), 82 Av du Castel, B-1200 Bruxelles

Institut Économique Agricole, (1960), 18 Bd de Berlaimont, B-1000 Bruxelles

Institut Géographique Militaire, (1831), 13 Abbaye de la Cambre, B-1050 Bruxelles

Institut Historique Belge de Rome, 78 Galerie Ravenstein, B-1000 Bruxelles

Institut International des Civilisations Différentes, INCIDI, (1894), 11 Bd de Waterloo, B-1000 Bruxelles

Institut International des Films du Travail, (1953), 37 Rue Montagne aux Herbes Potagères, B-1000 Bruxelles

Institut International des Sciences Administratives, IISA, 25 Rue de la Charité, B-1040 Bruxelles

International PEN Club, 110 Av Fond' Roy, B-1180 Bruxelles

Koninklijke Vlaamse Academie voor Taal- en Letterkunde, (1886), Koningsstr 18, B-9000 Gent

Koninklijke Vlaamse Academie voor Wetenschappen, Letteren en Schone Kunsten van België, 1 Rue Ducale, B-1000 Bruxelles

National Hoger Instituut en Koninklijke Academie voor Schone Kunsten, (1663), Mutsaertstr 31, B-2000 Antwerpen

Office International de l'Enseignement Catholique, OIEC, (1952), 5 Rue Guimard, B-1040 Bruxelles

Ordre des Médecins-Vétérinaires Belges, (1950), 45 Rue des Vétérinaires, B-1070 Bruxelles

Organisation Européenne de Biologie Moléculaire, EMBO, (1964), c/o Université de Bruxelles, Paardestr 67, B-1640 Sint Genesius-Rode

Organisation Européenne d'Etudes sur le Traitement du Cancer, EORTC, (1963), 279 Rue des Palais, B-1000 Bruxelles

Organisation Internationale pour l'Avancement de la Recherche aux Hautes Pressions, IRAP, (1969), 49 Sq Marie-Louise, B-1040 Bruxelles

Organisation Internationale pour le Développement Rural, 20 Rue du Commerce, B-1040 Bruxelles

Ruusbroec-Genootschap, (1925), Prinsstr 17, B-2000 Antwerpen

Secrétariat Européen de la Médecine, SEM, 59 Bd de la Constitution, B-4000 Liège

Secrétariat Professionnel International de l'Enseignement, SPIE, (1951), 37-41 Rue Montagne aux Herbes Potagères, B-1000 Bruxelles

Societas Logopedica Latina, 69 Rue de Bruxelles, B-3000 Leuven

Société Archéologique, (1845), Hôtel de la Croix, Rue Saintraint, B-5000 Namur

Société Astronomique de Liège, (1938), B-4000 Liège

Société Belge d'Anesthésie et de Réanimation, 1a Chaussée de Namur, Blanden

Société Belge d'Astronomie, de Météorologie et de Physique du Globe, (1899), 3 Av Circulaire, B-1000 Bruxelles

Société Belge de Biochimie, 115 Bd de Waterloo, B-1000 Bruxelles

Société Belge de Biologie, 115 Bd de Waterloo, B-1000 Bruxelles

Société Belge de Cardiologie, 43 Rue des Champs Elysées, B-1000 Bruxelles

Société Belge de Géologie, de Paléontologie et d'Hydrologie, (1887), 13 Rue Jenner, B-1040 Bruxelles

Société Belge de Logique et de Philosophie des Sciences, 317 Av Charles Woeste, B-1090 Bruxelles

Société Belge de Médecine Physique et de Réadaptation, Schermerstr 1, B-2000 Antwerpen

Société Belge de Médecine Tropicale, (1920), Nationalestr 155, B-2000 Antwerpen

Société Belge de Musicologie, (1946), 30 Rue de la Régence, B-1000 Bruxelles

Société Belge de Pharmaco-Therapie, 284 Rue Royale, B-1030 Bruxelles

Société Belge de Philosophie, (1920), 11 Rue d'Egmont, B-1000 Bruxelles

Société Belge de Photogrammétrie, (1931), 34 Bd Pachéco, B-1000 Bruxelles

Société Belge de Radiologie, (1906), 54 Bd de Waterloo, B-1000 Bruxelles

Société Belge d'Ergologie, 65 Rue de la Concorde, B-1050 Bruxelles

Société Belge des Auteurs, Compositeurs et Editeurs, SABAM, (1922), 61 Rue de la Loi, B-1040 Bruxelles

Société Belge d'Études Géographiques, (1931), Blandynberg, B-9020 Gent

Société Belge d'Ophthalmologie, (1896), 15 Av de la Folle Chanson, B-1000 Bruxelles

Société Belge pour l'Application des Méthodes Scientifiques de Gestion, SOGESCI, c/o J. H. Lentzen, 66 Rue de Neufchâtel, B-1060 Bruxelles

Société d'Astronomie d'Anvers, (1905), Leeuw van Vlaanderenstr 1, B-2000 Antwerpen

Société de Langue et de Littérature Wallonnes, (1856), c/o Université de Liège, Pl du XX Août, B-4000 Liège

Société des Bollandistes, (1630), 24 Bd St. Michel, B-1040 Bruxelles

Société d'Etudes et d'Expansion, SEE, (1902), 12 Av Rogier, B-4000 Liège

Société d'Études et d'Histoire Sanmarinaises, (1937), 44 Av Brugmann, B-1000 Bruxelles

Société d'Études Latines de Bruxelles, (1937), 60 Rue Colonel Chaltin, B-1180 Bruxelles

Société d'Optométrie d'Europe, SOE, 12 Rue aux Laines, B-1000 Bruxelles

Société Européenne de Cardiologie, (1950), 178 Av Winston Churchill, B-1180 Bruxelles

Société Européenne de Physio-Pathologie Respiratoire, 178 Av Winston Churchill, B-1180 Bruxelles

Société Européenne de Radiobiologie, (1959), 1 Rue des Bonnes Villes, B-4000 Liège

Société Européenne d'Ophthalmologie, (1958), De Smet de Naeyerpl 15, B-9000 Gent

Société Géologique de Belgique, (1874), c/o Université de Liège, 7 Pl du XX Août, B-4000 Liège

Société Internationale de Chirurgie, (1902), 43 Rue des Champs Elysées, B-1050 Bruxelles

Société Internationale de Chirurgie Orthopédique et de Traumatologie, SICOT, (1929), 43 Rue des Champs Elysées, B-1050 Bruxelles

Société Internationale pour l'Etude de la Philosophie Médiévale, SIEPM, (1958), Kardinaal Mercierpl 2, B-3000 Leuven

Société Mathématique de Belgique, (1921), 317 Av Ch. Woeste, B-1090 Bruxelles

Société Philosophique de Louvain, (1888), Kardinaal Mercierpl 2, B-3000 Leuven

Société Royale Belge d'Anthropologie et de Préhistoire, (1882), 51 Rue Vautier, B-1000 Bruxelles

Société Royale Belge de Géographie, (1876), 87 Av A. Buyl, B-1050 Bruxelles

Société Royale Belge de Médecine Dentaire, SRBMD, (1896), 166 Chaussée d'Etterbeek, B-1040 Bruxelles

Société Royale Belge de Radiologie, (1907), c/o Dr. J. Baeyens, Koning Albertstr 41, B-1760 Roosdaal

Société Royale d'Archéologie de Bruxelles, (1887), Musée de la Porte de Hal, B-1000 Bruxelles

Société Royale d'Archéologie et de Paléontologie, (1863), 12 Bd Jacques Bostrand, B-6000 Charleroi

Société Royale de Botanique de Belgique, (1862), 236 Rue Royale, B-1000 Bruxelles

Société Royale de Géographie d'Anvers, (1876), Antwerpsestr 285, B-2510 Mortsel

Société Royale de Numismatique de Belgique, (1841), 22 Av Louise, B-1050 Bruxelles

Société Royale de Zoologie d'Anvers, (1843), Koningin Astridplein 26, B-2000 Antwerpen

Société Royale d'Economie Politique de Belgique, (1855), 3 Rue de la Science, B-1040 Bruxelles

Société Royale d'Entomologie de Belgique, (1855), 31 Rue Vautier, B-1040 Bruxelles

Société Royale des Beaux-Arts, (1893), 25 Av Jef. Lambeaux, B-1000 Bruxelles

Société Royale des Sciences de Liège, (1835), 15 Av des Tilleuls, B-4000 Liège

Société Royale des Sciences Médicales et Naturelles de Bruxelles, (1822), 115 Bd de Waterloo, B-1000 Bruxelles

Société Royale d'Histoire et d'Archéologie, (1845), 20 Rue Joseph Hoyois, B-7500 Tournai

Société Royale Zoologique de Belgique, (1863), 50 Av F. D. Roosevelt, B-1000 Bruxelles

Société Scientifique de Bruxelles, c/o Institut de Physique, Parc d'Arenberg, B-3030 Heverlee

Union Académique Internationale, UAI, (1919), 1 Rue Ducale, B-1000 Bruxelles

Union Belge des Ecrivains du Tourisme, (1951), 5 Rue Saint-Bernard, B-1060 Bruxelles

Union des Dentistes et Stomatologistes de Belgique, UDS, (1926), 54 Bd de Waterloo, B-1000 Bruxelles

Union Européenne des Médecins Spécialistes, UEMS, (1958), 20 Av de la Couronne, B-1050 Bruxelles

Union Européenne des Médicins Omnipracticiens, UEMO, 15 Rue du Château, B-1420 Braine-L'Alleud

Union Européenne des Vétérinaires Praticiens, c/o Fédération des Chambres Syndicales des Médecins Vétérinaires Belges, 247 Bd Léopold III, B-1080 Bruxelles

Union Internationale d'Etudes Sociales, UIES, (1920), c/o W. Brieven, Wollemarkt 15, B-2800 Mechelen

Union Internationale pour la Science, la Technique et les Applications du Vide, UISTAV, (1958), 30 Av de la Renaissance, B-1040 Bruxelles

Union Internationale pour l'Etude Scientifique de la Population, (1928), 2 Rue Charles Magnette, B-4000 Liège

Union Nationale des Artistes Professionnels des Arts Plastiques et Graphiques, UNAP, 57 Rue Rubens, B-1000 Bruxelles

Union Radio-Scientifique Internationale, URSI, (1913), 7 Pl Emile Danco, B-1180 Bruxelles

Union Royale Belge pour le Congo et Les Pays d'Outremer, (1912), 34 Rue de Stassart, B-1000 Bruxelles

Union Scientifique Continentale du Verre, USCV, (1950), 10 Bd Defontaine, B-6000 Charleroi

Union Vétérinaire Belge, 24 Bd de la Révision, B-1070 Bruxelles

Vlaamse Vereniging van Bibliotheek- en Archiefpersoneel, Vandeputtestr 2, B-9600 Ronse

---

Bulgarien

Bulgaria

Association Stomatologique Scientifique Bulgare, Belo more 8, Sofia

Astronautische Gesellschaft Bulgariens, (1963), Tolbuhin 18, Sofia

Bulgarian Society of Anaesthesiologists, c/o Dr. E. Stojanov, Bd Patriarch Evtimi 59, Sofia

Bulgarische Gesellschaft des Klinischen Laboratoriums, Belomore 8, Sofia

Bulgarische Gesellschaft für Botanik, (1923), c/o Bulgarische Akademie der Wissenschaften, Botanisches Institut, Sofia 13

Bulgarische Gesellschaft für Geographie, (1918), Ruski 15, Sofia

Bulgarische Gesellschaft für Geologie, (1925), P. B. 228, Sofia

Bulgarische Historische Gesellschaft, (1964), Ždanov 5, Sofia

Bulgarische Musikervereinigung, (1965), G. Genov 21, Sofia

Bulgarische Vereinigung für Internationales Recht, (1962), Benkovska 3, Sofia

Bulgarische Vereinigung für Strafrecht, (1961), Benkovska 3, Sofia

Bulgarska Akademija na Selskostopanskite Nauki, (1962), Dragan Tzankov 6, Sofia

Gesellschaft der Anästhesisten, Tolbuhin 18, Sofia

Gesellschaft der Anatomisten, Histologen und Embriologen, G. Sofijski 1, Sofia

Gesellschaft der Bulgarischen Wirtschaftler, (1964), Tolbuhin 18, Sofia

Gesellschaft der Chirurgen in Bulgarien, Belo More 8, Sofia

Gesellschaft der Dermatologen, G. Sofijski 1, Sofia

Gesellschaft der Geburtshelfer und Gynäkologen, Br. Miladinovi 112, Sofia

Gesellschaft der Hals-Nasen-Ohren-Ärzte, Belo more 8, Sofia

Gesellschaft der Internisten, G. Sofijski 1, Sofia

Gesellschaft der Kinderärzte, G. Sofijski 1, Sofia

Gesellschaft der Mikrobiologen, Epidemiologen, Krankenpfleger und medizinischen Verwaltungsangestellten Bulgariens, Dunav 2, Sofia

Gesellschaft der Naturwissenschaften, (1896), c/o Universität, Sofia

Gesellschaft der Neurologen, Psychiater und Neurochirurgen, G. Sofijski 1, Sofia

Gesellschaft der Ophthalmologen, Belo more 8, Sofia

Gesellschaft der Orthopäden und Traumatologen, Belo more 8, Sofia

Gesellschaft der Pharmazeuten in Bulgarien, G. Vašington 22, Sofia

Gesellschaft der Phthiseologen, D. Nestorov 19, Sofia

Gesellschaft der Physiotherapeuten, Pl Lenin 5, Sofia

Gesellschaft der Röntgenologen und Radiologen, Belo more 8, Sofia

Gesellschaft der Sportärzte, (1948), Kv. Geo Milev, bl. 1, Sofia

Gesellschaft für forensische Medizin, G. Sofijski 1, Sofia

Gesellschaft für Geschichte der Medizin, Belo more 8, Sofia

Gesellschaft für Pathologie, (1948), Belo more 8, Sofia

Gesellschaft für Physiologie, c/o Bulgarische Akademie der Wissenschaften, Institut für Physiologie, Sofia

Gesellschaft für Soziologie, (1959), P. Eftimi 6, Sofia

Onkologische Gesellschaft Bulgariens, Plovdivskošose 6, Sofia-Dărvenica

Physikalische und Mathematische Gesellschaft Bulgariens, (1898), A. Ivanov 1, Sofia

Republican Scientific Pharmaceutical Association of Bulgaria, George Washington St 22, Sofia

Vereinigung Bulgarischer Komponisten, (1947), Iv. Vazov 2, Sofia

Vereinigung Bulgarischer Künstler, (1893), Moskovska 37, Sofia

Vereinigung Bulgarischer Schriftsteller, (1913), Angel Kănčev 5, Sofia

Vereinigung der Wissenschaftler, (1944), Tolbuhin 18, Sofia

Wissenschaftliche und Technische Vereinigung bulgarischer Land- und Feldvermesser, (1949), Rakovska 108, Sofia

Wissenschaftliche und Technische Vereinigung der chemischen Industrie, Rakovska 108, Sofia

Wissenschaftliche und Technische Vereinigung der Elektrotechnik, Rakovska 108, Sofia

Wissenschaftliche und Technische Vereinigung der Forsttechnik, Rakovska 108, Sofia

Wissenschaftliche und Technische Vereinigung der Nahrungsmittelindustrie, Rakovska 108, Sofia

Wissenschaftliche und Technische Vereinigung für Bergbau, Geologie und Metallurgie, Rakovska 108, Sofia

Wissenschaftliche und Technische Vereinigung für Maschinenbau, Rakovska 108, Sofia

Wissenschaftliche und Technische Vereinigung für Textilien und Bekleidung, Rakovska 108, Sofia

Wissenschaftliche und Technische Vereinigung für Transport, Rakovska 108, Sofia

Wissenschaftliche und Technische Vereinigung für Ziviltechnik, Rakovska 108, Sofia

Wissenschaftliche und Technische Vereinigung landwirtschaftlicher Spezialisten, Rakovska 108, Sofia

Wissenschaftliche Vereinigung für Stomatologie, Belo more 8, Sofia

Dänemark

Denmark

Afdelingen for Jord- og Vandbygning, Bülowsvej 13, DK-1870 København V

Akademikernes Samarbejdsudvalg, (1950), Gothersgade 131, DK-1123 København K

Almindelige Danske Lægeforening, (1857), Kristianiagade 12, DK-2100 København Ø

Arkivarforeningen, (1917), Jagtvej 10, DK-2200 København N

Association of Libraries of Judaica and Hebraica in Europe, (1955), Christians Brygge 8, DK-1219 København K

Astronomisk Selskab, (1916), Øster Voldgade 3, DK-1350 København

Bibliotekarforeningen, BF, Hyskenstræde 4, DK-1207 København K

Bibliotekscentralen, (1939), Mosedalvje 11, DK-2500 København Valby

Biokemisk Forening, Juliane Maries Vej 30, DK-2100 København Ø

Biologisk Selskab, Øster Farigmagsgade 2A, DK-1353 København K

Danish Council for Scientific Management, DCSM, Vesterbrogade 10, DK-1620 København K

Danmarks Biblioteksforening, (1905), Trekronergade 15, DK-2500 København Valby

Danmarks Elektriske Materielkontrol, Lyskaer 1, DK-2730 Herlev

Danmarks Farmaceutiske Selskab, (1912), c/o Danmarks Farmaceutiske Højskole, Universitetsparken 2, DK-2100 København Ø

Danmarks Lærerforening, DLF, (1874), Kompagnistræde 32, DK-1208 København K

Danmarks Naturfredningsforening, (1911), Solvgade 26, DK-1307 København K

Danmarks Naturvidenskabelige Samfund, (1911), c/o Danmarks Tekniske Højskole, Bygning 301, DK-2800 Lyngby

Danmarks Sproglærerforening, DS, (1955), Vintervej 3, DK-2920 Charlottenlund

Danmarks Teknisk-Videnskabelige Forskningsråd, Ørnevej 30, DK-2400 København NV

Danmarks Textiltekniske Forening, Stokhusgade 5, DK-1317 København K

Danmarks Videnskabelige og Faglige Bibliotekers Sammenslutning, c/o Rigsbibliotekarenbedet, Christians Brygge 8, DK-1219 København K

Dansk Agronomforening, (1896), Antoinettevej 5, DK-2500 København V

Dansk Akustisk Selskab, c/o Lab. for Akustik, Danmarks Tekniske Højskole, Lundtoftevej 100, DK-2800 Lyngby

Dansk Anaesthesiologisk Selskab, Fredriksberg Hospital, DK-1820 København V

Dansk Automationsselskab, (1962), c/o Prof. Hyldgaard-Jensen, Danmarks Tekniske Højskole, Lundtoftevej 100, DK-2800 Lyngby

Dansk Billedhuggersamfund, (1905), Frederiksborggade 1, DK-1360 København K

Dansk Botanisk Forening, (1840), Gothersgade 130, DK-1123 København K

Dansk Brandvaerns-Komite, Nygards Plads 9, DK-2500 København Valby

Dansk Byplanlaboratorium, (1921), Tordenskjoldsgade, DK-1055 København

Dansk Componist-Forening, Kronprinsessegade 26, DK-1306 København K

Dansk Dermatologisk Selskab, (1898), c/o Dr. H. Brodthagen, Finseninstituttet, DK-2100 København Ø

Dansk Forfatterforening, (1894), Ved Stranden 20, DK-1061 København K

Dansk Fotogrammetrisk Selskab, c/o Landopmålingsafdelingen, Landbohøjskolen, Bülowsvej 13, DK-1870 København

Dansk Fysiurgisk Selskab, DSF, (1921), c/o Dr. Ib. Rossel, Fysiurgisk Afdeling, Bispebjerg Hospital, Bispebjerg Bakke 23, DK-2400 København

Dansk Gasteknisk Forening, Strandvej 72, DK-2900 Hellerup

Dansk Geofysisk Forening, Øster Voldgade, DK-1350 København K

Dansk Geologisk Forening, (1893), Øster Voldgade 5-7, DK-1350 København K

Dansk Gymnastiklærerforening, (1935), c/o Bjarne Hauger, Jyske Idrætsskole, DK-7100 Vejle

Dansk Historielærerforening, (1960), c/o Finn Lindhard Madsen, Kragekær 17, DK-4220 Korsør

Dansk Historisk Forening, (1839), Bispetorvet 3, DK-1167 København K

Dansk Industrimedicinsk Selskab, Amagerbrogade 31, DK-2300 København S

Dansk Kedelforening, Sankt Pedersvej 8, DK-2900 Hellerup

Dansk Kirurgisk Selskab, c/o Dr. H. Engberg, St. Josefs Hospital, Griffenfeldsgade 44, DK-1575 København V

Dansk Køleforening, Øster Voldgade 8, DK-1350 København K

Dansk Komponist-Forening, (1913), Kronprinsessegade 26, DK-1306 København K

Dansk Korforening, (1911), Hostrupsvej 2, DK-1950 København V

Dansk Kriminalistforening, (1899), Gl. Torv 18, DK-1457 København

Dansk Kulturhistorisk Museumsforening, (1929), c/o Antivariske Samling, DK-6760 Ribe

Dansk Markedsanalyse Forening, c/o AJM Markedsanalyse, Carolinevej 32, DK-2900 Hellerup

Dansk Mathematisk Forening, Universitetsparken 5, DK-2100 København Ø

Dansk Metallurgisk Selskab, Øster Voldgade 10, DK-1350 København K

Dansk Musiker Forbund, (1911), Vendersgade 25, DK-1363 København K

Dansk Musikpædagogisk Forening, DMpF, (1898), Puggårdsgade 13, DK-1573 København V

Dansk Naturhistorisk Forening, (1833), Universitetsparken 15, DK-2100 København Ø

Dansk Odontologisk Selskab, (1923), c/o Moritz Schwarz, Emdrupvej 40, DK-2100 København Ø

Dansk Oftalmologisk Selskab, (1901), c/o Rigshospitalets Øjenafdeling, Blegdamsvej 9, DK-2100 København Ø

Dansk Ornithologisk Forening, (1906), c/o Zoologisk Museum, Universitetsparken 15, DK-2100 København Ø

Dansk Oto-laryngologisk Selskab, (1899), c/o Jørgen Christrup, Kirstineparken 4, DK-2970 Hørsholm

Dansk Pædiatrisk Selskab, DPS, (1908), c/o Dr. Hertz, Finseninstitutet, Strandbd 49, DK-2100 København

Dansk Psykiatrisk Selskab, (1908), c/o Dr. Gudmund Magnussen, Statshospitalet, DK-2600 Glostrup

Dansk Psykologforening, DP, (1947), Skt. Peders Stræde 34-36, DK-1453 København K

Dansk Radiologisk Selskab, DRS, (1921), Røntgenafdelingen, Aarhus Amtssygehus, DK-8000 Aarhus C

Dansk Rationaliserings Forening, DRF, (1948), Lindegårdsvej 30C, DK-2920 Charlottenlund

Dansk Selskab for Bygningsstatik, c/o Laboratoriet for Bygningsteknik, Øster Voldgade 10B, DK-1350 København K

Dansk Selskab for Obstetrik og Gynækologi, (1898), c/o P. E. Lebech, Uraniavej 14, DK-1878 København V

Dansk Selskab for Oldtids- og Middelalderforskning, (1934), Nationalmuseet, DK-2000 København

Dansk Selskab for Operationsanalyse, c/o Jakob Krarup, Institute of Mathematical Statistics and Operations Research, Technical University of Denmark, Building 305, DK-2800 Lyngby

Dansk Selskab for Opvarmnings- og Ventilationsteknik, Vester Farimagsgade 29, DK-1606 København V

Dansk Standardiseringsråd, DS, (1926), Aurehøjvej 12, DK-2900 Hellerup

Dansk Svejseteknisk Landsvorening, Nygaardsvej 47, DK-2100 København Ø

Dansk Tandlægeforening, (1873), Oslo Plads 14, DK-2100 København Ø

Dansk Teknisk Lærerforening, (1907), Kongstedvej 5, DK-2700 Brønshøj

Dansk Tonekunstner Forening, (1903), Rådhusstræde 1, DK-1466 København K

Danske Aktuarforening, (1901), Hammerensgade 6, DK-1267 København K

Danske Bibelselskab, (1915), Købmagergade 67, DK-1150 København

Danske Dramatikers Forbund, (1906), Klostergade 24, DK-1157 København K

Danske Dyrlægeforening, DdD, (1849), Tingskiftevej 3, DK-2900 Hellerup

Danske Fysioterapeuter, DF, (1918), Vesterport 445, Trommesalen 2, DK-1614 København V

Danske Hedeselskab, (1866), DK-8800 Viborg

Danske Nervelægers Organisation, DNO, (1932), c/o Dr. E. Hansen, Vejle Sygehus, Neuromedicinisk Afdeling, DK-7100 Vejle

Danske Økonomers Forening, (1953), Peders Straede 34-36, DK-1453 København K

Danske Sprog- og Litteraturselskab, (1911), Frederiksholms 18A, DK-1220 København

Elektroteknisk Forening, (1903), Rådhusstr 6, DK-1466 København K

Entomologisk Forening, (1868), c/o Zoological Museum, DK-2000 København

European Rhinologic Society, (1963), Abels Allé 86, DK-5250 Fruens Bøge

Filologisk-Historisek Samfund, (1854), Banevej 11, DK-2920 Charlottenlund

Folkeuniversitetsudvalget, Sankt Peders Straede 19, DK-1453 København K

Forbundet af Lærere ved de Højere Læreanstalter, (1918), Trondhjemsgade 9, DK-2100 København Ø

Foreningen af Danske Kunstmuseer i Provinsen, (1934), H. C. Andersens Bd 48, DK-1553 København V

Foreningen af Fysik- og Kemilærere ved Gymnasier og Seminarier, (1921), Skovvænget 1, DK-3200 Helsinge

Foreningen af Markedsanalyse Instittuter i Danmark, Gammel Vartovvej 6, DK-2900 Hellerup

Foreningen for National Kunst, (1900), Landemaerket 3, DK-1119 København

Fysisk Forening, Blegdamsvej 15, DK-2100 København Ø

Grønlandske Selskab, (1906), L. E. Bruuns Vej 10, DK-2920 Charlottenlund

Gymnasieskolernes Lærerforening, (1890), Strandboulevarden 151, DK-2100 København Ø

International Council for the Exploration of the Sea, (1902), Charlottenlund Slot, DK-2920 Charlottenlund

International Law Association, (1925), c/o A. Kaufmann, Skoubogade 1, DK-1158 København K

International Numismatic Commission, INC, (1936), c/o Nationalmuseet, Frederiksholms Kanal 12, DK-1220 København K

International Society for Music Education, ISME, (1953), Carinaparken 133, DK-3460 Birkerød

International Union of Prehistoric and Protohistoric Sciences, c/o Prof. Dr. Oie Klindt-Jensen, Moesgaard, DK-8270 Højbjerg

International Union of Theoretical and Applied Mechanics, IUTAM, c/o Prof. Dr. F. Niordson, Technical University of Denmark, Building 404, DK-2800 Lyngby

Islandske Litteratursamfund, (1912), DK-2000 København

Juridisk Forening, Amaliegade 4, DK-1256 København

Justervaesenet, Amager Bd 115, DK-2300 København S

Jydsk Selskab for Fysik og Kemi, c/o Århus University, DK-8000 Århus C

Jysk Arkaelogisk Selskab, (1951), c/o Forhistorisk Museum, DK-8270 Højbjerg

Kirkeligt Centrum, (1899), Valmuemarken 88, DK-9000 Alborg

Kommissionen for Danmarks Fiskeri og Havundersøgelser, (1902), c/o Ministry of Fisheries, Borgergade 16, DK-1300 København K

Kongelige Adademi for de Skønne Kunster, (1754), Kongens Nytorv 1, DK-2050 København K

Kongelige Danske Geografiske Selskab, (1876), Haraldsgade 68-70, DK-2000 København

Kongelige Danske Landhusholdningsselskab, (1769), Rolighedsvej 26, DK-1958 København V

Kongelige Danske Selskab for Faedrelandets Historie, (1745), H. C. Andersen Bd 35, DK-1553 København

Kongelige Danske Videnskabernes Selskab, (1742), Dantes Pl 5, DK-1556 København K

Kongelige Nordiske Oldskriftselskab, (1825), Prinsens Palais, DK-2000 København

Kunstforeningen i København, (1825), Gl. Strand 48, DK-1202 København

Kunstnerforening af 18de November, (1842), Dr. Tvaergade 30, DK-1302 København K

Malende Kunstneres Sammenslutnig, (1909), DK-2000 København

Matematiklærerforeningen, (1931), c/o E. Balle, G. A. Hagemanns Vej 25, DK-3070 Snekkersten

Medicinske Selskab i København, (1772), Kristianiagade 12A, DK-2000 København

Mellemfolkeligt Samvirke, Nørrebrogade 88, DK-2200 København N

Nationalekonomisk Forening, (1873), Vesterbrogade 4A, DK-1620 København

Nordforsk-Nordiska Samarbetsorganisationen för Teknisk-Naturvetenskaplig Forskning, Ørnevej 30, DK-2400 København NV

Nordisk Anaestesiologisk Forening, (1950), c/o Dept. of Anaesthesiology, Rigshospitalet, Tagensvej, DK-2200 København N

Nordisk Byggedag, c/o Ministry of Housing, Slotsholmsgade 12, DK-1216 København

Nordisk Forening for Celleforskning, (1960), c/o Biological Institute of the Carlsberg Foundation, Tagensvej 16, DK-2200 København N

Nordisk Neurokirurgisk Forening, (1945), c/o Bispebjerg Hospital, Neurokirurgisk Afdeling, DK-1726 København V

Nordisk Retsodontologisk Forening, (1961), Naestvedvej 4, DK-4250 Fuglebjerg

Nordiska Akustika Sällskapet, (1954), c/o Laboratoriet for Akustik, Danmarks Tekniske Højskole, DK-2800 Lyngby

Nordiska Läderforskningsrådet - Nordisk Laederforskningsråd, Brønshøjvej 17, DK-2000 København

Nordiska Samarbetsutskottet för Träteknisk Forskning, c/o Teknologisk Institut, Hagemannsgade 2, DK-1607 København V

Orientalsk Samfund, (1915), c/o Institute of Assyriology, University of Copenhagen, DK-2000 København K

Samfund til Udgivelse af Gammel Nordisk Litteratur, Christians Brygge 8, DK-1219 København K

Samfundet for Dansk Genealogi og Personalhistorie, (1879), Stenshøj, Bruunshab, DK-8800 Viborg

Samfundet til Udgivelse af Dansk Musik, (1871), Graabrødretorv 7, DK-1154 København K

Sammenslutningen af Danmarks Forskningsbiblioteker, (1949), c/o Rigsbibliotekarembedet, Christians Brygge 8, DK-1219 København K

Sammenslutningen af Danske Kunstforeniger, (1942), Vodroffsvej 48, DK-1900 København V

Scandinavian Odontological Society, Spurveskjul 9, DK-2000 København F

Scandinavian Simulation Society, c/o Prof. P. M. Larsen, Electric Power Engineering Dept, Technical University, DK-2800 Lyngby

Scandinavian Society for the Study of Diabetes, c/o Prof. Knud Lundbaek, Kommunehospitalet, DK-8000 Århus C

Scandinavian Society of Forensic Odontology, (1961), Universitetsparken 4, DK-2100 København Ø

Scandinavian Society of Pathology and Microbiology, c/o Dept. of Toxoplasmosis and Viral Diseases, Statens Seruminstitut, Amager Bd 80, DK-2300 København S

Selskabet for Analytisk Kemi, Sølvgade 83, DK-1307 København K

Selskabet for Dansk Kulturhistorie, (1936), c/o National Museum, DK-2000 København

Selskabet for Historie og Samfundokønomi, (1960), Rosenborggade 15, DK-1130 København K

Selskabet for Højmoleculaere Materialer, Vester Farimagsgade 29, DK-1606 København V

Selskabet for Levnedsmiddelteknologi og - Hygiejne, Vester Farimagsgade 29, DK-1606 København V

Selskabet for Naturlaerens Udbredelse, (1824), c/o Danmarks Tekniske Højskole, Øster Voldgade 10, DK-1350 København

Servoteknisk Selskab, Rigensgade 11, DK-1316 København K

Skandinavisk Museumsforbund, c/o Tøjhusmuseet, Frederiksholms Kanal 29, DK-1220 København K

Skandinaviska Föreningen för Elektronmikroskopie, c/o Københavns Tandlaegehøjskole, Jagtvej 160, DK-2100 København Ø

Speciallægeorganisationernas Sammenslutning, (1935), Kristianiagade 12A, DK-2100 København Ø

Trafikøkonomiske Udvalg, Landgreven 4, DK-1301 København K

Udenrigspolitiske Selskab, (1946), Favergade 4, DK-1463 København

Vej- og Byplanforeningen, Vester Farimagsgade 29, DK-1606 København V

World Committee for Comparative Leukemia Research, Howitzvej 11, DK-2000 København F

Deutsche Demokratische Republik (DDR)

German Democratic Republic

Akademie für ärztliche Fortbildung, Nöldnerstr 40, DDR-1134 Berlin

Akademie für Sozialhygiene, (1960), DDR-113 Berlin

Akademie für Staats- und Rechtswissenschaft "Walter Ulbricht", (1952), August-Bebel-Str 89, DDR-1502 Potsdam-Babelsberg

Berliner Gesellschaft für Innere Medizin, Schumannstr 21, DDR-104 Berlin

Brennstofftechnische Gesellschaft in der DDR, (1954), Friedrichstr 73, DDR-108 Berlin

Chemische Gesellschaft der DDR, (1953), Clara-Zetkin-Str 105, DDR-108 Berlin

Deutsche Akademie der Künste zu Berlin, (1950), Robert-Koch-Pl 7, DDR-104 Berlin

Deutsche Akademie der Landwirtschaftswissenschaften zu Berlin, (1951), Krausenstr 38-39, DDR-108 Berlin

Deutsche Akademie der Naturforscher Leopoldina, (1652), August-Bebel-Str 50a, DDR-401 Halle

Deutsche Akademie der Wissenschaften zu Berlin, (1700), Otto-Nuschke-Str 22-23, DDR-108 Berlin

Deutsche Bauakademie zu Berlin, (1950), Scharrenstr 2-3, DDR-102 Berlin

Deutsche Entomologische Gesellschaft, (1857), Invalidenstr 43, DDR-104 Berlin

Deutsche Gesellschaft für Geologische Wissenschaften, (1954), Invalidenstr 44, DDR-104 Berlin

Deutsche Gesellschaft für Optometrie, (1948), Otawistr 3, DDR-10 Berlin

Deutsche Gesellschaft für Stomatologie, Invalidenstr 87-89, DDR-104 Berlin

Deutsche Historikergesellschaft, (1958), DDR-70 Leipzig

Deutscher Bibliotheksverband, DBV, (1964), Hermann-Maternstr 57, DDR-104 Berlin

Deutsches Slawistenkomitee, Otto-Nuschke-Str 22-23, DDR-108 Berlin

Geographische Gesellschaft der DDR, (1953), Georgi-Dimitroff-Pl 1, DDR-701 Leipzig

Gesellschaft Deutscher Berg- und Hüttenleute, (1955), Wallstr 68, DDR-102 Berlin

Gesellschaft für Anaesthesiologie und Reanimation der DDR, (1964), DDR-1115 Berlin-Buch

Gesellschaft für Chirurgie der DDR, Leninallee 35, DDR-25 Rostock

Gesellschaft für Psychologie in der DDR, Oranienburger Str 18, DDR-102 Berlin

Goethe-Gesellschaft in Weimar, Burgpl 4, DDR-53 Weimar

Internationales Büro für Gebirgsmechanik, IBG, (1958), Inselstr 12, DDR-102 Berlin

Meteorologische Gesellschaft in der DDR, (1957), Luckenwalder Str 42-46, DDR-15 Potsdam

Nationalkomitee der Biophysiker, Otto-Nuschke-Str 22-23, DDR-108 Berlin

Nationalkomitee der Internationalen Union für reine und angewandte Physik, Otto-Nuschke-Str 22-23, DDR-108 Berlin

Nationalkomitee der Mathematiker, Otto-Nuschke-Str 22-23, DDR-108 Berlin

Nationalkomitee der Wirtschaftshistoriker, Otto-Nuschke-Str 22-23, DDR-108 Berlin

Nationalkomitee der Wirtschaftswissenschaftler, Otto-Nuschke-Str 22-23, DDR-108 Berlin

Nationalkomitee für Anthropologie und Ethnographie, Otto-Nuschke-Str 22-23, DDR-108 Berlin

Nationalkomitee für Biologen, Otto-Nuschke-Str 22-23, DDR-108 Berlin

Nationalkomitee für Byzantinisten, Otto-Nuschke-Str 22-23, DDR-108 Berlin

Nationalkomitee für Elektronenmikroskopie, Otto-Nuschke-Str 22-23, DDR-108 Berlin

Nationalkomitee für Geodäsie und Geophysik, Otto-Nuschke-Str 22-23, DDR-108 Berlin

Nationalkomitee für Geographie und Kartographie, Otto-Nuschke-Str 22-23, DDR-108 Berlin

Nationalkomitee für Geologische Wissenschaften, Otto-Nuschke-Str 22-23, DDR-108 Berlin

Nationalkomitee für Internationalen Rat der Wissenschaftlichen Unionen, Otto-Nuschke-Str 22-23, DDR-108 Berlin

Nationalkomitee für Krebsforschung, Otto-Nuschke-Str 22-23, DDR-108 Berlin

Nationalkomitee für Kristallographie, Otto-Nuschke-Str 22-23, DDR-108 Berlin

Nationalkomitee für Medizinische Physik, Otto-Nuschke-Str 22-23, DDR-108 Berlin

Nationalkomitee für Philosophie und Geschichte der Wissenschaften, Otto-Nuschke-Str 22-23, DDR-108 Berlin

Nationalkomitee für Ur- und Frühgeschichte, Otto-Nuschke-Str 22-23, DDR-108 Berlin

Physikalische Gesellschaft in der DDR, Am Kupfergraben 7, DDR-108 Berlin

Quartärkomitee, Otto-Nuschke-Str 22-23, DDR-108 Berlin

Sächsische Akademie der Wissenschaften zu Leipzig, Goethestr 3-5, DDR-701 Leipzig

Staatliche Geologische Kommission, (1950), Invalidenstr 44, DDR-104 Berlin

Verband Bildender Künstler Deutschlands, Inselstr 12, DDR-102 Berlin

Verband Bildender Künstler Deutschlands, Sektion Gebrauchsgraphik, VBKD, Inselstr 12, DDR-102 Berlin

Verband Deutscher Komponisten und Musikwissenschaftler, Leipziger Str 26, DDR-108 Berlin

Vereinigung Demokratischer Juristen Deutschlands, Littenstr 15-17, DDR-102 Berlin

Bundesrepublik Deutschland (BRD)

Federal Republic of Germany

Absatzwirtschaftliche Gesellschaft Nürnberg, Burgschmietstr 2, D-8500 Nürnberg 5

Abwassertechnische Vereinigung, ATV, (1948), Bertha-von-Suttner-Pl 8, D-5300 Bonn

Ärztliche Gesellschaft für Physiotherapie, Fidel-Kreuzer-Str 17, D-8939 Bad Wörishofen

Agrarsoziale Gesellschaft, (1947), Kurze Geismarstr 23-25, D-3400 Göttingen

Akademie der Arbeit, Mertonstr 30, D-6000 Frankfurt

Akademie der Künste, (1696), Hanseatenweg 10, D-1000 Berlin 21

Akademie der Wissenschaften in Göttingen, (1751), Prinzenstr 1, D-3400 Göttingen

Akademie der Wissenschaften und der Literatur in Mainz, (1949), Geschwister-Scholl-Str 2, D-6500 Mainz

Akademie für das Graphische Gewerbe, Pranckhstr 2, D-8000 München 2

Akademie für Führungskräfte der Wirtschaft, (1956), Amsbergstr 9a, D-3388 Bad Harzburg

Akademie für Kurzschrift, Maschinenschreiben und Bürowirtschaft, Charles-Ross-Ring 6, D-2300 Kiel 1

Akademie für Öffentliches Gesundheitswesen, Auf'm Hennekamp 70, D-4000 Düsseldorf

Akademie für Organisation, Gutenbergstr 13, D-6300 Giessen

Akademie für Politische Bildung, Haus Buchensee, D-8132 Tutzing

Akademie für Publizistik, Magdalenenstr 64a, D-2000 Hamburg 13

Akademie für Raumforschung und Landesplanung, (1935), Hohenzollernstr 11, D-3000 Hannover

Akademie für Wirtschaft und Politik, Mollerstr 10, D-2000 Hamburg 13

Akademie Kontakte der Kontinente, Bennauerstr 60, D-5300 Bonn

Akademie Remscheid für Musische Bildung und Medienerziehung, Küppelstein 13, D-5630 Remscheid 18

Akademischer Verein Hütte, (1846), Carmerstr 12, D-1000 Berlin 12

Aktionsgemeinschaft Natur- und Umweltschutz Baden-Württemberg, Hospitalstr 21b, D-7000 Stuttgart 1

Aktionsgemeinschaft Soziale Marktwirtschaft, Dantestr 24, D-6900 Heidelberg

Allgemeine Ärztliche Gesellschaft für Psychotherapie, (1928), c/o Prof. Dr. W. Th. Winkler, Fachkrankenhaus für Psychiatrie und Neurologie, Hermann-Simon-Str 7, D-4830 Gütersloh

Allgemeine Gesellschaft für Philosophie in Deutschland, Von-Melle-Park 6, D-2000 Hamburg 13

Allgemeiner Cäcilien-Verband für die Länder der Deutschen Sprache, Kölnstr 415, D-5300 Bonn

Allgemeiner Deutscher Neuphilologen-Verband, Brentanostr 49, D-1000 Berlin 41

Anatomische Gesellschaft, (1886), c/o Anatomisches Institut der Universität, Saarstr 21, D-6500 Mainz

Arbeits- und Forschungsgemeinschaft Graf Zeppelin, Kurpfalzring 106, D-6900 Heidelberg-Pfaffengrund

Arbeitsausschuss Ferrolegierungen, Kamekestr 2-8, D-5000 Köln

Arbeitsgemeinschaft Chemie-Dokumentation, Varrentrappstr 40-42, D-6000 Frankfurt

Arbeitsgemeinschaft der Deutschen Werkkunstschulen, Am Wandrahm 23, D-2800 Bremen

Arbeitsgemeinschaft der Direktoren der Institute für Leibesübungen an Universitäten und Hochschulen der Bundesrepublik Deutschland, AID, Kaiserstr 12, D-7500 Karlsruhe

Arbeitsgemeinschaft der Parlaments- und Behördenbibliotheken, Herrenstr 45a, D-7500 Karlsruhe

Arbeitsgemeinschaft der Spezialbibliotheken, ASpB, (1946), Strasse des 17. Juni 134, D-1000 Berlin 12

Arbeitsgemeinschaft der Verbände Gemeinnütziger Privatschulen in der Bundesrepublik, Lortzingstr 50a, D-5000 Köln-Lindenthal

Arbeitsgemeinschaft der Versicherungswissenschaftler an Hochschulen, Schlüterstr 28, D-2000 Hamburg 13

Arbeitsgemeinschaft der Westdeutschen Akademien, Karlstr 4, D-6900 Heidelberg

Arbeitsgemeinschaft der Wissenschaftlichen Institute des Handwerks in den EWG-Ländern, (1961), c/o Institut für Handwerkswirtschaft, Ottostr 7, D-8000 München 2

Arbeitsgemeinschaft Deutsche Höhere Schule, Friedrich-Ebert-Str 217, D-5600 Wuppertal-Elberfeld

Arbeitsgemeinschaft Deutscher Beauftragter für Naturschutz und Landschaftspflege, Heerstr 110, D-5300 Bonn-Bad Godesberg

Arbeitsgemeinschaft Deutscher Wirtschaftswissenschaftlicher Forschungsinstitute, (1949), Adenauerallee 170, D-5300 Bonn

Arbeitsgemeinschaft Ernährungswissenschaftlicher Institute, Schragenhofstr 35, D-8000 München 50

Arbeitsgemeinschaft Evangelischer Schulbünde, Hans-Ehrenberg-Gymnasium, D-4816 Sennestadt

Arbeitsgemeinschaft Fachärztlicher Berufsverbände, AFB, Josefpl 20, D-8500 Nürnberg

Arbeitsgemeinschaft für Betriebliche Altersversorgung, Neuenheimer Landstr 28-30, D-6900 Heidelberg

Arbeitsgemeinschaft für Elektronenoptik, Karl-Friedrich-Str 17, D-7500 Karlsruhe 1

Arbeitsgemeinschaft für Forschung des Landes Nordrhein-Westfalen, (1950), Palmenstr 16, D-4000 Düsseldorf

Arbeitsgemeinschaft für Katholische Erwachsenenbildung im Lande Niedersachsen, Goethestr 31, D-3000 Hannover

Arbeitsgemeinschaft für Kieferchirurgie in der Deutschen Gesellschaft für Zahn-, Mund- und Kieferheilkunde, Weimarer Str 8, D-2300 Kiel-Wiek

Arbeitsgemeinschaft für Landschaftsentwicklung, Kölner Str 142-148, D-5300 Bonn-Bad Godesberg

Arbeitsgemeinschaft für Osteuropaforschung, Wilhelmstr 36, D-7400 Tübingen

Arbeitsgemeinschaft für Sprachheilpädagogik in Deutschland, (1927), Karolinenstr 35, D-2000 Hamburg

Arbeitsgemeinschaft für Strahlenschutz, Rheinstr 25, D-7800 Freiburg

Arbeitsgemeinschaft für Wirtschaftliche Betriebsführung und Soziale Betriebsgestaltung, Neuenheimer Landstr 28-30, D-6900 Heidelberg

Arbeitsgemeinschaft für Zahnerhaltungskunde in der Deutschen Gesellschaft für Zahn-, Mund- und Kieferheilkunde, Postfach 269, D-3280 Bad Pyrmont

Arbeitsgemeinschaft Getreideforschung, AGF, Am Schützenberg 9, D-4930 Detmold

Arbeitsgemeinschaft Grünland und Futterbau in der Gesellschaft für Pflanzenbauwissenschaften, D-8050 Freising-Weihenstephan

Arbeitsgemeinschaft Historischer Kommissionen und Landesgeschichtlicher Institute, Virchowstr 2, D-6200 Wiesbaden

Arbeitsgemeinschaft Industriebau, AGI, Pockelsstr 4, D-3300 Braunschweig

Arbeitsgemeinschaft Industrieller Forschungsvereinigungen, AIF, (1954), Bayenthalgürtel 23, D-5000 Köln-Marienburg

Arbeitsgemeinschaft Katholisch-Sozialer Bildungswerke in der Bundesrepublik, Dransdorfer Weg 15, D-5300 Bonn

Arbeitsgemeinschaft Magnetismus, Breite Str 27, D-4000 Düsseldorf

Arbeitsgemeinschaft Musikerziehung und Musikpflege des Deutschen Musikrates, Michaelstr 4, D-5300 Bonn-Bad Godesberg

Arbeitsgemeinschaft Musikpädagogischer Seminare, Am Karlpl, D-7218 Trossingen

Arbeitsgemeinschaft Planung, Gutleutstr 163-167, D-6000 Frankfurt

Arbeitsgemeinschaft Sozialwissenschaftlicher Institute, (1947), Karl-Muck-Pl 1, D-2000 Hamburg 36

Arbeitsgemeinschaft Versuchsreaktor, AVR, Auf der Lausward, D-4000 Düsseldorf

Arbeitsgemeinschaft Wärmebehandlung und Werkstofftechnik, Lesumer Heerstr 32, D-2820 Bremen 77

Arbeitsgemeinschaft Wissenschaft und Politik, Marienpl 17, D-8000 München 2

Arbeitsgemeinschaft zur Förderung der Partnerschaft in der Wirtschaft, AGP, Maarstr 1, D-5022 Junkersdorf

Arbeitsgemeinschaft zur Verbesserung der Agrarstruktur in Hessen, AVA, Alexanderstr 2, D-6200 Wiesbaden

Arbeitsgruppe Massenspektroskopie, Hermann-Herder-Str 3, D-7800 Freiburg

Arbeitskreis der Direktoren an Deutschen Ingenieurschulen, Lotharinger Str 8-26, D-4400 Münster

Arbeitskreis Deutscher Marktforschungsinstitute, ADM, Altkönigstr 2, D-6231 Schwalbach

Arbeitskreis für Betriebsführung, Parkstr 12, D-8134 Pöcking

Arbeitskreis für Geistige und Soziale Erneuerung, Beethovenstr 67, D-6000 Frankfurt

Arbeitskreis für Hochschuldidaktik, Schlüterstr 28, D-2000 Hamburg 13

Arbeitskreis für Musik in der Jugend, Alsterglacis 5, D-2000 Hamburg 36

Arbeitskreis für Ost-West-Fragen, Weserstr 37, D-4973 Vlotho

Arbeitskreis für Rechtschreibregelung, Friedrich-Karl-Str 12, D-6800 Mannheim

Arbeitskreis für Schulmusik und Allgemeine Musikpädagogik, Rögenfeld 42a, D-2000 Hamburg 67

Arbeitskreis für Wehrforschung, Werastr 37, D-7000 Stuttgart

Arbeitskreis Gesundheitskunde, Lärchenweg 6, D-7742 Sankt Georgen

Arbeitskreis Rhetorik in Wirtschaft, Politik und Verwaltung, Universität, D-5000 Köln 41

Archäologische Gesellschaft zu Berlin, Peter-Lenné-Str 28-30, D-1000 Berlin 33

Astronomische Gesellschaft, (1863), Sternwarte, D-6900 Heidelberg

Ausschuss für Blitzableiterbau, ABB, Sternstr 3, D-8000 München 22

Ausschuss für Einheiten und Formelgrössen, AEF, Burggrafenstr 4-7, D-1000 Berlin 30

Ausschuss für Wirtschaftliche Fertigung, Kurhessenstr 95, D-6000 Frankfurt 50

Ausschuss für Wirtschaftliche Verwaltung, Gutleutstr 163-167, D-6000 Frankfurt

Bach-Verein Köln, An der Rechtschule, D-5000 Köln

Bankakademie, Gallusanlage 7, D-6000 Frankfurt

Bayerische Akademie der Schönen Künste, (1948), Karolinenpl 4, D-8000 München 2

Bayerische Akademie der Wissenschaften, (1759), Marstallpl 8, D-8000 München 22

Bayerische Akademie für Arbeitsmedizin und Soziale Medizin, Pfarrstr 3, D-8000 München 22

Bayerische Botanische Gesellschaft, (1890), Menzingerstr 67, D-8000 München 19

Bayerischer Volkshochschulverband, Ottostr 1a, D-8000 München 2

Beratungs- und Forschungsstelle für Seemäßige Verpackung, BFSV, Bleichbrücke 10, D-2000 Hamburg 36

Berliner Gesellschaft für Anthropologie, Ethnologie und Urgeschichte, (1869), Schloss, Langhansbau, Spandauer Damm, D-1000 Berlin 19

Berliner Mathematische Gesellschaft, (1899), Hardenbergstr 34, D-1000 Berlin 12

Berliner Medizinische Gesellschaft, Margaretenstr 37, D-1000 Berlin 45

Berliner Orthopädische Gesellschaft, Clayallee 229-293, D-1000 Berlin 33

Berliner Wissenschaftliche Gesellschaft für Tierärzte, Bitterstr 14-16, D-1000 Berlin 33

Berufsverband der Augenärzte Deutschlands, BVA, (1950), Wildenbruchstr 21, D-4000 Düsseldorf-Oberkassel

Berufsverband der Deutschen Chirurgen, c/o Prof. Dr. von Brandis, Pippinstr 3, D-5100 Aachen

Berufsverband der Deutschen Fachärzte für Urologie, (1953), Julius-Leber-Str 10, D-2000 Hamburg 50

Berufsverband der Deutschen Hals-, Nasen- und Ohrenärzte, Schiffbrücke 7, D-2430 Neustadt

Berufsverband der Fachärzte für Orthopädie, c/o Dr. Waldmann, Stephanienstr 88, D-7500 Karlsruhe 1

Berufsverband der Frauenärzte, (1951), Auf dem Schrick 19d, D-4630 Bochum-Stiepel

Berufsverband der Praktischen Ärzte und Ärzte für Allgemeinmedizin Deutschlands, Neuer Wall 32, D-2000 Hamburg 36

Berufsverband Deutscher Nervenärzte, Mainzer Str 10, D-6530 Bingen

Berufsverband Deutscher Psychologen, Freiherr-vom-Stein-Str 48, D-6000 Frankfurt

Berufsverband Geprüfter Graphologen, Elsässer Str 34, D-8000 München 8

Betriebswirtschafts-Akademie, Taunusstr 54, D-6200 Wiesbaden

Bischöfliche Zentrale für Ordensschulen und Katholische Freie Schulen, Marzellenstr 32, D-5000 Köln

Braunschweigische Wissenschaftliche Gesellschaft, Spielmannstr 20, D-3300 Braunschweig

Bremer Ausschuß für Wirtschaftsforschung, Bahnhofspl 29, D-2800 Bremen 1

Bund der Freien Waldorfschulen, Haussmannstr 46, D-7000 Stuttgart 1

Bund Deutscher Kunsterzieher, Douglasstr 32, D-1000 Berlin 33

Bund Deutscher Landesberufsverbände Bildender Künstler, (1953), Irmgardstr 19, D-8000 München 71

Bund Deutscher Taubstummenlehrer, Franz-Arens-Str 1, D-4300 Essen

Bund Evangelischer Lehrer, Moltkestr 1, D-1000 Berlin 45

Bund für Freie und Angewandte Kunst, Wiesenstr 14, D-6101 Traisa

Bund für Lebensmittelrecht und Lebensmittelkunde, Am Hofgarten 16, D-5300 Bonn

Bund Katholischer Erzieher Deutschlands, Hedwig-Dransfeld-Pl 4, D-4300 Essen

Bund Naturschutz in Bayern, Schönfeldstr 8, D-8000 München 22

Bundesärztekammer, (1947), Haedenkampstr 1, D-5000 Köln 41

Bundesarbeitsgemeinschaft der Beamteten Tierärzte, Limberger Str 28, D-4500 Osnabrück

Bundesarbeitsgemeinschaft für Katholische Erwachsenenbildung, Dransdorfer Weg 15, D-5300 Bonn

Bundesarbeitsgemeinschaft Katholischer Familienbildungsstätten, Prinz-Georg-Str 44, D-4000 Düsseldorf

Bundesarbeitsgemeinschaft Wirtschaftswissenschaftlicher Vereinigungen, BAWV, Rankestr 23, D-1000 Berlin 30

Bundesassistentenkonferenz, Remigiusstr 9, D-5300 Bonn

Bundeskonferenz der Nichtordinarien, Hegewischstr 3, D-2300 Kiel

Bundesring der Landwirtschaftlichen Berufsschullehrerverbände, Forststr 24, D-7057 Winnenden-Schelmenholz

Bundesverband der Ärzte des Öffentlichen Gesundheitsdienstes, Bothmerstr 6, D-8000 München 19

Bundesverband der Deutschen Zahnärzte, BDZ, (1953), Universitätsstr 73, D-5000 Köln 41

Bundesverband Deutscher Ärzte für Naturheilverfahren, Richard-Wagner-Str 10, D-8000 München 2

Bundesverband Deutscher Fernlehrinstitute, Ohmstr 15, D-8000 München 23

Bundesverband Deutscher Leibeserzieher, Lenzhalde 66, D-7000 Stuttgart 1

Bundesverband Deutscher Marktforscher, BVM, (1965), Postfach 680248, D-2000 Hamburg 68

Bundesverband Deutscher Verwaltungs- und Wirtschafts-Akademien, Postfach 800203, D-5000 Köln 80

Bundesverband für Umweltschutz, Maximilianstr 15, D-8000 München 22

Bundesverband Praktischer Tierärzte, BpT, (1951), Ludwigstr 29, D-6300 Giessen 2

Bundesvereinigung für Gesundheitserziehung, Bachstr 3-5, D-5300 Bonn-Bad Godesberg

Carl-Duisberg-Gesellschaft, (1949), Hohenstaufenring 31-35, D-5000 Köln

Cusanus-Gesellschaft, Vereinigung zur Förderung der Cusanus-Forschung, Saarstr 21, D-6500 Mainz

Denkendorf - Forschungsgesellschaft für Chemiefaserverarbeitung, Postfach 25, D-7306 Denkendorf

Deutsche Afrika-Gesellschaft, Markt 10-12, D-5300 Bonn

Deutsche Akademie der Darstellenden Künste, Neue Mainzer Str 19, D-6000 Frankfurt

Deutsche Akademie für Nuklearmedizin, (1968), Osterfelderstr 5, D-3000 Hannover

Deutsche Akademie für Sprache und Dichtung, Alexandraweg 23, D-6100 Darmstadt

Deutsche Akademie für Städtebau und Landesplanung, Karl-Scharnagl-Ring 60, D-8000 München 22

Deutsche Akademie für Verkehrswissenschaft, Nordkanalstr 36, D-2000 Hamburg 1

Deutsche Arbeitsgemeinschaft für Paradontologie, Bäckerstr 102, D-3380 Goslar

Deutsche Arbeitsgemeinschaft Genealogische Verbände, Schloßstr 25, D-4500 Osnabrück

Deutsche Arbeitsgemeinschaft Rechenanlagen, DARA, Arcisstr 21, D-8000 München 2

Deutsche Arbeitsgemeinschaft Vakuum, Graf-Recke-Str 84, D-4000 Düsseldorf 1

Deutsche Atomkommission, Heussallee 2-10, D-5300 Bonn 9

Deutsche Bodenkundliche Gesellschaft, (1926), Nikolausberger Weg 7, D-3400 Göttingen

Deutsche Botanische Gesellschaft, (1882), Königin-Luise-Str 6-8, D-1000 Berlin 33

Deutsche Bunsen-Gesellschaft für Physikalische Chemie, (1894), Varrentrappstr 40-42, D-6000 Frankfurt

Deutsche Chirurgische Gesellschaft, c/o Universität, D-6900 Heidelberg

Deutsche Dante-Gesellschaft, (1914), Servatiusstr 1, D-5340 Bad Honnef 6

Deutsche Dendrologische Gesellschaft, (1892), Breslauer Pl 1, D-6100 Darmstadt

Deutsche Dermatologische Gesellschaft, (1888), Martinistr 52, D-2000 Hamburg 20

Deutsche Dokumentations-Zentrale Wasser, DZW, Rochusstr 36, D-4000 Düsseldorf

Deutsche EEG-Gesellschaft, (1950), c/o Prof. Dr. Wolfgang Götze, Neurol.-Neurochir. Klinik der FU, Spandauer Damm 130, D-1000 Berlin 19

Deutsche Entomologische Gesellschaft, (1914), Correnspl 1, D-1000 Berlin 33

Deutsche Forschungsgemeinschaft, (1920), Kennedyallee 40, D-5300 Bonn-Bad Godesberg

Deutsche Forschungsgemeinschaft für Blechverarbeitung und Oberflächenbehandlung, Prinz-Georg-Str 42, D-4000 Düsseldorf 10

Deutsche Forschungsgesellschaft für Bodenmechanik, Degebo, (1928), Jebenstr 1, D-1000 Berlin 19

Deutsche Forschungsgesellschaft für Druck- und Reproduktionstechnik, Brunnerstr 2, D-8000 München 13

Deutsche Gartenbaugesellschaft, Kölner Str 142-148, D-5300 Bonn-Bad Godesberg

Deutsche Gemmologische Gesellschaft, Gewerbehalle, D-6580 Idar-Oberstein 2

Deutsche Geodätische Kommission bei der Bayerischen Akademie der Wissenschaften, Marstallpl 8, D-8000 München 22

Deutsche Geologische Gesellschaft, (1848), Sven-Hedin-Str 20, D-3000 Hannover-Buchholz

Deutsche Geophysikalische Gesellschaft, (1922), Binderstr 22, D-2000 Hamburg 13

Deutsche Gesellschaft Biophysik, (1961), Kennedyallee 70, D-6000 Frankfurt 10

Deutsche Gesellschaft der Hals-, Nasen-, Ohrenärzte, (1921), c/o Prof. Dr. Alf Meyer zum Gottesberge, Moorenstr 5, D-4000 Düsseldorf

Deutsche Gesellschaft der Landbauwissenschaften, (1947), Nikolausberger Weg 11, D-3400 Göttingen

Deutsche Gesellschaft für Allergieforschung, (1951), c/o Dr. W. Gronemeyer, Asthma-Klinik, D-4792 Bad Lippspringe

Deutsche Gesellschaft für Amerikastudien, Augustinergasse 15, D-6900 Heidelberg

Deutsche Gesellschaft für Anaesthesie, DGA, (1953), c/o Dr. C. Lehmann, Ismaninger Str 22, D-8000 München 8

Deutsche Gesellschaft für Anaesthesie und Wiederbelebung, (1935), Langenbeckstr 1, D-6500 Mainz

Deutsche Gesellschaft für Analytische Psychologie, DGAP, C. G. Jung-Gesellschaft, (1961), c/o Dr. H. W. Eschenbach, Wildunger Str 79, D-7000 Stuttgart-Bad Cannstatt

Deutsche Gesellschaft für Angewandte Entomologie, (1913), Von-Melle-Park 10, D-2000 Hamburg 13

Deutsche Gesellschaft für Angewandte Optik, (1923), Carl-Zeiss-Str, D-7082 Oberkochen

Deutsche Gesellschaft für Anthropologie, Albertstr 11, D-7800 Freiburg

Deutsche Gesellschaft für Arbeitsschutz, (1908), Hamburger Allee 26-28, D-6000 Frankfurt 90

Deutsche Gesellschaft für Arzneipflanzenforschung, (1953), c/o Prof. Dr. H. Haas, Im Lohr 48, D-6800 Mannheim 23

Deutsche Gesellschaft für Auswärtige Politik, (1955), Adenauerallee 133, D-5300 Bonn

Deutsche Gesellschaft für Balneologie, Bioklimatologie und Physikalische Medizin, (1878), Bismarckstr 12, D-4902 Bad Salzuflen

Deutsche Gesellschaft für Bauingenieurwesen, (1946), Barbarossapl 2, D-7500 Karlsruhe

Deutsche Gesellschaft für Baurecht, Friedrich-Ebert-Anlage 38, D-6000 Frankfurt

Deutsche Gesellschaft für Betriebswirtschaft, (1936), Rankestr 23, D-1000 Berlin 30

Deutsche Gesellschaft für Bevölkerungswissenschaft, (1952), Gorch-Fock-Wall 15-17, D-2000 Hamburg 36

Deutsche Gesellschaft für Bewässerungswirtschaft, Schwerzstr 33, D-7000 Stuttgart-Hohenheim

Deutsche Gesellschaft für Bildende Kunst, (1965), Europa-Center 14, D-1000 Berlin 30

Deutsche Gesellschaft für Bluttransfusion, Friedrichsberger Str 60, D-2000 Hamburg 22

Deutsche Gesellschaft für Chemisches Apparatewesen, DECHEMA, (1926), Theodor-Heuss-Allee 25, D-6000 Frankfurt 97

Deutsche Gesellschaft für Chirurgie, (1872), Kurfürstendamm 179, D-1000 Berlin 15

Deutsche Gesellschaft für Christliche Kunst, Wittelsbacherpl 2, D-8000 München 2

Deutsche Gesellschaft für Chronometrie, (1949), Calwer Str 38, D-7000 Stuttgart 1

Deutsche Gesellschaft für das Badewesen, Porschekanzel 4, D-4300 Essen

Deutsche Gesellschaft für Dokumentation, DGD, (1941), Westendstr 19, D-6000 Frankfurt

Deutsche Gesellschaft für Edelsteinkunde, (1952), Postfach 2578, D-6580 Idar-Oberstein 2

Deutsche Gesellschaft für Elektronenmikroskopie, (1949), c/o Farbwerke Höchst AG, D-6230 Frankfurt-Höchst

Deutsche Gesellschaft für Endokrinologie, (1953), Dannenkoppel 46, D-2000 Hamburg 64

Deutsche Gesellschaft für Erd- und Grundbau, (1950), Kronprinzenstr 35a, D-4300 Essen

Deutsche Gesellschaft für Ernährung, (1953), Feldbergstr 28, D-6000 Frankfurt

Deutsche Gesellschaft für Erziehungswissenschaft, c/o H. Scheuerl, Rossertstr 5, D-6241 Schneidhain

Deutsche Gesellschaft für Europäische Erziehung, (1950), Hofham, D-8207 Endorf

Deutsche Gesellschaft für Fettwissenschaft, (1935), Lortzingstr 10, D-4400 Münster

Deutsche Gesellschaft für Film- und Fernsehforschung, Findelgasse 7, D-8500 Nürnberg

Deutsche Gesellschaft für Flugwissenschaften, (1959), Berliner Freiheit 16, D-5300 Bonn

Deutsche Gesellschaft für Forschung, Frankengraben 40, D-5300 Bonn-Bad Godesberg

Deutsche Gesellschaft für Forschung im Graphischen Gewerbe, FOGRA, (1951), Brunnenstr 2, D-8000 München 13

Deutsche Gesellschaft für Freilufterziehung und Schulgesundheitspflege, Bachstr 3-5, D-5300 Bonn-Bad Godesberg

Deutsche Gesellschaft für Galvanotechnik, (1961), Oststr 162, D-4000 Düsseldorf

Deutsche Gesellschaft für Gerichtliche und Soziale Medizin, Hospitalstr 17-19, D-2300 Kiel

Deutsche Gesellschaft für Geschichte der Medizin, Naturwissenschaften und Technik, (1909), Nienburger Str 1-4, D-3000 Hannover

Deutsche Gesellschaft für Gewerblich-Technisches Bildungswesen, Garküche 3, D-3300 Braunschweig

Deutsche Gesellschaft für Gynäkologie, (1885), Humboldtallee 5, D-3400 Göttingen

Deutsche Gesellschaft für Hals-Nasen-Ohren-Heilkunde, Kopf- und Hals-Chirurgie, Venusberg, D-5300 Bonn

Deutsche Gesellschaft für Heereskunde, (1898), Weststr 10, D-4720 Beckum

Deutsche Gesellschaft für Herpetologie und Terrarienkunde, Gerauer Str 69b, D-6000 Frankfurt-Niederrad

Deutsche Gesellschaft für Hochschulkunde, Postfach 1152, D-4630 Bochum

Deutsche Gesellschaft für Holzforschung, DGfH, (1942), Meichelbeckstr 28, D-8000 München 90

Deutsche Gesellschaft für Hopfenforschung, (1926), Preysingstr 10, D-8069 Wolnzach-Markt

Deutsche Gesellschaft für Hygiene und Mikrobiologie, (1906), Von-Stauffenberg-Str 36, D-4400 Münster

Deutsche Gesellschaft für Innere Medizin, (1882), Schwalbacher Str 62, D-6200 Wiesbaden

Deutsche Gesellschaft für Kartographie, (1950), Wartburgpl 9, D-8000 München 23

Deutsche Gesellschaft für Kiefer- und Gesichtschirurgie, Martinistr 52, D-2000 Hamburg 20

Deutsche Gesellschaft für Kieferorthopädie, (1949), Hans-Böckler-Str 5, D-5300 Bonn

Deutsche Gesellschaft für Kinderheilkunde, (1883), Holwedestr 16, D-3300 Braunschweig

Deutsche Gesellschaft für Kreislaufforschung, (1927), Parkstr 1, D-6350 Bad Nauheim

Deutsche Gesellschaft für Kulturmorphologie, (1938), Liebigstr 41, D-6000 Frankfurt

Deutsche Gesellschaft für Kybernetik, (1962), Stresemannallee 21, D-6000 Frankfurt 70

Deutsche Gesellschaft für Lackforschung, Mozartstr 14, D-7000 Stuttgart 1

Deutsche Gesellschaft für Lichtforschung, (1927), Hochstädter Landstr 23, D-6450 Hanau

Deutsche Gesellschaft für Luft- und Raumfahrt, DGLR, (1967), Goethestr 10, D-5000 Köln 51

Deutsche Gesellschaft für Luft- und Raumfahrtmedizin, (1961), Tassilostr 26, D-8032 München-Gräfelfing

Deutsche Gesellschaft für Manuelle Medizin, Ostenallee 83, D-4700 Hamm

Deutsche Gesellschaft für Medizinische Dokumentation und Statistik, Berliner Str 27, D-6900 Heidelberg

Deutsche Gesellschaft für Medizinische und Biologische Elektronik, Kennedyallee 70, D-6000 Frankfurt

Deutsche Gesellschaft für Metallkunde, DGM, (1919), Adenauerallee 21, D-6370 Oberursel

Deutsche Gesellschaft für Mineralölwissenschaft und Kohlechemie, DGMK, (1933), Steindamm 71, D-2000 Hamburg 1

Deutsche Gesellschaft für Missionswissenschaft, (1918), c/o Prof. Dr. G. Vicedom, Augustana Hochschule, D-8806 Neuendettelsau

Deutsche Gesellschaft für Neurochirurgie, (1950), c/o Neurochirurgische Klinik der Universität, D-5000 Köln

Deutsche Gesellschaft für Neurologie, (1906), Scheffelstr 26, D-2000 Hamburg 39

Deutsche Gesellschaft für Ortung und Navigation, DGON, (1961), Am Wehrhahn 94, D-4000 Düsseldorf

Deutsche Gesellschaft für Osteuropakunde, (1913), Schaperstr 30, D-1000 Berlin 30

Deutsche Gesellschaft für Parasitologie, (1960), c/o Dr. G. Lämmler, Farbwerke Höchst, Parasitologisches Institut, D-6230 Frankfurt-Höchst

Deutsche Gesellschaft für Pathologie, (1897), Martinistr 52, D-2000 Hamburg 20

Deutsche Gesellschaft für Personalführung, Kaiserswerther Str 137, D-4000 Düsseldorf-Nord

Deutsche Gesellschaft für Personalwesen, Am Karl-Peters-Pl 2, D-3000 Hannover

Deutsche Gesellschaft für Photogrammetrie, (1909), Gauss-Str 22, D-3300 Braunschweig

Deutsche Gesellschaft für Photographie, DGPh, (1951), Neumarkt 49, D-5000 Köln

Deutsche Gesellschaft für Physikalische Medizin, c/o Prof. W. Zorkendorfer, Extersche Str 30, D-4902 Bad Salzuflen

Deutsche Gesellschaft für Pilzkunde, (1921), Kaiserstr 2, D-7500 Karlsruhe

Deutsche Gesellschaft für Plastische und Wiederherstellende Chirurgie, Martinistr 52, D-2000 Hamburg 20

Deutsche Gesellschaft für Polarforschung, Gievenbecker Weg 61, D-4400 Münster

Deutsche Gesellschaft für Psychiatrie und Nervenheilkunde, (1864), Nussbaumstr 7, D-8000 München 15

Deutsche Gesellschaft für Psychologie, (1903), c/o Institut für Psychologie, Universität, D-6800 Mannheim

Deutsche Gesellschaft für Psychotherapie und Tiefenpsychologie, (1949), Myliusstr 20, D-6000 Frankfurt

Deutsche Gesellschaft für Psychotherapie und Tiefenpsychologie, (1910), c/o Niedersächsisches Landeskrankenhaus, D-3405 Tiefenbrunn

Deutsche Gesellschaft für Publizistik- und Zeitungswissenschaft, Memminger Str 14, D-8900 Augsburg

Deutsche Gesellschaft für Raketentechnik und Raumfahrt, DGRR, (1937), Am Glockenbach 12, D-8000 München 5

Deutsche Gesellschaft für Rehabilitation, (1955), Postfach 466, D-5180 Eschweiler

Deutsche Gesellschaft für Rheumatologie, c/o Rheumaheilstätte, D-2357 Bad Bramstedt

Deutsche Gesellschaft für Säugetierkunde, (1926), Hardenbergpl 8, D-1000 Berlin 30

Deutsche Gesellschaft für Sexualforschung, (1950), Martinistr 52, D-2000 Hamburg 20

Deutsche Gesellschaft für Sozialhygiene und Prophylaktische Medizin, (1926), Alte Rothofstr 6, D-6000 Frankfurt

Deutsche Gesellschaft für Sozialmedizin, Neuenheimer Landstr 20, D-6900 Heidelberg

Deutsche Gesellschaft für Sozialpädiatrie, Vereinigung für Gesundheitsfürsorge im Kindesalter, Feuerbachstr 14, D-6000 Frankfurt 1

Deutsche Gesellschaft für Soziologie, c/o Universität, Schloss, D-6800 Mannheim

Deutsche Gesellschaft für Sprach- und Stimmheilkunde, (1925), Deutschhausstr 3, D-3550 Marburg

Deutsche Gesellschaft für Sprechkunde und Sprecherziehung, Weender Landstr 2, D-3400 Göttingen

Deutsche Gesellschaft für Unfallheilkunde, Versicherungs-, Versorgungs- und Verkehrsmedizin, Hunscheidtstr 1, D-4630 Bochum

Deutsche Gesellschaft für Unternehmensforschung, DGU, (1961), Lennéstr 37, D-5300 Bonn

Deutsche Gesellschaft für Urologie, Humboldtstr 5, D-3000 Hannover 1

Deutsche Gesellschaft für Verdauungs- und Stoffwechselkrankheiten, (1913), Martinistr 52, D-2000 Hamburg 20

Deutsche Gesellschaft für Verkehrsmedizin, Langenbeckstr 1, D-6500 Mainz

Deutsche Gesellschaft für Versicherungs-Mathematik (Deutscher Aktuarverein), (1948), Konrad-Adenauer-Ufer 23, D-5000 Köln

Deutsche Gesellschaft für Völkerkunde, Liebigstr 41, D-6000 Frankfurt

Deutsche Gesellschaft für Völkerrecht, (1917), Senckenberganlage 31-33, D-6000 Frankfurt

Deutsche Gesellschaft für Volkskunde, (1904), Landgraf-Philipp-Str 4, D-3550 Marburg

Deutsche Gesellschaft für Wehrtechnik, Deutschherrenstr 157, D-5300 Bonn-Bad Godesberg

Deutsche Gesellschaft für Zahn-, Mund- und Kieferheilkunde (Zentralverein), (1859), Lindemannstr 96, D-4000 Düsseldorf

Deutsche Gesellschaft für Zahnärztliche Prothetik und Werkstoffkunde, Meisenburgstr 21, D-4300 Essen

Deutsche Gesellschaft für Zerstörungsfreie Prüfverfahren, Adolf-Martens-Str 18, D-1000 Berlin 45

Deutsche Gesellschaft für Züchtungskunde, (1905), Adenauerallee 176, D-5300 Bonn

Deutsche Glastechnische Gesellschaft, DGG, (1922), Bockenheimer Landstr 126, D-6000 Frankfurt

Deutsche Hämatologische Gesellschaft, (1936), c/o Prof. Dr. W. Pribilla, Städtische Krankenanstalt, Medizinische Klinik, D-5000 Köln-Merheim

Deutsche Haemophiliegesellschaft, DHG, (1956), c/o Dr. R. Marx, Ziemssenstr 1a, D-8000 München 15

Deutsche Jazz-Föderation, Kleine Bockenheimer Str 12, D-6000 Frankfurt

Deutsche Kautschuk-Gesellschaft, DKG, (1926), Zeppelinallee 69, D-6000 Frankfurt 90

Deutsche Keramische Gesellschaft, (1919), Menzenberger Str 47, D-5340 Bad Honnef

Deutsche Kinotechnische Gesellschaft für Film und Fernsehen, DKG, (1920), Schaperstr 15, D-1000 Berlin 15

Deutsche Kommission für Ingenieurausbildung, Graf-Recke-Str 84, D-4000 Düsseldorf

Deutsche Kriminologische Gesellschaft, (1960), Elconoren-Anlage 7, D-6079 Buchschlag

Deutsche Landjugend-Akademie, Joh.-Hummel-Weg 1, D-5949 Fredeburg

Deutsche Landwirtschafts-Gesellschaft, (1885), Zimmerweg 16, D-6000 Frankfurt

Deutsche Malakozoologische Gesellschaft, (1868), Senckenberganlage 25, D-6000 Frankfurt

Deutsche Mathematiker-Vereinigung, Haroldstr 19, D-4000 Düsseldorf

Deutsche Medizinische Arbeitsgemeinschaft für Herdforschung und Herdbekämpfung, D.A.H., (1950), Hallgartenstr 73, D-6000 Frankfurt

Deutsche Meteorologische Gesellschaft, (1948), Frankfurter Str 135, D-6050 Offenbach

Deutsche Mineralogische Gesellschaft, (1908), Berliner Str 19, D-6900 Heidelberg

Deutsche Morgenländische Gesellschaft, (1845), Universitätsstr 25, D-3550 Marburg

Deutsche Mozart-Gesellschaft, (1951), Bahnhofstr 11, D-8900 Augsburg

Deutsche Multiple-Sklerose-Gesellschaft, (1952), Kaiserstr 61, D-6000 Frankfurt

Deutsche Neurovegetative Gesellschaft, (1960), c/o Prof. Dr. A. Sturm, Heusnerstr 40, D-5600 Wuppertal-Barmen

Deutsche Ophthalmologische Gesellschaft, (1857), Bergheimerstr 20, D-6900 Heidelberg

Deutsche Orient-Gesellschaft, (1898), Gaismannshofer Weg 5a, D-1000 Berlin 20

Deutsche Ornithologen-Gesellschaft, (1850), D-7761 Möggingen

Deutsche Orthopädische Gesellschaft, (1901), Harlachinger Str 51, D-8000 München 9

Deutsche Pharmakologische Gesellschaft, Sandhofer Str 116, D-6800 Mannheim 31

Deutsche Pharmazeutische Gesellschaft, (1890), Frankfurter Str 250, D-6100 Darmstadt

Deutsche Philharmonische Gesellschaft, Rhodosstr 1, D-5300 Bonn-Bad Godesberg

Deutsche Physikalische Gesellschaft, DPG, (1845), Heraeusstr 9, D-6450 Hanau

Deutsche Physiologische Gesellschaft, (1904), Loschgestr 8 1/2, D-8520 Erlangen

Deutsche Phytomedizinische Gesellschaft, Königin-Luise-Str 19, D-1000 Berlin 33

Deutsche Psychoanalytische Gesellschaft, (1910), c/o Niedersächsisches Landeskrankenhaus, D-3405 Tiefenbrunn

Deutsche Psychoanalytische Vereinigung, Parkstr 14, D-7900 Ulm

Deutsche Quartärvereinigung, (1950), Sven-Hedin-Str 20, D-3000 Hannover-Buchholz

Deutsche Raketengesellschaft, DRG, (1952), Buntentorsteinweg 562, D-2800 Bremen

Deutsche Region der Biometrischen Gesellschaft, (1952), Parkstr 1, D-6350 Bad Nauheim

Deutsche Rheologen-Vereinigung, (1953), c/o Dr. W. Meskat, Bayerwerk, D-5090 Leverkusen

Deutsche Rheologische Gesellschaft, DRG, (1951), Unter den Eichen 86-87, D-1000 Berlin 33

Deutsche Röntgengesellschaft, Gesellschaft für Medizinische Radiologie, Strahlenbiologie und Nuklearmedizin, Röntgenweg 11, D-7400 Tübingen

Deutsche Schillergesellschaft, (1903), Schillerhöhe 1, D-7142 Marbach

Deutsche Sekretärinnen-Akademie, Ackerstr 90, D-4000 Düsseldorf

Deutsche Sektion der Internationalen Liga gegen Epilepsie, Landstr 1, D-7642 Kork

Deutsche Shakespeare-Gesellschaft West, Rathaus, D-4630 Bochum

Deutsche Sozialpolitische Gesellschaft, Postfach 476, D-7000 Stuttgart

Deutsche Statistische Gesellschaft, DStG, (1911), Gustav-Stresemann-Ring 11, D-6200 Wiesbaden

Deutsche Studiengesellschaft für Publizistik, Königstr 1a, D-7000 Stuttgart

Deutsche Tierärzteschaft, Bahnhofstr 59, D-6200 Wiesbaden

Deutsche Tropenmedizinische Gesellschaft, Bernhard-Nocht-Str 74, D-2000 Hamburg

Deutsche Tuberkulose-Gesellschaft, (1925), c/o Prof. Dr. R. W. Müller, Herderstr 6, D-5000 Köln-Lindenthal

Deutsche Union für Geodäsie und Geophysik, DUGG-West, (1960), Arcisstr 21, D-8000 München 2

Deutsche Vereinigung für Finanzanalyse und Anlageberatung, DVFA, Havelstr 9, D-6100 Darmstadt

Deutsche Vereinigung für Gewerblichen Rechtsschutz und Urheberrecht, Belfortstr 15, D-5000 Köln 1

Deutsche Vereinigung für Internationales Steuerrecht, (1949), Oberländer Ufer 84-88, D-5000 Köln 51

Deutsche Vereinigung für Kinder- und Jugendpsychiatrie, Hans-Sachs-Str 6, D-3550 Marburg

Deutsche Vereinigung für Politische Wissenschaft, Von-Melle-Park 15, D-2000 Hamburg 13

Deutsche Verkehrswissenschaftliche Gesellschaft, DVWG, (1949), Cäcilienstr 24, D-5000 Köln 1

Deutsche Versicherungs-Akademie, DVA, Richard-Wagner-Str 47, D-5000 Köln

Deutsche Veterinärmedizinische Gesellschaft, (1952), Frankfurter Str 87, D-6300 Gießen

Deutsche Volkswirtschaftliche Gesellschaft, (1946), Wandsbeker Marktstr 101d, D-2000 Hamburg 70

Deutsche Weltwirtschaftliche Gesellschaft, (1914), Kurfürstendamm 188, D-1000 Berlin 15

Deutsche Werbewissenschaftliche Gesellschaft, DWG, (1919), c/o Werbewissenschaftliches Institut der Universität, Albertus-Magnus-Pl, D-5000 Köln

Deutsche Wissenschaftliche Kommission für Meeresforschung, Palmaille 9, D-2000 Hamburg 50

Deutsche Zentrale für Volksgesundheitspflege, Feuerbachstr 14, D-6000 Frankfurt

Deutsche Zoologische Gesellschaft, (1890), Von-Melle-Park 10, D-2000 Hamburg 13

Deutscher Ärztinnenbund, Ruhleben 7, D-2400 Lübeck

Deutscher Altphilologen-Verband, Ludwig-Beck-Str 9, D-3400 Göttingen

Deutscher Arbeitsgerichtsverband, Kapellstr 5, D-4000 Düsseldorf

Deutscher Arbeitskreis Vakuum, DAV, (1961), Rheingau-Allee 25, D-6000 Frankfurt 7

Deutscher Arbeitskreis Wasserforschung, (1951), Rochusstr 36, D-4000 Düsseldorf N

Deutscher Arbeitsring für Lärmbekämpfung, (1953), Graf-Recke-Str 84, D-4000 Düsseldorf 1

Deutscher Ausschuß für Stahlbau, DASt, Ebertpl 1, D-5000 Köln

Deutscher Autoren-Verband, Sophienstr 2, D-3000 Hannover

Deutscher Berufsverband der Sozialarbeiter und Sozialpädagogen, DBS, (1916), Vautierstr 90, D-4000 Düsseldorf

Deutscher Beton-Verein, (1898), Bahnhofstr 61, D-6200 Wiesbaden

Deutscher Büchereiverband, DBV, (1949), Gitschiner Str 97-103, D-1000 Berlin 61

Deutscher Bund für Vogelschutz, Schloss Rosenstein, D-7000 Stuttgart

Deutscher Dampfkesselausschuss, DDA, Richard-Wagner-Str 49, D-4300 Essen

Deutscher Forstwirtschaftsrat, Schützenhaus, D-5308 Rheinbach

Deutscher Germanistenverband, Schellingstr 3, D-8000 München 23

Deutscher Juristentag, (1860), Wilhelmstr 23a, D-5300 Bonn

Deutscher Kältetechnischer Verein, (1909), Seidenstr 36, D-7000 Stuttgart 1

Deutscher Komponisten-Verband, (1954), Lagardestr 28, D-1000 Berlin 38

Deutscher Künstlerbund, Uhlandstr 147, D-1000 Berlin 15

Deutscher Kunstrat, Alexandraweg 23, D-6100 Darmstadt

Deutscher Landesausschuss des International Council on Social Welfare, Myliusstr 24, D-6000 Frankfurt

Deutscher Lehrerverband, DL, (1969), Kölner Str 157, D-5300 Bonn-Bad Godesberg

Deutscher Markscheider Verein, (1896), Rüttenscheider Str 1, D-4300 Essen

Deutscher Markscheideverein, DMV, Am Buchenhain 5, D-4630 Bochum

Deutscher Museumsbund, Dompl 10, D-4400 Münster

Deutscher Musikerverband, Birkenstr 107, D-4000 Düsseldorf

Deutscher Musikrat, Michaelstr 4, D-5300 Bonn-Bad Godesberg

Deutscher Naturkundeverein, Zavelsteinerstr 38b, D-7000 Stuttgart-Feuerbach

Deutscher Naturschutzring, Maximilianstr 15, D-8000 München 22

Deutscher Nautischer Verein von 1868, Palmaille 120, D-2000 Hamburg-Altona

Deutscher Normenausschuss, DNA, (1917), Burggrafenstr 4-7, D-1000 Berlin 30

Deutscher Philologen-Verband, DPhV, (1949), Barerstr 48, D-8000 München 13

Deutscher Politologen-Verband, R 3, 13, D-6800 Mannheim 1

Deutscher Rat für Internationales Privatrecht, (1953), c/o Prof. Dr. M. Ferid, Prof.-Huber-Pl 2, D-8000 München 22

Deutscher Rat für Landespflege, Heerstr 110, D-5300 Bonn-Bad Godesberg

Deutscher Rechtshistorikertag, Nachtigallenweg 4, D-8520 Erlangen

Deutscher Sportärztebund, Fürstenberger Str 175, D-6000 Frankfurt

Deutscher Stahlbau-Verband, DSTV, Ebertpl 1, D-5000 Köln

Deutscher Stenografielehrerverband, Kordts Feld 24, D-4640 Wattenscheid-Höntrop

Deutscher Verband Forstlicher Forschungsanstalten, Bertholdstr 17, D-7800 Freiburg

Deutscher Verband für das Kaufmännische Bildungswesen, Garküche 3, D-3300 Braunschweig

Deutscher Verband für Materialprüfung, DVM, (1896), Hakenstr 5, D-4600 Dortmund

Deutscher Verband für Schweißtechnik, DVS, Schadowstr 42, D-4000 Düsseldorf

Deutscher Verband für Wasserwirtschaft, Kronprinzenstr 24, D-4300 Essen

Deutscher Verband für Wohnungswesen, Städtebau und Raumplanung, (1946), Wrangelstr 12, D-5000 Köln-Mülheim

Deutscher Verband Technisch-Wissenschaftlicher Vereine, DVT, (1916), Graf-Recke-Str 84, D-4000 Düsseldorf 1

Deutscher Verein für Internationales Seerecht, (1900), Esplanade 6, D-2000 Hamburg 36

Deutscher Verein für Kunstwissenschaft, (1908), Jebenstr 12, D-1000 Berlin 12

Deutscher Verein für Vermessungswesen, DVW, (1871), Petersenstr, D-6100 Darmstadt

Deutscher Verein für Versicherungswissenschaft, (1899), Johannisberger Str 31, D-1000 Berlin 33

Deutscher Verein von Gas- und Wasserfachmännern, DVGW, (1859), Theodor-Heuss-Allee 90-98, D-6000 Frankfurt

Deutscher Volkshochschulverband, (1965), Heerstr 100, D-5300 Bonn-Bad Godesberg

Deutscher Zentralausschuss für Chemie, (1952), Varrentrappstr 40-42, D-6000 Frankfurt

Deutscher Zentralausschuß für Krebsbekämpfung und Krebsforschung, Hufelandstr 55, D-4300 Essen

Deutscher Zentralverein Homöopathischer Ärzte, DZVhÄ, (1829), c/o Dr. G. Wünstel, Kaiserstr 12, D-6500 Mainz

Deutsches Atomforum, (1959), Allianzpl, Haus X, D-5300 Bonn

Deutsches Forum für Entwicklungspolitik, Herwarthstr 16, D-5300 Bonn

Deutsches Institut für Betriebswirtschaft, DIB, (1942), Börsenstr 8-10, D-6000 Frankfurt

Deutsches Institut zur Förderung des Industriellen Führungsnachwuchses, Uferstr 29, D-5038 Rodenkirchen

Deutsches Insulin-Komitee, Wielandstr 23, D-4970 Bad Oeynhausen

Deutsches Komitee Instandhaltung, Graf-Recke-Str 84, D-4000 Düsseldorf

Deutsches Krebsforschungszentrum, Kirschnerstr 6, D-6900 Heidelberg

Deutsches Nationales Komitee der Weltkraftkonferenz, Graf-Recke-Str 84, D-4000 Düsseldorf

Deutsches Nationalkomitee des Internationalen Museumsrates, Museumsinsel 1, D-8000 München 26

Deutsches P.E.N.-Zentrum der Bundesrepublik, Sandstr 10, D-6100 Darmstadt

Deutsches Zentralkomitee zur Bekämpfung der Tuberkulose, Poppenhusenstr 14c, D-2000 Hamburg 33

Dokumentation "Straße", Maastrichter Str 45, D-5000 Köln

Dokumentationsring Elektrotechnik, c/o Siemens AG, Werner-von-Siemens-Str 50, D-8530 Erlangen

Dokumentationsring Pädagogik, c/o Pädagogisches Zentrum, Berliner Str 40-41, D-1000 Berlin 31

Dokumentationsstelle für Biologie, Ringmauer 7, D-6407 Schlitz

Dokumentationsstelle für Elektrotechnik, Gitschiner Str 97-103, D-1000 Berlin 61

Dokumentationsstelle für Tierzucht und Tierernährung, Nordstr 22, D-7000 Stuttgart-Hohenheim

Dramatiker-Union, (1911), Bundesallee 23, D-1000 Berlin 31

Dramaturgische Gesellschaft, Hans-Böhm-Zeile 12, D-1000 Berlin 37

Ettlinger Kreis, (1957), Postfach 189, D-6940 Weinheim

Europäische Akademie Berlin, Bismarckallee 46-48, D-1000 Berlin 33

Europäische Akademie Otzenhausen, Europastr, D-6619 Otzenhausen

Europäische Föderation für Chemie-Ingenieur-Wesen, (1953), Theodor-Heuss-Allee 25, D-6000 Frankfurt

Europäische Föderation für Katholische Erwachsenenbildung, (1963), Lisztstr 6, D-5300 Bonn

Europäische Föderation Korrosion, EFC, (1955), c/o DECHEMA, Theodor-Heuss-Allee 25, D-6000 Frankfurt

Europäische Gesellschaft für Ländliche Soziologie, (1957), Eichgärtenallee 3, D-6300 Giessen

Europäische Gesellschaft für Schriftpsychologie, EGS, Erlenweg 14, D-7000 Stuttgart 70

Europäische Vereinigung der Leitenden Krankenhausärzte, Tersteegenstr 9, D-4000 Düsseldorf

Europäische Vereinigung für Arbeitsstudien, Havelstr 16, D-6100 Darmstadt

Europäische Vereinigung für Eigentumsbildung, Hermann-Lindrath-Gesellschaft, Marienstr 106, D-3000 Hannover

Europäische Vereinigung für Wirtschaftliche und Soziale Entwicklung, CEPES, Friedrichstr 56, D-4000 Düsseldorf

Europäischer Arbeitskreis für Landschaftspflege, (1963), c/o Heimvolkshochschule, D-6419 Fürsteneck

Europäischer Erzieherbund, Isarstr 37, D-2800 Bremen

Europäisches Dokumentations- und Informationszentrum, Poststr 22, D-7970 Leutkirch

European Malacological Union, (1962), Senckenberganlage 25, D-6000 Frankfurt

Evangelische Akademie Bad Boll, D-7325 Bad Boll

Evangelische Akademie Baden, Blumenstr 7, D-7500 Karlsruhe

Evangelische Akademie Loccum, Münchehägener Str, D-3055 Loccum

Evangelische Akademie Tutzing, Schlosstr 2-4, D-8132 Tutzing

Evangelische Gesellschaft für Liturgieforschung, (1938), c/o Prof. D. Dr. O. Söhngen, Bayernallee 17, D-1000 Berlin 19

Evangelische Sozialakademie, Schlosstr 1, D-5241 Friedewald

Evangelische Studiengemeinschaft, Schmeilweg 5, D-6900 Heidelberg

Evangelischer Erziehungs-Verband, Celler Str 102, D-3000 Hannover

Fachausschuss Mikrofilm des AWV, Gutleutstr 163-167, D-6000 Frankfurt

Fachnormenausschuss Akustik und Schwingungstechnik, Burggrafenstr 4-7, D-1000 Berlin 30

Fachnormenausschuss Anstrichstoffe und Ähnliche Beschichtungsstoffe, Burggrafenstr 4-7, D-1000 Berlin 30

Fachnormenausschuss Bauwesen, Kasernenstr 1, D-8600 Bamberg

Fachnormenausschuss Bergbau, Frillendorfer Str 351, D-4300 Essen-Kray

Fachnormenausschuss Bibliotheks- und Dokumentationswesen, Burggrafenstr 4-7, D-1000 Berlin 30

Fachnormenausschuss Bürowesen, Kamekestr 2-8, D-5000 Köln

Fachnormenausschuss Chemischer Apparatebau, Kamekestr 2-8, D-5000 Köln

Fachnormenausschuss Dampferzeuger und Druckbehälter, Kamekestr 2-8, D-5000 Köln

Fachnormenausschuss Dental, Poststr 1, D-7530 Pforzheim

Fachnormenausschuss Dichtungen, Kamekestr 2-8, D-5000 Köln

Fachnormenausschuss Druck- und Reproduktionstechnik, Kamekestr 2-8, D-5000 Köln

Fachnormenausschuss Druckgasanlagen, Burggrafenstr 4-7, D-1000 Berlin 30

Fachnormenausschuss Eisen-, Blech- und Metallwaren, Kaiserswerther Str 135, D-4000 Düsseldorf N

Fachnormenausschuss Elektrotechnik, FNE, Burggrafenstr 4-7, D-1000 Berlin 30

Fachnormenausschuss Fahrradindustrie, Kamekestr 2-8, D-5000 Köln

Fachnormenausschuss Farbe, Unter den Eichen 87, D-1000 Berlin 45

Fachnormenausschuss Feinmechanik und Optik, Poststr 1, D-7530 Pforzheim

Fachnormenausschuss Feuerlöschwesen, FNFW, Burggrafenstr 4-7, D-1000 Berlin 30

Fachnormenausschuss für Eisen und Stahl, Breite Str 27, D-4000 Düsseldorf

Fachnormenausschuss Giessereiwesen, GINA, Sohnstr 70, D-4000 Düsseldorf

Fachnormenausschuss Heiz-, Koch- und Wärmgeräte, FNH, Am Hauptbahnhof 10, D-6000 Frankfurt

Fachnormenausschuss Heizung und Lüftung, Burggrafenstr 4-7, D-1000 Berlin 30

Fachnormenausschuss Holz, Kamekestr 2-8, D-5000 Köln

Fachnormenausschuss Kältetechnik, Kamekestr 2-8, D-5000 Köln

Fachnormenausschuss Kautschukindustrie, FAKAU, Zeppelinallee 69, D-6000 Frankfurt 90

Fachnormenausschuss Kerntechnik, Unter den Eichen 87, D-1000 Berlin 45

Fachnormenausschuss Kinotechnik für Film und Fernsehen, FAKI, Burggrafenstr 4-7, D-1000 Berlin 30

Fachnormenausschuss Kraftfahrzeugindustrie, Westendstr 61, D-6000 Frankfurt

Fachnormenausschuss Kunststoffe, FNK, Burggrafenstr 4-7, D-1000 Berlin 30

Fachnormenausschuss Laborgeräte, Theodor-Heuss-Allee 25, D-6000 Frankfurt 97

Fachnormenausschuss Lebensmittel und Landwirtschaftliche Produkte, FL, Burggrafenstr 4-7, D-1000 Berlin 30

Fachnormenausschuss Lichttechnik, FNL, Burggrafenstr 4-7, D-1000 Berlin 30

Fachnormenausschuss Maschinenbau, FM, Lyoner Str 16, D-6000 Frankfurt 71

Fachnormenausschuss Materialprüfung, FNM, Hakenstr 5, D-4600 Dortmund

Fachnormenausschuss Nichteisenmetalle, FNNE, Kamekestr 2-8, D-5000 Köln

Fachnormenausschuss Papier und Pappe, Burggrafenstr 4-7, D-1000 Berlin 30

Fachnormenausschuss Phototechnik, Burggrafenstr 4-7, D-1000 Berlin 30

Fachnormenausschuss Pigmente und Füllstoffe, Burggrafenstr 4-7, D-1000 Berlin 30

Fachnormenausschuss Pulvermetallurgie, FNP, Kamekestr 2-8, D-5000 Köln

Fachnormenausschuss Radiologie, FNR, Alexanderstr 1, D-2000 Hamburg 1

Fachnormenausschuss Rohre, Rohrverbindungen und Rohrleitungen, Kamekestr 2-8, D-5000 Köln

Fachnormenausschuss Rundstahlketten, Kamekestr 2-8, D-5000 Köln

Fachnormenausschuss Schienenfahrzeuge, FSF, Panoramaweg 1, D-3500 Kassel-Wilhelmshöhe

Fachnormenausschuss Schiffbau, HNA, Kirchenallee 57, D-2000 Hamburg 1

Fachnormenausschuss Schmiedetechnik, Goldene Pforte 1, D-5800 Hagen

Fachnormenausschuss Schweisstechnik, FNS, Burggrafenstr 4-7, D-1000 Berlin 30

Fachnormenausschuss Siebböden und Kornmessung, FNSK, Burggrafenstr 4-7, D-1000 Berlin 30

Fachnormenausschuss Stärke, Marienstr 32, D-5300 Bonn

Fachnormenausschuss Stahldraht und Stahldrahterzeugnisse, Kamekestr 2-8, D-5000 Köln

Fachnormenausschuss Textil- und Textilmaschinenindustrie, Burggrafenstr 4-7, D-1000 Berlin 30

Fachnormenausschuss Theatertechnik, FNTh, Burggrafenstr 4-7, D-1000 Berlin 30

Fachnormenausschuss Tiefbohrtechnik und Brunnenbau, Kamekestr 2-8, D-5000 Köln

Fachnormenausschuss Tiefbohrtechnik und Erdölgewinnung, Burggrafstr 1, D-3100 Celle

Fachnormenausschuss Uhren, Poststr 1, D-7530 Pforzheim

Fachnormenausschuss Vakuumtechnik, FNV, Burggrafenstr 4-7, D-1000 Berlin 30

Fachnormenausschuss Verpackung, (1948), Burggrafenstr 4-7, D-1000 Berlin 30

Fachnormenausschuss Waagenbau, Abbestr 5-7, D-1000 Berlin 10

Fachnormenausschuss Wasserwesen, Burggrafenstr 4-7, D-1000 Berlin 30

Fachnormenausschuss Werkzeuge und Spannzeuge, Kamekestr 2-8, D-5000 Köln

Fachnormenausschuss Werkzeugmaschinen, Corneliusstr 4, D-6000 Frankfurt

Fördergemeinschaft für Absatz- und Werbeforschung, Friedensstr 11, D-6000 Frankfurt

Forschungsgemeinschaft Arthrologie und Chirotherapie, FAC, Ostenallee 83, D-4700 Hamm

Forschungsgemeinschaft Bauen und Wohnen, Hohenzollernstr 25, D-7000 Stuttgart 1

Forschungsgemeinschaft Bekleidungsindustrie, Plittersdorferstr 93, D-5300 Bonn-Bad Godesberg

Forschungsgemeinschaft für Technisches Glas, Obere Eichelgasse 59, D-6980 Wertheim 1

Forschungsgemeinschaft Kraftpapiere und Papiersäcke, Nerotal 4, D-6200 Wiesbaden

Forschungsgemeinschaft Musikinstrumente, Bockenheimer Anlage 1a, D-6000 Frankfurt

Forschungsgemeinschaft Pulvermetallurgie, Westfalendamm 16, D-5830 Schwelm

Forschungsgemeinschaft Seismik, (1954), Theaterstr 15, D-3000 Hannover

Forschungsgemeinschaft Steinzeugindustrie, Postfach, D-5020 Frechen-Marsdorf

Forschungsgesellschaft Blechverarbeitung, (1949), Prinz-Georg-Str 42, D-4000 Düsseldorf

Forschungsgesellschaft Druckmaschinen, Lyoner Str 18, D-6000 Frankfurt-Niederrad

Forschungsgesellschaft für Agrarpolitik und Agrarsoziologie, (1952), Nussallee 21, D-5300 Bonn

Forschungsgesellschaft für das Straßenwesen, (1935), Maastrichter Str 45, D-5000 Köln

Forschungsgesellschaft für Uhren- und Feingeräte-Technik, Kanzleistr 31, D-7000 Stuttgart

Forschungsgesellschaft Kunststoffe, (1953), Karlstr 21, D-6000 Frankfurt

Forschungsgesellschaft Stahlverformung, Goldene Pforte 1, D-5800 Hagen

Forschungsgesellschaft Verfahrenstechnik, (1951), Ebertpl 2, D-5000 Köln

Forschungskreis der Ernährungsindustrie, Heinrich-Kümmel-Str 3, D-3000 Hannover

Forschungskuratorium Gesamttextil, Schaumainkai 87, D-6000 Frankfurt

Forschungsrat für Ernährung, Landwirtschaft und Forsten, (1946), Heerstr 110, D-5300 Bonn-Bad Godesberg

Forschungsrat Kältetechnik, Postfach 320, D-6000 Frankfurt

Forschungsstelle des Bundesverbandes der deutschen Ziegelindustrie, Schaumburg-Lippe-Str 4, D-5300 Bonn

Forschungsstelle für Acetylen, Marsbruchstr 186, D-4600 Dortmund-Aplerbeck

Forschungsvereinigung Feinmechanik und Optik, Pipinstr 16, D-5000 Köln

Forschungsvereinigung für Luft- und Trocknungstechnik, Postfach 109, D-6000 Frankfurt-Niederrad

Forschungsvereinigung Verbrennungskraftmaschinen, Postfach 109, D-6000 Frankfurt-Niederrad

Forschungszentrum des Deutschen Schiffbaues, An der Alster 1, D-2000 Hamburg 1

Fränkische Geographische Gesellschaft, (1954), Kochstr 4, D-8520 Erlangen

Frankfurter Geographische Gesellschaft, Senckenberganlage 36, D-6000 Frankfurt

Fraunhofer-Gesellschaft zur Förderung der Angewandten Forschung, (1949), Romanstr 13, D-8000 München 19

Freier Verband Deutscher Zahnärzte, (1957), Berliner Str 172, D-6050 Offenbach

Frobenius-Gesellschaft, Liebigstr 41, D-6000 Frankfurt

Gemeinnütziger Verein zur Förderung von Philosophie und Theologie, Rheinsdorfer Burgweg 9, D-5303 Walberberg

Gemeinschaft Deutscher Lehrerverbände, GDL, Simrockstr 18, D-4040 Neuss

Gemeinschaft Deutscher Musikverbände, Dahlmannstr 24, D-5300 Bonn

Gemeinschaft für Christlich-Soziale Schulung und Öffentliche Meinungsbildung, Kirchstr 5, D-5300 Bonn

Gemeinschaftsausschuss der Technik, Graf-Recke-Str 84, D-4000 Düsseldorf 1

Gemeinschaftsausschuß Kaltformgebung, Kaiserwertherstr 137, D-4000 Düsseldorf

Gemeinschaftsausschuß Verzinken, Beethovenstr 12, D-4000 Düsseldorf

Geographische Gesellschaft, Mozartstr 30, D-7800 Freiburg

Geographische Gesellschaft Bergisch-Land, Immermannstr 13-15, D-5600 Wuppertal-Elberfeld

Geographische Gesellschaft Bremen, Bahnhofspl, D-2800 Bremen

Geographische Gesellschaft für das Ruhrgebiet, Wupperstr 11, D-4300 Essen

Geographische Gesellschaft in Hamburg, Rothenbaumchaussee 21-23, D-2000 Hamburg 13

Geographische Gesellschaft Nürnberg, Hallpl 5, D-8500 Nürnberg

Geographische Gesellschaft zu Hannover, Im Moore 21, D-3000 Hannover

Geographisch-Kartographische Gesellschaft, Alte Kieler Landstr 147, D-2370 Rendsburg

Geologische Vereinigung, (1810), Postfach 220, D-5442 Mendig

Georg-Agricola-Gesellschaft zur Förderung der Geschichte der Naturwissenschaften und der Technik, (1960), Graf-Recke-Str 84, D-4000 Düsseldorf 1

Georg-Friedrich-Händel-Gesellschaft, Heinrich-Schütz-Allee 35, D-3500 Kassel-Wilhelmshöhe

Georg-von-Vollmar-Akademie, Schloss Aspenstein, D-8113 Kochel

Gesamtverein der Deutschen Geschichts- und Altertumsvereine, (1852), Am Krummbogen 28c, D-3550 Marburg

Gesellschaft des Bauwesens, (1960), Postfach 16124, D-6000 Frankfurt

Gesellschaft Deutscher Chemiker, (1867), Varrentrappstr 40-42, D-6000 Frankfurt 90

Gesellschaft Deutscher Kosmetik-Chemiker, GKC, (1957), Bertelestr 75, D-8000 München-Solln

Gesellschaft Deutscher Metallhütten- und Bergleute, GDMB, (1912), Paul-Ernst-Str 10, D-3392 Clausthal-Zellerfeld 1

Gesellschaft Deutscher Naturforscher und Ärzte, (1822), Friedrich-Ebert-Str 217, D-5600 Wuppertal-Elberfeld

Gesellschaft für Agrargeschichte, Schloß, D-7000 Stuttgart-Hohenheim

Gesellschaft für Angewandte Mathematik und Mechanik, GAMM, Templergraben 55, D-5100 Aachen

Gesellschaft für Anthropologie und Humangenetik, Wartweg 49, D-6300 Giessen

Gesellschaft für Arbeitswissenschaft, (1953), Hohe Str 141, D-4600 Dortmund

Gesellschaft für Bibliothekswesen und Dokumentation des Landbaues, Garbenstr 15, D-7000 Stuttgart 70

Gesellschaft für Biologische Chemie, Müllerstr 170-172, D-1000 Berlin 65

Gesellschaft für Deutsche Presseforschung, Breitenweg 27, D-2800 Bremen

Gesellschaft für Deutsche Sprache, (1885), Taunusstr 11, D-6200 Wiesbaden

Gesellschaft für Dokumentation, Bodenmechanik und Grundbau, Kronprinzenstr 35a, D-4300 Essen

Gesellschaft für Empirische Soziologische Forschung, (1949), Findelgasse 7, D-8500 Nürnberg

Gesellschaft für Epilepsieforschung, (1955), D-4813 Bethel

Gesellschaft für Erd- und Völkerkunde, (1910), Franziskanerstr 2, D-5300 Bonn

Gesellschaft für Erd- und Völkerkunde Stuttgart, Hegelpl 1, D-7000 Stuttgart 1

Gesellschaft für Erdkunde zu Berlin, (1828), Arno-Holz-Str 14, D-1000 Berlin 41

Gesellschaft für Erdkunde zu Köln, Krieler Str 6, D-5000 Köln-Lindenthal

Gesellschaft für Ernährungsphysiologie der Haustiere, (1953), Zimmerweg 14-16, D-6000 Frankfurt

Gesellschaft für Evangelische Theologie, (1940), Merkelstr 49, D-3400 Göttingen

Gesellschaft für Geistesgeschichte, (1958), Kochstr 4, D-8520 Erlangen

Gesellschaft für Geographie und Geologie Bochum, In der Uhlenflucht 13, D-4630 Bochum

Gesellschaft für Geschichte des Landvolkes und der Landwirtschaft, (1904), c/o Dr. G. Franz, Schloß, D-7000 Stuttgart-Hohenheim

Gesellschaft für Historische Waffen- und Kostümkunde, Jebenstr 12, D-1000 Berlin 12

Gesellschaft für Immunologie, c/o Dr. H. G. Schwick, Behringwerke AG, Postfach 1130, D-3550 Marburg 1

Gesellschaft für Instrumentelle Mathematik, (1952), Wegelerstr 6, D-5300 Bonn

Gesellschaft für Kernenergie-Verwertung in Schiffbau und Schiffahrt, Grosse Reichenstr 2, D-2000 Hamburg 11

Gesellschaft für Kernforschung, (1956), Weberstr 5, D-7500 Karlsruhe

Gesellschaft für Konstitutionsforschung, (1947), Osianderstr 22, D-7400 Tübingen

Gesellschaft für Konsum-, Markt- und Absatzforschung, GfK, (1934), Burgschmietstr 2, D-8500 Nürnberg

Gesellschaft für Marktforschung, GfM, (1945), Langelohstr 134, D-2000 Hamburg 53

Gesellschaft für Mathematik und Datenverarbeitung, Schloss Birlinghoven, D-5205 Sankt Augustin

Gesellschaft für Mathematische Forschung, Hebelstr 29, D-7800 Freiburg

Gesellschaft für Musikforschung, (1946), Heinrich-Schütz-Allee 35, D-3500 Kassel-Wilhelmshöhe

Gesellschaft für Öffentliche Wirtschaft und Gemeinwirtschaft, Bleibtreustr 24, D-1000 Berlin 15

Gesellschaft für Operations Research in Wirtschaft und Verwaltung, AKOR, (1956), Postfach 501 067, D-6000 Frankfurt 50

Gesellschaft für Physiologische Chemie, (1947), Friedrich-Ebert-Str 217, D-5600 Wuppertal-Elberfeld

Gesellschaft für Praktische Energiekunde, (1949), Marie-Alexandra-Str 48, D-7500 Karlsruhe 1

Gesellschaft für Publizistische Bildungsarbeit, Friedrichstr 61c, D-4000 Düsseldorf

Gesellschaft für Rationale Verkehrspolitik, Bromberger Str 5, D-4000 Düsseldorf-Reisholz

Gesellschaft für Rechtsvergleichung, (1950), Belfortstr 11, D-7800 Freiburg

Gesellschaft für Sozial- und Wirtschaftsgeschichte, Ludwigstr 33, D-8000 München 22

Gesellschaft für Sozialen Fortschritt, (1949), Münsterstr. 17, D-5300 Bonn

Gesellschaft für Strahlenforschung, Ingolstädter Landstr 1, D-8042 Neuherberg

Gesellschaft für Tribologie und Schmiertechnik, Wilhelmstr 126, D-4102 Homberg

Gesellschaft für Ursachenforschung bei Verkehrsunfällen, GUVU, Classen-Kappelmann-Str 1a, D-5000 Köln 41

Gesellschaft für Versicherungswissenschaft und -gestaltung, (1947), Volksgartenstr 56, D-5000 Köln

Gesellschaft für Versuchstierkunde, Ludwig-Rehn-Str 14, D-6000 Frankfurt

Gesellschaft für Wehrkunde, Marsstr 12, D-8000 München 2

Gesellschaft für Weltraumforschung, Kölner Str 171, D-5300 Bonn-Bad Godesberg

Gesellschaft für Wirtschafts- und Sozialwissenschaften (Verein für Socialpolitik), (1872), Albertus-Magnus-Pl, D-5000 Köln 41

Gesellschaft für Wirtschaftswissenschaftliche und Soziologische Forschung, Kursstr 9, D-6350 Bad Nauheim

Gesellschaft für Wissenschaft und Leben im Rheinisch-Westfälischen Industriegebiet, Hollestr 1, D-4300 Essen

Gesellschaft für Zukunftsfragen, Überseering 2, D-2000 Hamburg 1

Gesellschaft zum Studium Strukturpolitischer Fragen, Kurt-Schumacher-Str 3, D-5300 Bonn

Gesellschaft zur Erforschung des Markenwesens, Schöne Aussicht 59, D-6200 Wiesbaden

Gesellschaft zur Förderung der Finanzwissenschaftlichen Forschung, Albertus-Magnus-Pl, D-5000 Köln-Lindenthal

Gesellschaft zur Förderung der Forschung auf dem Gebiet der Bohr- und Schweißtechnik, GFBS, (1954), Postfach 43, D-4600 Dortmund-Derne

Gesellschaft zur Förderung der Glimmentladungsforschung, Mainzer Str 71, D-5000 Köln

Gesellschaft zur Förderung der Lufthygiene und Silikoseforschung, Gurlittstr 53, D-4000 Düsseldorf

Gesellschaft zur Förderung der Segelflugforschung, Flugpl, Hermann-Mitsch-Str 15, D-7800 Freiburg

Gesellschaft zur Förderung der Spektrochemie und Angewandten Spektroskopie, (1952), Bunsen-Kirchhoff-Str 11, D-4600 Dortmund

Gesellschaft zur Förderung der Wirtschafts- und Verkehrswissenschaftlichen Forschung, Adenauerallee 24-26, D-5300 Bonn

Gesellschaft zur Förderung der Wissenschaftlichen Forschung über das Spar- und Girowesen, Buschstr 32, D-5300 Bonn

Gesellschaft zur Förderung des Verkehrs, Neuer Wall 54, D-2000 Hamburg 36

Gesellschaft zur Förderung Medizin-Meteorologischer Forschung, (1952), Moorweidenstr 14, D-2000 Hamburg 13

Gesellschaft zur Förderung Pädagogischer Forschung, (1950), Schloßstr 29, D-6000 Frankfurt

Gesellschaft zur Herausgabe des Corpus Catholicorum, (1917), Petersbergstr 10, D-7800 Freiburg-Kappel

Gesprächskreis Wissenschaft und Wirtschaft, GKWW, (1957), Seippelweg 8, D-4300 Essen-Bredeney

Görres-Gesellschaft zur Pflege der Wissenschaft, (1876), Engelbertstr 27, D-5000 Köln

Goethe-Gesellschaft, Königin-Luise-Str 85, D-1000 Berlin 33

Göttinger Arbeitskreis, Calsowstr 54, D-3400 Göttingen

Gutenberg-Gesellschaft, (1901), Liebfrauenpl 5, 6500 Mainz

Hafenbautechnische Gesellschaft, (1914), Dalmannstr 1, D-2000 Hamburg 11

Hamburger Gesellschaft für Völkerrecht und Auswärtige Politik, Mittelweg 186, D-2000 Hamburg 13

Hans-Böckler-Gesellschaft, Hans-Böckler-Str 39, D-4000 Düsseldorf

Heidelberger Akademie der Wissenschaften, (1909), Friedrich-Ebert-Anlage 24, D-6900 Heidelberg

Hermann-Ehlers-Gesellschaft, (1955), Naheweg 6, D-5300 Bonn

Hermann-Oberth-Gesellschaft, Fritz-Beindorff-Allee 9, D-3000 Hannover

Hessische Akademie für Bürowirtschaft, Kandelstr 7, D-6000 Frankfurt

Historische Kommission für Ost- und Westpreußische Landesforschung, (1923), D-3400 Göttingen

Historische Kommission zur Erforschung des Pietismus an der Universität Münster, Universitätsstr 13-17, D-4400 Münster

Hochschulgesellschaft für die Erneuerung der Deutschen Universität, Neugasse 4, D-6900 Heidelberg

Hochschulkundliche Vereinigung, Gesellschaft zur Förderung der Deutschen Hochschulkunde, Postfach 1152, D-4630 Bochum

Hochschulverband, HV, (1950), Rheinallee 18, D-5300 Bonn-Bad Godesberg

Hölderlin-Gesellschaft, (1943), Hölderlinhaus, D-7400 Tübingen

Hüttentechnische Vereinigung der Deutschen Glasindustrie, Bockenheimer Landstr 126, D-6000 Frankfurt

Hugo-Obermaier-Gesellschaft für Erforschung des Eiszeitalters und der Steinzeit, (1951), Kochstr 4, D-8520 Erlangen

Humboldt-Gesellschaft für Wissenschaft, Kunst und Bildung, U 3, 16-17, D-6800 Mannheim

Interessengemeinschaft Deutschsprachiger Autoren, Am Silberberg 12, D-3282 Steinheim

Interessengemeinschaft für Lederforschung und Häuteschädenbekämpfung im Verband der deutschen Lederindustrie, Leverkuser Str 20, D-6320 Frankfurt-Höchst

International Association of Biological Oceanography, IABO, c/o Institut für Meereskunde, Niemannsweg 11, D-2300 Kiel

International Committee on Nomenclature of Bacteria, c/o Institut für Hygiene und Mikrobiologie, Universität, D-8700 Würzburg

International Committee on the History of Art, (1930), c/o Kunsthistorisches Institut, Liebfrauenweg 1, D-5300 Bonn

International Committee on the Teaching of Philosophy, (1964), Gerhart-Hauptmann-Str 1, D-4400 Münster

International Institute for Comparative Music Studies and Documentation, (1963), Winklerstr 20, D-1000 Berlin 33

International Organization for Medical Co-operation, IOMC, (1964), Hauptstr 10, D-5060 Bensberg

International Society for Homotoxicology and Antihomotoxcological Therapy, Bertholdstr 7, D-7570 Baden-Baden

International Standing Committee of Carboniferous Congresses, (1927), c/o Geologisches Landesamt Nordrhein-Westfalen, Postfach 1080, D-4150 Krefeld

International Union of Orientalists, (1951), Geschwister-Scholl-Pl 1, D-8000 München

Internationale Akademie für Bäderkunde und Bädertechnik, IAB, (1965), Waller Heerstr 154a, D-2800 Bremen

Internationale Arbeitsgemeinschaft der Papierhistoriker, IPH, (1959), Liebfrauenpl 5, D-6500 Mainz

Internationale Forschungsgemeinschaft Futtermitteltechnik, AIF, D-3301 Thume

Internationale Gesellschaft für Allgeminmedizin, (1959), Lange Str 21a, D-4740 Oelde

Internationale Gesellschaft für Erforschung von Zivilisationskrankheiten und Vitalstoffen, (1954), Bemeroderstr 61, D-3000 Hannover-Kirchrode

Internationale Gesellschaft für Geschichte der Pharmazie, (1926), Petersäcker 9, D-7031 Steinenbronn

Internationale Gesellschaft für Neue Musik, (1922), Winklerstr 20, D-1000 Berlin 33

Internationale Gesellschaft für Urheberrecht, INTERGU, (1954), Herzog-Wilhelm-Str 28, D-8000 München 2

Internationale Heinrich-Schütz-Gesellschaft, ISG, (1930), Heinrich-Schütz-Allee 35, D-3500 Kassel-Wilhelmshöhe

Internationale Liga der Homöopathischen Ärzte, c/o Dr. von Petzinger, Kaiserstr 39, D-3250 Hameln

Internationale Neuphilologen-Vereinigung, Liebigstr 37, D-3550 Marburg

Internationale Union für Angewandte Ornithologie, Postfach 169, D-6200 Wiesbaden

Internationale Union für Reine und Angewandte Physik, c/o Dr. K.-H. Riewe, Heraeusstr 12-14, D-6450 Hanau

Internationale Vereinigung der Musikbibliotheken, IVMB, c/o Stadtbibliothek, Schüsselkorb 15-16, D-2800 Bremen

Internationale Vereinigung für Rechts- und Sozialphilosophie, Friedrichstr 57, D-6200 Wiesbaden

Internationale Vereinigung für Rechtswissenschaften, c/o Dr. V. O. Reinikainen, Pfizer GmbH, Postfach 4949, D-7500 Karlsruhe

Internationale Vereinigung für Vegetationskunde, (1937), c/o Prof. Dr. R. Tüxen, D-3261 Todenmann

Internationale Vereinigung Juristischer Bibliotheken, c/o Prof. H. G. Leser, Universitätsstr 61, D-3550 Marburg

Internationale Vereinigung zum Studium der Tone, (1948), c/o Institut für Bodenkunde der Technischen Hochschule München, D-8050 Freising-Weihenstephan

Internationale Vereinigung zur Erforschung der Qualität von Nahrungspflanzen, (1955), c/o Prof. Dr. W. Schuphan, Rüdesheimer Str 12-14, D-6222 Geisenheim

Internationaler Arbeitskreis für Musik, Heinrich-Schütz-Allee 33, D-3500 Kassel-Wilhelmshöhe

Internationaler Elektronik-Arbeitskreis, INEA, (1963), Rossmarkt 12, D-6000 Frankfurt

Internationaler Rat für Kinderspiel und Spielzeug, (1959), Neue Str 92, D-7900 Ulm

Internationaler Verband für Automatische Regelung, (1957), Graf-Recke-Str 84, D-4000 Düsseldorf

Internationaler Verband für Leibeserziehung und Sport der Mädchen und Frauen, (1953), c/o Deutsche Sporthochschule, Carl-Diem-Weg 5, D-5000 Köln-Müngersdorf

Internationaler Verband für Verkehrsschulung und Verkehrserziehung, IVV, Erlbruch 19, D-4350 Recklinghausen

Internationaler Verband von Direktoren Zoologischer Gärten, (1946), c/o Zoologischer Garten, Riehler Str 173, D-5000 Köln-Riehl

Internationales Institut für Öffentliche Finanzen, c/o Prof. Dr. P. Senf, Universität des Saarlandes, D-6600 Saarbrücken 11

Internationales Komitee für Histochemie und Cytochemie, (1960), Koelikerstr 6, D-8700 Würzburg

Interparlamentarische Arbeitsgemeinschaft, Postfach 9110, D-5300 Bonn

Isotopen-Studiengesellschaft, (1957), Karlstr 21, D-6000 Frankfurt

Joachim-Jungius-Gesellschaft der Wissenschaften, (1947), Edmund-Siemers-Allee 1, D-2000 Hamburg 13

Johannes-Althusius-Gesellschaft, Universitätsstr 14-16, D-4400 Münster

Johann-Gottfried-Herder-Forschungsrat, Emil-von-Behring-Weg 7, D-3550 Marburg

Kant-Gesellschaft, (1904), Am alten Forsthaus 16, D-5301 Röttgen

Kassenärztliche Bundesvereinigung, Haedenkampstr 3, D-5000 Köln 41

Kassenzahnärztliche Bundesvereinigung, Universitätsstr 73, D-5000 Köln 41

Katholische Akademie in Bayern, Mandlstr 23, D-8000 München 23

Katholische Akademie Trier, Auf der Jüngt 1, D-5500 Trier

Kestner-Gesellschaft, (1916), Warmbuchenstr 16, D-3000 Hannover

Keyserling-Gesellschaft für Freie Philosophie, (1920), Humboldtstr 11a, D-6200 Wiesbaden

Kolloid-Gesellschaft, (1922), Graf-von-Spee-Str 5, D-5060 Bensberg

Komitee für Internationale Zusammenarbeit in Ländlicher Soziologie, (1962), c/o Institut für Agrarsoziologie, Eichgärtenallee 3, D-6300 Giessen

Kommission für Alte Geschichte und Epigraphik des Deutschen Archäologischen Instituts, Schellingstr 10, D-8000 München 13

Kommission für Erforschung der Agrar- und Wirtschaftsverhältnisse des europäischen Ostens, Schloßgasse 7, D-6300 Gießen

Kommission für Geschichte des Parlamentarismus und der Politischen Parteien, Königspl 5, D-5300 Bonn-Bad Godesberg

Konferenz der Dekane der Rechtswissenschaftlichen und Rechts- und Staatswissenschaftlichen Fakultäten in der Bundesrepublik Deutschland und West-Berlin, Universität, D-6500 Mainz

Kongreßgesellschaft für Ärztliche Fortbildung, Klingsorstr 21, D-1000 Berlin 41

Kriminalbiologische Gesellschaft, (1927), c/o Prof. Dr. J. Hirschmann, Osianderstr 22, D-7400 Tübingen

Kuratorium für Forschung und Nachwuchsausbildung der Zellstoff- und Papierindustrie, Adenauerallee 55, D-5300 Bonn

Kuratorium für Kulturbauwesen, (1949), Welfengarten 1, D-3000 Hannover

Länderarbeitsgemeinschaft für Naturschutz, Landschaftspflege und Erholung, Am Schiffgraben 12, D-3000 Hannover

Landesarbeitsgemeinschaft für Ländliche Erwachsenenbildung, Marienstr 11, D-3000 Hannover

Landesverband der Volkshochschulen Niedersachsens, Bödekerstr 16, D-3000 Hannover

Landesverband der Volkshochschulen Schleswig-Holsteins, Legienstr 40, D-2300 Kiel

Landesverband der Volkshochschulen von Nordrhein-Westfalen, Bornstr 1, D-4600 Dortmund

Leiterkreis der Evangelischen Akademien in Deutschland, D-7325 Bad Boll

Leiterkreis der Katholischen Akademien, Bergerhofweg 24, D-5840 Schwerte

Lichttechnische Gesellschaft, LITG, Burggrafenstr 4-7, D-1000 Berlin 30

List-Gesellschaft, (1925), Klosterstr 20, D-4000 Düsseldorf

Luftwaffenakademie Neubiberg, Fliegerhorst Neubiberg, D-8000 München

Luther-Gesellschaft, (1917), Bugenhagenstr 21, D-2000 Hamburg 1

Marburger Bund, Verband der Angestellten und Beamteten Ärzte Deutschlands, Riehler Str 6, D-5000 Köln 1

Mathematische Gesellschaft in Hamburg, (1922), Rothenbaumchaussee 67-69, D-2000 Hamburg 13

Mathematisch-Naturwissenschaftlicher Fakultätentag, c/o Institut für Theoretische Physik, D-6600 Saarbrücken

Max-Eyth-Gesellschaft für Agrartechnik, Haus 10, D-3401 Niedergandern

Max-Planck-Gesellschaft zur Förderung der Wissenschaften, (1911), Residenzstr 1a, D-8000 München 1

Meteorologische Gesellschaft in Hamburg, (1883), Bernhard-Nocht-Str 76, D-2000 Hamburg 4

Mommsen-Gesellschaft, Verband der Forscher auf dem Gebiete des Griechisch-Römischen Altertums, c/o Ruhr-Universität, Buscheystr, D-4630 Bochum-Querenburg

Münchener Tierärztliche Gesellschaft, Veterinärstr 13, D-8000 München

Nachrichtentechnische Gesellschaft im VDE, NTG, (1954), Stresemannallee 21, D-6000 Frankfurt 70

Nah- und Mittelost-Verein, (1918), Mittelweg 151, D-2000 Hamburg 13

Naturforschende Gesellschaft, (1834), Kunigundendamm 10, D-8600 Bamberg

Naturforschende Gesellschaft Freiburg, (1821), Hebelstr 40, D-7800 Freiburg

Naturhistorische Gesellschaft Nürnberg, Gewerbemuseumspl 4, D-8500 Nürnberg

Naturhistorische Gesellschaft zu Hannover, Postfach 54, D-3000 Hannover-Buchholz

Naturwissenschaftlicher Verein für das Fürstentum Lüneburg von 1851, (1851), Barckhausenstr 38, D-3140 Lüneburg

Naturwissenschaftlicher Verein für Schleswig-Holstein, Niemannsweg 76, D-2300 Kiel 1

Naturwissenschaftlicher Verein in Hamburg, (1837), Von-Melle-Park 10, D-2000 Hamburg 13

Naturwissenschaftlicher Verein zu Bremen, (1864), Übersee-Museum, D-2800 Bremen

Neue Bachgesellschaft, (1900), Rumannstr 10, D-3000 Hannover

Niedersächsischer Bund für Freie Erwachsenenbildung, Marienstr 11, D-3000 Hannover

Niedersächsischer Landesverband der Heimvolkshochschulen, Marienstr 11, D-3000 Hannover

Nietzsche-Gesellschaft, (1919), Neureuther Str 12, D-8000 München 13

Ost-Akademie, Herderstr 1-11, D-3140 Lüneburg

Paläontologische Gesellschaft, (1912), D-3392 Clausthal-Zellerfeld 1

Paul-Tillich-Gesellschaft, David-Hilbert-Str 15, D-3400 Göttingen

Paulus-Gesellschaft, Münchner Str 50, D-8228 Freilassing

Pfälzischer Verein für Naturkunde und Naturschutz "Pollichia", Sonnenwendstr 21a, D-6702 Bad Dürkheim

Philosophischer Fakultätentag, Ihnestr 22, D-1000 Berlin 33

Physikalische Gesellschaft Württemberg-Baden-Pfalz, Albert-Ueberle-Str 15, D-6900 Heidelberg

Physikalisch-Medizinische Gesellschaft, (1849), Josef-Schneider-Str 2, D-8700 Würzburg

Physikalisch-Medizinische Sozietät, Glückstr 9, D-8520 Erlangen

Politische Akademie Eichholz, Urfelder Str 221, D-5047 Wesseling

Postakademie, Schloss, D-8764 Kleinheubach

Psychobiologische Gesellschaft, (1953), Wimmerstr 25, D-8000 München 61

Psychophysikalische Gesellschaft, PPG, (1954), Wolfratshauser Str 26, D-8000 München 25

Rationalisierungs-Gemeinschaft Bauwesen im Rationalisierungs-Kuratorium der Deutschen Wirtschaft, Gutleutstr 163-167, D-6000 Frankfurt

Rationalisierungs-Gemeinschaft des Handels beim Rationalisierungs-Kuratorium der Deutschen Wirtschaft, Spichernstr 55, D-5000 Köln

Rationalisierungs-Gemeinschaft Verpackung im Rationalisierungs-Kuratorium der Deutschen Wirtschaft, Auguste-Viktoria-Str 66, D-1000 Berlin 33

Rationalisierungs-Kuratorium der Deutschen Wirtschaft, RKW, Gutleutstr 163-167, D-6000 Frankfurt

Rechts- und Staatswissenschaftliche Vereinigung, Berliner Allee 14, D-4000 Düsseldorf

Regionale Organisation für Europa der Fédération Dentaire Internationale, (1965), Universitätsstr 73, D-5000 Köln-Lindenthal

Rheinische Naturforschende Gesellschaft, Reichklarastr 1, D-6500 Mainz

Rheinische Vereinigung für Volkskunde, (1947), Poppelsdorfer Allee 25, D-5300 Bonn

Richard-Wagner-Studiengesellschaft, (1952), c/o E. Wölfel, Loristr 11, D-8000 München 2

Richard-Wagner-Verband, Elsastr 5, D-8580 Bayreuth

Rudolf-Alexander Schröder-Gesellschaft, (1947), Salvatorpl 1, D-8000 München 2

Schiffsbautechnische Gesellschaft, (1899), Neuer Wall 54, D-2000 Hamburg 36

Schmalenbach-Gesellschaft zur Förderung der Betriebswirtschaftlichen Forschung und Praxis, Tiberiusstr 4, D-5000 Köln 51

Schopenhauer-Gesellschaft, c/o Dr. A. Hübscher, Roßkopfstr 10, D-6000 Frankfurt-Niederursel

Seminar für Staatsbürgerkunde, Bahnhofstr 2, D-5960 Olpe

Senckenbergische Naturforschende Gesellschaft, Senckenberg-Anlage 25, D-6000 Frankfurt

Societas Linguistica Europaea, (1966), Olshausenstr 40-60, D-2300 Kiel

Sozialakademie, Hohe Str 141, D-4600 Dortmund

Ständiger Ausschuss für Geographische Namen, Michaelshof, D-5300 Bonn-Bad Godesberg

Studiengemeinschaft für Fertigbau, Bahnhofstr 34, D-6200 Wiesbaden

Studiengesellschaft für den Kombinierten Verkehr, Unterlindau 21-29, D-6000 Frankfurt

Studiengesellschaft für Hochspannungsanlagen, Hallenweg, D-6800 Mannheim 81

Studiengesellschaft für Landwirtschaftliche Arbeitswirtschaft, Am Kauzenberg, D-6550 Bad Kreuznach

Studiengesellschaft für Praktische Psychologie, c/o Rheinisches Landeskrankenhaus, D-4053 Süchteln

Studiengesellschaft für Unterirdische Verkehrsanlagen, STUVA, Mozartstr 7, D-4000 Düsseldorf

Studiengesellschaft zur Erforschung von Meeresalgen, Stavenort 1, D-2150 Buxtehude

Studiengesellschaft zur Förderung der Kernenergieverwertung in Schiffbau und Schiffahrt, (1955), Neuer Wall 34, D-2000 Hamburg 36

Studienkreis für Presserecht und Pressefreiheit, Königstr 1a, D-7000 Stuttgart

Study Committee of the Hospital Organizations within the Common Market, Tersteegenstr 9, D-4000 Düsseldorf-Nord

Südosteuropa-Gesellschaft, Widenmayerstr 49, D-8000 München 22

Technische Akademie, Hubertusallee 18, D-5600 Wuppertal-Elberfeld

Technische Vereinigung der Grosskraftwerksbetreiber, VGB, Klinkestr 29-31, D-4300 Essen

Technisch-Literarische Gesellschaft, TELI, Heubergstr 28, D-8019 Ebersberg

Theodor-Storm-Gesellschaft, D-2300 Kiel

Tukan-Kreis, Moosacherstr 47, D-8000 München 13

VDEh-Gesellschaft zur Förderung der Eisenforschung, Breite Str 27, D-4000 Düsseldorf

VDI-Dokumentationsstelle, Graf-Recke-Str 84, D-4000 Düsseldorf

Verband Bildung und Erziehung, VBE, Theodor-Heuss-Ring 36, D-5000 Köln

Verband der Ärzte Deutschlands (Hartmannbund), Kölner Str 40-42, D-5300 Bonn-Bad Godesberg 1

Verband der Deutschen Höhlen- und Karstforscher, (1955), Hauptstr 33, D-7901 Seißen

Verband der Dozenten an Deutschen Ingenieurschulen, Lorscherstr 13, D-6500 Mainz

Verband der Fachärzte Deutschlands, Josefpl 20, D-8500 Nürnberg

Verband der Geschichtslehrer Deutschlands, (1950), Lindenschmitstr 51, D-6500 Mainz

Verband der Historiker Deutschlands, (1893), c/o Historisches Seminar, Universität, D-5000 Köln

Verband der Lehrerinnen für Landwirtschaftliche Berufs- und Fachschulen, Krumme Str 21, D-4400 Münster

Verband der Leitenden Krankenhausärzte Deutschlands, Tersteegenstr 9, D-4000 Düsseldorf

Verband der Materialprüfungsämter, Marsbruchstr 186, D-4600 Dortmund-Aplerbeck

Verband der Niedergelassenen Ärzte Deutschlands, Theodor-Heuss-Ring 62, D-5000 Köln

Verband der Volkshochschulen des Saarlandes, Dudweilerstr 11, D-6600 Saarbrücken 3

Verband der Volkshochschulen im Lande Bremen, Schwachhauser Heerstr 67, D-2800 Bremen

Verband der Volkshochschulen von Rheinland-Pfalz, Bahnhofstr 14, D-6507 Ingelheim

Verband der Wissenschaftler an Forschungsinstituten, VWF, Kaiserpl 12, D-8000 München 23

Verband Deutscher Badeärzte, Westkorso 7, D-4970 Bad Oeynhausen

Verband Deutscher Berufsgeographen, Michaelstr 8, D-5300 Bonn-Bad Godesberg

Verband Deutscher Biologen, Neckarstr 6, D-8520 Erlangen

Verband Deutscher Diplom-Handelslehrer, Berufsschulzentrum, Wallstr, D-6500 Mainz

Verband Deutscher Kunsthistoriker, (1948), Altensteinstr 15, D-1000 Berlin 33

Verband Deutscher Landwirtschaftlicher Untersuchungs- und Forschungsanstalten, Bismarckstr 41a, D-6100 Darmstadt

Verband Deutscher Lehrer im Ausland, Mörikestr 24, D-4032 Lintorf

Verband Deutscher Leibeserzieher an den Höheren Schulen, Scharnhorststr 3, D-3050 Wunstorf

Verband Deutscher Meteorologischer Gesellschaften, VDMG, Auf dem Hügel 20, D-5300 Bonn

Verband Deutscher Musikerzieher und Konzertierender Künstler, VDMK, (1964), Hirschgartenallee 19, D-8000 München 19

Verband Deutscher Physikalischer Gesellschaften, Gänsheidestr 15a, D-7000 Stuttgart

Verband Deutscher Physiotherapeuten, VDPh, (1949), An der Alster 26, D-2000 Hamburg 1

Verband Deutscher Privatschulen, Hauptstr 10, D-6232 Bad Soden

Verband Deutscher Realschullehrer, VDR, Menterstr 111, D-8000 München 60

Verband Deutscher Schriftsteller, VS, (1969), Clemensstr 58, D-8000 München 23

Verband Deutscher Schriftsteller in Hamburg, Glockengiesserwall 2, D-2000 Hamburg 1

Verband Deutscher Schulgeographen, (1946), Hummelsbütteler Kirchenweg 63, D-2000 Hamburg 63

Verband Deutscher Schulmusikerzieher, Uhlhornsweg 13, D-2900 Oldenburg

Verband für Arbeitsstudien, REFA, (1924), Wittichstr 2, D-6100 Darmstadt

Verband für die Taxonomische Untersuchung der Flora des Tropischen Afrikas, (1950), c/o Botanische Staatssammlung, Menzinger Str 67, D-8000 München 19

Verband Katholischer Landvolkshochschulen Deutschlands, Ländliche Heimvolkshochschule, D-7314 Wernau

Verein der Bibliothekare an Öffentlichen Büchereien, (1922), c/o Stadtbücherei, Haus zum Falken, D-8700 Würzburg

Verein der Diplom-Bibliothekare an Wissenschaftlichen Bibliotheken, (1948), c/o Bayerische Staatsbibliothek, Abholfach, D-8000 München 34

Verein der Textil-Chemiker und Coloristen, VTCC, Rohrbacher Str 76, D-6900 Heidelberg

Verein der Zellstoff- und Papier-Chemiker und -Ingenieure, (1905), Rheinstr 51, D-6100 Darmstadt

Verein Deutscher Archivare, VdA, (1964), Völklinger Str 49, D-4000 Düsseldorf

Verein Deutscher Bibliothekare, (1900), c/o Universitätsbibliothek, Universitätsstr 31, D-8400 Regensburg 2

Verein Deutscher Dokumentare, VDD, Elsa-Brandström-Str 62, D-5302 Bonn-Beuel

Verein Deutscher Eisenhüttenleute, VDEh, (1860), Breite Str 27, D-4000 Düsseldorf

Verein Deutscher Gießereifachleute, (1909), Sohnstr 70, D-4000 Düsseldorf

Verein für Forstliche Standortskunde und Forstpflanzenzüchtung, Fasanengarten, D-7000 Stuttgart-Weilimdorf

Verein für Gerbereichemie und -Technik, Schillerstr 46, D-8000 München 15

Verein für Kommunalwirtschaft und Kommunalpolitik, Deutschhauspl 1, D-6500 Mainz

Verein für Kommunalwissenschaften, Str des 17. Juni 112, D-1000 Berlin 12

Verein für Rheinische Kirchengeschichte, Humboldtstr 57a, D-4000 Düsseldorf

Verein für Technische Holzfragen, Bienroder Weg 54a, D-3300 Braunschweig-Kralenriede

Verein für Vaterländische Naturkunde in Württemberg, (1844), Schloß Rosenstein, D-7000 Stuttgart 1

Verein für Wasser-, Boden- und Lufthygiene, Postfach, D-1000 Berlin 33

Verein für Westfälische Kirchengeschichte, Melchersstr 57, D-4400 Münster

Verein Katholischer Lehrerinnen, Hedwid-Dransfeld-Pl 4, D-4300 Essen

Verein Naturschutzpark, (1909), Ballindamm 2-3, D-2000 Hamburg 1

Verein von Altertumsfreunden im Rheinland, Colmantstr 14-16, D-5300 Bonn

Verein zur Förderung der Deutschen Tanz- und Unterhaltungsmusik, Dahlmannstr 24, D-5300 Bonn

Verein zur Förderung der Gießerei-Industrie, Sohnstr 70, D-4000 Düsseldorf

Verein zur Förderung von Forschungs- und Entwicklungsarbeiten in der Werkzeugindustrie, Elberfelder Str 77, D-5630 Remscheid

Vereinigung der Landesdenkmalpfleger, Fischtorpl 23, D-6500 Mainz

Vereinigung der Technischen Überwachungs-Vereine, Rottstr 17, D-4300 Essen

Vereinigung Deutscher Gewässerschutz, Beethovenstr 81, D-5300 Bonn-Bad Godesberg

Vereinigung Deutscher Landerziehungsheime, Am Schlachtensee 2, D-1000 Berlin 37

Vereinigung Deutscher Werks- und Wirtschaftsarchivare, Friedrich-Ebert-Pl 12, D-3150 Peine

Vereinigung Europäischer Konjunktur-Institute, (1957), Adenauerallee 170, D-5300 Bonn

Vereinigung für Angewandte Botanik, (1902), Waterloostr 21, D-3300 Braunschweig

Vereinigung Westdeutscher Hals-, Nasen-, Ohrenärzte, c/o Universitäts-Hals-Nasen-Ohrenklinik, D-5300 Bonn-Venusberg

Vereinigung zur Erforschung der Neueren Geschichte, Am Hof 1e, D-5300 Bonn

Vereinigung zur Förderung des Deutschen Brandschutzes, VFDB, (1950), Peter-Roos-Str 13, D-4000 Düsseldorf-Oberkassel

Vereinigung zur Weiterbildung Betrieblicher Führungskräfte, Badensche Str 50-51, D-1000 Berlin 62

Verfahrenstechnische Gesellschaft im VDI, VTG, Graf-Recke-Str 84, D-4000 Düsseldorf 1

Versuchsgrubengesellschaft, Tremoniastr 13, D-4600 Dortmund

Volks- und Betriebswirtschaftliche Vereinigung im Rheinisch-Westfälischen Industriegebiet, Mercatorstr 22-24, D-4100 Duisburg

Volkshochschulverband Baden-Württemberg, Helfferichstr 11, D-7000 Stuttgart 1

Volkskundliche Kommission des Landschaftsverbandes Westfalen-Lippe, Dompl 23, D-4400 Münster

Weltbund für Erneuerung der Erziehung, (1964), Keplerstr 87, D-6900 Heidelberg

Weltgesellschaft für Buiatrik, (1962), c/o Rinderklinik, Bischofsholer Damm 15, D-3000 Hannover

West- und Süddeutscher Verband für Altertumsforschung, c/o Römisch-Germanisches Zentralmuseum, Ernst-Ludwig-Pl 2, D-6500 Mainz

Westdeutsche Gesellschaft für Familienkunde, Rheinallee 34, D-5300 Bonn-Beuel

Westdeutsche Rektorenkonferenz, (1949), Ahrstr 39, D-5300 Bonn-Bad Godesberg

Westdeutscher Künstlerbund, Hochstr 73, D-5800 Hagen

Westdeutscher Medizinischer Fakultätentag, Schillerstr 25, D-8520 Erlangen

Wilhelm-Busch-Gesellschaft, (1930), Georgengarten 1, D-3000 Hannover

Wilhelm-Vershofen-Gesellschaft, (1948), Weilimdorfer Str 76, D-7000 Stuttgart-Feuerbach

Wirtschafts- und Sozialpolitische Vereinigung, Bonner Talweg 57, D-5300 Bonn

Wirtschaftsakademie Berlin, Badensche Str 50-51, D-1000 Berlin 62

Wirtschaftsakademie für Lehrer, Wandsbeker Marktstr 101d, D-2000 Hamburg 70

Wirtschaftspolitische Gesellschaft von 1947, (1947), Holzhausenstr 15, D-6000 Frankfurt

Wissenschaftliche Gesellschaft an der Universität Frankfurt, Paul-Ehrlich-Str 5, D-6000 Frankfurt

Wissenschaftliche Gesellschaft für Luft- und Raumfahrt, WGLR, (1912), Martinstr 40-42, D-5000 Köln

Wissenschaftliche Vereinigung für Ultraschallforschung, (1950), Boxgraben 99, D-5100 Aachen

Wissenschaftlicher Verein für Verkehrswesen, WVV, (1949), Zweigertstr 34, D-4300 Essen

Wissenschaftlich-Technische Arbeitsgemeinschaft für Härtereitechnik und Wärmebehandlung, (1942), Hardenbergstr 8, D-1000 Berlin 19

Wittheit zu Bremen, Bahnhofspl 13, D-2800 Bremen

Württembergische Bibliotheksgesellschaft, (1946), Neckarstr 8, D-7000 Stuttgart

Wuppertaler Kreis, Uferstr 29, D-5038 Rodenkirchen

Zentralausschuß für Deutsche Landeskunde, (1882), Postfach 130, D-5300 Bonn-Bad Godesberg

Zentralstelle für Atomkernenergie-Dokumentation, ZAED, Westendstr 21, D-6000 Frankfurt

Zentralstelle für Luftfahrt-Dokumentation und -Information, ZLDI, Maria-Theresia-Str 21, D-8000 München 27

Zentralstelle für Maschinelle Dokumentation, ZMD, Holzhausenstr 44, D-6000 Frankfurt

Zentralstelle für Pilzforschung und Pilzverwertung, Leopoldstr 175, D-8000 München 23

Zentralverband der Deutschen Geographen, c/o Geographisches Institut der Universität, Im Stadtwald, D-6600 Saarbrücken

Zentrum Berlin für Zukunftsforschung, Hohenzollerndamm 170, D-1000 Berlin 31

Finnland

Finland

Akateemisten Järjestöjen Keskuselin, AKAVA, Lastenkodinkatu 5a, SF-00180 Helsinki 18

Atomienergianeuvottelukunta, Asema-aukio 2c, SF-00100 Helsinki 10

Cancer Society of Finland, Liisankatu 21b, SF-00170 Helsinki 17

Ekonomiska Samfundet i Finland, (1894), Observatoriegatan 4a, SF-00100 Helsinki 10

Finlands Aktuarieförening, Kaivokatu 12a, SF-00100 Helsinki 10

Finlands Svenska Författareförening, (1919), Runebergsgatan 32c, SF-00100 Helsinki 10

Finlands Svenska Folkskollärarförbund, (1900), Töölöntullinkatu 8, SF-00250 Helsinki 25

Finnatom, c/o Ekono, Etelä Esplanadi 14, SF-00130 Helsinki 13

Finnish Society of Automatic Control, POB 13039, SF-00130 Helsinki 13

Finska Kemistsamfundet, (1891), POB 476, SF-00100 Helsinki 10

Finska Läkaresällskapet, (1835), Ständerhuset, SF-00100 Helsinki 10

Geofysiikan Seuro, Porthania, SF-00100 Helsinki 10

Historian Ysäväin Liitto, Rauhankatu 17, SF-00170 Helsinki 17

International Law Association, (1946), Uudenmaankatu 39a, SF-00120 Helsinki 12

Juridiska Föreningen i Finland, (1862), SF-00100 Helsinki 10

Kansantaloudellinen Yhdistys, (1885), POB 10160, SF-00100 Helsinki 10

Kasvatusopillinen Yhdistys, (1863), Museokatu 18, SF-00100 Helsinki 10

Kemian Keskusliiton Korroosiojaosto, Bulevardi 2, SF-00100 Helsinki 10

Kirjallisuudentutkijain Seura, (1927), Hiirakkokuja 6c, SF-00700 Helsinki 70

Kirjastonhoitajien Keskusliitto, Museokatu 18a, SF-00100 Helsinki 10

Klassillis-Filologinen Yhdistys, (1882), Suvikuja 4c, SF-02120 Tapiola 2

Kotikielen Seura, (1876), Fabianinik 33, SF-00170 Helsinki 17

Koulujen Musiikinopettajat, KMO, Luotsikatu 9a, SF-00160 Helsinki 16

Kuvaamataidon Opettajam Liitto, KOL, (1906), Tapiola Sepontie 1, SF-00610 Helsinki 61

Mainonnan Sosiaalipsykologinen Seura, (1962), c/o Vaasa School of Economics, Raastuvankatu 31, SF-65100 Vaasa 10

Nordiska Kommissionen for Geodesi, NKG, (1953), Hämeentie 31, SF-00500 Helsinki 50

Nordiska Kulturkommissionens Sektion för Akademiska och Vetenskapliga Fragor, Snellmaninkatu 4-6, SF-00170 Helsinki 17

Oppikoulunopettajien Keskusjärjestö, OK, (1951), Pitkänsillanranta 13a, SF-00530 Helsinki 53

Pohjoismainen Radiologiyhdistys, (1919), Havsvindsvägen 5c, SF-02120 Hagalund 2

Polttoainetaloudellinen Yhdistys, Södra Esplanadgatan 14, SF-00100 Helsinki 10

Radiological Society of Finland, Meilhati Hospital, SF-00290 Helsinki 29

Rakennusalan Kehittämisvaltuuskunta, RAKEVA, Vironkatu 6a, SF-00170 Helsinki 17

Scandinavian Committee on Materials Research and Testing, Subcommittee on Building, NM-BYGG, c/o State Institute for Technical Research, SF-02150 Otaniemi

Societas Amicorum Naturae Ouluensis, (1925), Torikatu 15, SF-90100 Oulu 10

Societas Biochemica, Biophysica et Microbiologica Fenniae, Kalevankatu 56b, SF-00180 Helsinki 18

Societas Biologica Fennica Vaanamo, (1919), Snellmaninkatu 9-11, SF-00170 Helsinki 17

Societas Entomologica Fennica, (1935), P.-Rautatiekatu 13, SF-00100 Helsinki 10

Societas Medicinae Physicalis et Rehabilitationis Fenniae, (1957), Haartmaninkatu 4, SF-00290 Helsinki 29

Societas pro Fauna et Flora Fennica, (1821), Snellmaninkatu 9-11, SF-00170 Helsinki 17

Societas Scientiarum Fennica, (1938), Snellmaninkatu 9-11, SF-00170 Helsinki 17

Societas Zoologica Botanica Fennica Vanamo, (1919), Snellmaninkatu 9-11, SF-00170 Helsinki 17

Suomalainen Lääkäriseura Duodecim, (1881), Runeberginkatu 47a, SF-00260 Helsinki 26

Suomalainen Lakimiesyhdistys, (1898), Döbelninkatu 5b, SF-00260 Helsinki 26

Suomalainen Teologinen Kirjallisuusseura, Vuorimiehenkatu 11d, SF-00140 Helsinki 14

Suomalainen Tiedakatemia, (1908), Snellmaninkatu 9-11, SF-00170 Helsinki 17

Suomalaisen Kirjallisuuden Seura, (1831), Hallituskatu 1, SF-00170 Helsinki 10

Suomalaisten Kemistien Seura, (1919), Erottajankatu 1-3, SF-00130 Helsinki 13

Suomalais-Ugrilainen Seura, (1883), Snellmaninkatu 9-11, SF-00170 Helsinki 17

Suomen Akatemia, (1947), Ruoholahdenkatu 4, SF-00180 Helsinki 18

Suomen Anestesiologiyhdistys, (1952), Ruoholahdenkatu 4, SF-00180 Helsinki 18

Suomen Eläinlääkäriliitto, (1892), Hämeentie 78a, SF-00550 Helsinki 55

Suomen Englanninkielen Opettajien Yhdistys, (1938), Erottajankatu 5b, SF-00130 Helsinki 13

Suomen Farmaseuttinen Yhdistys, c/o Apt. Kontrollör Kauppila, Lääkintöhallitus, Tehtaankatu 1c, SF-00140 Helsinki 14

Suomen Filosofinen Yhdistys, (1873), c/o J. Niiniluoto, Mannerheimintie 25a, SF-00250 Helsinki 25

Suomen Fyysikkoseura, POB, SF-00270 Helsinki 27

Suomen Geologinen Seura, (1886), SF-02150 Otaniemi

Suomen Hammaslääkäriliitto, Annankatu 16b, SF-00120 Helsinki 12

Suomen Hammaslääkäriseura, (1892), Bulevardi 30b, SF-00120 Helsinki 12

Suomen Historiallinen Seura, (1875), Snellmaninkatu 9-11, SF-00170 Helsinki 17

Suomen Hitsausteknillinen Yhdistys, Vuorimichenkatu 14a, SF-00140 Helsinki 14

Suomen Hyöteistieteellinen Seura, (1935), P.-Rautatiekatu 13, SF-00100 Helsinki 10

Suomen Itämainen Seura, (1917), Snellmaninkatu 9-11, SF-00170 Helsinki 17

Suomen Kartograafinen Seura, Kirkkokatu 3, SF-00170 Helsinki 17

Suomen Kirjailijaliitto, (1897), Runeberginkatu 32c, SF-00100 Helsinki 10

Suomen Kirjallisunspalvelun Seura, Lönnrotinkatu 37, SF-00180 Helsinki 18

Suomen Kirjastoseura, (1910), Museokatu 18a, SF-00100 Helsinki 10

Suomen Kirkkohistoriallinen Seura, (1891), Snellmaninkatu 9-11, SF-00170 Helsinki 17

Suomen Kirurgiyhdistys, (1925), c/o O. Klossner, Melojantie 2b, SF-00200 Helsinki 20

Suomen Lääkäriliitto, Ruoholahdenkatu 4, SF-00180 Helsinki 18

Suomen Lääkintävoimistelijaliitto, (1943), Töölöntullinkatu 8, SF-00250 Helsinki 25

Suomen Limnologinen Seura, c/o Prof. H. Järnefelt, Bernhardinkatu 5a, SF-00130 Helsinki 13

Suomen Lintutieteellinen Yhdistys, (1924), c/o Zoological Museum, P.-Rautatiekatu 13, SF-00100 Helsinki 10

Suomen Maantieteellinen Seura, (1888), Snellmaninkatu 9-11, SF-00170 Helsinki 17

Suomen Maateloustieteellinen Seura, (1909), Viikki, SF-00710 Helsinki 71

Suomen Markkinointitutkimasseura, Topeliuksenkatu 17c, SF-00250 Helsinki 25

Suomen Matemaattinen Yhdistys, Hallituskatu 11-13, SF-00100 Helsinki 10

Suomen Metsätieteellinen Seura, (1909), Unioninkatu 40b, SF-00170 Helsinki 17

Suomen Muinaismuistoyhdistys, (1870), c/o Kansallismuseo, SF-00100 Helsinki 10

Suomen Museoliitto, (1923), Museokatu 5, SF-00100 Helsinki 10

Suomen Musiikinopettajain Liitto, SMOL, (1926), Kampinkatu 8c, SF-00100 Helsinki 10

Suomen Muusikkojen Liitto, (1917), Uudenmaankatu 36d, SF-00120 Helsinki 12

Suomen Näytelmäkirjailijaliitto, SUNKLO, (1921), Vironkatu 12b, SF-00170 Helsinki 17

Suomen Opettajain Liitto, SOL, Töölöntullinkatu 8, SF-00250 Helsinki 25

Suomen Palosuojeluhydistys, Roobertinkatu 7a, SF-00120 Helsinki 12

Suomen Säveltäjät, (1945), Runeberginkatu 15a, SF-00100 Helsinki 10

Suomen Säveltaitelijain Liitto, (1917), Apollonkatu 13, SF-00100 Helsinki 10

Suomen Standardisoimisliitto, SFS, Bulevardi 5a, SF-00120 Helsinki 12

Suomen Sukututkimussoura, (1917), Snellmaninkatu 9-11, SF-00170 Helsinki 17

Suomen Taidegraafikot, STG, (1931), Unioninkatu 10, SF-00130 Helsinki 13

Suomen Taideyhdistys, (1846), Nervanderinkatu 3, SF-00100 Helsinki 10

Suomen Taiteilijaseura, (1864), Ainonkatu 3, SF-00100 Helsinki 10

Suomen Taldeyhdistys, (1846), Taidehalli, SF-00100 Helsinki 10

Suomen Teknillinen Seura, (1896), Yrjönkatu 30, SF-00100 Helsinki 10

Suomen Tekstiiliteknillinen Liito, Lapinniemen Puuvillatehdas, SF-33100 Tampere 10

Suomen Tieteellinen Kirjastoseura, (1929), c/o Library of the Finnish Meteorological Institute, Vuorikatu 24, SF-00100 Helsinki 10

Suomen Tilastoseura, (1920), Annankatu 44, SF-00100 Helsinki 10

Suomen Työn Liitto, Runeberginkatu 60b, SF-00260 Helsinki 26

Suomen Vesivoimayhdistys, Kasarmikatu 46-48, SF-00130 Helsinki 13

Suomen Viljateknikkojen Seura, POB 320, SF-00100 Helsinki 10

Suomen Voimistelunopettajaliitto, (1912), Mannerheimintie 87b, SF-00270 Helsinki 27

Svenska Litteratursällskapet i Finland, (1885), Snellmaninkatu 9-11, SF-00170 Helsinki 17

Svenska Tekniska Vetenskapsakademien i Finland, (1921), Apollogatan 8, SF-00100 Helsinki 10

Tähtitieteellinen Yhdistys Ursa, Bulevardi 40b, SF-00120 Helsinki 12

Taidemaalariliitto, (1929), Ainonkatu 3, SF-00100 Helsinki 10

Taloushistoriallinen Yhdistys, (1952), c/o University, SF-40100 Jyväskylä 10

Tapaturmantorjunta, Iso-Roobertinkatu 20, SF-00120 Helsinki 12

Teknillisten Oppilaitosten Opettajain Yhdistys, Abrahaminkatu 1-5, SF-00180 Helsinki 18

Teknillisten Tieteiden Akatemia, (1957), Lönnrotinkatu 37, SF-00180 Helsinki 18

Tekniska Föreningen i Finland, (1880), Georgsgatan 30, SF-00100 Helsinki 10

Turun Soitannollinen Seura, (1790), c/o Sibeliusmuseum, Piispankatu 17, SF-20500 Turku 50

Työtehoseura, Bulevardi 7a, SF-00120 Helsinki 12

Uusfilologinen Yhdistys, (1887), c/o University, Porthania, SF-00100 Helsinki 10

Vakaustoimisto, Mariankatu 14, SF-00170 Helsinki 17

Valtion Luonnontieteellinen Toimikunta, Snellmaninkatu 9-11, SF-00170 Helsinki 17

Valtion Teknillistieteellinen Toimikunta, SF-02150 Otaniemi

Valtion Tiendeneuvosto Statens Vetenskapsrad, c/o Ministry of Education, Aleksanterinkatu 3c, SF-00170 Helsinki 17

Vesiensuojelun Neuvottelukunta, Vuorikatu 4, SF-00100 Helsinki 10 (1959), Rue de Bellechasse, F-75007 Paris

Frankreich

France

Académie d'Agriculture de France, (1761), 18 Rue de Bellechasse, F-75007 Paris

Académie d'Architecture, (1840), 6bis Rue Danton, F-75006 Paris

Académie d'Arles, c/o Musée Arlaten, Rue de la République, F-13200 Arles

Académie de Chirurgie, 12 Rue de Seine, F-75006 Paris

Académie de Marine, (1752), 3 Av Octave Gréard, F-75007 Paris

Académie de Nîmes, (1682), 16 Rue Dorée, F-30000 Nîmes

Académie de Pharmacie de Paris, (1803), 4 Av de l'Observatoire, F-75006 Paris

Académie des Beaux-Arts, (1803), 23 Quai de Conti, F-75006 Paris

Académie des Belles Lettres, Sciences et Arts d'Angers, 7 Rue Saint-Blaise, F-49000 Angers

Académie des Belles Lettres, Sciences et Arts de La Rochelle, 30 Rue Gargoulleau, F-17000 La Rochelle

Académie des Inscriptions et Belles Lettres, (1663), 23 Quai de Conti, F-75006 Paris

Académie des Jeux Floraux, (1323), Hôtel d'Assézat, F-31000 Toulouse

Académie des Lettres et des Arts, (1947), c/o Musée de Montmartre, 17 Rue Saint-Vincent, F-75018 Paris

Académie des Sciences, (1666), 23 Quai de Conti, F-75006 Paris

Académie des Sciences, Agriculture, Arts et Belles Lettres d'Aix, (1808), 2 Rue du 4 Septembre, F-13100 Aix en Provence

Académie des Sciences, Arts et Belles Lettres de Caen, 1 Parvis Nôtre-Dame, F-14000 Caen

Académie des Sciences, Arts et Belles Lettres de Dijon, (1740), 5 Rue de l'Ecole de Droit, F-21000 Dijon

Académie des Sciences, Belles Lettres et Arts d'Amiens, 50 Rue de la République, F-80000 Amiens

Académie des Sciences, Belles Lettres et Arts de Besançon, 17 Rue Ernest Renan, F-25000 Besançon

Académie des Sciences, Belles Lettres et Arts de Clermont-Ferrand, Hôtel de Ville, F-63000 Clermont-Ferrand

Académie des Sciences, Belles Lettres et Arts de Lyon, (1700), Palais des Arts, F-69001 Lyon

Académie des Sciences, Belles Lettres et Arts de Rouen, 198 Rue Beauvoisine, F-76000 Rouen

Académie des Sciences, Belles Lettres et Arts de Savoie, Château, F-73000 Chambéry

Académie des Sciences d'Outre-Mer, (1922), 15 Rue La Pérouse, F-75016 Paris

Académie des Sciences et Lettres de Montpellier, Palais de l'Université, F-34000 Montpellier

Académie des Sciences, Lettres et Arts d'Arras, Palais Saint-Vaast, Rue Paul Donner, F-62000 Arras

Académie des Sciences, Lettres et Beaux Arts de Marseille, 40 Rue Adolphe Thiers, F-13001 Marseille

Académie des Sciences Morales et Politiques, (1832), 23 Quai de Conti, F-75006 Paris

Académie Diplomatique Internationale, 4bis Av Hoche, F-75008 Paris

Académie du Monde Latin, 217 Bd Saint-Germain, F-75007 Paris

Académie Française, (1635), 23 Quai de Conti, F-75006 Paris

Académie Française de la Poésie, (1919), 3 Square La Fontaine, F-75016 Paris

Académie Goncourt, (1896), 2 Rue Mabillon, F-75006 Paris

Académie Internationale d'Astronautique, (1960), 250 Rue Saint-Jacques, F-75005 Paris

Académie Internationale de Science Politique et d'Histoire Constitutionnelle, (1936), 88 Bd Pereire, F-75017 Paris

Académie Mallarmé, 43 Rue du Faubourg Saint-Honoré, F-75008 Paris

Académie Montaigne, (1924), Le Doyenné, F-72140 Sillé le Guillaume

Académie Nationale de Médecine, (1820), 16 Rue Bonaparte, F-75006 Paris

Académie Nationale de Metz, Hôtel de Ville, F-57000 Metz

Académie Nationale des Sciences, Belles-Lettres et Arts de Bordeaux, (1712), 71 Rue du Loup, F-33000 Bordeaux

Académie Vétérinaire de France, (1844), 12 Rue de Seine, F-75006 Paris

Alliance Française, (1884), 101 Bd Raspail, F-75006 Paris

Association Aéronautique et Astronautique de France, AAAF, (1972), 55 Rue Victor Hugo, F-92400 Courbevoie

Association Centrale des Vétérinaires, ACV, (1956), 28 Rue des Petits Hôtels, F-75010 Paris

Association de Documentation pour l'Industrie Nationale, (1911), 82 Rue Taitbout, F-75009 Paris

Association de Géographes Français, CSSF, (1920), 191 Rue Saint-Jacques, F-75005 Paris

Association de Psychologie Scientifique de Langue Française, 28 Rue Serpente, F-75006 aris

Association des Anatomistes, CNRS, (1899), 31 Rue Lionnois, F-54000 Nancy

Association des Archivistes Français, (1909), 60 Rue des Francs-Bourgeois, F-75003 Paris

Association des Artistes Peintres, Sculpteurs, Architectes, Graveurs et Dessinateurs, 1 Rue La Bruyère, F-75009 Paris

Association des Bibliothécaires Français, ABF, (1906), 4 Rue Louvois, F-75002 Paris

Association des Bibliothèques Internationales, (1963), c/o Ministère du Développement Industriel et Scientifique, 101 Rue de Grenelle, F-75007 Paris

Association des Concerts Poulet, 252 Rue du Faubourg Saint-Honoré, F-75008 Paris

Association des Diabétologues de Langue Française, Le Pavillon, F-07600 Vals les Bains

Association des Ecrivains Combattants, (1919), 8 Rue Roquépine, F-75008 Paris

Association des Ecrivains d'Expression Française de la Mer et de l'Outre-Mer, (1926), 41 Rue de la Bienfaisance, F-75008 Paris

Association des Enseignants et Chercheurs pour la Coopération Inter-Universitaire en Europe, (1968), 2 Rue Mérimée, F-75016 Paris

Association des Médecins de Langue Française, 30 Cours Franklin Roosevelt, F-69000 Lyon

Association des Microbiologistes de Langue Française, 28 Rue du Docteur Roux, F-75015 Paris

Association des Pédiatres de Langue Française, c/o Clinique de Pédiatrie et de Puériculture, Hospices Civils, F-67000 Strasbourg

Association des Professeurs de Mathématiques de l'Enseignement Publique, (1910), 29 Rue d'Ulm, F-75005 Paris

Association des Services Géologiques Africains, ASGA, (1929), 12 Rue de Bourgogne, F-75007 Paris

Association d'Etudes et d'Information Politiques Internationales, (1949), 86 Bd Haussmann, F-75008 Paris

Association d'Etudes pour l'Expansion de la Recherche Scientifique, 29 Rue d'Ulm, F-75005 Paris

Association Européenne de Radiologie, c/o Hôpital Civil de Strasbourg, F-67000 Strasbourg

Association Européenne des Centres de Lutte contre les Poisons, (1964), 200 Rue du Faubourg Saint-Denis, F-75010 Paris

Association Européenne des Enseignants, AEDE, (1956), 16 Rue de Bouxwiller, F-67000 Strasbourg

Association Européenne d'Histoire Contemporaine, (1968), 5 Rue Schiller, F-67000 Strasbourg

Association Européenne pour l'Administration de la Recherche Industrielle, EIRMA, (1966), 38 Cours Albert I, F-75008 Paris

Association Européenne pour l'Amélioration des Plantes, (1956), 149 Rue de Grenelle, F-75007 Paris

Association Française de Chirurgie, (1884), 12 Rue de Seine, F-75006 Paris

Association Française de Normalisation, AFNOR, (1926), Tour Europe, F-92400 Courbevoie

Association Française de Science Economique, 12 Place du Panthéon, F-75005 Paris

Association Française des Critiques et Informateurs de Cinéma, 73 Rue d'Anjou, F-75008 Paris

Association Française des Documentalistes et des Bibliothécaires Spécialisés, ADBS, (1963), 61 Rue du Cardinal Lemoine, F-75005 Paris

Association Française des Professeurs de Langues Vivantes, (1902), 29 Rue d'Ulm, F-75005 Paris

Association Française d'Observateurs d'Etoiles Variables, (1927), c/o Observatoire de Lyon, F-69230 Saint-Genis Laval

Association Française du Froid, (1908), 129 Bd Saint-Germain, F-75006 Paris

Association Française d'Urologie, (1896), 74 Av la Bourdonnais, F-75007 Paris

Association Française pour la Cybernétique Economique et Technique, AFCET, (1968), 3 Square de Pologne, F-75016 Paris

Association Française pour la Recherche et la Création Musicales, (1971), 9 Rue Chaptal, F-75009 Paris

Association Française pour l'Avancement des Sciences, AFAS, (1872), 250 Rue Saint-Jacques, F-75005 Paris

Association Française pour le Développement de l'Enseignement Technique, 42 Rue de Bellechasse, F-75007 Paris

Association Française pour l'Etude du Cancer, (1906), 15 Rue de Bourgogne, F-75007 Paris

Association Française pour l'Etude du Quaternaire, (1962), 9 Quai Saint-Bernard, F-75005 Paris

Association Française pour l'Etude du Sol, c/o Centre National de Recherches Agronomiques, Route de Saint-Cyr, F-78000 Versailles

Association Générale des Conservateurs des Collections Publiques de France, (1932), Palais du Louvre, Pavillon Mollien, F-75001 Paris

Association Générale des Médecins de France, 60 Bd de Latour-Maubourg, F-75007 Paris

Association Guillaume Budé, CSSF, (1917), 95 Bd Raspail, F-75006 Paris

Association Internationale d'Asthmologie, (1954), 6 Rue de la Concorde, F-31000 Toulouse

Association Internationale de Droit Pénal, AIDP, (1924), 43 Av Aristide Briand, F-35000 Rennes

Association Internationale de Géologie de l'Ingénieur, 60 Bd Saint-Michel, F-75006 Paris

Association Internationale de Linguistique, BP 8, F-38400 Saint-Martin d'Hères

Association Internationale de Médecine Agricole, (1961), 2bis Bd Tonnelle, F-37000 Tours

Association Internationale de Pédagogie Expérimentale de Langue Française, AIPELF, (1952), c/o Laboratoire de Psycho-Pédagogie, Faculté des Lettres et Sciences Humaines, Université, F-14000 Caen

Association Internationale de Presse pour l'Etude des Problèmes d'Outre-Mer, AIPEPO, (1952), 41 Rue de la Bienfaisance, F-75008 Paris

Association Internationale de Psychiatrie Infantile et des Professions Affiliées, (1948), 54 Bd Emile Augier, F-75016 Paris

Association Internationale de Seismologie et de Physique de l'Intérieur de la Terre, (1901), 5 Rue René Descartes, F-67000 Strasbourg

Association Internationale de Thalassothérapie, (1907), 4 Rue Meissonier, F-75017 Paris

Association Internationale d'Epigraphie Latine, AIEL, (1963), 17 Rue de la Sorbonne, F-75005 Paris

Association Internationale des Arts Plastiques, AIAP, (1952), 1 Rue Miollis, F-75015 Paris

Association Internationale des Critiques d'Art, AICA, (1949), 107 Rue de Rivoli, F-75001 Paris

Association Internationale des Critiques de Théâtre, 52 Rue Richter, F-75009 Paris

Association Internationale des Documentalistes et Techniciens de l'Information, AID, (1962), c/o Dr. J. Samain, 74 Rue des Saints-Pères, F-75007 Paris

Association Internationale des Ecoles de Publicité, (1965), 24 Rue Duperre, F-75009 Paris

Association Internationale des Ecoles ou Instituts Supérieurs d'Education Physique et Sportive, AIESEP, (1961), c/o ENSEP, F-92290 Châtenay Malabry

Association Internationale des Educateurs de Jeunes Inadaptés, AIEJI, (1951), 66 Chaussée d'Antin, F-75009 Paris

Association Internationale des Etudes Françaises, 11 Pl Marcelin Berthelot, F-75005 Paris

Association Internationale des Hydrogéologues, (1956), 74 Rue de la Fédération, F-75015 Paris

Association Internationale des Professeurs et Maîtres de Conférences des Universités, (1945), 4 Rue de la Ravinelle, F-54000 Nancy

Association Internationale des Sciences Economiques, AISE, (1949), 54 Bd Raspail, F-75006 Paris

Association Internationale des Sociologues de Langue Française, AISLF, (1956), 17 Rue de la Sorbonne, F-75005 Paris

Association Internationale des Universités, AIU, (1950), 1 Rue Miollis, F-75015 Paris

Association Internationale d'Information Scolaire, Universitaire et Professionnelle, AIISUP, (1956), 29 Rue d'Ulm, F-75005 Paris

Association Internationale du Cinéma Scientifique, AICS, (1947), 38 Av des Ternes, F-75017 Paris

Association Internationale du Théâtre pour l'Enfance et la Jeunesse, 98 Bd Kellermann, F-75013 Paris

Association Internationale pour la Recherche Médicale et les Echanges Culturels, AIRMEC, (1965), 4 Rue de Sèze, F-75009 Paris

Association Internationale pour la Sécurité Aérienne, AISA, (1952), BP 213, F-94310 Orly

Association Internationale pour l'Enseignement du Droit Comparé, (1960), 1 Rue de Longpont, F-92200 Neuilly sur Seine

Association Internationale pour l'Etude de la Mosaïque Antique, AIEMA, (1963), 17 Allée de Trévise, F-92330 Sceaux

Association Internationale pour l'Etude des Bronches, (1951), 10 Rue Jean Richepin, F-75016 Paris

Association Littéraire et Artistique Internationale, ALAI, (1878), 38 Rue du Four, F-75006 Paris

Association Marc Bloch, (1949), 54 Rue de Varenne, F-75007 Paris

Association Médicale Internationale pour l'Etude des Conditions de Vie et de la Santé, (1951), 22 Rue Victor Noir, F-92200 Neuilly sur Seine

Association Mondiale des Anatomistes Vétérinaires, (1955), 2 Quai Chauveau, F-69009 Lyon

Association Mondiale des Vétérinaires Microbiologistes, Immunologistes et Spécialistes des Maladies Infectieuses, AMVMI, (1967), 7 Ave du Général de Gaulle, F-94700 Maisons Alfort

Association Nationale de la Recherche Technique, (1953), 44 Rue Copernic, F-75016 Paris

Association Nationale pour la Protection des Villes d'Art, (1963), 39 Av de La Motte-Picquet, F-75007 Paris

Association Polytechnique pour le Développement de l'Instruction Populaire, 28 Rue Serpente, F-75006 Paris

Association pour le Développement de la Science Politique Européenne, ADESPE, (1964), 61 Rue des Belles Feuilles, F-75016 Paris

Association pour le Développement de la Sculpture et de l'Utilisation du Bois d'Olivier, 31 Rue Rousselet, F-75007 Paris

Association pour le Développement des Relations Médicales entre la France et les Pays Etrangers, 12 Rue de l'Ecole de Médecine, F-75006 Paris

Association pour l'Enseignement des Sciences Anthropologiques, (1875), 95 Bd Saint-Michel, F-75005 Paris

Association pour l'Etude des Problèmes de l'Europe, AEPE, (1958), 38bis Av George V, F-75008 Paris

Association Professionnelle Internationale des Médecins Oculistes, 2 Bd Jean Jaurès, F-92000 Boulogne sur Seine

Association Scientifique des Médecins Acupuncteurs de France, A.S.M.A.F., (1945), 128 Av Emile Zola, F-75015 Paris

Association Scientifique et Technique pour l'Exploitation des Océans, (1967), 2 Pl de la Bourse, F-33000 Bordeaux

Association Scientifique Européenne d'Economie Attliquéu, ASEPELT, c/o Prof. J. Benard, CEPREMAP, 29 Av du Général Leclerc, F-75014 Paris

Association Scientifique Internationale du Café, ASIC, (1965), 34 Rue des Renaudes, F-75017 Paris

Bureau des Résumés Analytiques du Conseil International des Unions Scientifiques, (1952), 17 Rue Mirabeau, F-75016 Paris

Bureau International de Documentation des Chemins de Fer, BCD, (1951), 27 Rue de Londres, F-75009 Paris

Bureau International des Poids et Mesures, BIPM, (1875), Pavillon de Breteuil, F-92310 Sèvres

Bureau International Permanent de Chimie Analytique pour les Matières destinées à l'Alimentation de l'Homme et des Animaux, BIPCA, (1912), 18 Av de Villars, F-75007 Paris

Centre d'Archives et de Documentation Politiques et Sociales, 86 Bd Haussmann, F-75008 Paris

Centre de Coopération pour les Recherches Scientifiques Relatives au Tabac, CORESTA, (1956), 53 Quai d'Orsay, F-75007 Paris

Centre d'Etudes de la Socio-Economie, (1961), 19 Bd de Courcelles, F-75008 Paris

Centre d'Etudes de l'Orient Contemporain, (1945), 13 Rue du Four, F-75006 Paris

Centre d'Etudes de Politique Etrangère, 54 Rue de Varenne, F-75007 Paris

Centre d'Etudes Pédagogiques, (1945), 15 Rue Louis David, F-75016 Paris

Centre d'Etudes Sociologiques, (1945), 82 Rue Cardinet, F-75017 Paris

Centre d'Etudes Supérieures de Psychologie Sociale, 21 Rue Fortuny, F-75017 Paris

Centre International de Cyto-Cybernetique, (1967), 9 Av Niél, F-75017 Paris

Centre International de Documentation Classique, (1929), 14 Rue Paul Déroulède, F-76230 Bois-Colombe

Centre International de l'Enfance, CIE, (1950), Château de Longchamp, Bois de Boulogne, F-75016 Paris

Centre International de Liaison des Ecoles de Cinéma et de Télévision, CILECT, (1955), 92 Av des Champs Elysées, F-75008 Paris

Centre International de Liaison des Instituts et Associations d'Etudes Africaines, (1960), 41 Rue de la Bienfaisance, F-75008 Paris

Centre International de Recherche sur le Cancer, CIRC, (1965), 16 Av Maréchal Foch, F-69006 Lyon

Centre International de Synthèse, (1924), 12 Rue Colbert, F-75002 Paris

Centre International d'Etude des Textiles Anciens, CIETA, (1954), 34 Rue de la Charité, F-69000 Lyon

Centre International d'Etudes Pédagogiques de Sèvres, 1 Rue Léon Journault, F-92310 Sèvres

Centre International d'Etudes Romanes, (1952), 43 Rue Boissonade, F-75014 Paris

Centre International du Film pour l'Enfance et la Jeunesse, CIFE, (1957), c/o Centre National Français du Film pour l'Enfance et la Jeunesse, 111 Rue Nôtre-Dame des Champs, F-75006 Paris

Centre National d'Art Appliqué Contemporain, (1966), 12 Rue de Jouy, F-75004 Paris

Centre National d'Art Contemporain, (1968), 11 Rue Berryer, F-75008 Paris

Centre National des Académies et Associations Littéraires et Savantes des Provinces Françaises, c/o Musée des Arts et Traditions Populaires, Route de Madrid, F-75016 Paris

Cercle International Généalogique, CIG, (1966), 141 Bd Malesherbes, F-75017 Paris

Collège International de Phonologie Expérimentale, (1955), 16 Rue Spontini, F-75016 Paris

Collège International de Podologie, CIP, (1958), 13 Rue Eugène Gibez, F-75015 Paris

Collège International pour l'Etude Scientifique des Techniques de Production Mécanique, CIRP, (1951), 44 Rue de Rennes, F-75006 Paris

Comité de Liaison et d'Action des Syndicats Médicaux Européens, CELAME, 60 Bd de Latour-Maubourg, F-75007 Paris

Comité de Recherches Spatiales, (1958), 55 Bd Malesherves, F-75008 Paris

Comité Européen de Droit Rural, (1960), 9 Rue de l'Arbalète, F-75012 Paris

Comité Européen de Normalisation, CEN, (1961), Tour Europe, F-92400 Courbevoie

Comité Européen Permanent de Recherches pour la Protection des Populations contre les

Risques d'Intoxication à Long Terme, (1957), 4 Av de l'Observatoire, F-75006 Paris

Comité International de Télévision, CIT, (1947), 51 Rue de Ranelagh, F-75016 Paris

Comité International des Dérivés Tensio-Actifs, CID, (1957), 64 Av Marceau, F-75008 Paris

Comité International des Sciences Historiques, CISH, (1926), 270 Bd Raspail, F-75014 Paris

Comité International du Film Ethnographique et Sociologique, CIFES, c/o Musée de l'Homme, Pl du Trocadéro, F-75016 Paris

Comité International Permanent des Congrès de Pathologie Comparée, (1912), 4 Rue Théodule Ribot, F-75017 Paris

Comité International pour la Diffusion des Arts et des Lettres par le Cinéma, CIDALC, (1930), 9bis Rue de Magdebourg, F-75016 Paris

Comité International pour la Documentation des Sciences Sociales, CIDSS, (1950), 27 Rue Saint-Guillaume, F-75007 Paris

Comité National contre la Tuberculose et les Maladies Respiratoires, (1916), 66 Bd Saint-Michel, F-75006 Paris

Comité National d'Union Scientifique des Masseurs Kinésithérapeutes-Rééducateurs Français, 3 Rue de Stockholm, F-75008 Paris

Comité National Français de Géodesie et Géophysique, 136bis Rue de Grenelle, F-75007 Paris

Comité National Français de Géographie, 191 Rue Saint-Jacques, F-75005 Paris

Comité National Français de Mathématiciens, (1950), 11 Rue Pierre et Marie Curie, F-75005 Paris

Comité Permanent International des Techniques et de L'Urbanisme Souterrains, CPITUS, (1937), 94 Rue Saint-Lazare, F-75009 Paris

Comité Permanent pour l'Etude des Problèmes de l'Industrie de la Construction dans la CEE, 3 Rue de Berri, F-75008 Paris

Comité pour la Coopération Internationale en Histoire des Techniques, (1968), 292 Rue Saint-Martin, F-75003 Paris

Comité Scientifique du Club Alpin Français, 7 Rue la Boétie, F-75008 Paris

Comité Scientifique pour les Recherches sur l'Eau, (1964), 98 Rue Xavier de Maistre, F-92500 Rueil-Malmaison

Comité Technique International de Prevention et d'Extinction du Feu, CTIF, 27 Rue de Dunkerque, F-75010 Paris

Comité Universitaire d'Information Pédagogique, 29 Rue d'Ulm, F-75005 Paris

Commission de l'Enseignement Supérieur en Biologie, 1 Rue Victor Cousin, F-75005 Paris

Commission Internationale des Contrôles Chronométriques, CICC, 34 Av de l'Observatoire, F-25000 Besançon

Commission Internationale d'Etudes de la Police de Circulation, CIEPC, (1960), 52 Rue de Dunkerque, F-75009 Paris

Commission Internationale d'Histoire des Mouvements Sociaux et des Structures Sociales, (1953), 9 Rue de Valence, F-75005 Paris

Commission Internationale d'Optique, CIO, (1948), c/o Prof. J. C. Viénot, Laboratoire d'Optique, Faculté des Sciences, Université, La Bouloie, F-25000 Besançon

Commission Internationale du Génie Rural, CIGR, (1930), 10-12 Rue du Capitaine Ménard, F-75015 Paris

Commission Internationale pour l'Unification des Méthodes d'Analyse du Sucre, c/o Syndicat National des Fabricants de Sucre de France, 23 Av d'léna, F-75016 Paris

Commission Inter-Unions de l'Enseignement des Sciences, CIES, (1961), 3 Bd Pasteur, F-75015 Paris

Commission Séricicole Internationale, CSI, (1948), 28 Quai Boissier de Sauvages, F-30100 Alès

Confédération des Sociétés Scientifiques Françaises, (1919), 11 Rue Pierre Curie, F-75005 Paris

Confédération des Syndicats Médicaux Français, (1930), 60 Bd de Latour-Maubourg, F-75007 Paris

Confédération Européenne de Thérapie Physique, 9 Rue des Petits Hôtels, F-75010 Paris

Confédération Européenne d'Etudes Phytosanitaires, CEP, (1952), 57 Bd Lannes, F-75016 Paris

Confédération Internationale des Sociétés d'Auteurs et Compositeurs, CISAC, (1926), 11 Rue Keppler, F-75016 Paris

Confédération Internationale des Travailleurs Intellectuels, CITI, (1923), 1 Rue de Courcelles, F-75008 Paris

Conférence Internationale de Sociologie Religieuse, 39 Rue de la Monnaie, F-59000 Lille

Congrès de Psychiatrie et de Neurologie de Langue Française, 10 Rue d'Esquermes, F-59000 Lille

Congrès des Psychoanalystes de Langues Romanes, 187 Rue Saint-Jacques, F-75005 Paris

Conseil des Organisations Internationales des Sciences Médicales, CIOMS, (1949), 1 Rue Miollis, F-75015 Paris

Conseil International de la Langue Française, 105ter Rue de Lille, F-75007 Paris

Conseil International de la Musique, CIM, (1949), 1 Rue Miollis, F-75015 Paris

Conseil International de la Philosophie et des Sciences Humaines, CIPSH, (1949), 1 Rue Miollis, F-75015 Paris

Conseil International des Archives, CIA, (1948), 2 Pl de Fontenoy, F-75007 Paris

Conseil International des Musées, (1946), 1 Rue Miollis, F-75015 Paris

Conseil International des Sciences Sociales, (1952), 6 Rue Franklin, F-75016 Paris

Conseil International du Film d'Enseignement, CIFE, (1950), 29 Rue d'Ulm, F-75005 Paris

Conseil International pour l'Education Physique et le Sport, (1956), 16 Rue Peron, F-78290 Croissy sur Seine

Conseil pour les Echanges Internationaux Pédagogiques, 49 Rue Pierre Charron, F-75008 Paris

Demeure Historique, (1924), 146 Av des Champs-Elysées, F-75008 Paris

Fédération Aéronautique Internationale, FAI, (1905), 6 Rue Galilée, F-75016 Paris

Fédération de l'Education Nationale, FEN, 10 Rue de Solférino, F-75005 Paris

Fédération Dentaire Française, 17 Rue du Colisée, F-75008 Paris

Fédération des Médecins de France, FMF, (1968), 19 Rue Desbordes-Valmore, F-75016 Paris

Fédération des Sociétés de Gynécologie et d'Obstétrique de Langue Française, (1950), 123 Bd de Port Royal, F-75014 Paris

Fédération des Sociétés Européennes de Biologie Chimique, 6 Av de l'Observatoire, F-75006 Paris

Fédération Européenne de la Corrosion, (1955), c/o Société de Chimie Industrielle, 80 Route de Saint-Cloud, F-92500 Rueil-Malmaison

Fédération Européenne de Médecine Physique et Réadaptation, (1963), 20 Av Paul Appell, F-75006 Paris

Fédération Européenne des Associations d'Analystes Financiers, (1962), BP 14402, F-75002 Paris

Fédération Européenne des Masseurs-Kinésithérapeutes Practiciens en Physiothérapie, (1938), 9 Rue des Petits Hôtels, F-75010 Paris

Fédération Européenne des Médecins de Collectivité, 23 Rue du Louvre, F-75001 Paris

Fédération Française de Sociétés des Sciences Naturelles, (1919), 57 Rue Cuvier, F-75005 Paris

Fédération Française de Spéléologie, (1963), 130 Rue Saint-Maur, F-75011 Paris

Fédération Française des Artistes, 10 Rue de la Grande Chaumière, F-75006 Paris

Fédération Française des Masseurs Kinésithérapeutes Rééducateurs, FFMKR, (1963), 9 Rue des Petits Hôtels, F-75010 Paris

Fédération Internationale Catholique d'Education Physique et Sportive, FICEP, (1911), 5 Rue Cernuschi, F-75017 Paris

Fédération Internationale d'Astronautique, (1950), 250 Rue Saint-Jacques, F-75005 Paris

Fédération Internationale des Associations d'Etudes Classiques, FIEC, (1948), 11 Av René Coty, F-75014 Paris

Fédération Internationale des Ecoles de Parents et d'Educateurs, (1964), 4 Rue Brunel, F-75017 Paris

Fédération Internationale des Mouvements d'Ecole Moderne, FIMEN, (1957), BP 251, F-06400 Cannes

Fédération Internationale des Professeurs de Français, FIPF, (1967), 1 Av Léon Journault, F-92310 Sèvres

Fédération Internationale des Professeurs de l'Enseignement Secondaire Officiel, FIPESO, (1912), 5 Av André Morizet, F-92000 Boulogne sur Seine

Fédération Internationale des Sociétés de Microscopie Electronique, BP 8, F-94800 Villejuif

Fédération Internationale des Universités Catholiques, FIUC, (1948), 77bis Rue de Grenelle, F-75007 Paris

Fédération Internationale du Film sur l'Art, FIFA, (1948), 107 Rue de Rivoli, F-75001 Paris

Fédération Internationale pour la Recherche Théâtrale, (1957), 98 Bd Kellermann, F-75013 Paris

Fédération Internationales des Phonothèques, FIP, (1963), 19 Rue des Bernardins, F-75005 Paris

Fédération Nationale des Associations de Chimie de France, CSSF, 28 Rue Saint-Dominique, F-75007 Paris

Fédération Nationale des Syndicats Départamentaux de Médecins Electro-Radiologistes Qualifiés, (1907), 60 Bd de Latour-Maubourg, F-75007 Paris

Fédération Odontologique de France et des Territoires Associés, FOFTA, 22 Rue Caumartin, F-75009 Paris

Forum Atomique Européen, FORATOM, (1960), 26 Rue de Clichy, F-75009 Paris

Groupe International de Coopération et de Recherche en Documentation, GICRD, (1966), 11 Rue Chardin, F-75016 Paris

Groupement des Syndicats Nationaux de Médecins Spécialisés, GSNMS, (1925), 60 Bd de Latour-Maubourg, F-75007 Paris

Groupement Industriel Européen d'Etudes Spatiales, (1961), 10 Rue Cognacq Jay, F-75007 Paris

Institut de France, (1795), 23 Quai de Conti, F-75006 Paris

Institut des Actuaires Français, (1890), 15 Rue Bachaumont, F-75002 Paris

Institut des Sciences Historiques, (1816), 169 Rue Saint-Jacques, F-75005 Paris

Institut d'Esthétique Industrielle, 62 Rue de Courcelles, F-75008 Paris

Institut d'Histoire Sociale, 199 Bd Saint-Germain, F-75007 Paris

Institut Français des Combustibles et de l'Energie, (1952), 3 Rue Henri Heine, F-75016 Paris

Institut Géographique National, 136bis Rue de Grenelle, F-75007 Paris

Institut International de Droit d'Expression Française, IDEF, (1964), 28 Rue Saint-Guillaume, F-75007 Paris

Institut International de Droit Spatial, (1960), 250 Rue Saint-Jacques, F-75005 Paris

Institut International de Philosophie, IIP, (1937), 173 Bd Saint-Germain, F-75006 Paris

Institut International de Planification de l'Education, IIPE, (1963), 7 Rue Eugène Delacroix, F-75016 Paris

Institut International du Froid, IIF, (1920), 177 Bd Malesherbes, F-75017 Paris

Institut International du Théâtre, IIT, (1948), 6 Rue Franklin, F-75016 Paris

Jeunesses Musicales de France, 14 Rue François Miron, F-75004 Paris

Ligue Européenne d'Hygiène Mentale, (1951), c/o Ligue Française d'Hygiène Mentale, 11 Rue Tronchet, F-75008 Paris

Ligue Française de l'Enseignement et de l'Education Permanente, 3 Rue Récamier, F-75007 Paris

Ligue Homéopathique Internationale, (1925), 10 Rue Chomel, F-75007 Paris

Ligue Internationale contre l'Epilepsie, (1909), 38 Bd Longchamp, F-13001 Marseille

Ligue Internationale de l'Enseignement, de l'Education et de la Culture Populaire, (1947), 3 Rue Récamier, F-75007 Paris

Naturalistes Parisiens, (1904), 57 Rue Cuvier, F-75005 Paris

Office Général du Bâtiment et des Travaux Publics, (1918), 27 Rue Dumont d'Urville, F-75016 Paris

Office National des Universités et Ecoles Françaises, (1910), 96 Bd Raspail, F-75006 Paris

Office National d'Information sur les Enseignements et les Professions, (1970), 29 Rue d'Ulm, F-75005 Paris

Ordre des Musiciens, 121 Rue la Fayette, F-75010 Paris

Ordre National des Vétérinaires Français, (1947), 28 Rue des Petits Hôtels, F-75010 Paris

Organisation Européenne de Recherches Spaciales, ESRO, (1962), 114 Av de Neuilly, F-92200 Neuilly sur Seine

Organisation Européenne et Méditerranéenne pour la Protection des Plantes, OEPP, (1951), 1 Rue Le Nôtre, F-75016 Paris

Organisation Européenne pour l'Equipement Electronique de l'Aviation Civile, (1963), 16 Rue des Presles, F-75015 Paris

Organisation Internationale contre la Trachome, (1924), 50 Av Albert Camus, F-86100 Châtellerault

Organisation Internationale de Métrologie Légale, OIML, (1955), 11 Rue Turgot, F-75009 Paris

Organisation Internationale de Recherche sur la Cellule, (1962), 2 Pl de Fontenoy, F-75007 Paris

Organisation Internationale de Recherche sur le Cerveau, (1960), 2 Pl de Fontenoy, F-75007 Paris

Organisation Mondiale pour l'Education Préscolaire, OMEP, (1948), 101bis Rue Ranelagh, F-75016 Paris

P.E.N. Maison Internationale, (1936), 66 Rue François Miron, F-75004 Paris

Prévention Routière Internationale, PRI, (1957), F-91310 Montlhéry

Réunion Internationale des Laboratoires d'Essais et de Recherches sur les Matériaux et les Constructions, RILEM, (1947), 12 Rue Bancion, F-75015 Paris

Section de Psychologie Expérimentale et du Comportement Animal de l'UIBS, 31 Chemin Joseph Aiguier, F-13009 Marseille

Section Internationale des Bibliothèques, Musées des Arts du Spectacle, SIBMAS, (1954), 1 Rue de Sully, F-75004 Paris

Société Africaine de Culture, SAC, (1956), 42 Rue Descartes, F-75005 Paris

Société Asiatique, (1822), 3 Rue Mazarine, F-75006 Paris

Société Astronomique de Bordeaux, 71 Rue du Loup, F-33000 Bordeaux

Société Astronomique de France, CSSF, (1887), 28 Rue Saint-Dominique, F-75007 Paris

Société Botanique de France, CSSF, (1854), 4 Av de l'Observatoire, F-75006 Paris

Société Centrale d'Aquiculture et de Pêche, CSSF, (1889), 57 Rue Cuvier, F-75005 Paris

Société Chimique de France, (1857), 250 Rue Saint-Jacques, F-75005 Paris

Société d'Agriculture, Sciences, Arts et Belles Lettres, Palais du Commerce, F-37000 Tours

Société d'Agriculture, Sciences et Industrie de Lyon, (1761), 1 Rue Chambonnet, F-69000 Lyon

Société d'Anthropologie de Paris, CSSF, (1859), 1 Rue René Panhard, F-75013 Paris

Société de Biogéographie, CNRS, (1924), 57 Rue Cuvier, F-75005 Paris

Société de Biologie, (1848), c/o Collège de France, F-75005 Paris

Société de Chimie Biologique, CSSF, (1914), 4 Av de l'Observatoire, F-75006 Paris

Société de Chimie Industrielle, CSSF, (1917), 80 Rue Saint-Cloud, F-92500 Rueil Malmaison

Société de Chimie Physique, (1908), 10 Rue Vauquelin, F-75005 Paris

Société de Chirurgie de Lyon, 2 Rue Duquesne, F-69000 Lyon

Société de Chirurgie de Marseille, Hôtel Dieu, F-13000 Marseille

Société de Chirurgie de Toulouse, 18 Rue de Languedoc, F-31000 Toulouse

Société de Chirurgie Thoracique de Langue Française, 15 Rue Saint-Benoit, F-75006 Paris

Société de Dermatologie et Syphilographie, 37 Rue Galilée, F-75016 Paris

Société de Gastro-Entérologie du Littoral Méditerranéen, c/o Faculté de Médecine, Université, F-13000 Marseille

Société de Gastronomie Médicale, 5 Rue Berryer, F-75008 Paris

Société de Géographie, 184 Bd Saint-Germain, F-75006 Paris

Société de Géographie Commerciale de Bordeaux, 71 Rue du Loup, F-33000 Bordeaux

Société de Géographie Commerciale de Paris, (1873), 8 Rue Roquépine, F-75008 Paris

Société de Géographie de l'Est, 11 Pl Carnot, F-54000 Nancy

Société de Géographie de Lyon, (1873), 72 Rue Pasteur, F-69007 Lyon

Société de Géographie de Toulouse, Pl d'Assézat, F-31000 Toulouse

Société de Géographie et d'Etudes Coloniales, 40 Allée Léon Gambetta, F-13000 Marseille

Société de Législation Comparée, CSSF, (1869), 28 Rue Saint-Guillaume, F-75007 Paris

Société de l'Histoire de France, (1834), 19 Rue de la Sorbonne, F-75005 Paris

Société de l'Histoire de l'Art Français, CSSF, (1870), 107 Rue de Rivoli, F-75001 Paris

Société de l'Histoire du Protestantisme Français, (1852), 54 Rue des Saint-Pères, F-75007 Paris

Société de Linguistique de Paris, CSSF, (1864), 47 Rue des Ecoles, F-75005 Paris

Société de Linguistique Romane, 25 Rue du Plat, F-69001 Lyon

Société de Médecine, 198 Rue Beauvoisine, F-76000 Rouen

Société de Médecine, Chirurgie et Pharmacie de Toulouse, Pl d'Assézat, F-31000 Toulouse

Société de Médecine de Caen et de Basse Normandie, 45 Rue Caponière, F-14000 Caen

Société de Médecine de Paris, (1796), 109 Rue de Bellevue, F-76000 Boulogne

Société de Médecine de Strasbourg, (1919), c/o Faculté de Médecine, F-67000 Strasbourg

Société de Médecine du Travail de Provence, 40 Allée Léon Gambetta, F-13000 Marseille

Société de Médecine et de Chirurgie de Bordeaux, 15 Rue du Professeur Demons, F-33000 Bordeaux

Société de Médecine Légale et de Criminologie de France, (1868), 2 Pl Mazas, F-75012 Paris

Société de Médecine Militaire Française, 277bis Rue Saint Jacques, F-75005 Paris

Société de Mythologie Française, (1949), 175 Rue de Pontoise, F-60000 Beauvais

Société de Neuro-Chirurgie de Langue Française, (1948), 60 Bd de Latour-Maubourg, F-75007 Paris

Société de Pathologie Exotique, (1908), 25 Rue du Docteur Roux, F-75015 Paris

Société de Pathologie Végétale et d'Entomologie Agricole de France, CSSF, (1914), 25 Rue du Docteur Roux, F-75015 Paris

Société de Pharmacie de Bordeaux, 3 Pl de la Victoire, F-33000 Bordeaux

Société de Pharmacie de la Méditerranée Latine, (1953), 9 Rue Vallence, F-13008 Marseille

Société de Pharmacie de Lyon, 8 Av Rockefeller, F-69001 Lyon

Société de Pharmacie de Marseille, 92 Rue Blanqui, F-13001 Marseille

Société de Pharmacie de Toulouse, 35 Bd Lascrosses, F-31000 Toulouse

Société de Philosophie de Bordeaux, 20 Cours Pasteur, F-33000 Bordeaux

Société de Philosophie de Toulouse, 4 Rue Albert Lantmann, F-31000 Toulouse

Société de Psychologie Médicale de Langue Française, 2 Rue de Rohan, F-35000 Rennes

Société de Recherches et d'Etudes Historiques Corses, Musée Fesch, F-20000 Ajaccio

Société de Recherches Psychothérapiques de Langue Française, 23 Rue de la Rochefoucauld, F-75009 Paris

Société de Statistique de Paris, (1860), 29 Rue de Rome, F-75008 Paris

Société de Statistique, d'Histoire et d'Archéologie de Marseille et de Provence, Palais de la Bourse, F-13001 Marseille

Société de Stomatologie de France, 20 Passage Dauphine, F-75006 Paris

Société de Transplantation, (1966), 2 Pl du Docteur Fournier, F-75010 Paris

Société d'Economie et de Sciences Sociales, (1856), 66 Av de Saxe, F-75015 Paris

Société d'Economie Politique, c/o Librarie Sirey, 22 Rue Soufflot, F-75005 Paris

Société d'Electroencéphalographie et de Neurophysiologie Clinique de Langue Française, 120 Bd Saint-Germain, F-75006 Paris

Société d'Emulation du Bourbonnais, (1846), 11 Pl de la République, F-03000 Moulins

Société d'Encouragement pour l'Industrie Nationale, (1801), 44 Rue de Rennes, F-75006 Paris

Société d'Endocrinologie, c/o Librarie Doin, 8 Pl de l'Odéon, F-75006 Paris

Société d'Ergonomie de Langue Française, (1963), 91 Bd de l'Hôpital, F-75013 Paris

Société des Africanistes, CSSF, (1931), c/o Musée de l'Homme, Pl du Trocadéro, F-75016 Paris

Société des Américanistes, (1896), c/o Musée de l'Homme, Pl du Trocadéro, F-75016 Paris

Société des Amis du Louvre, (1897), 107 Rue de Rivoli, F-75001 Paris

Société des Anciens Textes Français, CSSF, (1875), 19 Rue de la Sorbonne, F-75005 Paris

Société des Artistes Décorateurs, SAD, (1901), Av Winston Churchill, F-75008 Paris

Société des Artistes Français, (1882), Grand Palais des Champs Elysées, F-75008 Paris

Société des Artistes Indépendents, (1884), Grand Palais des Champs Elysées, F-75008 Paris

Société des Auteurs, Compositeurs et Editeurs de Musique, SACEM, (1851), 10 Rue Chaptal, F-75009 Paris

Société des Auteurs et Compositeurs Dramatiques, (1791), 11bis Rue Ballu, F-75009 Paris

Société des Chirurgiens de Paris, (1909), 60 Bd de Latour-Maubourg, F-75007 Paris

Société des Etudes Germaniques, 4-6 Rue de la Sorbonne, F-75005 Paris

Société des Etudes Historiques, CSSF, (1833), 44 Rue de Rennes, F-75006 Paris

Société des Etudes Juives, CSSF, (1880), 20 Rue la Baume, F-75008 Paris

Société des Etudes Latines, CSSF, (1923), 1 Rue Victor Cousin, F-75005 Paris

Société des Experts-Chimistes de France, (1912), 42bis Rue de Bourgogne, F-75007 Paris

Société des Gens de Lettres, (1838), 38 Rue du Faubourg Saint-Jacques, F-75014 Paris

Société des Médecins-Chefs des Compagnies Européennes d'Aviation, c/o Service Médical d'Air France, 1 Square Max Hymans, F-75015 Paris

Société des Océanistes, (1938), Palais de Chaillot, F-75016 Paris

Société des Poètes Français, (1902), 15 Rue Plumet, F-75015 Paris

Société des Sciences, Arts et Belles-Lettres de Bayeux, Hôtel de Ville, F-14400 Bayeux

Société des Sciences de Nancy, 28bis Rue Sainte Catherine, F-54000 Nancy

Société des Sciences Historiques et Naturelles de la Corse, Lycée Marbeuf, F-20200 Bastia

Société des Sciences Naturelles de Dijon, 51 Rue Monge, F-21000 Dijon

Société des Sciences Physiques et Naturelles de Bordeaux, 20 Cours Pasteur, F-33000 Bordeaux

Société d'Ethnographie de Paris, c/o Librarie Orientaliste P. Geuthner, 12 Rue Vavin, F-75006 Paris

Société d'Ethnographie Française, Route de Madrid à la Porte Maillot, F-75016 Paris

Société d'Etude de la Propulsion par Réaction, (1944), 3 Av du Général de Gaulle, F-92800 Puteaux

Société d'Etude du XVIIe Siècle, (1948), 24 Bd Poissonniere, F-75009 Paris

Société d'Etudes Dantesques, (1935), 65 Promenade des Anglais, F-06000 Nice

Société d'Etudes Economiques de Marseille, 29 La Canebière, F-13001 Marseille

Société d'Etudes Economiques et Documentaires, 23 Rue de Constantinople, F-75008 Paris

Société d'Etudes et de Documentation Economiques, Industrielles et Sociales, SEDEIS, (1948), 52 Rue des Saints-Pères, F-75007 Paris

Société d'Etudes et d'Informations Economiques, (1945), 55 Rue de Châteaudun, F-75009 Paris

Société d'Etudes Hispaniques et de Diffusion de la Culture Française à l'Etranger, 65 Rue Solférino, F-24000 Périgueux

Société d'Etudes Ornithologiques, (1929), 46 Rue d'Ulm, F-75005 Paris

Société d'Etudes Paléontologiques et Palethnographiques de Provence, 154 Cours Lieutaud, F-13001 Marseille

Société d'Etudes Philosophiques, c/o Université, F-13100 Aix en Provence

Société d'Etudes pour le Développement Economique et Social, (1958), 67 Rue de Lille, F-75007 Paris

Société d'Etudes Psychiques, 2 Rue des Fabriques, F-54000 Nancy

Société d'Histoire de Bordeaux, 71 Rue du Loup, F-33000 Bordeaux

Société d'Histoire de la Médecine, 3 Rue de l'Ecole de Médecine, F-34000 Montpellier

Société d'Histoire de la Pharmacie, (1913), 4 Av de l'Observatoire, F-75006 Paris

Société d'Histoire du Droit, CSSF, (1913), 22 Rue Soufflot, F-75005 Paris

Société d'Histoire du Droit Normand, c/o Faculté de Droit, Université, F-14000 Caen

Société d'Histoire du Théâtre, (1948), 98 Bd Kellermann, F-75013 Paris

Société d'Histoire Ecclésiastique de la France, (1910), 52 Av de Breteuil, F-75007 Paris

Société d'Histoire Générale et d'Histoire Diplomatique, 13 Rue Soufflot, F-75005 Paris

Société d'Histoire Littéraire de la France, CSSF, (1894), 18 Rue de l'Abbé de l'Epée, F-75005 Paris

Société d'Histoire Moderne, CSSF, (1901), 22 Av de la Bourdonnais, F-75007 Paris

Société d'Horticulture et d'Histoire Naturelle de l'Herault, 16 Rue de la République, F-34000 Montpellier

Société d'Hygiène Publique et Sociale, 30 Av Reille, F-75014 Paris

Société d'Obstétrique et de Gynécologie, Hôpital de la Grave, F-31000 Toulouse

Société d'Obstétrique et de Gynécologie de Marseille, Hôpital de la Conception, F-13001 Marseille

Société d'Océanographie de France, CSSF, (1897), 195 Rue Saint-Jacques, F-75005 Paris

Société d'Ophtalmologie de l'Est de la France, 133 Rue Saint-Dizier, F-54000 Nancy

Société d'Ophtalmologie de Lyon, Hôpital Edouard Herriot, F-69001 Lyon

Société d'Ophtalmologie de Paris, (1888), 47 Rue de Bellechasse, F-75007 Paris

Société d'Ophtalmologie du Midi de la France, 91 Rue Saint-Jacques, F-13001 Marseille

Société d'Oto-Neuro-Ophtalmologie de Strasbourg, 3 Av de la Liberté, F-67000 Strasbourg

Société d'Oto-Neuro-Ophtalmologie du Sud-Est de la France, Hôpital de la Timone, F-13001 Marseille

Société du Salon d'Automne, (1903), Grand Palais, F-75008 Paris

Société Entomologique de France, (1832), 45bis Rue de Buffon, F-75005 Paris

Société Européenne de Chirurgie Cardiovasculaire, (1951), 6 Pl des Jacobins, F-69001 Lyon

Société Européenne de Chirurgie Expérimentale, (1966), 30 Rue Lionnois, F-54000 Nancy

Société Française d'Allergologie, (1947), F-75016 Paris

Société Française d'Anesthésie, d'Analgésie et de Réanimation, 12 Rue de Seine, F-75006 Paris

Société Française d'Angéiologie, (1947), 4 Rue Pasquier, F-75008 Paris

Société Française d'Archéocivilisation et de Folklore, (1946), 54 Rue de Varenne, F-75007 Paris

Société Française d'Archéologie, CSSF, (1834), Palais de Chaillot, F-75016 Paris

Société Française d'Astronautique, (1955), 47 Rue Dumont Durville, F-75016 Paris

Société Française de Biologie Clinique, 15 Rue de l'Ecole de Médecine, F-75006 Paris

Société Française de Cardiologie, (1936), 32 Rue de Penthièvre, F-75008 Paris

Société Française de Chirurgie Infantile, (1959), 149 Rue de Sèvres, F-75015 Paris

Société Française de Chirurgie Orthopédique et de Traumatologie, 27 Rue du Faubourg Saint-Jacques, F-75014 Paris

Société Française de Chirurgie Plastique et Reconstructive, (1953), 97bis Rue Jouffroy, F-75017 Paris

Société Française de Dermatologie et de Syphiligraphie, Hôtel Dieu, F-13001 Marseille

Société Française de Génétique, CNRS, (1947), c/o Institut de Génétique, F-76000 Gif sur Yvette

Société Française de Gynécologie, 23 Rue des Martyrs, F-75009 Paris

Société Française de la Tuberculose et des Maladies Respiratoires, 66 Bd Saint-Michel, F-75006 Paris

Société Française de Métallurgie, (1944), 47 Rue Boissière, F-75016 Paris

Société Française de Microscopie Electronique, (1959), 24 Rue Lhomond, F-75005 Paris

Société Française de Minéralogie et de Cristallographie, CSSF, (1878), 9 Quai Saint-Bernard, F-75005 Paris

Société Française de Musicologie, (1917), 2 Rue Louvois, F-75002 Paris

Société Française de Mycologie Médicale, (1956), 25 Rue du Docteur Roux, F-75015 Paris

Société Française de Neurologie, (1899), 12 Rue de Seine, F-75006 Paris

Société Française de Numismatique, (1865), 58 Rue de Richelieu, F-75002 Paris

Société Française de Pathologie Respiratoire, (1945), 66 Bd Saint-Michel, F-75005 Paris

Société Française de Pédagogie, (1902), 3 Rue la Rochefoucauld, F-75009 Paris

Société Française de Pédiatrie, (1929), 149 Rue de Sèvres, F-75015 Paris

Société Française de Philosophie, CSSF, (1901), 12 Rue Colbert, F-75002 Paris

Société Française de Phlébologie, (1947), 63 Bd des Invalides, F-75007 Paris

Société Française de Photogrammétrie, 2 Av Pasteur, F-92000 Saint-Mandé

Société Française de Photographie et Cinématographie, (1854), 9 Rue Montalembert, F-75007 Paris

Société Française de Physiologie et de Médecine Aéronautiques et Cosmonautiques, (1960), c/o Hôpital Dominique Larrey, F-78000 Versailles

Société Française de Physiologie Végétale, (1955), 1 Rue Victor Cousin, F-75005 Paris

Société Française de Physique, CSSF, (1873), 12 Pl Henri Bergson, F-75008 Paris

Société Française de Phytiatrie et de Phytopharmacie, C.N.R.A., Route de Saint Cyr, F-78000 Versailles

Société Française de Psychologie, SFP, (1901), 28 Rue Serpente, F-75006 Paris

Société Française de Sociologie, (1962), 82 Rue Cardinet, F-75017 Paris

Société Française de Thérapeutique et de Pharmacodynamie, 8 Pl de l'Odéon, F-75006 Paris

Société Française d'Economie Rurale, (1949), 4 Rue de Lasteyrie, F-75016 Paris

Société Française d'Egyptologie, (1923), c/o Collège de France, Pl Marcelin Berthelot, F-75005 Paris

Société Française d'Electroradiologie Médicale, (1909), 12 Rue de Seine, F-75006 Paris

Société Française des Analystes Financiers, SFAF, (1961), 125 Rue Montmartre, F-75002 Paris

Société Française des Urbanistes, 107 Rue de Rivoli, F-75001 Paris

Société Française d'Etude des Phénomènes Psychiques, 1 Rue des Gâtines, F-75020 Paris

Société Française d'Etudes Nietzschéennes, 44 Rue Sarratte, F-75014 Paris

Société Française d'Hématologie, 96 Rue Didot, F-75014 Paris

Société Française d'Histoire de la Médecine, (1902), 60 Rue de la Glacière, F-75013 Paris

Société Française d'Histoire d'Outre-Mer, (1913), 43 Rue Cambon, F-75001 Paris

Société Française d'Hydrologie et de Climatologie Médicales, 15 Rue Saint-Benoît, F-75006 Paris

Société Française d'Hygiène, de Médecine Sociale et de Génie Sanitaire, 25-28 Rue du Docteur Roux, F-75015 Paris

Société Française d'Ophtalmologie, SFO, (1883), 9 Rue Mathurin Régnier, F-75015 Paris

Société Française d'Oto-Rhino-Laryngologie, (1880), 17-19 Rue du Buci, F-75006 Paris

Société Française d'Urologie, (1919), 6 Av Constant Coquelin, F-75007 Paris

Société Générale d'Education et d'Enseignement, (1868), 14bis Rue d'Assas, F-75006 Paris

Société Géologique de France, (1830), 77 Rue Claude Bernard, F-75005 Paris

Société Géologique et Minéralogique, Rue du Thabor, F-35000 Rennes

Société Historique, Archéologique et Littéraire de Lyon, (1807), Mairie Centrale, F-69000 Lyon

Société Internationale d'Acipuncture, SIA, (1943), Villa Les Lutins, Av des Chasseurs, F-64600 Anglet

Société Internationale d'Audiologie, (1952), F-73190 Challes les Eaux

Société Internationale de Bibliographie Classique, (1948), 11 Av René Coty, F-75014 Paris

Société Internationale de Biologie Cellulaire, (1947), 184 Faubourg Saint-Antoine, F-75012 Paris

Société Internationale de Biologie Mathématique, 11bis Av de la Providence, F-92160 Antony

Société Internationale de Criminologie, (1934), 2 Pl Mazas, F-75012 Paris

Société Internationale de Droit Pénal Militaire et de Droit de la Guerre, (1956), c/o Faculté de Droit, Université, F-67000 Strasbourg

Société Internationale de la Bibliographie Classique, (1948), 11 Av René Coty, F-75014 Paris

Société Internationale de Podologie Médico-Chirurgicale, 9 Rue de Sontay, F-75016 Paris

Société Internationale de Psychopathologie de l'Expression, SIPE, (1959), 1 Rue Cabanis, F-75014 Paris

Société Internationale de Psycho-Prophylaxie Obstétricale, (1958), 11 Rue de Babylone, F-75007 Paris

Société Internationale de Transfusion Sanguine, SITS, (1937), 6 Rue Alexandre Cabanel, F-75015 Paris

Société Internationale d'Ethnopsychologie Normale et Pathologique, (1955), 96 Rue Pierre Demours, F-75017 Paris

Société Internationale d'Etudes Historiques, Cercle Louis XVII, 28 Rue Serpente, F-75006 Paris

Société Internationale d'Histoire de la Médecine, (1921), 22 Rue Durand, F-34000 Montpellier

Société Internationale d'Urologie, SIU, (1910), 63 Av Niel, F-75017 Paris

Société J. S. Bach, 95 Rue Vaugirard, F-75006 Paris

Société Linnéenne de Provence, Pl du Lycée Thiers, F-13001 Marseille

Société Mathématique de France, CSSF, (1872), 11 Rue Pierre et Marie Curie, F-75005 Paris

Société Médicale des Hôpitaux de Paris, 12 Rue de Seine, F-75006 Paris

Société Médicale Internationale d'Endoscopie et de Radiocinématographie, SMIER, (1955), 9 Rue du Docteur Pozzi, F-51100 Reims

Société Médico-Chirurgicale des Hôpitaux et Formations Sanitaires des Armées, (1969), 277bis Rue Saint-Jacques, F-75005 Paris

Société Médico-Chirurgicale des Hôpitaux Libres, 1 Pl d'Iéna, F-75016 Paris

Société Médico-Psychologique, (1852), c/o Hôpital de Jour, Rue du Général Sarrail, F-94000 Créteil

Société Météorologique de France, CSSF, (1852), 1 Quai Branly, F-75007 Paris

Société Mycologique de France, CSSF, (1884), 36 Rue Geoffroy-Saint-Hilaire, F-75005 Paris

Société Nationale Académique de Cherbourg, 9 Rue Thiers, F-50100 Cherbourg

Société Nationale de Musique, (1871), 45 Rue de la Boétie, F-75008 Paris

Société Nationale de Protection de la Nature et d'Acclimatation de France, CSSF, (1854), 57 Rue Cuvier, F-75005 Paris

Société Nationale des Antiquaires de France, CSSF, (1803), Palais du Louvre, F-75001 Paris

Société Nationale des Beaux-Arts, (1890), 11 Rue Berryer, F-75008 Paris

Société Nationale des Sciences Naturelles et Mathématiques, 21 Rue Bonhomme, F-50100 Cherbourg

Société Nationale d'Horticulture de France, SNHF, (1827), 84 Rue de Grenelle, F-75007 Paris

Société Nationale Française de Gastro-Entérologie, 12 Rue de Seine, F-75006 Paris

Société Nationale Française de Médecine Physique, Réeducation Fonctionelle et Réadaptation, c/o Dr. R. Maigne, 7 Rue Catulle Mendes, F-75017 Paris

Société Naturiste Française, (1922), 27 Rue Casimir Périer, F-75007 Paris

Société Odontologique de Paris, 19 Bd de Courcelles, F-75008 Paris

Société Ornithologique de France, (1909), 55 Rue de Buffon, F-75005 Paris

Société pour la Protection des Paysages et de l'Esthétique, (1901), 39 Av de La Motte-Picquet, F-75007 Paris

Société Préhistorique Française, SPF, (1904), 16 Rue Saint-Martin, F-75004 Paris

Société Provençale de Pédiatrie, Hôpital de la Conception, F-13001 Marseille

Société Scientifique d'Hygiène Alimentaire, CSSF, (1904), 16 Rue de l'Estrapade, F-75005 Paris

Société Vétérinaire Pratique de France, 28 Rue des Petits Hôtels, F-75010 Paris

Société Zoologique de France, CSSF, (1876), 195 Rue Saint-Jacques, F-75005 Paris

Syndicat des Critiques Littéraires, (1949), 1 Rue Renault, F-94160 Saint-Mandé

Syndicat des Médecins Français Spécialistes des Maladies du Système Nerveux, 87 Bd Saint-Michel, F-75005 Paris

Syndicat des Psychiatres Français, (1967), 23 Rue Pradier, F-92410 Ville d'Avray

Syndicat National de l'Enseignement Secondaire, 4 Rue Reynard, F-75006 Paris

Syndicat National de l'Enseignement Supérieur, 28 Rue Monsieur le Prince, F-75006 Paris

Syndicat National de l'Enseignement Technique, 94 Rue de l'Université, F-75007 Paris

Syndicat National des Auteurs et Compositeurs de Musique, 80 Rue Taitbout, F-75009 Paris

Syndicat National des Chirurgiens Français, 29 Av Maréchal Foch, F-28400 Nogent le Rotrou

Syndicat National des Dermatologistes, Syphiligraphes et Vénéréologistes, 60 Bd de Latour Maubourg, F-75007 Paris

Syndicat National des Enseignements de Second Degré, SNES, c/o A. Drubay, 1 Rue de Courty, F-75007 Paris

Syndicat National des Gynécologues et Obstétriciens Français, 60 Bd de Latour Maubourg, F-75007 Paris

Syndicat National des Instituteurs et Institutrices, SNI, (1920), 94 Rue de l'L'Université, F-75007 Paris

Syndicat National des Médecins Homéopathes Français, 37 Rue des Volontaires, F-75015 Paris

Syndicat National des Médecins Omnipraticiens Français, 30 Rue de Londres, F-75009 Paris

Syndicat National des Ophtalmologistes Français, 60 Bd de Latour-Maubourg, F-75007 Paris

Syndicat National des Oto-Rhino-Laryngologistes Français, (1920), 12 Rue de Logelbach, F-75017 Paris

Syndicat National des Pédiatres Français, SNPF, (1952), 60 Bd de Latour-Maubourg, F-75017 Paris

Syndicat National des Professeurs des Ecoles Normales, SNPEN, (1924), 178 Rue Berruer, F-33000 Bordeaux

Syndicat National des Urologistes Français, (1947), 1 Rue Madame, F-75006 Paris

Union Centrale des Arts Décoratifs, (1882), 107 Rue de Rivoli, F-75001 Paris

Union Culturelle et Technique de Langue Française, (1954), 47 Bd Lannes, F-75016 Paris

Union des Ecrivains et Artistes Latins, (1957), 11 Rue de l'Estrapade, F-75005 Paris

Union des Physiciens, CSSF, (1906), 44 Bd Saint-Michel, F-75006 Paris

Union des Professeurs de Spéciales (Mathématiques et Physiques), (1928), 29 Rue d'Ulm, F-75005 Paris

Union des Travailleurs Scientifiques, 20 Rue de l'Ecole Polytechnique, F-75005 Paris

Union Européenne de Médecine Sociale, UEMS, (1955), 34 Rue Jeanne d'Arc, F-63000 Clermont-Ferrand

Union Européenne des Vétérinaires Practiciens, UEVP, 28 Rue des Petits Hôtels, F-75010 Paris

Union Internationale contre la Tuberculose, UICT, (1920), 20 Rue Greuze, F-75016 Paris

Union Internationale d'Angéiologie, (1958), 4 Rue Pasquier, F-75008 Paris

Union Internationale de Biochimie, (1955), c/o Faculté des Sciences, Pl Victor Hugo, F-13001 Marseille

Union Internationale de Phlébologie, 63 Bd des Invalides, F-75007 Paris

Union Internationale des Laboratoires Indépendants, UILI, 18 Rue de Montmorency, F-75003 Paris

Union Internationale d'Histoire et de Philosophie des Sciences, (1965), 12 Rue Colbert, F-75002 Paris

Union Internationale d'Hygiène et de Médecine Scolaires et Universitaires, (1959), Château de Longchamp, Bois de Boulogne, F-75016 Paris

Union Internationale pour l'Education Sanitaire, (1951), 20 Rue Greuze, F-75016 Paris

Union Internationale Thérapeutique, (1934), 8 Pl de l'Odéon, F-75006 Paris

Union Médicale de la Méditerranée Latine, UMML, (1945), 25 Rue de Metz, F-31000 Toulouse

Union Nationale des Intellectuels, 45-47 Rue des Ecoles, F-75005 Paris

Union pour la Langue Internationale Ido, ULI, (1909), Cité de la Plaine, Bâtiment A 13, Logement 334, F-92140 Clamart

Union Professionnelle Internationale des Gynécologues et Obstétriciens, UPIGO, (1954), 8 Pl Hoche, F-78000 Versailles

Vieilles Maisons Françaises, 93 Rue de l'Université, F-75007 Paris

Gibraltar
Gibraltar

Gibraltar Society, (1929), John Mackintosh Hall, Gibraltar

Gibraltar Teachers Association, c/o Saint Jagos's School, Gibraltar

Griechenland
Greece

Akadimia Athinon, (1926), Odos Panepistimiou, Athinai

Archaeologiki Hetairia, (1837), Odos Panepistimiou 22, Athinai

Association des Biliothécaires Grecs, Ethniki Vivliothiki tis Ellados, El Venizelou, Athinai

Association Internationale des Entraîneurs d'Athlétisme, (1959), Kapsali 4, Athinai 138

Association Internationale des Etudes Byzantines, (1948), Hippocratous 33, Athinai 144

Association Médicale Panhellénique, Akadimias 61, Athinai

Eleutheroi Kallitechnai, Odos Karageorgi 8, Athinai

Elliniki Geografiki Etairia, (1919), Athinai

Elliniki Kardiologiki Etairia, Marni 14, Athinai

Elliniki Paidiatriki Etairia, Stadiou 29, Athinai

Ellinikon Kentron Paragogikotitos, ELKEPA, (1953), Kapodistriou 28, Athinai 147

Enosis Ellinon Bibliothekarion, (1968), Amerikis 11, Athinai

Enosis Ellinon Chimikon, (1924), Odos Kanningos 27, Athinai 147

Enosis Hellinon Mousourgon, (1931), Odos Karageorgi Servias 8, Athinai

Epangelmatikon Kallitechnikon Epimelitirion, Odos Mitropoleos 38, Athinai

Etairia Byzantinologikon Spudon, (1919), Odos Aristeidou 8, Athinai 122

Fédération Grecque des Professeurs de l'Enseignement Secondaire, c/o A. Fatseas, Ermou-Kornarou 2, Athinai 126

Federation of Plastic Art Associations, (1937), Odos Karageorgi 8, Athinai

Greek National Committee for Astronomy, c/o Akadimia Athinon, Odos Panepistimiou, Athinai

Greek National Committee for Space Research, c/o Akadimia Athinon, Odos Panepistimiou, Athinai

Greek National Committee for the Quiet Sun International Years, c/o Akadimia Athinon, Odos Panepistimiou, Athinai

Greek Radiological Society, Kanari 23, Athinai 136

Greek Society of Anaesthesiologists, Ionos Dragoumi 34, Athinai 162

Greek Surgical Society, Papadiamantopoulou 150, Athinai

Hellenic Operational Research Society, El Venizelou 6, Athinai 133

Helliniki Epitropi Atomikis Energhias, Aghia Paraskevi-Attikis, Athinai

Helliniki Mathimatiki Eteria, Odos Panepistimiou 34, Athinai 143

Hetairia Hellinon Logotechnon, (1934), Odos Mitropoleos 38, Athinai

Hetairia Hellinon Theatricon Syngrapheon, (1908), Odos Navarinou 2, Athinai

Istoriki Kä Ethnologiki Etairia, (1883), Old Palace, Constitution Square, Athinai

Omas-Techni, Odos Karageorgi 8, Athinai

Omospondia Didaskaliki Ellados, Xenofontos 15a, Athinai

Panelliniki Mousiki Etairia, (1914), Odos Halkokondyli 24, Athinai

Panhellenic Dental Association, Themistokleous 38, Athinai

Somateion Hellinon Glypton, (1930), Odos Karageorgi 8, Athinai

Syllogos pros Diadosin ton Hellenikon Grammaton, (1869), Odos Pindarou 15, Athinai

Syndesmos Hellinon Kallitechnon, (1910), Odos Patission 28, Athinai

Syndesmos Skitsographon, (1926), Odos Karageorgi 8, Athinai

Union des Vétérinaires Grecs, Yannitson 65, Thessaloniki

Grossbritannien

Great Britain

Abertay Historical Society, (1947), c/o Department of History, University, Dundee

Academy of Visual Arts, AVA, (1951), 12 Soho Sq, London W1 4QE

Advisory Centre for Education, (1960), 32 Trumpington St, Cambridge CB2 1QY

Aeromedical International, c/o J. Deakin, 50 Thornton Close, Girton, Cambridge

Aeronautical Research Council, (1909), c/o National Physical Laboratory, Teddington, Middx

African Studies Association of the United Kingdom, ASAUK, (1963), c/o Centre of West African Studies, University, Birmingham 15

Agricultural Economics Society, (1926), c/o Department of Agricultural Economics and Management, University, Earley Gate, Whiteknights Rd, Reading RG6 2AR

Agricultural Education Association, AEA, (1894), c/o Staffordshire College of Agriculture, Pembridge, Stafford

Agricultural Machinery Training Development Society, AMTDS, (1968), Penn Pl, Rickmansworth, Herts

Agricultural Research Council, 160 Great Portland St, London W1N 6DT

Air Raid Protection Institute, ARPCo, (1938), 316 Vauxhall Bridge Rd, London SW1

Air-Britain, the International Association of Aviation Historians, (1948), 318 Barking Rd, London E6

Aircraft Research Association, ARA, (1952), Manton Lane, Bedford

Alcuin Club, (1897), c/o SPCK, Holy Trinity Church, Marylebone Rd, London NW1

Amateur Entomologists' Society, AES, (1934), 355 Hounslow Rd, Hanworth, Feltham, Middx

Anatomical Society of Great Britain and Ireland, (1887), c/o Prof. A. R. Muir, Royal School of Veterinary Studies, Edinburgh EH9 1QH

Ancient Monuments Society, (1924), 33 Ladbroke Sq, London W11

Andersonian Naturalists of Glasgow, (1851), c/o Royal College of Science and Technology, Glasgow C2

Anglesey Antiquarian Society, AAS, (1911), 22 Lon Ganol, Menai Bridge

Anglo-Israel Archaeological Society, 45 Albemarle St, London W1

Animal Breeding Research Organisation, King's Buildings, West Mains Rd, Edinburgh 9

Animal Diseases Research Association, (1921), c/o Moredun Institute, Gilmerton, Edinburgh 9

Ankh Society, c/o B. Robson, Department of Biochemistry, University, Newcastle upon Tyne NE1 7RU

Anthroposophical Society in Great Britain, (1923), 35 Park Rd, London NW1

Antiquarian Horological Society, AHS, (1953), 35 Northampton Sq, London EC1

Arboricultural Association, (1964), 38 Blythwood Gardens, Stansted, Essex

Architectural and Archaeological Society of Durham and Northumberland, (1861), c/o J. Kewley, Neville's Cross College, Durham City

Architectural Association, AA, (1847), 34-36 Bedford Sq, London WC1B 3ES

Aristotelian Society, (1880), 31 West Heath Dr, London NW11

Arlis, (1969), c/o Chelsea School of Art Library, Manresa Rd, London SW3 6LS

Arms and Armour Society, (1951), 40 Great James St, London WC1

Art Workers Guild, AWG, (1884), 6 Queen Sq, London WC1

Arthritic Association, 5w Artillery Mansions, Victoria St, London SW1

Arthritis and Rheumatism Council for Research, 8-10 Charing Cross Rd, London WC2H 0HN

Artists' League of Great Britain, (1909), 26 Conduit St, London W1R 9TA

Artists of Chelsea, 17 Carlton House Terrace, London SW1

Arts Association of Stage Schools, (1953), 227 Goldhawk Rd, London W12

Arts Council of Great Britain, (1940), 105 Piccadilly, London W1V 0AU

Arts Council of Northern Ireland, (1943), Bedford House, Bedford St, Belfast BT2 7FX

Ashmolean Natural History Society of Oxfordshire, (1828), University Museum, Oxford

Asian Music Circle, (1953), 46 Flask Walk, London NW3

Aslib, (1924), 3 Belgrave Sq, London SW1

Assistant Masters Association, AMA, (1891), 29 Gordon Sq, London WC1

Associates of the late Rev. Dr. Bray, (1730), Holy Trinity Church, Marylebone Rd, London NW1

Association and Directory of Acupuncture, (1963), 21 Cank St, Leicester

Association for Child Psychology and Psychiatry, (1957), 1 Fitzroy Sq, London W1P 5AH

Association for Groupwork, c/o Groupwork Centre, 21a Kingsland High Rd, London E8

Association for Programmed Learning and Ecudational Technology, 27 Torrington Sq, London WC1

Association for Radiation Research, ARR, (1958), c/o Department of Radiobiology, Medical College of Saint Bartholomew's Hospital, Charterhouse Sq, London EC1

Association for Science Education, (1900), College Lane, Hatfield, Herts

Association for Special Education, ASE, (1903), 19 Hamilton Rd, Wallasey, Cheshire

Association for Technical Education on Schools, ATES, (1951), 70 Great Portland St, London W1

Association for the Preservation of Rural Scotland, APRS, (1926), 39 Castle St, Edinburgh

Association for the Reduction of Aircraft Noise, ARAN, (1964), 11 First St, London SW3

Association for the Study of Animal Behaviour, ASAB, (1936), c/o Dr. J. Kear, Wildfowl Trust, Slimbridge, Glos

Association for the Study of Infectious Disease, (1959), c/o Eastern Hospital, Homerton Grove, London E9

Association for the Study of Medical Education, ASME, (1957), 53 Philpot St, London E1

Association of Agricultural Education Staffs of Local Authorities, AAES, (1946), c/o Agricultural Education Centre, Sawtry, Huntingdon

Association of Anaesthetists of Great Britain and Ireland, (1932), Tavistock House, Tavistock Sq, London WC1H 9HR

Association of Applied Biologists, AAB, (1904), c/o Glasshouse Crops Research Institute, Littlehampton, Sussex

Association of Art Institutions, AAI, c/o Ravensbourne College of Art and Design, Bromley Common, Bromley, Kent

Association of Assistant Librarians, AAL, (1895), c/o Central Library, Howard St, Rotherham, Yorks

Association of Assistant Mistresses in Secondary Schools, 29 Gordon Sq, London WC1

Association of British Correspondence Colleges, ABCC, (1955), 4-7 Chiswell St, London EC1

Association of British Library Schools, ABLS, (1952), c/o Polytechnic, Ellison Pl, Newcastle upon Tyne

Association of British Neurologists, (1933), c/o National Hospital, Queen Sq, London WC1

Association of British Science Writers, ABSW, (1947), c/o New Scientist, 128 Long Acre, London WC2E 9QH

Association of British Theological and Philosophical Libraries, c/o National Central Library, Store St, London WC1

Association of British Zoologists, ABZ, (1929), c/o Zoological Society of London, Regent's Park, London NW1

Association of Chief Education Officers, ACEO, (1955), c/o Education Department, County Hall, Hertford, Herts

Association of Clinical Biochemists, (1953), 7 Warwick Ct, London WC1

Association of Clinical Pathologists, c/o Haematology Department, Saint George's Hospital, London SW17

Association of Commonwealth Universities, ACU, (1913), 36 Gordon Sq, London WC1

Association of Consulting Scientists, (1958), 2 Howard St, London WC2

Association of Contemporary Historians, ACH, (1967), c/o D. C. Watt, London School of Economics and Political Science, Aldwych, London WC2

Association of Convent Schools, c/o Convent of the Assumption, 23 Kensington Sq, London W8

Association of County Public Health Officers, (1946), 3 Grey Crescent, Newton Linford, Leicester

Association of Dental Hospitals of Great Britain, ADH, c/o Dental Hospital of Manchester, Bridgeford St, Manchester M15 6FH

Association of Directors of Education in Scotland, ADES, (1920), 9 Drumsheugh Gdns, Edinburgh EH3 7QT

Association of Education Committees, 10 Queen Anne St, London W1

Association of Education Officers, c/o County Education Offices, Castle St, Worcester

Association of Genealogists and Record Agents, AGRA, (1968), c/o G. B. Greenwood, 2 Burhill Rd, Walton on Thames, Surrey

Association of Governing Bodies of Girls Public Schools, GBGSA, 26 Queen Anne's Gate, London SW1

Association of Governing Bodies of Public Schools, GBA, (1941), West Rd, West Hill, Harrow on the Hill, Middx

Association of Headmasters, Headmistresses and Matrons of Approved Schools, c/o Aycliffe School, Copelaw, Aycliffe, Darlington, Durham

Association of Headmistresses, (1874), 29 Gordon Sq, London WC1

Association of Headmistresses of Preparatory Schools, AHMPS, (1929), Meadowbrook, Virginia Water, Surrey

Association of Heads of Girls' Boarding Schools, c/o Saint Swithun's School, Winchester, Hants

Association of Heads of Recognised Independent Schools, AHRIS, (1924), Stower Cottage, Wavering Lane, Gillingham, Dorset

Association of Health Administrative Officers, (1932), c/o Health and Welfare Department, 17-23 Clements Rd, Ilford, Essex

Association of Home Economists of Great Britain, (1955), 307 Uxbridge Rd, London W3

Association of Law Teachers, ALT, (1965), c/o Further Education Staff College, Coombe Lodge, Blagdon, Bristol

Association of Libraries of Judaica and Hebraica in Europe, c/o Jews' College, 11 Montagu Pl, London W1

Association of London Chief Librarians, ALCL, (1964), c/o Central Library, Woolwich Rd, London SE10

Association of Medical Record Officers, AMRO, c/o Royal Sussex County Hospital, Brighton

Association of Nursery Training Colleges, ANTC, (1937), 90 Buckingham Palace Rd, London SW1

Association of Occupational Therapists, (1936), 251 Brompton Rd, London SW3

Association of Organisers of Physical Education in Scotland, AOPES, (1939), c/o Education Offices, Stranraer, Wigtowns

Association of Painting Craft Teachers, APCT, (1921), 92 Watercall Ave, Styvechale, Coventry CV3 5AY

Association of Piano Class Teachers, APCT, (1962), c/o Rural Music Schools Association, Little Benslow Hills, Hitchin, Herts

Association of Police Surgeons of Great Britain, 74 Grange Rd, Dudley, Worcs

Association of Principals of Colleges of Education in Scotland, c/o Craigie College of Education, Ayr

Association of Principals of Technical Institutions in Northern Ireland, APTI, c/o Technical College, Antrim

Association of Principals of Women's Colleges of Physical Education, (1935), 37 Lansdowne Rd, Bedford

Association of Psychiatric Treatment of Offenders, 199 Gloucester Pl, London NW1

Association of Psychotherapists and Society of Psychotherapy, (1951), 411 Upper Richmond Rd, London SW15

Association of Public Analysts, APA, (1953), 16 Southwark St, London SE1

Association of Public Analysts of Scotland, 140 Perth Rd, Dundee

Association of Recognised English Language Schools, ARELS, 43 Russell Sq, London WC1

Association of School Natural History Societies, ASNHS, (1946), c/o J. E. G. Morris, Strand School, Elm Park, London SW2

Association of Scientific, Technical and Managerial Staffs, 15 Half Moon St, London W1

Association of Staffs of Colleges and Departments of Education of Northern Ireland, c/o Saint Joseph's College of Education, Trench House, Stewartstown Rd, Belfast 11

Association of String Class Teachers, ASCT, (1955), c/o Rural Music Schools Association, Little Benslow Hills, Hitchin, Herts

Association of Surgeons of Great Britain and Ireland, AS, (1920), c/o Royal College of Surgeons, Lincoln's Inn Fields, London WC2A 3PN

Association of Teachers in Colleges and Departments of Education, ATCDE, (1943), 151 Gower St, London WC1

Association of Teachers in Technical Institutions, ATTI, (1904), Hamilton House, Mabledon Pl, London WC1

Association of Teachers of Domestic Science, ATDS, (1896), Hamilton House, Mabledon Pl, London WC1

Association of Teachers of English as a Foreign Language, ATEFL, (1967), 16 Alexandra Gardens, Hounslow, Middx

Association of Teachers of German, ATG, (1958), c/o D. W. T. Watson, Department of Education, University, Manchester M13 9PL

Association of Teachers of Italian, ATI, (1966), 22 Annandale Dr, Beccles, Suffolk

Association of Teachers of Management, ATM, (1960), 2 Fitzalan Pl, Cardiff CF2 1EE

Association of Teachers of Mathematics, ATM, (1952), 1 Market St Chambers, Market St, Nelson, Lancs

Association of Teachers of Printing and Allied Subjects, ATPAS, (1930), c/o London College of Printing, Back Hill, London EC1

Association of Teachers of Russian, ATR, (1959), 5 Albemarle Rd, York

Association of Teachers of Spanish and Portuguese, ATSP, (1945), 17 Duke's Ave, Canon's Park, Edgware, Middx

Association of Technical Institutions, ATI, (1893), 70 Great Portland St, London W1

Association of Track and Field Statisticians, ATFS, 15 Ballingham Close, Job's Lane, Coventry, Warwicks

Association of Tutors, (1958), Broomham, Guestlings, Hastings, Sussex

Association of Tutors in Adult Education, ATAE, (1912), c/o Department of Extra-Mural Studies, University of Liverpool, Abercromby Sq, Liverpool 7

Association of University Teachers, AUT, (1919), Bremar House, Sale Pl, London W2

Association of University Teachers of Scotland, AUTS, (1922), c/o Department of Botany, University, Glasgow W2

Association of Veterinary Teachers and Research Workers, AVTRW, (1946), c/o Department of Veterinary Pharmacology, University Veterinary Hospital, Bearsden Rd, Bearsden, Glasgow

Association of Voluntary Aided Secondary Schools, AVASS, (1968), 20 Reddons Rd, Beckenham, Kent

Association of Wind Teachers, AWT, (1965), c/o Rural Music Schools Association, Little Benslow Hills, Hitchin, Herts

Associations of Principals of Technical Institutions, APTI, (1921), c/o Saint Albans College of Further Education, 29 Hatfield Rd, Saint Albans, Herts

Assurance Medical Society, AMS, (1893), 11 Chandos St, London W1M 0EB

Asthma Research Council, 28 Norfolk Pl, London W2

Astronomical Society of Edinburgh, ASE, (1924), Observatory, Calton Hill, Edinburgh EH7 5AA

Atlantic Information Centre for Teachers, (1963), 8 Victoria St, London SW1

Atlantis Research Centre, ARC, (1947), 14 Montpelier Villas, Brighton BN1 3DG

Audio Visual Language Association, AVLA, (1962), 7 Shelley Close, Langley, Bucks

Avicultural Society, (1894), Galleys Wood, Edenbridge, Kent

Ayrshire Archaeological and Natural History Society, (1947), 54 Midton Rd, Ayr

Francis Bacon Society, (1886), Canonbury Tower, Islington, London N1

Bank Education Service, BES, (1965), 10 Lombard St, London EC3

Bantock Society, (1946), 247 Mereside Way North, Olton, Solihull, Warwicks

Baptist Historical Society, (1908), 4 Southampton Row, London WC1

Bar Association for Commerce, Finance and Industry, (1965), 4 Verulam Buildings, Gray's Inn, London WC1

Barnsley Naturalist and Scientific Society, (1867), c/o Harvey Institute, Eldon St, Barnsley, Yorks

Bath and Camerton Archaeological Society, (1947), 61 Pulteney St, Bath

Arnold Bax Society, (1955), 26 Rutland Court, Queen's Dr, London W3

Bedfordshire Archaeological Council, (1963), 36 Saint Andrews Rd, Bedford

Bedfordshire Historical Record Society, BHRS, (1913), c/o County Record Office, County Hall, Bedford

Bee Research Association, BRA, (1949), Hill House, Chalfont Saint Peter, Gerrards Cross, Bucks

Beethoven Society of Manchester, (1888), 5 Gilbert Rd, Hale, Ches

Belfast Natural History and Philosophical Society, BNHPS, (1821), 7 College Sq North, Belfast

Arnold Bennett Society, (1954), c/o Horace Barks Reference Library, Pall Mall, Stoke on Trent ST1 1HW

Berkshire Archaeological Society, (1871), Turstins, High St, Upton, Didcot, Berks

Berwickshire Naturalists' Club, BNC, (1831), Birgham House, Coldstream, Berwicks

Bibliographical Society, (1892), c/o British Academy, Burlington House, London W1V 0NS

Biochemical Society, (1911), 7 Warwick Court, London WC1R 5DP

Biochemistry Commission of IUBS, c/o Prof. T. W. Goodwin, Department of Biochemistry, University, Liverpool 3

Biological Council, (1945), c/o Institute of Biology, 41 Queen's Gate, London SW7

Biological Engineering Society, BES, (1960), c/o Faculty of Medical Sciences, University College, Gower St, London WC1E 6BT

Biometric Society, c/o Department of Statistics, Queen's University, Belfast BT7 1NN

Birmingham and Midland Institute, BMI, (1854), Margaret St, Birmingham 3

Birmingham Archaeological Society, (1870), c/o Birmingham and Midland Institute, Margaret St, Birmingham 3

Birmingham Medical Institute, 36 Harborne Rd, Edghaston, Birmingham 15, Warwicks

Birmingham Metallurgical Association, BMetA, (1903), c/o Metallurgy Department, Aston University, Birmingham 4

Birmingham Natural History Society, 219 Brandwood Rd, King's Heath, Birmingham 14

Blackmore Society, (1968), 24 Linhope St, London NW1

Blair Bell Research Society, BBRS, (1962), c/o Dr. R. W. Beard, Department of Obstetrics and Gynaecology, King's College Hospital, London SE5

Boarding Schools Association, (1965), 27 Marylebone Rd, London NW1

Bone and Tooth Society, (1950), c/o Department of Dental Science, School of Dental Surgery, Pembroke Pl, Liverpool L69 3BX

Botanical Society of Edinburgh, (1836), c/o Royal Botanic Garden, Inverleith Row, Edinburgh EH3 5LR

Botanical Society of the British Isles, BSBI, (1836), c/o Department of Botany, British Museum, London SW7 5BD

Bradford Chemical Society, c/o Institute of Technology, Great Horton Rd, Bradford, Yorks

Henry Bradshaw Society, (1890), c/o Department of Manuscripts, British Museum, London WC1

Brighton and Hove Natural History Society, (1853), Royal Pavilion, Brighton, Sussex

Bristol and Gloucestershire Archaeological Society, (1876), Council House, College Green, Bristol 1

Bristol Industrial Archaeological Society, BIAS, c/o City Museum, Queen's Rd, Bristol BS8 1RL

Britain in Europe, (1958), Chandos House, Buckingham Gate, London SW1

British Academy, (1901), Burlington House, Piccadilly, London W1V 0NS

British Academy of Forensic Sciences, (1959), c/o London Hospital Medical College, Turner St, London E1 2AD

British Acoustical Society, BAS, (1965), c/o Institution of Mechanical Engineers, 1 Birdcage Walk, London SW1

British Agricultural History Society, BAHS, (1952), c/o Museum of English Rural Life, University, Whiteknights Park, Reading

British Allergy Society, 21 Hagley Rd West, Birmingham 17

British Amateur Scientific Research Association, BASRA, (1962), 64 Ridge Rd, Kingswinford, Staffs

British and Foreign School Society, 7 Stone Buildings, Lincoln's Inn, London WC2

British and Irish Association of Law Librarians, (1969), c/o Library, Inner Temple, London EC4

British Arachnological Society, (1963), Peare Tree House, Blennerhasset Green, Carlisle, Cumberland

British Archaeological Association, BAA, (1843), c/o Birkbeck College, Malet St, London WC1

British Association for American Studies, BAAS, (1955), 30 Hartham Rd, London N7

British Association for Cancer Research, BACR, (1960), 2 Harley St, London W1N 1AA

British Association for Commercial and Industrial Education, BACIE, (1919), 16 Park Crescent, London W1N 4AP

British Association for Social Psychiatry, 7 Hollycroft Av, London NW3

British Association for the Advancement of Science, BA, (1831), Fortress House, Savile Row, London W1

British Association in Forensic Medicine, BAFM, (1950), c/o London Hospital, London E1

British Association of Concert Artists, 44 Castelnau Gardens, London SW13

British Association of Dermatology, (1920), 149 Harley St, London W1

British Association of Manipulative Medicine, BAMM, (1963), 22 Wimpole St, London W1

British Association of Numismatic Societies, BANS, (1953), 51a Old Park Rd, London N13

British Association of Oral Surgeons, BAOS, (1962), c/o Royal College of Surgeons, Lincoln's Inn Fields, London WC2

British Association of Organisers and Lecturers in Physical Education, BAOLPE, c/o D. J. Williams, Education Offices, Park Rd, Hartlepool, Durham

British Association of Otolaryngologists, BAO, (1943), c/o Royal College of Surgeons, Lincoln's Inn Fields, London WC2

British Association of Paediatric Surgeons, BAPS, (1954), c/o J. Lister, Children's Hospital, Sheffield 10

British Association of Physical Medicine and Rheumatology, (1943), c/o Royal College of Physicians, 11 Saint Andrews Pl, London NW1 4LE

British Association of Plastic Surgeons, c/o Royal College of Surgeons, Lincoln's Inn Fields, London WC2

British Association of Urological Surgeons, BAUS, (1945), c/o Royal College of Surgeons, Lincoln's Inn Fields, London WC2

British Astronomical Association, BAA, (1890), Burlington House, London W1

British Ballet Organisation, BBO, (1930), 39 Lonsdale Rd, London SW13

British Biophysical Society, BBS, (1960), c/o Biochemical Society, 7 Warwick Court, London WC1R 5DP

British Brush Manufacturers Research Association, BBMRA, (1946), c/o Department of Textile Industries, University, Leeds 2

British Bryological Society, BBS, (1896), 2 Strathearn Rd, Sutton, Surrey

British Cardiac Society, (1937), c/o Prof. J. P. Shillingford, Postgraduate Medical School, Ducane Rd, London W12

British Cartographic Society, BCS, (1963), 4 Tamesa House, Chertsey Rd, Shepperton TW17 9NJ

British Cast Iron Research Association, BCIRA, (1921), Alvechurch, Birmingham

British Cattle Veterinary Association, BCVA, (1967), 7 Mansfield St, London W1M 0AT

British Ceramic Society, (1900), Shelton House, Stoke Rd, Stoke on Trent ST4 2DR

British Children's Theatre Association, BCTA, (1959), c/o Education Offices, Bond St, Wakefield, Yorks

British Coal Utilisation Research Association, BCURA, (1938), Randalls Rd, Leatherhead, Surrey

British Coke Research Association, (1944), c/o Coke Research Centre, Chesterfield

British Committee for Standards in Haematology, BCSH, c/o Dr. S. M. Lewis, Royal Postgraduate Medical School, London W12

British Computer Society, (1957), 29 Portland Pl, London W1N 4AP

British Council for the Rehabilitation of the Disabled, (1944), Tavistock House, Tavistock Sq, London WC1H 9LB

British Council of the European Movement, (1948), 1a Whitehall Pl, London SW1

British Country Music Association, BCMA, (1968), 38 Guycroft, Otley, Yorks

British Cryogenics Council, (1967), 16 Belgrave Sq, London SW1

British Deer Society, BDS, (1963), 43 Brunswick Sq, Hove BN3 1EE

British Dental Association, BDA, (1880), 63-64 Wimpole St, London W1M 8AL

British Dental Hygienists Association, BDHA, (1949), c/o Eastman Dental Hospital, Gray's Inn Rd, London WC1

British Diabetic Association, BDA, (1934), 3-6 Alfred Pl, London WC1E 7EE

British Dietetic Association, (1936), 251 Brompton Rd, London SW3 2ES

British Drama League, (1919), 9-10 Fitzroy Sq, London W1P 6AE

British Ecological Society, BES, (1913), c/o Dr. E. A. G. Duffey, Monkswood Experimental Association, Abbot's Ripton, Hunts

British Empire Cancer Campaign for Research, (1923), 11 Grosvenor Crescent, London SW1

British Endodontic Society, BES, c/o M. B. Rothschild, 40 Wimpole St, London W1

British Esperanto Association, BEA, (1904), 140 Holland Park Av, London W11

British Federation of Music Festivals, (1921), 106 Gloucester Pl, London W1H 3DB

British Film Institute, BFI, (1933), 81 Dean St, London W1

British Fluorspar Producers Development and Research Association, 146 West St, Sheffield 1

British Food Manufacturing Industries Research Association, BFMIRA, (1946), Randalls Rd, Leatherhead, Surrey

British Geomorphological Research Group, c/o Prof. K. M. Clayton, School of Environmental Science, University of East Anglia, Norwich NOR 88C

British Geriatrics Society, (1947), c/o Institute of Biology, 41 Queen's Gate, London SW7 5HU

British Glass Industry Research Association, BGIRA, (1955), Northumberland Rd, Sheffield S10 2UA

British Herpetological Society, BHS, (1947), c/o Zoological Society of London, Regent's Park, London NW1

British Homoeopathic Association, BHA, (1901), 27a Devonshire St, London W1N 1RJ

British Horological Institute, (1858), 35 Northampton Sq, London EC1V 0ET

British Hydromechanics Research Association, BHRA, (1947), Cranfield, Beds

British Hypnotherapy Association, 67 Upper Berkeley St, London W1

British Ichthyological Society, BIS, (1961), 42 Stanborough Green, Welwyn Garden City

British Industrial Biological Research Association, BIBRA, (1960), Woodmansterne Rd, Carshalton, Surrey

British Institute of Cleaning Science, BICS, (1961), 15 Tooks Court, London EC4

British Institute of International and Comparative Law, (1958), 32 Furnival St, London EC4 1JN

British Institute of Management, (1947), Management House, Parker St, London WC2

British Institute of Practical Psychology, BIPP, (1933), 67 Highbury New Park, London N5

British Institute of Radiology, BIR, 32 Welbeck St, London W1M 7PG40 1927

British Institute of Surgical Technicians, (1935), 21 Tothill St, London SW1

British Interplanetary Society, BIS, (1933), 12 Bessborough Gardens, London SW1V 2JJ

British Iron and Steel Research Association, BISRA, (1944), 24 Buckingham Gate, London SW1

British Joint Corrosion Group, BJCG, (1964), 14 Belgrave Sq, London SW1

British Launderers' Research Association, BLRA, (1920), c/o Laboratories, Hill View Gardens, London NW4

British Leather Manufacturers Research Association, BLMRA, (1920), Milton Park, Egham, Surrey

British Lichen Society, (1958), c/o Department of Botany, British Museum, London SW7 5BD

British Maritime Law Association, BMLA, 14 Saint Mary Axe, London EC3

British Medical Association, BMA, (1832), Tavistock House, Tavistock Sq, London WC1H 9JP

British Medical Guild, BMA House, Tavistock Sq, London WC1

British Microcirculation Society, (1963), c/o Dr. P. A. G. Monro, Anatomy School, University, Cambridge CB2 3DY

British Migraine Association, (1958), 6 Bryanstone Rd, Bournemouth

British Museum Society, 214 High Holborn, London WC1

British Mycological Society, BMS, (1896), c/o Dr. R. L. Lucas, Keble College, Oxford OX1 3PF

British National Committee for Non-Destructive Testing, BNC for NDT, c/o Institution of Mechanical Engineers, 1 Birdcage Walk, London SW1

British National Committee on Materials, BNC on Mats, (1934), c/o Institution of Mechanical Engineers, 1 Birdcage Walk, London SW1

British Naturopathic and Osteopathic Association, BNOA, (1925), 6 Netherhall Gardens, London NW3

British Neuropathological Society, (1950), c/o Department of Neuropathology, Western Infirmary, Glasgow W1

British Non-Ferrous Metals Research Association, BNFMRA, (1920), Euston St, London NW1

British Nuclear Energy Society, BNES, (1962), 1-7 Great George St, London SW1P 3AA

British Nuclear Forum, BNF, 8 Leicester St, London WC2

British Numerical Control Society, BNCS, (1966), 33 Hillmorton Rd, Rugby

British Numismatic Society, BNS, (1903), 63 West Way, Edgware, Middx

British Occupational Hygiene Society, BOHS, (1953), c/o Nuffield Department of Industrial Health, Medical School, University, Newcastle upon Tyne NE1 7RU

British Optical Association, (1895), 65 Brook St, London W1Y 2DT

British Ornithologists' Union, BOU, (1858), c/o Zoological Society of London, Regent's Park, London NW1 4RY

British Orthopaedic Association, BOA, (1918), c/o Royal College of Surgeons, Lincoln's Inn Fields, London WC2A 3PN

British Orthoptic Society, (1937), Tavistock House, Tavistock Sq, London WC1

British Osteopathic Association, 24-25 Dorset Sq, London NW1

British Paediatric Association, BPA, (1928), c/o Institute of Child Health, 30 Guilford St, London WC1N 1EH

British Pharmacological Society, (1931), c/o Royal College of Surgeons, Lincoln's Inn Fields, London WC2A 3PN

British Photobiology Society, (1955), c/o Dr. D. O. Hall, King's College, 68 Half Moon Lane, London SE24

British Phycological Society, (1952), c/o Department of Botany, Birkbeck College, Malet St, London WC1

British Postgraduate Medical Federation, 14 Millman Mews, London WC1

British Psychoanalytical Society, (1919), 63 New Cavendish St, London W1

British Psychological Society, BPS, (1901), 18-19 Albemarle St, London W1X 4DN

British Pteridological Society, (1891), 46 Sedley Rise, Loughton, Essex

British Puppet and Model Theatre Guild, (1925), 90 Minories, London EC3

British Record Society, (1888), c/o Department of History, University, Keele, Staffs

British Records Association, BRA, (1932), Charterhouse, Charterhouse Sq, London EC1

British Rheumatism and Arthritis Association, BRA, (1947), 1 Devonshire Pl, London W1N 2ED

British Schools Exploring Society, 175 Temple Chambers, Temple Av, London EC4

British Scientific Instrument Research Association, SIRA, (1918), South Hill, Chislehurst BR7 5EH

British Section of the Society of Protozoologists, c/o Dr. E. U. Canning, Imperial College Field Station, Ashurst Lodge, Sunninghill, Berks

British Ship Research Association, BSRA, (1944), Wallsend Research Station, Wallsend, Northumberland

British Small Animal Veterinary Association, 10 South Molton St, London W1

British Social Biology Council, (1914), 69 Eccleston Sq, London SW1

British Society for Cell Biology, (1959), c/o Dr. B. Richards, Searle Research Laboratories, Lane End Rd, High Wycombe, Bucks

British Society for Haematology, (1960), c/o W. J. Jenkins, Regional Blood Transfusion Centre, Crescent Dr, Brentwood, Essex

British Society for Immunology, BSI, (1956), c/o Dr. G. L. Asherson, Division of Immunology, Clinical Research Centre, Northwick Park Hospital, Harrow, Middx

British Society for Music Therapy, (1958), 48 Lanchester Rd, London N6

British Society for Parasitology, (1962), c/o Dr. F. E. G. Cox, Department of Zoology, King's College, London WC2

British Society for Phenomenology, (1967), c/o D. Caradog Jones, Extra-Mural Department, University, Manchester M13 9PL

British Society for Research in Agricultural Engineering, (1923), c/o National Institute of Agricultural Engineering, Wrest Park, Silsoe, Beds

British Society for Research on Angeing, BSRA, (1947), c/o Department of Medicine, General Infirmary, Leeds 2

British Society for Restorative Dentistry, BRSD, (1968), c/o London Hospital Medical College Dental School, Stepney Way, London E1

British Society for Social Responsibility in Science, BSSRS, (1969), 70 Great Russell St, London WC1

British Society for Strain Measurement, 281 Heaton Rd, Newcastle upon Tyne 6

British Society for the History of Medicine, (1946), c/o W. Field, Institute of Physics, 47 Belgrave Sq, London SW7

British Society for the History of Science, BSHS, (1946), 393 Cowley Rd, Oxford

British Society for the Philosophy of Science, BSPS, (1948), c/o Dr. A. Lyon, City University, Saint John St, London EC1

British Society for the Promotion of Vegetable Research, c/o National Vegetable Research Station, Wellesbourne, Warwick

British Society for the Study of Orthodontics, (1907), 26 Portland Pl, London W1

British Society of Aesthetics, BSA, (1960), c/o Department of Philosophy, Berkbeck College, Malet St, London WC1

British Society of Animal Production, (1944), c/o School of Agriculture, University of Nottingham, Sutton Bonnington

British Society of Audiology, BSA, (1966), c/o Institution of Mechanical Engineers, 1 Birdcage Walk, London SW1

British Society of Dowsers, BSD, (1933), High St, Eydon, Rugby

British Society of Gastroenterology, (1937), Royal Infirmary, Manchester M13 9WL

British Society of Hypnotherapists, BSH, (1954), 142 Harley St, London W1

British Society of Master Glass Painters, BSMGP, (1921), c/o F. B. Grant, 18 Gordon Pl, London W8

British Society of Rheology, (1940), 44 Brockstone Rd, Saint Austell, Cornwall

British Society of Soil Science, BSSS, (1947), c/o School of Agriculture, University of Nottingham, Sutton Bonnington

British Sociological Association, BSA, (1951), 13 Endsleigh St, London WC1

British Speleological Association, BSA, (1935), Duke St, Settle, Yorks

British Standards Institution, BSI, (1901), 2 Park St, London W1A 2BS

British Theatre Museum Association, BTMA, (1957), 12 Holland Park Rd, London W14

British Thoracic and Tuberculosis Association, (1928), 59 Portland Pl, London W1N 3AJ

British Unidentified Flying Object Research Association, BUFORA, (1962), 15 Freshwater Court, Crawford St, London W1H 1HS

British Universities Association of Slavists, BUAS, (1957), c/o Prof. R. H. Freeborn, School of Slavonic and East European Studies, University, London WC1

British Veterinary Association, BVA, (1881), 7 Mansfield St, London W1M 0AT

Brontë Society, (1893), c/o Brontë Parsonage Museum, Haworth, Keighley, Yorks

Brunel Society, (1968), c/o Brunel University, Kingston Lane, Hillingdon, Uxbridge, Middx

Buckinghamshire Archaeological Society, c/o E. Viney, Printing Works, Aylesbury

Bureau of Scientific Research, (1927), 52 Grange Rd, Cambridge, Cambridges

Burns Federation, (1891), c/o Dick Institute, Kilmarnock, Ayrs

Bury Saint Edmunds Naturalists Society, (1949), West Hill House, Bury Saint Edmunds

Business Archives Council, (1934), 63 Queen Victoria St, London EC4

Buteshire Natural History Society, c/o Bute Museum, Stuart St, Rothesay, Bute, Scotland

Caernarvonshire Historical Society, (1938), c/o County Offices, Caernarvon

Cambrian Archaeological Association, (1846), Llyswen, Bow St, Cards SY24 5BB

Cambridge Antiquarian Society, (1840), c/o Museum of Archaeology and Ethnology, Downing St, Cambridge

Cambridge Bibliographical Society, (1949), c/o University Library, Cambridge

Cambridge Philosophical Society, (1819), c/o Scientific Periodicals Library, Bene't St, Cambridge CB2 3PY

Cancer Information Association, CIA, (1956), 6 Queen St, Oxford

Cancer Research Campaign, (1923), 2 Carlton House Terrace, London SW1Y 5AR

Canterbury and York Society, (1904), 79 Whitwell Way, Coton, Cambridge

Cardiff Naturalists' Society, (1867), c/o National Museum of Wales, Cardiff CF1 3NP

Cardiganshire Antiquarian Society, (1909), 26 Alban Sq, Aberaeron, Cards

Careers Research and Advisory Centre, CRAC, (1964), Bateman St, Cambridge

Casualty Surgeons' Association, c/o D. Caro, Saint James' Hospital, Balham, London SW12

Catholic Record Society, CRS, (1904), 114 Mount St, London W1

Cave Research Group of Great Britain, CRG, (1946), c/o Dr. G. T. Warwick, Department of Geography, University, Birmingham 15

Central Bureau for Educational Visits and Exchanges, (1948), 43 Dorset St, London W1

Central Council of Physical Recreation, (1935), 26 Park Crescent, London W1N 4AG

Centre for Educational Development Overseas, (1970), Tavistock House, Tavistock Sq, London WC1H 9LL

Centre for Environmental Studies, (1967), 5 Cambridge Terrace, Regent's Park, London NW1

Centre for Research and Documentation of the Language Problem, CRDLP, (1952), 77 Grasmere Av, Wembley HA9 8TF

Challenger Society, (1903), c/o National Institute of Oceanography, Wormley near Godalming, Surrey

Channel Tunnel Study Group, c/o D. F. Hunt, 3 Clifford St, London W1

Chartered Institute of Transport, (1919), 80 Portland Pl, London W1N 4DP

Chartered Insurance Institute, (1912), 20 Aldermanbury, London EC2

Chartered Society of Physiotherapy, CSP, (1895), 14 Bedford Row, London WC1R 4ED

Chemical Society, (1841), Burlington House, Piccadilly, London W1V 0BN

Chest and Heart Association, CHA, (1899), Tavistock House, Tavistock Sq, London WC1H 9JE

Chester Archaeological Society, (1849), c/o Grosvenor Museum, 27 Grosvenor St, Chester CH1 2DD

Chester Society of Natural Science, Literatur and Art, c/o Grosvenor Museum, 27 Grosvenor St, Chester CH1 2DD

China Society, (1906), 31b Torrington Sq, London WC1

Choir Schools Association, (1921), c/o Cathedral Choir School, Ripon, Yorks

Christian Education Movement, CEM, (1965), Annandale, North End Rd, London NW11

Church Historical Society, CHS, (1896), c/o Holy Trinity Church, Marylebone Rd, London NW1

Church Music Association, CMA, (1955), 28 Ashley Pl, London SW1

Church Music Society, (1906), 4 The Rookery, Balsham, Cambridge CB1 6EV

Churches' Fellowship for Psychical and Spiritual Studies, 296 Vauxhall Bridge Rd, London SW1

Circle of State Librarians, c/o C. E. Rogers, Ministry of Public Buildings and Works, Lambeth Bridge House, Albert Embankment, London SE1

City and Guilds of London Institute, (1878), 76 Portland Pl, London W1N 4AA

City of Stoke on Trent Museum Archaeological Society, (1959), 69 Piccadilly, Hanley, Stoke on Trent

Classical Association, CA, (1903), c/o C. Collard, Rutherford College, University, Canterbury, Kent

Clinical Theology Association, (1962), c/o Dr. F. Lake, Lingdale, Mount Hooton Rd, Nottingham NG7 4BA

Coal Tar Research Association, CTRA, (1948), Gomersal, Cleckheaton, Yorks

Collaborative International Pesticides Analytical Committee, CIPAC, (1957), c/o Plant Pathology Laboratory, Hatching Green, Harpenden, Herts

College of General Practitioners, (1952), 14 Princess Gate, London SW7

College of Pathologists, 16 Park Crescent, London W1N 3PA

College of Preceptors, (1846), 2-3 Bloomsbury Sq, London WC1A 2RN

College of Special Education, (1966), 85 Newman St, London W1

College of Speech Therapists, (1944), 47 Saint John's Wood High St, London NW8

College of Teachers of the Blind, CTB, (1907), c/o Bristol Royal School for the Blind, Church Rd, Wavertree, Liverpool L15 6TR

Colour Group, (1961), c/o I. T. Pitt, Research Division, Kodak Ltd, Wealdstone, Harrow, Middx

Committee for European Marine Biological Symposia, (1966), c/o Marine Station, Millport, Isle of Cumbray, Scotland

Committee of Directors of Research Associations, CDRA, (1945), 29-30 Saint James' St, London SW1

Committee of Vice-Chancellors and Principals of the Universities of the United Kingdom, 29 Tavistock Sq, London WC1H 9EZ

Committee on Biological Information, c/o Prof. J. B. Jepson, Courtauld Institute of Biochemistry, Hospital Medical School, Mortimer St, London W1P 5PR

Commons, Open Spaces and Footpaths Preservation Society, (1865), 166 Shaftesbury Av, London WC2

Commonwealth Advisory Aeronautical Research Council, (1946), c/o National Physical Laboratory, Teddington, Middx

Commonwealth Board of Architectural Education, (1966), 66 Portland Pl, London W1

Commonwealth Consultative Space Research Committee, (1960), c/o Royal Society, 6 Carlton House Terrace, London SW1

Commonwealth Forestry Association, (1921), 18 Northumberland Av, London WC2

Commonwealth Institute of Entomology, 56 Queen's Gate, London SW7

Commonwealth Medical Association, (1962), BMA House, Tavistock Sq, London WC1

Commonwealth Mycological Institute, Ferry Lane, Kew, Surrey

Commonwealth Scientific Committee, (1946), Africa House, Kingsway, London WC2

Commonwealth Secretariat-Education Division, Marlborough House, Pall Mall, London SW1

Comparative Education Society in Europe, (1961), c/o Institute of Education, University, Malet St, London WC1

Composers' Guild of Great Britain, (1944), 10 Stratford Pl, London W1

Comprehensive Schools Committee, CSC, (1965), 123 Portland Rd, London W11

Concert Artistes' Association, 20 Bedford St, London WC2

Conchological Society of Great Britain and Ireland, (1876), 58 Teignmouth Rd, London NW2

Confederate Historical Society, CHS, (1962), 19 Montague Av, Leigh on Sea SS9 3SL

Confederation for the Advancement of State Education, CASE, (1961), 81 Rustlings Rd, Sheffield S11 7AB

Conference of Lecturers in Physical Education in Scotland, c/o Notre Dame College of Education, Courthill, Bearsden, Glasgow

Congregational Historical Society, CHS, (1899), 11 Carteret St, London SW1

Conservation Society, CS, (1966), 21 Hanyards Lane, Cuffley, Potters Bar, Herts

Construction Industry Research and Information Association, CIRIA, 6 Storey's Gate, London SW1

Contact Lens Research and Information Council, (1964), 51 Welbeck St, London W1

Contemporary Art Society, CAS, (1910), Tate Gallery, Millbank, London SW1

Co-operative Union-Education Department, Stanford Hall, Loughborough, Leics

Cork Historical and Archaeological Society, CHAS, (1891), c/o Department of History, University College, Cork

Cornish Methodist Historical Association, CMHA, (1960), Orchard Meadow, Tremarne Close, Feock, Truro

Cornwall Archaeological Society, CAS, (1961), 11 Alverton Court, Mitchell Hill, Truro

Correspondence College Standards Association, 29-31 Wrights Lane, London W8

Cotton, Silk and Man-Made Fibres Research Association, (1919), c/o Shirley Institute, Manchester M20 8RX

Council for British Archaeology, CBA, (1944), 8 Saint Andrews Pl, London NW1

Council for Education in World Citizenship, 93 Albert Embankment, London SE1

Council for Nature, (1958), c/o Zoological Gardens, Regent's Park, London NW1

Council for Places of Worship, (1917), 83 London Wall, London EC2

Council for Technical Education and Training for Overseas Countries, (1962), 35-37 Grosvenor Gardens, London SW1W 0BS

Council for the Protection of Rural England, (1926), 4 Hobart Pl, London SW1W 0HY

Council of Legal Education, (1852), 4 Gray's Inn Pl, London WC1

Council of the British National Bibliography, (1949), 7-9 Rathbone St, London W1P 2AL

Country Music Association, c/o M. Conn Promotions Ltd, 45-46 Chandos Pl, London WC2

County Education Officers' Society, CEOS, (1955), c/o C. P. Milroy, Shire Hall, Gloucester

County Kildare Archaeological Society, KAS, (1891), Oakfield, Naas, Kildare

County Louth Archaeological and Historical Society, CLAS, (1903), 5 Oliver Plunkett Park, Dundalk, Louth

Coventry and District Archaeological Society, CADAS, (1956), 30 Ivybridge Rd, Styvechale, Coventry

Crime Writers Association, CWA, (1953), c/o National Book League, 7 Albemarle St, London W1

Critics' Circle, (1913), 2a Elm Bank Gardens, London SW13

Cromwell Association, (1935), High Hurst, Reigate Hill, Surrey

Croydon Natural History and Scientific Society, (1870), Ruskin House, Wellesley Rd, Croydon, Surrey

Cumberland and Westmorland Antiquarian and Archaeological Society, (1866), Affetside, Kilmidyke Rd, Grange over Sands, Lancs

Cutlery and Allied Trades Research Association, CATRA, (1960), 3 Melbourne Av, Sheffield S10 2QJ

Dante Alighieri Society of Liverpool, (1953), 12 Lingfield Rd, Broad Green, Liverpool 14

Delius Society, (1962), 45 Redhill Dr, Edgware, Middx

Derbyshire Archaeological Society, DAS, (1878), 35 Saint Mary's Gate, Derby DE1 3JU

Deserted Medieval Village Research Group, DMVRG, (1952), 67 Gloucester Crescent, London NW1

Design Council, (1944), 28 Haymarket, London SW1

Devon Archaeological Society, DAS, (1929), c/o Museum, Queen St, Exeter, Devon

Devon Industrial Archaeology Survey Committee, (1967), c/o Department of Economic History, University, Exeter EX4 4PU

Devonshire Association, 7 The Close, Exeter, Devon

Dickens Fellowship, (1902), 48 Doughty St, London WC1

Divorce Law Reform Union, 50 Alexandra Rd, London SW19

Dorset Natural History and Archaeological Society, DNH and AS, (1875), c/o Dorset County Museum, High West St, Dorchester

Dorset Record Society, DRS, (1962), c/o Dorset County Museum, Dorchester

Henry Doubleday Research Association, HDRA, 20 Convent Lane, Bocking, Braintree, Essex

Drama Association of Wales, (1965), 2 Cathedral Rd, Cardiff

Drop Forging Research Association, DFRA, (1960), Shepherd St, Sheffield S3 7BA

Dugdale Society for the Publication of Warwickshire Records, (1920), c/o Shakespeare's Birthplace, Stratford upon Avon, Warwicks

Dumfriesshire and Galloway Natural History and Antiquarian Society, c/o P. Williams, Hills Tower, Lochfoot, Dumfries

Dunedin Society, (1911), 90 Buccleuch St, Glasgow

Duodecimal Society of Great Britain, DSGB, (1959), 155 Leighton Av, Leigh on Sea, Essex

Durham County Local History Society, (1964), c/o County Record Office, County Hall, Durham

Dyers and Cleaners Research Organisation, DCRO, (1946), c/o Forest House Laboratories, Knaresborough Rd, Harrogate

Early English Text Society, EETS, (1864), Lady Margaret Hall, Oxford

East Herts Archaeological Society, EHAS, (1898), 27 West St, Hertford

East India Association, (1866), 3 Temple Chambers, Temple Av, London EC4

East London History Society, (1952), 15 Hawkdene, London E4

East Lothian Antiquarian and Field Naturalists' Society, (1924), Hadley Court, Sidegate, Haddington, East Lothian

East Riding Archaeological Society, ERAS, (1960), c/o Hull Museum, 23 High St, Hull

East Yorkshire Local History Society, (1950), Purey Cust Chambers, York YO1 2EJ

Ecclesiastical History Society, (1961), c/o Westfield College, London NW3

Ecclesiological Society, (1839), Saint Ann's Vestry Hall, Carter Lane, London EC4

Economic History Society, (1927), c/o University of Kent, Canterbury, Kent

Economic Research Council, (1943), 10 Upper Berkeley St, London W1

Economics Association, (1946), 101 Hatton Garden, London EC1

Edinburgh Bibliographical Society, (1890), c/o National Library of Scotland, George IV Bridge, Edinburgh EH1 1EW

Edinburgh Festival Society, 21 Market St, Edinburgh 1

Edinburgh Highland Reel and Strathspey Society, (1881), 78 Milton Rd West, Edinburgh EH15 1QY

Edinburgh Mathematical Society, (1883), c/o Mathematical Institute, 20 Chambers St, Edinburgh EH1 1HZ

Edinburgh Medico-Chirurgical Society, c/o J. B. Stanton, Ravelston Park, Edinburgh 4

Edinburgh Natural History Society, (1923), Elmore, Park Rd, Broxburn, West Lothian

Edinburgh Obstetrical Society, 5 Moray Pl, Edinburgh 3

Edinburgh Royal Choral Union, ERCU, (1858), 32 Greenbank Gardens, Edinburgh EH10 5SN

Edinburgh Sir Walter Scott Club, 10 Atholl Crescent, Edinburgh 3

Educational Centres Association, ECA, (1921), Greenleaf Rd, London E17

Educational Development Association, EDA, (1888), 8 Windmill Gardens, Enfield

Educational Drama Association, EDA, (1945), c/o Drama Centre, Reaside School, Rea St, Birmingham 5

Educational Group of the Musical Instrument Association, EGMIA, 25 Oxford St, London W1

Educational Institute of Scotland, EIS, (1847), 46 Moray Pl, Edinburgh EH3 6BH

Educational Interchange Council, (1947), 43 Russell Sq, London WC1B 5DG

Educational Puppetry Association, EPA, (1943), 23a Southampton Pl, London WC1

Egypt Exploration Society, EES, (1882), 2-3 Doughty Mews, London WC1N 2PG

Electoral Reform Society, (1884), 6 Chancel St, London SE1

Electrical Research Association, ERA, (1920), Cleeve Rd, Leatherhead, Surrey

Electroencephalography and Clinical Neurophysiology Society, (1943), c/o Brook General Hospital, London SE18

Elgar Society, (1951), 61 Somers Rd, Malvern, Worcs

Elgin Society, (1837), 1 High St, Elgin, Morays

English Association, (1906), 29 Exhibition Rd, London SW7

English Church History Society, (1945), 68 Irby Rd, Heswall, Liverpool

English Folk Dance and Song Society, EFDSS, (1932), 2 Regent's Park Rd, London NW1 7AY

English Goethe Society, EGS, (1886), c/o Department of German, University College, Gower St, London WC1

English Language Section of the Welsh Academy, 3 Crown St, Port Talbot, Glam

English Place-Name Society, EPNS, (1923), c/o University College, Gower St, London WC1

English Stage Society, (1957), c/o Royal Court Theatre, Sloane Sq, London SW1

English-Speaking Board, ESB, 32 Roe Lane, Southport, Lancs

Ergonomics Research Society, (1949), c/o Central Personnel Department, Philips Industries, Berkshire House, High Holborn, London WC1V 7AQ

Essex Archaeological and Historical Congress, EAHC, (1964), Cranford House, Elmstead, Colchester

Essex Archaeological Society, EAS, (1852), Little Pitchbury, Brick Kiln Lane, Great Horkesley, Colchester

Eugenics Society, (1907), 69 Eccleston Sq, London SW1

Europa Nostra - Associations for the Protection of Europe's Natural and Cultural Heritage, (1963), 18 Carlton House Terrace, London SW1

European Association for Industrial Marketing Research, EVAF, (1966), 2-4 King St, London SW1

European Association for the Study of Diabetes, (1965), c/o J. G. L. Jackson, 3-6 Alfred Pl, London WC1

European Association of Perinatal Medicine, (1968), c/o Department of Obstetrics and Gynaecology, Saint Mary's Hospital Medical School, London W2

European Association of Training Programmes in Hospital and Health Services Administration, EATPHHSA, (1966), c/o International Hospital Federation, 24 Nutford Pl, London W1

European Brain and Behaviour Society, (1969), c/o National Hospital, Queen Sq, London WC1

European Committee for Future Accelerators, c/o Science Research Council, State House, High Holborn, London WC1

European Council for Education by Correspondence, (1963), Wolsey Hall, Oxford OX2 6PR

European Federation of Corrosion, (1955), c/o Society of Chemical Industry, 14 Belgrave Sq, London SW1

European Liszt Centre, (1970), 12-14 Buckingham Palace Rd, London SW1

European Mechanics Colloquia, (1964), c/o Aerodynamics Department, Royal Aircraft Establishment, Farnborough, Hants

European Orthodontic Society, (1907), c/o Royal Dental Hospital, 32 Leicester Sq, London WC2

European Society for Clinical Investigation, (1967), c/o CIBA Foundation, 41 Portland Pl, London W1N 4BN

European Society for Paediatric Nephrology, (1967), c/o Royal Hospital for Sick Children, Yorkhill, Glasgow C3

European Technological Forecasting Association, c/o University of Strathclyde, George St, Glasgow C1

Experimental Psychology Society, EPS, (1948), c/o Psychology Department, University College, Gower St, London WC1

Extra-Mural Activity Association, EMAC, (1960), 34 Riverside, Martham, Great Yarmouth, Norfolk

Fabian Society, (1884), 11 Dartmouth St, London SW1H 9BN

Factice Research and Development Association, FRADA, (1935), 12 York St, Manchester M2 3BB

Faculty of Actuaries in Scotland, (1856), 23 Saint Andrew Sq, Edinburgh, Midlothian

Faculty of Anaesthetists, (1948), c/o Royal College of Surgeons, Lincoln's Inn Fields, London WC2

Faculty of Dental Surgery, (1947), c/o Royal College of Surgeons, Lincoln's Inn Fields, London WC2

Faculty of Homoeopathy, (1844), c/o Royal London Homoeopathic Hospital, Great Ormond St, London WC1

Faculty of Ophthalmologists, FO, (1945), c/o Royal College of Surgeons, Lincoln's Inn Fields, London WC2

Faculty of Radiologists, (1939), c/o Royal College of Surgeons, Lincoln's Inn Fields, London WC2

Faculty of Teachers in Commerce, (1872), 65 King Lane, Leeds 17

Faraday Society, (1903), 6 Gray's Inn Sq, London WC1

Fauna Preservation Society, FPS, (1903), c/o Zoological Society of London, Regent's Park, London NW1 4RY

Fawcett Society, (1866), 27 Wilfred St, London SW1

Federal Council of Teachers in Northern Ireland, 14 Ardmore Park, Belfast 10

Fédération Dentaire Internationale, 64 Wimpole St, London W1M 8AL

Federation of British Artists, 17 Carlton House Terrace, London SW1

Federation of British Plant Pathologists, FBPP, (1965), c/o Institute of Biology, 41 Queen's Gate, London SW7

Federation of Children's Book Groups, FCBG, (1968), 31 Oakhill, Surbiton, Surrey

Federation of European Biochemical Societies, (1964), c/o Department of Biochemistry, King's College, Strand, London WC2

Federation of Old Cornwall Societies, (1924), Pengarth, Trewirgie Hill, Redruth

Federation of Zoological Gardens of Great Britain and Northern Ireland, Zoo Federation, (1965), c/o Zoological Garden, Regent's Park, London NW1

Fellowship for Freedom in Medicine, 86 Harley St, London W1

Fellowship of Independent Schools, FIS, 275 Finchley Rd, London NW3

Fellowship of Postgraduate Medicine, (1919), 9 Great James St, London WC1

Field Studies Council, FSC, (1943), 9 Devereux Court, Strand, London WC2R 3JR

Film Critics Guild, 9 Compayne Gardens, London NW6

Filtration Society, (1964), 1 Katharine St, Croydon CR9 1LB

Flora Europea Organisation, FEO, (1956), c/o Department of Botany, University, Reading RG1 5AQ

Flour Milling and Baking Research Association, FMBRA, (1967), Chorleywood, Rickmansworth, Herts

Fluid Power Society, FPS, (1960), c/o Danfoss Ltd, 6 Wadsworth Rd, Perivale, Greenford, Middx

Folk-Lore Society, (1878), c/o University College, Gower St, London WC1E 6BT

Food Education Society, FES, (1908), 160 Piccadilly, London W1

Forensic Science Society, FSS, (1960), 107 Fenchurch St, London EC3

Freshwater Biological Association, FBA, (1929), Ferry House, Far Sawrey, Ambleside, Westmoreland

Friends Historical Society, (1903), Friends House, Euston Rd, London NW1

Friends of the National Libraries, (1931), c/o British Museum, London WC1

Fruit and Vegetable Preservation Research Association, (1952), Chipping Campden, Glos

Furniture History Society, (1964), c/o Department of Furniture and Woodwork, Victoria and Albert Museum, London SW7

Furniture Industry Research Association, FIRA, (1961), Maxwell Rd, Stevenage, Herts

Galpin Society, (1946), 7 Pickwick Rd, London SE21

Game Conservancy, (1960), Fordingbridge, Hants

Garden History Society, (1965), c/o K. N. Sanecki, 15 Saint Margarets Close, Berkhamsted, Herts

Gelatine and Glue Research Association, GGRA, (1948), 52 Lincoln's Inn Fields, London WC2

Gemmological Association of Great Britain, GA, (1931), Saint Dunstan's House, Carey Lane, London EC2V 8AB

General Anthroposophical Society, 38 Museum St, London WC1

General Council and Register of Osteopaths, GCRO, (1936), 16 Buckingham Gate, London SW1

General Council of the Bar, (1895), Carpmael Building, Temple, London EC4

General Dental Council, 37 Wimpole St, London W1M 8DQ

General Dental Practitioners' Association, 49 Cromwell Grove, Manchester M19 3BR

General Medical Council, 44 Hallam St, London W1N 6AE

General Practitioners' Association, GPA, (1963), 8 Shaw St, Liverpool L6 1HR

General Studies Association, GSA, (1962), c/o Department of Education, University, York

General Teaching Council for Scotland, 140 Princes St, Edinburgh EH2 4BS

Genetical Society, (1919), c/o John Innes Institute, Colney Lane, Norwich NOR 7OF

Geographical Association, GA, (1893), 343 Fulwood Rd, Sheffield S10 3BP

Geological Society, (1807), Burlington House, Piccadilly, London W1V 0JU

Geologists' Association, (1858), 278 Fir Tree Rd, Epsom, Surrey

Georgian Group, (1937), 2 Chester St, London SW1

Gilbert and Sullivan Society, GSS, (1924), 273 Northfield Av, London W5

Gilbert and Sullivan Society of Edinburgh, (1924), 68 Liberton Brae, Edinburgh 9

Glaciological Society, (1936), Cambridge CB2 1ER

Glamorgan History Society, c/o History Department, University College, Swansea SA2 8PP

Glasgow Archaeological Society, c/o Hunterian Museum, University, Glasgow

Glasgow Mathematical Association, GMA, (1927), c/o Mathematics Department, University, Glasgow W2

Glasgow Obstetrical and Gynaecological Society, (1886), c/o Dr. A. W. Laughland, 31 Sutherland Av, Glasgow S1

Gower Society, (1947), c/o Royal Institution of South Wales, Swansea

Greek Institute, (1969), 2 Crescent Rd, London N15

Group and Association of County Medical Officers of Health of England and Wales, (1902), c/o Dr. G. Ramage, County Health Department, Martin St, Stafford

Guild for the Promotion of Welsh Music, GPWM, (1955), 4 Southville Rd, Newport, Mon

Guild of Motoring Writers, (1944), 34 Gerrard Rd, London N1

Guild of Pastoral Psychology, (1936), 41 Redcliffe Gardens, London SW10

Guild of Teachers of Backward Children, (1950), Minster Chambers, Southwell, Notts

Gypsy Lore Society, GLS, (1888), c/o University Library, Liverpool

Hakluyt Society, (1846), c/o British Museum, London WC1

Hallé Concerts Society, (1899), 30 Cross St, Manchester M2 7BA

Hampshire Field Club and Archaeological Society, (1886), c/o Department of Archaeology, University, Southampton

Hampstead Scientific Society, c/o E. Atchinson, Medical Research Council Laboratory, Holly Hill, Hampstead, London NW3

Hansard Society for Parliamentary Government, (1944), 162 Buckingham Palace Rd, London SW1

Harleian Society, (1869), Ardon House, Mill Lane, Godalming, Surrey

Harveian Society of London, (1831), 11 Chandos St, London W1M 0EB

Hawick Archaeological Society, (1856), 3 Rinkvale Cottages, Hawick, Roxburghs

Headmasters Association of Scotland, (1936), c/o George Watson's College, Colinton Rd, Edinburgh EH10 5EG

Headmasters' Conference, 29 Gordon Sq, London WC1

Health Education Council, (1968), Middlesex House, Ealing Rd, Wembley HA0 1HH

Heating and Ventilating Research Association, HVRA, (1959), Old Bracknell Lane, Bracknell, Berks

Heberden Society, (1936), c/o Arthritis and Rheumatism Council, 8-10 Charing Cross Rd, London WC2

Heraldry Society, (1947), 28 Museum St, London WC1

Hertfordshire Local History Council, HLHC, (1951), c/o Hitchin Museum, Paynes Park, Hitchin

High Pressure Technology Association, HPTA, (1967), c/o Dr. D. C. Munro, School of Chemistry, University, Leeds LS2 9JT

Hill Farming Research Organisation, 29 Lauder Rd, Edinburgh 9

Hispanic and Luso-Brazilian Council, (1943), 2 Belgrave Sq, London SW1

Historic Society of Lancashire & Cheshire, (1848), 29 Lingwood Rd, Great Sankey, Warrington

Historical Association, HA, (1906), 59a Kennington Park Rd, London SE11 4JH

Historical Manuscripts Commission, (1869), Quality House, Quality Court, Chancery Lane, London WC2

Historical Metallurgy Group, HMG, (1962), c/o Department of Economic History, University, Sheffield S10 2TN

Historical Society of the Church in Wales, (1946), c/o Trinity College, Carmarthen

Historical Society of the Methodist Church in Wales, (1944), Llys Myfyr, Pwllheli, Caerns

History of Education Society, (1967), c/o I. Taylor, Education Department, Saint John's College, York

Holborn Law Society, (1962), 69-73 Theobalds Rd, London WC1

Honourable Society of Cymmrodorion, (1751), 118 Newgate St, London EC1

Honours Graduate Teachers' Association, HGTA, (1964), 19 Garngaber Av, Lenzie, Kirkintilloch, Glasgow

Horatian Society, (1920), Southcote, Church Rd, Horsell, Woking, Surrey

Horticultural Education Association, HEA, c/o Pershore College of Horticulture, Pershore, Worcs

Hosiery and Allied Trades Research Association, HATRA, (1948), 7 Gregory Bd, Nottingham

Hospital Physicists' Association, HPA, (1943), 47 Belgrave Sq, London SW1

Howard League for Penal Reform and Howard Centre of Penology, (1921), 125 Kennington Park Rd, London SE11

Hubbard Association of Scientologists International, Saint Hill Manor, East Grinstead, Sussex

Hudson's Bay Record Society, (1938), Beaver House, Great Trinity Lane, London EC4

Huguenot Society of London, (1885), c/o Barclays Bank, 1 Pall Mall, London SW1Y 5AX

Hull Literary and Philosophical Society, (1822), 10 Parliament St, Hull

Hunter Archaeological Society, Sitwell Villa, Moorgate, Rotherham, Yorks

Hunterian Society, (1819), 138 Harley St, London W1

Hymn Society of Great Britain and Ireland, c/o Rev. A. B. Holbrook, 12 Saint John's Rd, Knutsford, Ches

Illuminating Engineering Society, (1909), York House, Westminster Bridge Rd, London SE1

Imperial Arts League, IAL, (1908), 26 Conduit St, London W1

Incorporated Association of Head Masters, IAHM, 29 Gordon Sq, London WC1

Incorporated Association of Organists, IAO, (1913), 96 Soho Rd, Birmingham 21, Warwicks

Incorporated Association of Preparatory Schools, IAPS, (1892), 138 Church St, Kensington, London W8

Incorporated British Association for Physical Training, BAPT, 13 Saint John's Rd, Caversham, Reading RG4 0AN

Incorporated Guild of Church Musicians, (1888), Saint George's Vicarage, Edgbaston, Birmingham, Warwicks

Incorporated Society for Psychical Research, SPR, 1 Adam and Eve Mews, London W8

Incorporated Society of Authors, Playwrights and Composers, (1884), 84 Drayton Gardens, London SW10

Incorporated Society of Musicians, (1882), 48 Gloucester Pl, London W1H 3HJ

Incorporated Society of Registered Naturopaths, Kingston, Gilmerton Rd, Liberton, Edinburgh 9

Independent Schools Association, ISAI, (1895), 49 Gordon Rd, Whitstable, Kent

Industrial Management Research Association, IMRA, (1925), Watergate House, York Buildings, Adelphi, London WC2N 6LA

Industrial Painters Group, 17 Carlton House Terrace, London SW1

Institute for Fundamental Studies Association, IFSA, (1969), 73 Kenilworth Rd, Sale, Manchester M33 5DA

Institute for Strategic Studies, ISS, (1958), 18 Adam St, London WC2

Institute for the Comparative Study of History, Philosophy and the Sciences, ICS, (1946), 23 Brunswick Rd, Kingston upon Thames

Institute for the Study and Treatment of Delinquency, ISTD, (1931), 8 Bourdon St, London W1

Institute for the Study of Conflict, c/o B. Crozier, 199 Piccadilly, London W1

Institute of Actuaries, (1848), Staple Inn Hall, High Holborn, London WC1V 7QJ

Institute of Biology, (1950), 41 Queen's Gate, London SW7

Institute of Brewing, (1886), 33 Clarges St, London W1Y 7PL

Institute of British Geographers, IBG, (1933), 1 Kensington Gore, London SW7 2AR

Institute of Building, (1834), Englemere, Kings Ride, Ascot SL5 8BJ

Institute of Building Control, (1962), c/o Institution of Municipal Engineers, 25 Eccleston Sq, London SW1

Institute of Cancer Research, (1954), 34 Sumner Pl, London SW7

Institute of Ceramics, (1955), Shelton House, Stoke Rd, Shelton, Stoke on Trent ST4 2DR

Institute of Choreology, (1962), 4 Margravine Gardens, London W6

Institute of Community Studies, (1954), 18 Victoria Park Sq, London E2

Institute of Contemporary Arts, ICA, (1948), Nash House, Mall, London SW1

Institute of Contemporary History and Wiener Library, (1958), 4 Devonshire St, London W1N 2BH

Institute of Craft Education, ICEd, (1891), 3 Leabourne Rd, London N16 6SX

Institute of Economic Affairs, IEA, (1956), 2 Lord North St, London SW1

Institute of Electrolysis, (1944), 59 Preston New Rd, Blackburn BB2 2AY

Institute of Food Science and Technology of the UK, (1964), 41 Queen's Gate, London SW7

Institute of Fuel, (1927), 18 Devonshire St, London W1N 2AU

Institute of Group-Analysis, (1952), 88 Montagu Mansions, London W1

Institute of Health Education, IHE, (1962), 35 Victoria Rd, Sheffield S10 2DJ

Institute of Heraldic and Genealogical Studies, IHGS, (1961), Northgate, Canterbury, Kent

Institute of Information Scientists, IIS, (1958), 5-7 Russia Row, Cheapside, London EC2V 8BL

Institute of Jewish Affairs, (1941), 13-16 Jacob's Well Mews, George St, London W1

Institute of Linguists, (1910), 91 Newington Causeway, London SE1

Institute of Machine Woodworking Technology, IMWoodT, (1952), 30 North John St, Liverpool 2

Institute of Materials Handling, IMH, (1953), Saint Ives House, Saint Ives Rd, Maidenhead, Berks

Institute of Mathematics and its Applications, IMA, (1964), Maitland House, Warrior Sq, Southend on Sea SS1 2JY

Institute of Measurement and Control, (1944), 20 Peel St, London W8

Institute of Medical Laboratory Technology, (1942), 12 Queen Anne St, London W1M 0AU

Institute of Metals, (1908), 17 Belgrave Sq, London SW1

Institute of Petroleum, IP, (1913), 61 New Cavendish St, London W1M 8AR

Institute of Physics, (1918), 47 Belgrave Sq, London SW1

Institute of Psycho-Analysis, (1924), 63 New Cavendish St, London W1

Institute of Psycholinguists, I Psy L, (1969), Regency, Ramsgate, Kent

Institute of Pyramidology, (1940), 31 Station Rd, Harpenden, Herts

Institute of Quarrying, (1917), 62-64 Baker St, London W1M 2BN

Institute of Race Relations, (1958), 36 Jermyn St, London SW1

Institute of Refrigeration, (1899), 272 London Rd, Wallington, Surrey

Institute of Religion and Medicine, IRM, (1964), 58a Wimpole St, London W1M 7DE

Institute of Science Technology, IST, (1954), 345 Gray's Inn Rd, London WC1X 8PX

Institute of Statisticians, (1948), 55 Park Lane, London W1Y 4LD

Institute of Tape Learning, (1963), 153 Fellows Rd, London NW3

Institute of Technicians in Venereology, (1951), 21 Crescent Av, Hornchurch, Essex

Institute of Trichologists, IT, (1902), 228 Stockwell Rd, London SW9

Institute of Water Pollution Control, IWPC, (1901), 53 London Rd, Maidstone, Kent

Institute of Wood Science, IWSc, (1955), 62 Oxford St, London W1

Institute of Work Study, 3 Cork St, London W1

Institute of Work Study Practitioners, IWSP, (1965), 9-10 River Front, Enfield, Middx

Institution of Computer Sciences, (1966), c/o Barclays Bank, 276-280 Kensington High St, London W8

Institution of Corrosion Technology, I Corr Tech, (1957), 14 Belgrave Sq, London SW1

Institution of Electronics, Inst E, (1930), 78 Shaw Rd, Rochdale, Lancs

Institution of Metallurgists, (1945), Northway House, Whetstone, London N20 9LW

Institution of Technical Authors and Illustrators, ITAI, (1968), 17 Bluebridge Ave, Brookmans Park, Herts

Institution of the Rubber Industry, (1921), 4 Kensington Palace Gardens, London W8

International Academy of the History of Medicine, (1962), c/o Wellcome Institute, 183 Euston Rd, London NW1

International African Institute, IAI, (1926), 10-11 Fetter Lane, London EC4

International Arthurian Society, c/o Department of French, University, Hull

International Association for Ecology, (1967), c/o Institute of Biology, 41 Queen's Gate, London SW7

International Association for the Scientific Study of Mental Deficiency, (1964), c/o Harperbury Hospital, near Saint Albans, Herts

International Association of Agricultural Librarians and Documentalists, IAALD, (1955), c/o Tropical Products Institute, 56-62 Gray's Inn Rd, London WC1X 8LT

International Association of Botanic Gardens, IABE, (1954), c/o Royal Botanic Garden, Edinburgh

International Association of Forensic Toxicologists, (1963), c/o Home Office Central Research Establishment, Aldermaston, Berks

International Association of Metropolitan City Libraries, INTAMEL, (1967), c/o Guildhall Library, London EC2

International Association of Museums of Arms and Military History, IAMAM, (1957), c/o Armouries in Her Majesty's Tower of London, London EC3

International Association of Oral Surgeons, IAOS, (1962), c/o Royal College of Surgeons of England, Lincoln's Inn Fields, London WC2

International Association of Research Institutes for the Graphic Arts Industry, IARIGAI, (1965), Patra House, Randalls Rd, Leatherhead, Surrey

International Association of Sedimentologists, (1952), c/o Department of Geology, University, Reading

International Association of Technological University Libraries, IAUTL, (1955), c/o University of Technology Library, Loughborough, Leicesters

International Association of University Professors of English, IAUPE, (1951), c/o Department of English, University, Glasgow W2

International Bureau for Epilepsy, (1961), 3-6 Alfred Pl, London WC1

International Cello Centre, 42 Ladbroke Grove, London W11

International Commission for the Nomenclature of Cultivated Plants, c/o Commonwealth Bureau of Plant Breeding and Genetics, Downing St, Cambridge

International Commission on Radiological Protection, ICRP, (1928), c/o Dr. F. D. Sowby, Clifton Av, Sutton, Surrey

International Commission on Zoological Nomenclature, ICZN, (1895), c/o British Museum, Cromwell Rd, London SW7

International Committee of Photobiology, (1928), c/o Horticultural Research Laboratories, University of Reading, Shinfield, Berks

International Council of Scientific Unions, c/o Royal Society, Burlington House, Picadilly, London W1

International Council of Societies of Pathology, ICSP, (1962), c/o Department of Cancer Research, Mount Vernon Hospital, Northwood, Middx

International Cybernetics Congress Committee, ICCC, c/o Blackburn College of Technology and Design, Feilden St, Blackburn BB2 1LH

International Deep Drawing Research Group, IDDRG, (1957), c/o Institute of Sheet Metal Engineering, 17-19 John Adam St, London WC2

International Dental Federation, (1900), 64 Wimpole St, London W1M 8AL

International Epidemiological Association, IEA, c/o Saint Thomas Hospital Medical School, London SE1

International Federation for Information Processing, IFIP, (1959), c/o British Computer Society, 23 Dorset Sq, London NW1

International Federation for Modern Languages and Literatures, c/o Saint Catharine's College, Cambridge

International Federation of Library Associations, IFLA, 13 Vine Court Rd, Sevenoaks, Kent

International Federation of Manual Medicine, (1965), 28 Wimpole St, London W1

International Federation of Operational Research Societies, IFORS, (1959), c/o Operational Research Society, 62 Cannon St, London EC4

International Federation of Surgical Colleges, (1958), c/o Royal College of Surgeons, Lincoln's Inn Fields, London WC2

International Filariasis Association, IFA, (1963), c/o National Institute for Medical Research, Mill Hill, London NW7

International Future Research Congress, 21 Nevern Pl, London SW5

International Hide and Allied Trades Improvement Society, IHATIS, Court Rd, Banstead, Surrey

International Institute for Conservation of Historic and Artistic Works, IIC, (1950), 176 Old Brompton Rd, London SW5

International Language Society of Great Britain, ILSGB, (1908), 1 Hillside Rd, Darlington, Durham

International Law Association, ILA, (1873), 3 Paper Buildings, Temple, London EC4

International Leprosy Association, (1931), 16 Bridgefield Rd, Sutton, Surrey

International Methodist Historical Society, The Manse, Saint Keverne, Helston, Cornwall

International Mineralogical Association, IMA, (1958), c/o Department of Mineralogy and Petrology, University, Cambridge

International Optical League, (1927), c/o British Optical Association, 65 Brook St, London W1

International Organization for the Study of the Old Testament, IOSOT, (1950), 51 Fountainhall Rd, Edinburgh 9

International Organization of Palaeobotany, IOP, (1954), c/o Botany Department, University College, Gower St, London WC1E 6BT

International Organization of Plant Biosystematists, (1959), c/o Department of Botany, University, Reading RG1 5AR

International Phonetic Association, IPA, (1886), c/o University College, Gower St, London WC1E 6BT

International Psycho-Analytical Association, (1910), 63 New Cavendish St, London W1

International Round Table of Educational Counselling and Vocational Guidance, 6 High St, London E6

International Rubber Research and Development Board, IRRDB, (1960), 19 Buckingham St, Adelphi, London WC2N 6EJ

International Rubber Study Group, IRSG, (1944), 5-6 Lancaster Pl, London WC2

International Science Writers Association, The Hall, Freshford, Bath BA3 6EJ

International Society for Fat Research, ISF, (1954), 136 Sharps Lane, Ruislip, Middx

International Society for Human and Animal Mycology, ISHAM, (1954), c/o Department of Bacteriology, University, 56 Dumbarton Rd, Glasgow W1

International Society for Hybrid Microelectronics, 20 Hale Lane, London NW7

International Society for Soil Mechanics and Foundation Engineering, ISSMFE, c/o Institution of Civil Engineers, Great George St, London SW1

International Society of Radiographers and Radiological Technicians, ISRRT, (1959), 159 Gabalfa Av, Gabalfa, Cardiff, Glamorgan

International Society of Radiology, (1953), c/o Royal Infirmary, Edinburgh

International Standing Committee on Physiology and Pathology of Animal Reproduction, (1948), c/o Royal Veterinary College, University of London, Boltons Park, Hawkshead Rd, Potters Bar, Herts

International Tin Research Council, ITRC, (1932), c/o Tin Research Institute, Fraser Rd, Greenford, Middx

International Union Against the Venereal Diseases and the Treponematoses, IUVDT, (1923), c/o Lydia Department, Saint Thomas' Hospital, London SE1

International Union for Electrodeposition and Surface Finishing, (1952), c/o Institute of Metal Finishing, 178 Goswell Rd, London EC1

International Union for Quaternary Research, INQUA, (1928), c/o Department of Geology, University, Newcastle upon Tyne

International Union of Crystallography, IUCr, (1947), 13 White Friars, Chester CH1 1NZ

International Union of Independent Laboratories, (1960), Ashbourne House, Alberon Gardens, London NW11

International Union of Pure and Applied Chemistry, IUPAC, (1919), c/o Bank Court Chambers, 2-3 Pound Way, Cowley Centre, Oxford OX4 3YF

International Union of Pure and Applied Physics, IUPAP, (1922), c/o Nuffield Foundation, Nuffield Lodge, Regent's Park, London NW1 4RS

International Union of Social Democratic Teachers, IUSDT, (1951), II Channell Rd, Fairfield, Liverpool L6 6DD

International Wool Study Group, IWSG, (1947), c/o Board of Trade, 1 Victoria St, London SW1

International Writers Guild, IWG, 430 Edgware Rd, London W2

Inter-Organization Research Group, 91 Fitzjohns' Av, London NW3

Inter-Union Commission on Allocation of Frequencies for Radio Astronomy and Space Science, IUCAF, (1960), 21 Tumblewood Rd, Banstead, Surrey

Inter-University Council for Higher Education Overseas, (1946), 90-91 Tottenham Court Rd, London W1P 0DT

Invisible Panel Warming Association, IPWA, (1926), 142 Wanstead Lane, Ilford, Essex

Irish Genealogical Research Society, IGRS, (1936), c/o Irish Club, 82 Eaton Sq, London SW1

Irish Texts Society, ITS, (1898), c/o National Bank Ltd, 15 Whitehall, London SW1

Iron and Steel Institute, ISI, (1869), 1 Carlton House Terrace, London SW1

Isle of Man Natural History and Antiquarian Society, (1879), c/o Manx Museum, Douglas

Isle of Wight Natural History and Archaeological Society, (1919), Chalk Down, Adgestone Lane, Brading, Sandown IOW

Isotype Institute, (1942), 116 Haverstock Hill, London NW3

Jewish Historical Society of England, (1893), 33 Seymour Pl, London W1

Johnson Society, (1910), 92 Saint Paul's Rd, Canonbury, London N1

Johnson Society of London, (1928), 92 Saint Paul's Rd, London N1

Joint Association of Classical Teachers, JACT, (1963), 31-34 Gordon Sq, London WC1

Joint Committee for National Certificates in Metallurgy, (1945), c/o Institution of Metallurgists, Northway House, Whetstone, London N20 9LW

Junior Astronomical Society, JAS, (1953), 58 Vaughan Gardens, Cranbrook, Ilford, Essex

Junior Hospital Doctors Association, JHDA, (1966), 3 Clement's Inn, London WC2

Justice, (1957), 12 Crane Court, Fleet St, London EC4

Kent and Sussex Poetry Society, 82a Grosvenor Rd, Tunbridge Wells

Kent Archaeological Society, KAS, (1857), c/o Museum, Maidstone, Kent

Kipling Society, (1927), 18 Northumberland Av, London WC2

Kronfeld Aviation Art Society, (1966), c/o V. Bonham, 11 Great Spilmans, London SE22

Laboratory Animal Science Association, LASA, (1963), c/o Huntingdon Research Centre, Huntingdon

Lace Research Association, LRA, (1948), Glaisdale Dr West, Bilborough, Nottingham NG8 4GH

Lambeg Industrial Research Association, LIRA, (1919), Lambeg, Lisburn, Antrim

Lancashire and Cheshire Antiquarian Society, (1883), 22 Shawbrook Rd, Burnage, Manchester M19 1DN

Lancashire Dialect Society, (1951), c/o Department of English, University, Manchester 13

Landscape Research Group, LRG, (1966), 8 Cunningham Rd, Banstead, Surrey

Law Society, (1825), 100-113 Chancery Lane, London WC2A 1PL

Law Society of Scotland, (1949), 26-27 Drumsheugh Gardens, Edinburgh EH3 7YR

League for the Exchange of Commonwealth Teachers, LECT, (1901), 124 Belgrave Rd, London SW1

League of Dramatists, (1931), 84 Drayton Gardens, London SW10

Leeds Philosophical and Literary Society, (1820), c/o City Museum, Leeds

Leicester Literary and Philosophical Society, c/o Ager, 95 Knighton Church Rd, Leicester

Leicestershire Archaeological and Historical Society, LAHS, (1855), Guildhall, Leicester

Leicestershire Local History Council, (1966), 133 Loughborough Rd, Leicester LE4 5LX

Library Association, LA, (1877), 7 Ridgmount St, London WC1E 7AE

Lincoln Archaeological Research Committee, (1945), c/o City and County Museum, Lincoln

Lincoln Medical Society, c/o S. P. Redmond, Lincoln House, 56-58 Clasketgate, Lincoln

Lincoln Record Society, LRS, 21 Queensway, Lincoln

Lincolnshire Local History Society, incorporating the Lincolnshire Architectural and Archaeological Society, (1965), 86 Newland, Lincoln

Linguistics Association of Great Britain, LAGB, (1959), c/o H. M. Berry, English Department, University, Nottingham NG7 2RD

Linnaean Society of London, (1788), Burlington House, Piccadilly, London WV1 ULQ

Listerian Society of King's College Hospital, (1833), King's College Hospital, Denmark Hill, London SE5

Literary and Philosophical Society of Liverpool, (1812), c/o Royal Institution, Colquitt St, Liverpool 1

Literary and Philosophical Society of Newcastle upon Tyne, Westgate Rd, Newcastle upon Tyne

Loch Ness Phenomena Investigation Bureau, LNPIB, (1961), 23 Ashley Pl, London SW1

London and Cambridge Economic Service, (1923), c/o Department of Applied Economics, University, Sidgwick Av, Cambridge, Warwicks

London and Middlesex Archaeological Society, (1855), c/o Bishopsgate Institute, Bishopsgate, London EC2

London Association of Science Teachers, LAST, 61 Crescent Lane, London SW4

London Continuative Teachers' Association, LCTA, 13 Pevensey Close, Osterley, Isleworth, Middx

London Mathematical Society, LMS, (1865), Burlington House, Piccadilly, London W1

London Medieval Society, (1945), c/o Department of German, King's College, University, Strand, London WC2

London Natural History Society, LNHS, (1858), 28 Hetherington Rd, London SW4 7NU

London Orchestral Association, 13-14 Archer St, London W1

London Record Society, (1964), c/o B. Burch, University Library, University Rd, Leicester LE1 7RH

London Society, (1912), 3 Dean's Yard, London SW1

London Topographical Society, LTS, (1898), 50 Grove Lane, London SE5

Lowestoft Literary and Scientific Association, (1911), c/o D. J. Thurgur, Armorica, Monckbon Crescent, Lowestoft, Suffolk

Machine Tool Industry Research Association, MTIRA, (1961), Hulley Rd, Hurdsfield, Macclesfield, Ches

Malacological Society of London, (1893), c/o Department of Biology, Queen Elizabeth College, Campden Hill Rd, London W8

Malone Society, (1906), c/o K. M. Lea, 2 Church St, Beckley, Oxford

Mammal Society, (1954), c/o Institute of Biology, 41 Queen's Gate, London SW7

Management Research Groups, MRG, (1926), 376 Strand, London WC2R 0JX

Manchester Geographical Society, (1884), 16 Saint Mary's Parsonage, Manchester M3 2LX

Manchester Literary and Philosophical Society, (1781), 36 George St, Manchester M1 4HA

Manchester Medical Society, (1834), c/o Medical School, University, Manchester 13

Manchester Region Industrial Archaeology Society, MRIAS, (1962), c/o Manchester Museum of Science and Technology, 97 Grosvenor St, Manchester M1 7HF

Manchester Statistical Society, (1833), c/o Market Research Section, ICI Dyestuffs Division, POB 42, Manchester 9

Mansfield Law Club, (1942), c/o City of London College, Moorgate, London EC2

Manuscript Association, (1967), c/o Martins Bank Ltd, Africa House, Kingsway, London WC2

Marine Biological Association of the United Kingdom, MBAUK, (1884), c/o Laboratory, Citadel Hill, Plymouth, Devon

Marlowe Society, (1956), 45 Waldegrave Rd, London SE19

Mathematical Association, (1871), 150 Friar St, Reading RG1 1HE

Medical Council on Alcoholism, (1967), 74 New Oxford St, London WC1

Medical Defence Union, (1885), Tavistock House, Tavistock Sq, London WC1

Medical Officers of Schools Association, MOSA, (1884), 11 Chandos St, London W1

Medical Pratitioners' Union, MPU, (1914), 55-56 Russell Sq, London WC1

Medical Protection Society, (1892), 50 Hallam St, London W1N 6DE

Medical Research Council, 20 Park Crescent, London W1N 4AL

Medical Research Society, c/o London Hospital, Whitechapel, London E1

Medical Society for the Study of Radiesthesia, c/o London Medical Society, 11 Chandos St, London W1M 0EB

Medical Society for the Study of Venereal Diseases, MSSVD, (1922), 11 Chandos St, London W1M 0EB

Medical Society of London, (1773), 11 Chandos St, London W1M 0EB

Medical Superintendents Society, (1886), BMA House, Tavistock Sq, London WC1

Medical Women's Federation, MWF, Tavistock House, Tavistock Sq, London WC1

Medico-Legal Society, (1900), 71 Great Russell St, London WC1

Methods - Time Measurement Association of the United Kingdom, MTMA-UK, (1960), POB 20, Warrington, Lancs

Midlands Association for the Arts, MAA, (1958), 5a Church Lane, Stafford

Midlands Asthma and Allergy Research Association, MAARA, (1968), c/o L. Ganly, Midland Bank, Nottingham Rd, Chaddesden, Derby

Midlands Mathematical Experiment, MME, (1965), c/o Harold Malley School, Blossomfield Rd, Solihull, Warwicks

Military Historical Society, MHS, (1948), c/o Duke of York's HQ, London SW3

Mind Association, (1900), c/o Basil Blackwell & Mott Ltd, 49 Broad St, Oxford

Mineralogical Society of Great Britain and Ireland, (1876), 41 Queen's Gate, London SW7 5HR

Mining Institute of Scotland, c/o National Coal Board, Scottish South Area, Green End, Edinburgh 9

Mobile Physiotherapy Service Association, The Bower, Hever, Edenbridge, Kent

Modern Churchmen's Union, (1898), Caynham Vicarage, Ludlow, Salop

Modern Humanities Research Association, MHRA, (1918), Trinity Hall, Cambridge

Modern Language Association, MLA, (1893), 2 Manchester Sq, London W1M 5RF

Modular Society, (1953), 37 Soho Sq, London W1

Montessori Society in England, Eastleach Folly, Cirencester, Glos

Monumental Brass Society, (1887), 85 Addiscombe Rd, Croydon, Surrey

William Morris Society, (1918), 25 Lawn Crescent, Kew, Surrey

Motor Industry Research Association, MIRA, (1946), Lindley, Nuneaton, Warwicks

Multiple Sclerosis Society of Great Britain and Northern Ireland, 4 Tachbrook St, London SW1

Muscular Dystrophy Group of Great Britain, (1955), 26 Borough High St, London SE1

Museums Association, (1889), 87 Charlotte St, London W1P 2BX

Music Advisers' National Association, MANA, (1947), c/o K. J. Eade, Nottingham Education Committee, Exchange Buildings, Nottingham

Music Masters' Association, MMA, (1903), Cray Cottage, Bradfield, Berks

Music Teachers' Association, MTA, (1908), 106 Gloucester Pl, London W1H 3DB

Musicians' Union, (1921), 29 Catherine Pl, London SW1

Names Society, (1967), 7 Aragon Av, Thames Ditton, Surrey

National Adult School Union, NASU, (1899), Drayton House, Gordon St, London WC1

National Association for Mental Health, (1946), 39 Queen Anne St, London W1M 0AH

National Association for Road Safety Instruction in Schools, (1970), c/o R. Dollar, 16 Woodward Av, Hendon, London NW4

National Association for the Education of the Partially Sighted, (1948), c/o Joseph Clarke School, Pretoria Av, London E17

National Association for the Teaching of English, NATE, (1963), 5 Imperial Rd, Edgerton, Huddersfield HD3 3AF

National Association of Decorative and Fine Art Societies, (1968), c/o Mrs. Mitchell, Woodland, Loosley Row, Aylesbury, Bucks

National Association of Divisional Executives for Education, NADEE, (1946), 3 High St, Gosport, Hants

National Association of Drama Advisers, NADA, (1960), c/o S. Doggett, County Hall, Taunton, Som

National Association of Head Teachers, NAHT, (1897), Avery House, Brunel Pl, Crawley, Sussex

National Association of Monumental Masons, c/o J. Slee, Haddon Close, Rushden, Northants

National Association of Principal Agricultural Education Officers, NAPAEO, c/o Broomfield College, Derbyshire College of Agriculture, Morley, Derbys

National Association of Teachers of the Mentally Handicapped, NATMH, (1935), 12 Saxonhurst Rd, Bournemouth, Hants

National Book League, NBL, (1944), 7 Albemarle St, London W1

National Centre for Programmed Learning, 50 Wellington Rd, Birmingham 15

National College of Teachers of the Deaf, NCTD, (1918), c/o Needwood School, Rangemore Hall, Burton on Trent, Staffs

National Committee for Audio-Visual Aids in Education, 33 Queen Anne St, London W1M 0AL

National Council for Civic Theatres, NCCT, (1964), c/o Empire Civic Theatre, Sunderland

National Council for Educational Technology, (1967), 160 Great Portland St, London W1N 5TB

National Drama Festivals Association, NDFA, (1964), 3 Laird Dr, Sheffield 6

National Education Association, (1970), c/o R. Bradbury, 71 Crescent West, Hadley Wood, Barnet, Herts

National Federation of Continuative Teachers Associations, 44 Trinity Church Sq, London SE1

National Federation of Music Societies, NFMS, (1935), 29 Exhibition Rd, London SW7

National Housing and Town Planning Council, (1900), 11 Green St, London W1

National Institute for Social Work Training, (1961), 5 Tavistock Pl, London WC1H 9SS

National Institute of Adult Education of England and Wales, NIAE, (1949), 35 Queen Anne St, London W1M 0BL

National Institute of Agricultural Botany, NIAB, (1919), Huntingdon Rd, Cambridge

National Institute of Industrial Psychology, NIIP, (1921), 14 Welbeck St, London W1M 8DR

National Institute of Medical Herbalists, NIMH, (1864), 169 Norfolk St, Sheffield 1

National Investigating Committee for Aerial Phenomena, NICAP, 67 Wildmoor Rd, Shirley, Solihull, Warwicks

National Jazz Federation, 18 Carlisle St, London W1

National Medical and Dental Protection Society, 80 Leeds Rd, Bradford 1

National Operatic and Dramatic Association, NODA, (1899), 1 Crestfield St, London WC1

National Ophthalmic Treatment Board Association, NOTB, Tavistock House, Tavistock Sq, London WC1

National Research Development Corporation, (1949), 66-74 Victoria St, London SW1

National Rural and Environmental Studies Association, NRESA, (1960), County Hall, March, Cambs

National Secular Society, (1866), 103 Borough High St, London SE1

National Society, (1811), 69 Great Peter St, London SW1P 2BW

National Society for Art Education, NSAE, (1888), 37a East St, Havant, Hants

National Society for Clean Air, (1899), 134-137 North St, Brighton, Sussex

National Society for Epileptics, (1892), Chalfont Colony, Chalfont Saint Peter, Bucks

National Society for Transplant Surgery, 11 Alma Rd, Cardiff

National Society of Painters, Sculptors and Engravers, (1930), 17 Carlton House Terrace, London SW1

National Union of Teachers, NUT, (1870), Hamilton House, Mabledon Pl, London WC1

Natural Environment Research Council, 29-33 Charing Cross Rd, London WC2H 0AX

Natural History Society of Northumberland, Durham and Newcastle upon Tyne, (1829), c/o Hancock Museum, Newcastle upon Tyne NE2 4PT

Natural Rubber Producers' Research Association, NRPRA, (1938), 19 Buckingham St, London WC2N 6EJ

Navy League, (1895), Broadway House, Broadway, London SW19

Navy Records Society, NRS, (1893), c/o Royal Naval College, Greenwich, London SE10

Neonatal Society, c/o Dr. P. Alexander, Department of Physiology, Saint Mary's Hospital Medical School, London W2

New English Art Club, (1886), 17 Carlton House Terrace, London SW1

Newcomen Society for the Study of the History of Engineering and Technology, (1920), c/o Science Museum, South Kensington, London SW7

Newtonian Society, (1935), c/o Newton Institute, Long Court, Saint Martin's St, London WC2

Norfolk and Norwich Archaeological Society, (1846), Garsett House, Saint Andrew's Hall Plain, Norwich N0R 16J

North of England Zoological Society, c/o Zoological Garden, Upton by Chester, Chester

North Staffordshire Field Club, (1865), c/o Department of Chemistry, N Staffs Polytechnic, College Rd, Stoke on Trent

North West European Microbiological Group, (1968), c/o Biochemistry Department, University College, Gower St, London WC1

North Western Society for Industrial Archaeology and History, (1964), Clifton House, Top Rd, Kingsley, Warrington, Lancs

Northamptonshire Antiquarian Society, (1841), 21 The Hall, Monks Hall Rd, Northampton

Northamptonshire Federation of Archaeological Societies, NFAS, (1965), c/o Department of Adult Education, University, Leicester

Northamptonshire Natural History Society and Field Club, NNHS, (1876), Humfrey Rooms, Castilian Terrace, Northampton

Northern Arts Association, 24 Northumberland Rd, Newcastle upon Tyne NE1 8JY

Northern Ireland Chest and Heart Association, 28 Bedford St, Belfast 2

Northern Ireland Musicians Association, NIMA, (1939), 1 Union St, Belfast BT1 2JF

Northern Ireland Physical Education Association, NIPEA, (1943), 1 Priory Park, Belfast 10

Northern Ireland Women Teachers' Association, NIWTA, 5a Downside Park, Belfast BT15 5HY

Nottingham and Nottinghamshire Field Club, (1889), 1a Trevelyan Rd, West Bridgford, Nottingham NG2 5GY

Nurse Teachers' Association, NTA, (1967), 95 Worcester Rd, Cheam, Surrey

Nursery School Association of Great Britain and Northern Ireland, NSA, (1923), 89 Stamford St, London SE1

Nutrition Society, (1941), 2 Queen Anne St, London W1

Obesity Association, (1967), 8 Suffolk St, London SW1

Obilian Society, (1946), c/o Pate's Grammar School, Cheltenham, Glos

Office for Scientific and Technical Information, (1965), 39 York Rd, London SE1 7PH

Operational Research Society, ORSoc, (1954), 64 Cannon St, London EC4

Ophthalmological Society of the United Kingdom, OSUK, (1880), c/o Royal College of Surgeons, Lincoln's Inn Fields, London WC2A 3PN

Orders and Medals Research Society, (1942), 11 Mares Field, Chepstow Rd, Croydon CR0 5UA

Oriental Ceramic Society, OCS, (1921), 31b Torrington Sq, London WC1

Osteopathic Medical Association, 114 Wigmore St, London W1

Robert Owen Bicentenary Association, c/o P. Derrick, 11 Upper Grosvenor St, London W1

Oxford Architectural and Historical Society, OA&HS, (1839), c/o Ashmolean Museum, Oxford

Oxford University Archaeological Society, OUAS, (1919), c/o Ashmolean Museum, Oxford

Oxfordshire Record Society, ORS, (1919), c/o Bodleian Library, Oxford

P E N, (1921), 62-63 Glebe Pl, London SW3

Palaeontographical Society, (1847), c/o Institute of Geological Sciences, Exhibition Rd, London SW7 2DE

Palaeontological Association, (1957), c/o Hunterian Museum, University, Glasgow W2

Pali Text Society, PTS, (1881), 30 Dawson Pl, London W2

Parents' National Educational Union, PNEU, (1888), 3 Vandon St, London SW1H 0AJ

Parliamentary and Scientific Committee, 7 Buckingham Gate, London SW1

Pastel Society, 17 Carlton House Terrace, London SW1

Pathological Society of Great Britain and Ireland, (1906), c/o Public Health Laboratory, Church Lane, Heavitree, Exeter

Peak District Mines Historical Society, PDMHS, (1959), Riversdale Farm, Coombs Rd, Bakewell, Derbyshire DE4 1AR

Pembrokeshire Local History Society, (1950), 4 Victoria Pl, Haverfordwest

Permanent Committee of the International Congress of Entomology, (1910), c/o British Museum, Cromwell Rd, London SW7

Perthshire Society of Natural Science, PSNS, (1867), c/o Museum, George St, Perth

Pharmaceutical Society of Great Britain, (1841), 17 Bloomsbury Sq, London WC1A 2NN

Philharmonic Society, (1874), 58 Howard St, Belfast

Philological Society, (1842), c/o University College, Gower St, London WC1

Philosophical Society of England, (1913), 7 Cholmley Gardens, Aldred Rd, London NW6

Photoelectric Spectrometry Group, PSG, (1948), c/o Pye Unicam, York St, Cambridge CB1 2PX

Photogrammetric Society, (1952), 47 Tothill St, London SW1

Physical Education Association of Great Britain and Northern Ireland, (1899), 10 Nottingham Pl, London W1M 4AY

Physical Society, 47 Belgrave Sq, London SW1

Physiological Society, (1876), Norwoods, Rectory Lane, Heswall, Wirral, Ches

Physiology Commission, c/o Prof. H. Davson, Department of Physiology, University College, Gower St, London WC1

Physiotherapists Association, 284 Broadway, Bexleyheath, Kent

Phytochemical Society, (1957), c/o Phytochemical Unit, Botany Department, University, London Rd, Reading RG1 5AQ

Pig Health Control Association, c/o M. Bell, Madingley, Cambridge

Pira, (1967), Randalls Rd, Leatherhead, Surrey

Plainsong and Medieval Music Society, (1888), c/o Department of Manuscripts, British Museum, London WC1

Plastics Institute, (1931), 11 Hobart Pl, London SW1W 0HL

Player-Playwrights, (1947), 1 Hawthorndene Rd, Hayes, Bromley, Kent

Plymouth Athenaeum, (1812), Derry's Cross, Plymouth, Devon

Poetry Society, PS, (1909), 21 Earls Court Sq, London SW5

Poets' Theatre Guild, 44 Croham Park Ave, South Croydon CR2 7HL

Polarographic Society, (1954), c/o Department of Metallurgy, Royal School of Mines, Prince Consort Rd, London SW7

Polish Historical Society in Great Britain, (1946), 20 Princes Gate, London SW7

Political and Economic Planning, PEP, (1931), 12 Upper Belgrave St, London SW1

Political Studies Association of the United Kingdom, PSA, (1950), c/o London School of Economics and Political Science, Houghton St, London WC2

Prehistoric Society, (1908), c/o Department of Prehistoric and Romano-British Antiquities, British Museum, London WC1

Presbyterian Church of Wales Historical Society, (1914), 61 Blaenau Rd, Llandybie, Carms

Presbyterian Historical Society of England, (1913), 86 Tavistock Pl, London WC1

Printing Historical Society, PHS, (1964), c/o Saint Bride Institute, Bride Lane, London EC4

Private Libraries Association, PLA, (1957), 41 Cuckoo Hill Rd, Pinner, Middx

Production Engineering Research Association, PERA, Staveley Lodge, Melton Mowbray, Leics

Pugwash Conferences on Science and World Affairs, (1957), 8 Asmara Rd, London NW2

Quekett Microscopical Club, (1865), 2 Tudor St, London EC4

Radio Society of Great Britain, RSGB, (1913), 35 Doughty St, London WC1N 2AE

Rahere Association, 44 Saint John St, London EC1

Railway and Canal Historical Society, R&CHS, (1954), 174 Station Rd, Wylde Green, Sutton Coldfield, Warwicks

Railway Club, (1899), 112 High Holborn, London WC1

Railway Correspondence and Travel Society, RCTS, (1928), 82 Natal Rd, London N11

Ray Society, (1844), c/o British Museum, Cromwell Rd, London SW7

Reclamation Trades Research Organisation, RTRO, (1962), 21 Devonshire St, London W1N 2AN

Regional Hospitals Consultants and Specialists Association, RHCSA, (1948), 11 Chandos St, London W1

Regional Studies Association, (1965), 45 Notting Hill Gate, London W11

Research and Development Society, 51 The Mall, London W5

Research Association of British Paint, Colour and Varnish Manufacturers, c/o Paint Research Station, Waldegrave Rd, Teddington, Middx

Research Defence Society, RDS, (1908), 11 Chandos St, London W1

Research into Lost Knowledge Organisation, RILKO, (1969), 3 College Court, Queen Caroline St, London W6

Research Organisation of Ships' Compositions Manufacturers, ROSCM, (1951), 35-37 Grosvenor Gardens, London SW1

Retail Trades Education Council, 56 Russell Sq, London WC1

Richard III Society, (1924), 72 Heathfield Rd, South Croydon, Surrey

Romantic Novelists' Association, RNA, (1960), 8a Buckland Crescent, London NW3

Royal Academy of Arts in London, RA, (1768), Burlington House, Piccadilly, London W1V 0DS

Royal Academy of Dancing, RAD, (1920), 6 Addison Rd, London W14

Royal Academy of Dramatic Art, RADA, (1904), 62 Gower St, London WC1

Royal Academy of Music, RAM, (1822), Marylebone Rd, London NW1

Royal Aeronautical Society, (1866), 4 Hamilton Pl, London W1V 0BQ

Royal African Society, (1901), 18 Northumberland Av, London WC2N 5bJ

Royal Agricultural Society of England, (1838), c/o National Agricultural Centre, Kenilworth, Warwicks

Royal Anthropological Institute of Great Britain and Ireland, RAI, (1843), 36 Craven St, London WC2

Royal Archaeological Institute, (1843), 304 Addison House, Grove End Rd, London NW8 9EL

Royal Asiatic Society of Great Britain and Ireland, RAS, (1823), 56 Queen Anne St, London W1M 9LA

Royal Astronomical Society, RAS, (1820), Burlington House, Piccadilly, London W1

Royal Birmingham Society of Artists, RBSA, (1809), 69a New St, Birmingham 2

Royal British Colonial Society of Artists, 17 Carlton House Terrace, London SW1

Royal Cambrian Academy of Art, RCA, (1881), Plas Mawr, Conway, Caerns

Royal Celtic Society, (1820), 56 Frederick St, Edinburgh EH2 1LR

Royal Central Asian Society, (1901), 42 Devonshire St, London W1N 1LN

Royal College of General Practitioners, RCGP, (1952), 14 Princes Gate, London SW7

Royal College of Music, RCM, (1883), Prince Consort Rd, London SW7

Royal College of Obstetricians and Gynaecologists, RCOG, (1929), 27 Sussex Pl, London NW1 4RG

Royal College of Organists, RCO, (1864), Kensington Gore, London SW7

Royal College of Physicians, (1518), 11 Saint Andrew's Pl, London NW1 4LE

Royal College of Physicians and Surgeons of Glasgow, RCPS Glas, (1599), 242 Saint Vincent St, Glasgow G2 5RJ

Royal College of Physicians of Edinburgh, (1681), 9 Queen St, Edinburgh EH2 1JQ

Royal College of Physicians of London, RCP, (1518), 11 Saint Andrew's Pl, London NW1

Royal College of Psychiatrists, (1971), 2 Queen Anne St, London W1M 9LE

Royal College of Surgeons of Edinburgh, RCS Ed, (1505), 18 Nicolson St, Edinburgh EH8 9DW

Royal College of Surgeons of England, RCS, (1800), 35-43 Lincoln's Inn Fields, London WC2A 3PN

Royal College of Veterinary Surgeons, RCVS, (1844), 32 Belgrave Sq, London SW1X 8QP

Royal Commission for the Exhibition of 1851, (1851), 1 Lowther Gardens, Exhibitions Rd, London SW7

Royal Commonwealth Society, (1868), 18 Northumberland Av, London WC2

Royal Drawing Society, RDS, (1888), 17 Carlton House Terrace, London SW1

Royal Economic Society, RES, (1903), c/o Marshall Library, Sidgwick Av, Cambridge, Warwicks

Royal Entomological Society of London, RES, (1833), 41 Queen's Gate, London SW7 5HU

Royal Faculty of Procurators in Glasgow, (1668), 62 Saint George's Pl, Glasgow C2

Royal Fine Art Commission, (1924), 2 Carlton Gardens, London SW1

Royal Fine Art Commission for Scotland, (1927), 22 Melville St, Edinburgh EH3 7NS

Royal Forestry Society of England, Wales and Northern Ireland, (1882), 102 High St, Tring, Herts

Royal Geographical Society, RGS, (1830), 1 Kensington Gore, London SW7

Royal Highland and Agricultural Society of Scotland, (1784), Ingliston, Newbridge, Midlothian

Royal Historical Society, (1868), c/o University College, Gower St, London WC1E 6BT

Royal Horticultural Society, (1804), Exhibition Halls, Vincent Sq, London SW1P 2PE

Royal Institute of Chemistry, (1877), 50 Russell Sq, London WC1B 5DT

Royal Institute of International Affairs, (1920), 10 Saint James' Sq, London SW1Y 4LE

Royal Institute of Oil Painters, (1883), 17 Carlton House Terrace, London SW1

Royal Institute of Painters in Water Colours, (1831), 17 Carlton House Terrace, London SW1

Royal Institute of Philosophy, (1925), 14 Gordon Sq, London WC1H 0AG

Royal Institute of Public Administration, (1922), Hamilton House, Mabledon Pl, London WC1H 9BD

Royal Institute of Public Health and Hygiene, (1886), 28 Portland Pl, London W1

Royal Institution of Great Britain, RI, (1799), 21 Albemarle St, London W1X 4BS

Royal Medical Society, (1737), 3 Hill Sq, Edinburgh EH8 9DR

Royal Medico-Chirurgical Society of Glasgow, (1814), 5 Saint Vincent Pl, Glasgow C1

Royal Medico-Psychological Association, RMPA, (1841), 2 Queen Anne St, London W1

Royal Meteorological Society, RMetSoc, (1850), Cromwell House, High St, Bracknell, Berks

Royal Microscopical Society, RMS, (1839), Clarendon House, Cornmarket St, Oxford OX1 3HA

Royal Musical Association, RMA, (1874), c/o British Museum, London WC1

Royal Numismatic Society, (1836), c/o British Museum, London WC1

Royal Philharmonic Society, (1813), 29 Exhibition Rd, London SW7

Royal Philosophical Society of Glasgow, (1802), 6 Hughenden Terrace, Glasgow W2

Royal Photographic Society of Great Britain, (1853), 14 South Audley St, London W1Y 5DP

Royal Physical Society of Edinburgh, (1771), c/o Department of Animal Genetics, University, Edinburgh

Royal Sanitary Association of Scotland, (1875), 150 Saint Vincent St, Glasgow C2

Royal Scottish Academy, (1826), Princes St, Edinburgh

Royal Scottish Forestry Society, (1854), 26 Rutland Sq, Edinburgh EH1 2BU

Royal Scottish Geographical Society, RSGS, (1884), 10 Randolph Crescent, Edinburgh EH3 7TU

Royal Scottish Society of Arts, (1821), 4 Alva St, Edinburgh 2

Royal Scottish Society of Painters in Water Colours, 122 Ingram St, Glasgow C1

Royal Society, (1660), 6 Carlton House Terrace, London SW1

Royal Society for India, Pakistan and Ceylon, (1910), 2-3 Temple Chambers, Temple Av, London EC4

Royal Society for the Protection of Birds, (1889), The Lodge, Sandy, Bedfords

Royal Society of Arts, RSA, (1754), 6-8 John Adam St, London WC2N 6EZ

Royal Society of British Artists, RBA, 17 Carlton House Terrace, London SW1

Royal Society of British Sculptors, RBS, (1904), 8 Chesham Pl, London SW1

Royal Society of Edinburgh, RSE, (1783), 22-24 George St, Edinburgh EH2 2PQ

Royal Society of Health, (1876), 90 Buckingham Palace Rd, London SW1

Royal Society of Literature of the United Kingdom, (1823), 1 Hyde Park Gardens, London W2

Royal Society of Marine Artists, 17 Carlton House Terrace, London SW1

Royal Society of Medicine, RSM, (1805), 1 Wimpole St, London W1M 8AE

Royal Society of Miniature Painters, Sculptors and Gravers, RMS, 17 Carlton House Terrace, London SW1

Royal Society of Painters in Water Colours, (1804), 26 Conduit St, London W1R 9TA

Royal Society of Portrait Painters, (1891), 17 Carlton House Terrace, London SW1

Royal Society of Tropical Medicine and Hygiene, (1907), 26 Portland Pl, London W1N 4EY

Royal Statistical Society, (1834), 21 Bentinck St, London W1M 6AR

Royal Television Society, (1927), 166 Shaftesbury Av, London WC2H 8JH

Royal Town Planning Institute, (1914), 26 Portland Pl, London W1N 4BE

Royal Ulster Academy Association, RUAA, (1962), 6 Hillside Crescent, Stranmillis, Belfast 9

Royal Ulster Academy of Painting, Sculpture and Architecture, RUA, (1879), 7 College Sq, Belfast BT1 6AR

Royal Welsh Agricultural Society, (1904), Llanelwedd, Builth-Wells, Brecs

Royal Zoological Society of Scotland, RZSS, (1909), c/o Scottish National Zoological Park, Murrayfield, Edinburgh EH12 6TS

Rubber and Plastics Research Association, RAPRA, (1919), Shawbury, Shrewsbury, Salop

Rural Music Schools Association, RMSA, (1934), Little Benslow Hills, Hitchin SG4 9RD

Saint Albans and Hertfordshire Architectural and Archaeological Society, (1845), 17 Ridgmont Rd, Saint Albans, Herts

Saint Ives Society of Artists, c/o New Gallery, Saint Ives, Cornwall

Saint John's Hospital Dermatological Society, (1911), Lisle St, London WC2H 7BJ

Salisbury and South Wiltshire Industrial Archaeology Society, (1966), Wyndhams, Shrewton, Wilts

Saltire Society, (1936), 483 Lawnmarket, Edinburgh EH1 2NT

School Natural Science Society, SNSS, (1903), 2 Bramley Mansions, Berrylands Rd, Surbiton, Surrey

Science Research Council, State House, High Holborn, London WC1R 4TA

Scientific Committee on Antarctic Research, SCAR, (1958), c/o Scott Polar Research Institute, Lensfield Rd, Cambridge

Scientific Exploration Society, SES, (1969), Pine House, Branksome Park Rd, Camberley, Surrey

Scots Ancestry Research Society, (1945), 20 York Pl, Edinburgh 1

Cyril Scott Society, c/o London College of Music, Great Marlborough St, London W1

Scottish Arts Council, 19 Charlotte Sq, Edinburgh EH2 4DF

Scottish Association for Mental Health, (1921), 57 Melville St, Edinburgh 3

Scottish Association of Occupational Therapists, SAOT, (1932), 77 George St, Edinburgh 2

Scottish Church History Society, (1922), 4 Claremont Park, Leith, Edinburgh EH6 7PH

Scottish Community Drama Association, SCDA, (1926), 78 Queen St, Edinburgh 2

Scottish Economic Society, (1954), c/o S. McDowall, Department of Political Economy, University, Saint Andrews

Scottish Educational Film Association, SEFA, 16-17 Woodside Terrace, Glasgow C3

Scottish Field Studies Association, SFSA, (1945), c/o Estate Office, Blair Drummond, Stirling

Scottish Gaelic Texts Society, SGTS, (1934), 108 Queen Victoria Dr, Glasgow W4

Scottish Genealogy Society, (1953), 21 Howard Pl, Edinburgh 3

Scottish Georgian Society, (1956), 27 Warriston Crescent, Edinburgh 3

Scottish History Society, SHS, (1886), c/o National Library of Scotland, George IV Bridge, Edinburgh EH1 1EW

Scottish Library Association, SLA, (1908), c/o Department of Librarianship, University of Strathclyde, Livingstone Tower, Richmond St, Glasgow C1

Scottish Marine Biological Association, (1914), c/o Dunstaffnage Marine Research Laboratory, POB 3, Oban, Argyll

Scottish Master Monumental Sculptors Association, 90 Mitchell St, Glasgow C1

Scottish National Blood Transfusion Association, (1940), 5 Saint Colme St, Edinburgh 3

Scottish National Dictionary Association, (1929), 27 George Sq, Edinburgh 8

Scottish Ornithologists' Club, SOC, (1936), 21 Regent Terrace, Edinburgh EH7 5BT

Scottish Record Society, (1897), c/o Scottish Record Office, POB 36, Edinburgh EH1 3YY

Scottish Schoolmasters Association, SSA, (1932), 41 York Pl, Edinburgh EH1 3HP

Scottish Secondary Teachers' Association, SSTA, (1946), 15 Dundas St, Edinburgh EH3 6QG

Scottish Society for Industrial Archaeology, SSIA, (1968), c/o Department of Economic History, University of Strathclyde, Glasgow C1

Scottish Society for Research in Plant Breeding, SPBS, (1921), c/o Scottish Plant Breeding Station, Pentlandfield, Roslin, Midlothian

Scottish Society for the History of Medicine, SSHM, (1948), c/o Dr. A. H. B. Masson, 13 Osborne Terrace, Edinburgh EH12 5HG

Scottish Society of Women Artists, SSWA, 108 Hanover St, Edinburgh 2

Scottish Text Society, (1882), c/o School of Scottish Studies, 27 George Sq, Edinburgh EH8 9LD

Scottish Textile Research Association, STRA, (1946), Kinnoull Rd, Dundee DD2 3PY

Scottish Thoracic Society, c/o Dr. R. S. Kennedy, Belvidere Chest Clinic, London Rd, Glasgow E1

Selborne Society, (1885), 10 Sunbeam Cottages, Pollards Wood Rd, Limpsfield, Oxted

Selden Society, (1887), c/o Faculty of Laws, Queen Mary College, Mile End Rd, London E1

Senefelder Group, 17 Carlton House Terrace, London SW1

Shakespearean Authorship Society, (1922), 25 Montagu Sq, London W1H

Shaw Society, (1941), 125 Markyate Rd, Dagenham, Essex

Shetland Archaeological and Natural History Society, (1966), c/o County Museum, Lower Hillhead, Lerwick, Shetland

Shoe and Allied Trades Research Association, SATRA, Satra House, Rockingham Rd, Kettering, Northants

Shopfitting Research and Development Council, Lennig House, Masons Av, Croydon CR9 3LL

Shropshire Archaeological and Parish Register Society, SAS, (1879), Silverdale, Severn Bank, Shrewsbury

Sir Thomas Beecham Society, (1964), 46 Wellington Ave, Westcliff on Sea, Essex

Social Science Research Council, (1965), State House, High Holborn, London WC1

Socialist Educational Association, SEA, (1960), 26 Bessborough Gardens, London SW1

Socialist Medical Association, SMA, (1930), Cornwall House, 31 Lionel St, Birmingham 3

Society for African Church History, (1962), c/o Department of Church History, University, Aberdeen

Society for Analytical Chemistry, SAC, (1874), 9-10 Savile Row, London W1X 1AF

Society for Applied Bacteriology, SAB, (1931), c/o Shell Research Ltd, Broad Oak Rd, Sittingbourne, Kent

Society for Army Historical Research, SAHR, (1921), c/o Library, Old War Office Building, Whitehall, London SW1

Society for Comparative Physiology, (1960), c/o Department of Physiologie and Biochemistry, University, Southampton

Society for Developmental Biology, (1960), c/o Zoology Department, University, Southampton

Society for Drug Research, (1966), c/o Chelsea College, University, Manresa Rd, London SW3

Society for Education in Film and Television, SEFT, (1950), 81 Dean St, London W1V 6AA

Society for Education through Art, (1941), 29 Great James St, London WC1

Society for Electrochemistry, c/o Dr. P. J. Ovenden, Department of Chemistry, University, Southampton

Society for Endocrinology, (1946), c/o Department of Veterinary Anatomy, University, Liverpool L69 3BX

Society for Environmental Education, SEE, (1968), 16 Trinity Rd, Enderby, Leicester LE9 5BU

Society for Experimental Biology, SEB, (1923), c/o Institute of Biology, 41 Queen's Gate, London SW7

Society for Film History Research, (1960), 2 Bloomsbury Sq, London WC1

Society for Folk Life Studies, (1961), c/o National Museum of Antiquities, Queen St, Edinburgh 2

Society for General Microbiology, SGM, (1945), 41 Queen's Gate, London SW7

Society for Italic Handwriting, (1952), 41 Montpelier Rise, Wembley, Middx

Society for Long Range Planning, LRP, (1967), 132 Terminal House, Grosvenor Gardens, London SW1

Society for Low Temperature Biology, (1964), c/o Dr. D. E. Pegg, Clinical Research Centre, Watford Rd, Harrow HA1 3UJ

Society for Medieval Archaeology, (1957), c/o University College, Gower St, London WC1

Society for Multivariate Experimental Psychology (European Branch), (1962), c/o Open University, Mount St, Manchester 1

Society for Nautical Research, SNR, (1910), c/o National Maritime Museum, Greenwich, London SE10

Society for Post-Medieval Archaeology, SPMA, (1967), c/o Portsmouth City Museum, Alexandra Rd, Portsmouth

Society for Promotion of Educational Reform through Teacher Training, SPERTTT, (1969), c/o Sidney Webb College, Barrett St, London W1

Society for Psychical Research, (1882), 1 Adam and Eve Mews, London W8 6UQ

Society for Radiological Protection, SRP, (1963), c/o CEGB, 20 Newgate St, London EC1

Society for Renaissance Studies, (1967), c/o Warburg Institute, Woburn Sq, London WC1

Society for Research into Higher Education, SRHE, (1964), 20 Gower St, London WC1

Society for the Advancement of Anaesthesia in Dentistry, SAAD, 53 Wimpole St, London W1

Society for the Bibliography of Natural History, (1936), c/o British Museum, London SW7

Society for the Development of Techniques in Industrial Marketing, SDTIM, (1967), 55 Regent Rd, Leicester

Society for the Promotion of Hellenic Studies, (1879), 31-34 Gordon Sq, London WC1H 0PP

Society for the Promotion of Nature Reserves, (1912), c/o British Museum, Cromwell Rd, London SW7

Society for the Promotion of New Music, SPNM, (1943), 29 Exhibition Rd, London SW7

Society for the Promotion of Roman Studies, (1911), 31-34 Gordon Sq, London WC1H 0PP

Society for the Protection of Ancient Buildings, (1877), 55 Great Ormond St, London WC1N 3JA

Society for the Study of Addiction, SSA, (1884), c/o Dr. T. H. Bewley, Tooting Bec Hospital, London SW17

Society for the Study of Alchemy and Early Chemistry, c/o Science Museum, London SW7

Society for the Study of Fertility, (1950), 141 Newmarket Rd, Cambridge CB5 8HA

Society for the Study of Human Biology, SSHB, (1958), c/o Department of Growth and Development, Institute of Child Health, 30 Guilford St, London WC1

Society for the Study of Medieval Languages and Literature, SSMLL, (1932), 49 Broad St, Oxford

Society for the Study of Normal Psychology, 151 Talgarth Rd, London W14

Society for the Study of Physiological Patterns, SSPP, (1889), 33a Cadogan Rd, Surbiton, Surrey

Society for the Study of the History of Engineering and Technology, (1920), c/o Science Museum, South Kensington, London SW7

Society for the Study of the New Testament, (1938), c/o New College, Mound, Edinburgh EH1 2LX

Society for Theatre Research, STR, (1948), 14 Woronzow Rd, London NW8

Society for Water Treatment and Examination, (1952), 69 Disraeli Court, High Wycombe, Bucks

Society of Acoustic Technology, (1963), c/o Royal College of Advanced Technology, Salford 5, Lancs

Society of Analytical Psychology, (1945), 30 Devonshire Pl, London W1

Society of Antiquaries of London, SocAnt, (1707), Burlington House, Piccadilly, London W1V 0HS

Society of Antiquaries of Newcastle upon Tyne, (1813), Black Gate, Newcastle upon Tyne 1

Society of Antiquaries of Scotland, (1780), c/o National Museum of Antiquities of Scotland, Queen St, Edinburgh 2

Society of Archer Antiquaries, SocAA, (1956), 14 Grove Rd, London SW13

Society of Architectural Historians of Great Britain, (1956), 8 Belmount Av, Melton Park, Newcastle upon Tyne NE3 5QD

Society of Archivists, (1947), c/o County Record Office, County Hall, Hertford

Society of Army Historical Research, (1921), c/o Library, Old War Office Building, Whitehall, London SW1

Society of Assistants Teaching in Preparatory Schools, SATIPS, (1953), Hider's Farm, Framfield, Sussex

Society of Authors, (1884), 84 Drayton Gardens, London SW10

Society of Aviation Artists, 17 Carlton House Terrace, London SW1

Society of British Esperantist Teachers, SBET, (1939), 87 Sebastian Av, Shenfield, Essex

Society of British Neurological Surgeons, SBNS, (1926), c/o Department of Neurological Surgery, Newcastle General Hospital, Newcastle upon Tyne 4

Society of Business Economists, SBE, (1960), 16 Beechpark Way, Watford, Herts

Society of Cardiological Technicians, (1965), c/o Cardiac Unit, Brook General Hospital, London SE18

Society of Chemical Industry, (1881), 14 Belgrave Sq, London SW1

Society of Cirplanologists, (1955), 18 Glenthorne Dr, Ashton under Lyne

Society of Commercial Teachers, (1907), 71 Norton Park Rd, Sheffield S8 8GR

Society of County Librarians, SCL, (1954), c/o County Library HQ, Mortimer St, Trowbridge, Wilts

Society of Dairy Technology, SDT, (1943), 172a Ealing Rd, Wembley HA0 4QD

Society of Film and Television Arts, SFTA, (1959), 80 Great Portland St, London W1N 6JJ

Society of Foresters of Great Britain, (1925), Newton House, Freuchie KY7 7RZ

Society of Genealogists, (1911), 37 Harrington Gardens, London SW7 4JX

Society of Glass Technology, (1916), 20 Hallam Gate Rd, Sheffield S10 5BT

Society of Graphic Artists, (1920), 17 Carlton House Terrace, London SW1

Society of Headmasters of Independent Schools, SHMIS, (1961), c/o Cathedral School, Truro

Society of Hearing Aid Audiologists, SHAA, (1958), 150 High Rd, Ilford, Essex

Society of Herbalists, (1927), 21 Bruton St, London W1X 8DS

Society of Indexers, (1957), c/o Barclays Bank Ltd, 1 Pall Mall, London SW1

Society of Industrial Artists and Designers, (1930), 12 Carlton House Terrace, London SW1

Society of Instrument Technology, (1944), c/o A. A. W. Pollard, 20 Peel St, London W

Society of Labour Lawyers, (1948), 9 King's Bench Walk, Temple, London EC4

Society of Medical Officers of Health, (1856), Tavistock House, Tavistock Sq, London WC1H 9LD

Society of Medieval Archaeology, SMA, (1957), c/o University College, Gower St, London WC1

Society of Metaphysicians, SOM, (1944), Archers' Court, Stonestile Lane, The Ridge, Hastings, Sussex

Society of Miniaturists, (1895), 26 Conduit St, London W1R 9TA

Society of Municipal and County Chief Librarians, c/o Dr. G. Chandler, City Librarian, Liverpool

Society of Mural Painters, SMP, 17 Carlton House Terrace, London SW1

Society of Occupational Medicine, SOM, (1935), c/o Royal College of Physicians, 11 Saint Andrew's Pl, London NW1 4LE

Society of Painters in Tempera, (1901), 28 Eldon Rd, London W8

Society of Portrait Sculptors, SPS, (1953), 17 Carlton House Terrace, London SW1

Society of Psychotherapists, (1969), c/o The Regency, Ramsgate, Kent

Society of Public Teachers of Law, SPTL, (1908), c/o Faculty of Law, University, Southampton

Society of Radiographers, (1920), 14 Upper Wimpole St, London W1

Society of Scottish Artists, SSA, 19 York Pl, Edinburgh 1

Society of Scribes and Illuminators, SSI, (1921), 270 Trinity Rd, London SW18

Society of Teachers of Speech and Drama, Roseries, Monks Horton, Sellindge, Ashford, Kent

Society of Teachers Opposed to Physical Punishment, STOPP, c/o G. Adams, 12 Lawn Rd, London NW3

Society of Thoracic and Cardiovascular Surgeons of Great Britain and Ireland, (1933), c/o Saint Bartholomew's Hospital, London EC1

Society of Veterinary Ethology, SVE, (1966), c/o Department of Animal Health, Veterinary Field Station, Easter Bush, Roslin, Midlothian

Society of Wild-Life Artists, 17 Carlton House Terrace, London SW1

Society of Women Artists, 17 Carlton House Terrace, London SW1

Society of Women Musicians, SWM, (1911), 45 Wolseley Rd, London N8

Society of Writers to Her Majesty's Signet, WSSociety, (1594), c/o Signet Library, Parliament Sq, Edinburgh EH1 1RF

Soil Association, (1945), Walnut Tree Manor, Haughley, Stowmarket

Somerset Archaeological and Natural History Society, (1849), Taunton Castle, Taunton, Somerset

Somerset Record Society, (1886), c/o S. W. Rawlins, Newton Surmaville, Yeovil, Somerset

Songwriters Guild of Great Britain, SWG, (1947), 32 Shaftesbury Av, London W1V 8ET

South Bedfordshire Archaeological Society, SBAS, (1950), 55 Mount Grace Rd, Stopsley, Luton, Beds

South Eastern Union of Scientific Societies, S-EUSS, (1896), 53 The Drive, Shoreham by Sea, Sussex

South Place Ethical Society, (1793), Conway Hall, Red Lion Sq, London WC1R 4RL

South Staffordshire Archaeological and Historical Association, (1958), 307 Erdington Rd, Aldridge, Staffs

South Wales and Monmouth Record Society, (1929), c/o County Record Office, County Hall, Newport Mon NPT 5XJ

South Western Arts Association, SWAA, (1955), 18 Southernhay East, Exeter EX1 1QG

Spastics Society, 12 Park Crescent, London W1

Special Committee for the International Biological Programme, SCIBP, (1963), 7 Marylebone Rd, London NW1

Spelaeological Society, (1919), c/o Spelaeological Room, University, Bristol

Spring Research Association, SRA, Doncaster St, Sheffield S3 7BB

Staffordshire Parish Registers Society, (1901), 133 Tipton Rd, Woodsetton, Dudley, Worcs

Staffordshire Record Society, (1879), c/o William Salt Library, Eastgate St, Stafford

Stair Society, (1934), 2 Saint Giles' St, Edinburgh EH1 1PU

Standing Commission on Museums and Galleries, (1931), 2 Carlton Gardens, London SW1

Standing Committee for the International Embryological Conference, (1954), c/o Department of Cell Biology, University, Glasgow W2

Standing Conference of National and University Libraries, SCONUL, c/o Library, University College, Cardiff CF1 1XL

Standing Conference on Library Materials on Africa, SCOLMA, (1962), c/o Library, School of Oriental and African Studies, Malet St, London WC1

Johann Strauss Society of Great Britain, (1964), 17 Taunton Rd, Bridgwater, Somerset

Suffolk Records Society, (1958), c/o Ipswich and East Suffolk Record Office, County Hall, Ipswich

Surrey Archaeological Society, SAS, (1854), Castle Arch, Guildford

Sussex Archaeological Society, Barbican House, Lewes

Sussex Industrial Archaeology Study Group, (1967), Little Broadmark, Sea Lane, Rustington, Sx

Sussex Record Society, (1901), Barbican House, Lewes

Swedenborg Society, (1810), 20 Bloomsbury Way, London WC1A 2TH

Swimming Teachers' Association of Great Britain and the Commonwealth, STA, (1932), 38a Paradise St, Birmingham 1

Systematics Association, (1937), c/o Department of Human Anatomy, University, Oxford

Thomas Tallis Society, 82 Greenwich South St, London SE10

Tavistock Institute of Medical Psychology, (1920), Tavistock Centre, Belsize Lane, London NW3 5BA

Teaching Hospitals Association, THA, (1949), 8 Leake St, London SE1

Teilhard de Chardin Association of Great Britain and Ireland, (1966), 3 Cromwell Pl, London SW7

Tennyson Society, (1960), c/o Tennyson Research Centre, City Library, Free School Lane, Lincoln

Tensor Society of Great Britain, TSGB, (1950), 66 South Terrace, Surbiton, Surrey

Textile Institute, (1910), 10 Blackfriars St, Manchester M3 5DR

Theatres Advisory Council, 9-10 Fitzroy Sq, London W1

Theosophical Society in England, TS, (1888), 50 Gloucester Pl, London W1H 3HJ

Theosophical Society in Northern Ireland, (1910), 18 Brookhill Av, Belfast BT14 6BS

Theosophical Society in Scotland, 28 Great King St, Edinburgh 3

Theosophical Society in Wales, 10 Park Pl, Cardiff

Francis Thompson Society, (1963), 3 Kemplay Rd, London NW3

Thoracic Society, (1945), c/o Regional Cardio-Thoracic Centre, Broadgreen Hospital, Thomas Dr, Liverpool L14 3LB

Thoresby Society, (1889), 23 Clarendon Rd, Leeds 2

Thoroton Society of Nottinghamshire, (1897), Bromley House, Angel Row, Nottingham

Timber Research and Development Association, TRADA, (1934), Trada House, Stocking Lane, Hughenden Valley, High Wycombe, Bucks

Tobacco Research Council, Glen House, Stag Pl, London SW1

Town and Country Planning Association, (1899), 17 Carlton House Terrace, London SW1Y 5AS

Transport Ticket Society, (1945), 18 Villa Rd, Luton, Beds

Ulster Archaeological Society, UAS, (1938), c/o Department of Geography, Queen's University, Belfast 7

Ulster Folklife Society, (1962), c/o Ulster Folk Museum, Cultra Manor, Holywood, Down

Ulster Headmistresses' Association, UHMA, (1934), c/o Bloomfield Collegiate School, Astoria Gardens, Belfast BT5 6HW

Ulster Teachers' Union, UTU, (1919), 72 High St, Belfast 1

Ulster-Scot Historical Society, Law Courts, Chichester St, Belfast

Union of Educational Institutions, UEI, Norfolk House, Smallbrook Ringway, Birmingham 5

Union of Lancashire and Cheshire Institutes, ULCI, (1839), 36 Granby Row, Manchester M1 6WD

Union of Speech Therapists, UST, (1957), 29 High St, Great Bookham, Leatherhead, Surrey

Union of Women Teachers, UWT, (1965), 37 Saint Stephyns Chambers, Bank Court, Hemel Hempstead, Herts

Unitarian Historical Society, UHS, (1915), c/o Unitarian College, Victoria Park, Manchester M14 5QL

United Kingdom Federation for Education in Home Economics, (1954), 36 Ravenscroft Av, London NW11

United Society of Artists, 17 Carlton House Terrace, London SW1

Vernacular Architecture Group, VAG, (1952), 9 East Coker Rd, Yeovil, Somerset

Verulam Institute, (1971), Shopwyke, Chichester, Sussex

Viking Society for Northern Research, (1892), c/o University College, Gower St, London WC1

Virgil Society, (1944), c/o Faculty of Letters and Social Sciences, Department of Classics, University, Whiteknights, Reading RG6 2AA

Vocational Guidance Association, 16 Ulster Pl, Upper Harley St, London NW1

Wagner Society, 20 Bedford St, London WC2

Peter Warlock Society, (1963), 14 Barlby Rd, London W10

Water Research Association, Ferry Lane, Medmenham, Marlow, Bucks

Wedgwood Society, (1954), 166 Cottenham Park Rd, London SW20

Weed Research Organisation, Begbroke Hill, Kidlington, Oxford

Welding Institute, (1968), Abington Hall, Cambridge CB1 6AL

Wells Society, (1960), 125 Markyate Rd, Dagenham, Essex

Welsh Arts Council, Holst House, Museum Pl, Cardiff CF1 3NX

Welsh Association of Physical Education, Brynmawr Pl, Maesteg, Glam

Welsh Baptist Historical Society, Brynhir, Penglais Rd, Aberystwyth, Cards

Welsh Bibliographical Society, WBS, c/o National Library of Wales, Aberystwyth, Cards

Welsh Federation of Head Teachers' Associations, 970 Llangyfelach Rd, Tirdeunaw, Swansea

Welsh Secondary Schools Association, WJEC, (1896), c/o Ynysawdre Comprehensive School, Tondu, Bridgend, Glam

Welwyn Hall Research Association, WHRA, (1964), The Hall, Church St, Welwyn, Herts

Wesley Historical Society, WHS, (1893), The Manse, Saint Keverne, Helston, Cornwall

West Country Writers Association, WCWA, 5 Ryeworth Rd, Charlton Kings, Cheltenham, Glos

West Lothian County History Society, (1965), 10 Randolph Cliff, Edinburgh EH3 7UA

Wildlife Sound Recording Society, WSRS, (1968), Chadswell, Sandy Lane, Rushmoor, Tilford, Farnham, Surrey

Wiltshire Archaeological and Natural History Society, (1853), c/o Museum, Long St, Devizes

Wiltshire Record Society, (1937), Milestones, Hatchet Close, Hale, Hants

Wolverton and District Archaeological Society, (1955), 13 Vicarage Walk, Stony Stratford, Wolverton, Bucks

Wool Industries Research Association, WIRA, (1918), Torridon, Headingley Lane, Leeds 6

Woolhope Naturalists' Field Club, (1851), c/o City Library, Broad St, Hereford

Worcestershire Archaeological Society, (1854), 4 Orchard Rd, Malvern, Worcs

Worcestershire Historical Society, WHS, (1893), Longfield, Tenbury Wells, Worcs

Workers' Educational Association, WEA, (1903), 9 Upper Berkeley St, London W1H 8BY

Workers' Music Association, WMA, (1936), 236 Westbourne Park Rd, London W11

World Commission for Cerebral Palsy of the International Society for Rehabilitation of the Disabled, (1954), 12 Park Crescent, London W1N 4EQ

World Confederation for Physical Therapy, WCPT, (1951), 20-22 Mortimer St, London W1

World Education Fellowship, WEF, (1921), 55 Upper Stone St, Tunbridge Wells, Kent

World Federation for Mental Health, WFMH, (1948), c/o Royal Edinburgh Hospital, Morningside Park, Edinburgh EH10 5HF

World Federation of Neurology, (1955), c/o Institute of Neurology, Queen Sq, London WC1

World Federation of Occupational Therapists, WFOT, (1952), 29 Sherbrooke Av, Glasgow S1

World Federation of Scientific Workers, WFSW, (1946), 40 Goodge St, London W1P 1FH

World Psychiatric Association, (1961), c/o Maudsley Hospital, Denmark Hill, London SE5

World Union of Pythagorean Organizations, WUPO, (1964), 155 Moor Lane, Cranham, Essex

World Veterinary Poultry Association, WVPA, (1959), c/o Houghton Poultry Research Station, Houghton, Huntingdon

Writers' Guild of Great Britain, WGGB, 430 Edgware Rd, London W2

Yorkshire Archaeological Society, YAS, (1863), Claremont, Clarendon Rd, Leeds LS2 9NZ

Yorkshire Dialect Society, YDS, (1897), 14 Raglan Ave, Fell Lane, Keighley, Yorks

Yorkshire Geological Society, YGS, (1837), c/o Department of Earth Sciences, University, Leeds LS2 9JT

Yorkshire Philosophical Society, YPS, (1822), The Lodge, Museum Gardens, Yorks

Yr Academi Gymreig, (1959), 11 Steele Av, Caerfyrddin, Carms

Zoological Society of Glasgow and West of Scotland, c/o Calderpark Zoological Gardens, Uddington, Glasgow

Zoological Society of London, (1826), Regent's Park, London NW1 4RY

Zoological Society of Northern Ireland, 33 Saratoga Av, Newtownards, Down

Irische Republik
Irish Republic

Agricultural Science Association, 21 Upper Mount St, Dublin 2

Architectural Association of Ireland, AAI, (1897), 8 Merrion Sq, Dublin 2

Association of Irish Traditional Musicians, 273 Crumlin Rd, Dublin 12

Association of Ophthalmic Opticians of Ireland, 11 Harrington St, Dublin 8

Authors' Guild of Ireland, 1 Clare St, Dublin

Bibliographical Society of Ireland, (1918), c/o National Library of Ireland, Dublin

Book Association of Ireland, (1942), 21 Shaw St, Dublin 2

Celtic League, (1961), 9 Bóthar Cnoc Sion, Droimchonnrach

Church Education Society, (1839), 28 Bachelor's Walk, Dublin 1

Clódhanna Teoranta - Conradh na Gaeilge, (1893), 6 Sráid Fhearchair, Dublin

College Historical Society, (1770), c/o Trinity College, Dublin

Cork Historical and Archaeological Society, (1891), c/o Department of History, University College, Cork

Cumann na Meánhúinteoiri, Eire, ASTI, 11 Hume St, Dublin 2

Cumann na nGairm-Mhuinteoiri, 73 Orwell Rd, Rathgar, Dublin 6

Dental Board, 57 Merrion Sq, Dublin

Dublin Literary Society, Saint Andrew's Hotel, Exchequer St, Dublin

Dublin University Biological Association, (1874), c/o Trinity College, Dublin

Economic and Social Research Institute, (1960), 4 Burlington Rd, Dublin 4

Engineering and Scientific Association of Ireland, (1903), 21 Nutgrove Park, Clonskeagh, Dublin 14

European Dialysis and Transplant Association, EDTA, (1964), c/o Jervis St Hospital, Dublin 1

Federation of Irish Secondary Schools, 2 Wellington Rd, Ballsbridge, Dublin 4

Folklore of Ireland Society, (1926), 82 Saint Stephen's Green, Dublin

Friends of the National Collection of Ireland, (1924), 32 Lower Baggot St, Dublin 2

Genealogical Office, (1552), Castle, Dublin

Geographical Society of Ireland, (1934), c/o Geography Department, University College, Dublin 2

Honourable Society of King's Inns, (1542), Henrietta St, Dublin

Incorporated Law Society of Ireland, (1841), Solicitors' Buildings, Four Courts, Dublin 7

Institute of Chemistry of Ireland, (1950), 22 Clyde Rd, Ballsbridge, Dublin 4

Irish Academy of Letters, (1932), 16 Castlepark Rd, Sandycove, Dun Laoghaire

Irish Association for Documentation and Information Services, IADIS, c/o National Library, Kildare St, Dublin

Irish Astronomical Society, (1937), 90 Acorn Rd, Dublin 14

Irish Dental Association, IDA, (1922), 29 Kenilworth Sq, Dublin 6

Irish Faculty of Ophthalmology, (1957), 44 Fitzwilliam Sq, Dublin 2

Irish Federation of Musicians and Associated Professions, IFMAP, 63 Lower Gardiner St, Dublin 1

Irish Historical Society, (1936), Palmerston House, Broadstore, Dublin

Irish Manuscripts Commission, (1928), 73 Merrion Sq, Dublin 2

Irish Medical Association, IMA, (1936), 10 Fitzwilliam Pl, Dublin 2

Irish National Productivity Committee, INPC, (1963), 14 Saint Stephen's Green, Dublin 2

Irish National Teachers Organisation, INTO, 35 Parnell Sq, Dublin 1

Irish Psychoanalytical Association, (1940), 2 Belgrave Terrace, Monkstown, Dublin

Irish Society for Design and Craftwork, (1894), 112 Ranelagh, Dublin

Irish Society for Industrial Archaeology, (1967), c/o Royal Dublin Society, Ballsbridge, Dublin 4

Irish Society of Arts and Commerce, (1911), 55 Fairview Strand, Dublin

Irish Society of Medical and Psychiatric Social Workers, 20 Frederick St, Dublin 1

Irish Work Study Institute, IWSI, (1963), 14 Saint Stephen's Green, Dublin 2

Library Association of Ireland, (1928), 46 Grafton St, Dublin 2

Marketing Research Society of Ireland, (1963), 19 Upper Pembroke St, Dublin 2

Medical Registration Council, (1927), 20 Fitzwilliam Sq, Dublin

Medical Research Council of Ireland, (1937), 9 Clyde Rd, Dublin 4

Medical Union, 72 Northumberland Rd, Dublin 4

Military History Society of Ireland, (1949), 86 Saint Stephen's Green, Dublin 2

Music Association of Ireland, (1948), 11 Suffolk St, Dublin 2

National Development Association, (1967), 3 Saint Stephen's Green, Dublin 2

National Film Institute of Ireland, 65 Harcourt St, Dublin 2

Old Dublin Society, (1934), 58 South William St, Dublin 2

Operations Research Society of Ireland, ORSI, c/o Operations Research Unit, Bank of Ireland Group, Hume House, Ballsbridge, Dublin 4

Pharmaceutical Society of Ireland, (1875), 18 Shrewsbury Rd, Ballsbridge, Dublin

Photographic Society of Ireland, PSI, (1854), 11 Hume St, Dublin 2

Royal Academy of Medicine, (1882), 6 Kildare St, Dublin 2

Royal College of Physicians of Ireland, Kildare St, Dublin 2

Royal College of Surgeons in Ireland, RCSI, (1784), 123 Saint Stephen's Green, Dublin 2

Royal Dublin Society, (1731), Ballsbridge, Dublin

Royal Hibernian Academy of Painting, Sculpture and Architecture, (1823), 15 Ely Pl, Dublin 2

Royal Horticultural Society of Ireland, (1830), 16 Saint Stephen's Green, Dublin 2

Royal Irish Academy, RIA, (1786), 19 Dawson St, Dublin 2

Royal Irish Academy of Music, RIAM, (1856), 36-38 Westland Row, Dublin 2

Royal Society of Antiquaries of Ireland, RSAI, (1849), 63 Merrion Sq, Dublin 2

Royal Zoological Society of Ireland, (1830), Phoenix Park, Dublin 8

Statistical and Social Inquiry Society of Ireland, SSISI, (1847), c/o Central Statistics Office, Earlsfort Terrace, Dublin 2

Theosophical Society in Ireland, (1919), 31 Pembroke Rd, Dublin 4

University College Literary and Historical Society, (1855), c/o University College, Earlsfort Terrace, Dublin

University Philosophical Society, (1853), c/o Trinity College, Dublin 2

Veterinary Council, (1931), 53 Lansdowne Rd, Dublin 4

Island

Iceland

Association of Icelandic Librarians, (1960), c/o National Library of Iceland, Reykjavík

Bandalag Islenzkra Listamanna, POB 629, Reykjavík

Bokavardafélag Islands, c/o Landsbókasafn Islands, Reykjavík

Búnadarfélag Islands, (1899), Baendahöllinni, Reykjavík

Félag Islenzkra Röntgenlækna, Hvassaleiti 135, Reykjavík

Félag Islenzkra Tónlistarmanna, POB 629, Reykjavík

Félag Menntaskalakennara, FM, c/o G. Norland, Nesvegi 17, Reykjavík

Hagstofa Islands, (1914), Reykjavík

Icelandic Surgical Association, c/o Dr. G. Jóhannesson, Landspitalinn, Reykjavík

Islenzka Bókmenntafélag, Hid, (1816), Reykjavík

Islenzka Fornleifafélag, Hid, (1879), Reykjavík

Islenzka Náttúrufrædifélag, Hid, (1889), POB 846, Reykjavík

Jöklarannsóknafélag Islands, (1951), POB 884, Reykjavík

Læknafélag Islands, (1918), Egilsgötu 3, Reykjavík

Menntamalarád, (1928), POB 1398, Reykjavík

Rannsóknarád Riksins, (1965), c/o Atvinnudeild Háskólans, Reykjavík

Rithöfundasamband Islands, Gardastræti 41, Reykjavík

Samband Islenzkra Barnakennara, (1921), Pósthólf 616, Reykjavík

Sandgraedsla Rikisins, Funnarsholti, Rangárvallasýslu

Scandinavian Society of Forensic Medecine, (1961), c/o Patologisk Institut, Universitetet, Reykjavík

Sögufélagid, (1902), c/o Isafold, Reykjavík

Söngkennarafélag Islands, c/o H. Flosason, Bústadavegi 75, Reykjavík

Surtseyjarfélagid, (1965), POB 352, Reykjavík

Tannlæknafélag Islands, (1927), POB 788, Reykjavík

Tónlistarfélagid, (1930), Gardastræti 17, Reykjavík

Tónskáldafélag Islands, Laufasvegi 40, Reykjavík

Visindafélag Islendinga, (1918), c/o University of Iceland, Reykjavík

Italien

Italy

Academia Española de Bellas Artes en Roma, Piazza S. Pietro in Montorio 3, I-00153 Roma

Académie de France à Rome, (1666), Viale Trinità dei Monti 1, I-00187 Roma

Accademia Albertina di Belle Arti e Liceo Artistico, (1652), Via Accademia Albertina 6, I-10123 Torino

Accademia Americana, (1849), Via Angelo Masina 5, I-00153 Roma

Accademia Belgica, Via Omero 8, I-00197 Roma

Accademia dei Filedoni, (1816), Piazza Italia 2, I-06100 Perugia

Accademia della Crusca, (1582), Piazza dei Giudici 1, I-50122 Firenze

Accademia delle Scienze, (1757), Via Maria Vittoria 3, I-10123 Torino

Accademia delle Scienze dell' Istituto di Bologna, (1711), Via Zamboni 31, I-40126 Bologna

Accademia delle Scienze di Ferrara, (1823), Via Scienze 17, I-44100 Ferrara

Accademia delle Scienze Mediche in Palermo, (1889), c/o Policlinico, Via Filiciuzza 35, I-90127 Palermo

Accademia di Agricoltura di Torino, (1785), Via Andrea Doria 10, I-10123 Torino

Accademia di Belle Arti, (1801), Via Ricasoli 66, I-50122 Firenze

Accademia di Belle Arti, (1776), Via Brera 28, I-20121 Milano

Accademia di Belle Arti, (1546), Piazza S. Francesco 5, I-06100 Perugia

Accademia di Belle Arti, (1827), Via Baccarini 1, I-48100 Ravenna

Accademia di Belle Arti e Liceo Artistico, Via Belle Arti 54, I-40126 Bologna

Accademia di Belle Arti e Liceo Artistico, Piazza dell' Accademia 1, I-54033 Carrara

Accademia di Belle Arti e Liceo Artistico, Via Lombardia 7, I-73100 Lecce

Accademia di Belle Arti e Liceo Artistico, (1838), Via Bellini 36, I-80135 Napoli

Accademia di Belle Arti e Liceo Artistico, Via Papireto 20, I-90134 Palermo

Accademia di Belle Arti e Liceo Artistico, Via Ripetta 222, I-00186 Roma

Accademia di Belle Arti e Liceo Artistico, (1750), Dorsoduro 1050, I-30123 Venezia

Accademia di Danimarca, (1956), Via Omero 18, I-00197 Roma

Accademia di Francia, (1666), Viale Trinità dei Monti 1-2, I-00187 Roma

Accademia di Medicina di Torino, (1946), Via Po 18, I-10123 Torino

Accademia di Scienze, Lettere ed Arti, Via Emerico Amari 162, I-90139 Palermo

Accademia Economico-Agraria dei Georgofili, (1753), Loggiato degli Uffizi, I-50122 Firenze

Accademia Etrusca, Palazzo Casali, Piazza Signorelli, I-52044 Cortona

Accademia Filarmonica Romana, (1821), Via Flaminia 118, I-00196 Roma

Accademia Gioenia di Scienze Naturali, (1824), Corso Italia 55, I-95129 Catania

Accademia Italiana di Scienze Biologiche e Morali, Piazza Venezia 5, I-00187 Roma

Accademia Italiana di Scienze Forestali, (1952), Piazza Edison 11, I-50133 Firenze

Accademia Ligure di Scienze e Lettere, (1890), Via Balbi 10, I-16126 Genova

Accademia Medica di Roma, (1876), c/o Policlinico Umberto I, I-00100 Roma

Accademia Musicale Chigiana, (1932), Via di Città 89, I-53100 Siena

Accademia Nazionale dei Lincei, (1603), Via della Lungara 10, I-00165 Roma

Accademia Nazionale dei Quaranta, (1782), Via del Castro Laurenziano 15, I-00161 Roma

Accademia Nazionale dei Sartori, Via Due Macelli 73, I-00187 Roma

Accademia Nazionale di Agricoltura, (1807), Via Farini 14, I-40124 Bologna

Accademia Nazionale di Arte Drammatica "Silvio d'Amico", (1935), Via Quattro Fontane 20, I-00184 Roma

Accademia Nazionale di Danza, (1948), Largo Arrigo VII 5, I-00153 Roma

Accademia Nazionale di Marina Mercantile, (1945), Via Garibaldi 4, I-16124 Genova

Accademia Nazionale di San Luca, Piazza dell' Accademia di San Luca 77, I-00187 Roma

Accademia Nazionale di Santa Cecilia, (1566), Via Vittoria 6, I-00187 Roma

Accademia Nazionale di Scienze, Lettere ed Arti, (1680), Corso Vittorio Emanuele II 59, I-41100 Modena

Accademia Spoletina, (1477), Palazzo Mauri, Via Brignone, I-06049 Spoleto

Accademia Tedesca, Largo di Villa Massimo 1-2, I-00161 Roma

Accademia Tiberina, (1813), Via del Vantaggio 22, I-00186 Roma

Accademia Toscana di Scienze e Lettere la Colombaria, (1735), Via S. Egidio 21, I-50100 Firenze

Accademia Virgiliana di Scienze, Lettere ed Arti di Mantova, (1562), Via Accademia 47, I-46100 Mantova

Association des Dermatologistes et Syphiligraphes de Langue Française, c/o Clinica Dermatologica dell' Università, Via Cherasco 23, I-10126 Torino

Association des Diétéciennes de Langue Française, Via Dandini 5, I-00154 Roma

Associazione Anestesisti Rianimatori Ospedalieri Italiani, AAROI, (1956), Via A. Poliziano 69, I-00184 Roma

Associazione Archaeologica Romana, (1902), Vicolo del Governo Vecchio 8, I-00186 Roma

Associazione Dietetica Italiana, ADI, Via dei Penitenzieri 13, I-00193 Roma

Associazione Elettrotecnica ed Elettronica Italiana, AEI, (1896), Via Monza 259, I-20126 Milano

Associazione Forense Italiana, Palazzo Giustizia, Piazza Cavour, I-00193 Roma

Associazione Forestale Italiana, Via Salaria 30, I-00198 Roma

Associazione Geofisica Italiana, (1942), c/o Istituto Fisica Atmosfera, Piazzale Luigi Sturzo 31, I-00144 Roma

Associazione Internazionale di Archeologia Classica, AIAC, (1945), Piazza S. Marco 49, I-00186 Roma

Associazione Internazionale Filosofia, Arti e Scienze, (1957), Via Oberdan 15, I-40126 Bologna

Associazione Internazionale per gli Studi Lingua e Letterature Italiane, I-35100 Padova

Associazione Italiana Biblioteche, AIB, (1930), c/o Soprintendenza Bibliografica per il Lazio e l'Umbria, Piazza Sonnino 5, I-00187 Roma

Associazione Italiana di Diritto Marittimo, Via Po 1, I-00198 Roma

Associazione Italiana di Medicina Aeronautica e Spaziale, Via Piero Gobetti 2a, I-00185 Roma

Associazione Italiana di Ricerca Operativa, AIRO, (1961), c/o Italsider, Via Ilva 3, I-16128 Genova

Associazione Italiana di Scienze Sociali, c/o Istituto Nazionale di Psicologia del CNR, Piazzale delle Scienze 7, I-00185 Roma

Associazione Italiana di Studio del Lavoro, Piazza del Libertà 4, I-20121 Milano

Associazione Italiana Documentazione e Informazione, (1966), Piazza Indipendenza 11b, I-00185 Roma

Associazione Italiana per gli Studi di Mercato, AISM, (1954), Via Piemonte 26, I-00187 Roma

Associazione Italiana per le Scienze Astronautiche, (1952), Via Borghesano Lucchese 24, I-00146 Roma

Associazione Medici Dentisti Italiani, Società Italiana di Stomatologia, AMDI, SIS, Via Savoia 78, I-00198 Roma

Associazione Nazionale Archivistica Italiana, ANAI, (1948), Via Metastasio 39, I-00186 Roma

Associazione Nazionale dei Musei Italiani, Piazza S. Marco 49, I-00186 Roma

Associazione Nazionale di Ingegneria Nucleare, Piazza Sallustio 24, I-00187 Roma

Associazione Nazionale Esercenti Teatri, ANET, Via Villa Patrizi 10, I-00161 Roma

Associazione Nazionale Imprese Teatrali, ANIT, Via del Traforo 146, I-00187 Roma

Associazione Nazionale Insegnanti Tecnico Pratici e di Applicazioni Tecniche, Via Biella 1a, I-00182 Roma

Associazione Nazionale Italiana per l'Automazione, ANIPLA, Piazza Belgioioso 1, I-20121 Milano

Associazione Nazionale Professori Universitari di Ruolo, c/o Istituto di Statistica, Piazzale delle Scienze, I-00185 Roma

Associazione Nazionale Professori Universitari Incaricati, Via Medaglie d'Oro 48, I-41100 Modena

Bureau of Information and Research on Student Health, BIRSH, (1965), Via Reno 30, I-00198 Roma

Cenacolo Triestino, Piazzo della Borsa 14, I-34121 Trieste

Centro di Studi di Patologia Molecolare Applicata alla Clinica, (1969), Via Pace 15, I-20122 Milano

Centro di Studi e Ricerche di Medicina Aeronautica e Spaziale dell' Aeronautica Militare, (1951), Via Piero Gobetti 2a, I-00185 Roma

Centro di Studi Svedesi, Via Monserrato 54, I-00186 Roma

Centro Didattico Nazionale di Studi e Documentazione, (1943), Via Buonarroti 10, I-50122 Firenze

Centro Internazionale delle Arti e del Costume, (1951), Via Montebello 27, I-20121 Milano

Centro Internazionale di Studi di Architettura "Andrea Palladio", (1959), Corso Fogazzaro 16, I-36100 Vicenza

Centro Internazionale di Studi e Documentazione sulle Comunità Europea, (1958), Via del Mercanti 2, I-20121 Milano

Centro Italiano Studi Containers, (1967), Via Garibaldi 4, I-16124 Genova

Comitato Elettrotecnico Italiano, CEI, Via S. Paolo 10, I-20121 Milano

Comitato Glaciologico Italiano, (1913), Palazzo Carignano, I-10123 Torino

Comitato Italiano per lo Studio dei Problemi della Popolazione, (1928), Via Nomentana 41, I-00161 Roma

Comitato Permanente dei Medici della CEE, Piazza Cola di Rienzo 80a, I-00192 Roma

Comitato Termotecnico Italiano, CTI, (1950), c/o Istituto di Fisica Tecnica, Politecnico, I-10100 Torino

Committee on Science and Technology in Developing Countries, (1966), Via Cornelio Celso 7, I-00161 Roma

Congrès International de Médecine Légale et de Médecine Sociale de Langue Française, Via de Toni 12, I-16132 Genova

Consiglio Nazionale delle Ricerche, CNR, (1923), Piazzale delle Scienze 7, I-00185 Roma

Consiglio Superiore delle Antichità e Belle Arti, c/o Ministero della Pubblica Istruzione, Piazza del Popolo 18, I-00187 Roma

Deutsches Archäologisches Institut, (1829), Via Sardegna 79, I-00187 Roma

Ente Nazionale Italiano di Unificazione, UNI, (1921), Piazza Diaz 2, I-20123 Milano

Erbario Nazionale Italiano, Via Lamarmora 4, I-50121 Firenze

European Association of Veterinary Anatomists, (1963), Piazza Carissimi 10, I-43100 Parma

European Atomic Energy Society, EAES, (1954), c/o Comitato Nazionale per l'Energia Nuclear, Via Belisario 15, I-00187 Roma

European Commission for the Control of Foot-and-Mouth Disease, (1954), c/o FAO, Viale delle Terme di Caracalla, I-00153 Roma

European Community of Writers, (1960), Via dei Sansovino 6, I-00196 Roma

European Society of Pathology, (1964), c/o Istituto di Anatomia Patologica dell' Università, Via Francesco Sforza 38, I-20122 Milano

European Standards of Nuclear Electronics Committee, (1960), c/o Centro Comune di Ricerca, I-21020 Ispra

Federazione Europea di Zootecnica, (1949), Corso Trieste 67, I-00198 Roma

Federazione Nazionale degli Ordini dei Medici, FNOOMM, (1946), Piazza Cola di Rienzo 80a, I-00192 Roma

Federazione Nazionale degli Ordini dei Veterinari Italiani, FNOVI, I-00187 Roma

Gruppo Italiano di Storia della Scienza, Largo E. Fermi 6, I-50125 Firenze

Herbarium Universitatis Florentinae, (1842), Via Lamarmora 4, I-50121 Firenze

Instituto Español de Lengua y Literatura, Via della Rotonda 26, I-00186 Roma

International Centre for Advanced Technical and Vocational Training, Corso Unità d'Italia 140, I-10127 Torino

International Centre for the Study of the Preservation and the Restoration of Cultural Property, (1958), Via Cavour 256, I-00184 Roma

International Committee for the Promotion of Educational and Cultural Activities in Africa, Via Po 102, I-00198 Roma

International Council of Scientific Unions, ICSU, Via C. Celso 7, I-00161 Roma

International Juridical Organization for Developing Countries, IJO, (1964), Via Barberini 3, I-00187 Roma

International League of Esperantist Teachers, (1949), Via Palestro 36, I-54100 Massa

International Poplar Commission, IPC, (1947), c/o FAO Forest Resources Division, Viale delle Terme di Caracalla, I-00153 Roma

International Research Centre for Peace, c/o Dr. Ing. A. Perretti, Villa Perretti, I-25015 Desenzano del Garda

International Society for Biochemical Pharmacology, ISBP, (1963), Via A. del Sarto 21, I-20129 Milano

International Society for Neurochemistry, ISN, Via A. del Sarto 21, I-20129 Milano

International Society for Photogrammetry, ISP, c/o Istituto di Geodesia del Politecnico, Piazza Leonardo da Vinci 32, I-20133 Milano

International Society for the Study of Diseases of the Colon and Rectum, (1961), Via S. Raffaele 3, I-20121 Milano

International Society of Cybernetic Medicine, (1958), Via Roma 348, I-80134 Napoli

International Society of Medical Hydrology, ISMH, (1921), Via Rovereto 11, I-00198 Roma

International Sociological Association, ISA, (1949), Via Daverio 7, I-20122 Milano

International Speleological Congresses, (1953), c/o Università, Palazzo Ateneo, I-70100 Bari

International Stomatological Association, Via Savoia 78, I-00198 Roma

International Union of Professors and Lecturers in Technical and Scientific Universities and in Post-Graduate Institutes for Technical and Scientific Studies, (1963), Via L. Anelli 10, I-20122 Milano

Istituto Agronomico per l'Oltremare, (1904), Via Antonio Cocchi 4, I-50131 Firenze

Istituto Biochimico Italiano, (1918), Via Brembo 59, I-20139 Milano

Istituto Centrale di Statistica, (1926), Via Cesare Balbo 16, I-00184 Roma

Istituto di Diritto Internazionale, Via S. Marco 3, I-00186 Roma

Istituto di Diritto Romano e dei Diritti dell'Oriente Mediterraneo, (1937), c/o Facoltà di Giurisprudenza, Città Universitaria, I-00100 Roma

Istituto di Economia Politica, c/o Palazzo Universitario, Aquila, I-00186 Roma

Istituto di Genealogia e Araldica, (1963), Via Antonio Cerasi 5a, I-00152 Roma

Istituto di Norvegia in Roma di Archeologia e Storia dell'Arte, (1962), Viale XXX Aprile 33, I-00153 Roma

Istituto di Patologia del Libro, (1938), Via Milano 76, I-00184 Roma

Istituto di Studi Adriatici, Riva 7 Martiri 1364a, I-30122 Venezia

Istituto di Studi e Ricerche "Carlo Cattaneo", (1956), Via S. Stefano 6, I-40100 Bologna

Istituto di Studi Etruschi ed Italici, (1926), Via della Pergola 65, I-50121 Firenze

Istituto di Studi Europei "Alcide d Gasperi", (1955), Viale Pola 12, I-00198 Roma

Istituto di Studi Nucleari per l'Agricoltura, ISNA, (1959), Via IV Novembre 152, I-00187 Roma

Istituto di Studi sul Lavoro, (1926), Palazzo della Civiltà del Lavoro, Quadrato della Concordia, I-00144 Roma

Istituto di Studi Verdiani, (1960), Strada della Repubblica 57, I-43100 Parma

Istituto Elettrotecnico Nazionale "Galileo Ferraris", (1935), Corso Massimo d'Azeglio 42, I-10125 Torino

Istituto Ellenico di Studi Bizantini e Postbizantini di Venezia, (1951), Castello 3412, I-30122 Venezia

Istituto Geografico Militare, (1872), Via C. Battisti 10, I-50122 Firenze

Istituto Giangiacomo Feltrinelli, (1949), Via Romagnosi 3, I-20121 Milano

Istituto Idrografico della Marina, (1875), Passo all'Osservatorio 4, I-16100 Genova

Istituto Internazionale di Studi Liguri, IISL, (1947), Via Romana 17a, I-18012 Bordighera

Istituto Internazionale per l'Unificazione del Diritto Privato, (1926), Via Panisperna 28, I-00184 Roma

Istituto Italiano degli Attuari, (1929), Via del Cor 3, I-00186 Roma

Istituto Italiano del Marchio di Qualità, Via Zama 40, I-20138 Milano

Istituto Italiano della Saldatura, (1948), Viale Sauli 39, I-16121 Genova

Istituto Italiano di Antropologia, (1893), Città Universitaria, I-00100 Roma

Istituto Italiano di Arti Grafiche, Via S. Lazzaro 1, I-24100 Bergamo

Istituto Italiano di Diritto Spaziale, (1962), Via Giulia 251, I-00186 Roma

Istituto Italiano di Idrobiologia "Marco de Marchi", (1938), I-28048 Verbania Pallanza

Istituto Italiano di Numismatica, (1936), Via Quattro Fontane 13, I-00184 Roma

Istituto Italiano di Paleontologia Umana, (1913), Piazza Mincio 2, I-00198 Roma

Istituto Italiano di Storia della Chimica, Via G. B. Morgagni 32, I-00161 Roma

Istituto Italiano di Studi Germanici, (1932), Via Calandrelli 25, I-00153 Roma

Istituto Italiano per il Medio e l'Estremo Oriente, ISMEO, (1933), Via Merulana 248, I-00185 Roma

Istituto Italiano per la Storia Antica, (1935), Via Milano 76, I-00184 Roma

Istituto Italiano per la Storia della Musica, c/o Accademia di Santa Cecilia, Via Vittoria 6, I-00187 Roma

Istituto Italiano per l'Africa, Via U. Aldrovandi 16, I-00197 Roma

Istituto Juridico Español en Roma, (1953), Via di Villa Albani 16, I-00198 Roma

Istituto Lombardo Accademia di Scienze e Lettere, (1797), Via Brera 28, I-20121 Milano

Istituto Nazionale di Alta Matematica, (1939), Città Universitaria, I-00100 Roma

Istituto Nazionale di Archeologia e Storia dell'Arte, (1922), Piazza S. Marco 49, I-00186 Roma

Istituto Nazionale di Architettura, IN-ARCH, (1959), Via di Monte Giordano 36, I-00186 Roma

Istituto Nazionale di Entomologia, (1940), Via Catone 34, I-00192 Roma

Istituto Nazionale di Geofisica, Città Universitaria, I-00100 Roma

Istituto Nazionale di Ottica, (1927), Largo Enrico Fermi 6, I-50125 Firenze

Istituto Nazionale di Urbanistica, INU, (1930), Via S. Caterina da Siena 46, I-00186 Roma

Istituto Papirologico "Girolamo Vitelli", (1908), Via degli Alfani 46-48, I-50121 Firenze

Istituto per gli Studi di Politica Internazionale, (1934), Via Clerici 5, I-20121 Milano

Istituto per il Rinnovamento Economico, I.R.E., (1924), Via Firenze 38, I-00184 Roma

Istituto per la Storia del Risorgimento Italiano, (1935), Vittoriano, I-00100 Roma

Istituto per l'Economia Europea, (1960), Via V. Bellini 22, I-00198 Roma

Istituto per l'Oriente, (1921), Via Alberto Caroncini 19, I-00197 Roma

Istituto Sieroterapico Milanese, (1896), Via Darwin 20, I-20143 Milano

Istituto Storico Germanico, (1888), Corso Vittorio Emanuele II 209, I-00186 Roma

Istituto Storico Italiano per il Medio Evo, (1883), Piazza dell'Orologio 4, I-00186 Roma

Istituto Storico Italiano per l'Età Moderna e Contemporanea, Via Michelangelo Caetani 32, I-00186 Roma

Istituto Storico Olandese, (1904), Via Omero 10-12, I-00197 Roma

Istituto Superiore di Scienze e Tecniche dell'Opinione Pubblica, (1944), Viale Pola 12, I-00198 Roma

Istituto Superiore di Scienze Storiche "Ludovico Muratori", Via Pallone 9, I-37100 Verona

Istituto Svedese di Studi Classici, (1926), Via Omero 14, I-00197 Roma

Istituto Universitario Olandese di Storia dell'Arte, (1955), Viale Torricelli 5, I-50125 Firenze

Istituto Universitario Orientale, (1888), Piazza S. Giovanni Maggiore 30, I-80134 Napoli

Istituto Veneto di Scienze, Lettere ed Arti, (1838), Campo S. Stefano 2945, I-30124 Venezia

Italia Nostra - Associazione Nazionale per la Tutela del Patrimonio Storico Artistico e Naturale della Nazione, (1955), Corso Vittorio Emanuele 287, I-00186 Roma

Keats-Shelley Memorial Association, (1909), Piazza di Spagna 26, I-00187 Roma

Kunsthistorisches Institut, (1897), Via Giuseppe Giusti 44, I-50121 Firenze

Organizzazione Internazionale per lo Studio della Fatica delle Funi, (1963), Corso Duca degli Abruzzi 24, I-10100 Torino

P.E.N. International Centre, Via M. Clementi 64, I-00193 Roma

Permanent Commission and International Association on Occupational Health, (1906), c/o Clinica del Lavoro, Via S. Barnaba 8, I-20122 Milano

Polska Akademia Nauk, (1886), Vicolo Doria 2, I-00187 Roma

Scuola Spagnola di Storia e Archeologia, (1910), Via di Villa Albani 16, I-00198 Roma

Servizio Geologico d'Italia, (1869), Largo S. Susanna 13, I-00187 Roma

Servizio Studi e Rilevazioni, Piazzale delle Scienze 7, I-00185 Roma

Sindacato Autonomo Scuola Media Italiana, SASMI, Viale Trastevere 60, I-00153 Roma

Sindacato Musicisti Italiani, SMI, (1954), Via di Villa Albani 8, I-00197 Roma

Sindacato Nazionale Autonomo Scuola Elementare, SNASE, (1951), Via del Tritone 46, I-00187 Roma

Sindacato Nazionale Autori Drammatici, SNAD, (1948), Via dei Baullari 4, I-00186 Roma

Sindacato Nazionale Istruzione Artistica, SNIA, Via Conte Verde 51, I-00185 Roma

Sindacato Nazionale Scrittori, (1948), Via dei Sansovino 6, I-00196 Roma

Sindacato Nazionale Scuola Media, Via Lucullo 6, I-00187 Roma

Società Adriatica di Scienze, (1874), Piazza G. Verdi 1, I-34121 Trieste

Società Astronomica Italiana, (1920), Via Brere 28, I-20121 Milano

Società Botanica Italiana, (1888), Via Lamarmora 4, I-50121 Firenze

Società Chimica Italiana, (1919), Viale Liegi 48, I-00198 Roma

Società Dante Alighieri, (1889), Piazza Firenze 27, I-00186 Roma

Società Dantesca Italiana, (1888), Via dell'Arte della Lana 1, I-50123 Firenze

Società di Etnografia Italiana, (1911), Via Tacito 50, I-00193 Roma

Società di Letture e Conversazioni Scientifiche, (1866), Piazza Fontane Marose 6, I-16123 Genova

Società di Minerva, (1810), Piazza Hortis 4, I-34123 Trieste

Società di Studi Geografici, (1895), Via Laura 48, I-50121 Firenze

Società Entomologica Italiana, (1869), c/o Museo Civico di Storia Naturale, Via Brigata Liguria 9, I-16121 Genova

Società Filologica Romana, (1901), Città Universitaria, I-00100 Roma

Società Geografica Italiana, (1867), Via della Navicella 12, I-00184 Roma

Società Geologica Italiana, (1881), Città Universitaria, I-00100 Roma

Società Incoraggiamento Arti e Mestieri, (1843), Via S. Maria 18, I-20123 Milano

Società Internazionale di Psicologia della Scrittura, SIPS, (1961), Corso XXII Marzo 57, I-20129 Milano

Società Italiana Autori Drammatici, SIAD, (1944), Via del Sudario 44, I-00186 Roma

Società Italiana degli Economisti, (1950), Via Garribaldi 4, I-16124 Genova

Società Italiana delle Scienze Veterinarie, (1947), Viale Filopanti 9, I-40126 Bologna

Società Italiana di Anestesiologia e Rianimazione, Corso Bramante 83-85, I-10126 Torino

Società Italiana di Cancerologia, Via L. Armanni 5, I-80138 Napoli

Società Italiana di Cardiologia, c/o Policlinico, I-00185 Roma

Società Italiana di Chirurgia, c/o Clinica Chirurgica B, Policlinico, I-00185 Roma

Società Italiana di Dermatologia e Sifilografia, (1886), Via Gaeta 79, I-00185 Roma

Società Italiana di Economia Agraria, (1862), Piazzale Cascine 18, I-50144 Firenze

Società Italiana di Economia Demografia e Statistica, Largo Corrado Ricci 44, I-00184 Roma

Società Italiana di Epatologia, Via Cossiodoro 19, I-00193 Roma

Società Italiana di Ergonomia, Viale Regina Margherita, I-00198 Roma

Società Italiana di Fisica, Via L. degli Andalò 2, I-40124 Bologna

Società Italiana di Medicina del Lavoro, (1906), Via S. Barnaba 8, I-20122 Milano

Società Italiana di Medicina del Traffico, (1958), c/o Istituto di Clinica Ortopedica e Traumatologica dell'Università, Piazzale delle Scienze, I-00185 Roma

Società Italiana di Medicina Fisica e Riabilitazione, c/o Prof. D. Fiandesio, Corso Lamarmora, I-15100 Allessandria

Società Italiana di Medicina Interna, (1888), c/o Clinica Medica, Policlinico Umberto I, I-00185 Roma

Società Italiana di Medicina Legale e delle Assicurazioni, Viale dell'Università 32, I-00185 Roma

Società Italiana di Medicina Sociale, c/o Clinica Ostetreica Ginecologica dell'Università, Policlinico Umberto I, I-00185 Roma

Società Italiana di Musicologia, (1963), Via del Conservatorio 2, I-43100 Parma

Società Italiana di Neurologia, Viale Università 30, I-00185 Roma

Società Italiana di Neuroradiologia, Via Gen. Orsini 40, I-80132 Napoli

Società Italiana di Odontostomatologia e Chirurgia Maxillo-Facciale, (1957), c/o Clinica Odontostomatologica, Corso Polonia 2, I-10126 Torino

Società Italiana di Ortopedia e Traumatologia, SIOT, (1906), c/o Clinica Ortopedica, Piazzale delle Scienze 5, I-00185 Roma

Società Italiana di Ostetricia e Ginecologia, SIOG, (1892), c/o Policlinico Umberto I, I-00185 Roma

Società Italiana di Parapsicologia, (1937), Via di Montecatini 7, I-00186 Roma

Società Italiana di Pediatria, c/o Clinica Pediatrica, Policlinico Umberto I, I-00185 Roma

Società Italiana di Psichiatria, SIP, Via Sabrata 12, I-00198 Roma

Società Italiana di Radiologia Medica e Medicina Nucleare, SIRMN, (1913), c/o Istituto di Radiologia dell'Università, Via Genova 3, I-10126 Torino

Società Italiana di Reumatologia, Via G. Pini 3, I-20122 Milano

Società Italiana di Scienze Farmaceutiche, (1953), Via Giorgio Jan 18, I-20129 Milano

Società Italiana di Scienze Naturali, (1857), c/o Civico Museo di Storia Naturale, Corso Venezia 55, I-20121 Milano

Società Italiana di Sociologia, (1937), Piazza delle Scienze 5, I-00185 Roma

Società Italiana di Statistica, SIS, (1939), c/o Facoltà di Scienze Statistiche dell'Università, Via Nomentana 41, I-00161 Roma

Società Italiana di Stomatologia, Via Savoia 78, I-00198 Roma

Società Italiana di Urologia, (1922), Via Giuseppe Vasi 18, I-00162 Roma

Società Italiana Musica Contemporanea, Via Arno 47, I-00198 Roma

Società Italiana per gli Studi Filosofici e Religiosi, c/o Università Cattolica del Sacro Cuore, Piazza S. Ambrogio 9, I-20123 Milano

Società Italiana per il Progresso delle Scienze, (1839), Via C. Celso 7, I-00161 Roma

Società Italiana per l'Organizzazione Internazionale, SIOI, (1944), Via S. Marco 3, I-00186 Roma

Società Letteraria, (1808), Piazzetta Scalette Rubiani 1, I-37100 Verona

Società Medico-Chirurgica, Piazza Galvani 1, I-40124 Bologna

Società Napoletana di Storia Patria, (1876), Piazza Municipio Maschio Angioino, I-80133 Napoli

Società Nazionale di Scienze, Lettere ed Arti, Ex Società Reale, Via Mezzacannone 8, I-80134 Napoli

Società Oftalmologica Italiana, Piazzale degli Eroi 11, I-00136 Roma

Società Ricerche Impianti Nucleari, SORIN, I-13100 Vercelli

Società Romana di Storia Patria, (1876), Piazza della Chiesa Nuova 18, I-00186 Roma

Società Storica Lombarda, (1874), Via Morone 1, I-20121 Milano

Società Toscana di Scienze Naturali, (1847), Via S. Maria 53, I-56100 Pisa

Ufficio Centrale di Ecologia Agraria e difesa delle Piante coltivate dalle Avversita Meteoriche, Via del Caravita 7a, I-00186 Roma

Union Mondiale des Enseignants Catholiques, UMEC, Via della Conziliazione 3, I-00193 Roma

Unione Cattolica Italiana Insegnanti Medi, UCIIM, (1944), Via Crescenzio 25, I-00193 Roma

Unione Nazionale Chinesiologi, UNC, (1961), Corso do Buenos Ayres 1, I-20124 Milano

Unione Sindacale Artisti Italiani Belle Arti, Via Lucullo 6, I-00187 Roma

Universal Medical Assistance International Centre, UMA, POB 22, I-40100 Bologna

World Association of Anatomic and Clinical Pathology Societies, (1947), Via L. Magalotti 15, I-00197 Roma

World Union of Catholic Teachers, WUCT, (1910), Via della Conciliazione 3, I-00193 Roma

Jugoslawien

Yugoslavia

Association of Jurists of the S. R. of Serbia, YU-11000 Beograd

Association of Library Societies, POB 259, YU-61001 Ljubljana

Association of Mathematicians, Physicists and Astronomers of Slovenia, (1949), POB 227, YU-61000 Ljubljana

Association of the Librarians' Societies of the F.S.R. of Yugoslavia, Terazije 26, YU-11000 Beograd

Association of the Mathematicians' and Physicists' Societies of the F.S.R. of Yugoslavia, YU-11000 Beograd

Association of the Physicians' Societies of the F.S.R. of Yugoslavia, YU-11000 Beograd

Biological Society of Serbia, (1947), Nemanjina 26, YU-11000 Beograd

Croatian Numismatic Society, (1928), Gundulićeva 14, YU-41000 Zagreb

Croatian Society, (1842), Matičina 2, YU-41000 Zagreb

Croatian Society of Natural Sciences, (1885), Ilica 16, YU-41000 Zagreb

Economists' Society of the S. R. of Croatia, YU-41000 Zagreb

Economists' Society of the S. R. of Serbia, (1944), POB 490, YU-11000 Beograd

Fédération des Sociétés Dentaires Yougoslaves, Mosé Pijade 12, YU-11000 Beograd

Federation of Forestry Societies of Yugoslavia, POB 648, YU-11000 Beograd

Federation of Museums Associations, Vuka Karaclžića 18, YU-11000 Beograd

Geographical Society of Croatia, (1947), Marulićev trg 19, YU-41000 Zagreb

Geographical Society of Slovenia, (1922), Aškerčeva 12, YU-61000 Ljubljana

Geographical Society of the S. R. of Bosnia and Herzegovina, YU-71000 Sarajevo

Geographical Society of the S. R. of Macedonia, (1949), c/o Geographical Institute, YU-91000 Skopje

Historical Society of the S. R. of Bosnia and Herzegovina, YU-71000 Sarajevo

Historical Society of the S. R. of Montenegro, YU-81250 Cetinje

Historical Society of the S. R. of Serbia, YU-11000 Beograd

Institute for the Exploration of Karst, (1947), YU-66230 Postojna

Institute for the Officialization of Esperanto, (1965), Matije Gupca 27, YU-11080 Zemun

International Esperantist Scientific Association, (1906), Ognjena Price 80, YU-11000 Beograd

International Federation of Modern Language Teachers, (1931), Generala Zivka Pavlovica 1, YU-11000 Beograd

International Geographical Association, (1955), Pop Lukina 1, YU-11000 Beograd

Jugoslavenska Akademija Znanosti i Umjetnosti, (1867), Zrinski 11, YU-41000 Zagreb

Jugoslovenski Zavod za Standardizaciju, Cara Uroša 54, YU-11000 Beograd

Jugoslovensko Udruženje Psihologa, Takovska 34, YU-11000 Beograd

League of Jurists' Associations of the S. R. of Croatia, YU-41000 Zagreb

Librarians' Society of Macedonia, (1949), YU-91000 Skopje

Librarians' Society of the S. R. of Bosnia and Herzegovina, YU-71000 Sarajevo

Librarians' Society of the S. R. of Serbia, (1947), Knez Mihailova 56, YU-11000 Beograd

Library Association of the S. R. of Croatia, c/o Zagreb National and University Library, YU-41000 Zagreb

Linguistic Society, (1920), c/o University, YU-11000 Beograd

Makedonska Akademija na Naukite i Umetnostite, (1967), Lermontova 1, YU-91000 Skopje

Mathematical and Physical Society of Serbia, (1948), POB 791, YU-11000 Beograd

Mathematicians' and Physicists' Society of the S. R. of Bosnia and Herzegovina, YU-71000 Sarajevo

Mathematicians' and Physicists' Society of the S. R. of Macedonia, (1950), YU-91000 Skopje

Medical Association of Macedonia, YU-91000 Skopje

Museum Society of Croatia, Savska cesta 18, YU-41000 Zagreb

"Nikola Tesla" Society, POB 359, YU-11000 Beograd

Pedagogical and Literary Union of Croatia, Trg Maršala Tita 4, YU-41000 Zagreb

Pedagogical Society of the F.S.R. of Yugoslavia, YU-11000 Beograd

Pedagogical Society of the S. R. of Bosnia and Herzegovina, YU-71000 Sarajevo

Pedagogical Society of the S. R. of Serbia, (1923), Terazije 26, YU-11000 Beograd

Pedagogical Society of the S. R. of Slovenia, Gosposka 3, YU-61000 Ljubljana

Physicians' Association of Croatia, YU-41000 Zagreb

Physicians' Society of the S. R. of Bosnia and Herzegovina, YU-71000 Sarajevo

Physicians' Society of the S. R. of Montenegro, YU-81250 Cetinje

Savez Drustava Arhivista Jugoslavije, Marulićevtrg 21, YU-41000 Zagreb

Savez Mužickih Umetnika Jugoslavije, Terazije 26, YU-11000 Beograd

Savez Urbanističkih Društava Jugoslavije, Bul Revolucije 70, YU-11000 Beograd

Savez Veterinarskih Društava Jugoslavije, Bulevar JNA 18, YU-11000 Beograd

Scientific and Literary Committee of Yugoslavia, c/o University, YU-11000 Beograd

Serbian Chemical Society, (1897), Karnegijeva 4, YU-11000 Beograd

Serbian Geographical Society, (1910), Studentski trg 3, YU-11000 Beograd

Serbian Geological Society, (1891), Kamenička 6, YU-11000 Beograd

Serbian Physicians' Society, YU-11000 Beograd

Serbian Society, (1826), YU-21000 Novi Sad

Sindikat Radnicka Drustvenih Delatnosti Jugoslavije, Trg Marksa i Engelsa 5, YU-11000 Beograd

Slovenian Historical Society, (1946), Aškerčeva 12, YU-61000 Ljubljana

Slovenian Society, (1864), Trg Revolucije 7, YU-61000 Ljubljana

Slovenian Society of Historians of Art, (1921), Aškerčeva 12, YU-61000 Ljubljana

Slovenska Akademija Znanosti in Umetnosti, (1921), Novi trg 3, YU-61000 Ljubljana

Society for Natural Sciences of Slovenia, (1934), Novi trg 4, YU-61000 Ljubljana

Society for Promoting the Activities of the Technical Museum of Croatia, (1955), Savska 18, YU-41000 Zagreb

Society for Research and Prevention of Cancer, YU-11000 Beograd

Society for Slavonic Studies in Slovenia, (1935), YU-61000 Ljubljana

Society of Jurists of the S. R. of Bosnia and Herzegovina, YU-71000 Sarajevo

Society of Jurists of the S. R. of Macedonia, YU-91000 Skopje

Society of Jurists of the S. R. of Montenegro, YU-81250 Cetinje

Society of Jurists of the S. R. of Slovenia, (1947), Dalmati Nova 4, YU-61000 Ljubljana

Society of Serbian Language and Literature, (1910), c/o University, YU-11000 Beograd

Society of Slovene Composers, (1946), Trg Francoske Revolucije 6, YU-61000 Ljubljana

Speleological Association of Slovenia, (1910), Aškerčeva 12, YU-61000 Ljubljana

Srpska Akademija Nauka i Umetnosti, (1886), Knez Mihailova 35, YU-11000 Beograd

Udruženje Učitelja, Nastavnika i Profesora Jugoslavije, Kr Milutina 66, YU-11000 Beograd

Udruženje Univerzitetskih Nastavnika i Van-Univerzitetskih Naučnik Radnika, Safarikova 7, YU-11000 Beograd

Union of Jurists' Associations of Yugoslavia, (1947), POB 179, YU-11000 Beograd

Union of Librarians' Associations of Yugoslavia, (1949), Lenjinov trg 2, YU-41000 Zagreb

Union of the Societies for Protection of Materials of Yugoslavia, POB 648, YU-11000 Beograd

Yugoslav Centre for Technical and Scientific Documentation, (1952), POB 724, YU-11000 Beograd

Yugoslav Economists' Association, (1945), Nušićeva 6, YU-11000 Beograd

Yugoslav Society for Mechanics, POB 648, YU-11000 Beograd

Yugoslav Society for the Rock Mechanics and Underground Works, POB 648, YU-11000 Beograd

Yugoslav Society of Anaesthesiologists, (1962), Borisa Kidriča 44, YU-51000 Rijeka

Yugoslavia Committee for the Control of Quality in Industry, POB 648, YU-11000 Beograd

Liechtenstein

Liechtenstein

Forschungsgesellschaft für das Weltflüchtlingsproblem, (1961), Postfach 34706, FL-9490 Vaduz

Liechtensteinischer Ärzteverein, FL-9490 Vaduz

Luxemburg

Luxembourg

Académie Scientifique Internationale pour la Protection de la Vie, l'Environnement et la Biopolitique, Luxembourg

Association des Instituteurs Réunis du Grand-Duché de Luxembourg, IR, (1952), 5 Rue des Ardennes, Luxembourg

Association des Médecins et Médecins-Dentistes du Grand-Duché de Luxembourg, (1961), 51 Av de la Gare, Luxembourg

Association des Professeurs de l'Enseignement Secondaire et Supérieur du Grand-Duché de Luxembourg, APESS, (1920), 26 Rue J. P. Beicht, Luxembourg

Association Européenne pour l'Echange de la Littérature Technique dans le Domaine de la Sidérurgie, ASELT, (1959), 17 Rue Aldringer, Luxembourg

Association Internationale d'Orientation Scolaire et Professionelle, AIOSP, (1953), 86 Av du 10 Septembre, Luxembourg

Centre d'Etudes et de Documentation Scientifiques, (1965), 19 Côte d'Eich, Luxembourg

Commission d'Instruction, Rue du Saint Esprit, Luxembourg

Fédération Générale des Instituteurs, 130 Av G. Diderich, Luxembourg

Institut Grand-Ducal, Luxembourg

Société des Naturalistes Luxembourgois, (1872), Luxembourg

Société Luxembourgeoise de Pédiatrie, 25 Côte d'Eich, Luxembourg

Société Luxembourgeoise de Radiologie, ALR, 51 Av de la Gare, Luxembourg

Syndicat National des Vétérinaires du Grand-Duché de Luxembourg, (1953), 38 Rue de l'Industrie, Diekirch

Malta

Malta

Agrarian Society, (1844), Palazzo de la Salle, Valletta

Association of Surgeons and Physicians of Malta, (1967), 468 Saint Joseph Rd, Saint Vennera

Dental Association of Malta, (1935), c/o Dental Department, Saint Luke's Hospital, Gwardamanga

Malta Library Association, MLA, (1969), c/o Students' Union, 220 Saint Paul St, Valletta

Malta Society of Arts, Manufactures and Commerce, 219 Kingsway, Valletta

Malta Union of Teachers, 7 Merchants St, Valletta

Mediterranean Association for Marine Biology and Oceanography, MAMBO, (1964), c/o Royal University of Malta, Valletta

Secondary School Teachers' Association of Malta, SSTA, (1952), 13 Saint Paul's St, Cospicua

World's Poultry Science Association, WPSA, (1912), c/o Dr. R. Coles, Treramleon, Bidnija

Monaco

Monaco

Académie Internationale du Tourisme, (1951), 4 Rue des Iris, Monte Carlo

Association de Préhistoire et de Spéléologie, (1950), c/o Musée d'Anthropologie, Bd du Jardin Exotique, Monaco

Bureau Hydrographique International, BHI, (1921), Av Président J. F. Kennedy, Monte Carlo

Centre International d'Etude des Problèmes Humains, Monaco

Centre Scientifique de Monaco, (1960), 16 Bd de Suisse, Monte Carlo

Commission Internationale pour l'Exploration Scientifique de la Mer Méditerranée, (1919), 16 Bd de Suisse, Monte Carlo

Niederlande

Netherlands

Actuarieël Genootschap, AG, (1888), Postbus 14, Den Haag

Akademie van Bouwkunst, (1908), Waterlooplein 67, Amsterdam

Akademie voor Internationaal Recht, Carnegieplein 2, Den Haag

Algemene Bond van Onderwijzend Personeel, ABOP, Herengracht 56, Amsterdam

Algemene Nederlandse Vereniging voor Sociale Geneeskunde, (1930), Baan 170, Rotterdam

Algemene Nederlandse Vereniging voor Wijsbegeerte, (1933), Prinses Christinalaan 55, Uithoorn

Algemene Vereniging van Leraren bij het Voorbereidend Wetenschappelijk en Algemeen Voortgezet Onderwijs, AVMD, (1867), Cornelius de Wittlaan 119, Den Haag

Bataafsch Genootschap der Proefondervindelijke Wijsbegeerte, (1769), Postbus 597, Rotterdam

Bond Heemschut, (1911), N. Z. Kolk 28, Amsterdam

Bond van Nederlandse Stedebouwkundigen, BNS, (1935), Koninginneweg 10, Hilversum

Centraal Bureau voor Genealogie, Nassaulaan 18, Den Haag

Centrale Vereniging voor Openbare Bibliotheken, (1908), Bezuidenhoutseweg 239, Den Haag

Conférence de La Haye de Droit International Privé, (1893), Javastr 2c, Den Haag

Conseil International des Associations de Bibliothèques de Théologie, (1961), Faberstr 7, Nijmegen

Conseil International du Bâtiment pour la Recherche, l'Etude et la Documentation, CIB, Weena 700, Rotterdam

Contact-Commissie voor Natuur- en Landschapsbescherming, Herengracht 540, Amsterdam

Convent van Universiteitsbibliothecarissen in Nederland, (1970), c/o Universiteitsbibliotheek, Oude Kijk in't Jatstr 5, Groningen

Dutch Association of Surgeons, c/o Prof. J. F. Nuboer, Kromme Nieuwe Gracht 43, Utrecht

European Association for Cancer Research, (1968), c/o Pathologisch-Anatomisch Laboratorium, Wilhelmina Gasthuis, Amsterdam

European Association for Potato Research, EAPR, (1956), Postbus 20, Wageningen

European Association for Research on Plant Breeding, EUCARPIA, Postbus 120, Wageningen

European Association of Exploration Geophysicists, (1951), Carel van Bylandtlaan 30, Den Haag

European Bureau of Adult Education, EBAE, (1953), Nieuweweg 4, Amersfoort

European Centre for Population Studies, (1953), Pauwenlaan 17, Den Haag

European Federation of Branches of the World's Poultry Science Association, (1960), "t' Spelderholt", Beekbergen

European Organisation for Quality Control, EOQC, (1956), Weena 734, Rotterdam

European Society for Comparative Endocrinology, (1965), c/o Zoologisch Laboratorium, Janskerkhof 3, Utrecht

European Society for Opinion and Marketing Research, ESOMAR, (1948), Raadhuisstr 15, Amsterdam

European Society for Paediatric Endocrinology, (1962), c/o Department of Paediatrics, Medical School, Sophia Children's Hospital, Gordelweg 160, Rotterdam

European Weed Research Council, EWRC, (1959), Postbus 14, Wageningen

EVAF - Nederland, c/o NVCP, James Wattstr 100, Amsterdam

Fries Genootschap van Geschied-, Oudheid- en Taalkunde, (1827), c/o Fries Museum, Turfmarkt 24, Leeuwarden

Genootschap Architectura et Amicitia, A et A, (1855), Waterlooplein 67, Amsterdam

Genootschap tot Bevordering van Natuur-, Genees- en Heelkunde, (1790), Plantage Muidergracht 12, Amsterdam

Genootschap van Leraren aan Nederlands Gymnasia, Lycea en Athenea, Prinsessekade 3, Haarlem

Genootschap van Nederlandse Componisten, Marius Bauerstr 30, Amsterdam

Genootschap voor Wetenschappelijke Filosofie, Heidelberglaan 2, Utrecht

Hague Academy of International Law, (1914), Peace Palace, Den Haag

Historisch Genootschap "de Maze", (1932), Rotterdam

Hollandsche Maatschappij der Wetenschappen, (1752), Spaarne 17, Haarlem

Hollandsche Maatschappij van Landbouw, Anna Paulownastr 20-22, Den Haag

Internationaal Instituut voor Sociale Geschiedenis, (1935), Herengracht 258-266, Amsterdam

Internationaal Juridisch Instituut, Oranjestr 6, Den Haag

International Academy for the History of Pharmacy, (1952), Nieuwe Binnenweg 420, Rotterdam

International Association for Hydraulic Research, IAHR, (1935), c/o Delft Hydraulics Laboratory, Raam 61, Delft

International Association for Plant Taxonomy, IAPT, (1950), c/o Bureau for Plant Taxonomy and Nomenclature, Lange Nieuwstr 106, Utrecht

International Association for Statistics in Physical Sciences, IASPS, (1961), Oostduinlaan 2, Den Haag

International Association for the History of Religions, (1950), Oost-Kinderdijk 181, Alblasserdam

International Astronomical Union, IAU, (1919), c/o Space Research Laboratory of the Astronomical Institute, Beneluxlaan 21, Utrecht

International Bureau of Fiscal Documentation, (1938), Sarphatistr 124, Amsterdam

International Cartographic Association, ICA, (1959), Bachlaan 39, Hilversum

International Castles Institute, (1949), Kasteel Rosentael, Rozendaal

International Commission on Mushroom Science, ICMS, (1970), c/o Laboratorium Domesticatie Paddestoelen TNO, Houthei 1, Maasbree

International Commission on Rules for the Approval of Electrical Equipment, (1946), Utrechtseweg 310, Arnhem

International Committee on Occupational Mental Health, (1966), c/o Philips' Gloeilampenfabrieken, Willemstr 22a, Eindhoven

International Council for Building Research, Studies and Documentation, (1953), Postbus 299, Rotterdam

International Diabetes Federation, IDF, (1949), Dinkeziekenhuis, Losser

International Ergonomics Association, (1961), c/o Nederlands Instituut voor Praeventieve Geneeskunde TNO, Postbus 124, Leiden

International Ethological Committee, (1950), c/o Zoologisch Laboratorium der Rijksuniversiteit te Groningen, Kerklaan 30, Haren

International Federation for Documentation, Hofweg 7, Den Haag

International Federation for Housing and Planning, IFHP, (1913), Wassenaarseweg 43, Den Haag

International Federation of Library Associations, IFLA, c/o FID, Hofweg 7, Den Haag

International Federation of Physical Medicine, IFPM, (1950), c/o Rehabilitation Center, Kempense Baan 96, Eindhoven

International Federation of Societies for Electron Microscopy, IFSEM, (1951), c/o Technological University, Lorentzweg 1, Delft

International Fiscal Association, IFA, (1938), c/o Netherlands School of Economics, Burg. Oudlaan 50, Rotterdam

International Humanist and Ethical Union, IHEU, (1952), Oudegracht 152, Utrecht

International Law Association, (1910), Koninginnegracht 27, Den Haag

International Montessori Association, (1929), Koninginneweg 161, Amsterdam

International Organization for Succulent Plant Study, IOS, (1950), Postbus 16, Wageningen

International Ornithological Congress, IOC, (1884), Churchillplein 10, Den Haag

International Peace Research Association, IPRA, (1964), c/o Polemological Institute of the University, Ubbo Emmiussingel 19, Groningen

International Society for Clinical Electroretinography, ISCERG, (1958), Schiedamsevest 180, Rotterdam

International Society for Horticultural Science, ISHS, (1959), V. d. Boschstr 4, Den Haag

International Society for Radiation Research, c/o Department of Radiation Genetics, Vassenaarseweg 62, Leiden

International Society of Biometeorology, ISB, (1956), Hofbrouckerlaan 54, Leiden

International Society of Soil Sciences, ISSS, (1924), c/o Royal Tropical Institute, Mauritskade 63, Amsterdam

International Statistical Institute, ISI, (1885), Oostduinlaan 2, Den Haag

International Technical and Scientific Organization for Soaring Flight, (1948), c/o AVIODOME, Schiphol Airport, Amsterdam

International Union of Biological Sciences, IUBS, (1919), c/o Botanisch Museum, Lange Nieuwstr 106, Utrecht

International Union of Geological Sciences, IUGS, (1961), c/o Dr. S. van der Heide, Postbus 379, Haarlem

International University Contact for Management Education, IUC, (1952), Kruisplein 7, Rotterdam

International Working-Group on Soilless Culture, IWOSC, c/o Horticultural Experimental Station, Naaldwijk

Katholieke Artsenvereniging, (1928), Herenstr 35, Utrecht

Katholieke Onderwijzers Verbond, KOV, Koninginnegracht 70-71, Den Haag

Katholieke Vereniging van Directies, Docenten en Consulenten bij het Beroepsonderwijs en het Leerlingwezen, Johan van Oldenbarneveltlaan 65, Den Haag

Koninklijk Genootschap voor Landbouwwetenschap, (1886), Postbus 79, Wageningen

Koninklijk Instituut voor Taal-, Land- en Volkenkunde, (1851), Stationsplein 10, Leiden

Koninklijk Nederlands Aardrijkskundige Genootschap, (1873), Mauritskade 63, Amsterdam

Koninklijk Nederlands Geologisch Mijnbouwkundig Genootschap, (1912), Postbus 285, Delft

Koninklijk Nederlands Meteorologisch Instituut, (1854), De Bilt

Koninklijk Oudheidkundig Genootschap, (1858), c/o Rijksmuseum, Amsterdam

Koninklijke Maatschappij tot Bevordering der Bouwkunst, Bond Neder- van Nederlandse Architecten, (1842), Keizersgracht 321, Amsterdam

Koninklijke Nederlandsche Maatschappij tot Bevordering der Geneeskunst, KNMG, (1849), Lomanlaan 103, Utrecht

Koninklijke Nederlandsche Maatschappij voor Tuinbouw en Plantkunde, (1873), Elandstr 42, Den Haag

Koninklijke Nederlandsche Toonkunstenaars-Vereeniging, (1875), Vondelstr 66, Amsterdam

Koninklijke Nederlandse Akademie van Wetenschappen, (1808), Kloveniersburgwal 29, Amsterdam

Koninklijke Nederlandse Bosbouw Vereniging, (1910), Lovinklaan 1, Arnhem

Koninklijke Nederlandse Botanische Vereniging, (1845), Bornsesteeg 47, Wageningen

Koninklijke Nederlandse Chemische Vereniging, (1903), Burnierstr 1, Den Haag

Koninklijke Nederlandse Maatschappij ter Bevordering der Pharmacie, (1842), Alexanderstr 11, Den Haag

Koninklijke Nederlandse Maatschappij voor Diergeneeskunde, Rubenslaan 123, Utrecht

Koninklijke Nederlandse Natuurhistorische Vereniging, (1901), Jan van Loonslaan 20a, Rotterdam

Koninklijke Nederlandse Vereniging van Leraren en Onderwijzers in de Lichamelijke Opvoeding, Frans Halsstr 13, Utrecht

Landelijke Specialisten Vereniging, Keizersgracht 327, Amsterdam

Maatschappij "Arti et Amicitiae", (1839), Rokin 112, Amsterdam

Maatschappij der Nederlandse Letterkunde, Franchimontlaan 23, Leiden

Maatschappij tot Bevordering der Toonkunst, (1829), Honthorststr 30, Amsterdam

Mijnbouwkundige Vereniging, (1892), Mijnbouwstr 20, Delft

Monumentenraad, (1961), Balen von Andelplein 2, Voorburg

Nederlands Economisch Instituut, Burg. Oudlaan 50, Rotterdam

Nederlands Genootschap voor Anthropologie, Linnaeusstr 2a, Amsterdam

Nederlands Genootschap voor Fysiotherapie, (1889), Van Hogendorplaan 8, Amersfoort

Nederlands Historisch Genootschap, (1845), Alexander Numankade 199, Utrecht

Nederlands Huisarten Genootschap, NHG, (1956), Mariahoek 4, Utrecht

Nederlands Instituut voor Informatie, Documentatie en Registratuur, NIDER, Burgemeester van Karnebeeklaan 19, Den Haag

Nederlands Klages-Genootschap, Beethovenstr 145, Amsterdam

Nederlands Medisch Nautisch Genootschap, (1961), Amsteldijk 75h, Amsterdam

Nederlands Normalisatie-Instituut, NNI, (1917), Polakweg 5, Rijswijk

Nederlands Psychoanalytisch Genootschap, Maliebaan 94, Utrecht

Nederlandsche Internisten Vereeniging, Van Riebeeckweg 212, Hilversum

Nederlandsche Maatschappij tot Bevordering der Tandheelkunde, (1914), Lomanlaan 103, Utrecht

Nederlandsche Vereeniging voor Druk- en Boekkunst, (1938), Bestevaerstr 10, Haarlem

Nederlandse Anesthesisten Vereniging, c/o Acad Ziekenhuis Dijkzigt, Rotterdam

Nederlandse Dierkundige Vereniging, (1872), c/o Zoological Laboratory, Haren

Nederlandse Entomologische Vereniging, (1845), Weesperzijde 23, Amsterdam

Nederlandse Federatie van Beeldende Kunstenaarsverenigingen, Muiderslotstr 91, Breda

Nederlandse Federatie van Beroepsverenigingen van Kunstenaars, Keizersgracht 609, Amsterdam

Nederlandse Keel-, Neus- en Oorheelkundige Vereniging, Pieter Postlaan 7, Wassenaar

Nederlandse Malacologische Vereniging, Dr. J. W. Palteluan 206, Zoetermeer

Nederlandse Museumvereniging, c/o Toneelmuseum, Herengracht 168, Amsterdam

Nederlandse Mycologische Vereniging, (1908), Dukatendreef 3, Cuyk

Nederlandse Oogheelkundig Gezelschap, NOG, (1894), Keizerstr 19, Deventer

Nederlandse Organisatie voor Zuiver-Wetenschappelijk Onderzoek, ZWO, (1950), Juliana van Stolberglaan 148, Den Haag

Nederlandse Ornithologische Unie, Heidepark 53, Wageningen

Nederlandse Orthopaedische Vereniging, NOV, (1898), c/o Dr. P. J. Moll, Gemeenteziekenhuis, Zuidwal 83, Den Haag

Nederlandse Stichting voor Statistiek, Bankaplein 1a, Den Haag

Nederlandse Toonkunstenaarsraad, (1948), Valeriusplein 20, Amsterdam

Nederlandse Tuinbouwraad, Schiefbaanstr 29, Den Haag

Nederlandse Vereniging van Artsen voor Revalidatie en Fysische Geneeskunde, (1958), c/o Revalidatie-Centrum GKZ, Crailoseweg 116, Huizen

Nederlandse Vereniging van Bibliothecarissen, (1912), Harmoniehof 58, Amsterdam

Nederlandse Vereniging van Dermatologen, (1896), c/o Ziekenhuis Lievensberg, Bergen op Zoom

Nederlandse Vereniging van Marktonderzoekers, c/o Organisatiebureau Wissenraet, Van Eeghenstr 86, Amsterdam

Nederlandse Vereniging van Neurochirurgen, NVvN, (1952), Parnassusweg 183, Amsterdam

Nederlandse Vereniging van Opvoedkundigen, (1962), Willemstr 40-40a, Den Haag

Nederlandse Vereniging van Psychiaters in Dienstverband, Monsterseweg 31a, Loosduinen

Nederlandse Vereniging van Tandartsen, (1904), Stadhouderslaan 10, Den Haag

Nederlandse Vereniging van Wiskundeleraren, (1925), Traviatastr 132, Den Haag

Nederlandse Vereniging voor Kindergeneeskunde, Postbus 389, Nijmegen

Nederlandse Vereniging voor Logica en Wijsbegeerte der Exacte Wetenschappen, Heidelberglaan 2, Utrecht

Nederlandse Vereniging voor Microbiologie, (1911), c/o RIV, Postbus 1, Bilthoven

Nederlandse Vereniging voor Microscopie, Oostplein 43, Rotterdam 16

Nederlandse Vereniging voor Orthodontische Studie, Wildernislaan 51, Apeldoorn

Nederlandse Vereniging voor Parasitologie, (1962), c/o Universiteitcentrum "De Nithoff", Utrecht

Nederlandse Vereniging voor Produktieleiding, NPL, (1970), Parkstr 18, Den Haag

Nederlandse Vereniging voor Psychiatrie en Neurologie, (1871), Lomanlaan 103, Utrecht

Nederlandse Vereniging voor Radiologie, c/o Izakia Ziekenhuis, Montessoriweg 1, Rotterdam

Nederlandse Vereniging voor Tropische Geneeskunde, (1907), Schiekade 80, Rotterdam

Nederlandse Vereniging voor Urologie, (1909), Paulus Buyslaan 11, Amersfoort

Nederlandse Vereniging voor Weeren Sterrenkunde, (1901), c/o Zeiss Planetarium, Wagenstr 37, Den Haag

Nederlandse Zoötechnische Vereniging, Van den Boschstr 4, Den Haag

Netherlands Centre of the International PEN, (1923), Pergamijndonk 92, Maastricht

Office for Research and Experiments, ORE, (1950), Oudenoord 8, Utrecht

Permanent International Committee of Linguists, (1928), Sint Annastr 40, Nijmegen

Protestants-Christelijke Bond voor Onderwijzend Personeel, PcBO, Badhuisweg 139, Den Haag

Raad voor de Kunst, (1955), Nassauplein 30, Den Haag

Research Group for European Migration Problems, REMP, (1952), Pauwenlaan 17, Den Haag

Rijksakademie van Beeldende Kunsten, (1653), Stadhouderskade 86, Amsterdam

Rijksbureau voor Kunsthistorische Documentatie, (1932), Korte Vijverberg 7, Den Haag

Rijkscommissie van Advies inzake het Bibliotheekwezen, (1922), c/o Koninklijke Bibliotheek, Lange Voorhout 34, Den Haag

Rijksdienst voor de Monumentenzorg, (1918), Balen van Andelplein 2, Voorburg

Sectie Operationele Research, SOR, (1959), De Lairessestr 111-115, Amsterdam

Stichting Centrale Raad voor de Academies van Bouwkunst, Keizersgracht 321, Amsterdam

Stichting Economisch Instituut voor de Bouwnijverheid, (1956), Cronenburg 150, Amsterdam

Stichting Koninklijk Zoölogisch Genootschap "Natura Artis Magistra", (1838), Plantage Kerklaan 40, Amsterdam

Stichting Nederlands Centrum van het Internationaal Theater Instituut, (1949), Nieuwe Uitleg 15, Den Haag

Stichting Nederlands Filminstituut, (1948), Nieuwezijds Voorburgwal 345, Amsterdam

Thijmgenootschap, (1904), Koningin Wilhelminalaan 17, Amersfoort

Vereeniging "Sint Lucas", (1880), Zomerdijkstr 20, Amsterdam

Vereniging Gelre, (1899), Markt 1, Arnhem

Vereniging "Het Nederlands Philologen-Congres", (1919), Noorderstationstr 44, Groningen

Vereniging "Het Nederlandsch Economisch-Historisch Archief", (1914), Laan Copes van Cattenburch 83, Den Haag

Vereniging tot Behoud van Natuurmonumenten in Nederland, (1906), Herengracht 540, Amsterdam

Vereniging tot Bevordering der Homoeopathie in Nederland, Sandersweg 3, Oosterbeek

Vereniging tot het Behartigen van de Belangen van de Nederlandse Orthopedisten en Bandagisten, ORTHOBANDA, Boelesteinlaan 2, Utrecht

Vereniging van Archivarissen in Nederland, Zuidlarenstr 119, Den Haag

Vereniging van Docenten bij het Christelijk Voorbereidend Wetenschappelijk en Hoger Algemeen Voortgezet Onderwijs, Adriaan Banckertstr 112, Zwijndrecht

Vereniging van Geschiedenisleraren in Nederland, VGN, (1958), Apolloplantsoen 23, Zaandam

Vereniging van Katholieke Leraren "Sint-Bonaventura", VKL, (1918), Spoorsingel 35, Rotterdam

Vereniging van Leraren in Levende Talen, Churchill-Laan 250, Amsterdam

Vereniging van Leraren in Natuur- en Scheikunde, VELINES, Loëngasterlaan 198, Sneek

Vereniging van Medische Analysten, VVMA, (1946), Prinsengracht 474, Amsterdam

Vereniging van Nederlandse Toneel-, Radio- en Televisieschrijvers, Marius Bauerstr 30, Amsterdam

Vereniging voor Agrarisch Recht, Diedenweg 18, Wageningen

Vereniging voor Arbeidsrecht, (1946), Zeestr 73, Den Haag

Vereniging voor Calvinistische Wijsbegeerte, Niersstr 61, Amsterdam

Vereniging voor de Staathuishoudkunde, Westeinde, Amsterdam

Vereniging voor Filosofie-Onderwijs, Pernambucodreef 41, Utrecht

Vereniging voor Organisatie- en Arbeidskunde, (1951), Parkstr 18, Den Haag

Vereniging voor Statistiek, VVS, (1945), Weena 700, Rotterdam

Vereniging voor Verzekeringswetenschap, Nachtwachtlaan 20, Amsterdam

Vereniging voor Wijsbegeerte des Rechts, Julianaweg 3, Wassenaar

Vereniging voor Wijsbegeerte te s'-Gravenhage, Laan van Nieuw Oost-Indië 21, Den Haag

Volkenrechtelijk Instituut, (1955), Janskerkhof 16, Utrecht

Wagnervereeniging, (1883), Honthorststr 10, Amsterdam

Wijsgerige Vereniging "Sint Thomas van Aquino", Frans Halslaan 21, Utrecht

Wiskundig Genootschap, (1778), Singel 421, Amsterdam

World Association of Veterinary Food Hygienists, WAVFH, (1955), Sterrenbos 1, Utrecht

World Organization of Societies of Pharmaceutical History, (1952), Postbus 2250, Rotterdam

World Small Animal Veterinary Association, WSAVA, (1962), Pastoor Evert Aalbertzlaan 13, Odijk Gem Bunnik

World Veterinary Association, WVA, (1959), Biltstr 168, Utrecht

Norwegen

Norway

Arkivarforeningen, Kirkegt 14-18, Oslo 1

Bildende Kunstneres Styre, BKS, (1888), Wergelandsveien 17, Oslo 1

Filharmonisk Selskap, (1919), Tollbugt 24, Oslo 1

Foreningen til Norske Fortidsminnesmerkers Bevaring, (1844), Rådhusgt 7c, Oslo

Forskningsgradenes Fellesutvalg, Wergelandsveien 15, Oslo

Fysikkforeningen, c/o Fysisk Institutt, Universitetet, Blindern, Oslo 3

Geofysiske Kommisjon, (1917), c/o Norsk Meteorologiske Institutt, Blindern, Oslo 3

Hovedkomiteen for Norsk Forskning, (1965), Akersgt 49, Oslo 1

Industriens Forskningsforening, Gaustadalléen 30, Oslo 3

International Association on Mechanization of Field Experiments, IAMFE, (1964), c/o Norwegian Institute of Agricultural Engineering, N-1432 Vollebekk

International Committee on Laboratory Animals, ICLA, (1956), Geitmyrsveien 75, Oslo 1

International Seed Testing Association, ISTA, (1924), POB 68, N-1432 Vollebekk

International Soaweed Symposium, (1952), c/o Norwegian Institute of Seaweed Research, N-7000 Trondheim

Kirkehistorisk Samfund, (1956), POB 116, Oslo 3

Komité for Romforskning, Gaustadalléen 30, Oslo 3

Kongelige Norske Videnskabers Selskab, (1760), N-7000 Trondheim

Landslaget for Bygde- og Byhistorie, (1922), c/o Historisk Institutt, Universitetet, N-7000 Trondheim

Landstorbundet Norsk Brukskunst, LNB, (1918), Uranienborgveien 2, Oslo 2

Materialteknisk Forening, Forskningsveien 1, Oslo 3

Medicinske Selskap i Bergen, (1831), N-5000 Bergen

Musikselskabet "Harmonien", (1765), Engen 15, N-5000 Bergen

Nordic Association of Manual Medicine, Roald Amundsengt 5, Oslo

Nordisk Kollegium for Fysik Oceanografi, c/o Geofysisk Institutt, Universitetet, N-5000 Bergen

Nordisk Kollegium for Marinbiologi, (1956), c/o Biological Station, Espegrend, N-5065 Blomsterdalen

Nordisk Ortopedisk Forening, Sophies Minde, Oslo 5

Nordiske Jordbrugsforskeres Forening, NJF, (1918), Wergelandsveien 15, Oslo

Norges Akademikersamband, Riddervoldsgt 3, Oslo 2

Norges Almenvitenskapelige Forskningsråd, (1949), Wergelandsveien 15, Oslo 1

Norges Fiskeriforskningsråd, (1971), Akersgt 49, Oslo 1

Norges Geologiske Undersøkelse, Leiv Erikssons Vei 39, N-7000 Trondheim

Norges Kunstnerråd, (1940), Fridtjof Nansensplass 6, Oslo 1

Norges Landbruksvitenskapelige Forskningsråd, (1949), Wergelandsveien 15, Oslo 1

Norges Standardiseringsforbund, Haakon VII'sgt 2, Oslo 1

Norges Tekniske Vitenskapsakademi, (1955), N-7000 Trondheim

Norges Teknisk-Naturvitenskapelige Forskningsråd, (1946), Gaustadalléen 30, Oslo 3

Norges Yrkeslærarlag, (1928), Filipstadvejen 7, Oslo 2

Norsk Anestesiologisk Forening, (1949), c/o Ulleval Sykehus, Oslo 1

Norsk Arkeologisk Selskap, (1936), Frederiksgt 2, Oslo 1

Norsk Astronautisk Forening, POB 43, Oslo 3

Norsk Bibliotekarlag, Henrik Ibsensgt 1, Oslo 1

Norsk Bibliotekforening, (1913), Sorbyhangen 3, Oslo 3

Norsk Botanisk Forening, (1935), c/o DKNVS Museet, N-7000 Trondheim

Norsk Dokumentasjonsgruppe, Forskningsveien 1, Oslo 3

Norsk Farmaceutisk Selskap, (1924), Bishop Heuchsvei 52, Oslo

Norsk Filmkritikerlag, (1946), Fridtjof Nansensplass 6, Oslo 1

Norsk Forening for Fysikalsk Medisin, c/o Dr. I. Kleive, Sunnaas Sykehus, N-1450 Nesodden

Norsk Forening for Internasjonal Rett, (1925), Kongensgt 6, Oslo

Norsk Forening for Medicinisk Radiologi, Diakonhjemmet, Oslo 3

Norsk Forskningsbibliotekarers Forening, Maurstien 6, Oslo 8

Norsk Fysisk Selskap, c/o Norges Tekniske Högskole, N-7000 Trondheim

Norsk Geofysisk Forening, POB 1048, Oslo

Norsk Geologisk Forening, (1905), c/o Geologisk Museum, Sarsgt 1, Oslo 5

Norsk Geoteknisk Forening, Forskningsveien 1, Oslo 3

Norsk Historisk Forening, (1869), c/o University Press, Blindern, Oslo 3

Norsk Kjemisk Selskap, (1893), POB 779, Oslo 1

Norsk Komponistforening, (1917), Klingenberggt 5, Oslo 1

Norsk Korrojonsteknisk Forening, Rosenkrantzgt 7, Oslo

Norsk Lærerlag, (1892), Bertrand Narvesensvei 2, Oslo 6

Norsk Lektorlag, NL, (1892), Wergelandsveien 15, Oslo 1

Norsk Lokalhistorisk Institutt, (1955), Sommerrogt 17, Oslo 2

Norsk Mathematisk Forening, (1918), c/o Universitetet, Blindern, Oslo

Norsk Medicinsk Selskap, (1833), Drammensveien 44, Oslo

Norsk Metallurgisk Selskap, Rosenkrantzgt 7, Oslo

Norsk Musikerforbund, NM, (1911), Stortingsgt 28, Oslo 1

Norsk Operasjonsanalyseforening, c/o Norsk Hydro, Bygdøy Allé 2, Oslo 2

Norsk Papapsykologisk Selskap, Bygdøy Allé 28b, Oslo

Norsk Psykologforening, NPF, (1934), Bygdøy Allé 28b, Oslo 2

Norsk Rasjonaliseringsforening, NRF, (1947), Peder Claussønsgt 3, Oslo 1

Norsk Selskap for Elektronisk Informasjonsbehandling, NSEI, POB 1571, Oslo 1

Norsk Slektshistorisk Forening, (1926), Øvre Slottsgt 17, Oslo

Norske Akademie for Sprog og Litteratur, (1953), Oslo

Norske Aktuarforening, Ruselekkveien 14, Oslo 1

Norske Dramatikeres Forbund, (1938), Fridtjof Nansensplass 6, Oslo 1

Norske Finansanalytikeres Forening, (1968), c/o F. C. Schreuder, Leif Høegh & Co, Parkveien 55, Oslo 2

Norske Forfatterforening, (1893), Fridtjof Nansensplass 6, Oslo 1

Norske Forskningebibl. Forening, (1946), Sorbyhangen 3, Oslo 3

Norske Fysioterapeuters Forbund, NFF, (1936), Tordenskioldsgt 6, Oslo 1

Norske Geografiske Selskap, (1889), c/o Geographical Institute, University, Blindern, Oslo

Norske Havforskeres Forening, Frederiksgt 3, Oslo 1

Norske Kunst- og Kulturhistoriske Museer, (1918), St. Olavsgt 1, Oslo 1

Norske Lægeforening, (1886), Inkognitogt 26, Oslo 2

Norske Musikklaereres Landsforbund, NMLL, (1914), Schøningsgt 42, Oslo 3

Norske Myrselskap, Rosenkrantzgt 8, Oslo

Norske Nasjonalkomite for Rasjonell Organisasjon, NNRO, Gaustadalléen 30, Oslo 3

Norske PEN-Klubb, (1922), c/o Faculty of Social Science, University, Oslo 3

Norske Tannlægeforening, (1886), Kronprinsensgt 9, Oslo 2

Norske Veterinærforening, DNV, (1888), Sognsveien 4, Oslo 4

Norske Videnskaps-Akademi, (1857), Drammensveien 78, Oslo 2

Norwegian Surgical Association, c/o Prof. L. Efskind, Rikshospitalet, University Surgical Clinic A, Oslo

Polytekniske Forening, (1852), Rosenkrantzgt 7, Oslo

Scandinavian Society for Plant Physiology, (1947), c/o Botanisk Institutt, N-1432 Vollebekk

Selskapet til Videnskapenes Fremme, (1927), c/o Norges Handelshögskole, Hellevei 30, N-5000 Bergen

Skogbrukets of Skogindustrienes Forskningsforening, SSFF, Forskningsveien 3, Oslo 3

Statistisk Sentralbyrå, (1876), Dronningensgt 16, Oslo 1

Statsøkonomisk Forening, Dronningensgt 16, Oslo

Studieselskapet for Grafisk Forskning, Forskningsveien 3, Oslo 3

Studieselskapet for Norsk Industri, (1944), Forskningsveien 1, Oslo 3

Ŏsterreich
Austria

Ärztegesellschaft Innsbruck, (1894), c/o Medizinische Fakultät, Universität, A-6020 Innsbruck

Akademische Gesellschaft für Philosophie, Psychologie und Psychotherapie, (1960), Schopfstr 41, A-6020 Innsbruck

Anthropologische Gesellschaft in Wien, (1870), Burgring 7, A-1010 Wien

Arbeitsgemeinschaft der Altphilologen Ŏsterreichs, (1921), Ungargasse 39, A-1030 Wien

Arbeitsgemeinschaft für Kunst und Wissenschaft, (1953), Maria-Theresien-Str 11, A-1090 Wien

Astronomischer Verein, (1924), Sanettystr 3, A-1080 Wien

Berufsverband der Bildenden Künstler Ŏsterreichs, BVŎ, (1957), Obere Donaustr 97, A-1020 Wien

Berufsverband Ŏsterreichischer Psychologen, BŎP, (1953), Liebiggasse 5, A-1010 Wien

Bundesdenkmalamt, (1850), Hofburg, A-1010 Wien

Bundeskammer der Tierärzte Ŏsterreichs, Biberstr 22, A-1010 Wien

Chemisch-Physikalische Gesellschaft in Wien, (1869), Strudelhofgasse 4, A-1090 Wien

Eranos Vindobonensis, (1885), c/o Institut für Klassische Philologie, Universität, A-1010 Wien

Europäisches Koordinationszentrum für Sozial-Wissenschaftliche Forschung und Dokumentation, (1963), Franz-Josefs-Kai 3-4, A-1010 Wien

Evangelische Akademie in Ŏsterreich, (1952), Schwarzspanierstr 13, A-1096 Wien

Geologische Gesellschaft in Wien, (1907), c/o Geologisches Institut der Universität, Universitätsstr 7, A-1010 Wien

Geschichtsverein für Kärnten, (1844), Museumgasse 2, A-9020 Klagenfurt

Gesellschaft der Ärzte, (1837), Frankgasse 8, A-1090 Wien

Gesellschaft der Chirurgen in Wien, (1935), c/o Allgemeines Krankenhaus, Alserstr 4, A-1090 Wien

Gesellschaft der Musikfreunde in Wien, (1812), Bösendorferstr 12, A-1010 Wien

Gesellschaft für die Geschichte des Protestantismus in Ŏsterreich, (1879), Liebiggasse 5, A-1010 Wien

Gesellschaft für Ethische Kultur, (1894), Zaunergasse 12, A-1030 Wien

Gesellschaft für Ganzheitsforschung, (1956), Franz-Klein-Gasse 1, A-1190 Wien

Gesellschaft für Jugendkriminologie und Psychogogik, (1956), Schönbrunner Str 291, A-1120 Wien

Gesellschaft für Klassische Philologie in Innsbruck, (1958), c/o Institut für Klassische Philologie, Neue Universität, Innrain 52, A-6020 Innsbruck

Gesellschaft Ŏsterreichischer Nervenärzte und Psychiater, Lazarettgasse 14, A-1090 Wien

Heraldisch-Genealogische Gesellschaft "Adler", (1870), Haarhof 4a, A-1010 Wien

Historische Landeskommission für Steiermark, (1892), Hamerlinggasse 3, A-8010 Graz

Historischer Verein für Steiermark, (1850), Hamerlinggasse 3, A-8010 Graz

International Federation for Hygiene, Preventive Medicine and Social Medicine, (1922), Mariahilferstr 177, A-1150 Wien

International Society for Electrosleep and Electroanaesthesia, c/o Chirurgische Universitätsklinik, A-8036 Graz

Internationale Akademie der Wissenschaft vom Holz, IAWS, Arsenal, A-1030 Wien

Internationale Arbeitsgemeinschaft für Hirnkreislaufforschung, (1962), c/o Psychiatisch-Neurologische Klinik der Universität, Auenbruggerpl 22, A-8036 Graz

Internationale Gesellschaft für das Studium Infektiöser und Parasitärer Erkrankungen, c/o Wiener Medizinische Akademie, Alserstr 4, A-1090 Wien

Internationale Gesellschaft für Getreidechemie, (1958), Schmidgasse 3-7, A-2320 Schwechat

Internationale Gesellschaft für Heilpädagogik, (1935), c/o Universitätskinderklinik, Spitalgasse 23, A-1090 Wien

Internationale Gesellschaft für Moorforschung, IGM, (1955), Graben 2, A-4810 Gmunden

Internationale Paracelsus-Gesellschaft, (1950), Kranzlmarkt 1, A-5020 Salzburg

Internationale Vereinigung der Multiplen Sklerose Gesellschaften, (1966), Seilergasse 15, A-1010 Wien

Internationale Vereinigung für Selbstmordprophylaxe, IVSP, (1961), c/o Psychiatrisch-Neurologische Universitätsklinik, Lazarettgasse 14, A-1090 Wien

Internationales Institut für Kinder-, Jugend- und Volksliteratur, (1965), Fuhrmannsgasse 18a, A-1080 Wien

Internationales Musikzentrum, IMZ, (1961), Lothringerstr 20, A-1030 Wien

Kommission für Neuere Geschichte Österreichs, (1900), c/o Historisches Institut, Universität, A-1010 Wien

Künstlerhaus, Gesellschaft Bildender Künstler, (1861), Karlspl 5, A-1010 Wien

Kunsthistorische Gesellschaft, (1958), Universitätsstr 7, A-1010 Wien

Franz Lehár Gesellschaft, (1949), Opernring 1, A-1010 Wien

Mathematisch-Physikalische Gesellschaft in Innsbruck, (1936), Schöpfstr 41, A-6020 Innsbruck

Medical Women's International Association, MWIA, (1919), Weihburggasse 10-12, A-1010 Wien

Museums-Verein, (1914), A-2262 Stillfried

Nationalökonomische Gesellschaft, (1929), c/o Institut für Wirtschaftswissenschaften, Universität, A-1010 Wien

Naturwissenschaftlicher Verein für Kärnten, (1848), Museumgasse 2, A-9020 Klagenfurt

Notring der Wissenschaftlichen Gesellschaften Österreichs, (1949), Lindengasse 37, A-1070 Wien

Oberösterreichischer Musealverein, (1833), Stockhofstr 32, A-4020 Linz

Österreichische Ärztegesellschaft für Psychotherapie, (1950), Mariannengasse 10, A-1090 Wien

Österreichische Ärztekammer, Weihburggasse 10-12, A-1010 Wien

Österreichische Akademie der Wissenschaften, (1847), Ignaz-Seipel-Pl 2, A-1010 Wien

Österreichische Biochemische Gesellschaft, (1952), Währinger Str 10, A-1090 Wien

Österreichische Byzantinische Gesellschaft, (1946), Hanuschgasse 3, A-1010 Wien

Österreichische Dentistenkammer, Kohlmarkt 11, A-1010 Wien

Österreichische Dermatologische Gesellschaft, Alserstr 4, A-1090 Wien

Österreichische Ethnologische Gesellschaft, (1957), c/o Museum für Völkerkunde, Neue Hofburg, A-1014 Wien

Österreichische Geographische Gesellschaft, (1850), Karl-Schweighofer-Gasse 3, A-1071 Wien

Österreichische Gesellschaft der Tierärzte, (1919), Linke Bahngasse 11, A-1030 Wien

Österreichische Gesellschaft für Anästhesiologie und Reanimation, (1951), Spitalgasse 23, A-1090 Wien

Österreichische Gesellschaft für Arbeitsmedizin, Schwarzspanierstr 17, A-1090 Wien

Österreichische Gesellschaft für Aussenpolitik und Internationale Beziehungen, (1958), Josefspl 6, A-1010 Wien

Österreichische Gesellschaft für Balneologie und Medizinische Klimatologie, Schöpfstr 41, A-6020 Innsbruck

Österreichische Gesellschaft für Chirurgie, (1958), Alserstr 4, A-1090 Wien

Österreichische Gesellschaft für Christliche Kunst, (1909), Stephanspl 3, A-1010 Wien

Österreichische Gesellschaft für Dokumentation und Bibliographie, ÖGDB, (1951), Renngasse 5, A-1010 Wien

Österreichische Gesellschaft für Elektroencephalographie, (1953), c/o Universitätsnervenklinik, Spitalgasse 23, A-1090 Wien

Österreichische Gesellschaft für Erdölwissenschaften, (1960), Rasumofskygasse 23, A-1031 Wien

Österreichische Gesellschaft für Filmwissenschaft, (1952), Rauhensteingasse 5, A-1010 Wien

Österreichische Gesellschaft für Geriatrie, (1955), Hütteldorfer Str 188, A-1140 Wien

Österreichische Gesellschaft für Geschichte der Pharmazie, (1926), Spitalgasse 31, A-1090 Wien

Österreichische Gesellschaft für Gynäkologie und Geburtshilfe, Spitalgasse 23, A-1090 Wien

Österreichische Gesellschaft für Innere Medizin, (1886), Garnisongasse 13, A-1090 Wien

Österreichische Gesellschaft für Kinderheilkunde, (1962), c/o Universitätskinderklinik, Anichstr 35, A-6020 Innsbruck

Österreichische Gesellschaft für Kirchenrecht, (1949), Dr.-Karl-Lueger-Ring 1, A-1010 Wien

Österreichische Gesellschaft für Klinische Chemie, (1968), Währingerstr 10, A-1090 Wien

Österreichische Gesellschaft für Literatur, (1961), Herrengasse 5, A-1010 Wien

Österreichische Gesellschaft für Meteorologie, (1865), Hohe Warte 38, A-1190 Wien

Österreichische Gesellschaft für Mikrochemie und Analytische Chemie, (1948), Universitätspl 2, A-8020 Graz

Österreichische Gesellschaft für Musik, (1964), Hanuschgasse 3, A-1010 Wien

Österreichische Gesellschaft für Photogrammetrie, (1907), Krotenthallergasse 3, A-1080 Wien

Österreichische Gesellschaft für Physikalische Medizin, c/o Allgemeines Krankenhaus, Alserstr 4, A-1090 Wien

Österreichische Gesellschaft für Psychologie, (1946), Linke Wienzeile 118, A-1060 Wien

Österreichische Gesellschaft für Soziologie, (1950), Dr.-Karl-Lueger-Ring 1, A-1010 Wien

Österreichische Gesellschaft für Statistik und Informatik, (1951), Neue Hofburg, Heldenpl, A-1010 Wien

Österreichische Gesellschaft für Strassenwesen, Marxergasse 10, A-1030 Wien

Österreichische Gesellschaft für Tuberkulose und Lungenerkrankungen, (1951), Leonhardstr 59, A-8010 Graz

Österreichische Gesellschaft für Urologie, Frankgasse 8, A-1090 Wien

Österreichische Gesellschaft für Volkslied- und Volkstanzpflege, (1889), Kirchengasse 41, A-1070 Wien

Österreichische Gesellschaft für Wirtschaftspolitik, (1947), Franz-Klein-Gasse 1, A-1190 Wien

Österreichische Gesellschaft für Zeitgeschichte, (1960), Rotenhausgasse 6, A-1090 Wien

Österreichische Gesellschaft zum Studium der Sterilität und Fertilität, c/o I. Universitätsfrauenklinik, Spitalgasse 23, A-1097 Wien

Österreichische Mathematische Gesellschaft, (1904), Karlspl 13, A-1040 Wien

Österreichische Mykologische Gesellschaft, (1919), Postfach 200, A-1011 Wien

Österreichische Numismatische Gesellschaft, (1870), Burgring 5, A-1010 Wien

Österreichische Ophthalmologische Gesellschaft, (1955), Spitalgasse 2, A-1090 Wien

Österreichische Oto-Laryngologische Gesellschaft, (1892), Alserstr 4, A-1090 Wien

Österreichische Physikalische Gesellschaft, (1950), Lenaugasse 10, A-1082 Wien

Österreichische Röntgengesellschaft, Gesellschaft für Medizinische Radiologie und Nuklearmedizin, (1946), Mariannengasse 10, A-1090 Wien

Österreichische Werbewissenschaftliche Gesellschaft, Franz-Klein-Gasse 1, A-1190 Wien

Österreichischer Akademikerbund, (1953), Freyung 2, A-1010 Wien

Österreichischer Alpenverein, (1862), Greilstr 15, A-6020 Innsbruck

Österreichischer Komponistenbund, (1913), Baumannstr 8-10, A-1030 Wien

Österreichischer Normenausschuss, (1920), Börsegasse 18, A-1010 Wien

Österreichischer PEN-Club, (1922), Sigmundsgasse 16, A-1070 Wien

Österreichischer Richard Wagner Verband, (1909), Kärntner Ring 10, A-1010 Wien

Österreichischer Schriftstellerverband, Burggasse 60, A-1070 Wien

Österreichisches Atomforum, (1965), Lenaugasse 10, A-1082 Wien

Österreichisches Bauzentrum, (1957), Palais Liechtenstein, A-1090 Wien

Österreichisches Institut für Bibliographie, (1949), Rathauspl 4, A-1010 Wien

Österreichisches Institut für Formgebung, ÖIF, (1958), Salesianergasse 1, A-1030 Wien

Österreichisches Institut für Raumplanung, ÖIFR, (1957), Franz-Josefs-Kai 27, A-1011 Wien

Österreichisches Institut für Verpackungswesen, ÖIV, (1956), Franz-Klein-Gasse 1, A-1190 Wien

Österreichisches Produktivitätszentrum, ÖPZ, (1950), Hohenstaufengasse 3, A-1014 Wien

Österreichisches Verpackungszentrum, ÖVZ, (1956), Hoher Markt 3, A-1011 Wien

Orientalische Gesellschaft, (1952), Universitätsstr 7, A-1010 Wien

Philosophische Gesellschaft Wien, (1954), Universitätsstr 7, A-1010 Wien

Rektorenkonferenz, Schottengasse 1, A-1010 Wien

Sozialwissenschaftliche Arbeitsgemeinschaft, Freyung 6, A-1010 Wien

Johann Strauss Gesellschaft, (1936), Neues Rathaus, A-1010 Wien

Studiengesellschaft für Alpenwasserkräfte in Österreich, Landhauspl 2, A-6020 Innsbruck

Verband der Akademikerinnen Österreichs, (1922), Reitschulgasse 2, A-1010 Wien

Verband der Diplomierten Assistenten für Physikalische Medizin Österreichs, Alserstr 4, A-1090 Wien

Verband der Lehrerschaft an Berufsbildenden Lehranstalten Österreichs, Währingerstr 59, A-1090 Wien

Verband der Marktforscher Österreichs, VMÖ, c/o INFO, Schottenfeldgasse 1, A-1070 Wien

Verband der Professoren Österreichs, VdPÖ, c/o Dr. K. Jelusic, Hansenstr 6, A-1010 Wien

Verband Österreichischer Geschichtsvereine, (1949), Johannesgasse 6, A-1010 Wien

Verband Österreichischer Volksbüchereien, (1948), Skodagasse 20, A-1080 Wien

Verein für Geschichte der Stadt Wien, (1853), c/o Archiv der Stadt und des Landes Wien, Rathaus, A-1082 Wien

Verein für Landeskunde von Niederösterreich und Wien, (1864), Herrengasse 13, A-1014 Wien

Verein für Volkskunde, (1894), Laudongasse 15-19, A-1080 Wien

Verein Österreichischer Zahnärzte, Langegasse 9, A-1080 Wien

Vereinigung der Orthopäden Österreichs, Garnisongasse 13, A-1090 Wien

Vereinigung Österreichischer Ärzte, VÖÄ, (1945), Weihburggasse 10-12, A-1010 Wien

Vereinigung Österreichischer Bibliothekare, VÖB, (1896), Josefspl 1, A-1014 Wien

Weltunion der Katholischen Philosophischen Gesellschaften, (1948), Aignerstr 25, A-5026 Salzburg

Weltverband der Anaesthesisten-Gesellschaften, (1955), Spitalgasse 23, A-1097 Wien

Wiener Beethoven Gesellschaft, (1954), Pfarrpl 3, A-1190 Wien

Wiener Entomologische Gesellschaft, (1916), Rathausstr 11, A-1010 Wien

Wiener Goethe Verein, (1878), Reitschulgasse 2, A-1010 Wien

Wiener Institut für Entwicklungsfragen, (1962), Obere Donaustr 49-51, A-1020 Wien

Wiener Juristische Gesellschaft, (1867), Stephanspl 8a, A-1010 Wien

Wiener Katholische Akademie, (1945), Freyung 6, A-1010 Wien

Wiener Konzerthausgesellschaft, (1913), Lothringerstr 20, A-1030 Wien

Wiener Männergesangverein, (1843), Bösendorferstr 12, A-1010 Wien

Wiener Medizinische Akademie für Ärztliche Fortbildung, (1896), Alserstr 4, A-1090 Wien

Wiener Philharmoniker, (1842), Bösendorferstr 12, A-1010 Wien

Wiener Psychoanalytische Vereinigung, (1908), Doblhoffgasse 9, A-1010 Wien

Wiener Secession, (1897), Friedrichstr 12, A-1010 Wien

Wiener Sprachgesellschaft, (1947), c/o Institut für Sprachwissenschaft, Universität, A-1010 Wien

Wiener Verein für Psychiatrie und Neurologie, (1868), c/o Universitätsnervenklinik, Lazarettgasse 14, A-1090 Wien

Zoologisch-Botanische Gesellschaft in Wien, (1851), c/o Naturhistorisches Museum, Burgring 7, A-1010 Wien

Polen

Poland

Bydgoskie Towarzystwo Naukowe, (1959), Ul Jezuicka 4, Bydgoszcz

Gdańskie Towarzystwo Naukowe, (1922), Al Zwycięstwa 57, Gdańsk

International Commission for the European Mycological Congresses, (1953), c/o Department of Botany, University, Al Ujazdowskie 4, Warszawa

International Commission on Trichinellosis, (1958), Ul Norwida 29, Wrocław

Kieleckie Towarzystwo Naukowe, (1958), Ul Sciegiennego 6, Kielce

Kierunki, (1956), Ul Mokotowska 43, Warszawa

Łódzkie Towarzystwo Naukowe, (1936), Sienkiewicza 29, Łódź

Lubelskie Towarzystwo Naukowe, (1958), Pl Litewski 5, Lublin

Magistrów Wychowania Fizycznego Pracujacych w Rehabilitacji, c/o Walicki, Polskie Towarzystwo Walki z Kalectwem, Zarzad Glówny, Pl Trzech Krzyzy 10, Warszawa

Opolskie Towarzystwo Przyjaciół Nauk, (1955), Ul Zamkowa 2, Opole

Polish Academy of Sciences, (1952), Palace of Culture and Science, Warszawa

Polish Librarians Association, (1917), Konopczynskiego 5-7, Warszawa

Polski Związek Entomologiczny, Akademicka 12, Lublin

Polskie Lekarskie Towarzystwo Radiologiczne, (1925), Chałubińskiego 5, Warszawa

Polskie Towarzystwo Anatomiczne, (1929), Chałubińskiego 5, Warszawa

Polskie Towarzystwo Anatomopatologów, (1958), Chałubińskiego 5, Warszawa

Polskie Towarzystwo Antropologiczne, (1925), Ul Marymoncka 34, Warszawa

Polskie Towarzystwo Archeologiczne, (1953), Jezuicka 6, Warszawa

Polskie Towarzystwo Astronautyczne, (1956), Pałac Kultury i Nauki, Warszawa

Polskie Towarzystwo Astronomiczne, (1923), Al Ujazdowskie 4, Warszawa

Polskie Towarzystwo Balneologii, Bioklimatologii i Medycyny Fizykalnej, Słowackiego 8-10, Poznań

Polskie Towarzystwo Biochemiczne, (1958), Ul Freta 16, Warszawa

Polskie Towarzystwo Botaniczne, (1922), Ul Rakowiecka 8, Warszawa

Polskie Towarzystwo Chemiczne, (1919), Ul Freta 16, Warszawa

Polskie Towarzystwo Dermatologiczne, PTD, (1920), Ul Koszykowa 82a, Warszawa

Polskie Towarzystwo Ekonomiczne, (1918), Nowy Świat 49, Warszawa

Polskie Towarzystwo Endokrynologiczne, (1951), Koszykowa 78, Warszawa

Polskie Towarzystwo Farmaceutyczne, (1947), Ul Długa 16, Warszawa

Polskie Towarzystwo Filologiczne, (1893), Krakowskie Przedmieście 26-28, Warszawa

Polskie Towarzystwo Filozoficzne, (1904), Pałac Kultury i Nauki, Warszawa

Polskie Towarzystwo Fizjologiczne, (1936), Powstańców 72, Szczecin

Polskie Towarzystwo Fizyczne, (1921), Hoza 69, Warszawa

Polskie Towarzystwo Geofizyczne, (1947), Smoleńskiego 16, Warszawa

Polskie Towarzystwo Geograficzne, (1918), Krakowskie Przedmieście 30, Warszawa

Polskie Towarzystwo Geologiczne, (1921), Oleandry 2a, Kraków 19

Polskie Towarzystwo Ginekologiczne, (1922), Ul M. C. Sklodowskiej 24a, Bialystok

Polskie Towarzystwo Gleboznawcze, (1937), Ul Wisniowa 61, Warszawa

Polskie Towarzystwo Higieny Psychicznej, (1958), Łowicka 7-15, Warszawa

Polskie Towarzystwo Historii Medycyny, (1957), Ul Chocimska 22, Warszawa

Polskie Towarzystwo Historyczne, (1886), Rynek Starego Miasta 31, Warszawa

Polskie Towarzystwo Językoznawcze (1925), Ul Krupnicza 35, Kraków

Polskie Towarzystwo Kardiologiczne, (1954), Ul Goszczyńskiego 1, Warszawa

Polskie Towarzystwo Lekarski, (1951), Al Ujazdowskie 24, Warszawa

Polskie Towarzystwo Leśne, (1882), Ul Wery Kostrzewy 3, Warszawa

Polskie Towarzystwo Ludoznawcze, (1895), Szewska 36, Wrocław

Polskie Towarzystwo Matematyczne, (1919), Ul Sniadeckich 8, Warszawa

Polskie Towarzystwo Mechaniki Teoretycznej i Stosowanej, (1958), Pałac Kultury i Nauki, Warszawa

Polskie Towarzystwo Mikrobiologów, (1927), Ul Chocimska 24, Warszawa

Polskie Towarzystwo Miłośników Astronomii, (1921), Ul Ludwika Solskiego 30, Kraków

Polskie Towarzystwo Mineralogiczne, (1969), Al Mickiewicza 30, Kraków

Polskie Towarzystwo Nauk Weterynaryjnych, (1952), Grochowska 272, Warszawa

Polskie Towarzystwo Nautologiczne, (1957), Ul Sędzickiego 19, Gdynia

Polskie Towarzystwo Neurologiczne, (1934), c/o M. Filipowicz, Krakowskie Przedmiescie 69, Warszawa

Polskie Towarzystwo Okulistyczne, (1921), c/o Klinika Okulistyczna, Lindleya 4, Warszawa

Polskie Towarzystwo Orientalistyczne, (1922), Ul Grójecka 17, Warzawa

Polskie Towarzystwo Ortopedyczne i Traumatologiczne, (1928), Ul Kopernika 43, Warzawa

Polskie Towarzystwo Otolaryngologiczne, PTOL, (1889), Ul Nowogrodzka 59, Warszawa

Polskie Towarzystwo Parazytologiczne, (1948), Norwida 29, Wrocław

Polskie Towarzystwo Pediatryczne, (1908), Ul Karowa 31, Warszawa

Polskie Towarzystwo Przyrodników im. Kopernika, (1875), Pałac Kultury i Nauki, Warszawa

Polskie Towarzystwo Psychiatryczne, (1920), Spasowskiego 6-8, Warszawa

Polskie Towarzystwo Psychologiczne, PTP, (1948), Nowy Swiat 72, Warszawa

Polskie Towarzystwo Socjologiczne, (1957), Nowy Swiat 72, Warszawa

Polskie Towarzystwo Stomatologiczne, (1951), Ul Miodowa 18, Warszawa

Polskie Towarzystwo Urologiczne, PTU, (1949), Ul Jaczewskiego 8, Lublin

Polskie Towarzystwo Zoologiczne, (1935), Sienkiewicza 21, Wrocław

Polskie Towarzystwo Zootechniczne, (1922), Kaliska 9, Warszawa

Poznánskie Towarzystwo Przyjaciół Nauk, (1857), Ul Sew Mielzyńskiego 27-29, Poznań

Stowarzyszenie Autorów, ZAIKS, (1918), Hipoteczna 2, Warszawa

Stowarzyszenie Bibliotekarzy Polskich, Konopczyńskiego 5-7, Warszawa

Stowarzyszenie Polskich Artystów Muzyków, SPAM, Ul Krucza 24-26, Warszawa

Szczecińskie Towarzystwo Naukowe, (1956), Wielkopolska 19, Szczecin

Towarzystwo Anestezjologów Polskich, TAP, (1958), Ul Dluga 1-2, Poznań

Towarzystwo Chirurgów Polskich, TChP, (1889), c/o Klinika Chorób Chirurgicznych, Ul Oczki 6, Warszawa

Towarzystwo im. Fryderyka Chopina, (1934), Okólnik 1, Warszawa

Towarzystwo Internistów Polskich, (1906), Pasteura 4, Wrocław

Towarzystwo Literacki im. Mickiewicza, (1886), Nowy Swiat 72, Warszawa

Towarzystwo Milośników Historii i Zabytków Krakowa, (1896), Sienna 16, Kraków

Towarzystwo Milośników Języka Polsklege, Straszewskiego 27, Kraków

Towarzystwo Naukowe Organizacji i Kierownictwa, (1919), Ul Koszykowa 6, Warszawa

Towarzystwo Naukowe Płockie, (1820), Pł Narutowicza 8, Płock

Towarzystwo Naukowe w Toruniu, (1875), Ul Wysoka 16, Toruń

Towarzystwo Przyjaciół Nauki i Sztuki w Rzeszowie, 3 Maja 19, Rzeszów

Towarzystwo Przyjaciół Nauk w Przyemyślu, (1909), Pł Czackiego 3, Przemyśl

Towarzystwo Urbanistów Polskich, Ul Nowogrodzka 31, Warszawa

Wrocławskie Towarzystwo Naukowe, (1946), Rosenbergów 13, Wrocław

Zrzeszenie Lekarzy i Techników Weterynarii, (1930), POB 118, Warszawa 1

Zrzeszenie Polskich Towarzystwo Lekarskich, (1965), Al Ujazdowskie 24, Warszawa

Związek Kompozytorów Polskich, ZKP, (1945), Rynek Starego Miasta 27, Warszawa

Związek Pisarzy Polskich, Krakowskie Prezedmiéscie 87, Warszawa

Związek Polskich Artystów Plastyków, ZAP, (1944), Foksal 2, Warszawa

Zydowski Instytut Historyczny, (1944), Al Swierczewskiego 79, Warszawa

Portugal

Portugal

Academia das Ciências de Lisboa, (1779), Rua da Academia das Ciências 19, Lisbõa

Academia Nacional de Belas Artes, (1932), Largo da Biblioteca, Lisbõa

Academia Portuguesa da História, (1720), Rua da Escola Politécnica 167, Lisbõa

Associação Acadêmica de Coimbra, Coimbra

Associação dos Arqueólogos Portugueses, (1863), Largo do Carmo, Lisbõa

Associação Portuguesa de Fisioterapeutas, Rua da Imprensa à Estrela 9, Lisbõa

Associação Portuguesa de Fotogrametria, Lisbõa

Associação Portuguesa para o Progresso das Ciências, Praça do Príncipe Real 14, Lisbõa

Centro de Documentação Cientifica, (1937), Campo dos Mártires da Pátria, Lisbõa

Colégio Ibero-Latino-Americano de Dermatologia, (1948), Av de Liberdado 90, Lisbõa 2

Comissão de Estudos de Energia Nuclear, (1954), c/o Instituto Superior Técnico, Av Rovisco Pais, Lisbõa

Direcção Geral de Minas e Serviços Geológicos, (1917), c/o Ministério da Economia, Rua António Enes 5, Lisbõa

Instituto "António Aurélio da Costa Ferreira", (1941), Travessa das Terras de Sant'Ana 15, Lisbõa 2

Instituto de Coimbra, (1851), Rua da Ilha, Coimbra

Instituto dos Actuarios Portugueses, Rua Rodrigo da Fonseca 76, Lisbõa 1

Instituto Histórico da Ilha Terceira, (1942), Edifício de São Francisco, Angra do Heroísmo

International Society for Rock Mechanics, ISRM, (1962), c/o Laborotório Nacional de Engenharia Civil, Av do Brasil, Lisbõa 5

Junta de Energia Nuclear, (1954), Rua de S. Pedro de Alcántara, Lisbõa

Junta de Investigações do Ultramar, JIU, (1936), c/o Ministério do Ultramar, Restelo, Lisbõa 3

Ordem dos Médicos, (1938), Av da Liberdade 65, Lisbõa

Serviço de Fomento Mineiro, (1939), Rua da Ameira, Oporto

Serviço Meteorológico Nacional, (1946), Rua Saraiva de Carvalho 2, Lisbõa 3

Serviços Geológicos de Portugal, (1857), Rua da Academia das Ciências 19, Lisbõa 2

Sindicato Nacional dos Médicos Veterinários, Rua de D. Dinis 2a, Lisbõa

Sindicato Nacional dos Músicos, Av D. Carlos I 72, Lisbõa

Sindicato Nacional dos Odontologistas Portuguesas, Av Almirante Reis 91, Lisbõa

Sindicato Nacional dos Professores, Rua do Salitre 80, Lisbõa

Sociedade Anatómica Luso-Hispano-Americana, (1935), c/o Instituto de Anatómia, Faculdade de Medicina de Lisbõa, Oporto

Sociedade Broteriana, (1880), c/o Instituto Botânico, Universidade, Coimbra

Sociedade de Ciências Agronómicas de Portugal, Rua D. Dinis 2, Lisbõa

Sociedade de Ciências Económicas, Rua 1 de Dezembro 122, Lisbõa

Sociedade de Ciências Médicas de Lisbõa, Rua do Alecrim 53, Lisbõa

Sociedade de Estudos Açoreanos "Afonso Chaves", (1932), Ponta Delgada

Sociedade de Estudos Técnicos, SARL-SETEC, Rua Joaquin António de Aguiar 73, Lisbõa 1

Sociedade de Geográfia de Lisbõa, (1875), Rua das Portas de Santo Antão 100, Lisbõa

Sociedade de Martins Sarmento, (1882), Rua de Paio Galvão, Guimarães

Sociedade Farmacêutica Lusitana, (1835), Rua Sociedade Farmacêutica 18, Lisbõa

Sociedade Geológica de Portugal, (1940), c/o Faculdade de Ciências, Universidade, Lisbõa

Sociedade Nacional de Belas Artes, (1901), Rua Barata Salgueiro 36, Lisbõa

Sociedade Portuguesa de Anestesiologia, (1955), Rua do Alecrim 53, Lisbõa

Sociedade Portuguesa de Antropologia e Etnologia, (1918), c/o Faculdade de Ciências, Universidade, Oporto

Sociedade Portuguesa de Ciencias Economicas, Rua do Quelhas 6a, Lisbõa

Sociedade Portuguesa de Ciências Naturais, (1907), c/o Faculdade de Ciências, Rua da Escola Politécnica, Lisbôa

Sociedade Portuguesa de Ciências Veterinárias, (1902), Rua de D. Dinis 2a, Lisbôa

Sociedade Portuguesa de Dermatologia e Venerologia, c/o Hospital do Destêrro, Lisbôa

Sociedade Portuguesa de Especialistas de Pequenos Animais, Rua de D. Dinis 2a, Lisbôa

Sociedade Portuguesa de Estomatologia, Av da Liberdade 65, Lisbôa

Sociedade Portuguesa de Estudos Eugénicos, Coimbra

Sociedade Portuguesa de Hidrologia Médica, Av da Liberdade 65, Lisbôa

Sociedade Portuguesa de Higiene Alimentar, Rua de D. Dinis 2a, Lisbôa

Sociedade Portuguesa de Medicina Fisica e Reabilitação, Av da Liberdade 65, Lisbôa

Sociedade Portuguesa de Nutrição e Alimentação Animal, Rua de D. Dinis 2a, Lisbôa

Sociedade Portuguesa de Parasitologia, Rua de D. Dinis 2a, Lisbôa

Sociedade Portuguesa de Patologia Aviária, Rua de D. Dinis 2a, Lisbôa

Sociedade Portuguesa de Pediatria, Av da República 64, Lisbôa

Sociedade Portuguesa de Química e Fisica, c/o Laboratório de Química, Faculdade de Ciências, Universidade, Lisbôa

Sociedade Portuguesa de Radiologia e Medicina Nuclear, c/o Hospital de S. José, Lisbôa

Sociedade Portuguesa Otoneurooftalmológica, Av da Liberdade 65, Lisbôa

Sociedade Portuguesa Veterinária de Estudos Sociológicos, Rua de D. Dinis 2a, Lisbôa

Rumänien

Romania

Academia de Ştiinţe Agricole şi Silvice, (1969), Bd Mărăşti 61, Bucureşti

Academia de Ştiinţe Medicale, (1969), Str Biserica Amzei, Bucureşti

Academia de Ştiinţe Sociale şi Politice, (1970), Bucureşti

Academia Republicii Socialiste România, (1948), Calea Victoriei 125, Bucureşti

Asociatia Bibliotecărilor din Republică Populăra Romina, (1956), Str Biserica Amzei 5-7, Bucureşti

Asociatia Cineastilor din R.S.R., (1963), Bd. G. Gheorghiu-Dej 65, Bucureşti

Asociatia de Drept Internaţional si Relaţii Internaţionale din R.S.R., (1966), Sos. Kiseleff 47, Bucureşti

Asociatia Juristilor din R.S.R., (1949), Bd Gral Magheru 22, Bucureşti

Asociatia Oamenilor de Arta din Institutule Teatrale şi Muzicale, (1957), Str Filimon Sîrbu 16, Bucureşti

Asociatia Oamenilor de Ştiinţa din R.S.R., (1956), Str Progresuliu 10, Bucureşti

Asociatia Română de Ştiinţe Politice, (1968), Soseaua Kiseleff 47, Bucureşti

Balkan Medical Union, (1932), Str Progresul 10, Bucureşti

Comitetul National al Geologilor din R.S.R., (1970), Str Mendeleev 36, Bucureşti

Comitetul National de Sociologie, Bucureşti

Consiliul Culturii şi Educatiei Socialiste, (1971), Piaţa Scinteii 1, Bucureşti

International Association of South-East European Studies, (1963), Str Ion Frimu 9, Bucureşti

International Society for Ethnology and Folklore, (1928), c/o Institut de Folklore, Str Nikos Beloiannis 25, Bucureşti

Latin Language Mathematicians' Group, (1955), c/o Institut de Mathématiques, Académie des Sciences de la R.S.R., Calea Grivitei 21, Bucureşti

Librarians' Association of the Socialist Republic of Romania, (1956), Str Ion Ghica 4, Bucureşti

P.E.N. Club, Intrarea Dr. Marcovici 9, Bucureşti

Societatea de Balneologie, c/o USSM, Str Progresului 8-10, Bucureşti

Societatea de Cardiologie, (1947), c/o USSM, Str Progresului 8-10, Bucureşti

Societatea de Chirurgie, (1898), c/o USSM, Str Progresului 8-10, Bucureşti

Societatea de Dermatologie, (1921), c/o USSM, Str Progresului 8-10, Bucureşti

Societatea de Endocrinologie, (1918), c/o USSM, Str Progresului 8-10, Bucureşti

Societatea de Farmacie, (1880), c/o USSM, Str Progresului 8-10, Bucureşti

Societatea de Fiziologie, (1949), c/o USSM, Str Progresului 8-10, Bucureşti

Societatea de Ftiziologie, (1930), c/o USSM, Str Progresului 8-10, Bucureşti

Societatea de Gastro-Enterologie, (1959), c/o USSM, Str Progresului 8-10, Bucureşti

Societatea de Gerontologie, (1956), c/o USSM, Str Progresului 8-10, Bucureşti

Societatea de Higiena şi Sănătate, (1949), c/o USSM, Str Progresului 8-10, Bucureşti

Societatea de Histochimie şi Citochimie, (1964), c/o USSM, Str Progresului 8-10, Bucureşti

Societatea de Istorie a Medicinei, (1929), c/o USSM, Str Progesului 8-10, Bucureşti

Societatea de Medicină a Culturii Fizice şi Sportului, (1932), c/o USSM, Str Progresului 8-10, Bucureşti

Societatea de Medicină Generală, (1961), c/o USSM, Str Progresului 8-10, Bucureşti

Societatea de Medicină Internă, (1919), c/o USSM, Str Progresului 8-10, Bucureşti

Societatea de Medicină şi Farmacie Militară, (1900), c/o USSM, Str Progresului 8-10, Bucureşti

Societatea de Morfologie Normală şi Patologică, (1900), c/o USSM, Str Progresului 8-10, Bucureşti

Societatea de Neurologie şi Neurochirurgie, (1918), c/o USSM, Str Progresului 8-10, Bucureşti

Societatea de Obstetrică şi Ginecologie, (1900), c/o USSM, Str Progresului 8-10, Bucureşti

Societatea de Oftalmologie, (1922), c/o USSM, Str Progresului 8-10, Bucureşti

Societatea de Oncologie, (1928), c/o USSM, Str Progresului 8-10, Bucureşti

Societatea de Ortopedie şi Traumatologie, (1935), c/o USSM, Str Progresului 8-10, Bucureşti

Societatea de Oto-Rino-Laringologie, (1908), c/o USSM, Str Progresului 8-10, Bucureşti

Societatea de Patologie Infecţioasă, (1958), c/o USSM, Str Progresului 8-10, Bucureşti

Societatea de Pediatrie, (1925), c/o USSM, Str Progresului 8-10, Bucureşti

Societatea de Psihiatrie, (1918), c/o USSM, Str Progresului 8-10, Bucureşti

Societatea de Radiologie, (1924), c/o USSM, Str Progresului 8-10, Bucureşti

Societatea de Ştiinţe Biologice din R.S.R., (1949), Bd Schitu Măgureanu 9, Bucureşti

Societatea de Ştiinţe Filologice din R.S.R., (1949), Bd Republicii 55, Bucureşti

Societatea de Ştiinţe Fizice şi Chimice din R.S.R., (1964), Str Nuferilor 23, Bucureşti

Societatea de Ştiinţe Geografie din R.S.R., (1875), Bd Schitu Măgureanu 9, Bucureşti

Societatea de Ştiinţe Geologice din R.S.R., (1930), Str Berzei 46, Bucureşti

Societatea de Ştiinţe Istorice din R.S.R., (1949), Bd Republicii 55, Bucureşti III

Societatea de Ştiinţe Matematice din R.S.R., (1949), Str Academiei 14, Bucureşti

Societatea de Ştiinţe Naturale şi Geografie din R.S.R., Bd Schitu Magureanu 9, Bucureşti

Societatea de Stomatologie, (1938), c/o USSM, Str Progresului 8-10, Bucureşti

Societatea Natională Română Pentru Ştiinţa Solului, (1961), Bd Mărăsti 61, Bucureşti

Societatea Numismatică, Str Stupinei 39, Bucureşti

Uniunea Artistilor Plastici din R.S.R., UAP, (1950), Calea Victoriei 155, Bucureşti I

Uniunea Compozitorilor din R.S.R., (1921), Calea Victoriei 141, Bucureşti I

Uniunea Scriitorilor din R.S.R., (1949), Sos. Kiseleff 10, Bucureşti

Uniunea Societăţilor de Ştiinţe Medicale din R.S.R., USSM, (1832), Str Progresului 8-10, Bucureşti

World Society of Endoscopy, Endobiopsy and Digestive Cytology, (1964), Str Pitar Mos 29, Bucureşti

---

Schweden

Sweden

Åskforskningskommissionen, Grev Turegatan 14, S-114 46 Stockholm

Association Internationale des Langues et Littératures Slaves, Tegnérlunden 12, S-111 61 Stockholm

Association of Special Research Libraries, (1945), c/o Skogsbiblioteket, S-104 05 Stockholm

Biologilärarnas Förening, (1933), Blackebergsplan 5, S-161 58 Bromma

Biotekniska Nämnden, Grev Turegatan 14, S-114 46 Stockholm

Esperantist Ornithologists' Association, (1961), Telegrafgatan 5, S-149 01 Nynäshamn

European Atherosclerosis Group, (1964), c/o King Gustaf V Research Institute, Karolinska Sjukhuset, S-104 01 Stockholm

Flygtekniska Föreningen, c/o Institute of Aeronautics, Royal Institute of Technology, S-100 44 Stockholm

Föreningen för Elektricitetens Rationella Användning, FERA, Norrtullsgatan 6, S-113 29 Stockholm

Föreningen för Vattenhygien, FVH, Linnégatan 2, S-114 47 Stockholm

Föreningen Svenska Marknadsundersöknings-Institut, Birger Jarlsgatan 15, S-111 45 Stockholm

Föreningen Svenska Tonsättare, (1918), Tegnérlunden 3, S-111 61 Stockholm

Forskningsberedningen, (1962), Fack, S-103 10 Stockholm

Forskningsrådens Rymdnämnd, Sveavägen 166, S-113 46 Stockholm

Fylkingen, Rindögatan 27, S-115 36 Stockholm

Geografilärarnas Riksförening, (1933), c/o Department of Geography, Sölvegatan 13, S-223 62 Lund

Geologiska Föreningen, (1871), S-104 05 Stockholm

Göteborgs Kungliga Vetenskaps- och Vitterhets-Samhälle, (1778), Box 5096, S-402 22 Göteborg

Historielärarnas Förening, (1942), Järnbrogatan 12, S-755 90 Uppsala

Ingeniörsvetenskapsakademien, (1919), Box 5073, S-102 42 Stockholm

International Association for Accident and Traffic Medicine, (1960), Karlavägen 119, S-115 26 Stockholm

International Association for the Evaluation of Educational Achievement, IEA, (1959), Sveavägen 166, S-113 46 Stockholm

International Association of Applied Linguistics, (1964), Skiljevägen 32, S-182 36 Danderyd

International Law Association, (1922), Wahrendorffsgatan 1, S-111 47 Stockholm

International Mathematical Union, IMU, (1950), Box 41, S-182 51 Djursholm

International Organization for Medical Physics, IOMP, (1963), c/o Department of Radiotherapy, General Hospital, S-214 01 Malmö

International Society for Fat Research, ISF, c/o Swedish Institute for Food Preservation Research, Fack, S-400 21 Göteborg

International Society for Stereology, (1961), c/o Department of Engineering Materials, University, S-402 20 Göteborg

International Union of Game Biologists, IUGB, c/o Prof. K. Borg, Statens Veterinärmedicinska Anstait, S-104 05 Stockholm

International Union of Pharmacology, IUPHAR, c/o Prof. B. Uvnäs, Department of Pharmacology, Karolinska Institutet, S-104 01 Stockholm

Joint Committee of the Natural Science Research Councils in Denmark, Finland, Norway and Sweden, (1967), Fack 23136, S-104 35 Stockholm

Kartografiska Sällskapet, (1908), c/o Esselte Map Service, Box 304, S-101 24 Stockholm

Kemiska Föreningen in Lund, c/o Kemiska Institutionen, Helgonavägen, S-223 62 Lund

Kemiska Sällskapet i Stockholm, c/o M. Jaarma, Schlytersvägen 41, S-126 02 Hägersten

Kommitté för Forskningsorganisation och Forskningsekonomi, Sveavägen 166, S-113 46 Stockholm

Kommittén för Petrokemisk Forskning och Utveckling, Box 5073, S-161 05 Stockholm

Konstnärernas Riksorganisation, KRO, (1937), Fiskargatan 3, S-116 45 Stockholm

Kungliga Akademien för de fria Konsterna, (1735), Fredsgatan 12, S-103 26 Stockholm

Kungliga Fysiografiska Sällskapet i Lund, (1772), Sölvegatan 13, S-223 62 Lund

Kungliga Gustav Adolfs Akademien, (1932), Klostergatan 2, S-753 21 Uppsala

Kungliga Musikaliska Akademien, (1771), S-100 05 Stockholm

Kungliga Skogs- och Lantbruksakademien, (1811), Hovslagargatan 2, S-111 48 Stockholm

Kungliga Svenska Vetenskapsakademien, (1739), S-104 05 Stockholm

Kungliga Vetenskaps-Societeten, (1710), St. Larsgatan 1, S-752 20 Uppsala

Kungliga Vitterhets Historie och Antikvitets Akademien, (1753), Storgatan 41, S-114 55 Stockholm

Lärarnas Riksförbund, LR, (1912), Kungsholmsgatan 12, S-112 27 Stockholm

Legitimerade Sjukgymnasters Riksförbund, Birger Jarlsgatan 39, S-111 45 Stockholm

Lunds Matematiska Sällskap, (1923), c/o Matematiska Institutionen, S-221 01 Lund

Matematiska Föreningen, Universitetet, (1853), c/o Department of Mathematics, University, S-750 02 Uppsala

Matematiska Sällskapet, Stockholm, c/o Dr. L. Busch, Taptogatan 4, S-115 28 Stockholm

Musikaliska Konstföreningen, (1859), Nybrokajen 11, S-111 48 Stockholm

Musiklärarnas Riksförening, Sundbyvägen 28, S-163 59 Spånga

Nationalekonomiska Föreningen, (1877), Box 16067, S-103 22 Stockholm

Nordic Association of Applied Geophysics, NOFTIG, c/o Geological Survey of Sweden, S-104 05 Stockholm

Nordisk Akustisk Selskap, c/o Speech Transmission Laboratory, Royal Institute of Technology, S-100 44 Stockholm

Nordisk Musiker Union, (1916), Upplandsgatan 4, S-111 23 Stockholm

Nordisk Samarbetskommitté för Materialprovning och -Forskning, NM, c/o Swedish Institute for Materials Testing, Drottning Kristinas Väg 31-37, S-114 28 Stockholm

Nordiska Kemistrådet, c/o Svenska Kemistsamfundet, S-100 44 Stockholm

Nordiska Samarbetsorganisationen för Teknisk-Naturvetenskaplig Forskning, NORDFORSK, (1947), Box 5103, S-102 43 Stockholm

Nordiska Vetenskapliga Bibliotekarieförbundet, NVBF, (1947), c/o University Library, Box 5096, S-402 22 Göteborg

Oljeeldningstekniska Föreningen, Engelbrektsgatan 12, S-114 32 Stockholm

Pennklubben, c/o Norstedt och Söner, Tryckerigatan 2, S-111 28 Stockholm

Pulvermetallurgiska Föreningen, Drottningholmsvägen 15, S-112 42 Stockholm

Riksförbundet Sveriges Musikpedagoger, (1953), c/o E. Annmo, Källarpsgatan 23, S-552 59 Jönköping

Riksföreningen för Lärarna i Moderna Språk, LMS, (1930), Fridhemsvägen 2, S-141 43 Huddinge

Samfundet de Nio, (1913), c/o Anders Öhman, Smålandsgatan 14, S-111 46 Stockholm

Scandinavian Cancer Union, c/o Riksföreningen mot Cancer, Sturegatan 14, S-114 36 Stockholm

Scandinavian Committee of Schools of Social Work, c/o Socialhögskolen, S-220 02 Lund

Scandinavian Committee on Production Engineering Research, c/o Sveriges Mekanförbund, Artillerigatan 34, S-114 45 Stockholm

Scandinavian Dental Association, (1866), Kungsgatan 74, S-111 22 Stockholm

Scandinavian Society of Obstetrics and Gynecology, c/o Sankt Eriks Sjukhus, S-100 05 Stockholm

Skandinaviska Telesatellitkommittén, STSK, c/o Rymdobservatoriet, Råö, S-430 34 Onsala

Skolledarförbundet, SLF, (1965), Box 1662, S-111 86 Stockholm

Socialstyrelsen, (1663), Wallingatan 2, S-111 60 Stockholm

Statens Luftvardsnämnd, Sveavägen 166, S-113 46 Stockholm

Statens Naturvetenskapliga Forskningsråd, Sveavägen 166, S-113 46 Stockholm

Statens Råd för Atomforskning, Sveavägen 166, S-113 46 Stockholm

Statens Råd för Byggnadsforskning, Linnégatan 64, S-114 54 Stockholm

Statens Tekniska Forskningsråd, Grev Turegatan 14, S-114 46 Stockholm

Statens Trafiksäkerhetsrad, Sveavägen 166, S-113 46 Stockholm

Statistika Föreningen, (1901), Fack, S-102 50 Stockholm

Studieförbundet Närnigslio och Samhälle, Sköldungagatan 2, S-114 27 Stockholm

Svensk Anestesiologisk Förening, SAF, (1946), c/o Dr. H. Lewerentz, Norrtälje Sjukhus, S-761 00 Norrtälje

Svensk Förening för Medicinisk Radiologi, c/o Centrala Röntgenavdelingen, Karolinska Sjukhuset, S-100 05 Stockholm

Svensk Kirurgisk Förening, (1909), c/o L. Räf, Serafimerlasarettet, S-112 83 Stockholm

Svenska Akademien, (1786), Börshuset, S-100 05 Stockholm

Svenska Aktuarieföreningen, (1904), c/o L.-G. Benckert, Trygg-Hansa, Fack, S-102 40 Stockholm

Svenska Akustiska Sällskapet, c/o Speech Transmission Laboratory, Royal Institute of Technology, S-100 44 Stockholm

Svenska Arkivsamfundet, (1952), c/o Riksarkivet, Fack, S-100 26 Stockholm

Svenska Astronomiska Sälskapet, c/o Stockholms Observatory, S-133 00 Saltsjöbaden

Svenska Bibliotekariesamfundet, (1921), c/o Linköpings Högskolasbibliotek, Fack, S-581 83 Linköping

Svenska Brandförsvarsföreningen, Brunkebergstorg 15, S-111 51 Stockholm

Svenska Facklärarförbundet, (1948), Hornsgatan 33a, S-116 49 Stockholm

Svenska Föreningen för Lerforskning, c/o Institute of Quaternary Geology, Fack, S-750 08 Uppsala

Svenska Föreningen för Ljuskultur, Sveavägen 18-20, S-111 57 Stockholm

Svenska Föreningen för Mikrobiologi, c/o Viruslaboratoriet, Sahlgrenska Sjukhuset, S-413 45 Göteborg

Svenska Folkbibliotekarieförbundet, c/o Stadsbiblioteket, S-750 02 Uppsala

Svenska Fysikersamfundet, (1920), Box 530, S-751 21 Uppsala

Svenska Fysioterapeutiska Föreningen, SFF, (1938), Kungsgatan 19, S-111 43 Stockholm

Svenska Geofysiska Föreningen, (1920), Box 34006, S-100 26 Stockholm

Svenska Geologiska Undersökning, SGU, Frescati, S-104 05 Stockholm

Svenska Gymnastiklärareställskapet, (1884), Rådjursstigen 74, S-191 46 Sollentuna

Svenska Interplanetariska Sällskapet, Box 5045, S-102 41 Stockholm

Svenska Kommunaltekniska Föreningen, Drottninggatan 85, S-111 60 Stockholm

Svenska Kyltekniska Föreningen, Sköldungagatan 4, S-114 27 Stockholm

Svenska Läkaresällskapet, SLS, (1807), Box 558, S-101 27 Stockholm

Svenska Livsmedelstekniska Föreningen, c/o SIK, Kallebäck, S-412 76 Göteborg

Svenska Matematiker Samfundet, Box 5701, S-113 85 Stockholm

Svenska MTM-Föreningen, (1955), Vretenvägen 8, S-171 54 Solna

Svenska Museiföreningen, (1906), c/o U. Behr, Kungliga Vitterhetsakademien, Box 5405, S-114 84 Stockholm

Svenska Musikerförbundet, Upplandsgatan 4, S-111 23 Stockholm

Svenska Nationalkomittén för Geologi, Drottninggatan 116, S-113 60 Stockholm

Svenska Nationalkommittén för Kristallografi, S-750 07 Uppsala

Svenska Naturskyddsföreningen, (1909), Riddargatan 9, S-114 51 Stockholm

Svenska Oftalmologförbundet, c/o Ögenkliniken, Sabbatsbergs Sjukhus, Dalagatan 9-11, S-113 24 Stockholm

Svenska Operationsanalysföreningen, SORA, (1959), c/o Bohlins Revisjonsbyrå, Fack, S-102 40 Stockholm

Svenska Psykiatriska Föreningen, (1907), c/o Dr. O. Östman, Ulleråkers Sjukhus, S-750 17 Uppsala

Svenska Sällskapet för Antropologi och Geografi, (1880), c/o Universitet, S-100 05 Stockholm

Svenska Samfundet för Musikforskning, (1919), Strandvägen 82, S-115 27 Stockholm

Svenska Slöjdföreningen, (1845), Nybrogatan 7, S-114 34 Stockholm

Svenska Tandläkare-Sällskapet, (1860), Nybrogatan 53, S-114 40 Stockholm

Svenstekniska Föreningen, c/o Ingeniörsvetenskapsakademien, Grev Turegatan 14, S-114 46 Stockholm

Sveriges Akademikers Centralorganisation, SACO, (1947), Valhallavägen 16, S-114 22 Stockholm

Sveriges Allmänna Biblioteksförening, (1915), c/o Bibliotekstjänst, Tornavägen 9, S-221 01 Lund

Sveriges Allmänna Konstförening, (1832), Stora Nygatan 5, S-111 27 Stockholm

Sveriges Docentförbund, Norrlandsgatan 55, S-752 29 Uppsala

Sveriges Finansanalytikers Förening, (1970), c/o B. Nyberg, Svenska Handelsbanken, Box 16341, S-103 26 Stockholm

Sveriges Författareförening, (1970), Box 5252, S-102 45 Stockholm

Sveriges Högre Flickskolors Lärarförbund, SHFL, Nygatan 116, S-602 34 Norrköping

Sveriges Läkarförbund, (1904), Villagatan 5, S-114 32 Stockholm

Sveriges Lararförbund, SL, (1967), Box 12229, S-122 21 Stockholm

Sveriges Psykologförbund, (1954), Nybrogatan 28, S-114 39 Stockholm

Sveriges Rationaliseringsförening, Regeringsgatan 32, S-111 53 Stockholm

Sveriges Standardiseringskommission, (1922), Tegnérgatan 11, S-111 40 Stockholm

Sveriges Tandläkarförbund, STF, (1908), Nybrogatan 53, S-114 40 Stockholm

Sveriges Vetenskapliga Specialbiblioteks Förening, c/o Kungliga Skogsbiblioteket, S-104 05 Stockholm

Sveriges Veterinärförbund, Kungsholms Hamnplan 7, S-112 20 Stockholm

Teckningslärarnas Riksförbund, (1914), Änggatan 6, S-265 00 Åstorp

Tekniska Föreningen (Värme, Ventilations- och Sanitetstekniska Föreningen), Hantverkargatan 8, S-112 21 Stockholm

Universitätslärarforbundet, (1961), Sveavägen 166, S-113 46 Stockholm

Utrikespolitiska Institutet, (1938), Sveavägen 166, S-113 46 Stockholm (1967), c/o CIBA AG, Internationale Vereinigung für die Farbe, Postfach, CH-4000 Basel

Schweiz
Switzerland

Académie Internationale de la Céramique, AIC, (1953), 11 Pl du Château, CH-1260 Nyon

Académie Internationale d'Héraldique, (1949), 5 Rue R. de Traz, CH-1206 Genève

Académie Internationale pour l'Organisation Scientifique, AIM, (1962), 1 Rue Varembé, CH-1211 Genève

Allgemeine Geschichtsforschende Gesellschaft der Schweiz, (1841), Schloss Heidegg, CH-6284 Gelfingen

Antiquarische Gesellschaft, (1832), Predigerpl 33, CH-8001 Zürich

Arbeitsgemeinschaft zur Erforschung der Paradontopathien, (1932), c/o Institut Universitaire de Médecine Dentaire, 30 Rue Lombard, CH-1205 Genève

Association des Ecoles Internationales, (1951), 41 Rue du XXXI Décembre, CH-1211 Genève

Association des Instituts d'Etudes Européennes, AIEE, (1951), 122 Rue de Lausanne, CH-1202 Genève

Association Européenne des Conservatoires, Académies et Musikhochschulen, (1953), c/o Konservatorium, Florhofgasse 6, CH-8001 Zürich

Association Internationale de la Sécurité Sociale, AISS, (1927), 154 Rue de Lausanne, CH-1211 Genève

Association Internationale d'Histoire Economique, (1965), c/o Faculté des Sciences Economiques et Sociales, Université, CH-1211 Genève

Association Internationale pour la Physiologie des Plantes, (1959), c/o Institut de Biologie et de Physiologie Végétales, Université, Palais de Rumine, CH-1005 Lausanne

Association Suisse de Science Politique, (1959), c/o Forschungsstelle für Politische Wissenschaft, Universität, CH-8000 Zürich

Association Suisse de Thanatologie, BP 2034, CH-1002 Lausanne

Association Suisse d'Organisation Scientifique, ASOS, Genferstr 11, CH-8002 Zürich

Association Syndicale des Peintres, Sculpteurs, Dessinateurs et Artisans d'Art de Genève, 14 Rue E. Dumont, CH-1200 Genève

Basle Centre of the International P.E.N., (1932), Reservoirstr 186, CH-4000 Basel

Bernische Botanische Gesellschaft, (1918), CH-3000 Bern

Bureau International d'Anthropologie Différentielle, BIAD, (1950), c/o Ecole de Médecine de l'Université, 20 Rue de l'Ecole de Médecine, CH-1211 Genève

Bureau International d'Education, BIE, (1925), Palais Wilson, CH-1211 Genève

Centre International pour la Terminologie des Sciences Sociales, (1966), 26 Route de Malagnou, CH-1200 Genève

Christliche Gesundheitskommission, CMC, (1967), 150 Route de Ferney, CH-1211 Genève

Collegium Internationale Allergologicum, CIA, (1954), c/o Sandoz, Lichtstr 35, CH-4002 Basel

Collegium Romanicum, Stapfelberg 7, CH-4000 Basel

Comité International de Thermodynamique et de Cinétique Electro-Chimiques, CITCE, (1949), c/o Institut Battelle, 7 Route de Drize, CH-1227 Carouge

Commission Electrotechnique Internationale, CEI, (1906), 1 Rue de Varembé, CH-1211 Genève

Commission Internationale de Botanique Apicole, (1951), CH-3097 Liebefeld

Commission pour l'Encouragement des Recherches Scientifiques, (1944), Belpstr 53, CH-3003 Bern

Confédération Internationale des Associations de Diplômés en Sciences Economiques et Commerciales, CIADEC, BP 504, CH-2001 Neuchâtel

Conférence Permanente des Recteurs et Vice-Chanceliers des Universités Européennes, (1959), c/o Université, CH-1211 Genève

Conseil International pour l'Organisation Scientifique, CIOS, (1926), 3 Rue de Varembé, CH-1211 Genève

Conseil Mondial de l'Education Chrétienne, (1907), 150 Route de Ferney, CH-1211 Genève

Europäische Arbeitsgemeinschaft für Kariesforschung, (1953), 18 Passage du Terraillet, CH-1204 Genève

Europäische Gesellschaft für Arzneimitteltoxikologie, (1962), c/o CIBA AG, CH-4057 Basel

Europäische Physikalische Gesellschaft, (1968), BP 309, CH-1227 Carouge

Europäische Rheumaliga, (1947), 5 Av Tivoli, CH-1700 Fribourg

Europäische Vereinigung der Musikfestspiele, (1951), 122 Rue de Lausanne, CH-1202 Genève

European Chemical Market Research Association, ECMRA, (1967), c/o Dr. L. Beyeler, J. R. Geigy, Schwarzwaldallee 215, CH-4000 Basel

Fédération des Concours Internationaux de Musique, (1956), Palais Eynard, CH-1204 Genève

Fédération des Sociétés d'Agriculture de la Suisse Romande, (1881), 3 Av des Jordils, CH-1000 Lausanne

Fédération Européenne de Psychoanalyse, 2 Rue Tortasse, CH-1200 Genève

Fédération Internationale de Gynécologie et d'Obstétrique, FIGO, (1954), c/o Maternité, Rue A. Jentzer, CH-1211 Genève

Fédération Internationale des Associations d'Instituteurs, FIAI, (1926), 9 Chemin des Sauges, CH-1025 Saint-Sulpice

Fédération Internationale des Sociétés de Philosophie, FISP, (1948), Sidlerstr 5, CH-3012 Bern

Föderation Europäischer Gewässerschutz, FEG, (1956), Kürbergstr 19, CH-8049 Zürich

Geographische Gesellschaft Bern, (1873), Thunstr 36, CH-3000 Bern

Geographisch-Ethnographische Gesellschaft, (1889), Freiestr 30, CH-8000 Zürich

Geographisch-Ethnologische Gesellschaft Basel, (1923), Klingelbergstr 16, CH-4000 Basel

Gesellschaft für Deutsche Sprache und Literatur in Zürich, (1894), c/o Deutsches Seminar der Universität, Zürichbergstr 8, CH-8032 Zürich

Gesellschaft für Internationale Marktstudien, 15 Av Krieg, CH-1211 Genève

Gesellschaft für Schweizerische Kunstgeschichte, (1880), Laupenstr 10, CH-3000 Bern

Gesellschaft Schweizerische Zeichenlehrer, GSZ, (1906), c/o M. Mousson, 72 Pierre de Savoie, CH-1400 Yverdon

Gesellschaft Schweizerischer Maler, Bildhauer und Architekten, (1865), Münzgraben 6, CH-3000 Bern

Gesellschaft Schweizerischer Tierärzte, GST, (1813), 16 Av de Valmont, CH-1010 Lausanne

Groupement Romand pour l'Etude du Marché et du Marketing, GREM, (1943), c/o Office Suisse d'Expansion Commerciale, 18 Rue Bellefontaine, CH-1001 Lausanne

Historisch-Antiquarischer Verein Heiden, (1874), CH-9410 Heiden

Historische und Antiquarische Gesellschaft zu Basel, (1836), Schönbeinstr 20, CH-4000 Basel

Internationale Biometrische Gesellschaft, (1947), c/o Laboratorium für Biometrie und Populationsgenetik, Eidgenössische Technische Hochschule, CH-8006 Zürich

Internationale Gesellschaft für Ärztliche Psychotherapie, IGAP, (1928), Dolderstr 107, CH-8032 Zürich

Internationale Gesellschaft für Geographische Pathologie, (1931), c/o Kantonsspital, Schmelzbergstr 10, CH-8006 Zürich

Internationale Gesellschaft für Innere Medizin, (1948), c/o Bürgerspital, CH-4000 Basel

Internationale Gesellschaft für Lymphologie, (1966), Postfach 128, CH-8028 Zürich

Internationale Gesellschaft für Musikwissenschaft, (1927), Postfach 588, CH-4001 Basel

Internationale Gesellschaft für Skitraumatologie, (1956), c/o Krankenhaus, CH-7270 Davos Platz

Internationale Musiker-Föderation, (1948), Kreuzstr 60, CH-8008 Zürich

Internationale Organisation für Biologische Bekämpfung, (1955), Universitätsstr 2, CH-8006 Zürich

Internationale Union der Ernährungswissenschaften, (1946), c/o Institut für Ernährungsforschung, Seestr 72, CH-8803 Rüschlikon

Internationale Vereinigung für Balneologie und Klimatologie, (1947), Hätternweg 5, CH-9000 Sankt Gallen

Internationale Vereinigung für Brückenbau und Hochbau, IVBH, (1929), c/o Eidgenössische Technische Hochschule, CH-8006 Zürich

Internationale Vereinigung für Chemiefasernormen, (1928), Lautengartenstr 12, CH-4052 Basel

Internationale Vereinigung Wissenschaftlicher Fremdenverkehrsexperten, (1951), Weissenbühlweg 6, CH-3001 Bern

Internationale Vereinigung zur Prüfung und Entwicklung des Marketing und der Vermittlung von Lebensmitteln und Gebrauchsgütern, (1952), Luisenstr 38, CH-3000 Bern

Internationaler Verband der Photographischen Kunst, (1950), Ländlistr 68, CH-3047 Bremgarten

Internationales Institut für Kunstwissenschaften, (1931), Gaissbergstr 62, CH-8280 Kreuzlingen

Internationales Komitee für Lebensversicherungsmedizin, (1932), Mythenquai 60, CH-8002 Zürich

Konferenz Schweizerischer Lehrerorganisationen, KOSLO, (1970), Ringstr 54, CH-8057 Zürich

Kunstverein Sankt Gallen, (1827), Postfach 995, CH-9001 Sankt Gallen

Mechanlizenz, (1923), Bellariastr 82, CH-8038 Zürich

Naturforschende Gesellschaft in Basel, (1817), c/o Universitätsbibliothek, CH-4000 Basel

Naturforschende Gesellschaft in Bern, (1786), c/o Stadt- und Universitätsbibliothek, CH-3000 Bern

Naturforschende Gesellschaft in Zürich, (1746), Fehrenstr 15, CH-8032 Zürich

Naturforschende Gesellschaft Schaffhausen, (1822), Ungarbuhlstr 34, CH-8200 Schaffhausen

Opera Svizzera dei Monumenti d'Arte, (1963), Via Borghese 14, CH-6600 Locarno

Organisation Européenne pour la Recherche Nucléaire, CERN, (1954), Meyrin, CH-1211 Genève

Organisation Internationale de Normalisation, ISO, (1946), 1 Rue de Varembé, CH-1211 Genève

Organisation Internationale de Protection Civile, OIPC, (1931), 28 Av Pictet de Rochemont, CH-1211 Genève

Organisation Météorologique Mondiale, OMM, (1947), 41 Av G. Motta, CH-1211 Genève

Organisation Mondiale de la Santé, OMS, (1946), CH-1211 Genève

Physikalische Gesellschaft Zürich, (1887), Gloriastr 35, CH-8006 Zürich

Schweizer Heimatschutz, Postfach, CH-8023 Zürich

Schweizer Musikrat, (1964), 11bis Av du Grammont, CH-1007 Lausanne

Schweizerische Akademie der Medizinischen Wissenschaften, (1943), Peterspl 2, CH-4051 Basel

Schweizerische Akademische Gesellschaft der Anglisten, (1947), Haltenstr, CH-3145 Oberscherli

Schweizerische Astronomische Gesellschaft, (1939), Vordergasse 57, CH-8200 Schaffhausen

Schweizerische Botanische Gesellschaft, (1890), c/o Institut für Spezielle Botanik der ETH, Universitätsstr 2, CH-8000 Zürich

Schweizerische Chemische Gesellschaft, (1901), Postfach, CH-4002 Basel

Schweizerische Entomologische Gesellschaft, (1858), c/o Schweizerisches Technologisches Institut, Leonhardstr 33, CH-8000 Zürich

Schweizerische Geisteswissenschaftliche Gesellschaft, (1946), Laupenstr 10, CH-3001 Bern

Schweizerische Geologische Gesellschaft, (1882), c/o Geologisches Institut der Universität, Sahlistr 6, CH-3012 Bern

Schweizerische Gesellschaft für Anaesthesiologie, (1952), c/o Dr. B. Tschirren, Inselspital, CH-3000 Bern

Schweizerische Gesellschaft für Asienkunde, (1947), Mühlegasse 21, CH-8001 Zürich

Schweizerische Gesellschaft für Aussenpolitik, (1968), Dufourstr 45, CH-9000 Sankt Gallen

Schweizerische Gesellschaft für Automatik, SGA, (1956), Wasserwerkstr 53, CH-8006 Zürich

Schweizerische Gesellschaft für Betriebswissenschaften, SGB, (1961), Bellariastr 51, CH-8038 Zürich

Schweizerische Gesellschaft für Chirurgie, (1915), c/o Hospital Tiefenau, CH-3000 Bern

Schweizerische Gesellschaft für Dermatologie und Venereologie, Hermann-Greulich-Str 70, CH-8004 Zürich

Schweizerische Gesellschaft für Geschichte der Medizin und der Naturwissenschaften, (1921), CH-3000 Bern

Schweizerische Gesellschaft für Gynäkologie, (1908), c/o Prof. Dr. H. Stamm, Seminarstr 26, CH-5400 Baden

Schweizerische Gesellschaft für Innere Medizin, c/o Bezirksspital, CH-3800 Interlaken

Schweizerische Gesellschaft für Marktforschung, GFM, (1941), Dorfstr 29, CH-8037 Zürich

Schweizerische Gesellschaft für Orthopädie, c/o Hôpital Orthopédique, CH-1000 Lausanne

Schweizerische Gesellschaft für Physikalische Medizin und Rheumatologie, SGPMR, (1946), c/o Schweiz. Rheumaliga, Seestr 120, CH-8002 Zürich

Schweizerische Gesellschaft für Psychiatrie, c/o Psychiatrische Universitätsklinik, CH-4000 Basel

Schweizerische Gesellschaft für Psychologie, (1942), Seestr 110, CH-8002 Zürich

Schweizerische Gesellschaft für Skandinavische Studien, (1961), c/o Deutsches Seminar der Universität, Pestalozzistr 50, CH-8032 Zürich

Schweizerische Gesellschaft für Statistik und Volkswirtschaft, Hallwylstr 15, CH-3003 Bern

Schweizerische Gesellschaft für Theaterkultur, (1927), Richard-Wagner-Str 19, CH-8002 Zürich

Schweizerische Gesellschaft für Ur- und Frühgeschichte, Postfach, CH-4001 Basel

Schweizerische Gesellschaft für Volkskunde, (1896), Augustinergasse 19, CH-4000 Basel

Schweizerische Gesellschaft von Fachleuten der Kerntechnik, c/o EIR, CH-5303 Würenlingen

Schweizerische Heraldische Gesellschaft, (1891), Lützelmattstr 4, CH-6006 Luzern

Schweizerische Hochschulkonferenz, (1969), Waahaus-Passage 5, CH-3011 Bern

Schweizerische Kardiologische Gesellschaft, (1949), c/o Prof. W. Rutishauser, Kantonsspital, Rämistr 100, CH-8006 Zürich

Schweizerische Mathematische Gesellschaft, (1910), c/o Eidgenössische Technische Hochschule, CH-8000 Zürich

Schweizerische Musikforschende Gesellschaft, (1916), Passwangstr 25, CH-4000 Basel

Schweizerische Naturforschende Gesellschaft, c/o Musée d'Histoire Naturelle, CH-1211 Genève

Schweizerische Neurologische Gesellschaft, SNG, (1908), c/o Kantonsspital, Rämistr 100, CH-8006 Zürich

Schweizerische Normenvereinigung, Kirchenweg 4, CH-8032 Zürich

Schweizerische Numismatische Gesellschaft, 1 Rue Pépinet, CH-1000 Lausanne

Schweizerische Ophthalmologische Gesellschaft, Vorderer Kreuzgraben 12, CH-3400 Burgdorf

Schweizerische Philosophische Gesellschaft, (1940), CH-3202 Frauenkappelen

Schweizerische Sprachwissenschaftliche Gesellschaft, (1947), 17 Rue H. Dunant, CH-1700 Fribourg

Schweizerische Studiengesellschaft für Personalfragen, Löwenstr 17, CH-8001 Zürich

Schweizerische Theologische Gesellschaft, (1965), Postfach 2323, CH-3001 Bern

Schweizerische Vereinigung Bildender Künstler, Katzenrütistr 75, CH-8153 Rümlang

Schweizerische Vereinigung der Musiklehrer an Höheren Mittelschulen, (1958), Haffnerstr 18, CH-4500 Solothurn

Schweizerische Vereinigung für Altertumswissenschaft, 7 Bd J. Dalcroze, CH-1200 Genève

Schweizerische Vereinigung für Atomenergie, (1958), Postfach 2613, CH-3001 Bern

Schweizerische Vereinigung für Dokumentation, ASD, Postfach 2303, CH-3001 Bern

Schweizerische Vereinigung für Finanzanalyse, (1962), 15 Rue de la Corraterie, CH-1204 Genève

Schweizerische Vereinigung für Internationales Recht, (1914), Postfach 51, CH-3000 Bern

Schweizerische Vereinigung für Operations Research, Postfach 108, CH-8000 Zürich

Schweizerische Zahnärzte-Gesellschaft, Hirschengraben 11, CH-3000 Bern

Schweizerischer Berufsverband für Angewandte Psychologie, (1952), Zeltweg 63, CH-8032 Zürich

Schweizerischer Juristenverein, (1861), c/o Tribunal Fédéral, CH-1000 Lausanne

Schweizerischer Lehrerverein, SLV, (1849), Ringstr 54, CH-8057 Zürich

Schweizerischer Musikerverband, SMV, (1914), Elisabethenstr 2, CH-4000 Basel

Schweizerischer Musikpädagogischer Verband, (1893), Forchstr 376, CH-8008 Zürich

Schweizerischer Schriftsteller-Verein, (1912), Kirchgasse 25, CH-8000 Zürich

Schweizerischer Technischer Verband, Weinbergstr 41, CH-8006 Zürich

Schweizerischer Tonkünstlerverein, (1900), 11bis Av du Grammont, CH-1007 Lausanne

Schweizerischer Turnlehrerverein, Seeblickstr 11, CH-8610 Uster

Schweizerischer Verband Staatlich Anerkannter Physiotherapeuten, SVP, (1920), Hinterbergstr 108, CH-8044 Zürich

Schweizerischer Werkbund, (1913), Florastr 30, CH-8008 Zürich

Schweizerischer Wissenschaftsrat, (1965), Könizstr 74, CH-3000 Bern

Schweizerisches Institut für Kunstwissenschaft, (1951), Lindenstr 28, CH-8008 Zürich

Società Retorumantscha, (1870), c/o Dr. A. Schorta, Coire, CH-7000 Chur

Società Storica Locarnese, (1955), Via Borghese 14, CH-6600 Locarno

Società Ticinese di Scienze Naturali, (1903), c/o Biblioteca Cantonale, Viale Cattaneo, CH-6900 Lugano

Société Académique, (1889), c/o Université, CH-2000 Neuchâtel

Société de Géographie de Genève, (1858), c/o Athénée, CH-1200 Genève

Société de Physique et d'Histoire Naturelle, (1790), c/o Bibliothèque Publique et Universitaire, Bastions, CH-1200 Genève

Société des Arts, (1776), c/o Athénée, CH-1200 Genève

Société des Auteurs et Compositeurs Dramatiques, 13 Rue Céard, CH-1200 Genève

Société d'Histoire de la Suisse Romande, (1837), c/o Bibliothèque Universitaire, Palais de Rumine, CH-1000 Lausanne

Société d'Histoire et d'Archéologie, (1838), c/o Bibliothèque Publique et Universitaire, CH-1200 Genève

Société Générale Suisse d'Histoire, (1841), c/o Stadtbibliothek, CH-3000 Bern

Société Internationale de Cardiologie, SIC, (1950), 22 Rue de l'Athénée, CH-1206 Genève

Société Internationale de Droit du Travail et de la Sécurité Sociale, (1958), 4 Pl du Molard, CH-1204 Genève

Société Internationale d'Electrochimie, SIE, c/o Dr. H. Tannenberger, Battelle Forschungszentrum, 7 Route de Drize, CH-1227 Carouge

Société Internationale pour l'Enseignement Commercial, SIEC, (1901), Chemin de la Croix, CH-1052 Le Mont sur Lausanne

Société Paléontologique Suisse, Peter-Rot-Str 106, CH-4000 Basel

Société Pédagogique de la Suisse Romande, 13 Rue Jardinière, CH-2300 La Chaux de Fonds

Société Rorschach Internationale, SIR, (1952), 6 Chemin des Pêcheurs, CH-2500 Bienne

Société Suisse de Pharmacie, (1843), Marktgasse 52, CH-3011 Bern

Société Suisse de Physique, 32 Bd d'Yvoy, CH-1211 Genève

Société Suisse de Radiologie et Médecine Nucléaire, Wassergasse 18, CH-4500 Solothurn

Société Suisse des Ecrivains, SSE, (1912), Kirchgasse 25, CH-8001 Zürich

Société Suisse d'Oto-Rhino-Laryngologie et de Chirurgie Cervico-Faciale, (1912), 4 Pl de la Gare, CH-1000 Lausanne

Société Vaudoise des Sciences Naturelles, (1815), Palais de Rumine, CH-1005 Lausanne

Société Vaudoise d'Histoire et d'Archéologie, (1902), c/o Archives Cantonales, 47 Rue de Maupas, CH-1004 Lausanne

Studiengruppe Europäischer Ernährungswissenschaftler, Seestr 72, CH-8803 Rüschlikon

Theosophische Gesellschaft in Europa, (1903), Bruderholzstr 88, CH-4000 Basel

Union Europäischer Kinderpsychiater, (1954), 6 Chemin des Pêcheurs, CH-2500 Bienne

Union Internationale contre le Cancer, UICC, (1935), 3 Rue du Conseil Général, CH-1200 Genève

Union Internationale des Sciences Physiologiques, (1953), c/o Physiologisches Institut, Rämistr 69, CH-8001 Zürich

Union Internationale des Services Médicaux des Chemins de Fer, UIMC, (1949), Bollwerk Nord 12, CH-3000 Bern

Union Mondiale des Ecrivains-Médecins, (1956), Via degli Albrizzi 3, CH-6900 Lugano

Verband Jüdischer Lehrer und Kantoren der Schweiz, (1926), Freigutstr 1, CH-8000 Zürich

Verband Schweizerischer Abwasserfachleute, (1944), Rutistr 3, CH-5400 Baden

Verbindung der Schweizer Ärzte, (1901), Sonnenbergstr 9, CH-3000 Bern

Verein Schweizerischer Geographielehrer, (1911), Hünenbergstr 31, CH-6000 Luzern

Verein Schweizerischer Geschichtslehrer, (1913), c/o Prof. J.-C. Favez, 27 Chaussée de la Vendée, CH-1213 Petit-Lancy

Verein Schweizerischer Gymnasiallehrer, VSG, (1860), Sankt Karlistr 19, CH-6000 Luzern

Verein Schweizerischer Mathematik- und Physiklehrer, 9 Chemin de Mallieu, CH-1009 Pully

Vereinigung der Freunde antiker Kunst, Spalentorweg 52, CH-4000 Basel

Vereinigung der Institute für Europäische Studien, 122 Rue de Lausanne, CH-1211 Genève

Vereinigung Schweizerischer Archivare, VSA, (1922), c/o Staatsarchiv, Predigerpl 33, CH-8001 Zürich

Vereinigung Schweizerischer Bibliothekare, Hallwylstr 15, CH-3000 Bern

Vereinigung Schweizerischer Hochschuldozenten, (1910), Beckenhofstr 31, CH-8035 Zürich

Vereinigung Schweizerischer Naturwissenschaftslehrer, CH-9043 Trogen

Wirtschaftsbund Bildender Künstler, (1933), Auf der Mauer 8, CH-8000 Zürich

Spanien

Spain

Academia Cientifico-Deontológica de La Hermandad Médico-Farmacéutica de San Cosme y San Damián, (1932), Almudaina 28, Palma de Mallorca

Academia de Buenas Letras de Barcelona, (1729), Obispo Cassador 3, Madrid

Academia de Ciencias Exactas, Fisico-Quimicas y Naturales, (1916), c/o Facultad de Ciencias, Ciudad Universitaria, Zaragoza

Academia de Ciencias Médicas de Bilbao, (1895), Concha 20, Bilbao 10

Academia de Ciencias Médicas de Cataluña y Baleares, (1878), Paseo de la Bonanova 47, Madrid

Academia de Cirugía de Madrid, (1931), Av de José Antonio 34, Madrid

Academia de Lengua Vasca, (1919), Ribera 6, Bilbao

Academia Española de Dermatologia y Sifilografia, (1909), Sandoval 7, Madrid

Academia Iberoamericana y Filipina de Historia Postal, (1930), Palacio de Comunicaciones, Madrid

Academia Médico-Quirúrgica Española, (1891), Villanueva 11, Madrid 1

Agrupación Sindical de Musicos Españoles, Castello 18, Madrid

Asociación Amigos de los Museos, (1933), Palacio de la Virreina, Barcelona

Asociación de Artes, Letras y Ciencias, Balmes 378, Barcelona

Asociación de Escritores Médicos, (1929), Fuencarral 113, Madrid

Asociación de Escritores y Artistas Españoles, (1872), Leganitis 10, Madrid 13

Asociación del Cuerpo Nacional Veterinario, (1955), Carranza 3, Madrid 10

Asociación Española de Cirujanos, (1935), Av J. Antonio 34, Madrid 13

Asociación Española de Estudios de Mercado y de Opinion Comercial, AEDEMO, (1968), Aragon 333, Barcelona 9

Asociación Española para el Progreso de las Ciencias, (1908), Valverde 14, Madrid

Asociación Internacional de Logopedia y Foniatria, (1924), Provenza 319, Barcelona 9

Asociacion Internacional Veterinaria de Produccion Animal, (1951), Isabel la Católica 12, Madrid 13

Asociación Mediterránea de Psiquiatria, (1967), Casanova 143, Barcelona 11

Asociación Nacional de Bibliotecarios, Archiveros y Arqueólogos, ANABA, (1949), Av de Calvo Sotelo 22, Madrid 1

Asociación Nacional de Pintores y Escultores de España, (1910), Infantas 30, Madrid

Asociación Nacional de Químicos de España, (1945), Lagasca 81, Madrid 6

Ateneo Barcelonés, (1860), Canuda 6, Barcelona

Ateneo Científico, Literario y Artístico, (1820), Prado 21, Madrid

Ateneo Científico, Literario y Artístico, (1905), Cifuentes 25, Mahón

Ateneo Literario, Artístico y Científico, Duque de Tetuán 13, Cádiz

Centro Meteorológico de Baleares, (1934), Antonio Planas 23, Palma de Mallorca

Circulo de Escritores Cinematograficos, c/o L. Gomez Mesa, Ventura Rodriguez 15, Madrid

Comisaría General de Excavaciones Arqueológicas, (1939), Serrano 13, Madrid 1

Comisaría Provincial de Excavaciones Arqueológicas, (1946), Puerto Príncipe 31, Barcelona

Comisión Provincial de Monumentos Históricos y Artísticos de Barcelona, (1844), Obispo Cassador 3, Barcelona

Comité Nacional Español del Consejo Internacional de la Música, Av Reina Victoria 58, Madrid 3

Congreso de Estudios Arabes e Islámicos, (1962), Limite 5, Madrid 3

Consejo General de Colegios de Odontólogos y Estomatólogos de España, Villanueva 11, Madrid

Consejo General de Colegios Médicos de España, (1930), Villanueva 11, Madrid 1

Consejo General de Colegios Oficiales de Farmacéuticos, (1942), Villanueva 11, Madrid 1

Consejo General de Colegios Oficiales de Peritos Agrícolas de España, (1947), Pl de Santo Domingo 13, Madrid

Consejo General de Colegios Veterinarios, Villanueva 11, Madrid 1

Consejo Nacional de Colegios Oficiales de Doctores y Licenciados en Filosofia y Letras y en Ciencias, (1944), Bolsa 11, Madrid

Dirección General de Arquitectura, (1940), Amador de los Rios 5, Madrid

Federación Española de Religiosos de Enseñanza, FERE, (1958), Conde de Peñalver 45, Madrid

Federación Libre de Escuelas de Ciencias de la Empresa, FLECE, (1964), Alberto Aguilera 23, Madrid 15

Inspección General de Excavaciones Arqueológicas, (1939), Apdo 1039, Madrid

Institución "Fernando el Católico" de la Excma. Diputación Provincial, CSIC, (1943), Palacio Provincial, Plaza de España, Zaragoza

Instituto Agrícola Catalán de San Isidro, (1851), Pl de San José Oriol 4, Barcelona

Instituto Amatiler de Arte Hispánico, (1941), Paseo de Gracia 41, Barcelona

Instituto Antituberculoso "Francisco Moragas", (1932), Paseo de San Juan 20, Barcelona 10

Instituto "Antonio de Nebrija" de Filología, Duque de Medinaceli 4, Madrid

Instituto Arqueológico del Ayuntamiento de Madrid, Parque de la Fuente del Berro, Madrid

Instituto Aula de "Mediterráneo", (1942), c/o Universidad, Valencia

Instituto Botánico "Antonio José Cavanilles", (1945), c/o Jardin Botánico, Pl de Murillo, Madrid

Instituto de Actuarios Españoles, Barquillo 29, Madrid

Instituto de Arte "Diego Velázquez", Medinaceli 4, Madrid 14

Instituto de España, (1938), Amor de Dios 2, Madrid

Instituto de Estudios Africanos, (1945), Castellana 5, Madrid

Instituto de Estudios Asturianos, (1946), Pl de Porlier 5, Oviedo

Instituto de Estudios de Administración Local, (1940), J. Garcia Morato 7, Madrid 10

Instituto de Estudios Ibéricos y Etnología Valenciana, (1950), c/o Diputación Provincial, Caballeros 2, Valencia

Instituto de Estudios Islámicos, (1950), Francisco de Asís Méndez Casariego 10, Madrid 2

Instituto de Estudios Políticos, (1939), Pl de la Marina Española 8, Madrid

Instituto del Teatro, (1913), Elisabets 12, Barcelona

Instituto d'Estudis Catalans, (1907), Carrer de París 150, Barcelona

Instituto Español de Analistas de Inversiones, Alcalá 40, Madrid 14

Instituto Español de Hematología y Hemoterapia, (1940), Gral Oraá 15, Madrid

Instituto Español de Oceanografía, (1919), Alcalá 27, Madrid

Instituto Geográfico y Catastral, (1870), General Ibáñez de Ibero 3, Madrid

Instituto Geológico y Minero de España, (1849), c/o Ministerio de Industria, Rios Rosas 23, Madrid

Instituto Histórico de Marina, (1942), c/o Ministerio de Marina, Montalbán 2, Madrid

Instituto Llorente, (1894), Ferraz 9, Madrid

Instituto Municipal de Historia de la Ciudad, (1943), Santa Lucia 1, Barcelona

Instituto Nacional de Estadistica, (1945), Ferraz 41, Madrid 8

Instituto Nacional de Geofisica, (1941), Serrano 123, Madrid

Instituto Nacional de Medicina y Seguridad de Trabajo, c/o Facultad de Medicina, Pabellón 8, Madrid 3

Instituto Nacional de Psicología Aplicada y Psicotecnía, (1929), Juan Huarte de San Juan, Madrid 3

Instituto Nacional de Reeducación de Inválidos, (1922), Finca de Vista-Alegre, Madrid 19

Instituto Nacional del Libro Español, INLE, (1939), Ferraz 11, Madrid

Instituto y Jardín Botánico de Barcelona, (1906), Parque de Montjuïc, Av de Muntanyans, Barcelona

Instituto y Observatorio de Marina, (1753), San Fernando, Cádiz

International Mineralogical Association, IMA, c/o Prof. J. L. Amorós, Castelana 84, Madrid

Junta de Energía Nuclear, (1951), Av Complutense 22, Madrid 3

Junta Facultativa de Archivos, Bibliotecas y Museos, Av de Calvo Sotelo 22, Madrid

Oficina de Educación Ibero-Americana, OEI, (1949), Av de los Reyes Católicos, Madrid 3

Oficina International de Información y Observación del Español, (1963), Av de los Reyes Católicos 3, Madrid 3

Organización Mundial de Gastroenterologia, (1935), Almagro 38, Madrid

Patronato de Biología Animal, (1933), Embajadores 68, Madrid 12

Real Academia de Bellas Artes de la Purisima Concepción, (1746), Casa de Cervantes, Rastro, Valladolid

Real Academia de Bellas Artes de San Fernando, (1744), Alcalá 13, Madrid

Real Academia de Bellas Artes de San Jorge, (1849), Casa Lonja, Paseo de Isabel II, Madrid

Real Academia de Bellas Artes de San Telmo, (1849), Málaga

Real Academia de Bellas Artes de Santa Isabel de Hungria, (1660), Pl del Museo 8, Sevilla

Real Academia de Bellas Artes y Ciencias Históricas de Toledo, (1916), Toledo

Real Academia de Ciencias, Bellas Letras y Nobles Artes, (1810), c/o Diputación Provincial, Córdoba

Real Academia de Ciencias Exactas, Fisicas y Naturales, (1847), Valverde 22-24, Madrid

Real Academia de Ciencias Morales y Politicas, (1857), Pl de la Villa 2, Madrid

Real Academia de Ciencias y Artes de Barcelona, (1764), Rambla de Estudios 115, Madrid

Real Academia de Farmacia, (1589), Farmacia 11, Madrid

Real Academia de Jurisprudencia y Legislación, (1730), Marqués de Cubas 13, Madrid

Real Academia de la Historia, (1738), León 21, Madrid 14

Real Academia de Medicina de Sevilla, (1697), Pl de España, Sevilla

Real Academia de Medicina y Cirugia de Palma de Mallorca, Morey 20, Palma de Mallorca

Real Academia de Nobles y Bellas Artes de San Luis, (1792), Pl de José Antonio 6, Zaragoza

Real Academia Española, (1713), Felipe IV 4, Madrid

Real Academia Gallega, (1905), Palacio Municipal, Coruña

Real Academia Hispano-Americana, (1910), Pl de San Francisco 3, Cadiz

Real Academia Nacional de Medicina, (1732), Arrieta 12, Madrid

Real Academia Sevillana de Buenas Letras, (1751), Pl del Museo 8, Sevilla

Real Sociedad Arqueológica Tarraconense, (1844), Casa de la Cultura, Tarragona

Real Sociedad Económica de Amigos del Pais de Tenerife, (1777), San Agustin 23, Tenerife

Real Sociedad Española de Fisica y Quimica, (1903), c/o Facultad de Ciencias, Ciudad Universitaria, Madrid 3

Real Sociedad Española de Historia Natural, c/o Museo Nacional de Ciencias Naturales, Paseo de la Castellana, Madrid 6

Real Sociedad Fotográfica Española, (1899), Principe 16, Madrid

Real Sociedad Geográfica, (1876), Valverde 24, Madrid

Real Sociedad Matemática Española, (1911), Serrano 123, Madrid

Real Sociedad Vascongada de los Amigos del País, (1764), c/o Museo de San Telmo, San Sebastián

Seminario de Filologia Vasca "Julio de Urquijo", (1953), Palacio de la Diputación de Guipúzcoa, San Sebastián

Seminario de Historia Primitiva, (1939), Jorge Juan 51, Madrid

Servicio de Investigación Prehistórica de la Excelentisima Diputación Provincial, (1927), Caballeros 2, Valencia

Servicio Meteorólogico Nacional, (1887), Parque del Retiro, Madrid

Sindicato Nacional de Enseñanza, (1966), Lope de Vega 38, Madrid 14

Sociedad Arqueológica Luliana, (1880), Almudaina 8, Palma de Mallorca

Sociedad Astronómica de España y América, (1911), Av del Generalisimo 377, Barcelona

Sociedad de Ciencias, Letras y Artes, (1879), Dr. Chil 33, Las Palmas

Sociedad de Ciencias Naturales "Aranzadi", (1947), c/o Museo de San Telmo, Pl de I. Zuloaga, San Sebastián

Sociedad de Pediatria de Madrid y Region Centro, (1913), Villanueva 11, Madrid 1

Sociedad Española de Anestesiologia y Reanimación, SEDAR, (1953), Villanueva 11, Madrid 1

Sociedad Española de Antropologia, Etnografia y Prehistoria, (1921), Apdo 1014, Madrid

Sociedad Española de Investigación Operativa, SEIO, (1962), Serrano 123, Madrid 6

Sociedad Española de Patologia Digestiva y de la Nutrición, (1933), Almagro 38, Madrid

Sociedad Española de Radiologia y Electrologia Médicas y de Medicina Nuclear, SEREM, (1946), Villanueva 11, Madrid 1

Sociedad Española de Rehabilitación, c/o Dr. J. V. Bosch, Ayala 45, Madrid 1

Sociedad General de Autores de España, (1932), Fernando VI 4, Madrid 4

Sociedad Malagueña de Ciencias, (1872), Rodriguez Rubí 3, Málaga

Sociedad Veterinaria de Zootecnia de España, (1945), Apdo 1200, Madrid

Unión Nacional de Astronomía y Ciencias Afines, c/o Pabellón de Matemáticas, Ciudad Universitaria, Madrid

Tschechoslowakei (CSSR)
Czechoslovakia

Central Library Council of the CSR, (1955), c/o Ministry of Culture of the CSR, Valdstejnská 30, Praha 1

Česká lékařská společnost pro epidemiologii a mikrobiologii, Šrobárova 48, Praha 10

Československá Akademie Věd, (1952), Národní 3, Praha 1

Československá botanická společnost při ČSAV, (1912), Benátská 2, Praha 2

Československá farmakologická společnost, sekce Čs. lékařské společnosti J. E. Purkyně, (1959), Albertov 4, Praha 2

Československá společnost mikrobiologická při ČSAV, (1930), Viničná 5, Praha 2

Československá společnost zeměpisná při ČSAV, (1894), Slupi 14, Praha 2

Československá stomatologická společnost, (1951), Karlovo 32, Praha 2

Československá zoologická společnost při ČSAV, (1927), Viničná 7, Praha 2

Český spolek pro komorní hudbu, (1894), Barrandov 327, Praha

Czech Radiological Society, Ul Nemocnice 2, Praha 2

Czechoslovak Committee for Scientific Management, CCSM, Novotného lávka 3-5, Praha 1

Czechoslovak Economic Association, c/o Institute of Economics, Ceskoslovenská Akademie Věd, Politickych Veznu 7, Praha 1

Czechoslovakian Society of Anaesthesiology and Resuscitation, (1963), c/o Czechoslovakian Medical Society, Sokolska 31, Praha 2

Hollar, skupina československých umělců-grafiků, (1917), Smetanovo nábrezi 6, Praha

International Association on the Genesis of Ore Deposits, IAGOD, (1964), c/o Institute of Geological Sciences, Charles University, Albertov 6, Praha 2

International Centre for Scientific and Technical Information in Agriculture and Forestry, (1964), Slezská 7, Praha 2

International Committee of Slavists, c/o Institute of Languages and Literature, Czech Academy of Sciences, Valentinska 1, Praha 1

International Federation of Sportive Medicine, (1928), Salmowska 5, Praha 2

Jednota československých matematiků a fysiků, (1862), Spálená 26, Praha 1

Joint Committee for the Classification of Agricultural Literature, c/o Section de Documentation, Ustav Vedeckotechnickych Informaci, Slezska 7, Praha 2

Matice moravská, (1849), Gorkého 14, Brno

Národopisná společnost československá při ČSAV, (1893), Všehrdova 2, Praha 1

Ochranné sdruženi výkonnych umělců, OSVU, (1955), Na Poříči 27, Praha 1

Slovenská Akadémie Vied, (1953), Ul Gen. M. R. Štefanika 41, Bratislava

Svaz československých spisovatelů, Národní 11, Praha 1

Svaz českých a slovenských skladatelů, Valdštejnské nám 1, Praha 1

Svaz českých knihovníku, Klementinum 190, Praha 1

Svaz českých knihovníku a informačných pracovníku, Liliova 5, Praha 1

Svaz českých výtvarných umělců, Gottwaldovo 250, Praha 1

Svaz slovenských výtvarných umělců, Bratislava

Umělecká beseda, (1863), Besední 3, Praha 1

Úřad pro normalizaci a měřeni, Václavské 19, Praha 1

World Federation of Teachers' Unions, (1946), Opletalova 57, Praha

Zväz slovenských knihovníkov, bibliografov a informačných pracovníkov, ZSKBIP, (1969), Klemensova 27, Bratislava

Türkei
Turkey

Association des Médecins-Dentistes Turcs, Halaskargazi Cad 135, Istanbul-Pangalti

Atom Enerjisi Komisyom, Ziya Gökalp Cad, Rumeli Han, Ankara

Milletlerarasi Şark Tetkikleri Cemiyeti, (1947), c/o Türkiyat Enstitüsü, Bayezit, Istanbul

Türk Biyoloji Derneği, (1949), PK 144, Istanbul-Sirkeci

Türk Cerrahi Cemiyeti, (1931), Etibba Odasi, Cagăloğlu, Istanbul

Türk Dil Kurumu, (1932), Ankara

Türk Eczacilari Birliği, Ortaklar Han 26, Istanbul-Cağaloğlu

Türk Ekonomi Kurumu, (1939), Ankara

Türk Halk Bilgisi Derneği, (1946), Atik Ali Paşa Medresi 43, Istanbul

Türk Hukuk Kurumu, (1934), Adakale Sokak 28, Ankara

Türk Jinekoloji Cemiyeti, (1956), Saglik Sok 21, Istanbul

Türk Kanser Arastirma Ve Savas Kurum, Atatürk Bulvari 163, Ankara

Türk Kütüphaneciler Dernegi, (1949), PK 175, Ankara-Yenisehir

Türk Mikrobiyoloji Cemiyeti, (1931), PK 57, Istanbul-Beyazit

Türk Nöro-Psikiyatri Cemiyet, (1914), c/o Psikiyatri Kliniği, Istanbul-Çapa

Türk Ortopedi Şirürjisi ve Travmatoloji Cemiyeti, (1939), c/o Orthopaedic and Surgery Clinic, University, Istanbul

Türk Otomatik Kontrol Kurumu, c/o Teknik Universitesi, Istanbul

Türk Oto-Rino-Larengoloji Cemiyeti, (1934), c/o Faculty of Medicine, University, Istanbul

Türk Sakatlar Cemiyeti, Kocamustafapaşa Cad 148, Istanbul

Türk Sirfîve Tatbikî Matematik Derneği, c/o University, Istanbul

Türk Tarih Kurumu, (1931), Ankara

Türk Tib Cemiyeti, (1856), Anadolu han 201, Istanbul-Beyoğlu

Türk Tib Tarihi Kurumu, (1938), c/o Tib Tarihi Enstitüsü, University, Istanbul

Türk Tibbi Elektro Radyografi Cemiyeti, (1924), c/o Türk Tib Cemiyeti, Bursa Sokak, Istanbul-Beyoğlu

Türk Tibbî Radyoloji Cemiyeti, Istanbul

Türk Tüberkloz Cemiyeti, (1937), Selime Hatun, Sağlik Sokak, Istanbul-Taksim

Türk Uroloji Cemiyeti, (1933), c/o Türk Tib Cemiyeti, Bursa Sokak, Istanbul-Beyoğlu

Türk Veteriner Hekimleri Derneği, (1930), Saglik Sokak 21, Ankara-Yenişehir

Türkiye Akil Hifzissihhasi Cemiyeti, (1930), c/o Psikiyatri Kliniği, Istanbul-Çapa

Türkiye Aktüerler Cemiyeti, Bankalar Cad Ankara han Kat 2, Istanbul-Galata

Türkiye Bilimsel ve Teknik Araştirma Kurumu, (1964), Bayindir Sokak 33, Ankara-Yenişehir

Türkiye Fizikoterapi ve Rehabilitasyon Cemiyeti, c/o Fizikoterapi Kliniği, Çapa, Istanbul

Türkiye Jeoloji Kurumu, (1946), PK 512, Ankara

Türkiye Kimya Cemiyeti, (1919), PK 829, Istanbul

Yeni Felsefe Cemiyeti, (1943), Işik Lisesi, Istanbul-Nişantaşi

Ungarn
Hungary

Allami Dij és Kossuth-dij Bizottság, (1948), Kossuth Lajostér 1-3, Budapest V

Batsányi János Irodalmi Társaság, (1945), Apáca u 8, Pécs

Böripari Tudományos Egyesület, (1930), Szabadság-tér 17, Budapest V

Bolyai János Matematikai Társulat, (1947), Szabadság-tér 17, Budapest V

Eastern European Theatre Committee, c/o Institute for Theatrical Sciences, Krisztina krt 57, Budapest I

Energiagazdálkodási Tardományos Egyesület, (1948), Szabadság-tér 17, Budapest V

Eötvös Loránd Fizikai Társulat, (1949), Szabadság-tér 17, Budapest V

Epitöipari Tudományos Egyesület, (1949), Szabadság-tér 17, Budapest V

European Society for Animal Blood-Group Research, Rotenbiller u 23-25, Budapest VII

Faipari Tudományos Egyesület, (1950), Szabadság-tér 17, Budapest V

Geodéziai és Kartográfiai Egyesület, (1956), Szabadság-tér 17, Budapest V

Gépipari Tudományos Egyesület, (1949), Szabadság-tér 17, Budapest V

Hiradástechnikai Tudományos Egyesület, (1949), Szabadság-tér 17, Budapest V

Hungarian Dental Association, Szentkiralyi u 40, Budapest VIII

Hungarian Society of Anaesthesia and Reanimation, (1958), Üllöi u 78, Budapest VIII

International Academy of Legal Medicine and of Social Medicine, (1938), Üllöi u 93, Budapest IX

International Measurement Confederation, IMEKO, (1961), POB 457, Budapest 5

Közlekedéstudományi Egyesület, KTE, (1949), Szabadság-tér 17, Budapest V

Magyar Agrártudományi Egyesület, (1951), Szabadság-tér 17, Budapest V

Magyar Agrártudomanyi Egyesület Állatorvosok Társasága, (1961), Szabadság-tér 17, Budapest V

Magyar Biológiai Társaság, (1952), Gorkij-fasor 17-21, Budapest VII

Magyar Biológiai Társaság Botanikai Szakosztálya, (1940), Gorkij-fasor 17-21, Budapest VII

Magyar Elektrotechnikai Egyesület, (1900), Szabadság-tér 17, Budapest V

Magyar Elelmezéspari Tudományos Egyesület, Akadémia u 1-3, Budapest V

Magyar Földrajzi Társaság, (1953), Népköztársaság u 62, Budapest VI

Magyar Geofizikusok Egyesülete, (1954), Szabadság-tér 17, Budapest V

Magyar Gyógyszerészeti Társaság, (1924), Högyes Endre u 7, Budapest IX

Magyar Hidrológiai Társaság, (1917), Szabadság-tér 17, Budapest V

Magyar Iparjogvédelmi Egyesület, (1962), Szabadság-tér 17, Budapest V

Magyar Irodalomtörténeti Társaság, (1912), Pesti Barnabás u 1, Budapest V

Magyar Irók Szövetsége, (1945), Bajza u 18, Budapest VI

Magyar Karszt- és Barlangkutató Társulat, (1970), Gorkij-fasor 46-48, Budapest VI

Magyar Kémikusok Egyesülete, (1907), Szabadság-tér 17, Budapest V

Magyar Képzomüvészek Szövetsége, MKSz, (1949), Vörösmarty-tér 1, Budapest V

Magyar Könyvtärosek Egyesülete, (1935), Szentkiralyi u 21, Budapest VIII

Magyar Meteorológiai Társaság, (1925), Szabadság-tér 17, Budapest V

Magyar Müvészeti Tanács, (1945), Szent István-tér 15, Budapest V

Magyar Néprajzi Társaság, (1889), Kálmán-krt 40, Budapest VIII

Magyar Nyelvtudományi Társaság, (1904), Pesti Barnabás u 1, Budapest V

Magyar Orvostudományi Társaságok és Egyesületek Szövetsége, Apród u 1-3, Budapest I

Magyar P.E.N. Club, (1926), Vörösmarty-tér 1, Budapest V

Magyar Pszichológiai Társaság, MTA, (1928), Pengö u 5, Budapest II

Magyar Régészeti, Müvészettorténeti és Eremtani Társulat, Múzeum-krt 14, Budapest VIII

Magyar Rovartani Társaság, (1910), Baross u 13, Budapest VIII

Magyar Történelmi Társulat, (1867), Uri u 51-53, Budapest I

Magyar Tudományos Akadémia, (1825), Roosevelt-tér 9, Budapest V

Magyar Tudományos Ismeretterjesztö Társulat, (1841), Bródy Sándor u 16, Budapest VIII

Magyar Urbanisztikai Társaság, MUT, (1966), Rákóczi u 7, Budapest VIII

Magyar Zenemüvészek Szövetsége, Semmelweis u 1-3, Budapest V

Magyarhoni Földtani Társulat, (1848), Múzeum-krt 4a, Budapest VIII

Méréstechnikai és Automatizálási Tudományos Egyesület, (1952), Szabadság-tér 17, Budapest V

Müszaki és Természettudományi Egyesületek Szövetsége, (1948), Szabadság-tér 17, Budapest V

Népmüvelési Intézet, (1951), Corvin-tér 8, Budapest I

Optikai, Akusztikai és Filmtechnikai Egyesület, Anker köz 1, Budapest VI

Országos Erdészeti Egyesület, (1866), Szabadság-tér 17, Budapest V

Országos Magyar Bányászati és Kohászati Egyesület, (1892), Szabadság-tér 17, Budapest V

Országos Magyar Cecilia Társulat, (1897), Mártirok u 64b, Budapest II

Országos Néptanulmányi Egyesület, (1913), Elemér u 41, Budapest VII

Papír- és Nyomdaipari Müszaki Egyesület, (1949), Szabadság-tér 17, Budapest V

Rippl-Rónai József Társaság, (1946), Nagyatádi Szabo u 36, Budapest VII

Szilikátipari Tudományos Egyesület, (1949), Anker-köz 1, Budapest VI

Szinháztudományi Intézet, Krisztina-krt 57, Budapest I

Textilipari Müszaki és Tudományos Egyesület, (1948), Szabadság-tér 17, Budapest V

Vajda János Társaság, (1926), Sallay Imre u 26, Budapest XIII

Union der Sozialistischen Sowjetrepubliken (UdSSR)

Union of Soviet Socialist Republics (U.S.S.R.)

Academy of Arts of the U.S.S.R., (1947), Ul Kropotkinskaya 21, Moskva

Academy of Medical Sciences of the U.S.S.R., (1944), Ul Solyanka 14, Moskva

Academy of Pedagogical Sciences of the U.S.S.R., (1943), Bolshaya Polyanka 58, Moskva

Academy of Sciences of the U.S.S.R., (1725), Leninsky Prospekt 14, Moskva

All-Union Council of Scientific and Engineering Societies, Leninsky Prospekt 42, Moskva

All-Union I.I. Mechnikov Scientific Medical Society of Microbiologists, Epidemiologists and Infectionists, Pogodinskaya ul 6, Moskva

All-Union Pharmaceutical Society, Kolobovsky per 19, Moskva

All-Union Scientific Medical Society of Anatomists, Histologists and Embryologists, Mokhovaya ul 11, Moskva

All-Union Scientific Medical Society of Anatomists-Pathologists, Ul Shchepkina 61, Moskva

All-Union Scientific Medical Society of Cardiologists, Malaya Pirogovskaya ul 1, Moskva

All-Union Scientific Medical Society of Endocrinologists, Ul Bogomoltsa 4, Kiew

All-Union Scientific Medical Society of Forensic Medical Officers, Sadovaya-Triumfalnaya ul 13, Moskva

All-Union Scientific Medical Society of Gerontologists and Geriatrists, Vyshgorodskaya ul 67, Kiew

All-Union Scientific Medical Society of Hygienists, Pogodinskaya ul 10, Moskva

All-Union Scientific Medical Society of Neuropathologists and Psychiatrists, Ul Rossolimo 11, Moskva

All-Union Scientific Medical Society of Neurosurgeons, Tverskaya-Yamskaya ul 5, Moskva

All-Union Scientific Medical Society of Obstetricians and Gynaecologists, Rakhmanovsky per 3, Moskva

All-Union Scientific Medical Society of Oncologists, Botkinsky per 2, Moskva

All-Union Scientific Medical Society of Ophthalmologists, Sadovo-Chernogryazskaya ul 14, Moskva

All-Union Scientific Medical Society of Oto-Rhino-Laryngologists, Olsufyevsky per 13, Moskva

All-Union Scientific Medical Society of Paediatricians, Ustyinsky proezd 1, Moskva

All-Union Scientific Medical Society of Pathophysiologists, Ul Lebedeva 37a, Leningrad

All-Union Scientific Medical Society of Pharmacologists, Baltiyskaya ul 8, Moskva

All-Union Scientific Medical Society of Phthisiologists, Ul Dostoevskogo 4, Moskva

All-Union Scientific Medical Society of Physical Therapists and Health-Resort Physicians, Kutuzov Prospekt 4, Moskva

All-Union Scientific Medical Society of Physicians-Analysts, Botkinsky per 2d, Moskva

All-Union Scientific Medical Society of Roentgenologists and Radiologists, Ul Solyanka 14, Moskva

All-Union Scientific Medical Society of Specialists in Medical Control and Exercise Medicine, Ploshchad Vosstaniya 1, Moskva

All-Union Scientific Medical Society of Stomatologists, Teply per 16, Moskva

All-Union Scientific Medical Society of Surgeons, Bolshaya Pirogovskaya ul 2, Moskva

All-Union Scientific Medical Society of Therapists, Ul Petrovka 25, Moskva

All-Union Scientific Medical Society of Traumatic Surgeons and Orthopaedists, Novoipatovskaya ul 8, Moskva

All-Union Scientific Medical Society of Urological Surgeons, Pirogovskaya ul 1, Moskva

All-Union Scientific Society of the History of Medicine, Ul Obukha 12, Moskva

All-Union Scientific Society of Venereologists and Dermatologists, Ul Korolenko 3, Moskva

All-Union Society "Znanya", (1947), Proezd Serova 4, Moskva

All-Union V. I. Lenin Academy of Agricultural Sciences, (1929), Bolshoi Kharitonevsky Per 21, Moskva

Armenian S.S.R. Academy of Sciences, Ul Barekamutyan 24, Eriwan

Azerbaijan S.S.R. Academy of Sciences, Ul Kommunisticheskaya 10, Baku

Byelorussian S.S.R. Academy of Sciences, (1929), Leninsky Prospekt 66, Minsk

Council of the U.S.S.R. Scientific Medical Societies, Rakhmanovsky per 3, Moskva

Council on Co-Ordination of Scientific Activities of Academies of the Union Republics, Leninsky Prospekt 14, Moskva

Estonian S.S.R. Academy of Sciences, Ul Kokhtu 6, Tallin

Georgian S.S.R. Academy of Sciences, Ul Dzerzhinskogo 8, Tbilisi

International Anatomical Congress, (1905), Karl Marx Prospekt 18, Moskva

Kazakh S.S.R. Academy of Sciences, Ul Shevchenko 28, Alma-Ata

Kirghiz S.S.R. Academy of Sciences, Ul XXII Partsyezda 265a, Frunze

A. N. Krylov Scientific and Engineering Society of the Shipbuilding Industry, Ul Dzerzhinskogo 10, Leningrad

Latvian S.S.R. Academy of Sciences, Ul Turgeneva 19, Riga

Lithuanian S.S.R. Academy of Sciences, Lenino Prospektas 3, Vilnius

D. I. Mendeleyev All-Union Chemical Society, Krivokolenny per 12, Moskva

Moldavian S.S.R. Academy of Sciences, Prospekt Lenina 1, Kishinev

K. D. Pamfilov Academy of Municipal Economy, (1931), Volokolamskoe Chaussée 116, Moskva

A. S. Popov Scientific and Engineering Society of Radio Engineering and Electrical Communication, Ul Herzena 10, Moskva

Scientific and Engineering Society of Agriculture, Ul Kirova 13, Moskva

Scientific and Engineering Society of Ferrous Metallurgy, Baumanskaya ul 9, Moskva

Scientific and Engineering Society of Flour-Grinding and Peeling Industries and Elevator Economy, Christie prudy 12a, Moskva

Scientific and Engineering Society of Mining, Karetny ryad 10-18, Moskva

Scientific and Engineering Society of Municipal Economy and Motor Transport, Ul Kuibysheva 4, Moskva

Scientific and Engineering Society of Non-Ferrous Metallurgy, Astrakhansky per 1, Moskva

Scientific and Engineering Society of the Building Industrie, Karetny Ryad 10, Moskva

Scientific and Engineering Society of the Food Industry, Kuznetsky most 19, Moskva

Scientific and Engineering Society of the Instrument Building Industry, Ul Volkhonka 19, Moskva

Scientific and Engineering Society of the Light Industry, Ul Kirova 39, Moskva

Scientific and Engineering Society of the Machine Building Industry, Bolshoy Cherkassky per 7, Moskva

Scientific and Engineering Society of the Oil and Gas Industry, Ul Kuibysheva 3, Moskva

Scientific and Engineering Society of the Paper and Wood-Working Industry, Ul 25 Oktyabrya 8, Moskva

Scientific and Engineering Society of the Power Industry, Stremyannaya ul 10, Leningrad

Scientific and Engineering Society of the Printing Industry and Publishing Houses, Parkovaya ul 11, Moskva

Scientific and Engineering Society of the Railways, Novo-Basmannaya ul 2, Moskva

Scientific and Engineering Society of the Timber Industry and Forestry, Proezd Vladimirova 6, Moskva

Scientific and Engineering Society of the Water Transport, Staropansky per 3, Moskva

Tajik S.S.R. Academy of Sciences, Dushanbe

Turkmen S.S.R. Academy of Sciences, Ul Gogolya 15, Ashkhabad

Ukrainian S.S.R. Academy of Sciences, Vladimirskaya ul 54, Kiew

Union of U.S.S.R. Artists, (1957), Gogolevskii bul 10, Moskva

Union of U.S.S.R. Composers, (1932), Ul Nezhdanovoi 8, Moskva

U.S.S.R. Library Council, (1959), c/o All-Union State Library of Foreign Literature, Ulianovskaya 1, Moskva

Uzbek S.S.R. Academy of Sciences, Ul Kuibysheva 15, Taschkent

A. A. Yablochkina All-Russia Theatrical Society, (1883), Ul Gorkogo 16, Moskva

Vatikan
Vatican

Accademia Romana di S. Tommaso d'Aquino e di Religione Cattolica, (1879), Piazza della Cancelleria 1, I-00186 Roma

Collegium Cultorum Martyrum, (1879), Via Napoleone III 1, I-00185 Roma

Pontificia Accademia dell'Immacolata, (1835), Piazza dei S. Apostoli 51, I-00187 Roma

Pontificia Accademia Mariana Internazionale, (1946), Via Merulana 124, I-00185 Roma

Pontificia Accademia Romana di Archeologia, (1740), Piazza della Cancelleria 1, I-00186 Roma

Pontificia Accademia Scientiarum, (1603), Casina di Pio IV, Giardini del Vaticano, I-00120 Vaticano

Pontificia Accademia Teologica Romana, (1718), Piazza S. Giovanni in Laterano 4, I-00184 Roma

Pontificia Insigne Accademia Artistica dei Virtuosi al Pantheon, (1541), Piazza della Cancelleria 1, I-00186 Roma

Zypern
Cyprus

Cyprus Musical Society, 74 Liperti St, Nicosia

Etaireia Kypriakon Spoudon, (1936), POB 1436, Nicosia

Greek Library Association of Cyprus, (1968), c/o Educational Academy, POB 1039, Nicosia

Amerika

America

Argentinien
Argentina

Academia Americana de la Historia y de la Ciencia, (1916), Montevideo 59, Buenos Aires

Academia Argentina de Letras, (1931), Sánchez de Bustamante 2663, Buenos Aires

Academia de Ciencias Económicas, (1914), Av Alvear 1790, Buenos Aires

Academia Nacional de Agronomia y Veterinaria, Arenales 1678, Buenos Aires

Academia Nacional de Bellas Artes, (1936), Sánchez de Bustamante 2663, Buenos Aires

Academia Nacional de Ciencias, (1868), Av Vélez Sarsfield 249, Córdoba

Academia Nacional de Ciencias de Buenos Aires, (1937), Junín 1278, Buenos Aires

Academia Nacional de Ciencias Exactas, Físicas y Naturales, (1874), Av Las Heras 2545, Buenos Aires

Academia Nacional de Derecho y Ciencias Sociales, (1874), Av Presidente Figueroa Alcorta 2263, Buenos Aires

Academia Nacional de Derecho y Ciencias Sociales, (1941), Av Colón 93, Córdoba

Academia Nacional de Geografía, (1956), San Martín 336, Buenos Aires

Academia Nacional de la Historia, San Martín 336, Buenos Aires

Academia Nacional de Medicina, Las Heras 3092, Buenos Aires

Academia Porteña del Lunfardo, (1962), Rodríguez Peña 80, Buenos Aires

Asociación Argentina Amigos de la Astronomía, (1929), Av Patricias Argentinas 550, Buenos Aires

Asociación Argentina de Alergía e Inmunología, (1949), Cangallo 1435, Buenos Aires

Asociación Argentina de Anestesiología, (1945), Terrero 411, Buenos Aires

Asociación Argentina de Astronomía, (1958), c/ o Observatorio Astronónico, La Plata

Asociación Argentina de Bibliotecas y Centros de Información Científicos y Técnicos, Santa Fé 1145, Buenos Aires

Asociación Argentina de Biología y Medicina Nuclear, (1963), Santa Fé 1145, Buenos Aires

Asociación Argentina de Ciencias Naturales, (1911), Av Angel Gallardo 470, Buenos Aires

Asociación Argentina de Electrotécnicos, (1913), Posadas 1659, Buenos Aires

Asociación Argentina de Geofísicos y Geodestas, (1959), Rivadavia 1917, Buenos Aires

Asociación Argentina de la Ciencia del Suelo, (1958), Cerviño 3101, Buenos Aires

Asociación Argentina del Frío, Cerrito 512, Buenos Aires

Asociación Argentina para el Estudio Científico de la Deficiencia Mental, José Andrés Pacheco de Melo 2483, Buenos Aires

Asociación Argentina para el Progreso de las Ciencias, (1933), Pacheco de Melo 1826, Buenos Aires

Asociación Bernardino Rivadavia-Biblioteca Popular, (1882), Av Colón 31, Bahía Blanca

Asociación Bioquímica Argentina, (1934), Av Corrientes 424, Buenos Aires

Asociación Científica Argentino-Alemana, (1954), Santa Fé 1145, Buenos Aires

Asociación Correntina General San Martín, Azcuénaga 1313, Buenos Aires

Asociación de Amigos del Centro de Investigación de Biología Marina, (1960), Cerrito 1139, Buenos Aires

Asociación de Bibliotecarios Graduados de la República Argentina, (1953), Casilla 68, Buenos Aires

Asociación Farmacéutica y Bioquímica Argentina, Bartolomé Mitré 2041, Buenos Aires

Asociación Física Argentina, (1944), Casilla 5, Buenos Aires

Asociación Geológica Argentina, (1945), Perú 222, Buenos Aires

Asociación Interamericana de Escritores, Casilla 4852, Buenos Aires

Asociación Internacional de Hidatidología, (1941), Lavalle 636, Azul

Asociación Latinoamericana de Sociedades de Biología y Medicina Nuclear, (1964), Santa Fé 1145, Buenos Aires

Asociación Latinoamericana de Sociología, (1950), Trejo 241, Córdoba

Asociación Latinoamericana de Sociología, ALAS, (1950), Trejo 241, Córdoba

Asociación Médica Argentina, (1891), Santa Fé 1171, Buenos Aires

Asociación Odontológica Argentina, (1896), Junín 959, Buenos Aires

Asociación Ornitológica del Plata, (1916), Av Angel Gallardo 470, Buenos Aires

Asociación Paleontológica Argentina, (1955), Av Angel Gallardo 470, Buenos Aires

Asociación Química Argentina, (1912), Sánchez de Bustamente 1749, Buenos Aires

Círculo Médico de Córdoba, (1910), Colón 637, Córdoba

Círculo Médico de Rosario, (1910), Italia 663, Rosario

Colegio de Abogados de Buenos Aires, (1913), Montevideo 640, Buenos Aires

Colegio de Graduados en Ciencias Económicas, (1891), Viamonte 1582, Buenos Aires

Colegio Interamericano de Radiología, Tucumán 1516, Buenos Aires

Comisión de Documentación Científica, CDDC, (1959), Casilla 3055, Buenos Aires

Comisión de Investigación Científica de la Provincia de Buenos Aires, (1956), 526 entre 10-11, La Plata

Comisión Nacional de Energía Atómica, (1950), Av Libertador San Martín 8250, Buenos Aires

Comisión Nacional de Museos y de Monumentos y Lugares, (1938), Av de Mayo 556, Buenos Aires

Comisión Panamericana de Normas Técnicas, COPANT, Chile 1192, Buenos Aires

Comité de Industrialización de Algas, CODIA, Cerrito 1139, Buenos Aires

Comité Nacional de Cristalografía, (1958), Av Libertador San Martín 8250, Buenos Aires

Congreso Internacional de Americanistas, (1875), c/o Museo, Paseo del Bosque, La Plata

Consejo de Rectores de Universidades Nacionales, (1967), Córdoba 939, Buenos Aires

Consejo Federal de Inversiones, Alsina 1407, Buenos Aires

Consejo Internacional de Administración Científica, Tucumán 1668, Buenos Aires

Consejo Inter-Universitario Nacional, c/o Universitad, Viamonte 444, Buenos Aires

Consejo Nacional de Investigaciones Científicas y Técnicas, Rivadavia 1917, Buenos Aires

Dirección General de Estadística e Investigaciones, (1888), Calle 8 732, La Plata

Dirección Nacional de Estadística y Censos, c/o Ministerio de Economía de la Nación, Hipólito Irigoyen 250, Buenos Aires

Dirección Nacional de Geología y Minería, (1904), Perú 562, Buenos Aires

Distrito Sanidad Vegetal y Fiscalización, (1940), 25 de Mayo, Bella Vista

Federación Argentina de Asociaciones de Amestesiología, (1945), Terrero 411, Buenos Aires

Federación Interamericana de Instituto de Ensenanza Publicitaria, Av de Mayo 621, Buenos Aires

Federación Lanera Argentina, (1929), Av Paseo Colón 823, Buenos Aires

Federación Universitaria Argentina, FUA, c/o Universitad, Viamonte 444, Buenos Aires

Grupo Latinoamericano de la Reunion Internacional de Laboratorios de Ensayos e Investigaciones sobre Materiales y Estructuras, (1963), Libertad 1235, Buenos Aires

Instituto Argentino de Artes Gráficas, Quinto Bocayuva 1147-1149, Buenos Aires

Instituto Argentino de Racionalización de Materiales, IRAM, (1935), Chile 1192, Buenos Aires

Instituto Bonaerense de Numismática y Antigüedades, (1872), San Martín 336, Buenos Aires

Instituto de Literatura, (1968), Calle 47 625, La Plata

Instituto Internacional de Sociologia, (1893), Trejo 241, Córdoba

Instituto Nacional de Antropología, (1943), Sánchez de Bustamante 2663, Buenos Aires

Instituto Nacional de Estudios del Teatro, Córdoba 1199, Buenos Aires

Instituto Nacional de Microbiología, (1916), Av Vélez Sarsfield 563, Buenos Aires

Instituto Nacional de Tecnología Industrial, INTI, (1957), Libertad 1235, Buenos Aires

Instituto Nacional del Profesorado Secundario, (1904), José Hernández 2247, Buenos Aires

Junta de Historia Eclesiástica Argentina, (1942), Reconquista 269, Buenos Aires

Liga Argentina contra la Tuberculosis, (1901), Santa Fé 4292, Buenos Aires

Organización de Universidades Católicas de América Latina, ODUCAL, (1953), Juncal 1912, Buenos Aires

Organización Mundial Universitaria, (1953), Juncal 1258, Buenos Aires

Patronato de Leprosos de la República Argentina, (1930), J. E. Uriburo 1010-1018, Buenos Aires

P.E.N. Club Argentino, (1930), Rivadavia 4060, Buenos Aires

Servicio Bibliográfico Argentino, (1954), Casilla 3660, Buenos Aires

Servicio Meteorológico Nacional, (1872), Paseo Colón 317, Buenos Aires

Sociedad Argentina de Agronomía, (1934), Estado de Israel, Buenos Aires

Sociedad Argentina de Alergía, (1940), Santa Fé 1171, Buenos Aires

Sociedad Argentina de Americanistas, Corrientes 1723, Buenos Aires

Sociedad Argentina de Anatomía Normal y Patológica, (1933), Santa Fé 1171, Buenos Aires

Sociedad Argentina de Antropologia, (1936), Moreno 350, Buenos Aires

Sociedad Argentina de Autores y Compositores de Musica, SADAIC, Lavalle 1547, Buenos Aires

Sociedad Argentina de Bibliotecarios de Instituciones Sociales, Científicas, Artísticas y Técnicas, (1937), Bartolomé Mitré 2041, Buenos Aires

Sociedad Argentina de Biofisica, (1954), Santa Fé 1145, Buenos Aires

Sociedad Argentina de Biología, (1920), Santa Fé 1171, Buenos Aires

Sociedad Argentina de Botánica, (1945), c/o Instituto de Botánica Darwinion, Lavardén 200, San Isidro

Sociedad Argentina de Ciencias Fisiológicas, (1950), Obligado 2490, Buenos Aires

Sociedad Argentina de Ciencias Neurológicas, Psiquiátricas y Neuroquirúrgicas, (1920), Santa Fé 1171, Buenos Aires

Sociedad Argentina de Cirujanos, (1939), Santa Fé 1171, Buenos Aires

Sociedad Argentina de Criminología, (1933), Libertad 555, Buenos Aires

Sociedad Argentina de Dermatología y Sifilografia, (1934), Santa Fé 1171, Buenos Aires

Sociedad Argentina de Endocrinología y Metabolismo, (1944), Santa Fé 1141, Buenos Aires

Sociedad Argentina de Escritores, Potosi 4303, Buenos Aires

Sociedad Argentina de Estudios Geográficos, (1922), Santa Fé 1145, Buenos Aires

Sociedad Argentina de Estudios Lingüísticos, (1935), 11 de Setiembre 2262, Buenos Aires

Sociedad Argentina de Farmacía y Bioquímica Industrial, (1952), Av del Libertador General San Martín 7774, Buenos Aires

Sociedad Argentina de Farmacología y Terapéutica, (1929), Santa Fé 1171, Buenos Aires

Sociedad Argentina de Fisiología, (1953), Obligado 2490, Buenos Aires

Sociedad Argentina de Fisiología Vegetal, (1958), Castelar, Buenos Aires

Sociedad Argentina de Gastroenterología, (1927), Santa Fé 1171, Buenos Aires

Sociedad Argentina de Gerontología y Geriatria, (1950), Santa Fé 1171, Buenos Aires

Sociedad Argentina de Hematología y Hemoterapía, (1948), Santa Fé 1171, Buenos Aires

Sociedad Argentina de Investigación Clínica, (1960), c/o Instituto de Investigaciones Médicas, Hospital Tornu, Donato Alvarez 3000, Buenos Aires

Sociedad Argentina de Investigación Operativa, SADIO, c/o Centro Argentino de Ingenieros, Cerrito 1250, Buenos Aires

Sociedad Argentina de Leprología, (1954), Casilla 2899, Buenos Aires

Sociedad Argentina de Medicina Nuclear, SADMN, (1963), Salta 990, Buenos Aires

Sociedad Argentina de Medicina Social, (1939), Santa Fé 1171, Buenos Aires

Sociedad Argentina de Micología, (1961), c/o Escuela Práctica de Medicina, Santa Rosa 1095, Córdoba

Sociedad Argentina de Minería y Geología, (1929), Av Sarmiento 2265, Castelar

Sociedad Argentina de Oftalmología, (1920), Santa Fé 1171, Buenos Aires

Sociedad Argentina de Ortopedía y Traumatología, (1936), Santa Fé 1171, Buenos Aires

Sociedad Argentina de Pediatría, (1911), Coronel Díaz 1971, Buenos Aires

Sociedad Argentina de Psicología, (1930), Callao 1159, Buenos Aires

Sociedad Argentina de Radiología, (1917), Santa Fé 1171, Buenos Aires

Sociedad Argentina para el Estudio de la Esterilidad, (1945), Santa Fé 1171, Buenos Aires

Sociedad Argentina para el Estudio del Cáncer, Av San Martín 5481, Buenos Aires

Sociedad Científica Argentina, (1872), Santa Fé 1145, Buenos Aires

Sociedad de Biología de Córdoba, (1934), Colón 637, Córdoba

Sociedad de Cirugía de Buenos Aires, Santa Fé 1171, Buenos Aires

Sociedad de Dermatología y Sifilografía, (1934), Santa Fé 1171, Buenos Aires

Sociedad de Historia Argentina, Paraguay 577, Buenos Aires

Sociedad de Medicina Interna de Buenos Aires, (1925), Santa Fé 1171, Buenos Aires

Sociedad de Medicina Interna de Córdoba, Colón 637, Córdoba

Sociedad de Medicina Legal y Toxicología, (1929), Sarmiento 1271, Buenos Aires

Sociedad de Psicología Médica, Psicoanálisis y Psico-somática, (1940), Santa Fé 1171, Buenos Aires

Sociedad de Tisiologia y Neumonologia del Hospital Tornu y Dispensarios, (1932), c/o Hospital Tornu, Donato Alvarez 3000, Buenos Aires

Sociedad Entomológica Argentina, (1925), Maipú 267, Buenos Aires

Sociedad General de Autores de la Argentina, (1910), J. A. Pacheco de Melo 1820, Buenos Aires

Sociedad Latinoamericana de Ciencias de los Suelos, c/o Facultad de Ciencias Agrarias, Chacras de Coria, Mendoza

Sociedad Neurológica Argentina, (1952), Coronel Díaz 2760, Buenos Aires

Sociedad Rural Argentina, (1866), Florida 460, Buenos Aires

Unión Matemática Argentina, (1936), Casilla 3588, Buenos Aires

Barbados

Barbados

Barbados Astronomical Society, (1956), 11 Highpark, Saint James

Barbados Pharmaceutical Society, Barbados Rd, Saint Michael

Historical Society, c/o Barbados Museum, Saint Ann's Garrison

Bermudas

Bermudas

Amalgamated Bermuda Union of Teachers, (1963), POB 726, Hamilton

Bermuda Federation of Musicians, POB 774, Hamilton

Bermuda Historical Society, Par-la-Ville, Hamilton

Bermuda Society of Arts, (1946), c/o Art Gallery, City Hall, Hamilton

Bermuda Technical Society, POB 586, Hamilton

Bermuda Tuberculosis and Health Association, Cedar Av, Hamilton

Royal Commonwealth Society, Bermuda Branch, POB 1049, Hamilton

Saint George's Historical Society, Saint George

Bolivien

Bolivia

Academia Boliviana, La Paz

Academia Nacional de Ciencias de Bolivia, (1960), POB 5829, La Paz

Academia Nacional de la Historia, (1929), Av Abel Iturralde 205, La Paz

Amigos de la Ciudad, (1916), Pl del Teatro Núñez del Prado 576, La Paz

Asociación de Ingenieros y Geólogos de Yacimientos Petrolíferos Fiscales Bolivianos, AIGYPFB, (1959), Casilla 401, La Paz

Ateneo de Medicina de Sucre, Sucre

Centro de Investigación y Documentación Científica y Tecnológica, (1963), Av Mariscal Santa Cruz 1175, La Paz

Centro Intelectual Galindo, (1924), Oficina Mapiri, La Paz

Círculo de Bellas Artes, (1912), Pl Teatro, La Paz

Comision Boliviana di Energía Nuclear, (1960), Av 6 de Agosto 2905, La Paz

Comisión de Planeamiento y Coordinación de las Universidades Bolivianas, c/o Universidad Mayor de San Simón, Cochabamba

Confederación Boliviana de Odontólogos, (1940), Casilla 2203, La Paz

Confederación Universitaria Boliviana, CUB, c/o Universidad Mayor de San Andrés, Villazón 465, La Paz

Consejo Nacional de Educación, Yanacocha 475, La Paz

Dirección General de Estadística y Censos, (1936), Ayacucho 55, La Paz

Dirección General de Meteorología, (1942), La Paz

Instituto Boliviano del Petróleo, IBP, (1959), Casilla 4722, La Paz

Instituto Criminológico de Bolivia, (1914), La Paz

Instituto Geográfico Militar y de Catastro Nacional, Cuartel General, Miraflores

Instituto Nacional de Comercio, Campero 94, La Paz

P.E.N. Club de La Paz, (1931), Goitia 17, La Paz

Servicio Agrícola Interamericano, c/o Ministerio de Agricultura, La Paz

Servicio Geológico de Bolivia, (1960), Federico Zuazo 1673, La Paz

Sociedad Arqueológica de Bolivia, Av Chacaltaya 500, La Paz

Sociedad Boliviana de Cirugía, (1939), Casilla 1252, La Paz

Sociedad de Estudios Geográficos e Históricos, (1903), Pl 24 de Setiembre, Santa Cruz de la Sierra

Sociedad de Pediatría de Cochabamba, (1945), Casilla 1429, Cochabamba

Sociedad Geográfica de La Paz, (1889), Tiahuanaco 12, La Paz

Sociedad Geográfica "Sucre", (1887), Pl 25 de Mayo, Sucre

Sociedad Geográfica y de Historia "Potosí", Casa Nacional de Moneda, Potosí

Sociedad Geológica Boliviana, (1961), Edificio Miniminas, La Paz

Sociedad Rural Boliviana, Comercio 420, La Paz

Brasilien

Brazil

Academia Alagoana de Letras, Maceió

Academia Amazonense de Letras, (1918), Rua Ramos Ferreira 1009, Manaus

Academia Brasileira de Ciências, (1916), CP 229, Rio de Janeiro

Academia Brasileira de Letras, (1897), Av Presidente Wilson 203, Rio de Janeiro

Academia Cachoeirense de Letras, (1962), Praça J. Monteiro 105, Cachoeira de Itapemerim

Academia Catarinense de Letras, (1920), Rua Tenente Silveira 6, Florianópolis

Academia Cearense de Letras, Fortaleza

Academia de Ciências de Minas Gerais, Belo Horizonte

Academia de Letras, João Pessoa

Academia de Letras da Bahia, (1917), Av 7 de Setembro 283, Salvador

Academia de Letras de Piauí, Teresina

Academia de Letras "Humberto de Campos", (1948), Rua 23 de Maio, Vila Velha

Academia de Medicina de São Paulo, (1895), São Paulo

Academia Feminina Espírito Santense de Letras, (1949), Rua B. Horta 30, Vitória

Academia Matogrossense de Letras, (1921), Rua 13 de Junho 173, Cuiabá

Academia Miniera de Letras, Belo Horizonte

Academia Nacional de Farmacia, (1937), Rua dos Andradas 96, Rio de Janeiro

Academia Nacional de Medicina, (1829), CP 459, Rio de Janeiro

Academia Paranaense de Letras, (1936), Rua Dr. Murici 854, Curitiba

Academia Paulista de Letras, (1909), Largo do Arouche 312, São Paulo

Academia Pernambucana de Letras, (1901), Rua do Hospício 130, Recife

Academia Riograndense de Letras, Rua Câdido Silveira 43, Pôrto Alegre

Associação Bahiana de Medicina, (1894), Av 7 de Setembro 48, Bahia

Associação Brasileira de Educação, (1924), Av Rio Branco 91, Rio de Janeiro

Associação Brasileira de Farmacêuticos, (1916), Rua Andradas 96, Rio de Janeiro

Associação Brasileira de Mecánica dos Solos, CP 7141, São Paulo

Associação Brasileira de Metais, ABM, (1944), Praça Cel. F. Prestes 110, São Paulo

Associação Brasileira de Odontologia, (1937), Av 13 de Maio 13, Rio de Janeiro

Associação Brasileira de Química, (1922), Av Rio Branco 156, Rio de Janeiro

Associação de Educação Católica do Brasil, (1945), Rua Martin Ferreira 23, Rio de Janeiro

Associação de Engenharia Química, (1944), c/o Conjunto das Químicas, Cidade Universitária, São Paulo

Associação Interamericana de Engenharia Sanitária, (1946), c/o Faculdade de Higiene e Saude Publica, Universidade, São Paulo

Associação Latinoamericana da Biologia Nuclear e Medicina, c/o Centro da Medicina Nuclear, CP 22, Rio de Janeiro

Associação Médica Brasileira, (1951), Av Brigadeiro Luiz António 278, São Paulo

Associação Médica do Espírito Santo, Edifício Banco Mineiro da Produção, (1929), Av Governador Blay, Vitória

Associação Nacional de Música, Av Princesa Isabel 38, Rio de Janeiro

Associação Paulista de Bibliotecarios, (1938), Av Ipiranga 877, São Paulo

Associação Paulista de Combate ão Cancer, c/ o Universidade, São Paulo

Associação Paulista de Medicina, (1930), Av Brigadeiro Luíz António 278, São Paulo

Centro de Pesquisa e Treinamento para Desenvolvimento de Comunidade de Brasília, (1967), Av L 2, Brasília

Comissão Americano-Brasileira da Educação, Av Mar Câmara 350, Rio de Janeiro

Comissão Evangelica Latinoamericana de Educação Crista, CELADEC, (1962), Av Campos Salles 890, São Paulo

Comissão Nacional de Folclore, Av Marechal Floriano 199, Rio de Janeiro

Confederação Latinoamericana das Sociedades dos Anesthiólogos, Copacabana 1386, Rio de Janeiro

Congresso da América do Sul da Zoologia, CP 7172, São Paulo

Conselho de Reitores das Universidades Brasileiras, (1966), Av Borges de Madeiros 2, Rio de Janeiro

Conselho Federal de Biblioteconomia, CFB, (1966), Rua Avanhandava 16-40, São Paulo

Conselho Federal de Educação, Rua da Imprensa 16, Rio de Janeiro

Conselho Nacional da Geografia, B. Mar 436, Rio de Janeiro

Conselho Nacional Serviço Social, Imprensa 16, Rio de Janeiro

Conselho Regional de Engenharia e Arquitetura, Expediente 87, São Paulo

Federação Brasileira de Associações de Bibliotecários, FEBAB, (1959), Rua Avanhandava 16-40, São Paulo

Federação Internacional de Associações de Bibliotecarios-Grupo Regional América Latina, FIABGRAL, Rua Santo Antônio 733, São Paulo

Instituto Brasileiro da Economia, (1951), c/o Getúlio Vargas Foundation, CP 21120, Rio de Janeiro

Instituto Brasileiro de Educação, Ciência e Cultura, IBECC, Av Marechal Floriano 196, Rio de Janeiro

Instituto Brasileiro de Geografia, IBGE, Av Beira Mar 436, Rio de Janeiro

Instituto Brasileiro de Relações Internacionais, (1954), Praia de Botafogo 186, Rio de Janeiro

Instituto de Antropologia e Etnologia do Pará, CP 684, Belém

Instituto de Engenharia de São Paulo, (1917), Palacio Maná, São Paulo

Instituto de Linguistica e Antropologia Aplicada, Rua C. Chagas, Pôrto Alegre

Instituto de Nutrição, (1946), Largo de Misericordia 24, Rio de Janeiro

Instituto do Ceará, (1887), Av da Universidade 2431, Fortaleza

Instituto Genealógico Brasileiro, Rua Dr. Zuquim 1525, São Paulo

Instituto Genealógico do Espirito Santo, (1935), Rua Celso Calmon 267, Vitória

Instituto Geográfico e Geológico, (1886), São Paulo

Instituto Geográfico e Histórico da Bahia, (1894), Av 7 de Setembro, Salvador

Instituto Geográfico e Histórico do Amazonas, (1917), Rua B. Ramos 131, Manaus

Instituto Histórico de Alagoas, (1869), Rua J. Pessoa 382, Maceió

Instituto Histórico do Ceará, Av Visconde Cauipe, Fortaleza

Instituto Histórico e Geográfico Brasileiro, (1838), Av A. Severo 8, Rio de Janeiro

Instituto Histórico e Geográfico de Goiaz, Goiânia

Instituto Histórico e Geográfico de Santa Catarina, (1896), Rua Tenente Silveira 69, Florianopolis

Instituto Histórico e Geográfico de São Paulo, (1894), Rua B. Constant 158, São Paulo

Instituto Histórico e Geográfico de Sergipe, (1912), Rua de Itabaianinha 41, Aracajú

Instituto Histórico e Geográfico do Espirito Santo, (1916), Av República 58, Vitória

Instituto Histórico e Geográfico do Maranhão, (1925), Rua O. Cruz 634, São Luiz

Instituto Histórico e Geográfico do Pará, (1917), Praça D. Pedro II 35, Belém

Instituto Histórico e Geográfico do Rio Grande do Norte, (1902), Rua da Conceição 622, Natal

Instituto Histórico e Geográfico do Rio Grande do Sul, Pôrto Alegre

Instituto Histórico e Geográfico Paraíbano, (1905), CP 37, João Pessoa

Instituto Histórico, Geográfico e Etnográfico Paranaense, (1900), Rua J. Loureiro 43, Curitiba

Instituto Municipal de Administração e Ciências Contábeis, (1954), CP 1914, Belo Horizonte

Instituto Nacional de Ciência Politica, Mexico 90, Rio de Janeiro

Instituto Nacional de Farmacologia, Av Presidente Antônio Carlos 207, Rio de Janeiro

Inter-American Judicial Commission, CP 1260, Rio de Janeiro

Inter-American Philosophical Society, (1954), Rua Senador Feijo 176, São Paulo

Latin American Association of Physiological Sciences, (1957), c/o Department of Physiology, Faculty of Medicine, Ribeirão Preto

Latin American Center for Research in the Social Sciences, (1957), Rua Dona Mariana 138, Rio de Janeiro

Latin American Centre for Physics, (1962), c/o Centro Brasileiro de Pesquisas Fisicas, Av W. Braz 71, Rio de Janeiro

Movimento de Educação de Base, MEB, c/o Sociedade Brasileira Educação, Id. Meireles 66, Rio de Janeiro

P.E.N. Clube do Brasil, (1936), Praia do Flamengo 172, Rio de Janeiro

Secção Brasileira do Colegio Internacional de Cirurgiões, (1949), c/o Conjunto Nacional, Av Paulista, São Paulo

Secção de Farmacia Galénica, (1960), c/o Universidade do Paraná, Curitiba

Sindicato dos Compositores Artísticos, Musicais e Plásticos do Estado de São Paulo, (1922), São Paulo

Sociedade Botânica do Brasil, (1950), c/o Jardim Botânico, Rio de Janeiro

Sociedade Brasileira de Anatomia, (1952), CP 100, São Paulo

Sociedade Brasileira de Autores Teatrais, (1917), Av Almirante Barroso 97, Rio de Janeiro

Sociedade Brasileira de Belas Artes, Rua Araújo Pôrto Alegre 70, Rio de Janeiro

Sociedade Brasileira de Cartografia, (1958), CP 144, Rio de Janeiro

Sociedade Brasileira de Dermatologia, (1912), CP 389, Rio de Janeiro

Sociedade Brasileira de Entomologia, (1937), CP 9063, São Paulo

Sociedade Brasileira de Filosofia, (1927), Praça da República 54, Rio de Janeiro

Sociedade Brasileira de Genética, (1955), CP 1953, Pôrto Alegre

Sociedade Brasileira de Geografia, (1883), Praça da República 54, Rio de Janeiro

Sociedade Brasileira de Historia da Medicina, São Paulo

Sociedade Brasileira de Medicina Nuclear, (1962), c/o Centro de Medicina Nuclear, CP 22022, São Paulo

Sociedade Brasileira de Microbiologia, (1956), Av Pasteur 250, Rio de Janeiro

Sociedade Brasileira de Neurocirurgia, (1957), c/o Clínica Neurológica, Faculdade de Medicina, Universidade de Minas Gerais, Belo Horizonte

Sociedade Brasileira de Psiquiatria, Neurologia e Medicina Legal, (1907), Rua Alvaro Ramos 405, Rio de Janeiro

Sociedade Brasileira de Romanistas, Av Rio Branco 123, Rio de Janeiro

Sociedade Brasileira para o Progresso da Ciência, (1948), CP 11008, São Paulo

Sociedade Brasileiro de Geologia, (1945), Alameda Glete 463, São Paulo

Sociedade Científica de São Paulo, (1939), CP 1904, São Paulo

Sociedade de Biologia de São Paulo, (1921), CP 12995, São Paulo

Sociedade de Biologia do Brasil, (1947), CP 1587, Rio de Janeiro

Sociedade de Biologia do Rio Grande do Sul, c/o Universidade do Rio Grande do Sul, Av Paulo Gama, Pôrto Alegre

Sociedade de Engenharia do Rio Grande do Sul, (1930), CP 654, Pôrto Alegre

Sociedade de Medicina, (1897), Recife

Sociedade de Medicina de Alagoas, (1917), Rua do Comércio 150, Maceió

Sociedade de Medicina e Cirurgia de São Paulo, (1895), São Paulo

Sociedade de Medicina Legal e Criminologia de São Paulo, (1921), CP 4350, São Paulo

Sociedade de Pediatria da Bahia, Av Joanna Angélica 75, Bahia

Sociedade Geográfica Brasileira, SGB, (1948), Rua 24 de Maio 104, São Paulo

Sociedade Latinoamericana de Cirurgía Plástica, c/o Dr. A. Duarte Cardoso, 7 de Abril 404, São Paulo

Sociedade Nacional de Agricultura, (1897), Av General Justo 171, Rio de Janeiro

Sociedade Paranaense de Matemática, (1953), CP 1611, Curitiba

Sociedade Paranaense de Medicina Veterinária, (1941), Edif. Tijucas 13, Curitiba

---

Chile

Chile

Academia Chilena de Ciencias Naturales, (1926), Medinacelli 1233, Santiago

Academia Chilena de la Historia, (1940), Casilla 2437, Santiago

Academia Chilena de la Lengua, (1885), Av B. O'Higgins 1407, Santiago

Academia de Ciencias, (1965), c/o Instituto de Chile, Casilla 653, Santiago

Asociación Chilena de Microbiología, (1964), Casilla 10409, Santiago

Asociación Chilena de Sismología e Ingeniería Antisísmica, (1963), Beauchef 851, Santiago

Asociación de Bibliotecarios de Chile, Casilla 4625, Santiago

Asociación de Lingüística y Filología de Améria Latina, ALFAL, (1962), Casilla 147, Santiago

Asociación Judicial de Chile, Santo Domingo 1373, Santiago

Asociación Latinoamericana de Ciencias Fisiológicas, c/o R. Douglas, Casilla 6510, Santiago

Colegio de Farmacéuticos de Chile, (1942), Casilla 1136, Santiago

Colegio Farmacéutico de Chile, (1943), Casilla 265, Concepción

Comisión Chilena de Energía Nuclear, (1965), Av Salvador 943, Santiago

Comisión Económica para América Latina, CEPAL, Av Providencia 871, Santiago

Comisión Nacional de Investigación Cientifica y Tecnológica, CONICyT, (1969), Casilla 2975, Santiago

Comité Chileno de Cristalografía, (1953), Casilla 147, Santiago

Comité Chileno Veterinario de Zootecnia, (1951), Dardignac 95, Santiago

Comité de Programación Económica y Reconstrucción, COPERE, c/o Ministerio de Economía, Fomento y Reconstrucción, Santiago

Comité Nacional de Geografía, Geodesía y Geofísica, (1955), Castro 354, Santiago

Confederación de Educadores de América Latina, c/o Federación de Educadores de Chile, Moneda 1330, Santiago

Confederación Iberoamericana de Medicina Deportiva, Casilla 23, Santiago

Consejo de Rectores de Universidades Chilenas, Moneda 673, Santiago

Corporación de Fomento de la Producción, CORFO, Ramón Nieto 920, Santiago

Federacion International de Abogadas, FIDA, c/o Filomena Quintana, Catedral 1685, Santiago

Federación Latinoamericana de Parasitología, c/o Departamento de Parasitología, Universidad de Chile, Casilla 9183, Santiago

Instituto Latinoamericano de Planificación Económica y Social, (1962), Casilla 1567, Santiago

Instituto Oceanográfico de Valparaíso, (1945), Av Errázuriz 471, Valparaíso

Liga Marítima de Chile, (1914), Av Errázuriz 471, Valparaíso

Liga Panamericana contra el Reumatismo, c/o Dr. Oke France, Casilla 23, Santiago

Oficina de Mensura de Tierras, Sección Geodética, Casilla 247, Santiago

Oficina Meteorológica de Chile, (1884), Casilla 717, Santiago

Organización de las Universidades Católicas de América Latina, ODUCAL, c/o Pontificia Universidad Católica de Chile, Casilla 114, Santiago

Servicio Nacional de Estadística, (1843), Casilla 6177, Santiago

Sociedad Agronómica de Chile, (1910), Casilla 4109, Santiago

Sociedad Arqueológica de la Serena, (1944), Casilla 125, La Serena

Sociedad Chilena de Angiología, (1954), Casilla 10256, Santiago

Sociedad Chilena de Cancerología, (1953), Zañartu 1000, Santiago

Sociedad Chilena de Cardiología, (1948), José M. Infante 717, Santiago

Sociedad Chilena de Cirugía Plástica y Reparadora, (1944), Av Santa María 410, Santiago

Sociedad Chilena de Entomología, (1923), Huérfanos 669, Santiago

Sociedad Chilena de Física, (1960), Casilla 5487, Santiago

Sociedad Chilena de Gastroenterología, Merced 565, Santiago

Sociedad Chilena de Gerontología, (1961), Av Bulnes 377, Santiago

Sociedad Chilena de Hematología, (1943), Esmeralda 678, Santiago

Sociedad Chilena de Historia Natural, (1926), Casilla 787, Santiago

Sociedad Chilena de Historia y Geografía, (1911), Casilla 1386, Santiago

Sociedad Chilena de Nutrición, Bromatología y Toxicología, (1943), Av Vicuña Mackenna 20, Santiago

Sociedad Chilena de Obstetricia y Ginecología, (1935), José Domingo Cañas 563, Santiago

Sociedad Chilena de Parasitología, (1964), Casilla 9183, Santiago

Sociedad Chilena de Patología de la Adaptación y del Mesenquima, (1954), c/o Hospital J. J. Aguirre, Santos Dumont 999, Santiago

Sociedad Chilena de Pediatría, Esmeralda 670, Santiago

Sociedad Chilena de Química, (1946), Casilla 2613, Concepción

Sociedad Chilena de Reumatología, (1953), Casilla 23, Santiago

Sociedad Chilena de Salubridad y Medicina Pública, (1947), Huérfanos 972, Santiago-

Sociedad Chilena de Tisiología y Enfermedades Broncopulmonares, (1931), c/o Hospital del Tórax, J. M. Infante 717, Santiago

Sociedad Científica Chilena "Claudio Gay", (1946), Casilla 2974, Santiago

Sociedad Científica de Chile, (1891), Rosa Eguiguren 813, Santiago

Sociedad Científica de Valparaíso, (1934), Casilla 1802, Valparaíso

Sociedad de Anatomía Normal y Patológica de Chile, (1938), c/o Museo Histórico, Santiago

Sociedad de Anestesiología de Chile, (1946), Casilla 4259, Santiago

Sociedad de Biología de Chile, (1928), Casilla 6671, Santiago

Sociedad de Biología de Concepción, (1927), Casilla 29, Concepción

Sociedad de Bioquímica de Concepción, (1957), c/o Escuela de Química y Farmacia y Bioquímica, Casilla 237, Concepción

Sociedad de Cirugía de Chile, (1922), Paris 809, Santiago

Sociedad de Cirujanos de Chile, (1949), Casilla 23, Santiago

Sociedad de Genética de Chile, c/o Departamento de Genética, Universidad de Chile, Zanartu 1042, Santiago

Sociedad de Medicina Veterinaria de Chile, (1926), Clasificador 740, Santiago

Sociedad de Neurología, Psiquiatría y Medicina Legal, (1931), Santiago

Sociedad de Oftalmología de Valparaíso, (1928), Pl A. Pinto 341, Valparaíso

Sociedad de Otorinolaringología de Valparaíso, (1945), Blas Cuenas 964, Valparaíso

Sociedad de Pediatría de Valparaíso, (1932), Av Brasil 1689, Valparaíso

Sociedad de Salubridad de Concepción, (1954), Casilla 128, Concepción

Sociedad Geológica de Chile, (1962), Pl Ercilla 803, Santiago

Sociedad Latinoamericana de Alergología, Villa Seca 345, Santiago

Sociedad Linarense de Historia y Geografía, (1916), Casilla 76, Santiago

Sociedad Médica de Concepción, (1886), Casilla 60-C, Concepción

Sociedad Médica de Santiago, (1869), Casilla 23-D, Santiago

Sociedad Médica de Valparaíso, (1913), Av Brasil 1689, Valparaíso

Sociedad Nacional de Agricultura, (1838), Casilla 40-D, Santiago

Sociedad Nacional de Minería, (1883), Casilla 1807, Santiago

Sociedad Odontológica de Concepción, (1924), Casilla 2107, Concepción

Sociedad Odontológica de Valparaíso, (1908), Casilla 1084, Valparaíso

Unión de Federaciones Universitárias Chilenas, UFUCH, Bernardo O'Higgins 1058, Santiago

---

Costa Rica

Costa Rica

Academia Costarricense de la Historia, San José

Academia Costarricense de la Lengua, (1923), c/o Biblioteca Nacional, San José

Academia Costarricense de Periodoncia, (1965), Apdo 1435, San José

Asociación Bolivariana de Costa Rica, (1930), San José

Asociación Costarricense de Bibliotecarios, Apdo 3308, San José

Asociación Costarricense de Cirugía, (1954), Apdo 2724, San José

Asociación de Cardiología, c/o Hospital San Juan de Dios, San José

Asociación de Medicina Interna, c/o Hospital San Juan de Dios, San José

Asociación de Obstetricia y Ginecología, c/o Hospital San Juan de Dios, San José

Asociación de Pediatría, c/o Hospital San Juan de Dios, San José

Asociación Latinoamericana para Sembradura de Plantas, Apdo 4359, San José

Comisión Nacional de Energia Atómica, (1967), c/o Universidad de Costa Rica, Ciudad Universitaria, San José

Consejo Superior Universitario Centroamericano, CSUCA, c/o Universidad de Costa Rica, Ciudad Universitaria, San José

Dirección General de Estadistica y Censos, Apdo 10163, San José

Dirección General de Geología, Minas y Petróleo, (1951), Apdo 2549, San José

Federación Centroamericana de Sociedades de Obstetricia y Ginecología, San José

Instituto Costarricense de Ciencias Políticas y Sociales, C 9 Av 1-3, San José

Instituto Geográfico Nacional, (1944), Apdo 2272, San José

Instituto Interamericano de Ciencias Agricolas de la OEA, (1942), c/o Centro de Enseñanza e Investigación, Turrialba

Inter-American Association of Agricultural Librarians and Documentalists, (1953), c/o Centro de Enseñanza e Investigación, Turrialba

Junta Nacional de Planeamiento Económico, c/o Consejo Nacional de Producción, C 36a 12, San José

Organización de Estudios Tropicales, Apdo 16, San José

Servicio Meteorológico, Apdo 1028, San José

Sociedad Americana Fitopatológica, c/o Luis C. Gonzales, Facultad de Agronomía, Universidad de Costa Rica, Ciudad Universitaria, San José

Dominikanische Republik

Dominican Republic

Academia Dominicana, Felix Mariano Lluberes 18, Santo Domingo

Academia Dominicana de la Historia, (1931), Mercedes 50, Santo Domingo

Asociación Médica de Santiago, (1941), Apdo 445, Santiago de los Caballeros

Asociación Médica Dominicana, (1941), Apdo 1237, Santo Domingo

---

Ecuador

Ecuador

Academia Ecuatoriana, (1875), Quito

Academia Ecuatoriana de la Lengua, Apdo 160, Quito

Academia Ecuatoriana de Medicina, (1958), c/o Casa de la Cultura, Quito

Centro Médico Federal del Azuay, (1944), Casilla 233, Cuenca

Comisión Ecuatoriana de Energía Atómica, (1958), Apdo 682, Quito

Dirección General de Estadística y Censos, (1944), c/o Junta Nacional de Planificación y Coordinación Económica, Quito

Dirección General de Minas e Hidrocarburos, (1937), c/o Ministerio de Industrias y Comercio, Av 10 de Agosto 666, Quito

Dirección Nacional de Meteorología e Hidrología, (1961), Av 10 de Agosto 2627, Quito

Federación Nacional de Médicos del Ecuador, (1942), Casilla 2269, Quito

Servicio Nacional de Geología y Minería, (1964), c/o Ministerio de Industrias y Comercio, Av 10 de Agosto 666, Quito

Sociedad Bolivariana del Ecuador, Quito

Sociedad de Lucha contra el Cáncer, SOLCA, (1951), Checa 127, Quito

Sociedad Ecuatoriana de Alergía y Ciencias Afinas, (1961), Casilla 2339, Quito

Sociedad Ecuatoriana de Astronomía, (1956), Apdo 165, Quito

Sociedad Ecuatoriana de Pediatría, (1945), Casilla 5865, Guayaquil

Sociedad Latinoamericana de Farmacología, (1964), Casilla 2339, Quito

Sociedad Médico-Quirúrgica del Guayas, Guayaquil

El Salvador
El Salvador

Academia Salvadoreña, San Salvador

Academia Salvadoreña de la Historia, (1925), San Salvador

Asociación Centroamericana de Anatomía, ACA, (1964), c/o Escuela de Medicina, Arce, San Salvador

Asociación de Abogados de El Salvador, (1950), 19 Av Norte 125, San Salvador

Asociación de Radiólogos de América Central y Panamá, c/o Dr. Raúl Argüello, 5a Av Norte 48, San Salvador

Ateneo de El Salvador, (1912), 4a Av Norte, San Salvador

Central American Paediatric Society, c/o Sociedad de Pediatría de El Salvador, Arce 1403, San Salvador

Central American Public Health Council, c/o ODECA, San Salvador

Comisión Salvadoreña de Energía Nuclear, (1961), San Salvador

Dirección de Sanidad, (1900), San Salvador

Dirección General de Estadística y Censos, (1881), Arce 953, San Salvador

Dirección General de Investigaciones Agronómicas, c/o Centro Nacional de Agronomía, Santa Tecla

Regional International Organization of Plant Protection and Animal Health, (1953), 63 Av Norte 130, San Salvador

Servicio Meteorológico Nacional de El Salvador, (1953), c/o Ministerio de Agricultura y Ganadería, 23 Av Norte 114, San Salvador

Sociedad de Anestiología de El Salvador, (1958), Gustavo Guerrero 640, San Salvador

Sociedad de Ginecología y Obstetricia de El Salvador, (1947), Poniente 10-25, San Salvador

Sociedad de Pediatría de El Salvador, Arce 1403, San Salvador

Sociedad Médica de Salud Pública, (1960), Apdo 1147, San Salvador

Französisch Guayana
French Guiana

Association des Amis du Livre, Cayenne

Lyre Cayennaise, Cayenne

Guatemala
Guatemala

Academia de Ciencias Médicas, Físicas y Naturales de Guatemala, (1945), Av Reforma 0-63, Guatemala City

Academia de la Lengua Maya Quiché, (1959), 7a Calle 11-27, Zona 1, Guatemala City

Academia Guatemalteca, 6a Av A 14-01, Zona 1, Guatemala City

Asociación Centroamericana de Historia Natural, ACAHN, (1950), Apdo 1120, Guatemala City

Asociación Centroamericano de Anatomía, ACA, (1964), Guatemala City

Asociación de Ortodoncistas de Guatemala, (1946), Av las Américas 21-69, Zona 10, Guatemala City

Asociación Latinoamericana de Escuelas de Cirugia Dental, c/o Dr. J. Braham, 9a Calle 1-42, Guatemala City

Asociación Pediátrica de Guatemala, (1945), 9a Calle 2-64, Zona 1, Guatemala City

Consejo Económico Centroamericano, c/o SIECA, 11 Av 3-14, Guatemala City

Corporación Centroamericana de Servicios de Navegación Aérea, COCESNA, c/o SIECA, Apdo 1237, Guatemala City

Federación de Universidades Privadas de América Central, FUPAC, (1966), c/o Universidad Rafael Landivar, Apdo 1273, Guatemala City

Instituto de Nutrición de Centro América y Panamá, (1949), Carretera Roosevelt, Zona 11, Guatemala City

Secretaria Permanente del Tratado General de Integración Económica Centroamericana, Apdo 1237, Guatemala City

Sociedad Centroamericana de Dermatologia, (1957), 4a Av 1-56, Zona 1, Guatemala City

Sociedad de Ciencias Naturales y Farmacia, Guatemala City

Sociedad de Geografia e Historia de Guatemala, (1923), 3a Av 8-35, Guatemala City

Sociedad Pro-Arte Musical, (1945), Apdo 272, Guatemala City

Haiti

Haiti

Conseil National des Recherches Scientifiques, (1963), c/o Département de la Santé Publique et de la Population, Port-au-Prince

Société Bolivarienne d'Haïti, (1939), Port-au-Prince

Société des "Amis du Roi", Port-au-Prince

Société d'Etudes Scientifiques, (1937), Port-au-Prince

Société d'Histoire et de Géographie, (1923), Port-au-Prince

Société Haïtienne des Lettres et des Arts, Port-au-Prince

Honduras

Honduras

Academia Hondureña, Tegucigalpa

Academia Hondureña de Geografia e Historia, (1968), Apdo 619, Tegucigalpa

Asociación de Bibliotecarios y Archivistas de Honduras, 3a Av 416, Comayagüela, Tegucigalpa

Asociación de Facultades de Medicina de Centro América, c/o Universidad de Honduras, Tegucigalpa

International P.E.N. Centre, Tegucigalpa

Servicio Técnico Interamericano de Cooperación Agricola, Tegucigalpa

Sociedad Centroamericana de Cardiologia, c/o Clinicas Unidas, Tegucigalpa

Sociedad de Filosofia y Estudios Sociológicos, Tegucigalpa

Sociedad de Geografia e Historia de Honduras, (1927), Av de la Policia Central, Tegucigalpa

Jamaika

Jamaica

British Caribbean Veterinary Association, Hope, Kingston

Caribbean Food and Nutrition Institute, CFNI, (1967), c/o University of the West Indies, Mona, Kingston 7

Institute of Jamaica, (1879), 14 East St, Kingston

International P.E.N. Club, (1947), c/o Institute of Jamaica, 14 East St, Kingston

Jamaica Historical Society, 14-16 East St, Kingston

Jamaican Association of Sugar Technologists, (1937), c/o Sugar Research Department, Mandeville

Medical Association of Jamaica, (1966), 19 Ruthven Rd, Kingston 10

Medical Research Council Epidemiology Unit, c/o University of the West Indies, Mona, Kingston 7

Scientific Research Council, (1960), POB 502, Kingston

Kanada
Canada

Académie Canadienne Française, (1944), 535 Av Viger, Montréal, Québec

Academy of Medicine, (1907), 288 W Bloor St, Toronto 5, Ontario

Agricultural Institute of Canada, (1920), 151 Slater St, Ottawa, Ontario K1P 5H4

Antiquarian and Numismatic Society of Montréal, (1862), Château de Ramezay, Montréal, Québec

Arctic Institute of North America, (1945), 3458 Redpath St, Montréal 25, Québec

Art, Historical and Scientific Association, (1894), c/o City Museum, Vancouver, British Columbia

Association Canadienne - Française pour l'Avancement des Sciences, (1923), CP 6060, Montréal 101, Québec

Association Canadienne des Bibliothécaires de Langue Française, (1943), 360 Rue le Moyne, Montréal 125, Québec

Association for Commonwealth Literature and Language Studies, ACLALS, (1965), c/o English Department, Carleton University, Ottawa, Ontario

Association of Canadian Map Libraries, (1967), c/o Public Archives of Canada, National Map Collection, 395 Wellington St, Ottawa, Ontario K1A 0N3

Association of Canadian University Information Bureaux, (1968), c/o Université, Québec

Association of Partially or Wholly French-Language Universities, (1961), c/o Université, BP 6128, Montréal 101, Québec

Association of Scientists, Technologists and Engineers of Canada, (1970), 151 Slater St, Ottawa 4, Ontario

Association of Universities and Colleges of Canada, 151 Slater St, Ottawa 4, Ontario

Bibliographical Society of Canada, (1946), 32 Lowther Av, Toronto, Ontario

Canada Council for the Encouragement of the Arts, Humanities and Social Sciences, (1957), 151 Sparks St, Ottawa, Ontario

Canadian Arts Council, c/o L. Barette, 3936 Parc Lafontaine, Montréal, Québec

Canadian Association for Adult Education, 21-23 Sultan St, Toronto 181, Ontario

Canadian Association of Anatomists, (1956), c/o Université, BP 6128, Montréal, Québec

Canadian Association of Geographers, (1951), Burnside Hall, McGill University, Montréal 101, Québec

Canadian Association of Latin American Studies, (1969), c/o Prof. M. Frankman, McGill University, Montréal 101, Québec

Canadian Association of Library Schools, (1965), c/o School of Library and Information Science, University of Western Ontario, London, Ontario

Canadian Association of Optometrists, (1926), 88 Metcalfe St, Ottawa, Ontario K1P 5L7

Canadian Association of Physicists, (1945), 151 Slater St, Ottawa, Ontario K1P 5H3

Canadian Authors' Association, (1921), 22 Yorkville Av, Toronto 185, Ontario

Canadian Bar Association, (1914), 90 Sparks St, Ottawa, Ontario K1P 5B4

Canadian Biochemical Society, (1958), c/o Department of Biochemistry, University, Ottawa, Ontario

Canadian Council for International Co-operation, (1968), 75 Sparks St, Ottawa, Ontario K1P 5A5

Canadian Council for Research in Education, (1961), 265 Elgin St, Ottawa 4, Ontario

Canadian Dental Association, (1902), 234 Saint George St, Toronto 180, Ontario

Canadian Economics Association, (1967), 100 Saint George St, Toronto 5, Ontario

Canadian Education Association, (1891), 252 W Bloor St, Toronto 181, Ontario

Canadian Electrical Association, (1889), 159 W Craig St, Montréal, Québec

Canadian Federation of Biological Societies, (1957), c/o Department of Physiology, University of Western Ontario, London 72, Ontario

Canadian Film Institute, (1935), 1762 Carling Av, Ottawa, Ontario K2A 2H7

Canadian Forestry Association, (1900), 3285 Cavendish Bd, Montréal 28, Québec

Canadian Historical Association, (1922), c/o Public Archives of Canada, Ottawa, Ontario

Canadian Institute of International Affairs, (1928), 31 E Wellesley St, Toronto 284, Ontario

Canadian Institute of Mining and Metallurgy, (1898), 1117 W Sainte Catherine St, Montréal 110, Québec

Canadian Library Association, (1946), 63 Sparks St, Ottawa, Ontario K1P 5E3

Canadian Linguistic Association, (1954), c/o Université Laval, Québec

Canadian Medical Association, (1867), Alta Vista Dr, Ottawa, Ontario K1G 0G8

Canadian Museums Association, (1947), 56 Sparks St, Ottawa, Ontario

Canadian Music Centre, 559 Avenue Rd, Toronto 7, Ontario

Canadian Music Council, (1949), 188 Elmwood Av, Willowdale, Ontario

Canadian Operational Research Society, CORS, POB 2225, Station D, Ottawa, Ontario

Canadian Paediatric Society, (1923), 14 Green Av, Montréal 23, Québec

Canadian Pharmaceutical Association, (1907), 175 College St, Toronto 2b, Ontario

Canadian Philosophical Association, (1958), c/o Faculty of Philosophy, University, Ottawa, Ontario

Canadian Physiological Society, (1936), c/o University of Alberta, Edmonton 7, Alberta

Canadian Phytopathological Society, (1929), c/o Laurentian Forest Research Centre, POB 3800, Sainte-Foy, Québec 10

Canadian Political Science Association, c/o University of Toronto Press, Saint George Campus, Toronto 181, Ontario

Canadian Psychological Association, (1939), 1390 W Sherbrooke St, Montréal 109, Québec

Canadian Public Health Association, (1910), 1255 Yonge St, Toronto 7, Ontario

Canadian Society for Cell Biology, (1966), c/o Department of Biology, University, Ottawa, Ontario K1N 6N5

Canadian Society for Immunology, (1966), c/o Montréal General Hospital, Montréal 25, Québec

Canadian Society of Biblical Studies, (1933), c/o Faculty of Religious Studies, McGill University, Montréal 110, Québec

Canadian Society of Microbiologists, (1951), c/o Department of Dairy and Food Science, University of Saskatchewan, Saskatoon, Saskatchewan S7N 0W0

Canadian Society of Painters in Water Colour, (1925), 119 Glen Rd, Toronto, Ontario

Canadian Theatre Center, (1959), 49 E Wellington St, Toronto 195, Ontario

Canadian Thoracic Society, 343 O'Connor St, Ottawa, Ontario K2P 1V9

Canadian Tuberculosis and Respiratory Disease Association, (1900), c/o Canadian Thoracic Society, 343 O'Connor St, Ottawa, Ontario K2P 1V9

Cercles des Jeunes Naturalistes, (1931), 4101 E Sherbrooke St, Montréal 406, Québec

Chemical Institute of Canada, (1945), 151 Slater St, Ottawa, Ontario

Composers, Authors and Publishers Association of Canada, 1263 Bay St, Toronto 5, Ontario

Contemporary Art Society, (1939), 60 W Saint James' St, Montréal, Québec

Department of Economics and Accounting, (1967), c/o Carleton University, Ottawa, Ontario

Engineering Institute of Canada, (1887), 2050 Mansfield St, Montréal 2, Québec

Entomological Society of Canada, (1863), K. W. Neatby Building, Carling Av, Ottawa, Ontario

Federation of Astronomical and Geophysical Services, FAGS, (1956), c/o Prof. G. D. Garland, Geophysics Laboratory, University, Toronto 5, Ontario

Federation of Canadian Artists, (1941), 62 Rosehill Av, Toronto 5, Ontario

Humanities Research Council of Canada, (1943), c/o Dr. W. J. Waines, 151 Slater St, Ottawa 4, Ontario

Indian-Eskimo Association of Canada, 277 Victoria St, Toronto 2, Ontario

Institut d'Histoire de l'Amérique Française, (1947), 261 Bloomfield Av, Montréal 153, Québec

Institut Scientifique Franco-Canadien, (1926), CP 6128, Montréal 101, Québec

International Association of Allergology, IAA, (1945), 1390 W Sherbrooke St, Montréal 25, Québec

International Association of Meteorology and Atmospheric Physics, IAMAP, (1919), 315 W Bloor St, Toronto 181, Ontario

International Association of Microbiological Societies, IAMS, (1930), 64 Fuller St, Ottawa 3, Ontario

International Council of Botanic Medicine, (1938), 61 W Sainte Catherine St, Montréal 18, Québec

International Folk Music Council, IFMC, (1947), c/o Department of Music, Queen's University, Kingston, Ontario

International P.E.N., 3 Redpath Pl, Montréal 25, Québec

International Society of Aviation Writers, ISAW, (1956), 15 Liszt Gate, Willowdale, Ontario

International Society of Endocrinology, c/o McIntyre Medical Sciences Center, McGill University, 1200 W Pine Av, Montréal 25, Québec

International Union of Geodesy and Geophysics, IUGG, (1919), c/o Prof. G. D. Garland, Geophysics Laboratory, University, Toronto 5, Ontario

Maritime Art Association, (1935), c/o L. Strong, Moncton, New Brunswick

Medical Research Council, (1960), National Research Building M-58, Montréal Rd, Ottawa 7, Ontario

National Design Council, (1961), Ottawa, Ontario K1A 0H5

National Research Council of Canada, (1916), Ottawa 7, Ontario

Natural History Society of Manitoba, (1920), 147 James Av, Winnipeg 2, Manitoba

Nova Scotia Historical Society, (1878), Halifax, Nova Scotia

Nova Scotian Institute of Science, (1862), POB 1522, Halifax, Nova Scotia

Nutrition Society of Canada, (1957), c/o Faculté d'Agriculture, Université Laval, Québec 10

Ontario Archaeological Society, 57 Chestnut Park Rd, Toronto 5, Ontario

Ontario Historical Society, (1888), 40 E Eglinton Av, Toronto 315, Ontario

Ontario Library Association, (1967), 2487 W Bloor St, Toronto 9, Ontario

Ontario Society of Artists, (1872), 643 Yonge St, Toronto, Ontario

Pharmacological Society of Canada, (1956), c/o University of Western Ontario, London, Ontario

Professional Marketing Research Society, PMRS, (1960), c/o MacLaren Advertising Co, 111 W Richmond St, Toronto 1, Ontario

Québec Library Association, (1932), c/o Dawson College Library, 535 Av Viger, Montréal 132, Québec

Royal Architectural Institute of Canada, (1907), 151 Slater St, Ottawa, Ontario K1P 5H3

Royal Astronomical Society of Canada, (1890), 252 College St, Toronto 2b, Ontario

Royal Canadian Academy of Arts, (1880), 120 Avenue Rd, Toronto 5, Ontario

Royal Canadian Geographical Society, (1929), 488 Wilbrod St, Ottawa, Ontario K1N 6M8

Royal Canadian Institute, (1849), 191 College St, Toronto, Ontario

Royal College of Physicians and Surgeons of Canada, (1929), 74 Stanley Av, Ottawa, Ontario K1M 1P4

Royal Society of Canada, (1882), 395 Wellington St, Ottawa, Ontario K1A 0N4

Sculptors' Society of Canada, (1932), 59 Brenville St, Toronto, Ontario

Social Science Research Council of Canada, 56 Sparks St, Ottawa 4, Ontario

Société Canadienne d'Histoire Naturelle, (1923), 4101 E Sherbrooke St, Montréal 36, Québec

Société des Écrivains Canadiens, CP 338, Station H, Montréal, Québec

Société Généalogique Canadienne-Française, (1943), Pl d'Armes, Montréal 126, Québec

Société Linnéenne de Québec, (1929), c/o Université Laval, Québec

Society of Canadian Painters - Etchers and Engravers, 32 Mountview Av, Toronto 9, Ontario

Society of Chemical Industry, (1902), c/o Canadian Industries Ltd, 630 W Dorchester Bd, Montréal, Québec

Toronto Society of Financial Analysts, (1936), c/o International Trust, 101 Richmond St, Toronto, Ontario

Town Planning Institute of Canada, 80 W King St, Toronto 1, Ontario

Vancouver Natural History Society, (1918), 1108 Hillside Rd, Vancouver, British Columbia

Waterloo Historical Society, (1912), c/o Kitchener Public Library, Waterloo, Ontario

World Association of Industrial and Technological Research Organizations, WAITRO, 3650 Wesbrook Crescent, Vancouver 8, British Columbia

---

Kolumbien

Colombia

Academia Antioqueña de Historia, (1903), Carrera 53, 51-65, Medellin

Academia Boyacense de Historia, Casa del Fundador, Tunja

Academia Colombiana, (1871), Apdo Nacional 815, Bogotá

Academia Colombiana de Ciencias Exactas, Fisicas y Naturales, Apdo Nacional 2584, Bogotá

Academia Colombiana de Historia, (1902), Apdo Nacional 1959, Bogotá

Academia Colombiana de Jurisprudencia, (1894), Apdo Nacional 28-39, Bogotá

Academia de Historia de Cartagena de Indias, (1912), Palacio de la Inquisición, Cartagena

Academia Nacional de Medicina, (1890), Apdo Nacional 386, Bogotá

Asociación Colombiana de Bibliotecarios, ASCOLBI, (1942), Apdo Nacional 3654, Bogotá

Asociación Colombiana de Facultades de Medicina, (1959), Calle 45a, 9-77, Bogotá

Asociación Colombiana de Fisioterapia, (1953), c/o Hospital Militar, Transversal 5a, 49-00, Bogotá

Asociación Colombiana de Universidades, (1957), Carrera 5a, A14-80, Bogotá

Asociación Latinoamericana de Facultades de Odontología, ALAFO, (1960), c/o Facultad de Odontología, Universidad de Antiocula, Medellín

Asociación Latinoamericana para Microbiología, c/o Instituto Nacional de Salud, Apdo Aéreo 3495, Bogotá

Centro Interamericano de Vivienda y Planeamiento, (1952), Apdo Aéreo 6209, Bogotá

Colegio Colombiano de Cirujanos, (1954), c/o Hospital Militar Central, Transversal 5a, 49-00, Bogotá

Colegio de Bibliotecarios Colombianos, (1963), Apdo Aéreo 3772, Bogotá

Comisión Episcopal Latino Americano, CELAM, Apdo Aéreo 5278, Bogotá

Comité Nacional de Lucha contra el Cáncer, (1960), Av 1, 9-85, Bogotá

Confederación Interamericana de Educación Católica, CIEC, (1945), Apdo Aéreo 7478, Bogotá

Confederación Latinoamericana de Sociedades de Anestesiología, CLASA, (1962), c/o Hospital Militar Central, Transversal 5a, 49-00, Bogotá

Consejo Nacional de Archivos, (1961), Calle 24, 5-60, Bogotá

Consejo Nacional de Política Económica Planeación, Carrera 13, 27-00, Bogotá

Departamento Administrativo Nacional de Estadística, (1953), c/o Centro Administrativo Nacional, Via El Dorado, Bogotá

Federación Panamericana de Asociaciones de Facultades de Medicina, (1962), Carrera 7, 29-34, Bogotá

Instituto Caro y Cuervo, (1942), Apdo Aéreo 20002, Bogotá

Instituto Central de Medicina Legal, (1948), Carrera 13, 7-30, Bogotá

Instituto Colombiano Agropecuario, (1962), Apdo Aéro 7984, Bogotá

Instituto Colombiano de Antropología, (1952), Apdo Nacional 407, Bogotá

Instituto Colombiano de Normas Técnicas, ICONTEC, (1963), Carrera 19, 39B-16, Bogotá

Instituto de Ciencias Naturales, (1938), Apdo Nacional 2535, Bogotá

IUS Federación Universitaria Nacional, Apdo Nacional 7503, Bogotá

Junta Nacional de Folclore, c/o Instituto Caro y Cuervo, Apdo Aéreo 20002, Bogotá

Liga Colombiana de Lucha contra el Cancer, (1961), Av 1, 9-85, Bogotá

Organización de Seminarios Latinoamericanos, OSLAM, c/o Seminario Conciliar, Medellín

Servicio Geológico Nacional, (1938), Apdo Aéreo 4865, Bogotá

Servicio Interamericana de Geodesía, c/o Instituto Geográfico Agustín Codazzi, Carrera 30, 48-51, Bogotá

Servicio Nacional de Aprendizaje, SENA, c/o Ministerio de Educación Nacional, Carrera 8, 6-40, Bogotá

Sociedad Antioqueña de Cardiología, (1954), Calle 49, 46-25, Medellín

Sociedad Colombiana de Cancerología, (1964), c/o Hospital Militar, Transversal 5a, 49-00, Bogotá

Sociedad Colombiana de Cardiología, (1944), c/o Hospital Militar, Transversal 5a, 49-00, Bogotá

Sociedad Colombiana de Endocrinología, (1950), Apdo Nacional 773, Bogotá

Sociedad Colombiana de Etnología, Carrera 4, 56-58, Bogotá

Sociedad Colombiana de la Ciencia del Suelo, (1955), Apdo Aéreo 568, Medellín

Sociedad Colombiana de Matemáticas, (1956), c/o Facultad de Matemáticas, Universidad Nacional, Apdo Nacional 2521, Bogotá

Sociedad Colombiana de Obstetricia y Ginecología, (1943), Apdo Aéreo 14961, Bogotá

Sociedad Colombiana de Patología, (1955), c/o Hospital Militar, Transversal 5a, 49-00, Bogotá

Sociedad Colombiana de Pediatría y Puericultura, (1917), c/o Hospital Militar, Transversal 5a, 49-00, Bogotá

Sociedad Colombiana de Psiquiatría, (1961), Carrera 18, 84-87, Bogotá

Sociedad Colombiana de Radiología, (1945), Apdo Aéreo 5804, Bogotá

Sociedad de Antropología de Antioquía, (1946), c/o Universidad de Antioquía, Medellín

Sociedad de Biología de Bogotá, (1942), Carrera 13, no 48-26, Bogotá

Sociedad de Ciencias Naturales Caldas, (1938), Apdo Aéreo 1180, Medellín

Sociedad de Pediatría y Puericultura del Atlántico, (1955), c/o Hospital Infantil San Francisco de Paula, Barranquilla

Sociedad Geográfica de Colombia, (1903), c/o Observatorio Astronómico Nacional, Apdo Nacional 2584, Bogotá

Sociedad Jurídica de la Universidad Nacional, (1908), c/o Universidad Nacional, Bogotá

Sociedad Médica Javeriana, (1954), Apdo Aéreo 20003, Bogotá

Sociedad Ondontológica Antiqueña, (1945), Carrera 54, 48-49, Medellín

Unión Parroquial del Sur, Calle 6, Sur 14-A, Bogotá

Kuba

Cuba

Academia de Ciencias de Cuba, (1962), Capitolio Nacional, La Habana

Ateneo de La Habana, (1902), Calle 9 454, La Habana

Centro Asturiano, (1866), San Rafael 3, La Habana

Confederación Nacional de Profesionales Universitarias, Vedado 27 663, La Habana

Consejo Nacional de Universidades, (1960), c/o Ministerio de Educación, Ciudad Libertad, La Habana

Grupo Nacional de Radiología, (1968), c/o Ministerio de Salud Pública, Vedado 23, La Habana

Instituto de Administración, Miguel E. Capote 351, Bayamo

Instituto de Política Internacional, (1962), c/o Ministerio de Asuntos Extranjeros, La Habana

Instituto de Superación Educacional, ISE, c/o Ciudad Libertad, Marianao, La Habana

Instituto Interamericano de Historia Municipal e Institucional, (1943), Leonor Pérez 251, La Habana

Sociedad Cubana de Cirugía, La Habana

Sociedad Cubana de Historia de la Ciencia y de la Técnica, (1967), Cuba 460, La Habana

Sociedad Cubana de Historia de la Medicina, Cuba NRO 460, La Habana

Sociedad de Radiología de La Habana, (1926), La Habana

Sociedad del Folklore Cubano, (1923), Calle 27 160, La Habana

Sociedad Económica de Amigos del País, (1793), Carlos III 710, La Habana

Unión de Escritores y Artistas de Cuba, Calle 17 351, La Habana

Martinique

Martinique

Fédération Caraibe de Santé Mentale, c/o Charles Saint-Cyr, Ravine Vilaine, Fort de France

Mexiko

Mexico

Academia de Arte Dramática, c/o Universidad, Hermosillo, Sonora

Academia de Artes Plásticas, c/o Universidad, Guanajuato

Academia de Artes Plásticas, c/o Universidad, Hermosillo, Sonora

Academia de Ciencias Históricas de Monterrey, (1947), Apdo 389, Nuevo León, Monterrey

Academia de Dramática, c/o Universidad, Guanajuato

Academia de Música, c/o Universidad, Guanajuato

Academia de Música, c/o Universidad, Hermosillo, Sonora

Academia Mexicana de Cirugía, (1933), Brasil y Venezuela, México 1, DF

Academia Mexicana de Dermatología, (1952), Apdo 66524, México 7, DF

Academia Mexicana de Jurisprudencia y Legislación, (1889), 5 de Mayo 32, México, DF

Academia Mexicana de la Historia, (1940), Pl de Carlos Pacheco 21, México 1, DF

Academia Mexicana de la Lengua, Donceles 66, México 1, DF

Academia Nacional de Ciencias, (1884), Apdo M-2029, México 1, DF

Academia Nacional de Historia y Geografia, (1925), Apdo 1798, México, DF

Academia Nacional de Medicina de México, (1864), Av Cuauhtémoc 330, México, DF

Anuarios de Filosoia y Letras, c/o Facultad de Filosofia y Letras, Universidad, Ciudad Universitaria, México 20, DF

Asociación de Médicas Mexicanas, (1923), Oklahoma 151, México 18, DF

Asociación Dental Mexicana, (1940), Sinaloa 9, México, DF

Asociación Interamericana de Gastroenterologia, AIGE, (1948), Pizarras 171, México 20, DF

Asociación Latinoamericana de Sociologia, ALAS, c/o Instituto de Investigaciones Sociales, Torre de Humanidades, Universidad, México 20, DF

Asociación Médica Franco-Méxicana, (1928), Nazas 43, México 5, DF

Asociación Mexicana de Administración Cientifica, Durango 167, México, DF

Asociación Mexicana de Bibliotecarios, (1924), Apdo 27132, México 7, DF

Asociación Mexicana de Facultades y Escuelas de Medicina, (1957), Av V. Carranza 870, San Luis de Potosi

Asociación Mexicana de Géologos Petroleros, (1949), Tacuba 5, México 1, DF

Asociación Mexicana de Ginecologia y Obstetricia, (1945), Av Baja California 311, México 11, DF

Asociación Mexicana de Microbiologia, (1949), Ciprés 176, México 4, DF

Asociación Mexicana de Patologos, (1954), Apdo 66526, México 12, DF

Asociación Mexicana de Profesores de Microbiologia y Parasitologia en Escuelas de Medicina, (1962), Tolsa 238, Guadalajara, Jalisco

Asociación Nacional de Universidades e Institutos de Enseñanza Superior de la República Mexicana, Ciudad Universitaria, México, DF

Asociación Panamericana de Cirurgia Pediatrica, (1966), Calzada de Tlalpan 4515, México 22, DF

Ateneo de Ciencias y Artes de Chiapas, (1942), 3a Oriente 28, Tuxtla Gutiérrez

Ateneo Nacional de Ciencias y Artes de México, (1920), Bucareli 12, México, DF

Ateneo Veracruzano, (1933), Fco. Canal 864, Vera Cruz

Barra Mexicana-Colegio de Abogados, (1923), Varsovia 1, México 6, DF

Centro Cientifico y Técnico Francés en México, (1960), Liverpool 67, México 6, DF

Centro de Estudios Monetarios Latinoamericanos, CEMLA, (1949), Durango 54, México 7, DF

Centro Mexicano de Escritores, (1951), San Francisco 12, México 12, DF

Centro Nacional de Cálculo, (1963), c/o Unidad Profesional Zacatenco IPN-Lindavista, México 14, DF

Colegio Nacional, (1943), Luis González Obregón 23, México 1, DF

Confederación de Educadores Americanos, Venezuela 38, México 1, DF

Consejo Interamericano de Archiveros, CITA, c/o Dr. J. I. Rubio Mane, Archivo Nacional de México, México, DF

Departamento de Antropologia e Historia de Nayarit, (1946), Av México 91, Tepic, Nayarit

Departamento de Educación Audiovisual, c/o Instituto Politécnico Nacional, Prolongación de Carpio 475, México, DF

Dirección de Geografia y Meteorologia, (1915), Av Observatorio 192, Tacubaya

Dirección General de Asuntos Internacionales de Educación, (1960), Edificio de la Secretaria de Educación Pública, Av República Argentina y Luis Gonzáles Obregón, México, DF

Dirección General de Estadistica, (1922), Av Balderas 71, México 1, DF

Dirección General de Relaciones Educativas, Cientificas y Culturales, (1960), c/0 Ministerio de Educación Publica, Brasil 31, México 1, DF

Federación Latinoamericana de Parasitologia, FLAP, (1963), c/o Departamento de Parasitologia, Universidad, Apdo 20372, México 20, DF

Federación Panamericana Farmacéutica y Bioquimica, c/o Dr. R. Bretón, Rep. del Salvador 96, México, DF

Fraternidad Médica Mexicana, (1960), México 13, DF

Instituto de Filología Hispánica, (1968), Apdo 144, Saltillo, Coah

Instituto Indigenista Interamericano, (1940), Niños Héroes 139, México 7, DF

Instituto Latinoamericana de Derecho Comparado, Torre de Humanidades, Ciudad Universitaria, México 20, DF

Instituto Mexicano de Recursos Renovables, (1953), Dr. Vertiz 724, México 12, DF

Instituto Nacional de Bellas Artes, (1947), Palacio de Bellas Artes, México 1, DF

Instituto Nacional de Higiene, (1904), Czda. Mariano Escobedo 20, México 17, DF

Instituto Nacional de Investigaciones Agricolas, (1960), Apdo 6882, México 6, DF

Instituto Panamericano de Geografía e Historia, (1928), Ex-Arzobispado 29, México 18, DF

International Society of Neo-Hippocratic Medicine, Pl Washington 9, México 6, DF

Organización Agricultural Interamericana, Marconi 2, México, DF

Sociedad Agronómica Mexicana, López 23, México, DF

Sociedad Americana de Ciencia Hortícola, Londres 40, México, DF

Sociedad Astronómica de México, (1902), Colonia Alamos 13, México 1, DF

Sociedad Botánica de México, (1941), Sánchez Azcona 446, México 12, DF

Sociedad de Educación, c/o Sección Educacional, Edificio del Banco de Londres y México, México, DF

Sociedad de Estudios Biológicos, Balderas 94, México, DF

Sociedad de Oftalmología del Hospital de Oftalmológico de "Nuestra Señora de la Luz", (1893), c/o Escuela de Medicina, Ezequiel Montes 135, México, DF

Sociedad Forestal Mexicana, (1921), Jesús Terán 11, México 1, DF

Sociedad Geológica Mexicana, (1904), Ciprés 176, México, DF

Sociedad Interamericana de Cardiología, (1946), Av Cuauhtémoc 300, México 7, DF

Sociedad Latinoamericana de Alergología, (1964), Dr. Márquez 162, México, DF

Sociedad Latinoamericana de Maïz, c/o Dr. M. Gutierrez, Londres 40, México, DF

Sociedad Latinoamericana de Ortopedia y Traumatología, c/o Dr. G. de Velasco Polo, Zacatecas 117, México, DF

Sociedad Matemática Mexicana, (1943), Tabuca 5, México 1, DF

Sociedad Mexicana de Antropología, (1937), Córdoba 45, México, DF

Sociedad Mexicana de Bibliografía, (1945), c/o Hemeroteca Nacional, Carmen y San Ildefonso, México, DF

Sociedad Mexicana de Biología, (1921), Av de Brasil, México, DF

Sociedad Mexicana de Cardiología, (1935), Av Cuauhtémoc 300, México 7, DF

Sociedad Mexicana de Ciencias Fisiológicas, Apdo 70195, México 20, DF

Sociedad Mexicana de Entomología, (1952), Apdo 31312, México 7, DF

Sociedad Mexicana de Estudios Psico-Pedagógicos, Nayarit 86, México, DF

Sociedad Mexicana de Eugenesia, (1931), 3a Acapulco 44, México, DF

Sociedad Mexicana de Fitogenética, (1965), c/o Centro Nacional de Enseñanza, Investigación y Extensión Agrícola, Apdo 21, Chapingo

Sociedad Mexicana de Fitopatología, (1966), c/o Departamento Parasitología, Escuela Nacional de Agricultura, Chapingo

Sociedad Mexicana de Geofísicas de Exploración, Apdo 13471, México, DF

Sociedad Mexicana de Geografía y Estadística, (1833), Justo Sierra 19, México, DF

Sociedad Mexicana de Historia de la Ciencia y la Tecnología, Av Dr. Vertiz 724, México 12, DF

Sociedad Mexicana de Historia Natural, (1938), Av Dr. Vertiz 724, México 12, DF

Sociedad Mexicana de Historia y Filosofía de la Medicina, (1957), Pl Jorge Washington 9, México 6, DF

Sociedad Mexicana de Ingeniería Sísmica, (1962), Apdo 70257, México 20, DF

Sociedad Mexicana de la Ciencia del Suelo, (1962), Av Insurgentes Sur 107, México 6, DF

Sociedad Mexicana de Neurología y Psiquiatría, (1922), Apdo 2374, México 1, DF

Sociedad Mexicana de Nutrición y Endocrinología, (1960), Dr. Jinénez 261, México 7, DF

Sociedad Mexicana de Parasitología, (1960), Nicolás de San Juan 1015, México 12, DF

Sociedad Mexicana de Pediatría, (1954), c/o Centro Materno-Infantil "General M. Avila Camacho", Calzada de Madereros 240, México, DF

Sociedad Mexicana de Salud Pública, (1944), Leibnitz 32, México 5, DF

Sociedad Mexicana de Tisiología, (1932), Av Coyoacán 1707, México 12, DF

Sociedad Nuevoleonesa de Historia, Geografía y Estadística, (1942), c/o Biblioteca Universitaria "Alfonso Reyes", Apdo 1575, Monterrey

Sociedad Química de México, (1956), Ciprés 176, México 4, DF

Unión de Universidades de América Latina, (1949), Apdo 70232, México 20, DF

Nicaragua

Nicaragua

Academia de Geografía e Historia de Nicaragua, (1934), Managua

Academia de la Historia de Granada, Granada

Academia Nacional de Filosofía, (1964), Managua

Academia Nicaraguense de la Lengua, Managua

Servicio Geológico Nacional, (1956), Apdo 1347, Managua

Sociedad de Oftalmología Nicaraguense, (1949), c/o Clínica Especializada, Managua

Sociedad Nicaraguense de Psiquiatría y Psicología, (1962), c/o Centro Médico, Managua

Panama

Panama

Academia Nacional de Ciencias de Panamá, (1942), Apdo 4570, Panamá City

Academia Panameña de la Historia, (1921), Apdo 973, Panamá City

Academia Panameña de la Lengua, Panamá City

Asociación Interamericana de Ingeniería Sanitaria, Apdo 8246, Panamá City

Asociación Panamericana de Oftalmología, (1940), POB 1189, Panamá City

Comisión Nacional de Arqueología y Monumentos Históricos, (1946), Panamá City

Consejo de Economía Nacional, Av 3a, Panamá City

Consejo Nacional de Ciencia, (1963), Apdo 3277, Panamá City

Federación Odontológica de Centro América y Panamá, FOCAP, (1953), Apdo 4115, Panamá City 5

Sociedad Bolivariana del Panamá, Panamá City

Paraguay

Paraguay

Academia de la Lengua y Cultura Guaraní, (1942), Azará 538, Asunción

Academia Paraguaya, Asunción

Academia Paraguaya de Ciencias Históricas, Politicas y Sociales, 15 de Agosto 410, Asunción

Federación Universitaria del Paraguay, c/o Universidad, Colón 63, Asunción

Instituto de Numismática y Antigüedades del Paraguay, (1943), 25 de Noviembre 436, Asunción

Instituto Nacional de Parasitología, (1963), c/o Instituto de Microbiología, Facultad de Medicina, Casilla 1102, Asunción

Servicio Cooperativo Interamericano de Salud Pública, SCISP, Av Pettirossi y Brasil, Asunción

Servicio Técnico Interamericano de Cooperación Agrícola, (1943), Casilla 819, Asunción

Sociedad Científica del Paraguay, (1921), Av España 505, Asunción

Sociedad de Pediatría y Puericultura del Paraguay, (1928), 25 de Mayo y Tacuaí, Asunción

Peru

Peru

Academia de Estomatologia del Perú, (1929), Apdo 2467, Lima

Academia Nacional de Ciencias Exactas, Físicas y Naturales de Lima, (1939), Casilla 1979, Lima

Academia Nacional de Medicina, (1884), Camaná 689, Lima

Academia Peruana, Lima

Academia Peruana de Cirugía, (1940), Camaná 773, Lima

Asociación de Artistas Aficionados, (1938), Ica 323, Lima

Asociación Electrotécnica Peruana, (1943), Av República de Chile 284, Lima

Asociación Interamericana de Gastroenterología, c/o Sociedad de Gastroenterología del Perú, Apdo 967, Lima

Asociación Latinoamericana de Científico de Plantas, c/o Ing. M. Paulette, Universidad Agraria, Apdo 456, Lima

Asociación Latinoamericana de Psiquiatria, c/o Dr. C. A. Sequín, Huancavelica 470, Lima

Asociación Médica Peruana "Daniel A. Carrión", (1920), Jirón Ucayali 218, Lima

Asociación Nacional de Escritores y Artistas, ANEA, Jirón de la Unión Belén 1054, Lima

Asociación Odontológica del Perú, (1945), Mariano Carranza 689, Lima

Asociación Peruana de Archiveros, c/o Archivo Nacional del Perú, Palacio de Justicia, Apdo 1802, Lima

Asociación Peruana de Astronomía, (1946), Enrique Palacios 359, Chorrillos, Lima

Asociación Peruana de Bibliotecarios, General la Fuente 592, Lima

Centro de Estudios Histórico-Militares del Perú, Cotabambas 494, Lima

Círculo Médico del Perú, (1883), Pl Exposición, Lima

Comité Nacional de la Federación Dental Internacional, Pl de San Martín 917, Lima

Comité Nacional de Protección a la Naturaleza, (1940), Apdo 2615, Lima

Consejo Nacional de la Universidad Peruana, Av Petit Thouars 115, Lima

Consejo Peruano de la Federación Odontológica Latinoamericana, FOLA, Pl de San Martín 917, Lima

Dirección General de Meteorología del Perú, (1928), Av Arequipa 5200, Miraflores

Dirección Nacional de Estadística y Censos, Edificio del Ministerio de Hacienda y Comercio, Av Abancay, Lima

Federación de Sociedades Latinoamericanas del Cáncer, Apdo 4135, Lima

Federación Médica Peruana, (1942), Apdo 4439, Lima

Instituto de Urbanismo del Perú, (1944), Colmena 211, Lima

Instituto del Mar del Perú, (1960), Esq General Valle y Gamarra, Callao

Instituto Histórico del Perú, (1905), Lima

Instituto Nacional de Zoonosis e Investigación Pecuaria, (1911), Apdo 1128, Lima

Instituto Peruano de Estadistica, (1943), Lima

Instituto Peruano de Investigaciones Genealógicas, (1945), Santa Luisa 205, Lima

Instituto Sanmartiniano del Perú, (1935), Pl Bolognesi 467, Lima

International P.E.N. Centre, (1940), Apdo 1161, Lima

Junta de Contral de Energía Nuclear, (1955), Av Enrique Canaval Moreyra 425, Lima

Liga Nacional de Higiene y Profilaxia Social, (1923), Apdo 2563, Lima

Servicio de Geología Minería, Paz Soldán 225, Lima

Servicio de Investigación y Promoción Agraria, (1927), c/o Estación Experimental de la Molina, Apdo 2791, Lima

Sociedad de Bellas Artes del Perú, Apdo 568, Lima

Sociedad de Gastroenterología del Perú, Apdo 967, Lima

Sociedad Entomológica del Perú, (1956), Apdo 4796, Lima

Sociedad Geográfica de Lima, (1888), Jirón Puno 456, Lima

Sociedad Geológica del Perú, (1924), Apdo 2559, Lima

Sociedad Latinoamericana de Investigación Pediatrica, Jr. Huancayo 190, Lima

Sociedad Nacional Agraria, (1824), A. Miró Quesada 327-341, Lima

Sociedad Nacional de Minería, Pl San Martín 917, Lima

Sociedad Peruana de Alergía, Av de la Colmena 216, Lima

Sociedad Peruana de Derecho Internacional, Portal de Belén 166, Lima

Sociedad Peruana de Espeleología, (1965), Porta 540, Miraflores

Sociedad Peruana de Eugenesia, (1943), Apdo 2563, Lima

Sociedad Peruana de Historia de la Medicina, (1939), Apdo 987, Lima

Sociedad Peruana de Ortopedia y Traumatología, Villalta 218, Lima

Sociedad Peruana de Tisiología y Enfermedades Respiratorias, (1935), Raymondi 2a, La Victoria

Sociedad Química del Perú, (1933), Carabaya 607, Lima

Puerto Rico

Puerto Rico

Academia Puertorriqueña de la Historia, c/o Universidad de Puerto Rico, Rio Piedras, PR 00931

Academia Puertorriqueña de la Lengua Española, (1955), POB 3946, San Juan, PR 00904

Asociación de Maestros de Puerto Rico, (1911), Ponce de León Pda. 33, Hato Rey, PR 00917

Asociación de Psicólogos de Puerto Rico, Apdo 21816, Rio Piedras, PR 00928

Ateneo de Ponce, Apdo 1923, Ponce, PR 00731

Ateneo Puertorriqueño, (1876), Edificio Ateneo, Av Ponce de León, San Juan, PR 00901

Comisión Puertorriqueña de Historia de las Ideas, c/o Universidad de Puerto Rico, Rio Piedras, PR 00928

Congreso de Poesía de Puerto Rico, c/o Colegio de Agricultura y Artes Mecánicas, Mayaguez, PR 00708

Consejo Puertorriqueño de la Música, c/o Instituto de Cultura Puertorriqueña, San Juan, PR

Festival Casals, GPO 2350, San Juan, PR 00936

Pro Arte Musical de Puerto Rico, Edificio Bouret, San Juan, PR 00901

Sociedad de Amigos de las Bellas Artes, c/o Instituto de Cultura Puertorriqueña, San Juan, PR

Sociedad Mayaguezana por Bellas Artes, Mayaguez, PR 00708

Sociedad Puertorriqueña de Autores, Compositores y Editores Musicales, SPACEM, Ponce de León 1105, San Juan, PR 00907

Sociedad Puertorriqueña de Escritores, Fortaleza 107, San Juan, PR 00901

Surinam

Surinam

Geologisch Mijnbouwkundige Dienst, Kleine Waterstr 2-6, Paramaribo

Trinidad und Tobago

Trinidad and Tobago

Agricultural Society of Trinidad and Tobago, (1894), 27 Henry St, Port of Spain

Caribbean Federation for Mental Health, c/o Saint Ann's Hospital, POB 65, Port of Spain

Historical Society of Trinidad and Tobago, 20 Henry St, Port of Spain

Library Association of Trinidad and Tobago, (1960), POB 1177, Port of Spain

Pharmaceutical Society of Trinidad and Tobago, (1899), 80 Charlotte St, Port of Spain

Saint Andrew Society of Trinidad, (1934), POB 980, Port of Spain

Southern East Indian Literary and Debating Association, Port of Spain

Theosophical Society of Trinidad, Eastern Main Rd, Guaico

Tobago District Agricultural Society, Scarborough

Trinidad and Tobago Law Society, (1897), 28 Saint Vincent St, Port of Spain

Trinidad Art Society, (1945), c/o Art Centre, French St, Port of Spain

Trinidad Music Association, (1941), c/o Bishop Anstey High School, Abercromby St, Port of Spain

Uruguay

Uruguay

Academia Nacional de Ingeniería, (1965), Av Agraciada 1464, Montevideo

Academia Nacional de Letras, (1943), 25 de Mayo 376, Montevideo

Asociación de Bibliotecarios del Uruguay, (1945), Casilla 1415, Montevideo

Asociación de Química y Farmacia del Uruguay, (1888), Av Agraciada 1464, Montevideo

Asociación Ondontológica Uruguaya, (1946), Av Agraciada 1464, Montevideo

Asociación Rural del Uruguay, (1871), Uruguay 864, Montevideo

Ateneo de Clínica Quirúrgica, (1934), Montevideo

Centro de Documentación Científica, Técnica y Económica, (1953), Av 18 de Julio 1790, Montevideo

Centro de Documentación y Divulgación Pedagógicas, (1888), Pl Cagancha 1175, Montevideo

Centro de Estadísticas Nacionales y Comercio Internacional del Uruguay, CENCI, (1956), Casilla 1510, Montevideo

Centro Interamericano de Investigación y Documentación sobre Formación Profesional, CINTERFOR, Colonia 993, Montevideo

Comisión Nacional de Energía Atómica, (1955), Sarandi 430, Montevideo

Consejo Latinoamericano de Oceanografía, Casilla 839, Montevideo

Consejo Nacional de Higiene, Av 18 de Julio 1892, Montevideo

Consejo Nacional de Investigaciones Científicas y Técnicas, (1961), Sarandí 444, Montevideo

Dirección General de Estadística y Censos, (1829), Cuareim 2052, Montevideo

Dirección General de Meteorología del Uruguay, (1900), Juan Lindolfo Cuestas 1525, Montevideo

Gremial Uruguaya de Médicos Radiólogos, (1972), Av Agraciada 1464, Montevideo

Instituto Histórico y Geográfico, (1843), c/o Hospital Maciel, Montevideo

Library Association of Uruguay, Ibicuy 1276, Montevideo

Liga Uruguaya contra la Tuberculosis, (1902), Magallanes 1320, Montevideo

Servicio Geográfico Militar, (1913), Av 8 de Octubre 3255, Montevideo

Servicio Meteorológico del Uruguay, (1947), Cerrito 73, Montevideo

Servicio Oceanográfico y de Pesca, (1945), Julio Herrera y Obes 1467, Montevideo

Sociedad de Amigos de Arqueología, (1926), Buenos Aires 652, Montevideo

Sociedad de Biología de Montevideo, (1927), Casilla 567, Montevideo

Sociedad de Cirugía del Uruguay, (1920), Av Agraciada 1464, Montevideo

Sociedad de Radiología del Uruguay, (1923), Av Agraciada 1464, Montevideo

Sociedad Malacológica del Uruguay, (1957), Casilla 1401, Montevideo

Sociedad Uruguaya de Patología Clínica, (1954), c/o Hospital de Clínicas Dr. M. Quintela, Av Italia, Montevideo

Sociedad Uruguaya de Pediatría, (1915), Av Agraciada 1464, Montevideo

Sociedad Zoológica del Uruguay, (1961), Casilla 399, Montevideo

Unión Latinoamericana de Sociedades de Fisiología, Casilla 2605, Montevideo

Venezuela

Venezuela

Academia de Ciencias Físicas, Matemáticas y Naturales, (1917), Palacio de las Academias, Antigua Universidad Central, Caracas

Academia de Ciencias Politicas y Sociales, (1917), Palacio de las Academias, Antigua Universidad Central, Caracas

Academia Nacional de la Historia, (1888), Palacio de las Academias, Antigua Universidad Central, Caracas

Academia Nacional de Medicina, (1904), Palacio de las Academias, Antigua Universidad Central, Caracas

Academia Venezolana de la Lengua, (1882), Palacio de las Academias, Antigua Universidad Central, Caracas

Asociación de Agrimensores de Venezuela, c/o Colegio de Ingenieros de Venezuela, Caracas

Asociación Nacional de Escritores Venezolanos, (1935), Velázquez a Miseria 22, Caracas

Asociación Venezolana Amigos del Arte Colonial, c/o Museo de Arte Colonial, Av Pantéon, Caracas

Asociación Venezolana de Geología, Minería y Petróleo, (1948), Apdo Este 4000, Caracas

Asociación Venezolana de Ingeniería Eléctrica y Mecánica, AVIEM, c/o Colegio de Ingenieros de Venezuela, Apdo 2006, Caracas

Asociación Venezolana de Ingeniería Sanitaria, c/o Colegio de Ingenieros de Venezuela, Apdo 2006, Caracas

Asociación Venezolana para el Avance de la Ciencia, ASOVAC, (1950), Apdo Este 615843, Caracas

Ateneo Venezolano de Morfología, (1963), Av Venezuela 2, Caracas

Centro de Historia del Tachira, (1942), San Cristobál

Centro Histórico del Zulia, (1940), Maracaibo

Centro Histórico Larense, (1941), Apdo 73, Barquisimeto

Centro Histórico Sucrense, (1945), Cumana

Colegio de Abogados del Distrito Federal, (1788), Apdo 347, Caracas

Colegio de Farmacéuticos del Distrito Federal y Estado Miranda, (1949), Apdo 224, Caracas

Colegio de Médicos del Distrito Federal, (1942), Pl de Bellas Artes, Caracas

Colegio de Médicos del Estado Anzoátegui, Apdo 84, Barcelona

Colegio de Médicos del Estado Mérida, Mérida

Comité Permanente para los Congresos Latinoamericanos de Zoología, Apdo 10098, Caracas

Consejo de Desarrollo Científico y Humanístico, (1958), c/o Universidad Central de Venezuela, Caracas

Consejo Nacional de Investigaciones Agricolas, (1959), Torre Norte, Centro Simón Bolivar, Caracas

Consejo Nacional de Universidades, c/o Ministerio de Educación, Esq el Conde, Caracas

Federación Médica Venezolana, (1954), Av El Golf, El Bosque

Junta Nacional Protectora y Conservadora del Patrimonio Histórico y Artístico de la Nación, Caracas

Sociedad Amigos del Museo de Bellas Artes, (1957), c/o Museo de Bellas Artes, Parque los Caobos, Caracas

Sociedad Bolivariana de Venezuela, Apdo 874, Caracas

Sociedad de Ciencias Naturales "La Salle", (1940), Apdo 8150, Caracas

Sociedad de Obstetricia y Ginecología de Venezuela, Maternidad Concepción Palacios, Av San Martín, Caracas

Sociedad de Tisiología y Neumonología de Venezuela, (1937), c/o Instituto Nacional de Tuberculosis, El Algodonal, Antimano

Sociedad Interamericana de Antropología y Geografía, c/o Museo de Ciencias Naturales, Caracas

Sociedad Latinoamericana de Farmacología, (1964), Apdo 2455, Caracas

Sociedad Médica, Ciudad Bolívar, Bolivar

Sociedad Médico-Quirúrgica del Zulia, (1917), Apdo 170, Maracaibo

Sociedad Ondontológica Zuliana de Prótesis, (1964), Edificio Cruz Roja Local 1, Av 11, Maracaibo

Sociedad Venezolana de Alergologiá, Apdo 4682, Caracas

Sociedad Venezolana de Anestesiología, c/o Colegio de Médicos, Apdo 40217, Caracas

Sociedad Venezolana de Angiología, c/o Colegio de Médicos del DF, Caracas

Sociedad Venezolana de Cardiología, c/o Colegio de Médicos del DF, Apdo 188, Caracas

Sociedad Venezolana de Ciencias Naturales, (1931), Av José Antonio Páez, Caracas

Sociedad Venezolana de Cirugía, (1945), c/o Colegio de Médicos del DF, Apdo 188, Caracas

Sociedad Venezolana de Cirugía Ortopédica y Traumatología, (1949), c/o Colegio de Médicos del DF, Apdo 188, Caracas

Sociedad Venezolana de Cirugía Plástica y Reconstrucción, Edificio Bucaral, Av La Salle, Caracas

Sociedad Venezolana de Dermatología, c/o Colegio de Médicos del DF, Apdo 188, Caracas

Sociedad Venezolana de Endocrinolgía, c/o Instituto Policlínico Miguel Ruiz, Caracas

Sociedad Venezolana de Entomología, (1964), Apdo 4579, Maracay

Sociedad Venezolana de Estadística, (1949), Cochera Puente 69, Caracas

Sociedad Venezolana de Gastroenterología, (1945), c/o Centro Médico, Consultorio 113, Caracas

Sociedad Venezolana de Geólogos, (1955), Apdo 2006, Caracas

Sociedad Venezolana de Geriatria y Gerontologia, c/o Clinica Pinto Pilo, Chacao, Caracas

Sociedad Venezolana de Hematologia, c/o Hospital Vargas, San José, Caracas

Sociedad Venezolana de Historia de la Medicina, c/o Clinica Luis Razetti, Los Caobos, Caracas

Sociedad Venezolana de Ingenieria Hidráulica, (1960), c/o Colegio de Ingenieros de Venezuela, Apdo 2006, Caracas

Sociedad Venezolana de Ingenieria Vial, Apdo 13024, Caracas

Sociedad Venezolana de Medicina del Trabajo y Deportes, c/o Clinica Luis Razetti, Los Caobos, Caracas

Sociedad Venezolana de Medicina Interna, c/o Hospital Universitaria, Ciudad Universitaria, Caracas

Sociedad Venezolana de Oftalmologia, Apdo Este 10151, Sabana Grande

Sociedad Venezolana de Oncologia, c/o Centro Médico, San Bernardino, Caracas

Sociedad Venezolana de Otorinolaringologia, c/o Colegio de Médicos del DF, Apdo 188, Caracas

Sociedad Venezolana de Psiquiatria y Neurologia, Apdo 3380, Caracas

Sociedad Venezolana de Puericultura y Pediatria, c/o Colegio de Médicos del DF, Apdo 188, Caracas

Sociedad Venezolana de Quimica, Edificio Industrias, Puente República, Caracas

Sociedad Venezolana de Radiologia, c/o Policlinica Méndez Gimón, Av Andrés Bello, Caracas

Sociedad Venezolana de Salud Pública, Apdo 4675, Caracas

Sociedad Venezolana de Tisiologia y Neumonologia, (1937), c/o Sanatorio Simón Bolivar, Carretera de Antimano, Caracas

Sociedad Venezolana de Urologia, c/o Colegio de Médicos del DF, Apdo 188, Caracas

Vereinigte Staaten von Amerika (USA)

United States of America (USA)

AAAS Commission on Science Education, (1962), 1515 NW Massachusetts Av, Washington, DC 20005

Abolafia's Association of American Artists, AA of AA, (1964), c/o L. Abolafia, 156 E 2 St, New York, NY 10009

Aboriginal Research Club, (1940), 31780 Pierce, Garden City, MI 48135

Academy for Educational Development, AED, (1962), 437 Madison Av, New York, NY 10022

Academy of American Poets, (1934), 1078 Madison Av, New York, NY 10028

Academy of Aphasia, (1962), c/o Dr. F. Darley, Section of Speech Pathology, Mayo Clinic, Rochester, MN 55901

Academy of Applied Science, AAS, (1962), 68 Leonard St, Belmont, MA 02178

Academy of Dentistry for the Handicapped, (1950), c/o Dr. R. Runzo, 5808 Eva St, Pittsburgh, PA 15206

Academy of Denture Prosthetics, ADP, (1918), c/o D. A. Atwood, 110 Francis, Boston, MA 02215

Academy of General Dentistry, AGD, (1952), 211 E Chicago Av, Chicago, IL 60611

Academy of Hospital Counselors, AHC, 1340 N Astor St, Chicago, IL 60610

Academy of International Military History, AIMH, (1965), GPO 30051, Washington, DC 20014

Academy of Management, AM, (1936), 2002 Crestmont, Norman, OK 73069

Academy of Motion Picture Arts and Sciences, AMPAS, (1927), 9038 Melrose Av, Los Angeles, CA 90069

Academy of Natural Sciences of Philadelphia, (1812), Parkway, Philadelphia, PA

Academy of Oral Dynamics, AOD, (1950), 12316 New Hampshire Av, Silver Spring, MD 20904

Academy of Political Science, (1880), 413 Fayerweather Hall, New York, NY 10027

Academy of Psychologists in Marital Counseling, APMC, (1958), 123 Gregory Av, West Orange, NJ 07052

Academy of Psychosomatic Medicine, APM, 150 Emory St, Attleboro, MA 02703

Academy of Rehabilitative Audiology, ARA, (1966), c/o Speech and Hearing Center, University of Denver, Denver, CO 80210

Academy of Religion and Mental Health, ARMH, (1954), 16 E 34 St, New York, NY 10016

Academy of Wind and Percussion Arts, AWAPA, (1960), c/o Purdue Bands, Purdue University, Lafayette, IN 47904

Accordion Teachers' Guild, ATG, (1941), 12626 W Creek Rd, Minnetonka, MN 55343

Accounting Careers Council, ACC, (1959), Box 650, Radio City Station, New York, NY 10019

Accrediting Association of Bible Colleges, AABC, (1947), Box 543, Wheaton, IL 60187

Accrediting Bureau of Medical Laboratory Schools, (1965), 3038 W Lexington, Elkhart, IN 46514

Accrediting Commission for Business Schools, ACBS, (1953), 1730 NW M St, Washington, DC 20036

Acoustical Society of America, (1929), 335 E 45 St, New York, NY 10017

Action for Brain-Handicapped Children, ABC, (1968), Wilder Bldg, Saint Paul, MN 55102

Actors' Studio, 432 W 44 St, New York, NY 10036

Abigail Adams Historical Society, North and Norton Sts, East Weymouth, MA 02189

Adirondack Historical Association, AHA, (1948), Blue Mountain Lake, NY 12812

Adrenal Metabolic Research Society of the Hypoglycemia Foundation, (1956), 1 Park Lane, Mount Vernon, NY 10550

Adult Education Association of the USA, (1951), 1225 NW 19 St, Washington, DC 20036

Adult Services Division, ASD, (1957), 50 E Huron St, Chicago, IL 60611

Advanced Training Projects, c/o National Science Foundation, 1800 NW G St, Washington, DC 20550

Advisory Committee on Education of Spanish and Mexican Americans, (1967), 400 SW Maryland Av, Washington, DC 20202

Advisory Committee on Library Research and Training Projects, (1966), c/o Department of Health, Education and Welfare, Washington, DC 20202

Advisory Council on College Library Resources, (1965), c/o US Office of Education, 400 SW Maryland Av, Washington, DC 20202

Aerial Phenomena Research Organization, APRO, (1952), 3910 E Kleindale Rd, Tucson, AZ 85712

Aerospace Electrical Society, AES, (1941), POB 24883, Village Station, Los Angeles, CA 90024

Aerospace Medical Association, (1929), Washington National Airport, Washington, DC 20001

African Research Commission, 681 Market St, San Francisco, CA 94105

African Studies Association, (1957), 218 Shiffman Humanities Center, Brandeis University, Waltham, MA 02154

African Studies Center, c/o University of California, Los Angeles, CA 90024

Afro-American Cultural and Historical Society, AACHS, (1953), 2212 Petrarka, Cleveland, OH 44106

Agricultural Board, (1944), 2101 NW Constitution Av, Washington, DC 20418

Agricultural History Society, (1919), c/o Economic Research Service, 500 SW 12 St, Washington, DC 20250

Aid for International Medicine, AIM, (1965), 1411 N Van Buren St, Wilmington, DE 19806

Air Pollution Control Association, APCA, (1907), 4400 Fifth Av, Pittsburgh, PA 15213

Airline Medical Directors Association, AMDA, c/o V. Schocken, American Airlines, La Guardia Airport, Flushing, NY 11371

Airways Engineering Society, AES, (1960), 800 NW 15 St, Washington, DC 20005

Alameda and Contra Costa Counties Optometric Society, 3901 McDonald Av, Richmond, CA 94805

Allied Artists of America, AAA, (1914), 1083 Fifth Av, New York, NY 10028

Aluminum Smelters Research Institute, ASRI, (1929), 20 N Wacker Dr, Chicago, IL 60606

Amateur Yacht Research Society, AYRS, (1955), c/o W. Dorwin Teague, 375 Sylvan Av, Englewood Cliffs, NJ 07632

Ambulatory Pediatric Association, (1960), c/o Albert Einstein College of Medicine, Bronx, NY 10461

American Abstract Artists, AAA, (1935), 218 W 20 St, New York, NY 10011

American Academy for Cerebral Palsy, AACP, (1947), c/o H. B. Levy, 6300 Line Av, Shreveport, LA 71106

American Academy for Jewish Research, AAJR, (1919), 3080 Broadway, New York, NY 10027

American Academy for Plastics Research in Dentistry, (1940), 376 E Main St, Tremonton, UT 84337

American Academy in Rome, (1894), 101 Park Av, New York, NY 10017

American Academy of Actuaries, (1966), 208 S LaSalle St, Chicago, IL 60604

American Academy of Advertising, AAA, (1958), c/o Prof. S. W. Dunn, University of Illinois, 103 Gregory Hall, Urbana, IL 61801

American Academy of Allergy, (1943), 225 E Michigan St, Milwaukee, WI 53202

American Academy of Applied Nutrition, AAAN, (1936), POB 386, LaHabra, CA 90631

American Academy of Arts and Letters, (1904), 633 W 155 St, New York, NY 10032

American Academy of Arts and Sciences, (1780), 280 Newton St, Boston, MA 02146

American Academy of Asian Studies, (1951), 134-140 Church St, San Francisco, CA 94114

American Academy of Child Psychiatry, AACP, (1959), 1800 NW R St, Washington, DC 20009

American Academy of Compensation Medicine, AACM, (1946), Box 180, Radio City Station, New York, NY 10019

American Academy of Crown and Bridge Prosthodontics, c/o S. E. Guyer, 4910 Forest Park, Saint Louis, MO 63108

American Academy of Dental Electrosurgery, AADE, (1963), 57 W 57 St, New York, NY 10019

American Academy of Dental Practice Administration, AADPA, (1958), 6175 Bluehill Rd, Detroit, MI 48224

American Academy of Dental Radiology, AADR, c/o School of Dentistry, University of Florida, Gainesville, FL 32601

American Academy of Dentists, AAD, (1958), c/o H. M. Stein, 1296 W Sylvan Av, West Covina, CA 91790

American Academy of Dermatology, AAD, (1938), 2250 NW Flanders St, Portland, OR 97210

American Academy of Facial Plastic and Reconstructive Surgery, (1964), 1110 W Main St, Durham, NC 27701

American Academy of General Practice, (1947), Volker Bd, Kansas City, MO 64112

American Academy of Gold Foil Operators, AAGFO, (1952), 1121 W Michigan St, Indianapolis, IN 46202

American Academy of Health Administration, AAHA, (1949), c/o State Department of Health, 109 Governor St, Richmond, VA 23219

American Academy of Implant Dentistry, AAID, (1951), c/o S. P. Weber, 30 S Central Park, New York, NY 10019

American Academy of Matrimonial Lawyers, (1962), 900 N Lake Shore Dr, Chicago, IL 60611

American Academy of Maxillofacial Prosthetics, AAMP, (1953), c/o Section of Dentistry, Mayo Clinic, Rochester, MN 55901

American Academy of Medical Administrators, AAMA, (1957), 6 Beacon St, Boston, MA 02108

American Academy of Microbiology, AAM, (1955), 1913 NW Eye St, Washington, DC 20006

American Academy of Neurology, AAN, (1948), 4005 W 65 St, Minneapolis, MN 55435

American Academy of Occupational Medicine, AAOM, (1946), c/o Department of Occupational Health, Graduate School of Public Health, University of Pittsburgh, 130 DeSoto St, Pittsburgh, PA 15213

American Academy of Ophthalmology and Otolaryngology, AAOO, (1896), 15 SW Second St, Rochester, MN 55901

American Academy of Optometry, AAO, (1921), 214-215 Foshay Tower, Minneapolis, MN 55402

American Academy of Oral Medicine, AAOM, (1946), 124 E 84 St, New York, NY 10028

American Academy of Oral Pathology, AAOP, (1946), c/o College of Dentistry, Ohio State University, 305 W 12 Av, Columbus, OH 43210

American Academy of Organ, (1949), Box 714, Mount Vernon, NY 10551

American Academy of Orthopaedic Surgeons, AAOS, (1933), 430 N Michigan, Chicago, IL60611

American Academy of Osteopathy, AAO, (1937), POB 13354, Fort Worth, TX 76118

American Academy of Pediatrics, AAP, (1930), 1801 Hinman Av, Evanston, IL 60204

American Academy of Pedodontics, AAP, (1949), 211 E Chicago Av, Chicago, IL 60611

American Academy of Periodontology, AAP, (1914), 211 E Chicago Av, Chicago, IL 60611

American Academy of Physical Education, AAPE, (1926), c/o Department of Physical Education, Smith College, Northampton, MA 01060

American Academy of Physical Medicine and Rehabilitation, AAPMR, (1938), 30 N Michigan Av, Chicago, IL 60602

American Academy of Physiologic Dentistry, AAPD, (1958), 2217 W Lincoln Way, South Bend, IN 46628

American Academy of Podiatry Administration, (1961), Lima, OH 45801

American Academy of Political and Social Science, (1889), 3937 Chestnut St, Philadelphia, PA 19104

American Academy of Psychoanalysis, 40 N Gramercy Park, New York, NY 10010

American Academy of Psychotherapists, AAP, (1955), 1 E Wacker Dr, Chicago, IL 60601

American Academy of Restorative Dentistry, AARD, (1928), 1246 Washington, Lincoln, NB 68502

American Academy of Teachers of Singing, AATS, (1922), 57 Winter St, Forest Hills, NY 11375

American Academy of the History of Dentistry, AAHD, (1950), 25 Haddon Av, Camden, NJ 08103

American Academy of Transportation, (1965), 2222 Fuller Rd, Ann Arbor, MI 48105

American Academy of Veterinary Dermatology, (1964), c/o College of Veterinary Medicine, University of Illinois, Urbana, IL 61801

American Academy on Mental Retardation, AAMR, (1960), c/o Developmental Center, Maimonides Medical Center, 4802 Tenth Av, Brooklyn, NY 11219

American Accounting Association, AAA, (1916), 1507 Chicago Av, Evanston, IL 60201

American Aging Association, AGE, (1970), c/o D. Harman, University of Nebraska Medical Center, Omaha, NB 68105

American Agricultural Economics Association, AAEA, (1910), c/o Department of Agricultural Economics, University of Kentucky, Lexington, KY 40506

American Airship Association, AAA, (1953), 5300 Westbard Av, Washington, DC 20016

American Animal Hospital Association, AAHA, 405 S Second St, Elkhart, IN 46514

American Anthropological Association, (1902), 1703 NW New Hampshire Av, Washington, DC 20009

American Antiquarian Society, AAS, (1812), 185 Salisbury St, Worcester, MA 01609

American Arbitration Association, (1926), 140 W 51 St, New York, NY 10020

American Artists Professional League, AAPL, (1928), 112 E 19 St, New York, NY 10003

American Asiatic Association, (1898), 1 Hanover Sq, New York, NY 10004

American Association for Accreditation of Laboratory Animal Care, AAALAC, (1965), 4 E Clinton St, Joliet, IL 60434

American Association for Automotive Medicine, AAAM, (1957), 801 Green Bay Rd, Lake Bluff, IL 60044

American Association for Cancer Education, AACE, (1966), c/o Dr. P. Mozden, University Hospital, 750 Harrison Av, Boston, MA 02118

American Association for Cancer Research, AACR, (1907), c/o Institute for Cancer Research, 7701 Burholme Av, Philadelphia, PA 19111

American Association for Contamination Control, AACC, (1961), 6 Beacon St, Boston, MA 02108

American Association for Crystal Growth, AACG, (1968), c/o Air Force Cambridge Research Laboratories, L. G. Hanscom Field, Bedford, MA 01730

American Association for Extension Education, (1960), c/o T. R. Hills, Black Hills State College, Spearfish, SD 57783

American Association for Health, Physical Education and Recreation, AAHPER, (1885), 1201 NW 16 St, Washington, DC 20036

American Association for Higher Education, AAHE, (1870), 1 Dupont Circle, Washington, DC 20036

American Association for Hospital Planning, AAHP, c/o G. A. Lindsley, Illinois Regional Medical Program, 122 S Michigan Av, Chicago, IL 60603

American Association for Inhalation Therapy, AAIT, 3554 Ninth St, Riverside, CA 92501

American Association for Jewish Education, AAJE, (1939), 114 Fifth Av, New York, NY 10003

American Association for Laboratory Animal Science, (1949), 4 E Clinton St, Joliet, IL 60434

American Association for Maternal and Child Health, AAMCH, (1919), 116 S Michigan Av, Chicago, IL 60603

American Association for Public Opinion Research, AAPOR, (1947), 817 Broadway, New York, NY 10003

American Association for Rehabilitation Therapy, AART, (1950), POB 93, North Little Rock, AR 72116

American Association for State and Local History, AASLH, (1940), 1315 S Eighth Av, Nashville, TN 37203

American Association for Study of Neoplastic Diseases, AASND, (1929), 10607 Miles Av, Cleveland, OH 44105

American Association for Textile Technology, AATT, (1933), 295 Fifth Av, New York, NY 10019

American Association for the Advancement of Science, AAAS, (1848), 1515 NW Massachusetts Av, Washington, DC 20005

American Association for the Advancement of Slavic Studies, AAASS, (1948), c/o G. J. Demko, 190 W 19 Av, Columbus, OH 43210

American Association for the History of Medicine, (1924), c/o Allen Medical Library, Cleveland, OH 44106

American Association for the Study of Headache, (1959), 5252 N Western Av, Chicago, IL 60625

American Association for the Surgery of Trauma, AAST, (1938), c/o Dr. J. H. Davis, University of Vermont College of Medicine, Burlington, VT 05401

American Association for Thoracic Surgery, AATS, (1917), 6 Beacon St, Boston, MA 02108

American Association of Agricultural College Editors, AAACE, (1913), c/o University, Auburn, AL 36830

American Association of Anatomists, AAA, (1888), c/o Department of Anatomy, University of Arkansas Medical Center, Little Rock, AR 72201

American Association of Architectural Bibliographers, AAAB, (1954), Campbell Hall, University of Virginia, Charlottesville, VA 22204

American Association of Audio Analgesia, AAAA, (1961), c/o Dr. J. S. Mittelman, 30 E 60 St, New York, NY 10022

American Association of Avian Pathologists, (1957), c/o Department of Veterinary Microbiology, Texas University, College Station, TX 77843

American Association of Bioanalysts, AAB, (1956), 805 Ambassador Bldg, Saint Louis, MO 63101

American Association of Bovine Practitioners, AABP, (1965), c/o Dr. H. E. Amstutz, Lynn Hall of Veterinary Medicine, Purdue University, Lafayette, IN 47907

American Association of Cereal Chemists, AACC, (1915), 3340 Pilot Knob Rd, Saint Paul, MN 55121

American Association of Certified Orthoptists, AACO, (1940), c/o E. E. Fike, University of Alabama Medical Center, 1919 S Seventh Av, Birmingham, AL 35233

American Association of Clinic Physicians and Surgeons, AACPS, (1952), 1812 SW Carlton Rd, Roanoke, VA 24015

American Association of Clinical Chemists, AACC, (1948), POB 15053, Ardmore Station, Winston-Salem, NC 27103

American Association of Colleges for Teacher Education, AACTE, (1948), 1 Dupont Circle, Washington, DC 20036

American Association of Colleges of Osteopathic Medicine, (1898), 48 St, Philadelphia, PA 19139

American Association of Colleges of Pharmacy, AACP, (1900), 850 Sligo Av, Silver Spring, MD 20910

American Association of Colleges of Podiatric Medicine, (1932), 20 NW Chevy Chase Circle, Washington, DC 20015

American Association of Collegiate Schools of Business, AACSB, (1916), 101 N Skinker Bd, Saint Louis, MO 63130

American Association of Dental Examiners, AADE, (1883), 211 E Chicago Av, Chicago, IL 60611

American Association of Dental Schools, AADS, (1923), 211 E Chicago Av, Chicago, IL 60611

American Association of Electromyography and Electrodiagnosis, (1953), c/o V. A. Hospital, 3350 La Jolla Village Dr, San Diego, CA 92161

American Association of Elementary/ Kindergarten/Nursery Educators, (1884), 1201 NW 16 St, Washington, DC 20036

American Association of Endodontists, AAE, (1943), POB 15238, Atlanta, GA 30333

American Association of Equine Practitioners, AAEP, (1955), 14 Hillcrest Circle, Golden, CO 80401

American Association of Feed Micosroscopists, AAFM, (1953), c/o Missouri Department of Agriculture, Jefferson City, MO 65101

American Association of Foot Specialists, AAFS, (1958), 1801 Vauxhall Rd, Union, NJ 07083

American Association of Genito-Urinary Surgeons, AAGUS, (1886), 4105 Live Oak St, Dallas, TX 75204

American Association of Handwriting Analysts, AAHA, (1965), 1115 W Cossitt Av, La Grange, IL 60525

American Association of Hebrew Teachers Colleges, (1957), 3080 Broadway, New York, NY 10027

American Association of Hospital Dentists, AAHD, (1960), c/o Saint Luke's Hospital Center, Amsterdam Av, New York, NY 10025

American Association of Hospital Podiatrists, AAHP, (1950), 420 74 St, Brooklyn, NY 11209

American Association of Housing Educators, AAHE, (1965), c/o V. M. Ellithorpe, Kansas State University, Umberger Hall, Manhattan, KS 66502

American Association of Immunologists, AAI, (1914), 9650 Rockville Pike, Bethesda, MD 20014

American Association of Industrial Dentists, AAID, (1942), 14 Hunter Lane, Camp Hill, PA 17011

American Association of Jesuit Scientists, AAJS, (1922), c/o J. V. O'Connor, Department of Geology, Boston College, Chestnut Hill, MA 02167

American Association of Junior Colleges, AAJC, (1920), c/o National Center for Higher Education, 1 Dupont Circle, Washington, DC 20036

American Association of Language Specialists, TAALS, (1957), 1000 NW Connecticut Av, Washington, DC 20009

American Association of Law Libraries, AALL, (1906), 53 W Jackson Bd, Chicago, IL 60604

American Association of Medical Assistants, AAMA, (1956), 1 E Wacker Dr, Chicago, IL 60601

American Association of Medical Milk Commissions, AAMMC, (1907), 2266 N Prospect Av, Milwaukee, WI 53202

American Association of Medical Society Executives, AAMSE, (1946), 375 Jackson St, Saint Paul, MN 55101

American Association of Museums, AAM, (1906), 2233 NW Wisconsin Av, Washington, DC 20007

American Association of Neurological Surgeons, (1931), c/o M. I. O'Connor, 428 E Preston St, Baltimore, MD 21202

American Association of Neuropathologists, AANP, (1923), c/o Massachusetts General Hospital, Boston, MA 02114

American Association of Ophthalmology, AAO, (1956), 1100 NW 17 St, Washington, DC 20036

American Association of Orthodontists, AAO, (1901), 7477 Delmar Bd, Saint Louis, MO 63130

American Association of Pathologists and Bacteriologists, AAPB, (1901), c/o Department of Pathology, University of California, San Francisco, CA 94122

American Association of Petroleum Geologists, AAPG, (1917), Box 979, Tulsa, OK 74101

American Association of Physical Anthropologists, (1930), c/o Dr. E. I. Fry, Department of Anthropology, Southern Methodist University, Dallas, TX 75222

American Association of Physicists in Medicine, AAPM, (1958), c/o American Institute of Physics, 335 E 45 St, New York, NY 10017

American Association of Physics Teachers, AAPT, (1930), 1785 NW Massachusetts Av, Washington, DC 20036

American Association of Planned Parenthood Physicians, AAPPP, (1963), 810 Seventh Av, New York, NY 10019

American Association of Plastic Surgeons, AAPS, (1921), 2201 N Second St, Harrisburg, PA 17110

American Association of Poison Control Centers, AAPCC, (1958), c/o Children's Memorial Hospital, Dewey Av, Omaha, NB 68105

American Association of Professors in Sanitary Engineering, AAPSE, (1963), c/o Georgia Institute of Technology, Atlanta, GA 30332

American Association of Psychiatric Services for Children, AAPSC, (1946), 250 W 57 St, New York, NY 10019

American Association of Public Health Dentists, AAPHD, (1937), c/o Indiana State Board of Health, 1330 W Michigan St, Indianapolis, IN 46202

American Association of Public Health Physicians, AAPHP, (1954), 2401 Bluffview Dr, Austin, TX 78704

American Association of Railway Surgeons, AARS, (1888), 500 W Madison St, Chicago, IL 60606

American Association of Religious Therapists, AART, (1958), 13733 NW 7 Av, Miami, FL 33168

American Association of School Librarians, AASL, (1915), 50 E Huron St, Chicago, IL 60611

American Association of Schools and Departments of Journalism, AASDJ, (1917), c/o Department of Journalism, University of South Carolina, Columbia, SC 29408

American Association of Sex Educators and Counselors, AASEC, (1967), 815 NW 15 St, Washington, DC 20015

American Association of Sheep and Goat Practitioners, AASP, (1969), c/o Dr. G. Crenshaw, University of California, Davis, CA 95616

American Association of Specialized Colleges, AASC, (1966), POB 500, Gas City, IN 46933

American Association of State Colleges and Universities, AASCU, (1961), 1 NW Dupont Circle, Washington, DC 20036

American Association of Stratigraphic Palynologists, AASP, (1967), c/o R. T. Clarke, Mobil Research and Development Corp, POB 900, Dallas, TX 75221

American Association of Teacher Educators in Agriculture, AATEA, (1959), c/o University of New Hampshire, Durham, NH 03824

American Association of Teachers of Chinese Language and Culture, (1958), c/o Saint John's University, Jamaica, NY 11432

American Association of Teachers of Esperanto, AATE, (1961), 5140 San Lorenzo Dr, Santa Barbara, CA 93111

American Association of Teachers of French, AATF, (1927), 59 E Armory, Champaign, IL 61820

American Association of Teachers of German, AATG, (1927), 339 Walnut St, Philadelphia, PA 19106

American Association of Teachers of Italian, AATI, (1924), c/o Rutgers University, New Brunswick, NJ 08903

American Association of Teachers of Slavic and East European Languages, AATSEEL, (1940), c/o University of Arizona, Tucson, AZ 85721

American Association of Teachers of Spanish and Portuguese, AATSP, (1917), c/o Wichita State University, Wichita, KS 67208

American Association of Theological Schools in the United States and Canada, (1918), 534 Third National Bldg, Dayton, OH 45402

American Association of University Professors, AAUP, (1915), 1 NW Dupont Circle, Washington, DC 20036

American Association of University Professors of Urban Affairs and Environmental Sciences, AAUP-UAES, (1970), c/o Institute of Urban Studies, Cleveland State University, 2323 Prospect Av, Cleveland, OH 44115

American Association of Variable Star Observers, AAVSO, (1911), 187 Concord Av, Cambridge, MA 02138

American Association of Veterinary Anatomists, AAVA, (1949), c/o J. T. Bell, School of Veterinary Medicine, University of Georgia, Athens, GA 30601

American Association of Veterinary Nutritionists, AAVN, (1956), c/o F. W. Kingsbury, Rutgers University, New Brunswick, NJ 08903

American Association of Veterinary Parasitologists, AAVP, (1956), c/o Department Veterinary Parasitology, Texas A and M University, College Station, TX 77843

American Association of Youth Museums, AAYM, (1965), 3010 N Meridian St, Indianapolis, IN 46208

American Association on Mental Deficiency, AAMD, (1876), 5201 NW Connecticut Av, Washington, DC 20015

American Astronautical Society, AAS, (1952), 815 NW 15 St, Washington, DC 20005

American Astronomical Society, AAS, (1928), c/o Leander McCormick Observatory, Charlottesville, VA 22903

American Automatic Control Council, AACC, (1957), c/o Prof. G. Weiss, Polytechnic Institute of Brooklyn, 333 Jay St, Brooklyn, NY 11201

American Bar Association, (1878), 1155 E 60 St, Chicago, IL 60637

American Battle Monuments Commission, (1923), 2067 Tempo A, Washington, DC 20315

American Board of Abdominal Surgery, ABAS, (1957), 675 Main St, Melrose, MA 02176

American Board of Anesthesiology, (1938), 100 Constitution Pl, Hartford, CT 06103

American Board of Bioanalysis, ABB, (1968), 805 Ambassador Bldg, Saint Louis, MO 63101

American Board of Colon and Rectal Surgery, ABCRS, 1514 Jefferson Hwy, New Orleans, LA 70121

American Board of Dental Public Health, (1950), c/o School of Public Health, University of Michigan, Ann Arbor,, MI 48104

American Board of Dermatology, ABD, (1932), c/o Henry Ford Hospital, Detroit, MI 48202

American Board of Health Physics, ABHP, (1960), c/o H. W. Patterson, Lawrence Radiation Laboratory, Berkeley, CA 94720

American Board of Internal Medicine, (1936), 3930 Chestnut St, Philadelphia, PA 19104

American Board of Medical Specialties, (1970), 1603 Orrington Av, Evanston, IL 60201

American Board of Neurological Surgery, (1940), 20 S Dudley, Memphis, TN 38103

American Board of Nutrition, (1948), c/o R. E. Hodges, Department of Medicine, University of California, Davis, CA 95616

American Board of Obstetrics and Gynecology, ABOG, (1927), 100 Meadow Rd, Buffalo, NY 14216

American Board of Ophthalmology, ABO, (1916), 8870 Towanda St, Philadelphia, PA 19118

American Board of Opticianry, ABO, (1947), 821 Eggert Rd, Buffalo, NY 14226

American Board of Oral Pathology, AMBOP, (1948), c/o School of Dentistry, State University of New York, Buffalo, NY 14214

American Board of Oral Surgery, ABOS, (1946), 718 Roshek Bldg, Dubuque, IA 52001

American Board of Orthodontics, ABO, (1929), 225 S Meramec Av, Saint Louis, MO 63105

American Board of Orthopaedic Surgery, ABOS, (1934), 430 N Michigan Av, Chicago, IL 60611

American Board of Otolaryngology, (1916), c/o University Hospitals, Iowa City, IA 52240

American Board of Pathology, ABP, (1936), 610 N Florida Av, Tampa, FL 33602

American Board of Pediatrics, ABP, (1933), c/o Museum of Science and Industry, Lake Shore Dr, Chicago, IL 60637

American Board of Pedodontics, ABP, (1940), c/o College of Dentistry, University of Nebraska, Lincoln, NB 68503

American Board of Periodontology, ABP, (1939), 211 E Chicago Av, Chicago, IL 60611

American Board of Physical Medicine and Rehabilitation, ABPMR, (1947), c/o First National Bank, Rochester, MN 55901

American Board of Plastic Surgery, (1939), 4989 Barnes Hospital Pl, Saint Louis, MO 63110

American Board of Podiatric Dermatology, 1801 Vauxhall Rd, Union, NJ 07083

American Board of Preventive Medicine, ABPM, (1948), 410 W 10 Av, Columbus, OH 43210

American Board of Professional Psychology, ABPP, (1947), c/o Dr. M. H. Lewin, 1325 Midtown Tower, Rochester, NY 14604

American Board of Professional Psychology in Hypnosis, ABPPH, (1960), 17 John Dave's Lane, Huntington, NY 11743

American Board of Prosthodontics, ABP, c/o R. B. Lytle, Georgetown University School of Dentistry, 3900 NW Reservoir Rd, Washington, DC 20007

American Board of Psychiatry and Neurology, ABPN, (1934), 1603 Orrington Av, Evanston, IL 60201

American Board of Radiology, ABR, (1934), E Kahler, Rochester, MN 55901

American Board of Surgery, (1937), 1617 John F. Kennedy Bd, Philadelphia, PA 19103

American Board of Thoracic Surgery, (1948), 14624 E 7 Mile Rd, Detroit, MI 48205

American Board of Urology, (1934), 40 N Tower Rd, Oak Brook, IL 60521

American Broncho-Esophagological Association, ABEA, (1917), 161 Fort Washington Av, New York, NY 10032

American Bryological Society, (1898), c/o S. Flowers, University of Utah, Salt Lake City, UT 84112

American Bureau for Medical Aid to China, ABMAC, (1937), 1790 Broadway, New York, NY 10019

American Business Communication Association, ABCA, (1935), 317b David Kinley Hall, University of Illinois, Urbana, IL 61801

American Business Law Association, ABLA, (1923), c/o J. R. Carrell, North Texas State University, Denton, TX 76203

American Cancer Society, ACS, (1913), 219 E 42 St, New York, NY 10017

American Carbon Committee, (1957), c/o Pennsylvania State University, University Park, PA 16802

American Catholic Esperanto Society, ACES, (1967), 7605 Winona Lane, Sebastopol, CA 95472

American Catholic Historical Association, ACHA, (1919), c/o Catholic University of America, Washington, DC 20017

American Catholic Philosophical Association, ACPA, (1926), c/o Catholic University of America, Washington, DC 20017

American Center for Stanislavski Theatre Art, 485 Park Av, New York, NY 10022

American Ceramic Society, (1899), 4055 N High St, Columbus, OH 43214

American Cetacean Society, ACS, (1967), 4725 Lincoln Bd, Marina Del Rey, CA 90291

American Chemical Society, ACS, (1876), 1155 NW 16 St, Washington, DC 20036

American Choral Directors Association, ACDA, (1959), c/o R. Wayne Hugoboom, POB 17736, Tampa, FL 33612

American Classical League, ACL, (1918), c/o Miami University, Oxford, OH 45056

American Cleft Palate Association, ACPA, (1943), c/o G. R. Smiley, University of North Carolina, Chapel Hill, NC 27514

American Clinical and Climatological Association, ACCA, (1884), Spruce St, Philadelphia, PA 19107

American College Health Association, ACHA, (1921), 2807 Central St, Evanston, IL 60201

American College of Allergists, ACA, (1943), 2100 Dain Tower, Minneapolis, MN 55402

American College of Anesthesiologists, ACA, (1936), 515 Busse Highway, Park Ridge, IL 60068

American College of Apothecaries, ACA, (1940), 7758 Wisconsin Av, Washington, DC 20014

American College of Cardiology, ACC, (1949), 9650 Rockville Pike, Bethesda, MD 20014

American College of Chest Physicians, ACCP, (1935), 112 E Chestnut St, Chicago, IL 60611

American College of Dentists, ACD, (1920), 7316 Wisconsin Av, Bethesda, MD 20014

American College of Emergency Physicians, ACEP, (1968), 241 E Saginaw, East Lansing, MI 48823

American College of Foot Orthopedists, ACFO, (1950), 413 N Main St, Thiensville, WI 53092

American College of Foot Roentgenologists, ACFR, (1946), 96 Williams St, Longmeadow, MA 01106

American College of Foot Specialists, (1968), POB 54, Union, NJ 07083

American College of Foot Surgeons, 3959 N Lincoln Av, Chicago, IL 60613

American College of Gastroenterology, ACG, (1932), 299 Broadway, New York, NY 10007

American College of General Practitioners in Osteopathic Medicine and Surgery, ACGPOMS, (1950), 111 W Washington St, Chicago, IL 60602

American College of Laboratory Animal Medicine, ACLAM, (1957), c/o Division of Laboratory Animal Medicine, UNC School of Medicine, Chapel Hill,, NC 27514

American College of Legal Medicine, ACLM, (1955), 1340 N Astor St, Chicago, IL 60610

American College of Medical Technologists, ACMT, (1942), c/o W. H. Duvall, 5608 Lane, Raytown, MO 64133

American College of Musicians, ACM, POB 1807, Austin, TX 78767

American College of Neuropsychiatrists, ACN, (1937), 27 E 62 St, New York, NY 10021

American College of Obstetricians and Gynecologists, ACOG, (1951), 79 W Monroe St, Chicago, IL 60603

American College of Osteopathic Internists, ACOI, (1943), POB 11158, Philadelphia, PA 19136

American College of Osteopathic Obstetricians and Gynecologists, (1934), Box 66, Merrill, MI 48637

American College of Osteopathic Pediatricians, ACOP, POB 488, Coral Gables, FL 33134

American College of Osteopathic Surgeons, ACOS, (1927), 1550 S Dixie Highway, Coral Gables, FL 33146

American College of Pharmacists, ACP, (1944), c/o School of Pharmacy, University of Southern California, Los Angeles, CA 90007

American College of Physicians, ACP, (1915), 4200 Pine St, Philadelphia, PA 19104

American College of Preventive Medicine, ACPM, (1954), 801 Old Lancaster Rd, Bryn Mawr, PA 19010

American College of Psychiatrists, (1963), 857 Fisher Bldg, Detroit, MI 48202

American College of Radiology, ACR, (1923), 20 N Wacker Dr, Chicago, IL 60606

American College of Sports Medicine, ACSM, (1954), 1440 Monroe St, Madison, WI 53706

American College of Surgeons, ACS, (1913), 55 E Erie St, Chicago, IL 60611

American College of Veterinary Pathologists, ACVP, (1948), c/o F. M. Garner, Armed Forces Institute of Pathology, Washington, DC 20305

American College Testing Program, ACT, (1959), Box 168, Iowa City, IA 52240

American Color Print Society, (1939), 2022 Walnut St, Philadelphia, PA 19103

American Committee for Irish Studies, ACIS, (1959), c/o Department of English, State University of New York, Cortland, NY 13045

American Committee for the Weizmann Institute of Science, (1944), 515 Park Av, New York, NY 10022

American Committee of Slavists, (1957), 502 Ballantine, Indiana University, Bloomington, IN 47401

American Committee on the History of the Second World War, (1967), c/o Department of History, University of Florida, Gainesville, FL 32601

American Comparative Literature Association, ACLA, (1960), c/o Fredrick Garber, Department of Comparative Literature, State University of New York, Binghamton, NY 13901

American Composers Alliance, ACA, (1938), 170 W 74 St, New York, NY 10023

American Concert Choir, (1952), 130 W 56 St, New York, NY 10019

American Concrete Institute, ACI, (1905), POB 4754, Redford Station, Detroit, MI 48219

American Conference of Academic Deans, ACAD, (1944), c/o M. Micks, Western College, Oxford, OH 45056

American Conference of Governmental Industrial Hygienists, ACGIH, (1938), POB 1937, Cincinnati, OH 45201

American Congress of Rehabilitation Medicine, ACRM, (1921), 30 N Michigan Av, Chicago, IL 60602

American Congress on Surveying and Mapping, ACSM, (1941), 733 NW 15 St, Washington, DC 20005

American Conservation Association, (1958), 30 Rockefeller Pl, New York, NY 10020

American Corrective Therapy Association, ACTA, (1946), 1222 S Ridgeland Av, Berwyn, IL 60402

American Council for Elementary School Industrial Arts, ACESIA, (1965), 1201 NW 16 St, Washington, DC 20036

American Council of Independent Laboratories, ACIL, (1937), 1026 NW 17 St, Washington, DC 20036

American Council of Industrial Arts State Association Officers, ACIASAO, (1955), 1201 NW 16 St, Washington, DC 20036

American Council of Industrial Arts Supervisors, ACIAS, (1951), 1201 NW 16 St, Washington, DC 20036

American Council of Industrial Arts Teacher Education, ACIATE, (1950), c/o D. L. Householder, Purdue University, Lafayette, IN 47907

American Council of Learned Societies, ACLS, (1919), 345 E 46 St, New York, NY 10017

American Council of Otolaryngology, (1968), 1100 NW 17 St, Washington, DC 20036

American Council of Pharmaceutical Education, 77 W Washington St, Chicago, IL 60602

American Council of the International Institute of Welding, (1948), 2501 NW 7 St, Miami, FL 33125

American Council on Education, ACE, (1918), 1 Dupont Circle, Washington, DC 20036

American Council on Education for Journalism, ACEJ, (1929), c/o School of Journalism, University of Missouri, Columbia, MO 65201

American Council on Pharmaceutical Education, ACPE, (1932), 77 W Washington St, Chicago, IL 60602

American Council on the Teaching of Foreign Languages, ACTFL, (1966), 62 Fifth Av, New York, NY 10011

American Crystallographic Association, ACA, (1949), c/o E. E. Snider, 335 E 45 St, New York, NY 10017

American Dairy Science Association, ADSA, (1906), 113 N Neil St, Champaign, IL 61820

American Dance Guild, ADG, (1969), 2 Riverview Pl, Hastings on Hudson, NY 10706

American Dental Assistants Association, ADAA, (1924), 211 E Chicago Av, Chicago, IL 60611

American Dental Association, (1859), 211 E Chicago Av, Chicago, IL 60611

American Dental Hygienists' Association, ADHA, (1923), 211 E Chicago Av, Chicago, IL 60611

American Dental Society of Anesthesiology, ADSA, (1953), 513 N Linn St, Iowa City, IA 52240

American Dentists for Foreign Service, ADFS, (1967), 619 Church Av, Brooklyn, NY 11218

American Dermatological Association, ADA, (1876), c/o School of Medicine, Lousiana State University, 1542 Tulane Av, New Orleans, LA 70112

American Diabetes Association, ADA, (1940), 18 E 48 St, New York, NY 10017

American Dialect Society, ADS, (1889), c/o Center for Applied Linguistics, 1611 N Kent St, Arlington, VA 22209

American Dietetic Association, ADA, (1917), 620 N Michigan Av, Chicago, IL 60611

American Diopter and Decibel Society, (1960), 522 Walnut St, McKeesport, PA 19054

American Doctors, AMDOC, (1963), 17461 W IrviaBd, Tustin, CA 92680

American Driver and Traffic Safety Education Association, ADTSEA, (1956), 1201 NW 16 St, Washington, DC 20036

American Economic Association, (1885), 1313 S 21 Av, Nashville, TN 37212

American Education Association, AEA, (1938), 663 Fifth Av, New York, NY 10022

American Educational Research Association, AERA, (1915), 1126 NW 16 St, Washington, DC 20036

American Educational Studies Association, AESA, (1968), c/o Teachers College, Columbia University, New York, NY 10027

American Educational Theatre Association, AETA, (1936), 1317 NW F St, Washington, DC 20004

American Electroencephalographic Society, AES, (1946), 36391 Maple Grove Rd, Willoughby Hills, OH 44094

American Electroplaters' Society, AES, (1909), 56 Melmore Gardens, East Orange, NJ 07017

American Engineering Association, AEA, (1968), 1221 Shore Dr, New Buffalo, MI 49117

American Entomological Society, AES, (1859), 1900 Race St, Philadelphia, PA 19103

American Epidemiological Society, AES, (1927), c/o A. S. Evans, School of Medicine, Yale University, New Haven, CT 06510

American Epilepsy Society, AES, (1936), c/o Division of Neurology, College of Medicine, University of Florida, Gainesville, FL 32601

American Equilibration Society, AES, (1956), c/o Dr. G. E. Krueger, 700 Washington St, Waukegan, IL 60085

American Ethnological Society, AES, (1842), c/o State University of New York, 1300 Elmwood Av, Buffalo, NY 14222

American Eugenics Society, AES, (1926), 230 Park Av, New York, NY 10017

American Federation for Clinical Research, AFCR, (1940), 6900 Grove Rd, Thorofare, NJ 08086

American Federation of Arts, AFA, (1909), 41 E 65 St, New York, NY 10021

American Federation of Information Processing Societies, AFIPS, (1961), 210 Summit Av7645,

American Federation of Mineralogical Societies, AFMS, (1947), 3418 Flannery Dr, Baltimore, MD 21207

American Fertility Society, AFS, (1944), 944 S 18 St, Birmingham, AL 35205

American Film Institute, AFI, (1967), 1815 NW H St, Washington, DC 20006

American Finance Association, AFA, (1940), c/o Graduate School of Business Administration, New York University, 100 Trinity Pl, New York, NY 10006

American Fine Arts Society, AFAS, 215 W 57 St, New York, NY 10019

American Fisheries Society, AFS, (1870), Washington Bldg, NW New York Av, Washington, DC 20005

American Folklore Society, AFS, (1888), c/o University of Pennsylvania, Philadelphia, PA 19104

American Forensic Association, AFA, (1948), c/o J. Boaz, Department of Speech, Illinois State University, Normal, IL 61761

American Forestry Association, AFA, (1875), 919 NW 17 St, Washington, DC 20006

American Foundrymen's Society, AFS, (1896), Golf and Wolf Rds, Des Plaines, IL 60016

American Fracture Association, AFA, (1938), 601 Griesheim Bldg, Bloomington, IL 61701

American Gastroenterological Association, AGA, (1897), Professional Bldg, Winston-Salem, NC 27103

American Genetic Association, AGA, (1903), 1028 NW Connecticut Av, Washington, DC 20036

American Geographical Society, AGS, (1852), Broadway at 156 St, New York, NY 10032

American Geological Institute, AGI, (1948), 2201 NW M St, Washington, DC 20037

American Geophysical Union, AGU, (1919), 2100 NW Pennsylvania Av, Washington, DC 20037

American Geriatrics Society, AGS, (1942), 10 Columbus Circle, New York, NY 10019

American Group Psychotherapy Association, AGPA, (1942), 1790 Broadway, New York, NY 10019

American Guild of Authors and Composers, AGAC, (1931), 50 W 57 St, New York, NY 10019

American Guild of English Handbell Ringers, AGEHR, (1954), 318 N Church St, Rockford, IL 61101

American Guild of Music, AGM, (1901), 815 Adair Av, Zanesville, OH 43701

American Guild of Organists, AGO, (1896), 630 Fifth Av, New York, NY 10020

American Gynecological Society, AGS, (1876), 204 S Michigan Av, Chicago, IL 60603

American Harp Society, AHS, (1962), 1117 Crestline Dr, Santa Barbara, CA 93105

American Heart Association, AHA, (1924), 44 E 23 St, New York, NY 10010

American Historical Association, AHA, (1884), 400 SE A St, Washington, DC 20003

American Home Economics Association, AHEA, (1909), 2010 NW Massachusetts Av, Washington, DC 20036

American Horticultural Society, (1922), 2401 NW Calvert St, Washington, DC 20008

American Hospital Association, AHA, (1898), 840 N Lake Shore Dr, Chicago, IL 60611

American Hungarian Library and Historical Society, AHLHS, (1955), 215 E 82 St, New York, NY 10028

American Hypnodontic Society, AHS, 140 E 56 St, New York, NY 10022

American Indian Historical Society, (1964), 1451 Masonic Av, San Francisco, CA 94117

American Indian Law Center, (1970), c/o University of New Mexico School of Law, Albuquerque, NM 87106

American Indian Lore Association, (1957), 12151 Firebrand St, Garden Grove, CA 92640

American Industrial Arts Association, AIAA, (1939), 1201 NW 16 St, Washington, DC 20036

American Industrial Hygiene Association, AIHA, (1939), 210 Haddon Av, Westmont, NJ 08108

American Institute for Design and Drafting, AIDD, (1959), POB 2955, Tulsa, OK 74101

American Institute for Exploration, AIFE, (1954), 1809 Nichols Rd, Kalamazoo, MI 49007

American Institute for Human Engineering and Development, AIHED, (1969), 850 W Jackson Bd, Chicago, IL 60607

American Institute for Marxist Studies, AIMS, (1964), 20 E 30 St, New York, NY 10016

American Institute of Aeronautics and Astronautics, AIAA, (1963), 1290 Av of the Americas, New York, NY 10019

American Institute of Biological Sciences, AIBS, (1948), 3900 NW Wisconsin Av, Washington, DC 20016

American Institute of Building Design, AIBD, (1950), 15233 Ventura Bd, Sherman Oaks, CA 91403

American Institute of Ceylonese Studies, AICS, c/o Dietrich Library, University of Pennsylvania, Philadelphia, PA 19104

American Institute of Chemists, AIC, (1923), 60 E 42 St, New York, NY 10017

American Institute of Commemorative Art, AICA, (1951), POB 145, Valhalla, NY 10595

American Institute of Crop Ecology, AICE, (1948), 809 Dale Dr, Silver Spring, MD 20910

American Institute of Fishery Research Biologists, AIFRB, (1956), 404 N 12 Pl, Edmonds, WA 98020

American Institute of Graphic Arts, AIGA, (1914), 1059 Third Av, New York, NY 10021

American Institute of Homeopathy, AIH, (1844), 2726 NW Quebec St, Washington, DC 20008

American Institute of Indian Studies, AIIS, (1961), c/o Dietrich Library, University of Pennsylvania, Philadelphia, PA 19104

American Institute of Iranian Studies, AIIS, (1967), c/o Near East Center, University of Pennsylvania, Philadelphia, PA 19104

American Institute of Medical Climatology, AIMC, (1958), 1618 Allengrove St, Philadelphia, PA 19124

American Institute of Musicology, AIM, (1945), POB 30665, Dallas, TX 75230

American Institute of Nutrition, AIN, (1928), 9650 Rockville Pike, Bethesda, MD 20014

American Institute of Pacific Relations, (1925), 333 Sixth Av, New York, NY 10003

American Institute of Physics, AIP, (1931), 335 E 45 St, New York, NY 10017

American Institute of Planners, (1917), 917 NW 15 St, Washington, DC 20005

American Institute of Professional Geologists, AIPG, (1963), POB 836, Golden, CO 80401

American Institute of the History of Pharmacy, AIHP, (1941), Pharmacy Bldg, Madison, WI 53706

American Irish Historical Society, AIHS, (1897), 991 Fifth Av, New York, NY 10028

American Iron and Steel Institute, 150 E 42 St, New York, NY 10039

American Italian Historical Association, AIHA, (1966), 209 Flagg Pl, Staten Island, NY 10304

American Jewish Historical Society, AJHS, (1892), 2 Thornton Rd, Waltham, MA 02154

American Jewish History Center of the Jewish Theological Seminary, AJHC, (1953), 3080 Broadway, New York, NY 10027

American Jewish Institute, AJI, (1942), 250 W 57 St, New York, NY 10019

American Judicature Society, (1913), 1155 E 60 St, Chicago, IL 60637

American Laryngological Association, ALA, (1879), 1 RFD, Pittsford, VT 05763

American Laryngological, Rhinological and Otological Society, ALROS, (1895), c/o L. E. Silcox, Lankenau Medical Bldg, Philadelphia, PA 19151

American Law Institute, (1923), 4025 Chestnut St, Philadelphia, PA 19104

American Leather Chemists Association, ALCA, (1903), c/o University of Cincinnati, Cincinnati, OH 45221

American Leprosy Missions, ALM, (1906), 297 S Park Av, New York, NY 10010

American Lessing Society, ALS, (1966), c/o German Department, University, Cincinnati, OH 45221

American Library Association, (1876), 50 E Huron St, Chicago, IL 60611

American Library Trustee Association, ALTA, (1890), 50 E Huron St, Chicago, IL 60611

American Liszt Society, ALS, (1967), c/o Radford College, Radford, VA 24141

American Lithuanian Roman Catholic Organist Alliance, (1911), c/o V. Mamaitis, 209 Clark Pl, Elizabeth, NJ 07206

American Littoral Society, ALS, (1961), Sandy Hook, Highlands, NJ 07732

American Malacological Union, AMU, (1931), 3957 Marlow Ct., Seaford, NY 11783

American Massage and Therapy Association, 152 W Wisconsin Av, Milwaukee, WI 53203

American Mathematical Society, AMS, (1888), POB 6248, Providence, RI 02904

American Meat Science Association, AMSA, (1964), c/o National Live Stock and Meat Board, 36 S Wabash Av, Chicago, IL 60603

American Medical Association, (1847), 535 N Dearborn St, Chicago, IL 60610

American Medical Authors, (1956), 104 E 40 St, New York, NY 10016

American Medical Curling Association, AMCA, (1970), 447 S Main St, Hillsboro, IL 62049

American Medical Record Association, AMRA, (1928), 875 N Michigan Av, Chicago, IL 60611

American Medical Technologists, AMT, (1939), 710 Higgins Rd, Park Ridge, IL 60068

American Medical Women's Association, AMWA, (1915), 1740 Broadway, New York, NY 10019

American Medical Writers' Association, AMWA, (1940), 101 W Jersey Av, Pitman, NJ 08071

American Merchant Marine Library Association, AMMLA, (1921), 1 Bowling Green, New York, NY 10004

American Meteor Society, AMS, (1911), 527 N Wynnewood Av, Narberth, PA 19072

American Meteorological Society, (1919), 45 Beacon St, Boston, MA 02108

American Microchemical Society, AMS, (1935), c/o U. Zuk, Warner-Lambert Co, 170 Tabor Rd, Morris Plains, NJ 07950

American Microscopical Society, AMS, (1878), c/o T. W. Porter, Department of Zoology, Michigan State University, East Lansing, MI 48823

American Mime Theatre, (1952), 192 Third Av, New York, NY 10003

American Montessori Society, AMS, (1960), 175 Fifth Av, New York, NY 10010

American Mosquito Control Association, AMCA, (1935), POB 278, Selma, CA 93662

American Museum of Natural History, AMNH, (1869), W Central Park at 79 St, New York, NY 10024

American Music Center, AMC, (1940), 2109 Broadway, New York, NY 10023

American Music Conference, AMC, (1947), 3505 E Kilgore Rd, Kalamazoo, MI 49002

American Musicological Society, AMS, (1934), c/o University of Pennsylvania, 201 S 34 St, Philadelphia, PA 19104

American Name Society, ANS, (1951), c/o State University College, Potsdam, NY 13676

American Naprapathic Association, ANA, (1909), 1753 W 95 St, Chicago, IL 60643

American National Standards Institute, ANSI, (1918), 1430 Broadway, New York, NY 10018

American National Theatre and Academy, ANTA, (1935), 245 W 52 St, New York, NY

American Natural Hygiene Society, ANHS, (1947), 1920 W Irving Park Rd, Chicago, IL 60613

American Nature Study Society, ANSS, (1907), Milewood Rd, Verbank, NY 12585

American Neurological Association, ANA, (1875), c/o Cincinnati General Hospital, Cincinnati, OH 45229

American Nuclear Society, ANS, (1954), 244 E Ogden Av, Hinsdale, IL 60521

American Numismatic Association, (1891), POB 16243, Phoenix, AZ 85011

American Numismatic Society, (1858), Broadway at 156 St, New York, NY 10032

American Nutrition Society, ANS, (1952), POB 158C, Pasadena, CA 91104

American Occupational Therapy Association, AOTA, (1917), 6000 Executive Bd, Rockville, MD 20852

American Oceanic Organization, AOO, (1967), 1815 NW H St, Washington, DC 20006

American Oil Chemists' Society, AOCS, (1909), 35 E Wacker Dr, Chicago, IL 60601

American Old Time Fiddlers Association, (1965), 6141 Morrill Av, Lincoln, NB 68507

American Ontoanalytic Association, AOA, (1959), 8 S Michigan Av, Chicago, IL 60603

American Opera Society, (1952), 50 W Central Park, New York, NY 10023

American Ophthalmological Society, AOS, (1864), 1110 W Main St, Durham, NC 27701

American Optometric Association, AOA, (1898), 7000 Chippewa St, Saint Louis, MO 63119

American Organization for the Education of the Hearing Impaired, AOEHI, (1967), 1537 NW 35 St, Washington, DC 20007

American Oriental Society, AOS, (1842), 329 Sterling Memorial Library, New Haven, CT 06520

American Ornithologists' Union, (1883), c/o Museum of Natural History, Smithsonian Institution, Washington, DC 20560

American Orthopaedic Association, AOA, (1887), 430 N Michigan Av, Chicago, IL 60611

American Orthopsychiatric Association, AOA, (1924), 1790 Broadway, New York, NY 10019

American Orthoptic Council, AOC, 3400 NW Massachusetts Av, Washington, DC 20007

American Osteopathic Academy of Orthopedics, AOAO, (1941), 211 Glendale, Highland Park, MI 48203

American Osteopathic Academy of Sclerotherapy, AOAS, (1954), 1612 Market St, Philadelphia, PA 19103

American Osteopathic Association, AOA, (1897), 212 E Ohio St, Chicago, IL 60611

American Osteopathic College of Anesthesiologists, AOCA, (1952), POB 945, Kirksville, MO 63122

American Osteopathic College of Dermatology, AOCD, (1955), c/o E. H. Gabriel, 815 S Denver Av, Tulsa, OK 74119

American Osteopathic College of Pathologists, AOCP, (1954), 3921 Beecher Rd, Flint, MI 48502

American Osteopathic College of Physical Medicine and Rehabilitation, AOCPMR, (1948), 1720 E McPherson St, Kirksville, MO 63501

American Osteopathic College of Proctology, 24 M St, Salt Lake City, UT 84103

American Osteopathic College of Radiology, AOCR, (1940), 2515 E Jefferson Bd, South Bend, IN 46615

American Osteopathic Hospital Association, AOHA, (1934), 930 Busne Highway, Park Ridge, IL 60068

American Otological Society, AOS, (1868), 1100 E Genesee St, Syracuse, NY 13210

American Parkinson Disease Association, 147 E 50 St, New York, NY 10022

American Peace Society, (1828), 4000 NW Albemarle St, Washington, DC 20016

American Pediatric Society, APS, (1888), 333 Cedar St, New Haven, CT 06510

American Personnel and Guidance Association, APGA, (1952), 1607 NW New Hampshire Av, Washington, DC 20009

American Pharmaceutical Association, APhA, (1852), 2215 NW Constitution Av, Washington, DC 20037

American Philological Association, APA, (1869), c/o University of Illinois, Urbana, IL 61801

American Philosophical Association, APA, (1900), c/o Hamilton College, Clinton, NY 13323

American Philosophical Society, APS, (1743), 104 S Fifth St, Philadelphia, PA 19106

American Physical Society, APS, (1899), 335 E 45 St, New York, NY 10017

American Physical Therapy Association, APTA, (1921), 1156 NW 15 St, Washington, DC 20008

American Physicians Art Association, APAA, (1936), 307 Second Av, New York, NY 10003

American Physicians Fellowship for the Israel Medical Association, APF, (1950), 1622 Beacon St, Brookline, MA 02146

American Physicians' Society for Physiologic Tension Control, (1959), Mayer Bldg, SW Morrison at 12 St, Portland, OR 97205

American Physiological Society, APS, (1887), 9650 Rockville Pike, Bethesda, MD 20014

American Phytopathological Society, APS, (1908), c/o Purdue University, Lafayette, IN 47907

American Place Theatre, (1964), 423 W 46 St, New York, NY 10036

American Playwrights Theatre, APT, (1964), 154 N Orval Dr, Columbus, OH 43210

American Podiatry Association, APA, (1912), 20 NW Chevy Chase Circle, Washington, DC 20015

American Poetry League, APL, (1920), 830 7 St, Charleston, IL 61920

American Polar Society, (1934), c/o A. Howard, 98 62 Dr, Rego Park, NY 11374

American Political Science Association, (1903), 1527 NW New Hampshire Av, Washington, DC 20036

American Poultry Historical Society, APHS, (1952), c/o R. L. Hogue, Purdue University, Lafayette, IN 47907

American Proctologic Society, APS, (1899), 320 W Lafayette, Detroit, MI 48226

American Prosthodontic Society, APS, (1928), c/o College of Dentistry, Ohio State University, W 12 Av, Columbus, OH 43210

American Psychiatric Association, APA, (1844), 500 Fifth Av, New York, NY 10036

American Psychoanalytic Association, APsaA, (1911), 1 E 57 St, New York, NY 10022

American Psychological Association, APA, (1892), 1200 NW 17 St, Washington, DC 20036

American Psychopathological Association, APPA, (1912), c/o C. Shagass, Eastern Pennsylvania Psychiatric Institute, Henry Av, Philadelphia, PA 19129

American Psychosomatic Society, APS, (1943), 265 Nassau Rd, Roosevelt, NY 11575

American Public Health Association, APHA, (1872), 1740 Broadway, New York, NY 10019

American Radiography Technologists, ART, POB 284, Enid, OK 73701

American Radium Society, ARS, (1916), c/o J. V. Blady, 2201 Ben Franklin Pkwy, Philadelphia, PA 19130

American Real Estate and Urban Economics Association, AREUEA, (1966), c/o School of Business Administration, University of Connecticut, Storrs, CT 06268

American Recorder Society, ARS, (1939), 141 W 20 St, New York, NY 10011

American Registry of Architectural Antiquities, ARAA, (1951), c/o American Society of Association Historians, Box 186, North Marshfield, MA 02059

American Registry of Certified Entomologists, (1971), c/o Entomological Society of America, 4603 Calvert Rd, College Park, MD 20740

American Registry of Inhalation Therapists, ARIT, (1960), 709 S 10 St, La Crosse, WI 54601

American Registry of Medical Assistants, ARMA, (1950), POB 39, Thompsonville, CT 06082

American Registry of Radiologic Technologists, ARRT, (1922), 2600 Wayzata Bd, Minneapolis, MN 55405

American Rehabilitation Committee, ARC, (1922), 28 E 21 St, New York, NY 10010

American Rehabilitation Counseling Association, ARCA, (1957), 1607 NW New Hampshire Av, Washington, DC 20009

American Revolution Round Table, ARRT, (1958), c/o T. J. Fleming, 315 E 72 St, New York, NY 10003

American Rheumatism Association, ARA, (1934), 10 Columbus Circle, New York, NY 10019

American Rhinologic Society, ARS, (1954), 1515 Pacific, Everett, WA 98201

American Robot Society, (1967), Robot Rd, Cave Creek, AZ 85331

American Roentgen Ray Society, ARRS, (1900), c/o Emory University Clinic, Atlanta, GA 30322

American Savings and Loan Institute, ASLI, (1922), 111 E Wacker Dr, Chicago, IL 60601

American Scenic and Historic Preservation Society, ASHPS, (1895), 15 Pine St, New York, NY 10005

American Schizophrenia Association, (1964), 56 W 45 St, New York, NY 10036

American School Band Directors' Association, ASBDA, (1953), 8215 Seward, Omaha, NB 68114

American School Counselor Association, ASCA, (1953), 1607 NW New Hampshire Av, Washington, DC 20009

American School Health Association, ASHA, (1927), 107 S Depeyster, Kent, OH 44240

American Schools of Oriental Research, ASOR, (1900), 126 Inman St, Cambridge, MA 02139

American Science Film Association, ASFA, (1959), 7720 Wisconsin Av, Bethesda, MD 20014

American Section of the Société de Chimie Industrielle, ASSCI, (1918), 345 E 47 St, New York, NY 10017

American Siam Society, (1956), 633 24 St, Santa Monica, CA 90402

American Social Health Association, ASHA, (1912), 1740 Broadway, New York, NY 10019

American Society for Abrasive Methods, ASAM, (1956), POB 5102, Seven Oaks Station, Detroit, MI 48235

American Society for Adolescent Psychiatry, (1967), 88 Elderts Lane, Woodhaven, NY 11421

American Society for Advancement of General Anesthesia in Dentistry, (1929), 475 White Plains Rd, Eastchester, NY 10707

American Society for Aesthetics, ASA, (1942), c/o Cleveland Museum of Art, Cleveland, OH 44106

American Society for Artificial Internal Organs, ASAIO, (1955), c/o E. F. Bernstein, Department of Surgery, University Hospital of San Diego County, 225 W Dickinson St, San Diego, CA 92103

American Society for Cell Biology, ASCB, (1960), c/o Department of Anatomy, Albert Einstein College of Medicine, 1300 Morris Park Av, Bronx, NY 10461

American Society for Church Architecture, ASCA, (1958), 1200 Architects Bldg, Philadelphia, PA 19103

American Society for Clinical Investigation, ASCI, (1909), c/o Roger Williams General Hospital, 825 Chalkston Av, Providence, RI 02908

American Society for Clinical Nutrition, ASCN, (1960), 9650 Rockville Pike, Bethesda, MD 20014

American Society for Clinical Pharmacology and Therapeutics, (1970), 1718 Gallagher Rd, Norristown, PA 19401

American Society for Contemporary Ophthalmology, (1966), 30 N Michigan Av, Chicago, IL 60602

American Society for Cybernetics, ASC, (1964), 2121 NW Wisconsin Av, Washington, DC 20007

American Society for Eastern Arts, ASEA, (1963), 405 Sansome St, San Francisco, CA 94111

American Society for Eighteenth-Century Studies, ASECS, (1969), c/o University of Southern California, Los Angeles, CA 90007

American Society for Engineering Education, ASEE, (1893), 1 Dupont Circle, Washington, DC 20036

American Society for Ethnohistory, (1953), c/o Arizona State Museum, Tucson, AZ 85721

American Society for Experimental Pathology, ASEP, (1913), 9650 Rockville Pike, Bethesda, MD 20014

American Society for Gastrointestinal Endoscopy, ASGE, (1941), 301 Saint Paul Pl, Baltimore, MD 21202

American Society for Geriatric Dentistry, ASGD, c/o A. Elfenbaum, 431 Oakdale Av, Chicago, IL 60657

American Society for Head and Neck Surgery, (1959), 1234 NW 19 St, Washington, DC 20036

American Society for Horticultural Science, (1903), 914 Main St, Saint Joseph, MI 56374

American Society for Hospital Education and Training, ASHET, (1970), 840 N Lake Shore Dr, Chicago, IL 60611

American Society for Information Science, ASIS, (1937), 1140 NW Connecticut Av, Washington, DC 20006

American Society for Metals, ASM, (1913), Metals Park, OH 44703

American Society for Microbiology, ASM, (1899), 1913 NW 1 St, Washington, DC 20006

American Society for Neo-Hellenic Studies, (1967), 2754 Claflin Av, Bronx, NY 10468

American Society for Nondestructive Testing, ASNT, (1941), 914 Chicago Av, Evanston, IL 60202

American Society for Oceanography, ASO, (1965), 1730 NW M St, Washington, DC 20036

American Society for Pharmacology and Experimental Therapeutics, ASPET, (1908), 9650 Rockville Pike, Bethesda, MD 20014

American Society for Political and Legal Philosophy, (1955), c/o John Jay College of Criminal Justice, 315 S Park Av, New York, NY 10010

American Society for Psychical Research, ASPR, (1885), 5 W 73 St, New York, NY 10023

American Society for Psychoprophylaxis in Obstetrics, ASPO, (1960), 7 W 96 St, New York, NY 10025

American Society for Public Administration, (1939), 1225 NW Connecticut Av, Washington, DC 20036

American Society for Reformation Research, ASRR, (1947), c/o Foundation for Reformation Research, 6477 San Bonita, Saint Louis, MO 63105

American Society for Surgery of the Hand, (1946), 869 Madison Av, Memphis, TN 38104

American Society for Technion-Israel Institute of Technology, (1940), 271 Madison Av, New York, NY 10016

American Society for Testing and Materials, ASTM, (1902), 1916 Race St, Philadelphia, PA 19103

American Society for the Preservation of Sacred, Patriotic and Operatic Music, ASPSPOM, (1941), 2109 Broadway, New York, NY 10023

American Society for Theatre Research, ASTR, (1956), c/o W. Green, Department of English, Queens College, Flushing, NY 11367

American Society for Training and Development, ASTD, (1944), POB 5307, Madison, WI 53705

American Society of Abdominal Surgery, ASAS, (1959), 675 Main St, Melrose, MA 02176

American Society of Adlerian Psychology, ASAP, (1951), c/o R. McCoy, POB 17097, Houston, TX 77031

American Society of African Culture, AMSAC, (1957), 401 Broadway, New York, NY 10013

American Society of Agronomy, (1907), 677 S Segoe Rd, Madison, WI 53711

American Society of Ancient Instruments, ASAI, (1929), 7445 Devon St, Philadelphia, PA 19119

American Society of Anesthesiologists, ASA, (1905), 515 Busse Highway, Park Ridge, IL 60068

American Society of Animal Science, ASAS, (1908), c/o University of California, 1004 E Holton Rd, El Centro, CA 92243

American Society of Association Historians, ASAH, (1966), c/o Research Associates, Box 186, North Marshfield, MA 02059

American Society of Biological Chemists, ASBC, (1906), 9650 Rockville Pike, Bethesda, MD 20014

American Society of Brewing Chemists, ASBC, (1934), 1201 Waukegan Rd, Glenview, IL 60025

American Society of Certified Engineering Technicians, ASCET, (1964), 2029 NW K St, Washington, DC 20006

American Society of Christian Ethics, ASCE, (1959), c/o D. Sturm, Bucknell University, Lewisburg, PA 17837

American Society of Church History, (1888), 321 Mill Rd, Oreland, PA 19075

American Society of Clinical Pathologists, ASCP, (1922), 2100 W Harrison St, Chicago, IL 60612

American Society of Composers, Authors and Publishers, ASCAP, (1914), 575 Madison Av, New York, NY 10022

American Society of Consultant Pharmacists, ASCP, (1969), 10400 NW Connecticut Av, Kensington, MD 20795

American Society of Criminology, (1945), c/o Department of Sociology, Catholic University of America, Washington, DC 20017

American Society of Cytology, ASC, (1951), 7112 Lincoln Dr, Philadelphia, PA 19119

American Society of Dentistry for Children, ASDC, (1927), 211 E Chicago Av, Chicago, IL 60611

American Society of Extra-Corporeal Technology, AmSECT, (1964), 287 E Sixth St, Saint Paul, MN 55101

American Society of Group Psychotherapy and Psychodrama, (1942), 259 Wolcott Av, Beacon, NY 12508

American Society of Hematology, ASH, (1957), c/o Dr. S. H. Robinson, Beth Israel Hospital, 330 Brookline Av, Boston, MA 02215

American Society of Hospital Pharmacists, ASHP, (1942), 4630 Montgomery Av, Washington, DC 20014

American Society of Human Genetics, ASHG, (1948), c/o Department of Medical Genetics, Indiana University Medical Center, 1100 W Michigan St, Indianapolis, IN 46202

American Society of Ichthyologists and Herpetologists, ASIH, (1913), c/o Department of Zoology, University of Maryland, College Park, MD 20742

American Society of Indexers, ASI, (1969), c/o Xerox, 300 N Zeeb Rd, Ann Arbor, MI 48106

American Society of Internal Medicine, ASIM, (1956), 525 Hearst Bldg, Third at Market, San Francisco, CA 94103

American Society of International Law, (1906), 2223 NW Massachusetts Av, Washington, DC 20008

American Society of Limnology and Oceanography, (1936), c/o Department of Zoology, University of Michigan, Ann Arbor, MI 48104

American Society of Mammalogists, ASM, (1919), c/o Oklahoma State University, Stillwater, OK 74074

American Society of Maxillofacial Surgeons, ASMS, (1947), 108 E 78 St, New York, NY 10021

American Society of Medical Technologists, ASMT, (1932), Hermann Professional Bldg, Houston, TX 77025

American Society of Music Arrangers, ASMA, (1938), 224 W 49 St, New York, NY 10019

American Society of Naturalists, ASN, (1883), c/o Wooster College, Wooster, OH 44691

American Society of Ophthalmologic and Otolaryngologic Allergy, c/o M. W. Erdel, Frankfort, IN 46041

American Society of Oral Surgeons, ASOS, (1918), 211 East Chicago Av, Chicago, IL 60611

American Society of Parasitologists, (1924), c/o Department of Microbiology, University of Texas, Dallas, TX 75235

American Society of Pharmacognosy, ASP, (1923), c/o J. K. Wier, University of North Carolina, Chapel Hill, NC 27514

American Society of Photogrammetry, ASP, (1934), 105 N Virginia Av, Falls Church, VA 22046

American Society of Physicians in Chronic Disease Facilities, (1967), 360 N Michigan Av, Chicago, IL 60601

American Society of Plastic and Reconstructive Surgeons, (1931), 29 E Madison, Chicago, IL 60602

American Society of Professional Draftsmen and Artists, ASPDA, (1966), 731B Martin Dr, Baltimore, MD 21221

American Society of Psychopathology of Expression, ASPE, (1964), c/o Dr. I. Jakob, McLean Hospital, 115 Mill St, Belmont, MA 02178

American Society of Psychosomatic Dentistry and Medicine, ASPDM, (1950), 190 Walnut St, Holyoke, MA 01040

American Society of Radiologic Technologists, ASRT, (1920), 645 N Michigan Av, Chicago, IL 60611

American Society of Sanitary Engineering, ASSE, (1906), 228 Standard Bldg, Cleveland, OH 44113

American Society of Sugar Beet Technologists, ASSBT, (1935), 156 S College Av, Fort Collins, CO 80521

American Society of Tropical Medicine and Hygiene, ASTMH, (1903), POB 295, Kensington, MD 20795

American Society of University Composers, ASUC, (1966), c/o Music Department, Columbia University, New York, NY 10027

American Society of Veterinary Ophthalmology, ASVO, (1958), 234 Rametto Rd, Santa Barbara, CA 93103

American Society of Veterinary Physiologists and Pharmacologists, ASVPP, (1946), c/o H. E. Dale, University of Missouri, Columbia, MO 65201

American Society of Zoologists, ASZ, (1903), c/o Department of Zoology, Michigan State University, East Lansing, MI 48823

American Sociological Association, ASA, (1905), 1722 NW N St, Washington, DC 20036

American Sociometric Association, ASA, (1946), 259 Wolcott Av, Beacon, NY 12508

American Spciety of Contemporary Artists, ASCA, (1917), 1051 Parkway, Mamaroneck, NY 10543

American Speech and Hearing Association, ASHA, (1925), 9030 Old Georgetown Rd, Bethesda, MD 20014

American Squadron of Aviation Historians, ASAH, (1927), c/o Research Associates, Box 186, North Marshfield, MA 02059

American Statistical Association, (1839), 806 NW 15 St, Washington, DC 20005

American String Teachers Association, ASTA, (1946), c/o Lawrence Township Schools, 2455 Princeton Pike, Trenton, NJ 08638

American Studies Association, ASA, (1951), Bennett Hall, University of Pennsylvania, Box 30, Philadelphia, PA 19104

American Surgical Association, ASA, (1880), c/o T. Shires, 5323 Harry Hines Bd, Dallas, TX 75235

American Swedish Institute, ASI, (1929), 2600 Park Av, Minneapolis, MN 55407

American Symphony Orchestra League, ASOL, (1942), POB 66, Vienna, VA 22180

American Technical Education Association, ATEA, (1928), 22 Oakwood Pl, Delmar, NY 12054

American Teilhard de Chardin Association, ATCA, (1964), 157 E 72 St, New York, NY 10021

American Theatre Organ Society, ATOS, (1956), POB 306, North Haven, CT 06473

American Theological Library Association, ATLA, (1947), 606 Rathervue Pl, Austin, TX 78705

American Theological Society, Midwest Division, (1927), c/o Lutheran School of Theology, 1100 E 55 St, Chicago, IL 60615

American Thoracic Society, ATS, (1905), 1740 Broadway, New York, NY 10019

American Thyroid Association, ATA, (1923), c/o Mayo Clinic, Rochester, MN 55901

American Union of Swedish Singers, AUSS, (1892), 7834 Saginaw Av, Chicago, IL 60649

American Universities Field Staff, 3 Lebannon St, Hanover, NH 03755

American Urological Association, AUA, (1902), 1120 N Charles St, Baltimore, MD 21201

American Vacuum Society, AVS, (1953), 335 E 45 St, New York, NY 10017

American Venereal Disease Association, AVDA, (1934), c/o State Department of Health, 47 SW Trinity Av, Atlanta, GA 30334

American Veterinary Medical Association, AVMA, (1863), 600 S Michigan Av, Chicago, IL 60605

American Veterinary Radiology Society, AVRS, 603 Arapaho Dr, Stillwater, OK 74074

American Vocational Association, AVA, (1906), 1510 NW H St, Washington, DC 20005

American Vocational Education Research Association, AVERA, (1966), 1510 NW H St, Washington, DC 20005

American Water Resources Association, AWRA, (1964), 905 W Fairview, Urbana, IL 61801

American Watercolor Society, AWS, (1866), 1083 Fifth Av, New York, NY 10028

American Welding Society, AWS, (1919), 2501 NW 7 St, Miami, FL 33125

American Wood Preservers Institute, AWPI, (1921), 2600 NW Virginia Av, Washington, DC 20037

American-Hungarian Medical Association, (1924), c/o Dr. T. de Cholnoky, 133 E 73 St, New York, NY 10021

American-Jewish Historical Society, (1892), 150 Fifth Av, New York, NY 10011

America's Sound Transportation Review Organization, ASTRO, (1969), 1920 NW L St, Washington, DC 20036

Analytical Psychology Club of New York, APCNY, (1935), 130 E 39 St, New York, NY 10016

John A. Andrew Clinical Society, JAACS, (1912), c/o John A. Andrew Memorial Hospital, Tuskegee Institute, AL 36088

Anglo-American Associates, AAA, (1964), 117 E 35 St, New York, NY 10016

Anglo-American-Hellenic Bureau of Education, (1941), 2929 Broadway, New York, NY 10025

Animal Behavior Society, ABS, (1964), c/o Department of Biology, Tufts University, Medford, MA 02155

Animal Nutrition Research Council, ANRC, (1939), c/o Merck Sharp and Dohme Research Laboratories, Rahway, NJ 07065

Anonymous Arts Recovery Society, 505 La Guardia Pl, New York, NY 10012

Antarctican Society, (1959), c/o M. Meyers, 1201 Shoreham Bldg, NW H St, Washington, DC 20005

Anti-Coronary Club, (1957), c/o Bureau of Nutrition, 93 Worth St, New York, NY 10013

Appalachian Finance Association, APFA, (1965), c/o Prof. A. G. Sweetser, School of Business, State University of New York, Albany, NY 12222

Applied Naturalist Guild, ANG, (1963), R.F.D. Salem Township, Strong, ME 04983

Archaeological Institute of America, AIA, (1879), 260 W Broadway, New York, NY 10013

Archaeological Society of New Mexico, (1900), c/o A. H. Schroeder, Museum of New Mexico, POB 2087, Santa Fe, NM 87501

Architectural League of New York, (1881), 41 E 65 St, New York, NY 10021

Archives Advisory Council, (1968), c/o National Archives, Washington, DC 20408

Archives of American Art, (1954), 41 E 65 St, New York, NY 10021

Arizona Archaeological and Historical Society, (1916), c/o Arizona State Museum, Tucson, AZ 85721

Arizona Geological Society, (1947), POB 4443, Tucson, AZ 85717

Arizona Medical Association, (1892), 4601 N Scottsdale Rd, Scottsdale, AZ 85251

Arizona Radiological Society, (1942), c/o R. R. McCarver, 926 E McDowell Rd, Phoenix, AZ 85007

Arizona State Psychological Association, (1950), c/o R. L. Wrenn, 2625 N Mountain Av, Tucson, AZ 85719

Arkansas Radiological Society, (1940), c/o J. R. Morrison, Saint Vincent Infirmary, Little Rock, AR 72201

Armed Forces Institute of Pathology, (1862), 6825 NW 16 St, Washington, DC 20012

Armenian Literary Society, (1956), 114 First St, Yonkers, NY 10704

Art and Technology, (1967), c/o Los Angeles County Museum of Art, 5905 Wilshire Bd, Los Angeles, CA 90036

Art Directors Club, ADC, (1920), 488 Madison Av, New York, NY 10022

Art Information Center, AIC, (1959), 189 Lexington Av, New York, NY 10016

Asian Research and Information Service, 681 Market St, San Francisco, CA 94105

Asian Studies in America, ASIA, (1966), c/o W. A. Forester, Box 186, North Marshfield, MA 02059

Asian-Pacific Weed Science Society, (1967), c/o Department of Agronomy and Soil Science, University of Hawaii, Honolulu, HI 96822

Asia-Pacific Academy of Ophthalmology, (1957), 1013 Bishop St, Honolulu, HI 96813

Asia-Pacific Rodent Control Society, (1968), POB 2450, Honolulu, HI 96804

Asociación Internacional de Hispanistas, AIH, (1962), c/o Department of Romance Languages, Johns Hopkins University, Baltimore, MD 21218

Associated Business Writers of America, ABWA, (1945), POB 135, Monmouth Junction, NJ 08852

Associated Collegiate Press, ACP, (1921), 18 Journalism Bldg, University of Minnesota, Minneapolis, MN 55455

Associated Councils of the Arts, ACA, (1960), 1564 Broadway, New York, NY 10036

Associated Graphologists International, (1966), POB 376, New York, NY 10013

Associated Laboratories, 408 Auburn Av, Pontiac, MI 48058

Associated Male Choruses of America, AMCA, (1924), 1338 Oakcrest Dr, Appleton, WI 54911

Associated Opera Companies of America, (1965), 1338 Oakcrest Dr, Appleton, WI 54911

Associated Organizations for Teacher Education, AOTE, (1959), 1 Dupont Circle, Washington, DC 20036

Associated Public School Systems, APSS, (1948), c/o Teachers College, Columbia University, New York, NY 10027

Associated Schools of Construction, ASC, (1965), c/o Prof. M. I. Guest, Department of Construction, Bradley University, Peoria, IL 61606

Associated Universities, AUI, (1946), 1717 NW Massachusetts Av, Washington, DC 20036

Association for Advancement of Behavior Therapy, AABT, (1966), 415 E 52 St, New York, NY 10022

Association for Advancement of Psychoanalysis, AAP, (1941), 329 E 62 St, New York, NY 10021

Association for Applied Psychoanalysis, AAP, (1952), 1 Albee Sq, Brooklyn, NY 11201

Association for Asian Studies, (1941), 48 Lane Hall, University of Michigan, Ann Arbor, MI 48104

Association for Childhood Education International, ACEI, (1931), 3615 NW Wisconsin Av, Washington, DC 20016

Association for Christian Schools, (1960), POB 35096, Houston, TX 70035

Association for Computational Linguistics, ACL, c/o Center for Applied Linguistics, 1717 NW Massachusetts Av, Washington, DC 20036

Association for Computing Machinery, ACM, (1947), 1133 Av of the Americas, New York, NY 10036

Association for Counselor Education and Supervision, ACES, (1940), 1607 NW New Hampshire Av, Washington, DC 20009

Association for Education in International Business, (1959), c/o Department of Marketing, College of Business, Eastern Michigan University, Ypsilanti, MI 48197

Association for Education in Journalism, AEJ, (1912), 425 Henry Mall, University of Wisconsin, Madison, WI 53706

Association for Education of the Visually Handicapped, AEVH, (1853), 1604 Spruce St, Philadelphia, PA 19103

Association for Educational Communications and Technology, (1923), 1201 NW 16 St, Washington, DC 20036

Association for Educational Data Systems, AEDS, (1962), 1201 NW 16 St, Washington, DC 20036

Association for Field Services in Teacher Education, AFSTE, c/o L. A. Burdick, Division of

Extended Services, Indiana State University, Terre Haute, IN 47809

Association for General and Liberal Studies, AGLS, (1961), c/o College of General Studies, Western Michigan University, Kalamazoo, MI 49001

Association for Gnotobiotics, c/o D. M. Robie, Roswell Park Memorial Institute, 666 Elm St, Buffalo, NY 14203

Association for Group Psychoanalysis and Process, (1957), 993 Park Av, New York, NY 10028

Association for Health Records, AHR, (1969), POB 432, Ann Arbor, MI 48107

Association for Higher Education, (1943), 22 E 54 St, New York, NY 10022

Association for Hospital Medical Education, AHME, (1954), 1911 Jefferson Davis Hwy, Arlington, VA 22202

Association for Humanistic Psychology, AHP, (1962), 416 Hoffman St, San Francisco, CA 94114

Association for Institutional Research, AIR, (1965), c/o J. K. Morishima, University of Washington, Seattle, WA 98105

Association for International Medical Study, AIMS, (1966), 1040 E McDonald St, Lakeland, FL 33801

Association for Jewish Demography and Statistics, American Branch, (1957), c/o Prof. F. Massarik, Research Service Bureau, 590 N Vermont Av, Los Angeles, CA 90004

Association for Measurement and Evaluation in Guidance, AMEG, (1965), 1607 NW New Hampshire Av, Washington, DC 20009

Association for Poetry Therapy, APT, (1969), 799 Broadway, New York, NY 10003

Association for Professional Broadcasting Education, APBE, (1955), 1771 NW N St, Washington, DC 20036

Association for Professional Education for Ministry, (1950), c/o F. O'Hare, Saint John's Seminary, 127 Lake St, Brighton, MA 02135

Association for Psychoanalytic Medicine, APM, (1945), c/o Dr. A. H. Polatin, 9 E 96 St, New York, NY 10028

Association for Realistic Philosophy, ARP, c/o Prof. E. Haning, College, Wellesley, MA 02181

Association for Recorded Sound Collections, ARSC, (1966), c/o P. T. Jackson, Oakland University, Rochester, MI 48063

Association for Research and Enlightenment, ARE, (1931), 215 67 St, Virginia Beach, VA 23451

Association for Research in Growth Relationships, ARGR, c/o Department of Education, University of Rhode Island, Kingston, RI 02881

Association for Research in Nervous and Mental Disease, ARNMD, (1920), c/o H. H. Merritt, 722 W 168 St, New York, NY 10032

Association for Research in Vision and Ophthalmology, (1928), c/o University of Florida College of Medicine, Gainesville, FL 32601

Association for Sane Psychiatric Practices, ASPP, (1968), POB 331, San Francisco, CA 94101

Association for School, College and University Staffing, ASCUS, (1934), 14 E Chocolate Av, Hershey, PA 17033

Association for Sickle Cell Anemia, ASCA, (1963), 520 Fifth Av, New York, NY 10036

Association for Supervision and Curriculum Development, ASCD, (1921), 1201 NW 16 St, Washington, DC 20036

Association for Symbolic Logic, ASL, (1936), POB 6248, Providence, RI 02904

Association for the Advancement of Aging Research, AAAR, (1968), 309 Hancock Bldg, University of Southern California, Los Angeles, CA 90007

Association for the Advancement of Baltic Studies, (1970), 471 Bay Ridge Av, Brooklyn, NY 11220

Association for the Advancement of Medical Instrumentation, AAMI, (1965), 9650 Rockville Pike, Bethesda, MD 20014

Association for the Advancement of Psychotherapy, AAP, (1939), 15 W 81 St, New York, NY 10024

Association for the Education of Teachers in Science, AETS, (1933), c/o J. W. Blankenship, University of Houston, 254 Education Bldg, Houston, TX 77004

Association for the Gifted, TAG, c/o Council for Exceptional Children, National Education Association, 1201 NW 16 St, Washington, DC 20036

Association for the Preservation of Virginia Antiquities, APVA, (1889), 2705 Park Av, Richmond, VA 23220

Association for the Psychophysiological Study of Sleep, (1961), c/o Newsciences Program, University of Alabama Medical School, Birmingham, AL 35233

Association for the Sociology of Religion, ASR, (1938), 1403 N Saint Marys St, San Antonio, TX 78215

Association for the Study of Dada and Surrealism, (1964), c/o Department of Romance

Languages and Literature, University of Washington, Seattle, WA 98105

Association for the Study of Negro Life and History, ASNLH, (1915), 1407 NW 14 St, Washington, DC 20005

Association for Tropical Biology, ATB, (1963), c/o Smithsonian Institution, Washington, DC 20560

Association for University Business and Economic Research, AUBER, (1947), c/o Business Research Division, University of Colorado, Boulder, CO 80302

Association for Women's Active Return to Education, AWARE, (1965), 5820 Wilshire Bd, Los Angeles, CA 90036

Association Medicale Franco-Americaine, AMFA, (1936), 375 Coolidge Av, Manchester, NH 03102

Association of Accredited Medical Laboratory Schools, AAMLS, (1967), 85 Fifth Av, New York, NY 10003

Association of Allergists for Mycological Investigations, AAMI, (1938), POB 672, Crockett, TX 75835

Association of American Colleges, AAC, (1915), 1818 NW R St, Washington, DC 20009

Association of American Geographers, AAG, (1904), 1710 NW 16 St, Washington, DC 20009

Association of American Law Schools, AALS, (1900), 1 Dupont Circle, Washington, DC 20036

Association of American Library Schools, AALS, (1915), 471 Park Lane, State College, PA 16801

Association of American Medical Colleges, AAMC, (1876), 1 Dupont Circle, Washington, DC 20036

Association of American Physicians, AAP, (1886), c/o Indiana University School of Medicine, Indianapolis, IN 46202

Association of American Physicians and Surgeons, AAPS, (1943), 2111 Enco Dr, Oak Brook, IL 60521

Association of American State Boards of Examiners in Veterinary Medicine, AASBEVM, (1957), 1680 Teaneck Rd, Teaneck, NJ 07666

Association of American State Geologists, AASG, (1908), c/o C. J. Mankin, Oklahoma Geological Survey, University of Oklahoma, Norman, OK 73069

Association of American Universities, AAU, (1900), 1 Dupont Circle, Washington, DC 20036

Association of American Veterinary Medical Colleges, AAVMC, (1948), c/o New York State Veterinary College, Ithaca, NY 14850

Association of American Women Dentists, AAWD, (1922), 1081 Beverly Rd, Jenkintown, PA 19046

Association of Art Museum Directors, AAMD, (1916), Box 620, Lenox Hill Post Office, New York, NY 10021

Association of Asphalt Paving Technologists, AAPT, (1924), 155 Experimental Engineering Bldg, University of Minnesota, Minneapolis, MN 55455

Association of Aviation Psychologists, (1964), c/o Dr. S. Freud, 5708 SE 26 Av, Washington, DC 20031

Association of Baptist Professors of Religion, ABPR, (1927), c/o Prof. H. McManus, Mercer University, Macon, GA 31207

Association of Bone and Joint Surgeons, ABJS, (1947), 1726 NW Eye St, Washington, DC 20006

Association of Career Training Schools, ACTS, (1954), 1028 NW Connecticut Av, Washington, DC 20036

Association of Catholic Teachers, ACT, (1956), c/o De LaSalle College, NE LaSalle Rd, Washington, DC 20018

Association of Centers of Medieval and Renaissance Studies, ACOMARS, (1967), c/o Center of Medieval and Renaissance Studies, 1828 Neil Av, Columbus, OH 43210

Association of Chief State School Audio-Visual Officers, ACSSAVO, (1949), c/o C. E. Baseman, State Department of Education, 301 W Preston St, Baltimore, MD 21001

Association of Choral Conductors, ACC, (1959), 130 W 56 St, New York, NY 10019

Association of Classroom Teachers, ACT, (1913), 1201 NW 16 St, Washington, DC 20036

Association of Clinical Scientists, ACS, (1949), Drawer B, Newington, CT 06111

Association of College and Research Libraries, ACRL, (1889), 50 E Huron St, Chicago, IL 60611

Association of College and University Concert Managers, ACUCM, (1957), POB 2137, Madison, WI 53701

Association of College Unions - International, ACU-I, (1914), Box 7286, Stanford, CA 94305

Association of Colleges and Universities for International-Intercultural Studies, ACUIIS, (1967), POB 871, Nashville, TN 37202

Association of Collegiate Schools of Architecture, ACSA, (1912), 1785 NW Massachusetts Av, Washington, DC 20036

Association of Consulting Chemists and Chemical Engineers, ACC and CE, (1928), 50 E 41 St, New York, NY 10017

Association of Cooperative Library Organizations, (1969), c/o New England Board of Higher Education, 20 Walnut St, Wellesley, MA 02181

Association of Departments of English, ADE, (1962), 62 Fifth Av, New York, NY 10011

Association of Earth Science Editors, AESE, (1967), c/o P. W. Wood, Esso Production Research Co, POB 2189, Houston, TX 77001

Association of Engineering Geologists, AEG, (1957), POB 21-4164, Sacramento, CA 95821

Association of Episcopal Colleges, AEC, (1962), 815 Second Av, New York, NY 10017

Association of Existential Psychology and Psychiatry, (1960), c/o Dr. L. De Rosis, 815 Park Av, New York, NY 10021

Association of Graduate Schools in Association of American Universities, AGS, (1948), c/o Graduate School, Brown University, Providence, RI 02912

Association of Hospital and Institution Libraries, AHIL, (1956), 50 E Huron St, Chicago, IL 60611

Association of Independent Composers and Performers, AICP, c/o W. E. Duckworth, 1311 Anderson St, Wilson, NC 27893

Association of Interpretive Naturalists, AIN, (1961), 6700 Needwood Rd, Derwood, MD 20855

Association of Jesuit Colleges and Universities, AJCU, (1970), 1717 NW Massachusetts Av, Washington, DC 20036

Association of Jewish Libraries, (1966), 253 S 27 St, Camden, NJ 08105

Association of Life Insurance Medical Directors of America, ALIMDA, (1889), POB 333, Boston, MA 02117

Association of Living Historical Farms and Agricultural Museums, (1970), c/o Smithsonian Institution, NW Constitution Av, Washington, DC 20560

Association of Lutheran Secondary Schools, ALSS, 3201 W Arizona Av, Denver, CO 80219

Association of Medical Group Psychoanalysts, AMGP, 185 E 85 St, New York, NY 10028

Association of Medical Rehabilitation Directors and Coordinators, AMRDC, (1948), 4706 Soringfield Av, Philadelphia, PA 19143

Association of Medical School Pediatric Department Chairmen, (1961), c/o E. A. Mortimer, Department of Pediatrics, University of New Mexico, Albuquerque, NM 87106

Association of Medical Superintendents of Mental Hospitals, AMSMH, (1961), c/o D. C. Bishop, POB 500, Osawatomie, KS 66064

Association of Mental Health Administrators, AMHA, (1959), 2901 Lafayette Av, Lansing, MI 48906

Association of Military Schools and Colleges of the US, AMCS, (1914), 1555 NW Connecticut Av, Washington, DC 20036

Association of Military Surgeons of the US, AMSUS, (1891), 8502 Connecticut Av, Chevy Chase, MD 20015

Association of Naval ROTC Colleges, (1946), c/o Naval Science Department, Purdue University, Lafayette, IN 47907

Association of Official Analytical Chemists, AOAC, (1884), Box 540, Benjamin Franklin Station, Washington, DC 20044

Association of Official Racing Chemists, AORC, (1947), 148 Hillside Av, Jamaica, NY 11435

Association of Official Seed Analysts, AOSA, (1908), c/o W. N. Rice, State Seed Laboratory, University of Massachusetts, Amherst, MA 01002

Association of Operating Room Technicians, AORT, (1969), 8085 E Prentice Av, Englewood, CO 80110

Association of Orthodox Jewish Scientists, 84 Fifth Av, New York, NY 10011

Association of Orthodox Jewish Teachers, AOJT, (1964), 4911 16 Av, Brooklyn, NY 11204

Association of Overseas Educators, AOE, (1955), 725 S Division, Ann Arbor, MI 48104

Association of Pathology Chairmen, (1967), c/o Upstate Medical Center, 766 Irving Av, Syracuse, NY 13210

Association of Petroleum Writers, APW, (1947), 2659 S Quebec, Tulsa, OK 74114

Association of Podiatrists in Federal Service, c/o D. W. Hunt, 22 Kirby St, Fort Leonard Wood, MO 65473

Association of Professional Baseball Physicians, (1970), 509 Liberty Av, Philadelphia, PA 19117

Association of Professors of Higher Education, (1972), 1 Dupont Circle, Washington, DC 20036

Association of Professors of Medicine, APM, (1954), c/o D. W. Seldin, Department of Internal Medicine, Southwestern Medical School, Dallas, TX 75235

Association of Research Directors, ARD, (1945), c/o Princeton Polymer Laboratories, Cherry Valley Rd, Princeton, NJ 08540

Association of Research Libraries, ARL, (1932), 1527 NW New Hampshire Av, Washington, DC 20036

Association of Schools and Colleges of Optometry, ASCO, (1941), c/o G. Strickland, School of Optometry, Indiana University, Bloomington, IN 47401

Association of Schools of Allied Health Professions, ASAHP, (1967), c/o National Center for Higher Education, 1 Dupont Circle, Washington, DC 20036

Association of Schools of Public Health, ASPH, (1941), c/o Graduate School of Public Health, University of Pittsburgh, Pittsburgh, PA 15213

Association of Science Museum Directors, (1960), c/o Illinois State Museum, Spring St, Springfield, IL 62706

Association of Scientific Information Dissemination Centers, ASIDIC, (1968), c/o D. Follmer, 201-2S 3M Center, Saint Paul, MN 55101

Association of Sea Grant Program Institutions, (1970), c/o Graduate School of Oceanography, University of Rhode Island, Kingston, RI 02879

Association of Social and Behavioral Scientists, ASBS, (1935), c/o Dr. J. J. Jackson, POB 8522, Durham, NC 27707

Association of State and Territorial Chronic Disease Program Directors, (1959), c/o Dr. D. Graveline, Vermont State Health Department, 115 Colchester Av, Burlington, VT 05402

Association of State and Territorial Dental Directors, ASTDD, 47 SW Trinity Av, Atlanta, GA 30334

Association of State and Territorial Directors of Local Health Services, (1947), POB 1540, Trenton, NJ 08625

Association of State and Territorial Health Officers, ASTHO, (1942), 128 NE C St, Washington, DC 20002

Association of State and Territorial Public Health Nutrition Directors, (1953), c/o L. B. Earle, DC Department of Public Health, 1875 NW Connecticut Av, Washington, DC 20009

Association of State and Territorial Public Health Veterinarians, (1953), c/o K. L. Crawford, Division of Veterinary Medicine, Maryland State Department of Health, 301 W Preston St, Baltimore, MD 21201

Association of State Library Agencies, ASLA, (1957), 50 E Huron St, Chicago, IL 60611

Association of State Maternal and Child Health and Crippled Children's Directors, (1944), c/o Division of Services for Crippled Children, University of Illinois, 540 Iles Park Pl, Springfield, IL 62703

Association of Teacher Educators, ATE, (1921), 1201 NW 16 St, Washington, DC 20036

Association of Teachers in Independent Schools of New York City and Vicinity, (1915), 1230 Park Av, New York, NY 10028

Association of Teachers of English as a Second Language, ATESL, (1951), 1860 NW 19 St, Washington, DC 20009

Association of Teachers of Japanese, ATJ, (1962), c/o Department of Far Eastern Languages and Literatures, University of Michigan, Ann Arbor, MI 48104

Association of Teachers of Preventive Medicine, ATPM, (1942), 260 Crittenden Bd, Rochester, NY 14620

Association of Universities for Research in Astronomy, AURA, (1957), 950 N Cherry Av, Tucson, AZ 85717

Association of University Anesthetists, AUA, (1953), c/o R. M. Epstein, Department of Anesthesiology, Columbia University College of Physicians and Surgeons, New York, NY 10032

Association of University Evening Colleges, AUEC, (1939), c/o University of Oklahoma, 1700 Asp, Norman, OK 73069

Association of University Programs in Hospital Administration, AUPHA, (1948), 1 Dupont Circle, Washington, DC 20036

Association of University Radiologists, AUR, (1953), c/o Dr. B. G. Brogdon, Department of Radiology, University of N Carolina School of Medicine, Chapel Hill, NC 27514

Association of University Summer Sessions, AUSS, (1925), c/o R. W. Richey, Indiana University, Bloomington, IN 47401

Association of Upper Level Colleges and Universities, (1970), 425 Lipan Way, Boulder, CO 80303

Association of Urban Universities, AUU, (1914), c/o University, Jacksonville, FL 32211

Association of Visual Science Librarians, (1968), c/o Division of Optometry, Indiana University, Bloomington, IN 47401

Association of Vitamin Chemists, AVC, (1943), 8158 S Kedzie Av, Chicago, IL 60652

Association of Woman Mathematicians, AWM, (1971), c/o Department of Mathematics, American University, Washington, DC 20016

Association of Women in Architecture, AWA, (1922), POB 1, Clayton, MO 63105

Astronomical League, AL, (1946), 4 Klopfer St, Pittsburgh, PA 15209

Astronomical Society of the Pacific, ASP, c/o California Academy of Sciences, Golden Gate Park, San Francisco, CA 94118

Athenaeum of Philadelphia, (1814), E Washington Sq, Philadelphia, PA 19106

Atlantic Estuarine Research Society, AERS, (1949), c/o W. B. Cronin, Chesapeake Bay Institute, 3 RD, Annapolis, MD 21403

Atomic Industrial Forum, AIF, (1953), 475 S Park Av, New York, NY 10016

Audio Engineering Society, AES, (1948), 60 E 42 St, New York, NY 10017

Audubon Artists, (1940), 1083 Fifth Av, New York, NY 10028

Audubon Naturalist Society of the Central Atlantic States, (1897), 8940 Jones Mill Rd, Washington, DC 20015

Augustan Reprint Society, (1946), c/o William Andrews Clark Memorial Library, 2520 Cimarron St, Los Angeles, CA 90018

Authors Guild, 234 W 44 St, New York, NY 10036

Authors League of America, (1912), 234 W 44 St, New York, NY 10036

Automedica Corporation, AM, (1969), 76 Union, Northfield, VT 05663

Automotive Market Research Council, AMRC, (1966), 1501 Alcoa Bldg, Pittsburgh, PA 15219

Aviation/Space Writers Association, AWA, (1938), 101 Greenwood Av, Jenkintown, PA 19046

Avicultural Society of America, ASOA, (1927), c/o M. Wagner, 565 E Channel Rd, Santa Monica, CA 90402

Babbage Society, BABS, R2-76 Union, Northfield, VT 05663

Baker Street Irregulars, BSI, (1934), 33 Riverside Dr, New York, NY 10023

Ballet Society, c/o New York State Theater, 1865 Broadway, New York, NY 10023

Battelle Memorial Institute, BMI, (1925), 505 King Av, Columbus, OH 43201

Behavioral Pharmacology Society, BPS, (1957), c/o Dr. P. L. Carlton, Department of Psychiatry, Rutgers State University, New Brunswick, NJ 08903

Behavioral Research Council, BRC, (1960), Great Barrington, MA 01230

Alexander Graham Bell Association for the Deaf, AGBA, (1890), 1537 NW 35 St, Washington, DC 20007

Better Vision Institute, BVI, (1929), 230 Park Av, New York, NY 10017

Biblical Theologians, (1952), 55 Elizabeth St, Hartford, CT 06105

Bibliographical Society of America, BSA, (1904), POB 397, Grand Central Station, New York, NY 10017

Bibliographical Society of the University of Virginia, (1947), c/o University of Virginia Library, Charlottesville, VA 22901

Bio-Feedback Research Society, BFRS, (1969), c/o Dr. T. Mulholland, Veterans Administration Hospital, 200 Springs Rd, Bedford, MA 01730

Biological Society of Washington, (1880), c/o US National Museum, Washington, DC 20560

Biological Stain Commission, BSC, (1922), c/o University of Rochester Medical Center, Rochester, NY 14620

Biomedical Computing Society, SIGBIO, (1967), 5333 Westbard Av, Bethesda, MD 20014

Biomedical Engineering Society, (1968), POB 1600, Evanston, IL 60204

Biometric Society, Eastern North American Region, ENAR, (1947), POB 269, Benjamin Franklin Station, Washington, DC 20044

Biometric Society, Western North American Region, (1948), c/o J. W. Kuzma, Department of Biostatistics, University, Loma Linda, CA 92354

Biophysical Society, BPS, (1957), c/o University of Louisville Medical School, Louisville, KY 40208

Black Academy of Arts and Letters, BAAL, (1969), 475 Riverside Dr, New York, NY 10027

Blackfriars' Guild, (1940), 141 E 65 St, New York, NY 10021

Board for Fundamental Education, BFE, (1954), 156 E Market St, Indianapolis, IN 46204

Board of Schools of Medical Technology, (1949), 2100 W Harrison St, Chicago, IL 60612

Bockus International Society of Gastroenterology, (1958), c/o W. S. Haubrich, Scripps Clinic and Research Foundation, 476 Prospect St, LaJolla, CA 92037

Bolivarian Society of the United States, (1941), 350 Broadway, New York, NY 10013

Bostonian Society, (1881), 206 Washington St, Boston, MA 02109

Botanical Society of America, (1906), c/o Department of Botany, Rutgers University, New Brunswick, NJ 08903

Braille Institute of America, BIA, (1919), 741 N Vermont Av, Los Angeles, CA 90029

James Branch Cabell Society, (1965), 665 Lotus Av, Oradell, NJ 07649

Bridge, (1954), 505 LaGuardia Pl, New York, NY 10012

Bronte Society, (1893), 55 Emmonsdale Rd, West Roxbury, MA 02132

Bruckner Society of America, (1932), POB 1171, Iowa City, IA 52240

Buffalo Society of Natural Sciences, (1861), Humboldt Park, Buffalo, NY 14211

Building Research Advisory Board, BRAB, (1949), 2101 Constitution Av, Washington, DC 20418

Burlesque Historical Society, BHS, (1963), c/o Exotique Dancers Legua of America, 755 N Pacific Av, Los Angeles, CA 90731

Burns Society of the City of New York, (1871), c/o Saint Andrews Society, 281 S Park Av, New York, NY 10010

Aaron Burr Association, ABA, (1946), 6600 W Dakar Rd, Fort Worth, TX 76116

John Burroughs Memorial Association, (1921), c/o American Museum of Natural History, New York, NY 10024

Business Education Research Associates, BERA, (1901), c/o King's College, 322 Lamar Av, Charlotte, NC 28204

Business History Conference, c/o School of Business, Indiana University, Bloomington, IN 47401

Cabell Society, (1968), c/o Prof. J. Rothman, 75 Noble St, Lynbrook, NY 11563

California Academy of General Practice, 9 First St, San Francisco, CA 94105

California Academy of Sciences, (1853), Golden Gate Park, San Francisco, CA 94118

California Association of Medical Laboratory Technologists, 1624 Franklin St, Oakland, CA 94612

California Association of School Librarians, POB 1277, Burlingame, CA 94010

California Botanical Society, c/o Department of Botany, University of California, Berkeley, CA 94720

California Dental Association, POB 99097, San Francisco, CA 94109

California Genealogical Society, 2099 Pacific Av, San Francisco, CA 94109

California Heart Association, 1370 Mission St, San Francisco, CA 94103

California Historical Society, 2090 Jackson St, San Francisco, CA 94109

California Horticultural Society, c/o California Academy of Sciences, Golden Gate Park, San Francisco, CA 94118

California Institute of Asian Studies, 3494 21 St, San Francisco, CA 94110

California Library Association, (1896), 717 K St, Sacramento, CA 95814

California Medical Association, (1856), 693 Sutter St, San Francisco, CA 94102

California Pharmaceutical Association, (1868), 234 Loma Dr, Los Angeles, CA 90026

California Podiatry Association, 26 O'Farrell St, San Francisco, CA 94108

California Radiological Society, (1933), c/o Children's Hospital, 4650 Sunset Bd, Los Angeles, CA 90027

California Society of Internal Medicine, 703 Market St, San Francisco, CA 94103

California State Psychological Association, (1948), 8235 Santa Monica Bd, Los Angeles, CA 90046

California Teachers Association, 1705 Murchison Dr, Burlingame, CA 94010

California Tomorrow, (1961), 681 Market St, San Francisco, CA 94105

California Veterinary Medical Association, 3630 Park Bd, Oakland, CA 94610

Calorimetry Conference, (1947), c/o R. H. Busey, National Laboratory, Oak Ridge, TN 37830

Campaign to Check the Population Explosion, (1967), 60 E 42 St, New York, NY 10017

Canal Society of New York State, (1956), 311 Montgomery St, Syracuse, NY 13202

Canal Society of Ohio, (1961), c/o R. Reighart, 335 Poplar St, Canal Fulton, OH 44614

Cancer International Research Co-operative, CANCIR-CO, (1961), 777 United Nations Pl, New York, NY 10017

Caravan House, (1929), 132 E 65 St, New York, NY 10021

Caricaturists Society of America, CSA, (1947), 218 W 47 St, New York, NY 10036

Carnegie Commission on Higher Education, (1967), 1947 Center St, Berkeley, CA 94704

Carnegie Institution of Washington, (1902), 1530 NW P St, Washington, DC 20005

Cast Iron Pipe Research Association, CIPRA, (1915), 1211 W 22 St, Oak Brook, IL 60521

Catalysis Society of North America, (1966), c/o Dr. A. H. Weiss, Department of Chemical Engineering, Worcester Polytechnic Institute, Worcester, MA 01609

Catch Society of America, CSA, (1968), c/o Department of English, State University College, Fredonia, NY 14063

Catgut Acoustical Society, (1963), c/o C. M. Hutchins, 112 Essex Av, Montclair, NJ 07042

Catholic Anthropological Association, (1926), c/o Catholic University of America, Washington, DC 20017

Catholic Art Association, CAA, (1937), Box 113, Rensselaerville, NY 12147

Catholic Audio-Visual Educators Association, CAVE, (1948), c/o College, Immaculata, PA 19345

Catholic Biblical Association of America, CBA, (1936), 620 NE Michigan Av, Washington, DC 20017

Catholic Business Education Association, CBEA, (1945), Box 4900, Pittsburgh, PA 15206

Catholic Fine Arts Society, CFAS, c/o College, Caldwell, NJ 07006

Catholic Library Association, CLA, (1921), 461 W Lancaster Av, Haverford, PA 19041

Catholic Medical Mission Board, CMMB, 10 W 17 St, New York, NY 10011

Catholic Renascence Society, CRS, (1940), c/o Alverno College, Milwaukee, WI 53215

Catholic Theological Society of America, CTSA, (1946), c/o Saint Mary of the Lake Seminary, Mundelein, IL 60060

Caucus for a New Political Science, CNPS, (1967), c/o E. Malecki, Department of Political Science, California State College, Los Angeles, CA 90032

Cave Research Associates, CRA, (1959), 3842 Brookdale Bd, Castro Valley, CA 94546

Cecchetti Council of America, CCA, (1939), 1556 First National Bank Bldg, Detroit, MI 48226

Cedam International, (1967), POB 446, Manhattan Beach, CA 90266

Center for Applied Linguistics, CAL, (1959), 1717 NW Massachusetts Av, Washington, DC 20036

Center for Chinese Research Materials, (1967), c/o Association of Research Libraries, 1527 NW New Hampshire Av, Washington, DC 20036

Center for Community Change, (1972), 1027 N Euclid Av, Ontario, CA 91762

Center for Integrative Education, (1940), 12 Church St, New Rochelle, NY 10805

Center for Law and Education, c/o Harvard University, 38 Kirkland St, Cambridge, MA 02138

Center for Maritime Studies, CMS, (1966), c/o Webb Institute of Naval Architecture, Crescent Beach Rd, Glen Cove, NY 11542

Center for Medieval and Early Renaissance Studies, (1966), c/o State University of New York, Binghamton, NY 13901

Center for Multinational Studies, 1625 NW Eye St, Washington, DC 20006

Center for Neo-Hellenic Studies, CNHS, (1965), 1010 W 22 St, Austin, TX 78705

Center for Research in College Instruction of Science and Mathematics, CRICISAM, (1966), c/o Florida State University, Tallahassee, FL 32306

Center for Research Libraries, CRL, (1949), 5721 Cottage Grove Av, Chicago, IL 60637

Center for Science in the Public Interest, CSPI, (1971), 1346 NW Connecticut Av, Washington, DC 20036

Center for the Study of Ageing and Human Development, (1957), c/o Duke University, Durham, NC 27706

Center for the Study of Automation and Society, (1969), POB 47, Athens, GA 30601

Center for Urban and Regional Studies, CURS, (1957), c/o University of North Carolina, Chapel Hill, NC 27514

Center for Urban Education, (1965), 105 Madison Av, New York, NY 10016

Central Bureau for Astronomical Telegrams, CBAT, (1919), c/o Smithsonian Astrophysical Observatory, 60 Garden St, Cambridge, MA 02138

Central Opera Service, COS, (1954), c/o Metropolitan Opera, Lincoln Center Pl, New York, NY 10023

Central Society for Clinical Research, (1928), c/o University of Iowa Hospitals, Iowa City, IA 52240

Central States Anthropological Society, (1922), c/o L. D. Holmes, Wichita State University, Wichita, KS 67208

Central States College Association, CSCA, (1965), 1308 20 St, Rock Island, IL 61201

Central States Society of Industrial Medicine and Surgery, (1916), 55 E Washington St, Chicago, IL 60602

Ceramic Educational Council, 4055 N High St, Columbus, OH 43214

Chautauqua Literary and Scientific Circle, CLSC, (1878), Chautauqua, NY 14722

Chemical Marketing Research Association, (1940), 100 Church St, New York, NY 10007

Chemists' Club of New York, (1898), 52 E 41 St, New York, NY 10017

Cherokee National Historical Society, CNHS, (1963), POB 515, Tahlequah, OK 74464

Chicago Academy of Sciences, (1857), 2001 N Clark St, Chicago, IL 60614

Child Health Associate Program, CHAP, (1969), c/o Department of Pediatrics, University of Colorado Medical Center, 4200 E 9 Av, Denver, CO 80220

Child Neurology Program, (1955), c/o University of Virginia Hospital, Charlottesville, VA 22901

Childbirth without Pain Education Association, CWPEA, (1960), 20134 Snowden, Detroit, MI 48235

Children's Asthma Research Institute and Hospital at Denver, CARIH, (1907), 3447 W 19 Av, Denver, CO 80204

Children's Services Division, CSD, (1901), 50 E Huron St, Chicago, IL 60611

Children's Theatre Conference, CTC, (1944), 726 NW Jackson Pl, Washington, DC 20566

China Institute in America, CIA, (1926), 125 E 65 St, New York, NY 10021

China Medical Board of New York, (1928), 420 Lexington Av, New York, NY 10017

Chinese Historical Society of America, ChHS, (1963), 17 Adler Pl, San Francisco, CA 94133

Chinese Language Teachers Association, CLTA, (1963), c/o Department of Asian Studies, Seton Hall University, South Orange, NJ 07079

Chinese Musical and Theatrical Association, (1934), 181 Canal St, New York, NY 10013

Choral Conductors Guild, CCG, (1938), Box 714, Mount Vernon, NY 10551

Christian Association for Psychological Studies, CAPS, (1953), 6850 S Division Av, Grand Rapids, MI 49508

Christian Dental Society, (1962), 1600 E Speedway, Tucson, AZ 85719

Christian Society for Drama, (1961), 3041 Broadway, New York, NY 10027

Church and Synagogue Library Association, CSLA, (1967), POB 530, Bryn Mawr, PA 19010

Cinemists 63, (1963), 1809 1/2 N Las Palmas Av, Hollywood, CA 90028

Civil Avitation Medical Association, CAMA, (1947), 141 N Meramec Av, Clayton, MO 63105

Civil War Press Corps, CWPC, (1958), 2420 Zollinger Rd, Columbus, OH 43221

Civil War Round Table of New York, CWRTNY, (1950), 289 New Hyde Park Rd, Garden City, NY 11530

Classification Society, (1964), c/o Dr. T. J. Crovello, Department of Biology, University, Notre Dame, IN 46556

Clay Minerals Society, CMS, (1963), c/o Dr. C. I. Rich, Agronomy Department, Blacksburg, VA 24061

Clinical Orthopaedic Society, COS, (1912), c/o American Academy of Orthopaedic Surgeons, 430 N Michigan Av, Chicago, IL 60611

Clinical Society of Genito-Urinary Surgeons, (1921), c/o C. Hodges, Department of Urology, University of Oregon, Eugene, OR 97403

Coastal Engineering Research Council, CERC, (1950), 412 O'Brien Hall, University of California, Berkeley, CA 94720

Coblentz Society, (1954), 761 Main St, Norwalk, CT 06851

College Art Association of America, CAAA, (1912), 432 S Park Av, New York, NY 10016

College Band Directors National Association, CBDNA, (1941), c/o Iowa State University, Ames, IA 50010

College English Association, CEA, (1939), c/o D. E. Morse, Oakland University, Rochester, MI 48063

College Language Association, CLA, (1937), c/o University, Atlanta, GA 30314

College Music Society, CMS, (1947), c/o College of Music, University of Colorado, Boulder, CO 80302

College of American Pathologists, CAP, (1947), 230 N Michigan Av, Chicago, IL 60601

College of Physicians of Philadelphia, (1788), 19 S 22 St, Philadelphia, PA 19103

College Theology Society, CTS, (1954), c/o Sister M. G. A. Otis, Cardinal Cushing College, Brookline, MA 02146

Colleges of Mid-America, CMA, (1968), 415 Insurance Exchange Bldg, Sioux City, IA 51101

Collegium Medicorum Theatri, COMET, (1969), 11600 Wilshire Bd, Los Angeles, CA 90025

Colonial Society of Massachusetts, (1893), 87 Mount Vernon St, Boston, MA 02108

Colorado Psychological Association, (1955), c/o B. Spilka, Department of Psychology, University, 2199 S University Bd, Denver, CO 80210

Colorado Scientific Society, (1882), POB 15164, Denver, CO 80215

Columbia Historical Society, (1894), 1307 NW New Hampshire Av, Washington, DC 20036

Combustion Institute, (1954), 986 Union Trust Bldg, Pittsburgh, PA 15219

Commercialists, (1963), 1870 Cerrito Pl, Hollywood, CA 90028

Commission on Accreditation of Rehabilitation Facilities, CARF, (1967), 645 N Michigan Av, Chicago, IL 60611

Commission on Administrative Affairs, (1961), c/o American Council on Education, 1 Dupont Circle, Washington, DC 20036

Commission on Archives and History of the United Methodist Church, (1968), Box 488, Lake Junaluska, NC 28745

Commission on Professional Rights and Responsibilities, CPRR-NEA, (1941), 1201 NW 16 St, Washington, DC 20036

Commission on the Nomenclature of Plants, c/o Herbarium, University of Michigan, Ann Arbor, MI 48104

Committee for the Promotion of Medical Research, (1945), 850 Park Av, New York, NY 10021

Committee for the Recovery of Archaeological Remains, (1946), 537 E Eastwood, Marshall, MO 65340

Committee on Diagnostic Reading Tests, CDRT, (1942), Mountain Home, NC 28758

Committee on Ecological Research for the Interoceanic Canal, (1969), c/o Division of Biology and Agriculture, National Academy of Sciences, 2101 NW Constitution Av, Washington, DC 20418

Committee on Institutional Cooperation, CIC, (1958), 1603 Orrington Av, Evanston, IL 60201

Committee on Instruction in the Use of Libraries, (1967), c/o J. A. Coleman, Hammond Public Schools, 3751 E 171 St, Hammond, IN 46323

Committee on Noise as a Public Health Hazard, (1969), c/o University of Minnesota, Minneapolis, MN 55455

Committee on Parenthood Education, COPE, (1971), POB 22025, San Diego, CA 92122

Committee on Research in Dance, CORD, (1965), c/o Dr. P. Rowe, New York University, 35 W Fourth St, New York, NY 10003

Committee on Research Materials on Southeast Asia, (1957), c/o Library of Congress, Washington, DC 20540

Committee on the Study of History, (1961), c/o Newberry Library, Chicago, IL 60610

Committee on the Undergraduate Program in Mathematics, CUPM, (1959), POB 1024, Berkeley, CA 94701

Committee on World Literacy and Christian Literature, LIT-LIT, (1942), 475 Riverside Dr, New York, NY 10027

Committee to Eradicate Syphilis, CES, (1966), POB 92941, Los Angeles, CA 90009

Committee to Promote the Study of Austrian History, (1957), c/o Prof. W. A. Jenks, Washington and Lee University, Lexington, VA 24450

Community Resources Workshop Association, CRWA, (1952), c/o Alpha College, University of West Florida, Pensacola, FL 32504

Comparative and International Education Society, (1956), c/o Kent State University, Kent, OH 44242

Composers' Autograph Publications, CAP, (1968), POB 7103, Cleveland, OH 44128

Composers Theatre, (1964), 25 W 19 St, New York, NY 10011

Composers-Authors Guild, CAG, (1945), 8 Devon Rd, Larchmont, NY 10538

Comprehensive Medical Society, CMS, (1964), 360 N Michigan Av, Chicago, IL 60601

Computer Science and Engineering Board of the National Academy of Sciences, (1968), 2101 NW Constitution Av, Washington, DC 20418

Concert Artists Guild, (1951), 154 W 57 St, New York, NY 10019

Concord Antiquarian Society, (1886), Lexington Rd, Concord, MA 01742

Confederate Memorial Literary Society, CMLS, (1890), c/o Museum of the Confederacy, 1201 E Clay St, Richmond, VA 23219

Conference Board of the Mathematical Sciences, CBMS, (1960), 2100 NW Pennsylvania Av, Washington, DC 20037

Conference Group for Central European History, (1957), c/o Prof. C. T. Jedarich, Department of History, University of Indiana, Bloomington, IN 47401

Conference of Actuaries in Public Practice, CAPP, (1950), 10 S LaSalle St, Chicago, IL 60603

Conference of California Historical Societies, CCHS, (1953), c/o University of the Pacific, Stockton, CA 95204

Conference of Catholic Schools of Nursing, CCSN, 1438 S Grand Bd, Saint Louis, MO 63104

Conference of Executives of American Schools for the Deaf, CEASD, (1868), 5034 NW Wisconsin Av, Washington, DC 20016

Conference of Local Environmental Health Administrators, CLEHA, (1939), c/o D. Kronic, Philadelphia Department of Public Health, 500 S Broad St, Philadelphia, PA 19146

Conference of Presidents and Officers of State Medical Associations, (1945), 3935 N Meridian St, Indianapolis, IN 46208

Conference of Public Health Veterinarians, CPHV, (1946), c/o National Communicable Disease Center, Atlanta, GA 30333

Conference of Research Workers in Animal Diseases, CRWAD, (1920), c/o Department Veterinary Science, Ohio Agricultural Research and Development Center, Wooster, OH 44691

Conference of State and Provincial Health Authorities of North America, CSPHA, (1883), c/o M. S. Reizen, Michigan Department of Public Health, 3500 N Logan, Lansing, MI 48914

Conference of State and Territorial Directors of Public Health Education, CSTDPHE, (1946), c/o R. H. Conn, Washington, DC Department of Human Resources, 1875 NW Connecticut Av, Washington, DC 20009

Conference of State and Territorial Epidemiologists, CSTE, (1951), c/o J. E. McCroan, Georgia Department of Public Health, 47 SW Trinity Av, Atlanta, GA 30334

Conference on British Studies, CBS, (1951), c/o Department of History, Washington Square College, University, New York, NY 10003

Conference on Christianity and Literature, CCL, (1950), c/o S. Van Der Weele, Calvin College, Grand Rapids, MI 49506

Conference on College Composition and Communication, CCCC, (1949), 508 S Sixth St, Champaign, IL 61820

Conference on Early American History, (1955), c/o Institute of Early American History and Culture, POB 220, Williamsburg, VA 23185

Conference on Jewish Social Studies, CJSS, (1933), 2929 Broadway, New York, NY 10025

Conference on Latin American History, CLAH, (1928), c/o Hispanic Foundation, Library of Congress, Washington, DC 20540

Conference on Oriental-Western Literary Relations, (1953), c/o A. H. Marks, State University College, New Paltz, NY 12561

Conference on Peace Research in History, CPRH, (1964), c/o Dr. B. Weisen Cook, John Jay College, 315 S Park Av, New York, NY 10010

Confraternity of Christian Doctrine, CCD, c/o United States Catholic Conference, 1312 NW Massachusetts Av, Washington, DC 20005

Congress for Jewish Culture, CJC, 25 E 78 St, New York, NY 10021

Congress of Neurological Surgeons, CNS, (1951), c/o University Medical Center, Jackson, MS 39216

Connecticut Academy of Arts and Sciences, (1799), Drawer 93a, Yale Station, New Haven, CT 06520

Conservation Education Association, CEA, (1947), c/o R. O. Ellingson, Box 450, Madison, WI 53701

Conservation Law Society of America, CLSA, (1963), 220 Bush St, San Francisco, CA 94104

Consortium for Graduate Study in Management, (1967), Box 1132, Saint Louis, MO 63130

Construction Specifications Institute, CSI, (1948), 1150 NW Seventeenth St, Washington, DC 20036

Construction Writers Association, CWA, (1957), 601 NW 13 St, Washington, DC 20005

Convention of American Instructors of the Deaf, CAID, (1850), 5034 NW Wisconsin Av, Washington, DC 20016

Cooling Tower Institute, CTI, (1950), 3003 Yale St, Houston, TX 77018

Cooperative College Development Program, CCDP, (1965), 22 E 54 St, New York, NY 10022

Cooperative College Registry, CCR, (1963), 1 Dupont Circle, Washington, DC 20036

Cooperative Education Association, CEA, (1963), c/o Drexel University, Philadelphia, PA 19104

Coordinating Committee on Women in the Historical Profession, CCWHP, (1969), c/o Dr. S. Cooper, Richmond College, 130 Stuyvesant Pl, Staten Island, NY 10301

Coordinating Research Council, (1942), 30 Rockefeller Pl, New York, NY 10020

Copy Research Council, CRC, (1941), c/o R. I. Haley, Grudin/Appel/Haley Research Corp, 105 Madison Av, New York, NY 10016

Cosmetology Accrediting Commission, CAC, (1969), 1601 NW 18 St, Washington, DC 20009

Council for Advancement of Secondary Education, CASE, (1953), 1201 NW 16 St, Washington, DC 20036

Council for Agricultural and Chemurgic Research, (1935), 350 Fifth Av, New York, NY 10001

Council for Basic Education, CBE, (1956), 725 NW 15 St, Washington, DC 20005

Council for Distributive Teacher Education, CDTE, (1960), c/o Virginia Polytechnic Institute, Blacksburg, VA 24060

Council for Elementary Science International, CESI, (1920), c/o National Science Teachers Association, 1201 NW 16 St, Washington, DC 20036

Council for Family Financial Education, (1969), 1110 Fidler Lane, Silver Springs, MD 20910

Council for Interdisciplinary Communication in Medicine, CIDCOMED, (1966), 500 Fifth Av, New York, NY 10036

Council for Old World Archaeology, COWA, (1953), c/o University, 232 Bay State Rd, Boston, MA 02215

Council for Philosophical Studies, (1965), c/o University of Connecticut, Storrs, CT 06268

Council for Religion in Independent Schools, CRIS, (1897), Steele Hall, Christian St, Wallingford, CT 06492

Council for Technological Advancement, CTA, (1933), 1200 NW 18 St, Washington, DC 20036

Council for the Advancement of Small Colleges, CASC, (1956), 1 Dupont Circle, Washington, DC 20036

Council for the Education of the Partially Seeing, CEPS, (1954), c/o Council for Exceptional Children, 1201 NW 16 St, Washington, DC 20036

Council for Tobacco Research, (1954), 110 E 59 St, New York, NY 10022

Council of Administrators of Special Education, c/o Council for Exceptional Children, 1201 NW 16 St, Washington, DC 20036

Council of American Artist Societies, (1962), 112 E 19 St, New York, NY 10003

Council of American Official Poultry Tests, (1930), c/o Poultry Department, University of Tennessee, Knoxville, TN 37916

Council of Chief State School Officers, CCSSO, (1928), 1201 NW 16 St, Washington, DC 20036

Council of Engineering and Scientific Society Executives, CESSE, c/o W. J. Keyes, Institute of Electrical and Electronics Engineers, 345 E 47 St, New York, NY 10017

Council of Engineers and Scientists Organizations, CESO, (1969), 3214 W Burbank Bd, Burbank, CA 91505

Council of Graduate Schools in the United States, CGS, (1961), 1 Dupont Circle, Washington, DC 20036

Council of Mennonite Colleges, CMC, (1942), c/o J. G. Holsinger, Bethel College, North Newton, KS 67117

Council of National Library Associations, CNLA, (1942), c/o Special Libraries Association, 31 E 10 St, New York, NY 10003

Council of National Organizations for Adult Education, CNO-AE, (1952), c/o R. Eberte, 331 E 38 St, New York, NY 10016

Council of Planning Librarians, CPL, (1960), POB 229, Monticello, IL 61856

Council of Protestant Colleges and Universities, CPCU, 1818 NW R St, Washington, DC 20009

Council of Psychoanalytic Psychotherapists, CPP, 22 W Ninth St, New York, NY 10011

Council of the Alleghenies, (1961), Grantsville, MD 21536

Council on Arteriosclerosis of the American Heart Association, (1946), c/o American Heart Association, 44 E 23 St, New York, NY 10010

Council on Clinical Optometric Care, (1967), 7000 Chippewa St, Saint Louis, MO 63119

Council on Education of the Deaf, CED, (1960), c/o American School for the Deaf, 139 N Main St, West Hartford, CT 06107

Council on Engineering Laws, CEL, (1954), 280 Madison Av, New York, NY 10016

Council on Higher Education in the American Republics, CHEAR, (1958), 809 United Nations Pl, New York, NY 10017

Council on Hotel, Restaurant, and Institutional Education, CHRIE, (1946), 1522 NW K St, Washington, DC 20005

Council on International Educational Exchange, CIEE, (1947), 777 United Nations Pl, New York, NY 10017

Council on International Nontheatrical Events, CINE, (1957), 1201 NW 16 St, Washington, DC 20036

Council on Interracial Books for Children, (1965), 42 1/2 Saint Mark's Pl, New York, NY 10003

Council on Legal Education for Professional Responsibility, CLEPR, (1959), 280 Park Av, New York, NY 10017

Council on Legal Education Opportunity, CLEO, (1967), c/o American Bar Association Fund for Public Education, 1155 E 60 St, Chicago, IL 60637

Council on Library Resources, CLR, (1956), 1 Dupont Circle, Washington, DC 20036

Council on Library Technology, COLT, (1967), c/o Cuyahoga Community College, 2900 Community College Av, Cleveland, OH 44115

Council on Medical Education, (1847), 535 N Dearborn St, Chicago, IL 60610

Council on Optometric Education, (1930), 7000 Chippewa St, Saint Louis, MO 63119

Council on Population and Environment, COPE, (1969), 100 E Ohio St, Chicago, IL 60611

Council on Roentgenology of the American Chiropractic Association, (1936), Box 1072, Mission, KS 62222

Council on Social Work Education, CSWE, (1952), 345 E 46 St, New York, NY 10017

Council on the Study of Religion, CSR, (1969), c/o Dr. C. Welch, Graduate Theological Union, 2465 Le Conte Av, Berkeley, CA 94709

Count Dracula Society, (1962), 334 W 54 St, Los Angeles, CA 90037

Country Dance and Song Society of America, CDSSA, (1915), 55 Christopher St, New York, NY 10014

Country Day School Headmasters Association of the US, CDSHA, (1912), c/o Hawken School, Richmond Rd, Cleveland, OH 44124

Country Music Association, CMA, (1958), 700 S 16 Av, Nashville, TN 37203

Cranbrook Institute of Science, (1930), Bloomfield Hills, MI 48013

Cranial Academy, CA, (1946), 1140 W Eighth St, Meridian, ID 83642

Craniofacial Biology Group, (1958), c/o Center for Craniofacial Anomalies, University of Illinois Medical Center, POB 6998, Chicago, IL 60680

Creek Indian Memorial Association, CIMA, (1914), c/o Creek Indian Museum, Okmulgee, OK 74447

Crop Science Society of America, CSSA, (1955), 677 S Segoe Rd, Madison, WI 53711

Crusade for a Cleaner Environment, CCE, (1970), 1900 NW L St, Washington, DC 20036

Cryogenic Society of America, (1964), POB 1147, Huntington Beach, CA 92647

Cryogenics Engineering Conference, CEC, (1954), c/o Public Information Office, National Bureau of Standards, Boulder, CO 80302

Czechoslovak Society of Arts and Sciences in America, (1958), 381 S Park Av, New York, NY 10016

Dairy Herd Improvement Association, DHIA, c/o Agricultural Research Center, Beltsville, MD 20705

Dallas Historical Society, (1922), Hall of State, Dallas, TX 75226

Dance Films Association, (1956), 250 W 57 St, New York, NY 10019

Dante Alighieri Society of Southern California, (1957), 1360 Summitridge Pl, Beverly Hills, CA 90210

Dante Society of America, DSA, (1881), c/o Harvard University, Boylston Hall, Cambridge, MA 02138

Jefferson Davis Association, JDA, (1963), c/o Fondren Library, Rice University, Houston, TX 77001

Delta Dental Plans Association, DDPA, (1965), 211 E Chicago Av, Chicago, IL 60611

Demonstrators Association of Illinois, 2240 W Fillmore, Chicago, IL 60612

Dental Guidance Council for Cerebral Palsy, (1948), 339 E 44 St, New York, NY 10017

Department of Vocational Education, (1875), 1201 NW 16 St, Washington, DC 20036

John Dewey Society, (1935), c/o P. F. Baldino, Youngstown State University, Youngstown, OH 44503

Dime Novel Club, (1945), 1525 W 12 St, Brooklyn, NY 11204

Disability Insurance Training Council, (1955), POB 276, Hartland, WI 53029

Distillers Feed Research Council, DFRC, (1947), 1435 Enquirer Bldg, Cincinnati, OH 45202

Distributive Education Clubs of America, DECA, (1946), 200 Park Av, Falls Church, VA 22046

Dominican Educational Association, DEA, (1959), c/o Dominican House of Studies, Saint Albert's College, 5890 Birch Court, Oakland, CA 94618

Drama Desk (Theatre), (1950), c/o H. Hewes, Saturday Review, 380 Madison Av, New York, NY 10017

Dramatists Guild, 234 W 44 St, New York, NY 10036

Drawing Society, (1960), 41 E 65 St, New York, NY 10021

Drinker Library of Choral Music, (1943), c/o Free Library, Logan Sq, Philadelphia, PA 19103

Drug Information Association, DIA, (1965), c/o College of Pharmacy, University, Cincinnati, OH 45221

Duodecimal Society of America, DSA, (1944), 20 Carlton Pl, Staten Island, NY 10304

Duplicates Exchange Union, DEU, c/o American Library Association, 50 E Huron St, Chicago, IL 60611

Dutch-American Historical Commission, c/o Netherlands Museum, 8 E 12 St, Holland, MI 49423

Early American Industries Association, EAIA, (1933), Old Economy, Ambridge, PA 15003

Early American Society, EAS, (1969), 213 Main St, Annapolis, MD 21401

Early Settlers Association of the Western Reserve, (1879), 1110 Euclid Av, Cleveland, OH 44115

Earthquake Engineering Research Institute, EERI, (1949), 366 40 St, Oakland, CA 94609

East Texas Geological Society, (1931), POB 216, Tyler, TX 75701

Easter Island Committee, c/o International Fund for Monuments, 15 Gramercy Park, New York, NY 10003

Eastern Conference of Rehabilitation Teachers of the Visually Handicapped, (1920), 3003 Parkwood Av, Richmond, VA 23221

Eastern Psychiatric Research Association, EPRA, (1955), 40 Fifth Av, New York, NY 10011

Eastern Psychological Association, (1900), c/o W. W. Cumming, Department of Psychology, Columbia University, New York, NY 10027

Ecological Society of America, ESA, (1915), c/o Department of Botany, Connecticut College, New London, CT 06230

Ecology Center Communications Council, ECCC, (1971), POB 21072, Washington, DC 20009

Econometric Society, ES, (1930), Box 1264, Yale Station, New Haven, CT 06520

Economic History Association, EHA, (1941), 100 Trinity Pl, New York, NY 10006

Edison Birthplace Association, (1955), c/o Edison Birthplace Museum, Milan, OH 44846

Edison Electric Institute, (1933), 90 Park Av, New York, NY 10016

Education Commission of the States, ECS, (1966), 1860 Lincoln St, Denver, CO 80203

Education Development Center, EDC, (1967), 55 Chapel St, Newton, MA 02160

Education Writers Association, EWA, (1947), POB 1289, Bloomington, IN 47401

Educational Career Services, ECS, (1965), 12 Nassau St, Princeton, NJ 08540

Educational Council for Foreign Medical Graduates, ECFMG, (1957), 3500 Market St, Philadelphia, PA 19104

Educational Film Library Association, EFLA, (1943), 17 W 60 St, New York, NY 10023

Educational Guidance Center for the Mentally Retarded, EGC, (1961), 441 W 47 St, New York, NY 10036

Educational Media Council, EMC, (1960), 1346 NW Connecticut Av, Washington, DC 20036

Educational Records Bureau, ERB, (1927), 16 Thorndal Circle, Darien, CT 06820

Educational Systems Corporation, ESC, (1967), 1211 NW Connecticut Av, Washington, DC 20036

Educators Assembly of United Synagogue of America, (1951), 218 E 70 St, New York, NY 10021

Electrochemical Society, ECS, (1902), POB 2071, Princeton, NJ 08540

Electron Microscopy Society of America, EMSA, (1942), c/o G. G. Cocks, Olin Hall, Cornell University, Ithaca, NY 14850

Duke Ellington Society, (1958), Box 31, Church St Station, New York, NY 10008

Elm Research Institute, ERI, (1967), 60 W Prospect St, Waldwick, NJ 07463

Emerson Society, (1955), POB 1080, Hartford, CT 06101

Endocrine Society, (1918), 1211 N Shartel, Oklahoma City, OK 73103

Engineering College Administrative Council, ECAC, (1946), 1 Dupont Circle, Washington, DC 20036

Engineering Manpower Commission, EMC, (1950), 345 E 47 St, New York, NY 10017

Engineering Research Council, ERC, (1942), c/o American Society for Engineering Education, National Center for Higher Education, 1 Dupont Circle, Washington, DC 20036

Engineering Societies of New England, (1922), 120 Boylston St, Boston, MA 02116

English Institute, c/o Department of English, University of Connecticut, Storrs, CT 06268

English-Speaking Union of the United States, (1920), 16 E 69 St, New York, NY 10021

Entomological Society of America, ESA, (1953), 4603 Calvert Rd, College Park, MD 20740

Environmental Engineering Intersociety Board, EEIB, (1955), POB 9728, Washington, DC 20016

Environmental Technology Seminar, (1969), POB 391, Bethpage, NY 11714

John Ericsson Society, (1907), c/o J. E. Dahlquist, 80 Saint Marks Av, Brooklyn, NY 11217

Esperanto Association of North America, EANA, (1905), 1837 NE 49 Av, Portland, OR 97213

Esperanto League for North America, ELNA, (1952), 1 RFD, Meadville, PA 16335

James Ewing Society, (1940), 3100 Olentangy River Rd, Columbus, OH 43202

Explorers Club, EC, (1904), 46 E 70 St, New York, NY 10021

Explorers Research Corporation, (1966), 46 E 70 St, New York, NY 10021

Explorers Trademart, ETM, (1967), POB 1667, Annapolis, MD 21404

Far-Eastern Prehistory Association, FEPA, (1953), c/o Department of Anthropology, University of Hawaii, Honolulu, HI 96822

Federal Bar Association, (1920), 1815 NW H St, Washington, DC 20006

Federal Council on the Arts and the Humanities, (1965), 1800 NW F St, Washington, DC 20506

Federal Dental Services Officers' Association, c/o Dr. P. J. Murphey, 3702 Fairmount, Dallas, TX 75219

Federal Plant Quarantine Inspectors National Association, FPQINA, POB 2611, Miami, FL 33159

Federation of American Scientists, FAS, (1946), 203 NE C St, Washington, DC 20002

Federation of American Societies for Experimental Biology, FASEB, (1913), 9650 Rockville Pike, Bethesda, MD 20014

Federation of Analytical Chemistry and Spectroscopy, FACSS, (1972), c/o J. G. Grasselli, Standard Oil Co, 4440 Warrensville Center Rd, Cleveland, OH 44128

Federation of Mc Guffey Societies, (1937), 2901 N Hill Rd, Portsmouth, OH 45662

Federation of Mental Health Centers, (1960), 241 W Central Park, New York, NY 10024

Federation of Motion Picture Councils, FMPC, (1954), 110 Rose Lane, Springfield, PA 19064

Federation of Podiatry Boards, (1936), 800 Professional Bldg, Kansas City, MO 64106

Federation of Prosthodontic Organizations, FPO, (1965), c/o Zoller Clinic, 950 E 59 St, Chicago, IL 60637

Federation of Regional Accrediting Commissions of Higher Education, FRACHE, (1964), 5454 S Shore Dr, Chicago, IL 60615

Federation of State Medical Boards of the United States, (1912), 1612 Summit Av, Fort Worth, TX 76102

Fiber Society, (1941), Box 625, Princeton, NJ 08540

Film Library Information Council, FLIC, (1967), 17 W 60 St, New York, NY 10023

Financial Analysts Federation, FAF, (1947), 219 E 42 St, New York, NY 10017

Fine Arts Federation of New York, (1895), 115 E 40 St, New York, NY 10029

Finnish-American Historical Archives, (1932), c/o Suomi College, Hancock, MI 49930

Finnish-American Historical Society of Michigan, (1945), 19885 Melrose, Southfield, MI 48075

Flag Research Center, FRC, (1962), 17 Farmcrest Av, Lexington, MA 02173

Florida Entomological Society, (1916), POB 12425, University Station, Gainesville, FL 32601

Florida Medical Association, (1874), POB 2411, Jacksonville, FL 32203

Florida Pediatric Society, (1936), c/o R. G. Skinner, 1628 Atlantic University Circle, Jacksonville, FL 32207

Florida Psychological Association, (1949), c/o University, Jacksonville, FL 32211

Florida State Horticultural Society, (1888), c/o E. H. Price, POB 338, Bradenton, FL 33503

Fluid Power Society, FPS, (1960), 432 E Kilbourn Av, Milwaukee, WI 53202

Flying Dentists Association, FDA, (1960), 327 S Maple St, Escondido, CA 92025

Flying Physicians Association, FPA, (1954), 801 Green Bay Rd, Lake Bluff, IL 60044

Flying Veterinarians Association, FVA, (1961), 3566 S 11 St, Salt Lake City, UT 84108

Focus, (1961), 1431 Ashland Av, River Forest, IL 60305

Fonetic English Spelling Association, FESA, (1965), 1418 Lake St, Evanston, IL 60204

Food and Nutrition Board, FNB, (1940), 2101 NW Constitution Av, Washington, DC 20418

Foreign Policy Association, (1918), 345 E 46 St, New York, NY 10017

Forest History Society, FHS, (1947), c/o Forest History Center, POB 1581, Santa Cruz, CA 95060

Forest Products Research Society, FPRS, (1947), 2801 Marshall Court, Madison, WI 53705

Franciscan Educational Conference, FEC, (1919), c/o Capuchin Seminary of Saint Mary, Crown Point, IN 56307

Franklin Institute, (1824), Benjamin Franklin Parkway, Philadelphia, PA 19103

French Society of Authors, Composers and Publishers, 435 Spring Valley Rd, Paramus, NJ 07652

Fretted Instrument Guild of America, FIGA, (1957), 1 E Fordham Rd, Bronx, NY 10468

Friars Club, (1904), 57 E 55 St, New York, NY 10022

Gastroenterology Research Group, GRG, (1955), c/o University of Miami School of Medicine, POB 875, Miami, FL 33152

Genealogical Library Association, 670 Monadnock Bldg, San Francisco, CA 94105

Genetics Society of America, GSA, (1932), c/o Biology Division, California Institute of Technology, Pasadena, CA 91109

Geochemical Society, GS, (1955), c/o US Geological Survey, Washington, DC 20242

Geological Society of America, GSA, (1888), POB 1719, Boulder, CO 80302

Geological Society of Kentucky, (1940), c/o L. R. Pousetto, Department of Mines and Minerals, POB 680, Lexington, KY 40506

Geological Society of Washington, (1893), c/o M. Fleischer, US Geological Survey, Washington, DC 20242

Georgia Engineering Society, (1937), 230 NW Spring St, Atlanta, GA 30302

Georgia Psychological Association, (1946), c/o M. B. Drucker, Georgia Clinic, 1260 Briarcliff Rd, Atlanta, GA 30306

Geoscience Information Society, GIS, (1965), c/o American Geological Institute, 2201 NW M St, Washington, DC 20037

Germanium Research Committee, (1959), c/o Midwest Research Institute, 425 Volker Bd, Kansas City, MO 64110

Gerontological Society, GS, (1945), 1 Dupont Circle, Washington, DC 20036

Glass Container Industry Research Corporation, GCIRC, (1956), 444 E College Av, State College, PA 16801

Gorgas Memorial Institute of Tropical and Preventive Medicine, (1921), 2007 NW Eye St, Washington, DC 20006

Goudy Society, (1965), 301 E 48 St, New York, NY 10017

Great Lakes Historical Society, (1944), 320 Republic Bldg, Cleveland, OH 44115

Great Lakes Maritime Institute, GLMI, (1948), Belle Isle, Detroit, MI 48207

Great Plains Historical Association, GPHA, (1961), c/o Museum of the Great Plains, Lawton, OK 73501

Ground Water Resources Institute, GWRI, (1965), 221 N LaSalle St, Chicago, IL 60601

Group for the Advancement of Psychiatry, GAP, (1946), c/o Western Psychiatric Institute, 3811 O'Hara St, Pittsburgh, PA 15213

Group Health Association of America, GHAA, (1959), 1717 NW Massachusetts Av, Washington, DC 20036

Group of Ancient Drama, GOAD, (1960), 318 W 45 St, New York, NY 10036

Guild for Religious Architecture, GRA, (1940), 1346 NW Connecticut Av, Washington, DC 20036

Guild of Carillonneurs in North America, GCNA, (1936), c/o M. Halsted, 6231 Monero Dr, Palos Verdes Peninsula, CA 90274

Gulf and Caribbean Fisheries Institute, GCFI, (1948), c/o School of Marine and Atmospheric Science, University of Miami, 10 Rickenbacker Causeway, Miami, FL 33149

Gulf Universities Research Corporation, GURC, (1965), 1611 Tremont, Galveston, TX 77550

Hahnemann Therapeutic Society, (1966), 2726 NW Quebec St, Washington, DC 20008

Handwriting Analysts, HAI, (1964), 62 Park St, Hillsdale, MI 49242

Hardwood Research Council, HRC, (1953), 610 Stearns Bldg, Statesville, NC 28677

Harvey Society, (1905), c/o Columbia Presbyterian Medical Center, 630 W 168 St, New York, NY 10032

Hawaii Dermatological Society, (1944), c/o E. Emura, 1010 S King St, Honolulu, HI 96814

Hawaii Medical Association, (1856), 510 S Beretania St, Honolulu, HI 96813

Hawaii State Dental Association, (1903), 291 Alexander Young Bldg, Honolulu, HI 96813

Hay Fever Prevention Society, (1935), 2300 Sedgwick Av, Bronx, NY 10468

Headmasters Association, c/o Blake School, Hopkins, MN 55343

Health Physics Society, HPS, (1956), POB 156, East Weymouth, MA 02189

Hegel Society of America, (1969), c/o Department of Philosophy, University of South Alabama, Mobile, AL 36688

Herpetologists' League, HL, (1936), 900 Veteran Av, Los Angeles, CA 90024

Hibernation Information Exchange, HIE, (1960), POB 58505, Houston, TX 77058

Higher Education Panel, HEP, (1971), c/o American Council on Education, 1 Dupont Circle, Washington, DC 20036

Highway Research Board, HRB, (1920), 2101 NW Constitution Av, Washington, DC 20418

Hispanic Institute in the United States, (1920), 612 W 116 St, New York, NY 10027

Hispanic Society of America, HSA, (1904), Broadway between 155 and 156 St, New York, NY 10032

Histadruth Ivrith of America, (1916), 120 W 16 St, New York, NY 10011

Histamine Club, (1946), c/o Dr. R. W. Schayer, Rockland State Hospital, Orangeburg, NY 10962

Histochemical Society, (1950), c/o Dr. R. Rosenbaum, Albert Einstein College of Medicine, New York, NY 10461

Historical Evaluation and Research Organization, HERO, (1962), POB 157, Dunn Loring, VA 22027

Historical Motion Picture Milestones Association, HMPMA, (1965), 2803 Brett Rd, Huntsville, AL 35810

Historical Society of Early American Decoration, HSEAD, (1946), POB 894, Darien, CT 06820

Historical Society of Pennsylvania, (1824), 1300 Locust St, Philadelphia, PA 19107

History of Education Society, c/o School of Education, University, 239 Greene St, New York, NY 10003

History of Science Society, HSS, (1924), c/o School of Physics and Astronomy, University of Minnesota, Minneapolis, MN 55455

History Teachers' Association, (1968), c/o Library, Notre Dame, IN 46556

Home Economics Education Association, HEEA, (1927), c/o National Education Association, 1201 NW 16 St, Washington, DC 20036

Herbert Hoover Presidential Library Association, (1968), POB 695, Rockford, IL 61105

Human Factors Society, HFS, (1957), Box 1369, Santa Monica, CA 90406

Human Relations Area Files, HRAF, (1949), 755 Prospect St, New Haven, CT 06520

Human Resources Research Organization, HumRRO, (1951), 300 N Washington St, Alexandria, VA 22314

Idaho Medical Association, (1893), 407 W Bannock St, Boise, ID 83702

Illinois Geological Society, (1937), c/o H. M. Bristol, Oiland Gas Division, Illinois Geological Survey, Urbana, IL 61801

Illinois Mining Institute, (1892), 203 Natural Resources Bldg, Urbana, IL 61801

Illinois Radiological Society, (1928), c/o R. E. Kinzer, 3 N Bearsdale Rd, Decatur, IL 62526

Illinois Society for Microbiology, (1935), c/o B. Halpern, Northwestern University Medical School, 303 E Chicago Av, Chicago, IL 60611

Illinois Society of Anesthesiology, (1948), c/o A. P. Winnie, 1895 W Harrison St, Chicago, IL 60612

Illuminating Engineering Society, IES, (1906), 345 E 47 St, New York, NY 10017

Indiana Psychological Association, (1936), c/o H. Yamaguchi, Indiana University, Bloomington, IN 47401

Indiana State Dental Association, (1858), c/o N. M. Niles, Garrett, IN 46738

Indiana State Medical Association, (1849), c/o J. A. Waggener, 3935 N Meridian St, Indianapolis, IN 46208

Indiana-Kentucky Geological Society, (1937), c/o A. E. Smith, 2007 Lexington Av, Owensboro, KY 42301

Industrial Development Research Council, IDRC, (1961), 2600 Apple Valley Rd, Atlanta, GA 30319

Industrial Mathematics Society, IMS, (1949), POB 159, Roseville, MI 48066

Industrial Medical Administrators' Association, IMAA, (1959), c/o R. L. Frazier, Equitable Life Assurance Society of the US, 1285 Av of the Americas, New York, NY 10019

Industrial Medical Association, IMA, (1915), 150 N Wacker Dr, Chicago, IL 60606

Industrial Relations Research Association, IRRA, (1947), c/o Social Science Bldg, University of Wisconsin, Madison, WI 53706

Industrial Research Institute, IRI, (1938), 100 Park Av, New York, NY 10017

Industrial Veterinarians' Association, IVA, c/o Dr. G. D. Cloyd, A. H. Robins Co, 1211 Shirwood Av, Richmond, VA 23220

Industry Education Councils of America, 235 Montgomery St, San Francisco, CA 94104

Institute for Mediterranean Affairs, 1078 Madison Av, New York, NY 10028

Institute for Rational Living, IRL, (1959), 45 E 65 St, New York, NY 10021

Institute for Twenty-First Century Studies, ITFCS, (1959), c/o Prof. T. R. Cogswell, Department of English, Keystone College, La Plume, PA 18440

Institute of Andean Studies, IAS, (1960), POB 9307, Berkeley, CA 94709

Institute of Chartered Financial Analysts, (1959), Monroe Hall, University of Virginia, Charlottesville, VA 22902

Institute of Early American History and Culture, (1943), POB 220, Williamsburg, VA 23185

Institute of European Studies, IES, (1950), 875 N Michigan Av, Chicago, IL 60611

Institute of Food Technologists, IFT, (1939), 221 N LaSalle St, Chicago, IL 60601

Institute of Gas Technology, IFT, (1941), 3424 State St, Chicago, IL 60616

Institute of International Education, IIE, (1919), 809 United Nations Pl, New York, NY 10017

Institute of Management Sciences, TIMS, (1953), 146 Westminster St, Providence, RI 02903

Institute of Mathematical Statistics, IMS, (1930), c/o Statistical Laboratory, Michigan State University, East Lansing, MI 48823

Institute of Medicine, (1970), 2101 Constitution Av, Washington, DC 20418

Institute of Navigation, ION, (1945), 815 NW 15 St, Washington, DC 20005

Institute of Nuclear Materials Management, INMM, (1958), c/o Battelle Memorial Institute, 505 King Av, Columbus, OH 43201

Institute of Paper Chemistry, IPC, (1929), 1043 E River St, Appleton, WI 54911

Institute of Textile Technology, ITT, (1944), Charlottesville, VA 22902

Institute on Hospital and Community Psychiatry, (1949), 1700 NW 18 St, Washington, DC 20009

Instituto Interamericano, II, (1953), 5133 N T, Denton, TX 76203

Instituto Internacional de Literatura Iberoamericana, c/o Department of Romance Languages, University of Pittsburgh, Pittsburgh, PA 15213

Instrument Society of America, ISA, (1945), 400 Stanwix St, Pittsburgh, PA 15222

Insurance Company Education Directors Society, ICEDS, (1946), c/o State Automobile Mutual Insurance Co, 518 E Broad St, Columbus, OH 43216

Inter-American Association of Sanitary Engineering, (1946), 2526 Trophy Lane, Reston, VA 22070

Inter-American Bar Association, (1940), 1730 NW K St, Washington, DC 20006

Inter-American Bibliographical and Library Association, IBLA, (1930), POB 583, North Miami Beach, FL 33160

Inter-American College Association, IACA, (1962), 1832 Stratford Pl, Pomona, CA 91766

Inter-American Council for Education, Science and Culture, (1948), c/o Organization of American States, NW Constitution Av, Washington, DC 20006

Inter-American Education Association, IAEA, (1962), c/o Trinity School, 139 W 91 St, New York, NY 10021

Inter-American Music Council, CIDEM, (1956), c/o Organization of American States, NW Constitution Av, Washington, DC 20006

Inter-American Nuclear Energy Commission, IANEC, (1959), c/o Organization of American States, NW Constitution Av, Washington, DC 20006

Inter-American Society of Psychology, (1951), c/o Dr. L. F. S. Natalicio, 1801 Lavaca St, Austin, TX 78701

Inter-American Statistical Institute, IASI, (1940), c/o Organization of American States, NW Constitution Av, Washington, DC 20006

Intercollegiate Musical Council, IMC, (1914), Box 4303, Grand Central Station, New York, NY 10017

Interior Design Educators Council, IDEC, (1962), 140 Stanley Hall, University of Missouri, Columbia, MO 65201

Interlingua Division of Science Service, (1924), 80 E 11 St, New York, NY 10003

International Academy at Santa Barbara, (1960), POB 1028, Santa Barbara, CA 93102

International Academy of Pathology, IAP, (1906), c/o J. L. Edwards, Indiana University School of Medicine, 1100 W Michigan St, Indianapolis, IN 46202

International Academy of Proctology, IAP, (1948), 147 Sanford Av, Flushing, NY 11355

International Allergy Association, IAA, (1963), 133 E 58 St, New York, NY 10022

International Anesthesia Research Society, IARS, (1921), 3645 Warrensville Center Rd, Cleveland, OH 44122

International Arthur Schnitzler Research Association, IASRA, (1961), c/o Prof. H. Salinger, Department of Germanic Languages and Literature, Duke University, Durham, NC 27706

International Arthurian Society, American Branch, SIA, (1948), Box 1077, Washington University, Saint Louis, MO 63130

International Association for Child Psychiatry and Allied Professions, (1948), c/o Child Study Center, Yale University, 333 Cedar St, New Haven, CT 06510

International Association for Dental Research, IADR, (1920), 211 E Chicago Av, Chicago, IL 60611

International Association for Great Lakes Research, (1967), 220 E Huron St, Ann Arbor, MI 48108

International Association for Philosophy of Law and Social Philosophy, (1963), c/o G. L. Dorsey, School of Law, Washington University, Saint Louis, MO 63130

International Association for Pollution Control, IAPC, (1970), 4733 Bethesda Av, Washington, DC 20014

International Association for Research in Income and Wealth, IARIW, (1947), Box 2020, Yale Station, New Haven, CT 06520

International Association for the Physical Sciences of the Ocean, (1919), c/o Dr. E. C. LaFond, Naval Undersea Research and Development Center, San Diego, CA 92132

International Association for the Scientific Study of Mental Deficiency, (1964), c/o Prof. I. Goldberg, Teachers College, Columbia University, New York, NY 10027

International Association of Educators for World Peace, IAEWP, (1969), c/o Alabama A and M University, Alabama, AL 35762

International Association of Geochemistry and Cosmochemistry, (1965), c/o E. Ingerson, Department of Geological Sciences, University of Texas, Austin, TX 78712

International Association of Geomagnetism and Aeronomy, IAGA, (1919), c/o ESSA Research Laboratories, Boulder, CO 80302

International Association of Gerontology, IAG, (1950), c/o N. W. Shock, Baltimore City Hospital, Baltimore, MD 21224

International Association of Historians of Asia, (1961), c/o Prof. R. Van Niel, Department of History, University of Hawaii, Honolulu, HI 96822

International Association of Individual Psychology, IAIP, (1922), 8 Valley View Terrace, Suffern, NY 10901

International Association of Laryngectomees, IAL, (1952), 219 E 42 St, New York, NY 10017

International Association of Microscopy, c/o McCrone Research Institute, 451 E 31 St, Chicago, IL 60616

International Association of Mouth and Foot Painting, ARTISTS, c/o Association of Handicapped Artists, 1134 Rand Bldg, Buffalo, NY 14203

International Association of Music Libraries, (1955), 80 Codornices Rd, Berkeley, CA 94708

International Association of Orientalist Libraries, IAOL, (1967), c/o Graduate School of Library Studies, University of Hawaii, Honolulu, HI 96822

International Association of Orthodontics, IAO, (1961), 737 E Shields Av, Fresno, CA 93704

International Association of Physical Education and Sports for Girls and Women, IAPESGW, (1949), c/o Dr. A. G. Drew, Washington University, Saint Louis, MO 63130

International Association of Police Professors, IAPP, (1963), 6000 J St, Sacramento, CA 95819

International Association of Rehabilitation Facilities, (1969), 7979 Old Georgetown Rd, Washington, DC 20014

International Association of School Librarianship, (1971), c/o School of Librarianship, Western Michigan University, Kalamazoo, MI 49001

International Association of Schools of Social Work, (1929), 345 E 46 St, New York, NY 10017

International Association of Secretaries of Ophthalmological and Otolaryngological Societies, (1941), 1501 Locust St, Pittsburgh, PA 15219

International Association of Technological University Libraries, IATUL, (1955), University Circle, Cleveland, OH 44106

International Association of Theoretical and Applied Limnology, IAL, (1922), c/o Kellogg Biogical Station, Michigan State University, Hickory Corners, MI 49060

International Association of University Presidents, IAUP, (1964), 2 Columbus Circle, New York, NY 10019

International Association of Wood Anatomists, IAWA, (1931), c/o State University College of Forestry, University, Syracuse, NY 13210

International Association on Water Pollution Research, IAWPR, (1962), McLaughin Hall, University of California, Berkeley, CA 94720

International Bach Society, IBS, (1966), 140 W 57 St, New York, NY 10019

International Bar Association, IBA, (1947), 501 Fifth Av, New York, NY 10017

International Barber Schools Association, IBSA, (1947), c/o State Barber College, 1322 17 St, Denver, CO 80202

International Botanical Congress, c/o Museum of Natural History, Washington, DC 20025

International Bronchoesophagological Society, (1951), 3401 N Broad St, Philadelphia, PA 19140

International Cardiovascular Society, (1950), 171 Harrison Av, Boston, MA 02111

International Catholic Esperanto Association, (1910), 7605 Winona Lane, Sebastopol, CA 95472

International Center for Remedial Education, ICRE, (1965), 5 Clinton St, Cambridge, MA 02139

International Center of Medieval Art, (1956), Cloisters, Fort Tryon Park, New York, NY 10040

International Christian Esperanto Association, (1911), c/o E. C. Harler, 47 Hardy Rd, Levittown, PA 19056

International College of Applied Nutrition, ICAN, (1960), POB 386, LaHabra, CA 90631

International College of Dentists, ICD, (1928), 4829 Minnetonka Bd, Minneapolis, MN 55416

International College of Surgeons, ICS, (1935), 1516 Lake Shore Dr, Chicago, IL 60610

International Commission for Algology, c/o Hopkins Marine Station of Stanford University, Pacific Grove, CA 93950

International Commission for the History of Representative and Parliamentary Institutions, (1936), c/o Dr. T. Bisson, University of California, Berkeley, CA 94720

International Commission on Physics Education, (1960), c/o National Research Council, 2101 Constitution Av, Washington, DC 20418

International Commission on Radiation Units and Measurements, ICRU, (1925), 7910 Woodmont Av, Washington, DC 20014

International Committee of Food Science and Technology, (1962), c/o Department of Food Science and Technology, University of California, Davis, CA 95616

International Committee on High-Speed Photography, (1952), 10703 E Nolcrest Dr, Silver Spring, MD 20903

International Committee on Systematic Bacteriology, (1930), c/o Dr. W. A. Clark, American Type Culture Collection, 12301 Parklawn Av, Rockville, MD 20850

International Comparative Literature Association, ICLA, (1954), Burton Pike, Cornell University, Ithaca, NY 14850

International Confederation for Thermal Analysis, ICTA, (1968), c/o Xerox Corp, Xerox Sq, Rochester, NY 14603

International Congress of University Adult Education, ICUAE, (1960), c/o School of Education, University, Syracuse, NY 13210

International Conrad Society, CONRADSO, (1970), c/o McMurry College, Abilene, TX 79605

International Copper Research Association, INCRA, (1960), 825 Third Av, New York, NY 10022

International Correspondence Society of Allergists, ICSA, 4425 Olentangy Bd, Columbus, OH 43214

International Correspondence Society of Obstetricians and Gynecologists, (1960), 1600 Lakeland Hills Bd, Lakeland, FL 33802

International Council for Educational Development, ICED, (1970), 522 Fifth Av, New York, NY 10036

International Council of Group Psychotherapy, (1951), 259 Wolcott Av, Beacon, NY 12508

International Council of Psychologists, ICP, (1942), First National Bank Bldg, Greeley, CO 80631

International Council of the Aeronautical Sciences, ICAS, (1957), c/o American Institute of Aeronautics and Astronautics, 1290 Sixth Av, New York, NY 10019

International Council of the Museum of Modern Art, (1953), 11 W 53 St, New York, NY 10019

International Council on Health, Physical Education, and Recreation, ICHPER, (1958), 1201 NW 16 St, Washington, DC 20036

International Cystic Fibrosis (Mucoviscidosis) Association, ICF(m)A, (1964), 202 E 44 St, New York, NY 10017

International Doctors in Alcoholics Anonymous, IDAA, (1939), 1950 Volney Rd, Youngstown, OH 44511

International Dostoevsky Society, IDS, (1971), c/o Prof. N. Natov, Department of Slavic Languages and Literature, George Washington University, Washington, DC 20006

International Federation for Medical and Biological Engineering, IFMBE, (1959), c/o Johns Hopkins Hospital, Baltimore, MD 21205

International Federation of Clinical Chemistry, IFCC, (1952), c/o Georgetown Medical School, 3900 Reservoir Rd, Washington, DC 20007

International Federation of Renaissance Societies and Institutes, (1957), c/o R. M. Kingdon, History Department, University of Wisconsin, Madison, WI 53706

International Federation of Societies for Electroencephalography and Clinical Neurophysiology, (1949), 602 S 44 Av, Omaha, NB 68105

International Filariasis Association, IFA, (1963), c/o Dr. J. F. Schacher, School of Public Health, University of California, Los Angeles, CA 90024

International Film Seminars, IFS, (1960), 505 West End Av, New York, NY 10024

International Fortean Organization, INFO, (1965), POB 367, Arlington, VA 22210

International Geographical Union, IGU, (1923), 5828 University Av, Chicago, IL 60637

International Graphic Arts Education Association, IGAEA, (1923), 1 Lomb Memorial Dr, Rochester, NY 14623

International Graphic Arts Society, IGAS, (1951), 410 E 62 St, New York, NY 10021

International Graphoanalysis Society, IGAS, (1929), 325 W Jackson Bd, Chicago, IL 60606

International Institute of Iberoamerican Literature, (1938), c/o Cathedral of Learning, University, Pittsburgh, PA 15213

International Institute of Philosophy, IIP, (1937), c/o P. Kurtz, Department of Philosophy, State University of New York, Amherst, NY 14226

International Lead and Zinc Study Group, ILZSG, (1960), c/o United Nations, New York, NY 10017

International Lead Zinc Research Organization, ILZRO, (1958), 292 Madison Av, New York, NY 10017

International League Against Rheumatism, (1927), 140 E Poplar Av, San Mateo, CA 94401

International Microstructural Analysis Society, (1967), POB 219, Los Alamos, NM 87544

International Organization for Medical Physics, IOMP, (1963), c/o Department of Radiology, University Hospitals, Madison, WI 53706

International Organization for the Study of Group Tensions, (1970), 7 W 96 St, New York, NY 10025

International Organization of Citrus Virologists, IOCV, (1957), c/o US Date and Citrus Station, 444 Clinton St, Indio, CA 92201

International Phenomenological Society, (1939), c/o State University of New York, Buffalo, NY 14226

International Phycological Society, (1960), c/o Botany Department, University of Washington, Seattle, WA 98105

International Pianists' Guild, (1952), 885 Westwood Dr, Abilene, TX 79603

International Piano Guild, Box 1807, Austin, TX 78767

International Radiation Protection Association, IRPA, (1966), c/o National Laboratory, POB X, Oak Ridge, TN 37830

International Reading Association, IRA, (1956), 6 Tyre Av, Newark, DE 19711

International Rhinologic Society, (1965), 1515 Pacific Av, Everett, WA 98201

International Society for Business Education, ISBE, 1201 NW 16 St, Washington, DC 20036

International Society for Educational Planners, ISEP, (1970), Box 52, Mankato State College, Mankato, MN 56001

International Society for General Semantics, ISGS, (1943), POB 2469, San Francisco, CA 94126

International Society for Music Education, ISME, (1953), 1201 NW 16 St, Washington, DC 20006

International Society for Photogrammetry, ISP, (1910), c/o ESSA Coast and Geodetic Survey, Rockville, MD 20852

International Society for Rehabilitation of the Disabled, (1922), 219 E 44 St, New York, NY 10017

International Society for Research in Stereoencephalotomy, (1963), c/o Saint Luke's Hospital, Girard St, Philadelphia, PA 19122

International Society for Terrain-Vehicle Systems, ISTVS, (1962), 711 Hudson St, Hoboken, NJ 07030

International Society for the Study of Symbols, ISSS, (1963), c/o Dr. E. W. L. Smith, Psychology Department, Georgia State University, Atlanta, GA 30303

International Society of Clinical Laboratory Technologists, ISCLT, (1962), 411 N 7 St, Saint Louis, MO 63101

International Society of Cranio-Facial Biology, ISCFB, (1961), 325 W Central Park, New York, NY 10025

International Society of Development Biologists, c/o Biology Department, Brandeis University, Waltham, MA 02154

International Society of Explosives Specialists, ISES, (1969), POB 664, Issaquah, WA 98027

International Society of Hematology, ISH, (1946), 110 Francis St, Boston, MA 02215

International Society of Sugar Cane Technologists, ISSCT, (1924), POB 2450, Honolulu, HI 96804

International Society of Tropical Dermatology, ISTD, (1958), 19 E 80 St, New York, NY 10021

International Society on Toxinology, (1961), 1200 N State St, Los Angeles, CA 90033

International Studies Association, ISA, (1959), 2000 S Fifth St, Minneapolis, MN 55404

International Survey Library Association, (1964), c/o Roper Public Opinion Research Center, Williams College, Williamstown, MA 01267

International Theatre Institute of the United States, (1948), 245 W 52 St, New York, NY 10019

International Thespian Society, ITS, (1929), College Hill Station, Cincinnati, OH 45224

International Transactional Analysis Association, ITAA, (1958), 3155 College Av, Berkeley, CA 94705

International Tsunami Information Center, ITIC, (1965), POB 3887, Honolulu, HI 96812

International Turtle and Tortoise Society, (1966), 8847 De Haviland Av, Los Angeles, CA 90045

International Union for Pure and Applied Biophysics, IUPAB, c/o A. K. Solomon, Biophysical Laboratory, Harvard Medical School, Boston, MA 02115

International Union of Air Pollution Prevention Associations, (1964), c/o Air Pollution Control Association, 4400 Fifth Av, Pittsburgh, PA 15213

International Union of Anthropological and Ethnological Sciences, (1948), 33 W 42 St, New York, NY 10036

International Union of Forestry Research Organizations, IUFRO, (1890), c/o Forest Service, US Department of Agriculture, Washington, DC 20250

International Union of Psychological Science, IUPS, (1951), c/o Department of Psychology, Michigan State University, East Lansing, MI 48823

International Union of Pure and Applied Biophysics, IUPAB, (1961), c/o Biophysical Laboratory, Harvard Medical School, Boston, MA 02115

Inter-Society Color Council, ISCC, (1931), c/o Dr. F. W. Billmeyer, Rensselaer Polytechnic Institute, Troy, NY 12181

Inter-Society Committee on Health Laboratory Services, (1952), c/o R. Barnett, Hospital, Norwalk, CT 06856

Inter-Society Committee on Pathology Information, ICPI, (1957), c/o Information Services, 9650 Rockville Pike, Bethesda, MD 20014

Inter-Union Commission on Solar-Terrestrial Physics, IUCSTP, (1966), 2101 NW Constitution Av, Washington, DC 20418

Iowa Dental Association, (1863), 520 Insurance Exchange Bldg, Des Moines, IA 50309

Iowa Veterinary Medical Association, (1883), 626 Fleming Bldg, Des Moines, IA 50309

Italian Historical Society of America, IHS, (1949), 111 Columbia Heights, Brooklyn, NY 11201

Italian Society of Authors, Composers and Publishers, SIAE, 220 E 42 St, New York, NY 10017

Jazz-Lift, (1958), 194 N Union St, Battle Creek, MI 49011

Jazzmobile, (1965), 361 W 125 St, New York, NY 10027

Jesuit Philosophical Association of the United States and Canada, (1935), c/o Xavier University, Victory Parkway, Cincinnati, OH 45207

Jesuit Secondary Education Association, JSEA, (1970), 1717 NW Massachusetts Av, Washington, DC 20036

Jesuit Seismological Association, JSA, (1925), c/o University, POB 8090, Saint Louis, MO 63156

Jewish Academy of Arts and Sciences, JAAS, (1927), c/o Dropsie University, Broad St, Philadelphia, PA 19132

Jewish Folk Schools of New York, 575 Sixth Av, New York, NY 10011

Jewish Music Alliance, (1925), 1 W Union Sq, New York, NY 10003

Jewish Pharmaceutical Society of America, JPSA, 525 Ocean Parkway, Brooklyn, NY 11218

Jewish Teachers Association - Morim, (1924), 353 W 57 St, New York, NY 10019

Joint Committee on Health Problems in Education of the NEA-AMA, (1911), 535 N Dearborn St, Chicago, IL 60610

Joint Committee on Library Service to Labor Groups, 50 E Huron St, Chicago, IL 60611

Joint Council on Economic Education, JCEE, (1948), 1212 Av of Americas, New York, NY 10036

Joint Industrial Council, JIC, (1962), 7901 Westpark Dr, McLean, VA 22101

Joint Technical Advisory Council, JTAC, (1948), 345 E 47 St, New York, NY 10017

Journalism Association of Community Colleges, (1957), c/o Modesto Junior College, Modesto, CA 95350

Journalism Education Association, JEA, (1924), c/o Department of Journalism, Wisconsin State University, Eau Claire, WI 54701

James Joyce Society, 41 W 47 St, New York, NY 10036

Junularo Esperantista de Nord-Ameriko, JEN, (1962), 4 Central St, Millers Falls, MA 01349

Kansas Entomological Society, c/o Department of Entomology, Kansas State University, Manhattan, KS 66502

Kansas Medical Society, (1859), 315 W 4 St, Topeka, KS 66603

Kansas Optometric Association, (1901), 323 Garlinghouse Bldg, Topeka, KS 66612

Kansas Psychological Association, (1925), c/o W. Zimmermann, 122 N High St, El Dorado, KS 67042

Kansas Radiological Society, (1948), c/o R. C. Lawson, 10 St, Topeka, KS 66604

Kansas State Osteopathic Association, (1900), 835 Western, Topeka, KS 66606

Kate Greenaway Society, KGS, (1971), 318 Roosevelt Av, Folsom, PA 19033

John F. Kennedy Center for the Performing Arts, (1958), 726 NW Jackson Pl, Washington, DC 20566

Kentucky Psychological Association, (1948), c/o E. A. Alluisi, Psychology Department, University, Louisville, KY 40208

Kipling Society, (1932), 210 W 90 St, New York, NY 10024

Kroeber Anthropological Society, KAS, (1949), c/o Department of Anthropology, University of California, Berkeley, CA 94720

Larc Association, (1969), POB 27235, Tempe, AZ 85282

Latin American Society of Pathology, (1955), POB 1118, Fort Worth, TX 76101

Latin American Studies Association, LASA, (1966), c/o Hispanic Foundation, Library of Congress, Washington, DC 20540

Law Enforcement Association on Professional Standards, Education and Ethical Practice, (1971), 8001 Natural Bridge Rd, Saint Louis, MO 63130

Law School Admission Test Council, (1948), c/o Educational Testing Service, POB 944, Princeton, NJ 08540

League of Composers, c/o International Society for Contemporary Music, 2109 Broadway, New York, NY 10023

Legislative Council for Photogrammetry, LCP, (1963), 201 NE Massachusetts Av, Washington, DC 20002

Lepidopterists' Society, (1947), c/o Dr. L. D. Miller, Allyn Museum of Entomology, 712 Sarasota Bank Bldg, Sarasota, FL 33577

Leschetizky Association, LA, 162 W 54, New York, NY 10019

Leukemia Society of America, LSA, (1949), 211 E 43 St, New York, NY 10017

Lewis and Clark Society of America, (1956), c/o Public Library, 326 E Ferguson, Wood River, IL 62095

Lexington Group, (1942), c/o School of Business, Northwestern University, Evanston, IL 60201

Librarians Concerned about Academic Status, c/o F. M. Blake, Academic and Research Libraries, 39 Dove, Albany, NY 12210

Library Education Division, LED, (1946), 50 E Huron St, Chicago, IL 60611

Linguistic Society of America, LSA, (1924), 1611 N Kent St, Arlington, VA 22209

Linnaean Society of New York, (1878), c/o American Museum of Natural History, W Central Park, New York, NY 10024

Frank London Brown Historical Association, (1963), c/o Chatham YMCA, 1021 E 83 St, Chicago, IL 60619

Long Island Historical Society, (1863), 128 Pierrepont St, Brooklyn, NY 11201

Louisiana Society for Electron Microscopy, (1961), c/o M. L. Rollins, Southern Regional Research Laboratory, New Orleans, LA 70119

Louisiana State Medical Society, (1878), 1430 Tulane Av, New Orleans, LA 70112

Lutheran Curch Library Association, LCIA, (1958), 122 W Franklin Av, Minneapolis, MN 55404

Lutheran Education Association, LEA, (1942), 7400 Augusta, River Forest, IL 60305

Lutheran Educational Conference of North America, LECNA, (1910), 2633 NW 16 St, Washington, DC 20009

Lutheran Medical Mission Association, LMMA, (1951), 210 N Broadway, Saint Louis, MO 63102

Lutheran Society for Worship, Music and the Arts, LSWMA, (1958), c/o University, Valparaiso, IN 46383

Arthur Machen Society, (1940), c/o Thomas Library, Wittenberg University, Springfield, OH 45501

Maine Medical Association, (1853), POB 250, Brunswick, ME 04011

Maine Psychological Association, (1950), c/o J. Nichols, Department of Psychology, University of Maine, Orono, ME 04473

Maine Radiological Society, (1950), c/o R. Bearor, Maine Medical Center, Portland, ME 04102

Malraux Society, (1969), 1015 Office Tower, University of Kentucky, Lexington, KY 40506

Manforce, (1970), c/o Water Pollution Control Federation, 3900 Wisconsin Av, Washington, DC 20016

Horace Mann League of the USA, HML, (1922), POB 1211, Rockville, MD 20850

Marianist Writers' Guild, (1947), c/o University, Dayton, OH 45409

Marin County Optometric Society, 975 Grand Av, San Rafael, CA 94901

Marine Historical Association, (1929), Greenmanville Av, Mystic, CT 06355

Marine Technology Society, MTS, (1963), 1730 NW M St, Washington, DC 20036

Maritime Transportation Research Board, MTRB, (1965), 2101 NW Constitution Av, Washington, DC 20418

Marketing Research Trade Association, MRTA, (1954), POB 1415, New York, NY 10017

Maryland Academy of Sciences, (1797), 7 W Mulberry St, Baltimore, MD 21201

Maryland Historical Society, (1844), 201 W Monument St, Baltimore, MD 21201

Massachusetts Council for the Humanities, (1957), 100 Paul Revere Rd, Needham Heights, MA 02194

Massachusetts Historical Society, (1791), 1154 Boylston St, Boston, MA 02215

Massachusetts Medical Society, (1781), 22 Fenway, Boston, MA 02215

Massachusetts Psychological Association, (1933), 350 Beacon St, Boston, MA 02116

Massachusetts Thoracic Society, (1960), 131 Clarendon St, Boston, MA 02116

Mathematical Association of America, MAA, (1915), 1225 NW Connecticut Av, Washington, DC 20036

Media Research Directors Association, MRDA, (1947), c/o J. Burke, New Yorker, 25 W 43 St, New York, NY 10036

Mediaeval Academy of America, MAA, (1925), 1430 Massachusetts Av, Cambridge, MA 02138

Medical Association of the State of Alabama, (1847), 19 S Jackson St, Montgomery, AL 36104

Medical Correctional Association, MCA, (1940), 4426 N 36 St, Phoenix, AZ 85018

Medical Group Management Association, MGMA, (1926), 956 Metropolitan Bldg, Denver, CO 80202

Medical Liberation Front, MLF, (1969), 230 Buena Vista, Ann Arbor, MI 48103

Medical Library Association, MLA, (1898), 919 N Michigan Av, Chicago, IL 60611

Medical Mycological Society of the Americas, c/o National Communicable Disease Center, Atlanta, GA 30333

Medical Society of Delaware, (1776), 1925 Lovering Av, Wilmington, DE 19806

Medical Society of New Jersey, (1766), 315 W State St, Trenton, NJ 08618

Medical Society of the State of New York, (1807), 420 Lakeville Rd, New York, NY 11040

Medical Society of the State of North Carolina, (1799), 203 Capital Club Bldg, Raleigh, NC 27601

Medical Society of the United States and Mexico, (1954), 333 W Thomas Rd, Phoenix, AZ 85013

Medical Society of Virginia, (1820), 4205 Dover Rd, Richmond, VA 23221

Melville Society, c/o Department of English, University of Pennsylvania, Philadelphia, PA 19104

Metallurgical Society, TMS, (1957), 345 E 47 St, New York, NY 10017

Metaphysical Society of America, MSA, (1950), c/o M. F. Griesbach, Marquette University, Milwaukee, WI 53233

Meteoritical Society, MS, (1933), c/o R. S. Clarke, Smithsonian Institution, Washington, DC 20560

Metric Association, MA, 2004 Ash St, Waukegan, IL 60085

Metropolitan College Mental Health Association, (1969), c/o J. A. Moskowitz, 120 S Central Park, New York, NY 10019

Metropolitan Opera Guild, MOG, (1935), 1865 Broadway, New York, NY 10023

Metropolitan Symphony Managers Association, MSMA, (1959), c/o American Symphony Orchestra League, POB 66, Vienna, VA 22180

Michigan Basin Geological Society, (1936), c/o Michigan Consolidated Gas Co, 1 Woodward Av, Detroit, MI 48226

Michigan Industrial Medical Association, c/o Dow Chemical Co, POB 469, Midland, MI 84640

Michigan Psychological Association, (1935), 1326 Westview, East Lansing, MI 48823

Michigan State Medical Society, (1866), 120 W Saginaw St, East Lansing, MI 48823

Mid-America State Universities Association, (1961), c/o Kansas State University, Manhattan, KS 66502

Middle Atlantic Planetarium Society, MAPS, (1965), c/o Lower Moreland Planetarium, 555 Red Lion Rd, Huntingdon Valley, PA 19006

Middle East Institute, (1946), 1761 NW N St, Washington, DC 20036

Middle States Association of Colleges and Secondary Schools, c/o University of the City of New York, New York, NY 10021

Midwest Railway Historical Society, MRHS, (1968), 1520 Wolfram St, Chicago, IL 60657

Milton Society of America, MSA, (1948), c/o University of New Hampshire, Durham, NH 03824

Mineralogical Society of America, (1920), 1707 NW L St, Washington, DC 20036

Mining and Metallurgical Society of America, (1908), 299 Park Av, New York, NY 10017

Minnesota Historical Society, (1849), Saint Paul, MN 55101

Minnesota Psychological Association, (1936), 814 W Lake St, Minneapolis, MN 55408

Mississippi Geological Society, POB 291, Jackson, MS 39205

Mississippi Radiological Society, POB 764, Brookhaven, MS 39601

Mississippi State Medical Society, (1856), 735 Riverside Dr, Jackson, MS 1856

Missouri Archaeological Society, (1934), 15 Switzler Hall, University of Missouri, Columbia, MO 65201

Model Code Standardization Council, (1949), 50 S Los Robles Bd, Pasadena, CA 91101

Modern Greek Studies Association, MGSA, (1967), 185 Nassau St, Princeton, NJ 08540

Modern Humanities Research Association, MHRA, (1918), c/o Columbian College, George Washington University, Washington, DC 20006

Modern Language Association of America, MLA, (1883), 62 Fifth Av, New York, NY 10011

Modern Music Masters Society, MMM, (1936), POB 347, Park Ridge, IL 60068

Modern Poetry Association, MPA, (1946), 1018 N State St, Chicago, IL 60610

Mongolia Society, (1961), POB 606, Bloomington, IN 47401

Montana Geological Society, (1950), POB 844, Billings, MT 59103

Montana Medical Association, (1879), POB 1692, Billings, MT 59103

Muscular Dystrophy Associations of America, MDAA, (1950), 1790 Broadway, New York, NY 10019

Music Critics Association, MCA, (1957), c/o University, Toledo, OH 43606

Music Educators National Conference, MENC, (1907), 1201 NW 16 St, Washington, DC 20036

Music Library Association, MLA, (1931), c/o School of Music, University of Michigan, Ann Arbor, MI 48105

Music Teachers' Association of California, 12 Geary Bldg, San Francisco, CA 94108

Music Teachers National Association, MTNA, (1876), 1831 Carew Tower, Cincinnati, OH 45202

Musicians Club of America, MCA, (1939), 303 Minorca Av, Coral Gables, FL 33134

Mycological Society of America, (1931), c/o New York Botanical Garden, Bronx, NY 10458

Mycological Society of San Francisco, c/o J. D. Randall Junior Museum, Roosevelt Way, San Francisco, CA 94114

Mystery Writers of America, MWA, (1945), Hotel Seville, Madison Av, New York, NY 10016

National Academy for Adult Jewish Studies, 218 E 70 St, New York, NY 10021

National Academy of Design, NAD, (1825), 1083 Fifth Av, New York, NY 10028

National Academy of Education, (1965), 723 University Av, Syracuse, NY 13210

National Academy of Engineering, (1964), 2101 Constitution Av, Washington, DC 20418

National Academy of Recording Arts and Sciences, NARAS, (1957), 21 W 58 St, New York, NY 10019

National Academy of Sciences, (1863), 2101 Constitution Av, Washington, DC 20418

National Academy of Television Arts and Sciences, NATAS, (1946), 7188 Sunset Bd, Hollywood, CA 90046

National Aerospace Education Council, NAEC, (1950), 806 NW 15 St, Washington, DC 20005

National Art Education Association, NAEA, (1947), 1201 NW 16 St, Washington, DC 20036

National Arts Club, NAC, (1898), 15 S Gramercy Park, New York, NY 10003

National Assembly of Chief Livestock Health Officials, NACLHO, c/o Dr. G. B. Rea, Department of Agriculture, 635 NE Capitol St, Salem, OR 97310

National Association for American Composers and Conductors, NAACC, (1933), 133 W 69 St, New York, NY 10023

National Association for Armenian Studies and Research, NAASR, (1955), 175 Mount Auburn St, Cambridge, MA 02138

National Association for Business Teacher Education, NABTE, (1927), 1201 NW 16 St, Washington, DC 20036

National Association for Core Curriculum, (1953), 404F Education Bldg, Kent State University, Kent, OH 44242

National Association for Humanities Education, (1967), POB 628, Kirksville, MO 63501

National Association for Industry-Education Cooperation, NAIEC, (1948), c/o G. A. Rietz, 10 Boulder Rd, Rye, NY 10580

National Association for Mental Health, (1950), 10 Columbus Circle, New York, NY 10019

National Association for Music Therapy, NAMT, (1950), POB 610, Lawrence, KS 66044

National Association for Physical Education of College Women, NAPECW, c/o Illinois State University, Normal, IL 61761

National Association for Practical Nurse Education and Service, NAPNES, (1941), 1465 Broadway, New York, NY 10036

National Association for Public Continuing and Adult Education, NAPCAE, (1952), 1201 NW 16 St, Washington, DC 20036

National Association for Regional Ballet, (1958), 3839 H St, Sacramento, CA 95816

National Association for Research in Science Teaching, c/o Prof. R. W. Lefler, Department of Physics, Purdue University, Lafayette, IN 47907

National Association for the Education of Young Children, NAEYC, (1931), 1834 NW Connecticut Av, Washington, DC 20009

National Association of Barber Schools, NABS, (1927), 338 Washington Av, Huntington, WV 25701

National Association of Biology Teachers, NABT, (1938), 1420 NW N St, Washington, DC 20005

National Association of Boards of Pharmacy, NABP, (1904), 77 W Washington St, Chicago, IL 60602

National Association of Christian Schools, NACS, (1947), Box 28, Wheaton, IL 60187

National Association of Colleges and Teachers of Agriculture, NACTA, (1955), c/o Louisiana Polytechnic Institute, Ruston, LA 71270

National Association of Cosmetology Schools, NACS, (1956), 599 S Livingston Av, Livingston, NJ 07039

National Association of Doctors in the United States, NADUS, (1958), c/o Incarnate Word College, 4301 Broadway, San Antonio, TX 78209

National Association of Dramatic and Speech Arts, NADSA, (1936), c/o State College, Fort Valley, GA 31030

National Association of Elementary School Principals, NAESP, (1921), 1201 NW 16 St, Washington, DC 20036

National Association of Episcopal Schools, NAES, (1954), 815 Second Av, New York, NY 10017

National Association of Federal Veterinarians, NAFV, (1917), 1522 NW K St, Washington, DC 20005

National Association of Foreign Medical Graduates, NAFMG, (1968), 4023 Spanish Trail, Fort Wayne, IN 46805

National Association of Gagwriters, NAG, (1945), Box 835, Grand Central Station, New York, NY 10017

National Association of Geology Teachers, NAGT, (1951), c/o American Geological Institute, 2201 NW M St, Washington, DC 20037

National Association of Independent Schools, NAIS, (1962), 4 Liberty Sq, Boston, MA 02109

National Association of Industrial and Technical Teacher Educators, NAITTE, (1937), c/o Floyd Krubeck, University of Missouri, 110 Industrial Education Bldg, Columbia, MO 65201

National Association of Industrial Artists, NAIA, (1962), 5607 62 Av, Riverdale, MD 20840

National Association of Language Laboratory Directors, NALLD, (1965), c/o College, Middlebury, VT 05753

National Association of Management Educators, NAME, (1968), c/o Prof. M. Temsky, Junior College, 768 Main St, Worcester, MA 01608

National Association of Medical Examiners, (1966), 200 W Adams St, Wilmington, DE 19801

National Association of Music Executives in State Universities, NAMESU, (1935), c/o School of Music, University of Nebraska, Lincoln, NB 68508

National Association of Optometrists and Opticians, NAOO, (1960), 442 Summit Av, Saint Paul, MN 55102

National Association of Organ Teachers, NAOT, (1963), 7938 Bertram Av, Hammond, IN 46324

National Association of Physical Therapists, NAPT, (1961), POB 367, West Covina, CA 91791

National Association of Police and Fire Surgeons, (1971), 75 Lee Av, Yonkers, NY 10705

National Association of Police Laboratories, NAPL, (1966), c/o Police Department, Hauppauge, NY 11787

National Association of Principals of Schools for Girls, NAPSG, (1920), Firefly Farm, RFD, Fremont, NH 03044

National Association of Professors of Hebrew, NAPH, (1950), 80 E Washington Sq, New York, NY 10003

National Association of School Psychologists, NASP, (1969), c/o College of Education, University, Akron, OH 44304

National Association of Schools of Art, NASA, (1944), 1 Dupont Circle, Washington, DC 20036

National Association of Schools of Music, NASM, (1924), 1 Dupont Circle, Washington, DC 20036

National Association of Secondary-School Principals, NASSP, (1916), 1201 NW 16 St, Washington, DC 20036

National Association of Specialized Schools, NASS, (1971), 453 West End Av, New York, NY 10024

National Association of State Boards of Education, NASBE, (1959), 1575 Sherman St, Denver, CO 80203

National Association of State Directors of Special Education, (1938), c/o Dr. E. Pace, State Department of Education, Salt Lake City, UT 84111

National Association of State Directors of Teacher Education and Certification, (1922), c/o Dr. W. P. Viall, Graduate School of Education, Western Michigan University, Kalamazoo, MI 49001

National Association of State Directors of Vocational Education, NASDVE, (1920), 1599 Broad River Rd, Columbia, SC 29210

National Association of State Mental Health Program Directors, NASMHPD, (1963), 20 NW E St, Washington, DC 20001

National Association of State Supervisors and Directors of Secondary Education, NASSDSE, c/o US Office of Education, Washington, DC 20202

National Association of State Supervisors of Distributive Education, NASSDE, (1947), 700 N High School Rd, Indianapolis, IN 46224

National Association of State Supervisors of Trade and Industrial Education, NASSTIE, (1925), c/o American Vocational Association, 1510 NW H St, Washington, DC 20005

National Association of State Universities and Landgrant Colleges, NASULGC, (1887), 1 Dupont Circle, Washington, DC 20036

National Association of Supervisors of Business and Office Education, NASBOE, (1955), c/o M. Wood, Public Schools, 1025 Second Av, Oakland, CA 94606

National Association of Supvervisors of Agricultural Education, NASAE, (1962), State Office Bldg, Montpelier, VT 05602

National Association of Teachers of Singing, NATS, (1944), 250 W 57 St, New York, NY 10019

National Association of the Legitimate Theatre, (1930), 226 W 47 St, New York, NY 10036

National Association of Trade and Technical Schools, NATTS, (1965), 2021 NW L St, Washington, DC 20009

National Association of Vocational Homemakers Teachers, 1025 NW 15 St, Washington, DC 20005

National Association of Women Artists, NAWA, (1889), 156 Fifth Av, New York, NY 10010

National Association on Standard Medical Vocabulary, (1958), c/o L. Wollman, 2802 Mermaid Av, Brooklyn, NY 11224

National Audubon Society, (1905), 950 Third Av, New York, NY 10022

National Band Association, NBA, (1960), c/o Band Office, Purdue University, Lafayette, IN 47907

National Board of Examiners for Osteopathic Physicians and Surgeons, (1935), 108 1/2 McPherson, Kirksville, MO 63501

National Board of Medical Examiners, NBME, (1915), 3930 Chestnut St, Philadelphia, PA 19104

National Board of Podiatry Examiners, NBPE, (1956), 800 Professional Bldg, Kansas City, MO 64106

National Business Education Association, NBEA, (1946), 1201 NW 16 St, Washington, DC 20036

National Capital Historical Museum of Transportation, NCHMT, (1959), POB 5795, Bethesda, MD 20014

National Cartoonists Society, NCS, (1946), 130 W 44 St, New York, NY 10036

National Catholic Bandmasters' Association, NCBA, (1952), 1501 Old Shell Rd, Mobile, AL 36604

National Catholic Educational Association, NCEA, (1904), 1 Dupont Circle, Washington, DC 20036

National Catholic Music Educators Association, NCMEA, (1942), 4637 Eastern Av, Washington, DC 20018

National Catholic Pharmacists Guild of the United States, NCPG, (1962), 3111 White Av, Baltimore, MD 21214

National College of Foot Surgeons, NCFS, (1960), c/o Dr. A. Apkarian, 21822 Sherman Way, Canoga Park, CA 91303

National College Physical Education Association for Men, NCPEAM, (1897), 203 Cooke Hall, University of Minnesota, Minneapolis, MN 55455

National Commission on Teacher Education and Professional Standards, NCTEPS, (1946), 1201 NW 16 St, Washington, DC 20036

National Committee for Careers in the Medical Laboratory, NCCML, (1954), 9650 Rockville Pike, Bethesda, MD 20014

National Committee for Research in Neurological Disorders, (1952), 251 E Chicago Av, Chicago, IL 60611

National Committee for Research in Ophthalmology and Blindness, (1955), c/o Wills Eye Hospital, 1601 Spring Garden St, Philadelphia, PA 19130

National Committee of the Jewish Folk Schools of the Labor Zionist Movement, 575 Sixth Av, New York, NY 10011

National Community School Education Association, NCSEA, (1967), 1017 Avon St, Flint, MI 48503

National Conference of Professors of Educational Administration, NCPEA, (1947), c/o College of Education, Oklahoma State University, Stillwater, OK 74074

National Conference of Standards Laboratories, NCSL, (1960), c/o National Bureau of Standards, Washington, DC 20234

National Conference on Research in English, NCRE, (1937), c/o Dr. W. Eller, School of Education, State University of New York, Buffalo, NY 14214

National Conference on the Administration of Research, NCAR, (1947), c/o S. A. Johnson, Denver Research Institute, 2050 E Iliff Av, Denver, CO 80210

National Conference on Weights and Measures, NCWM, (1905), c/o National Bureau of Standards, Washington, DC 20234

National Congress of Parents and Teachers, (1897), 700 N Rush St, Chicago, IL 60611

National Convention of Gospel Choirs and Choruses, (1933), 4154 S Ellis Av, Chicago, IL 60653

National Council for Accreditation of Teacher Education, NCATE, (1952), 1750 NW Pennsylvania Av, Washington, DC 20006

National Council for Air and Stream Improvement, NCASI, (1943), 260 Madison Av, New York, NY 10016

National Council for Critical Analysis, NCCA, (1968), c/o Jersey City State College, 2039 Kennedy Bd, Jersey City, NJ 07305

National Council for Geographic Education, NCGE, (1915), 111 W Washington St, Chicago, IL 60602

National Council for Jewish Education, NCJE, (1926), 114 Fifth Av, New York, NY 10011

National Council for Textile Education, POB 391, Charlottesville, VA 22901

National Council for the Social Studies, NCSS, (1921), 1201 NW 16 St, Washington, DC 20036

National Council for Torah Education, NCTE, (1939), 200 S Park Av, New York, NY 10003

National Council of Beth Jacob Schools, (1943), 125 Heyward St, Brooklyn, NY 11206

National Council of Engineering Examiners, NCEE, (1920), PO Drawer 752, Clemson, SC 29631

National Council of Independent Colleges and Universities, NCICU, (1967), 1818 NW R St, Washington, DC 20009

National Council of Independent Junior Colleges, (1969), 1 Dupont Circle, Washington, DC 20036

National Council of Local Administrators of Vocational Education and Practical Arts, NCLA, (1942), c/o Trade and Technical Education, Board of Education, 110 Livingston St, Brooklyn, NY 11201

National Council of Scientific and Technical Art Societies, NCSTAS, (1968), 1419 E Virginia Rd, Fullerton, CA 92631

National Council of State Consultants in Elementary Education, NCSCEE, (1939), 3942 N Upland St, Arlington, VA 22207

National Council of State Directors of Community Junior Colleges, 1 Dupont Circle, Washington, DC 20036

National Council of State Education Associations, NCSEA, 1201 NW 16 St, Washington, DC 20036

National Council of State Pharmaceutical Association Executives, (1927), 1305 Third Av, Seattle, WA 98101

National Council of State Supervisors of Foreign Languages, NCSSFL, (1960), 721 Capitol Mall, Sacramento, CA 95814

National Council of State Supervisors of Music, (1940), c/o Music Educators National Conference, 1201 NW 16 St, Washington, DC 20036

National Council of Teachers of English, NCTE, (1911), 508 S Sixth St, Champaign, IL 61820

National Council of Teachers of Mathematics, NCTM, (1920), 1201 NW 16 St, Washington, DC 20036

National Council of Technical Schools, NCTS, (1944), 1507 NW M St, Washington, DC 20005

National Council of the Arts in Education, NCAIE, (1958), Lowell Hall, University of Wisconsin, Madison, WI 53706

National Council of University Research Administrators, NCURA, (1960), 1 Dupont Circle, Washington, DC 20036

National Council on Measurement in Education, NCME, (1938), c/o Office of Evaluation Services, Michigan State University, East Lansing, MI 48823

National Council on Noise Abatement, NCNA, (1968), 1001 Connecticut Av, Washington, DC 20036

National Council on Radiation Protection and Measurements, NCRP, (1929), 4201 NW Connecticut Av, Washington, DC 20008

National Council on the Arts and Government, NCAG, (1954), 945 Madison Av, New York, NY 10021

National Dental Association, NDA, (1932), POB 197, Charlottesville, VA 22902

National Eclectic Medical Association, NEMA, (1848), 2510 NE 19 Av, Pompano Beach, FL 33062

National Education Association, NEA, (1857), 1201 NW 16 St, Washington, DC 20036

National Education Council of the Christian Brothers, NECCB, c/o Christian Brothers Conference, Lockport, IL 60441

National Education Field Service Association, NEFSA, (1948), 1201 NW 16 St, Washington, DC 20036

National Electronics Conference, NEC, (1944), 1211 W 22 St, Oak Brook, IL 60521

National Electronics Teachers' Service, NETS, (1968), c/o Department of Industrial Education, State University, Murray, KY 42071

National Environmental Health Association, (1930), 1600 Pennsylvania, Denver, CO 80203

National Faculty Association of Community and Junior Colleges, NFACJC, (1967), 1201 NW 16 St, Washington, DC 20036

National Federation of Catholic Physicians' Guilds, NFCPG, (1932), 2825 N Mayfair Rd, Milwaukee, WI 53222

National Federation of Modern Language Teachers Associations, NFMLTA, (1916), 212 Crosby Hall, State University of New York, Buffalo, NY 14214

National Federation of Science Abstracting and Indexing Services, NFSAIS, (1958), 2102 Arch St, Philadelphia, PA 19103

National Geographic Society, NGS, (1888), NW 17 St, Washington, DC 20036

National Geriatrics Society, NGS, (1953), 10400 Connecticut Av, Kensington, MD 20795

National Guild of Catholic Psychiatrists, (1950), c/o D. J. Alamprese, POB 56, Watertown, CT 06794

National Guild of Community Music Schools, NGCMS, (1937), 244 E 52 St, New York, NY 10022

National Guild of Piano Teachers, NGPT, (1929), 808 Rio Grande, Austin, TX 78767

National Health Council, NHC, (1920), 1740 Broadway, New York, NY 10019

National Health Federation, NHF, (1955), POB 686, Monrovia, CA 91016

National Higher Education Staff Association, NHESA, (1969), c/o National Higher Education Association, 1201 NW 16 St, Washington, DC 20036

National Home Study Council, NHSC, (1926), 1601 NW 18 St, Washington, DC 20009

National Institute for Architectural Education, NIAE, (1894), 20 W 40 St, New York, NY 10018

National Institute of Arts and Letters, NIAL, (1898), 633 W 155 St, New York, NY 10032

National Institute of Science, NIS, (1952), c/o Dr. A. L. Richardson, Department of Biology, State College, Norfolk, VA 23504

National Institute of Social and Behavioral Science, NISBS, (1959), 863 Benjamin Franklin Station, Washington, DC 20044

National Institute of Social Sciences, NISS, (1899), 271 Madison Av, New York, NY 10022

National Jewish Music Council, NJMC, (1944), 15 E 26 St, New York, NY 10010

National League of American Pen Women, NLAPW, (1897), 1300 NW 17 St, Washington, DC 20036

National Maritime Historical Society, NMHS, 1108 NW 16 St, Washington, DC 20036

National Medical and Dental Association, NMDA, (1900), 15120 Michigan Av, Dearborn, MI 48126

National Medical Association, NMA, (1895), 1717 NW Massachusetts Av, Washington, DC 20036

National Medico-Dental Council for the Evaluation of Fluoridation, (1958), 433 Old Boonton Rd, Boonton, NJ 07005

National Multiple Sclerosis Society, NMSS, (1946), 257 S Park Av, New York, NY 10010

National Music Council, NMC, (1940), 2109 Broadway, New York, NY 10023

National Music League, NML, (1927), 130 W 56 St, New York, NY 10019

National Oceanography Association, NOA, (1966), 1900 NW L St, Washington, DC 20036

National Opera Association, NOA, (1955), 2226 Nolen Dr, Flint, MI 48504

National Orchestral Association, (1930), 111 W 57 St, New York, NY 10019

National Organization to Insure a Sound-Controlled Environment, (1969), 1 West St, Mineola, NY 11501

National Osteopathic Guild Association, NOGA, (1955), 335 Wynwood Rd, York, PA 17402

National Pharmaceutical Association, NPA, (1947), c/o College of Pharmacy, Howard University, Washington, DC 20001

National Psychological Association, NPA, (1946), Williamsport Bldg, Williamsport, PA 17701

National Psychological Association for Psychoanalysis, NPAP, (1946), 150 W 13 St, New York, NY 10011

National Records Management Council, NRMC, (1948), 555 Fifth Av, New York, NY 10017

National Registry in Clinical Chemistry, NRCC, (1967), 1155 NW 16 St, Washington, DC 20036

National Rehabilitation Association, NRA, (1925), 1522 NW K St, Washington, DC 20005

National Research Council, (1916), 2101 Constitution Av, Washington, DC 20418

National Respiratory Disease Conference, NRDC, (1912), 1740 Broadway, New York, NY 10019

National School Orchestra Association, NSOA, (1958), 818 Washington Bd, Kansas City, KS 66102

National Schools Committee for Economic Education, (1953), 1 Park Av, Old Greenwich, CT 06870

National Science Supervisors Association, NSSA, (1960), c/o J. C. Rosemergy, Public Schools, Ann Arbor, MI 48104

National Science Teachers Association, NSTA, (1895), 1201 NW 16 St, Washington, DC 20036

National Sculpture Society, NSS, (1893), 250 E 51 St, New York, NY 10022

National Shellfisheries Association, NSA, (1909), c/o Fish and Wildlife Administration, State Office Bldg, Annapolis, MD 21401

National Society for Medical Research, NSMR, (1946), 1330 NW Massachusetts Av, Washington, DC 20005

National Society for Programmed Instruction, NSPI, (1962), POB 137, Cardinal Station, Washington, DC 20017

National Society for the Preservation of Covered Bridges, (1948), 63 Fairview Av, South Peabody, MA 01960

National Society for the Study of Education, NSSE, (1895), 5835 Kimbark Av, Chicago, IL 60637

National Society of Film Critics, NSFC, (1966), c/o G. Merrifeld, 178 Waverly Pl, New York, NY 10014

National Society of Mural Painters, NSMP, (1893), 1083 Fifth Av, New York, NY 10028

National Society of Painters in Casein, NSPC, (1952), 182 Bennett Av, New York, NY 10040

National Society of Professors, NSP, (1967), 1201 NW 16 St, Washington, DC 20036

National Speleological Society, NSS, (1941), 2318 N Kenmore St, Arlington, VA 22201

National Tay-Sachs and Allied Diseases Association, NTSAD, (1957), 200 S Park Av, New York, NY 10003

National Technical Association, NTA, (1928), 130 N Wells St, Chicago, IL 60606

National Theatre Arts Conference, NTAC, (1937), 2010 E Broad, Columbus, OH 43204

National Theatre Conference, NTC, (1925), c/o Theatre Collection, 111 Amsterdam Av, New York, NY 10023

National Theatre Institute, NTI, (1970), 305 Great Neck Rd, Waterford, CT 06385

National Tuberculosis and Respiratory Disease Association, NTRDA, (1904), 1740 Broadway, New York, NY 10019

National Union of Christian Schools, NUCS, (1920), 865 SE 28 St, Grand Rapids, MI 49508

National Vocational Agricultural Teachers' Association, NVATA, (1948), Box 4498, Lincoln, NB 68504

National Wildlife Federation, (1936), 1412 NW 16 St, Washington, DC 20036

National Writers Club, NWC, (1937), 745 Sherman St, Denver, CO 80203

Natural Resources Council of America, c/o Wildlife Management Institute, 709 Wire Bldg, Washington, DC 20005

Natural Resources Council of America, NRC, (1946), 719 NW 13 St, Washington, DC 20005

Natural Resources Defense Council, NRDC, (1970), 1600 NW 20 St, Washington, DC 20009

Nature Conservancy, (1946), 1800 N Kent St, Arlington, VA 22209

Near East College Association, NECA, (1919), 305 E 45 St, New York, NY 10017

Nebraska Dental Association, (1876), Nebraska City, NB 68410

Carl Neilsen Society of America, (1965), POB 5242, Madison, WI 53705

Neurosurgical Society of America, NSA, (1948), c/o Yale-New Haven Hospital, 789 Howard Av, New Haven, CT 06510

Nevada State Medical Association, (1904), c/o 3660 Baker Lane, Reno, NV 89502

New Art Association, NAA, (1970), Box 504, Planetarium Station, New York, NY 10024

New Dramatists, (1949), 424 W 44 St, New York, NY 10036

New England Antiquities Research Association, NEARA, (1964), 4 Smith St, Milford, NH 03055

New England Association of Colleges and Secondary Schools, NEACSS, (1885), 131 Middlesex Turnpike, Burlington, MA 01803

New England Otolaryngological Society, (1904), 116 Rockland St, Natick, MA 01760

New England Pediatric Society, (1912), 300 Langwood Av, Boston, MA 02115

New England Psychological Association, (1960), 121 S Fruit St, Concord, NH 03301

New England Roentgen Ray Society, (1919), 330 Brookline Av, Boston, MA 02215

New England Surgical Society, (1916), 721 Huntington Av, Boston, MA 02115

New Hampshire Dental Society, (1877), 517 Milton St, Manchester, NH 03104

New Hampshire Medical Society, (1791), 18 School St, Concord, NH 03301

New Mexico Dental Association, (1908), 2917 SE Santa Cruz Av, Albuquerque, NM 87106

New Mexico Geological Society, (1947), c/o New Mexico Institute of Mining and Technology, Socorro, NM 87801

New Mexico Optometric Association, (1905), POB 184, Clovis, NM 88101

New Schools Exchange, (1970), 701b Anacapa, Santa Barbara, CA 93101

New Testament Colloquium, (1960), c/o Department of Religious Studies, University of Montana, Missoula, MT 59801

New York Academy of Medicine, (1847), 2 E 103 St, New York, NY 10029

New York Academy of Sciences, (1817), 2 E 63 St, New York, NY 10021

New York Browning Society, (1967), POB 2983, Grand Central Station, New York, NY 10017

New York Committee for the Investigation of Paranormal Occurrences, (1962), c/o H. Holzer, 140 Riverside Dr, New York, NY 10024

New York Drama Critics Circle, (1935), c/o New York Library Theatre Collection, 111 Amsterdam Av, New York, NY 10036

New York Film Critics, (1935), c/o Daily News, 220 E 42 St, New York, NY 10017

New York Financial Writers' Association, NYFWA, (1938), POB 4306, New York, NY 10017

New York Historical Society, (1804), 170 W Central Park, New York, NY 10024

New York Hot Jazz Society, (1967), 250 W 57 St, New York, NY 10019

New York Institute of Clinical Oral Pathology, (1932), 101 E 79 St, New York, NY 10021

New York Microscopical Society, (1877), W Central Park, New York, NY 10024

New York Pigment Club, NYPC, (1953), 50 White St, New York, NY 10013

New York Roentgen Society, (1912), 2 E 103 St, New York, NY 10029

New York Shavians, (1962), 14 Washington Pl, New York, NY 10003

New York State Psychological Association, (1921), 145 E 52 St, New York, NY 10022

New York State Society for Medical Research, (1951), 2 E 63 St, New York, NY 10021

New York Zoological Society, (1895), 630 Fifth Av, New York, NY 10020

Newcomen Society in North America, (1923), POB 113, Downingtown, PA 19335

Nockian Society, (1963), 30 S Broadway, Irvington, NY 10533

North American Academy of Manipulative Medicine, (1965), POB 2071, Santa Fe, NM 87501

North American Ballet Association, NABA, (1966), 2801 NW Connecticut Av, Washington, DC 20008

North American Dostoevsky Society, NADS, (1970), c/o Department of Slavic Languages and Literature, George Washington University, Washington, DC 20006

North American Mycological Association, (1959), 4245 Redinger Rd, Portsmouth, OH 45662

North American Professional Driver Education Association, NPDEA, (1958), POB 27368, San Francisco, CA 94127

North American Vexillological Association, NAVA, (67), 235 S Pine Lane, Lombard, IL 60148

North Carolina Neuropsychiatric Association, (1935), 923 Broad St, Durham, NC 27705

North Central Association of Colleges and Secondary Schools, 5454 S Shore Dr, Chicago, IL

North Dakota Geological Society, (1951), POB 1123, Bismarck, ND 58501

North Dakota Society of Obstetrics and Gynecology, (1938), POB 2067, Fargo, ND 58103

North Florida Radiological Society, (1954), 800 Miami Rd, Jacksonville, FL 32207

North Pacific Pediatric Society, (1962), Boise, ID 83700

North Pacific Society of Neurology and Psychiatry, (1939), POB 2908, Portland, OR 97208

North Texas Geological Society, (1923), POB 1671, Wichita Falls, TX 76307

Northeastern New York Radiological Society, (1950), 1547 Union St, Schenectady, NY 12308

Northeastern Weed Science Society, (1947), c/o Virginia Truck and Ornamental Research Station, Painter, VA 23420

Northern Arizona Society of Science and Art, (1928), POB 1389, Flagstaff, AZ 86001

Northern California Diabetes Association, 255 Hugo St, San Francisco, CA 94122

Northern California Occupational Therapy Association, POB 236, San Carlos, CA 94070

Northern California Psychiatric Society, 219 10 Av, San Francisco, CA 94118

Northwest Association of Private Colleges and Universities, NAPCU, (1967), 213 SW Ash, Portland, OR 97204

Northwest Association of Secondary and Higher Schools, (1917), 3731 NE University Way, Seattle, WA 98105

Northwest Scientific Association, (1923), c/o University of Washington, Seattle, WA 98105

Norwegian Singers Association of America, NSAA, 3133 S Humboldt Av, Minneapolis, MN 55408

Norwegian-American Historical Association, NAHA, (1925), c/o Saint Olaf College, Northfield, MN 55057

Numerical Control Society, NCS, (1962), 44 Nassau St, Princeton, NJ 08540

Oak Ridge Associated Universities, ORAU, (1946), POB 117, Oak Ridge, TN 37830

Office Education Association, OEA, (1966), 4428 Nakoma Rd, Madison, WI 53711

Office of Research and Information, (1958), 1 Dupont Circle, Washington, DC 20036

Ohio Academy of Science, (1891), 445 King Av, Columbus, OH 43201

Ohio Psychological Association, (1938), Arps Hall, Ohio State University, Columbus, OH 43210

Ohio State Horticultural Society, (1847), 151 Chaucer Court, Worthington, OH 43085

Ohio State Medical Association, (1846), 175 High St, Columbus, OH 43215

Oklahoma Anthropological Society, (1952), c/o Department of Anthropology, University of Oklahoma, Norman, OK 73069

Oklahoma Rheumatism Society, (1948), 825 NE 13 St, Oklahoma City, OK 73104

Oklahoma State Medical Association, (1906), POB 18696, Oklahoma City, OK 73118

Operations Research Society of America, ORSA, (1952), 428 E Preston St, Baltimore, MD 21202

Optical Society of America, (1963), 2100 NW Pennsylvania Av, Washington, DC 20037

Oral History Association, OHA, (1966), c/o Butler Library, Columbia University, New York, NY 10027

Oregon Historical Society, (1898), Portland, OR 97205

Oregon Horticultural Society, (1885), 236 Cordley Hall, Oregon State University, Corvallis, OR 97331

Oregon Psychological Association, (1936), c/o University of Oregon, Eugene, OR 97403

Oregon Radiological Society, (1947), 13753 SW Farmington Rd, Beaverton, OR 97005

Organ and Piano Teachers Association, OPTA, (1966), 436 Via Media, Palos Verdes Estates, CA 90274

Organ Historical Society, OHS, (1956), c/o Historical Society of York County, 250 E Market St, York, PA 17403

Organization for Tropical Studies, OTS, (1963), c/o North American Office, 5900 SW 73 St, South Miami, FL 33143

Organization of American Historians, OAH, (1907), c/o T. D. Clark, Indiana University, 112 N Bryan St, Bloomington, IN 47401

Orthopaedic Research Society, ORS, (1954), 150 E 77 St, New York, NY 10021

Osteopathic College of Ophthalmology and Otorhinolaryngology, OCOO, (1916), POB M, Kirksville, MO 63501

Otosclerosis Study Group, (1947), 3400 NW 56, Oklahoma City, OK 73112

Outdoor Education Association, OEA, (1940), 606 1/2 S Marion Av, Carbondale, IL 62901

Outer Circle, (1950), 150 E 35 St, New York, NY 10016

Overseas Education Association, OEA, (1956), c/o Vandenberg Elementary School, New York, NY 10001

Pacific Coast Entomological Society, c/o Department of Entomology, University of California, Davis, CA 95616

Pacific Coast Obstetrical and Gynecological Society, (1931), 550 Washington St, San Diego, CA 92103

Pacific Coast Oto-Ophthalmological Society, (1912), 516 Sutter St, San Francisco, CA 94102

Pacific Coast Surgical Association, (1925), 2455 NW Marshall St, Portland, OR 97210

Pacific Law and Society Association, PLSA, 1777 East-West Rd, Honolulu, HI 96822

Pacific Musical Society, 2212 Sacramento St, San Francisco, CA 94115

Pacific Northwest Bird and Mammal Society, (1920), c/o C. P. Creso, POB 1685, Spanaway, WA 98387

Pacific Northwest Dermatological Society, (1939), 118 9 Av, Seattle, WA 98101

Pacific Northwest Radiological Society, (1947), 306 Stimson Bldg, Seattle, WA 98101

Pacific Science Association, (1920), c/o B. P. Bishop Museum, POB 6037, Honolulu, HI 96818

Pacific Sociological Association, c/o Department of Sociology, Arizona State University, Tempe, AZ 85281

Paint Research Institute, PRI, (1957), c/o Department of Chemistry, Kent State University, Kent, OH 44240

Paleontological Research Institution, PRI, (1932), 1259 Trumansburg Rd, Ithaca, NY 14850

Paleontological Society, PS, (1909), c/o W. O. Addicott, US Geological Survey, 345 Middlefield Rd, Menlo Park, CA 94025

Pan American Association of Oto-Rhino-Laryngology and Broncho-Esophagology, (1946), c/o Institute of Laryngology and Voice Disorders, 10921 Wilshire Bd, Los Angeles, CA 90024

Pan-American Association of Ophthalmology, (1939), 211 N Meramec Av, Clayton, MO 63105

Pan-American Cancer Cytology Society, PACCS, (1952), 6200 NW Miami Court, Miami, FL 33150

Pan-American Federation of Engineering Societies, UPADI, (1949), c/o Engineers Joint Council, 345 E 47 St, New York, NY 10017

Pan-American Health Organization, PAHO, (1902), 525 NW 23 St, Washington, DC 20037

Pan-American Medical Association, PAMA, (1925), 745 Fifth Av, New York, NY 10022

Pan-American Medical Women's Alliance, PAMWA, (1947), 1019 W 50 St, Wichita, KS 67204

Pan-Pacific Surgical Association, PPSA, (1929), 236 Alexander Young Bldg, Honolulu, HI 96813

Parapsychological Association, PA, (1957), c/o Dr. J. G. Pratt, University of Virginia Hospital, Charlottesville, VA 22901

Charles S. Peirce Society, (1946), c/o R. J. Bernstein, Department of Philosophy, College, Haverford, PA 19041

P.E.N. American Center, (1921), 156 5 Av, New York, NY 10010

Pen and Brush Club, 16 E 10 St, New York, NY 10003

Pennsylvania Horticultural Society, (1827), 325 Walnut St, Philadelphia, PA 19106

Pennsylvania Medical Society, (1848), 230 State St, Harrisburg, PA 17102

Pennsylvania Psychological Association, (1934), POB 215, Springfield, PA 19064

Pennsylvania Radiological Society, (1916), Danville, PA 17821

Percussive Arts Society, PAS, (1960), 130 Carol Dr, Terre Haute, IN 47805

Permanent International Association of Navigation Congresses, PIANC, (1902), c/o Board of Engineers for Rivers and Harbors, Washington, DC 20315

Personalist Group-Western Division, (1956), c/o Dr. C. D. Hilderbrand, DePauw University, Greencastle, IN 46135

Personalistic Discussion Group-Eastern Division, (1939), c/o P. A. Bertocci, University, Boston, MA 02215

Philadelphia Classical Association, c/o Saint Joseph's College, Philadelphia, PA 19131

Philosophy of Education Society, PES, (1941), c/o School of Education, University of Missouri, Kansas City, MO 64110

Philosophy of Science Association, PSA, (1934), c/o Department of Philosophy, Michigan State University, East Lansing, MI 48223

Phlebology Society of America, (1962), 155 E 72 St, New York, NY 10021

Phycological Society of America, PSA, (1946), c/o Dr. P. L. Walne, Department of Botany, University of Tennessee, Knoxville, TN 37916

Physicians Forum, (1943), 510 Madison Av, New York, NY 10022

Phytochemical Society of North America, PSNA, (1960), c/o J. W. McClure, Botany Department, Miami University, Oxford, OH 45056

Pilgrim Society, (1920), Court St, Plymouth, MA 02360

Pioneer America Society, (1967), 626 S Washington St, Falls Church, VA 22046

Plastics Institute of America, PIA, (1961), c/o Stevens Institute of Technology, Hoboken, NJ 07030

Play Schools Association, PSA, (1939), 120 W 57 St, New York, NY 10019

Poetry Society of America, PSA, (1910), 15 Grammercy Park, New York, NY 10003

Polish American Historical Association, PAHA, c/o Polish Museum of America, 984 N Milwaukee Av, Chicago, IL 60622

Polish Institute of Arts and Sciences in America, PIASA, (1942), 59 E 66 St, New York, NY 10021

Popular Culture Association, PCA, (1969), 101 University Hall, University, Bowling Green, OH 43403

Population Crisis Committee, PCC, (1965), 1730 NW K St, Washington, DC 20006

Poultry Science Association, PSA, (1908), c/o Department of Poultry Science, Texas A and M University, College Station, TX 77843

Presbyterian Educational Association of the South, (1913), c/o Division of Higher Education, POB 1176, Richmond, VA 23209

Presbyterian Historical Society, PHA, (1852), 425 Lombard St, Philadelphia, PA 19147

Print Council of America, PCA, (1956), 527 Madison Av, New York, NY 10022

Proust Research Association, PRA, (1967), c/o Department of French and Italian, Lawrence, KS 66044

Psoriasis Research Association, PRA, (1953), 107 Vista del Grande, San Carlos, CA 94070

Psychologists Interested in Religious Issues, PIRI, (1948), c/o Fordham University, Bronx, NY 10458

Psychology Society, (1960), 100 Beekman St, New York, NY 10038

Psychometric Society, (1935), c/o Educational Testing Service, Princeton, NJ 08540

Psychonomic Society, (1959), c/o University of Wisconsin, Madison, WI 53706

Public Health Cancer Association of America, PHCAA, (1944), c/o State Department of Health, 79 Elm St, Hartford, CT 06115

Public Library Association, PLA, (1944), 50 E Huron St, Chicago, IL 60611

Pure Water Association of America, (1955), POB 424, Berkeley, CA 94701

Pythagorean Philosophical Society, (1955), POB 267, Refugio, TX 78377

Radiation Research Society, RRS, (1952), c/o R. J. Burk, 4211 NW 39 St, Washington, DC 20016

Radio and Television Research Council, (1943), c/o Broadcast Advertisers Reports, 500 Fifth Av, New York, NY 10036

Radio Technical Commission for Aeronautics, RTCA, (1935), 1717 NW H St, Washington, DC 20006

Radiological Society of North America, RSNA, (1915), 713 E Genesse St, Syracuse, NY 13210

Railroad Station Historical Society, RSHS, (1967), 430 Ivy Av, Crete, NB 68333

Reaction Research Society, RRS, (1943), POB 1101, Glendale, CA 91209

Reference Services Division, RSD, (1956), 50 E Huron St, Chicago, IL 60611

Regional Educational Laboratories, (1966), c/o Office of Education, Department of Health, Education and Welfare, Washington, DC 20202

Regional Science Association, RSA, (1954), c/o Wharton School, University of Pennsylvania, Philadelphia, PA 19104

Reinforced Concrete Research Council, RCRC, (1948), 5420 Old Orchard Rd, Skokie, IL 60078

Renaissance English Text Society, RETS, (1959), c/o J. M. Wells, Newberry Library, Chicago, IL 60610

Renaissance Society of America, RSA, (1954), 1161 Amsterdam Av, New York, NY 10027

Research Society for Victorian Periodicals, RSVP, (1969), c/o Prof. M. Wolff, Center for the Humanities, Wesleyan University, Middletown, CT 06457

Resources and Technical Services Division, RTSD, (1900), 50 E Huron St, Chicago, IL 60611

Reticuloendothelial Society, RES, (1955), c/o Department of Anatomy, University of Utah, Salt Lake City, UT 84112

Rhode Island Historical Society, (1822), 52 Power St, Providence, RI 02906

Rhode Island Medical Society, (1812), 106 Francis St, Providence, RI 02903

Richard III Society, (1924), 230 E 52 St, New York, NY 10022

Rocket City Astronomical Association, RCAA, (1954), POB 1142, Huntsville, AL 35817

Rocky Mountain Radiological Society, (1941), 3 Winwood Dr, Englewood, CO 80110

Rocky Mountain Traumatologic Society, (1958), 2020 E 93 St, Cleveland, OH 44106

Theodore Roosevelt Association, (1919), 28 E 20 St, New York, NY 10003

Rural Education Association, (1907), 1201 NW 16 St, Washington, DC 20036

Rural Sociological Society, RSS, (1937), c/o Department of Rural Sociology, South Dakota State University, Brookings, SD 57006

Rushlight Club, (1932), c/o H. W. Rapp, 21 Claire Rd, Vernon, CT 06066

Salmagundi Club, SC, (1871), 47 Fifth Av, New York, NY 10003

San Diego Society of Natural History, (1874), POB 1390, San Diego, CA 92112

San Francisco Art Commission, 165 Grove St, San Francisco, CA 94102

San Francisco Association for Mental Health, 655 Van Ness Av, San Francisco, CA 94102

San Francisco Bay Area Psychological Association, 649 Irving St, San Francisco, CA 94122

San Francisco Classroom Teachers Association, 810 Fox Pl, San Francisco, CA 94102

San Francisco Dental Society, 450 Sutter St, San Francisco, CA 94108

San Francisco Diabetes Association, 255 Hugo St, San Francisco, CA 94122

San Francisco Medical Society, 250 Masonic Av, San Francisco, CA 94118

San Francisco Optometric Society, 930 Taraval St, San Francisco, CA 94116

San Francisco Orchid Society, Hall of Flowers, Golden Gate Park, San Francisco, CA 94122

San Francisco Podiatry Group, 1770 Eddy St, San Francisco, CA 94115

San Francisco Tuberculosis and Health Association, 259 Geary St, San Francisco, CA 94102

San Francisco Wagner Society, 1415 Cabrillo St, San Francisco, CA 94118

San Francisco Zoological Society, Zoo Rd, San Francisco, CA 94107

School and College Conference on English, SCCE, (1925), c/o School, Chapman Pkwy, Stony Brook, NY 11790

School Facilities Council of Architecture, Education and Industry, SFC, (1956), c/o Dr. A. W. Salisbury, Western Illinois University, Macomb, IL 61455

School Science and Mathematics Association, SSMA, (1903), POB 246, Bloomington, IN 47401

Schools, (1895), 5454 S Shore Dr, Chicago, IL 60615

Schools, (1887), 225 Broadway, New York, NY 10007

Science Fiction Research Association, SFRA, (1970), c/o College, Wooster, OH 44691

Science Fiction Writers of America, SFWA, (1965), POB 1569, Twin City Airport, MN 55111

Science Service, (1921), 1719 NW N St, Washington, DC 20036

Scientific Information and Education Council of Physicians, SIECOP, (1969), Postal Lock Drawer 249, Melbourne, FL 32901

Scientific Manpower Commission, SMC, (1953), 2101 NW Constitution Av, Washington, DC 20418

Scientific Research Society of America, RESA, (1947), 155 Whitney Av, New Haven, CT 06510

Scientists' Committee for Public Information, SCPI, (1958), 30 E 68 St, New York, NY 10021

Screen Composers' Association, SCA, (1945), 9250 Wilshire Bd, Beverly Hills, CA 90212

Screw Research Association, SRA, 8 Mercer Rd, Natick, MA 01760

Sculptors Guild, (1938), 122 E 42 St, New York, NY 10017

Sculpture Center, (1928), 167 E 69 St, New York, NY 10021

Secondary School Theatre Conference, SSTC, (1959), 1317 NW F St, Washington, DC 20004

Section on Twin and Sibling Studies, (1962), c/o National Institute of Mental Health, Bethesda, MD 20014

Seismological Society of America, SSA, (1906), POB 826, Berkeley, CA 94701

Shakespeare Association of America, SAA, (1923), 61 Broadway, New York, NY 10006

Shakespeare Oxford Society, (1957), 918 NW F St, Washington, DC 20004

Shawnee Mission Indian Historical Society, (1930), 6116 Roger Dr, Shawnee, KS 66203

SIETY FOR Automation in Business Education, SABE, (1961), 2 Union, Northfield, VT 05663

Simpler Spelling Association, SSA, (1946), c/o Lake Placid Club, Essex County, NY 12946

Slovak Writers and Artists Association, (1954), 2900 East Bd, Cleveland, OH 44104

Smithsonian Institution, (1846), 1000 SW Jefferson Dr, Washington, DC 20560

Social Science Education Consortium, SSEC, (1963), 855 Broadway, Boulder, CO 80302

Social Science Research Council, SSRC, (1923), 230 Park Av, New York, NY 10017

Societas Campanariorum, (1953), c/o Riverside Church, 490 Riverside Dr, New York, NY 10027

Societas Internationalis Limnologiae, c/o Biological Station, Michigan State University, Hickory Corners, MI 49060

Société des Professeurs Français en Amérique, (1904), c/o Department of Romance Languages, University, Princeton, NJ 08540

Société Historique et Folklorique Française, (1936), 56 203 St, Bayside, NY 11364

Society for American Archaeology, SAA, (1935), c/o Dr. R. E. W. Adams, Department of Anthropology, University of Minnesota, Minneapolis, MN 55455

Society for American Philosophy, SAP, (1962), Michael Hall, State University of New York, Buffalo, NY 14214

Society for Ancient Greek Philosophy, SAGP, (1953), c/o R. W. Hall, Department of Philosophy, University of Vermont, Burlington, VT 05401

Society for Applied Anthropology, SAA, (1941), Lafferty Hall, University of Kentucky, Lexington, KY 40506

Society for Applied Spectroscopy, SAS, (1958), c/o Nuclear Materials and Equipment Corp, POB 306, Lewiston, NY 14092

Society for Asian and Comparative Philosophy, (1968), 1993 East-West Rd, Honolulu, HI 96822

Society for Asian Art, SAA, (1958), c/o M. H. de Young Memorial Museum, Golden Gate Park, San Francisco, CA 94118

Society for Asian Music, (1960), 112 E 64 St, New York, NY 10021

Society for Automation in English and the Humanities, SAEH, (1968), 76 Union, Northfield, VT 05663

Society for Automation in Professional Education, SAPE, (1968), 76 Union, Northfield, VT 05663

Society for Automation in the Fine Arts, SAFA, (1968), 76 Union, Northfield, VT 05663

Society for Automation in the Sciences and Mathematics, SASM, (1968), 76 Union, Northfield, VT 05663

Society for Automation in the Social Sciences, SASS, (1968), 76 Union, Northfield, VT 05663

Society for Biological Rhythm, SBR, (1937), c/o Department of Pathology, University of Minnesota, Minneapolis, MN 55455

Society for Cinema Studies, SCS, (1959), c/o A. Lamont, 100 Walnut Pl, Brookline, MA 02146

Society for Cinephiles, (1965), c/o G. Berkow, 495 Amboy Av, Woodbridge, NJ 07095

Society for Commissioning New Music, (1968), c/o R. Levy, 222 N First Av, Iowa City, IA 52240

Society for Creative Anachronism, SCA, (1966), 2815 Forest Av, Berkeley, CA 94705

Society for Cryobiology, (1963), c/o Dr. M. A. Brock, Gerontology Research Center, City Hospitals, Baltimore, MD 21224

Society for Developmental Biology, SDB, (1939), 32 Linda Court, Elsmere, NY 12054

Society for Economic Botany, (1959), c/o New Crops Research Branch, USDA, Beltsville, MD 20705

Society for Educational Data Systems, SEDS, (1968), 76 Union, Northfield, VT 05663

Society for Ethnomusicology, c/o R. A. Black, Department of Anthropology, California State University, Hayward, CA 94542

Society for Experimental Biology and Medicine, SEBM, (1903), 630 W 168 St, New York, NY 10032

Society for Experimental Stress Analysis, SESA, (1943), 21 Bridge Sq, Westport, CT 06880

Society for French Historical Studies, SFHS, (1955), c/o C. K. Warner, Department of History, University of Kansas, Lawrence, KS 66044

Society for General Systems Research, SGSR, (1954), 12613 Bunting Lane, Bowie, MD 20715

Society for Historians of American Foreign Relations, SHAFR, (1967), c/o Department of History, LaSalle College, Philadelphia, PA 19141

Society for Historical Archaeology, SHA, (1967), c/o R. Sprague, University of Idaho, Moscow, ID 83843

Society for Industrial and Applied Mathematics, SIAM, (1952), 33 S 17 St, Philadelphia, PA 19103

Society for Industrial Microbiology, SIM, (1948), 3900 NW Wisconsin Av, Washington, DC 20016

Society for Investigative Dermatology, SID, (1937), c/o J. S. Strauss, University Medical Center, 80 E Concord St, Boston, MA 02118

Society for Italian Historical Studies, SIHS, c/o University of Connecticut, Storrs, CT 06268

Society for Maritime History, (1969), POB 186, North Marshfield, MA 02059

Society for Natural Philosophy, (1963), 119 Latrobe Hall, Johns Hopkins University, Baltimore, MD 21218

Society for Neuroscience, (1969), 9650 Rockville Pike, Bethesda, MD 20014

Society for Pediatric Research, SPR, (1929), c/o University Medical Center, Stanford, CA 94305

Society for Pediatric Urology, c/o R. Lyon, 3000 Colby St, Berkeley, CA 94705

Society for Personality Assessment, SPA, (1938), 1070 E Angeleno Av, Burbank, CA 91501

Society for Phenomenology and Existential Philosophy, SPEP, (1962), c/o Department of Philosophy, Yale University, New Haven, CT 06520

Society for Philosophy of Creativity, SPC, (1952), 303 S Tower Rd, Carbondale, IL 62901

Society for Psychophysiological Research, (1960), c/o Department of Psychology, Washington University, 1420 Grattan, Saint Louis, MO 63104

Society for Religion on Higher Education, 400 Prospect St, New Haven, CT 06510

Society for Spanish and Portuguese Historical Studies, SSPHS, (1969), c/o Department of History, Wesleyan University, Middletown, CT 06457

Society for Strings, 170 W 73 St, New York, NY 10023

Society for Surgery of the Alimentary Tract, (1960), 840 S Wood St, Chicago, IL 60612

Society for the Advancement of Education, SAE, (1939), 1860 Broadway, New York, NY 10023

Society for the Advancement of Food Service Research, SAFSR, (1958), 1530 N Lake Shore Dr, Chicago, IL 60610

Society for the Advancement of Scandinavian Study, SASS, (1911), 127 E 73 St, New York, NY 10021

Society for the Arts, Religion and Contemporary Culture, ARC, (1962), 35 E 72 St, New York, NY 10021

Society for the Comparative Study of Society and History, (1959), c/o Department of History, University of Michigan, Ann Arbor, MI 48104

Society for the History of Czechoslovak Jews, (1961), 25 Mayhew Av, Larchmont, NY 10538

Society for the History of Discoveries, (1960), c/o University of Minnesota Library, Minneapolis, MN 55455

Society for the History of Technology, SHOT, (1958), c/o Georgia Institute of Technology, Atlanta, GA 30332

Society for the History of the Germans in Maryland, SHGM, (1886), 231 Saint Paul Pl, Baltimore, MD 21202

Society for the Humanities, (1966), c/o Cornell University, 308 Wait Av, Ithaca, NY 14850

Society for the Investigation of the Unexplained, SITU, (1965), 1 RD, Columbia, NJ 07832

Society for the Philosophical Study of Dialectical Materialism, SPSDM, c/o Dr. J. Somerville, 100 E 87 St, New York, NY 10028

Society for the Preservation of New England Antiquities, SPNEA, (1910), 141 Cambridge St, Boston, MA 02114

Society for the Psychological Study of Social Issues, SPSSI, (1936), POB 1248, Ann Arbor, MI 48106

Society for the Rehabilitation of the Facially Disfigured, (1951), 550 First Av, New York, NY 10016

Society for the Scientific Study of Sex, SSSS, (1957), 12 E 41 St, New York, NY 10017

Society for the Study of Blood, SSB, (1945), c/o Veterans Administration Hospital, First Av, New York, NY 10010

Society for the Study of Development and Growth, (1939), c/o Department of Biology, University, Princeton, NJ 08540

Society for the Study of Evolution, SSE, (1946), c/o Department of Biology, University, Houston, TX 77004

Society for the Study of Process Philosophies, SSPP, (1966), c/o Department of Philosophy, Dickinson College, Carlisle, PA 17013

Society for the Study of Southern Literature, SSSL, (1968), c/o L. D. Rubin, Department of English, University of North Carolina, Chapel Hill, NC 27514

Society for Urban Physicians, (1969), c/o Hospital, Ocean Parkway, Coney Island, NY 11235

Society for Vascular Surgery, (1945), c/o R. M. Nelson, Latter Day Saints Hospital, 325 8 Av, Salt Lake City, UT 84103

Society of Actuaries, (1949), 208 S LaSalle St, Chicago, IL 60604

Society of American Archivists, SAA, (1936), c/o State Historical Society of Wisconsin, Madison, WI 53706

Society of American Bacteriologists, (1889), 19875 Mack Av, Detroit, MI 48504

Society of American Foresters, (1900), 1010 NW 16 St, Washington, DC 20036

Society of American Graphic Artists, SAGA, (1916), 1083 Fifth Av, New York, NY 10028

Society of American Historians, (1939), Hamilton Hall, Columbia University, New York, NY 10027

Society of American Travel Writers, SATW, (1957), 1146 NW 16 St, Washington, DC 20036

Society of Animal Artists, SAA, (1960), 151 Carroll St, Bronx, NY 10464

Society of Architectural Historians, SAH, (1940), 1700 Walnut St, Philadelphia, PA 19103

Society of Biblical Literature, (1880), c/o University of Montana, Missoula, MT 59801

Society of Biological Psychiatry, SBP, (1945), 2010 Wilshire Bd, Los Angeles, CA 90057

Society of Chemical Industry, (1894), c/o Chemists Club, 52 E 41 St, New York, NY 10017

Society of Clinical Surgery, (1903), c/o Department of Surgery, University of Kansas, Kansas City, KS 66103

Society of Commercial Seed Technologists, SCST, (1922), c/o Colborn Seed Testing Service, 2600 Woods Bd, Lincoln, NB 68502

Society of Cosmetic Chemists, SCC, (1945), 50 E 41 St, New York, NY 10017

Society of Data Educators, SDE, (1960), 76 Union, Northfield, VT 05663

Society of Economic Geologists, SEG, (1920), POB 1549, Knoxville, TN 37901

Society of Economic Paleontologists and Mineralogists, SEPM, (1927), POB 4756, Tulsa, OK 74101

Society of Educational Programmers and Systems Analysts, SEPSA, (1969), 76 Union, Northfield, VT 05663

Society of Engineering Psychologists, SEP, (1957), c/o R. L. Ernst, Caldwell Laboratory, Ohio State University, Columbus, OH 43210

Society of Engineering Science, SES, (1963), c/o Prof. E. Rodin, Department of Applied Mathematics, Washington University, Saint Louis, MO 63130

Society of Experimental Social Psychology, SESP, (1964), c/o Department of Psychology, State University of New York, Buffalo, NY 14214

Society of Exploration Geophysicists, SEG, (1930), 3707 E 51 St, Tulsa, OK 74135

Society of Eye Surgeons, SES, (1969), c/o International Eye Foundation, Sibley Memorial Hospital, Washington, DC 20016

Society of Federal Artists and Designers, SFAD, (1951), POB 14091, Ben Franklin Station, Washington, DC 20044

Society of Federal Linguists, SFL, (1930), POB 7765, Washington, DC 20044

Society of General Physiologists, SGP, (1946), c/o Marine Biological Laboratory, Woods Hole, MA 02543

Society of Head and Neck Surgeons, SHNS, (1954), 604 S Floyd St, Louisville, KY 40202

Society of Illustrators, SI, (1901), 128 E 63 St, New York, NY 10021

Society of Independent and Private School Data Educators, SIPSDE, 76 Union, Northfield, VT 05663

Society of Independent Professional Earth Scientists, SIPES, (1963), 711 Houston Club Bldg, Houston, TX 77002

Society of Jewish Composers, Publishers and Songwriters, 54 Second Av, New York, NY 10003

Society of Jewish Science, (1922), 250 W 57 St, New York, NY 10019

Society of Magazine Writers, SMW, (1948), 123 W 43 St, New York, NY 10036

Society of Medical Consultants to the Armed Forces, SMCAF, (1945), 153 W 11 St, New York, NY 10011

Society of Medical Jurisprudence, SMJ, (1883), c/o Academy of Medicine, 2 E 103 St, New York, NY 10029

Society of Motion Picture and Television Art Directors, 7715 Sunset Bd, Hollywood, CA 90046

Society of Multivariate Experimental Psychology, SMEP, (1960), c/o K. I. Howard, Department of Psychology, Northwestern University, Evanston, IL 60201

Society of Nematologists, SON, (1961), c/o US Department of Agriculture, Plant Industry Station, Beltsville, MD 20705

Society of Nuclear Medical Technologists, SNMT, (1965), 1201 Waukegan Rd, Glenview, IL 60025

Society of Nuclear Medicine, SNM, (1954), 211 E 43 St, New York, NY 10017

Society of Oral Physiology and Occlusion, SOPO, (1954), 30 E 60 St, New York, NY 10022

Society of Park and Recreation Educators, SPRE, (1966), c/o National Recreation and Park Association, 1700 NW Pennsylvania Av, Washington, DC 20006

Society of Pelvic Surgeons, SPS, (1952), 8700 W Wisconsin Av, Milwaukee, WI 53226

Society of Photographic Scientists and Engineers, SPSE, (1948), 1330 NW Massachusetts Av, Washington, DC 20005

Society of Professional Well Log Analysts, SPWLA, (1959), 13507 Tosca Lane, Houston, TX 77024

Society of Professors of Education, (1903), c/o Dr. R. Reilly, State College, Shippensburg, PA 17257

Society of Public Health Educators, SOPHE, (1950), 419 S Park Av, New York, NY 10016

Society of Research Administrators, SRA, (1967), POB 4220, Newport Beach, CA 92664

Society of Rheology, SR, (1929), c/o J. C. Miller, Union Carbide Plastics Co, Bound Brook, NJ 08805

Society of Soft Drink Technologists, SSDT, (1953), 1128 NW 16 St, Washington, DC 20036

Society of Stage Directors and Choreographers, (1959), 1619 Broadway, New York, NY 10019

Society of State Directors of Health, Physical Education and Recreation, SSDHPER, (1926), 400 SW Maryland Av, Washington, DC 20202

Society of Systematic Zoology, SSZ, (1948), c/o National Museum of Natural History, Washington, DC 20560

Society of the Classic Guitar, SCG, (1936), 409 E 50 St, New York, NY 10022

Society of the Sigma Xi, (1886), 155 Whitney Av, New Haven, CT 06510

Society of Toxicology, (1961), c/o Medical Research Division, Esso Research and Engineering Co, POB 45, Linden, NJ 07036

Society of Typographic Arts, STA, (1927), 540 N Lake Shore Dr, Chicago, IL 60611

Society of United States Air Force Flight Surgeons, USAF SAM/EDA, (1960), Brooks Air Force Base, TX 78235

Society of University Surgeons, SUS, (1939), c/o Dr. T. Drapanas, Department of Surgery, Tulane

University School of Medicine, 1430 Tulane Av, New Orleans, LA 70112

Society of Vertebrate Paleontology, SVP, (1940), c/o Natural History Museum, Los Angeles, CA 90007

Society of Western Artists, 870 Market St, San Francisco, CA 94102

Society of Woman Geographers, SWG, (1925), 1619 New Hampshire Av, Washington, DC 20009

Sociological Research Association, SRA, (1928), c/o Dr. W. E. Moore, Russell Sage Foundation, 230 Park Av, New York, NY 10017

Sociologists for Women in Society, SWS, (1970), c/o A. Daniels, Scientific Analysis Corp, 4339 California St, San Francisco, CA 94118

Soil and Crop Science Society of Florida, (1939), 21 A. McCarty Hall, University of Florida, Gainesville, FL 32601

Soil Science Society of America, SSSA, (1936), 677 S Segoe Rd, Madison, WI 53711

Solar Energy Society, SES, c/o Arizona State University, Tempe, AZ 85281

South Carolina Radiological Society, (1932), 1519 Marion St, Columbia, SC 29201

South Dakota State Medical Association, (1882), 711 N Lake Av, Sioux Falls, SD 57104

South Texas Geological Society, (1929), 1610 Milam Bldg, San Antonio, TX 78205

Southeastern Composers' League, SCL, (1951), 5610 Holston Hills Rd, Knoxville, TN 37914

Southeastern Geological Society, (1944), POB 1634, Tallahassee, FL 32302

Southern Association of Colleges and Schools, SACS, (1895), 795 NE Peachtree St, Atlanta, GA 30308

Southern Association of Science and Industry, SASI, (1941), 2500 SW Third Av, Miami, FL 33129

Southern California Academy of Sciences, (1891), c/o Natural History Museum, 900 Exposition Bd, Los Angeles, CA 90007

Southern Historical Association, SHA, (1934), c/o Tulane University, New Orleans, LA 70118

Southern Humanities Conference, SHC, (1947), c/o M. F. Kelly, Department of English, University of Kentucky, Lexington, KY 40506

Southern Minnesota Medical Association, (1880), 308 Belle Av, Man Kato, MN 56001

Southern Society for Philosophy and Psychology, (1904), c/o Department of Psychology, University, Louisville, KY 40208

Southern Sociological Society, (1935), c/o Department of Sociology and Anthropology, University of Georgia, Athens, GA 39601

Southern Surgical Association, (1887), c/o Department of Surgery, Georgetown University Hospital, Washington, DC 20007

Southwest Parks and Monuments Association, SPMA, (1937), POB 1562, Globe, AZ 85501

Southwestern Psychological Association, (1954), 2104 Meddowbrook Dr, Austin, TX 78703

Special Interest Group for Computer Personnel Research, (1962), c/o Association for Computing Machinery, 1133 Av of the Americas, New York, NY 10036

Special Libraries Association, SLA, (1909), 235 S Park Av, New York, NY 10003

Speech Communication Association, SCA, (1914), Statler Hilton Hotel, New York, NY 10001

State Historical Society of Wisconsin, (1846), 816 State St, Madison, WI 53706

State Medical Society of Wisconsin, (1841), 330 E Lakeside St, Madison, WI 53715

John Steinbeck Society of America, (1966), c/o English Department, Ball State University, Muncie, IN 47306

Adlai Stevenson Institute of International Affairs, (1967), 5757 S Woodlawn Av, Chicago, IL 60637

Sumi-E Society of America, (1962), c/o Japan Society, 250 Park Av, New York, NY 10017

Summerhill Society, (1960), 339 Lafayette St, New York, NY 10012

Supersonic Tunnel Association, STA, (1954), c/o Douglas Aircraft Co, 3000 Ocean Park Bd, Santa Monica, CA 90405

Survival and Flight Equipment Association, SAFE, 7754 Densmore, Van Nuys, CA 91406

Swedish Colonial Society, SCS, (1908), 1300 Locust St, Philadelphia, PA 19107

Swedish Pioneer Historical Society, SPHS, (1948), 5125 N Spaulding Av, Chicago, IL 60625

Task Committee on Tunneling and Underground Construction, (1969), c/o Bureau of Reclamation, Department of the Interior, 18 St, Washington, DC 20240

Teachers, (1968), 2700 Broadway, New York, NY 10025

Teachers Educational Council - National Association Cosmetology Schools, TEC-NACS, (1956), 125 Halsey St, Newark, NJ 07102

Teachers of English to Speakers of other Languages, TESOL, (1966), c/o School of

Language and Linguistics, Georgetown University, Washington, DC 20007

Technical Illustrators Management Association, TIMA, (1953), 9363 Wilshire Bd, Beverly Hills, CA 90210

Tennessee Archaeological Society, (1944), c/o Frank H. McClung Museum, University of Tennessee, Knoxville, TN 37916

Tennessee Psychological Association, (1954), c/o Board of Education, City Schools, 2597 Avery Av, Memphis, TN 38112

Test Research Service, TRS, (1946), 10 Kent Rd, Bronxville, NY 10708

Texas Medical Association, (1853), 1801 N Lamar Boul, Austin, TX 78701

Texas Neuropsychiatric Association, (1928), 4645 Samuell Bd, Dallas, TX 75228

Texas Psychological Association, (1947), c/o Southern Methodist University, Dallas, TX 75222

Textile Research Institute, TRI, (1930), POB 625, Princeton, NJ 08540

Theatre Communications Group, TCG, (1961), 20 W 43 St, New York, NY 10036

Theatre Guild-American Theatre Society, (1932), 226 W 47 St, New York, NY 10036

Theatre Historical Society, THS, (1969), POB 4445, Washington, DC 20017

Theatre Incorporated, (1945), c/o Lyceum Theatre, 149 W 45 St, New York, NY 10036

Theatre Library Association, TLA, 111 Amsterdam Av, New York, NY 10023

Thoreau Fellowship, (1968), POB 551, Old Town, ME 04468

Thoreau Lyceum, (1966), 156 Belknap St, Concord, MA 01742

Thoreau Society, TS, (1941), c/o State University College, Geneseo, NY 14454

Tibet Society, (1966), 101 Goodbody Hall, Indiana University, Bloomington, IN 47401

Tissue Culture Association, TCA, (1946), c/o R. H. Kahn, Department of Anatomy, University of Michigan, Ann Arbor, MI 48104

Tolkien Society of America, TSA, (1965), c/o Belknap College, Center Harbor, NH 03226

Torah Umesorah-National Society for Hebrew Day Schools, TU, (1944), 156 Fifth Av, New York, NY 10010

Arturo Toscanini Society, ATS, (1968), 812 Dumas Av, Dumas, TX 79029

Tree-Ring Society, TRS, (1934), c/o Tree-Ring Laboratory, University of Arizona, Tucson, AZ 85721

Turkish American Physicians Association, (1969), POB 274, South River, NJ 08882

Ukrainian Academy of Arts and Sciences in the US, UAAS, (1950), 206 W 100 St, New York, NY 10025

Ukrainian Artists' Association in USA, OMUA, (1952), c/o Ukrainian Art and Literary Club, 149 Second Av, New York, NY 10003

Ukrainian Medical Association of North America, UMANA, (1950), 2 E 79 St, New York, NY 10021

Union for Experimenting Colleges and Universities, (1964), c/o Dr. S. Baskin, Antioch College, Yellow Springs, OH 45387

Union of Independent Colleges of Art, UICA, (1967), 4340 Oak, Kansas City, MO 64111

United Board for Christian Higher Education in Asia, (1932), 475 Riverside Dr, New York, NY 10027

United Business Schools Association, UBSA, (1962), 1730 NW M St, Washington, DC 20036

United Cancer Council, UCC, (1963), 304 Central Bldg, Fort Wayne, IN 46802

United Choral Conductors Club of America, (1900), c/o Mozart Hall, 328 E 86 St, New York, NY 10028

United Engineering Trustees, UET, (1904), 345 E 47 St, New York, NY 10017

United Inventors and Scientists of America, UISA, (1942), 2633 W 8 St, Los Angeles, CA 90057

United Scenic Artists, USA, (1918), 268 W 47 St, New York, NY 10036

United States Animal Health Association, (1897), 1444 E Main St, Richmond, VA 23219

United States Book Exchange, USBE, (1948), 3335 NE V St, Washington, DC 20018

United States Capitol Historical Society, (1962), 200 NE Maryland Av, Washington, DC 20515

United States Committee for the Global Atmospheric Research Program, USC-GARP, (1968), c/o National Research Council, 2101 NW Constitution Av, Washington, DC 20418

United States Committee of the International Association of Art, (1952), c/o D. Paris, 88 S 7 Av, New York, NY 10014

United States Committee to Promote Studies of the History of the Habsburg Monarchy, (1957), c/o W. A. Jenks, History Department, Washington and Lee University, Lexington, VA 24450

United States Conference of City Health Officers, USCCHO, (1961), 1707 NW H St, Washington, DC 20006

United States Institute for Theatre Technology, USITT, (1960), 245 W 52 St, New York, NY 10019

United States National Committee for Byzantine Studies, (1962), 1703 NW 32 St, Washington, DC 20007

United States National Committee for CIB, 2101 Constitution Av, Washington, DC 20418

United States National Committee for FID, USNCFID, (1958), c/o National Academy of Sciences, 2101 Constitution Av, Washington, DC 20418

United States National Committee for the International Biological Program, USNC/IBP, (1964), c/o National Academy of Sciences, 2101 Constitution Av, Washington, DC 20418

United States National Committee for the Preservation of Nubian Monuments, (1960), c/o Oriental Institute, 1155 E 58 St, Chicago, IL 60637

United States National Committee of International Council of Museums, US-ICOM, 2233 NW Wisconsin Av, Washington, DC 20007

United States National Committee of the International Union of Radio Science, 2101 NW Constitution Av, Washington, DC 20037

United States National Committee of the World Energy Conference, (1951), c/o Engineers Joint Council, 345 E 47 St, New York, NY 10017

United States National Committee on Theoretical and Applied Mechanics, (1948), c/o Dr. F. N. Frenkiel, Naval Research and Development Center, Washington, DC 20034

United States Pharmacopeial Convention, (1820), 12601 Twinbrook Pkwy, Rockville, MD 20852

United States Public Health Service Clinical Society, (1947), c/o W. J. Lucca, 1750 NW Pennsylvania Av, Washington, DC 20006

United States-Mexico Border Public Health Association, (1943), 509 US Court House, El Paso, TX 79901

United Synagogue Commission on Jewish Education, 218 E 70 St, New York, NY 10021

Universities Research Association, URA, (1965), 2100 NW Pennsylvania Av, Washington, DC 20037

Universities Space Research Association, USRA, (1969), c/o Dr. A. R. Kuhlthau, POB 5127, Charlottesville, VA 22903

University Aviation Association, UAA, (1948), c/ o Parks College, Saint Louis University, Cahokia, IL 62206

University Consortium in Educational Media and Technology, UCEMT, (1967), 121 College Pl, Syracuse, NY 13210

University Council for Educational Administration, UCEA, 29 W Woodruff Av, Columbus, OH 43210

University Film Association, UFA, (1947), c/o Dartmouth College, Hanover, NH 03755

Urban History Group, (1953), c/o University of Wisconsin, Milwaukee, WI 53201

Urban Library Trustes Council, ULTC, (1971), 78 E Washington St, Chicago, IL 60602

Utah Geological Society, (1946), c/o Weber State College, Ogden, UT 84403

Utah Oto-Ophthalmological Society, (1918), 4901 S State, Salt Lake City, UT 84107

Utah Psychological Association, c/o V. A. Hospital, 500 Foothill Dr, Salt Lake City, UT 84113

Utah State Radiological Society, (1948), c/o Latter-Day Saints Hospital, Salt Lake City, UT 84103

Vergilian Society, (1937), 12 Pleasant View Dr, Exeter, NH 03833

Vermont Historical Society, (1838), Pavilion Bldg, Montpelier, VT 05602

Vermont State Medical Society, (1913), 128 Merchants Row, Rutland, VT 05701

Victorian Society in America, (1966), c/o Athenaeum, E Washington Sq, Philadelphia, PA 19106

Viola da Gamba Society of America, VdGSA, (1962), 936 General Beauregard Dr, Virginia Beach, VA 23454

Virginia State Dental Association, (1870), 18 N 5 St, Richmond, VA 23219

Voltaire Society, VS, (1957), 4202 N Walcott Av, Chicago, IL 60613

Washington State Medical Association, (1847), 444 NE Ravenna Bd, Seattle, WA 98115

Washington State Psychological Association, (1947), Pullmann, WA 99163

Washington State Radiological Society, c/o Saint Francis Xavier Cabrini Hospital, Madison Av, Seattle, WA 98104

Water Pollution Control Federation, WPFC, (1928), 3900 Wisconsin Av, Washington, DC 20016

Water Quality Research Council, WQRC, (1950), 330 S Naperville St, Wheaton, IL 60187

Evelyn Waugh Society, (1967), c/o English Department, Nassau Community College, State University of New York, Garden City, NY 11530

Weed Science Society of America, (1950), c/o Agronomy Department, University of Illinois, Urbana, IL 61801

Welding Research Council, WRC, (1935), 345 E 47 St, New York, NY 10017

West Texas Geological Society, (1926), POB 1595, Midland, TX 79701

West Virginia Archeological Society, (1948), c/o West Virginia Geological Survey, Morgantown, WV 26505

West Virginia Coal Mining Institute, (1908), 112 Mineral Industries Bldg, Morgantown, WV 26505

West Virginia Psychological Association, (1950), 906 Charlotte Pl, Charleston, WV 25314

West Virginia Society of Osteopathic Medicine, (1902), 1122 Mercer St, Princeton, WV 24740

West Virginia State Dental Society, (1911), 811 Lee St, Charleston, WV 25301

Western Actuarial Bureau, (1909), 222 W Adams, Chicago, IL 60606

Western College Association, WCA, (1924), c/o Mills College, Oakland, CA 94613

Western Educational Society for Telecommunications, WEST, c/o University of California, Santa Barbara, CA 93106

Western Historical Research Associates, WHRA, (1971), POB 192, Corvallis, MT 59828

Western History Association, WHA, (1962), c/o A. M. Gibson, Faculty Exchange, University of Oklahoma, Norman, OK 73069

Western Literature Association, WLA, (1966), c/o English Department, Colorado State University, Fort Collins, CO 80521

Western Reserve Historical Society, (1867), 10825 E Bd, Cleveland, OH 44106

Western Society of Malacologists, WSM, (1968), 891 San Jude Av, Palo Alto, CA 94306

Western Society of Naturalists, WSN, (1919), c/o J. M. Craig, Department of Biological Science, State College, San Jose, CA 95114

Western Society of Soil Science, (1922), c/o Department of Agronomy, Washington State University, Pullman, WA 99163

Western Surgical Association, 200 First St, Rochester, MN 55902

Western Writers of America, WWA, (1953), 1505 W D St, North Platte, NB 69101

Whaling Museum Society, (1936), Cold Spring Harbor, NY 11724

Allen O. Whipple Surgical Society, (1954), 161 Fort Washington Av, New York, NY 10032

White House Historical Association, (1961), 726 NW Jackson Pl, Washington, DC 20506

Whiteruthenian Institute of Arts and Science, WIAS, (1951), 3441 Tibbett Av, Bronx, NY 10463

Whooping Crane Conservation Association, WCCA, (1961), c/o J. J. Pratt, POB 485a, Kula, HI 96790

Wildlife Management Institute, (1946), 709 Wire Bldg, Washington, DC 20005

Wildlife Society, (1937), 3900 Wisconsin Av, Washington, DC 20016

Wisconsin Psychological Association, (1950), 2719 N 67 St, Milwaukee, WI 53210

Wisconsin Radiological Society, (1949), 340 Sheboygan St, Fond du Lac, WI 54935

Wisconsin Surgical Society, 2266 N Prospect Av, Milwaukee, WI 53202

Woman's Auxiliary to the American Medical Association, (1922), 535 N Dearborn St, Chicago, IL 60610

Women's Association for Symphony Orchestras, (1937), 5100 Park Lane, Dallas, TX 75220

Women's Auxiliary of the American Pharmaceutical Association, (1936), c/o I. W. Rowland, 1249 Stratford Circle, Stockton, CA 95207

Women's Veterinary Medical Association, WVMA, (1947), c/o Dr. B. V. Gustafson, College of Veterinary Medicine, College Station, TX 77843

Noah Worcester Dermatological Society, NWDS, (1958), c/o Department of Dermatology, General Hospital, Cincinnati, OH 45229

World Association for the Advancement of Veterinary Parasitology, WAAVP, (1963), c/o Department of Veterinary Microbiology, Purdue University, Lafayette, IN 47901

World Association of Veterinary Pathologists, (1952), c/o Smith Kline and French Laboratories, 1500 Spring Garden St, Philadelphia, PA 19104

World Federation of Neurosurgical Societies, (1955), 601 N Broadway, Baltimore, MD 21205

World Federation of Parasitologists, (1962), c/o Zoology Department, University of Maryland, College Park, MD 20742

World Future Society, WFS, (1966), POB 19285, Washington, DC 20036

World Medical Association, WMA, (1947), 10 Columbus Circle, New York, NY 10019

World University Roundtable, WUR, (1946), POB 4800k, University Station, Tucson, AZ 85717

World's Poultry Science Association, WPSA, (1965), Rice Hall, Cornell University, Ithaka, NY 14850

Writers Guild of America, WGA, (1954), 8955 Beverly Bd, Los Angeles, CA 90048

Wyoming Geological Association, (1945), POB 545, Casper, WY 82601

Yellowstone-Bighorn Research Association, YBRA, (1931), POB 638, Red Lodge, MT 59068

Yosemite Natural History Association, YNHA, (1920), POB 545, Yosemite National Park, CA 95389

Afrika

Africa

Ägypten
Egypt

Academy of the Arabic Language, (1932), 26 Sharia Mourad, Giza

Alexandria Medical Association, (1921), 4 Sharia G. Carducci, Alexandria

Armenian Artistic Union, (1920), 3 Sharia Soliman, El-Halaby, Cairo

Atelier, 1 Sharia St. Saba, Alexandria

Cairo Odontological Society, 39 Kasr El-Nil, Cairo

Communication and Transportation Research Executive Organization, c/o Ministry of Scientific Research, Al-Tahrir, Dokki, Cairo

Education Documentation Centre for Egypt, (1956), 33 Sharia Falaky, Cairo

Egyptian Agricultural Organization, (1898), POB 63, Gezira, Cairo

Egyptian Association for Archives and Librarianship, (1956), POB 1309, Cairo

Egyptian Association for Mental Health, (1948), 1 Sharia Ilhami, Qasr Al-Doubara, Cairo

Egyptian Association for Psychological Studies, (1948), c/o Faculty of Education, Ain Shams University, Abbasiyah, Cairo

Egyptian Concert Society, 17 Sharia Talaat Harb, Alexandria

Egyptian Geographical Society, (1875), Sharia Kasr El-Aini, Cairo

Egyptian Horticultural Society, (1915), POB 46, Cairo

Egyptian Library Association, (1946), Cairo

Egyptian Medical Association, (1919), 42 Sharia Kasr El-Aini, Cairo

Egyptian Society of International Law, (1945), 16 Sharia Ramses, Cairo

Egyptian Society of Medicine and Tropical Hygiene, (1927), 2 Sharia Fouad I, Alexandria

Egyptian Society of Music, Sharia Talaat Harb, Cairo

Egyptian Society of Political Economy, Statistics and Legislation, (1909), 16 Sharia Ramses, Cairo

Hellenic Artistic Union, 6 Sharia Bichai, Alexandria

Hellenic Society of Ptolemaic Egypt, (1908), 20 Sharia Fouad I, Alexandria

High Council of Arts and Literature, (1956), 9 Sharia Hassan Sabri, Zamalek, Cairo

Medical Research Executive Organization, Al-Tahrir, Dokki, Cairo

Mining and Water Research Executive Organization, Dokki, Cairo

National Information and Documentation Centre, NIDOC, (1955), Sharia Al-Tahrir, Cairo

Office for the Preservation of Arabic Monuments, (1882), 1 Sharia El-Walda, Cairo

Ophthalmological Society of Egypt, (1902), 42 Sharia Kasr El-Aini, Cairo

Permanent Bureau of Afro-Asian Writers, 89 Sharia Abdel Aziz Al-Saoud, Manial, Cairo

Social Sciences Association of Egypt, (1957), Cairo

Société Archéologique d'Alexandrie, (1893), 6 Sharia Mahmoud Moukhtar, Alexandria

Société Entomologique d'Egypte, (1907), 14 Sharia Ramses, Cairo

Society for Coptic Archaeology, (1934), 222 Sharia Ramses, Cairo

Society of Friends of Art, 4 Sharia Kasr El-Nil, Cairo

Union of Arab Universities, c/o University, Cairo

Äthiopien
Ethiopia

Economic Commission for Africa, ECA, (1958), POB 3001, Addis Ababa

Ethiopian Medical Association, (1961), POB 2179, Addis Ababa

Ethnological Society, (1951), POB 1176, Addis Ababa

International African Law Association, IALA, (1959), POB 1176, Addis Ababa

Algerien

Algeria

Service Géologique de l'Algérie, Immeuble Maurétania, (1883), Bd Colonel Amirouche, Algier

Société Archéologique du Département de Constantine, (1852), c/o Musée G. Mercier, Constantine

Société Historique Algérienne, (1963), c/o Faculté des Lettres, Université, Algier

Union des Ecrivains Algériens, (1963), 12 Rue Ali Boumendjel, Algier

Angola

Angola

Direcção Provincial dos Serviços de Geologia e Minas de Angola, (1914), CP 1260, Luanda

Missão Geográfica de Angola, MGA, (1941), CP 432, Nova Lisbôa

Elfenbeinküste

Ivory Coast

Direction de la Recherche Scientifique, Abidjan

Organisation Météorologique Mondiale, BP 1365, Abidjan

Société pour le Développement Minier de la Côte d'Ivoire, SODEMI, (1962), BP 2816, Abidjan

Ghana

Ghana

Arts Council of Ghana, (1958), POB 2738, Accra

Classical Association of Ghana, (1952), c/o University, Legon

Council for Scientific and Industrial Research, (1968), POB M32, Accra

Economic Society of Ghana, (1954), POB 22, Legon

Ghana Academy of Arts and Sciences, (1959), POB M32, Accra

Ghana Atomic Energy Commission, Accra

Ghana Bar Association, Legon

Ghana Geographical Association, (1955), c/o University, Legon

Ghana Library Association, (1962), POB 4105, Accra

Ghana Science Association, (1959), POB 7, Legon

Historical Society of Ghana, (1952), c/o University, Legon

Pharmaceutical Society of Ghana, (1935), POB 2133, Accra

West African Examinations Council, c/o Headquarters Office, Accra

West African Science Association, (1953), POB 7, Legon

Kamerun

Cameroon

Organisation de Coordination et de Coopération pour la Lutte contre les grandes Endémies en Afrique Central, (1963), BP 157, Yaoundé

Kenia

Kenya

Agricultural Society of Kenya, (1919), POB 30176, Nairobi

East African Agriculture and Forestry Research Organization, (1948), POB 30148, Nairobi

East African Dental Association, POB 1871, Nairobi

East African Industrial Research Organization, (1948), POB 1587, Nairobi

East African Library Association, (1956), POB 46031, Nairobi

East African Natural History Society, (1909), POB 44486, Nairobi

East African Veterinary Research Organization, (1948), POB 32, Kikuyu

East African Wild Life Society, POB 20110, Nairobi

Kenya History Society, (1955), POB 14474, Nairobi

Mines and Geological Department, (1933), POB 30009, Nairobi

Mombasa Law Society, (1922), POB 1386, Mombasa

Volksrepublik Kongo
People's Republic of the Congo

Bureau des Archives et Bibliothèques de Brazzaville, BP 2025, Brazzaville

Conseil National de la Recherche Scientifique et Technique, (1966), Brazzaville

Liberia
Liberia

Geological, Mining and Metallurgical Society of Liberia, (1964), POB 9024, Monrovia

Libyen
Libya

Libyan Intellectual Society, 136 Shar'a Baladia, Tripoli

Madagaskar
Madagascar

Académie Malgache, (1902), Tsimbazaza, Tananarive

Comité de la Recherche Scientifique et Technique, Tananarive

Organisation Mondiale de la Santé, Tsaralálana, Tananarive

Service des Archives et de la Documentation de la République Malgache, (1959), 23 Rue General Aubé, Tsaralálana, Tananarive

Service Géologique, BP 280, Tananarive

Malawi
Malawi

Geological Survey of Malawi, (1921), POB 27, Zomba

Mali
Mali

International African Migratory Locust Organisation, (1955), BP 136, Bamako

Marokko
Morocco

Association des Amateurs de la Musique Andalouse, (1956), Casablanca

Centre d'Etudes, de Documentation et d'Information Economiques et Sociales, 23 Bd Mohamed Abdouh, Casablanca

Comité National de Géographie du Maroc, (1947), c/o Institut Scientifique Chérifien, Av Moulay Chérif, Rabat

Direction de la Recherche Agronomique, (1924), BP 415, Rabat

Société de Géographie du Maroc, (1916), c/o Faculté des Lettres, Université, Rabat

Société de Préhistoire du Maroc, (1926), c/o Syndicat d'Initiative, Bd de la Gare, Casablanca

Société des Sciences Naturelles et Physiques du Maroc, (1920), c/o Institut Scientifique Chérifien, Av Moulay Chérif, Rabat

Société d'Etudes Economiques, Sociales et Statistiques du Maroc, BP 535, Rabat-Chellah

Société d'Horticulture et d'Acclimatation du Maroc, (1914), BP 854, Casablanca

Mauritius

Mauritius

Académie Mauricienne de Langue et de Littérature, Curepipe

Royal Society of Arts and Sciences of Mauritius, (1829), c/o Mauritius Institute, Port Louis

Société de l'Histoire de l'Ile Maurice, (1938), 13 Sir W. Newton St, Port Louis

Société de Technologie Agricole et Sucrière de l'Ile Maurice, (1910), c/o Mauritius Sugar Industry Research Institute, Réduit

Mozambique

Mozambique

Sociedade de Estudos da Provincia de Moçambique, (1930), CP 1138, Lourenço Marques

Namibia

Namibia

South West African Association of Arts, Windhoek

South West African Scientific Society, (1925), POB 67, Windhoek

Nigeria

Nigeria

Association for Teacher Education in Africa, c/o University, Ile-Ife

Association of Surgeons of West Africa, (1960), c/o Department of Surgery, College of Medicine, University, Lagos

Commission for Technical Cooperation in Africa South of the Sahara, CCTA, (1950), PMB 2359, Lagos

Geological Survey of Nigeria, (1930), POB 2007, Kaduna South

Historical Society of Nigeria, (1955), c/o Department of History, University, Ile-Ife

Museums Association of Tropical Africa, MATA, c/o Museum, Jos

Nigerian Bar Association, (1962), Ibadan

Nigerian Economic Society, (1958), c/o Faculty of Social Sciences, University, Ibadan

Nigerian Geographical Association, (1955), c/o Department of Geography, University, Ibadan

Nigerian Institute of International Affairs, (1963), Kofo Abayomi Rd, Lagos

Nigerian Institute of Management, (1961), 145 Yakubu Gowon St, Lagos

Nigerian Library Association, (1952), c/o University Library, Ibadan

Science Association of Nigeria, (1958), POB 4039, Ibadan

World Meteorological Organization, c/o Ministry of Communications, Lagos

Obervolta

Upper Volta

African and Malagasy Council on Higher Education, (1968), BP 134, Ouagadougou

Organization for Co-ordination and Co-operation in the Control of Major Endemic Diseases, BP 153, Bobo-Dioulasso

Réunion

Réunion

Académie de la Réunion, (1913), 107 Rue Jules Auber, Saint-Denis

Association Historique Internationale de l'Océan Indien, BP 349, Saint-Denis

Société des Sciences et Arts, 22 Rue Labourdonnais, Saint-Denis

Société Médicale de la Réunion, (1965), 4 Rue Méziaire Guignard, Saint-Pierre

Rhodesien

Rhodesia

Agricultural Research Council of Central Africa, (1964), POB 3397, Salisbury

Botanical Society of Rhodesia, (1934), Salisbury

Cancer Association, POB 3388, Bulawayo

Herpetological Association of Africa, c/o Museum, Umtali

Institution of Mining and Metallurgy, (1931), POB 405, Salisbury

Malaria Eradiction Organisation, POB 8067, Salisbury

National Association for the Arts, (1968), 22 Bradfield Rd, Salisbury

Rhodesia Scientific Association, (1899), POB 978, Salisbury

Rhodesian Agricultural and Horticultural Society, POB 442, Salisbury

Rhodesian Society of Arts, POB 927, Salisbury

Society of Industrial Artists of Rhodesia, POB 2715, Salisbury

Standards Association of Central Africa, (1957), Sara House, Hatfield Rd, Salisbury

Sambia

Zambia

African Adult Education Association, (1968), c/o University, POB 2379, Lusaka

Agricultural Research Council of Zambia, (1967), POB 2218, Lusaka

Engineering Institution of Zambia, (1955), POB 1400, Kitwe

Institution of Mining and Metallurgy, (1950), POB 450, Kitwe

International Red Locust Control Service, IRLCS, (1971), POB 37, Mbala

National Council for Scientific Research, (1967), POB 166, Lusaka

National Food and Nutrition Commission, (1967), POB 2669, Lusaka

Wildlife Conservation Society of Zambia, (1953), POB 10, Lusaka

Zambia Library Association, POB 2839, Lusaka

Zambia Medical Association, POB 789, Lusaka

Zambia Operational Research Group, (1968), POB 172, Kitwe

Senegal

Senegal

Association Internationale pour le Développement des Bibliothèques en Afrique, AIDBA, (1957), BP 375, Dakar

Centre d'Études et de Documentation Législatives Africaines, CEDLA, Dakar

Congrès International des Africanistes, (1962), c/o Faculté des Lettres, Université, Dakar

Sierra Leone

Sierra Leone

Sierra Leone Science Association, c/o Institute of Marine Biology and Oceanography, Fourah Bay College, University, Freetown

Sierra Leone Society, (1918), c/o Department of Modern History, University, Freetown

West African Science Association, WASA, (1953), c/o Department of Physics, Fourah Bay College, University, Freetown

Sudan

Sudan

Agricultural Research Corporation, (1919), c/o Ministry of Agriculture, POB 126, Wad Medani

Antiquities Society, (1939), POB 178, Khartoum

Association of African Universities, (1967), c/o University, POB 321, Khartoum

Association of Medical Schools in Africa, AMSA, c/o Faculty of Medicine, University, POB 102, Khartoum

Commission for Archaeology, POB 178, Khartoum

National Council for Research, (1970), POB 2404, Khartoum

Philosophical Society, (1946), POB 526, Khartoum

Südafrika
South Africa

Associated Scientific and Technical Societies of South Africa, (1920), 2 Hollard St, Johannesburg

Astronomical Society of Southern Africa, (1922), c/o Astronomical Observatory, POB 9, Cape Town

Botanical Society of South Africa, (1913), Kirstenbosch, Newlands

Bureau of Market Research, (1960), POB 392, Pretoria

Cape Chemical and Technological Society, (1905), POB 2645, Cape Town

Classical Association of Johannesburg, c/o University of the Witwatersrand, Johannesburg

Classical Association of South Africa, (1956), c/o Rand Afrikaans University, POB 524, Johannesburg

Economic Society of South Africa, (1925), POB 929, Pretoria

English Academy of Southern Africa, (1961), 35 Melle St, Braamfontein

Federasie van Afrikaanse Kultuurvereniginge, FAK, (1929), POB 8711, Johannesburg

Federasie van Rapportryekorpse, (1961), POB 6772, Braamfontein

Genealogical Society of South Africa, (1963), 40 Haylett St, Strand

Geological Society of South Africa, (1895), POB 61019, Marshalltown

Heraldry Society of Southern Africa, (1953), POB 4839, Cape Town

Institute of Transport, (1926), POB 1787, Johannesburg

International Association on Water Pollution Research, IAWPR, POB 395, Pretoria

Medical Association of South Africa, (1927), POB 1521, Pretoria

Royal Society of South Africa, (1877), c/o University of Cape Town, Rondebosch

South African Archaeological Society, (1945), POB 31, Claremont, Cape Town

South African Association for the Advancement of Science, (1903), POB 6894, Johannesburg

South African Association of Arts, 2 Church Sq, Pretoria

South African Biological Society, (1907), POB 820, Pretoria

South African Bureau of Racial Affairs, SABRA, (1948), POB 2768, Pretoria

South African Bureau of Standards, 377 Andries St, Pretoria

South African Chemical Institute, (1912), 75 Marshall St, Johannesburg

South African Council for Scientific and Industrial Research, (1945), POB 395, Pretoria

South African Geographical Society, (1917), POB 31201, Braamfontein

South African Institute of Assayers and Analysts, (1919), 2 Hollard St, Marshalltown

South African Institute of International Affairs, (1934), POB 31596, Braamfontein

South African Institute of Mining and Metallurgy, (1892), 2 Hollard St, Marshalltown

South African Institute of Race Relations, (1929), POB 97, Johannesburg

South African Library Association, (1930), c/o F. Postma Library, Potchefsstroom

South African Market Research Association, SAMRA, (1964), POB 10483, Johannesburg

South African Museums' Association, (1936), c/o South African Museum, POB 61, Cape Town

South African National Society, (1905), POB 3691, Cape Town

South African Nutrition Society, (1955), c/o National Food Research Institute, POB 395, Pretoria

South African Ornithological Society, (1930), POB 3371, Cape Town

Suid-Afrikaanse Akademie vir Wetenskap en Kuns, (1909), Engelenburghuis, Hamilton St, Pretoria

Van Riebeeck Society, (1918), c/o South African Library, Cape Town

Wild Life Protection and Conservation Society of South Africa, (1902), POB 1398, Johannesburg

Swasiland
Swaziland

Swaziland Sugar Association, POB 131, Big Bend

Tansania
Tanzania

East African Agriculture and Forestry Research Organization, EAAFRO, (1948), c/o East African Community, POB 3081, Arusha

East African Literature Bureau, POB 1408, Dar es Salaam

East African Medical Research Council, c/o Town Centre, Arusha

Historical Association of Tanzania, (1966), POB 35032, Dar es Salaam

Tanzania Library Association, (1965), POB 2645, Dar es Salaam

Tanzania Medical Association, POB 9083, Dar es Salaam

Tanzania Society, POB 511, Dar es Salaam

Togo
Togo

Compagnie Française pour le Développement des Fibres Textiles, CFDT, BP 6, Atakpamé

Tschad
Chad

Société Nationale de Commercialisation du Tchad, SONACOT, BP 630, Fort-Lamy

Tunesien
Tunisia

Association Tunisienne de Documentalistes, Bibliothécaires et Archivistes, (1966), BP 575, Tunis

Centre d'Etudes Humaines et Sociales, Tunis

Uganda
Uganda

Association for Teacher Education in Africa, (1970), c/o Makerere University, Kampala

East African Literature Bureau, Uganda Branch, (1948), POB 1317, Kampala

Uganda Society, (1933), POB 4980, Kampala

Zaire
Zaire

Centrale des Enseignants Zairois, CEZ, (1957), BP 8814, Kinshasa

Commissariat à l'Energie Atomique, c/o Université Lovanium, Kinshasa

Service Géologique National, (1939), 44 Av des Huileries, Kinshasa

Asien

Asia

Afghanistan

Afghanistan

Pakhtu-Tolena, (1931), Sher Alikhan St, Kabul

Tarikh Tolana, (1940), Kabul

Bangla Desh

Bangla Desh

Bengali Academy, (1955), Burdwan House, Dacca 2

Economic Association, (1958), c/o Economics Department, University, Dacca

Library Association of Bangladesh, (1956), c/o University Library, Dacca

Society of Arts, Literature and Welfare, (1948), Society Park, Chittagong

Burma

Burma

Burma Council of World Affairs, Rangoon

Burma Medical Research Council, 5 Zafar Shah Rd, Rangoon

Burma Research Society, (1910), c/o Universities' Central Library, Rangoon

Volksrepublik China

People's Republic of China

Academy of Architectural Engineering, (1958), c/o Ministry of Building, Pei-ching

Academy of Building Materials, Hsi-chiao Pai-wan-chuang, Pei-ching

Academy of Cement Research, (1954), Pei-ching

Academy of Chemical Engineering, Pei-ching

Academy of Coal Dressing Design, Pei-ching

Academy of Coal Research, (1954), Pei-ching

Academy of Electrical Equipment Research, (1955), Te-sheng Men-wai Hung-tz'u-szu 6, Pei-ching

Academy of Ferrous Metallurgical Design, Pei-ching

Academy of Geology, (1959), Pei-ching

Academy of Highway Sciences, (1952), c/o Ministry of Communications, Pei-ching

Academy of Hydrotechnology, (1958), Hsi-chiao Ching-wang-mu, Pei-ching

Academy of Machine Building and Technical Sciences, Pei-ching

Academy of Mechanical Sciences, Hsi-chih-men Wai Hou Erh-li-kou, Pei-ching

Academy of Non-Ferrous Metallurgical Design, Huang-heng-tzu, Pei-ching

Academy of Petroleum Research, (1958), Pei-ching

Academy of Railway Research, (1951), Hsi-chiao Ch'ing-t'a-yüan, Pei-ching

Academy of Textile Engineering, (1956), Tung-chiao Tz'u-yün-shih, Pei-ching

Academy of Traditional Chinese Medicine, (1955), Pei-ching

Central South Academy of Industrial Architecture, Wu-han, Hu-pei

Changchun Academy of Electrical Power Engineering Design, (1957), Ch'ang-ch'un, Chi-lin

Chekiang Academy of Agricultural Sciences, Hang-chou, Che-chiang

Chinese Academy of Agricultural Sciences, (1957), Pei-ching

Chinese Academy of Medical Sciences, (1956), Pei-ching

Chinese Academy of Sciences, (1949), Wen-ching-chieh 3, Pei-ching

Chinese Academy of Sciences - Anhwei Branch, (1959), Ho-fei, An-hui

Chinese Academy of Sciences - Central South Branch, (1961), Kuang-chou, Kuang-tung

Chinese Academy of Sciences - Chekiang Branch, (1958), Hang-chou, Che-chiang

Chinese Academy of Sciences - East China Branch, (1963), Yüeh-yang Lu, Shang-hai

Chinese Academy of Sciences - Fukien Branch, (1960), Hsia-men, Fu-chien

Chinese Academy of Sciences - Hopeh Branch, (1958), Pao-ting, Ho-pei

Chinese Academy of Sciences - Hunan Branch, (1960), Ch'ang-sha, Hu-nan

Chinese Academy of Sciences - Inner Mongolia Branch, (1959), Hu-ho-hao-t'e, Nei-meng-ku

Chinese Academy of Sciences - Kiangsu Branch, (1958), Nan-ching, Chiang-su

Chinese Academy of Sciences - Kirin Branch, (1958), Ch'ang-ch'un, Chi-lin

Chinese Academy of Sciences - Liaoning Branch, (19597), Shen-yang, Liao-ning

Chinese Academy of Sciences - Northwestern Branch, (1954), Hsi-an, Shan-hsi

Chinese Academy of Sciences - Shansi Branch, (1959), T'ai-yüan, Shan-hsi

Chinese Academy of Sciences - Shantung Branch, (1958), Chi-nan, Shan-tung

Chinese Academy of Sciences - Sinkiang Branch, (1959), Wu-lu-mu-ch'i, Hsin-chiang

Chinese Academy of Sciences - Southwestern Branch, (1959), Ch'ung-ch'ing, Ssu-ch'uan

Chinese Medical Society, (1914), Tung-ssu-ch'ü Chu-shih Ta-chieh Tung-k'ou Lu-nan, Pei-ching

Chinese Scientific and Technological Association, (1958), Kan-mien Hu-t'ung 31, Pei-ching

Chinese Society of Aeronautics, (1964), Pei-ching

Chinese Society of Agricultural Machinery, (1963), Pei-ching

Chinese Society of Anatomy, (1947), Pei-ching

Chinese Society of Animal Husbandry and Veterinary Sciences, (1955), Pei-ching

Chinese Society of Architecture, (1953), Hsi-ch'ia Ch'e-kung-chuang Ta-chieh 19, Pei-ching

Chinese Society of Astronomy, (1922), Ch'eng-hsien Chieh 92, Nan-ching, Chiang-su

Chinese Society of Automation, (1957), Pei-ching

Chinese Society of Botany, (1933), Hsi-chiao Kung-yüan, Pei-ching

Chinese Society of Cartography and Geodesy, (1956), Wu-ch'ang, Hsiao-hung-shan, Wu-han, Hu-pei

Chinese Society of Chemical Engineering, (1956), Tung-ssu Erh-t'iao Pei-k'ou 1, Pei-ching

Chinese Society of Chemistry, (1932), Tung-ssu Erh-t'iao Pei-k'ou 1, Pei-ching

Chinese Society of Civil Engineering, (1953), Hsi-ssu Yang-jou Hu-t'ung 27, Pei-ching

Chinese Society of Crop Research, (1961), Ch'ang-sha, Hu-nan

Chinese Society of Electrical Engineering, (1958), Pei-ching

Chinese Society of Electronics, (1956), Tung-ssu Liu T'iao, Pei-ching

Chinese Society of Entomology, (1944), Pei-ching

Chinese Society of Forestry, (1951), Pei-ching

Chinese Society of Geography, (1950), Pei-ching

Chinese Society of Geology, (1922), Sha-t'an, Pei-ching

Chinese Society of Geophysics, (1949), Wen-ching Chieh 3, Pei-ching

Chinese Society of Horticulture, (1965), Pei-ching

Chinese Society of Hydrology, (1957), Pei-ching

Chinese Society of Marine Engineering, (1941), Ssu-ch'uan Lu 346, Shang-hai

Chinese Society of Marine Products, (1963), Shang-hai

Chinese Society of Mathematics, (1936), Ching-hua Yüan, Pei-ching

Chinese Society of Measurement Technology and Instrument Manufacture Preparatory Committee, (1961), Pei-ching

Chinese Society of Mechanical Engineering, (1951), Wen-ching Chieh 3, Pei-ching

Chinese Society of Mechanics, (1957), Pei-ching

Chinese Society of Metallurgy, (1956), Tung-ssu Hsi-ta Chieh 54, Pei-ching

Chinese Society of Meteorology, (1924), Pei-ching

Chinese Society of Microbiology, (1928), Pei-ching

Chinese Society of Oceanography and Limnology, (1950), Lai-yang Lu 19, Ch'ing-tao, Shan-tung

Chinese Society of Paleontology, (1929), Pei-ching

Chinese Society of Pedology, (1945), Nan-ching, Chiang-su

Chinese Society of Pharmacology, (1910), Tung-men Ho-yen Hou-chü Ta-yüan 2, Pei-ching

Chinese Society of Physics, (1932), Tung-huang-ch'eng Ken Chia 42, Pei-ching

Chinese Society of Physiology, (1926), Wen-ching Chieh 3, Pei-ching

Chinese Society of Plant Physiology, (1963), Pei-ching

Chinese Society of Plant Protection, (1929), Hei-lung-chiang, Ha-erh-pin

Chinese Society of Psychology, (1955), Hsi-chih-men Tung-kuan-szu 10, Pei-ching

Chinese Society of Sericulture, (1957), Wu-hsi, Chiang-su

Chinese Society of Silicates, (1959), Pai-wan-chuang, Pei-ching

Chinese Society of Tea Research, Hang-chou, Che-chiang

Chinese Society of Textile Engineering, (1930), Pei-ching

Committee of Quaternary Research, c/o Chinese Academy of Sciences, Wen-ching-chieh 3, Pei-ching

East China Academy of Industrial Architecture, Shang-hai

Fushun Academy of Coal Research, Fu-shun, Liao-ning

Heilungkiang Academy of Agricultural Sciences, Ha-erh-pin, Hei-lung-chiang

Heilungkiang Academy of Forestry Sciences, Hei-lung-chiang

Honan Academy of Agricultural Sciences, Ho-nan

Hopeh Academy of Agricultural Sciences, Ho-pei

Hunan Academy of Agricultural Sciences, Hu-nan

Inner Mongolian Academy of Agricultural Sciences and Animal Husbandry, Hu-ho-hao-t'e, Nei-meng-ku

Kansu Academy of Agricultural Sciences, Kan-su

Kiangsu Academy of Agricultural Sciences, Chiang-su

Kirin Academy of Agricultural Sciences, Chi-lin

Kwangtung Academy of Agricultural Sciences, Kuang-tung

Liaoning Academy of Agricultural Sciences, Shen-yang, Liao-ning

Mukden Academy of Chemical Engineering, (1949), Shen-yang, Liao-ning

Northeastern Academy of Industrial Architecture, Ta-lien, Liao-ning

Northeastern Academy of Water Conservation and Electric Power, Ta-lien, Liao-ning

Northwestern Academy of Industrial Architecture, Hsi-an, Shan-hsi

Peking Academy of Agricultural Sciences, (1958), Pei-ching

Peking Academy of Coal Mine Design, (1953), Pei-ching

Peking Academy of Hydroelectrical Engineering Design, Pei-ching

Peking Academy of Industrial Architecture, Pai-wan-chuang, Pei-ching

Shanghai Academy of Agricultural Sciences, Shang-hai

Shanghai Academy of Chemical Engineering, Shang-hai

Shanghai Academy of Hydroelectrical Engineering Design, Shang-hai

Shanghai Academy of Textile Engineering, (1956), Shang-hai

Shansi Academy of Agricultural Sciences, Shan-hsi

Shantung Academy of Agricultural Sciences, Chi-nan, Shan-tung

Shensi Academy of Agricultural Sciences, (1958), Wu-kung, Shen-hsi

Sian Academy of Electric Power Design, (1957), Hsi-an, Shan-hsi

Sinkiang Academy of Agricultural Sciences, Wu-lu-mu-ch'i, Hsin-chiang

Tangshan Academy of Coal Research, (1954), T'ang-shan, Ho-pei

Wuhan Academy of Electrical Power Engineering and Design, Wu-han, Hu-pei

Wu-Hsi Academy of Textile Engineering, (1957), Wu-hsi, Chiang-su

Yünnan Academy of Agricultural Sciences, Yün-nan

Hongkong
Hong Kong

Hong Kong Council for Educational Research, (1961), c/o University, Hong Kong

Hong Kong Library Association, (1958), c/o University Library, Pokfulam Rd, Hong Kong

Indien

India

Academy of Zoology, (1954), Khandari Rd, Agra

Agri-Horticultural Society of Madras, (1835), Cathedral PO, Madras 6

Ahmedabad Textile Industries Research Association, (1947), c/o Gujarat University, Navrangpura, Ahmadabad 9

All India Fine Arts and Crafts Society, (1928), Old Mill Rd, New Delhi

Allahabad Mathematical Society, (1958), Lakshmi Niwas, George Town, Allahabad 2

Andhra Historical Research Society, (1922), Godavari Bund Rd, Rajahmundry

Anthropological Society of Bombay, (1886), 209 Dr. Dadabhaj Naoroji Rd, Bombay 1

Art Society of India, (1918), Sandhurst House, Sandhurst Rd, Bombay 4

Asian African Legal Consultative Committee, (1956), 20 Ring Rd, New Delhi 14

Asian and Oceanian Association of Neurology, Desai Rd, Bombay 26

Asian Relations Organization, (1947), Sapru House, Barakhambra Rd, New Delhi

Asiatic Society of Bengal, (1784), 1 Park St, Calcutta

Asiatic Society of Bombay, (1804), Town Hall, Bombay

Bar Association of India, Supreme Court Bldg, New Delhi

Bengal Natural History Society, (1923), c/o Natural History Museum, Darjeeling

Bharata Ganita Parisad, (1950), c/o Department of Mathematics and Astronomy, University, Lucknow

Bharata Itihasa Samshodhaka Mandala, (1910), 1321 Sadashiva Peth, Poona 30

Bihar Research Society, (1915), Museum, Patna

Bombay Art Society, (1888), c/o Jehangir Art Gallery, Fort, Bombay

Bombay Historical Society, (1925), c/o Prince of Wales Museum, Bombay 1

Bombay Medical Union, (1883), Blavatsky Lodge Bldg, Chowpatty, Bombay 7

Bombay Natural History Society, (1883), Hornbill House, Apollo St, Bombay 1

Bombay Textile Research Association, (1954), Bombay - Agra Rd, Bombay 77

Calcutta Mathematical Society, (1908), 92 Upper Circular Rd, Calcutta 9

Ethnographic and Folk Culture Society, c/o University, Lucknow

Geographical Society of India, (1933), c/o Department of Geography, University, 35 Ballygunge Circular Rd, Calcutta 19

Geological, Mining and Metallurgical Society of India, (1924), 35 Ballygunge Circular Rd, Calcutta 19

Hyderabad Educational Conference, (1913), 19 Bachelors' Quarters, Jawaheri al Nehru Rd, Hyderabad

Indian Academy of Sciences, (1934), Hebbal PO, Bangalore 6

Indian Adult Education Association, (1939), 17b Indraprastha Marg, New Delhi

Indian Anthropological Association, (1964), c/o Department of Anthropology, University, Delhi

Indian Association of Biological Sciences, c/o University, Delhi 7

Indian Association of Geohydrologists, (1964), c/o Geological Survey of India, 4 Chowringhee Lane, Calcutta 16

Indian Association of Parasitologists, 110 Chittaranjan Av, Calcutta 12

Indian Association of Special Libraries and Information Centres, IASLIC, (1963), 15 Bankin Chatterjee St, Calcutta 12

Indian Association of Systematic Zoologists, (1947), c/o Zoological Survey of India, 34 Chittaranjan Av, Calcutta 12

Indian Association of Teachers of Library Science, IATLIS, (1971), c/o Department of Library Science, Banaras Hindu University, Varanasi 5

Indian Biophysical Society, (1965), c/o Saha Institute of Nuclear Physics, 92 Acharya Prafulla Chandra Rd, Calcutta 9

Indian Botanical Society, c/o Department of Botany, Andhra University, Waltair

Indian Cancer Society, 5 Convent St, Bombay 1

Indian Ceramic Society, (1929), c/o Department of Ceramics, Hindu University, Banaras

Indian Chemical Society, (1924), 92 Upper Circular Rd, Calcutta 9

Indian Council of Agricultural Research, (1921), Krishi Bhavan, New Delhi

Indian Council of Medical Research, (1911), c/o Medical Enclave, Ansari Nagar, New Delhi

Indian Council of World Affairs, (1943), Sapru House, Barakhamba Rd, New Delhi 1

Indian Dairy Science Association, 111a Greater Kailas, New Delhi 48

Indian Economic Association, (1918), c/o Department of Economics, University, Patna 3

Indian Institute for Educational and Cultural Co-operation, 22d Parsi Bazar St, Bombay

Indian Institute of Metals, (1946), 2 Sambu Nath Pandit St, Calcutta 20

Indian Jute Industries' Research Association, (1966), 17 Taratola Rd, Calcutta 53

Indian Law Institute, (1956), Opp. Supreme Court, New Delhi

Indian Library Association, (1933), c/o Delhi Public Library, Mukerji Marg, Delhi 6

Indian Mathematical Society, (1907), c/o Birla Institute of Technology and Science, Pilani

Indian Medical Association, IMA, (1928), IMA House, Indraprastha Marg, New Delhi 1

Indian Music Association, (1939), Lucknow

Indian National Science Academy, (1935), Bahadur Shah Zafar Marg, New Delhi 1

Indian Paint Research Association, (1959), c/o Indian Paint Association, Calcutta 1

Indian Pharmaceutical Association, Kalina, Santacruz East, Bombay 29

Indian Phytopathological Society, (1947), c/o Indian Agricultural Research Institute, New Delhi 12

Indian Plywood Industries Research Association, (1962), Tumur Rd, Bangalore 22

Indian Research Society, 78 Serpentine Lane, Calcutta

Indian Rubber Manufacturers' Research Association, 7 Homji St, Bombay 1

Indian Science Congress Association, (1914), 14 Dr. B. Guha St, Calcutta 17

Indian Society of Agricultural Economics, (1939), 46-48 Esplanade Mansions, Mahatma Gandhi Rd, Bombay

Indian Society of Genetics and Plant Breeding, c/o Indian Agricultural Research Institute, New Delhi 12

Indian Society of Oriental Art, (1907), 17 Park St, Calcutta 16

Indian Standards Institution, ISI, (1947), 9 Bahadur Shah Zafar Marg, New Delhi 1

International Paleontological Union, IPU, (1933), c/o Centre of Advanced Study in Geology, Panjab University, Chandigarh 14

International Society of Plant Morphologists, (1951), c/o Department of Botany, University, Delhi 8

International Tamil League, (1968), c/o Thenmozhi, Cuddalore 1

Islamic Research Association, (1933), 8 Shepherd Rd, Bombay 8

Janapada Academy, 878 Shivanilaya, Rajajinagar, Bangalore 10

Kalakshetra, (1936), Tiruvanmiyur, Madras 41

Karnatak Historical Research Society, (1914), Diwan Bahadur Rodda, Dharwar 1

Linguistic Society of India, (1928), c/o Deccan College, Poona 6

Madras Literary Society and Auxiliary of the Royal Asiatic Society, College Rd, Madras 6

Maha Bodhi Society, (1891), 4a Bankim Chatterjee St, Calcutta 12

Medical Council of India, (1934), Kotla Rd, New Delhi

Mineralogical Society of India, (1959), Manasa Gangotri, Mysore 6

Museums Association of India, (1944), c/o National Museum, New Delhi 11

Mythic Society, (1909), POB 141, Bangalore 1

National Academy of Letters, (1954), 35 Ferozeshah Rd, New Delhi

National Academy of Sciences, (1930), 5 Lajpatrai Rd, Allahabad 2

National Council of Educational Research and Training, (1963), NIE Campus, Sri Aurobindi Marg, New Delhi 16

National Fundamental Education Centre, (1956), NIE Campus, Sri Aurobindi Marg, New Delhi 16

National Institute of Health Administration and Education, (1964), E 16 Greater Kailash, New Delhi 48

Operational Research Society of India, ORSI, c/o CSIR, Rafi Marg, New Delhi 1

Optical Society of India, (1965), c/o Applied Physics Department, University, 92 Acharya Prafulla Chandra Rd, Calcutta 9

Palynological Society of India, (1965), c/o National Botanic Garden, Lucknow

P.E.N. All-India Centre, (1933), 40 New Marine Lines, Bombay 20

J. N. Petit Institute, (1856), 312 Dr. Dadabhoy Naoroji Rd, Bombay 1

Pharmacy Council of India, (1949), Combined Councils' Bldg, Temple Lane, New Delhi

Rajasthan Academy of Science, (1951), Pilani

Royal Agri-Horticultural Society of India, (1820), Alipur Rd, Calcutta 27

Sanskrit Academy, Sanskrit College Bldgs, Mylapore, Madras 4

Silk and Art Silk Mills' Research Association, (1950), Dr. Annie Besant Rd, Bombay 25

Society of Biological Chemists, India, (1930), c/o Indian Institute of Science, Bangalore 12

South East Asia and Pacific League Against Reumatism, c/o Indian Rheumatism Association, 475 Lamington Rd, Bombay 4

South India Society of Painters, 111 Trust Cross, Madras 28

Tamil Association, (1911), Thanjavur 2

Tamil Nadu, (1959), Fort Saint George, Madras 9

Theosophical Society, TS, (1875), Adyar, Madras 20

United Lodge of Theosophists, 40 New Marine Lines, Bombay 20

United Schools International, USI, (1961), USO House, Arya Samaj Rd, New Delhi 5

Wool Research Association, (1963), c/o Textile Manufactures Department, Victoria Jubilee Technical Institute, Bombay 19

Zoological Society of India, (1916), c/o National Institute of Oceanography, Mirimar

Indonesien

Indonesia

Akademi Teknologi Kulit, Djalan Diponegoro 101, Jogjakarta

Astronomical Association of Indonesia, (1920), Djalan Lembong 14, Bandung

Balai Pengetahuan Umum, (1946), c/o Volksuniversiteit, Djalan Merdeka 27, Bandung

Ikatan Dokler Indonesia, (1950), Djalan Dr. Sam Ratulangi 29, Djakarta

Jajasan Dana Normalisasi Indonesia, (1920), Djalan Braga 38, Bandung

Perhimpunan Ilmu Alam Indonesia, Djalan Surapahi 1, Bandung

Perkumpulan Penggemar Alam di Indonesia, (1911), c/o Herbarium Bogoriense, Bogor

Irak

Iraq

Academy of Linguistics, Baghdad

Al-Kalam, Baghdad

Iraq Academy, (1947), Waziriyah, Baghdad

Iraqi Medical Society, (1920), Maari St, Baghdad

Society of Iraqi Artists, (1956), Damascus St, Baghdad

Teachers' Society, (1942), Sharia Al-Askari, Baghdad

Iran

Iran

Association of Ophthalmists, c/o Faculty of Medicine, University, Teheran

Association of Paediatricians, (1952), 34 Kakh Pl, Teheran

International Congresses on Tropical Medicine and Malaria, ICTMM, (1913), c/o University, Teheran

Iranian Academy, (1935), c/o Ministry of Education, Teheran

Iranian Library Association, (1966), POB 111391, Teheran

Iranian Society of Microbiology, (1940), 32 Churchill Av, Teheran

Medical Nomenclature Society of Iran, c/o University College of Medicine and Pharmacy, Isfahan

P.E.N. Club of Iran, Teheran

Philosophy and Humanities Society, c/o Faculty of Arts, University, Teheran

Society of Iranian Clinicians, c/o Faculty of Medicine, University, Teheran

Israel
Israel

Academic Circle of Tel-Aviv, (1956), POB 2425, Tel-Aviv

Academy of the Hebrew Language, (1953), POB 3449, Jerusalem

ACUM, (1936), 118 Rothschild Bd, Tel-Aviv

Architectural Association of Israel, (1952), POB 2425, Tel-Aviv

Asian-Pacific Society of Cardiology, APSC, (1956), POB 16143, Tel-Aviv

Association for the Advancement of Science in Israel, (1953), POB 7266, Jerusalem

Association of Hebrew Writers, POB 7111, Tel-Aviv

Association of Religious Writers, (1936), POB 7031, Jerusalem

Atomic Energy Commission, (1952), POB 17120, Tel-Aviv

Biochemical Society of Israel, (1958), c/o Weizmann Institute of Science, Rehovoth

Biology Masters Association, (1938), 4 Hermann Cohen St, Tel-Aviv

Botanical Society of Israel, (1936), c/o Volcani Institute of Agricultural Research, Bet Dagan

Ceramic Research Association of Israel, (1950), Technion City, Haifa

Clinical Paediatric Club of Israel, (1953), c/o Paediatric Department, Hospital, Zerifin

Dental Association of Israel, (1924), 49 Bar Kokheva St, Tel-Aviv

Food and Agricultural Organization, c/o Ministry of Agriculture, Jerusalem

Genetics Society of Israel, (1958), c/o Hebrew University, Jerusalem

Herzog World Academy of Jewish Studies, POB 5199, Jerusalem

Historical Society of Israel, (1925), POB 1062, Jerusalem

Industrial Medical Association, (1958), c/o Dr. P. Bernstein, 43 Ha-Nasi Blod., Haifa

International Committee on Plant Analysis and Fertilizer Problems, (1954), c/o R. M. Samish, Hebrew University, Rehovot

International League of Dermatological Societies, (1957), c/o Department of Dermatology, Hadassah University Hospital, POB 499, Jerusalem

Israel Academy of Sciences and Humanities, POB 4040, Jerusalem

Israel Artists' Association, (1948), POB 260, Jerusalem

Israel Association for Applied Animal Genetics, (1957), c/o Ministry of Agriculture, POB 1527, Haifa

Israel Association for Asian Studies, (1972), c/o Institute of Asian and African Studies, Hebrew University, Jerusalem

Israel Association for Physical Medicine and Rheumatology, (1951), c/o Dr. G. Levy-Zackes, 102 Rothschild Bd, Tel-Aviv

Israel Association for Social Work, POB 3210, Tel-Aviv

Israel Association of Archaeologists, (1955), POB 586, Jerusalem

Israel Association of Chest Physicians, (1944), c/o Dr. J. Rakower, Mayerde Rothschild Hadassah University Hospital, Jerusalem

Israel Association of General Practitioners, (1958), c/o Dr. W. Mainzer, Kerem Maharal, Hof Ha-Karmel

Israel Association of Plastic Surgeons, (1956), c/o Tel-Hashomer Hospital, Ramat-Gan

Israel Association of Sports Medicine, (1954), 3 Montefiore St, Tel-Aviv

Israel Astronautical Society, (1958), c/o Technion-Israel Institute of Technology, Haifa

Israel Bar Association, POB 1881, Tel-Aviv

Israel Chemical Society, (1933), 30 Yehuda Halevy St, Tel-Aviv

Israel Crystallography Society, (1958), c/o Weizmann Institute of Science, Rehovoth

Israel Electronics Manufacturers Association for Research and Development, (1959), 2 Carlebach St, Tel-Aviv

Israel Exploration Society, (1913), 3 Shemuel ha-Nagid St, Jerusalem

Israel Geographical Society, (1961), c/o Department of Geography, Hebrew University, Jerusalem

Israel Geological Society, (1954), POB 1239, Jerusalem

Israel Gerontological Society, (1958), POB 11243, Tel-Aviv

Israel Heart Society, (1950), c/o Dr. S. Rogel, Mayer de Rothschild Hadassah University Hospital, POB 499, Jerusalem

Israel Library Association, (1952), POB 7067, Jerusalem

Israel Mathematical Union, (1953), c/o Department of Mathematics, Bar-Ilan University, Ramat-Gan

Israel Medical Association, (1912), 39 Shaul Hamelech, Tel-Aviv

Israel Neuropsychiatric Association, (1935), c/o Dr. S. Feldman, Mayer de Rothschild Hadassah University Hospital, Jerusalem

Israel Ophthalmological Society, (1925), c/o Prof. I. C. Michaelson, Mayer de Rothschild Hadassah University Hospital, Jerusalem

Israel Oriental Society, (1949), c/o Hebrew University, Jerusalem

Israel Pediatric Society, (1935), c/o Israel Medical Association, 1 Heftman St, Tel-Aviv

Israel Physical Society, (1954), c/o Hebrew University, Jerusalem

Israel Political Sciences Association, (1921), c/o Hebrew University, Jerusalem

Israel Psychological Association, (1958), c/o Department of Psychology, Bar-Ilan University, Ramat-Gan

Israel Radiological Society, (1926), 2 Wingate Av, Haifa

Israel Society for Biblical Research, 9 Rehov Brenner, Jerusalem

Israel Society for Experimental Biology and Medicine, (1962), c/o Weizmann Institute of Science, Rehovoth

Israel Society for Gastroenterology, (1953), c/o Israel Medical Association, 1 Heftman St, Tel-Aviv

Israel Society for Hématologie and Blood Transfusion, (1957), POB 499, Jerusalem

Israel Society for Metals, (1958), POB 4939, Haifa

Israel Society for Obstetrics and Gynecology, (1926), c/o Dr. N. Soferman, 13 Feivel St, Tel-Aviv

Israel Society for Theoretical and Applied Mechanics, (1950), c/o Technion-Israel Institute of Technology, Haifa

Israel Society of Aeronautics and Astronautics, (1951), c/o Department of Aeronautical Engineering, Technion City, Haifa

Israel Society of Allergology, (1949), 23 Balfour St, Tel-Aviv

Israel Society of Anesthesiologists, (1952), c/o Dr. D. Backner, 65 Ha-Tishbi St, Haifa

Israel Society of Clinical Pathology, (1957), c/o Dr. R. Rozansky, POB 499, Jerusalem

Israel Society of Criminology, (1957), POB 1260, Jerusalem

Israel Society of Dermatology and Venereology, (1929), 19 Alharizi St, Jerusalem

Israel Society of Electroencephalography and Neurophysiology, (1960), c/o Hebrew University, Jerusalem

Israel Society of Food and Nutrition Sciences, (1957), c/o I. Ben Sinai, 3 Yeshurum St, Tel-Aviv

Israel Society of Geodesy and Geophysics, (1950), 34 Habannai St, Jerusalem

Israel Society of Internal Medicine, (1959), c/o Dr. S. Brandstatter, Rambam Hospital, Haifa

Israel Society of Logic and Philosophy of Science, (1959), c/o Hebrew University, Jerusalem

Israel Society of Soil Mechnics and Foundation Engineering, (1948), c/o Association of Engineers and Architects in Israel, 200 Dizengoff Rd, Tel-Aviv

Israel Society of Soil Science, (1951), c/o National and University Institute of Agriculture, POB 15, Rehovoth

Israel Society of Special Libraries and Information Centres, ISLIC, (1966), POB 20125, Tel-Aviv

Israel Society of Surgeons, (1959), POB 432, Jerusalem

Israel Society of the History of Medicine and Science, (1947), 68 Shlomoh Ha-Melekh, Tel-Aviv

Israel Veterinary Medical Association, (1922), POB 1871, Tel-Aviv

Jerusalem Philosophical Society, (1941), c/o Hebrew University, Jerusalem

Medical Society for Public Health, (1959), c/o Israel Medical Association, 4 Mahanayim St, Haifa

Mekize Nirdamin Society, (1863), 22 Hatibonim St, Jerusalem

Microbiological Society of Israel, (1932), c/o Hebrew University, Jerusalem

Museums Association of Israel, (1966), POB 303, Tel-Aviv

National Council for Research and Development, 3 Hakirya, Jerusalem

National Council of Culture and Art, 84 Ha-Hashmona'im St, Tel-Aviv

Organization of Physics Teachers in Israel, (1956), c/o Z. Golan, 3 Ahad Haam St, Haifa

Oto-Laryngological Society of Israel, (1925), c/o Israel Medical Association, 1 Heftman St, Tel-Aviv

Paint Research Association, (1960), Technion City, Haifa

Photogrammetric Society of Israel, (1951), POB 2730, Tel-Aviv

Physical Society of Israel, (1954), c/o Hebrew University, Jerusalem

Rehovoth Conference on Science in the Advancement of New States, (1960), c/o Weizmann Institute of Science, Rehovoth

Rubber Research Association, (1951), Technion City, Haifa

Society for the Protection of Nature in Israel, (1953), c/o University, Tel-Aviv

Society of Orthopedic Surgeons of the Israel Medical Association, (1934), 1 Heftman St, Tel-Aviv

Standards Institution of Israel, (1945), Bney-Yisra'el St, Tel-Aviv

Tel-Aviv Astronomical Association, (1961), 13 de-Haas St, Tel-Aviv

Urological Society of Israel, (1935), c/o Israel Medical Association, 1 Heftman St, Tel-Aviv

World Academy of Art and Science, WAAS, (1960), 1 Ruppin St, Rehovoth

Zoological Society of Israel, (1940), c/o Department of Zoology, University, Tel-Aviv

Japan

Japan

Ajia seikei gakkai, Society for Asian Political and Economic Studies, (1953), c/o Keio daigaku, 2-15-45 Mita, Minato-ku, Tokyo 108

Bigakkai, Japanese Society for Aesthetics, (1949), c/o Tokyo daigaku Bungakubu, 7-3-1 Hongo, Bunkyo-ku, Tokyo 113

Bijutsushi gakkai, Japan Art History Society, (1949), c/o Kokuritsu bunkazai kenkyusho, 12-53 Ueno-koen, Daito-ku, Tokyo 110

Butsuri tanko gijutsu kyokai, Society of Exploration Geophysicists of Japan, (1948), c/o Chishitsu chosasho, 135 Hisamoto-cho, Kawasaki-shi 213

Chigaku dantai kenkyukai, Association for Geological Collaboration, (1947), Saitama biru, 2-32-12 Minami Ikebukuro, Toshima-ku, Tokyo 171

Chusei tetsugakkai, Japanese Society of Medieval Philosophy, (1932), c/o Jochi daigaku, 7 Kioicho, Chiyoda-ku, Tokyo 102

Denki kagaku kyokai, Electrochemical Society of Japan, (1933), Shin-Yurakucho-kaikan, 1-11 Yuraku-cho, Chiyoda-ku, Tokyo 100

Denki tsushin kyokai, Telecommunications Association, (1938), Shin-Yuraku-cho kaikan, 1-11 Yuraku-cho, Chiyoda-ku, Tokyo 100

Denpun kogyo gakkai, Technological Society of Starch, (1952), c/o Shokuryo kenkyusho, 1-4-12 Shiohama, Koto-ku, Tokyo 135

Doshitsu kogakkai, Japanese Society of Soil Mechanics and Foundation, (1949), Toa bekkan, 1-13-5 Nishi Shinbashi, Minato-ku, Tokyo 105

Engei gakkai, Japanese Horticultural Science, (1923), c/o Tokyo daigaku Nogakubu, 1-1-1 Yayoi, Bunkyo-ku, Tokyo 113

Hanshin doitsubun gakkai, Japanischer Verein für Germanistik im Bezirk Osaka-Kobe, (1952), c/o Osaka daigaku Kyoyobu, Machikaneyama, Toyonaka-shi, Osaka 560

Hikakuho gakkai, Japan Society of Comparative Law, (1950), c/o Tokyo daigaku Hogakubu, 7-3-1 Hongo, Bunkyo-ku, Tokyo 113

Hiroshima shigaku kenkyukai, Hiroshima Society for Historical Studies, (1929), c/o Hiroshima daigaku Bungakubu, Higashi Sendamachi, Hiroshima-shi 730

Hogaku kyokai, Jurisprudence Association, (1883), c/o Tokyo daigaku Hogakubu, 7-3-1 Hongo, Bunkyo-ku, Tokyo 113

Hoseishi gakkai, Japan Legal History Association, (1949), c/o Tokyo daigaku Hogakubu, 7-3-1 Hongo, Bunkyo-ku, Tokyo 113

Itaria gakkai, Associazione degli studi italiani, (1940), c/o Kyoto daigaku Bungakubu, Yoshida honmachi, Sakyo-ku, Kyoto 606

Jinbun chiri gakkai, Human Geography Society of Japan, (1948), c/o Kyoto daigaku Bungakubu, Yoshida Honmachi, Sakyo-ku, Kyoto

Jishin gakkai, Seismological Society of Japan, (1929), c/o Tokyo daigaku Jishin kenkyusho, 1-1-1 Yayoi, Bunkyo-ku, Tokyo 113

Joho shori gakkai, Information Processing Society of Japan, (1960), Kikai shinko kaikan, 21-1-5 Shiba-koen, Minato-ku, Tokyo 105

Kagaku kisoron gakkai, Japan Association for Philosophy of Science, (1954), c/o Tokei suri kenkyusho, 4-6-7 Minami Azabu, Minato-ku, Tokyo 106

Kaiyo kisho gakkai, Marine Meteorological Society, (1921), c/o Kobe kishodai, 7-178 Nakayamate-dori, Ikuta-ku, Kobe 650

Kami parupu gijutsu kyokai, Japanese Technical Association of the Pulp and Paper Industry, (1936), c/o Kami parupu kaikan, 3-9-11 Ginza, Chuo-ku, Tokyo 104

Kansai zosen kyokai, Kansai Society of Naval Architects, (1912), c/o Osaka daigaku Kogakubu, Yamada-kami, Suita-shi, Osaka 565

Keikinzoku gakkai, Japan Institute of Light Metals, (1951), c/o Nihonbashi Asahi seimeikan, 2-2 Nihonbashi-dori, Chuo-ku, Tokyo 104

Keizai chiri gakkai, Association of Economic Geographers, (1954), c/o Meiji daigaku Daigakuin, Surugadai, Kanda, Chiyoda-ku, Tokyo 101

Keizai riron gakkai, Japan Society of Political Economy, (1959), 3 Nishi-Ikebukuro, Toyoshima-ku, Tokyo 171

Keizai tokei kenkyukai, Society of Economic Statistics, (1955), c/o Tokyo kyoiku daigaku, 3-29-1 Otsuka, Bunkyo-ku, Tokyo 112

Keizaigakushi gakkai, Society for the History of Social and Economic Thought, Japan, (1950), c/o Kyoto daigaku Keizai gakubu, Yoshida honmachi, Sakyo-ku, Kyoto 606

Keizaiho gakkai, Association of Economic Jurisprudence, (1951), c/o Hitotsubashi daigaku, 2-1 Naka, Kunitachi, Tokyo 186

Kin'yu gakkai, Society of Money and Credit, (1943), c/o Toyo keizai biru, 1-4 Motoishicho, Nihonbashi, Chuo-ku, Tokyo 103

Kobunshi gakkai, Society of Polymer Science, Japan, (1951), Honshu biru, 5-12-8 Ginza, Chuo-ku, Tokyo 104

Koeki jigyo gakkai, Society of Public Military Economics, (1948), c/o Nihon denki kyokai, 1-3 Yuraku-cho, Chiyoda-ku, Tokyo 100

Kogyo kayaku kyokai, Industrial Explosives Society, Japan, (1939), Gunma biru, 2-6 Nihonbashi-dori, Chuo-ku, Tokyo 103

Kokka gakkai, Association of Political and Social Sciences, (1877), c/o Tokyo daigaku Hogakubu, 7-3-1 Hongo, Bunkyo-ku, Tokyo 113

Koko eisei gakkai, Japanese Society for Dental Health, (1952), c/o Nihon shika daigaku, 1-9-20 Fujimi-cho, Chiyoda-ku, Tokyo 102

Kokugo gakkai, Society for the Study of Japanese Language, (1944), c/o Tokyo daigaku Bungakubu, 7-3-1 Hongo, Bunkyo-ku, Tokyo 113

Kokumin keizai kenkyu kyokai, Institute for Research on National Economy, (1945), 5-10-2 Ginza, Chuo-ku, Tokyo 104

Kokusai keizai gakkai, Japan Society of International Economics, (1950), Seiko biru, 7-2-1 Minami-Aoyama, Minato-ku, Tokyo 107

Kokusaiho gakkai, Association of International Law, (1897), c/o Tokyo daigaku Hogakubu, 7-3-1 Hongo, Bunkyo-ku, Tokyo 113

Kokushi gakkai, Society of Japanese Historical Research, (1909), c/o Kokugakuin daigaku, 4-10-28 Higashi, Shibuya-ku, Tokyo 150

Kyoiku tetsugakkai, Society for the Philosophy of Education, (1957), c/o Jochi daigaku, 7-Kioi-cho, Chiyoda-ku, Tokyo 102

Kyoikushi gakkai, Society for Historical Research of Education, (1956), c/o Kyoiku daigaku, 3-19-1 Otsuka, Bunkyo-ku, Tokyo 112

Kyoto daigaku Keizai gakkai, Kyoto University Economic Society, (1919), c/o Kyoto daigaku Keizai gakubu, Yoshida-honmachi, Sakyo-ku, Kyoto 606

Kyoto tetsugakkai, Kyoto Philosophical Society, (1915), c/o Kyoto daigaku Bungakubu, Yoshida honmachi, Sakyo-ku, Kyoto 606

Man'yo gakkai, Society for Man'yo studies, (1951), c/o Kansai daigaku, 3-10-1 Senriyama-higashi, Suita-shi 564

Minji soshoho gakkai, Association of Civil Procedure, (1949), c/o Kobe daigaku Hogakubu, Rokkodai-cho Nada-ku, Kobe-shi 657

Nihon arerugi gakkai, Japanese Society of Allergology, (1952), c/o Nippon ika daigaku, 1-1-5 Komagome, Bunkyo-ku, Tokyo 113

Nihon bitamin gakkai, Japan Vitamin Society, (1949), c/o Kyoto daigaku, Oike-agaru, Nakakyo-ku, Kyoto 606

Nihon bungaku kyokai, Japanese Literary Association, (1946), 2-17-10 Minami Otsuka, Toyoshima-ku, Tokyo 170

Nihon bunko gakkai, Spectroscopical Society of Japan, (1949), c/o Tokyo kyoiku daigaku, 4-400 Hyakunin-cho, Shinjuku-ku, Tokyo 160

Nihon bunseki kagakkai, Japan Society for Analytical Chemistry, (1952), c/o Kogyo gijutsuin, 1-1-5 Motomachi, Shibuya-ku, Tokyo 151

Nihon butsuri gakkai, Physical Society of Japan, (1946), Kikai shinko biru 211, 3-5-8 Shiba-koen, Minato-ku, Tokyo 105

Nihon butsuri kagaku kenkyukai, Physico-chemical Society of Japan, (1926), c/o Kyoto daigaku Rigakubu, Oiwake-cho, Kitashirakawa, Kyoto 606

Nihon byori gakkai, Japanese Pathological Society, (1952), c/o Tokyo daigaku Igakubu, 7-3-1 Hongo, Bunkyo-ku, Tokyo 113

Nihon chikusan gakkai, Japanese Society of Zootechnical Science, (1924), c/o Tokyo daigaku Nogakubu, 1-1-1 Yayoi, Bunkyo-ku, Tokyo 113

Nihon chikyu denki jiki gakkai, Society of Terrestrial Electricity and Magnetism of Japan, (1947), c/o Tokyo daigaku Rigakubu, 2-11-16 Yayoi, Bunkyo-ku, Tokyo 113

Nihon chiri gakkai, Association of Japanese Geographers, (1925), Gakkai senta biru, 2-4-6 Yayoi, Bunkyo-ku, Tokyo 113

Nihon chishitsu gakkai, Geological Society of Japan, (1893), c/o Tokyo daigaku Rigakubu, 7-3-1 Hongo, Bunkyo-ku, Tokyo 113

Nihon Chugoku gakkai, Sinological Society of Japan, (1949), c/o Yushima seido, 1-4-25 Yushima, Bunkyo-ku, Tokyo 113

Nihon daiyonki gakkai, Japan Association for Quaternary Research, (1956), c/o Tokyo toritsu daigaku Rigakubu, 2-1-1 Fukasawa, Setagaya-ku, Tokyo 158

Nihon densenbyo gakkai, Japanese Association for Infectious Diseases, (1940), 3-20-12 Komagome, Toyoshima-ku, Tokyo 170

Nihon denshi kenbikyo gakkai, Japan Society of Electron Microscopy, (1949), Gakkai senta biru, 2-4-6 Yayoi-cho, Bunkyo-ku, Tokyo 113

Nihon dobutsu gakkai, Zoological Society of Japan, (1878), c/o Toyo bunko, 2-28-21 Honkomagome, Bunkyo-ku, Tokyo 113

Nihon dobutsu shinri gakkai, Japanese Society for Animal Psychology, (1933), c/o Tokyo daigaku Bungakubu, 7-3-1 Hongo, Bunkyo-ku, Tokyo 113

Nihon dojo hiryo gakkai, Society of Soil and Manure, Japan, (1904), c/o Nogyo gijutsu kenkyusho, 2-1-7 Nishigahara, Kita-ku, Tokyo 114

Nihon dokubun gakkai, Japanische Gesellschaft für Germanistik, (1947), 5-30-21 Hongo, Bunkyo-ku, Tokyo 113

Nihon dokumenteshon kyokai, Japan Documentation Society, (1950), Sasaki biru, 2-5-7 Koishikawa, Bunkyo-ku, Tokyo 112

Nihon dokyo gakkai, Society of Taoistic Research, (1950), c/o Waseda daigaku, 42 Toyamamachi, Shinjuku-ku, Tokyo 162

Nihon eibun gakkai, English Literary Society of Japan, (1929), 18 Nakamachi, Shinjuku-ku, Tokyo 162

Nihon eisei gakkai, Japanese Society for Hygiene, (1929), c/o Kyoto daigaku Igakubu, Yoshida-Konoemachi, Sakyo-ku, Kyoto 606

Nihon engeki gakkai, Japanese Society for Theatre Research, (1949), c/o Waseda daigaku Engeki hakubutsukan, 1 Totsuka, Shinjuku-ku, Tokyo 160

Nihon Esuperanto gakkai, Japana Esperanto Society, (1919), 2-2-14 Hongo, Bunkyo-ku, Tokyo 113

Nihon Furansugo furansubun gakkai, Société Japonaise de la Langue et de la Littérature Françaises, (1962), c/o Nichi-Futsu kaikan, 2-4 Surugadai, Kanda, Chiyoda-ku, Tokyo 101

Nihon gakko hoken gakkai, Japanese Society of School Health, (1954), 4-6-1 Shiroganedai-machi, Minato-ku, Tokyo 118

Nihon gan gakkai, Japanese Cancer Association, (1941), c/o Gan kenkyusho, 1-37-1 Kami-Ikebukuro, Toyoshima-ku, Tokyo 170

Nihon ganka gakkai, Japanese Ophthalmological Society, (1897), Nihon ishi kaikan, 2-5 Surugadai, Kanda, Chiyoda-ku, Tokyo 101

Nihon ganseki kobutsu kosho gakkai, Japanese Association of Mineralogists, Petrologists and Economic Geologists, (1929), c/o Tohoku daigaku Rigakubu, Katahira-cho, Sendai 980

Nihon geka gakkai, Japan Surgical Society, (1899), Nihon ishi kaikan, 2-5 Surugadai, Kanda, Chiyoda-ku, Tokyo 101

Nihon gengo gakkai, Linguistic Society of Japan, (1938), Taishukan biru, 3-26 Nishiki-cho, Kanda, Chiyoda-ku, Tokyo 101

Nihon genshiryoku gakkai, Atomic Energy Society of Japan, (1959), c/o Nihon genshiryoku kenkyusho Jimubu Toden kyukan, 1-1-13 Shinbashi, Minato-ku, Tokyo 105

Nihon gomu kyokai, Society of Rubber Industry, Japan, (1928), 1-5-26 Motoakasaka, Minato-ku, Tokyo 107

Nihon gyosei gakkai, Japanese Society for Public Administration, (1950), c/o Tokyo daigaku Hogakubu, 7-3-1 Hongo, Bunkyo-ku, Tokyo 113

Nihon hakko kogakkai, Society of Fermentation Technology, Japan, (1911), c/o Osaka daigaku Kogakubu, Yamada-kami, Suita-shi, Osaka 565

Nihon hanzai shinri gakkai, Japanese Association of Criminal Psychology, (1963), 4-11-7, Nerima-ku, Tokyo 176

Nihon hassei seibutsu gakkai, Japanese Society of Developmental Biologists, (1968), c/o Kyoto daigoku Rigakubu, Oiwake-cho, Kita-Shirakawa, Sakyo-ku, Kyoto 606

Nihon hifuka gakkai, Japanese Dermatological Society, (1901), 3-14-10 Hongo, Bunkyo-ku, Tokyo 113

Nihon hihakai kensa kyokai, Japanese Society for Non-destructive Inspection, (1952), 1-11 Sakuma-cho, Kanda, Chiyoda-ku, Tokyo 101

Nihon hinrui iden gakkai, Japan Society of Human Genetics, (1957), c/o Tokyo ika shika daigaku, 1-5-45 Yushima, Bunkyo-ku, Tokyo 113

Nihon hinyokika gakkai, Japanese Urological Association, (1912), c/o Tokyo daigaku Igakubu, 7-3-1 Hongo, Bunkyo-ku, Tokyo 113

Nihon hoi gakkai, Medico Legal Society of Japan, (1914), c/o Tokyo daigaku Igakubu, 7-3-1 Hongo, Bunkyo-ku, Tokyo 113

Nihon hoken gakkai, Japanese Society of Insurance Science, (1940), c/o Songai hoken jigyo kenkyusho, 3-6-5 Surugadai, Kanda, Chiyoda-ku, Tokyo 100

Nihon hoken igakkai, Association of Life Insurance Medicine of Japan, (1901), c/o Shin-kokusai kaikan, 3-4-1 Marunouchi, Chiyoda-ku, Tokyo 101

Nihon hoshakai gakkai, Japan Association of Sociology of Law, (1947), c/o Tokyo daigaku Hogakubu, 7-3-1 Hongo, Bunkyo-ku, Tokyo 113

Nihon hoshasei doi genso kyokai, Japan Radioisotope Association, (1951), 2-28-45 Honkomagome, Bunkyo-ku, Tokyo 113

Nihon hoshasen eikyo gakkai, Japan Radiation Research Society, (1959), c/o Hoshasen igaku sego kenkyusho, 4-9-1 Anagawa, Chiba-shi 280

Nihon hotetsu gakkai, Japan Legal Philosophy Association, (1948), c/o Keio daigaku, 2-15-45 Mita, Minato-ku, Tokyo 108

Nihon hozon shika gakkai, Japanese Society of Conservative Dentistry, (1955), c/o Nihon shika daigaku, 1-9-20 Fujimi-cho, Chiyoda-ku, Tokyo 102

Nihon iden gakkai, Genetics Society of Japan, (1920), c/o Kokuritsu idengaku kenkyusho, 1111 Yata, Mishima-shi, Shizuoka-ken 411

Nihon igaku hoshasen gakkai, Japan Radiological Society, (1923), Akamon abitashon, 5-29-13 Hongo, Bunkyo-ku, Tokyo 113

Nihon ikushu gakkai, Japanese Society of Breeding, (1951), c/o Tokyo daigaku Nogakubu, 1-1-1 Yayoi, Bunkyo-ku, Tokyo 113

Nihon imono kyokai, Japan Foundrymen's Society, (1932), 8-12-13 Ginza, Chuo-ku, Tokyo 104

Nihon indogaku bukkyo gakkai, Japanese Association of Indian and Buddhist Studies, (1951), c/o Tokyo daigaku Bungakubu, 7-3-1 Hongo, Bunkyo-ku, Tokyo 113

Nihon ishikai, Japan Medical Association, (1947), 2-5 Surugadai, Kanda, Chiyoda-ku, Tokyo 101

Nihon ishinkin gakkai, Japanese Society for Medical Mycology, (1956), c/o Juntendo daigaku, 2-1-1 Hongo, Bunkyo-ku, Tokyo 113

Nihon jibi inkoka gakkai, Oto-Rhino-Laryngological Society, (1893), 3-23-14 Takanawa, Minato-ku, Tokyo 108

Nihon jinrui gakkai, Anthropological Society of Japan, (1884), c/o Tokyo daigaku Rigakubu, 7-3-1 Hongo, Bunkyo-ku, Tokyo 113

Nihon jui gakkai, Japanese Society of Veterinary Science, (1885), c/o Tokyo daigaku Nogakubu, 1-1-1 Yayoi, Bunkyo-ku, Tokyo 113

Nihon junkanki gakkai, Japanese Circulation Society, (1935), c/o Kyoto daigaku Igakubu, Kawaramachi, Shogoin, Sakyo-ku, Kyoto 606

Nihon kagakkai, Chemical Society of Japan, (1878), 1-5 Surugadai, Kanda, Chiyoda-ku, Tokyo 101

Nihon kaibo gakkai, Japanese Association of Anatomists, (1893), c/o Tokyo daigaku Igakubu, 7-3-1 Hongo, Bunkyo-ku, Tokyo 113

Nihon kaikei kenkyu gakkai, Japan Accounting Association, (1938), 1-3 Ogawa-cho, Kanda, Chiyoda-ku, Tokyo 100

Nihon kairui gakkai, Malacological Society of Japan, (1928), c/o Kokuritsu kagaku hakubutsukan Bunkan, 3-23-1 Hyakunin-cho, Shinjuku-ku, Tokyo 160

Nihon kaisui gakkai, Society of Sea Water Science, Japan, (1950), c/o Nihon senbai kosha Chuo kenkyusho, 1-28-3 Nishi-Shinagawa, Shinagawa-ku, Tokyo 141

Nihon kaiyo gakkai, Oceanographical Society of Japan, (1941), c/o Tokyo daigaku Kaiyo kenkyusho, 1-15-1 Minamidai, Nakano-ku, Tokyo 164

Nihon kakui gakkai, Japanese Society of Nuclear Medicine, (1963), c/o Tokyo daigaku Igakubu, 7-3-1 Hongo, Bunkyo-ku, Tokyo 113

Nihon kasai gakkai, Fire Prevention Society of Japan, (1950), c/o Tokyo daigaku Kogakubu, 7-3-1 Hongo, Bunkyo-ku, Tokyo 113

Nihon kasei gakkai, Japan Home Economics Association, c/o Yamamori manshon 502, 2-1-15 Otsuka, Bunkyo-ku, Tokyo 113

Nihon kazan gakkai, Volcanological Society of Japan, (1934), c/o Tokyo daigaku Jishin kenkyusho, 1-1-1 Yayoi, Bunkyo-ku, Tokyo 113

Nihon keiei gakkai, Japan Society for the Study of Business Administration, (1926), c/o Hitotsubashi daigaku Shogyo keiei kenkyusho, Kunitachi-shi, Tokyo 186

Nihon keizai seisaku gakkai, Japan Economic Policy Association, (1940), c/o Keio gijuku daigaku, 2-15-45 Mita, Minato-ku, Tokyo 108

Nihon kekkakubyo gakkai, Japanese Society for Tuberculosis, (1923), 3-20-12 Komagome, Toyoshima-ku, Tokyo 101

Nihon kenchiku gakkai, Architectural Institute of Japan, (1886), 3-2-19 Ginza, Chuo-ku, Tokyo 104

Nihon kensetsu kikaika kyokai, Japan Construction Mechanization Association, (1950), c/o Kikai shinko kaikan, 21-1-5 Shiba-koen, Minato-ku, Tokyo 105

Nihon kessho gakkai, Crystallographical Society of Japan, (1949), Gakkai senta biru, 2-4-16 Yayoi-cho, Bunkyo-ku, Tokyo 113

Nihon ketsueki gakkai, Japan Haematological Society, (1937), c/o Kyoto daigaku Igakubu fuzoku byoin, Kawahara, Shogoin, Sakyo-ku, Kyoto 606

Nihon kikan shokudoka gakkai, Japan Broncho-Esophagological Society, (1948), c/o Keio daigaku Igakubu, 35 Sinano-machi, Shinjuku-ku, Tokyo 160

Nihon kingakkai, Mycological Society of Japan, (1956), c/o Kokuritsu kagaku hakubutsukan Bunkan, 3-23-1 Hyakunin-cho, Shinjuku-ku, Tokyo 160

Nihon kinzoku gakkai, Japan Institute of Metals, (1937), Tokatsu biru, 1-1-13 Omachi, Sendai-shi 960

Nihon kirisutokyo gakkai, Japan Association of Research in Christianity, (1952), c/o Kyoto daigaku Bungakubu, Yoshida honmachi, Sakyo-ku, Kyoto 606

Nihon kiseichu gakkai, Japanese Society of Parasitology, (1929), c/o Keio daigaku Igakubu, 35 Shinanomachi, Shinjuku-ku, Tokyo 160

Nihon kisho gakkai, Meteorological Society of Japan, (1882), c/o Kishocho, 1-3-4 Otemachi, Chiyoda-ku, Tokyo 100

Nihon kobutsu gakkai, Mineralogical Society of Japan, (1952), c/o Tokyo daigaku Kyoyobu, 3-8-1 Komaba, Meguro-ku, Tokyo 153

Nihon kogakkai, Japan Federation of Engineering Societies, (1879), c/o Nihon kogyo kaikan, 8-5-4 Ginza, Chuo-ku, Tokyo 104

Nihon kogyokai, Mining and Metallurgical Institute of Japan, (1885), 8-5-4 Ginza, Chuo-ku, Tokyo 104

Nihon koho gakkai, Japan Public Law Association, (1948), c/o Tokyo daigaku Hogakubu, 7-3-1 Hongo, Bunkyo-ku, Tokyo 113

Nihon kokai gakkai, Nautical Society of Japan, (1923), c/o Tokyo shosen daigaku, 2-1-6 Etchujima-machi, Koto-ku, Tokyo 135

Nihon koko gakkai, Archaeological Society of Nippon, (1895), c/o Tokyo kokuritsu hakubutsukan, 13-9 Ueno koen, Daito-ku, Tokyo 110

Nihon koko geka gakkai, Japanese Society of Oral Surgery, (1944), c/o Tokyo daigaku Igakubu, 7-3-1 Hongo, Bunkyo-ku, Tokyo 113

Nihon kokogaku kyokai, Japanese Archaeologists Association JAA, (1948), c/o Tokyo daigaku Bungakubu, 7-3-1 Hongo, Bunkyo-ku, Tokyo 113

Nihon kokoka gakkai, Japanese Stomatological Society, (1947), c/o Tokyo daigaku Igakubu, 7-3-1 Hongo, Bunkyo-ku, Tokyo 113

Nihon koku uchu gakkai, Japan Society for Aeronautical and Space Sciences, (1933), Hikokan, 1-18-1 Shinbashi, Minato-ku, Tokyo 105

Nihon kokusai seiji gakkai, Japan Association of International Relations, (1956), c/o Keio daigaku, 2-15-45 Mita, Minato-ku, Tokyo 108

Nihon konchu gakkai, Entomological Society of Japan, (1917), c/o Kokuritsu yobo eisei kenkyusho, 2-10-35 Kamiosaki, Shinagawa-ku, Tokyo 141

Nihon kosei busshitsu gakujutsu kyogikai, Japan Antibiotics Research Association, (1946), Kami-Osaki, Shinagawa-ku, Tokyo 141

Nihon koseibutsu gakkai, Palaeontological Society of Japan, (1935), c/o Tokyo daigaku Rigakubu, 7-3-1 Hongo, Bunkyo-ku, Tokyo 113

Nihon kotsu gakkai, Japan Society of Transportation Economics, (1941), c/o Un'yu chosakyoku, 2-5-6 Izumi-cho, Kokubunji-shi, Tokyo 185

Nihon kotsu igakkai, Japanese Association of Transportation Medicine, (1947), c/o Chuo tetsudo byoin, 2-1-3 Yoyogi, Shibuya-ku, Tokyo 151

Nihon kozan chishitsu gakkai, Society of Mining Geologists of Japan, (1951), Nihon kogyo kaikan, 8-5-4 Ginza, Chuo-ku, Tokyo 104

Nihon kuho gakkai, Air Law Institute of Japan, (1955), c/o Chuo daigaku, 3-9 Surugadai, Kanda, Chiyoda-ku, Tokyo 101

Nihon kyobu geka gakkai, Japanese Association for Thoracic Surgery, (1948), c/o Tokyo daigaku Igakubu, 7-3-1 Hongo, Bunkyo-ku, Tokyo 113

Nihon kyoiku gakkai, Japanese Society for the Study of Education, (1941), c/o Tokyo daigaku Kyoiku gakubu, 7-3-1 Hongo, Bunkyo-ku, Tokyo 113

Nihon kyoiku shakai gakkai, Japan Society for the Study of Educational Sociology, (1949), c/o Tokyo daigaku Kyoiku gakubu, 7-3-1 Hongo, Bunkyo-ku, Tokyo 113

Nihon kyoiku shinri gakkai, Japanese Association of Educational Psychology, (1952), c/o Tokyo daigaku Kyoiku gakubu, 7-3-1 Hongo, Bunkyo-ku, Tokyo 113

Nihon kyosei igakkai, Japanese Association of Correctional Medicine, (1951), c/o Homusho, Dai-ichi bekkan, 1-1 Kasumigaseki, Chiyoda-ku, Tokyo 100

Nihon kyosei shika gakkai, Japan Orthodontic Society, (1926), c/o Osaka daigaku Shika gakubu, Joan-cho, Kita-ku, Osaka 530

Nihon masui gakkai, Japan Society of Anesthesiology, (1954), c/o Tokyo daigaku Igakubu, 7-3-1 Hongo, Tokyo

Nihon ME gakkai, Japan Society of Medical Electronics and Biological Engineering, (1962), 3-5-8 Shiba-koen, Minato-ku, Tokyo 105

Nihon minzoku gakkai, Folklore Society of Japan, c/o Seijo daigaku, 6-1-20 Seijo-cho, Setagaya-ku, Tokyo 157

Nihon mokuzai gakkai, Japan Wood Research Society, (1955), c/o Ringyo shikenjo, 5-37-21 Shimo-meguro, Meguro-ku, Tokyo 153

Nihon myakkan gakkai, Japanese College of Angiology, (1960), c/o Tokyo daigaku Igakubu, 7-3-1 Hongo, Bunkyo-ku, Tokyo 113

Nihon naibunpi gakkai, Japan Endocrinological Society, (1925), c/o Kyoto furitsu igaku daigaku, Hirokoji, Kamikyo-ku, Kyoto 606

Nihon naika gakkai, Japanese Society of Internal Medicine, (1903), Nihon shinpan biru, 3-33-5 Hongo, Bunkyo-ku, Tokyo 113

Nihon naishikyo gakkai, Japan Endoscopy Society, (1961), 3-4 Ogawa-cho, Kanda, Chiyoda-ku, Tokyo 101

Nihon nendo gakkai, Clay Society of Japan, (1957), c/o Waseda daigaku Rikogakubu, 4-170 Nishi-Ogikubo, Shinjuku-ku, Tokyo 160

Nihon nenryo kenkyukai, Combustion Society of Japan, (1953), c/o Tokyo daigaku Kogakubu, 7-3-1 Hongo, Bunkyo-ku, Tokyo 113

Nihon nettai igakkai, Japan Society of Tropical Medicine, c/o Tokyo daigaku Ikagaku kenkyusho, 4-6-1 Shiroganedai, Minato-ku, Tokyo 108

Nihon nettai nogyo gakkai, Tropical Agriculture Research Association Japan, (1957), c/o Tokyo kyoiku daigaku Nogakubu, 2-19-1 Komaba-cho, Meguro-ku, Tokyo 153

Nihon nogakkai, Japanese Association of Agricultural Science Societies, (1929), 2-28-21 Honkomagome, Bunkyo-ku, Tokyo 113

Nihon nogei kagakkai, Agricultural Chemical Society of Japan, (1924), Gakkai senta, 2-4-16 Yayoi-cho, Bunkyo-ku, Tokyo 113

Nihon nogyo keizai gakkai, Agricultural Economic Society, (1923), c/o Tokyo daigaku Nogakubu, 1-1-1 Yayoi, Bunkyo-ku, Tokyo 113

Nihon nogyo kisho gakkai, Society of Agricultural Meteorology of Japan, (1942), c/o Kishocho, 1-7 Otemachi, Chiyoda-ku, Tokyo 100

Nihon noshinkei geka gakkai, Japan Neurosurgical Society, (1948), c/o Tokyo daigaku Igakubu, 7-3-1 Hongo, Bunkyo-ku, Tokyo 113

Nihon onkyo gakkai, Acoustical Society of Japan, (1936), Ikeda biru, 2-7-7 Yoyogi, Shibuya-ku, Tokyo 151

Nihon onsen kagakkai, Balneological Society of Japan, (1939), c/o Tokyo toritsu daigaku Rigakubu, 2-1-1 Fukazawa, Setagaya-ku, Tokyo 158

Nihon onsen kiko butsuri gakkai, Japanese Association of Physical Medicine, Balneology and Climatology, (1935), c/o Tokyo daigaku Igakubu, 7-3-1 Hongo, Bunkyo-ku, Tokyo 113

Nihon opereshonzu risachi gakkai, Operations Research Society of Japan, (1957), 18 Nakano-cho, Ichigaya, Shinjuku-ku, Tokyo 160

Nihon Oriento gakkai, Society for Near East Studies in Japan, (1954), c/o Tokyo Tenrikyokan, 1-9 Nishiki-cho, Kanda, Chiyoda-ku, Tokyo 101

Nihon oyo chishitsu gakkai, Society of Engineering Geology of Japan, (1959), c/o Kokusai bosai senta, 6-15-1 Ginza, Chuo-ku, Tokyo 104

Nihon oyo dobutsu konchu gakkai, Japanese Society of Applied Entomology and Zoology, (1957), c/o Nogyo gijutsu kenkyusho, 2-1-7 Nishigahara, Kita-ku, Tokyo 114

Nihon oyo shinri gakkai, Japan Association of Applied Psychology, (1927), c/o Ochanomizu joshi daigaku, 2-1-1 Otsuka, Bunkyo-ku, Tokyo 112

Nihon P.E.N. kurabu, Japan P.E.N. Club, (1935), Shuwa rejidensharu hoteru 265, 9-1-7 Akasaka, Minato-ku, Tokyo 107

Nihon rai gakkai, Japanese Leprosy Association, (1928), c/o Kokuritsu tama kenkyusho, 4-1455 Aoba-cho, Higashimurayama-shi 189

Nihon reito kyokai, Japanese Association of Refrigeration, (1926), San'ei kaikan, 8 Misake-cho, Shinjuku-ku, Tokyo 160

Nihon rikusui gakkai, Japanese Society of Limnology, (1931), c/o Kyoto daigaku Ozu rinko jikkensho, Shimozakamoto-machi, Otsu-shi 520-01

Nihon ringakkai, Japanese Forestry Society, (1914), c/o Ringyo shikenjo, 5-37-21 Shimo-Meguro, Meguro-ku, Tokyo 153

Nihon rinri gakkai, Japanese Society for Ethics, (1952), c/o Tokyo daigaku Bungakubu, 7-3-1 Hongo, Bunkyo-ku, Tokyo 113

Nihon rinsho byori gakkai, Japan Society of Clinical Pathology, (1951), c/o Juntendo daigaku Igakubu, 2-1-1 Hongo, Bunkyo-ku, Tokyo 113

Nihon rodoho gakkai, Japanese Labor Law Association, (1950), c/o Hosei daigaku, 2-17-1 Fujimi-cho, Chiyoda-ku, Tokyo 102

Nihon ronen igakkai, Japan Geriatrics Society, (1959), c/o Tokyo daigaku Igakubu, 7-3-1 Hongo, Bunkyo-ku, Tokyo 113

Nihon roshiyabun gakkai, Russian Literary Society of Japan, (1951), c/o Waseda daigaku Bungakubu, 42 Toyamamachi, Shinjuku-ku, Tokyo 160

Nihon saikin gakkai, Japanese Society for Bacteriology, (1946), c/o Tokyo daigaku Ikagaku kenkyusho, 4-6-1 Shiroganedai, Minato-ku, Tokyo 108

Nihon sakumotsu gakkai, Crop Science Society of Japan, (1927), c/o Tokyo daigaku Nogakubu, 1-1-1 Yayoi, Bunkyo-ku, Tokyo 113

Nihon sangyo eisei kyokai, Japan Association of Industrial Health, (1929), c/o Koei biru, 78 Hanazono-cho, Shinjukuäku, Tokyo 160

Nihon sanka fujinka gakkai, Japanese Obstetrical and Gynecological Society, (1949), c/o Nihon koshu eisei biru, 78 Hanozono-cho, Shinjuku-ku, Tokyo 160

Nihon sanshi gakkai, Sericulture Society of Japan, (1930), c/o Sanshi shikenjo, 3-55-30 Wada-cho, Suginami-ku, Tokyo 166

Nihon seibutsu butsuri gakkai, Biophysical Society of Japan, (1960), c/o Nagoya daigaku Rigakubu, Furo-cho, Chikusa-ku, Nagoya 464

Nihon seibutsu chiri gakkai, Biogeographical Society of Japan, (1928), c/o Tokyo suisan daigaku, 4-5-7 Konan, Minato-ku, Tokyo 108

Nihon seibutsu kankyo chosetsu kenkyukai, Japanese Society of Environment Control in Biology, (1963), c/o Kyushu daigaku Seibutsu kankyo chosetsu senta, Hakozaka, Fukuoka-shi 812

Nihon seika gakkai, Japanese Biochemical Society, (1925), Gakkai senta biru, 2-4-16 Yayoi, Bunkyo-ku, Tokyo 113

Nihon seikei geka gakkai, Japanese Orthopedic Association, (1926), c/o Tokyo daigaku Igakubu, 7-3-1 Hongo, Bunkyo-ku, Tokyo 113

Nihon seiri gakkai, Physiological Society of Japan, (1922), c/o Toyo bunko, 2-28-21 Honkomagome, Bunkyo-ku, Tokyo 113

Nihon seishin shinkei gakkai, Japanese Society of Psychiatry and Neurology, (1902), c/o Toyo bunko, 2-28-21 Honkomagome, Bunkyo-ku, Tokyo 113

Nihon seitai gakkai, Ecological Society of Japan, (1954), c/o Tohoku daigaku Rigakubu, Aramaki-Aoba, Sendai 980

Nihon seiyo koten gakkai, Classical Society of Japan, (1949), c/o Kyoto daigaku Bungakubu, Yoshida Honmachi, Sakyo-ku, Kyoto 606

Nihon seiyoshi gakkai, Japanese Society of Western History, (1948), c/o Osaka daigaku Bungakubu, 1-1 Machikaneyamamachi, Toyonaka-shi, Osaka-fu 560

Nihon sen'i kikai gakkai, Textile Machinery Society of Japan, (1948), c/o Osaka kagaku gijutsu senta, 1-118 Nanawa, Nishi-ku, Osaka 550

Nihon senten ijo gakkai, Congenital Anomalies Research Association of Japan, (1961), c/o Kyoto daigaku Igakubu, Yoshida-Konoemachi, Sakyo-ku, Kyoto 606

Nihon seppyo gakkai, Japan Society of Snow and Ice, (1955), c/o Kishocho, 1-3-4 Otemachi, Chiyoda-ku, Tokyo 100

Nihon shakai gakkai, Japan Sociological Society, (1923), c/o Tokyo daigaku Bungakubu, 7-3-1 Hongo, Bunkyo-ku, Tokyo 113

Nihon shakai shinri gakkai, Japanese Society of Social Psychology, (1956), c/o Seishin joshi daigaku, 4-3-1 Hiroo, Shibuya-ku 150, Tokyo

Nihon shashin gakkai, Society of Scientific Photography, (1933), c/o Tokyo shashin daigaku, 2-9-5, Nakano-ku, Tokyo 164

Nihon shashin sokuryo gakkai, Japan Society of Photogrammetry, (1962), c/o Tokyo daigaku Seisan gijutsu kenkyusho, 7-22-1 Roppongi, Minato-ku, Tokyo 106

Nihon shika hoshasen gakkai, Japanese Society of Dental Radiology, (1960), c/o Nihon daigaku Igakubu, 1-8 Surugadai, Kanda, Chiyoda-ku, Tokyo 101

Nihon shika igakkai, Japanese Association for Dental Sciences, (1960), 9-1-20 Kudan-kita, Chiyoda-ku, Tokyo 103

Nihon shinbun gakkai, Japan Society for Journalism and Mass Communication, (1951), c/o Tokyo daigaku Shinbun kenkyusho, 7-3-1 Hongo, Bunkyo-ku, Tokyo 113

Nihon shinkei gakkai, Japanese Society of Neurology, (1960), c/o Akamon kiru, 5-26-4 Hongo, Bunkyo-ku, Tokyo 113

Nihon shinku kyokai, Vacuum Society of Japan, (1958), Kikai shinko kaikan, 21-1-5 Shiba-koen, Minato-ku, Tokyo 105

Nihon shinri gakkai, Japanese Psychological Association, (1927), Bunkyo senta biru 802, 4-37-13 Hongo, Bunkyo-ku, Tokyo 113

Nihon shogyo gakkai, Japan Society of Commercial Sciences, (1950), c/o Meiji daigaku Daigakuin, 1-1 Surugadai, Kanda, Chiyoda-ku, Tokyo 101

Nihon shohin gakkai, Japan Society of Commodities, (1950), c/o Hitotsubashi daigaku, 2-1 Naka, Kunitachi-shi, Tokyo 186

Nihon shokakibyo gakkai, Japanese Society of Gastroenterology, (1899), c/o Gyosei biru, 7-4-12 Ginza, Chuo-ku, Tokyo 104

Nihon shokubutsu byori gakkai, Phytopathological Society of Japan, (1918), c/o Nogyo gijutsu kenkyusho, 2-1-7 Nishigahara, Kita-ku, Tokyo 114

Nihon shokubutsu gakkai, Botanical Society of Japan, (1882), c/o Toyo bunko, 2-28-21 Honkomagome, Bunkyo-ku, Tokyo 113

Nihon shokubutsu seiri gakkai, Japanese Society of Plant Physiologists, (1959), c/o Kyoto daigaku Rigakubu, Oiwake-cho, Kitashirakawa-ku, Kyoto 606

Nihon shoni geka gakkai, Japanese Society of Pediatric Surgeons, (1964), c/o Juntendo daigaku Igakubu, 3-1-3 Hongo, Bunkyo-ku, Tokyo 113

Nihon shonika gakkai, Japan Pediatric Society, (1896), c/o Nihon koshu eisei kyokai biro, 78 Hanazono-cho, Shinjuku-ku, Tokyo 160

Nihon shoyaku gakkai, Pharmacognostical Association of Japan, (1947), c/o Kyoto daigaku Yakugakubu, Yoshida Shimoadachi, Sakyo-ku, Kyoto 606

Nihon shukyo gakkai, Japanese Association for Religious Studies, (1930), c/o Tokyo daigaku Bungakubu, 7-3-1 Hongo, Bunkyo-ku, Tokyo 113

Nihon sochi gakkai, Japanese Society of Grassland Science, (1954), 3-24-13 Higashiyama-cho, Meguro-ku, Tokyo 153

Nihon sokuchi gakkai, Geodetic Society of Japan, (1954), 3-24-13 Higashiyama-cho, Meguro-ku, Tokyo 153

Nihon sorui gakkai, Japanese Society of Phycology, (1953), c/o Kobe daigaku Rigakubu, Rokkodai-cho, Nada-ku, Kobe 657

Nihon sugakkai, Mathematical Society of Japan, (1946), c/o Tokyo daigaku Rigakubu, 7-3-1 Hongo, Bunkyo-ku, Tokyo 113

Nihon sugaku kyoikukai, Japan Society of Mathematical Education, (1919), c/o Tokyo kyoiku daigaku, 3-29-1 Otsuka, Bunkyo-ku, Tokyo 112

Nihon suisan gakkai, Japanese Society of Scientific Fisheries, (1932), c/o Tokyo suisan daigaku, 4-5-7 Minami, Minato-ku, Tokyo 108

Nihon taiiku gakkai, Japanese Society of Physical Education, (1951), c/o Tokyo daigaku Kyoiku gakubu, 7-3-1 Hongo, Bunkyo-ku, Tokyo 113

Nihon tairyoku igakkai, Japanese Society of Physical Fitness and Sports Medicine, (1949), c/o Tokyo Jieikai ika daigaku, Minato-ku, Tokyo 105

Nihon tekko kyokai, Iron and Steel Institute of Japan, (1915), Keidanren kaikan, 1-9-4 Otemachi, Chiyoda-ku, Tokyo 100

Nihon tenmon gakkai, Astronomical Society of Japan, (1908), c/o Tokyo tenmondai, 2-21-1 Osawa, Mitaka-shi, Tokyo 181

Nihon tetsugakkai, Philosophical Association of Japan, (1949), c/o Toyo daigaku Bungakubu, 5-28-20 Hakusan, Bunkyo-ku, Tokyo 112

Nihon tokei gakkai, Japan Statistical Association, (1933), c/o Tokei suri kenkyusho, 4-6-1 Minami Azubu, Minato-ku, Tokyo 106

Nihon tokushu kyoiku gakkai, Japanese Association of Special Education, (1963), c/o Tokyo kyoiku daigaku, 3-29-1 Otsuka, Bunkyo-ku, Tokyo 113

Nihon tonyobyo gakkai, Japan Diabetic Society, (1938), c/o Toyo bunko, 2-28-21 Honkomagome, Bunkyo-ku, Tokyo 113

Nihon tori gakkai, Ornithological Society of Japan, c/o Yamashina chorui kenkyusho, 8-20 Nanpeidai, Shibuya-ku, Tokyo 150

Nihon toshi keikaku gakkai, City Planning Institute of Japan, (1951), Toshi keikakukan, 2-16-14 Hirakawa-cho, Chiyoda-ku, Tokyo 102

Nihon toshokan gakkai, Japan Society of Library Science, (1953), c/o Toshokan tanki daigaku, 4-1-1 Shimouma, Setagaya-ku, Tokyo 154

Nihon toshokan kenkyukai, Japan Institution for Library Science, (1948), c/o Tenri daigaku, Tenri-shi, Nara-ken 632

Nihon Toshokan kyokai, Japan Library Association, (1952), 1-10-1 Taishido, Setagaya-ku, Tokyo 154

Nihon Uirusu gakkai, Society of Japanese Virologists, (1953), c/o Tokyo daigaku Ikagaku kenkyusho, 4-6-1 Shiroganedai, Minato-ku, Tokyo 108

Nihon yakugakkai, Pharmaceutical Society of Japan, (1881), 2-12-15 Shibuya, Shibuya-ku, Tokyo 150

Nihon yakuri gakkai, Japanese Pharmacological Society, (1927), c/o Tokyo daigaku Igakubu, 7-3-1 Hongo, Bunkyo-ku, Tokyo 113

Nihon yosetsu kyokai, Japan Welding Engineering Society, (1947), Kuroda kaikan, 1-11 Sakuma-cho, Kanda, Chiyoda-ku, Tokyo 101

Nihon yukagaku kyokai, Japan Oil Chemists Society, (1952), Yushi kogyo kaikan, 3-3 Edobashi, Nihonbashi, Chuo-ku, Tokyo 103

Nihon yuketsu gakkai, Japan Society of Blood Transfusion, (1954), c/o Tokyo joshi ika daigaku, 10 Kawata-cho, Ichigaya, Shinjuku-ku, Tokyo 162

Nihon zairyo gakkai, Society of Materials Science, Japan, (1952), 1-101 Yoshida-Izumidono-machi, Sakyo-ku, Kyoto 606

Nihon zairyo kyodo gakkai, Japanese Society for Strength and Fractures of Materials, (1963), c/o Tohoku daigaku Zairyo kyodo kenkyu shisetsu, Aramaki-Aoba, Sendai 980

Nihon zaisei gakkai, Japanese Association of Fiscal Science, (1940), c/o Hitotsubashi daigaku, 2-1 Kunitachi-shi, Tokyo 186

Nihon zeiho gakkai, Japan Tax Jurisprudence Association, (1951), 89-2 Ogaki-cho, Tanaka, Sakyo-ku, Kyoto 606

Nihon zosen gakkai, Society of Naval Architects of Japan, (1897), c/o Senpaku shinko biru, 35 Kinpira-cho, Minato-ku, Tokyo 105

Nihonshi kenkyukai, Japanese Society of Historical Studies, (1945), Nijoagaru, Fusumayamachi, Sakyo-ku, Kyoto 606

Nippon Afurika gakkai, Japanese Association of Africanists, (1964), c/o Tokyo daigaku Rigakubu, 7-31 Hongo, Bunkyo-ku, Tokyo 113

Nippon bukkyo gakkai, Nippon Buddhist Research Association, (1949), c/o Hanazono daigaku, Kitsuji, Kitamachi, Ukyo-ku, Kyoto 616

Nippon hikaku bungakkai, Comparative Literature Society of Japan, (1948), c/o Aoyama gakuin, 4-4-5 Shibuya, Shibuya-ku, Tokyo 150

Nippon kagakushi gakkai, History of Science Society of Japan, (1941), c/o Kishocho, 1-7 Otemachi, Chiyoda-ku, Tokyo 102

Nippon onsei gakkai, Phonetic Society of Japan, (1926), 2-13-12 Daida, Setagaya-ku, Tokyo 155

Nogyo doboku gakkai, Japanese Society of Irrigation, Drainage and Reclamation Engineering, (1929), Nogyo doboku kaikan, 5-34-4 Shinbashi, Minato-ku, Tokyo 105

Nogyo kikai gakkai, Society of Agricultural Machinery, (1937), c/o Tokyo daigaku Nogakubu, 1-1-1 Yayoi, Hongo, Bunkyo-ku, Tokyo 113

Ongaku gakkai, Japanese Musicological Society, (1952), c/o Tokyo geijutsu daigaku, 12-8 Ueno koen, Daito-ku, Tokyo 110

Oyo butsuri gakkai, Japan Society of Applied Physics, (1932), Kikai shinko gaikan, 21-1-5 Shiba-koen, Minato-ku, Tokyo 105

Puresutoresuto konkurito gijutsu kyokai, Prestressed Concrete Engineering Association, (1958), Ginka biru, 2-12-4 Ginza, Chuo-ku, Tokyo 104

Rekishigaku kenkyukai, Historical Science Society of Japan, (1932), 1-4-4 Jinbocho, Kanda, Chiyoda-ku, Tokyo 101

Riron keiryo keizai gakkai, Association of Theoretical Economics, (1934), c/o Tokei kenkyukai, 4-1-10 Shinbashi, Minato-ku, Tokyo 105

Sapporo norin gakkai, Sapporo Society of Agriculture and Forestry, (1898), c/o Hokkaido daigaku Nogakubu, 9 Kita, 9 Nishi, Sapporo-shi, Hokkaido 060

Sekiyu gijutsu kyokai, Japanese Association of Petroleum Technologists, (1933), Keidanren kaikan, 1-9-4 Otemachi, Chiyoda-ku, Tokyo 100

Sen'i gakkai, Society of Fiber Science and Technology, Japan, (1943), 3-3-9 Kami-Osaki, Shinagawa-ku, Tokyo 141

Senshokutai gakkai, Society of Chromosome Research, (1949), c/o International Christian University, 1500 Ozawa, Mitaka-shi, Tokyo 181

Shakai keizaishi gakkai, Socio-Economic History Society, (1930), c/o Waseda daigaku Daigakuin, 1-647 Totsuka, Shinjuku-ku, Tokyo 160

Shakai seisaku gakkai, Society for the Study of Social Policy, (1950), c/o Hosei daigaku Ohara shakai mondai kenkyusho, 2-17-1 Fujimi-cho, Chiyoda-ku, Tokyo 102

Shigakkai, Historical Society of Japan, (1889), c/o Tokyo daigaku Bungakubu, 7-3-1 Hongo, Bunkyo-ku, Tokyo 113

Shigaku kenkyukai, Society of Historical Research, (1908), c/o Kyoto daigaku Bungakubu, Yoshida honmachi, Sakyo-ku, Kyoto 606

Shika kiso igakkai, Japanese Association for Oral Biology, (1967), c/o Tokyo shika daigaku, 2-9-18 Misaki-cho, Chiyoda-ku, Tokyo 101

Shikizai kyokai, Japan Society of Colour Material, (1928), 2-2-13 Nishi, Kanda, Chiyoda-ku, Tokyo 101

Shinto gakkai, Society of Shinto Studies, (1938), c/o Izumo taisha Tokyo bunshi, 7-18-5 Roppongi, Minato-ku, Tokyo 105

Shinto shukyo gakkai, Society of Shinto Studies, (1947), c/o Kokugakuin daigaku, 4-10-28 Higashi, Shibuya-ku, Tokyo 150

Shokubai gakkai, Catalysis Society of Japan, (1958), c/o Tokyo kogyo daigaku, 2-12-1 Ookayama, Meguro-ku, Tokyo 152

Shokubutsu bunrui chiri gakkai, Phytogeographical Society, (1932), c/o Kyoto daigaku Rigakubu, Oiwake-cho, Kitashirakawa, Sakyo-ku, Kyoto 606

Shomei gakkai, Illuminating Engineering Institute of Japan, (1916), 1-3 Yuraku-cho, Chiyoda-ku, Tokyo 100

Tetsugakkai, Philosophical Society, (1884), c/o Tokyo daigaku Bungakubu, 7-3-1 Hongo, Bunkyo-ku, Tokyo 113

Toa igaku kyokai, Association of East-Asian Medicine, (1954), 2-20 Shin-Ogawa, Shinjuku-ku, Tokyo 162

Toa kumo gakkai, Arachnological Society of East Asia, (1936), c/o Oitemon gakuin daigaku, Ibaraki-shi, Osaka 567

Tochi seidoshi gakkai, Agrarian History Society, (1948), c/o Tokyo daigaku Keizai gakubu, 7-3-1 Hongo, Bunkyo-ku, Tokyo 113

Toho gakkai, Institute of Eastern Culture, (1947), 2-4-1 Nishi Kanda, Chiyoda-ku, Tokyo 101

Tokei kagaku kenkyukai, Research Association of Statistical Sciences, (1941), c/o Kyushu daigaku Rigakubu, Hakozaki, Fukuoka-shi 810

Tokyo chigaku kyokai, Tokyo Geographical Society, (1879), 12-2 Niban-cho, Chiyoda-ku, Tokyo 102

Tokyo daigaku Keizai gakkai, Tokyo University Society of Economics, (1922), c/o Tokyo daigaku Keizai gakubu, 7-3-1 Hongo, Bunkyo-ku, Tokyo 113

Tokyo Shina gakkai, Tokyo Sinological Society, (1897), c/o Tokyo daigaku bungakubu, 7-3-1 Hongo, Bunkyo-ku, Tokyo 113

Toyo gakujutsu kyokai, Oriental Society, (1911), c/o Toyo bunko, 2-28-31 Honkomagome, Bunkyo-ku, Tokyo 113

Toyoshi kenkyukai, Society of Oriental Research, (1935), c/o Kyoto daigaku Bungakubu, Yoshida-Honmachi, Sakyo-ku, Kyoto 606

Waka bungakkai, Literary Society of Waka, c/o Showa joshi daigaku Kenkyukan, 1-7-57 Taishido, Setagaya-ku, Tokyo 154

Yogyo kyokai, Ceramic Society of Japan, (1891), 2-22-17 Hyakunin-cho, Shinjuku-ku, Tokyo 160

Yosetsu gakkai, Japan Welding Society, (1926), 1-11 Sakuma-cho, Kanda, Chiyoda-ku, Tokyo 101

Yuki gosei kagaku kyokai, Society of Synthetic Organic Chemistry, Japan, (1942), Echiso biru, 2-39-7 Hongo, Bunkyo-ku, Tokyo

Yuseki gakkai, Japan Petroleum Institute, (1958), 3-4 Marunouchi, Chiyoda-ku, Tokyo 100

Demokratische Volksrepublik Jemen

People's Democratic Republic of Yemen

Department of Antiquities and Museums, (1948), c/o Ministry of Culture and Guidance, POB 473, Aden

Jordanien

Jordan

Jordan Library Association, (1963), POB 6289, Amman

Royal Scientific Society, (1970), POB 6945, Amman

Khmer-Republik

Khmer Republic

Association des Amis du Lycée Bouddhique Preah Suramarith, (1961), Wat Langka, Phnom-Penh

Association des Bouddhistes du Cambodge, (1952), Phnom-Penh

Association des Ecrivains Khmers, (1962), Phnom-Penh

Demokratische Volksrepublik Korea

Democratic People's Republic of Korea

Academy of Agricultural Science, Pyongyang

Academy of Forestry Science, Pyongyang

Academy of Medical Science, (1958), Pyongyang

Academy of Sciences, (1952), Mammoon-Dong, Pyongyang

Academy of Social Science, (1964), Pyongyang

Library Association of the Democratic People's Republic of Korea, (1953), c/o State Central Library, Pyongyang

Republik Korea

Republic of Korea

Korean Agricultural Engineering Society, (1949), 60 Sejong-ro, Chongno-ku, Seoul

Korean Association for the Biological Sciences, c/o Sung Kyun Kwan University, Seoul

Korean Association of Sinology, (1955), c/o Asiatic Research Centre, Korea University, Seoul

Korean Chemical Society, (1946), 199 Dongsung-dong, Chongno-ku, Seoul

Korean Economic Association, (1952), 62-41, Sindang-dong, Sungdong-ku, Seoul

Korean Historical Association, (1952), 2-5, Myong-nuyun-dong 3-ga, Chong-no-gu, Seoul

Korean Library Association, (1955), 6 Soykong-dong, Chung-ku, Seoul

Korean Medical Association, (1908), IPOB 2062, Seoul

Korean Psychological Association, (1946), c/o University College of Liberal Arts and Sciences, Seoul

Kyungle-Kwahak-Shimuihoe, (1963), 82 Sejongo, Chongo-ku, Seoul

Music Association of Korea, (1961), 81-6, Sechon-ro, Chongro-ku, Seoul

National Academy of Arts, (1954), 134, 1-GA, Sinmoon-ro, Chongno-ku, Seoul

National Academy of Sciences, (1954), Kyongbok Palace, 1 Sejongro, Chongro-koo, Seoul

Libanon

Lebanon

Association Libanaise des Sciences Juridiques, (1963), c/o Faculté de Droit et des Sciences Economiques, Université Saint Joseph, BP 293, Beirut

Conseil National de Recherche Scientifique, Beirut

Lebanese Library Association, (1960), c/o National Library, Pl de l'Etoile, Beirut

Mediterranean Social Sciences Research Council, MSSRC, (1960), c/o American University, Beirut

Middle East Neurosurgical Society, (1958), c/o Neurosurgical Department, Orient Hospital, Beirut

Macao

Macao

Circulo de Cultura Musical, Largo de Santo Agostinho 3, Macao

Malaysia

Malaysia

Arts Council of Malaysia, POB 630, Kuala Lumpur

Malayan Nature Society, (1940), POB 750, Kuala Lumpur

Malayan Public Library Association, (1955), Sam Mansion, Jalan Tuba, Kampong Attap, Kuala Lumpur

Malayan Scientific Association, (1954), c/o Institute for Medical Research, Pahang Rd, Kuala Lumpur

Malayan Zoological Society, POB 2019, Kuala Lumpur

Malaysian Historical Society, Damansara Rd, Kuala Lumpur

Malaysian Society for Asian Studies, Pantai Valley, Kuala Lumpur

National Archives of Malaysia, (1957), Federal Government Bldg, Jalan Sultan, Petaling Jaya

Standards Institution of Malaysia, (1966), POB 544, Kuala Lumpur

Tamil Language Society, (1957), c/o Department of Indian Studies, University of Malaya, Kuala Lumpur

Mongolische Volksrepublik

Mongolian People's Republic

Academy of Sciences, (1921), Ulan Bator

Nepal

Nepal

Royal Nepal Academy, Katmandu

Pakistan

Pakistan

Afro-Asian Paediatric Association, c/o Modern Clinic, Victoria Rd, Karachi

Agricultural Economics Society of Pakistan, (1958), 154 Government Quarters, Lawrence Rd, Karachi

All-Pakistan Educational Conference, (1951), Saeeda Manzil, Nazimabad, Karachi

All-Pakistan Homoeopathic Association, (1949), Pakistan Chowk, Karachi

Anjuman Taraqqi-e-Urdu Pakistan, (1903), Urdu Rd, Karachi 1

Arts Council of Pakistan, (1956), Ingle Rd, Karachi

Iqbal Academy, (1951), 43-6d, Block 6, PECHS, Karachi 29

Jamiyatul Falah, 20 Frere Rd, Karachi

Karachi Theosophical Society, (1896), 1 Bunder Rd, Karachi 1

Mehran Library Association, (1966), POB 126, Hyderabad

National Science Council, (1961), 48 Darul Aman, Drigh Rd, Karachi 8

Pakistan Academy of Sciences, (1953), c/o Islamabad University, 77e Satellite Town, Rawalpindi

Pakistan Association for the Advancement of Science, (1947), 14 Shah Jamal Scheme, Lahore 12

Pakistan Historical Society, (1950), 30 New Karachi Co-operative Housing Society, Karachi 5

Pakistan Library Association, (1957), POB 3412, Karachi

Pakistan Medical Association, PMA House, Garden Rd, Karachi 3

Pakistan Medical Research Council, (1953), c/o Jinnah Postgraduate Medical Centre, Karachi

Pakistan Museum Association, (1949), Peshawar

Pakistan Philosophical Congress, (1957), 2 Club Rd, Lahore

Pan Indian Ocean Science Association, PIOSA, (1951), Block 95, Karachi

Punjab Bureau of Education, (1958), Lahore

Punjab University Historical Society, (1911), University Hall, Lahore

Punjabi Adabi Academy, (1957), 12-G, Model Town, Lahore 14

Philippinen

Philippines

Academia Filipina, Apdo 1522, Manila

Art Association of the Philippines, (1948), c/o UNESCO National Commission of the Philippines, 1580 Taft Av, Manila

Asian Pacific Dental Federation, (1955), c/o Doctors' Hospital, United Nations Av, Manila

Association of Special Libraries in the Philippines, ASLP, (1954), c/o College of Public Administration Library, University of the Philippines, POB 474, Manila

Colegio Médico-Farmacéutico de Filipinas, (1899), c/o Food and Drug Administration, Department of Health, Quezon City

Confederation of Medical Associations in Asia and Oceania, (1956), 2114 Juan Luna, Tondo, Manila

Crop Science Society of the Philippines, (1970), c/o College, Laguna

Kawika, (1958), 1655 Soler, Santa Cruz

Los Baños Biological Club, (1923), c/o College, Laguna

Manila Medical Society, (1902), 1202 Florida St, Manila

National Research Council of the Philippines, (1934), c/o University of the Philippines, Diliman, Rizal

National Science Development Board, Port Area, Manila

Philippine Association of Agriculturists, (1946), 692 San Andres, Malate, Manila

Philippine Association of Nutrition, (1947), c/o Food and Nutrition Research Center, Taft Av, Manila

Philippine Atomic Energy Commission, (1958), 727 Herran St, Manila

Philippine Council of Chemists, (1958), POB 1202, Manila

Philippine Economic Society, (1948), POB 1764, Manila

Philippine Library Association, (1923), c/o National Library, Teodoro M. Kalaw St, Manila

Philippine Medical Association, (1903), PMA House, North Av, Quezon City

Philippine Numismatic and Antiquarian Society, (1929), 1340 España Bd, Manila

Philippine Pediatric Society, (1947), POB 3527, Manila

Philippine Pharmaceutical Association, (1920), Cardinal Bldg, Herran St, Manila

Philippine Society of Parasitology, (1930), c/o Department of Parasitology, Institute of Hygiene, University of the Philippines, Manila

Philippine Veterinary Medical Association, (1907), c/o College of Veterinary Medicine, University of the Philippines, Diliman, Quezon City

Phillipine Historical Association, (1955), c/o University of the East, Sampaloc, Manila

Society for the Advancement of Research, (1930), c/o College of Agriculture, University of the Philippines, Los Baños, Laguna

Society for the Advancement of the Vegetable Industry, SAVI, (1967), c/o College, Laguna

United Technological Organizations of the Philippines, (1946), 512-516 Samanillo Bldg, Escolta, Manila

Saudi-Arabien

Saudi-Arabia

Arab Archaeological Society, Mecca

Society of Esaff Alkhairia, (1946), Mecca

Singapur

Singapore

China Society, (1948), 190 Keng Lee Rd, Singapore 11

Indian Fine Arts Society, (1949), POB 2812, Singapore 12

Lembaga Gerakan Pelajaran Dewasa, 126 Cairnhill Rd, Singapore 9

Library Association of Singapore, (1954), c/o National Library, Stamford Rd, Singapore 6

Royal Asiatic Society, Malaysian Branch, c/o National Museum, Stamford Rd, Singapore 6

Science Council of Singapore, (1967), 60 Tanglin Rd, Singapore

Singapore National Academy of Science, (1967), 60 Tanglin Rd, Singapore 10

Tagore Society, POB 281, Singapore

Sri Lanka

Sri Lanka

Asian Pacific League of Physical Medicine and Rehabilitation, 11 Sulaiman Av, Colombo 5

Buddhist Academy of Ceylon, 109 Rosmead Pl, Colombo

Ceylon Association for the Advancement of Science, (1944), 281 Bauddhaloka Mawatha, Colombo 7

Ceylon Gemmologists Association, 61 Abdul Caffour Mawatha, Colombo 3

Ceylon Geographical Society, (1938), c/o Department of Geography, University of Ceylon, Colombo 3

Ceylon Humanist Society, 35 Guildford Crescent, Colombo 7

Ceylon Institute of World Affairs, (1957), c/o M. de Silva, 82b Ward Pl, Colombo 7

Ceylon Library Association, (1960), 490 Havelock Rd, Colombo 6

Ceylon Medical Association, (1885), 6 Wijerama Mawatha, Colombo 7

Ceylon Palaeological Society, c/o Prof. K. Kularatnam, University of Ceylon, Colombo 3

Ceylon Society of Arts, (1887), c/o Art Gallery, Ananda Coomarassamy Mawatha, Colombo 7

Classical Association of Ceylon, (1935), 8 Selbourne Rd, Colombo 3

Commonwealth Geographical Bureau, (1968), 61 Abdul Caffoor Mawatha, Colombo 3

Maha Bodhi Society of Ceylon, (1891), 130 Maligakande Rd, Colombo 10

National Education Society of Ceylon, c/o Department of Education, University of Ceylon, Peradeniya

Royal Asiatic Society, (1845), Grandstand Bldg, Reid Av, Colombo 7

Theosophical Society of Ceylon, 49 Peterson Lane, Colombo 6

Syrien

Syria

Academy of Damascus, (1919), Damascus

Arab Academy, Damascus

Taiwan

Taiwan

Academia Historica, 2 Peiping Rd, Taipei

Academia Sinica, (1928), Nankang, Taipei

Actuarial Institute of the Republic of China, (1969), 2-6 Alley 4, Lane 217, Chunghsiao E Rd, Sec III, Taipei

Agricultural Chemistry Society of China, (1963), c/o Department of Agricultural Chemistry, College of Agriculture, National Taiwan University, Roosevelt Rd, Taipei

Agricultural Extension Association of China, (1955), 14 Wenchou St, Taipei

Agriculture Association of China, (1917), 14 Wenchow St, Taipei

American College of Chest Physicians, Republic of China Chapter, (1969), 1 Changteh St, Taipei

Art Institute of Tainan, (1952), 32 West Gate Rd, Tainan

Art Society of China, (1956), 3 Alley 22, Lane 96, Chihnan Rd, Sec I, Mucha, Taipei

Association for Education through Art, Republic of China, (1968), 808 Chungcheng Rd, Wufeng Hsiang, Taichung Hsien

Association for Physics and Chemistry Education of the Republic of China, (1958), c/o Department of Physics, National Taiwan Normal University, Hoping E Rd, Sec II, Taipei

Association for Socio-Economic Development in China, (1963), 301 Peita Rd, Hsinchu

Association of Animal Husbandry and Veterinary Medicine of Taiwan, 8 Kuanghua Rd, Nantou Hsien

Association of Child Education of the Republic of China, (1930), 94 E Hoping Rd, Sec II, Taipei

Association of Obstetrics and Gynecology of the Republic of China, (1961), c/o Department of Obstetrics and Gynecology, National Taiwan University Hospital, 1 Changteh St, Taipei

Astronautical Society of the Republic of China, (1958), c/o National Taiwan Science Hall, 41 Nanhai Rd, Taipei

Astronomical Society of the Republic of China, (1958), c/o Taipei Observatory, Yuanshan, Chungshan Rd, Sec VI, Taipei

Atomic Energy Council of the Executive Yuan, 53 Jenai Rd, Sec III, Taipei

Biological Society of China, (1959), c/o Department of Biology, National Taiwan Normal University, 162 E Hoping Rd, Sec I, Taipei

China Association of the Five Principles of Administrative Authority, (1962), 26 W Ningpo St, Taipei

China Education Society, (1933), c/o National Taiwan Normal University, E Hoping Rd, Taipei

China Industry Safety and Health Association, (1960), 15 Lane 52, Paoyuan Rd, Sec I, Hsintien

China International Education Research Association, (1959), 173 Sinyi Rd, Sec II, Taipei

China Marine Surveyors and Sworn Measures Association, 37 Kaifeng St, Sec I, Taipei

China Maritime Institute, (1961), 10-1 Jen-ai Rd, Sec II, Taipei

China Packaging Institute, CPI, 489 N Fuhsing Rd, Taipei

China Road Federation, (1961), 19-4 Pateh Rd, Sec I, Taipei

China Social Education Society, (1931), 5 S Chungshan Rd, Taipei

China Social Security Association, (1962), 107 Roosevelt Rd, Sec VI, Taipei

China Spiritual Therapy Study Association, (1926), 5 Alley 11, Lane 131, Olung St, Taipei

China Textile Institute, (1930), 335 E Nanking Rd, Sec III, Taipei

China Wei-Chi Association, (1941), 107 Hwaining St, Taipei

Chinese Association for the Advancement of Natural Science, (1951), POB 6010, Taipei

Chinese Association of Psychological Testing, (1935), c/o Psychological Laboratory, National Taiwan Normal University, E Hoping Rd, Taipei

Chinese Buddhist Association, (1912), 23 E Chungsiao Rd, Sec I, Taipei

Chinese Center, International P.E.N., (1935), 277 Roosevelt Rd, Sec III, Taipei

Chinese Chemical Society, (1932), POB 609, Taipei

Chinese Classical Music Association, (1953), 1 Lane 3, Linyi St, Taipei

Chinese Film Critic's Association of China, (1964), 18 S Hsining Rd, Taipei

Chinese Folklore Association, (1930), 62 Lane 138, Chihshan Rd, Shihlin

Chinese Foundryment Association, (1966), 1001 Kaonan Highway, Nanzu, Kaohsiung

Chinese Historical Association, (1954), c/o College of Liberal Arts, National Taiwan University, Roosevelt Rd, Taipei

Chinese Home Economics Association, c/o Department of Home Economic Education, National Taiwan Normal University, Taipei

Chinese Institute of Civil Engineering, (1936), 70 W Chungsiao Rd, Sec I, Taipei

Chinese Institute of Electrical Engineering, (1931), 118 Chinhua St, Taipei

Chinese Institute of Urban Planning, (1968), 8 Tsinan Rd, Sec III, Taipei

Chinese Language Society, (1953), POB 5089, Taipei

Chinese Mathematical Society, POB 143, Taipei

Chinese Medical Association, (1915), 25 Lane 24, Roosevelt Rd, Sec IV, Taipei

Chinese Medical History Association, (1963), 6 Lane 120, Hsinsheng Rd, Sec I, Taipei

Chinese Medical Woman's Association, 7 E Tsingtao Rd, Taipei

Chinese National Association for Mental Hygiene, (1936), c/o National Taiwan University Hospital, 1 Changteh St, Taipei

Chinese Physiological Society, (1928), 1 Jenai Rd, Sec I, Taipei

Chinese Psychological Association, (1950), c/o Department of Psychology, National Taiwan University, Taipei

Chinese Society for Electronic Data Processing, (1966), 66 Nanchang St, Sec I, Taipei

Chinese Society for Materials Science, (1966), POB 1-4 Lung-tan, Taoyuan 325

Chinese Society of Budgetary Management, (1965), 69-2 Lane 189, Antung St, Taipei

Chinese Society of International Law, (1958), 187 Kinhwa St, Taipei

Chinese Statistical Association, (1941), 2 Kwang Chow St, Taipei

Chinese Women Writer's Association, (1969), 16-5 Lane 61, Linyi St, Taipei

Chinese Youth Academic Research Association, (1958), 219 Sungchiang Rd, Taipei

Confucius-Mencius Society of the Republic of China, (1960), 45 Nanhai Rd, Taipei

Early Childhood Education Society of the Republic of China, (1959), 123 Wenchow St, Taipei

Economic Development Institute, Republic of China, (1967), 10-1 Lane 34, N Chienkwo Rd, Taipei

Ethnogical Society of China, (1934), c/o Institute of Ethnology, Academia Sinica, Nankang, Taipei

Finance Association of China, (1941), 63-9 S Hangchow Rd, Sec I, Taipei

Forestry Association of China, 2 S Hangchow Rd, Sec I, Taipei

Geographical Society of the Republic of China, (1951), 162 E Hoping Rd, Sec I, Taipei

Geological Society of China, 245 Keelung Rd, Sec III, Taipei

Graphic Arts Association of China, (1956), 71 Paochao Rd, Hsientien, Taipei

Historical Research Commission of Taiwan, (1949), 111 S Yenping Rd, Taipei

Home Education Promotion Association of China, (1960), 21 Lane 77, S Hanghow Rd, Sec I, Taipei

Horticultural Society of China, (1953), c/o Agricultural Research Institute, Roosevelt Rd, Sec VI, Taipei

Institute of Introversive Centripetal Contraction Physiotherapy, (1963), 7 Alley 12, Lane 118, Jen-ai Rd, Sec III, Taipei

International Association for Insurance Law, China Section, (1965), 4 Kwan Chien Rd, Taipei

International Education Association of China, (1959), 173 Hsinyi Rd, Sec II, Taipei

Library Association of China, (1953), c/o National Central Library, 43 Nanhai Rd, Taipei

Malacological Society of China, (1970), 2 Siangyang Rd, Taipei

Marine Institute of China, (1951), 119-2 Chinkiang St, Taipei

Meteorological Society of the Republic of China, (1924), 64 Kungyuan Rd, Taipei

Modern Fine Arts Association of Southern Taiwan, (1967), 17 Shulin St, Tainan

Municipal Administration Association of China, (1953), 113 N Chungshan Rd, Sec II, Taipei

Museum Association of China, (1964), 49 Nanhai Rd, Taipei

National Audio-Visual Education Association of China, (1959), 162 E Hoping Rd, Sec I, Taipei

National Music Council of China, (1957), 162 E Hoping Rd, Sec I, Taipei

National Science Council, (1959), 214 Roosevelt Rd, Sec III, Taipei

National Tax Research Association of China, (1951), 63-9 S Hangchow Rd, Sec I, Taipei

National Young Writers Association of China, (1953), 51 Hanchung St, Taipei

Ophthalmological Society of the Republic of China, (1959), c/o National Taiwan University Hospital, 1 Changteh St, Taipei

Otolaryngological Society of the Republic of China, (1965), c/o Department of Otolaryngology, National Taiwan University Hospital, 1 Changteh St, Taipei

Pediatric Association of the Republic of China, (1960), 1 Changteh St, Taipei

Playwriters Association of the Republic of China, (1970), 218-1 Roosevelt Rd, Sec III, Taipei

Population Association of China, (1956), 107 Roosevelt Rd, Sec IV, Taipei

Public Administration Society of China, (1954), 15b Nanyang St, Taipei

Radiological Society of the Republic of China, (1951), c/o Department of Radiology, Veterans General Hospital, Taipei

Republic of China Cardiological Society, (1960), c/o Department of Medicine, Veterans General Hospital, Taipei

School Building Research Institute of China, (1968), 64 Chihnan Rd, Sec II, Mucha, Taipei

School Health Association of the Republic of China, (1962), 162 E Hoping Rd, Sec I, Taipei

Sino-American Technical Cooperation Association, (1953), 5 Kungyuan Rd, Taipei

Society for Philosophy of Life, (1944), 7 Alley 12, Lane 8, N Cungshan Rd, Sec I, Taipei

Society of Anaesthesiologist of the Republic of China, (1956), c/o Department of Anaesthesiology, National Taiwan University Hospital, Taipei

Society of Chinese Acupuncture and Cauterizing, (1965), 33 Kangting Rd, Taipei

Society of Chinese Constitutional Law, (1951), 386 Antung St, Taipei

Society of Chinese Rites and Music, (1960), 22-38 Paotoutso Rd, Hsientien, Taipei Hsien

Society of the Chinese Borders History and Languages, (1958), c/o National Taiwan University Library, Taipei

Sociological Society of China, (1929), 21 Hsuchow Rd, Taipei

Special Education Association of the Republic of China, (1967), 320 N Chungching Rd, Sec III, Taipei

Surgical Society of the Republic of China, (1967), c/o Department of Surgery, National Taiwan University Hospital, Taipei

Surveying Engineering Association of China, (1947), 12 Lane 267, E Hoping Rd, Sec III, Taipei

Taoism Association of China, (1949), 6 Lane 86, Lungchuan St, Taipei

Television Academy of Arts and Sciences of the Republic of China, (1969), 10 Pateh Rd, Sec III, Taipei

Tutor's Association of China, (1960), c/o National Taiwan University, Taipei

World Wide Ethical Society, (1920), 168 Alley 83, Lane 211, E Nanking Rd, Sec IV, Taipei

Thailand

Thailand

Applied Scientific Research Corporation of Thailand, 196 Phahonyothin Rd, Bangkok

Association of Southeast Asian Institutions of Higher Learning, ASAIHL, (1956), c/o Chulalongkorn University, Henri Dunant Rd, Bangkok 5

Medical Association of Thailand, (1921), 3 Silom St, Bangkok

Royal Institute, (1933), Bangkok

Science Society of Thailand, (1948), c/o Biology Building, Chulalongkorn University, Phya Thai Rd, Bangkok

Siam Society, (1904), 131 Asoka Rd, Bangkapi, Bangkok

Southeast Asian Society of Soil Engineering, SEASSE, (1967), c/o Asian Institute of Technology, POB 2754, Bangkok

Teachers' Institute, (1914), Prachatipat Rd, Bangkok

Thai Atomic Energy Commission for Peace, Srirubsuk Rd, Bangkhen, Bangkok

Thai Library Association, (1954), 241 Prasumaeru Rd, Bangkok

Demokratische Republik Vietnam

Democratic Republic of Viet-Nam

Association of Biology, Hanoi

Association of Chemistry, Hanoi

Association of Dermatology and Venereal Diseases, Hanoi

Association of Eastern Medicine, Hanoi

Association of Electricity, Hanoi

Association of External Medicine, Hanoi

Association of Geography, Hanoi

Association of Internal Medicine, Hanoi

Association of Mathematics, Hanoi

Association of Medical Biochemistry, Hanoi

Association of Neuro-Psychiatry and Surgery, Hanoi

Association of Obstetrics and Gynaecology, Hanoi

Association of Ophthalmology and Trachoma, Hanoi

Association of Paediatrics, Hanoi

Association of Physics, Hanoi

Association of Prophylactic Hygiene, Hanoi

Association of Radio, Hanoi

Association of Radiology, Hanoi

Association of Tuberculosis, Hanoi

Building Association, Hanoi

Cast and Metallurgy Association, Hanoi

Engineering Association, Hanoi

Federation of Medical Associations, Hanoi

Mining Association, Hanoi

Odonto-Maxillo-Facial Association, Hanoi

Oto-Rhino-Laryngology Association, Hanoi

Viet-Nam Association for the Popularization of Scientific and Technical Knowledge, Hanoi

Viet-Nam Fine Arts Association, Hanoi

Viet-Nam Musicians' Association, Hanoi

Viet-Nam Writers' Association, Hanoi

Republik Vietnam
Republic of Viet-Nam

Hoi Khong-Hoc Viet-Nam, 137-139 Phan-Thanh-Gian St, Saigon

Hoi Phat Hoc Nam Viet, (1950), 89 Ba Huyen Thanh Quan, Saigon

Hoi Thong Thien Hoc Viet-Nam, (1952), 72 Nguyen dinh Chieu St, Saigon

National Scientific Research Council of Viet-Nam, (1967), POB 2780, Saigon

Nhom but Viet, (1957), 36 Co-Bac St, Saigon

Society of Indochinese Studies, (1883), c/o National Museum of Viet-Nam, POB 2512, Saigon

Vietnamese Library Association, (1958), 8 Le qui Don, Saigon

Ozeanien

Oceania

Australien

Australia

Accountants and Secretaries Educational Society, GPOB 39, Brisbane, Qld 4001

Agricultural Engineering Society, (1950), c/o National Science Centre, 191 Royal Parade, Parkville, Vic 3052

Agricultural Technologists of Australasia, (1969), 88 William St, Bathurst, NSW 2795

Anthropological Society of New South Wales, (1928), c/o Australian Museum, 6-8 College St, Sydney, NSW 2000

Anthropological Society of Queensland, (1948), c/o Geology Department, University of Queensland, Saint Lucia, Qld 4067

Anthropological Society of South Australia, (1926), c/o South Australian Museum, North Terrace, Adelaide, SA 5000

Anthropological Society of Victoria, (1934), 11 Kensington Rd, South Yarra, Vic 3141

Anthropological Society of Western Australia, (1958), c/o University of Western Australia, 49 Fairway, Nedlands, WA 6009

APPITA, (1946), 191 Royal Parade, Parkville, Vic 3052

Arts Council of Australia, 163 Crown St, East Sydney, NSW 2010

Association for Programmed Instruction and Educational Technology, (1965), 10 Lansdowne Parade, Oatley, NSW 2223

Association of Hospital Scientists in Victoria, (1957), 222 Cardigan St, Carlton, Vic 3053

Association of Medical Directors of the Australian Pharmaceutical Industry, (1962), c/o Dr. N. Percy, Geigy Australia Pty Ltd, POB 251, North Sydney, NSW 2060

Astronomical Society of Australia, CSIRO, (1966), c/o Division of Radiophysics, University Grounds, Sydney, NSW 2000

Astronomical Society of Queensland, (1927), 191a Dewar Terrace, Corenda, Qld 4075

Astronomical Society of South Australia, (1892), GPOB 199c, Adelaide, SA 5001

Astronomical Society of Tasmania, (1930), GPOB 154b, Hobart, Tas 7001

Astronomical Society of Victoria, (1922), GPOB 1059j, Melbourne, Vic 3001

Astronomical Society of Western Australia, GPOB 1460s, Perth, WA 6001

Australasian Association for the History and Philosophy of Science, (1967), c/o School of History and Philosophy of Science, University of New South Wales, POB 1, Kensington, NSW 2033

Australasian Association of Agricultural Faculties, (1958), c/o School of Agriculture, University of Tasmania, Sandy Bay, Hobart, Tas 7000

Australasian Association of Philosophy, (1922), c/o Philosophy Department, University, Sydney, NSW 2006

Australasian Association of Philosophy, (1923), c/o Department of Philosophy, University, Sydney, NSW 2000

Australasian College of Dermatologists, (1966), 143 Macquarie St, Sydney, NSW 2000

Australasian Corrosion Association, (1955), 191 Royal Parade, Parkville, Vic 3052

Australasian Institute of Medical Laboratory Technology, (1914), c/o Department of Pathology, Royal Children's Hospital, Flemington Rd, Parkville, Vic 3052

Australasian Institute of Mining and Metallurgy, (1893), 191 Royal Parade, Parkville, Vic 3052

Australasian Institute of Radiography, (1950), GPOB 613e, Adelaide, SA 5001

Australasian Universities Language and Literature Association, c/o Department of Greek, University, Sydney, NSW 2000

Australian Academy of Science, (1954), POB 216, Canberra, ACT 2608

Australian Academy of the Humanities, (1969), POB 93, Canberra, ACT 2600

Australian Acoustical Society, (1964), POB 80, Crows Nest, NSW 2065

Australian Agricultural Economics Society, c/o Bureau of Agricultural Economics, Department of Primary Industry, Canberra, ACT 2600

Australian and New Zealand Architectural Science Association, (1963), c/o Department of Architectural Science, University, Sydney, NSW 2006

Australian and New Zealand Association for the Advancement of Science, (1888), 157 Gloucester St, Sydney, NSW 2000

Australian and New Zealand College of Psychiatrists, (1946), 107 Rathdowne St, Carlton, Vic 3053

Australian and New Zealand Society of Nuclear Medicine, (1969), POB 215, North Melbourne, Vic 3051

Australian and New Zealand Society of Oral Surgeons, (1958), 135 Macquarie St, Sydney, NSW 2000

Australian Association of Clinical Biochemists, (1961), c/o Division of Biochemistry, Institute of Medical and Veterinary Science, Frome Rd, Adelaide, SA 5000

Australian Association of Gerontology, (1964), 14 Balmain Crescent, Action, ACT 2601

Australian Association of Mathematics Teachers, POB 10, Macquarie, ACT 2564

Australian Association of Neurologists, (1950), RACS Bldg, Spring St, Melbourne, Vic 3000

Australian Association of Occupational Therapists, (1956), 103 Normanby Rd, East Kew, Vic 3102

Australian Association of Social Workers, (1946), 2b Cambridge St, Box Hill, Vic 3128

Australian Biochemical Society, (1955), c/o Bread Research Institute, Private Mail Bag, North Ryde, NSW 2113

Australian Cancer Society, (1961), 412 Albert St, East Melbourne, Vic 3002

Australian Ceramic Society, (1970), c/o Department of Ceramic Engineering, University of New South Wales, POB 1, Kensington, NSW 2033

Australian Clay Minerals Society, (1962), c/o CSIRO Division of Building Research, Graham Rd, Highett, Vic 3190

Australian College of Speech Therapists, (1953), POB 105, Roseville, NSW 2069

Australian Computer Society, (1966), POB 63, Watson, ACT 2602

Australian Council for Educational Research, 9 Frederick St, Hawthorn, Vic 3122

Australian Council of the Royal College of Obstetricians and Gynaecologists, (1929), 8 La Trobe St, Melbourne, Vic 3000

Australian Dental Association, (1909), 116 Pacific Highway, North Sydney, NSW 2060

Australian Dietetic Council, (1949), c/o WA Institute of Technology, 137 Saint Georges Terrace, Perth, WA 6000

Australian Entomological Society, (1965), c/o Division of Entomology, CSIRO, POB 109, Canberra City, ACT 2601

Australian Federation for Medical and Biological Engineering, (1959), c/o Department of Physiology, University of Melbourne, Parkville, Vic 3052

Australian Federation of Medical Women, (1929), c/o Dr. A. E. Wilmot, Maternal and Child Welfare Branch, Department of Health, 278 Queen St, Melbourne, Vic 3000

Australian Geography Teachers' Association, (1967), c/o Salisbury Teachers' College, Smith Rd, Salisbury East, SA 5109

Australian Geomechanics Society, (1970), c/o Institution of Engineers, Science House, Essex St, Sydney, NSW 2000

Australian Humanities Research Council, (1956), c/o Australian National University, Canberra, ACT 2601

Australian Institute of Agricultural Science, (1935), 191 Royal Parade, Parkville, Vic 3052

Australian Institute of Cartographers, (1953), POB 1292, Canberra City, ACT 2601

Australian Institute of Industrial Psychology, (1927), 33-35 Bligh St, Sydney, NSW 2000

Australian Institute of Metals, (1936), 191 Royal Parade, Parkville, Vic 3052

Australian Institute of Navigation, (1949), 32 Grosvenor St, Sydney, NSW 2000

Australian Institute of Nuclear Science and Engineering, (1958), Lucas Heights, NSW 2232

Australian Institute of Physics, (1962), 191 Royal Parade, Parkville, Vic 3052

Australian Institute of Political Science, 16 O'Connell St, Sydney, NSW 2000

Australian Institute of Refrigeration, Air Conditioning and Heating, (1920), 191 Royal Parade, Parkville, Vic 3052

Australian Institute of Urban Studies, (1965), Australian National University Bldgs, Childers St, Turner, ACT 2601

Australian Joint Council for Operational Research, AJCOR, c/o R. W. Rutledge, SCR Co Ltd, 1-7 O'Connell St, Sydney, NSW 2000

Australian Mammal Society, (1958), c/o Dr. E. M. Russell, School of Zoology, University of New South Wales, POB 1, Kensington, NSW 2033

Australian Mathematical Society, (1956), c/o Secondary Teachers' College, Swanston St, Parkville, Vic 3052

Australian Medical Association, (1962), 77-79 Arundel St, Glebe, NSW 2037

Australian National Committee on Large Dams, (1936), c/o Hydro-Electric Commission, GPOB 355d, Hobart, Tas 7001

Australian National Society for the Study of the History of Religions, c/o Department of Semitic Studies, University of Melbourne, Parkville, Vic 3052

Australian Numismatic Society, (1913), GPOB 3644, Sydney, NSW 2001

Australian Optometrical Association, (1918), 46 Caroline St, South Yarra, Vic 3141

Australian Orthopaedic Association, (1936), 147 Macquarie St, Sydney, NSW 2000

Australian Paediatric Association, (1950), c/o Institute of Child Health, Camperdown, NSW 2050

Australian Petroleum Exploration Association, (1959), 20 Bridge St, Sydney, NSW 2000

Australian Pharmaceutical Sciences Association, (1962), c/o Victorian College of Pharmacy, 381 Royal Parade, Parkville, Vic 3052

Australian Physical Education Association, (1954), c/o University of Melbourne, Parkville, Vic 3052

Australian Physiotherapy Association, (1905), 545 Saint Kilda Rd, Melbourne, Vic 3004

Australian Planning Institute, (1951), POB 292, Canberra City, ACT 2601

Australian Plant Pathology Society, (1969), c/o Plant Pathology Department, Waite Agricultural Research Institute, University of Adelaide, Glen Osmond, SA 5064

Australian Postgraduate Federation in Medicine, (1946), 25 Lucas St, Camperdown, NSW 2050

Australian Psychological Society, (1966), c/o National Science Centre, 191 Royal Parade, Parkville, Vic 3052

Australian School Library Association, (1969), 69 Sutherland Rd, Armadale, Vic 3143

Australian Science Teachers Association, (1952), c/o B. Rechter, Australian Council for Educational Research, 9 Frederick St, Hawthorn, Vic 3122

Australian Society for Limnology, (1961), c/o Fisheries and Wildlife Department, 605 Flinders St, Melbourne, Vic 3000

Australian Society for Medical Research, (1961), POB 30, Cremorne, NSW 2090

Australian Society for Microbiology, (1959), c/o Dr. J. Waltho, CSIRO, POB 43, Ryde, NSW 2112

Australian Society for Reproductive Biology, (1969), c/o Department of Physiology, University of Melbourne, Parkville, Vic 3052

Australian Society of Allergists, (1953), 98 Mill Point Rd, South Perth, WA 6151

Australian Society of Anaesthetists, (1934), 86 Elizabeth Bay Rd, Elizabeth Bay, NSW 2011

Australian Society of Cosmetic Chemists, (1964), POB 89, Hornsby, NSW 2077

Australian Society of Dairy Technology, (1945), c/o Division of Dairy Research, CSIRO, Graham Rd, Highett, Vic 3190

Australian Society of Endodontology, (1967), c/o Australian Dental Association, 116 Pacific Highway, North Sydney, NSW 2060

Australian Society of Herpetologists, (1964), c/o Department of Zoology, University of Melbourne, Parkville, Vic 3052

Australian Society of Orthodontists, (1927), c/o Dr. R. C. Case, 100 Collins St, Melbourne, Vic 3000

Australian Society of Periodontology, (1961), c/o F. R. Henning, 188 North Terrace, Adelaide, SA 5000

Australian Society of Plant Physiologists, (1958), c/o Division of Plant Industry, CSIRO, POB 109, Canberra, ACT 2601

Australian Society of Prosthodontists, (1961), c/o Faculty of Dentistry, 2 Chalmers St, Surrey Hills, NSW 2010

Australian Society of Soil Science, (1956), c/o Cunningham Laboratory, Mill Rd, Saint Lucia, Qld 4067

Australian Veterinary Association, (1925), 665 George St, Sydney, NSW 2000

Bird Banders' Association of Australia, (1962), 6 Portsmouth St, Cronulla, NSW 2230

Bird Observers Club, (1905), 59a Upton Rd, Windsor, Vic 3181

Cardiac Society of Australia and New Zealand, (1952), 147 Macquarie St, Sydney, NSW 2000

Catholic Science Teachers' Association of Victoria, (1943), GPOB 5268b, Melbourne, Vic 3001

Clean Air Society of Australia and New Zealand, (1966), POB 163, Lidcombe, NSW 2141

Committee for Economic Development of Australia, 343 Little Collins St, Melbourne, Vic 3000

Commonwealth Scientific and Industrial Research Organization, CSIRO, 314 Albert St, East Melbourne, Vic 3002

Contact Lens Society of Australia, (1962), Australia Sq Tower, George St, Sydney, NSW 2000

Contemporary Art Society of Australia, (1939), 33 Rowe St, Sydney, NSW 2000

Council of Adult Education, 256 Flinders St, Melbourne, Vic 3000

Council of Australian Food Technology Associations, (1949), c/o Western Australian Chamber of Manufacturers, 212-220 Adelaide Terrace, Perth, WA 6000

Dermatological Association of Australia, 149 Macquarie St, Sydney, NSW 2000

Diagnostic and Remedial Teachers' Association of Victoria, (1966), 14 Douglas St, Toorak, Vic 3142

Dietetic Association of New South Wales, (1939), c/o R. Bailey, Cooley and Co, 136 Liverpool St, Sydney, NSW 2000

Ecological Society of Australia, (1960), c/o Research School of Biological Sciences, Australian National University, Canberra, ACT 2601

Economic Society of Australia and New Zealand, c/o University, Melbourne, Vic 3000

Economic Teachers Association of Australia, POB 143, Ryde, NSW 2111

Endocrine Society of Australia, (1958), c/o Department of Medicine, Royal Melbourne Hospital, Melbourne, Vic 3050

Entomological Society of Australia, (1952), POB 22, Sydney, NSW 2001

Field Naturalists' Club of Victoria, (1880), c/o National Herbarium, Domain, South Yarra, Vic 3141

Field Naturalists' Society of South Australia, (1883), GPOB 1594m, Adelaide, SA 5001

Food Technology Association of New South Wales, (1946), 12 O'Connell St, Sydney, NSW 2000

Food Technology Association of Queensland, (1947), c/o Chamber of Manufacturers, 375 Wickham Terrace, Brisbane, Qld 4000

Food Technology Association of South Australia, (1948), 12 Pirie St, Adelaide, SA 5000

Food Technology Association of Tasmania, (1952), 86 Murray St, Hobart, Tas 7000

Food Technology Association of Western Australia, (1954), c/o Western Australian Chamber of Manufacturers, 212-220 Adelaide Terrace, Perth, WA 6000

Geographical Society of New South Wales, (1928), Science House, Gloucester St, Sydney, NSW 2000

Geography Teachers' Association of New South Wales, (1936), Science House, Gloucester St, Sydney, NSW 2000

Geological Society of Australia, (1952), 157 Gloucester St, Sydney, NSW 2000

Grassland Society of Victoria, (1959), 191 Royal Parade, Parkville, Vic 3052

Horological Guild of Australasia, (1951), 228 Pitt St, Sydney, NSW 2000

Hospital Physicists' Association, (1943), c/o K. H. Clarke, Physics Department, Cancer Institute, 278 William St, Melbourne, Vic 3000

Illuminating Engineering Society of Australia, (1930), c/o ANZAAS, 157 Gloucester St, Sydney, NSW 2000

Institute of Actuaries of Australia and New Zealand, (1963), MLC Bldg, Victoria Cross, North Sydney, NSW 2060

Institute of Australian Geographers, (1959), c/o Department of Geography, University, Adelaide, SA 5000

Institute of Fuel, (1927), c/o Australian Coal Industry Research Laboratories Ltd, Delhi Rd, North Ryde, NSW 2113

Institute of Instrumentation and Control Australia, (1943), c/o National Science Centre, 191 Royal Parade, Parkville, Vic 3052

Institute of Materials Handling, (1953), 79 Buckhurst St, South Melbourne, Vic 3205

Institute of Photographic Technology, (1945), 17 Birdwood St, Box Hill South, Vic 3128

Institute of Transport, (1919), 22 Karne St, Beverly Hills, NSW 2209

Institution of Engineering, (1919), Science House, Gloucester St, Sydney, NSW 2000

Institution of Metallurgists, (1945), c/o Dr. C. W. Weaver, Defence Standards Laboratories, POB 50, Ascot Vale, Vic 3032

International Academy of Management, (1958), 100 Pacific Hwy, North Sydney, NSW 2060

International Grassland Congress, c/o Agricultural Research Liaison Unit, CSIRO, 372 Albert St, East Melbourne, Vic 3002

International Paediatric Association, IPA, (1912), c/o Institute of Child Health, Royal Alexandra Hospital for Children, Camperdown, NSW 2050

Law Association for Asia and the Western Pacific, LAWASIA, (1966), 174 Phillip St, Sydney, NSW 2000

Law Society of New South Wales, (1884), 170 Phillip St, Sydney, NSW 2000

Library Association of Australia, (1937), 32 Belvoir St, Surry Hills, NSW 2010

Linnean Society of New South Wales, (1874), 157 Gloucester St, Sydney, NSW 2000

Malacological Society of Australia, (1956), c/o Australian Museum, 6-8 College St, Sydney, NSW 2000

Market Research Society of Australia, (1956), GPOB 582d, Melbourne, Vic 3001

Medical Society of Victoria, (1852), 293 Royal Parade, Parkville, Vic 3052

Medico Legal Society of New South Wales, (1947), 135 Macquarie St, Sydney, NSW 2000

Melbourne Medical Postgraduate Committee, (1920), 394 Albert St, East Melbourne, Vic 3002

Melbourne Shakespeare Society, 2 Furnell Court, Melbourne, Vic 3000

Musicological Society of Australia, (1963), c/o Department of Music, University, Sydney, NSW 2006

National Association of Testing Authorities, Australia, (1947), 688 Pacific Highway, Chatswood, NSW 2067

National Safety Council of Australia, (1928), 343 Little Collins St, Melbourne, Vic 3000

Native Plants Preservation Society of Victoria, (1952), 3 Denham Pl, Toorak, Vic 3142

Natural Resources Conservation League of Victoria, (1944), Springvale Rd, Springvale South, Vic 3171

New Economics Association, POB 5, Blackburn, Vic 3130

New South Wales Institute for Educational Research, (1910), c/o Department of Education, GPOB 33g, Sydney, NSW 2001

Non-Destructive Testing Association of Australia, (1967), c/o National Science Centre, 191 Royal Parade, Parkville, Vic 3052

North Queensland Naturalists Club, (1932), POB 991, Cairns, Qld 4870

Ophthalmological Society of Australia, (1938), 27 Commonwealth St, Sydney, NSW 2000

Opticians and Optometrists Association of New South Wales, (1926), 281 Elizabeth St, Sydney, NSW 2000

Paediatric Society of Victoria, (1906), c/o Royal Children's Hospital, Flemington Rd, Parkville, Vic 3052

Papua and New Guinea Scientific Society, (1949), c/o Department of Agriculture, Stock and Fisheries, Konedobu, Papua

Provincial Sewerage Authorities Association of Victoria, (1925), 15 Queens Rd, Melbourne, Vic 3004

Queensland Institute for Educational Research, (1930), c/o Teachers' College, Mount Gravatt, Brisbane, Qld 4122

Queensland Littoral Society, (1965), c/o University of Queensland, Saint Lucia, Qld 4067

Queensland Naturalists' Club, (1906), 51 Berul St, Holland Park, Qld 4121

Queensland Society of Sugar Cane Technologists, (1929), c/o Australian Sugar Producers Association Ltd, 108 Creek St, Brisbane, Qld 4000

Royal Aeronautical Society, Australian Division, (1928), 157 Gloucester St, Sydney, NSW 2000

Royal Agricultural and Horticultural Society of South Australia, 7 Pirie St, Adelaide, SA 5000

Royal Agricultural Society of Tasmania, (1862), Rothmans Bldg, Royal Showgrounds, Glenorchy, Tas 7010

Royal Agricultural Society of Western Australia, (1829), 239 Adelaide Terrace, Perth, WA 6000

Royal Australasian College of Physicians, (1938), 145 Macquarie St, Sydney, NSW 2000

Royal Australasian College of Surgeons, (1926), Spring St, Melbourne, Vic 3000

Royal Australasian Ornithologists Union, (1901), GPOB 5236b, Melbourne, Vic 3001

Royal Australian Chemical Institute, (1917), 191 Royal Parade, Parkville, Vic 3052

Royal Australian College of General Practitioners, (1958), 43 Lower Fort St, Sydney, NSW 2000

Royal Australian Historical Society, (1901), 8 Young St, Sydney, NSW 2000

Royal Geographical Society of Australasia, (1885), 177 Ann St, Brisbane, Qld 4000

Royal Historical Society of Queensland, (1913), GPOB 1811w, Brisbane, Qld 4000

Royal Historical Society of Victoria, (1909), 19 Queen St, Melbourne, Vic 3000

Royal Queensland Art Society, (1886), GPOB 1602v, Brisbane, Qld 4001

Royal Society of Canberra, (1930), POB 130, Canberra, ACT 2601

Royal Society of New South Wales, (1821), 157 Gloucester St, Sydney, NSW 2000

Royal Society of Queensland, (1859), c/o Entomology Department, University of Queensland, Saint Lucia, Qld 4067

Royal Society of South Australia, (1853), State Library Bldg, North Terrace, Adelaide, SA 5000

Royal Society of Tasmania, (1843), c/o Tasmanian Museum, Argyle St, Hobart, Tas 7000

Royal Society of Victoria, (1855), 9 Victoria St, Melbourne, Vic 3000

Royal Society of Western Australia, (1897), c/o Western Australian Museum, Beaufort St, Perth, WA 6000

Royal South Australian Society of Arts, (1856), Institute Bldg, North Terrace, Adelaide, SA 5000

Royal Western Australian Historical Society, (1926), 49 Broadway, Nedlands, WA 6009

Royal Zoological Society of New South Wales, c/o Taronga Zoo, Mosman, NSW 2088

Royal Zoological Society of South Australia, (1878), c/o Zoological Gardens, Frome Rd, Adelaide, SA 5000

Science Teachers' Association of Queensland, (1945), c/o Kedron Park Teachers College, Lutwyche, Qld 4030

Science Teachers' Association of Victoria, (1943), 191 Royal Parade, Parkville, Vic 3052

Social Responsibility in Science - Sydney Group, (1969), c/o Dr. J. K. Pollak, Department of Histology and Embryology, University, Sydney, NSW 2006

Social Science Research Council of Australia, (1943), National Library Bldg, Canberra, ACT 2600

Society for Social Responsibility in Science, (1970), c/o Dr. J. J. T. Evans, John Curtain School of Medical Research, Australian National University, Canberra City, ACT 2601

Society of Artists, (1895), 27 Hunter St, Sydney, NSW 2000

Society of Australian Genealogists, (1932), 8 Young St, Sydney, NSW 2000

Society of Instrument Technology, GPOB 21075, Melbourne, Vic 3001

Sociological Association of Australia and New Zealand, (1963), c/o Department of Sociology, Australian National University, POB 4, Canberra, ACT 2600

Solar Energy Society, Australian and New Zealand Section, (1962), c/o CSIRO Division of Mechanical Engineering, Graham Rd, Highett, Vic 3190

South Australian Ornithological Association, (1899), c/o South Australian Museum, North Terrace, Adelaide, SA 5000

Standards Association of Australia, (1922), 80 Arthur St, North Sydney, NSW 2060

Statistical Society of Australia, (1962), c/o Bureau of Census and Statistics, GPOB 796, Sydney, NSW 2001

Sydney University Chemical Engineering Association, (1950), c/o Chemical Engineering Department, University, Sydney, NSW 2006

Sydney University Chemical Society, (1929), c/o School of Chemistry, University, Sydney, NSW 2006

Sydney University Economics Society, c/o Wentworth Bldg, University, Sydney, NSW 2006

Sydney University Medical Society, (1886), Blackburn Bldg, University, Sydney, NSW 2006

Sydney University Psychological Society, (1929), c/o Psychology Department, University, Sydney, NSW 2006

Sydney University Veterinary Society, c/o University, Sydney, NSW 2006

Telecommunication Society of Australia, (1874), GPOB 4050, Melbourne, Vic 3001

Thoracic Society of Australia, c/o Royal Prince Alfred Hospital Medical Centre, 100 Carillon Av, Newtown, NSW 2042

Town and Country Planning Association of Victoria, (1918), 639 Burwood Rd, Hawthorn, Vic 3122

University of New South Wales Chemical Engineering Association, (1962), c/o University of New South Wales, POB 1, Kensington, NSW 2033

University of New South Wales Commerce Society, c/o University of New South Wales, POB 81, Kensington, NSW 2033

Victorian Artists' Society, (1870), 430 Albert St, East Melbourne, Vic 3002

Victorian Society for Social Responsibility in Science, (1969), GPOB 1868r, Melbourne, Vic 3001

Victorian Society of Pathology and Experimental Medicine, (1936), c/o Walter and Eliza Hall Institute, Royal Melbourne Hospital Post Office, Melbourne, Vic 3050

Waite Agricultural Sciences Club, (1928), c/o Waite Agricultural Research Institute, Glen Osmond, SA 5064

Western Australian Mental Health Association, (1960), 311-313 Hay St, Subiaco, WA 6008

Western Australian Naturalists' Club, (1924), 63-65 Merriwa St, Nedlands, WA 6009

Western Australian Science Teachers Association, GPOB 1501s, Perth, WA 6001

Western Australian Shell Club, (1965), GPOB 1623t, Perth, WA 6001

Wildlife Conservation Society, (1967), Ettamoogah Sanctuary, Hume Highway, Lavington, NSW 2641

Wildlife Preservation Society of Australia, (1909), Science House, Gloucester St, Sydney, NSW 2000

Wildlife Preservation Society of Queensland, (1962), Commonwealth Savings Bank Bldg, Queen St, Brisbane, Qld 4000

Wireless Institute of Australia, (1910), 478 Victoria Parade, East Melbourne, Vic 3102

Zoological Board of Australia, (1937), c/o Melbourne Zoological Gardens, Royal Park, Melbourne, Vic 3000

Fidschi
Fiji

Fiji Law Society, Suva

Fiji Society, (1936), POB 1205, Suva

Französisch Polynesien
French Polynesia

Société d'Etudes Océaniennes, c/o Musée, Rue Bréa, Papeete

Neukaledonien
New Caledonia

Société des Etudes Mélanésiennes, Nouméa

Neuseeland
New Zealand

Art Galleries and Museums Association of New Zealand, (1947), c/o Auckland City Art Gallery, POB 6853, Auckland

Auckland Institute and Museum, Private Bag, Auckland

Canterbury Branch of the Royal Society of New Zealand, (1862), c/o Lincoln College, Canterbury

Entomological Society of New Zealand, 4 Maymorn Rd, Upper Hutt

Geological Society of New Zealand, c/o Geology Department, University of Canterbury, Private Bag, Christchurch

Hawke's Bay Branch of the Royal Society of New Zealand, c/o Hawke's Bay Museum, Napier

Institute of Fuel, c/o Canterbury University, Private Bag, Christchurch

Institute of Physics and Physical Society, c/o Physics and Engineering Laboratory, Private Bag, Lower Hutt

International Confederation for Plastic and Reconstructive Surgery, (1959), c/o Saint Mark's Clinic, 97 Remuera Rd, Auckland 5

Manawatu Branch of the Royal Society of New Zealand, 151 Russell St, Palmerston North

Market Research Society of New Zealand, (1962), POB 2147, Wellington

Medical Research Council of New Zealand, (1950), POB 5135, Wellington

Nelson Branch of the Royal Society of New Zealand, c/o Entomological Station, POB 223, Nelson

New Zealand Academy of Fine Arts, (1889), c/o National Art Gallery, Buckle St, Wellington

New Zealand Archaeological Association, POB 24059, Christchurch

New Zealand Association of Scientists, POB 1874, Wellington

New Zealand Atomic Energy Committee, (1966), c/o DSIR, Private Bag, Lower Hutt

New Zealand Ecological Society, POB 1887, Wellington

New Zealand Fertiliser Manufactures Research Association, c/o Department of Scientific and Industrial Research, Wellington

New Zealand Geographical Society, (1944), c/o Department of Geography, Canterbury University, Christchurch

New Zealand Hydrological Society, c/o Ministry of Works, Dunedin

New Zealand Institute of Agricultural Sciences, POB 11175, Wellington

New Zealand Institute of Chemistry, POB 250, Wellington

New Zealand Institute of Dairy Science and Technology, POB 459, Hamilton

New Zealand Institute of Food Science and Technology, c/o Department of Biotechnology, Massey University, Palmerston North

New Zealand Institute of International Affairs, (1934), POB 196, Wellington

New Zealand Law Society, (1869), 26 Waring-Taylor St, Wellington

New Zealand Leather and Shoe Research Association, c/o Department of Scientific and Industrial Research, Wellington

New Zealand Library Association, (1910), 10 Park St, Wellington 1

New Zealand Marine Sciences Society, c/o Oceanographic Institute, POB 8009, Wellington

New Zealand Microbiological Society, c/o Department of Biotechnology, Massey University, Palmerston North

New Zealand National Research Advisory Council, (1964), POB 8004, Wellington

New Zealand Pottery and Ceramics Research Association, c/o Department of Scientific and Industrial Research, Wellington

New Zealand Psychological Society, c/o Department of Education, POB 50136, Porirua

New Zealand Society for Earthquake Engineering, (1968), POB 12241, Wellington

New Zealand Society of Soil Science, c/o Soil Bureau, Private Bag, Lower Hutt

New Zealand Veterinary Association, POB 106, Hamilton

Nutrition Society of New Zealand, c/o Medical Research Council, POB 3155, Wellington

Ornithological Society of New Zealand, 44 Braithwaite St, Wellington 5

Otago Branch of the Royal Society of New Zealand, (1869), c/o Otago Museum, Dunedin

Polynesian Society, (1892), POB 10323, Wellington 1

Queen Elizabeth II Arts Council of New Zealand, (1963), POB 10342, Wellington

Rotorua Branch of the Royal Society of New Zealand, (1953), c/o Forest Research Institute, Rotorua

Royal Aeronautical Society, c/o New Zealand NAC, POB 96, Wellington

Royal Agricultural Society of New Zealand, (1924), POB 40127, Upper Hutt

Royal Astronomical Society of New Zealand, (1920), POB 3181, Wellington

Royal Society of New Zealand, (1867), POB 12249, Wellington

Seismological Society of the South-West Pacific, SSSWP, (1967), c/o Seismological Observatory, POB 8005, Wellington

Southland Branch of the Royal Society of New Zealand, 55 N Elles Rd, Invercargill

Waikato Branch of the Royal Society of New Zealand, POB 908, Hamilton

Waikato Geological Society, (1966), POB 62, Hamilton

Wellington Branch of the Royal Society of New Zealand, (1867), POB 3085, Wellington

Register

Indexes

Eva Kraft

Japanische Institutionen

Lexikon der japanischen Behörden, Hochschulen, wissenschaftlichen Institute und Verbände. Vorwort und Erläuterungen deutsch. Japanisch-Englisch / Englisch-Japanisch. Veröffentlichungen der Staatsbibliothek Preußischer Kulturbesitz, Band 1.
1972. IX, 602 Seiten. Format DIN A 4. Leinen DM 68,–. ISBN 3-7940-5041-X

Veranlaßt durch die Anforderungen des Bibliotheksdienstes, wurde die vorliegende Materialsammlung in zweijähriger Suche erstellt. Sie enthält etwa 4.500 Eintragungen; für den überwiegenden Teil der japanischen Institutionen gibt es zuverlässige, von den Japanern selbst verwendete englische Übersetzungen. Die Aufnahmen sind dreifach geordnet: Im Hauptteil, im japanischen Verweisungsteil und im englisch-japanischen Gegenverzeichnis. Anmerkungen allgemeiner Art zur Organisation von Regierung und Verwaltung, zur Transkription und Worttrennung sowie eine Literaturauswahl und ein Abkürzungsverzeichnis sind beigefügt.

Internationales Verzeichnis der Wirtschaftsverbände
World Guide to Trade Associations

Handbuch der internationalen Dokumentation und Information Band 12.
1973. 2 Teile. Zusammen XXII, 1429 Seiten. Linson DM 148,–. ISBN 3-7940-1032-9
Teil 1. Europa. Teil 2. Afrika, Amerika, Asien, Ozeanien; Register.

Etwa 26 000 Adressen werden für dieses Handbuch ausgewertet, das weltweit die Fachverbände der Wirtschaft erfaßt. Es nennt u.a. Handels- und Handwerkskammern, Berufsverbände, Verbraucherverbände, Arbeitgeber- und Arbeitnehmerorganisationen und Zusammenschlüsse des Dienstleistungsgewerbes.

Paul Spillner

Internationales Wörterbuch der Abkürzungen von Organisationen
International Dictionary of Abbreviations of Organizations

Handbuch der internationalen Dokumentation und Information Band 9.
1970/72. 2. Ausgabe. 3 Teile. Zusammen LVI, 1.295 Seiten. Linson DM 120,–.
ISBN 3-7940-1398-0

Dieses Nachschlagewerk enthält in drei Teilen mehr als 50.000 Abkürzungen in alphabetischer Reihenfolge. Es verzeichnet Ämter, Agenturen, Anstalten, Ausschüsse, Ausstellungen, Banken, Behörden, Bünde, Büros, Firmen, Föderationen, Gemeinschaften, Genossenschaften, Gesellschaften, Hochschulen, Institute, Institutionen, Klubs, Körperschaften, Konferenzen, Kongregationen, Kongresse, Logen, Luftverkehrsunternehmen, Messen, Militärische Dienststellen, Verbände und Einheiten, Nachrichtenagenturen, Orden, Organisationen, Parteien, Schulen, Stiftungen, Tagungen, Unionen, Universitäten, Verbände, Vereine usw.
Auch Abkürzungen von Organisationen, die der Vergangenheit angehören, werden genannt. Zu jeder Abkürzung sind Bedeutungsbereich, Sprache und die ausgeschriebene Bedeutung der Abkürzung aufgeführt.

Verlag Dokumentation München
D-8023 Pullach bei München, Jaiserstr. 13, Telex 05-212 067 saur d

Alphabetische Liste der Stichworte zu den Fachgebieten der wissenschaftlichen Gesellschaften

Abwassertechnik 270
Ägyptologie 270
Aerodynamik 270
Agrargeschichte 270
Agrarpolitik 270
Akustik 270
Allergie 271
Anaesthesie 271
Anaesthesiologie 272
Anatomie 273
Angiologie 273
Anthropologie 273
Arbeitsmedizin 274
Arbeitsrecht 275
Arbeitsschutz 275
Archäologie 275
Architektur 277
Arzneipflanzenforschung 278
Astronomie 278
Automatisierung 280
Bakteriologie 280
Balnelogie 280
Bauwesen 280
Bergbau 281
Berufsausbildung 283
Betriebswirtschaft 285
Bevölkerungswissenschaft 286
Bewässerungswirtschaft 287
Bibliotheks- und Buchwesen 287
Biochemie 291
Bioklimatologie 291
Biologie 291
Biometrie 293
Biophysik 293
Blechverarbeitung 294
Bodenmechanik 294
Bohrtechnik 294
Botanik 294
Brandschutz 296
Brennstofftechnik 296
Bromatologie 296
Buchwesen siehe Bibliotheks- und Buchwesen
Byzantinistik 297
Cardiologie 297
Chemie 298
Chirurgie 300
Chronometrie 302
Cytochemie 302
Datenverarbeitung 302
Dendrologie 303
Denkmalschutz 303
Dermatologie 304
Diabetes 305
Diätetik 305
Dokumentation 305
Drucktechnik 306
Edelsteinkunde 307
Elektroencephalographie 307
Elektronenmikroskopie 307
Elektronenoptik 307
Elektronik 307
Elektrotechnik 308
Embryologie 309
Endokrinologie 309
Energiekunde 309
Entomologie 310
Entwicklungskunde 311
Epigraphik 311
Epilepsieforschung 311
Ergologie 311
Ernährungsphysiologie 311
Erwachsenenbildung 311
Ethnographie 312
Ethnologie 313
Fahrzeugtechnik 314
Farbenforschung 315
Feinmechanik 315
Fernsehtechnik 315
Fertilität 316
Fettwissenschaft 316
Filmwissenschaft 316
Finanzwissenschaft 316
Formgebung 317
Forstwissenschaft 317
Futterbau 318
Galvanotechnik 318
Ganzheitsforschung 318
Gartenbau 318
Gastroenterologie 319
Geburtshilfe 320
Geisteswissenschaften 321
Genealogie 321
Genetik 322
Geochemie 322
Geodäsie 322
Geographie 323
Geologie 325
Geophysik 327
Geriatrie 328
Germanistik 329
Gerontologie 329
Geschichte 329
Gesundheitswesen 333
Getreideforschung 335
Glastechnik 335
Graphologie 335
Gynäkologie 336
Hämatologie 337
Haemophilie 337
Hemotherapie 337
Heraldik 337
Herdbekämpfung 337
Herdforschung 337
Herpetologie 338
Histochemie 338
Histologie 338
Hochschulwesen 338
Holzforschung 338
Homöopathie 339
Hopfenforschung 339
Humangenetik 339
Hydrobiologie 339
Hydrographie 340
Hygiene 340
Immunologie 341
Jagdwissenschaft 341
Kältetechnik 341
Karstforschung 342
Kartographie 342
Katholizismus 342
Kautschukforschung 343
Kernforschung 343
Kieferheilkunde 344
Kinematographie 344
Kinotechnik 344
Kirchengeschichte 344
Kirchenrecht 345
Kohlechemie 345
Konstitutionsforschung 345
Kostümkunde 345
Krebsforschung 345
Kreislaufforschung 346
Kriminologie 346
Kristallographie 347
Kulturgeschichte 347
Kulturmorphologie 350
Kulturpolitik 350
Kunst 350
Kunstgeschichte 356
Kunststoffverarbeitung 356
Kybernetik 357
Lackforschung 357
Lärmbekämpfung 357
Landesplanung 357
Landschaftspflege 357
Landwirtschaftswissenschaft 357
Leberheilkunde 360
Lederforschung 360
Leukämieforschung 361
Lichttechnik 361
Limnologie 361
Linguistik 361
Literaturwissenschaft 364
Liturgieforschung 369
Logopädie 369
Luft- und Raumfahrtmedizin 36[illegible]
Luftfahrttechnik 370
Lufthygiene 370
Lungenheilkunde 370

Malakozoologie 371
Markscheidewesen 371
Marktforschung 372
Maschinenwesen 372
Massenspektroskopie 373
Materialkunde 373
Mathematik 374
Mechanik 376
Medizin 376
Metallkunde 384
Metallurgie 384
Metaphysik 385
Meteorologie 385
Mikrobiologie 386
Mikroskopie 387
Mineralölwissenschaft 387
Mineralogie 388
Missionswissenschaft 388
Morphologie 388
Motivforschung 388
Musikinstrumentenforschung 388
Musikwissenschaft 388
Mykologie 393
Mythologie 393
Nachrichtentechnik 393
Nahrungsforschung 393
Naturgeschichte 395
Naturheilkunde 396
Naturschutz 396
Naturwissenschaften 397
Navigation 398
Neurochirurgie 399
Neurologie 399
Neuropathologie 400
Neurophysiologie 401
Neuroradiologie 401
Normung 401
Nuklearmedizin 402
Numismatik 403
Odontologie 403
Onkologie 406
Ophthalmologie 406
Optik 407
Optometrie 407
Organisation 408
Orientalistik 408
Ornithologie 408
Orthodontie 409
Orthopädie 409
Ortung 410
Osteopathie 410
Osteuropakunde 411
Oto-Rhino-Laryngologie 411
Ozeanographie 412
Pädagogik 413
Paläontologie 422
Papierverarbeitung 422
Paradontologie 422
Parasitologie 423
Parlamentarismus 423
Pathologie 423
Pediatrie 424
Pharmakognosie 426
Pharmakologie 426
Pharmazie 426
Philologie 428
Philosophie 428
Phonetik 430
Photobiologie 431
Photogrammetrie 431
Phototechnik 431
Phtisiologie 431
Physik 432
Physiologie 434
Physiotherapie 434
Phytiatrie 435
Phytomedizin 435
Phytopathologie 435
Pietismus 435
Politologie 436
Poliomyelitis 437
Pressewesen 437
Privatrecht 437
Protestantismus 438
Psychiatrie 438
Psychoanalyse 439
Psychobiologie 440
Psychologie 440
Psychophysik 442
Psychotherapie 442
Publizistik 442
Pulvermetallurgie 442
Radiologie 442
Raumfahrtmedizin siehe Luft- und Raumfahrtmedizin
Raumfahrttechnik 444
Raumplanung 444
Rechtsphilosophie 444
Rechtswissenschaft 445
Regeltechnik 447
Rehabilitation 447
Rheumatologie 448
Röntgenologie 448
Säugetierkunde 448
Schiffsbautechnik 448
Schmiertechnik 449
Schweißtechnik 449
Seerecht 449
Segelflugforschung 449
Seismologie 449
Serologie 450
Sexualforschung 450
Silikoseforschung 450
Sinologie 450
Sozialgeschichte 450
Sozialhygiene 450
Sozialmedizin 451
Sozialpädiatrie 451
Sozialphilosophie 451
Sozialpolitik 451
Soziologie 451
Spektrochemie 454
Spektroskopie 454
Speläologie 454
Spielzeugforschung 454
Sportausbildung 454
Städteplanung 455
Stahlbau 456
Statistik 456
Sterilität 457
Steuerrecht 457
Stoffwechselkrankheiten 457
Stomatologie 457
Strafrecht 458
Strahlenforschung 458
Strahlenschutz 458
Straßenwesen 458
Technik 458
Terrarienkunde 462
Textilforschung 462
Theaterwissenschaft 463
Theologie 464
Theosophie 465
Therapeutik 465
Tiefenpsychologie 466
Topographie 466
Toxikologie 466
Transportwesen 466
Traumatologie 467
Tribologie 467
Trocknungstechnik 467
Tropenmedizin 467
Ultraschallforschung 468
Umweltschutz 468
Unfallmedizin 468
Unfallschutz 468
Urgeschichte 468
Urologie 469
Venereologie 469
Verdauungskrankheiten 469
Verfahrenstechnik 470
Verkehrsmedizin 470
Verkehrsunfallforschung 470
Verkehrswesen 470
Verkehrswissenschaft 470
Versicherungsmathematik 470
Versicherungsmedizin 471
Versicherungswissenschaft 471
Versorgungsmedizin 471
Versuchstierkunde 472

Verwaltungswissenschaft 472
Veterinärmedizin 472
Völkerrecht 474
Volkswirtschaft 474
Vulkanologie 475
Wärmetechnik 475
Wasserwirtschaft 475
Wehrkunde 475
Wehrtechnik 476
Weltraumforschung 476
Werbewissenschaft 476
Werkzeugtechnik 477
Wirtschaftsgeschichte 477
Wirtschaftspolitik 477
Wirtschaftswissenschaft 477
Wohnungswesen 479
Zellstofftechnik 479
Zivilisationskrankheiten 480
Zoologie 480
Zukunftsforschung 481

Alphabetical Index of Key Words to the Classified Subject List of Scientific Associations

Accident Medicine 468
Accident Protection 468
Acoustics 270
Administration Science 472
Adult Education 311
Advertising Science 476
Agricultural History 270
Agricultural Policy 270
Agricultural Science 357
Air Engineering 270
Air Hygiene 370
Alimentation Physiology 311
Allergy 271
Anaestesia 271
Anaestesiology 272
Anatomy 273
Angiology 273
Anthropology 273
Archaeology 275
Architecture 277
Area Planning 357
Art 350
Astronomy 278
Automatic Control 280
Aviation and Space Medicine 369
Aviation Engineering 370
Bacteriology 280
Balneology 280
Biochemistry 291
Bioclimatology 291
Biology 291
Biometry 293
Biophysics 293
Book Trade see Librarianship and Book Trade
Boring Engineering 294
Botany 294
Boundary System 371
Bromatology 296
Building Concerns 280
Byzantine Studies 297
Cancer Research 345
Caoutchouc Research 343
Cardiology 297
Cartography 342
Catholicism 342
Cellulose Technique 479
Chalky Formation Research 342
Chemistry 298
Chronometry 302
Cinematic Engineering 344
Cinematic Science 316
Circulation Research 346
Civil Law 437
Coal Chemistry 345
Colour Research 315
Combustibles Engineering 296
Communications Engineering 393
Constitutional Research 345
Control of the Focuses of Diseases 337
Controlling System 447
Costumes Study 345
Criminology 346
Crop Research 335
Crystallography 347
Cultural Morphology 350
Cultural Politics 350
Culture of Forage 318
Cytochemistry 302
Data Processing 302
Demographic Science 286
Dendrology 303
Depth Psychology 466
Dermatology 304
Desiccation Technique 467
Design 317
Diabetes 305
Dietetics 305
Digestive Diseases 469
Diseases of Civilization 480
Documentation 305
East European Studies 411
Ecclesiastical History 344
Ecclesiastical Law 345
Economic History 477
Economic Policy 477
Economics 477
Education 413
Egyptology 270
Electrical Engineering 308
Electroencephalography 307
Electron Microscopy 307
Electron Optics 307
Electronics Engineering 307
Embryology 309
Endocrinology 309
Energy Science 309
Entomology 310
Environment Protection 468
Epigraphics 311
Epilepsy Research 311
Ergology 311
Ethnography 312
Ethnology 313
Evolution Science 311
Experimental Animals Science 472
Fertility 316
Financial Science 316
Fire Protection 296
Focus Research 337
Food Research 393
Forestry 317
Future Research 481
Galvanic Engineering 318
Gastroenterology 319
Gemology 307
Genealogy 321
Genetics 322
Geochemistry 322
Geodesy 322
Geography 323
Geology 325
Geophysics 327
Geriatrics 328
Germanic Philology 329
Gerontology 329
Glass Engineering 335
Glider Flying Research 449
Graphology 335
Gynecology 336
Hematology 337
Hemophily 337
Hemotherapy 337
Heraldry 337
Herpetology 338
Higher Education 338
Histochemistry 338
Histology 338
History 329
History of Art 356
History of Civilization 347
Homoeopathy 339
Hop Research 339
Horticulture 318
Housing 479
Human Genetics 339
Human Sciences 321
Hunting 341
Hydrobiology 339
Hydrography 340
Hygiene 340
Immunology 341
Industrial Economics 285
Insurance Mathematics 470
Insurance Medicine 471
Insurance Science 471
International Law 474
Interstellar Space Research 476
Irrigation System 287
Journalism 442
Judicial Philosophy 444
Jurisprudence 445
Kinematography 344
Kybernetics 357
Labour Law 275
Lac Research 357
Landscape Protection 357

Leather Research 360
Leukemia Research 361
Librarianship and Book Trade 287
Lightening Engineering 361
Limnology 361
Linguistics 361
Literature Science 364
Liturgical Research 369
Liver Therapeutics 360
Logopedy 369
Lubrication Technique 449
Machinery 372
Mammals Science 448
Maritime Law 449
Market Research 372
Mass-Spectroscopy 373
Materials Science 373
Mathematics 374
Maxillary Therapeutics 344
Mechanics 376
Medicinal Plants Research 278
Medicine 376
Metabolism Diseases 457
Metallography 384
Metallurgy 384
Metaphysics 385
Meteorology 385
Microbiology 386
Microscopy 387
Military Science 475
Military Technique 476
Mineral Oil Science 387
Mineralogy 388
Mining 281
Missionary Science 388
Mollusc Zoology 371
Morphology 388
Motive Research 388
Musical Instruments Research 388
Musical Science 388
Mycology 393
Mythology 393
Natural History 395
Natural Sciences 397
Navigation 398
Neurology 399
Neuropathology 400
Neurophysiology 401
Neuroradiology 401
Neurosurgery 399
Noise Control 357
Nuclear Medicine 402
Nuclear Research 343
Numismatics 403
Obstetrics 320
Oceanography 412
Odontology 403
Oncology 406
Ophthalmology 406
Optics 407
Optometry 407
Organization 408
Oriental Studies 408
Orientation 410
Ornithology 408
Orthodontics 409
Orthopedics 409
Osteopathy 410
Oto-Rhino-Laryngologie 411
Paleontology 422
Paper Processing 422
Paradontology 422
Parasitology 423
Parliamentarism 423
Pathology 423
Pediatrics 424
Penal Law 458
Pharmacognosy 426
Pharmacology 426
Pharmacy 426
Philology 428
Philosophy 428
Phonetics 430
Photobiology 431
Photogrammetry 431
Photographic Engineering 431
Phtisiology 431
Physics 432
Physiology 434
Physiotherapy 434
Phytiatrics 435
Phytomedicine 435
Phytopathology 435
Pietism 435
Political Economy 474
Political Science 436
Polyomyelitis 437
Powder Metallurgy 442
Precision-Tool Mechanics 315
Prehistory 468
Preservation of Ancient Monuments 303
Preservation of Natural Beauty 396
Press 437
Printing 306
Processing Technique 470
Protection against Radiation 458
Protestantism 438
Psychiatry 438
Psychoanalysis 439
Psychobiology 440
Psychology 440
Psychophysics 442
Psychotherapy 442
Public Health 333
Pulmonary Therapeutics 370
Radiation Research 458
Radiology 442
Refrigeration Engineering 341
Rehabilitation 447
Rheumatology 448
Roads System 458
Roentgenology 448
Safety Provisions for Workers 275
Science of Greases 316
Seismology 449
Serology 450
Sewage Disposal Engineering 270
Sexual Research 450
Shipbuilding Engineering 448
Silicose Research 450
Sinology 450
Social History 450
Social Hygiene 450
Social Medicine 451
Social Pediatrics 451
Social Philosophy 451
Social Politics 451
Sociology 451
Soil Mechanics 294
Space Medicine see Aviation and Space Medicine
Space Planning 444
Space-Flight Engineering 444
Spectrochemistry 454
Spectroscopy 454
Speleology 454
Sports Instruction 454
Standardization 401
Statistics 456
Steel Construction 456
Sterility 457
Stomatology 457
Supply Medicine 471
Surgery 300
Synthetic Materials Processing 356
Tax Law 457
Technics 458
Television Engineering 315
Terrariums Science 462
Textiles Research 462
Theatrical Science 463
Theology 464
Theosophy 465
Therapeutics 465
Thermo Engineering 475
Timber Research 338

Tin Processing 294
Tools Technique 477
Topography 466
Totality Research 318
Town Planning 455
Toxicology 466
Toys' Research 454
Traffic 470
Traffic Accidents Study 470
Traffic Medicine 470
Traffic Science 470
Transport 466
Traumatology 467
Treatment by Natural Remedies 396
Tribology 467
Tropical Medicine 467
Ultrasonics Research 468
Urology 469
Vehicle Engineering 314
Venereology 469
Veterinary Medicine 472
Vocational Training 283
Volcanology 475
Water Economy 475
Welding Technique 449
Work Medicine 274
Zoology 480

Die wissenschaftlichen Gesellschaften nach Fachgebieten

Classified Subject List of Scientific Associations

Abwassertechnik

Sewage Disposal Engineering

Bundesrepublik Deutschland (BRD)/Federal Republic of Germany

Abwassertechnische Vereinigung, ATV

Finnland/Finland

Vesiensuojelun Neuvottelukunta

Grossbritannien/Great Britain

Institute of Water Pollution Control, IWPC
Society for Water Treatment and Examination

Schweiz/Switzerland

Verband Schweizerischer Abwasserfachleute

Südafrika/South Africa

International Association on Water Pollution Research, IAWPR

Vereinigte Staaten von Amerika (USA)/United States of America (USA)

International Association on Water Pollution Research, IAWPR
Manforce
Pure Water Association of America
Water Pollution Control Federation, WPFC

Ägyptologie

Egyptology

Belgien/Belgium

Association Internationale de Papyrologues, AIP

Frankreich/France

Société Française d'Egyptologie

Grossbritannien/Great Britain

Egypt Exploration Society, EES

Aerodynamik

Air Engineering

Australien/Australia

Australian Institute of Refrigeration, Air Conditioning and Heating

Dänemark/Denmark

Dansk Selskab for Opvarmnings- og Ventilationsteknik

Bundesrepublik Deutschland (BRD)/Federal Republic of Germany

Fachnormenausschuss Heizung und Lüftung
Forschungsvereinigung für Luft- und Trocknungstechnik

Grossbritannien/Great Britain

Heating and Ventilating Research Association, HVRA

Schweden/Sweden

Tekniska Föreningen (Värme, Ventilations- och Sanitetstekniska Föreningen)

Agrargeschichte

Agricultural History

Bundesrepublik Deutschland (BRD)/Federal Republic of Germany

Gesellschaft für Agrargeschichte

Agrarpolitik

Agricultural Policy

Bundesrepublik Deutschland (BRD)/Federal Republic of Germany

Agrarsoziale Gesellschaft
Arbeitsgemeinschaft zur Verbesserung der Agrarstruktur in Hessen, AVA
Forschungsgesellschaft für Agrarpolitik und Agrarsoziologie
Komitee für Internationale Zusammenarbeit in Ländlicher Soziologie

Akustik

Acoustics

Australien/Australia

Australian Acoustical Society

Belgien/Belgium

Bureau International d'Audiophonologie, BIAP

Dänemark/Denmark

Dansk Akustisk Selskab
Nordiska Akustika Sällskapet

Bundesrepublik Deutschland (BRD)/Federal Republic of Germany

Fachnormenausschuss Akustik und Schwingungstechnik

Grossbritannien/Great Britain

British Acoustical Society, BAS
Society of Acoustic Technology
Society of Hearing Aid Audiologists, SHAA

Japan/Japan

Nihon onkyo gakkai

Schweden/Sweden

Nordisk Akustisk Selskap
Svenska Akustiska Sällskapet

Ungarn/Hungary

Optikai, Akusztikai és Filmtechnikai Egyesület

Vereinigte Staaten von Amerika (USA)/United States of America (USA)

Acoustical Society of America

Allergie
Allergy

Argentinien/Argentina

Asociación Argentina de Alergía e Inmunologia
Sociedad Argentina de Alergía

Australien/Australia

Australian Society of Allergists

Belgien/Belgium

Académie Européenne d'Allergie

Chile/Chile

Sociedad Latinoamericana de Alergología

Bundesrepublik Deutschland (BRD)/Federal Republic of Germany

Deutsche Gesellschaft für Allergieforschung

Ecuador/Ecuador

Sociedad Ecuatoriana de Alergía y Ciencias Afinas

Frankreich/France

Société Française d'Allergologie

Grossbritannien/Great Britain

British Allergy Society
Midlands Asthma and Allergy Research Association, MAARA

Israel/Israel

Israel Society of Allergology

Japan/Japan

Nihon arerugi gakkai

Kanada/Canada

International Association of Allergology, IAA

Mexiko/Mexico

Sociedad Latinoamericana de Alergología

Peru/Peru

Sociedad Peruana de Alergía

Schweiz/Switzerland

Collegium Internationale Allergologicum, CIA

Venezuela/Venezuela

Sociedad Venezolana de Alergologiá

Vereinigte Staaten von Amerika (USA)/United States of America (USA)

American Academy of Allergy
American College of Allergists, ACA
American Society of Ophthalmologic and Otolaryngologic Allergy
Association of Allergists for Mycological Investigations, AAMI
Hay Fever Prevention Society
International Allergy Association, IAA
International Correspondence Society of Allergists, ICSA

Anaesthesie
Anaestesia

Australien/Australia

Australian Society of Anaesthetists

Belgien/Belgium

Association Internationale des Anesthésistes - Réanimateurs d'Expression Française, AIAREF
Société Belge d'Anesthésie et de Réanimation

Bulgarien/Bulgaria

Gesellschaft der Anästhesisten

Bundesrepublik Deutschland (BRD)/Federal Republic of Germany

Deutsche Gesellschaft für Anaesthesie, DGA
Deutsche Gesellschaft für Anaesthesie und Wiederbelebung

Frankreich/France

Société Française d'Anesthésie, d'Analgésie et de Réanimation

Grossbritannien/Great Britain

Association of Anaesthetists of Great Britain and Ireland
Faculty of Anaesthetists

Society for the Advancement of Anaesthesia in Dentistry, SAAD

Italien/Italy

Associazione Anestesisti Rianimatori Ospedalieri Italiani, AAROI

Niederlande/Netherlands

Nederlandse Anesthesisten Vereniging

Österreich/Austria

International Society for Electrosleep and Electroanaesthesia
Weltverband der Anaesthesisten-Gesellschaften

Taiwan/Taiwan

Society of Chinese Acupuncture and Cauterizing

Ungarn/Hungary

Hungarian Society of Anaesthesia and Reanimation

Vereinigte Staaten von Amerika (USA)/United States of America (USA)

American Society for Advancement of General Anesthesia in Dentistry
Association of University Anesthetists, AUA
International Anesthesia Research Society, IARS

Anaesthesiologie
Anaestesiology

Argentinien/Argentina

Asociación Argentina de Anestesiología
Federación Argentina de Asociaciones de Amestesiología

Brasilien/Brazil

Confederação Latinoamericana das Sociedades dos Anesthiólogos

Bulgarien/Bulgaria

Bulgarian Society of Anaesthesiologists

Chile/Chile

Sociedad de Anestesiología de Chile

Dänemark/Denmark

Dansk Anaesthesiologisk Selskab
Nordisk Anaestesiologisk Forening

Deutsche Demokratische Republik (DDR)/ German Democratic Republic

Gesellschaft für Anaesthesiologie und Reanimation der DDR

El Salvador/El Salvador

Sociedad de Anestiología de El Salvador

Finnland/Finland

Suomen Anestesiologiyhdistys

Griechenland/Greece

Greek Society of Anaesthesiologists

Israel/Israel

Israel Society of Anesthesiologists

Italien/Italy

Società Italiana di Anestesiologia e Rianimazione

Japan/Japan

Nihon masui gakkai

Jugoslawien/Yugoslavia

Yugoslav Society of Anaesthesiologists

Kolumbien/Colombia

Confederación Latinoamericana de Sociedades de Anestesiología, CLASA

Norwegen/Norway

Norsk Anestesiologisk Forening

Österreich/Austria

Österreichische Gesellschaft für Anästhesiologie und Reanimation

Polen/Poland

Towarzystwo Anestezjologów Polskich, TAP

Portugal/Portugal

Sociedade Portuguesa de Anestesiologia

Schweden/Sweden

Svensk Anestesiologisk Förening, SAF

Schweiz/Switzerland

Schweizerische Gesellschaft für Anaesthesiologie

Spanien/Spain

Sociedad Española de Anestesiología y Reanimación, SEDAR

Taiwan/Taiwan

Society of Anaesthesiologist of the Republic of China

Tschechoslowakei (CSSR)/Czechoslovakia

Czechoslovakian Society of Anaesthesiology and Resuscitation

Venezuela/Venezuela

Sociedad Venezolana de Anestesiología

Vereinigte Staaten von Amerika (USA)/United States of America (USA)

American Board of Anesthesiology
American College of Anesthesiologists, ACA
American Dental Society of Anesthesiology, ADSA
American Osteopathic College of Anesthesiologists, AOCA
American Society of Anesthesiologists, ASA
Illinois Society of Anesthesiology

Anatomie

Anatomy

Argentinien/Argentina

Sociedad Argentina de Anatomía Normal y Patológica

Brasilien/Brazil

Sociedade Brasileira de Anatomia

Bulgarien/Bulgaria

Gesellschaft der Anatomisten, Histologen und Embriologen

Chile/Chile

Sociedad de Anatomía Normal y Patológica de Chile

Volksrepublik China/People's Republic of China

Chinese Society of Anatomy

Bundesrepublik Deutschland (BRD)/Federal Republic of Germany

Anatomische Gesellschaft

El Salvador/El Salvador

Asociación Centroamericana de Anatomia, ACA

Frankreich/France

Association des Anatomistes, CNRS
Association Mondiale des Anatomistes Vétérinaires

Grossbritannien/Great Britain

Anatomical Society of Great Britain and Ireland
Ergonomics Research Society

Guatemala/Guatemala

Asociación Centroamericano de Anatomía, ACA

Japan/Japan

Nihon kaibo gakkai

Kanada/Canada

Canadian Association of Anatomists

Polen/Poland

Polskie Towarzystwo Anatomiczne

Portugal/Portugal

Sociedade Anatómica Luso-Hispano-Americana

Union der Sozialistischen Sowjetrepubliken (UdSSR)/Union of Soviet Socialist Republics (U.S.S.R.)

All-Union Scientific Medical Society of Anatomists, Histologists and Embryologists
All-Union Scientific Medical Society of Anatomists-Pathologists
International Anatomical Congress

Vereinigte Staaten von Amerika (USA)/United States of America (USA)

American Association of Anatomists, AAA

Angiologie

Angiology

Chile/Chile

Sociedad Chilena de Angiología

Frankreich/France

Société Française d'Angéiologie
Union Internationale d'Angéiologie

Japan/Japan

Nihon myakkan gakkai

Venezuela/Venezuela

Sociedad Venezolana de Angiología

Anthropologie

Anthropology

Argentinien/Argentina

Asociación Correntina General San Martín
Instituto Nacional de Antropologia
Sociedad Argentina de Antropologia

Australien/Australia

Anthropological Society of New South Wales
Anthropological Society of Queensland
Anthropological Society of South Australia
Anthropological Society of Victoria
Anthropological Society of Western Australia

Belgien/Belgium

Association Internationale des Anthropologistes
Société Royale Belge d'Anthropologie et de Préhistoire

Brasilien/Brazil

Instituto de Antropologia e Etnologia do Pará
Instituto de Linguistica e Antropologia Aplicada

Deutsche Demokratische Republik (DDR)/ German Democratic Republic

Nationalkomitee für Anthropologie und Ethnographie

Bundesrepublik Deutschland (BRD)/Federal Republic of Germany

Berliner Gesellschaft für Anthropologie, Ethnologie und Urgeschichte
Deutsche Gesellschaft für Anthropologie
Gesellschaft für Anthropologie und Humangenetik

Frankreich/France

Association pour l'Enseignement des Sciences Anthropologiques
Société d'Anthropologie de Paris, CSSF

Grossbritannien/Great Britain

Royal Anthropological Institute of Great Britain and Ireland, RAI

Indien/India

Anthropological Society of Bombay
Indian Anthropological Association

Italien/Italy

Istituto Italiano di Antropologia

Japan/Japan

Nihon jinrui gakkai

Kolumbien/Colombia

Instituto Colombiano de Antropología
Sociedad de Antropología de Antioquía

Mexiko/Mexico

Departamento de Antropología e Historia de Nayarit
Sociedad Mexicana de Antropología

Niederlande/Netherlands

Koninklijk Instituut voor Taal-, Land- en Volkenkunde
Nederlands Genootschap voor Anthropologie

Österreich/Austria

Anthropologische Gesellschaft in Wien

Polen/Poland

Polskie Towarzystwo Antropologiczne

Portugal/Portugal

Sociedade Portuguesa de Antropologia e Etnologia

Schweden/Sweden

Svenska Sällskapet för Antropologi och Geografi

Schweiz/Switzerland

Bureau International d'Anthropologie Différentielle, BIAD

Spanien/Spain

Sociedad Española de Antropología, Etnografía y Prehistoria

Venezuela/Venezuela

Sociedad Interamericana de Antropología y Geografía

Vereinigte Staaten von Amerika (USA)/United States of America (USA)

American Anthropological Association
American Association of Physical Anthropologists
Catholic Anthropological Association
Central States Anthropological Society
Instituto Interamericano, II
International Union of Anthropological and Ethnological Sciences
Kroeber Anthropological Society, KAS
Oklahoma Anthropological Society
Society for Applied Anthropology, SAA
Society for the Investigation of the Unexplained, SITU

Arbeitsmedizin

Work Medicine

Bundesrepublik Deutschland (BRD)/Federal Republic of Germany

Bayerische Akademie für Arbeitsmedizin und Soziale Medizin

Frankreich/France

Société de Médecine du Travail de Provence

Grossbritannien/Great Britain

Society of Occupational Medicine, SOM

Israel/Israel

Industrial Medical Association

Italien/Italy

Società Italiana di Medicina del Lavoro

Japan/Japan

Nihon sangyo eisei kyokai

Österreich/Austria

Österreichische Gesellschaft für Arbeitsmedizin

Taiwan/Taiwan

China Industry Safety and Health Association

Venezuela/Venezuela

Sociedad Venezolana de Medicina del Trabajo y Deportes

Vereinigte Staaten von Amerika (USA)/United States of America (USA)

Industrial Medical Administrators' Association, IMAA
Industrial Medical Association, IMA
Michigan Industrial Medical Association

Arbeitsrecht

Labour Law

Bundesrepublik Deutschland (BRD)/Federal Republic of Germany

Deutscher Arbeitsgerichtsverband

Grossbritannien/Great Britain

Society of Labour Lawyers

Japan/Japan

Nihon rodoho gakkai

Niederlande/Netherlands

Vereniging voor Arbeidsrecht

Schweiz/Switzerland

Société Internationale de Droit du Travail et de la Sécurité Sociale

Vereinigte Staaten von Amerika (USA)/United States of America (USA)

Commission on Professional Rights and Responsibilities, CPRR-NEA
Industrial Relations Research Association, IRRA

Arbeitsschutz

Safety Provisions for Workers

Australien/Australia

National Safety Council of Australia

Bundesrepublik Deutschland (BRD)/Federal Republic of Germany

Deutsche Gesellschaft für Arbeitsschutz

Finnland/Finland

Suomen Työn Liitto

Spanien/Spain

Instituto Nacional de Medicina y Seguridad de Trabajo

Taiwan/Taiwan

China Industry Safety and Health Association

Archäologie

Archaeology

Ägypten/Egypt

Société Archéologique d'Alexandrie
Society for Coptic Archaeology

Algerien/Algeria

Société Archéologique du Département de Constantine

Argentinien/Argentina

Instituto Bonaerense de Numismática y Antigüedades

Belgien/Belgium

Académie Royale d'Archéologie de Belgique
Société Archéologique
Société Royale d'Archéologie de Bruxelles
Société Royale d'Archéologie et de Paléontologie
Société Royale d'Histoire et d'Archéologie

Bolivien/Bolivia

Sociedad Arqueológica de Bolivia

Brasilien/Brazil

Instituto do Ceará

Chile/Chile

Sociedad Arqueológica de la Serena

Dänemark/Denmark

Jysk Arkaelogisk Selskab

Bundesrepublik Deutschland (BRD)/Federal Republic of Germany

Archäologische Gesellschaft zu Berlin

Finnland/Finland

Suomen Muinaismuistoyhdistys

Frankreich/France

Association Internationale pour l'Etude de la Mosaïque Antique, AIEMA
Société de Statistique, d'Histoire et d'Archéologie de Marseille et de Provence
Société Française d'Archéocivilisation et de Folklore
Société Française d'Archéologie, CSSF
Société Historique, Archéologique et Littéraire de Lyon
Société Nationale des Antiquaires de France, CSSF
Société Préhistorique Française, SPF

Griechenland/Greece

Archaeologiki Hetairia

Grossbritannien/Great Britain

Anglesey Antiquarian Society, AAS
Anglo-Israel Archaeological Society
Architectural and Archaeological Society of Durham and Northumberland
Ayrshire Archaeological and Natural History Society
Bath and Camerton Archaeological Society
Bedfordshire Archaeological Council
Berkshire Archaeological Society
Birmingham Archaeological Society
Bristol and Gloucestershire Archaeological Society
Bristol Industrial Archaeological Society, BIAS
British Archaeological Association, BAA
Buckinghamshire Archaeological Society
Cambrian Archaeological Association
Cambridge Antiquarian Society
Cardiganshire Antiquarian Society
Chester Archaeological Society
City of Stoke on Trent Museum Archaeological Society
Cork Historical and Archaeological Society, CHAS
Cornwall Archaeological Society, CAS
Council for British Archaeology, CBA
County Kildare Archaeological Society, KAS
County Louth Archaeological and Historical Society, CLAS
Coventry and District Archaeological Society, CADAS
Cumberland and Westmorland Antiquarian and Archaeological Society
Derbyshire Archaeological Society, DAS
Devon Archaeological Society, DAS
Devon Industrial Archaeology Survey Committee
Dorset Natural History and Archaeological Society, DNH and AS
Dumfriesshire and Galloway Natural History and Antiquarian Society
East Herts Archaeological Society, EHAS
East Lothian Antiquarian and Field Naturalists' Society
East Riding Archaeological Society, ERAS
Essex Archaeological and Historical Congress, EAHC
Essex Archaeological Society, EAS
Glasgow Archaeological Society
Hampshire Field Club and Archaeological Society
Hawick Archaeological Society
Hunter Archaeological Society
Isle of Man Natural History and Antiquarian Society
Isle of Wight Natural History and Archaeological Society
Kent Archaeological Society, KAS
Lancashire and Cheshire Antiquarian Society
Leicestershire Archaeological and Historical Society, LAHS
Lincoln Archaeological Research Committee
Lincolnshire Local History Society, incorporating the Lincolnshire Architectural and Archaeological Society
London and Middlesex Archaeological Society
Manchester Region Industrial Archaeology Society, MRIAS
Norfolk and Norwich Archaeological Society
North Staffordshire Field Club
North Western Society for Industrial Archaeology and History
Northamptonshire Antiquarian Society
Northamptonshire Federation of Archaeological Societies, NFAS
Oxford University Archaeological Society, OUAS
Royal Archaeological Institute
Saint Albans and Hertfordshire Architectural and Archaeological Society
Salisbury and South Wiltshire Industrial Archaeology Society
Scottish Society for Industrial Archaeology, SSIA
Shetland Archaeological and Natural History Society
Shropshire Archaeological and Parish Register Society, SAS
Society for Medieval Archaeology
Society for Post-Medieval Archaeology, SPMA
Society for the Promotion of Roman Studies
Society of Antiquaries of London, SocAnt
Society of Antiquaries of Newcastle upon Tyne
Society of Antiquaries of Scotland
Society of Archer Antiquaries, SocAA
Society of Medieval Archaeology, SMA
Somerset Archaeological and Natural History Society
South Bedfordshire Archaeological Society, SBAS
South Staffordshire Archaeological and Historical Association
Surrey Archaeological Society, SAS
Sussex Archaeological Society
Sussex Industrial Archaeology Study Group
Thoroton Society of Nottinghamshire
Ulster Archaeological Society, UAS
Viking Society for Northern Research
Wiltshire Archaeological and Natural History Society
Wolverton and District Archaeological Society
Woolhope Naturalists' Field Club
Worcestershire Archaeological Society
Yorkshire Archaeological Society, YAS

Irische Republik/Irish Republic

Cork Historical and Archaeological Society
Irish Society for Industrial Archaeology

Island/Iceland

Islenzka Fornleifafélag, Hid

Israel/Israel

Israel Association of Archaeologists

Italien/Italy

Associazione Archaeologica Romana
Associazione Internazionale di Archeologia Classica, AIAC
Consiglio Superiore delle Antichità e Belle Arti
Deutsches Archäologisches Institut
Istituto di Norvegia in Roma di Archeologia e Storia dell'Arte
Istituto Nazionale di Archeologia e Storia dell'Arte
Scuola Spagnola di Storia e Archeologia

Japan/Japan

Nihon koko gakkai
Nihon kokogaku kyokai

Demokratische Volksrepublik Jemen /People's Democratic Republic of Yemen

Department of Antiquities and Museums

Kanada/Canada

Ontario Archaeological Society

Neuseeland/New Zealand

New Zealand Archaeological Association

Niederlande/Netherlands

Fries Genootschap van Geschied-, Oudheid- en Taalkunde
Koninklijk Oudheidkundig Genootschap

Norwegen/Norway

Norsk Arkeologisk Selskap

Panama/Panama

Comisión Nacional de Arqueología y Monumentos Históricos

Philippinen/Philippines

Philippine Numismatic and Antiquarian Society

Polen/Poland

Polskie Towarzystwo Archeologiczne

Portugal/Portugal

Associação dos Arqueólogos Portugueses

Saudi-Arabien/Saudi-Arabia

Arab Archaeological Society

Schweden/Sweden

Kungliga Vitterhets Historie och Antikvitets Akademien

Schweiz/Switzerland

Société d'Histoire et d'Archéologie
Société Vaudoise d'Histoire et d'Archéologie

Spanien/Spain

Comisaría General de Excavaciones Arqueológicas
Comisaría Provincial de Excavaciones Arqueológicas
Inspección General de Excavaciones Arqueológicas
Instituto Arqueológico del Ayuntamiento de Madrid
Real Sociedad Arqueológica Tarraconense
Sociedad Arqueológica Luliana

Sudan/Sudan

Antiquities Society
Commission for Archaeology

Südafrika/South Africa

South African Archaeological Society

Ungarn/Hungary

Magyar Régészeti, Müvészettorténeti és Eremtani Társulat

Uruguay/Uruguay

Sociedad de Amigos de Arqueología

Vatikan/Vatican

Pontificia Accademia Romana di Archeologia

Vereinigte Staaten von Amerika (USA)/United States of America (USA)

Archaeological Institute of America, AIA
Archaeological Society of New Mexico
Arizona Archaeological and Historical Society
Committee for the Recovery of Archaeological Remains
Council for Old World Archaeology, COWA
Easter Island Committee
Far-Eastern Prehistory Association, FEPA
Missouri Archaeological Society
New England Antiquities Research Association, NEARA
Society for American Archaeology, SAA
Society for Historical Archaeology, SHA
Tennessee Archaeological Society
West Virginia Archeological Society

Architektur

Architecture

Australien/Australia

Australian and New Zealand Architectural Science Association

Belgien/Belgium

Congrès Internationaux sur la Communication de la Culture par l'Architecture, les Arts et les Mass Media

Brasilien/Brazil

Conselho Regional de Engenharia e Arquitetura

Volksrepublik China/People's Republic of China

Academy of Architectural Engineering
Central South Academy of Industrial Architecture
Chinese Society of Architecture
East China Academy of Industrial Architecture
Northeastern Academy of Industrial Architecture
Northwestern Academy of Industrial Architecture
Peking Academy of Industrial Architecture

Frankreich/France

Académie d'Architecture

Grossbritannien/Great Britain

Architectural and Archaeological Society of Durham and Northumberland
Architectural Association, AA
Commonwealth Board of Architectural Education
Georgian Group
Lincolnshire Local History Society, incorporating the Lincolnshire Architectural and Archaeological Society
Northamptonshire Antiquarian Society
Oxford Architectural and Historical Society, OA&HS
Royal Ulster Academy of Painting, Sculpture and Architecture, RUA
Saint Albans and Hertfordshire Architectural and Archaeological Society
Scottish Georgian Society
Society of Architectural Historians of Great Britain
Vernacular Architecture Group, VAG

Irische Republik/Irish Republic

Architectural Association of Ireland, AAI
Royal Hibernian Academy of Painting, Sculpture and Architecture

Israel/Israel

Architectural Association of Israel

Italien/Italy

Centro Internazionale di Studi di Architettura "Andrea Palladio"
Istituto Nazionale di Architettura, IN-ARCH

Japan/Japan

Nihon kenchiku gakkai

Kanada/Canada

Royal Architectural Institute of Canada

Niederlande/Netherlands

Akademie van Bouwkunst
Genootschap Architectura et Amicitia, A et A
Koninklijke Maatschappij tot Bevordering der Bouwkunst, Bond Neder- van Nederlandse Architecten
Stichting Centrale Raad voor de Academies van Bouwkunst

Spanien/Spain

Dirección General de Arquitectura

Ungarn/Hungary

Epitöipari Tudományos Egyesület

Vereinigte Staaten von Amerika (USA)/United States of America (USA)

American Association of Architectural Bibliographers, AAAB
American Society for Church Architecture, ASCA
Architectural League of New York
Association of Collegiate Schools of Architecture, ACSA
Association of Women in Architecture, AWA
Guild for Religious Architecture, GRA
National Institute for Architectural Education, NIAE
School Facilities Council of Architecture, Education and Industry, SFC
Society of Architectural Historians, SAH

Arzneipflanzenforschung

Medicinal Plants Research

Bundesrepublik Deutschland (BRD)/Federal Republic of Germany

Deutsche Gesellschaft für Arzneipflanzenforschung

Astronomie

Astronomy

Argentinien/Argentina

Asociación Argentina Amigos de la Astronomía
Asociación Argentina de Astronomía

Australien/Australia

Astronomical Society of Australia, CSIRO
Astronomical Society of Queensland
Astronomical Society of South Australia
Astronomical Society of Tasmania
Astronomical Society of Victoria
Astronomical Society of Western Australia

Barbados/Barbados

Barbados Astronomical Society

Belgien/Belgium

Société Astronomique de Liège
Société Belge d'Astronomie, de Météorologie et de Physique du Globe
Société d'Astronomie d'Anvers

Volksrepublik China/People's Republic of China

Chinese Society of Astronomy

Dänemark/Denmark

Astronomisk Selskab

Bundesrepublik Deutschland (BRD)/Federal Republic of Germany

Astronomische Gesellschaft

Ecuador/Ecuador

Sociedad Ecuatoriana de Astronomía

Finnland/Finland

Tähtitieteellinen Yhdistys Ursa

Frankreich/France

Association Française d'Observateurs d'Etoiles Variables
Société Astronomique de Bordeaux
Société Astronomique de France, CSSF

Griechenland/Greece

Greek National Committee for Astronomy
Greek National Committee for the Quiet Sun International Years

Grossbritannien/Great Britain

Astronomical Society of Edinburgh, ASE
British Astronomical Association, BAA
British Interplanetary Society, BIS
Inter-Union Commission on Allocation of Frequencies for Radio Astronomy and Space Science, IUCAF
Junior Astronomical Society, JAS
Royal Astronomical Society, RAS

Indonesien/Indonesia

Astronomical Association of Indonesia

Irische Republik/Irish Republic

Irish Astronomical Society

Israel/Israel

Tel-Aviv Astronomical Association

Italien/Italy

Società Astronomica Italiana

Japan/Japan

Nihon tenmon gakkai

Jugoslawien/Yugoslavia

Association of Mathematicians, Physicists and Astronomers of Slovenia

Kanada/Canada

Federation of Astronomical and Geophysical Services, FAGS
Royal Astronomical Society of Canada

Mexiko/Mexico

Sociedad Astronómica de México

Neuseeland/New Zealand

Royal Astronomical Society of New Zealand

Niederlande/Netherlands

International Astronomical Union, IAU
Nederlandse Vereniging voor Weeren Sterrenkunde

Österreich/Austria

Astronomischer Verein

Peru/Peru

Asociación Peruana de Astronomía

Polen/Poland

Polskie Towarzystwo Astronomiczne
Polskie Towarzystwo Miłośników Astronomii

Schweden/Sweden

Svenska Astronomiska Sälskapet

Schweiz/Switzerland

Schweizerische Astronomische Gesellschaft

Spanien/Spain

Sociedad Astronómica de España y América
Unión Nacional de Astronomía y Ciencias Afines

Südafrika/South Africa

Astronomical Society of Southern Africa

Taiwan/Taiwan

Astronomical Society of the Republic of China

Vereinigte Staaten von Amerika (USA)/United States of America (USA)

American Association of Variable Star Observers, AAVSO
American Astronomical Society, AAS
Association of Universities for Research in Astronomy, AURA
Astronomical League, AL
Astronomical Society of the Pacific, ASP
Central Bureau for Astronomical Telegrams, CBAT
Middle Atlantic Planetarium Society, MAPS
Rocket City Astronomical Association, RCAA
Society for the Investigation of the Unexplained, SITU

Automatisierung

Automatic Control

Belgien/Belgium

Institut Belge de Régulation et d'Automatisme, IBRA

Volksrepublik China/People's Republic of China

Chinese Society of Automation

Dänemark/Denmark

Dansk Automationsselskab
Servoteknisk Selskab

Finnland/Finland

Finnish Society of Automatic Control

Grossbritannien/Great Britain

Production Engineering Research Association, PERA

Italien/Italy

Associazione Nazionale Italiana per l'Automazione, ANIPLA

Schweiz/Switzerland

Schweizerische Gesellschaft für Automatik, SGA

Türkei/Turkey

Türk Otomatik Kontrol Kurumu

Ungarn/Hungary

Méréstechnikai és Automatizálási Tudományos Egyesület

Vereinigte Staaten von Amerika (USA)/United States of America (USA)

Automedica Corporation, AM
Center for the Study of Automation and Society

Bakteriologie

Bacteriology

Bundesrepublik Deutschland (BRD)/Federal Republic of Germany

International Committee on Nomenclature of Bacteria

Grossbritannien/Great Britain

Society for Applied Bacteriology, SAB

Japan/Japan

Nihon saikin gakkai

Vereinigte Staaten von Amerika (USA)/United States of America (USA)

American Association of Pathologists and Bacteriologists, AAPB
International Committee on Systematic Bacteriology
Society of American Bacteriologists

Balneologie

Balneology

Bundesrepublik Deutschland (BRD)/Federal Republic of Germany

Deutsche Gesellschaft für Balneologie, Bioklimatologie und Physikalische Medizin

Japan/Japan

Nihon onsen kagakkai
Nihon onsen kiko butsuri gakkai

Österreich/Austria

Österreichische Gesellschaft für Balneologie und Medizinische Klimatologie

Polen/Poland

Polskie Towarzystwo Balneologii, Bioklimatologii i Medycyny Fizykalnej

Rumänien/Romania

Societatea de Balneologie

Schweiz/Switzerland

Internationale Vereinigung für Balneologie und Klimatologie

Bauwesen

Building Concerns

Australien/Australia

Australian National Committee on Large Dams
Provincial Sewerage Authorities Association of Victoria

Volksrepublik China/People's Republic of China

Academy of Building Materials
Academy of Cement Research

Dänemark/Denmark

Nordisk Byggedag
Vej- og Byplanforeningen

Deutsche Demokratische Republik (DDR)/ German Democratic Republic

Deutsche Bauakademie zu Berlin

Bundesrepublik Deutschland (BRD)/Federal Republic of Germany

Arbeitsgemeinschaft Industriebau, AGI
Deutsche Gesellschaft für Bauingenieurwesen
Deutsche Gesellschaft für Erd- und Grundbau
Fachnormenausschuss Bauwesen
Fachnormenausschuss Tiefbohrtechnik und Brunnenbau
Forschungsgemeinschaft Bauen und Wohnen
Gesellschaft des Bauwesens
Gesellschaft für Dokumentation, Bodenmechanik und Grundbau
Hafenbautechnische Gesellschaft
Internationale Akademie für Bäderkunde und Bädertechnik, IAB
Kuratorium für Kulturbauwesen
Rationalisierungs-Gemeinschaft Bauwesen im Rationalisierungs-Kuratorium der Deutschen Wirtschaft
Studiengemeinschaft für Fertigbau

Finnland/Finland

Rakennusalan Kehittämisvaltuuskunta, RAKEVA

Frankreich/France

Comité Permanent International des Techniques et de L'Urbanisme Souterrains, CPITUS
Comité Permanent pour l'Etude des Problèmes de l'Industrie de la Construction dans la CEE
Office Général du Bâtiment et des Travaux Publics
Réunion Internationale des Laboratoires d'Essais et de Recherches sur les Matériaux et les Constructions, RILEM

Grossbritannien/Great Britain

Channel Tunnel Study Group
Construction Industry Research and Information Association, CIRIA
Council for Places of Worship
Institute of Building
Institute of Building Control
International Society for Soil Mechanics and Foundation Engineering, ISSMFE
Invisible Panel Warming Association, IPWA
Modular Society
Railway and Canal Historical Society, R&CHS
Welwyn Hall Research Association, WHRA

Japan/Japan

Nihon kensetsu kikaika kyokai
Puresutoresuto konkurito gijutsu kyokai

Niederlande/Netherlands

Conseil International du Bâtiment pour la Recherche, l'Etude et la Documentation, CIB
International Council for Building Research, Studies and Documentation
International Federation for Housing and Planning, IFHP
Stichting Economisch Instituut voor de Bouwnijverheid

Österreich/Austria

Österreichisches Bauzentrum

Schweden/Sweden

Statens Råd för Byggnadsforskning

Schweiz/Switzerland

Internationale Vereinigung für Brückenbau und Hochbau, IVBH

Taiwan/Taiwan

School Building Research Institute of China

Union der Sozialistischen Sowjetrepubliken (UdSSR)/Union of Soviet Socialist Republics (U.S.S.R.)

Scientific and Engineering Society of the Building Industrie

Vereinigte Staaten von Amerika (USA)/United States of America (USA)

American Concrete Institute, ACI
American Institute of Building Design, AIBD
Associated Schools of Construction, ASC
Association of Asphalt Paving Technologists, AAPT
Building Research Advisory Board, BRAB
Construction Specifications Institute, CSI
Model Code Standardization Council
Reinforced Concrete Research Council, RCRC
Task Committee on Tunneling and Underground Construction
United States National Committee for CIB

Demokratische Republik Vietnam /Democratic Republic of Viet-Nam

Building Association

Bergbau

Mining

Ägypten/Egypt

Mining and Water Research Executive Organization

Angola/Angola

Direcção Provincial dos Serviços de Geologia e Minas de Angola

Argentinien/Argentina

Dirección Nacional de Geologia y Mineria
Sociedad Argentina de Mineria y Geologia

Australien/Australia

Australasian Institute of Mining and Metallurgy

Bulgarien/Bulgaria

Wissenschaftliche und Technische Vereinigung für Bergbau, Geologie und Metallurgie

Chile/Chile

Sociedad Nacional de Minería

Volksrepublik China/People's Republic of China

Academy of Coal Dressing Design
Academy of Coal Research
Fushun Academy of Coal Research
Peking Academy of Coal Mine Design
Tangshan Academy of Coal Research

Costa Rica/Costa Rica

Dirección General de Geología, Minas y Petróleo

Deutsche Demokratische Republik (DDR)/ German Democratic Republic

Gesellschaft Deutscher Berg- und Hüttenleute

Bundesrepublik Deutschland (BRD)/Federal Republic of Germany

Fachnormenausschuss Bergbau
Gesellschaft Deutscher Metallhütten- und Bergleute, GDMB
Versuchsgrubengesellschaft

Ecuador/Ecuador

Dirección General de Minas e Hidrocarburos
Servicio Nacional de Geología y Minería

Elfenbeinküste/Ivory Coast

Société pour le Développement Minier de la Côte d'Ivoire, SODEMI

Grossbritannien/Great Britain

British Fluorspar Producers Development and Research Association
Institute of Quarrying
Mining Institute of Scotland
Peak District Mines Historical Society, PDMHS

Indien/India

Geological, Mining and Metallurgical Society of India

Japan/Japan

Nihon kogyokai
Nihon kozan chishitsu gakkai

Jugoslawien/Yugoslavia

Yugoslav Society for the Rock Mechanics and Underground Works

Kanada/Canada

Canadian Institute of Mining and Metallurgy

Kenia/Kenya

Mines and Geological Department

Niederlande/Netherlands

Koninklijk Nederlands Geologisch Mijnbouwkundig Genootschap
Mijnbouwkundige Vereniging

Peru/Peru

Sociedad Nacional de Minería

Portugal/Portugal

Direcção Geral de Minas e Serviços Geológicos
Serviço de Fomento Mineiro

Rhodesien/Rhodesia

Institution of Mining and Metallurgy

Sambia/Zambia

Institution of Mining and Metallurgy

Spanien/Spain

Instituto Geológico y Minero de España

Südafrika/South Africa

South African Institute of Mining and Metallurgy

Surinam/Surinam

Geologisch Mijnbouwkundige Dienst

Ungarn/Hungary

Országos Magyar Bányászati és Kohászati Egyesület

Union der Sozialistischen Sowjetrepubliken (UdSSR)/Union of Soviet Socialist Republics (U.S.S.R.)

Scientific and Engineering Society of Mining

Venezuela/Venezuela

Asociación Venezolana de Geología, Minería y Petróleo

Vereinigte Staaten von Amerika (USA)/United States of America (USA)

Illinois Mining Institute
Mining and Metallurgical Society of America
West Virginia Coal Mining Institute

Demokratische Republik Vietnam /Democratic Republic of Viet-Nam

Mining Association

Berufsausbildung

Vocational Training

Australien/Australia

Accountants and Secretaries Educational Society

Bundesrepublik Deutschland (BRD)/Federal Republic of Germany

Akademie für Kurzschrift, Maschinenschreiben und Bürowirtschaft
Bundesring der Landwirtschaftlichen Berufsschullehrerverbände
Deutsche Gesellschaft für Gewerblich-Technisches Bildungswesen
Deutsche Sekretärinnen-Akademie
Deutscher Stenografielehrerverband
Deutscher Verband für das Kaufmännische Bildungswesen
Hessische Akademie für Bürowirtschaft
Postakademie
Verband der Lehrerinnen für Landwirtschaftliche Berufs- und Fachschulen
Verband Deutscher Diplom-Handelslehrer

Frankreich/France

Association Française pour le Développement de l'Enseignement Technique
Association Polytechnique pour le Développement de l'Instruction Populaire
Office National d'Information sur les Enseignements et les Professions
Syndicat National de l'Enseignement Technique

Grossbritannien/Great Britain

Agricultural Education Association, AEA
Association for the Study of Medical Education, ASME
Association of Agricultural Education Staffs of Local Authorities, AAES
Association of British Library Schools, ABLS
Association of Nursery Training Colleges, ANTC
Association of Teachers in Technical Institutions, ATTI
Association of Teachers of Management, ATM
Association of Teachers of Printing and Allied Subjects, ATPAS
Bank Education Service, BES
British Association for Commercial and Industrial Education, BACIE
Careers Research and Advisory Centre, CRAC
Commonwealth Board of Architectural Education
Faculty of Teachers in Commerce
Horticultural Education Association, HEA
Institute of Craft Education, ICEd
Institute of Health Education, IHE
International Federation of Surgical Colleges
International Round Table of Educational Counselling and Vocational Guidance
National Association of Principal Agricultural Education Officers, NAPAEO
Nurse Teachers' Association, NTA
Retail Trades Education Council
Society of Commercial Teachers
Vocational Guidance Association

Indien/India

Indian Association of Teachers of Library Science, IATLIS

Irische Republik/Irish Republic

Cumann na nGairm-Mhuinteoiri

Italien/Italy

Associazione Nazionale Insegnanti Tecnico Pratici e di Applicazioni Tecniche
International Centre for Advanced Technical and Vocational Training

Luxemburg/Luxembourg

Association Internationale d'Orientation Scolaire et Professionelle, AIOSP

Monaco/Monaco

Académie Internationale du Tourisme

Niederlande/Netherlands

International University Contact for Management Education, IUC
Katholieke Vereniging van Directies, Docenten en Consulenten bij het Beroepsonderwijs en het Leerlingwezen

Österreich/Austria

Verband der Lehrerschaft an Berufsbildenden Lehranstalten Österreichs

Schweden/Sweden

Scandinavian Committee of Schools of Social Work

Schweiz/Switzerland

Société Internationale pour l'Enseignement Commercial, SIEC

Uruguay/Uruguay

Centro Interamericano de Investigación y Documentación sobre Formación Profesional, CINTERFOR

Vereinigte Staaten von Amerika (USA)/United States of America (USA)

Accrediting Bureau of Medical Laboratory Schools
Accrediting Commission for Business Schools, ACBS
American Association of Agricultural College Editors, AAACE
American Association of Colleges for Teacher Education, AACTE
American Association of Colleges of Osteopathic Medicine

American Association of Colleges of Pharmacy, AACP
American Association of Colleges of Podiatric Medicine
American Association of Collegiate Schools of Business, AACSB
American Association of Dental Schools, AADS
American Association of Hebrew Teachers Colleges
American Association of Schools and Departments of Journalism, AASDJ
American Council of Pharmaceutical Education
American Council on Education for Journalism, ACEJ
American Council on Pharmaceutical Education, ACPE
American Society for Engineering Education, ASEE
American Society for Training and Development, ASTD
American Technical Education Association, ATEA
American Vocational Association, AVA
American Vocational Education Research Association, AVERA
Associated Schools of Construction, ASC
Association for Counselor Education and Supervision, ACES
Association for Education in International Business
Association for Education in Journalism, AEJ
Association for Field Services in Teacher Education, AFSTE
Association for Hospital Medical Education, AHME
Association for Professional Broadcasting Education, APBE
Association for the Education of Teachers in Science, AETS
Association of Accredited Medical Laboratory Schools, AAMLS
Association of American Law Schools, AALS
Association of American Library Schools, AALS
Association of American Medical Colleges, AAMC
Association of American Veterinary Medical Colleges, AAVMC
Association of Collegiate Schools of Architecture, ACSA
Association of Military Schools and Colleges of the US, AMCS
Association of Naval ROTC Colleges
Association of Schools and Colleges of Optometry, ASCO
Association of Schools of Allied Health Professions, ASAHP
Association of Schools of Public Health, ASPH
Association of Teacher Educators, ATE
Board of Schools of Medical Technology
Business Education Research Associates, BERA
Catholic Business Education Association, CBEA
Ceramic Educational Council
Conference of Catholic Schools of Nursing, CCSN
Cosmetology Accrediting Commission, CAC
Council on Hotel, Restaurant, and Institutional Education, CHRIE
Council on Legal Education for Professional Responsibility, CLEPR
Council on Legal Education Opportunity, CLEO
Council on Medical Education
Council on Optometric Education
Council on Social Work Education, CSWE
Department of Vocational Education
Disability Insurance Training Council
Engineering College Administrative Council, ECAC
Industry Education Councils of America
Insurance Company Education Directors Society, ICEDS
Interior Design Educators Council, IDEC
International Association of Schools of Social Work
International Barber Schools Association, IBSA
International Graphic Arts Education Association, IGAEA
International Society for Business Education, ISBE
Journalism Association of Community Colleges
Journalism Education Association, JEA
Library Education Division, LED
National Association for Business Teacher Education, NABTE
National Association for Practical Nurse Education and Service, NAPNES
National Association of Barber Schools, NABS
National Association of Colleges and Teachers of Agriculture, NACTA
National Association of Cosmetology Schools, NACS
National Association of Industrial and Technical Teacher Educators, NAITTE
National Association of Management Educators, NAME
National Association of State Directors of Teacher Education and Certification
National Association of State Directors of Vocational Education, NASDVE
National Association of State Supervisors of Trade and Industrial Education, NASSTIE
National Association of Supervisors of Business and Office Education, NASBOE
National Association of Supvervisors of Agricultural Education, NASAE
National Association of Trade and Technical Schools, NATTS
National Association of Vocational Homemakers Teachers
National Business Education Association, NBEA
National Commission on Teacher Education and Professional Standards, NCTEPS
National Council for Accreditation of Teacher Education, NCATE
National Council for Textile Education
National Council of Local Administrators of Vocational Education and Practical Arts, NCLA
National Council of Technical Schools, NCTS
National Institute for Architectural Education, NIAE
National Vocational Agricultural Teachers' Association, NVATA
North American Professional Driver Education Association, NPDEA
Office Education Association, OEA

SIETY FOR Automation in Business Education, SABE
Society for Automation in Professional Education, SAPE
Society of Data Educators, SDE
Society of Public Health Educators, SOPHE
Teachers Educational Council - National Association Cosmetology Schools, TEC-NACS
United Business Schools Association, UBSA

Betriebswirtschaft

Industrial Economics

Argentinien/Argentina

Instituto Argentino de Racionalización de Materiales, IRAM
Sociedad Argentina de Investigación Operativa, SADIO

Australien/Australia

Accountants and Secretaries Educational Society
Australian Joint Council for Operational Research, AJCOR
International Academy of Management

Belgien/Belgium

Association Européenne des Centres de Perfectionnement dans la Direction des Entreprises
Société Belge pour l'Application des Méthodes Scientifiques de Gestion, SOGESCI

Brasilien/Brazil

Instituto Municipal de Administração e Ciências Contábeis

Dänemark/Denmark

Danish Council for Scientific Management, DCSM
Dansk Rationaliserings Forening, DRF
Dansk Selskab for Operationsanalyse

Bundesrepublik Deutschland (BRD)/Federal Republic of Germany

Akademie für Führungskräfte der Wirtschaft
Akademie für Organisation
Arbeitsgemeinschaft für Wirtschaftliche Betriebsführung und Soziale Betriebsgestaltung
Arbeitskreis für Betriebsführung
Ausschuss für Wirtschaftliche Fertigung
Betriebswirtschafts-Akademie
Deutsche Gesellschaft für Betriebswirtschaft
Deutsche Gesellschaft für Personalführung
Deutsche Gesellschaft für Personalwesen
Deutsche Gesellschaft für Unternehmensforschung, DGU
Deutsches Institut für Betriebswirtschaft, DIB
Deutsches Institut zur Förderung des Industriellen Führungsnachwuchses
Europäische Vereinigung für Arbeitsstudien
Gesellschaft für Arbeitswissenschaft
Gesellschaft für Operations Research in Wirtschaft und Verwaltung, AKOR
Rationalisierungs-Gemeinschaft Bauwesen im Rationalisierungs-Kuratorium der Deutschen Wirtschaft
Rationalisierungs-Gemeinschaft des Handels beim Rationalisierungs-Kuratorium der Deutschen Wirtschaft
Rationalisierungs-Gemeinschaft Verpackung im Rationalisierungs-Kuratorium der Deutschen Wirtschaft
Rationalisierungs-Kuratorium der Deutschen Wirtschaft, RKW
Schmalenbach-Gesellschaft zur Förderung der Betriebswirtschaftlichen Forschung und Praxis
Verband für Arbeitsstudien, REFA
Vereinigung zur Weiterbildung Betrieblicher Führungskräfte
Volks- und Betriebswirtschaftliche Vereinigung im Rheinisch-Westfälischen Industriegebiet

Finnland/Finland

Työtehoseura

Griechenland/Greece

Ellinikon Kentron Paragogikotitos, ELKEPA
Hellenic Operational Research Society

Grossbritannien/Great Britain

British Institute of Management
Industrial Management Research Association, IMRA
Institute of Work Study
Institute of Work Study Practitioners, IWSP
International Federation of Operational Research Societies, IFORS
Management Research Groups, MRG
Operational Research Society, ORSoc
Society for the Development of Techniques in Industrial Marketing, SDTIM
Society of Business Economists, SBE

Indien/India

Operational Research Society of India, ORSI

Irische Republik/Irish Republic

Irish National Productivity Committee, INPC
Irish Work Study Institute, IWSI
Operations Research Society of Ireland, ORSI

Italien/Italy

Associazione Italiana di Ricerca Operativa, AIRO
Associazione Italiana di Studio del Lavoro

Japan/Japan

Nihon kaikei kenkyu gakkai
Nihon keiei gakkai
Nihon opereshonzu risachi gakkai
Nihon shogyo gakkai

Kanada/Canada

Canadian Operational Research Society, CORS
Department of Economics and Accounting

Niederlande/Netherlands

International University Contact for Management Education, IUC
Nederlandse Vereniging voor Produktieleiding, NPL
Sectie Operationele Research, SOR
Vereniging voor Organisatie- en Arbeidskunde

Nigeria/Nigeria

Nigerian Institute of Management

Norwegen/Norway

Norsk Operasjonsanalyseforening
Norsk Rasjonaliseringsforening, NRF

Österreich/Austria

Österreichisches Produktivitätszentrum, ÖPZ

Polen/Poland

Towarzystwo Naukowe Organizacji i Kierownictwa

Sambia/Zambia

Zambia Operational Research Group

Schweden/Sweden

Svenska MTM-Föreningen
Svenska Operationsanalysföreningen, SORA
Sveriges Rationaliseringsförening

Schweiz/Switzerland

Confédération Internationale des Associations de Diplômés en Sciences Economiques et Commerciales, CIADEC
Internationale Vereinigung Wissenschaftlicher Fremdenverkehrsexperten
Internationale Vereinigung zur Prüfung und Entwicklung des Marketing und der Vermittlung von Lebensmitteln und Gebrauchsgütern
Schweizerische Gesellschaft für Betriebswissenschaften, SGB
Schweizerische Studiengesellschaft für Personalfragen
Schweizerische Vereinigung für Operations Research

Spanien/Spain

Federación Libre de Escuelas de Ciencias de la Empresa, FLECE
Sociedad Española de Investigación Operativa, SEIO

Tschechoslowakei (CSSR)/Czechoslovakia

Czechoslovak Committee for Scientific Management, CCSM

Vereinigte Staaten von Amerika (USA)/United States of America (USA)

Academy of Management, AM
Accounting Careers Council, ACC
American Accounting Association, AAA
Association for Measurement and Evaluation in Guidance, AMEG
Consortium for Graduate Study in Management
Industrial Development Research Council, IDRC
Institute of Management Sciences, TIMS
National Association of Management Educators, NAME
National Association of Supervisors of Business and Office Education, NASBOE
National Association of Trade and Technical Schools, NATTS
Operations Research Society of America, ORSA

Bevölkerungswissenschaft

Demographic Science

Belgien/Belgium

Union Internationale pour l'Etude Scientifique de la Population

Bundesrepublik Deutschland (BRD)/Federal Republic of Germany

Deutsche Gesellschaft für Bevölkerungswissenschaft

Grossbritannien/Great Britain

Eugenics Society

Italien/Italy

Comitato Italiano per lo Studio dei Problemi della Popolazione

Niederlande/Netherlands

European Centre for Population Studies

Taiwan/Taiwan

Population Association of China

Vereinigte Staaten von Amerika (USA)/United States of America (USA)

Campaign to Check the Population Explosion
Council on Population and Environment, COPE
Population Crisis Committee, PCC

Bewässerungswirtschaft

Irrigation System

Bundesrepublik Deutschland (BRD)/Federal Republic of Germany

Deutsche Gesellschaft für Bewässerungswirtschaft

Bibliotheks- und Buchwesen

Librarianship and Book Trade

Ägypten/Egypt

Egyptian Association for Archives and Librarianship
Egyptian Library Association

Argentinien/Argentina

Asociación Argentina de Bibliotecas y Centros de Información Científicos y Técnicos
Asociación de Bibliotecarios Graduados de la República Argentina
Servicio Bibliográfico Argentino
Sociedad Argentina de Bibliotecarios de Instituciones Sociales, Científicas, Artísticas y Técnicas

Australien/Australia

Australian School Library Association
Library Association of Australia

Bangla Desh/Bangla Desh

Library Association of Bangladesh

Belgien/Belgium

Association des Archivistes et Bibliothécaires de Belgique
Association Nationale des Bibliothécaires
Commission Belge de Bibliographie
Conseil National des Bibliothèques d'Hôpitaux de la Croix-Rouge
Fédération Nationale des Bibliothèques Catholiques, FNBC
Vlaamse Vereniging van Bibliotheek- en Archiefpersoneel

Brasilien/Brazil

Associação Paulista de Bibliotecarios
Conselho Federal de Biblioteconomia, CFB
Federação Brasileira de Associações de Bibliotecários, FEBAB
Federação Internacional de Associações de Bibliotecarios-Grupo Regional América Latina, FIABGRAL

Chile/Chile

Asociación de Bibliotecarios de Chile

Costa Rica/Costa Rica

Asociación Costarricense de Bibliotecarios
Inter-American Association of Agricultural Librarians and Documentalists

Dänemark/Denmark

Arkivarforeningen
Association of Libraries of Judaica and Hebraica in Europe
Bibliotekarforeningen, BF
Bibliotekscentralen
Danmarks Biblioteksforening
Danmarks Videnskabelige og Faglige Biblioteker Sammenslutning
Sammenslutningen af Danmarks Forskningsbiblioteker

Deutsche Demokratische Republik (DDR)/ German Democratic Republic

Deutscher Bibliotheksverband, DBV

Bundesrepublik Deutschland (BRD)/Federal Republic of Germany

Arbeitsgemeinschaft der Parlaments- und Behördenbibliotheken
Arbeitsgemeinschaft der Spezialbibliotheken, ASpB
Deutscher Büchereiverband, DBV
Fachnormenausschuss Bibliotheks- und Dokumentationswesen
Gesellschaft für Bibliothekswesen und Dokumentation des Landbaues
Internationale Vereinigung der Musikbibliotheken, IVMB
Internationale Vereinigung Juristischer Bibliotheken
Verein der Bibliothekare an Öffentlichen Büchereien
Verein der Diplom-Bibliothekare an Wissenschaftlichen Bibliotheken
Verein Deutscher Archivare, VdA
Verein Deutscher Bibliothekare
Vereinigung Deutscher Werks- und Wirtschaftsarchivare
Württembergische Bibliotheksgesellschaft

Finnland/Finland

Kirjastonhoitajien Keskusliitto
Suomen Kirjastoseura
Suomen Tieteellinen Kirjastoseura

Frankreich/France

Association des Archivistes Français
Association des Bibliothécaires Français, ABF
Association des Bibliothèques Internationales
Association Française des Documentalistes et des Bibliothécaires Spécialisés, ADBS
Centre d'Archives et de Documentation Politiques et Sociales
Conseil International des Archives, CIA
Fédération Internationales des Phonothèques, FIP
Section Internationale des Bibliothèques, Musées des Arts du Spectacle, SIBMAS

Société Internationale de Bibliographie Classique
Société Internationale de la Bibliographie Classique

Ghana/Ghana

Ghana Library Association

Griechenland/Greece

Association des Biliothécaires Grecs
Enosis Ellinon Bibliothekarion

Grossbritannien/Great Britain

Arlis
Aslib
Association of Assistant Librarians, AAL
Association of British Library Schools, ABLS
Association of British Theological and Philosophical Libraries
Association of Libraries of Judaica and Hebraica in Europe
Association of London Chief Librarians, ALCL
Bibliographical Society
British and Irish Association of Law Librarians
Business Archives Council
Cambridge Bibliographical Society
Circle of State Librarians
Council of the British National Bibliography
Edinburgh Bibliographical Society
Federation of Children's Book Groups, FCBG
Friends of the National Libraries
International Association of Agricultural Librarians and Documentalists, IAALD
International Association of Metropolitan City Libraries, INTAMEL
International Association of Technological University Libraries, IAUTL
International Federation of Library Associations, IFLA
Library Association, LA
National Book League, NBL
Private Libraries Association, PLA
Scottish Library Association, SLA
Scottish National Dictionary Association
Society of Archivists
Society of County Librarians, SCL
Society of Municipal and County Chief Librarians
Society of Scribes and Illuminators, SSI
Standing Conference of National and University Libraries, SCONUL
Standing Conference on Library Materials on Africa, SCOLMA
Welsh Bibliographical Society, WBS

Honduras/Honduras

Asociación de Bibliotecarios y Archivistas de Honduras

Hongkong/Hong Kong

Hong Kong Library Association

Indien/India

Indian Association of Special Libraries and Information Centres, IASLIC
Indian Association of Teachers of Library Science, IATLIS
Indian Library Association

Iran/Iran

Iranian Library Association

Irische Republik/Irish Republic

Bibliographical Society of Ireland
Book Association of Ireland
Library Association of Ireland

Island/Iceland

Association of Icelandic Librarians
Bokavardafélag Islands

Israel/Israel

Israel Library Association
Israel Society of Special Libraries and Information Centres, ISLIC

Italien/Italy

Associazione Italiana Biblioteche, AIB
Associazione Nazionale Archivistica Italiana, ANAI
Istituto di Patologia del Libro

Japan/Japan

Nihon toshokan gakkai
Nihon toshokan kenkyukai
Nihon Toshokan kyokai

Jordanien/Jordan

Jordan Library Association

Jugoslawien/Yugoslavia

Association of Library Societies
Association of the Librarians' Societies of the F.S.R. of Yugoslavia
Librarians' Society of Macedonia
Librarians' Society of the S. R. of Bosnia and Herzegovina
Librarians' Society of the S. R. of Serbia
Library Association of the S. R. of Croatia
Savez Drustava Arhivista Jugoslavije
Union of Librarians' Associations of Yugoslavia

Kanada/Canada

Association Canadienne des Bibliothécaires de Langue Française
Association of Canadian Map Libraries
Bibliographical Society of Canada
Canadian Association of Library Schools
Canadian Library Association
Ontario Library Association
Québec Library Association

Kenia/Kenya

East African Library Association

Kolumbien/Colombia

Asociación Colombiana de Bibliotecarios, ASCOLBI
Colegio de Bibliotecarios Colombianos
Consejo Nacional de Archivos

Volksrepublik Kongo/People's Republic of the Congo

Bureau des Archives et Bibliothèques de Brazzaville

Demokratische Volksrepublik Korea / Democratic People's Republic of Korea

Library Association of the Democratic People's Republic of Korea

Republik Korea /Republic of Korea

Korean Library Association

Libanon/Lebanon

Lebanese Library Association

Madagaskar/Madagascar

Service des Archives et de la Documentation de la République Malgache

Malaysia/Malaysia

Malayan Public Library Association
National Archives of Malaysia

Malta/Malta

Malta Library Association, MLA

Mexiko/Mexico

Asociación Mexicana de Bibliotecarios
Consejo Interamericano de Archiveros, CITA
Sociedad Mexicana de Bibliografía

Neuseeland/New Zealand

New Zealand Library Association

Niederlande/Netherlands

Centrale Vereniging voor Openbare Bibliotheken
Conseil International des Associations de Bibliothèques de Théologie
Convent van Universiteitsbibliothecarissen in Nederland
International Federation of Library Associations, IFLA
Nederlandse Vereniging van Bibliothecarissen
Rijkscommissie van Advies inzake het Bibliotheekwezen
Vereniging van Archivarissen in Nederland

Nigeria/Nigeria

Nigerian Library Association

Norwegen/Norway

Arkivarforeningen
Norsk Bibliotekarlag
Norsk Bibliotekforening
Norsk Forskningsbibliotekarers Forening
Norske Forskningebibl. Forening

Österreich/Austria

Österreichische Gesellschaft für Dokumentation und Bibliographie, ÖGDB
Österreichisches Institut für Bibliographie
Verband Österreichischer Volksbüchereien
Vereinigung Österreichischer Bibliothekare, VÖB

Pakistan/Pakistan

Mehran Library Association
Pakistan Library Association

Peru/Peru

Asociación Peruana de Archiveros
Asociación Peruana de Bibliotecarios

Philippinen/Philippines

Association of Special Libraries in the Philippines, ASLP
Philippine Library Association

Polen/Poland

Polish Librarians Association
Stowarzyszenie Bibliotekarzy Polskich

Rumänien/Romania

Asociatia Bibliotecărilor din Republică Populăra Romina
Librarians' Association of the Socialist Republic of Romania

Sambia/Zambia

Zambia Library Association

Schweden/Sweden

Association of Special Research Libraries
Nordiska Vetenskapliga Bibliotekarieförbundet, NVBF
Svenska Arkivsamfundet
Svenska Bibliotekariesamfundet
Svenska Folkbibliotekarieförbundet
Sveriges Allmänna Biblioteksförening
Sveriges Vetenskapliga Specialbiblioteks Förening

Schweiz/Switzerland

Vereinigung Schweizerischer Archivare, VSA
Vereinigung Schweizerischer Bibliothekare

Senegal/Senegal

Association Internationale pour le Développement des Bibliothèques en Afrique, AIDBA

Singapur/Singapore

Library Association of Singapore

Spanien/Spain

Asociación Nacional de Bibliotecarios, Archiveros y Arqueólogos, ANABA
Instituto Nacional del Libro Español, INLE
Junta Facultativa de Archivos, Bibliotecas y Museos

Sri Lanka/Sri Lanka

Ceylon Library Association

Südafrika/South Africa

South African Library Association

Taiwan/Taiwan

Library Association of China

Tansania/Tanzania

Tanzania Library Association

Thailand/Thailand

Thai Library Association

Trinidad und Tobago/Trinidad and Tobago

Library Association of Trinidad and Tobago

Tschechoslowakei (CSSR)/Czechoslovakia

Central Library Council of the CSR
Svaz českých knihovníku
Svaz českých knihovníku a informačných pracovníku
Zväz slovenských knihovníkov, bibliografov a informačných pracovníkov, ZSKBIP

Türkei/Turkey

Türk Kütüphaneciler Dernegi

Tunesien/Tunisia

Association Tunisienne de Documentalistes, Bibliothécaires et Archivistes

Ungarn/Hungary

Magyar Könyvtärosek Egyesülete

Union der Sozialistischen Sowjetrepubliken (UdSSR)/Union of Soviet Socialist Republics (U.S.S.R.)

Scientific and Engineering Society of the Printing Industry and Publishing Houses
U.S.S.R. Library Council

Uruguay/Uruguay

Asociación de Bibliotecarios del Uruguay
Library Association of Uruguay

Vereinigte Staaten von Amerika (USA)/United States of America (USA)

Adult Services Division, ASD
Advisory Committee on Library Research and Training Projects
Advisory Council on College Library Resources
American Association of Law Libraries, AALL
American Association of School Librarians, AASL
American Library Association
American Library Trustee Association, ALTA
American Merchant Marine Library Association, AMMLA
American Society of Indexers, ASI
American Theological Library Association, ATLA
Archives Advisory Council
Association for Recorded Sound Collections, ARSC
Association of American Library Schools, AALS
Association of College and Research Libraries, ACRL
Association of Cooperative Library Organizations
Association of Hospital and Institution Libraries, AHIL
Association of Jewish Libraries
Association of Research Libraries, ARL
Association of State Library Agencies, ASLA
Association of Visual Science Librarians
Bibliographical Society of America, BSA
Bibliographical Society of the University of Virginia
California Association of School Librarians
California Library Association
Catholic Library Association, CLA
Center for Research Libraries, CRL
Children's Services Division, CSD
Church and Synagogue Library Association, CSLA
Classification Society
Committee on Instruction in the Use of Libraries
Council of National Library Associations, CNLA
Council of Planning Librarians, CPL
Council on Interracial Books for Children
Council on Library Resources, CLR
Council on Library Technology, COLT
Duplicates Exchange Union, DEU
Educational Film Library Association, EFLA
Film Library Information Council, FLIC
Genealogical Library Association
Herbert Hoover Presidential Library Association
Inter-American Bibliographical and Library Association, IBLA
International Association of Music Libraries
International Association of Orientalist Libraries, IAOL
International Association of School Librarianship
International Association of Technological University Libraries, IATUL
International Survey Library Association
Joint Committee on Library Service to Labor Groups
Larc Association
Librarians Concerned about Academic Status
Library Education Division, LED
Lutheran Curch Library Association, LCIA
Medical Library Association, MLA
Music Library Association, MLA
National Records Management Council, NRMC
Public Library Association, PLA
Reference Services Division, RSD

Resources and Technical Services Division, RTSD
Society of American Archivists, SAA
Special Libraries Association, SLA
Theatre Library Association, TLA
United States Book Exchange, USBE
Urban Library Trustes Council, ULTC

Republik Vietnam /Republic of Viet-Nam

Vietnamese Library Association

Zypern/Cyprus

Greek Library Association of Cyprus

Biochemie
Biochemistry

Argentinien/Argentina

Asociación Bioquímica Argentina
Asociación Farmacéutica y Bioquímica Argentina
Sociedad Argentina de Farmacia y Bioquímica Industrial

Australien/Australia

Australian Association of Clinical Biochemists
Australian Biochemical Society

Belgien/Belgium

Société Belge de Biochimie

Chile/Chile

Sociedad de Bioquímica de Concepción

Dänemark/Denmark

Biokemisk Forening

Finnland/Finland

Societas Biochemica, Biophysica et Microbiologica Fenniae

Frankreich/France

Union Internationale de Biochimie

Grossbritannien/Great Britain

Association of Clinical Biochemists
Biochemical Society
Biochemistry Commission of IUBS
Federation of European Biochemical Societies

Israel/Israel

Biochemical Society of Israel

Italien/Italy

International Society for Biochemical Pharmacology, ISBP
International Society for Neurochemistry, ISN
Istituto Biochimico Italiano

Japan/Japan

Nihon seika gakkai

Kanada/Canada

Canadian Biochemical Society

Mexiko/Mexico

Federación Panamericana Farmacéutica y Bioquímica

Österreich/Austria

Österreichische Biochemische Gesellschaft

Polen/Poland

Polskie Towarzystwo Biochemiczne

Vereinigte Staaten von Amerika (USA)/United States of America (USA)

American Society of Biological Chemists, ASBC
Phytochemical Society of North America, PSNA

Demokratische Republik Vietnam /Democratic Republic of Viet-Nam

Association of Medical Biochemistry

Bioklimatologie
Bioclimatology

Bundesrepublik Deutschland (BRD)/Federal Republic of Germany

Deutsche Gesellschaft für Balneologie, Bioklimatologie und Physikalische Medizin

Polen/Poland

Polskie Towarzystwo Balneologii, Bioklimatologii i Medycyny Fizykalnej

Biologie
Biology

Argentinien/Argentina

Academia Nacional de Agronomia y Veterinaria
Asociación Argentina de Biologia y Medicina Nuclear
Asociación Latinoamericana de Sociedades de Biologia y Medicina Nuclear
Sociedad Argentina de Biologia
Sociedad de Biologia de Córdoba

Australien/Australia

Australian Society for Reproductive Biology
Ecological Society of Australia

Fachgebiete / Classified Subject List

Belgien/Belgium

Comité International de Standardisation en Biologie Humaine, CISBH
Organisation Européenne de Biologie Moléculaire, EMBO
Société Belge de Biologie
Société Européenne de Radiobiologie

Brasilien/Brazil

Associação Latinoamericana da Biologia Nuclear e Medicina
Sociedade de Biologia de São Paulo
Sociedade de Biologia do Brasil
Sociedade de Biologia do Rio Grande do Sul

Chile/Chile

Sociedad de Biología de Chile
Sociedad de Biología de Concepción

Dänemark/Denmark

Biologisk Selskab
Nordisk Forening for Celleforskning

Deutsche Demokratische Republik (DDR)/ German Democratic Republic

Nationalkomitee für Biologen

Bundesrepublik Deutschland (BRD)/Federal Republic of Germany

Deutsche Gesellschaft für Züchtungskunde
Dokumentationsstelle für Biologie
International Association of Biological Oceanography, IABO
Kriminalbiologische Gesellschaft
Pfälzischer Verein für Naturkunde und Naturschutz "Pollichia"
Verband Deutscher Biologen
Verein für Vaterländische Naturkunde in Württemberg

Finnland/Finland

Societas Biologica Fennica Vaanamo

Frankreich/France

Commission de l'Enseignement Supérieur en Biologie
Fédération des Sociétés Européennes de Biologie Chimique
Naturalistes Parisiens
Société de Biologie
Société Française de Biologie Clinique
Société Internationale de Biologie Cellulaire
Société Internationale de Biologie Mathématique

Grossbritannien/Great Britain

Ankh Society
Association of Applied Biologists, AAB
Biological Council
British Ecological Society, BES
British Industrial Biological Research Association, BIBRA
British Social Biology Council
British Society for Cell Biology
Committee for European Marine Biological Symposia
Committee on Biological Information
Faraday Society
Institute of Biology
International Association for Ecology
Society for Developmental Biology
Society for Experimental Biology, SEB
Society for Low Temperature Biology
Society for the Study of Fertility
Society for the Study of Human Biology, SSHB
Special Committee for the International Biological Programme, SCIBP
Systematics Association

Indien/India

Indian Association of Biological Sciences

Irische Republik/Irish Republic

Dublin University Biological Association

Israel/Israel

Biology Masters Association
Israel Society for Experimental Biology and Medicine

Italien/Italy

Accademia Italiana di Scienze Biologiche e Moral

Japan/Japan

Nihon hassei seibutsu gakkai
Nihon ikushu gakkai
Nihon seibutsu kankyo chosetsu kenkyukai
Nihon seitai gakkai
Senshokutai gakkai
Shika kiso igakkai

Jugoslawien/Yugoslavia

Biological Society of Serbia

Kanada/Canada

Canadian Federation of Biological Societies
Canadian Society for Cell Biology
Société Linnéenne de Québec

Kolumbien/Colombia

Sociedad de Biología de Bogotá

Republik Korea /Republic of Korea

Korean Association for the Biological Sciences

Mexiko/Mexico

Sociedad de Estudios Biológicos
Sociedad Mexicana de Biología

Neuseeland/New Zealand

New Zealand Ecological Society

Niederlande/Netherlands

International Union of Biological Sciences, IUBS

Philippinen/Philippines

Los Baños Biological Club

Rumänien/Romania

Societatea de Ştiinţe Biologice din R.S.R.

Schweden/Sweden

Biologilärarnas Förening

Schweiz/Switzerland

Internationale Organisation für Biologische Bekämpfung

Südafrika/South Africa

South African Biological Society

Taiwan/Taiwan

Biological Society of China

Türkei/Turkey

Türk Biyoloji Derneği

Ungarn/Hungary

Magyar Biológiai Társaság

Uruguay/Uruguay

Sociedad de Biologia de Montevideo

Vereinigte Staaten von Amerika (USA)/United States of America (USA)

American Aging Association, AGE
American Association of Bioanalysts, AAB
American Board of Bioanalysis, ABB
American Institute of Biological Sciences, AIBS
American Society for Cell Biology, ASCB
Association for Tropical Biology, ATB
Biological Society of Washington
Biological Stain Commission, BSC
Carnegie Institution of Washington
Committee on Ecological Research for the Interoceanic Canal
Craniofacial Biology Group
Ecological Society of America, ESA
Ecology Center Communications Council, ECCC
Federation of American Societies for Experimental Biology, FASEB
International Society of Cranio-Facial Biology, ISCFB
International Society of Development Biologists
National Association of Biology Teachers, NABT
Society for Biological Rhythm, SBR
Society for Cryobiology
Society for Developmental Biology, SDB
Society for Experimental Biology and Medicine, SEBM
Society for the Investigation of the Unexplained, SITU
Society for the Scientific Study of Sex, SSSS
Society for the Study of Development and Growth
Society for the Study of Evolution, SSE
Society of Rheology, SR
United States National Committee for the International Biological Program, USNC/IBP
Western Society of Naturalists, WSN

Demokratische Republik Vietnam /Democratic Republic of Viet-Nam

Association of Biology

Biometrie

Biometry

Bundesrepublik Deutschland (BRD)/Federal Republic of Germany

Deutsche Region der Biometrischen Gesellschaft

Grossbritannien/Great Britain

Biometric Society

Schweiz/Switzerland

Internationale Biometrische Gesellschaft

Vereinigte Staaten von Amerika (USA)/United States of America (USA)

Biometric Society, Eastern North American Region, ENAR
Biometric Society, Western North American Region

Biophysik

Biophysics

Argentinien/Argentina

Sociedad Argentina de Biofisica

Deutsche Demokratische Republik (DDR)/German Democratic Republic

Nationalkomitee der Biophysiker

Bundesrepublik Deutschland (BRD)/Federal Republic of Germany

Deutsche Gesellschaft Biophysik

Finnland/Finland

Societas Biochemica, Biophysica et Microbiologica Fenniae

Grossbritannien/Great Britain

British Biophysical Society, BBS

Indien/India

Indian Biophysical Society

Japan/Japan

Nihon seibutsu butsuri gakkai

Vereinigte Staaten von Amerika (USA)/United States of America (USA)

Biophysical Society, BPS
International Union for Pure and Applied Biophysics, IUPAB
International Union of Pure and Applied Biophysics, IUPAB

Blechverarbeitung

Tin Processing

Bundesrepublik Deutschland (BRD)/Federal Republic of Germany

Deutsche Forschungsgemeinschaft für Blechverarbeitung und Oberflächenbehandlung
Fachnormenausschuss Eisen-, Blech- und Metallwaren
Forschungsgesellschaft Blechverarbeitung

Bodenmechanik

Soil Mechanics

Australien/Australia

Australian Geomechanics Society

Brasilien/Brazil

Associação Brasileira de Mecánica dos Solos

Bundesrepublik Deutschland (BRD)/Federal Republic of Germany

Deutsche Forschungsgesellschaft für Bodenmechanik, Degebo
Gesellschaft für Dokumentation, Bodenmechanik und Grundbau

Israel/Israel

Israel Society of Soil Mechnics and Foundation Engineering

Japan/Japan

Doshitsu kogakkai
Nogyo doboku gakkai

Norwegen/Norway

Norsk Geoteknisk Forening

Portugal/Portugal

International Society for Rock Mechanics, ISRM

Thailand/Thailand

Southeast Asian Society of Soil Engineering, SEASSE

Vereinigte Staaten von Amerika (USA)/United States of America (USA)

International Society for Terrain-Vehicle Systems, ISTVS

Bohrtechnik

Boring Engineering

Bundesrepublik Deutschland (BRD)/Federal Republic of Germany

Fachnormenausschuss Tiefbohrtechnik und Brunnenbau
Fachnormenausschuss Tiefbohrtechnik und Erdölgewinnung
Gesellschaft zur Förderung der Forschung auf dem Gebiet der Bohr- und Schweißtechnik, GFBS

Grossbritannien/Great Britain

Institute of Petroleum, IP

Botanik

Botany

Argentinien/Argentina

Sociedad Argentina de Botánica
Sociedad Argentina de Fisiología Vegetal

Australien/Australia

Australian Plant Pathology Society
Australian Society of Plant Physiologists

Belgien/Belgium

Société Royale de Botanique de Belgique

Brasilien/Brazil

Sociedade Botânica do Brasil

Bulgarien/Bulgaria

Bulgarische Gesellschaft für Botanik

Volksrepublik China/People's Republic of China

Chinese Society of Botany

Chinese Society of Plant Physiology
Chinese Society of Plant Protection
Chinese Society of Sericulture

Costa Rica/Costa Rica

Sociedad Americana Fitopatológica

Dänemark/Denmark

Dansk Botanisk Forening

Bundesrepublik Deutschland (BRD)/Federal Republic of Germany

Bayerische Botanische Gesellschaft
Deutsche Botanische Gesellschaft
Internationale Vereinigung für Vegetationskunde
Internationale Vereinigung zur Erforschung der Qualität von Nahrungspflanzen
Studiengesellschaft zur Erforschung von Meeresalgen
Verband für die Taxonomische Untersuchung der Flora des Tropischen Afrikas
Vereinigung für Angewandte Botanik

El Salvador/El Salvador

Regional International Organization of Plant Protection and Animal Health

Finnland/Finland

Societas pro Fauna et Flora Fennica
Societas Zoologica Botanica Fennica Vanamo

Frankreich/France

Association Européenne pour l'Amélioration des Plantes
Centre de Coopération pour les Recherches Scientifiques Relatives au Tabac, CORESTA
Confédération Européenne d'Etudes Phytosanitaires, CEP
Organisation Européenne et Méditerranéenne pour la Protection des Plantes, OEPP
Société Botanique de France, CSSF
Société de Pathologie Végétale et d'Entomologie Agricole de France, CSSF
Société Française de Physiologie Végétale

Grossbritannien/Great Britain

Arboricultural Association
Botanical Society of Edinburgh
Botanical Society of the British Isles, BSBI
British Bryological Society, BBS
British Lichen Society
British Phycological Society
British Pteridological Society
Flora Europea Organisation, FEO
International Association of Botanic Gardens, IABE
International Commission for the Nomenclature of Cultivated Plants
International Organization of Palaeobotany, IOP
International Organization of Plant Biosystematists
National Institute of Agricultural Botany, NIAB
National Institute of Medical Herbalists, NIMH
Nottingham and Nottinghamshire Field Club
Phytochemical Society
Scottish Society for Research in Plant Breeding, SPBS
Society of Herbalists
Woolhope Naturalists' Field Club

Indien/India

Indian Botanical Society
Indian Phytopathological Society
Indian Society of Genetics and Plant Breeding
Palynological Society of India

Israel/Israel

Botanical Society of Israel
International Committee on Plant Analysis and Fertilizer Problems

Italien/Italy

Erbario Nazionale Italiano
Herbarium Universitatis Florentinae
Società Botanica Italiana

Japan/Japan

Nihon shokubutsu gakkai
Shokubutsu bunrui chiri gakkai

Kanada/Canada

Canadian Phytopathological Society
International Council of Botanic Medicine

Mexiko/Mexico

Sociedad Botánica de México
Sociedad Mexicana de Fitogenética
Sociedad Mexicana de Fitopatología

Niederlande/Netherlands

European Association for Research on Plant Breeding, EUCARPIA
European Weed Research Council, EWRC
International Association for Plant Taxonomy, IAPT
International Organization for Succulent Plant Study, IOS
Koninklijke Nederlandsche Maatschappij voor Tuinbouw en Plantkunde
Koninklijke Nederlandse Botanische Vereniging

Norwegen/Norway

Norsk Botanisk Forening
Scandinavian Society for Plant Physiology

Österreich/Austria

Zoologisch-Botanische Gesellschaft in Wien

Peru/Peru

Asociación Latinoamericana de Científico de Plantas

Polen/Poland

Polskie Towarzystwo Botaniczne

Portugal/Portugal

Sociedade Broteriana

Rhodesien/Rhodesia

Botanical Society of Rhodesia

Schweiz/Switzerland

Bernische Botanische Gesellschaft
Commission Internationale de Botanique Apicole
Schweizerische Botanische Gesellschaft

Spanien/Spain

Instituto Botánico "Antonio José Cavanilles"
Instituto y Jardín Botánico de Barcelona

Südafrika/South Africa

Botanical Society of South Africa

Tschechoslowakei (CSSR)/Czechoslovakia

Československá botanická společnost při ČSAV

Ungarn/Hungary

Magyar Biológiai Társaság Botanikai Szakosztálya

Vereinigte Staaten von Amerika (USA)/United States of America (USA)

American Association of Stratigraphic Palynologists, AASP
American Bryological Society
Asian-Pacific Weed Science Society
Botanical Society of America
California Botanical Society
Commission on the Nomenclature of Plants
International Botanical Congress
Northeastern Weed Science Society
San Francisco Orchid Society
Society for Economic Botany

Brandschutz
Fire Protection

Dänemark/Denmark

Dansk Brandvaerns-Komite

Bundesrepublik Deutschland (BRD)/Federal Republic of Germany

Fachnormenausschuss Feuerlöschwesen, FNFW
Vereinigung zur Förderung des Deutschen Brandschutzes, VFDB

Finnland/Finland

Suomen Palosuojeluhydistys

Frankreich/France

Comité Technique International de Prevention et d'Extinction du Feu, CTIF

Japan/Japan

Nihon kasai gakkai

Schweden/Sweden

Svenska Brandförsvarsföreningen

Brennstofftechnik
Combustibles Engineering

Australien/Australia

Institute of Fuel

Deutsche Demokratische Republik (DDR)/German Democratic Republic

Brennstofftechnische Gesellschaft in der DDR

Frankreich/France

Institut Français des Combustibles et de l'Energie

Grossbritannien/Great Britain

British Coal Utilisation Research Association, BCURA
British Coke Research Association
Institute of Fuel

Japan/Japan

Nihon nenryo kenkyukai

Neuseeland/New Zealand

Institute of Fuel

Schweden/Sweden

Oljeeldningstekniska Föreningen
Tekniska Föreningen (Värme, Ventilations- och Sanitetstekniska Föreningen)

Vereinigte Staaten von Amerika (USA)/United States of America (USA)

Combustion Institute

Bromatologie
Bromatology

Chile/Chile

Sociedad Chilena de Nutrición, Bromatología y Toxicología

Byzantinistik

Byzantine Studies

Deutsche Demokratische Republik (DDR)/ German Democratic Republic

Nationalkomitee für Byzantinisten

Griechenland/Greece

Association Internationale des Etudes Byzantines
Etairia Byzantinologikon Spudon

Italien/Italy

Istituto Ellenico di Studi Bizantini e Postbizantini di Venezia

Österreich/Austria

Österreichische Byzantinische Gesellschaft

Vereinigte Staaten von Amerika (USA)/United States of America (USA)

United States National Committee for Byzantine Studies

Cardiologie

Cardiology

Australien/Australia

Cardiac Society of Australia and New Zealand

Belgien/Belgium

Association des Pédiatres Cardiologues Européens
Société Belge de Cardiologie
Société Européenne de Cardiologie

Chile/Chile

Sociedad Chilena de Cardiología

Costa Rica/Costa Rica

Asociación de Cardiología

Frankreich/France

Société Française de Cardiologie

Griechenland/Greece

Elliniki Kardiologiki Etairia

Grossbritannien/Great Britain

British Cardiac Society
Northern Ireland Chest and Heart Association
Society of Cardiological Technicians
Society of Thoracic and Cardiovascular Surgeons of Great Britain and Ireland

Honduras/Honduras

Sociedad Centroamericana de Cardiología

Israel/Israel

Asian-Pacific Society of Cardiology, APSC
Israel Association of Chest Physicians
Israel Heart Society

Italien/Italy

Società Italiana di Cardiologia

Kolumbien/Colombia

Sociedad Antioqueña de Cardiología
Sociedad Colombiana de Cardiología

Mexiko/Mexico

Sociedad Interamericana de Cardiología
Sociedad Mexicana de Cardiología

Polen/Poland

Polskie Towarzystwo Kardiologiczne

Rumänien/Romania

Societatea de Cardiologie

Schweiz/Switzerland

Schweizerische Kardiologische Gesellschaft
Société Internationale de Cardiologie, SIC

Taiwan/Taiwan

American College of Chest Physicians, Republic of China Chapter
Republic of China Cardiological Society

Union der Sozialistischen Sowjetrepubliken (UdSSR)/Union of Soviet Socialist Republics (U.S.S.R.)

All-Union Scientific Medical Society of Cardiologists

Venezuela/Venezuela

Sociedad Venezolana de Cardiología

Vereinigte Staaten von Amerika (USA)/United States of America (USA)

American College of Cardiology, ACC
American College of Chest Physicians, ACCP
American Heart Association, AHA
Anti-Coronary Club
California Heart Association
Council on Arteriosclerosis of the American Heart Association
International Cardiovascular Society

Chemie
Chemistry

Argentinien/Argentina

Asociación Química Argentina

Australien/Australia

Australian Society of Cosmetic Chemists
Royal Australian Chemical Institute
Sydney University Chemical Engineering Association
Sydney University Chemical Society
University of New South Wales Chemical Engineering Association

Brasilien/Brazil

Associação Brasileira de Química
Associação de Engenharia Química

Bulgarien/Bulgaria

Wissenschaftliche und Technische Vereinigung der chemischen Industrie

Chile/Chile

Sociedad Chilena de Química

Volksrepublik China/People's Republic of China

Academy of Chemical Engineering
Chinese Society of Chemical Engineering
Chinese Society of Chemistry
Mukden Academy of Chemical Engineering
Shanghai Academy of Chemical Engineering

Dänemark/Denmark

Foreningen af Fysik- og Kemilærere ved Gymnasier og Seminarier
Jydsk Selskab for Fysik og Kemi
Selskabet for Analytisk Kemi

Deutsche Demokratische Republik (DDR)/ German Democratic Republic

Chemische Gesellschaft der DDR

Bundesrepublik Deutschland (BRD)/Federal Republic of Germany

Arbeitsgemeinschaft Chemie-Dokumentation
Carl-Duisberg-Gesellschaft
Deutsche Bunsen-Gesellschaft für Physikalische Chemie
Deutscher Zentralausschuss für Chemie
Gesellschaft Deutscher Chemiker
Gesellschaft Deutscher Kosmetik-Chemiker, GKC
Gesellschaft für Biologische Chemie
Gesellschaft für Physiologische Chemie
Isotopen-Studiengesellschaft
Verein der Textil-Chemiker und Coloristen, VTCC
Verein der Zellstoff- und Papier-Chemiker und -Ingenieure
Verein für Gerbereichemie und -Technik

Finnland/Finland

Finska Kemistsamfundet
Suomalaisten Kemistien Seura

Frankreich/France

Bureau International Permanent de Chimie Analytique pour les Matières destinées à l'Alimentation de l'Homme et des Animaux, BIPCA
Fédération Nationale des Associations de Chimie de France, CSSF
Société Chimique de France
Société de Chimie Biologique, CSSF
Société de Chimie Industrielle, CSSF
Société de Chimie Physique
Société des Experts-Chimistes de France

Griechenland/Greece

Enosis Ellinon Chimikon

Grossbritannien/Great Britain

Bradford Chemical Society
Chemical Society
Faraday Society
International Union of Pure and Applied Chemistry, IUPAC
Phytochemical Society
Royal Institute of Chemistry
Society for Analytical Chemistry, SAC
Society for Electrochemistry
Society for the Study of Alchemy and Early Chemistry
Society of Chemical Industry

Indien/India

Indian Chemical Society
Society of Biological Chemists, India

Irische Republik/Irish Republic

Institute of Chemistry of Ireland

Israel/Israel

Israel Chemical Society

Italien/Italy

Istituto Italiano di Storia della Chimica
Società Chimica Italiana

Japan/Japan

Denki kagaku kyokai
Nihon bunseki kagakkai
Nihon butsuri kagaku kenkyukai
Nihon kagakkai
Nihon nogei kagakkai
Nihon yukagaku kyokai
Shokubai gakkai
Yuki gosei kagaku kyokai

Jugoslawien/Yugoslavia

Serbian Chemical Society

Kanada/Canada

Chemical Institute of Canada
Society of Chemical Industry

Republik Korea /Republic of Korea

Korean Chemical Society

Mexiko/Mexico

Sociedad Química de México

Neuseeland/New Zealand

New Zealand Fertiliser Manufactures Research Association
New Zealand Institute of Chemistry

Niederlande/Netherlands

Koninklijke Nederlandse Chemische Vereniging

Norwegen/Norway

Norsk Kjemisk Selskap

Österreich/Austria

Chemisch-Physikalische Gesellschaft in Wien
Internationale Gesellschaft für Getreidechemie
Österreichische Gesellschaft für Klinische Chemie
Österreichische Gesellschaft für Mikrochemie und Analytische Chemie

Peru/Peru

Sociedad Química del Perú

Philippinen/Philippines

Philippine Council of Chemists

Polen/Poland

Polskie Towarzystwo Chemiczne

Portugal/Portugal

Sociedade Portuguesa de Química e Física

Rumänien/Romania

Societatea de Ştiinţe Fizice şi Chimice din R.S.R.

Schweden/Sweden

Kemiska Föreningen in Lund
Kemiska Sällskapet i Stockholm
Kommittén för Petrokemisk Forskning och Utveckling
Nordiska Kemistrådet

Schweiz/Switzerland

Internationale Vereinigung für Chemiefasernormen
Schweizerische Chemische Gesellschaft
Société Internationale d'Electrochimie, SIE

Spanien/Spain

Academia de Ciencias Exactas, Físico-Químicas y Naturales
Asociación Nacional de Químicos de España
Real Sociedad Española de Física y Química

Südafrika/South Africa

Cape Chemical and Technological Society
South African Chemical Institute

Taiwan/Taiwan

Agricultural Chemistry Society of China
Association for Physics and Chemistry Education of the Republic of China
Chinese Chemical Society

Türkei/Turkey

Türkiye Kimya Cemiyeti

Ungarn/Hungary

Magyar Kémikusok Egyesülete

Union der Sozialistischen Sowjetrepubliken (UdSSR)/Union of Soviet Socialist Republics (U.S.S.R.)

D. I. Mendeleyev All-Union Chemical Society

Uruguay/Uruguay

Asociación de Química y Farmacia del Uruguay

Venezuela/Venezuela

Sociedad Venezolana de Química

Vereinigte Staaten von Amerika (USA)/United States of America (USA)

American Association of Cereal Chemists, AACC
American Association of Clinical Chemists, AACC
American Chemical Society, ACS
American Institute of Chemists, AIC
American Leather Chemists Association, ALCA
American Microchemical Society, AMS
American Oil Chemists' Society, AOCS
American Section of the Société de Chimie Industrielle, ASSCI
American Society of Brewing Chemists, ASBC
Association of Consulting Chemists and Chemical Engineers, ACC and CE
Association of Official Analytical Chemists, AOAC
Association of Official Racing Chemists, AORC
Association of Vitamin Chemists, AVC
Catalysis Society of North America
Chemists' Club of New York
Council for Agricultural and Chemurgic Research
Electrochemical Society, ECS
Federation of Analytical Chemistry and Spectroscopy, FACSS
Fiber Society
Histamine Club
Institute of Paper Chemistry, IPC
International Federation of Clinical Chemistry, IFCC

National Registry in Clinical Chemistry, NRCC
Society for the Investigation of the Unexplained, SITU
Society of Chemical Industry
Society of Cosmetic Chemists, SCC
Society of Rheology, SR

Demokratische Republik Vietnam /Democratic Republic of Viet-Nam

Association of Chemistry

Chirurgie

Surgery

Argentinien/Argentina

Sociedad Argentina de Cirujanos
Sociedad de Cirugía de Buenos Aires

Australien/Australia

Australian and New Zealand Society of Oral Surgeons
Royal Australasian College of Surgeons

Belgien/Belgium

Belgian Surgical Society
Société Internationale de Chirurgie
Société Internationale de Chirurgie Orthopédique et de Traumatologie, SICOT

Bolivien/Bolivia

Sociedad Boliviana de Cirugía

Brasilien/Brazil

Secção Brasileira do Colegio Internacional de Cirurgiões
Sociedade de Medicina e Cirurgia de São Paulo
Sociedade Latinoamericana de Cirurgía Plástica

Bulgarien/Bulgaria

Gesellschaft der Chirurgen in Bulgarien

Chile/Chile

Sociedad Chilena de Cirugía Plástica y Reparadora
Sociedad de Cirugía de Chile
Sociedad de Cirujanos de Chile

Costa Rica/Costa Rica

Asociación Costarricense de Cirugía

Dänemark/Denmark

Dansk Kirurgisk Selskab

Deutsche Demokratische Republik (DDR)/ German Democratic Republic

Gesellschaft für Chirurgie der DDR

Bundesrepublik Deutschland (BRD)/Federal Republic of Germany

Berufsverband der Deutschen Chirurgen
Deutsche Chirurgische Gesellschaft
Deutsche Gesellschaft für Chirurgie
Deutsche Gesellschaft für Hals-Nasen-Ohren-Heilkunde, Kopf- und Hals-Chirurgie
Deutsche Gesellschaft für Kiefer- und Gesichtschirurgie
Deutsche Gesellschaft für Plastische und Wiederherstellende Chirurgie

Ecuador/Ecuador

Sociedad Médico-Quirúrgica del Guayas

Finnland/Finland

Suomen Kirurgiyhdistys

Frankreich/France

Académie de Chirurgie
Association Française de Chirurgie
Société de Chirurgie de Lyon
Société de Chirurgie de Marseille
Société de Chirurgie de Toulouse
Société de Chirurgie Thoracique de Langue Française
Société de Médecine, Chirurgie et Pharmacie de Toulouse
Société de Médecine et de Chirurgie de Bordeaux
Société de Transplantation
Société des Chirurgiens de Paris
Société Européenne de Chirurgie Cardiovasculaire
Société Européenne de Chirurgie Expérimentale
Société Française de Chirurgie Infantile
Société Française de Chirurgie Orthopédique et de Traumatologie
Société Française de Chirurgie Plastique et Reconstructive
Société Médico-Chirurgicale des Hôpitaux et Formations Sanitaires des Armées
Société Médico-Chirurgicale des Hôpitaux Libres
Syndicat National des Chirurgiens Français

Griechenland/Greece

Greek Surgical Society

Grossbritannien/Great Britain

Association of Surgeons of Great Britain and Ireland, AS
British Association of Plastic Surgeons
British Institute of Surgical Technicians
Casualty Surgeons' Association
Edinburgh Medico-Chirurgical Society
International Association of Oral Surgeons, IAOS
International Federation of Surgical Colleges
National Society for Transplant Surgery
Royal College of Physicians and Surgeons of Glasgow, RCPS Glas
Royal College of Surgeons of Edinburgh, RCS Ed
Royal College of Surgeons of England, RCS

Royal Medico-Chirurgical Society of Glasgow
Society of Thoracic and Cardiovascular Surgeons of Great Britain and Ireland

Guatemala/Guatemala

Asociación Latinoamericana de Escuelas de Cirugia Dental

Irische Republik/Irish Republic

European Dialysis and Transplant Association, EDTA
Royal College of Surgeons in Ireland, RCSI

Island/Iceland

Icelandic Surgical Association

Israel/Israel

Israel Association of Plastic Surgeons
Israel Society of Surgeons
Society of Orthopedic Surgeons of the Israel Medical Association

Italien/Italy

Società Italiana di Chirurgia
Società Medico-Chirurgica

Japan/Japan

Nihon geka gakkai
Nihon koko geka gakkai
Nihon kyobu geka gakkai
Nihon shoni geka gakkai

Kanada/Canada

Royal College of Physicians and Surgeons of Canada

Kolumbien/Colombia

Colegio Colombiano de Cirujanos

Kuba/Cuba

Sociedad Cubana de Cirugía

Malta/Malta

Association of Surgeons and Physicians of Malta

Mexiko/Mexico

Academia Mexicana de Cirugía
Asociación Panamericana de Cirurgia Pediatrica

Neuseeland/New Zealand

International Confederation for Plastic and Reconstructive Surgery

Niederlande/Netherlands

Dutch Association of Surgeons
Genootschap tot Bevordering van Natuur-, Genees- en Heelkunde

Nigeria/Nigeria

Association of Surgeons of West Africa

Norwegen/Norway

Norwegian Surgical Association

Österreich/Austria

Gesellschaft der Chirurgen in Wien
Österreichische Gesellschaft für Chirurgie

Peru/Peru

Academia Peruana de Cirugía

Polen/Poland

Towarzystwo Chirurgów Polskich, TChP

Rumänien/Romania

Societatea de Chirurgie

Schweden/Sweden

Svensk Kirurgisk Förening

Schweiz/Switzerland

Schweizerische Gesellschaft für Chirurgie

Spanien/Spain

Academia de Cirugía de Madrid
Academia Médico-Quirúrgica Española
Asociación Española de Cirujanos
Real Academia de Medicina y Cirugía de Palma de Mallorca

Taiwan/Taiwan

Surgical Society of the Republic of China

Türkei/Turkey

Türk Cerrahi Cemiyeti
Türk Ortopedi Şirürjisi ve Travmatoloji Cemiyeti

Union der Sozialistischen Sowjetrepubliken (UdSSR)/Union of Soviet Socialist Republics (U.S.S.R.)

All-Union Scientific Medical Society of Surgeons
All-Union Scientific Medical Society of Traumatic Surgeons and Orthopaedists
All-Union Scientific Medical Society of Urological Surgeons

Uruguay/Uruguay

Ateneo de Clínica Quirúrgica
Sociedad de Cirugía del Uruguay

Venezuela/Venezuela

Sociedad Médico-Quirúrgica del Zulia
Sociedad Venezolana de Cirugía
Sociedad Venezolana de Cirugía Ortopédica y Traumatología
Sociedad Venezolana de Cirugía Plástica y Reconstrucción

Vereinigte Staaten von Amerika (USA)/United States of America (USA)

American Academy of Dental Electrosurgery, AADE
American Academy of Facial Plastic and Reconstructive Surgery
American Academy of Orthopaedic Surgeons, AAOS
American Association for the Surgery of Trauma, AAST
American Association for Thoracic Surgery, AATS
American Association of Clinic Physicians and Surgeons, AACPS
American Association of Genito-Urinary Surgeons, AAGUS
American Association of Plastic Surgeons, AAPS
American Association of Railway Surgeons, AARS
American Board of Abdominal Surgery, ABAS
American Board of Colon and Rectal Surgery, ABCRS
American Board of Oral Surgery, ABOS
American Board of Orthopaedic Surgery, ABOS
American Board of Plastic Surgery
American Board of Surgery
American Board of Thoracic Surgery
American College of Foot Surgeons
American College of General Practitioners in Osteopathic Medicine and Surgery, ACGPOMS
American College of Osteopathic Surgeons, ACOS
American College of Surgeons, ACS
American Society for Head and Neck Surgery
American Society for Surgery of the Hand
American Society of Abdominal Surgery, ASAS
American Society of Maxillofacial Surgeons, ASMS
American Society of Oral Surgeons, ASOS
American Society of Plastic and Reconstructive Surgeons
American Surgical Association, ASA
Association of American Physicians and Surgeons, AAPS
Association of Bone and Joint Surgeons, ABJS
Association of Military Surgeons of the US, AMSUS
Central States Society of Industrial Medicine and Surgery
International College of Surgeons, ICS
National Association of Police and Fire Surgeons
National College of Foot Surgeons, NCFS
New England Surgical Society
Pacific Coast Surgical Association
Pan-Pacific Surgical Association, PPSA
Society for Surgery of the Alimentary Tract
Society for Vascular Surgery
Society of Clinical Surgery
Society of Eye Surgeons, SES
Society of Head and Neck Surgeons, SHNS
Society of Pelvic Surgeons, SPS
Society of United States Air Force Flight Surgeons, USAF SAM/EDA
Society of University Surgeons, SUS
Southern Surgical Association
Western Surgical Association
Allen O. Whipple Surgical Society
Wisconsin Surgical Society

Chronometrie

Chronometry

Bundesrepublik Deutschland (BRD)/Federal Republic of Germany

Deutsche Gesellschaft für Chronometrie

Frankreich/France

Commission Internationale des Contrôles Chronométriques, CICC

Grossbritannien/Great Britain

Antiquarian Horological Society, AHS
British Horological Institute
Methods - Time Measurement Association of the United Kingdom, MTMA-UK

Cytochemie

Cytochemistry

Bundesrepublik Deutschland (BRD)/Federal Republic of Germany

Internationales Komitee für Histochemie und Cytochemie

Datenverarbeitung

Data Processing

Australien/Australia

Association for Programmed Instruction and Educational Technology
Australian Computer Society

Bundesrepublik Deutschland (BRD)/Federal Republic of Germany

Deutsche Arbeitsgemeinschaft Rechenanlagen, DARA
Gesellschaft für Mathematik und Datenverarbeitung

Grossbritannien/Great Britain

International Federation for Information Processing, IFIP

Japan/Japan

Joho shori gakkai

Taiwan/Taiwan

Chinese Society for Electronic Data Processing

Vereinigte Staaten von Amerika (USA)/United States of America (USA)

Association for Computing Machinery, ACM
Association for Educational Data Systems, AEDS
Babbage Society, BABS
Biomedical Computing Society, SIGBIO
SIETY FOR Automation in Business Education, SABE
Society for Automation in English and the Humanities, SAEH
Society for Automation in Professional Education, SAPE
Society for Automation in the Fine Arts, SAFA
Society for Automation in the Sciences and Mathematics, SASM
Society for Automation in the Social Sciences, SASS
Society for Educational Data Systems, SEDS
Society of Data Educators, SDE
Society of Educational Programmers and Systems Analysts, SEPSA
Society of Independent and Private School Data Educators, SIPSDE
Special Interest Group for Computer Personnel Research

Dendrologie

Dendrology

Bundesrepublik Deutschland (BRD)/Federal Republic of Germany

Deutsche Dendrologische Gesellschaft

Denkmalschutz

Preservation of Ancient Monuments

Ägypten/Egypt

Office for the Preservation of Arabic Monuments

Argentinien/Argentina

Comisión Nacional de Museos y de Monumentos y Lugares

Bundesrepublik Deutschland (BRD)/Federal Republic of Germany

Vereinigung der Landesdenkmalpfleger

Frankreich/France

Association Nationale pour la Protection des Villes d'Art
Vieilles Maisons Françaises

Grossbritannien/Great Britain

Ancient Monuments Society
International Institute for Conservation of Historic and Artistic Works, IIC
Monumental Brass Society
National Association of Monumental Masons
Society for the Protection of Ancient Buildings

Italien/Italy

International Centre for the Study of the Preservation and the Restoration of Cultural Property
Italia Nostra - Associazione Nazionale per la Tutela del Patrimonio Storico Artistico e Naturale della Nazione

Niederlande/Netherlands

International Castles Institute
Monumentenraad
Rijksdienst voor de Monumentenzorg

Norwegen/Norway

Foreningen til Norske Fortidsminnesmerkers Bevaring

Österreich/Austria

Bundesdenkmalamt

Panama/Panama

Comisión Nacional de Arqueología y Monumentos Históricos

Polen/Poland

Towarzystwo Miłośników Historii i Zabytków Krakowa

Spanien/Spain

Comisión Provincial de Monumentos Históricos y Artísticos de Barcelona

Südafrika/South Africa

South African National Society

Venezuela/Venezuela

Junta Nacional Protectora y Conservadora del Patrimonio Histórico y Artístico de la Nación

Vereinigte Staaten von Amerika (USA)/United States of America (USA)

American Battle Monuments Commission
American Registry of Architectural Antiquities, ARAA
American Scenic and Historic Preservation Society, ASHPS
Association for the Preservation of Virginia Antiquities, APVA
Edison Birthplace Association
National Society for the Preservation of Covered Bridges

Society for the Preservation of New England Antiquities, SPNEA
United States National Committee for the Preservation of Nubian Monuments

Dermatologie

Dermatology

Argentinien/Argentina

Sociedad Argentina de Dermatología y Sifilografia
Sociedad Argentina de Leprología
Sociedad de Dermatología y Sifilografia

Australien/Australia

Australasian College of Dermatologists
Dermatological Association of Australia

Brasilien/Brazil

Sociedade Brasileira de Dermatologia

Bulgarien/Bulgaria

Gesellschaft der Dermatologen

Dänemark/Denmark

Dansk Dermatologisk Selskab

Bundesrepublik Deutschland (BRD)/Federal Republic of Germany

Deutsche Dermatologische Gesellschaft

Frankreich/France

Société de Dermatologie et Syphilographie
Société Française de Dermatologie et de Syphiligraphie
Syndicat National des Dermatologistes, Syphiligraphes et Vénéréologistes

Grossbritannien/Great Britain

British Association of Dermatology
Saint John's Hospital Dermatological Society

Guatemala/Guatemala

Sociedad Centroamericana de Dermatología

Israel/Israel

International League of Dermatological Societies
Israel Society of Dermatology and Venereology

Italien/Italy

Association des Dermatologistes et Syphiligraphes de Langue Française
Società Italiana di Dermatologia e Sifilografia

Japan/Japan

Nihon hifuka gakkai
Nihon rai gakkai

Mexiko/Mexico

Academia Mexicana de Dermatología

Niederlande/Netherlands

Nederlandse Vereniging van Dermatologen

Österreich/Austria

Österreichische Dermatologische Gesellschaft

Polen/Poland

Polskie Towarzystwo Dermatologiczne, PTD

Portugal/Portugal

Colégio Ibero-Latino-Americano de Dermatologia
Sociedade Portuguesa de Dermatologia e Venerologia

Rumänien/Romania

Societatea de Dermatologie

Schweiz/Switzerland

Schweizerische Gesellschaft für Dermatologie und Venereologie

Spanien/Spain

Academia Española de Dermatología y Sifilografía

Union der Sozialistischen Sowjetrepubliken (UdSSR)/Union of Soviet Socialist Republics (U.S.S.R.)

All-Union Scientific Society of Venereologists and Dermatologists

Venezuela/Venezuela

Sociedad Venezolana de Dermatología

Vereinigte Staaten von Amerika (USA)/United States of America (USA)

American Academy of Dermatology, AAD
American Board of Dermatology, ABD
American Board of Podiatric Dermatology
American Dermatological Association, ADA
American Leprosy Missions, ALM
American Osteopathic College of Dermatology, AOCD
Clinical Society of Genito-Urinary Surgeons
Hawaii Dermatological Society
International Society of Tropical Dermatology, ISTD
Pacific Northwest Dermatological Society
Society for Investigative Dermatology, SID
Noah Worcester Dermatological Society, NWDS

Demokratische Republik Vietnam /Democratic Republic of Viet-Nam

Association of Dermatology and Venereal Diseases

Diabetes

Diabetes

Dänemark/Denmark

Scandinavian Society for the Study of Diabetes

Frankreich/France

Association des Diabétologues de Langue Française

Grossbritannien/Great Britain

British Diabetic Association, BDA
European Association for the Study of Diabetes

Japan/Japan

Nihon tonyobyo gakkai

Niederlande/Netherlands

International Diabetes Federation, IDF

Vereinigte Staaten von Amerika (USA)/United States of America (USA)

American Diabetes Association, ADA
Northern California Diabetes Association
San Francisco Diabetes Association

Diätetik

Dietetics

Australien/Australia

Australian Dietetic Council
Dietetic Association of New South Wales

Frankreich/France

Société de Gastronomie Médicale

Grossbritannien/Great Britain

British Dietetic Association

Italien/Italy

Association des Diétéciennes de Langue Française
Associazione Dietetica Italiana, ADI

Vereinigte Staaten von Amerika (USA)/United States of America (USA)

American Dietetic Association, ADA

Dokumentation

Documentation

Ägypten/Egypt

National Information and Documentation Centre, NIDOC

Argentinien/Argentina

Comisión de Documentación Cientifica, CDDC

Belgien/Belgium

Association Belge de Documentation
Institut Belge d'Information et de Documentation

Bolivien/Bolivia

Centro de Investigación y Documentación Científica y Tecnológica

Costa Rica/Costa Rica

Inter-American Association of Agricultural Librarians and Documentalists

Bundesrepublik Deutschland (BRD)/Federal Republic of Germany

Arbeitsgemeinschaft Chemie-Dokumentation
Deutsche Gesellschaft für Dokumentation, DGD
Deutsche Gesellschaft für Medizinische Dokumentation und Statistik
Europäisches Dokumentations- und Informationszentrum
Fachnormenausschuss Bibliotheks- und Dokumentationswesen
Gesellschaft für Bibliothekswesen und Dokumentation des Landbaues
Gesellschaft für Dokumentation, Bodenmechanik und Grundbau
Verein Deutscher Dokumentare, VDD
Zentralstelle für Atomkernenergie-Dokumentation, ZAED
Zentralstelle für Luftfahrt-Dokumentation und -Information, ZLDI
Zentralstelle für Maschinelle Dokumentation, ZMD

Finnland/Finland

Suomen Kirjallisunspalvelun Seura

Frankreich/France

Association de Documentation pour l'Industrie Nationale
Association Française des Documentalistes et des Bibliothécaires Spécialisés, ADBS
Association Internationale des Documentalistes et Techniciens de l'Information, AID
Bureau International de Documentation des Chemins de Fer, BCD
Centre d'Archives et de Documentation Politiques et Sociales

Centre International de Documentation Classique
Comité International pour la Documentation des Sciences Sociales, CIDSS
Groupe International de Coopération et de Recherche en Documentation, GICRD
Société d'Etudes Economiques et Documentaires
Société d'Etudes et de Documentation Economiques, Industrielles et Sociales, SEDEIS

Grossbritannien/Great Britain

Centre for Research and Documentation of the Language Problem, CRDLP
International Association of Agricultural Librarians and Documentalists, IAALD

Irische Republik/Irish Republic

Irish Association for Documentation and Information Services, IADIS

Italien/Italy

Associazione Italiana Documentazione e Informazione

Japan/Japan

Nihon dokumenteshon kyokai

Jugoslawien/Yugoslavia

Yugoslav Centre for Technical and Scientific Documentation

Luxemburg/Luxembourg

Centre d'Etudes et de Documentation Scientifiques

Madagaskar/Madagascar

Service des Archives et de la Documentation de la République Malgache

Niederlande/Netherlands

International Federation for Documentation
Nederlands Instituut voor Informatie, Documentatie en Registratuur, NIDER

Norwegen/Norway

Norsk Dokumentasjonsgruppe

Österreich/Austria

Österreichische Gesellschaft für Dokumentation und Bibliographie, ÖGDB

Portugal/Portugal

Centro de Documentação Cientifica

Schweiz/Switzerland

Schweizerische Vereinigung für Dokumentation, ASD

Tschechoslowakei (CSSR)/Czechoslovakia

Zväz slovenských knihovníkov, bibliografov a informačných pracovníkov, ZSKBIP

Tunesien/Tunisia

Association Tunisienne de Documentalistes, Bibliothécaires et Archivistes

Vereinigte Staaten von Amerika (USA)/United States of America (USA)

United States National Committee for FID, USNCFID

Drucktechnik

Printing

Argentinien/Argentina

Instituto Argentino de Artes Gráficas

Bundesrepublik Deutschland (BRD)/Federal Republic of Germany

Akademie für das Graphische Gewerbe
Deutsche Forschungsgesellschaft für Druck- und Reproduktionstechnik
Deutsche Gesellschaft für Forschung im Graphischen Gewerbe, FOGRA
Fachnormenausschuss Druck- und Reproduktionstechnik
Forschungsgesellschaft Druckmaschinen
Gutenberg-Gesellschaft

Grossbritannien/Great Britain

Association of Teachers of Printing and Allied Subjects, ATPAS
International Association of Research Institutes for the Graphic Arts Industry, IARIGAI
Pira
Printing Historical Society, PHS

Italien/Italy

Istituto Italiano di Arti Grafiche

Niederlande/Netherlands

Nederlandsche Vereeniging voor Druk- en Boekkunst

Norwegen/Norway

Studieselskapet for Grafisk Forskning

Taiwan/Taiwan

Graphic Arts Association of China

Ungarn/Hungary

Papír- és Nyomdaipari Müszaki Egyesület

Union der Sozialistischen Sowjetrepubliken (UdSSR)/Union of Soviet Socialist Republics (U.S.S.R.)

Scientific and Engineering Society of the Printing Industry and Publishing Houses

Vereinigte Staaten von Amerika (USA)/United States of America (USA)

American Color Print Society
American Institute of Graphic Arts, AIGA
Goudy Society
International Graphic Arts Education Association, IGAEA
International Graphic Arts Society, IGAS
Print Council of America, PCA
Society of American Graphic Artists, SAGA
Society of Typographic Arts, STA

Edelsteinkunde

Gemology

Bundesrepublik Deutschland (BRD)/Federal Republic of Germany

Deutsche Gemmologische Gesellschaft
Deutsche Gesellschaft für Edelsteinkunde

Grossbritannien/Great Britain

Gemmological Association of Great Britain, GA

Sri Lanka/Sri Lanka

Ceylon Gemmologists Association

Elektroencephalographie

Electroencephalography

Frankreich/France

Société d'Electroencéphalographie et de Neurophysiologie Clinique de Langue Française

Grossbritannien/Great Britain

Electroencephalography and Clinical Neurophysiology Society

Israel/Israel

Israel Society of Electroencephalography and Neurophysiology

Österreich/Austria

Österreichische Gesellschaft für Elektroencephalographie

Vereinigte Staaten von Amerika (USA)/United States of America (USA)

American Electroencephalographic Society, AES
International Federation of Societies for Electroencephalography and Clinical Neurophysiology

Elektronenmikroskopie

Electron Microscopy

Dänemark/Denmark

Skandinaviska Föreningen för Elektronmikroskopie

Deutsche Demokratische Republik (DDR)/German Democratic Republic

Nationalkomitee für Elektronenmikroskopie

Bundesrepublik Deutschland (BRD)/Federal Republic of Germany

Deutsche Gesellschaft für Elektronenmikroskopie

Japan/Japan

Nihon denshi kenbikyo gakkai

Niederlande/Netherlands

International Federation of Societies for Electron Microscopy, IFSEM

Vereinigte Staaten von Amerika (USA)/United States of America (USA)

Electron Microscopy Society of America, EMSA
Louisiana Society for Electron Microscopy

Elektronenoptik

Electron Optics

Bundesrepublik Deutschland (BRD)/Federal Republic of Germany

Arbeitsgemeinschaft für Elektronenoptik

Elektronik

Electronics Engineering

Volksrepublik China/People's Republic of China

Chinese Society of Electronics

Bundesrepublik Deutschland (BRD)/Federal Republic of Germany

Deutsche Gesellschaft für Medizinische und Biologische Elektronik
Internationaler Elektronik-Arbeitskreis, INEA

Frankreich/France

Organisation Européenne pour l'Equipement Electronique de l'Aviation Civile

Grossbritannien/Great Britain

British Computer Society
Institution of Computer Sciences
Institution of Electronics, Inst E
International Society for Hybrid Microelectronics

Israel/Israel

Israel Electronics Manufacturers Association for Research and Development

Italien/Italy

Associazione Elettrotecnica ed Elettronica Italiana, AEI
European Standards of Nuclear Electronics Committee

Japan/Japan

Nihon ME gakkai

Norwegen/Norway

Norsk Selskap for Elektronisk Informasjonsbehandling, NSEI

Vereinigte Staaten von Amerika (USA)/United States of America (USA)

American Federation of Information Processing Societies, AFIPS
Computer Science and Engineering Board of the National Academy of Sciences
National Electronics Conference, NEC
National Electronics Teachers' Service, NETS

Elektrotechnik

Electrical Engineering

Argentinien/Argentina

Asociación Argentina de Electrotécnicos

Belgien/Belgium

Comité Européen de Coordination des Normes Electrotechniques des Etats Membres de la CEE, CENELCOM

Bulgarien/Bulgaria

Wissenschaftliche und Technische Vereinigung der Elektrotechnik

Volksrepublik China/People's Republic of China

Academy of Electrical Equipment Research
Changchun Academy of Electrical Power Engineering Design
Chinese Society of Electrical Engineering
Peking Academy of Hydroelectrical Engineering Design
Shanghai Academy of Hydroelectrical Engineering Design
Sian Academy of Electric Power Design
Wuhan Academy of Electrical Power Engineering and Design

Dänemark/Denmark

Elektroteknisk Forening
Scandinavian Simulation Society

Bundesrepublik Deutschland (BRD)/Federal Republic of Germany

Dokumentationsring Elektrotechnik
Dokumentationsstelle für Elektrotechnik
Fachnormenausschuss Elektrotechnik, FNE
Fachnormenausschuss Heiz-, Koch- und Wärmgeräte, FNH
Fachnormenausschuss Heizung und Lüftung
Studiengesellschaft für Hochspannungsanlagen

Grossbritannien/Great Britain

Electrical Research Association, ERA
Institute of Electrolysis
Polarographic Society
Radio Society of Great Britain, RSGB

Italien/Italy

Associazione Elettrotecnica ed Elettronica Italiana, AEI
Comitato Elettrotecnico Italiano, CEI
Istituto Elettrotecnico Nazionale "Galileo Ferraris"

Kanada/Canada

Canadian Electrical Association

Niederlande/Netherlands

International Commission on Rules for the Approval of Electrical Equipment

Peru/Peru

Asociación Electrotécnica Peruana

Schweden/Sweden

Åskforskningskommissionen
Föreningen för Elektricitetens Rationella Användning, FERA
International Society for Stereology

Schweiz/Switzerland

Commission Electrotechnique Internationale, CEI

Taiwan/Taiwan

Chinese Institute of Electrical Engineering

Ungarn/Hungary

Magyar Elektrotechnikai Egyesület

Union der Sozialistischen Sowjetrepubliken (UdSSR)/Union of Soviet Socialist Republics (U.S.S.R.)

A. S. Popov Scientific and Engineering Society of Radio Engineering and Electrical Communication

Venezuela/Venezuela

Asociación Venezolana de Ingeniería Eléctrica y Mecánica, AVIEM

Vereinigte Staaten von Amerika (USA)/United States of America (USA)

Aerospace Electrical Society, AES
Edison Electric Institute
Radio Technical Commission for Aeronautics, RTCA
United States National Committee of the International Union of Radio Science

Demokratische Republik Vietnam /Democratic Republic of Viet-Nam

Association of Radio

Embryologie

Embryology

Bulgarien/Bulgaria

Gesellschaft der Anatomisten, Histologen und Embriologen

Grossbritannien/Great Britain

Standing Committee for the International Embryological Conference

Union der Sozialistischen Sowjetrepubliken (UdSSR)/Union of Soviet Socialist Republics (U.S.S.R.)

All-Union Scientific Medical Society of Anatomists, Histologists and Embryologists

Endokrinologie

Endocrinology

Argentinien/Argentina

Sociedad Argentina de Endocrinología y Metabolismo

Australien/Australia

Endocrine Society of Australia

Bundesrepublik Deutschland (BRD)/Federal Republic of Germany

Deutsche Gesellschaft für Endokrinologie

Frankreich/France

Société d'Endocrinologie

Grossbritannien/Great Britain

Society for Endocrinology

Japan/Japan

Nihon naibunpi gakkai

Kanada/Canada

International Society of Endocrinology

Kolumbien/Colombia

Sociedad Colombiana de Endocrinología

Mexiko/Mexico

Sociedad Mexicana de Nutrición y Endocrinología

Niederlande/Netherlands

European Society for Comparative Endocrinology
European Society for Paediatric Endocrinology

Polen/Poland

Polskie Towarzystwo Endokrynologiczne

Rumänien/Romania

Societatea de Endocrinologie

Union der Sozialistischen Sowjetrepubliken (UdSSR)/Union of Soviet Socialist Republics (U.S.S.R.)

All-Union Scientific Medical Society of Endocrinologists

Venezuela/Venezuela

Sociedad Venezolana de Endocrinolgía

Vereinigte Staaten von Amerika (USA)/United States of America (USA)

Endocrine Society

Energiekunde

Energy Science

Australien/Australia

Solar Energy Society, Australian and New Zealand Section

Volksrepublik China/People's Republic of China

Northeastern Academy of Water Conservation and Electric Power

Bundesrepublik Deutschland (BRD)/Federal Republic of Germany

Deutsches Nationales Komitee der Weltkraftkonferenz
Gesellschaft für Praktische Energiekunde
Technische Vereinigung der Grosskraftwerksbetreiber, VGB

Finnland/Finland

Polttoainetaloudellinen Yhdistys
Suomen Vesivoimayhdistys

Frankreich/France

Institut Français des Combustibles et de l'Energie

Österreich/Austria

Studiengesellschaft für Alpenwasserkräfte in Österreich

Ungarn/Hungary

Energiagazdálkodási Tardományos Egyesület

Union der Sozialistischen Sowjetrepubliken (UdSSR)/Union of Soviet Socialist Republics (U.S.S.R.)

Scientific and Engineering Society of the Power Industry

Vereinigte Staaten von Amerika (USA)/United States of America (USA)

Fluid Power Society, FPS
Solar Energy Society, SES
United States National Committee of the World Energy Conference

Demokratische Republik Vietnam /Democratic Republic of Viet-Nam

Association of Electricity

Entomologie

Entomology

Ägypten/Egypt

Société Entomologique d'Egypte

Argentinien/Argentina

Sociedad Entomológica Argentina

Australien/Australia

Australian Entomological Society
Entomological Society of Australia

Belgien/Belgium

Société Royale d'Entomologie de Belgique

Brasilien/Brazil

Sociedade Brasileira de Entomologia

Chile/Chile

Sociedad Chilena de Entomología

Volksrepublik China/People's Republic of China

Chinese Society of Entomology

Dänemark/Denmark

Entomologisk Forening

Deutsche Demokratische Republik (DDR)/German Democratic Republic

Deutsche Entomologische Gesellschaft

Bundesrepublik Deutschland (BRD)/Federal Republic of Germany

Deutsche Entomologische Gesellschaft
Deutsche Gesellschaft für Angewandte Entomologie

Finnland/Finland

Societas Entomologica Fennica
Suomen Hyöteistieteellinen Seura

Frankreich/France

Société Entomologique de France

Grossbritannien/Great Britain

Amateur Entomologists' Society, AES
Commonwealth Institute of Entomology
Nottingham and Nottinghamshire Field Club
Permanent Committee of the International Congress of Entomology
Royal Entomological Society of London, RES

Italien/Italy

Istituto Nazionale di Entomologia
Società Entomologica Italiana

Japan/Japan

Nihon konchu gakkai
Nihon oyo dobutsu konchu gakkai

Kanada/Canada

Entomological Society of Canada

Mexiko/Mexico

Sociedad Mexicana de Entomología

Neuseeland/New Zealand

Entomological Society of New Zealand

Niederlande/Netherlands

Nederlandse Entomologische Vereniging

Österreich/Austria

Wiener Entomologische Gesellschaft

Peru/Peru

Sociedad Entomológica del Perú

Polen/Poland

Polski Związek Entomologiczny

Schweiz/Switzerland

Schweizerische Entomologische Gesellschaft

Ungarn/Hungary

Magyar Rovartani Társaság

Venezuela/Venezuela

Sociedad Venezolana de Entomología

Vereinigte Staaten von Amerika (USA)/United States of America (USA)

American Entomological Society, AES
American Mosquito Control Association, AMCA
American Registry of Certified Entomologists
Entomological Society of America, ESA
Florida Entomological Society
Kansas Entomological Society
Lepidopterists' Society
Pacific Coast Entomological Society

Entwicklungskunde

Evolution Science

Belgien/Belgium

Association Belge des Sociétés d'Etudes pour le Développement

Bundesrepublik Deutschland (BRD)/Federal Republic of Germany

Deutsches Forum für Entwicklungspolitik

Österreich/Austria

Wiener Institut für Entwicklungsfragen

Epigraphik

Epigraphics

Bundesrepublik Deutschland (BRD)/Federal Republic of Germany

Kommission für Alte Geschichte und Epigraphik des Deutschen Archäologischen Instituts

Frankreich/France

Association Internationale d'Epigraphie Latine, AIEL

Epilepsieforschung

Epilepsy Research

Bundesrepublik Deutschland (BRD)/Federal Republic of Germany

Deutsche Sektion der Internationalen Liga gegen Epilepsie
Gesellschaft für Epilepsieforschung

Frankreich/France

Ligue Internationale contre l'Epilepsie

Grossbritannien/Great Britain

International Bureau for Epilepsy
National Society for Epileptics

Vereinigte Staaten von Amerika (USA)/United States of America (USA)

American Epilepsy Society, AES

Ergologie

Ergology

Belgien/Belgium

Société Belge d'Ergologie

Ernährungsphysiologie

Alimentation Physiology

Bundesrepublik Deutschland (BRD)/Federal Republic of Germany

Gesellschaft für Ernährungsphysiologie der Haustiere

Erwachsenenbildung

Adult Education

Australien/Australia

Council of Adult Education

Bundesrepublik Deutschland (BRD)/Federal Republic of Germany

Arbeitsgemeinschaft für Katholische Erwachsenenbildung im Lande Niedersachsen

Arbeitsgemeinschaft Katholisch-Sozialer Bildungswerke in der Bundesrepublik
Bayerischer Volkshochschulverband
Bund der Freien Waldorfschulen
Bundesarbeitsgemeinschaft für Katholische Erwachsenenbildung
Bundesarbeitsgemeinschaft Katholischer Familienbildungsstätten
Bundesverband Deutscher Fernlehrinstitute
Deutscher Volkshochschulverband
Europäische Föderation für Katholische Erwachsenenbildung
Landesarbeitsgemeinschaft für Ländliche Erwachsenenbildung
Landesverband der Volkshochschulen Niedersachsens
Landesverband der Volkshochschulen Schleswig-Holsteins
Landesverband der Volkshochschulen von Nordrhein-Westfalen
Niedersächsischer Bund für Freie Erwachsenenbildung
Niedersächsischer Landesverband der Heimvolkshochschulen
Verband der Volkshochschulen des Saarlandes
Verband der Volkshochschulen im Lande Bremen
Verband der Volkshochschulen von Rheinland-Pfalz
Verband Katholischer Landvolkshochschulen Deutschlands
Volkshochschulverband Baden-Württemberg

Frankreich/France

Fédération Internationale des Ecoles de Parents et d'Educateurs

Grossbritannien/Great Britain

Association of British Correspondence Colleges, ABCC
Correspondence College Standards Association
European Council for Education by Correspondence
Workers' Educational Association, WEA

Indien/India

Indian Adult Education Association

Kanada/Canada

Canadian Association for Adult Education

Sambia/Zambia

African Adult Education Association

Singapur/Singapore

Lembaga Gerakan Pelajaran Dewasa

Ungarn/Hungary

Népmüvelési Intézet

Union der Sozialistischen Sowjetrepubliken (UdSSR)/Union of Soviet Socialist Republics (U.S.S.R.)

All-Union Society "Znanya"

Vereinigte Staaten von Amerika (USA)/United States of America (USA)

Adult Education Association of the USA
American Association for Extension Education
Association of University Evening Colleges, AUEC
Committee on Parenthood Education, COPE
Council of National Organizations for Adult Education, CNO-AE
International Congress of University Adult Education, ICUAE
National Academy for Adult Jewish Studies
National Association for Public Continuing and Adult Education, NAPCAE

Ethnographie

Ethnography

Argentinien/Argentina

Congreso Internacional de Americanistas
Sociedad Argentina de Americanistas

Brasilien/Brazil

Instituto do Ceará
Instituto Histórico, Geográfico e Etnográfico Paranaense

Deutsche Demokratische Republik (DDR)/ German Democratic Republic

Nationalkomitee für Anthropologie und Ethnographie

Frankreich/France

Société d'Ethnographie de Paris
Société d'Ethnographie Française

Französisch Polynesien/French Polynesia

Société d'Etudes Océaniennes

Griechenland/Greece

Istoriki Kä Ethnologiki Etairia

Indien/India

Asiatic Society of Bengal
Asiatic Society of Bombay
Ethnographic and Folk Culture Society

Israel/Israel

Israel Association for Asian Studies

Italien/Italy

Società di Etnografia Italiana

Japan/Japan

Nihon Oriento gakkai
Nippon Afurika gakkai

Kanada/Canada

Canadian Association of Latin American Studies
Indian-Eskimo Association of Canada

Kuba/Cuba

Centro Asturiano

Malaysia/Malaysia

Malaysian Society for Asian Studies

Neukaledonien/New Caledonia

Société des Etudes Mélanésiennes

Neuseeland/New Zealand

Polynesian Society

Polen/Poland

Polskie Towarzystwo Ludoznawcze

Portugal/Portugal

Junta de Investigações do Ultramar, JIU
Sociedade de Estudos Açoreanos "Afonso Chaves"

Schweiz/Switzerland

Association des Instituts d'Etudes Européennes, AIEE
Geographisch-Ethnographische Gesellschaft
Schweizerische Gesellschaft für Asienkunde
Vereinigung der Institute für Europäische Studien

Senegal/Senegal

Congrès International des Africanistes

Spanien/Spain

Congreso de Estudios Arabes e Islámicos
Institución "Fernando el Católico" de la Excma. Diputación Provincial, CSIC
Instituto de Estudios Africanos
Instituto de Estudios Asturianos
Instituto d'Estudis Catalans
Real Sociedad Vascongada de los Amigos del País
Sociedad Española de Antropología, Etnografía y Prehistoria

Sri Lanka/Sri Lanka

Royal Asiatic Society

Tansania/Tanzania

Tanzania Society

Tschechoslowakei (CSSR)/Czechoslovakia

Národopisná společnost československá při ČSAV

Ungarn/Hungary

Magyar Néprajzi Társaság

Vereinigte Staaten von Amerika (USA)/United States of America (USA)

African Research Commission
African Studies Association
African Studies Center
American Academy of Asian Studies
American Asiatic Association
American Committee for Irish Studies, ACIS
American Indian Lore Association
American Institute of Ceylonese Studies, AICS
American Institute of Pacific Relations
American Siam Society
Anglo-American Associates, AAA
Asian Research and Information Service
Asian Studies in America, ASIA
Association for Asian Studies
Association for the Advancement of Baltic Studies
California Institute of Asian Studies
Committee on Research Materials on Southeast Asia
Institute of European Studies, IES
Latin American Studies Association, LASA
Middle East Institute
Society for the Advancement of Scandinavian Study, SASS

Zypern/Cyprus

Etaireia Kypriakon Spoudon

Ethnologie

Ethnology

Äthiopien/Ethiopia

Ethnological Society

Brasilien/Brazil

Comissão Nacional de Folclore
Instituto de Antropologia e Etnologia do Pará

Bundesrepublik Deutschland (BRD)/Federal Republic of Germany

Berliner Gesellschaft für Anthropologie, Ethnologie und Urgeschichte
Deutsche Gesellschaft für Völkerkunde
Deutsche Gesellschaft für Volkskunde
Gesellschaft für Erd- und Völkerkunde
Gesellschaft für Erd- und Völkerkunde Stuttgart
Rheinische Vereinigung für Volkskunde
Volkskundliche Kommission des Landschaftsverbandes Westfalen-Lippe

Frankreich/France

Association Internationale de Presse pour l'Etude des Problèmes d'Outre-Mer, AIPEPO

Centre International de Liaison des Instituts et Associations d'Etudes Africaines
Société Asiatique
Société des Africanistes, CSSF
Société des Américanistes

Grossbritannien/Great Britain

African Studies Association of the United Kingdom, ASAUK
British Association for American Studies, BAAS
East India Association
Folk-Lore Society
Gypsy Lore Society, GLS
Hispanic and Luso-Brazilian Council
International African Institute, IAI
Royal African Society
Royal Asiatic Society of Great Britain and Ireland, RAS
Royal Central Asian Society
Royal Commonwealth Society
Royal Society for India, Pakistan and Ceylon
Society for Folk Life Studies
Ulster Folklife Society

Indien/India

Maha Bodhi Society

Irische Republik/Irish Republic

Celtic League
Folklore of Ireland Society

Italien/Italy

Istituto Italiano per l'Africa

Japan/Japan

Itaria gakkai
Nihon indogaku bukkyo gakkai
Nihon minzoku gakkai

Kolumbien/Colombia

Junta Nacional de Folclore
Sociedad Colombiana de Etnologia

Kuba/Cuba

Sociedad del Folklore Cubano

Mexiko/Mexico

Instituto Indigenista Interamericano

Österreich/Austria

Österreichische Ethnologische Gesellschaft
Verein für Volkskunde

Portugal/Portugal

Sociedade Portuguesa de Antropologia e Etnologia

Rumänien/Romania

International Society for Ethnology and Folklore

Schweiz/Switzerland

Geographisch-Ethnologische Gesellschaft Basel
Schweizerische Gesellschaft für Volkskunde

Spanien/Spain

Instituto de Estudios Ibéricos y Etnologia Valenciana

Taiwan/Taiwan

Chinese Folklore Association
Ethnogical Society of China
Society of Chinese Rites and Music

Thailand/Thailand

Siam Society

Türkei/Turkey

Türk Halk Bilgisi Derneği

Ungarn/Hungary

Népmüvelési Intézet
Országos Néptanulmányi Egyesület

Vereinigte Staaten von Amerika (USA)/United States of America (USA)

Aboriginal Research Club
American Ethnological Society, AES
American Folklore Society, AFS
American Institute of Indian Studies, AIIS
American Institute of Iranian Studies, AIIS
American Jewish Institute, AJI
American Swedish Institute, ASI
Association for Jewish Demography and Statistics, American Branch
Conference on British Studies, CBS
Hispanic Institute in the United States
Hispanic Society of America, HSA
International Union of Anthropological and Ethnological Sciences
Mongolia Society
National Association for Armenian Studies and Research, NAASR
Société Historique et Folklorique Française
Tibet Society

Republik Vietnam /Republic of Viet-Nam

Society of Indochinese Studies

Fahrzeugtechnik

Vehicle Engineering

Volksrepublik China/People's Republic of China

Academy of Railway Research

Bundesrepublik Deutschland (BRD)/Federal Republic of Germany

Fachnormenausschuss Fahrradindustrie
Fachnormenausschuss Kraftfahrzeugindustrie
Fachnormenausschuss Schienenfahrzeuge, FSF

Frankreich/France

Bureau International de Documentation des Chemins de Fer, BCD

Union der Sozialistischen Sowjetrepubliken (UdSSR)/Union of Soviet Socialist Republics (U.S.S.R.)

Scientific and Engineering Society of the Railways

Vereinigte Staaten von Amerika (USA)/United States of America (USA)

America's Sound Transportation Review Organization, ASTRO
Lexington Group

Farbenforschung

Colour Research

Bundesrepublik Deutschland (BRD)/Federal Republic of Germany

Fachnormenausschuss Anstrichstoffe und Ähnliche Beschichtungsstoffe
Fachnormenausschuss Farbe
Fachnormenausschuss Pigmente und Füllstoffe

Grossbritannien/Great Britain

Colour Group
Research Association of British Paint, Colour and Varnish Manufacturers

Indien/India

Indian Paint Research Association

Israel/Israel

Paint Research Association

Japan/Japan

Shikizai kyokai

Vereinigte Staaten von Amerika (USA)/United States of America (USA)

Inter-Society Color Council, ISCC
New York Pigment Club, NYPC
Paint Research Institute, PRI

Feinmechanik

Precision-Tool Mechanics

Australien/Australia

Horological Guild of Australasia

Volksrepublik China/People's Republic of China

Chinese Society of Measurement Technology and Instrument Manufacture Preparatory Committee

Bundesrepublik Deutschland (BRD)/Federal Republic of Germany

Fachnormenausschuss Feinmechanik und Optik
Fachnormenausschuss Uhren
Forschungsgesellschaft für Uhren- und Feingeräte-Technik
Forschungsvereinigung Feinmechanik und Optik

Union der Sozialistischen Sowjetrepubliken (UdSSR)/Union of Soviet Socialist Republics (U.S.S.R.)

Scientific and Engineering Society of the Instrument Building Industry

Fernsehtechnik

Television Engineering

Bundesrepublik Deutschland (BRD)/Federal Republic of Germany

Deutsche Gesellschaft für Film- und Fernsehforschung

Frankreich/France

Centre International de Liaison des Ecoles de Cinéma et de Télévision, CILECT
Comité International de Télévision, CIT

Grossbritannien/Great Britain

Royal Television Society
Society for Education in Film and Television, SEFT
Society of Film and Television Arts, SFTA

Vereinigte Staaten von Amerika (USA)/United States of America (USA)

Audio Engineering Society, AES
National Academy of Television Arts and Sciences, NATAS

Fertilität

Fertility

Österreich/Austria

Österreichische Gesellschaft zum Studium der Sterilität und Fertilität

Fettwissenschaft

Science of Greases

Bundesrepublik Deutschland (BRD)/Federal Republic of Germany

Deutsche Gesellschaft für Fettwissenschaft

Grossbritannien/Great Britain

International Society for Fat Research, ISF

Schweden/Sweden

International Society for Fat Research, ISF

Filmwissenschaft

Cinematic Science

Belgien/Belgium

Fédération Internationale des Archives du Film, FIAF
Institut International des Films du Travail

Bundesrepublik Deutschland (BRD)/Federal Republic of Germany

Deutsche Gesellschaft für Film- und Fernsehforschung
Fachausschuss Mikrofilm des AWV

Frankreich/France

Association Française des Critiques et Informateurs de Cinéma
Association Internationale du Cinéma Scientifique, AICS
Centre International de Liaison des Ecoles de Cinéma et de Télévision, CILECT
Centre International du Film pour l'Enfance et la Jeunesse, CIFE
Comité International du Film Ethnographique et Sociologique, CIFES
Comité International pour la Diffusion des Arts et des Lettres par le Cinéma, CIDALC
Conseil International du Film d'Enseignement, CIFE
Fédération Internationale du Film sur l'Art, FIFA

Grossbritannien/Great Britain

British Film Institute, BFI
Film Critics Guild
Scottish Educational Film Association, SEFA
Society for Education in Film and Television, SEFT
Society for Film History Research
Society of Film and Television Arts, SFTA

Irische Republik/Irish Republic

National Film Institute of Ireland

Kanada/Canada

Canadian Film Institute

Niederlande/Netherlands

Stichting Nederlands Filminstituut

Norwegen/Norway

Norsk Filmkritikerlag

Österreich/Austria

Österreichische Gesellschaft für Filmwissenschaft

Rumänien/Romania

Asociatia Cineastilor din R.S.R.

Taiwan/Taiwan

Chinese Film Critic's Association of China

Vereinigte Staaten von Amerika (USA)/United States of America (USA)

Academy of Motion Picture Arts and Sciences, AMPAS
American Film Institute, AFI
American Science Film Association, ASFA
Cinemists 63
Council on International Nontheatrical Events, CINE
Count Dracula Society
Dance Films Association
Federation of Motion Picture Councils, FMPC
Historical Motion Picture Milestones Association, HMPMA
International Film Seminars, IFS
National Society of Film Critics, NSFC
New York Film Critics
Society for Cinema Studies, SCS
Society for Cinephiles
University Film Association, UFA

Finanzwissenschaft

Financial Science

Bundesrepublik Deutschland (BRD)/Federal Republic of Germany

Bankakademie

Deutsche Vereinigung für Finanzanalyse und Anlageberatung, DVFA
Gesellschaft zur Förderung der Finanzwissenschaftlichen Forschung
Gesellschaft zur Förderung der Wissenschaftlichen Forschung über das Spar- und Girowesen
Internationales Institut für Öffentliche Finanzen

Frankreich/France

Fédération Européenne des Associations d'Analystes Financiers
Société Française des Analystes Financiers, SFAF

Grossbritannien/Great Britain

Bank Education Service, BES

Japan/Japan

Kin'yu gakkai
Nihon zaisei gakkai

Kanada/Canada

Toronto Society of Financial Analysts

Mexiko/Mexico

Centro de Estudios Monetarios Latinoamericanos, CEMLA

Norwegen/Norway

Norske Finansanalytikeres Forening

Schweden/Sweden

Sveriges Finansanalytikers Förening

Schweiz/Switzerland

Schweizerische Vereinigung für Finanzanalyse

Spanien/Spain

Instituto Español de Analistas de Inversiones

Taiwan/Taiwan

Chinese Society of Budgetary Management
Finance Association of China

Vereinigte Staaten von Amerika (USA)/United States of America (USA)

American Finance Association, AFA
American Savings and Loan Institute, ASLI
Appalachian Finance Association, APFA
Council for Family Financial Education
Financial Analysts Federation, FAF
Institute of Chartered Financial Analysts

Formgebung

Design

Bundesrepublik Deutschland (BRD)/Federal Republic of Germany

Gemeinschaftsausschuß Kaltformgebung

Frankreich/France

Institut d'Esthétique Industrielle

Grossbritannien/Great Britain

Design Council

Irische Republik/Irish Republic

Irish Society for Design and Craftwork

Kanada/Canada

National Design Council

Österreich/Austria

Österreichisches Institut für Formgebung, ÖIF

Rhodesien/Rhodesia

Society of Industrial Artists of Rhodesia

Schweden/Sweden

Svenska Slöjdföreningen

Vereinigte Staaten von Amerika (USA)/United States of America (USA)

American Institute for Design and Drafting, AIDD
Interior Design Educators Council, IDEC
National Academy of Design, NAD
Society of Federal Artists and Designers, SFAD

Forstwissenschaft

Forestry

Bulgarien/Bulgaria

Wissenschaftliche und Technische Vereinigung der Forsttechnik

Volksrepublik China/People's Republic of China

Chinese Society of Forestry
Heilungkiang Academy of Forestry Sciences

Bundesrepublik Deutschland (BRD)/Federal Republic of Germany

Deutscher Forstwirtschaftsrat
Deutscher Verband Forstlicher Forschungsanstalten
Forschungsrat für Ernährung, Landwirtschaft und Forsten
Verein für Forstliche Standortskunde und Forstpflanzenzüchtung

Finnland/Finland

Suomen Metsätieteellinen Seura

Grossbritannien/Great Britain

Commonwealth Forestry Association
Royal Forestry Society of England, Wales and Northern Ireland
Royal Scottish Forestry Society
Society of Foresters of Great Britain

Italien/Italy

Accademia Italiana di Scienze Forestali
Associazione Forestale Italiana
International Poplar Commission, IPC

Japan/Japan

Nihon ringakkai
Sapporo norin gakkai

Jugoslawien/Yugoslavia

Federation of Forestry Societies of Yugoslavia

Kanada/Canada

Canadian Forestry Association

Kenia/Kenya

East African Agriculture and Forestry Research Organization

Demokratische Volksrepublik Korea / Democratic People's Republic of Korea

Academy of Forestry Science

Mexiko/Mexico

Sociedad Forestal Mexicana

Niederlande/Netherlands

Koninklijke Nederlandse Bosbouw Vereniging

Norwegen/Norway

Skogbrukets of Skogindustrienes Forskningsforening, SSFF

Polen/Poland

Polskie Towarzystwo Leśne

Rumänien/Romania

Academia de Ştiinţe Agricole şi Silvice

Schweden/Sweden

Kungliga Skogs- och Lantbruksakademien

Taiwan/Taiwan

Forestry Association of China

Tansania/Tanzania

East African Agriculture and Forestry Research Organization, EAAFRO

Tschechoslowakei (CSSR)/Czechoslovakia

International Centre for Scientific and Technical Information in Agriculture and Forestry

Ungarn/Hungary

Országos Erdészeti Egyesület

Vereinigte Staaten von Amerika (USA)/United States of America (USA)

American Forestry Association, AFA
Forest History Society, FHS
Forest Products Research Society, FPRS
International Union of Forestry Research Organizations, IUFRO
Society of American Foresters

Futterbau

Culture of Forage

Bundesrepublik Deutschland (BRD)/Federal Republic of Germany

Arbeitsgemeinschaft Grünland und Futterbau in der Gesellschaft für Pflanzenbauwissenschaften
Internationale Forschungsgemeinschaft Futtermitteltechnik, AIF

Galvanotechnik

Galvanic Engineering

Bundesrepublik Deutschland (BRD)/Federal Republic of Germany

Deutsche Gesellschaft für Galvanotechnik

Ganzheitsforschung

Totality Research

Österreich/Austria

Gesellschaft für Ganzheitsforschung

Gartenbau

Horticulture

Ägypten/Egypt

Egyptian Horticultural Society

Australien/Australia

Royal Agricultural and Horticultural Society of South Australia

Volksrepublik China/People's Republic of China

Chinese Society of Horticulture

Bundesrepublik Deutschland (BRD)/Federal Republic of Germany

Deutsche Gartenbaugesellschaft

Frankreich/France

Académie des Jeux Floraux
Société d'Horticulture et d'Histoire Naturelle de l'Herault
Société Nationale d'Horticulture de France, SNHF

Grossbritannien/Great Britain

Henry Doubleday Research Association, HDRA
Garden History Society
Horticultural Education Association, HEA
Royal Horticultural Society

Indien/India

Agri-Horticultural Society of Madras
Royal Agri-Horticultural Society of India

Irische Republik/Irish Republic

Royal Horticultural Society of Ireland

Japan/Japan

Engei gakkai

Marokko/Morocco

Société d'Horticulture et d'Acclimatation du Maroc

Mexiko/Mexico

Sociedad Americana de Ciencia Horticola

Niederlande/Netherlands

International Society for Horticultural Science, ISHS
International Working-Group on Soilless Culture, IWOSC
Koninklijke Nederlandsche Maatschappij voor Tuinbouw en Plantkunde
Nederlandse Tuinbouwraad

Rhodesien/Rhodesia

Rhodesian Agricultural and Horticultural Society

Taiwan/Taiwan

Horticultural Society of China

Vereinigte Staaten von Amerika (USA)/United States of America (USA)

American Horticultural Society
American Society for Horticultural Science
California Horticultural Society
Florida State Horticultural Society
Ohio State Horticultural Society
Oregon Horticultural Society
Pennsylvania Horticultural Society

Gastroenterologie
Gastroenterology

Argentinien/Argentina

Sociedad Argentina de Gastroenterologia

Belgien/Belgium

Association des Sociétés Nationales Européennes et Méditerranéennes de Gastro-Enterologie, ASNEMGE

Chile/Chile

Sociedad Chilena de Gastroenterologia

Frankreich/France

Société de Gastro-Entérologie du Littoral Méditerranéen
Société Nationale Française de Gastro-Entérologie

Grossbritannien/Great Britain

British Society of Gastroenterology

Israel/Israel

Israel Society for Gastroenterology

Japan/Japan

Nihon naishikyo gakkai
Nihon shokakibyo gakkai

Mexiko/Mexico

Asociación Interamericana de Gastroenterologia, AIGE

Peru/Peru

Asociación Interamericana de Gastroenterologia
Sociedad de Gastroenterologia del Perú

Rumänien/Romania

Societatea de Gastro-Enterologie

Spanien/Spain

Organización Mundial de Gastroenterologia

Venezuela/Venezuela

Sociedad Venezolana de Gastroenterologia

Vereinigte Staaten von Amerika (USA)/United States of America (USA)

American College of Gastroenterology, ACG
American Gastroenterological Association, AGA
American Society for Gastrointestinal Endoscopy, ASGE
Bockus International Society of Gastroenterology
Gastroenterology Research Group, GRG
International Academy of Proctology, IAP

Geburtshilfe
Obstetrics

Australien/Australia

Australian Council of the Royal College of Obstetricians and Gynaecologists

Bulgarien/Bulgaria

Gesellschaft der Geburtshelfer und Gynäkologen

Chile/Chile

Sociedad Chilena de Obstetricia y Ginecología

Costa Rica/Costa Rica

Asociación de Obstetricia y Ginecología
Federación Centroamericana de Sociedades de Obstetricia y Ginecología

Dänemark/Denmark

Dansk Selskab for Obstetrik og Gynækologi

El Salvador/El Salvador

Sociedad de Ginecología y Obstetricia de El Salvador

Frankreich/France

Fédération des Sociétés de Gynécologie et d'Obstétrique de Langue Française
Société d'Obstétrique et de Gynécologie
Société d'Obstétrique et de Gynécologie de Marseille
Société Internationale de Psycho-Prophylaxie Obstétricale
Syndicat National des Gynécologues et Obstétriciens Français
Union Professionnelle Internationale des Gynécologues et Obstétriciens, UPIGO

Grossbritannien/Great Britain

Blair Bell Research Society, BBRS
Edinburgh Obstetrical Society
Glasgow Obstetrical and Gynaecological Society
Royal College of Obstetricians and Gynaecologists, RCOG

Israel/Israel

Israel Society for Obstetrics and Gynecology

Italien/Italy

Società Italiana di Ostetricia e Ginecologia, SIOG

Japan/Japan

Nihon sanka fujinka gakkai

Kolumbien/Colombia

Sociedad Colombiana de Obstetricia y Ginecología

Mexiko/Mexico

Asociación Mexicana de Ginecología y Obstetricia

Österreich/Austria

Österreichische Gesellschaft für Gynäkologie und Geburtshilfe

Rumänien/Romania

Societatea de Obstetrică şi Ginecologie

Schweden/Sweden

Scandinavian Society of Obstetrics and Gynecology

Schweiz/Switzerland

Fédération Internationale de Gynécologie et d'Obstétrique, FIGO

Taiwan/Taiwan

Association of Obstetrics and Gynecology of the Republic of China

Union der Sozialistischen Sowjetrepubliken (UdSSR)/Union of Soviet Socialist Republics (U.S.S.R.)

All-Union Scientific Medical Society of Obstetricians and Gynaecologists

Venezuela/Venezuela

Sociedad de Obstetricia y Ginecología de Venezuela

Vereinigte Staaten von Amerika (USA)/United States of America (USA)

American Board of Obstetrics and Gynecology, ABOG
American College of Obstetricians and Gynecologists, ACOG
American College of Osteopathic Obstetricians and Gynecologists
American Fertility Society, AFS
American Society for Psychoprophylaxis in Obstetrics, ASPO
Childbirth without Pain Education Association, CWPEA
International Correspondence Society of Obstetricians and Gynecologists
North Dakota Society of Obstetrics and Gynecology
Pacific Coast Obstetrical and Gynecological Society

Demokratische Republik Vietnam /Democratic Republic of Viet-Nam

Association of Obstetrics and Gynaecology

Geisteswissenschaften

Human Sciences

Australien/Australia

Australian Academy of the Humanities
Australian Humanities Research Council

Bundesrepublik Deutschland (BRD)/Federal Republic of Germany

Arbeitsgemeinschaft Planung
Evangelische Studiengemeinschaft
Gesellschaft für Geistesgeschichte
Göttinger Arbeitskreis
Paul-Tillich-Gesellschaft

Frankreich/France

Conseil International de la Philosophie et des Sciences Humaines, CIPSH

Iran/Iran

Philosophy and Humanities Society

Israel/Israel

Israel Academy of Sciences and Humanities

Kanada/Canada

Canada Council for the Encouragement of the Arts, Humanities and Social Sciences
Humanities Research Council of Canada

Schweiz/Switzerland

Schweizerische Geisteswissenschaftliche Gesellschaft

Vereinigte Staaten von Amerika (USA)/United States of America (USA)

American Council of Learned Societies, ACLS
Federal Council on the Arts and the Humanities
Massachusetts Council for the Humanities
Modern Humanities Research Association, MHRA
National Association for Humanities Education
Society for Automation in English and the Humanities, SAEH
Society for the Humanities
Southern Humanities Conference, SHC

Genealogie

Genealogy

Australien/Australia

Society of Australian Genealogists

Brasilien/Brazil

Instituto Genealógico Brasileiro
Instituto Genealógico do Espirito Santo

Dänemark/Denmark

Samfundet for Dansk Genealogi og Personalhistorie

Bundesrepublik Deutschland (BRD)/Federal Republic of Germany

Deutsche Arbeitsgemeinschaft Genealogische Verbände

Finnland/Finland

Suomen Sukututkimussoura

Frankreich/France

Cercle International Généalogique, CIG

Grossbritannien/Great Britain

Association of Genealogists and Record Agents, AGRA
Institute of Heraldic and Genealogical Studies, IHGS
Irish Genealogical Research Society, IGRS
Scots Ancestry Research Society
Scottish Genealogy Society
Society of Genealogists

Irische Republik/Irish Republic

Genealogical Office

Italien/Italy

Istituto di Genealogia e Araldica

Kanada/Canada

Société Généalogique Canadienne-Française

Niederlande/Netherlands

Centraal Bureau voor Genealogie

Norwegen/Norway

Norsk Slektshistorisk Forening

Österreich/Austria

Heraldisch-Genealogische Gesellschaft "Adler"

Peru/Peru

Instituto Peruano de Investigaciones Genealógicas

Südafrika/South Africa

Genealogical Society of South Africa

Vereinigte Staaten von Amerika (USA)/United States of America (USA)

California Genealogical Society

Genetik

Genetics

Brasilien/Brazil

Sociedade Brasileira de Genética

Chile/Chile

Sociedad de Genética de Chile

Frankreich/France

Société Française de Génétique, CNRS

Grossbritannien/Great Britain

Eugenics Society
Genetical Society

Indien/India

Indian Society of Genetics and Plant Breeding

Israel/Israel

Genetics Society of Israel

Japan/Japan

Nihon hinrui iden gakkai
Nihon iden gakkai

Mexiko/Mexico

Sociedad Mexicana de Eugenesia

Peru/Peru

Sociedad Peruana de Eugenesia

Portugal/Portugal

Sociedade Portuguesa de Estudos Eugénicos

Vereinigte Staaten von Amerika (USA)/United States of America (USA)

American Eugenics Society, AES
American Genetic Association, AGA
American Society of Human Genetics, ASHG
Genetics Society of America, GSA

Geochemie

Geochemistry

Belgien/Belgium

Association Internationale de Volcanologie et de Chimie de l'Intérieur de la Terre, AIVCIT

Vereinigte Staaten von Amerika (USA)/United States of America (USA)

Geochemical Society, GS
International Association of Geochemistry and Cosmochemistry

Geodäsie

Geodesy

Argentinien/Argentina

Asociación Argentina de Geofísicos y Geodestas

Bolivien/Bolivia

Instituto Geográfico Militar y de Catastro Nacional

Chile/Chile

Comité Nacional de Geografia, Geodesia y Geofisica
Oficina de Mensura de Tierras, Sección Geodética

Volksrepublik China/People's Republic of China

Chinese Society of Cartography and Geodesy
Chinese Society of Measurement Technology and Instrument Manufacture Preparatory Committee

Deutsche Demokratische Republik (DDR)/German Democratic Republic

Nationalkomitee für Geodäsie und Geophysik

Bundesrepublik Deutschland (BRD)/Federal Republic of Germany

Deutsche Geodätische Kommission bei der Bayerischen Akademie der Wissenschaften
Deutsche Union für Geodäsie und Geophysik, DUGG-West
Deutscher Verein für Vermessungswesen, DVW

Finnland/Finland

Nordiska Kommissionen for Geodesi, NKG

Frankreich/France

Comité National Français de Géodesie et Géophysique

Israel/Israel

Israel Society of Geodesy and Geophysics

Japan/Japan

Nihon sokuchi gakkai

Kanada/Canada

International Union of Geodesy and Geophysics, IUGG

Kolumbien/Colombia

Servicio Interamericana de Geodesia

Ungarn/Hungary

Geodéziai és Kartográfiai Egyesület
International Measurement Confederation, IMEKO
Méréstechnikai és Automatizálási Tudományos Egyesület

Geographie

Geography

Ägypten/Egypt

Egyptian Geographical Society

Angola/Angola

Missão Geográfica de Angola, MGA

Argentinien/Argentina

Academia Nacional de Geografia
Sociedad Argentina de Estudios Geográficos

Australien/Australia

Australian Geography Teachers' Association
Geographical Society of New South Wales
Geography Teachers' Association of New South Wales
Institute of Australian Geographers
Royal Geographical Society of Australasia

Belgien/Belgium

Académie Royale des Sciences d'Outre Mer
Institut Géographique Militaire
Société Belge d'Études Géographiques
Société Royale Belge de Géographie
Société Royale de Géographie d'Anvers
Union Royale Belge pour le Congo et Les Pays d'Outremer

Bolivien/Bolivia

Instituto Geográfico Militar y de Catastro Nacional
Sociedad de Estudios Geográficos e Históricos
Sociedad Geográfica de La Paz
Sociedad Geográfica "Sucre"
Sociedad Geográfica y de Historia "Potosí"

Brasilien/Brazil

Conselho Nacional da Geografia
Instituto Brasileiro de Geografia, IBGE
Instituto do Ceará
Instituto Geográfico e Geológico
Instituto Geográfico e Histórico da Bahia
Instituto Geográfico e Histórico do Amazonas
Instituto Histórico e Geográfico Brasileiro
Instituto Histórico e Geográfico de Goiaz
Instituto Histórico e Geográfico de Santa Catarina
Instituto Histórico e Geográfico de São Paulo
Instituto Histórico e Geográfico de Sergipe
Instituto Histórico e Geográfico do Espirito Santo
Instituto Histórico e Geográfico do Maranhão
Instituto Histórico e Geográfico do Pará
Instituto Histórico e Geográfico do Rio Grande do Norte
Instituto Histórico e Geográfico do Rio Grande do Sul
Instituto Histórico e Geográfico Paraíbano
Instituto Histórico, Geográfico e Etnográfico Paranaense
Sociedade Brasileira de Geografia
Sociedade Geográfica Brasileira, SGB

Bulgarien/Bulgaria

Bulgarische Gesellschaft für Geographie

Chile/Chile

Comité Nacional de Geografia, Geodesia y Geofisica
Sociedad Chilena de Historia y Geografía
Sociedad Linarense de Historia y Geografia

Volksrepublik China/People's Republic of China

Chinese Society of Geography

Costa Rica/Costa Rica

Instituto Geográfico Nacional
Organización de Estudios Tropicales

Dänemark/Denmark

Kongelige Danske Geografiske Selskab

Deutsche Demokratische Republik (DDR)/ German Democratic Republic

Geographische Gesellschaft der DDR
Nationalkomitee für Geographie und Kartographie

Bundesrepublik Deutschland (BRD)/Federal Republic of Germany

Deutsche Afrika-Gesellschaft
Deutsche Gesellschaft für Amerikastudien
Deutsche Gesellschaft für Polarforschung
Fränkische Geographische Gesellschaft
Frankfurter Geographische Gesellschaft
Geographische Gesellschaft
Geographische Gesellschaft Bergisch-Land
Geographische Gesellschaft Bremen
Geographische Gesellschaft für das Ruhrgebiet
Geographische Gesellschaft in Hamburg
Geographische Gesellschaft Nürnberg
Geographische Gesellschaft zu Hannover
Geographisch-Kartographische Gesellschaft
Gesellschaft für Erd- und Völkerkunde
Gesellschaft für Erd- und Völkerkunde Stuttgart
Gesellschaft für Erdkunde zu Berlin
Gesellschaft für Erdkunde zu Köln
Gesellschaft für Geographie und Geologie Bochum
Verband Deutscher Berufsgeographen
Verband Deutscher Schulgeographen
Zentralausschuß für Deutsche Landeskunde
Zentralverband der Deutschen Geographen

Finnland/Finland

Suomen Maantieteellinen Seura

Frankreich/France

Académie des Sciences d'Outre-Mer

Association de Géographes Français, CSSF
Comité National Français de Géographie
Comité Scientifique du Club Alpin Français
Institut Géographique National
Société de Biogéographie, CNRS
Société de Géographie
Société de Géographie Commerciale de Bordeaux
Société de Géographie Commerciale de Paris
Société de Géographie de l'Est
Société de Géographie de Lyon
Société de Géographie de Toulouse
Société de Géographie et d'Etudes Coloniales

Ghana/Ghana

Ghana Geographical Association

Griechenland/Greece

Elliniki Geografiki Etairia

Grossbritannien/Great Britain

Atlantis Research Centre, ARC
Geographical Association, GA
Hakluyt Society
Institute of British Geographers, IBG
Manchester Geographical Society
Royal Geographical Society, RGS
Royal Scottish Geographical Society, RSGS
Scientific Committee on Antarctic Research, SCAR
Scientific Exploration Society, SES

Guatemala/Guatemala

Sociedad de Geografia e Historia de Guatemala

Haiti/Haiti

Société d'Histoire et de Géographie

Honduras/Honduras

Academia Hondureña de Geografia e Historia
Sociedad de Geografia e Historia de Honduras

Indien/India

Geographical Society of India

Irische Republik/Irish Republic

Geographical Society of Ireland

Israel/Israel

Israel Exploration Society
Israel Geographical Society

Italien/Italy

Istituto di Studi Adriatici
Istituto Geografico Militare
Società di Studi Geografici
Società Geografica Italiana

Japan/Japan

Jinbun chiri gakkai
Keizai chiri gakkai
Nihon chiri gakkai
Nihon seibutsu chiri gakkai
Tokyo chigaku kyokai

Jugoslawien/Yugoslavia

Geographical Society of Croatia
Geographical Society of Slovenia
Geographical Society of the S. R. of Bosnia and Herzegovina
Geographical Society of the S. R. of Macedonia
International Geographical Association
Serbian Geographical Society

Kanada/Canada

Arctic Institute of North America
Canadian Association of Geographers
Royal Canadian Geographical Society

Kolumbien/Colombia

Sociedad Geográfica de Colombia

Marokko/Morocco

Comité National de Géographie du Maroc
Société de Géographie du Maroc

Mexiko/Mexico

Academia Nacional de Historia y Geografia
Dirección de Geografia y Meteorologia
Instituto Panamericano de Geografia e Historia
Sociedad Mexicana de Geografia y Estadistica
Sociedad Nuevoleonesa de Historia, Geografia y Estadistica

Neuseeland/New Zealand

New Zealand Geographical Society

Nicaragua/Nicaragua

Academia de Geografia e Historia de Nicaragua

Niederlande/Netherlands

Koninklijk Nederlands Aardrijkskundige Genootschap

Nigeria/Nigeria

Nigerian Geographical Association

Norwegen/Norway

Norske Geografiske Selskap

Österreich/Austria

Österreichische Geographische Gesellschaft
Österreichischer Alpenverein
Verein für Landeskunde von Niederösterreich und Wien

Peru/Peru

Sociedad Geográfica de Lima

Polen/Poland

Polskie Towarzystwo Geograficzne

Portugal/Portugal

Sociedade de Geográfia de Lisbõa

Rumänien/Romania

Societatea de Ştiinţe Geografie din R.S.R.
Societatea de Ştiinţe Naturale şi Geografie din R.S.R.

Schweden/Sweden

Geografilärarnas Riksförening
Svenska Sällskapet för Antropologi och Geografi

Schweiz/Switzerland

Geographische Gesellschaft Bern
Geographisch-Ethnographische Gesellschaft
Geographisch-Ethnologische Gesellschaft Basel
Société de Géographie de Genève
Verein Schweizerischer Geographielehrer

Spanien/Spain

Instituto Geográfico y Catastral
Real Sociedad Geográfica

Sri Lanka/Sri Lanka

Ceylon Geographical Society
Commonwealth Geographical Bureau

Südafrika/South Africa

South African Geographical Society

Taiwan/Taiwan

Geographical Society of the Republic of China

Tschechoslowakei (CSSR)/Czechoslovakia

Československá společnost zeměpisná při ČSAV

Ungarn/Hungary

Magyar Földrajzi Társaság

Uruguay/Uruguay

Instituto Histórico y Geográfico
Servicio Geográfico Militar

Venezuela/Venezuela

Sociedad Interamericana de Antropologia y Geografia

Vereinigte Staaten von Amerika (USA)/United States of America (USA)

American Geographical Society, AGS
American Institute for Exploration, AIFE
American Polar Society
Antarctican Society
Association of American Geographers, AAG
Explorers Club, EC
Explorers Research Corporation
Explorers Trademart, ETM
Institute of Andean Studies, IAS
International Association for Great Lakes Research
International Geographical Union, IGU
National Council for Geographic Education, NCGE
National Geographic Society, NGS
Organization for Tropical Studies, OTS
Society of Woman Geographers, SWG

Demokratische Republik Vietnam /Democratic Republic of Viet-Nam

Association of Geography

Geologie

Geology

Algerien/Algeria

Service Géologique de l'Algérie, Immeuble Maurétania

Angola/Angola

Direcção Provincial dos Serviços de Geologia e Minas de Angola

Argentinien/Argentina

Asociación Geológica Argentina
Dirección Nacional de Geologia y Mineria
Sociedad Argentina de Mineria y Geologia

Australien/Australia

Australian Petroleum Exploration Association
Geological Society of Australia

Belgien/Belgium

Société Belge de Géologie, de Paléontologie et d'Hydrologie
Société Géologique de Belgique

Bolivien/Bolivia

Asociación de Ingenieros y Geólogos de Yacimientos Petroliferos Fiscales Bolivianos, AIGYPFB
Instituto Boliviano del Petróleo, IBP
Servicio Geológico de Bolivia
Sociedad Geológica Boliviana

Brasilien/Brazil

Instituto Geográfico e Geológico
Sociedade Brasileiro de Geologia

Bulgarien/Bulgaria

Bulgarische Gesellschaft für Geologie
Wissenschaftliche und Technische Vereinigung für Bergbau, Geologie und Metallurgie

Chile/Chile

Sociedad Geológica de Chile

Volksrepublik China/People's Republic of China

Academy of Geology
Academy of Petroleum Research
Chinese Society of Geology
Committee of Quaternary Research

Costa Rica/Costa Rica

Dirección General de Geología, Minas y Petróleo

Dänemark/Denmark

Dansk Geologisk Forening

Deutsche Demokratische Republik (DDR)/ German Democratic Republic

Deutsche Gesellschaft für Geologische Wissenschaften
Nationalkomitee für Geologische Wissenschaften
Staatliche Geologische Kommission

Bundesrepublik Deutschland (BRD)/Federal Republic of Germany

Deutsche Geologische Gesellschaft
Geologische Vereinigung
Gesellschaft für Geographie und Geologie Bochum
International Standing Committee of Carboniferous Congresses
Internationale Vereinigung zum Studium der Tone

Ecuador/Ecuador

Servicio Nacional de Geología y Minería

Finnland/Finland

Suomen Geologinen Seura

Frankreich/France

Association des Services Géologiques Africains, ASGA
Association Française pour l'Etude du Quaternaire
Association Internationale de Géologie de l'Ingénieur
Association Internationale des Hydrogéologues
Société Géologique de France
Société Géologique et Minéralogique

Grossbritannien/Great Britain

Geological Society
Geologists' Association
Glaciological Society
International Association of Sedimentologists
Yorkshire Geological Society, YGS

Indien/India

Geological, Mining and Metallurgical Society of India
Indian Association of Geohydrologists

Island/Iceland

Jöklarannsóknafélag Islands

Israel/Israel

Israel Geological Society

Italien/Italy

Comitato Glaciologico Italiano
Servizio Geologico d'Italia
Società Geologica Italiana

Japan/Japan

Chigaku dantai kenkyukai
Nihon chishitsu gakkai
Nihon daiyonki gakkai
Nihon ganseki kobutsu kosho gakkai
Nihon kozan chishitsu gakkai
Nihon nendo gakkai
Nihon oyo chishitsu gakkai
Yuseki gakkai

Jugoslawien/Yugoslavia

Serbian Geological Society

Kenia/Kenya

Mines and Geological Department

Kolumbien/Colombia

Servicio Geológico Nacional

Madagaskar/Madagascar

Service Géologique

Malawi/Malawi

Geological Survey of Malawi

Mexiko/Mexico

Asociación Mexicana de Géologos Petroleros
Sociedad Geológica Mexicana

Neuseeland/New Zealand

Geological Society of New Zealand
Waikato Geological Society

Nicaragua/Nicaragua

Servicio Geológico Nacional

Niederlande/Netherlands

International Society of Soil Sciences, ISSS
International Union of Geological Sciences, IUGS
Koninklijk Nederlands Geologisch Mijnbouwkundig Genootschap

Nigeria/Nigeria

Geological Survey of Nigeria

Norwegen/Norway

Norges Geologiske Undersøkelse

Norsk Geologisk Forening
Norske Myrselskap

Österreich/Austria

Geologische Gesellschaft in Wien
Internationale Gesellschaft für Moorforschung, IGM
Österreichische Gesellschaft für Erdölwissenschaften

Peru/Peru

Servicio de Geologia Mineria
Sociedad Geológica del Perú

Polen/Poland

Polskie Towarzystwo Geologiczne
Polskie Towarzystwo Gleboznawcze

Portugal/Portugal

Direcção Geral de Minas e Serviços Geológicos
Serviços Geológicos de Portugal
Sociedade Geológica de Portugal

Rumänien/Romania

Comitetul National al Geologilor din R.S.R.
Societatea de Ştiinţe Geologice din R.S.R.
Societatea Natională Română Pentru Ştiinţa Solului

Schweden/Sweden

Geologiska Föreningen
Svenska Föreningen för Lerforskning
Svenska Geologiska Undersökning, SGU
Svenska Nationalkomittén för Geologi

Schweiz/Switzerland

Schweizerische Geologische Gesellschaft

Spanien/Spain

Instituto Geológico y Minero de España

Südafrika/South Africa

Geological Society of South Africa

Surinam/Surinam

Geologisch Mijnbouwkundige Dienst

Taiwan/Taiwan

Geological Society of China

Tschechoslowakei (CSSR)/Czechoslovakia

International Association on the Genesis of Ore Deposits, IAGOD

Türkei/Turkey

Türkiye Jeoloji Kurumu

Ungarn/Hungary

Magyarhoni Földtani Társulat

Venezuela/Venezuela

Asociación Venezolana de Geologia, Mineria y Petróleo
Sociedad Venezolana de Geólogos

Vereinigte Staaten von Amerika (USA)/United States of America (USA)

American Association of Petroleum Geologists, AAPG
American Geological Institute, AGI
American Institute of Professional Geologists, AIPG
Arizona Geological Society
Association of American State Geologists, AASG
Association of Earth Science Editors, AESE
Association of Engineering Geologists, AEG
East Texas Geological Society
Geological Society of America, GSA
Geological Society of Kentucky
Geological Society of Washington
Geoscience Information Society, GIS
Illinois Geological Society
Indiana-Kentucky Geological Society
Michigan Basin Geological Society
Mississippi Geological Society
Montana Geological Society
National Association of Geology Teachers, NAGT
New Mexico Geological Society
North Dakota Geological Society
North Texas Geological Society
Society for the Investigation of the Unexplained, SITU
Society of Economic Geologists, SEG
Society of Independent Professional Earth Scientists, SIPES
Society of Professional Well Log Analysts, SPWLA
South Texas Geological Society
Southeastern Geological Society
Utah Geological Society
West Texas Geological Society
Wyoming Geological Association
Yellowstone-Bighorn Research Association, YBRA

Zaire/Zaire

Service Géologique National

Geophysik

Geophysics

Argentinien/Argentina

Asociación Argentina de Geofisicos y Geodestas

Belgien/Belgium

Société Belge d'Astronomie, de Météorologie et de Physique du Globe

Chile/Chile

Comité Nacional de Geografia, Geodesia y Geofisica

Volksrepublik China/People's Republic of China

Chinese Society of Geophysics

Dänemark/Denmark

Dansk Geofysisk Forening

Deutsche Demokratische Republik (DDR)/ German Democratic Republic

Nationalkomitee für Geodäsie und Geophysik

Bundesrepublik Deutschland (BRD)/Federal Republic of Germany

Deutsche Geophysikalische Gesellschaft
Deutsche Union für Geodäsie und Geophysik, DUGG-West

Finnland/Finland

Geofysiikan Seuro

Frankreich/France

Association Internationale de Seismologie et de Physique de l'Intérieur de la Terre
Comité National Français de Géodesie et Géophysique

Grossbritannien/Great Britain

British Society of Dowsers, BSD

Israel/Israel

Israel Society of Geodesy and Geophysics

Italien/Italy

Associazione Geofisica Italiana
Istituto Nazionale di Geofisica

Japan/Japan

Butsuri tanko gijutsu kyokai
Nihon chikyu denki jiki gakkai

Kanada/Canada

Federation of Astronomical and Geophysical Services, FAGS
International Union of Geodesy and Geophysics, IUGG

Mexiko/Mexico

Sociedad Mexicana de Geofisicas de Exploración

Niederlande/Netherlands

European Association of Exploration Geophysicists

Norwegen/Norway

Geofysiske Kommisjon
Norsk Geofysisk Forening

Polen/Poland

Polskie Towarzystwo Geofizyczne

Schweden/Sweden

Nordic Association of Applied Geophysics, NOFTIG
Svenska Geofysiska Föreningen

Spanien/Spain

Instituto Nacional de Geofisica

Ungarn/Hungary

Magyar Geofizikusok Egyesülete

Vereinigte Staaten von Amerika (USA)/United States of America (USA)

American Geophysical Union, AGU
International Association of Geomagnetism and Aeronomy, IAGA
Inter-Union Commission on Solar-Terrestrial Physics, IUCSTP
Society of Exploration Geophysicists, SEG

Geriatrie

Geriatrics

Argentinien/Argentina

Sociedad Argentina de Gerontologia y Geriatria

Grossbritannien/Great Britain

British Geriatrics Society

Japan/Japan

Nihon ronen igakkai

Österreich/Austria

Österreichische Gesellschaft für Geriatrie

Union der Sozialistischen Sowjetrepubliken (UdSSR)/Union of Soviet Socialist Republics (U.S.S.R.)

All-Union Scientific Medical Society of Gerontologists and Geriatrists

Venezuela/Venezuela

Sociedad Venezolana de Geriatria y Gerontologia

Vereinigte Staaten von Amerika (USA)/United States of America (USA)

American Geriatrics Society, AGS
National Geriatrics Society, NGS

Germanistik

Germanic Philology

Bundesrepublik Deutschland (BRD)/Federal Republic of Germany

Deutscher Germanistenverband

Frankreich/France

Société des Etudes Germaniques

Grossbritannien/Great Britain

Association of Teachers of German, ATG

Italien/Italy

Istituto Italiano di Studi Germanici

Japan/Japan

Hanshin doitsubun gakkai
Nihon dokubun gakkai

Schweiz/Switzerland

Gesellschaft für Deutsche Sprache und Literatur in Zürich
Schweizerische Gesellschaft für Skandinavische Studien

Vereinigte Staaten von Amerika (USA)/United States of America (USA)

American Association of Teachers of German, AATG

Gerontologie

Gerontology

Argentinien/Argentina

Sociedad Argentina de Gerontologia y Geriatria

Australien/Australia

Australian Association of Gerontology

Belgien/Belgium

Centre Européen de Documentation et d'Etudes Gérontologique, CEDEG

Chile/Chile

Sociedad Chilena de Gerontología

Israel/Israel

Israel Gerontological Society

Rumänien/Romania

Societatea de Gerontologie

Union der Sozialistischen Sowjetrepubliken (UdSSR)/Union of Soviet Socialist Republics (U.S.S.R.)

All-Union Scientific Medical Society of Gerontologists and Geriatrists

Venezuela/Venezuela

Sociedad Venezolana de Geriatría y Gerontología

Vereinigte Staaten von Amerika (USA)/United States of America (USA)

Association for the Advancement of Aging Research, AAAR
Center for the Study of Ageing and Human Development
Gerontological Society, GS
International Association of Gerontology, IAG

Geschichte

History

Afghanistan/Afghanistan

Tarikh Tolana

Algerien/Algeria

Société Historique Algérienne

Argentinien/Argentina

Academia Americana de la Historia y de la Ciencia
Academia Nacional de la Historia
Sociedad de Historia Argentina

Australien/Australia

Royal Australian Historical Society
Royal Historical Society of Queensland
Royal Historical Society of Victoria
Royal Western Australian Historical Society

Barbados/Barbados

Historical Society

Belgien/Belgium

Association Royale des Demeures Historiques
Comité Belge d'Histoire des Sciences
Commission Internationale pour l'Enseignement de l'Histoire
Institut Historique Belge de Rome
Société d'Études et d'Histoire Sanmarinaises
Société Royale Belge d'Anthropologie et de Préhistoire
Société Royale d'Histoire et d'Archéologie

Bermudas/Bermudas

Bermuda Historical Society
Saint George's Historical Society

Bolivien/Bolivia

Academia Nacional de la Historia
Sociedad de Estudios Geográficos e Históricos
Sociedad Geográfica y de Historia "Potosí"

Brasilien/Brazil

Instituto do Ceará
Instituto Geográfico e Histórico da Bahia
Instituto Geográfico e Histórico do Amazonas
Instituto Histórico de Alagoas
Instituto Histórico do Ceará
Instituto Histórico e Geográfico Brasileiro
Instituto Histórico e Geográfico de Goiaz
Instituto Histórico e Geográfico de Santa Catarina
Instituto Histórico e Geográfico de São Paulo
Instituto Histórico e Geográfico de Sergipe
Instituto Histórico e Geográfico do Espirito Santo
Instituto Histórico e Geográfico do Maranhão
Instituto Histórico e Geográfico do Pará
Instituto Histórico e Geográfico do Rio Grande do Norte
Instituto Histórico e Geográfico do Rio Grande do Sul
Instituto Histórico e Geográfico Paraibano
Instituto Histórico, Geográfico e Etnográfico Paranaense

Bulgarien/Bulgaria

Bulgarische Historische Gesellschaft

Chile/Chile

Academia Chilena de la Historia
Sociedad Chilena de Historia y Geografía
Sociedad Linarense de Historia y Geografía

Costa Rica/Costa Rica

Academia Costarricense de la Historia

Dänemark/Denmark

Dansk Historielærerforening
Dansk Historisk Forening
International Union of Prehistoric and Protohistoric Sciences
Selskabet for Historie og Samfundokønomi

Deutsche Demokratische Republik (DDR)/ German Democratic Republic

Deutsche Historikergesellschaft

Bundesrepublik Deutschland (BRD)/Federal Republic of Germany

Arbeitsgemeinschaft Historischer Kommissionen und Landesgeschichtlicher Institute
Deutsche Gesellschaft für Geschichte der Medizin, Naturwissenschaften und Technik
Georg-Agricola-Gesellschaft zur Förderung der Geschichte der Naturwissenschaften und der Technik
Gesamtverein der Deutschen Geschichts- und Altertumsvereine
Gesellschaft für Geschichte des Landvolkes und der Landwirtschaft
Kommission für Alte Geschichte und Epigraphik des Deutschen Archäologischen Instituts
Verband der Geschichtslehrer Deutschlands
Verband der Historiker Deutschlands
Verein von Altertumsfreunden im Rheinland
Vereinigung zur Erforschung der Neueren Geschichte
West- und Süddeutscher Verband für Altertumsforschung
Westdeutsche Gesellschaft für Familienkunde

Dominikanische Republik/Dominican Republic

Academia Dominicana de la Historia

El Salvador/El Salvador

Academia Salvadoreña de la Historia

Finnland/Finland

Historian Ysäväin Liitto
Suomen Historiallinen Seura

Frankreich/France

Association Européenne d'Histoire Contemporaine
Association Marc Bloch
Comité International des Sciences Historiques, CISH
Demeure Historique
Institut des Sciences Historiques
Société de Recherches et d'Etudes Historiques Corses
Société de Statistique, d'Histoire et d'Archéologie de Marseille et de Provence
Société des Etudes Historiques, CSSF
Société des Sciences Historiques et Naturelles de la Corse
Société d'Histoire de Bordeaux
Société d'Histoire Générale et d'Histoire Diplomatique
Société d'Histoire Moderne, CSSF
Société Historique, Archéologique et Littéraire de Lyon
Société Internationale d'Etudes Historiques, Cercle Louis XVII

Ghana/Ghana

Historical Society of Ghana

Griechenland/Greece

Istoriki Kä Ethnologiki Etairia

Grossbritannien/Great Britain

Abertay Historical Society
Association of Contemporary Historians, ACH
Association of Genealogists and Record Agents, AGRA
Bedfordshire Historical Record Society, BHRS
British Record Society
British Records Association, BRA
Caernarvonshire Historical Society

Cambridge Antiquarian Society
Canterbury and York Society
Catholic Record Society, CRS
Confederate Historical Society, CHS
Cork Historical and Archaeological Society, CHAS
County Louth Archaeological and Historical Society, CLAS
Cromwell Association
Dorset Record Society, DRS
Dugdale Society for the Publication of Warwickshire Records
Durham County Local History Society
East London History Society
East Yorkshire Local History Society
Essex Archaeological and Historical Congress, EAHC
Federation of Old Cornwall Societies
Friends Historical Society
Glamorgan History Society
Hampshire Field Club and Archaeological Society
Hertfordshire Local History Council, HLHC
Historic Society of Lancashire & Cheshire
Historical Association, HA
Historical Manuscripts Commission
Hudson's Bay Record Society
Institute for the Comparative Study of History, Philosophy and the Sciences, ICS
Institute of Contemporary History and Wiener Library
Leicestershire Archaeological and Historical Society, LAHS
Leicestershire Local History Council
Lincoln Record Society, LRS
Lincolnshire Local History Society, incorporating the Lincolnshire Architectural and Archaeological Society
London Record Society
Oxford Architectural and Historical Society, OA&HS
Oxfordshire Record Society, ORS
Pembrokeshire Local History Society
Polish Historical Society in Great Britain
Royal Historical Society
Scottish History Society, SHS
Scottish Record Society
Shropshire Archaeological and Parish Register Society, SAS
Somerset Record Society
South Staffordshire Archaeological and Historical Association
South Wales and Monmouth Record Society
Staffordshire Parish Registers Society
Staffordshire Record Society
Suffolk Records Society
Sussex Record Society
Thoresby Society
Thoroton Society of Nottinghamshire
Ulster-Scot Historical Society
Wesley Historical Society, WHS
West Lothian County History Society
Wiltshire Record Society
Worcestershire Historical Society, WHS

Guatemala/Guatemala

Sociedad de Geografia e Historia de Guatemala

Haiti/Haiti

Société d'Histoire et de Géographie

Honduras/Honduras

Academia Hondureña de Geografia e Historia
Sociedad de Geografia e Historia de Honduras

Indien/India

Andhra Historical Research Society
Bharata Itihasa Samshodhaka Mandala
Bombay Historical Society
Karnatak Historical Research Society

Irische Republik/Irish Republic

College Historical Society
Cork Historical and Archaeological Society
Irish Historical Society
Irish Manuscripts Commission
Old Dublin Society
Royal Society of Antiquaries of Ireland, RSAI
University College Literary and Historical Society

Island/Iceland

Sögufélagid

Israel/Israel

Historical Society of Israel

Italien/Italy

Istituto per la Storia del Risorgimento Italiano
Istituto Superiore di Scienze Storiche "Ludovico Muratori"
Scuola Spagnola di Storia e Archeologia

Jamaika/Jamaica

Jamaica Historical Society

Japan/Japan

Hiroshima shigaku kenkyukai
Kokushi gakkai
Nihonshi kenkyukai
Rekishigaku kenkyukai
Shigakkai
Shigaku kenkyukai

Jugoslawien/Yugoslavia

Historical Society of the S. R. of Bosnia and Herzegovina
Historical Society of the S. R. of Montenegro
Historical Society of the S. R. of Serbia
Slovenian Historical Society

Kanada/Canada

Art, Historical and Scientific Association

Canadian Historical Association
Nova Scotia Historical Society

Kenia/Kenya

Kenya History Society

Kolumbien/Colombia

Academia Antioqueña de Historia
Academia Boyacense de Historia
Academia Colombiana de Historia
Academia de Historia de Cartagena de Indias

Republik Korea /Republic of Korea

Korean Historical Association

Malaysia/Malaysia

Malaysian Historical Society

Mauritius/Mauritius

Société de l'Histoire de l'Ile Maurice

Mexiko/Mexico

Academia de Ciencias Históricas de Monterrey
Academia Mexicana de la Historia
Academia Nacional de Historia y Geografia
Departamento de Antropologia e Historia de Nayarit
Instituto Panamericano de Geografia e Historia
Sociedad Nuevoleonesa de Historia, Geografia y Estadistica

Nicaragua/Nicaragua

Academia de Geografia e Historia de Nicaragua
Academia de la Historia de Granada

Niederlande/Netherlands

Historisch Genootschap "de Maze"
Nederlands Historisch Genootschap
Vereniging Gelre
Vereniging van Geschiedenisleraren in Nederland, VGN

Nigeria/Nigeria

Historical Society of Nigeria

Norwegen/Norway

Landslaget for Bygde- og Byhistorie
Norsk Historisk Forening
Norsk Lokalhistorisk Institutt

Österreich/Austria

Geschichtsverein für Kärnten
Historische Landeskommission für Steiermark
Historischer Verein für Steiermark
Kommission für Neuere Geschichte Österreichs
Österreichische Gesellschaft für Zeitgeschichte
Verband Österreichischer Geschichtsvereine
Verein für Geschichte der Stadt Wien

Pakistan/Pakistan

Pakistan Historical Society
Punjab University Historical Society

Panama/Panama

Academia Panameña de la Historia

Paraguay/Paraguay

Academia Paraguaya de Ciencias Históricas, Politicas y Sociales

Peru/Peru

Instituto Histórico del Perú

Philippinen/Philippines

Phillipine Historical Association

Polen/Poland

Polskie Towarzystwo Historyczne
Towarzystwo Milośników Historii i Zabytków Krakowa

Portugal/Portugal

Academia Portuguesa da História
Instituto Histórico da Ilha Terceira

Puerto Rico/Puerto Rico

Academia Puertorriqueña de la Historia

Réunion/Réunion

Association Historique Internationale de l'Océan Indien

Rumänien/Romania

Societatea de Ştiinţe Istorice din R.S.R.

Schweden/Sweden

Historielärarnas Förening
Kungliga Vitterhets Historie och Antikvitets Akademien

Schweiz/Switzerland

Allgemeine Geschichtsforschende Gesellschaft der Schweiz
Antiquarische Gesellschaft
Historisch-Antiquarischer Verein Heiden
Historische und Antiquarische Gesellschaft zu Basel
Opera Svizzera dei Monumenti d'Arte
Schweizerische Vereinigung für Altertumswissenschaft
Società Storica Locarnese
Société d'Histoire de la Suisse Romande
Société d'Histoire et d'Archéologie
Société Générale Suisse d'Histoire
Société Vaudoise d'Histoire et d'Archéologie
Verein Schweizerischer Geschichtslehrer

Spanien/Spain

Real Academia de Bellas Artes y Ciencias Históricas de Toledo

Real Academia de la Historia

Südafrika/South Africa

Van Riebeeck Society

Taiwan/Taiwan

Academia Historica
Chinese Historical Association
Historical Research Commission of Taiwan
Society of the Chinese Borders History and Languages

Tansania/Tanzania

Historical Association of Tanzania

Trinidad und Tobago/Trinidad and Tobago

Historical Society of Trinidad and Tobago

Tschechoslowakei (CSSR)/Czechoslovakia

Matice moravská

Türkei/Turkey

Türk Tarih Kurumu

Uganda/Uganda

Uganda Society

Ungarn/Hungary

Magyar Történelmi Társulat

Uruguay/Uruguay

Instituto Histórico y Geográfico

Venezuela/Venezuela

Academia Nacional de la Historia
Centro de Historia del Tachira
Centro Histórico del Zulia
Centro Histórico Larense
Centro Histórico Sucrense

Vereinigte Staaten von Amerika (USA)/United States of America (USA)

Adirondack Historical Association, AHA
American Catholic Historical Association, ACHA
American Historical Association, AHA
American Society of Association Historians, ASAH
Arizona Archaeological and Historical Society
California Historical Society
Columbia Historical Society
Committee on the Study of History
Conference Group for Central European History
Conference of California Historical Societies, CCHS
Conference on Latin American History, CLAH
Coordinating Committee on Women in the Historical Profession, CCWHP
Dallas Historical Society
Great Lakes Historical Society
Great Plains Historical Association, GPHA
Historical Evaluation and Research Organization, HERO
Historical Society of Pennsylvania
History Teachers' Association
International Association of Historians of Asia
Long Island Historical Society
Maryland Historical Society
Massachusetts Historical Society
Minnesota Historical Society
National Records Management Council, NRMC
New York Historical Society
Newcomen Society in North America
Oregon Historical Society
Organization of American Historians, OAH
Rhode Island Historical Society
Society of American Historians
Southern Historical Association, SHA
Vermont Historical Society
Western Historical Research Associates, WHRA
Western History Association, WHA
Western Reserve Historical Society

Gesundheitswesen

Public Health

Ägypten/Egypt

Egyptian Association for Mental Health

Bermudas/Bermudas

Bermuda Tuberculosis and Health Association

Chile/Chile

Sociedad Chilena de Salubridad y Medicina Pública
Sociedad de Salubridad de Concepción

Bundesrepublik Deutschland (BRD)/Federal Republic of Germany

Akademie für Öffentliches Gesundheitswesen
Arbeitskreis Gesundheitskunde
Bundesvereinigung für Gesundheitserziehung
Deutsche Gesellschaft für das Badewesen
Deutsche Gesellschaft für Freilufterziehung und Schulgesundheitspflege
Deutsche Gesellschaft für Sozialpädiatrie, Vereinigung für Gesundheitsfürsorge im Kindesalter
Deutsche Zentrale für Volksgesundheitspflege

El Salvador/El Salvador

Central American Public Health Council
Dirección de Sanidad

Frankreich/France

Association Médicale Internationale pour l'Etude des Conditions de Vie et de la Santé
Société Française d'Hygiène, de Médecine Sociale et de Génie Sanitaire
Société Médico-Chirurgicale des Hôpitaux et Formations Sanitaires des Armées

Société Médico-Chirurgicale des Hôpitaux Libres
Union Internationale pour l'Education Sanitaire

Grossbritannien/Great Britain

Association of County Public Health Officers
Association of Health Administrative Officers
European Association of Training Programmes in Hospital and Health Services Administration, EATPHHSA
Group and Association of County Medical Officers of Health of England and Wales
Health Education Council
Institute of Health Education, IHE
Medical Officers of Schools Association, MOSA
Medical Pratitioners' Union, MPU
National Association for Mental Health
Royal Institute of Public Health and Hygiene
Royal Sanitary Association of Scotland
Royal Society of Health
Scottish Association for Mental Health
Society of Medical Officers of Health
World Federation for Mental Health, WFMH

Indien/India

National Institute of Health Administration and Education

Israel/Israel

Medical Society for Public Health

Italien/Italy

Bureau of Information and Research on Student Health, BIRSH
Permanent Commission and International Association on Occupational Health

Japan/Japan

Nihon gakko hoken gakkai

Kanada/Canada

Canadian Public Health Association

Madagaskar/Madagascar

Organisation Mondiale de la Santé

Martinique/Martinique

Fédération Caraibe de Santé Mentale

Mexiko/Mexico

Sociedad Mexicana de Salud Pública

Niederlande/Netherlands

International Committee on Occupational Mental Health

Paraguay/Paraguay

Servicio Cooperativo Interamericano de Salud Pública, SCISP

Rumänien/Romania

Societatea de Higiena şi Sănătate

Schweiz/Switzerland

Christliche Gesundheitskommission, CMC
Organisation Mondiale de la Santé, OMS

Taiwan/Taiwan

School Health Association of the Republic of China

Trinidad und Tobago/Trinidad and Tobago

Caribbean Federation for Mental Health

Venezuela/Venezuela

Sociedad Venezolana de Salud Pública

Vereinigte Staaten von Amerika (USA)/United States of America (USA)

Academy of Hospital Counselors, AHC
American Academy of Health Administration, AAHA
American Association for Health, Physical Education and Recreation, AAHPER
American Association for Maternal and Child Health, AAMCH
American Association of Public Health Physicians, AAPHP
American Board of Health Physics, ABHP
American College Health Association, ACHA
American Hospital Association, AHA
American Public Health Association, APHA
American School Health Association, ASHA
Association for Health Records, AHR
Association of Mental Health Administrators, AMHA
Association of Schools of Allied Health Professions, ASAHP
Association of Schools of Public Health, ASPH
Association of State and Territorial Directors of Local Health Services
Association of State and Territorial Health Officers, ASTHO
Association of State Maternal and Child Health and Crippled Children's Directors
Center for Community Change
Child Health Associate Program, CHAP
Conference of Local Environmental Health Administrators, CLEHA
Conference of State and Provincial Health Authorities of North America, CSPHA
Conference of State and Territorial Directors of Public Health Education, CSTDPHE
Federation of Mental Health Centers
Group Health Association of America, GHAA
Health Physics Society, HPS
International Council on Health, Physical Education, and Recreation, ICHPER
Inter-Society Committee on Health Laboratory Services
Joint Committee on Health Problems in Education of the NEA-AMA

Medical Liberation Front, MLF
Metropolitan College Mental Health Association
National Association for Mental Health
National Association of State Mental Health Program Directors, NASMHPD
National Environmental Health Association
National Health Council, NHC
National Health Federation, NHF
Pan-American Health Organization, PAHO
San Francisco Tuberculosis and Health Association
Society of Public Health Educators, SOPHE
Society of State Directors of Health, Physical Education and Recreation, SSDHPER
United States Conference of City Health Officers, USCCHO
United States Public Health Service Clinical Society
United States-Mexico Border Public Health Association

Getreideforschung

Crop Research

Volksrepublik China/People's Republic of China

Chinese Society of Crop Research

Bundesrepublik Deutschland (BRD)/Federal Republic of Germany

Arbeitsgemeinschaft Getreideforschung, AGF

Finnland/Finland

Suomen Viljateknikkojen Seura

Grossbritannien/Great Britain

British Society of Soil Science, BSSS

Japan/Japan

Nihon sakumotsu gakkai

Österreich/Austria

Internationale Gesellschaft für Getreidechemie

Philippinen/Philippines

Crop Science Society of the Philippines

Vereinigte Staaten von Amerika (USA)/United States of America (USA)

American Association of Cereal Chemists, AACC
American Institute of Crop Ecology, AICE
Association of Official Seed Analysts, AOSA
Crop Science Society of America, CSSA
Society of Commercial Seed Technologists, SCST
Soil and Crop Science Society of Florida

Glastechnik

Glass Engineering

Belgien/Belgium

Association Internationale pour l'Histoire du Verre
Centre d'Etude Européen des Fabricants de Verre d'Emballage
Union Scientifique Continentale du Verre, USCV

Bundesrepublik Deutschland (BRD)/Federal Republic of Germany

Deutsche Glastechnische Gesellschaft, DGG
Forschungsgemeinschaft für Technisches Glas
Hüttentechnische Vereinigung der Deutschen Glasindustrie

Grossbritannien/Great Britain

British Glass Industry Research Association, BGIRA
British Society of Master Glass Painters, BSMGP
Society of Glass Technology

Vereinigte Staaten von Amerika (USA)/United States of America (USA)

Glass Container Industry Research Corporation, GCIRC

Graphologie

Graphology

Bundesrepublik Deutschland (BRD)/Federal Republic of Germany

Berufsverband Geprüfter Graphologen
Europäische Gesellschaft für Schriftpsychologie, EGS

Italien/Italy

Società Internazionale di Psicologia della Scrittura, SIPS

Vereinigte Staaten von Amerika (USA)/United States of America (USA)

American Association of Handwriting Analysts, AAHA
Associated Graphologists International
Handwriting Analysts, HAI
International Graphoanalysis Society, IGAS

Gynäkologie
Gynecology

Australien/Australia

Australian Council of the Royal College of Obstetricians and Gynaecologists

Bulgarien/Bulgaria

Gesellschaft der Geburtshelfer und Gynäkologen

Chile/Chile

Sociedad Chilena de Obstetricia y Ginecologia

Costa Rica/Costa Rica

Asociación de Obstetricia y Ginecologia
Federación Centroamericana de Sociedades de Obstetricia y Ginecologia

Dänemark/Denmark

Dansk Selskab for Obstetrik og Gynækologi

Bundesrepublik Deutschland (BRD)/Federal Republic of Germany

Berufsverband der Frauenärzte
Deutsche Gesellschaft für Gynäkologie

El Salvador/El Salvador

Sociedad de Ginecologia y Obstetricia de El Salvador

Frankreich/France

Fédération des Sociétés de Gynécologie et d'Obstétrique de Langue Française
Société d'Obstétrique et de Gynécologie
Société d'Obstétrique et de Gynécologie de Marseille
Société Française de Gynécologie
Syndicat National des Gynécologues et Obstétriciens Français
Union Professionnelle Internationale des Gynécologues et Obstétriciens, UPIGO

Grossbritannien/Great Britain

Blair Bell Research Society, BBRS
Glasgow Obstetrical and Gynaecological Society
Royal College of Obstetricians and Gynaecologists, RCOG

Israel/Israel

Israel Society for Obstetrics and Gynecology

Italien/Italy

Società Italiana di Ostetricia e Ginecologia, SIOG

Japan/Japan

Nihon sanka fujinka gakkai

Kolumbien/Colombia

Sociedad Colombiana de Obstetricia y Ginecologia

Mexiko/Mexico

Asociación Mexicana de Ginecologia y Obstetricia

Österreich/Austria

Österreichische Gesellschaft für Gynäkologie und Geburtshilfe

Polen/Poland

Polskie Towarzystwo Ginekologiczne

Rumänien/Romania

Societatea de Obstetrică şi Ginecologie

Schweden/Sweden

Scandinavian Society of Obstetrics and Gynecology

Schweiz/Switzerland

Fédération Internationale de Gynécologie et d'Obstétrique, FIGO
Schweizerische Gesellschaft für Gynäkologie

Taiwan/Taiwan

Association of Obstetrics and Gynecology of the Republic of China

Türkei/Turkey

Türk Jinekoloji Cemiyeti

Union der Sozialistischen Sowjetrepubliken (UdSSR)/Union of Soviet Socialist Republics (U.S.S.R.)

All-Union Scientific Medical Society of Obstetricians and Gynaecologists

Venezuela/Venezuela

Sociedad de Obstetricia y Ginecologia de Venezuela

Vereinigte Staaten von Amerika (USA)/United States of America (USA)

American Board of Obstetrics and Gynecology, ABOG
American College of Obstetricians and Gynecologists, ACOG
American College of Osteopathic Obstetricians and Gynecologists
American Fertility Society, AFS
American Gynecological Society, AGS
International Correspondence Society of Obstetricians and Gynecologists
North Dakota Society of Obstetrics and Gynecology
Pacific Coast Obstetrical and Gynecological Society

Demokratische Republik Vietnam /Democratic Republic of Viet-Nam

Association of Obstetrics and Gynaecology

Hämatologie
Hematology

Argentinien/Argentina

Sociedad Argentina de Hematologia y Hemoterapia

Chile/Chile

Sociedad Chilena de Hematologia

Bundesrepublik Deutschland (BRD)/Federal Republic of Germany

Deutsche Hämatologische Gesellschaft

Frankreich/France

Société Française d'Hématologie

Grossbritannien/Great Britain

British Committee for Standards in Haematology, BCSH
British Society for Haematology

Israel/Israel

Israel Society for Hematologie and Blood Transfusion

Japan/Japan

Nihon ketsueki gakkai
Nihon yuketsu gakkai

Spanien/Spain

Instituto Español de Hematologia y Hemoterapia

Venezuela/Venezuela

Sociedad Venezolana de Hematologia

Vereinigte Staaten von Amerika (USA)/United States of America (USA)

American Society of Hematology, ASH
International Society of Hematology, ISH
Society for the Study of Blood, SSB

Haemophilie
Hemophily

Bundesrepublik Deutschland (BRD)/Federal Republic of Germany

Deutsche Haemophiliegesellschaft, DHG

Hemotherapie
Hemotherapy

Argentinien/Argentina

Sociedad Argentina de Hematologia y Hemoterapia

Heraldik
Heraldry

Grossbritannien/Great Britain

Harleian Society
Heraldry Society
Institute of Heraldic and Genealogical Studies, IHGS

Italien/Italy

Istituto di Genealogia e Araldica

Österreich/Austria

Heraldisch-Genealogische Gesellschaft "Adler"

Schweiz/Switzerland

Académie Internationale d'Héraldique
Schweizerische Heraldische Gesellschaft

Südafrika/South Africa

Heraldry Society of Southern Africa

Herdbekämpfung
Control of the Focuses of Diseases

Bundesrepublik Deutschland (BRD)/Federal Republic of Germany

Deutsche Medizinische Arbeitsgemeinschaft für Herdforschung und Herdbekämpfung, D.A.H.

Herdforschung
Focus Research

Bundesrepublik Deutschland (BRD)/Federal Republic of Germany

Deutsche Medizinische Arbeitsgemeinschaft für Herdforschung und Herdbekämpfung, D.A.H.

Herpetologie

Herpetology

Australien/Australia

Australian Society of Herpetologists

Bundesrepublik Deutschland (BRD)/Federal Republic of Germany

Deutsche Gesellschaft für Herpetologie und Terrarienkunde

Grossbritannien/Great Britain

British Herpetological Society, BHS

Rhodesien/Rhodesia

Herpetological Association of Africa

Vereinigte Staaten von Amerika (USA)/United States of America (USA)

American Society of Ichthyologists and Herpetologists, ASIH
Herpetologists' League, HL
International Turtle and Tortoise Society

Histochemie

Histochemistry

Bundesrepublik Deutschland (BRD)/Federal Republic of Germany

Internationales Komitee für Histochemie und Cytochemie

Rumänien/Romania

Societatea de Histochimie şi Citochimie

Vereinigte Staaten von Amerika (USA)/United States of America (USA)

Histochemical Society

Histologie

Histology

Bulgarien/Bulgaria

Gesellschaft der Anatomisten, Histologen und Embriologen

Union der Sozialistischen Sowjetrepubliken (UdSSR)/Union of Soviet Socialist Republics (U.S.S.R.)

All-Union Scientific Medical Society of Anatomists, Histologists and Embryologists

Hochschulwesen

Higher Education

Bundesrepublik Deutschland (BRD)/Federal Republic of Germany

Hochschulkundliche Vereinigung, Gesellschaft zur Förderung der Deutschen Hochschulkunde

Holzforschung

Timber Research

Dänemark/Denmark

Nordiska Samarbetsutskottet för Träteknisk Forskning

Bundesrepublik Deutschland (BRD)/Federal Republic of Germany

Deutsche Gesellschaft für Holzforschung, DGfH
Fachnormenausschuss Holz
Verein für Technische Holzfragen

Frankreich/France

Association pour le Développement de la Sculpture et de l'Utilisation du Bois d'Olivier

Grossbritannien/Great Britain

Furniture Industry Research Association, FIRA
Institute of Wood Science, IWSc
Pira
Shopfitting Research and Development Council
Timber Research and Development Association, TRADA

Indien/India

Indian Plywood Industries Research Association

Japan/Japan

Nihon mokuzai gakkai

Österreich/Austria

Internationale Akademie der Wissenschaft vom Holz, IAWS

Ungarn/Hungary

Faipari Tudományos Egyesület

Union der Sozialistischen Sowjetrepubliken (UdSSR)/Union of Soviet Socialist Republics (U.S.S.R.)

Scientific and Engineering Society of the Paper and Wood-Working Industry
Scientific and Engineering Society of the Timber Industry and Forestry

Vereinigte Staaten von Amerika (USA)/United States of America (USA)

American Wood Preservers Institute, AWPI
Hardwood Research Council, HRC
International Association of Wood Anatomists, IAWA
Tree-Ring Society, TRS

Homöopathie

Homeopathy

Bundesrepublik Deutschland (BRD)/Federal Republic of Germany

Deutscher Zentralverein Homöopathischer Ärzte, DZVhÄ
Internationale Liga der Homöopathischen Ärzte

Frankreich/France

Ligue Homéopathique Internationale
Syndicat National des Médecins Homéopathes Français

Grossbritannien/Great Britain

British Homoeopathic Association, BHA
Faculty of Homoeopathy

Niederlande/Netherlands

Vereniging tot Bevordering der Homoeopathie in Nederland

Pakistan/Pakistan

All-Pakistan Homoeopathic Association

Vereinigte Staaten von Amerika (USA)/United States of America (USA)

American Institute of Homeopathy, AIH
Hahnemann Therapeutic Society

Hopfenforschung

Hop Research

Bundesrepublik Deutschland (BRD)/Federal Republic of Germany

Deutsche Gesellschaft für Hopfenforschung

Humangenetik

Human Genetics

Bundesrepublik Deutschland (BRD)/Federal Republic of Germany

Gesellschaft für Anthropologie und Humangenetik

Hydrobiologie

Hydrobiology

Argentinien/Argentina

Asociación de Amigos del Centro de Investigación de Biologia Marina

Australien/Australia

Queensland Littoral Society
Western Australian Shell Club

Volksrepublik China/People's Republic of China

Chinese Society of Marine Products

Frankreich/France

Société Centrale d'Aquiculture et de Pêche, CSSF

Grossbritannien/Great Britain

Freshwater Biological Association, FBA
Marine Biological Association of the United Kingdom, MBAUK
Scottish Marine Biological Association

Italien/Italy

Istituto Italiano di Idrobiologia "Marco de Marchi"

Japan/Japan

Nihon suisan gakkai

Malta/Malta

Mediterranean Association for Marine Biology and Oceanography, MAMBO

Norwegen/Norway

International Soaweed Symposium
Nordisk Kollegium for Marinbiologi
Norges Fiskeriforskningsråd

Vereinigte Staaten von Amerika (USA)/United States of America (USA)

American Cetacean Society, ACS
American Fisheries Society, AFS
American Institute of Fishery Research Biologists, AIFRB
American Littoral Society, ALS
American Society of Ichthyologists and Herpetologists, ASIH

Gulf and Caribbean Fisheries Institute, GCFI
International Commission for Algology
International Phycological Society
National Shellfisheries Association, NSA
Phycological Society of America, PSA

Hydrographie
Hydrography

Ägypten/Egypt

Mining and Water Research Executive Organization

Belgien/Belgium

Association Internationale d'Hydrologie Scientifique, AIHS
Société Belge de Géologie, de Paléontologie et d'Hydrologie

Volksrepublik China/People's Republic of China

Chinese Society of Hydrology
Northeastern Academy of Water Conservation and Electric Power

Bundesrepublik Deutschland (BRD)/Federal Republic of Germany

Deutsche Dokumentations-Zentrale Wasser, DZW
Deutscher Arbeitskreis Wasserforschung
Fachnormenausschuss Wasserwesen

Ecuador/Ecuador

Dirección Nacional de Meteorología e Hidrología

Frankreich/France

Comité Scientifique pour les Recherches sur l'Eau

Grossbritannien/Great Britain

Glaciological Society
Water Research Association

Indien/India

Indian Association of Geohydrologists

Island/Iceland

Jöklarannsóknafélag Islands

Italien/Italy

Comitato Glaciologico Italiano
International Society of Medical Hydrology, ISMH
Istituto Idrografico della Marina

Japan/Japan

Nihon kaisui gakkai
Nihon seppyo gakkai

Monaco/Monaco

Bureau Hydrographique International, BHI

Neuseeland/New Zealand

New Zealand Hydrological Society

Portugal/Portugal

Sociedade Portuguesa de Hidrologia Médica

Ungarn/Hungary

Magyar Hidrológiai Társaság

Vereinigte Staaten von Amerika (USA)/United States of America (USA)

American Water Resources Association, AWRA
Associated Laboratories
Atlantic Estuarine Research Society, AERS
Ground Water Resources Institute, GWRI
Water Quality Research Council, WQRC

Hygiene
Hygiene

Ägypten/Egypt

Egyptian Society of Medicine and Tropical Hygiene

Belgien/Belgium

Association Belge d'Hygiène et de Médecine Sociale

Dänemark/Denmark

Selskabet for Levnedsmiddelteknologi og -Hygiejne

Bundesrepublik Deutschland (BRD)/Federal Republic of Germany

Deutsche Gesellschaft für Hygiene und Mikrobiologie
Verein für Wasser-, Boden- und Lufthygiene

Frankreich/France

Ligue Européenne d'Hygiène Mentale
Société d'Hygiène Publique et Sociale
Société Française d'Hygiène, de Médecine Sociale et de Génie Sanitaire
Société Scientifique d'Hygiène Alimentaire, CSSF
Union Internationale d'Hygiène et de Médecine Scolaires et Universitaires

Grossbritannien/Great Britain

British Occupational Hygiene Society, BOHS
Royal Institute of Public Health and Hygiene
Royal Society of Tropical Medicine and Hygiene

Japan/Japan

Nihon eisei gakkai

Mexiko/Mexico

Instituto Nacional de Higiene

Österreich/Austria

International Federation for Hygiene, Preventive Medicine and Social Medicine

Peru/Peru

Liga Nacional de Higiene y Profilaxia Social

Polen/Poland

Polskie Towarzystwo Higieny Psychicznej

Portugal/Portugal

Sociedade Portuguesa de Higiene Alimentar

Rumänien/Romania

Societatea de Higiena şi Sănătate

Schweden/Sweden

Föreningen för Vattenhygien, FVH

Taiwan/Taiwan

Chinese National Association for Mental Hygiene

Union der Sozialistischen Sowjetrepubliken (UdSSR)/Union of Soviet Socialist Republics (U.S.S.R.)

All-Union Scientific Medical Society of Hygienists

Uruguay/Uruguay

Consejo Nacional de Higiene

Vereinigte Staaten von Amerika (USA)/United States of America (USA)

American Conference of Governmental Industrial Hygienists, ACGIH
American Dental Hygienists' Association, ADHA
American Industrial Hygiene Association, AIHA
American Natural Hygiene Society, ANHS
American Society of Tropical Medicine and Hygiene, ASTMH

Demokratische Republik Vietnam /Democratic Republic of Viet-Nam

Association of Prophylactic Hygiene

Immunologie

Immunology

Argentinien/Argentina

Asociación Argentina de Alergia e Inmunologia

Bundesrepublik Deutschland (BRD)/Federal Republic of Germany

Gesellschaft für Immunologie

Frankreich/France

Association Mondiale des Vétérinaires Microbiologistes, Immunologistes et Spécialistes des Maladies Infectieuses, AMVMI

Grossbritannien/Great Britain

British Society for Immunology, BSI

Kanada/Canada

Canadian Society for Immunology

Vereinigte Staaten von Amerika (USA)/United States of America (USA)

American Association of Immunologists, AAI

Informatik

National Information and Documentation Centre, NIDOC
Asociación Argentina de Bibliotecas y Centros de Información Científicos y Técnicos
Association Internationale d'Information Scolaire, Universitaire et Professionnelle, AIISUP
Institute of Information Scientists, IIS
Office for Scientific and Technical Information
Irish Association for Documentation and Information Services, IADIS
Israel Society of Special Libraries and Information Centres, ISLIC
Associazione Italiana Documentazione e Informazione
Nederlands Instituut voor Informatie, Documentatie en Registratuur, NIDER
Österreichische Gesellschaft für Statistik und Informatik
American Society for Information Science, ASIS
Association of Scientific Information Dissemination Centers, ASIDIC
United States National Committee for FID, USNCFID

Jagdwissenschaft

Hunting

Schweden/Sweden

International Union of Game Biologists, IUGB

Kältetechnik

Refrigeration Engineering

Argentinien/Argentina

Asociación Argentina del Frio

Australien/Australia

Australian Institute of Refrigeration, Air Conditioning and Heating

Dänemark/Denmark

Dansk Køleforening

Bundesrepublik Deutschland (BRD)/Federal Republic of Germany

Deutscher Kältetechnischer Verein
Fachnormenausschuss Kältetechnik
Forschungsrat Kältetechnik

Frankreich/France

Association Française du Froid
Institut International du Froid, IIF

Grossbritannien/Great Britain

Institute of Refrigeration

Italien/Italy

Comitato Termotecnico Italiano, CTI

Japan/Japan

Nihon reito kyokai

Schweden/Sweden

Svenska Kyltekniska Föreningen

Karstforschung

Chalky Formation Research

Bundesrepublik Deutschland (BRD)/Federal Republic of Germany

Verband der Deutschen Höhlen- und Karstforscher

Jugoslawien/Yugoslavia

Institute for the Exploration of Karst

Ungarn/Hungary

Magyar Karszt- és Barlangkutató Társulat

Kartographie

Cartography

Australien/Australia

Australian Institute of Cartographers

Brasilien/Brazil

Sociedade Brasileira de Cartografia

Volksrepublik China/People's Republic of China

Chinese Society of Cartography and Geodesy

Deutsche Demokratische Republik (DDR)/German Democratic Republic

Nationalkomitee für Geographie und Kartographie

Bundesrepublik Deutschland (BRD)/Federal Republic of Germany

Deutsche Gesellschaft für Kartographie
Geographisch-Kartographische Gesellschaft

Finnland/Finland

Suomen Kartograafinen Seura

Grossbritannien/Great Britain

British Cartographic Society, BCS

Niederlande/Netherlands

International Cartographic Association, ICA

Schweden/Sweden

Kartografiska Sällskapet

Ungarn/Hungary

Geodéziai és Kartográfiai Egyesület

Vereinigte Staaten von Amerika (USA)/United States of America (USA)

American Congress on Surveying and Mapping, ACSM

Katholizismus

Catholicism

Belgien/Belgium

Office International de l'Enseignement Catholique, OIEC

Bundesrepublik Deutschland (BRD)/Federal Republic of Germany

Gesellschaft zur Herausgabe des Corpus Catholicorum

Kolumbien/Colombia

Comisión Episcopal Latino Americano, CELAM
Unión Parroquial del Sur

Vatikan/Vatican

Accademia Romana di S. Tommaso d'Aquino e di Religione Cattolica
Pontificia Accademia dell'Immacolata
Pontificia Accademia Mariana Internazionale
Pontificia Accademia Teologica Romana

Vereinigte Staaten von Amerika (USA)/United States of America (USA)

Catholic Biblical Association of America, CBA
Confraternity of Christian Doctrine, CCD

Kautschukforschung

Caoutchouc Research

Bundesrepublik Deutschland (BRD)/Federal Republic of Germany

Deutsche Kautschuk-Gesellschaft, DKG
Fachnormenausschuss Kautschukindustrie, FAKAU

Kernforschung

Nuclear Research

Argentinien/Argentina

Comisión Nacional de Energía Atómica

Australien/Australia

Australian Institute of Nuclear Science and Engineering

Bolivien/Bolivia

Comision Boliviana di Energía Nuclear

Chile/Chile

Comisión Chilena de Energía Nuclear

Costa Rica/Costa Rica

Comisión Nacional de Energia Atómica

Bundesrepublik Deutschland (BRD)/Federal Republic of Germany

Arbeitsgemeinschaft Versuchsreaktor, AVR
Deutsche Atomkommission
Deutsches Atomforum
Fachnormenausschuss Kerntechnik
Gesellschaft für Kernenergie-Verwertung in Schiffbau und Schiffahrt
Gesellschaft für Kernforschung
Studiengesellschaft zur Förderung der Kernenergieverwertung in Schiffbau und Schiffahrt
Zentralstelle für Atomkernenergie-Dokumentation, ZAED

Ecuador/Ecuador

Comisión Ecuatoriana de Energía Atómica

El Salvador/El Salvador

Comisión Salvadoreña de Energía Nuclear

Finnland/Finland

Atomienergianeuvottelukunta
Finnatom

Frankreich/France

Forum Atomique Européen, FORATOM

Ghana/Ghana

Ghana Atomic Energy Commission

Griechenland/Greece

Helliniki Epitropi Atomikis Energhias

Grossbritannien/Great Britain

British Nuclear Energy Society, BNES
British Nuclear Forum, BNF

Israel/Israel

Atomic Energy Commission

Italien/Italy

Associazione Nazionale di Ingegneria Nucleare
European Atomic Energy Society, EAES
Istituto di Studi Nucleari per l'Agricoltura, ISNA
Società Ricerche Impianti Nucleari, SORIN

Japan/Japan

Nihon genshiryoku gakkai

Neuseeland/New Zealand

New Zealand Atomic Energy Committee

Österreich/Austria

Österreichisches Atomforum

Peru/Peru

Junta de Contral de Energía Nuclear

Philippinen/Philippines

Philippine Atomic Energy Commission

Portugal/Portugal

Comissão de Estudos de Energia Nuclear
Junta de Energia Nuclear

Schweden/Sweden

Statens Råd för Atomforskning

Schweiz/Switzerland

Organisation Européenne pour la Recherche Nucléaire, CERN
Schweizerische Gesellschaft von Fachleuten der Kerntechnik
Schweizerische Vereinigung für Atomenergie

Spanien/Spain

Junta de Energía Nuclear

Taiwan/Taiwan

Atomic Energy Council of the Executive Yuan

Thailand/Thailand

Thai Atomic Energy Commission for Peace

Türkei/Turkey

Atom Enerjisi Komisyom

Uruguay/Uruguay

Comisión Nacional de Energia Atómica

Vereinigte Staaten von Amerika (USA)/United States of America (USA)

American Nuclear Society, ANS
Atomic Industrial Forum, AIF
Institute of Nuclear Materials Management, INMM
Inter-American Nuclear Energy Commission, IANEC
International Radiation Protection Association, IRPA
National Council on Radiation Protection and Measurements, NCRP
Radiation Research Society, RRS

Zaire/Zaire

Commissariat à l'Energie Atomique

Kieferheilkunde

Maxillary Therapeutics

Bundesrepublik Deutschland (BRD)/Federal Republic of Germany

Arbeitsgemeinschaft für Kieferchirurgie in der Deutschen Gesellschaft für Zahn-, Mund- und Kieferheilkunde
Deutsche Gesellschaft für Kiefer- und Gesichtschirurgie
Deutsche Gesellschaft für Kieferorthopädie
Deutsche Gesellschaft für Zahn-, Mund- und Kieferheilkunde (Zentralverein)

Kinematographie

Kinematography

Belgien/Belgium

Association Belge de Photographie et de Cinématographie

Frankreich/France

Société Française de Photographie et Cinématographie

Ungarn/Hungary

Optikai, Akusztikai és Filmtechnikai Egyesület

Kinotechnik

Cinematic Engineering

Bundesrepublik Deutschland (BRD)/Federal Republic of Germany

Deutsche Kinotechnische Gesellschaft für Film und Fernsehen, DKG
Fachnormenausschuss Kinotechnik für Film und Fernsehen, FAKI

Kirchengeschichte

Ecclesiastical History

Argentinien/Argentina

Junta de Historia Eclesiástica Argentina

Australien/Australia

Australian National Society for the Study of the History of Religions

Belgien/Belgium

Société des Bollandistes

Bundesrepublik Deutschland (BRD)/Federal Republic of Germany

Verein für Rheinische Kirchengeschichte
Verein für Westfälische Kirchengeschichte

Finnland/Finland

Suomen Kirkkohistoriallinen Seura

Frankreich/France

Société de l'Histoire du Protestantisme Français
Société d'Histoire Ecclésiastique de la France

Grossbritannien/Great Britain

Baptist Historical Society
Church Historical Society, CHS
Congregational Historical Society, CHS
Cornish Methodist Historical Association, CMHA
Ecclesiastical History Society
English Church History Society
Historical Society of the Church in Wales
Historical Society of the Methodist Church in Wales
Huguenot Society of London
International Methodist Historical Society
Jewish Historical Society of England
Presbyterian Church of Wales Historical Society
Presbyterian Historical Society of England
Scottish Church History Society
Society for African Church History
Society of Cirplanologists
Unitarian Historical Society, UHS
Welsh Baptist Historical Society

Norwegen/Norway

Kirkehistorisk Samfund

Österreich/Austria

Gesellschaft für die Geschichte des Protestantismus in Österreich

Vatikan/Vatican

Collegium Cultorum Martyrum

Vereinigte Staaten von Amerika (USA)/United States of America (USA)

American Society for Reformation Research, ASRR
American Society of Church History
Commission on Archives and History of the United Methodist Church
Presbyterian Historical Society, PHA

Kirchenrecht

Ecclesiastical Law

Österreich/Austria

Österreichische Gesellschaft für Kirchenrecht

Kohlechemie

Coal Chemistry

Bundesrepublik Deutschland (BRD)/Federal Republic of Germany

Deutsche Gesellschaft für Mineralölwissenschaft und Kohlechemie, DGMK

Konstitutionsforschung

Constitutional Research

Bundesrepublik Deutschland (BRD)/Federal Republic of Germany

Gesellschaft für Konstitutionsforschung

Kostümkunde

Costumes Study

Bundesrepublik Deutschland (BRD)/Federal Republic of Germany

Gesellschaft für Historische Waffen- und Kostümkunde

Italien/Italy

Centro Internazionale delle Arti e del Costume

Krebsforschung

Cancer Research

Argentinien/Argentina

Sociedad Argentina para el Estudio del Cáncer

Australien/Australia

Australian Cancer Society

Belgien/Belgium

Organisation Européenne d'Etudes sur le Traitement du Cancer, EORTC

Brasilien/Brazil

Associação Paulista de Combate ão Cancer

Chile/Chile

Sociedad Chilena de Cancerología

Deutsche Demokratische Republik (DDR)/German Democratic Republic

Nationalkomitee für Krebsforschung

Bundesrepublik Deutschland (BRD)/Federal Republic of Germany

Deutscher Zentralausschuß für Krebsbekämpfung und Krebsforschung
Deutsches Krebsforschungszentrum

Ecuador/Ecuador

Sociedad de Lucha contra el Cáncer, SOLCA

Finnland/Finland

Cancer Society of Finland

Frankreich/France

Association Française pour l'Etude du Cancer
Centre International de Recherche sur le Cancer, CIRC

Grossbritannien/Great Britain

British Association for Cancer Research, BACR
British Empire Cancer Campaign for Research
Cancer Information Association, CIA
Cancer Research Campaign
Institute of Cancer Research

Indien/India

Indian Cancer Society

Italien/Italy

Società Italiana di Cancerologia

Japan/Japan

Nihon gan gakkai

Jugoslawien/Yugoslavia

Society for Research and Prevention of Cancer

Kolumbien/Colombia

Comité Nacional de Lucha contra el Cáncer
Liga Colombiana de Lucha contra el Cancer
Sociedad Colombiana de Cancerologia

Niederlande/Netherlands

European Association for Cancer Research

Peru/Peru

Federación de Sociedades Latinoamericanas del Cáncer

Rhodesien/Rhodesia

Cancer Association

Schweden/Sweden

Scandinavian Cancer Union

Schweiz/Switzerland

Union Internationale contre le Cancer, UICC

Türkei/Turkey

Türk Kanser Arastirma Ve Savas Kurum

Vereinigte Staaten von Amerika (USA)/United States of America (USA)

American Association for Cancer Education, AACE
American Association for Cancer Research, AACR
American Cancer Society, ACS
American Society of Cytology, ASC
Cancer International Research Co-operative, CANCIR-CO
James Ewing Society
Pan-American Cancer Cytology Society, PACCS
Public Health Cancer Association of America, PHCAA
United Cancer Council, UCC

Kreislaufforschung

Circulation Research

Bundesrepublik Deutschland (BRD)/Federal Republic of Germany

Deutsche Gesellschaft für Kreislaufforschung

Grossbritannien/Great Britain

British Microcirculation Society
Multiple Sclerosis Society of Great Britain and Northern Ireland

Japan/Japan

Nihon junkanki gakkai

Österreich/Austria

Internationale Arbeitsgemeinschaft für Hirnkreislaufforschung

Schweden/Sweden

European Atherosclerosis Group

Kriminologie

Criminology

Argentinien/Argentina

Sociedad Argentina de Criminologia

Bolivien/Bolivia

Instituto Criminológico de Bolivia

Brasilien/Brazil

Sociedade de Medicina Legal e Criminologia de São Paulo

Dänemark/Denmark

Dansk Kriminalistforening

Bundesrepublik Deutschland (BRD)/Federal Republic of Germany

Deutsche Kriminologische Gesellschaft
Kriminalbiologische Gesellschaft

Frankreich/France

Société de Médecine Légale et de Criminologie de France
Société Internationale de Criminologie

Grossbritannien/Great Britain

Institute for the Study and Treatment of Delinquency, ISTD

Israel/Israel

Israel Society of Criminology

Japan/Japan

Nihon hanzai shinri gakkai

Österreich/Austria

Gesellschaft für Jugendkriminologie und Psychogogik

Vereinigte Staaten von Amerika (USA)/United States of America (USA)

American Society of Criminology
National Association of Police Laboratories, NAPL

Kristallographie

Crystallography

Argentinien/Argentina

Comité Nacional de Cristalografía

Chile/Chile

Comité Chileno de Cristalografía

Deutsche Demokratische Republik (DDR)/ German Democratic Republic

Nationalkomitee für Kristallographie

Frankreich/France

Société Française de Minéralogie et de Cristallographie, CSSF

Grossbritannien/Great Britain

International Union of Crystallography, IUCr

Israel/Israel

Israel Crystallography Society

Japan/Japan

Nihon kessho gakkai

Schweden/Sweden

Svenska Nationalkommittén för Kristallografi

Vereinigte Staaten von Amerika (USA)/United States of America (USA)

American Association for Crystal Growth, AACG
American Crystallographic Association, ACA

Kulturgeschichte

History of Civilization

Ägypten/Egypt

Hellenic Society of Ptolemaic Egypt

Australien/Australia

Australasian Association for the History and Philosophy of Science

Belgien/Belgium

Association Internationale pour l'Histoire du Verre
Comité International d'Etude des Géants Processionnels
Institut International des Civilisations Différentes, INCIDI

Bolivien/Bolivia

Amigos de la Ciudad

Brasilien/Brazil

Sociedade Brasileira de Historia da Medicina

Bulgarien/Bulgaria

Gesellschaft für Geschichte der Medizin

Costa Rica/Costa Rica

Asociación Bolivariana de Costa Rica

Dänemark/Denmark

Dansk Kulturhistorisk Museumsforening
Dansk Selskab for Oldtids- og Middelalderforskning
Kongelige Danske Selskab for Faedrelandets Historie
Kongelige Nordiske Oldskriftselskab
Selskabet for Dansk Kulturhistorie

Deutsche Demokratische Republik (DDR)/ German Democratic Republic

Nationalkomitee für Philosophie und Geschichte der Wissenschaften

Bundesrepublik Deutschland (BRD)/Federal Republic of Germany

Gutenberg-Gesellschaft
Historische Kommission für Ost- und Westpreußische Landesforschung
Internationale Arbeitsgemeinschaft der Papierhistoriker, IPH
Internationale Gesellschaft für Geschichte der Pharmazie
Kommission für Geschichte des Parlamentarismus und der Politischen Parteien
Mommsen-Gesellschaft, Verband der Forscher auf dem Gebiete des Griechisch-Römischen Altertums

Ecuador/Ecuador

Sociedad Bolivariana del Ecuador

Frankreich/France

Académie Internationale de Science Politique et d'Histoire Constitutionnelle
Centre International de Documentation Classique
Centre International d'Etudes Romanes
Comité pour la Coopération Internationale en Histoire des Techniques
Fédération Internationale des Associations d'Etudes Classiques, FIEC
Société Africaine de Culture, SAC
Société de l'Histoire de France
Société d'Emulation du Bourbonnais
Société d'Etude du XVIIe Siècle
Société d'Etudes Hispaniques et de Diffusion de la Culture Française à l'Etranger
Société d'Histoire de la Médecine
Société d'Histoire de la Pharmacie
Société d'Histoire du Droit, CSSF
Société d'Histoire du Droit Normand
Société d'Histoire du Théâtre

Société Française d'Histoire de la Médecine
Société Française d'Histoire d'Outre-Mer
Société Internationale d'Histoire de la Médecine
Union Internationale d'Histoire et de Philosophie des Sciences

Ghana/Ghana

Classical Association of Ghana

Gibraltar/Gibraltar

Gibraltar Society

Grossbritannien/Great Britain

Air-Britain, the International Association of Aviation Historians
British Agricultural History Society, BAHS
British Society for the History of Medicine
British Society for the History of Science, BSHS
Deserted Medieval Village Research Group, DMVRG
Furniture History Society
Garden History Society
Historical Metallurgy Group, HMG
History of Education Society
Institute of Pyramidology
International Academy of the History of Medicine
International Association of Museums of Arms and Military History, IAMAM
Joint Association of Classical Teachers, JACT
London Medieval Society
Military Historical Society, MHS
Navy Records Society, NRS
North Western Society for Industrial Archaeology and History
Obilian Society
Orders and Medals Research Society
Peak District Mines Historical Society, PDMHS
Printing Historical Society, PHS
Railway and Canal Historical Society, R&CHS
Railway Club
Railway Correspondence and Travel Society, RCTS
Richard III Society
Royal Celtic Society
Royal Commission for the Exhibition of 1851
Scottish Society for the History of Medicine, SSHM
Selden Society
Society for Army Historical Research, SAHR
Society for Film History Research
Society for Renaissance Studies
Society for the Promotion of Hellenic Studies
Society for the Promotion of Roman Studies
Society for the Study of Alchemy and Early Chemistry
Society for the Study of the History of Engineering and Technology
Society of Architectural Historians of Great Britain
Society of Army Historical Research
Stair Society

Haiti/Haiti

Société Bolivarienne d'Haïti
Société des "Amis du Roi"

Irische Republik/Irish Republic

Military History Society of Ireland

Israel/Israel

Herzog World Academy of Jewish Studies
Israel Society of the History of Medicine and Science

Italien/Italy

Istituto di Studi Etruschi ed Italici
Istituto Internazionale di Studi Liguri, IISL
Istituto Italiano di Storia della Chimica
Istituto Italiano per la Storia Antica
Istituto Italiano per la Storia della Musica
Istituto Storico Germanico
Istituto Storico Italiano per il Medio Evo
Istituto Storico Italiano per l'Età Moderna e Contemporanea
Istituto Storico Olandese
Istituto Svedese di Studi Classici
Società di Minerva
Società Napoletana di Storia Patria
Società Romana di Storia Patria
Società Storica Lombarda

Japan/Japan

Hoseishi gakkai
Kyoikushi gakkai
Nihon seiyo koten gakkai
Nihon seiyoshi gakkai
Nippon kagakushi gakkai
Shakai keizaishi gakkai
Tochi seidoshi gakkai

Kanada/Canada

Antiquarian and Numismatic Society of Montréal
Institut d'Histoire de l'Amérique Française
Ontario Historical Society
Waterloo Historical Society

Kuba/Cuba

Instituto Interamericano de Historia Municipal e Institucional
Sociedad Cubana de Historia de la Ciencia y de la Técnica
Sociedad Cubana de Historia de la Medicina

Mexiko/Mexico

Instituto Indigenista Interamericano
Sociedad Mexicana de Historia de la Ciencia y la Tecnología
Sociedad Mexicana de Historia y Filosofía de la Medicina

Niederlande/Netherlands

Fries Genootschap van Geschied-, Oudheid- en Taalkunde
International Academy for the History of Pharmacy
International Association for the History of Religions
World Organization of Societies of Pharmaceutical History

Norwegen/Norway

Norske Kunst- og Kulturhistoriske Museer

Österreich/Austria

Österreichische Gesellschaft für Geschichte der Pharmazie

Panama/Panama

Sociedad Bolivariana del Panamá

Paraguay/Paraguay

Academia de la Lengua y Cultura Guaraní

Peru/Peru

Centro de Estudios Histórico-Militares del Perú
Instituto Sanmartiniano del Perú
Sociedad Peruana de Historia de la Medicina

Polen/Poland

Polskie Towarzystwo Historii Medycyny
Zydowski Instytut Historyczny

Puerto Rico/Puerto Rico

Comisión Puertorriqueña de Historia de las Ideas

Rumänien/Romania

Societatea de Istorie a Medicinei

Schweiz/Switzerland

Schweizerische Gesellschaft für Geschichte der Medizin und der Naturwissenschaften

Spanien/Spain

Academia Iberoamericana y Filipina de Historia Postal
Instituto Histórico de Marina
Instituto Municipal de Historia de la Ciudad
Seminario de Historia Primitiva

Sri Lanka/Sri Lanka

Classical Association of Ceylon

Südafrika/South Africa

Federasie van Afrikaanse Kultuurvereniginge, FAK

Taiwan/Taiwan

Chinese Medical History Association

Türkei/Turkey

Türk Tib Tarihi Kurumu

Union der Sozialistischen Sowjetrepubliken (UdSSR)/Union of Soviet Socialist Republics (U.S.S.R.)

All-Union Scientific Society of the History of Medicine

Venezuela/Venezuela

Sociedad Bolivariana de Venezuela
Sociedad Venezolana de Historia de la Medicina

Vereinigte Staaten von Amerika (USA)/United States of America (USA)

Academy of International Military History, AIMH
Abigail Adams Historical Society
Afro American Cultural and Historical Society, AACHS
Agricultural History Society
American Academy for Jewish Research, AAJR
American Academy of the History of Dentistry, AAHD
American Antiquarian Society, AAS
American Association for State and Local History, AASLH
American Association for the History of Medicine
American Committee on the History of the Second World War
American Hungarian Library and Historical Society, AHLHS
American Indian Historical Society
American Institute of the History of Pharmacy, AIHP
American Irish Historical Society, AIHS
American Italian Historical Association, AIHA
American Jewish Historical Society, AJHS
American Jewish History Center of the Jewish Theological Seminary, AJHC
American Poultry Historical Society, APHS
American Revolution Round Table, ARRT
American Society for Eighteenth-Century Studies, ASECS
American Society for Ethnohistory
American Society of African Culture, AMSAC
American Squadron of Aviation Historians, ASAH
American-Jewish Historical Society
Association for the Study of Negro Life and History, ASNLH
Association of Centers of Medieval and Renaissance Studies, ACOMARS
Association of Living Historical Farms and Agricultural Museums
Athenaeum of Philadelphia
Bolivarian Society of the United States
Bostonian Society
Aaron Burr Association, ABA
Center for Medieval and Early Renaissance Studies
Center for Neo-Hellenic Studies, CNHS
Cherokee National Historical Society, CNHS

Chinese Historical Society of America, ChHS
Civil War Round Table of New York, CWRTNY
Colonial Society of Massachusetts
Committee to Promote the Study of Austrian History
Concord Antiquarian Society
Confederate Memorial Literary Society, CMLS
Conference on Early American History
Conference on Peace Research in History, CPRH
Congress for Jewish Culture, CJC
Creek Indian Memorial Association, CIMA
Jefferson Davis Association, JDA
Dutch-American Historical Commission
Early American Industries Association, EAIA
Early American Society, EAS
Early Settlers Association of the Western Reserve
John Ericsson Society
Finnish-American Historical Archives
Finnish-American Historical Society of Michigan
Flag Research Center, FRC
Forest History Society, FHS
Histadruth Ivrith of America
Historical Society of Early American Decoration, HSEAD
History of Education Society
History of Science Society, HSS
Institute for Mediterranean Affairs
Institute of Early American History and Culture
International Commission for the History of Representative and Parliamentary Institutions
International Federation of Renaissance Societies and Institutes
Italian Historical Society of America, IHS
Lewis and Clark Society of America
Frank London Brown Historical Association
Marine Historical Association
Mediaeval Academy of America, MAA
Midwest Railway Historical Society, MRHS
National Capital Historical Museum of Transportation, NCHMT
National Maritime Historical Society, NMHS
North American Vexillological Association, NAVA
Norwegian-American Historical Association, NAHA
Oral History Association, OHA
Philadelphia Classical Association
Pilgrim Society
Pioneer America Society
Polish American Historical Association, PAHA
Popular Culture Association, PCA
Railroad Station Historical Society, RSHS
Renaissance Society of America, RSA
Richard III Society
Theodore Roosevelt Association
Rushlight Club
Shawnee Mission Indian Historical Society
Society for Creative Anachronism, SCA
Society for French Historical Studies, SFHS
Society for Historians of American Foreign Relations, SHAFR
Society for Italian Historical Studies, SIHS
Society for Maritime History
Society for Spanish and Portuguese Historical Studies, SSPHS
Society for the Comparative Study of Society and History
Society for the History of Czechoslovak Jews
Society for the History of Discoveries
Society for the History of Technology, SHOT
Society for the History of the Germans in Maryland, SHGM
Society of Architectural Historians, SAH
State Historical Society of Wisconsin
Swedish Colonial Society, SCS
Swedish Pioneer Historical Society, SPHS
Theatre Historical Society, THS
United States Capitol Historical Society
United States Committee to Promote Studies of the History of the Habsburg Monarchy
Urban History Group
Vergilian Society
Victorian Society in America
Whaling Museum Society
White House Historical Association

Kulturmorphologie

Cultural Morphology

Bundesrepublik Deutschland (BRD)/Federal Republic of Germany

Deutsche Gesellschaft für Kulturmorphologie
Frobenius-Gesellschaft

Kulturpolitik

Cultural Politics

Grossbritannien/Great Britain

Europa Nostra - Associations for the Protection of Europe's Natural and Cultural Heritage

Kunst

Art

Ägypten/Egypt

Armenian Artistic Union
Atelier
Hellenic Artistic Union
High Council of Arts and Literature
Society of Friends of Art

Albanien/Albania

League of Artists and Writers

Argentinien/Argentina

Academia Nacional de Bellas Artes
Comisión Nacional de Museos y de Monumentos y Lugares

Australien/Australia

Arts Council of Australia
Contemporary Art Society of Australia
Royal Queensland Art Society
Royal South Australian Society of Arts
Society of Artists
Victorian Artists' Society

Bangla Desh/Bangla Desh

Society of Arts, Literature and Welfare

Belgien/Belgium

Académie Royale des Beaux-Arts
Académie Royale des Sciences, des Lettres et des Beaux-Arts de Belgique
Association des Artistes Professionels de Belgique
Association Internationale des Métiers et Enseignements d'Art, AIMEA
Association Royale des Artistes Professionnels de Belgique
Congrès Internationaux sur la Communication de la Culture par l'Architecture, les Arts et les Mass Media
Koninklijke Vlaamse Academie voor Wetenschappen, Letteren en Schone Kunsten van België
National Hoger Instituut en Koninklijke Academie voor Schone Kunsten
Société Royale des Beaux-Arts
Union Nationale des Artistes Professionnels des Arts Plastiques et Graphiques, UNAP

Bermudas/Bermudas

Bermuda Society of Arts

Bolivien/Bolivia

Círculo de Bellas Artes

Brasilien/Brazil

Sindicato dos Compositores Artísticos, Musicais e Plásticos do Estado de São Paulo
Sociedade Brasileira de Belas Artes

Bulgarien/Bulgaria

Vereinigung Bulgarischer Künstler

Dänemark/Denmark

Foreningen af Danske Kunstmuseer i Provinsen
Foreningen for National Kunst
Kongelige Adademi for de Skønne Kunster
Kunstforeningen i København
Kunstnerforening af 18de November
Malende Kunstneres Sammenslutnig
Sammenslutningen af Danske Kunstforeniger
Skandinavisk Museumsforbund

Deutsche Demokratische Republik (DDR)/ German Democratic Republic

Deutsche Akademie der Künste zu Berlin
Verband Bildender Künstler Deutschlands
Verband Bildender Künstler Deutschlands, Sektion Gebrauchsgraphik, VBKD

Bundesrepublik Deutschland (BRD)/Federal Republic of Germany

Akademie der Künste
Akademie Remscheid für Musische Bildung und Medienerziehung
Arbeitsgemeinschaft der Deutschen Werkkunstschulen
Bayerische Akademie der Schönen Künste
Bund Deutscher Kunsterzieher
Bund Deutscher Landesberufsverbände Bildender Künstler
Bund für Freie und Angewandte Kunst
Deutsche Akademie der Darstellenden Künste
Deutsche Gesellschaft für Bildende Kunst
Deutsche Gesellschaft für Christliche Kunst
Deutscher Künstlerbund
Deutscher Kunstrat
Deutscher Museumsbund
Deutscher Verein für Kunstwissenschaft
Deutsches Nationalkomitee des Internationalen Museumsrates
Humboldt-Gesellschaft für Wissenschaft, Kunst und Bildung
Kestner-Gesellschaft
Westdeutscher Künstlerbund

Finnland/Finland

Kuvaamataidon Opettajam Liitto, KOL
Suomen Museoliitto
Suomen Taidegraafikot, STG
Suomen Taideyhdistys
Suomen Taiteilijaseura
Suomen Taldeyhdistys
Taidemaalariliitto

Frankreich/France

Académie des Beaux-Arts
Académie des Belles Lettres, Sciences et Arts d'Angers
Académie des Belles Lettres, Sciences et Arts de La Rochelle
Académie des Lettres et des Arts
Académie des Sciences, Agriculture, Arts et Belles Lettres d'Aix
Académie des Sciences, Arts et Belles Lettres de Caen
Académie des Sciences, Arts et Belles Lettres de Dijon
Académie des Sciences, Belles Lettres et Arts d'Amiens
Académie des Sciences, Belles Lettres et Arts de Besançon

Académie des Sciences, Belles Lettres et Arts de Clermont-Ferrand
Académie des Sciences, Belles Lettres et Arts de Lyon
Académie des Sciences, Belles Lettres et Arts de Rouen
Académie des Sciences, Belles Lettres et Arts de Savoie
Académie des Sciences, Lettres et Arts d'Arras
Académie des Sciences, Lettres et Beaux Arts de Marseille
Académie Nationale des Sciences, Belles-Lettres et Arts de Bordeaux
Association des Artistes Peintres, Sculpteurs, Architectes, Graveurs et Dessinateurs
Association Générale des Conservateurs des Collections Publiques de France
Association Internationale des Arts Plastiques, AIAP
Association Internationale des Critiques d'Art, AICA
Association Littéraire et Artistique Internationale, ALAI
Centre National d'Art Appliqué Contemporain
Centre National d'Art Contemporain
Conseil International des Musées
Fédération Française des Artistes
Société d'Agriculture, Sciences, Arts et Belles Lettres
Société des Amis du Louvre
Société des Artistes Décorateurs, SAD
Société des Artistes Français
Société des Artistes Indépendents
Société des Sciences, Arts et Belles-Lettres de Bayeux
Société du Salon d'Automne
Société Nationale des Beaux-Arts
Union Centrale des Arts Décoratifs
Union des Ecrivains et Artistes Latins

Ghana/Ghana

Arts Council of Ghana
Ghana Academy of Arts and Sciences

Griechenland/Greece

Eleutheroi Kallitechnai
Epangelmatikon Kallitechnikon Epimelitirion
Federation of Plastic Art Associations
Omas-Techni
Somateion Hellinon Glypton
Syndesmos Hellinon Kallitechnon
Syndesmos Skitsographon

Grossbritannien/Great Britain

Academy of Visual Arts, AVA
Art Workers Guild, AWG
Artists' League of Great Britain
Artists of Chelsea
Arts Association of Stage Schools
Arts Council of Great Britain
Arts Council of Northern Ireland
Association of Art Institutions, AAI
Association of Painting Craft Teachers, APCT
Birmingham and Midland Institute, BMI
British Museum Society
British Society of Master Glass Painters, BSMGP
Chester Society of Natural Science, Literatur and Art
Contemporary Art Society, CAS
Devonshire Association
Dunedin Society
Federation of British Artists
Honourable Society of Cymmrodorion
Imperial Arts League, IAL
Industrial Painters Group
Institute of Contemporary Arts, ICA
Kronfeld Aviation Art Society
Midlands Association for the Arts, MAA
William Morris Society
Museums Association
National Association of Decorative and Fine Art Societies
National Society for Art Education, NSAE
National Society of Painters, Sculptors and Engravers
New English Art Club
Northern Arts Association
Oriental Ceramic Society, OCS
Pastel Society
Plymouth Athenaeum
Royal Academy of Arts in London, RA
Royal Birmingham Society of Artists, RBSA
Royal British Colonial Society of Artists
Royal Cambrian Academy of Art, RCA
Royal Drawing Society, RDS
Royal Fine Art Commission
Royal Fine Art Commission for Scotland
Royal Institute of Oil Painters
Royal Institute of Painters in Water Colours
Royal Scottish Society of Arts
Royal Scottish Society of Painters in Water Colours
Royal Society of Arts, RSA
Royal Society of British Artists, RBA
Royal Society of British Sculptors, RBS
Royal Society of Marine Artists
Royal Society of Miniature Painters, Sculptors and Gravers, RMS
Royal Society of Painters in Water Colours
Royal Society of Portrait Painters
Royal Ulster Academy of Painting, Sculpture and Architecture, RUA
Saint Ives Society of Artists
Saltire Society
Scottish Arts Council
Scottish Master Monumental Sculptors Association
Scottish Society of Women Artists, SSWA
Senefelder Group
Society for Education through Art
Society for the Promotion of Hellenic Studies
Society for the Promotion of Roman Studies
Society of Aviation Artists
Society of Graphic Artists
Society of Industrial Artists and Designers

Society of Miniaturists
Society of Mural Painters, SMP
Society of Painters in Tempera
Society of Portrait Sculptors, SPS
Society of Scottish Artists, SSA
Society of Wild-Life Artists
Society of Women Artists
South Western Arts Association, SWAA
Standing Commission on Museums and Galleries
United Society of Artists
Wedgwood Society
Welsh Arts Council

Haiti/Haiti

Société Haïtienne des Lettres et des Arts

Indien/India

All India Fine Arts and Crafts Society
Art Society of India
Bombay Art Society
Indian Society of Oriental Art
Museums Association of India
South India Society of Painters

Irak/Iraq

Society of Iraqi Artists

Irische Republik/Irish Republic

Friends of the National Collection of Ireland
Irish Society of Arts and Commerce
Royal Hibernian Academy of Painting, Sculpture and Architecture

Island/Iceland

Bandalag Islenzkra Listamanna

Israel/Israel

Israel Artists' Association
Museums Association of Israel
National Council of Culture and Art
World Academy of Art and Science, WAAS

Italien/Italy

Academia Española de Bellas Artes en Roma
Académie de France à Rome
Accademia Albertina di Belle Arti e Liceo Artistico
Accademia di Belle Arti
Accademia di Belle Arti
Accademia di Belle Arti
Accademia di Belle Arti
Accademia di Belle Arti e Liceo Artistico
Accademia di Belle Arti e Liceo Artistico
Accademia di Belle Arti e Liceo Artistico
Accademia di Belle Arti e Liceo Artistico
Accademia di Belle Arti e Liceo Artistico
Accademia di Belle Arti e Liceo Artistico
Accademia di Belle Arti e Liceo Artistico
Accademia di Scienze, Lettere ed Arti
Accademia Nazionale di Scienze, Lettere ed Arti
Accademia Virgiliana di Scienze, Lettere ed Arti di Mantova
Associazione Internazionale Filosofia, Arti e Scienze
Associazione Nazionale dei Musei Italiani
Centro Internazionale delle Arti e del Costume
Consiglio Superiore delle Antichità e Belle Arti
Istituto Veneto di Scienze, Lettere ed Arti
Sindacato Nazionale Istruzione Artistica, SNIA
Società di Minerva
Società Incoraggiamento Arti e Mestieri
Società Nazionale di Scienze, Lettere ed Arti, Ex Società Reale
Unione Sindacale Artisti Italiani Belle Arti

Demokratische Volksrepublik Jemen /People's Democratic Republic of Yemen

Department of Antiquities and Museums

Jugoslawien/Yugoslavia

Federation of Museums Associations
Jugoslavenska Akademija Znanosti i Umjetnosti
Makedonska Akademija na Naukite i Umetnostite
Museum Society of Croatia
Slovenska Akademija Znanosti in Umetnosti
Srpska Akademija Nauka i Umetnosti

Kanada/Canada

Art, Historical and Scientific Association
Canada Council for the Encouragement of the Arts, Humanities and Social Sciences
Canadian Arts Council
Canadian Museums Association
Canadian Society of Painters in Water Colour
Contemporary Art Society
Federation of Canadian Artists
Maritime Art Association
Ontario Society of Artists
Royal Canadian Academy of Arts
Sculptors' Society of Canada
Society of Canadian Painters - Etchers and Engravers

Republik Korea /Republic of Korea

National Academy of Arts

Kuba/Cuba

Unión de Escritores y Artistas de Cuba

Malaysia/Malaysia

Arts Council of Malaysia

Malta/Malta

Malta Society of Arts, Manufactures and Commerce

Mauritius/Mauritius

Royal Society of Arts and Sciences of Mauritius

Mexiko/Mexico

Academia de Artes Plásticas
Academia de Artes Plásticas

Ateneo de Ciencias y Artes de Chiapas
Ateneo Nacional de Ciencias y Artes de México
Ateneo Veracruzano
Instituto Nacional de Bellas Artes

Namibia/Namibia

South West African Association of Arts

Neuseeland/New Zealand

Art Galleries and Museums Association of New Zealand
Auckland Institute and Museum
New Zealand Academy of Fine Arts
Queen Elizabeth II Arts Council of New Zealand

Niederlande/Netherlands

Maatschappij "Arti et Amicitiae"
Nederlandse Federatie van Beeldende Kunstenaarsverenigingen
Nederlandse Federatie van Beroepsverenigingen van Kunstenaars
Nederlandse Museumvereniging
Raad voor de Kunst
Rijksakademie van Beeldende Kunsten

Nigeria/Nigeria

Museums Association of Tropical Africa, MATA

Norwegen/Norway

Bildende Kunstneres Styre, BKS
Landstorbundet Norsk Brukskunst, LNB
Norges Kunstnerråd

Österreich/Austria

Arbeitsgemeinschaft für Kunst und Wissenschaft
Berufsverband der Bildenden Künstler Österreichs, BVÖ
Künstlerhaus, Gesellschaft Bildender Künstler
Museums-Verein
Oberösterreichischer Musealverein
Österreichische Gesellschaft für Christliche Kunst

Pakistan/Pakistan

Arts Council of Pakistan
Pakistan Museum Association

Peru/Peru

Asociación de Artistas Aficionados
Asociación Nacional de Escritores y Artistas, ANEA
Sociedad de Bellas Artes del Perú

Philippinen/Philippines

Art Association of the Philippines

Polen/Poland

Poznánskie Towarzystwo Przyjaciół Nauk
Towarzystwo Przyjaciół Nauki i Sztuki w Rzeszowie
Związek Polskich Artystów Plastyków, ZAP

Portugal/Portugal

Academia Nacional de Belas Artes
Sociedade Nacional de Belas Artes

Puerto Rico/Puerto Rico

Sociedad de Amigos de las Bellas Artes
Sociedad Mayaguezana por Bellas Artes

Réunion/Réunion

Société des Sciences et Arts

Rhodesien/Rhodesia

National Association for the Arts
Rhodesian Society of Arts

Rumänien/Romania

Uniunea Artistilor Plastici din R.S.R., UAP

Schweden/Sweden

Göteborgs Kungliga Vetenskaps- och Vitterhets-Samhälle
Konstnärernas Riksorganisation, KRO
Kungliga Akademien för de fria Konsterna
Svenska Museiföreningen
Sveriges Allmänna Konstförening
Teckningslärarnas Riksförbund

Schweiz/Switzerland

Association Syndicale des Peintres, Sculpteurs, Dessinateurs et Artisans d'Art de Genève
Gesellschaft Schweizerische Zeichenlehrer, GSZ
Gesellschaft Schweizerischer Maler, Bildhauer und Architekten
Internationales Institut für Kunstwissenschaften
Kunstverein Sankt Gallen
Schweizerische Vereinigung Bildender Künstler
Schweizerischer Werkbund
Schweizerisches Institut für Kunstwissenschaft
Société des Arts
Vereinigung der Freunde antiker Kunst
Wirtschaftsbund Bildender Künstler

Sierra Leone/Sierra Leone

Sierra Leone Society

Singapur/Singapore

Indian Fine Arts Society

Spanien/Spain

Asociación Amigos de los Museos
Asociación de Artes, Letras y Ciencias
Asociación de Escritores y Artistas Españoles
Asociación Nacional de Pintores y Escultores de España
Ateneo Barcelonés
Ateneo Científico, Literario y Artístico
Ateneo Científico, Literario y Artístico
Ateneo Literario, Artístico y Científico
Instituto Amatiler de Arte Hispánico

Instituto de Arte "Diego Velázquez"
Junta Facultativa de Archivos, Bibliotecas y Museos
Real Academia de Bellas Artes de la Purisima Concepción
Real Academia de Bellas Artes de San Fernando
Real Academia de Bellas Artes de San Jorge
Real Academia de Bellas Artes de San Telmo
Real Academia de Bellas Artes de Santa Isabel de Hungria
Real Academia de Bellas Artes y Ciencias Históricas de Toledo
Real Academia de Ciencias, Bellas Letras y Nobles Artes
Real Academia de Ciencias y Artes de Barcelona
Real Academia de Nobles y Bellas Artes de San Luis
Sociedad de Ciencias, Letras y Artes

Sri Lanka/Sri Lanka

Ceylon Society of Arts

Südafrika/South Africa

South African Association of Arts
South African Museums' Association
Suid-Afrikaanse Akademie vir Wetenskap en Kuns

Taiwan/Taiwan

Art Institute of Tainan
Art Society of China
Association for Education through Art, Republic of China
Modern Fine Arts Association of Southern Taiwan
Museum Association of China
Television Academy of Arts and Sciences of the Republic of China

Thailand/Thailand

Royal Institute

Trinidad und Tobago/Trinidad and Tobago

Trinidad Art Society

Tschechoslowakei (CSSR)/Czechoslovakia

Hollar, skupina československých umělců-grafiků
Ochranné sdruženi výkonnych umělců, OSVU
Svaz českých výtvarných umělců
Svaz slovenských výtvarných umělců
Umělecká beseda

Ungarn/Hungary

Magyar Képzomüvészek Szövetsége, MKSz
Magyar Müvészeti Tanács
Rippl-Rónai József Társaság

Union der Sozialistischen Sowjetrepubliken (UdSSR)/Union of Soviet Socialist Republics (U.S.S.R.)

Academy of Arts of the U.S.S.R.
Union of U.S.S.R. Artists

Vatikan/Vatican

Pontificia Insigne Accademia Artistica dei Virtuosi al Pantheon

Venezuela/Venezuela

Asociación Venezolana Amigos del Arte Colonial
Sociedad Amigos del Museo de Bellas Artes

Vereinigte Staaten von Amerika (USA)/United States of America (USA)

Abolafia's Association of American Artists, AA of AA
Allied Artists of America, AAA
American Abstract Artists, AAA
American Academy of Arts and Letters
American Academy of Arts and Sciences
American Artists Professional League, AAPL
American Association of Museums, AAM
American Association of Youth Museums, AAYM
American Council for Elementary School Industrial Arts, ACESIA
American Council of Industrial Arts State Association Officers, ACIASAO
American Council of Industrial Arts Supervisors, ACIAS
American Council of Industrial Arts Teacher Education, ACIATE
American Federation of Arts, AFA
American Fine Arts Society, AFAS
American Industrial Arts Association, AIAA
American Institute for Design and Drafting, AIDD
American Institute of Commemorative Art, AICA
American Physicians Art Association, APAA
American Society for Aesthetics, ASA
American Society for Eastern Arts, ASEA
American Society of Professional Draftsmen and Artists, ASPDA
American Spciety of Contemporary Artists, ASCA
American Watercolor Society, AWS
Anonymous Arts Recovery Society
Archives of American Art
Art and Technology
Art Directors Club, ADC
Art Information Center, AIC
Associated Councils of the Arts, ACA
Association for the Study of Dada and Surrealism
Association of Art Museum Directors, AAMD
Association of Science Museum Directors
Audubon Artists
Black Academy of Arts and Letters, BAAL
Caravan House
Caricaturists Society of America, CSA
Catholic Art Association, CAA
Catholic Fine Arts Society, CFAS
College Art Association of America, CAAA
Connecticut Academy of Arts and Sciences
Council of American Artist Societies
Czechoslovak Society of Arts and Sciences in America
Drawing Society

Federal Council on the Arts and the Humanities
Fine Arts Federation of New York
International Association of Mouth and Foot Painting, ARTISTS
International Center of Medieval Art
International Council of the Museum of Modern Art
Jewish Academy of Arts and Sciences, JAAS
John F. Kennedy Center for the Performing Arts
Lutheran Society for Worship, Music and the Arts, LSWMA
National Art Education Association, NAEA
National Arts Club, NAC
National Association of Industrial Artists, NAIA
National Association of Schools of Art, NASA
National Association of Women Artists, NAWA
National Cartoonists Society, NCS
National Council of Scientific and Technical Art Societies, NCSTAS
National Council of the Arts in Education, NCAIE
National Council on the Arts and Government, NCAG
National Institute of Arts and Letters, NIAL
National League of American Pen Women, NLAPW
National Sculpture Society, NSS
National Society of Mural Painters, NSMP
National Society of Painters in Casein, NSPC
New Art Association, NAA
Northern Arizona Society of Science and Art
Pen and Brush Club
Polish Institute of Arts and Sciences in America, PIASA
San Francisco Art Commission
Sculptors Guild
Sculpture Center
Slovak Writers and Artists Association
Society for Asian Art, SAA
Society for Automation in the Fine Arts, SAFA
Society for the Arts, Religion and Contemporary Culture, ARC
Society of American Graphic Artists, SAGA
Society of Animal Artists, SAA
Society of Federal Artists and Designers, SFAD
Society of Illustrators, SI
Society of Motion Picture and Television Art Directors
Society of Western Artists
Sumi-E Society of America
Technical Illustrators Management Association, TIMA
Ukrainian Academy of Arts and Sciences in the US, UAAS
Ukrainian Artists' Association in USA, OMUA
Union of Independent Colleges of Art, UICA
United States Committee of the International Association of Art
United States National Committee of International Council of Museums, US-ICOM
Whiteruthenian Institute of Arts and Science, WIAS

Demokratische Republik Vietnam /Democratic Republic of Viet-Nam

Viet-Nam Fine Arts Association

Kunstgeschichte

History of Art

Bundesrepublik Deutschland (BRD)/Federal Republic of Germany

International Committee on the History of Art
Verband Deutscher Kunsthistoriker

Frankreich/France

Société de l'Histoire de l'Art Français, CSSF

Italien/Italy

Istituto di Norvegia in Roma di Archeologia e Storia dell'Arte
Istituto Nazionale di Archeologia e Storia dell'Arte
Istituto Universitario Olandese di Storia dell'Arte
Kunsthistorisches Institut

Japan/Japan

Bijutsushi gakkai

Jugoslawien/Yugoslavia

Slovenian Society of Historians of Art

Niederlande/Netherlands

Rijksbureau voor Kunsthistorische Documentatie

Norwegen/Norway

Norske Kunst- og Kulturhistoriske Museer

Österreich/Austria

Kunsthistorische Gesellschaft

Schweiz/Switzerland

Gesellschaft für Schweizerische Kunstgeschichte

Ungarn/Hungary

Magyar Régészeti, Müvészettörténeti és Eremtani Társulat

Kunststoffverarbeitung

Synthetic Materials Processing

Bundesrepublik Deutschland (BRD)/Federal Republic of Germany

Denkendorf - Forschungsgesellschaft für Chemiefaserverarbeitung
Fachnormenausschuss Kunststoffe, FNK
Forschungsgesellschaft Kunststoffe

Grossbritannien/Great Britain

Plastics Institute
Rubber and Plastics Research Association, RAPRA

Vereinigte Staaten von Amerika (USA)/United States of America (USA)

Plastics Institute of America, PIA

Kybernetik

Kybernetics

Belgien/Belgium

Association Internationale de Cybernétique

Bundesrepublik Deutschland (BRD)/Federal Republic of Germany

Deutsche Gesellschaft für Kybernetik

Frankreich/France

Association Française pour la Cybernétique Economique et Technique, AFCET
Centre International de Cyto-Cybernetique

Grossbritannien/Great Britain

International Cybernetics Congress Committee, ICCC

Vereinigte Staaten von Amerika (USA)/United States of America (USA)

American Society for Cybernetics, ASC

Lackforschung

Lac Research

Bundesrepublik Deutschland (BRD)/Federal Republic of Germany

Deutsche Gesellschaft für Lackforschung
Fachnormenausschuss Anstrichstoffe und Ähnliche Beschichtungsstoffe

Grossbritannien/Great Britain

Research Association of British Paint, Colour and Varnish Manufacturers

Lärmbekämpfung

Noise Control

Bundesrepublik Deutschland (BRD)/Federal Republic of Germany

Deutscher Arbeitsring für Lärmbekämpfung

Grossbritannien/Great Britain

Association for the Reduction of Aircraft Noise, ARAN

Vereinigte Staaten von Amerika (USA)/United States of America (USA)

Committee on Noise as a Public Health Hazard
National Council on Noise Abatement, NCNA
National Organization to Insure a Sound-Controlled Environment

Landesplanung

Area Planning

Bundesrepublik Deutschland (BRD)/Federal Republic of Germany

Akademie für Raumforschung und Landesplanung
Deutsche Akademie für Städtebau und Landesplanung

Landschaftspflege

Landscape Protection

Bundesrepublik Deutschland (BRD)/Federal Republic of Germany

Arbeitsgemeinschaft Deutscher Beauftragter für Naturschutz und Landschaftspflege
Arbeitsgemeinschaft für Landschaftsentwicklung
Deutscher Rat für Landespflege
Europäischer Arbeitskreis für Landschaftspflege
Länderarbeitsgemeinschaft für Naturschutz, Landschaftspflege und Erholung

Frankreich/France

Société pour la Protection des Paysages et de l'Esthétique

Grossbritannien/Great Britain

Association for the Preservation of Rural Scotland, APRS
Landscape Research Group, LRG

Landwirtschaftswissenschaft

Agricultural Science

Ägypten/Egypt

Egyptian Agricultural Organization

Argentinien/Argentina

Academia Nacional de Agronomia y Veterinaria

Asociación Argentina de la Ciencia del Suelo
Sociedad Argentina de Agronomía
Sociedad Latinoamericana de Ciencias de los Suelos
Sociedad Rural Argentina

Australien/Australia

Agricultural Engineering Society
Agricultural Technologists of Australasia
Australasian Association of Agricultural Faculties
Australian Agricultural Economics Society
Australian Institute of Agricultural Science
Australian Society of Soil Science
Grassland Society of Victoria
International Grassland Congress
Royal Agricultural and Horticultural Society of South Australia
Royal Agricultural Society of Tasmania
Royal Agricultural Society of Western Australia
Waite Agricultural Sciences Club

Belgien/Belgium

Institut Économique Agricole
Organisation Internationale pour le Développement Rural

Bolivien/Bolivia

Servicio Agrícola Interamericano
Sociedad Rural Boliviana

Brasilien/Brazil

Sociedade Nacional de Agricultura

Bulgarien/Bulgaria

Bulgarska Akademija na Selskostopanskite Nauki
Wissenschaftliche und Technische Vereinigung landwirtschaftlicher Spezialisten

Chile/Chile

Sociedad Agronómica de Chile
Sociedad Nacional de Agricultura

Volksrepublik China/People's Republic of China

Chekiang Academy of Agricultural Sciences
Chinese Academy of Agricultural Sciences
Chinese Society of Pedology
Chinese Society of Tea Research
Heilungkiang Academy of Agricultural Sciences
Honan Academy of Agricultural Sciences
Hopeh Academy of Agricultural Sciences
Hunan Academy of Agricultural Sciences
Inner Mongolian Academy of Agricultural Sciences and Animal Husbandry
Kansu Academy of Agricultural Sciences
Kiangsu Academy of Agricultural Sciences
Kirin Academy of Agricultural Sciences
Kwangtung Academy of Agricultural Sciences
Liaoning Academy of Agricultural Sciences
Peking Academy of Agricultural Sciences
Shanghai Academy of Agricultural Sciences
Shansi Academy of Agricultural Sciences
Shantung Academy of Agricultural Sciences
Shensi Academy of Agricultural Sciences
Sinkiang Academy of Agricultural Sciences
Yünnan Academy of Agricultural Sciences

Costa Rica/Costa Rica

Asociación Latinoamericana para Sembradura de Plantas
Instituto Interamericano de Ciencias Agricolas de la OEA

Dänemark/Denmark

Afdelingen for Jord- og Vandbygning
Dansk Agronomforening
Danske Hedeselskab
Kongelige Danske Landhusholdningsselskab

Deutsche Demokratische Republik (DDR)/German Democratic Republic

Deutsche Akademie der Landwirtschaftswissenschaften zu Berlin

Bundesrepublik Deutschland (BRD)/Federal Republic of Germany

Deutsche Bodenkundliche Gesellschaft
Deutsche Gesellschaft der Landbauwissenschaften
Deutsche Landjugend-Akademie
Deutsche Landwirtschafts-Gesellschaft
Forschungsrat für Ernährung, Landwirtschaft und Forsten
Gesellschaft für Bibliothekswesen und Dokumentation des Landbaues
Gesellschaft für Geschichte des Landvolkes und der Landwirtschaft
Studiengesellschaft für Landwirtschaftliche Arbeitswirtschaft
Verband Deutscher Landwirtschaftlicher Untersuchungs- und Forschungsanstalten

El Salvador/El Salvador

Dirección General de Investigaciones Agronómicas

Finnland/Finland

Suomen Maateloustieteellinen Seura

Frankreich/France

Académie d'Agriculture de France
Académie des Sciences, Agriculture, Arts et Belles Lettres d'Aix
Association Française pour l'Etude du Sol
Commission Séricicole Internationale, CSI
Société d'Agriculture, Sciences, Arts et Belles Lettres
Société d'Agriculture, Sciences et Industrie de Lyon
Société Française d'Economie Rurale

Grossbritannien/Great Britain

Agricultural Economics Society

Agricultural Education Association, AEA
Agricultural Research Council
Association of Agricultural Education Staffs of Local Authorities, AAES
British Agricultural History Society, BAHS
British Society of Animal Production
Henry Doubleday Research Association, HDRA
Hill Farming Research Organisation
National Association of Principal Agricultural Education Officers, NAPAEO
National Institute of Agricultural Botany, NIAB
National Rural and Environmental Studies Association, NRESA
Royal Agricultural Society of England
Royal Highland and Agricultural Society of Scotland
Royal Welsh Agricultural Society
Soil Association
Tobacco Research Council
Weed Research Organisation

Honduras/Honduras

Servicio Técnico Interamericano de Cooperación Agrícola

Indien/India

Agri-Horticultural Society of Madras
Indian Council of Agricultural Research
Indian Dairy Science Association
Indian Society of Agricultural Economics
Royal Agri-Horticultural Society of India

Irische Republik/Irish Republic

Agricultural Science Association
National Development Association
Royal Dublin Society

Island/Iceland

Búnadarfélag Islands
Sandgraedsla Rikisins

Israel/Israel

Food and Agricultural Organization
International Committee on Plant Analysis and Fertilizer Problems
Israel Society of Soil Science

Italien/Italy

Accademia di Agricoltura di Torino
Accademia Economico-Agraria dei Georgofili
Accademia Nazionale di Agricoltura
Istituto Agronomico per l'Oltremare
Società Italiana di Economia Agraria
Ufficio Centrale di Ecologia Agraria e difesa delle Piante coltivate dalle Avversita Meteoriche

Japan/Japan

Nihon dojo hiryo gakkai
Nihon nettai nogyo gakkai
Nihon nogakkai
Nihon nogyo keizai gakkai
Nihon sanshi gakkai
Nihon sochi gakkai
Sapporo norin gakkai

Kanada/Canada

Agricultural Institute of Canada

Kenia/Kenya

Agricultural Society of Kenya
East African Agriculture and Forestry Research Organization

Kolumbien/Colombia

Instituto Colombiano Agropecuario
Sociedad Colombiana de la Ciencia del Suelo

Demokratische Volksrepublik Korea / Democratic People's Republic of Korea

Academy of Agricultural Science

Republik Korea /Republic of Korea

Korean Agricultural Engineering Society

Malta/Malta

Agrarian Society

Marokko/Morocco

Direction de la Recherche Agronomique

Mauritius/Mauritius

Société de Technologie Agricole et Sucrière de l'Ile Maurice

Mexiko/Mexico

Instituto Nacional de Investigaciones Agricolas
Organización Agricultural Interamericana
Sociedad Agronómica Mexicana
Sociedad Latinoamericana de Maïz
Sociedad Mexicana de la Ciencia del Suelo

Neuseeland/New Zealand

New Zealand Institute of Agricultural Sciences
New Zealand Society of Soil Science
Royal Agricultural Society of New Zealand

Niederlande/Netherlands

Hollandsche Maatschappij van Landbouw
Koninklijk Genootschap voor Landbouwwetenschap

Norwegen/Norway

International Seed Testing Association, ISTA
Nordiske Jordbrugsforskeres Forening, NJF
Norges Landbruksvitenskapelige Forskningsråd

Pakistan/Pakistan

Agricultural Economics Society of Pakistan

Paraguay/Paraguay

Servicio Técnico Interamericano de Cooperación Agrícola

Peru/Peru

Servicio de Investigación y Promoción Agraria
Sociedad Nacional Agraria

Philippinen/Philippines

Philippine Association of Agriculturists
Society for the Advancement of Research

Portugal/Portugal

Sociedade de Ciências Agronómicas de Portugal

Rhodesien/Rhodesia

Agricultural Research Council of Central Africa
Rhodesian Agricultural and Horticultural Society

Rumänien/Romania

Academia de Ştiinţe Agricole şi Silvice

Sambia/Zambia

Agricultural Research Council of Zambia

Schweden/Sweden

Kungliga Skogs- och Lantbruksakademien

Schweiz/Switzerland

Fédération des Sociétés d'Agriculture de la Suisse Romande

Spanien/Spain

Consejo General de Colegios Oficiales de Peritos Agrícolas de España
Instituto Agrícola Catalán de San Isidro

Sudan/Sudan

Agricultural Research Corporation

Taiwan/Taiwan

Agricultural Extension Association of China
Agriculture Association of China

Tansania/Tanzania

East African Agriculture and Forestry Research Organization, EAAFRO

Trinidad und Tobago/Trinidad and Tobago

Agricultural Society of Trinidad and Tobago
Tobago District Agricultural Society

Tschechoslowakei (CSSR)/Czechoslovakia

International Centre for Scientific and Technical Information in Agriculture and Forestry

Ungarn/Hungary

Magyar Agrártudományi Egyesület

Union der Sozialistischen Sowjetrepubliken (UdSSR)/Union of Soviet Socialist Republics (U.S.S.R.)

All-Union V. I. Lenin Academy of Agricultural Sciences
Scientific and Engineering Society of Agriculture

Uruguay/Uruguay

Asociación Rural del Uruguay

Venezuela/Venezuela

Asociación de Agrimensores de Venezuela
Consejo Nacional de Investigaciones Agricolas

Vereinigte Staaten von Amerika (USA)/United States of America (USA)

Agricultural Board
Agricultural History Society
American Agricultural Economics Association, AAEA
American Association of Agricultural College Editors, AAACE
American Association of Teacher Educators in Agriculture, AATEA
American Poultry Historical Society, APHS
American Society of Agronomy
Council for Agricultural and Chemurgic Research
Council for Tobacco Research
Dairy Herd Improvement Association, DHIA
Federal Plant Quarantine Inspectors National Association, FPQINA
National Association of Colleges and Teachers of Agriculture, NACTA
National Association of Supvervisors of Agricultural Education, NASAE
National Vocational Agricultural Teachers' Association, NVATA
Soil and Crop Science Society of Florida
Soil Science Society of America, SSSA
Weed Science Society of America
Western Society of Soil Science

Leberheilkunde

Liver Therapeutics

Belgien/Belgium

Association Européenne pour l'Etude du Foie

Lederforschung

Leather Research

Dänemark/Denmark

Nordiska Läderforskningsrådet - Nordisk Laederforskningsråd

Bundesrepublik Deutschland (BRD)/Federal Republic of Germany

Interessengemeinschaft für Lederforschung und Häuteschädenbekämpfung im Verband der deutschen Lederindustrie
Verein für Gerbereichemie und -Technik

Grossbritannien/Great Britain

British Leather Manufacturers Research Association, BLMRA
International Hide and Allied Trades Improvement Society, IHATIS
Shoe and Allied Trades Research Association, SATRA

Indonesien/Indonesia

Akademi Teknologi Kulit

Neuseeland/New Zealand

New Zealand Leather and Shoe Research Association

Ungarn/Hungary

Böripari Tudományos Egyesület

Vereinigte Staaten von Amerika (USA)/United States of America (USA)

American Leather Chemists Association, ALCA

Leukämieforschung

Leukemia Research

Vereinigte Staaten von Amerika (USA)/United States of America (USA)

Leukemia Society of America, LSA

Lichttechnik

Lightening Engineering

Australien/Australia

Illuminating Engineering Society of Australia

Bundesrepublik Deutschland (BRD)/Federal Republic of Germany

Deutsche Gesellschaft für Lichtforschung
Fachnormenausschuss Lichttechnik, FNL
Lichttechnische Gesellschaft, LITG

Grossbritannien/Great Britain

Illuminating Engineering Society

Japan/Japan

Shomei gakkai

Schweden/Sweden

Svenska Föreningen för Ljuskultur

Union der Sozialistischen Sowjetrepubliken (UdSSR)/Union of Soviet Socialist Republics (U.S.S.R.)

Scientific and Engineering Society of the Light Industry

Vereinigte Staaten von Amerika (USA)/United States of America (USA)

Illuminating Engineering Society, IES

Limnologie

Limnology

Australien/Australia

Australian Society for Limnology

Volksrepublik China/People's Republic of China

Chinese Society of Oceanography and Limnology

Finnland/Finland

Suomen Limnologinen Seura

Japan/Japan

Nihon rikusui gakkai

Vereinigte Staaten von Amerika (USA)/United States of America (USA)

American Society of Limnology and Oceanography
International Association of Theoretical and Applied Limnology, IAL
Societas Internationalis Limnologiae

Linguistik

Linguistics

Ägypten/Egypt

Academy of the Arabic Language

Afghanistan/Afghanistan

Pakhtu-Tolena

Argentinien/Argentina

Academia Porteña del Lunfardo
Sociedad Argentina de Estudios Lingüisticos

Australien/Australia

Australasian Universities Language and Literature Association

Belgien/Belgium

Académie Royale de Langue et Litterature Françaises
Bureau International pour l'Etude des Problèmes de l'Enseignement du Grec et du Latin
Comité International des Dialectologues
Comité International des Sciences Onomastiques, CISO
Koninklijke Vlaamse Academie voor Taal- en Letterkunde
Société de Langue et de Littérature Wallonnes
Société d'Études Latines de Bruxelles

Brasilien/Brazil

Instituto de Linguistica e Antropologia Aplicada
Sociedade Brasileira de Romanistas

Chile/Chile

Academia Chilena de la Lengua
Asociación de Lingüística y Filología de Améria Latina, ALFAL

Costa Rica/Costa Rica

Academia Costarricense de la Lengua

Dänemark/Denmark

Danmarks Sproglærerforening, DS
Danske Sprog- og Litteraturselskab

Bundesrepublik Deutschland (BRD)/Federal Republic of Germany

Arbeitskreis für Rechtschreibregelung
Deutsche Akademie für Sprache und Dichtung
Deutsche Gesellschaft für Sprechkunde und Sprecherziehung
Gesellschaft für Deutsche Sprache
Societas Linguistica Europaea
Ständiger Ausschuss für Geographische Namen

Ecuador/Ecuador

Academia Ecuatoriana de la Lengua

Finnland/Finland

Suomalais-Ugrilainen Seura
Suomen Englanninkielen Opettajien Yhdistys
Uusfilologinen Yhdistys

Frankreich/France

Alliance Française
Association Internationale de Linguistique
Association Internationale des Etudes Françaises
Conseil International de la Langue Française
Fédération Internationale des Professeurs de Français, FIPF
Société de Linguistique de Paris, CSSF
Société de Linguistique Romane
Union Culturelle et Technique de Langue Française
Union pour la Langue Internationale Ido, ULI

Grossbritannien/Great Britain

Association of Recognised English Language Schools, ARELS
Association of Teachers of English as a Foreign Language, ATEFL
Association of Teachers of Italian, ATI
Association of Teachers of Spanish and Portuguese, ATSP
Audio Visual Language Association, AVLA
British Esperanto Association, BEA
Centre for Research and Documentation of the Language Problem, CRDLP
English Association
English Place-Name Society, EPNS
Greek Institute
Institute of Linguists
Institute of Psycholinguists, I Psy L
International Association of University Professors of English, IAUPE
International Federation for Modern Languages and Literatures
International Language Society of Great Britain, ILSGB
Lancashire Dialect Society
Linguistics Association of Great Britain, LAGB
Modern Humanities Research Association, MHRA
Modern Language Association, MLA
Names Society
National Association for the Teaching of English, NATE
Royal Celtic Society
Scottish National Dictionary Association
Society for Italic Handwriting
Society for the Promotion of Hellenic Studies
Society for the Study of Medieval Languages and Literature, SSMLL
Society of British Esperantist Teachers, SBET
Society of Teachers of Speech and Drama
Yorkshire Dialect Society, YDS

Guatemala/Guatemala

Academia de la Lengua Maya Quiché

Indien/India

International Tamil League
Linguistic Society of India
Sanskrit Academy
Tamil Association
Tamil Nadu

Irak/Iraq

Academy of Linguistics

Irische Republik/Irish Republic

Royal Society of Antiquaries of Ireland, RSAI

Israel/Israel

Academy of the Hebrew Language

Italien/Italy

Associazione Internazionale per gli Studi Lingua e Letterature Italiane
Instituto Español de Lengua y Literatura
International League of Esperantist Teachers

Japan/Japan

Kokugo gakkai
Nihon Esuperanto gakkai
Nihon Furansugo furansubun gakkai
Nihon gengo gakkai

Jugoslawien/Yugoslavia

Institute for the Officialization of Esperanto
International Esperantist Scientific Association
International Federation of Modern Language Teachers
Linguistic Society
Society for Slavonic Studies in Slovenia
Society of Serbian Language and Literature

Kanada/Canada

Association for Commonwealth Literature and Language Studies, ACLALS
Canadian Linguistic Association

Khmer-Republik/Khmer Republic

Association des Amis du Lycée Bouddhique Preah Suramarith

Malaysia/Malaysia

Tamil Language Society

Mauritius/Mauritius

Académie Mauricienne de Langue et de Littérature

Mexiko/Mexico

Academia Mexicana de la Lengua

Nicaragua/Nicaragua

Academia Nicaraguense de la Lengua

Niederlande/Netherlands

Fries Genootschap van Geschied-, Oudheid- en Taalkunde
Koninklijk Instituut voor Taal-, Land- en Volkenkunde
Permanent International Committee of Linguists
Vereniging van Leraren in Levende Talen

Norwegen/Norway

Norske Akademie for Sprog og Litteratur

Österreich/Austria

Wiener Sprachgesellschaft

Pakistan/Pakistan

Anjuman Taraqqi-e-Urdu Pakistan

Panama/Panama

Academia Panameña de la Lengua

Paraguay/Paraguay

Academia de la Lengua y Cultura Guarani

Polen/Poland

Polskie Towarzystwo Językoznawcze

Towarzystwo Miłośników Języka Polsklege

Puerto Rico/Puerto Rico

Academia Puertorriqueña de la Lengua Española

Schweden/Sweden

International Association of Applied Linguistics
Riksföreningen för Lärarna i Moderna Språk, LMS

Schweiz/Switzerland

Schweizerische Sprachwissenschaftliche Gesellschaft
Società Retorumantscha

Spanien/Spain

Academia de Lengua Vasca
Oficina International de Información y Observación del Español

Südafrika/South Africa

English Academy of Southern Africa

Syrien/Syria

Arab Academy

Taiwan/Taiwan

Chinese Language Society
Society of the Chinese Borders History and Languages

Türkei/Turkey

Türk Dil Kurumu

Ungarn/Hungary

Magyar Nyelvtudományi Társaság

Venezuela/Venezuela

Academia Venezolana de la Lengua

Vereinigte Staaten von Amerika (USA)/United States of America (USA)

American Association of Language Specialists, TAALS
American Association of Teachers of Esperanto, AATE
American Association of Teachers of French, AATF
American Association of Teachers of Italian, AATI
American Association of Teachers of Spanish and Portuguese, AATSP
American Catholic Esperanto Society, ACES

American Classical League, ACL
American Council on the Teaching of Foreign Languages, ACTFL
American Dialect Society, ADS
American Name Society, ANS
American Society for Neo-Hellenic Studies
Asociación Internacional de Hispanistas, AIH
Association for Computational Linguistics, ACL
Association of Departments of English, ADE
Association of Teachers of English as a Second Language, ATESL
Association of Teachers of Japanese, ATJ
Catholic Renascence Society, CRS
Center for Applied Linguistics, CAL
Chinese Language Teachers Association, CLTA
College English Association, CEA
College Language Association, CLA
English Institute
Esperanto Association of North America, EANA
Esperanto League for North America, ELNA
Fonetic English Spelling Association, FESA
Histadruth Ivrith of America
Interlingua Division of Science Service
International Catholic Esperanto Association
International Christian Esperanto Association
International Society for General Semantics, ISGS
Junularo Esperantista de Nord-Ameriko, JEN
Linguistic Society of America, LSA
Modern Greek Studies Association, MGSA
Modern Language Association of America, MLA
National Association of Language Laboratory Directors, NALLD
National Association of Professors of Hebrew, NAPH
National Association on Standard Medical Vocabulary
National Conference on Research in English, NCRE
National Council of State Supervisors of Foreign Languages, NCSSFL
National Council of Teachers of English, NCTE
National Federation of Modern Language Teachers Associations, NFMLTA
School and College Conference on English, SCCE
Simpler Spelling Association, SSA
Société des Professeurs Français en Amérique
Society for Automation in English and the Humanities, SAEH
Society of Federal Linguists, SFL
Speech Communication Association, SCA
Teachers of English to Speakers of other Languages, TESOL

Literaturwissenschaft

Literature Science

Ägypten/Egypt

Atelier
High Council of Arts and Literature
Permanent Bureau of Afro-Asian Writers

Afghanistan/Afghanistan

Pakhtu-Tolena

Albanien/Albania

League of Artists and Writers

Algerien/Algeria

Union des Ecrivains Algériens

Argentinien/Argentina

Academia Argentina de Letras
Asociación Interamericana de Escritores
Instituto de Literatura
P.E.N. Club Argentino
Sociedad Argentina de Autores y Compositores de Musica, SADAIC
Sociedad Argentina de Escritores
Sociedad General de Autores de la Argentina

Australien/Australia

Australasian Universities Language and Literature Association
Melbourne Shakespeare Society

Bangla Desh/Bangla Desh

Society of Arts, Literature and Welfare

Belgien/Belgium

Académie Royale de Langue et Litterature Françaises
Académie Royale des Sciences, des Lettres et des Beaux-Arts de Belgique
Association des Ecrivains Belges
Association Internationale de Littérature Comparée, AICL
Cercle d'Études Littéraires Françaises, C.E.L.F.
International PEN Club
Koninklijke Vlaamse Academie voor Taal- en Letterkunde
Koninklijke Vlaamse Academie voor Wetenschappen, Letteren en Schone Kunsten van België
Société de Langue et de Littérature Wallonnes
Union Belge des Ecrivains du Tourisme

Bolivien/Bolivia

P.E.N. Club de La Paz

Brasilien/Brazil

Academia Alagoana de Letras
Academia Amazonense de Letras
Academia Brasileira de Letras
Academia Cachoeirense de Letras
Academia Catarinense de Letras
Academia Cearense de Letras
Academia de Letras
Academia de Letras da Bahia

Academia de Letras de Piauí
Academia de Letras "Humberto de Campos"
Academia Feminina Espírito Santense de Letras
Academia Matogrossense de Letras
Academia Miniera de Letras
Academia Paranaense de Letras
Academia Paulista de Letras
Academia Pernambucana de Letras
Academia Riograndense de Letras
Instituto do Ceará
P.E.N. Clube do Brasil
Sociedade Brasileira de Autores Teatrais

Bulgarien/Bulgaria

Vereinigung Bulgarischer Schriftsteller

Dänemark/Denmark

Danske Dramatikers Forbund
Danske Sprog- og Litteraturselskab
Islandske Litteratursamfund
Samfund til Udgivelse af Gammel Nordisk Litteratur

Deutsche Demokratische Republik (DDR)/ German Democratic Republic

Goethe-Gesellschaft in Weimar

Bundesrepublik Deutschland (BRD)/Federal Republic of Germany

Akademie der Wissenschaften und der Literatur in Mainz
Deutsche Akademie für Sprache und Dichtung
Deutsche Dante-Gesellschaft
Deutsche Schillergesellschaft
Deutsche Shakespeare-Gesellschaft West
Deutscher Autoren-Verband
Deutsches P.E.N.-Zentrum der Bundesrepublik
Dramatiker-Union
Goethe-Gesellschaft
Hölderlin-Gesellschaft
Interessengemeinschaft Deutschsprachiger Autoren
Rudolf-Alexander Schröder-Gesellschaft
Technisch-Literarische Gesellschaft, TELI
Theodor-Storm-Gesellschaft
Tukan-Kreis
Verband Deutscher Schriftsteller, VS
Verband Deutscher Schriftsteller in Hamburg
Wilhelm-Busch-Gesellschaft

Finnland/Finland

Finlands Svenska Författareförening
Kirjallisuudentutkijain Seura
Suomalainen Teologinen Kirjallisuusseura
Suomalainen Tiedakatemia
Suomalaisen Kirjallisuuden Seura
Suomen Kirjailijaliitto
Suomen Näytelmäkirjailijaliitto, SUNKLO
Svenska Litteratursällskapet i Finland

Frankreich/France

Académie des Lettres et des Arts
Académie des Sciences et Lettres de Montpellier
Académie des Sciences, Lettres et Arts d'Arras
Académie des Sciences, Lettres et Beaux Arts de Marseille
Académie Française de la Poésie
Académie Goncourt
Académie Montaigne
Association des Ecrivains Combattants
Association des Ecrivains d'Expression Française de la Mer et de l'Outre-Mer
Association Littéraire et Artistique Internationale, ALAI
Centre National des Académies et Associations Littéraires et Savantes des Provinces Françaises
Confédération Internationale des Sociétés d'Auteurs et Compositeurs, CISAC
P.E.N. Maison Internationale
Société des Anciens Textes Français, CSSF
Société des Auteurs, Compositeurs et Editeurs de Musique, SACEM
Société des Auteurs et Compositeurs Dramatiques
Société des Gens de Lettres
Société des Poètes Français
Société d'Etudes Dantesques
Société d'Histoire Littéraire de la France, CSSF
Société Historique, Archéologique et Littéraire de Lyon
Syndicat des Critiques Littéraires
Syndicat National des Auteurs et Compositeurs de Musique
Union des Ecrivains et Artistes Latins

Französisch Guayana/French Guiana

Association des Amis du Livre

Griechenland/Greece

Hetairia Hellinon Logotechnon

Grossbritannien/Great Britain

Association of British Science Writers, ABSW
Francis Bacon Society
Bantock Society
Birmingham and Midland Institute, BMI
Henry Bradshaw Society
Brontë Society
Burns Federation
Chester Society of Natural Science, Literatur and Art
Classical Association, CA
Crime Writers Association, CWA
Critics' Circle
Dante Alighieri Society of Liverpool
Devonshire Association
Dickens Fellowship
Early English Text Society, EETS
Edinburgh Sir Walter Scott Club
Elgin Society
English Goethe Society, EGS

English Language Section of the Welsh Academy
Guild of Motoring Writers
Honourable Society of Cymmrodorion
Horatian Society
Hull Literary and Philosophical Society
Incorporated Society of Authors, Playwrights and Composers
Institution of Technical Authors and Illustrators, ITAI
International Federation for Modern Languages and Literatures
International Science Writers Association
International Writers Guild, IWG
Irish Texts Society, ITS
Johnson Society
Johnson Society of London
Kent and Sussex Poetry Society
Kipling Society
League of Dramatists
Leeds Philosophical and Literary Society
Leicester Literary and Philosophical Society
Literary and Philosophical Society of Liverpool
Literary and Philosophical Society of Newcastle upon Tyne
Lowestoft Literary and Scientific Association
Malone Society
Manchester Literary and Philosophical Society
Manuscript Association
P E N
Pali Text Society, PTS
Plymouth Athenaeum
Poetry Society, PS
Romantic Novelists' Association, RNA
Royal Society of Edinburgh, RSE
Royal Society of Literature of the United Kingdom
Cyril Scott Society
Scottish Gaelic Texts Society, SGTS
Scottish Text Society
Shakespearean Authorship Society
Shaw Society
Society for the Promotion of Hellenic Studies
Society for the Promotion of Roman Studies
Society for the Study of Medieval Languages and Literature, SSMLL
Society of Authors
Tennyson Society
Francis Thompson Society
Viking Society for Northern Research
Virgil Society
Wells Society
West Country Writers Association, WCWA
Writers' Guild of Great Britain, WGGB
Yr Academi Gymreig

Haiti/Haiti

Société Haîtienne des Lettres et des Arts

Honduras/Honduras

International P.E.N. Centre

Indien/India

Madras Literary Society and Auxiliary of the Royal Asiatic Society
National Academy of Letters
P.E.N. All-India Centre

Irak/Iraq

Al-Kalam

Iran/Iran

P.E.N. Club of Iran

Irische Republik/Irish Republic

Authors' Guild of Ireland
Dublin Literary Society
Irish Academy of Letters
Royal Society of Antiquaries of Ireland, RSAI
University College Literary and Historical Society

Island/Iceland

Islenzka Bókmenntafélag, Hid
Rithöfundasamband Islands

Israel/Israel

ACUM
Association of Hebrew Writers
Association of Religious Writers
Mekize Nirdamin Society

Italien/Italy

Accademia di Scienze, Lettere ed Arti
Accademia Ligure di Scienze e Lettere
Accademia Nazionale di Scienze, Lettere ed Arti
Accademia Toscana di Scienze e Lettere la Colombaria
Accademia Virgiliana di Scienze, Lettere ed Arti di Mantova
Associazione Internazionale per gli Studi Lingua e Letterature Italiane
European Community of Writers
Instituto Español de Lengua y Literatura
Istituto Lombardo Accademia di Scienze e Lettere
Istituto Papirologico "Girolamo Vitelli"
Istituto Veneto di Scienze, Lettere ed Arti
P.E.N. International Centre
Sindacato Nazionale Autori Drammatici, SNAD
Sindacato Nazionale Scrittori
Società Dante Alighieri
Società Dantesca Italiana
Società di Letture e Conversazioni Scientifiche
Società Italiana Autori Drammatici, SIAD
Società Letteraria
Società Nazionale di Scienze, Lettere ed Arti, Ex Società Reale

Jamaika/Jamaica

International P.E.N. Club

Japan/Japan

Nihon bungaku kyokai
Nihon eibun gakkai
Nihon Furansugo furansubun gakkai
Nihon P.E.N. kurabu
Nihon roshiyabun gakkai
Nippon hikaku bungakkai
Waka bungakkai

Jugoslawien/Yugoslavia

Pedagogical and Literary Union of Croatia
Scientific and Literary Committee of Yugoslavia
Society for Slavonic Studies in Slovenia
Society of Serbian Language and Literature

Kanada/Canada

Association for Commonwealth Literature and Language Studies, ACLALS
Canadian Authors' Association
Composers, Authors and Publishers Association of Canada
International P.E.N.
International Society of Aviation Writers, ISAW
Société des Écrivains Canadiens

Khmer-Republik/Khmer Republic

Association des Ecrivains Khmers

Kolumbien/Colombia

Instituto Caro y Cuervo

Kuba/Cuba

Unión de Escritores y Artistas de Cuba

Luxemburg/Luxembourg

Association Européenne pour l'Echange de la Littérature Technique dans le Domaine de la Sidérurgie, ASELT

Mauritius/Mauritius

Académie Mauricienne de Langue et de Littérature

Mexiko/Mexico

Anuarios de Filosoia y Letras
Centro Mexicano de Escritores

Niederlande/Netherlands

Maatschappij der Nederlandse Letterkunde
Netherlands Centre of the International PEN
Vereniging van Nederlandse Toneel-, Radio- en Televisieschrijvers

Norwegen/Norway

Norske Akademie for Sprog og Litteratur
Norske Dramatikeres Forbund
Norske Forfatterforening
Norske PEN-Klubb

Österreich/Austria

Internationales Institut für Kinder-, Jugend- und Volksliteratur
Österreichische Gesellschaft für Literatur
Österreichischer PEN-Club
Österreichischer Schriftstellerverband
Wiener Goethe Verein

Peru/Peru

Asociación Nacional de Escritores y Artistas, ANEA
International P.E.N. Centre

Philippinen/Philippines

Kawika

Polen/Poland

Stowarzyszenie Autorów, ZAIKS
Towarzystwo Literacki im. Mickiewicza
Towarzystwo Przyjaciót Nauk w Przyemyślu
Związek Pisarzy Polskich

Portugal/Portugal

Sociedade de Martins Sarmento

Puerto Rico/Puerto Rico

Congreso de Poesía de Puerto Rico
Sociedad Puertorriqueña de Autores, Compositores y Editores Musicales, SPACEM
Sociedad Puertorriqueña de Escritores

Rumänien/Romania

P.E.N. Club
Uniunea Scriitorilor din R.S.R.

Schweden/Sweden

Kungliga Vitterhets Historie och Antikvitets Akademien
Pennklubben
Samfundet de Nio
Sveriges Författareförening

Schweiz/Switzerland

Basle Centre of the International P.E.N.
Schweizerischer Schriftsteller-Verein
Société des Auteurs et Compositeurs Dramatiques
Société Suisse des Ecrivains, SSE
Union Mondiale des Ecrivains-Médecins

Sierra Leone/Sierra Leone

Sierra Leone Society

Singapur/Singapore

Tagore Society

Spanien/Spain

Academia de Buenas Letras de Barcelona
Asociación de Artes, Letras y Ciencias
Asociación de Escritores Médicos
Asociación de Escritores y Artistas Españoles

Ateneo Científico, Literario y Artístico
Ateneo Científico, Literario y Artístico
Ateneo Literario, Artístico y Científico
Circulo de Escritores Cinematograficos
Consejo Nacional de Colegios Oficiales de Doctores y Licenciados en Filosofía y Letras y en Ciencias
Instituto Aula de "Mediterráneo"
Real Academia de Ciencias, Bellas Letras y Nobles Artes
Real Academia Sevillana de Buenas Letras
Sociedad de Ciencias, Letras y Artes
Sociedad General de Autores de España

Syrien/Syria

Arab Academy

Taiwan/Taiwan

Chinese Center, International P.E.N.
Chinese Women Writer's Association
National Young Writers Association of China
Playwriters Association of the Republic of China

Tansania/Tanzania

East African Literature Bureau

Trinidad und Tobago/Trinidad and Tobago

Southern East Indian Literary and Debating Association

Tschechoslowakei (CSSR)/Czechoslovakia

Joint Committee for the Classification of Agricultural Literature
Matice moravská
Svaz československých spisovatelů

Uganda/Uganda

East African Literature Bureau, Uganda Branch
Uganda Society

Ungarn/Hungary

Batsányi János Irodalmi Társaság
Magyar Irodalomtörténeti Társaság
Magyar Irók Szövetsége
Magyar P.E.N. Club
Vajda János Társaság

Uruguay/Uruguay

Academia Nacional de Letras

Venezuela/Venezuela

Asociación Nacional de Escritores Venezolanos

Vereinigte Staaten von Amerika (USA)/United States of America (USA)

Academy of American Poets
American Academy of Arts and Letters
American Comparative Literature Association, ACLA
American Guild of Authors and Composers, AGAC
American Lessing Society, ALS
American Medical Authors
American Medical Writers' Association, AMWA
American Poetry League, APL
American Society of Composers, Authors and Publishers, ASCAP
Armenian Literary Society
Associated Business Writers of America, ABWA
Association of Petroleum Writers, APW
Augustan Reprint Society
Authors Guild
Authors League of America
Aviation/Space Writers Association, AWA
Baker Street Irregulars, BSI
Black Academy of Arts and Letters, BAAL
James Branch Cabell Society
Bronte Society
Burns Society of the City of New York
Cabell Society
Chautauqua Literary and Scientific Circle, CLSC
Civil War Press Corps, CWPC
Commercialists
Committee on World Literacy and Christian Literature, LIT-LIT
Composers-Authors Guild, CAG
Conference on Christianity and Literature, CCL
Conference on Oriental-Western Literary Relations
Construction Writers Association, CWA
Count Dracula Society
Dante Alighieri Society of Southern California
Dante Society of America, DSA
Dime Novel Club
Dramatists Guild
Education Writers Association, EWA
Emerson Society
French Society of Authors, Composers and Publishers
Harvey Society
Instituto Internacional de Literatura Iberoamericana
International Arthur Schnitzler Research Association, IASRA
International Arthurian Society, American Branch, SIA
International Comparative Literature Association, ICLA
International Conrad Society, CONRADSO
International Dostoevsky Society, IDS
International Institute of Iberoamerican Literature
Italian Society of Authors, Composers and Publishers, SIAE
James Joyce Society
Kate Greenaway Society, KGS
Kipling Society
Arthur Machen Society
Malraux Society
Marianist Writers' Guild
Melville Society
Milton Society of America, MSA
Modern Poetry Association, MPA
Mystery Writers of America, MWA

National Association of Gagwriters, NAG
National Institute of Arts and Letters, NIAL
National League of American Pen Women, NLAPW
National Writers Club, NWC
New York Browning Society
New York Financial Writers' Association, NYFWA
New York Shavians
Nockian Society
North American Dostoevsky Society, NADS
Outer Circle
P.E.N. American Center
Pen and Brush Club
Poetry Society of America, PSA
Proust Research Association, PRA
Renaissance English Text Society, RETS
Research Society for Victorian Periodicals, RSVP
Salmagundi Club, SC
Science Fiction Writers of America, SFWA
Shakespeare Association of America, SAA
Shakespeare Oxford Society
Slovak Writers and Artists Association
Society for the Study of Southern Literature, SSSL
Society of American Travel Writers, SATW
Society of Biblical Literature
Society of Magazine Writers, SMW
John Steinbeck Society of America
Thoreau Fellowship
Thoreau Lyceum
Thoreau Society, TS
Tolkien Society of America, TSA
Evelyn Waugh Society
Western Literature Association, WLA
Western Writers of America, WWA
Writers Guild of America, WGA

Demokratische Republik Vietnam /Democratic Republic of Viet-Nam

Viet-Nam Writers' Association

Republik Vietnam /Republic of Viet-Nam

Nhom but Viet

Liturgieforschung

Liturgical Research

Bundesrepublik Deutschland (BRD)/Federal Republic of Germany

Evangelische Gesellschaft für Liturgieforschung

Logopädie

Logopedy

Australien/Australia

Australian College of Speech Therapists

Belgien/Belgium

Societas Logopedica Latina

Bundesrepublik Deutschland (BRD)/Federal Republic of Germany

Arbeitsgemeinschaft für Sprachheilpädagogik in Deutschland
Deutsche Gesellschaft für Sprach- und Stimmheilkunde

Grossbritannien/Great Britain

College of Speech Therapists
Union of Speech Therapists, UST

Spanien/Spain

Asociación Internacional de Logopedia y Foniatria

Vereinigte Staaten von Amerika (USA)/United States of America (USA)

Academy of Aphasia
Academy of Rehabilitative Audiology, ARA
American Organization for the Education of the Hearing Impaired, AOEHI
American Speech and Hearing Association, ASHA
Alexander Graham Bell Association for the Deaf, AGBA
Conference of Executives of American Schools for the Deaf, CEASD
Convention of American Instructors of the Deaf, CAID
Council on Education of the Deaf, CED

Luft- und Raumfahrtmedizin

Aviation and Space Medicine

Bundesrepublik Deutschland (BRD)/Federal Republic of Germany

Deutsche Gesellschaft für Luft- und Raumfahrtmedizin

Frankreich/France

Société des Médecins-Chefs des Compagnies Européennes d'Aviation
Société Française de Physiologie et de Médecine Aéronautiques et Cosmonautiques

Grossbritannien/Great Britain

Aeromedical International

Italien/Italy

Associazione Italiana di Medicina Aeronautica e Spaziale
Centro di Studi e Ricerche di Medicina Aeronautica e Spaziale dell' Aeronautica Militare

Vereinigte Staaten von Amerika (USA)/United States of America (USA)

Aerospace Medical Association
Airline Medical Directors Association, AMDA
Civil Avitation Medical Association, CAMA

Luftfahrttechnik

Aviation Engineering

Australien/Australia

Royal Aeronautical Society, Australian Division

Belgien/Belgium

European Airlines Research Bureau

Volksrepublik China/People's Republic of China

Chinese Society of Aeronautics

Bundesrepublik Deutschland (BRD)/Federal Republic of Germany

Arbeits- und Forschungsgemeinschaft Graf Zeppelin
Deutsche Gesellschaft für Flugwissenschaften
Deutsche Gesellschaft für Luft- und Raumfahrt, DGLR
Wissenschaftliche Gesellschaft für Luft- und Raumfahrt, WGLR
Zentralstelle für Luftfahrt-Dokumentation und -Information, ZLDI

Frankreich/France

Association Aéronautique et Astronautique de France, AAAF
Association Internationale pour la Sécurité Aérienne, AISA
Fédération Aéronautique Internationale, FAI

Grossbritannien/Great Britain

Aeronautical Research Council
Air-Britain, the International Association of Aviation Historians
Aircraft Research Association, ARA
Commonwealth Advisory Aeronautical Research Council
Royal Aeronautical Society

Guatemala/Guatemala

Corporación Centroamericana de Servicios de Navegación Aérea, COCESNA

Israel/Israel

Israel Society of Aeronautics and Astronautics

Japan/Japan

Nihon koku uchu gakkai

Neuseeland/New Zealand

Royal Aeronautical Society

Schweden/Sweden

Flygtekniska Föreningen

Vereinigte Staaten von Amerika (USA)/United States of America (USA)

Aerospace Electrical Society, AES
Airways Engineering Society, AES
American Airship Association, AAA
American Institute of Aeronautics and Astronautics, AIAA
International Council of the Aeronautical Sciences, ICAS
National Aerospace Education Council, NAEC
Radio Technical Commission for Aeronautics, RTCA
Supersonic Tunnel Association, STA
Survival and Flight Equipment Association, SAFE
University Aviation Association, UAA

Lufthygiene

Air Hygiene

Australien/Australia

Clean Air Society of Australia and New Zealand

Bundesrepublik Deutschland (BRD)/Federal Republic of Germany

Gesellschaft zur Förderung der Lufthygiene und Silikoseforschung
Verein für Wasser-, Boden- und Lufthygiene

Grossbritannien/Great Britain

National Society for Clean Air

Schweden/Sweden

Statens Luftvardsnämnd

Vereinigte Staaten von Amerika (USA)/United States of America (USA)

Air Pollution Control Association, APCA
International Association for Pollution Control, IAPC
International Union of Air Pollution Prevention Associations
National Council for Air and Stream Improvement, NCASI

Lungenheilkunde

Pulmonary Therapeutics

Argentinien/Argentina

Liga Argentina contra la Tuberculosis

Bermudas/Bermudas

Bermuda Tuberculosis and Health Association

Chile/Chile

Sociedad Chilena de Tisiología y Enfermedades Broncopulmonares

Bundesrepublik Deutschland (BRD)/Federal Republic of Germany

Deutsche Tuberkulose-Gesellschaft
Deutsches Zentralkomitee zur Bekämpfung der Tuberkulose

Frankreich/France

Association Internationale d'Asthmologie
Comité National contre la Tuberculose et les Maladies Respiratoires
Société Française de la Tuberculose et des Maladies Respiratoires
Union Internationale contre la Tuberculose, UICT

Grossbritannien/Great Britain

Asthma Research Council
British Thoracic and Tuberculosis Association
Chest and Heart Association, CHA
Midlands Asthma and Allergy Research Association, MAARA
Northern Ireland Chest and Heart Association
Scottish Thoracic Society
Thoracic Society

Japan/Japan

Nihon kekkakubyo gakkai
Nihon kikan shokudoka gakkai

Kanada/Canada

Canadian Thoracic Society
Canadian Tuberculosis and Respiratory Disease Association

Österreich/Austria

Österreichische Gesellschaft für Tuberkulose und Lungenerkrankungen

Spanien/Spain

Instituto Antituberculoso "Francisco Moragas"

Türkei/Turkey

Türk Tüberkloz Cemiyeti

Uruguay/Uruguay

Liga Uruguaya contra la Tuberculosis

Vereinigte Staaten von Amerika (USA)/United States of America (USA)

American Thoracic Society, ATS
Children's Asthma Research Institute and Hospital at Denver, CARIH
National Respiratory Disease Conference, NRDC
National Tuberculosis and Respiratory Disease Association, NTRDA
Pan American Association of Oto-Rhino-Laryngology and Broncho-Esophagology
San Francisco Tuberculosis and Health Association

Demokratische Republik Vietnam /Democratic Republic of Viet-Nam

Association of Tuberculosis

Malakozoologie

Mollusc Zoology

Australien/Australia

Malacological Society of Australia

Bundesrepublik Deutschland (BRD)/Federal Republic of Germany

Deutsche Malakozoologische Gesellschaft
European Malacological Union

Grossbritannien/Great Britain

Malacological Society of London

Japan/Japan

Nihon kairui gakkai

Niederlande/Netherlands

Nederlandse Malacologische Vereniging

Taiwan/Taiwan

Malacological Society of China

Uruguay/Uruguay

Sociedad Malacológica del Uruguay

Vereinigte Staaten von Amerika (USA)/United States of America (USA)

American Malacological Union, AMU
Western Society of Malacologists, WSM

Markscheidewesen

Boundary System

Bundesrepublik Deutschland (BRD)/Federal Republic of Germany

Deutscher Markscheider Verein
Deutscher Markscheideverein, DMV

Marktforschung
Market Research

Australien/Australia

Market Research Society of Australia

Dänemark/Denmark

Dansk Markedsanalyse Forening
Foreningen af Markedsanalyse Instittuter i Danmark

Bundesrepublik Deutschland (BRD)/Federal Republic of Germany

Arbeitskreis Deutscher Marktforschungsinstitute, ADM
Bundesverband Deutscher Marktforscher, BVM
Fördergemeinschaft für Absatz- und Werbeforschung
Gesellschaft für Konsum-, Markt- und Absatzforschung, GfK
Gesellschaft für Marktforschung, GfM

Finnland/Finland

Suomen Markkinointitutkimasseura

Grossbritannien/Great Britain

European Association for Industrial Marketing Research, EVAF

Irische Republik/Irish Republic

Marketing Research Society of Ireland

Italien/Italy

Associazione Italiana per gli Studi di Mercato, AISM
Istituto Superiore di Scienze e Tecniche dell'Opinione Pubblica

Kanada/Canada

Professional Marketing Research Society, PMRS

Neuseeland/New Zealand

Market Research Society of New Zealand

Niederlande/Netherlands

European Society for Opinion and Marketing Research, ESOMAR
EVAF - Nederland
Nederlandse Vereniging van Marktonderzoekers

Österreich/Austria

Verband der Marktforscher Österreichs, VMÖ

Schweden/Sweden

Föreningen Svenska Marknadsundersöknings-Institut

Schweiz/Switzerland

European Chemical Market Research Association, ECMRA
Gesellschaft für Internationale Marktstudien
Groupement Romand pour l'Etude du Marché et du Marketing, GREM
Schweizerische Gesellschaft für Marktforschung, GFM

Spanien/Spain

Asociación Española de Estudios de Mercado y de Opinion Comercial, AEDEMO

Südafrika/South Africa

Bureau of Market Research
South African Market Research Association, SAMRA

Vereinigte Staaten von Amerika (USA)/United States of America (USA)

American Association for Public Opinion Research, AAPOR
Automotive Market Research Council, AMRC
Chemical Marketing Research Association
Marketing Research Trade Association, MRTA

Maschinenwesen
Machinery

Bulgarien/Bulgaria

Wissenschaftliche und Technische Vereinigung für Maschinenbau

Volksrepublik China/People's Republic of China

Academy of Machine Building and Technical Sciences
Chinese Society of Agricultural Machinery

Bundesrepublik Deutschland (BRD)/Federal Republic of Germany

Deutscher Dampfkesselausschuss, DDA
Fachnormenausschuss Maschinenbau, FM
Fachnormenausschuss Textil- und Textilmaschinenindustrie
Fachnormenausschuss Werkzeugmaschinen
Forschungsvereinigung Verbrennungskraftmaschinen

Grossbritannien/Great Britain

Agricultural Machinery Training Development Society, AMTDS
British Society for Research in Agricultural Engineering
Fluid Power Society, FPS
Institute of Machine Woodworking Technology, IMWoodT
Motor Industry Research Association, MIRA

Newcomen Society for the Study of the History of Engineering and Technology
Production Engineering Research Association, PERA
Society for Long Range Planning, LRP
Tensor Society of Great Britain, TSGB

Irische Republik/Irish Republic

Engineering and Scientific Association of Ireland

Japan/Japan

Nihon sen'i kikai gakkai
Nogyo kikai gakkai

Republik Korea /Republic of Korea

Korean Agricultural Engineering Society

Sambia/Zambia

Engineering Institution of Zambia

Ungarn/Hungary

Gépipari Tudományos Egyesület

Union der Sozialistischen Sowjetrepubliken (UdSSR)/Union of Soviet Socialist Republics (U.S.S.R.)

Scientific and Engineering Society of the Machine Building Industry

Massenspektroskopie

Mass-Spectroscopy

Bundesrepublik Deutschland (BRD)/Federal Republic of Germany

Arbeitsgruppe Massenspektroskopie

Materialkunde

Materials Science

Argentinien/Argentina

Grupo Latinoamericano de la Reunion Internacional de Laboratorios de Ensayos e Investigaciones sobre Materiales y Estructuras

Australien/Australia

Australian Ceramic Society
Institute of Materials Handling
National Association of Testing Authorities, Australia
Non-Destructive Testing Association of Australia

Belgien/Belgium

Association Belge pour l'Étude, l'Éssai, l'Emploi des Materiaux, ABEM

Dänemark/Denmark

Danmarks Elektriske Materielkontrol

Bundesrepublik Deutschland (BRD)/Federal Republic of Germany

Arbeitsgemeinschaft Wärmebehandlung und Werkstofftechnik
Beratungs- und Forschungsstelle für Seemäßige Verpackung, BFSV
Deutsche Gesellschaft für Zahnärztliche Prothetik und Werkstoffkunde
Deutsche Keramische Gesellschaft
Deutsche Rheologen-Vereinigung
Deutsche Rheologische Gesellschaft, DRG
Deutscher Beton-Verein
Deutscher Verband für Materialprüfung, DVM
Fachnormenausschuss Materialprüfung, FNM
Forschungsgemeinschaft Steinzeugindustrie
Forschungsstelle des Bundesverbandes der deutschen Ziegelindustrie
Verband der Materialprüfungsämter

Finnland/Finland

Scandinavian Committee on Materials Research and Testing, Subcommittee on Building, NM-BYGG

Frankreich/France

Réunion Internationale des Laboratoires d'Essais et de Recherches sur les Matériaux et les Constructions, RILEM

Grossbritannien/Great Britain

British Brush Manufacturers Research Association, BBMRA
British Ceramic Society
British National Committee for Non-Destructive Testing, BNC for NDT
British National Committee on Materials, BNC on Mats
Coal Tar Research Association, CTRA
Factice Research and Development Association, FRADA
Gelatine and Glue Research Association, GGRA
Institute of Ceramics
International Rubber Research and Development Board, IRRDB
International Rubber Study Group, IRSG
International Wool Study Group, IWSG
Natural Rubber Producers' Research Association, NRPRA
Reclamation Trades Research Organisation, RTRO
Rubber and Plastics Research Association, RAPRA

Israel/Israel

Rubber Research Association

Italien/Italy

Istituto Italiano del Marchio di Qualità

Japan/Japan

Nihon hihakai kensa kyokai
Nihon zairyo gakkai
Nihon zairyo kyodo gakkai
Yogyo kyokai

Jugoslawien/Yugoslavia

Union of the Societies for Protection of Materials of Yugoslavia
Yugoslavia Committee for the Control of Quality in Industry

Neuseeland/New Zealand

New Zealand Pottery and Ceramics Research Association

Niederlande/Netherlands

European Organisation for Quality Control, EOQC

Norwegen/Norway

Materialteknisk Forening

Schweden/Sweden

Nordisk Samarbetskommitté för Materialprovning och -Forskning, NM

Schweiz/Switzerland

Académie Internationale de la Céramique, AIC

Taiwan/Taiwan

Chinese Society for Materials Science

Vereinigte Staaten von Amerika (USA)/United States of America (USA)

American Ceramic Society
American Society for Nondestructive Testing, ASNT
American Society for Testing and Materials, ASTM
International Microstructural Analysis Society
Test Research Service, TRS

Mathematik

Mathematics

Argentinien/Argentina

Unión Matemática Argentina

Australien/Australia

Australian Association of Mathematics Teachers
Australian Mathematical Society

Belgien/Belgium

Association Internationale pour le Calcul Analogique, ASICA
Centre National de Calcul Mécanique
Société Mathématique de Belgique

Brasilien/Brazil

Sociedade Paranaense de Matemática

Bulgarien/Bulgaria

Physikalische und Mathematische Gesellschaft Bulgariens

Volksrepublik China/People's Republic of China

Chinese Society of Mathematics

Dänemark/Denmark

Dansk Mathematisk Forening
Matematiklærerforeningen

Deutsche Demokratische Republik (DDR)/ German Democratic Republic

Nationalkomitee der Mathematiker

Bundesrepublik Deutschland (BRD)/Federal Republic of Germany

Berliner Mathematische Gesellschaft
Deutsche Mathematiker-Vereinigung
Gesellschaft für Angewandte Mathematik und Mechanik, GAMM
Gesellschaft für Instrumentelle Mathematik
Gesellschaft für Mathematik und Datenverarbeitung
Gesellschaft für Mathematische Forschung
Mathematische Gesellschaft in Hamburg
Mathematisch-Naturwissenschaftlicher Fakultätentag

Finnland/Finland

Suomen Matemaattinen Yhdistys

Frankreich/France

Association des Professeurs de Mathématiques de l'Enseignement Publique
Comité National Français de Mathématiciens
Société Linnéenne de Provence
Société Mathématique de France, CSSF
Société Nationale des Sciences Naturelles et Mathématiques
Union des Professeurs de Spéciales (Mathématiques et Physiques)

Griechenland/Greece

Helliniki Mathimatiki Eteria

Grossbritannien/Great Britain

Association of Teachers of Mathematics, ATM
Edinburgh Mathematical Society
Glasgow Mathematical Association, GMA
Institute of Mathematics and its Applications, IMA
London Mathematical Society, LMS
Mathematical Association
Midlands Mathematical Experiment, MME

Indien/India

Allahabad Mathematical Society
Bharata Ganita Parisad
Calcutta Mathematical Society
Indian Mathematical Society

Israel/Israel

Israel Mathematical Union

Italien/Italy

Istituto Nazionale di Alta Matematica

Japan/Japan

Nihon sugakkai
Nihon sugaku kyoikukai

Jugoslawien/Yugoslavia

Association of Mathematicians, Physicists and Astronomers of Slovenia
Association of the Mathematicians' and Physicists' Societies of the F.S.R. of Yugoslavia
Mathematical and Physical Society of Serbia
Mathematicians' and Physicists' Society of the S. R. of Bosnia and Herzegovina
Mathematicians' and Physicists' Society of the S. R. of Macedonia

Kolumbien/Colombia

Sociedad Colombiana de Matemáticas

Mexiko/Mexico

Centro Nacional de Cálculo
Sociedad Matemática Mexicana

Niederlande/Netherlands

Wiskundig Genootschap

Norwegen/Norway

Norsk Mathematisk Forening

Österreich/Austria

Mathematisch-Physikalische Gesellschaft in Innsbruck
Österreichische Mathematische Gesellschaft

Polen/Poland

Polskie Towarzystwo Matematyczne

Rumänien/Romania

Latin Language Mathematicians' Group
Societatea de Ştiinţe Matematice din R.S.R.

Schweden/Sweden

International Mathematical Union, IMU
Lunds Matematiska Sällskap
Matematiska Föreningen, Universitetet
Matematiska Sällskapet, Stockholm
Svenska Matematiker Samfundet

Schweiz/Switzerland

Schweizerische Mathematische Gesellschaft
Verein Schweizerischer Mathematik- und Physiklehrer

Spanien/Spain

Real Sociedad Matemática Española

Taiwan/Taiwan

Chinese Mathematical Society

Tschechoslowakei (CSSR)/Czechoslovakia

Jednota československých matematiků a fysiků

Türkei/Turkey

Türk Sirfive Tatbikî Matematik Derneği

Ungarn/Hungary

Bolyai János Matematikai Társulat

Venezuela/Venezuela

Academia de Ciencias Fisicas, Matemáticas y Naturales

Vereinigte Staaten von Amerika (USA)/United States of America (USA)

American Mathematical Society, AMS
Association for Symbolic Logic, ASL
Association of Woman Mathematicians, AWM
Center for Research in College Instruction of Science and Mathematics, CRICISAM
Committee on the Undergraduate Program in Mathematics, CUPM
Conference Board of the Mathematical Sciences, CBMS
Duodecimal Society of America, DSA
Industrial Mathematics Society, IMS
Institute of Mathematical Statistics, IMS
Mathematical Association of America, MAA
Metric Association, MA
National Council of Teachers of Mathematics, NCTM
School Science and Mathematics Association, SSMA
Society for Automation in the Sciences and Mathematics, SASM
Society for Industrial and Applied Mathematics, SIAM

Demokratische Republik Vietnam /Democratic Republic of Viet-Nam

Association of Mathematics

Mechanik
Mechanics

Volksrepublik China/People's Republic of China

Academy of Mechanical Sciences
Chinese Society of Mechanical Engineering
Chinese Society of Mechanics

Dänemark/Denmark

International Union of Theoretical and Applied Mechanics, IUTAM

Deutsche Demokratische Republik (DDR)/ German Democratic Republic

Internationales Büro für Gebirgsmechanik, IBG

Bundesrepublik Deutschland (BRD)/Federal Republic of Germany

Gesellschaft für Angewandte Mathematik und Mechanik, GAMM

Frankreich/France

Collège International pour l'Etude Scientifique des Techniques de Production Mécanique, CIRP

Grossbritannien/Great Britain

British Hydromechanics Research Association, BHRA
European Mechanics Colloquia

Israel/Israel

Israel Society for Theoretical and Applied Mechanics

Jugoslawien/Yugoslavia

Yugoslav Society for Mechanics

Norwegen/Norway

International Association on Mechanization of Field Experiments, IAMFE

Polen/Poland

Polskie Towarzystwo Mechaniki Teoretycznej i Stosowanej

Venezuela/Venezuela

Asociación Venezolana de Ingenieria Eléctrica y Mecánica, AVIEM

Vereinigte Staaten von Amerika (USA)/United States of America (USA)

United States National Committee on Theoretical and Applied Mechanics

Medizin
Medicine

Ägypten/Egypt

Alexandria Medical Association
Egyptian Medical Association
Egyptian Society of Medicine and Tropical Hygiene
Medical Research Executive Organization

Äthiopien/Ethiopia

Ethiopian Medical Association

Argentinien/Argentina

Academia Nacional de Medicina
Asociación Argentina para el Estudio Cientifico de la Deficiencia Mental
Asociación Internacional de Hidatidología
Asociación Médica Argentina
Circulo Médico de Córdoba
Circulo Médico de Rosario
Sociedad Argentina de Investigación Clínica
Sociedad de Medicina Interna de Buenos Aires
Sociedad de Medicina Interna de Córdoba
Sociedad de Medicina Legal y Toxicología

Australien/Australia

Association of Hospital Scientists in Victoria
Association of Medical Directors of the Australian Pharmaceutical Industry
Australian Federation of Medical Women
Australian Medical Association
Australian Postgraduate Federation in Medicine
Australian Society for Medical Research
Medical Society of Victoria
Melbourne Medical Postgraduate Committee
Royal Australasian College of Physicians
Royal Australian College of General Practitioners
Sydney University Medical Society
Thoracic Society of Australia
Victorian Society of Pathology and Experimental Medicine

Belgien/Belgium

Académie Internationale de Médecine Aeronautique et Spatiale
Association des Sociétés Scientifiques Médicales Belges
Association Européenne de Médecine Interne d'Ensemble
Association Européenne de Recherches sur la Glande Thyroïde
Comité International de Médecine et de Pharmacie Militaires, CIMPM
Comité Permanent des Médecins de la CEE
Fédération Européenne des Associations contre la Lèpre
Fédération Internationale des Associations de Médecins Catholiques, FIAMC

Fédération Nationale des Chambres Syndicales de Médecins, FNCSM
Groupement des Unions Professionnelles Belges de Médecins Spécialistes
Secrétariat Européen de la Médecine, SEM
Société Belge de Médecine Physique et de Réadaptation
Société Royale des Sciences Médicales et Naturelles de Bruxelles
Union Européenne des Médecins Spécialistes, UEMS
Union Européenne des Médicins Omnipracticiens, UEMO

Bolivien/Bolivia

Ateneo de Medicina de Sucre

Brasilien/Brazil

Academia de Medicina de São Paulo
Academia Nacional de Medicina
Associação Bahiana de Medicina
Associação Médica Brasileira
Associação Médica do Espírito Santo, Edifício Banco Mineiro da Produção
Associação Paulista de Medicina
Sociedade Brasileira de Historia da Medicina
Sociedade de Medicina
Sociedade de Medicina de Alagoas
Sociedade de Medicina e Cirurgia de São Paulo
Sociedade de Medicina Legal e Criminologia de São Paulo

Bulgarien/Bulgaria

Bulgarische Gesellschaft des Klinischen Laboratoriums
Gesellschaft der Internisten
Gesellschaft der Mikrobiologen, Epidemiologen, Krankenpfleger und medizinischen Verwaltungsangestellten Bulgariens
Gesellschaft der Sportärzte
Gesellschaft für forensische Medizin
Gesellschaft für Geschichte der Medizin

Burma/Burma

Burma Medical Research Council

Chile/Chile

Confederación Iberoamericana de Medicina Deportiva
Sociedad de Neurologia, Psiquiatria y Medicina Legal
Sociedad Médica de Concepción
Sociedad Médica de Santiago
Sociedad Médica de Valparaiso

Volksrepublik China/People's Republic of China

Academy of Traditional Chinese Medicine
Chinese Academy of Medical Sciences
Chinese Medical Society

Costa Rica/Costa Rica

Asociación de Medicina Interna

Dänemark/Denmark

Almindelige Danske Lægeforening
Dansk Fysiurgisk Selskab, DSF
Dansk Industrimedicinsk Selskab
Medicinske Selskab i København
Speciallægeorganisationernas Sammenslutning

Deutsche Demokratische Republik (DDR)/German Democratic Republic

Akademie für ärztliche Fortbildung
Berliner Gesellschaft für Innere Medizin
Nationalkomitee für Medizinische Physik

Bundesrepublik Deutschland (BRD)/Federal Republic of Germany

Arbeitsgemeinschaft Fachärztlicher Berufsverbände, AFB
Berliner Medizinische Gesellschaft
Berufsverband der Praktischen Ärzte und Ärzte für Allgemeinmedizin Deutschlands
Bundesärztekammer
Bundesverband der Ärzte des Öffentlichen Gesundheitsdienstes
Deutsche Gesellschaft für Balneologie, Bioklimatologie und Physikalische Medizin
Deutsche Gesellschaft für Bluttransfusion
Deutsche Gesellschaft für Gerichtliche und Soziale Medizin
Deutsche Gesellschaft für Geschichte der Medizin, Naturwissenschaften und Technik
Deutsche Gesellschaft für Innere Medizin
Deutsche Gesellschaft für Manuelle Medizin
Deutsche Gesellschaft für Medizinische Dokumentation und Statistik
Deutsche Gesellschaft für Physikalische Medizin
Deutsche Gesellschaft für Sozialhygiene und Prophylaktische Medizin
Deutsche Multiple-Sklerose-Gesellschaft
Deutscher Ärztinnenbund
Deutscher Sportärztebund
Europäische Vereinigung der Leitenden Krankenhausärzte
Forschungsgemeinschaft Arthrologie und Chirotherapie, FAC
Gesellschaft Deutscher Naturforscher und Ärzte
Gesellschaft zur Förderung Medizin-Meteorologischer Forschung
International Organization for Medical Co-operation, IOMC
Internationale Gesellschaft für Allgeminmedizin
Kassenärztliche Bundesvereinigung
Kongreßgesellschaft für Ärztliche Fortbildung
Marburger Bund, Verband der Angestellten und Beamteten Ärzte Deutschlands
Physikalisch-Medizinische Gesellschaft
Physikalisch-Medizinische Sozietät
Study Committee of the Hospital Organizations within the Common Market

Verband der Ärzte Deutschlands (Hartmannbund)
Verband der Fachärzte Deutschlands
Verband der Leitenden Krankenhausärzte Deutschlands
Verband der Niedergelassenen Ärzte Deutschlands
Verband Deutscher Badeärzte
Westdeutscher Medizinischer Fakultätentag

Dominikanische Republik/Dominican Republic

Asociación Médica de Santiago
Asociación Médica Dominicana

Ecuador/Ecuador

Academia Ecuatoriana de Medicina
Centro Médico Federal del Azuay
Federación Nacional de Médicos del Ecuador
Sociedad Médico-Quirúrgica del Guayas

El Salvador/El Salvador

Sociedad Médica de Salud Pública

Finnland/Finland

Finska Läkaresällskapet
Societas Medicinae Physicalis et Rehabilitationis Fenniae
Suomalainen Lääkäriseura Duodecim
Suomen Lääkäriliitto

Frankreich/France

Académie Nationale de Médecine
Association des Médecins de Langue Française
Association Générale des Médecins de France
Association Internationale de Médecine Agricole
Association Internationale pour la Recherche Médicale et les Echanges Culturels, AIRMEC
Association Médicale Internationale pour l'Etude des Conditions de Vie et de la Santé
Association pour le Développement des Relations Médicales entre la France et les Pays Etrangers
Association Scientifique des Médecins Acupuncteurs de France, A.S.M.A.F.
Comité de Liaison et d'Action des Syndicats Médicaux Européens, CELAME
Confédération des Syndicats Médicaux Français
Conseil des Organisations Internationales des Sciences Médicales, CIOMS
Fédération des Médecins de France, FMF
Fédération Européenne de Médecine Physique et Réadaptation
Fédération Européenne des Médecins de Collectivité
Groupement des Syndicats Nationaux de Médecins Spécialisés, GSNMS
Organisation Internationale de Recherche sur le Cerveau
Société de Médecine
Société de Médecine, Chirurgie et Pharmacie de Toulouse
Société de Médecine de Caen et de Basse Normandie
Société de Médecine de Paris
Société de Médecine de Strasbourg
Société de Médecine et de Chirurgie de Bordeaux
Société de Médecine Légale et de Criminologie de France
Société de Médecine Militaire Française
Société d'Histoire de la Médecine
Société Française de Biologie Clinique
Société Française de Phlébologie
Société Française d'Histoire de la Médecine
Société Française d'Hydrologie et de Climatologie Médicales
Société Internationale d'Acipuncture, SIA
Société Internationale de Podologie Médico-Chirurgicale
Société Internationale de Transfusion Sanguine, SITS
Société Internationale d'Histoire de la Médecine
Société Médicale des Hôpitaux de Paris
Société Médico-Psychologique
Société Nationale Française de Médecine Physique, Réeducation Fonctionelle et Réadaptation
Société Naturiste Française
Syndicat National des Médecins Omnipraticiens Français
Union Internationale de Phlébologie
Union Internationale d'Hygiène et de Médecine Scolaires et Universitaires
Union Médicale de la Méditerranée Latine, UMML

Griechenland/Greece

Association Médicale Panhellénique

Grossbritannien/Great Britain

Arthritic Association
Association and Directory of Acupuncture
Association for the Study of Infectious Disease
Association for the Study of Medical Education, ASME
Association of Medical Record Officers, AMRO
Association of Nursery Training Colleges, ANTC
Association of Police Surgeons of Great Britain
Birmingham Medical Institute
British Association in Forensic Medicine, BAFM
British Association of Manipulative Medicine, BAMM
British Association of Physical Medicine and Rheumatology
British Council for the Rehabilitation of the Disabled
British Medical Association, BMA
British Medical Guild
British Migraine Association
British Postgraduate Medical Federation
British Society for Research on Angeing, BSRA
British Society for the History of Medicine
British Society for the Study of Orthodontics
British Society of Rheology
Central Council of Physical Recreation
College of General Practitioners
Commonwealth Medical Association

European Association of Perinatal Medicine
European Association of Training Programmes in Hospital and Health Services Administration, EATPHHSA
European Society for Clinical Investigation
Fellowship for Freedom in Medicine
Fellowship of Postgraduate Medicine
General Medical Council
General Practitioners' Association, GPA
Harveian Society of London
Hunterian Society
Institute of Medical Laboratory Technology
Institute of Religion and Medicine, IRM
Institute of Trichologists, IT
International Academy of the History of Medicine
International Epidemiological Association, IEA
International Federation of Manual Medicine
International Leprosy Association
Junior Hospital Doctors Association, JHDA
Lincoln Medical Society
Listerian Society of King's College Hospital
Manchester Medical Society
Medical Council on Alcoholism
Medical Defence Union
Medical Protection Society
Medical Research Council
Medical Research Society
Medical Society for the Study of Radiesthesia
Medical Society of London
Medical Superintendents Society
Medical Women's Federation, MWF
Medico-Legal Society
Muscular Dystrophy Group of Great Britain
National Medical and Dental Protection Society
Nurse Teachers' Association, NTA
Obesity Association
Regional Hospitals Consultants and Specialists Association, RHCSA
Royal College of General Practitioners, RCGP
Royal College of Physicians
Royal College of Physicians and Surgeons of Glasgow, RCPS Glus
Royal College of Physicians of Edinburgh
Royal College of Physicians of London, RCP
Royal Medical Society
Royal Medico-Chirurgical Society of Glasgow
Royal Medico-Psychological Association, RMPA
Royal Society of Medicine, RSM
Scottish National Blood Transfusion Association
Scottish Society for the History of Medicine, SSHM
Socialist Medical Association, SMA
Society for the Study of Fertility
Teaching Hospitals Association, THA

Guatemala/Guatemala

Academia de Ciencias Médicas, Físicas y Naturales de Guatemala

Honduras/Honduras

Asociación de Facultades de Medicina de Centro América

Indien/India

Bombay Medical Union
Indian Council of Medical Research
Indian Medical Association, IMA
Medical Council of India

Indonesien/Indonesia

Ikatan Dokler Indonesia

Irak/Iraq

Iraqi Medical Society

Iran/Iran

Medical Nomenclature Society of Iran
Society of Iranian Clinicians

Irische Republik/Irish Republic

Irish Medical Association, IMA
Irish Society of Medical and Psychiatric Social Workers
Medical Registration Council
Medical Research Council of Ireland
Medical Union
Royal Academy of Medicine
Royal College of Physicians of Ireland

Island/Iceland

Læknafélag Islands
Scandinavian Society of Forensic Medecine

Israel/Israel

Israel Association for Physical Medicine and Rheumatology
Israel Association of General Practitioners
Israel Association of Sports Medicine
Israel Medical Association
Israel Society for Experimental Biology and Medicine
Israel Society of Internal Medicine
Israel Society of the History of Medicine and Science
Medical Society for Public Health

Italien/Italy

Accademia delle Scienze Mediche in Palermo
Accademia di Medicina di Torino
Accademia Medica di Roma
Comitato Permanente dei Medici della CEE
Federazione Nazionale degli Ordini dei Medici, FNOOMM
International Society of Cybernetic Medicine
International Society of Medical Hydrology, ISMH
Società Italiana di Epatologia
Società Italiana di Medicina Fisica e Riabilitazione
Società Italiana di Medicina Interna
Società Medico-Chirurgica
Universal Medical Assistance International Centre, UMA

Jamaika/Jamaica

Medical Association of Jamaica
Medical Research Council Epidemiology Unit

Japan/Japan

Nihon densenbyo gakkai
Nihon hoi gakkai
Nihon ishikai
Nihon kyosei igakkai
Nihon naika gakkai
Nihon onsen kiko butsuri gakkai
Nihon tairyoku igakkai
Nihon Uirusu gakkai
Toa igaku kyokai

Jugoslawien/Yugoslavia

Association of the Physicians' Societies of the F.S.R. of Yugoslavia
Medical Association of Macedonia
Physicians' Association of Croatia
Physicians' Society of the S. R. of Bosnia and Herzegovina
Physicians' Society of the S. R. of Montenegro
Serbian Physicians' Society

Kamerun/Cameroon

Organisation de Coordination et de Coopération pour la Lutte contre les grandes Endémies en Afrique Central

Kanada/Canada

Academy of Medicine
Canadian Medical Association
International Council of Botanic Medicine
Medical Research Council
Royal College of Physicians and Surgeons of Canada

Kolumbien/Colombia

Academia Nacional de Medicina
Asociación Colombiana de Facultades de Medicina
Federación Panamericana de Asociaciones de Facultades de Medicina
Instituto Central de Medicina Legal
Sociedad Médica Javeriana

Demokratische Volksrepublik Korea / Democratic People's Republic of Korea

Academy of Medical Science

Republik Korea /Republic of Korea

Korean Medical Association

Kuba/Cuba

Sociedad Cubana de Historia de la Medicina

Liechtenstein/Liechtenstein

Liechtensteinischer Ärzteverein

Luxemburg/Luxembourg

Association des Médecins et Médecins-Dentistes du Grand-Duché de Luxembourg

Malta/Malta

Association of Surgeons and Physicians of Malta

Mexiko/Mexico

Academia Nacional de Medicina de México
Asociación de Médicas Mexicanas
Asociación Médica Franco-Méxicana
Asociación Mexicana de Facultades y Escuelas de Medicina
Fraternidad Médica Mexicana
International Society of Neo-Hippocratic Medicine
Sociedad Mexicana de Historia y Filosofía de la Medicina

Neuseeland/New Zealand

Medical Research Council of New Zealand

Niederlande/Netherlands

Genootschap tot Bevordering van Natuur-, Genees- en Heelkunde
International Federation of Physical Medicine, IFPM
Katholieke Artsenvereniging
Koninklijke Nederlandsche Maatschappij tot Bevordering der Geneeskunst, KNMG
Landelijke Specialisten Vereniging
Nederlands Huisarten Genootschap, NHG
Nederlands Medisch Nautisch Genootschap
Nederlandsche Internisten Vereeniging
Nederlandse Vereniging van Artsen voor Revalidatie en Fysische Geneeskunde
Vereniging van Medische Analysten, VVMA

Norwegen/Norway

Medicinske Selskap i Bergen
Nordic Association of Manual Medicine
Norsk Forening for Fysikalsk Medisin
Norsk Medicinsk Selskap
Norske Lægeforening

Österreich/Austria

Ärztegesellschaft Innsbruck
Gesellschaft der Ärzte
Internationale Gesellschaft für das Studium Infektiöser und Parasitärer Erkrankungen
Internationale Gesellschaft für Heilpädagogik
Internationale Paracelsus-Gesellschaft
Internationale Vereinigung der Multiplen Sklerose Gesellschaften
Medical Women's International Association, MWIA
Österreichische Ärztekammer
Österreichische Gesellschaft für Innere Medizin
Österreichische Gesellschaft für Physikalische Medizin
Verband der Diplomierten Assistenten für Physikalische Medizin Österreichs
Vereinigung Österreichischer Ärzte, VÖÄ

Wiener Medizinische Akademie für Ärztliche Fortbildung

Pakistan/Pakistan

Pakistan Medical Association
Pakistan Medical Research Council

Peru/Peru

Academia Nacional de Medicina
Asociación Médica Peruana "Daniel A. Carrión"
Circulo Médico del Perú
Federación Médica Peruana
Sociedad Peruana de Historia de la Medicina

Philippinen/Philippines

Colegio Médico-Farmacéutico de Filipinas
Confederation of Medical Associations in Asia and Oceania
Manila Medical Society
Philippine Medical Association

Polen/Poland

Polskie Towarzystwo Balneologii, Bioklimatologii i Medycyny Fizykalnej
Polskie Towarzystwo Historii Medycyny
Polskie Towarzystwo Lekarski
Towarzystwo Internistów Polskich
Zrzeszenie Polskich Towarzystwo Lekarskich

Portugal/Portugal

Instituto "António Aurélio da Costa Ferreira"
Ordem dos Médicos
Sociedade de Ciências Médicas de Lisbõa
Sociedade Portuguesa de Estomatologia
Sociedade Portuguesa de Hidrologia Médica

Réunion/Réunion

Société Médicale de la Réunion

Rhodesien/Rhodesia

Malaria Eradiction Organisation

Rumänien/Romania

Academia de Ştiinţe Medicale
Balkan Medical Union
Societatea de Istorie a Medicinei
Societatea de Medicină a Culturii Fizice şi Sportului
Societatea de Medicină Generală
Societatea de Medicină Internă
Societatea de Medicină şi Farmacie Militară
Uniunea Societătilor de Ştiinţe Medicale din R.S.R., USSM
World Society of Endoscopy, Endobiopsy and Digestive Cytology

Sambia/Zambia

Zambia Medical Association

Schweden/Sweden

Svenska Läkaresällskapet, SLS
Sveriges Läkarförbund

Schweiz/Switzerland

Association Suisse de Thanatologie
Internationale Gesellschaft für Innere Medizin
Internationale Gesellschaft für Lymphologie
Schweizerische Akademie der Medizinischen Wissenschaften
Schweizerische Gesellschaft für Geschichte der Medizin und der Naturwissenschaften
Schweizerische Gesellschaft für Innere Medizin
Schweizerische Gesellschaft für Physikalische Medizin und Rheumatologie, SGPMR
Union Internationale des Services Médicaux des Chemins de Fer, UIMC
Verbindung der Schweizer Ärzte

Spanien/Spain

Academia Cientifico-Deontológica de La Hermandad Médico-Farmacéutica de San Cosme y San Damián
Academia de Ciencias Médicas de Bilbao
Academia de Ciencias Médicas de Cataluña y Baleares
Academia Médico-Quirúrgica Española
Consejo General de Colegios Médicos de España
Instituto Llorente
Instituto Nacional de Medicina y Seguridad de Trabajo
Real Academia de Medicina de Sevilla
Real Academia de Medicina y Cirugía de Palma de Mallorca
Real Academia Nacional de Medicina

Sri Lanka/Sri Lanka

Asian Pacific League of Physical Medicine and Rehabilitation
Ceylon Medical Association

Sudan/Sudan

Association of Medical Schools in Africa, AMSA

Südafrika/South Africa

Medical Association of South Africa

Taiwan/Taiwan

Chinese Medical Association
Chinese Medical History Association
Chinese Medical Woman's Association

Tansania/Tanzania

East African Medical Research Council
Tanzania Medical Association

Thailand/Thailand

Medical Association of Thailand

Tschechoslowakei (CSSR)/Czechoslovakia

Česká lékařská společnost pro epidemiologii a mikrobiologii
International Federation of Sportive Medicine

Türkei/Turkey

Türk Tib Cemiyeti
Türk Tib Tarihi Kurumu

Ungarn/Hungary

Magyar Orvostudományi Társaságok és Egyesületek Szövetsége

Union der Sozialistischen Sowjetrepubliken (UdSSR)/Union of Soviet Socialist Republics (U.S.S.R.)

Academy of Medical Sciences of the U.S.S.R.
All-Union I.I. Mechnikov Scientific Medical Society of Microbiologists, Epidemiologists and Infectionists
All-Union Scientific Medical Society of Forensic Medical Officers
All-Union Scientific Medical Society of Physicians-Analysts
All-Union Scientific Medical Society of Specialists in Medical Control and Exercise Medicine
All-Union Scientific Society of the History of Medicine
Council of the U.S.S.R. Scientific Medical Societies

Venezuela/Venezuela

Academia Nacional de Medicina
Colegio de Médicos del Distrito Federal
Colegio de Médicos del Estado Anzoátegui
Colegio de Médicos del Estado Mérida
Federación Médica Venezolana
Sociedad Médica
Sociedad Médico-Quirúrgica del Zulia
Sociedad Venezolana de Historia de la Medicina
Sociedad Venezolana de Medicina Interna

Vereinigte Staaten von Amerika (USA)/United States of America (USA)

Accrediting Bureau of Medical Laboratory Schools
Adrenal Metabolic Research Society of the Hypoglycemia Foundation
Aid for International Medicine, AIM
American Academy for Cerebral Palsy, AACP
American Academy of Compensation Medicine, AACM
American Academy of General Practice
American Academy of Medical Administrators, AAMA
American Academy of Occupational Medicine, AAOM
American Academy of Physical Medicine and Rehabilitation, AAPMR
American Association for Automotive Medicine, AAAM
American Association for Hospital Planning, AAHP
American Association for Study of Neoplastic Diseases, AASND
American Association for the History of Medicine
American Association for the Study of Headache
American Association of Clinic Physicians and Surgeons, AACPS
American Association of Medical Assistants, AAMA
American Association of Medical Society Executives, AAMSE
American Association of Physicists in Medicine, AAPM
American Association of Planned Parenthood Physicians, AAPPP
American Association of Public Health Physicians, AAPHP
American Board of Internal Medicine
American Board of Medical Specialties
American Board of Physical Medicine and Rehabilitation, ABPMR
American Board of Preventive Medicine, ABPM
American Bureau for Medical Aid to China, ABMAC
American Clinical and Climatological Association, ACCA
American College of Emergency Physicians, ACEP
American College of Legal Medicine, ACLM
American College of Medical Technologists, ACMT
American College of Physicians, ACP
American College of Preventive Medicine, ACPM
American College of Sports Medicine, ACSM
American Doctors, AMDOC
American Epidemiological Society, AES
American Federation for Clinical Research, AFCR
American Fracture Association, AFA
American Medical Association
American Medical Curling Association, AMCA
American Medical Record Association, AMRA
American Medical Technologists, AMT
American Medical Women's Association, AMWA
American Naprapathic Association, ANA
American Parkinson Disease Association
American Physicians Fellowship for the Israel Medical Association, APF
American Proctologic Society, APS
American Registry of Medical Assistants, ARMA
American Society for Clinical Investigation, ASCI
American Society for Hospital Education and Training, ASHET
American Society of Internal Medicine, ASIM
American Society of Medical Technologists, ASMT
American Society of Physicians in Chronic Disease Facilities
American Society of Psychosomatic Dentistry and Medicine, ASPDM
American Thyroid Association, ATA
American-Hungarian Medical Association
John A. Andrew Clinical Society, JAACS
Arizona Medical Association
Association for Hospital Medical Education, AHME
Association for International Medical Study, AIMS
Association for Sickle Cell Anemia, ASCA

Association for the Advancement of Medical Instrumentation, AAMI
Association Medicale Franco-Americaine, AMFA
Association of Accredited Medical Laboratory Schools, AAMLS
Association of American Medical Colleges, AAMC
Association of American Physicians, AAP
Association of American Physicians and Surgeons, AAPS
Association of Clinical Scientists, ACS
Association of Medical Superintendents of Mental Hospitals, AMSMH
Association of Operating Room Technicians, AORT
Association of Professional Baseball Physicians
Association of Professors of Medicine, APM
Association of State and Territorial Chronic Disease Program Directors
Association of Teachers of Preventive Medicine, ATPM
Biomedical Computing Society, SIGBIO
Biomedical Engineering Society
Board of Schools of Medical Technology
California Academy of General Practice
California Association of Medical Laboratory Technologists
California Medical Association
California Society of Internal Medicine
Catholic Medical Mission Board, CMMB
Central Society for Clinical Research
Central States Society of Industrial Medicine and Surgery
China Medical Board of New York
College of Physicians of Philadelphia
Collegium Medicorum Theatri, COMET
Committee for the Promotion of Medical Research
Comprehensive Medical Society, CMS
Conference of Catholic Schools of Nursing, CCSN
Conference of Presidents and Officers of State Medical Associations
Conference of State and Territorial Epidemiologists, CSTE
Council for Interdisciplinary Communication in Medicine, CIDCOMED
Council on Medical Education
Demonstrators Association of Illinois
Educational Council for Foreign Medical Graduates, ECFMG
Federation of State Medical Boards of the United States
Florida Medical Association
Flying Physicians Association, FPA
Hawaii Medical Association
Idaho Medical Association
Indiana State Medical Association
Institute of Medicine
International Cystic Fibrosis (Mucoviscidosis) Association, ICF(m)A
International Doctors in Alcoholics Anonymous, IDAA
International Filariasis Association, IFA
International Organization for Medical Physics, IOMP
International Society of Clinical Laboratory Technologists, ISCLT
Kansas Medical Society
Louisiana State Medical Society
Lutheran Medical Mission Association, LMMA
Maine Medical Association
Massachusetts Medical Society
Massachusetts Thoracic Society
Medical Association of the State of Alabama
Medical Correctional Association, MCA
Medical Group Management Association, MGMA
Medical Society of Delaware
Medical Society of New Jersey
Medical Society of the State of New York
Medical Society of the State of North Carolina
Medical Society of the United States and Mexico
Medical Society of Virginia
Michigan State Medical Society
Mississippi State Medical Society
Montana Medical Association
Muscular Dystrophy Associations of America, MDAA
National Association for Practical Nurse Education and Service, NAPNES
National Association of Foreign Medical Graduates, NAFMG
National Association of Medical Examiners
National Association on Standard Medical Vocabulary
National Board of Medical Examiners, NBME
National Committee for Careers in the Medical Laboratory, NCCML
National Eclectic Medical Association, NEMA
National Federation of Catholic Physicians' Guilds, NFCPG
National Medical and Dental Association, NMDA
National Medical Association, NMA
National Multiple Sclerosis Society, NMSS
National Society for Medical Research, NSMR
National Tay-Sachs and Allied Diseases Association, NTSAD
Nevada State Medical Association
New Hampshire Medical Society
New York Academy of Medicine
New York State Society for Medical Research
North American Academy of Manipulative Medicine
Ohio State Medical Association
Oklahoma State Medical Association
Pan-American Medical Association, PAMA
Pan-American Medical Women's Alliance, PAMWA
Pennsylvania Medical Society
Phlebology Society of America
Physicians Forum
Psoriasis Research Association, PRA
Reticuloendothelial Society, RES
Rhode Island Medical Society
San Francisco Medical Society
Scientific Information and Education Council of Physicians, SIECOP
Society for Experimental Biology and Medicine, SEBM

Society for Urban Physicians
Society of Medical Consultants to the Armed Forces, SMCAF
South Dakota State Medical Association
Southern Minnesota Medical Association
State Medical Society of Wisconsin
Texas Medical Association
Tissue Culture Association, TCA
Turkish American Physicians Association
Ukrainian Medical Association of North America, UMANA
Vermont State Medical Society
Washington State Medical Association
Woman's Auxiliary to the American Medical Association
World Medical Association, WMA

Demokratische Republik Vietnam /Democratic Republic of Viet-Nam

Association of Eastern Medicine
Association of External Medicine
Association of Internal Medicine
Federation of Medical Associations

Metallkunde

Metallography

Australien/Australia

Australasian Corrosion Association
Australian Institute of Metals

Brasilien/Brazil

Associação Brasileira de Metais, ABM

Bundesrepublik Deutschland (BRD)/Federal Republic of Germany

Arbeitsgemeinschaft Magnetismus
Deutsche Gesellschaft für Metallkunde, DGM
Europäische Föderation Korrosion, EFC
Fachnormenausschuss Nichteisenmetalle, FNNE
VDEh-Gesellschaft zur Förderung der Eisenforschung

Finnland/Finland

Kemian Keskusliiton Korroosiojaosto

Frankreich/France

Fédération Européenne de la Corrosion

Grossbritannien/Great Britain

British Iron and Steel Research Association, BISRA
British Joint Corrosion Group, BJCG
British Non-Ferrous Metals Research Association, BNFMRA
European Federation of Corrosion
Institute of Metals
Institution of Corrosion Technology, I Corr Tech
International Tin Research Council, ITRC
Iron and Steel Institute, ISI

Indien/India

Indian Institute of Metals

Israel/Israel

Israel Society for Metals

Italien/Italy

Organizzazione Internazionale per lo Studio della Fatica delle Funi

Japan/Japan

Keikinzoku gakkai
Nihon kinzoku gakkai
Nihon tekko kyokai

Norwegen/Norway

Norsk Korrojonsteknisk Forening

Südafrika/South Africa

South African Institute of Assayers and Analysts

Vereinigte Staaten von Amerika (USA)/United States of America (USA)

American Iron and Steel Institute
American Society for Metals, ASM
Germanium Research Committee
International Copper Research Association, INCRA
International Lead and Zinc Study Group, ILZSG
International Lead Zinc Research Organization, ILZRO
Society for Experimental Stress Analysis, SESA

Metallurgie

Metallurgy

Australien/Australia

Australasian Institute of Mining and Metallurgy
Institution of Metallurgists

Bulgarien/Bulgaria

Wissenschaftliche und Technische Vereinigung für Bergbau, Geologie und Metallurgie

Volksrepublik China/People's Republic of China

Academy of Ferrous Metallurgical Design
Academy of Non-Ferrous Metallurgical Design
Chinese Society of Metallurgy

Dänemark/Denmark

Dansk Metallurgisk Selskab

Deutsche Demokratische Republik (DDR)/ German Democratic Republic

Gesellschaft Deutscher Berg- und Hüttenleute

Bundesrepublik Deutschland (BRD)/Federal Republic of Germany

Arbeitsausschuss Ferrolegierungen
Fachnormenausschuss Eisen-, Blech- und Metallwaren
Fachnormenausschuss für Eisen und Stahl
Fachnormenausschuss Giessereiwesen, GINA
Gemeinschaftsausschuß Verzinken
Gesellschaft Deutscher Metallhütten- und Bergleute, GDMB
Verein Deutscher Eisenhüttenleute, VDEh
Verein Deutscher Gießereifachleute
Verein zur Förderung der Gießerei-Industrie
Wissenschaftlich-Technische Arbeitsgemeinschaft für Härtereitechnik und Wärmebehandlung

Frankreich/France

Société Française de Métallurgie

Grossbritannien/Great Britain

Birmingham Metallurgical Association, BMetA
British Cast Iron Research Association, BCIRA
Drop Forging Research Association, DFRA
Historical Metallurgy Group, HMG
Institution of Metallurgists
International Deep Drawing Research Group, IDDRG
Joint Committee for National Certificates in Metallurgy

Indien/India

Geological, Mining and Metallurgical Society of India

Japan/Japan

Nihon imono kyokai
Nihon kogyokai

Kanada/Canada

Canadian Institute of Mining and Metallurgy

Norwegen/Norway

Norsk Metallurgisk Selskap

Rhodesien/Rhodesia

Institution of Mining and Metallurgy

Sambia/Zambia

Institution of Mining and Metallurgy

Südafrika/South Africa

South African Institute of Mining and Metallurgy

Taiwan/Taiwan

Chinese Foundryment Association

Ungarn/Hungary

Országos Magyar Bányászati és Kohászati Egyesület

Union der Sozialistischen Sowjetrepubliken (UdSSR)/Union of Soviet Socialist Republics (U.S.S.R.)

Scientific and Engineering Society of Ferrous Metallurgy
Scientific and Engineering Society of Non-Ferrous Metallurgy

Vereinigte Staaten von Amerika (USA)/United States of America (USA)

Aluminum Smelters Research Institute, ASRI
American Electroplaters' Society, AES
American Foundrymen's Society, AFS
Metallurgical Society, TMS
Mining and Metallurgical Society of America

Demokratische Republik Vietnam /Democratic Republic of Viet-Nam

Cast and Metallurgy Association

Metaphysik

Metaphysics

Grossbritannien/Great Britain

Society of Metaphysicians, SOM

Vereinigte Staaten von Amerika (USA)/United States of America (USA)

Metaphysical Society of America, MSA

Meteorologie

Meteorology

Argentinien/Argentina

Consejo Federal de Inversiones
Servicio Meteorológico Nacional

Belgien/Belgium

Société Belge d'Astronomie, de Météorologie et de Physique du Globe

Bolivien/Bolivia

Dirección General de Meteorologia

Chile/Chile

Oficina Meteorológica de Chile

Volksrepublik China/People's Republic of China

Chinese Society of Meteorology

Costa Rica/Costa Rica

Servicio Meteorológico

Deutsche Demokratische Republik (DDR)/ German Democratic Republic

Meteorologische Gesellschaft in der DDR

Bundesrepublik Deutschland (BRD)/Federal Republic of Germany

Deutsche Meteorologische Gesellschaft
Gesellschaft zur Förderung Medizin-Meteorologischer Forschung
Meteorologische Gesellschaft in Hamburg
Verband Deutscher Meteorologischer Gesellschaften, VDMG

Ecuador/Ecuador

Dirección Nacional de Meteorologia e Hidrologia

El Salvador/El Salvador

Servicio Meteorológico Nacional de El Salvador

Elfenbeinküste/Ivory Coast

Organisation Météorologique Mondiale

Frankreich/France

Société Météorologique de France, CSSF

Grossbritannien/Great Britain

Royal Meteorological Society, RMetSoc

Italien/Italy

Ufficio Centrale di Ecologia Agraria e difesa delle Piante coltivate dalle Avversita Meteoriche

Japan/Japan

Kaiyo kisho gakkai
Nihon kisho gakkai
Nihon nogyo kisho gakkai

Kanada/Canada

International Association of Meteorology and Atmospheric Physics, IAMAP

Mexiko/Mexico

Dirección de Geografia y Meteorologia

Niederlande/Netherlands

International Society of Biometeorology, ISB
Koninklijk Nederlands Meteorologisch Instituut
Nederlandse Vereniging voor Weeren Sterrenkunde

Nigeria/Nigeria

World Meteorological Organization

Österreich/Austria

Österreichische Gesellschaft für Meteorologie

Peru/Peru

Dirección General de Meteorologia del Perú

Portugal/Portugal

Serviço Meteorológico Nacional

Schweiz/Switzerland

Organisation Météorologique Mondiale, OMM

Spanien/Spain

Centro Meteorológico de Baleares
Servicio Meteorólogico Nacional

Taiwan/Taiwan

Meteorological Society of the Republic of China

Ungarn/Hungary

Magyar Meteorológiai Társaság

Uruguay/Uruguay

Dirección General de Meteorologia del Uruguay
Servicio Meteorológico del Uruguay

Vereinigte Staaten von Amerika (USA)/United States of America (USA)

American Meteor Society, AMS
American Meteorological Society
Meteoritical Society, MS
United States Committee for the Global Atmospheric Research Program, USC-GARP

Mikrobiologie
Microbiology

Argentinien/Argentina

Instituto Nacional de Microbiologia

Australien/Australia

Australian Society for Microbiology

Brasilien/Brazil

Sociedade Brasileira de Microbiologia

Bulgarien/Bulgaria

Gesellschaft der Mikrobiologen, Epidemiologen, Krankenpfleger und medizinischen Verwaltungsangestellten Bulgariens

Chile/Chile

Asociación Chilena de Microbiologia

Volksrepublik China/People's Republic of China

Chinese Society of Microbiology

Dänemark/Denmark

Scandinavian Society of Pathology and Microbiology

Bundesrepublik Deutschland (BRD)/Federal Republic of Germany

Deutsche Gesellschaft für Hygiene und Mikrobiologie

Finnland/Finland

Societas Biochemica, Biophysica et Microbiologica Fenniae

Frankreich/France

Association des Microbiologistes de Langue Française
Association Mondiale des Vétérinaires Microbiologistes, Immunologistes et Spécialistes des Maladies Infectieuses, AMVMI

Grossbritannien/Great Britain

North West European Microbiological Group
Society for General Microbiology, SGM

Iran/Iran

Iranian Society of Microbiology

Israel/Israel

Microbiological Society of Israel

Kanada/Canada

Canadian Society of Microbiologists
International Association of Microbiological Societies, IAMS

Kolumbien/Colombia

Asociación Latinoamericana para Microbiología

Mexiko/Mexico

Asociación Mexicana de Microbiología
Asociación Mexicana de Profesores de Microbiología y Parasitología en Escuelas de Medicina

Neuseeland/New Zealand

New Zealand Microbiological Society

Niederlande/Netherlands

Nederlandse Vereniging voor Microbiologie

Polen/Poland

Polskie Towarzystwo Mikrobiologów

Schweden/Sweden

Svenska Föreningen för Mikrobiologi

Tschechoslowakei (CSSR)/Czechoslovakia

Česká lékařská společnost pro epidemiologii a mikrobiologii
Československá společnost mikrobiologická při ČSAV

Türkei/Turkey

Türk Mikrobiyoloji Cemiyeti

Union der Sozialistischen Sowjetrepubliken (UdSSR)/Union of Soviet Socialist Republics (U.S.S.R.)

All-Union I.I. Mechnikov Scientific Medical Society of Microbiologists, Epidemiologists and Infectionists

Vereinigte Staaten von Amerika (USA)/United States of America (USA)

American Academy of Microbiology, AAM
American Society for Microbiology, ASM
Illinois Society for Microbiology
Society for Industrial Microbiology, SIM

Mikroskopie

Microscopy

Frankreich/France

Fédération Internationale des Sociétés de Microscopie Electronique
Société Française de Microscopie Electronique

Grossbritannien/Great Britain

Quekett Microscopical Club
Royal Microscopical Society, RMS

Niederlande/Netherlands

Nederlandse Vereniging voor Microscopie

Vereinigte Staaten von Amerika (USA)/United States of America (USA)

American Association of Feed Micosroscopists, AAFM
American Microscopical Society, AMS
International Association of Microscopy
New York Microscopical Society

Mineralölwissenschaft

Mineral Oil Science

Bundesrepublik Deutschland (BRD)/Federal Republic of Germany

Deutsche Gesellschaft für Mineralölwissenschaft und Kohlechemie, DGMK

Mineralogie

Mineralogy

Australien/Australia

Australian Clay Minerals Society

Volksrepublik China/People's Republic of China

Chinese Society of Silicates

Bundesrepublik Deutschland (BRD)/Federal Republic of Germany

Deutsche Mineralogische Gesellschaft

Frankreich/France

Société Française de Minéralogie et de Cristallographie, CSSF
Société Géologique et Minéralogique

Grossbritannien/Great Britain

International Mineralogical Association, IMA
Mineralogical Society of Great Britain and Ireland

Indien/India

Mineralogical Society of India

Japan/Japan

Nihon ganseki kobutsu kosho gakkai
Nihon kobutsu gakkai

Polen/Poland

Polskie Towarzystwo Mineralogiczne

Spanien/Spain

International Mineralogical Association, IMA

Vereinigte Staaten von Amerika (USA)/United States of America (USA)

American Federation of Mineralogical Societies, AFMS
Clay Minerals Society, CMS
Mineralogical Society of America
Society of Economic Paleontologists and Mineralogists, SEPM

Missionswissenschaft

Missionary Science

Bundesrepublik Deutschland (BRD)/Federal Republic of Germany

Deutsche Gesellschaft für Missionswissenschaft

Morphologie

Morphology

Grossbritannien/Great Britain

British Geomorphological Research Group

Indien/India

International Society of Plant Morphologists

Rumänien/Romania

Societatea de Morfologie Normală şi Patologică

Venezuela/Venezuela

Ateneo Venezolano de Morfologia

Motivforschung

Motive Research

Belgien/Belgium

Association Européenne d'Etudes de Motivation Economique, Commerciale e Industrielle, EUMOTIV

Musikinstrumentenforschung

Musical Instruments Research

Bundesrepublik Deutschland (BRD)/Federal Republic of Germany

Forschungsgemeinschaft Musikinstrumente

Grossbritannien/Great Britain

Association of Wind Teachers, AWT
Edinburgh Highland Reel and Strathspey Society
Galpin Society
International Cello Centre

Vereinigte Staaten von Amerika (USA)/United States of America (USA)

American Academy of Organ
American Society of Ancient Instruments, ASAI
Catgut Acoustical Society
Organ Historical Society, OHS

Musikwissenschaft

Musical Science

Ägypten/Egypt

Egyptian Concert Society

Egyptian Society of Music

Argentinien/Argentina

Sociedad Argentina de Autores y Compositores de Musica, SADAIC

Australien/Australia

Musicological Society of Australia

Belgien/Belgium

Centre International des Etudes de la Musique Ancienne, CIEMA
Société Belge de Musicologie
Société Belge des Auteurs, Compositeurs et Editeurs, SABAM

Bermudas/Bermudas

Bermuda Federation of Musicians

Brasilien/Brazil

Associação Nacional de Música
Sindicato dos Compositores Artísticos, Musicais e Plásticos do Estado de São Paulo

Bulgarien/Bulgaria

Bulgarische Musikervereinigung
Vereinigung Bulgarischer Komponisten

Dänemark/Denmark

Dansk Componist-Forening
Dansk Komponist-Forening
Dansk Korforening
Dansk Musiker Forbund
Dansk Musikpædagogisk Forening, DMpF
Dansk Tonekunstner Forening
International Society for Music Education, ISME
Samfundet til Udgivelse af Dansk Musik

Deutsche Demokratische Republik (DDR)/ German Democratic Republic

Verband Deutscher Komponisten und Musikwissenschaftler

Bundesrepublik Deutschland (BRD)/Federal Republic of Germany

Allgemeiner Cäcilien-Verband für die Länder der Deutschen Sprache
Arbeitsgemeinschaft Musikerziehung und Musikpflege des Deutschen Musikrates
Arbeitsgemeinschaft Musikpädagogischer Seminare
Arbeitskreis für Musik in der Jugend
Arbeitskreis für Schulmusik und Allgemeine Musikpädagogik
Bach-Verein Köln
Deutsche Jazz-Föderation
Deutsche Mozart-Gesellschaft
Deutsche Philharmonische Gesellschaft
Deutscher Komponisten-Verband
Deutscher Musikerverband
Deutscher Musikrat
Gemeinschaft Deutscher Musikverbände
Georg-Friedrich-Händel-Gesellschaft
Gesellschaft für Musikforschung
International Institute for Comparative Music Studies and Documentation
Internationale Gesellschaft für Neue Musik
Internationale Heinrich-Schütz-Gesellschaft, ISG
Internationale Vereinigung der Musikbibliotheken, IVMB
Internationaler Arbeitskreis für Musik
Neue Bachgesellschaft
Richard-Wagner-Studiengesellschaft
Richard-Wagner-Verband
Verband Deutscher Musikerzieher und Konzertierender Künstler, VDMK
Verband Deutscher Schulmusikerzieher
Verein zur Förderung der Deutschen Tanz- und Unterhaltungsmusik

Finnland/Finland

Koulujen Musiikinopettajat, KMO
Suomen Musiikinopettajain Liitto, SMOL
Suomen Muusikkojen Liitto
Suomen Säveltäjät
Suomen Säveltaitelijain Liitto
Turun Soitannollinen Seura

Frankreich/France

Association des Concerts Poulet
Association Française pour la Recherche et la Création Musicales
Confédération Internationale des Sociétés d'Auteurs et Compositeurs, CISAC
Conseil International de la Musique, CIM
Jeunesses Musicales de France
Ordre des Musiciens
Société des Auteurs, Compositeurs et Editeurs de Musique, SACEM
Société Française de Musicologie
Société J. S. Bach
Société Nationale de Musique
Syndicat National des Auteurs et Compositeurs de Musique

Französisch Guayana/French Guiana

Lyre Cayennaise

Griechenland/Greece

Enosis Hellinon Mousourgon
Panelliniki Mousiki Etairia

Grossbritannien/Great Britain

Asian Music Circle
Association of Piano Class Teachers, APCT
Association of String Class Teachers, ASCT
Arnold Bax Society
Beethoven Society of Manchester
British Association of Concert Artists
British Country Music Association, BCMA
British Federation of Music Festivals

Choir Schools Association
Church Music Association, CMA
Church Music Society
Composers' Guild of Great Britain
Concert Artistes' Association
Country Music Association
Delius Society
Edinburgh Festival Society
Edinburgh Royal Choral Union, ERCU
Elgar Society
English Folk Dance and Song Society, EFDSS
European Liszt Centre
Gilbert and Sullivan Society, GSS
Gilbert and Sullivan Society of Edinburgh
Guild for the Promotion of Welsh Music, GPWM
Hallé Concerts Society
Hymn Society of Great Britain and Ireland
Incorporated Association of Organists, IAO
Incorporated Guild of Church Musicians
Incorporated Society of Authors, Playwrights and Composers
Incorporated Society of Musicians
London Orchestral Association
Music Advisers' National Association, MANA
Music Masters' Association, MMA
Music Teachers' Association, MTA
Musicians' Union
National Federation of Music Societies, NFMS
National Jazz Federation
Northern Ireland Musicians Association, NIMA
Philharmonic Society
Plainsong and Medieval Music Society
Royal Academy of Music, RAM
Royal College of Music, RCM
Royal College of Organists, RCO
Royal Musical Association, RMA
Royal Philharmonic Society
Rural Music Schools Association, RMSA
Sir Thomas Beecham Society
Society for the Promotion of New Music, SPNM
Society of Women Musicians, SWM
Songwriters Guild of Great Britain, SWG
Johann Strauss Society of Great Britain
Thomas Tallis Society
Wagner Society
Peter Warlock Society
Workers' Music Association, WMA

Guatemala/Guatemala

Sociedad Pro-Arte Musical

Indien/India

Indian Music Association

Irische Republik/Irish Republic

Association of Irish Traditional Musicians
Irish Federation of Musicians and Associated Professions, IFMAP
Music Association of Ireland
Royal Irish Academy of Music, RIAM

Island/Iceland

Félag Islenzkra Tónlistarmanna
Söngkennarafélag Islands
Tónlistarfélagid
Tónskáldafélag Islands

Israel/Israel

ACUM

Italien/Italy

Accademia Filarmonica Romana
Accademia Musicale Chigiana
Accademia Nazionale di Santa Cecilia
Istituto di Studi Verdiani
Istituto Italiano per la Storia della Musica
Sindacato Musicisti Italiani, SMI
Società Italiana di Musicologia
Società Italiana Musica Contemporanea

Japan/Japan

Ongaku gakkai

Jugoslawien/Yugoslavia

Savez Mužickih Umetnika Jugoslavije
Society of Slovene Composers

Kanada/Canada

Canadian Music Centre
Canadian Music Council
Composers, Authors and Publishers Association of Canada
International Folk Music Council, IFMC

Republik Korea /Republic of Korea

Music Association of Korea

Macao/Macao

Circulo de Cultura Musical

Marokko/Morocco

Association des Amateurs de la Musique Andalouse

Mexiko/Mexico

Academia de Música
Academia de Música

Niederlande/Netherlands

Genootschap van Nederlandse Componisten
Koninklijke Nederlandsche Toonkunstenaars-Vereeniging
Maatschappij tot Bevordering der Toonkunst
Nederlandse Toonkunstenaarsraad
Wagnervereeniging

Norwegen/Norway

Filharmonisk Selskap
Musikselskabet "Harmonien"
Norsk Komponistforening
Norsk Musikerforbund, NM

Norske Musikklaereres Landsforbund, NMLL

Österreich/Austria

Gesellschaft der Musikfreunde in Wien
Internationales Musikzentrum, IMZ
Franz Lehár Gesellschaft
Österreichische Gesellschaft für Musik
Österreichische Gesellschaft für Volkslied- und Volkstanzpflege
Österreichischer Komponistenbund
Österreichischer Richard Wagner Verband
Johann Strauss Gesellschaft
Wiener Beethoven Gesellschaft
Wiener Konzerthausgesellschaft
Wiener Männergesangverein
Wiener Philharmoniker
Wiener Secession

Polen/Poland

Stowarzyszenie Polskich Artystów Muzyków, SPAM
Towarzystwo im. Fryderyka Chopina
Związek Kompozytorów Polskich, ZKP

Portugal/Portugal

Sindicato Nacional dos Músicos

Puerto Rico/Puerto Rico

Consejo Puertorriqueño de la Música
Festival Casals
Pro Arte Musical de Puerto Rico
Sociedad Puertorriqueña de Autores, Compositores y Editores Musicales, SPACEM

Rumänien/Romania

Asociatia Oamenilor de Arta din Institutule Teatrale şi Muzicale
Uniunea Compozitorilor din R.S.R.

Schweden/Sweden

Föreningen Svenska Tonsättare
Fylkingen
Kungliga Musikaliska Akademien
Musikaliska Konstföreningen
Musiklärarnas Riksförening
Nordisk Musiker Union
Riksförbundet Sveriges Musikpedagoger
Svenska Musikerförbundet
Svenska Samfundet för Musikforskning

Schweiz/Switzerland

Association Européenne des Conservatoires, Académies et Musikhochschulen
Europäische Vereinigung der Musikfestspiele
Fédération des Concours Internationaux de Musique
Internationale Gesellschaft für Musikwissenschaft
Internationale Musiker-Föderation
Schweizer Musikrat
Schweizerische Musikforschende Gesellschaft
Schweizerische Vereinigung der Musiklehrer an Höheren Mittelschulen
Schweizerischer Musikerverband, SMV
Schweizerischer Musikpädagogischer Verband
Schweizerischer Tonkünstlerverein

Sierra Leone/Sierra Leone

Sierra Leone Society

Spanien/Spain

Agrupación Sindical de Musicos Españoles
Comité Nacional Español del Consejo Internacional de la Música

Taiwan/Taiwan

Chinese Classical Music Association
National Music Council of China
Society of Chinese Rites and Music

Trinidad und Tobago/Trinidad and Tobago

Trinidad Music Association

Tschechoslowakei (CSSR)/Czechoslovakia

Český spolek pro komorní hudbu
Svaz českých a slovenských skladatelů

Ungarn/Hungary

Magyar Zenemüvészek Szövetsége
Országos Magyar Cecilia Társulat

Union der Sozialistischen Sowjetrepubliken (UdSSR)/Union of Soviet Socialist Republics (U.S.S.R.)

Union of U.S.S.R. Composers

Vereinigte Staaten von Amerika (USA)/United States of America (USA)

Academy of Wind and Percussion Arts, AWAPA
Accordion Teachers' Guild, ATG
American Academy of Teachers of Singing, AATS
American Choral Directors Association, ACDA
American College of Musicians, ACM
American Composers Alliance, ACA
American Concert Choir
American Guild of Authors and Composers, AGAC
American Guild of English Handbell Ringers, AGEHR
American Guild of Music, AGM
American Guild of Organists, AGO
American Harp Society, AHS
American Institute of Musicology, AIM
American Liszt Society, ALS
American Lithuanian Roman Catholic Organist Alliance
American Music Center, AMC
American Music Conference, AMC
American Musicological Society, AMS
American Old Time Fiddlers Association
American Opera Society
American Recorder Society, ARS
American School Band Directors' Association, ASBDA

American Society for the Preservation of Sacred, Patriotic and Operatic Music, ASPSPOM
American Society of Composers, Authors and Publishers, ASCAP
American Society of Music Arrangers, ASMA
American Society of University Composers, ASUC
American String Teachers Association, ASTA
American Symphony Orchestra League, ASOL
American Theatre Organ Society, ATOS
American Union of Swedish Singers, AUSS
Associated Male Choruses of America, AMCA
Associated Opera Companies of America
Association of Choral Conductors, ACC
Association of College and University Concert Managers, ACUCM
Association of Independent Composers and Performers, AICP
Bruckner Society of America
Catch Society of America, CSA
Central Opera Service, COS
Chinese Musical and Theatrical Association
Choral Conductors Guild, CCG
College Band Directors National Association, CBDNA
College Music Society, CMS
Composers' Autograph Publications, CAP
Composers Theatre
Composers-Authors Guild, CAG
Concert Artists Guild
Country Dance and Song Society of America, CDSSA
Country Music Association, CMA
Drinker Library of Choral Music
Duke Ellington Society
French Society of Authors, Composers and Publishers
Fretted Instrument Guild of America, FIGA
Guild of Carillonneurs in North America, GCNA
Inter-American Music Council, CIDEM
Intercollegiate Musical Council, IMC
International Bach Society, IBS
International Pianists' Guild
International Piano Guild
International Society for Music Education, ISME
Italian Society of Authors, Composers and Publishers, SIAE
Jazz-Lift
Jazzmobile
Jewish Music Alliance
League of Composers
Leschetizky Association, LA
Lutheran Society for Worship, Music and the Arts, LSWMA
Metropolitan Opera Guild, MOG
Metropolitan Symphony Managers Association, MSMA
Modern Music Masters Society, MMM
Music Critics Association, MCA
Music Educators National Conference, MENC
Music Teachers' Association of California
Music Teachers National Association, MTNA
Musicians Club of America, MCA
National Academy of Recording Arts and Sciences, NARAS
National Association for American Composers and Conductors, NAACC
National Association for Music Therapy, NAMT
National Association of Music Executives in State Universities, NAMESU
National Association of Organ Teachers, NAOT
National Association of Schools of Music, NASM
National Association of Teachers of Singing, NATS
National Band Association, NBA
National Catholic Bandmasters' Association, NCBA
National Catholic Music Educators Association, NCMEA
National Convention of Gospel Choirs and Choruses
National Council of State Supervisors of Music
National Guild of Community Music Schools, NGCMS
National Guild of Piano Teachers, NGPT
National Jewish Music Council, NJMC
National League of American Pen Women, NLAPW
National Music Council, NMC
National Music League, NML
National Opera Association, NOA
National Orchestral Association
National School Orchestra Association, NSOA
Carl Neilsen Society of America
New York Hot Jazz Society
Norwegian Singers Association of America, NSAA
Organ and Piano Teachers Association, OPTA
Pacific Musical Society
Percussive Arts Society, PAS
Salmagundi Club, SC
San Francisco Wagner Society
Screen Composers' Association, SCA
Societas Campanariorum
Society for Asian Music
Society for Commissioning New Music
Society for Ethnomusicology
Society for Strings
Society of Jewish Composers, Publishers and Songwriters
Society of the Classic Guitar, SCG
Southeastern Composers' League, SCL
Arturo Toscanini Society, ATS
United Choral Conductors Club of America
Viola da Gamba Society of America, VdGSA
Women's Association for Symphony Orchestras

Demokratische Republik Vietnam /Democratic Republic of Viet-Nam

Viet-Nam Musicians' Association

Zypern/Cyprus

Cyprus Musical Society

Mykologie

Mycology

Argentinien/Argentina

Sociedad Argentina de Micología

Bundesrepublik Deutschland (BRD)/Federal Republic of Germany

Deutsche Gesellschaft für Pilzkunde
Zentralstelle für Pilzforschung und Pilzverwertung

Frankreich/France

Société Française de Mycologie Médicale
Société Mycologique de France, CSSF

Grossbritannien/Great Britain

British Mycological Society, BMS
Commonwealth Mycological Institute
International Society for Human and Animal Mycology, ISHAM

Japan/Japan

Nihon ishinkin gakkai
Nihon kingakkai

Niederlande/Netherlands

International Commission on Mushroom Science, ICMS
Nederlandse Mycologische Vereniging

Österreich/Austria

Österreichische Mykologische Gesellschaft

Polen/Poland

International Commission for the European Mycological Congresses

Vereinigte Staaten von Amerika (USA)/United States of America (USA)

Association of Allergists for Mycological Investigations, AAMI
Medical Mycological Society of the Americas
Mycological Society of America
Mycological Society of San Francisco
North American Mycological Association

Mythologie

Mythology

Frankreich/France

Société de Mythologie Française

Nachrichtentechnik

Communications Engineering

Australien/Australia

Telecommunication Society of Australia
Wireless Institute of Australia

Bundesrepublik Deutschland (BRD)/Federal Republic of Germany

Nachrichtentechnische Gesellschaft im VDE, NTG

Japan/Japan

Denki tsushin kyokai

Ungarn/Hungary

Hiradástechnikai Tudományos Egyesület

Nahrungsforschung

Food Research

Australien/Australia

Australian Society of Dairy Technology
Council of Australian Food Technology Associations
Food Technology Association of New South Wales
Food Technology Association of Queensland
Food Technology Association of South Australia
Food Technology Association of Tasmania
Food Technology Association of Western Australia
Queensland Society of Sugar Cane Technologists

Brasilien/Brazil

Instituto de Nutrição

Bulgarien/Bulgaria

Wissenschaftliche und Technische Vereinigung der Nahrungsmittelindustrie

Chile/Chile

Sociedad Chilena de Nutrición, Bromatología y Toxicología

Dänemark/Denmark

Selskabet for Levnedsmiddelteknologi og -Hygiejne

Bundesrepublik Deutschland (BRD)/Federal Republic of Germany

Bund für Lebensmittelrecht und Lebensmittelkunde
Fachnormenausschuss Lebensmittel und Landwirtschaftliche Produkte, FL
Forschungskreis der Ernährungsindustrie
Forschungsrat für Ernährung, Landwirtschaft und Forsten
Internationale Gesellschaft für Erforschung von Zivilisationskrankheiten und Vitalstoffen

Frankreich/France

Association Scientifique Internationale du Café, ASIC
Commission Internationale pour l'Unification des Méthodes d'Analyse du Sucre

Grossbritannien/Great Britain

British Society for the Promotion of Vegetable Research
Food Education Society, FES
Fruit and Vegetable Preservation Research Association
Institute of Food Science and Technology of the UK
Nutrition Society

Guatemala/Guatemala

Instituto de Nutrición de Centro América y Panamá

Israel/Israel

Food and Agricultural Organization
Israel Society of Food and Nutrition Sciences

Jamaika/Jamaica

Caribbean Food and Nutrition Institute, CFNI
Jamaican Association of Sugar Technologists

Japan/Japan

Nihon bitamin gakkai

Kanada/Canada

Nutrition Society of Canada

Mexiko/Mexico

Sociedad Mexicana de Nutrición y Endocrinología

Neuseeland/New Zealand

New Zealand Institute of Dairy Science and Technology
New Zealand Institute of Food Science and Technology
Nutrition Society of New Zealand

Niederlande/Netherlands

European Association for Potato Research, EAPR
World Association of Veterinary Food Hygienists, WAVFH

Philippinen/Philippines

Philippine Association of Nutrition
Society for the Advancement of the Vegetable Industry, SAVI

Portugal/Portugal

Sociedade Portuguesa de Nutrição e Alimentação Animal

Sambia/Zambia

National Food and Nutrition Commission

Schweden/Sweden

Svenska Livsmedelstekniska Föreningen

Schweiz/Switzerland

Internationale Union der Ernährungswissenschaften
Studiengruppe Europäischer Ernährungswissenschaftler

Spanien/Spain

Sociedad Española de Patologia Digestiva y de la Nutrición

Südafrika/South Africa

South African Nutrition Society

Swasiland/Swaziland

Swaziland Sugar Association

Ungarn/Hungary

Magyar Elelmezéspari Tudományos Egyesület

Union der Sozialistischen Sowjetrepubliken (UdSSR)/Union of Soviet Socialist Republics (U.S.S.R.)

Scientific and Engineering Society of the Food Industry

Vereinigte Staaten von Amerika (USA)/United States of America (USA)

American Academy of Applied Nutrition, AAAN
American Association of Feed Micosroscopists, AAFM
American Association of Medical Milk Commissions, AAMMC
American Association of Veterinary Nutritionists, AAVN
American Board of Nutrition
American Dairy Science Association, ADSA
American Institute of Nutrition, AIN
American Meat Science Association, AMSA
American Nutrition Society, ANS
American Society for Clinical Nutrition, ASCN
American Society of Sugar Beet Technologists, ASSBT
Animal Nutrition Research Council, ANRC
Association of State and Territorial Public Health Nutrition Directors
Association of Vitamin Chemists, AVC
Distillers Feed Research Council, DFRC
Food and Nutrition Board, FNB
Institute of Food Technologists, IFT
International College of Applied Nutrition, ICAN
International Committee of Food Science and Technology
International Society of Sugar Cane Technologists, ISSCT
Society for the Advancement of Food Service Research, SAFSR
Society of Soft Drink Technologists, SSDT

Naturgeschichte

Natural History

Australien/Australia

Field Naturalists' Club of Victoria
Field Naturalists' Society of South Australia
Linnean Society of New South Wales
North Queensland Naturalists Club
Queensland Naturalists' Club
Western Australian Naturalists' Club

Chile/Chile

Sociedad Chilena de Historia Natural

Dänemark/Denmark

Dansk Naturhistorisk Forening

Bundesrepublik Deutschland (BRD)/Federal Republic of Germany

Naturhistorische Gesellschaft Nürnberg
Naturhistorische Gesellschaft zu Hannover

Frankreich/France

Société d'Horticulture et d'Histoire Naturelle de l'Herault

Grossbritannien/Great Britain

Ashmolean Natural History Society of Oxfordshire
Association of School Natural History Societies, ASNHS
Ayrshire Archaeological and Natural History Society
Barnsley Naturalist and Scientific Society
Belfast Natural History and Philosophical Society, BNHPS
Birmingham Natural History Society
Brighton and Hove Natural History Society
Bury Saint Edmunds Naturalists Society
Buteshire Natural History Society
Cardiff Naturalists' Society
Croydon Natural History and Scientific Society
Dorset Natural History and Archaeological Society, DNH and AS
Dumfriesshire and Galloway Natural History and Antiquarian Society
East Lothian Antiquarian and Field Naturalists' Society
Edinburgh Natural History Society
Field Studies Council, FSC
Isle of Man Natural History and Antiquarian Society
Isle of Wight Natural History and Archaeological Society
Linnaean Society of London
London Natural History Society, LNHS
Natural History Society of Northumberland, Durham and Newcastle upon Tyne
North Staffordshire Field Club
Northamptonshire Natural History Society and Field Club, NNHS
Ray Society
Scottish Field Studies Association, SFSA
Selborne Society
Shetland Archaeological and Natural History Society
Society for the Bibliography of Natural History
Somerset Archaeological and Natural History Society
Wiltshire Archaeological and Natural History Society

Guatemala/Guatemala

Asociación Centroamericana de Historia Natural, ACAHN

Indien/India

Bengal Natural History Society
Bombay Natural History Society

Indonesien/Indonesia

Perkumpulan Penggemar Alam di Indonesia

Island/Iceland

Islenzka Náttúrufrædifélag, Hid

Italien/Italy

Gruppo Italiano di Storia della Scienza

Kanada/Canada

Natural History Society of Manitoba
Société Canadienne d'Histoire Naturelle
Vancouver Natural History Society

Kenia/Kenya

East African Natural History Society

Malaysia/Malaysia

Malayan Nature Society

Mexiko/Mexico

Sociedad Mexicana de Historia Natural

Niederlande/Netherlands

Koninklijke Nederlandse Natuurhistorische Vereniging

Schweiz/Switzerland

Schweizerische Gesellschaft für Geschichte der Medizin und der Naturwissenschaften
Société de Physique et d'Histoire Naturelle

Spanien/Spain

Real Sociedad Española de Historia Natural

Vereinigte Staaten von Amerika (USA)/United States of America (USA)

American Museum of Natural History, AMNH

American Society of Naturalists, ASN
John Burroughs Memorial Association
Linnaean Society of New York
San Diego Society of Natural History
Yosemite Natural History Association, YNHA

Naturheilkunde

Treatment by Natural Remedies

Bundesrepublik Deutschland (BRD)/Federal Republic of Germany

Bundesverband Deutscher Ärzte für Naturheilverfahren

Grossbritannien/Great Britain

British Naturopathic and Osteopathic Association, BNOA
Incorporated Society of Registered Naturopaths

Niederlande/Netherlands

Genootschap tot Bevordering van Natuur-, Genees- en Heelkunde

Naturschutz

Preservation of Natural Beauty

Australien/Australia

Field Naturalists' Club of Victoria
Field Naturalists' Society of South Australia
Native Plants Preservation Society of Victoria
Natural Resources Conservation League of Victoria
Wildlife Conservation Society
Wildlife Preservation Society of Australia
Wildlife Preservation Society of Queensland

Dänemark/Denmark

Danmarks Naturfredningsforening

Bundesrepublik Deutschland (BRD)/Federal Republic of Germany

Aktionsgemeinschaft Natur- und Umweltschutz Baden-Württemberg
Arbeitsgemeinschaft Deutscher Beauftragter für Naturschutz und Landschaftspflege
Bund Naturschutz in Bayern
Deutscher Bund für Vogelschutz
Deutscher Naturschutzring
Länderarbeitsgemeinschaft für Naturschutz, Landschaftspflege und Erholung
Pfälzischer Verein für Naturkunde und Naturschutz "Pollichia"
Verein Naturschutzpark
Vereinigung Deutscher Gewässerschutz

Frankreich/France

Société Nationale de Protection de la Nature et d'Acclimatation de France, CSSF

Grossbritannien/Great Britain

Commons, Open Spaces and Footpaths Preservation Society
Conservation Society, CS
Council for the Protection of Rural England
Europa Nostra - Associations for the Protection of Europe's Natural and Cultural Heritage
Fauna Preservation Society, FPS
Game Conservancy
Gower Society
Royal Society for the Protection of Birds

Israel/Israel

Society for the Protection of Nature in Israel

Kenia/Kenya

East African Wild Life Society

Luxemburg/Luxembourg

Académie Scientifique Internationale pour la Protection de la Vie, l'Environnement et la Biopolitique

Mexiko/Mexico

Instituto Mexicano de Recursos Renovables

Niederlande/Netherlands

Bond Heemschut
Contact-Commissie voor Natuur- en Landschapsbescherming
Vereniging tot Behoud van Natuurmonumenten in Nederland

Peru/Peru

Comité Nacional de Protección a la Naturaleza

Sambia/Zambia

Wildlife Conservation Society of Zambia

Schweden/Sweden

Svenska Naturskyddsföreningen

Schweiz/Switzerland

Föderation Europäischer Gewässerschutz, FEG
Schweizer Heimatschutz

Südafrika/South Africa

Wild Life Protection and Conservation Society of South Africa

Venezuela/Venezuela

Junta Nacional Protectora y Conservadora del Patrimonio Histórico y Artistico de la Nación

Vereinigte Staaten von Amerika (USA)/United States of America (USA)

American Association for Contamination Control, AACC
American Conservation Association
American Scenic and Historic Preservation Society, ASHPS
Audubon Naturalist Society of the Central Atlantic States
California Tomorrow
Council of the Alleghenies
Crusade for a Cleaner Environment, CCE
Easter Island Committee
Elm Research Institute, ERI
National Audubon Society
National Wildlife Federation
Natural Resources Council of America
Natural Resources Council of America, NRC
Natural Resources Defense Council, NRDC
Nature Conservancy
Southwest Parks and Monuments Association, SPMA
Whooping Crane Conservation Association, WCCA
Wildlife Management Institute
Wildlife Society

Naturwissenschaften

Natural Sciences

Argentinien/Argentina

Academia Nacional de Ciencias Exactas, Fisicas y Naturales
Asociación Argentina de Ciencias Naturales

Belgien/Belgium

Belgische Natuurkundige Vereniging
Société Royale des Sciences Médicales et Naturelles de Bruxelles

Bulgarien/Bulgaria

Gesellschaft der Naturwissenschaften

Chile/Chile

Academia Chilena de Ciencias Naturales

Dänemark/Denmark

Danmarks Naturvidenskabelige Samfund
Nordforsk-Nordiska Samarbetsorganisationen för Teknisk-Naturvetenskaplig Forskning
Selskabet for Naturlaerens Udbredelse

Deutsche Demokratische Republik (DDR)/German Democratic Republic

Deutsche Akademie der Naturforscher Leopoldina

Bundesrepublik Deutschland (BRD)/Federal Republic of Germany

Deutsche Gesellschaft für Geschichte der Medizin, Naturwissenschaften und Technik
Deutscher Naturkundeverein
Georg-Agricola-Gesellschaft zur Förderung der Geschichte der Naturwissenschaften und der Technik
Gesellschaft Deutscher Naturforscher und Ärzte
Naturforschende Gesellschaft
Naturforschende Gesellschaft Freiburg
Naturwissenschaftlicher Verein für das Fürstentum Lüneburg von 1851
Naturwissenschaftlicher Verein für Schleswig-Holstein
Naturwissenschaftlicher Verein in Hamburg
Naturwissenschaftlicher Verein zu Bremen
Rheinische Naturforschende Gesellschaft
Senckenbergische Naturforschende Gesellschaft

Finnland/Finland

Societas Amicorum Naturae Ouluensis
Valtion Luonnontieteellinen Toimikunta

Frankreich/France

Fédération Française de Sociétés des Sciences Naturelles
Société des Sciences Historiques et Naturelles de la Corse
Société des Sciences Naturelles de Dijon
Société des Sciences Physiques et Naturelles de Bordeaux
Société Nationale des Sciences Naturelles et Mathématiques

Grossbritannien/Great Britain

Andersonian Naturalists of Glasgow
Berwickshire Naturalists' Club, BNC
Chester Society of Natural Science, Literatur and Art
Council for Nature
Natural Environment Research Council
Newtonian Society
Perthshire Society of Natural Science, PSNS
Royal Society
School Natural Science Society, SNSS
Society for the Promotion of Nature Reserves

Guatemala/Guatemala

Academia de Ciencias Médicas, Fisicas y Naturales de Guatemala
Sociedad de Ciencias Naturales y Farmacia

Indonesien/Indonesia

Balai Pengetahuan Umum
Perhimpunan Ilmu Alam Indonesia

Italien/Italy

Accademia Gioenia di Scienze Naturali
Società Italiana di Scienze Naturali

Società Toscana di Scienze Naturali

Jugoslawien/Yugoslavia

Croatian Society of Natural Sciences
Society for Natural Sciences of Slovenia

Kanada/Canada

Cercles des Jeunes Naturalistes

Kolumbien/Colombia

Academia Colombiana de Ciencias Exactas, Fisicas y Naturales
Instituto de Ciencias Naturales
Sociedad de Ciencias Naturales Caldas

Luxemburg/Luxembourg

Société des Naturalistes Luxembourgois

Marokko/Morocco

Société des Sciences Naturelles et Physiques du Maroc

Niederlande/Netherlands

Vereniging van Leraren in Natuur- en Scheikunde, VELINES

Norwegen/Norway

Norges Teknisk-Naturvitenskapelige Forskningsråd

Österreich/Austria

Naturwissenschaftlicher Verein für Kärnten

Peru/Peru

Academia Nacional de Ciencias Exactas, Fisicas y Naturales de Lima

Polen/Poland

Polskie Towarzystwo Przyrodników im. Kopernika

Portugal/Portugal

Associação Portuguesa para o Progresso das Ciências
Sociedade Portuguesa de Ciências Naturais

Rumänien/Romania

Societatea de Ştiinţe Naturale şi Geografie din R.S.R.

Schweden/Sweden

Joint Committee of the Natural Science Research Councils in Denmark, Finland, Norway and Sweden
Nordiska Samarbetsorganisationen för Teknisk-Naturvetenskaplig Forskning, NORDFORSK
Statens Naturvetenskapliga Forskningsråd

Schweiz/Switzerland

Naturforschende Gesellschaft in Basel
Naturforschende Gesellschaft in Bern
Naturforschende Gesellschaft in Zürich
Naturforschende Gesellschaft Schaffhausen
Schweizerische Naturforschende Gesellschaft
Società Ticinese di Scienze Naturali
Société Vaudoise des Sciences Naturelles
Vereinigung Schweizerischer Naturwissenschaftslehrer

Spanien/Spain

Academia de Ciencias Exactas, Fisico-Químicas y Naturales
Real Academia de Ciencias Exactas, Fisicas y Naturales
Sociedad de Ciencias Naturales "Aranzadi"

Taiwan/Taiwan

Chinese Association for the Advancement of Natural Science

Venezuela/Venezuela

Academia de Ciencias Fisicas, Matemáticas y Naturales
Sociedad de Ciencias Naturales "La Salle"
Sociedad Venezolana de Ciencias Naturales

Vereinigte Staaten von Amerika (USA)/United States of America (USA)

Academy of Natural Sciences of Philadelphia
American Nature Study Society, ANSS
Applied Naturalist Guild, ANG
Association of Interpretive Naturalists, AIN
Buffalo Society of Natural Sciences
Society for Automation in the Sciences and Mathematics, SASM

Navigation

Navigation

Australien/Australia

Australian Institute of Navigation

Chile/Chile

Liga Marítima de Chile

Bundesrepublik Deutschland (BRD)/Federal Republic of Germany

Deutsche Gesellschaft für Ortung und Navigation, DGON
Deutscher Nautischer Verein von 1868
Gesellschaft für Kernenergie-Verwertung in Schiffbau und Schiffahrt
Studiengesellschaft zur Förderung der Kernenergieverwertung in Schiffbau und Schiffahrt

Frankreich/France

Académie de Marine

Grossbritannien/Great Britain

Navy League
Society for Nautical Research, SNR

Italien/Italy

Accademia Nazionale di Marina Mercantile

Japan/Japan

Nihon kokai gakkai

Polen/Poland

Polskie Towarzystwo Nautologiczne

Spanien/Spain

Instituto Histórico de Marina
Instituto y Observatorio de Marina

Taiwan/Taiwan

China Marine Surveyors and Sworn Measures Association
China Maritime Institute
Marine Institute of China

Union der Sozialistischen Sowjetrepubliken (UdSSR)/Union of Soviet Socialist Republics (U.S.S.R.)

Scientific and Engineering Society of the Water Transport

Vereinigte Staaten von Amerika (USA)/United States of America (USA)

Association of Naval ROTC Colleges
Canal Society of New York State
Canal Society of Ohio
Center for Maritime Studies, CMS
Great Lakes Maritime Institute, GLMI
Institute of Navigation, ION
Marine Historical Association
Marine Technology Society, MTS
Maritime Transportation Research Board, MTRB
National Maritime Historical Society, NMHS
Permanent International Association of Navigation Congresses, PIANC
Society for Maritime History
Whaling Museum Society

Neurochirurgie

Neurosurgery

Argentinien/Argentina

Sociedad Argentina de Ciencias Neurológicas, Psiquiátricas y Neuroquirúrgicas

Brasilien/Brazil

Sociedade Brasileira de Neurocirurgia

Bulgarien/Bulgaria

Gesellschaft der Neurologen, Psychiater und Neurochirurgen

Dänemark/Denmark

Nordisk Neurokirurgisk Forening

Bundesrepublik Deutschland (BRD)/Federal Republic of Germany

Deutsche Gesellschaft für Neurochirurgie

Frankreich/France

Société de Neuro-Chirurgie de Langue Française

Grossbritannien/Great Britain

Society of British Neurological Surgeons, SBNS

Japan/Japan

Nihon noshinkei geka gakkai

Libanon/Lebanon

Middle East Neurosurgical Society

Niederlande/Netherlands

Nederlandse Vereniging van Neurochirurgen, NVvN

Rumänien/Romania

Societatea de Neurologie şi Neurochirurgie

Union der Sozialistischen Sowjetrepubliken (UdSSR)/Union of Soviet Socialist Republics (U.S.S.R.)

All-Union Scientific Medical Society of Neurosurgeons

Vereinigte Staaten von Amerika (USA)/United States of America (USA)

American Association of Neurological Surgeons
American Board of Neurological Surgery
Congress of Neurological Surgeons, CNS
International Society for Research in Stereoencephalotomy
Neurosurgical Society of America, NSA
World Federation of Neurosurgical Societies

Demokratische Republik Vietnam /Democratic Republic of Viet-Nam

Association of Neuro-Psychiatry and Surgery

Neurologie

Neurology

Argentinien/Argentina

Sociedad Argentina de Ciencias Neurológicas, Psiquiátricas y Neuroquirúrgicas

Sociedad Neurológica Argentina

Australien/Australia

Australian Association of Neurologists
Western Australian Mental Health Association

Brasilien/Brazil

Sociedade Brasileira de Psiquiatria, Neurologia e Medicina Legal

Bulgarien/Bulgaria

Gesellschaft der Neurologen, Psychiater und Neurochirurgen

Chile/Chile

Sociedad de Neurología, Psiquiatría y Medicina Legal

Dänemark/Denmark

Danske Nervelægers Organisation, DNO

Bundesrepublik Deutschland (BRD)/Federal Republic of Germany

Berufsverband Deutscher Nervenärzte
Deutsche Gesellschaft für Neurologie
Deutsche Gesellschaft für Psychiatrie und Nervenheilkunde
Deutsche Neurovegetative Gesellschaft

Frankreich/France

Congrès de Psychiatrie et de Neurologie de Langue Française
Société d'Oto-Neuro-Ophtalmologie de Strasbourg
Société d'Oto-Neuro-Ophtalmologie du Sud-Est de la France
Société Française de Neurologie
Syndicat des Médecins Français Spécialistes des Maladies du Système Nerveux

Grossbritannien/Great Britain

Association of British Neurologists
International Association for the Scientific Study of Mental Deficiency
World Federation of Neurology

Indien/India

Asian and Oceanian Association of Neurology

Italien/Italy

Società Italiana di Neurologia

Japan/Japan

Nihon seishin shinkei gakkai
Nihon shinkei gakkai

Mexiko/Mexico

Sociedad Mexicana de Neurología y Psiquiatría

Niederlande/Netherlands

Nederlandse Vereniging voor Psychiatrie en Neurologie

Österreich/Austria

Gesellschaft Österreichischer Nervenärzte und Psychiater
Wiener Verein für Psychiatrie und Neurologie

Polen/Poland

Polskie Towarzystwo Neurologiczne

Rumänien/Romania

Societatea de Neurologie şi Neurochirurgie

Schweiz/Switzerland

Schweizerische Neurologische Gesellschaft, SNG

Venezuela/Venezuela

Sociedad Venezolana de Psiquiatría y Neurología

Vereinigte Staaten von Amerika (USA)/United States of America (USA)

American Academy of Neurology, AAN
American Board of Psychiatry and Neurology, ABPN
American Neurological Association, ANA
Child Neurology Program
National Committee for Research in Neurological Disorders
North Pacific Society of Neurology and Psychiatry
San Francisco Association for Mental Health
Section on Twin and Sibling Studies
Society for Neuroscience

Neuropathologie

Neuropathology

Grossbritannien/Great Britain

British Neuropathological Society

Union der Sozialistischen Sowjetrepubliken (UdSSR)/Union of Soviet Socialist Republics (U.S.S.R.)

All-Union Scientific Medical Society of Neuropathologists and Psychiatrists

Vereinigte Staaten von Amerika (USA)/United States of America (USA)

American Association of Neuropathologists, AANP

Neurophysiologie

Neurophysiology

Bundesrepublik Deutschland (BRD)/Federal Republic of Germany

Deutsche EEG-Gesellschaft

Frankreich/France

Société d'Electroencéphalographie et de Neurophysiologie Clinique de Langue Française

Grossbritannien/Great Britain

Electroencephalography and Clinical Neurophysiology Society

Israel/Israel

Israel Society of Electroencephalography and Neurophysiology

Vereinigte Staaten von Amerika (USA)/United States of America (USA)

International Federation of Societies for Electroencephalography and Clinical Neurophysiology

Neuroradiologie

Neuroradiology

Italien/Italy

Società Italiana di Neuroradiologia

Normung

Standardization

Argentinien/Argentina

Comisión Panamericana de Normas Técnicas, COPANT

Australien/Australia

Standards Association of Australia

Belgien/Belgium

Institut Belge de Normalisation, IBN

Dänemark/Denmark

Dansk Standardiseringsråd, DS
Justervaesenet

Bundesrepublik Deutschland (BRD)/Federal Republic of Germany

Arbeitsausschuss Ferrolegierungen
Ausschuss für Einheiten und Formelgrössen, AEF
Deutscher Normenausschuss, DNA
Fachnormenausschuss Akustik und Schwingungstechnik
Fachnormenausschuss Anstrichstoffe und Ähnliche Beschichtungsstoffe
Fachnormenausschuss Bauwesen
Fachnormenausschuss Bergbau
Fachnormenausschuss Bibliotheks- und Dokumentationswesen
Fachnormenausschuss Bürowesen
Fachnormenausschuss Chemischer Apparatebau
Fachnormenausschuss Dampferzeuger und Druckbehälter
Fachnormenausschuss Dental
Fachnormenausschuss Dichtungen
Fachnormenausschuss Druck- und Reproduktionstechnik
Fachnormenausschuss Druckgasanlagen
Fachnormenausschuss Eisen-, Blech- und Metallwaren
Fachnormenausschuss Elektrotechnik, FNE
Fachnormenausschuss Fahrradindustrie
Fachnormenausschuss Farbe
Fachnormenausschuss Feinmechanik und Optik
Fachnormenausschuss Feuerlöschwesen, FNFW
Fachnormenausschuss für Eisen und Stahl
Fachnormenausschuss Giessereiwesen, GINA
Fachnormenausschuss Heiz-, Koch- und Wärmgeräte, FNH
Fachnormenausschuss Heizung und Lüftung
Fachnormenausschuss Holz
Fachnormenausschuss Kältetechnik
Fachnormenausschuss Kautschukindustrie, FAKAU
Fachnormenausschuss Kerntechnik
Fachnormenausschuss Kinotechnik für Film und Fernsehen, FAKI
Fachnormenausschuss Kraftfahrzeugindustrie
Fachnormenausschuss Kunststoffe, FNK
Fachnormenausschuss Laborgeräte
Fachnormenausschuss Lebensmittel und Landwirtschaftliche Produkte, FL
Fachnormenausschuss Lichttechnik, FNL
Fachnormenausschuss Maschinenbau, FM
Fachnormenausschuss Materialprüfung, FNM
Fachnormenausschuss Nichteisenmetalle, FNNE
Fachnormenausschuss Papier und Pappe
Fachnormenausschuss Phototechnik
Fachnormenausschuss Pigmente und Füllstoffe
Fachnormenausschuss Pulvermetallurgie, FNP
Fachnormenausschuss Radiologie, FNR
Fachnormenausschuss Rohre, Rohrverbindungen und Rohrleitungen
Fachnormenausschuss Rundstahlketten
Fachnormenausschuss Schienenfahrzeuge, FSF
Fachnormenausschuss Schiffbau, HNA
Fachnormenausschuss Schmiedetechnik
Fachnormenausschuss Schweisstechnik, FNS
Fachnormenausschuss Siebböden und Kornmessung, FNSK
Fachnormenausschuss Stärke

Fachnormenausschuss Stahldraht und Stahldrahterzeugnisse
Fachnormenausschuss Textil- und Textilmaschinenindustrie
Fachnormenausschuss Theatertechnik, FNTh
Fachnormenausschuss Tiefbohrtechnik und Brunnenbau
Fachnormenausschuss Tiefbohrtechnik und Erdölgewinnung
Fachnormenausschuss Uhren
Fachnormenausschuss Vakuumtechnik, FNV
Fachnormenausschuss Verpackung
Fachnormenausschuss Waagenbau
Fachnormenausschuss Wasserwesen
Fachnormenausschuss Werkzeuge und Spannzeuge
Fachnormenausschuss Werkzeugmaschinen

Finnland/Finland

Suomen Standardisoimisliitto, SFS

Frankreich/France

Association Française de Normalisation, AFNOR
Comité Européen de Normalisation, CEN

Grossbritannien/Great Britain

British Numerical Control Society, BNCS
British Standards Institution, BSI
Duodecimal Society of Great Britain, DSGB
International Commission for the Nomenclature of Cultivated Plants
International Commission on Zoological Nomenclature, ICZN
Society of Indexers

Indien/India

Indian Standards Institution, ISI

Indonesien/Indonesia

Jajasan Dana Normalisasi Indonesia

Iran/Iran

Medical Nomenclature Society of Iran

Israel/Israel

Standards Institution of Israel

Italien/Italy

Ente Nazionale Italiano di Unificazione, UNI

Jugoslawien/Yugoslavia

Jugoslovenski Zavod za Standardizaciju

Kolumbien/Colombia

Instituto Colombiano de Normas Técnicas, ICONTEC

Malaysia/Malaysia

Standards Institution of Malaysia

Niederlande/Netherlands

Nederlands Normalisatie-Instituut, NNI

Norwegen/Norway

Norges Standardiseringsforbund

Österreich/Austria

Österreichischer Normenausschuss

Rhodesien/Rhodesia

Standards Association of Central Africa

Schweden/Sweden

Sveriges Standardiseringskommission

Schweiz/Switzerland

Internationale Vereinigung für Chemiefasernormen
Organisation Internationale de Normalisation, ISO
Schweizerische Normenvereinigung

Südafrika/South Africa

South African Bureau of Standards

Tschechoslowakei (CSSR)/Czechoslovakia

Úřad pro normalizaci a měřeni

Vereinigte Staaten von Amerika (USA)/United States of America (USA)

American National Standards Institute, ANSI
Commission on the Nomenclature of Plants
Joint Industrial Council, JIC
Model Code Standardization Council
National Conference of Standards Laboratories, NCSL
National Conference on Weights and Measures, NCWM

Nuklearmedizin

Nuclear Medicine

Argentinien/Argentina

Asociación Argentina de Biologia y Medicina Nuclear
Asociación Latinoamericana de Sociedades de Biologia y Medicina Nuclear
Sociedad Argentina de Medicina Nuclear, SADMN

Australien/Australia

Australian and New Zealand Society of Nuclear Medicine

Brasilien/Brazil

Associação Latinoamericana da Biologia Nuclear e Medicina
Sociedade Brasileira de Medicina Nuclear

Bundesrepublik Deutschland (BRD)/Federal Republic of Germany

Deutsche Akademie für Nuklearmedizin
Deutsche Röntgengesellschaft, Gesellschaft für Medizinische Radiologie, Strahlenbiologie und Nuklearmedizin

Italien/Italy

Società Italiana di Radiologia Medica e Medicina Nucleare, SIRMN

Japan/Japan

Nihon kakui gakkai

Portugal/Portugal

Sociedade Portuguesa de Radiologia e Medicina Nuclear

Schweiz/Switzerland

Société Suisse de Radiologie et Médecine Nucléaire

Spanien/Spain

Sociedad Española de Radiología y Electrología Médicas y de Medicina Nuclear, SEREM

Vereinigte Staaten von Amerika (USA)/United States of America (USA)

Society of Nuclear Medical Technologists, SNMT
Society of Nuclear Medicine, SNM

Numismatik
Numismatics

Argentinien/Argentina

Instituto Bonaerense de Numismática y Antigüedades

Australien/Australia

Australian Numismatic Society

Belgien/Belgium

Société Royale de Numismatique de Belgique

Dänemark/Denmark

International Numismatic Commission, INC

Frankreich/France

Société Française de Numismatique

Grossbritannien/Great Britain

British Association of Numismatic Societies, BANS
British Numismatic Society, BNS
Royal Numismatic Society

Italien/Italy

Istituto Italiano di Numismatica

Jugoslawien/Yugoslavia

Croatian Numismatic Society

Kanada/Canada

Antiquarian and Numismatic Society of Montréal

Österreich/Austria

Österreichische Numismatische Gesellschaft

Paraguay/Paraguay

Instituto de Numismática y Antigüedades del Paraguay

Philippinen/Philippines

Philippine Numismatic and Antiquarian Society

Rumänien/Romania

Societatea Numismatică

Schweiz/Switzerland

Schweizerische Numismatische Gesellschaft

Ungarn/Hungary

Magyar Régészeti, Müvészettorténeti és Eremtani Társulat

Vereinigte Staaten von Amerika (USA)/United States of America (USA)

American Numismatic Association
American Numismatic Society

Odontologie
Odontology

Ägypten/Egypt

Cairo Odontological Society

Argentinien/Argentina

Asociación Odontológica Argentina

Australien/Australia

Australian Dental Association
Australian Society of Endodontology
Australian Society of Periodontology
Australian Society of Prosthodontists

Belgien/Belgium

Comité de Liaison des Practiciens de l'Art Dentaire des Pays de la CEE
Fédération Nationale des Chambres Syndicales Dentaires
Société Royale Belge de Médecine Dentaire, SRBMD

Union des Dentistes et Stomatologistes de Belgique, UDS

Bolivien/Bolivia

Confederación Boliviana de Odontólogos

Brasilien/Brazil

Associação Brasileira de Odontologia

Chile/Chile

Sociedad Odontológica de Concepción
Sociedad Odontológica de Valparaiso

Dänemark/Denmark

Dansk Odontologisk Selskab
Dansk Tandlægeforening
Nordisk Retsodontologisk Forening
Scandinavian Odontological Society
Scandinavian Society of Forensic Odontology

Bundesrepublik Deutschland (BRD)/Federal Republic of Germany

Arbeitsgemeinschaft für Zahnerhaltungskunde in der Deutschen Gesellschaft für Zahn-, Mund- und Kieferheilkunde
Bundesverband der Deutschen Zahnärzte, BDZ
Deutsche Gesellschaft für Zahn-, Mund- und Kieferheilkunde (Zentralverein)
Deutsche Gesellschaft für Zahnärztliche Prothetik und Werkstoffkunde
Fachnormenausschuss Dental
Freier Verband Deutscher Zahnärzte
Kassenzahnärztliche Bundesvereinigung
Regionale Organisation für Europa der Fédération Dentaire Internationale

Finnland/Finland

Suomen Hammaslääkäriliitto
Suomen Hammaslääkäriseura

Frankreich/France

Fédération Dentaire Française
Fédération Odontologique de France et des Territoires Associés, FOFTA
Société Odontologique de Paris

Griechenland/Greece

Panhellenic Dental Association

Grossbritannien/Great Britain

Association of Dental Hospitals of Great Britain, ADH
Bone and Tooth Society
British Dental Association, BDA
British Dental Hygienists Association, BDHA
British Endodontic Society, BES
British Society for Restorative Dentistry, BRSD
Faculty of Dental Surgery
Fédération Dentaire Internationale
General Dental Council
General Dental Practitioners' Association
International Dental Federation
National Medical and Dental Protection Society
Society for the Advancement of Anaesthesia in Dentistry, SAAD

Irische Republik/Irish Republic

Dental Board
Irish Dental Association, IDA

Island/Iceland

Tannlæknafélag Islands

Israel/Israel

Dental Association of Israel

Italien/Italy

Associazione Medici Dentisti Italiani, Società Italiana di Stomatologia, AMDI, SIS
Società Italiana di Odontostomatologia e Chirurgia Maxillo-Facciale

Japan/Japan

Koko eisei gakkai
Nihon hozon shika gakkai
Nihon shika igakkai

Jugoslawien/Yugoslavia

Fédération des Sociétés Dentaires Yougoslaves

Kanada/Canada

Canadian Dental Association

Kenia/Kenya

East African Dental Association

Kolumbien/Colombia

Asociación Latinoamericana de Facultades de Odontología, ALAFO
Sociedad Ondontológica Antiqueña

Luxemburg/Luxembourg

Association des Médecins et Médecins-Dentistes du Grand-Duché de Luxembourg

Malta/Malta

Dental Association of Malta

Mexiko/Mexico

Asociación Dental Mexicana

Niederlande/Netherlands

Nederlandsche Maatschappij tot Bevordering der Tandheelkunde
Nederlandse Vereniging van Tandartsen

Norwegen/Norway

Norske Tannlægeforening

Österreich/Austria

Österreichische Dentistenkammer
Verein Österreichischer Zahnärzte

Panama/Panama

Federación Odontológica de Centro América y Panamá, FOCAP

Peru/Peru

Asociación Odontológica del Perú
Comité Nacional de la Federación Dental Internacional
Consejo Peruano de la Federación Odontológica Latinoamericana, FOLA

Philippinen/Philippines

Asian Pacific Dental Federation

Portugal/Portugal

Sindicato Nacional dos Odontologistas Portuguesas

Schweden/Sweden

Scandinavian Dental Association
Svenska Tandläkare-Sällskapet
Sveriges Tandläkarförbund, STF

Schweiz/Switzerland

Europäische Arbeitsgemeinschaft für Kariesforschung
Schweizerische Zahnärzte-Gesellschaft

Spanien/Spain

Consejo General de Colegios de Odontólogos y Estomatólogos de España

Türkei/Turkey

Association des Médecins-Dentistes Turcs

Ungarn/Hungary

Hungarian Dental Association

Uruguay/Uruguay

Asociación Ondontológica Uruguaya

Venezuela/Venezuela

Sociedad Ondontológica Zuliana de Prótesis

Vereinigte Staaten von Amerika (USA)/United States of America (USA)

Academy of Dentistry for the Handicapped
Academy of Denture Prosthetics, ADP
Academy of General Dentistry, AGD
Academy of Oral Dynamics, AOD
American Academy for Plastics Research in Dentistry
American Academy of Crown and Bridge Prosthodontics
American Academy of Dental Electrosurgery, AADE
American Academy of Dental Practice Administration, AADPA
American Academy of Dental Radiology, AADR
American Academy of Dentists, AAD
American Academy of Gold Foil Operators, AAGFO
American Academy of Implant Dentistry, AAID
American Academy of Maxillofacial Prosthetics, AAMP
American Academy of Pedodontics, AAP
American Academy of Periodontology, AAP
American Academy of Physiologic Dentistry, AAPD
American Academy of Restorative Dentistry, AARD
American Academy of the History of Dentistry, AAHD
American Association of Audio Analgesia, AAAA
American Association of Dental Examiners, AADE
American Association of Dental Schools, AADS
American Association of Endodontists, AAE
American Association of Hospital Dentists, AAHD
American Association of Industrial Dentists, AAID
American Association of Public Health Dentists, AAPHD
American Board of Dental Public Health
American Board of Pedodontics, ABP
American Board of Periodontology, ABP
American Board of Prosthodontics, ABP
American College of Dentists, ACD
American Dental Assistants Association, ADAA
American Dental Association
American Dental Hygienists' Association, ADHA
American Dental Society of Anesthesiology, ADSA
American Dentists for Foreign Service, ADFS
American Equilibration Society, AES
American Hypnodontic Society, AHS
American Prosthodontic Society, APS
American Society for Advancement of General Anesthesia in Dentistry
American Society for Geriatric Dentistry, ASGD
American Society of Dentistry for Children, ASDC
American Society of Oral Surgeons, ASOS
American Society of Psychosomatic Dentistry and Medicine, ASPDM
Association of American Women Dentists, AAWD
Association of State and Territorial Dental Directors, ASTDD
California Dental Association
Christian Dental Society
Delta Dental Plans Association, DDPA
Dental Guidance Council for Cerebral Palsy
Federal Dental Services Officers' Association
Federation of Prosthodontic Organizations, FPO
Flying Dentists Association, FDA
Hawaii State Dental Association
Indiana State Dental Association
International Association for Dental Research, IADR
International College of Dentists, ICD
Iowa Dental Association
National Dental Association, NDA
National Medical and Dental Association, NMDA
National Medico-Dental Council for the Evaluation of Fluoridation

Nebraska Dental Association
New Hampshire Dental Society
New Mexico Dental Association
San Francisco Dental Society
Society of Oral Physiology and Occlusion, SOPO
Virginia State Dental Association
West Virginia State Dental Society

Demokratische Republik Vietnam /Democratic Republic of Viet-Nam

Odonto-Maxillo-Facial Association

Onkologie

Oncology

Bulgarien/Bulgaria

Onkologische Gesellschaft Bulgariens

Rumänien/Romania

Societatea de Oncologie

Union der Sozialistischen Sowjetrepubliken (UdSSR)/Union of Soviet Socialist Republics (U.S.S.R.)

All-Union Scientific Medical Society of Oncologists

Venezuela/Venezuela

Sociedad Venezolana de Oncologia

Ophthalmologie

Ophthalmology

Ägypten/Egypt

Ophthalmological Society of Egypt

Argentinien/Argentina

Sociedad Argentina de Oftalmologia

Australien/Australia

Ophthalmological Society of Australia

Belgien/Belgium

Fédération Internationale des Sociétés d'Ophthalmologie
Société Belge d'Ophthalmologie
Société Européenne d'Ophthalmologie

Bulgarien/Bulgaria

Gesellschaft der Ophthalmologen

Chile/Chile

Sociedad de Oftalmologia de Valparaiso

Dänemark/Denmark

Dansk Oftalmologisk Selskab

Bundesrepublik Deutschland (BRD)/Federal Republic of Germany

Berufsverband der Augenärzte Deutschlands, BVA
Deutsche Ophthalmologische Gesellschaft

Frankreich/France

Association Professionnelle Internationale des Médecins Oculistes
Organisation Internationale contre la Trachome
Société d'Ophtalmologie de l'Est de la France
Société d'Ophtalmologie de Lyon
Société d'Ophtalmologie de Paris
Société d'Ophtalmologie du Midi de la France
Société d'Oto-Neuro-Ophtalmologie de Strasbourg
Société d'Oto-Neuro-Ophtalmologie du Sud-Est de la France
Société Française d'Ophtalmologie, SFO
Syndicat National des Ophtalmologistes Français

Grossbritannien/Great Britain

Faculty of Ophthalmologists, FO
National Ophthalmic Treatment Board Association, NOTB
Ophthalmological Society of the United Kingdom, OSUK

Iran/Iran

Association of Ophthalmists

Irische Republik/Irish Republic

Association of Ophthalmic Opticians of Ireland
Irish Faculty of Ophthalmology

Israel/Israel

Israel Ophthalmological Society

Italien/Italy

Società Oftalmologica Italiana

Japan/Japan

Nihon ganka gakkai

Mexiko/Mexico

Sociedad de Oftalmologia del Hospital de Oftalmológico de "Nuestra Señora de la Luz"

Nicaragua/Nicaragua

Sociedad de Oftalmologia Nicaraguense

Niederlande/Netherlands

International Society for Clinical Electroretinography, ISCERG
Nederlandse Oogheelkundig Gezelschap, NOG

Österreich/Austria

Österreichische Ophthalmologische Gesellschaft

Panama/Panama

Asociación Panamericana de Oftalmología

Polen/Poland

Polskie Towarzystwo Okulistyczne

Rumänien/Romania

Societatea de Oftalmologie

Schweden/Sweden

Svenska Oftalmologförbundet

Schweiz/Switzerland

Schweizerische Ophthalmologische Gesellschaft

Taiwan/Taiwan

Ophthalmological Society of the Republic of China

Union der Sozialistischen Sowjetrepubliken (UdSSR)/Union of Soviet Socialist Republics (U.S.S.R.)

All-Union Scientific Medical Society of Ophthalmologists

Venezuela/Venezuela

Sociedad Venezolana de Oftalmología

Vereinigte Staaten von Amerika (USA)/United States of America (USA)

American Academy of Ophthalmology and Otolaryngology, AAOO
American Association of Ophthalmology, AAO
American Board of Ophthalmology, ABO
American Diopter and Decibel Society
American Ophthalmological Society, AOS
American Orthoptic Council, AOC
American Society for Contemporary Ophthalmology
American Society of Ophthalmologic and Otolaryngologic Allergy
Asia-Pacific Academy of Ophthalmology
Association for Research in Vision and Ophthalmology
Better Vision Institute, BVI
Focus
International Association of Secretaries of Ophthalmological and Otolaryngological Societies
National Committee for Research in Ophthalmology and Blindness
Osteopathic College of Ophthalmology and Otorhinolaryngology, OCOO
Pacific Coast Oto-Ophthalmological Society
Pan-American Association of Ophthalmology
Society of Eye Surgeons, SES
Utah Oto-Ophthalmological Society

Demokratische Republik Vietnam /Democratic Republic of Viet-Nam

Association of Ophthalmology and Trachoma

Optik

Optics

Australien/Australia

Contact Lens Society of Australia
Opticians and Optometrists Association of New South Wales

Bundesrepublik Deutschland (BRD)/Federal Republic of Germany

Deutsche Gesellschaft für Angewandte Optik
Fachnormenausschuss Feinmechanik und Optik
Forschungsvereinigung Feinmechanik und Optik

Frankreich/France

Commission Internationale d'Optique, CIO

Grossbritannien/Great Britain

British Optical Association
Contact Lens Research and Information Council
International Optical League

Indien/India

Optical Society of India

Italien/Italy

Istituto Nazionale di Ottica

Ungarn/Hungary

Optikai, Akusztikai és Filmtechnikai Egyesület

Vereinigte Staaten von Amerika (USA)/United States of America (USA)

American Board of Opticianry, ABO
National Association of Optometrists and Opticians, NAOO
Optical Society of America

Optometrie

Optometry

Australien/Australia

Australian Optometrical Association
Opticians and Optometrists Association of New South Wales

Belgien/Belgium

Société d'Optométrie d'Europe, SOE

Deutsche Demokratische Republik (DDR)/ German Democratic Republic

Deutsche Gesellschaft für Optometrie

Kanada/Canada

Canadian Association of Optometrists

Vereinigte Staaten von Amerika (USA)/United States of America (USA)

Alameda and Contra Costa Counties Optometric Society
American Academy of Optometry, AAO
American Optometric Association, AOA
Association of Schools and Colleges of Optometry, ASCO
Council on Clinical Optometric Care
Council on Optometric Education
Kansas Optometric Association
Marin County Optometric Society
National Association of Optometrists and Opticians, NAOO
New Mexico Optometric Association
San Francisco Optometric Society

Organisation
Organization

Belgien/Belgium

Comité National Belge de l'Organisation Scientifique, CNBOS

Italien/Italy

Società Italiana per l'Organizzazione Internazionale, SIOI

Norwegen/Norway

Norske Nasjonalkomite for Rasjonell Organisasjon, NNRO

Polen/Poland

Towarzystwo Naukowe Organizacji i Kierownictwa

Schweiz/Switzerland

Académie Internationale pour l'Organisation Scientifique, AIM
Association Suisse d'Organisation Scientifique, ASOS
Conseil International pour l'Organisation Scientifique, CIOS

Orientalistik
Oriental Studies

Belgien/Belgium

Centre pour l'Étude des Problèmes du Monde Musulman Contemporain

Dänemark/Denmark

Orientalsk Samfund

Bundesrepublik Deutschland (BRD)/Federal Republic of Germany

Deutsche Morgenländische Gesellschaft
Deutsche Orient-Gesellschaft
International Union of Orientalists
Nah- und Mittelost-Verein

Finnland/Finland

Suomen Itämainen Seura

Frankreich/France

Centre d'Etudes de l'Orient Contemporain

Israel/Israel

Israel Oriental Society

Italien/Italy

Istituto Italiano per il Medio e l'Estremo Oriente, ISMEO
Istituto per l'Oriente
Istituto Universitario Orientale

Japan/Japan

Toho gakkai
Toyo gakujutsu kyokai
Toyoshi kenkyukai

Österreich/Austria

Orientalische Gesellschaft

Polen/Poland

Polskie Towarzystwo Orientalistyczne

Türkei/Turkey

Milletlerarasi Şark Tetkikleri Cemiyeti

Vereinigte Staaten von Amerika (USA)/United States of America (USA)

American Oriental Society, AOS
American Schools of Oriental Research, ASOR

Ornithologie
Ornithology

Argentinien/Argentina

Asociación Ornitológica del Plata

Australien/Australia

Bird Banders' Association of Australia
Bird Observers Club
Royal Australasian Ornithologists Union
South Australian Ornithological Association

Dänemark/Denmark

Dansk Ornithologisk Forening

Bundesrepublik Deutschland (BRD)/Federal Republic of Germany

Deutsche Ornithologen-Gesellschaft
Deutscher Bund für Vogelschutz
Internationale Union für Angewandte Ornithologie

Finnland/Finland

Suomen Lintutieteellinen Yhdistys

Frankreich/France

Société d'Etudes Ornithologiques
Société Ornithologique de France

Grossbritannien/Great Britain

Avicultural Society
British Ornithologists' Union, BOU
Nottingham and Nottinghamshire Field Club
Royal Society for the Protection of Birds
Scottish Ornithologists' Club, SOC
Woolhope Naturalists' Field Club

Japan/Japan

Nihon tori gakkai

Neuseeland/New Zealand

Ornithological Society of New Zealand

Niederlande/Netherlands

International Ornithological Congress, IOC
Nederlandse Ornithologische Unie

Portugal/Portugal

Sociedade Portuguesa de Patologia Aviária

Schweden/Sweden

Esperantist Ornithologists' Association

Südafrika/South Africa

South African Ornithological Society

Vereinigte Staaten von Amerika (USA)/United States of America (USA)

American Ornithologists' Union
Audubon Naturalist Society of the Central Atlantic States
Avicultural Society of America, ASOA
Pacific Northwest Bird and Mammal Society
Whooping Crane Conservation Association, WCCA
World's Poultry Science Association, WPSA

Orthodontie
Orthodontics

Australien/Australia

Australian Society of Orthodontists

Grossbritannien/Great Britain

European Orthodontic Society

Guatemala/Guatemala

Asociación de Ortodoncistas de Guatemala

Japan/Japan

Nihon kyosei shika gakkai

Niederlande/Netherlands

Nederlandse Vereniging voor Orthodontische Studie

Vereinigte Staaten von Amerika (USA)/United States of America (USA)

American Association of Orthodontists, AAO
American Board of Orthodontics, ABO
International Association of Orthodontics, IAO

Orthopädie
Orthopedics

Argentinien/Argentina

Sociedad Argentina de Ortopedia y Traumatologia

Australien/Australia

Australian Orthopaedic Association

Belgien/Belgium

Société Internationale de Chirurgie Orthopédique et de Traumatologie, SICOT

Bulgarien/Bulgaria

Gesellschaft der Orthopäden und Traumatologen

Bundesrepublik Deutschland (BRD)/Federal Republic of Germany

Berliner Orthopädische Gesellschaft
Berufsverband der Fachärzte für Orthopädie
Deutsche Orthopädische Gesellschaft

Frankreich/France

Société Française de Chirurgie Orthopédique et de Traumatologie

Grossbritannien/Great Britain

British Orthopaedic Association, BOA

Israel/Israel

Society of Orthopedic Surgeons of the Israel Medical Association

Italien/Italy

European Commission for the Control of Foot-and-Mouth Disease
Società Italiana di Ortopedia e Traumatologia, SIOT

Japan/Japan

Nihon seikei geka gakkai

Mexiko/Mexico

Sociedad Latinoamericana de Ortopedia y Traumatologia

Niederlande/Netherlands

Nederlandse Orthopaedische Vereniging, NOV
Vereniging tot het Behartigen van de Belangen van de Nederlandse Orthopedisten en Bandagisten, ORTHOBANDA

Norwegen/Norway

Nordisk Ortopedisk Forening

Österreich/Austria

Vereinigung der Orthopäden Österreichs

Peru/Peru

Sociedad Peruana de Ortopedia y Traumatología

Polen/Poland

Polskie Towarzystwo Ortopedyczne i Traumatologiczne

Rumänien/Romania

Societatea de Ortopedie şi Traumatologie

Schweiz/Switzerland

Schweizerische Gesellschaft für Orthopädie

Türkei/Turkey

Türk Ortopedi Şirürjisi ve Travmatoloji Cemiyeti

Union der Sozialistischen Sowjetrepubliken (UdSSR)/Union of Soviet Socialist Republics (U.S.S.R.)

All-Union Scientific Medical Society of Traumatic Surgeons and Orthopaedists

Venezuela/Venezuela

Sociedad Venezolana de Cirugia Ortopédica y Traumatología

Vereinigte Staaten von Amerika (USA)/United States of America (USA)

American Academy of Orthopaedic Surgeons, AAOS
American Academy of Podiatry Administration
American Association of Certified Orthoptists, AACO
American Association of Colleges of Podiatric Medicine
American Association of Foot Specialists, AAFS
American Association of Hospital Podiatrists, AAHP
American Board of Orthopaedic Surgery, ABOS
American College of Foot Orthopedists, ACFO
American College of Foot Specialists
American College of Foot Surgeons
American Orthopaedic Association, AOA
American Osteopathic Academy of Orthopedics, AOAO
American Podiatry Association, APA
Association of Bone and Joint Surgeons, ABJS
Association of Podiatrists in Federal Service
California Podiatry Association
Clinical Orthopaedic Society, COS
Federation of Podiatry Boards
National Board of Podiatry Examiners, NBPE
National College of Foot Surgeons, NCFS
Orthopaedic Research Society, ORS
San Francisco Podiatry Group

Ortung

Orientation

Bundesrepublik Deutschland (BRD)/Federal Republic of Germany

Deutsche Gesellschaft für Ortung und Navigation, DGON

Osteopathie

Osteopathy

Grossbritannien/Great Britain

British Naturopathic and Osteopathic Association, BNOA
British Osteopathic Association
General Council and Register of Osteopaths, GCRO
Osteopathic Medical Association

Vereinigte Staaten von Amerika (USA)/United States of America (USA)

American Academy of Osteopathy, AAO
American Association of Colleges of Osteopathic Medicine
American College of General Practitioners in Osteopathic Medicine and Surgery, ACGPOMS
American College of Osteopathic Internists, ACOI
American College of Osteopathic Obstetricians and Gynecologists

American College of Osteopathic Pediatricians, ACOP
American College of Osteopathic Surgeons, ACOS
American Osteopathic Academy of Orthopedics, AOAO
American Osteopathic Academy of Sclerotherapy, AOAS
American Osteopathic Association, AOA
American Osteopathic College of Anesthesiologists, AOCA
American Osteopathic College of Dermatology, AOCD
American Osteopathic College of Pathologists, AOCP
American Osteopathic College of Physical Medicine and Rehabilitation, AOCPMR
American Osteopathic College of Proctology
American Osteopathic College of Radiology, AOCR
American Osteopathic Hospital Association, AOHA
Cranial Academy, CA
Kansas State Osteopathic Association
National Board of Examiners for Osteopathic Physicians and Surgeons
National Osteopathic Guild Association, NOGA
West Virginia Society of Osteopathic Medicine

Osteuropakunde

East European Studies

Deutsche Demokratische Republik (DDR)/ German Democratic Republic

Deutsches Slawistenkomitee

Bundesrepublik Deutschland (BRD)/Federal Republic of Germany

Arbeitsgemeinschaft für Osteuropaforschung
Deutsche Gesellschaft für Osteuropakunde
Kommission für Erforschung der Agrar- und Wirtschaftsverhältnisse des europäischen Ostens
Ost-Akademie
Südosteuropa-Gesellschaft

Grossbritannien/Great Britain

Association of Teachers of Russian, ATR
British Universities Association of Slavists, BUAS

Rumänien/Romania

International Association of South-East European Studies

Schweden/Sweden

Association Internationale des Langues et Littératures Slaves

Tschechoslowakei (CSSR)/Czechoslovakia

International Committee of Slavists

Vereinigte Staaten von Amerika (USA)/United States of America (USA)

American Association for the Advancement of Slavic Studies, AAASS
American Association of Teachers of Slavic and East European Languages, AATSEEL
American Committee of Slavists

Oto-Rhino-Laryngologie

Oto-Rhino-Laryngology

Australien/Australia

Australian and New Zealand Society of Oral Surgeons

Bulgarien/Bulgaria

Gesellschaft der Hals-Nasen-Ohren-Ärzte

Chile/Chile

Sociedad de Otorinolaringologia de Valparaiso

Dänemark/Denmark

Dansk Oto-laryngologisk Selskab
European Rhinologic Society

Bundesrepublik Deutschland (BRD)/Federal Republic of Germany

Berufsverband der Deutschen Hals-, Nasen- und Ohrenärzte
Deutsche Gesellschaft der Hals-, Nasen-, Ohrenärzte
Deutsche Gesellschaft für Hals-Nasen-Ohren-Heilkunde, Kopf- und Hals-Chirurgie
Deutsche Gesellschaft für Sprach- und Stimmheilkunde
Vereinigung Westdeutscher Hals-, Nasen-, Ohrenärzte

Frankreich/France

Association Internationale pour l'Etude des Bronches
Société d'Oto-Neuro-Ophtalmologie de Strasbourg
Société d'Oto-Neuro-Ophtalmologie du Sud-Est de la France
Société Française d'Oto-Rhino-Laryngologie
Société Internationale d'Audiologie
Syndicat National des Oto-Rhino-Laryngologistes Français

Grossbritannien/Great Britain

British Association of Oral Surgeons, BAOS
British Association of Otolaryngologists, BAO
British Society of Audiology, BSA

Israel/Israel

Oto-Laryngological Society of Israel

Italien/Italy

European Commission for the Control of Foot-and-Mouth Disease

Japan/Japan

Nihon jibi inkoka gakkai
Nihon koko geka gakkai
Shika kiso igakkai

Niederlande/Netherlands

Nederlandse Keel-, Neus- en Oorheelkundige Vereniging

Österreich/Austria

Österreichische Oto-Laryngologische Gesellschaft

Polen/Poland

Polskie Towarzystwo Otolaryngologiczne, PTOL

Portugal/Portugal

Sociedade Portuguesa Otoneurooftalmológica

Rumänien/Romania

Societatea de Oto-Rino-Laringologie

Schweiz/Switzerland

Société Suisse d'Oto-Rhino-Laryngologie et de Chirurgie Cervico-Faciale

Taiwan/Taiwan

Otolaryngological Society of the Republic of China

Türkei/Turkey

Türk Oto-Rino-Larengoloji Cemiyeti

Union der Sozialistischen Sowjetrepubliken (UdSSR)/Union of Soviet Socialist Republics (U.S.S.R.)

All-Union Scientific Medical Society of Oto-Rhino-Laryngologists

Venezuela/Venezuela

Sociedad Venezolana de Otorinolaringología

Vereinigte Staaten von Amerika (USA)/United States of America (USA)

American Academy of Ophthalmology and Otolaryngology, AAOO
American Academy of Oral Medicine, AAOM
American Academy of Oral Pathology, AAOP
American Board of Otolaryngology
American Broncho-Esophagological Association, ABEA
American Cleft Palate Association, ACPA
American Council of Otolaryngology
American Laryngological Association, ALA
American Laryngological, Rhinological and Otological Society, ALROS
American Otological Society, AOS
American Rhinologic Society, ARS
American Society of Ophthalmologic and Otolaryngologic Allergy
American Speech and Hearing Association, ASHA
International Association of Laryngectomees, IAL
International Association of Secretaries of Ophthalmological and Otolaryngological Societies
International Bronchoesophagological Society
International Rhinologic Society
New England Otolaryngological Society
New York Institute of Clinical Oral Pathology
Osteopathic College of Ophthalmology and Otorhinolaryngology, OCOO
Otosclerosis Study Group
Pan American Association of Oto-Rhino-Laryngology and Broncho-Esophagology
Society of Oral Physiology and Occlusion, SOPO
Utah Oto-Ophthalmological Society

Demokratische Republik Vietnam /Democratic Republic of Viet-Nam

Oto-Rhino-Laryngology Association

Ozeanographie

Oceanography

Chile/Chile

Instituto Oceanográfico de Valparaiso

Volksrepublik China/People's Republic of China

Chinese Society of Oceanography and Limnology

Dänemark/Denmark

International Council for the Exploration of the Sea
Kommissionen for Danmarks Fiskeri og Havundersøgelser

Bundesrepublik Deutschland (BRD)/Federal Republic of Germany

Deutsche Wissenschaftliche Kommission für Meeresforschung
International Association of Biological Oceanography, IABO
Studiengesellschaft zur Erforschung von Meeresalgen

Frankreich/France

Association Scientifique et Technique pour l'Exploitation des Océans
Société des Océanistes
Société d'Océanographie de France, CSSF

Grossbritannien/Great Britain

Challenger Society

Japan/Japan

Nihon kaiyo gakkai

Malta/Malta

Mediterranean Association for Marine Biology and Oceanography, MAMBO

Monaco/Monaco

Commission Internationale pour l'Exploration Scientifique de la Mer Méditerranée

Neuseeland/New Zealand

New Zealand Marine Sciences Society

Norwegen/Norway

Nordisk Kollegium for Fysik Oceanografi
Norske Havforskeres Forening

Peru/Peru

Instituto del Mar del Perú

Spanien/Spain

Instituto Español de Oceanografía

Uruguay/Uruguay

Consejo Latinoamericano de Oceanografía
Servicio Oceanográfico y de Pesca

Vereinigte Staaten von Amerika (USA)/United States of America (USA)

American Oceanic Organization, AOO
American Society for Oceanography, ASO
American Society of Limnology and Oceanography
Association of Sea Grant Program Institutions
Cedam International
International Association for the Physical Sciences of the Ocean
International Tsunami Information Center, ITIC
National Oceanography Association, NOA

Pädagogik

Education

Ägypten/Egypt

Education Documentation Centre for Egypt

Argentinien/Argentina

Consejo de Rectores de Universidades Nacionales
Instituto Nacional del Profesorado Secundario
Organización Mundial Universitaria

Australien/Australia

Association for Programmed Instruction and Educational Technology
Australian Association of Mathematics Teachers
Australian Council for Educational Research
Australian Geography Teachers' Association
Australian Science Teachers Association
Catholic Science Teachers' Association of Victoria
Diagnostic and Remedial Teachers' Association of Victoria
Economic Teachers Association of Australia
Geography Teachers' Association of New South Wales
New South Wales Institute for Educational Research
Queensland Institute for Educational Research
Science Teachers' Association of Queensland
Science Teachers' Association of Victoria
Western Australian Science Teachers Association

Belgien/Belgium

Association des Groupes d'Education Nouvelle de Langue Française, AGELAF
Association Internationale des Sciences de l'Education
Association Internationale pour la Recherche et la Diffusion des Méthodes Audio-Visuelles et Structuro-Globales, AIMAV
Centre International d'Etudes de la Formation Religieuse
Commission Internationale pour l'Enseignement de l'Histoire
Fédération Belge d'Education Physique, FBEP
Fédération de l'Enseignement Moyen Officiel du Degré Supérieur de Belgique, FEMO
Fédération Générale du Personnel Enseignant, FGPE
Fédération Internationale des Communautés d'Enfants, FICE
Office International de l'Enseignement Catholique, OIEC
Secrétariat Professionnel International de l'Enseignement, SPIE

Bermudas/Bermudas

Amalgamated Bermuda Union of Teachers

Bolivien/Bolivia

Consejo Nacional de Educación

Brasilien/Brazil

Associação Brasileira de Educação
Associação de Educação Católica do Brasil
Comissão Americano-Brasileira da Educação
Comissão Evangelica Latinoamericana de Educação Crista, CELADEC
Conselho de Reitores das Universidades Brasileiras
Conselho Federal de Educação
Instituto Brasileiro de Educação, Ciência e Cultura, IBECC
Movimento de Educação de Base, MEB

Chile/Chile

Confederación de Educadores de América Latina
Consejo de Rectores de Universidades Chilenas

Dänemark/Denmark

Danmarks Lærerforening, DLF
Danmarks Sproglærerforening, DS
Dansk Gymnastiklærerforening
Dansk Historielærerforening
Dansk Musikpædagogisk Forening, DMpF
Dansk Teknisk Lærerforening
Folkeuniversitetsudvalget
Forbundet af Lærere ved de Højere Læreanstalter
Foreningen af Fysik- og Kemilærere ved Gymnasier og Seminarier
Gymnasieskolernes Lærerforening
International Society for Music Education, ISME
Matematiklærerforeningen

Bundesrepublik Deutschland (BRD)/Federal Republic of Germany

Arbeitsgemeinschaft der Verbände Gemeinnütziger Privatschulen in der Bundesrepublik
Arbeitsgemeinschaft Deutsche Höhere Schule
Arbeitsgemeinschaft Evangelischer Schulbünde
Arbeitsgemeinschaft für Sprachheilpädagogik in Deutschland
Arbeitsgemeinschaft Musikerziehung und Musikpflege des Deutschen Musikrates
Arbeitsgemeinschaft Musikpädagogischer Seminare
Arbeitskreis für Hochschuldidaktik
Arbeitskreis für Schulmusik und Allgemeine Musikpädagogik
Bischöfliche Zentrale für Ordensschulen und Katholische Freie Schulen
Bund Deutscher Kunsterzieher
Bund Deutscher Taubstummenlehrer
Bund Evangelischer Lehrer
Bund Katholischer Erzieher Deutschlands
Deutsche Gesellschaft für Erziehungswissenschaft
Deutsche Gesellschaft für Europäische Erziehung
Deutscher Berufsverband der Sozialarbeiter und Sozialpädagogen, DBS
Deutscher Lehrerverband, DL
Dokumentationsring Pädagogik
Europäischer Erzieherbund
Evangelischer Erziehungs-Verband
Gemeinschaft Deutscher Lehrerverbände, GDL
Gesellschaft zur Förderung Pädagogischer Forschung
International Committee on the Teaching of Philosophy
Verband Bildung und Erziehung, VBE
Verband der Geschichtslehrer Deutschlands
Verband Deutscher Lehrer im Ausland
Verband Deutscher Musikerzieher und Konzertierender Künstler, VDMK
Verband Deutscher Privatschulen
Verband Deutscher Realschullehrer, VDR
Verband Deutscher Schulmusikerzieher
Verein Katholischer Lehrerinnen
Vereinigung Deutscher Landerziehungsheime
Weltbund für Erneuerung der Erziehung

Finnland/Finland

Finlands Svenska Folkskollärarförbund
Kasvatusopillinen Yhdistys
Koulujen Musiikinopettajat, KMO
Kuvaamataidon Opettajam Liitto, KOL
Oppikoulunopettajien Keskusjärjestö, OK
Suomen Englanninkielen Opettajien Yhdistys
Suomen Musiikinopettajain Liitto, SMOL
Suomen Opettajain Liitto, SOL
Teknillisten Oppilaitosten Opettajain Yhdistys

Frankreich/France

Association des Professeurs de Mathématiques de l'Enseignement Publique
Association Européenne des Enseignants, AEDE
Association Internationale de Pédagogie Expérimentale de Langue Française, AIPELF
Association Internationale des Ecoles ou Instituts Supérieurs d'Education Physique et Sportive, AIESEP
Association Internationale des Educateurs de Jeunes Inadaptés, AIEJI
Centre d'Etudes Pédagogiques
Centre International de l'Enfance, CIE
Centre International d'Etudes Pédagogiques de Sèvres
Comité Universitaire d'Information Pédagogique
Commission Inter-Unions de l'Enseignement des Sciences, CIES
Conseil pour les Echanges Internationaux Pédagogiques
Fédération de l'Education Nationale, FEN
Fédération Internationale des Mouvements d'Ecole Moderne, FIMEN
Fédération Internationale des Professeurs de Français, FIPF
Fédération Internationale des Professeurs de l'Enseignement Secondaire Officiel, FIPESO
Institut International de Planification de l'Education, IIPE
Ligue Française de l'Enseignement et de l'Education Permanente
Ligue Internationale de l'Enseignement, de l'Education et de la Culture Populaire
Office National des Universités et Ecoles Françaises
Office National d'Information sur les Enseignements et les Professions
Organisation Mondiale pour l'Education Préscolaire, OMEP
Société Française de Pédagogie
Société Générale d'Education et d'Enseignement
Syndicat National de l'Enseignement Secondaire
Syndicat National de l'Enseignement Supérieur
Syndicat National des Enseignements de Second Degré, SNES
Syndicat National des Instituteurs et Institutrices, SNI
Syndicat National des Professeurs des Ecoles Normales, SNPEN

Union des Professeurs de Spéciales (Mathématiques et Physiques)
Union Internationale pour l'Education Sanitaire

Ghana/Ghana

West African Examinations Council

Gibraltar/Gibraltar

Gibraltar Teachers Association

Griechenland/Greece

Fédération Grecque des Professeurs de l'Enseignement Secondaire
Omospondia Didaskaliki Ellados
Syllogos pros Diadosin ton Hellenikon Grammaton

Grossbritannien/Great Britain

Advisory Centre for Education
Assistant Masters Association, AMA
Association for Programmed Learning and Ecudational Technology
Association for Science Education
Association for Special Education, ASE
Association for Technical Education on Schools, ATES
Association of Assistant Mistresses in Secondary Schools
Association of Chief Education Officers, ACEO
Association of Convent Schools
Association of Directors of Education in Scotland, ADES
Association of Education Committees
Association of Education Officers
Association of Governing Bodies of Girls Public Schools, GBGSA
Association of Governing Bodies of Public Schools, GBA
Association of Headmasters, Headmistresses and Matrons of Approved Schools
Association of Headmistresses
Association of Headmistresses of Preparatory Schools, AHMPS
Association of Heads of Girls' Boarding Schools
Association of Heads of Recognised Independent Schools, AHRIS
Association of Law Teachers, ALT
Association of Painting Craft Teachers, APCT
Association of Piano Class Teachers, APCT
Association of Principals of Colleges of Education in Scotland
Association of Recognised English Language Schools, ARELS
Association of Staffs of Colleges and Departments of Education of Northern Ireland
Association of String Class Teachers, ASCT
Association of Teachers in Colleges and Departments of Education, ATCDE
Association of Teachers of Domestic Science, ATDS
Association of Teachers of English as a Foreign Language, ATEFL
Association of Teachers of German, ATG
Association of Teachers of Italian, ATI
Association of Teachers of Mathematics, ATM
Association of Teachers of Russian, ATR
Association of Teachers of Spanish and Portuguese, ATSP
Association of Tutors
Association of Tutors in Adult Education, ATAE
Association of University Teachers, AUT
Association of University Teachers of Scotland, AUTS
Association of Veterinary Teachers and Research Workers, AVTRW
Association of Voluntary Aided Secondary Schools, AVASS
Association of Wind Teachers, AWT
Atlantic Information Centre for Teachers
Boarding Schools Association
British and Foreign School Society
British Schools Exploring Society
Central Bureau for Educational Visits and Exchanges
Centre for Educational Development Overseas
Christian Education Movement, CEM
City and Guilds of London Institute
College of Preceptors
College of Special Education
College of Teachers of the Blind, CTB
Committee of Vice-Chancellors and Principals of the Universities of the United Kingdom
Commonwealth Secretariat-Education Division
Comparative Education Society in Europe
Comprehensive Schools Committee, CSC
Confederation for the Advancement of State Education, CASE
Co-operative Union-Education Department
Council for Education in World Citizenship
Council for Technical Education and Training for Overseas Countries
Council of Legal Education
County Education Officers' Society, CEOS
Educational Centres Association, ECA
Educational Development Association, EDA
Educational Drama Association, EDA
Educational Group of the Musical Instrument Association, EGMIA
Educational Institute of Scotland, EIS
Educational Interchange Council
Educational Puppetry Association, EPA
English-Speaking Board, ESB
Extra-Mural Activity Association, EMAC
Fawcett Society
Federal Council of Teachers in Northern Ireland
Fellowship of Independent Schools, FIS
General Studies Association, GSA
General Teaching Council for Scotland
Guild of Teachers of Backward Children
Headmasters Association of Scotland
Headmasters' Conference
Health Education Council
History of Education Society

Honours Graduate Teachers' Association, HGTA
Incorporated Association of Head Masters, IAHM
Incorporated Association of Preparatory Schools, IAPS
Independent Schools Association, ISAI
Institute of Tape Learning
International Round Table of Educational Counselling and Vocational Guidance
International Union of Social Democratic Teachers, IUSDT
Inter-University Council for Higher Education Overseas
Isotype Institute
Joint Association of Classical Teachers, JACT
League for the Exchange of Commonwealth Teachers, LECT
London Association of Science Teachers, LAST
London Continuative Teachers' Association, LCTA
Montessori Society in England
Music Advisers' National Association, MANA
Music Masters' Association, MMA
Music Teachers' Association, MTA
National Adult School Union, NASU
National Association for Road Safety Instruction in Schools
National Association for the Education of the Partially Sighted
National Association for the Teaching of English, NATE
National Association of Divisional Executives for Education, NADEE
National Association of Head Teachers, NAHT
National Association of Teachers of the Mentally Handicapped, NATMH
National Centre for Programmed Learning
National College of Teachers of the Deaf, NCTD
National Committee for Audio-Visual Aids in Education
National Council for Educational Technology
National Education Association
National Federation of Continuative Teachers Associations
National Institute of Adult Education of England and Wales, NIAE
National Society for Art Education, NSAE
National Union of Teachers, NUT
Northern Ireland Women Teachers' Association, NIWTA
Nursery School Association of Great Britain and Northern Ireland, NSA
Parents' National Educational Union, PNEU
Rural Music Schools Association, RMSA
Scottish Schoolmasters Association, SSA
Scottish Secondary Teachers' Association, SSTA
Socialist Educational Association, SEA
Society for Education in Film and Television, SEFT
Society for Education through Art
Society for Environmental Education, SEE
Society for Promotion of Educational Reform through Teacher Training, SPERTTT
Society for Research into Higher Education, SRHE
Society of Assistants Teaching in Preparatory Schools, SATIPS
Society of British Esperantist Teachers, SBET
Society of Headmasters of Independent Schools, SHMIS
Society of Public Teachers of Law, SPTL
Society of Teachers of Speech and Drama
Society of Teachers Opposed to Physical Punishment, STOPP
Ulster Headmistresses' Association, UHMA
Ulster Teachers' Union, UTU
Union of Educational Institutions, UEI
Union of Lancashire and Cheshire Institutes, ULCI
Union of Women Teachers, UWT
United Kingdom Federation for Education in Home Economics
Welsh Federation of Head Teachers' Associations
Welsh Secondary Schools Association, WJEC
World Education Fellowship, WEF

Hongkong/Hong Kong

Hong Kong Council for Educational Research

Indien/India

Hyderabad Educational Conference
Indian Institute for Educational and Cultural Co-operation
Kalakshetra
National Council of Educational Research and Training
National Fundamental Education Centre
National Institute of Health Administration and Education
J. N. Petit Institute
United Schools International, USI

Irak/Iraq

Teachers' Society

Irische Republik/Irish Republic

Church Education Society
Cumann na Meánhúinteoiri, Eire, ASTI
Federation of Irish Secondary Schools
Irish National Teachers Organisation, INTO

Island/Iceland

Félag Menntaskalakennara, FM
Menntamalarád
Samband Islenzkra Barnakennara
Söngkennarafélag Islands

Israel/Israel

Biology Masters Association
Organization of Physics Teachers in Israel

Italien/Italy

Associazione Nazionale Professori Universitari di Ruolo
Associazione Nazionale Professori Universitari Incaricati

Centro Didattico Nazionale di Studi e Documentazione
International Committee for the Promotion of Educational and Cultural Activities in Africa
International League of Esperantist Teachers
International Union of Professors and Lecturers in Technical and Scientific Universities and in Post-Graduate Institutes for Technical and Scientific Studies
Sindacato Autonomo Scuola Media Italiana, SASMI
Sindacato Nazionale Autonomo Scuola Elementare, SNASE
Sindacato Nazionale Istruzione Artistica, SNIA
Sindacato Nazionale Scuola Media
Union Mondiale des Enseignants Catholiques, UMEC
Unione Cattolica Italiana Insegnanti Medi, UCIIM
World Union of Catholic Teachers, WUCT

Japan/Japan

Kyoiku tetsugakkai
Kyoikushi gakkai
Nihon kyoiku gakkai
Nihon kyoiku shakai gakkai
Nihon kyoiku shinri gakkai
Nihon sugaku kyoikukai
Nihon tokushu kyoiku gakkai

Jugoslawien/Yugoslavia

International Federation of Modern Language Teachers
Pedagogical and Literary Union of Croatia
Pedagogical Society of the F.S.R. of Yugoslavia
Pedagogical Society of the S. R. of Bosnia and Herzegovina
Pedagogical Society of the S. R. of Serbia
Pedagogical Society of the S. R. of Slovenia
Sindikat Radnicka Drustvenih Delatnosti Jugoslavije
Udruženje Učitelja, Nastavnika i Profesora Jugoslavije
Udruženje Univerzitetskih Nastavnika i Van-Univerzitetskih Naučnik Radnika

Kanada/Canada

Association of Canadian University Information Bureaux
Association of Universities and Colleges of Canada
Canadian Council for International Co-operation
Canadian Council for Research in Education
Canadian Education Association

Kolumbien/Colombia

Confederación Interamericana de Educación Católica, CIEC
Servicio Nacional de Aprendizaje, SENA

Kuba/Cuba

Confederación Nacional de Profesionales Universitarias
Instituto de Superación Educacional, ISE

Luxemburg/Luxembourg

Association des Instituteurs Réunis du Grand-Duché de Luxembourg, IR
Association des Professeurs de l'Enseignement Secondaire et Supérieur du Grand-Duché de Luxembourg, APESS
Association Internationale d'Orientation Scolaire et Professionelle, AIOSP
Commission d'Instruction
Fédération Générale des Instituteurs

Malta/Malta

Malta Union of Teachers
Secondary School Teachers' Association of Malta, SSTA

Mexiko/Mexico

Confederación de Educadores Americanos
Departamento de Educación Audiovisual
Dirección General de Asuntos Internacionales de Educación
Dirección General de Relaciones Educativas, Científicas y Culturales
Sociedad de Educación
Sociedad Mexicana de Estudios Psico-Pedagógicos

Niederlande/Netherlands

Algemene Bond van Onderwijzend Personeel, ABOP
Algemene Vereniging van Leraren bij het Voorbereidend Wetenschappelijk en Algemeen Voortgezet Onderwijs, AVMD
European Bureau of Adult Education, EBAE
Genootschap van Leraren aan Nederlands Gymnasia, Lycea en Athenea
International Montessori Association
Katholieke Onderwijzers Verbond, KOV
Nederlandse Vereniging van Opvoedkundigen
Nederlandse Vereniging van Wiskundeleraren
Protestants-Christelijke Bond voor Onderwijzend Personeel, PcBO
Vereniging van Docenten bij het Christelijk Voorbereidend Wetenschappelijk en Hoger Algemeen Voortgezet Onderwijs
Vereniging van Geschiedenisleraren in Nederland, VGN
Vereniging van Katholieke Leraren "Sint-Bonaventura", VKL
Vereniging van Leraren in Levende Talen
Vereniging van Leraren in Natuur- en Scheikunde, VELINES

Nigeria/Nigeria

Association for Teacher Education in Africa

Norwegen/Norway

Norges Yrkeslærerlag
Norsk Lærerlag
Norsk Lektorlag, NL
Norske Musikklaereres Landsforbund, NMLL

Obervolta/Upper Volta

African and Malagasy Council on Higher Education

Österreich/Austria

Internationale Gesellschaft für Heilpädagogik
Rektorenkonferenz
Verband der Professoren Österreichs, VdPÖ

Pakistan/Pakistan

All-Pakistan Educational Conference
Punjab Bureau of Education

Portugal/Portugal

Instituto de Coimbra
Sindicato Nacional dos Professores

Puerto Rico/Puerto Rico

Asociación de Maestros de Puerto Rico

Rumänien/Romania

Consiliul Culturii şi Educatiei Socialiste

Schweden/Sweden

Biologilärarnas Förening
Geografilärarnas Riksförening
Historielärarnas Förening
International Association for the Evaluation of Educational Achievement, IEA
Lärarnas Riksförbund, LR
Musiklärarnas Riksförening
Riksförbundet Sveriges Musikpedagoger
Riksföreningen för Lärarna i Moderna Språk, LMS
Skolledarförbundet, SLF
Svenska Facklärarförbundet
Sveriges Docentförbund
Sveriges Högre Flickskolors Lärarförbund, SHFL
Sveriges Lararförbund, SL
Teckningslärarnas Riksförbund
Universitätslärarforbundet

Schweiz/Switzerland

Association des Ecoles Internationales
Bureau International d'Education, BIE
Conférence Permanente des Recteurs et Vice-Chanceliers des Universités Européennes
Conseil Mondial de l'Education Chrétienne
Fédération Internationale des Associations d'Instituteurs, FIAI
Gesellschaft Schweizerische Zeichenlehrer, GSZ
Konferenz Schweizerischer Lehrerorganisationen, KOSLO
Schweizerische Hochschulkonferenz
Schweizerische Vereinigung der Musiklehrer an Höheren Mittelschulen
Schweizerischer Lehrerverein, SLV
Schweizerischer Musikpädagogischer Verband
Société Pédagogique de la Suisse Romande
Verband Jüdischer Lehrer und Kantoren der Schweiz
Verein Schweizerischer Geographielehrer
Verein Schweizerischer Geschichtslehrer
Verein Schweizerischer Gymnasiallehrer, VSG
Verein Schweizerischer Mathematik- und Physiklehrer
Vereinigung Schweizerischer Hochschuldozenten
Vereinigung Schweizerischer Naturwissenschaftslehrer

Spanien/Spain

Federación Española de Religiosos de Enseñanza, FERE
Oficina de Educación Ibero-Americana, OEI
Sindicato Nacional de Enseñanza

Sri Lanka/Sri Lanka

National Education Society of Ceylon

Taiwan/Taiwan

Association for Education through Art, Republic of China
Association for Physics and Chemistry Education of the Republic of China
Association of Child Education of the Republic of China
China Education Society
China International Education Research Association
China Social Education Society
Early Childhood Education Society of the Republic of China
Home Education Promotion Association of China
International Education Association of China
National Audio-Visual Education Association of China
Special Education Association of the Republic of China
Tutor's Association of China

Thailand/Thailand

Association of Southeast Asian Institutions of Higher Learning, ASAIHL
Teachers' Institute

Tschechoslowakei (CSSR)/Czechoslovakia

World Federation of Teachers' Unions

Uganda/Uganda

Association for Teacher Education in Africa

Union der Sozialistischen Sowjetrepubliken (UdSSR)/Union of Soviet Socialist Republics (U.S.S.R.)

Academy of Pedagogical Sciences of the U.S.S.R.

Uruguay/Uruguay

Centro de Documentación y Divulgación Pedagógicas

Vereinigte Staaten von Amerika (USA)/United States of America (USA)

AAAS Commission on Science Education
Academy for Educational Development, AED
Accordion Teachers' Guild, ATG
Advisory Committee on Education of Spanish and Mexican Americans
American Academy of Teachers of Singing, AATS
American Association for Higher Education, AAHE
American Association for Jewish Education, AAJE
American Association of Colleges for Teacher Education, AACTE
American Association of Elementary/Kindergarten/Nursery Educators
American Association of Hebrew Teachers Colleges
American Association of Housing Educators, AAHE
American Association of Junior Colleges, AAJC
American Association of Physics Teachers, AAPT
American Association of Sex Educators and Counselors, AASEC
American Association of Specialized Colleges, AASC
American Association of State Colleges and Universities, AASCU
American Association of Teacher Educators in Agriculture, AATEA
American Association of Teachers of Chinese Language and Culture
American Association of Teachers of Esperanto, AATE
American Association of Teachers of French, AATF
American Association of Teachers of German, AATG
American Association of Teachers of Italian, AATI
American Association of Teachers of Slavic and East European Languages, AATSEEL
American Association of Teachers of Spanish and Portuguese, AATSP
American Association of University Professors, AAUP
American College Testing Program, ACT
American Conference of Academic Deans, ACAD
American Council on Education, ACE
American Council on the Teaching of Foreign Languages, ACTFL
American Driver and Traffic Safety Education Association, ADTSEA
American Education Association, AEA
American Educational Research Association, AERA
American Educational Studies Association, AESA
American Montessori Society, AMS
American Personnel and Guidance Association, APGA
American School Counselor Association, ASCA
American String Teachers Association, ASTA
American Universities Field Staff
Anglo-American-Hellenic Bureau of Education
Associated Organizations for Teacher Education, AOTE
Associated Public School Systems, APSS
Association for Childhood Education International, ACEI
Association for Christian Schools
Association for Education of the Visually Handicapped, AEVH
Association for Educational Communications and Technology
Association for Educational Data Systems, AEDS
Association for Field Services in Teacher Education, AFSTE
Association for Higher Education
Association for Research in Growth Relationships, ARGR
Association for School, College and University Staffing, ASCUS
Association for Supervision and Curriculum Development, ASCD
Association for the Education of Teachers in Science, AETS
Association for the Gifted, TAG
Association for Women's Active Return to Education, AWARE
Association of American Colleges, AAC
Association of Career Training Schools, ACTS
Association of Catholic Teachers, ACT
Association of Chief State School Audio-Visual Officers, ACSSAVO
Association of Classroom Teachers, ACT
Association of College Unions - International, ACU-I
Association of Colleges and Universities for International-Intercultural Studies, ACUIIS
Association of Episcopal Colleges, AEC
Association of Graduate Schools in Association of American Universities, AGS
Association of Jesuit Colleges and Universities, AJCU
Association of Lutheran Secondary Schools, ALSS
Association of Orthodox Jewish Teachers, AOJT
Association of Overseas Educators, AOE
Association of Professors of Higher Education
Association of Professors of Medicine, APM
Association of Teacher Educators, ATE
Association of Teachers in Independent Schools of New York City and Vicinity
Association of Teachers of English as a Second Language, ATESL
Association of Teachers of Japanese, ATJ
Association of Teachers of Preventive Medicine, ATPM
Association of Upper Level Colleges and Universities
Biblical Theologians
Board for Fundamental Education, BFE
California Teachers Association
Carnegie Commission on Higher Education
Catholic Audio-Visual Educators Association, CAVE
Center for Integrative Education
Center for Law and Education
Center for Research in College Instruction of Science and Mathematics, CRICISAM
Center for Urban Education
Central States College Association, CSCA

Chinese Language Teachers Association, CLTA
Colleges of Mid-America, CMA
Committee on Diagnostic Reading Tests, CDRT
Comparative and International Education Society
Conference on College Composition and Communication, CCCC
Conservation Education Association, CEA
Cooperative College Development Program, CCDP
Cooperative College Registry, CCR
Cooperative Education Association, CEA
Council for Advancement of Secondary Education, CASE
Council for Basic Education, CBE
Council for Distributive Teacher Education, CDTE
Council for Family Financial Education
Council for Religion in Independent Schools, CRIS
Council for the Advancement of Small Colleges, CASC
Council for the Education of the Partially Seeing, CEPS
Council of Administrators of Special Education
Council of Chief State School Officers, CCSSO
Council of Graduate Schools in the United States, CGS
Council of Mennonite Colleges, CMC
Council of Protestant Colleges and Universities, CPCU
Council on Higher Education in the American Republics, CHEAR
Council on International Educational Exchange, CIEE
Country Day School Headmasters Association of the US, CDSHA
John Dewey Society
Distributive Education Clubs of America, DECA
Dominican Educational Association, DEA
Education Commission of the States, ECS
Education Development Center, EDC
Educational Career Services, ECS
Educational Media Council, EMC
Educational Records Bureau, ERB
Educational Systems Corporation, ESC
Educators Assembly of United Synagogue of America
Federation of Regional Accrediting Commissions of Higher Education, FRACHE
Franciscan Educational Conference, FEC
Headmasters Association
Higher Education Panel, HEP
History of Education Society
History Teachers' Association
Home Economics Education Association, HEEA
Institute of International Education, IIE
Inter-American College Association, IACA
Inter-American Council for Education, Science and Culture
Inter-American Education Association, IAEA
International Association of Educators for World Peace, IAEWP
International Association of Police Professors, IAPP
International Center for Remedial Education, ICRE
International Commission on Physics Education
International Council for Educational Development, ICED
International Piano Guild
International Reading Association, IRA
International Society for Educational Planners, ISEP
International Society for Music Education, ISME
Jesuit Secondary Education Association, JSEA
Jewish Folk Schools of New York
Jewish Teachers Association - Morim
Joint Committee on Health Problems in Education of the NEA-AMA
Joint Council on Economic Education, JCEE
Lutheran Education Association, LEA
Lutheran Educational Conference of North America, LECNA
Horace Mann League of the USA, HML
Middle States Association of Colleges and Secondary Schools
Modern Music Masters Society, MMM
Music Educators National Conference, MENC
Music Teachers' Association of California
Music Teachers National Association, MTNA
National Academy of Education
National Aerospace Education Council, NAEC
National Art Education Association, NAEA
National Association for Core Curriculum
National Association for Humanities Education
National Association for Industry-Education Cooperation, NAIEC
National Association for Research in Science Teaching
National Association for the Education of Young Children, NAEYC
National Association of Biology Teachers, NABT
National Association of Christian Schools, NACS
National Association of Elementary School Principals, NAESP
National Association of Episcopal Schools, NAES
National Association of Geology Teachers, NAGT
National Association of Independent Schools, NAIS
National Association of Organ Teachers, NAOT
National Association of Principals of Schools for Girls, NAPSG
National Association of Schools of Art, NASA
National Association of Schools of Music, NASM
National Association of Secondary-School Principals, NASSP
National Association of Specialized Schools, NASS
National Association of State Boards of Education, NASBE
National Association of State Directors of Special Education
National Association of State Directors of Teacher Education and Certification
National Association of State Supervisors and Directors of Secondary Education, NASSDSE
National Association of State Supervisors of Distributive Education, NASSDE
National Association of State Universities and Landgrant Colleges, NASULGC

National Association of Teachers of Singing, NATS
National Catholic Educational Association, NCEA
National Catholic Music Educators Association, NCMEA
National Commission on Teacher Education and Professional Standards, NCTEPS
National Committee of the Jewish Folk Schools of the Labor Zionist Movement
National Community School Education Association, NCSEA
National Conference of Professors of Educational Administration, NCPEA
National Congress of Parents and Teachers
National Council for Accreditation of Teacher Education, NCATE
National Council for Geographic Education, NCGE
National Council for Jewish Education, NCJE
National Council for Torah Education, NCTE
National Council of Beth Jacob Schools
National Council of Independent Colleges and Universities, NCICU
National Council of Independent Junior Colleges
National Council of State Consultants in Elementary Education, NCSCEE
National Council of State Directors of Community Junior Colleges
National Council of State Education Associations, NCSEA
National Council of State Supervisors of Foreign Languages, NCSSFL
National Council of State Supervisors of Music
National Council of Teachers of English, NCTE
National Council of Teachers of Mathematics, NCTM
National Council of the Arts in Education, NCAIE
National Council on Measurement in Education, NCME
National Education Association, NEA
National Education Council of the Christian Brothers, NECCB
National Education Field Service Association, NEFSA
National Electronics Teachers' Service, NETS
National Faculty Association of Community and Junior Colleges, NFACJC
National Federation of Modern Language Teachers Associations, NFMLTA
National Guild of Community Music Schools, NGCMS
National Guild of Piano Teachers, NGPT
National Higher Education Staff Association, NHESA
National Home Study Council, NHSC
National Schools Committee for Economic Education
National Science Supervisors Association, NSSA
National Science Teachers Association, NSTA
National Society for Programmed Instruction, NSPI
National Society for the Study of Education, NSSE
National Society of Professors, NSP
National Union of Christian Schools, NUCS
Near East College Association, NECA
New England Association of Colleges and Secondary Schools, NEACSS
New Schools Exchange
North Central Association of Colleges and Secondary Schools
Northwest Association of Private Colleges and Universities, NAPCU
Northwest Association of Secondary and Higher Schools
Office of Research and Information
Organ and Piano Teachers Association, OPTA
Outdoor Education Association, OEA
Overseas Education Association, OEA
Personalist Group-Western Division
Personalistic Discussion Group-Eastern Division
Philosophy of Education Society, PES
Play Schools Association, PSA
Presbyterian Educational Association of the South
Regional Educational Laboratories
Rural Education Association
San Francisco Classroom Teachers Association
School Facilities Council of Architecture, Education and Industry, SFC
School Science and Mathematics Association, SSMA
Schools
Schools
Secondary School Theatre Conference, SSTC
Social Science Education Consortium, SSEC
Société des Professeurs Français en Amérique
Society for Educational Data Systems, SEDS
Society for Religion on Higher Education
Society for the Advancement of Education, SAE
Society of Educational Programmers and Systems Analysts, SEPSA
Society of Independent and Private School Data Educators, SIPSDE
Society of Park and Recreation Educators, SPRE
Society of Professors of Education
Southern Association of Colleges and Schools, SACS
Summerhill Society
Teachers
Teachers of English to Speakers of other Languages, TESOL
Torah Umesorah-National Society for Hebrew Day Schools, TU
Union for Experimenting Colleges and Universities
Union of Independent Colleges of Art, UICA
United Board for Christian Higher Education in Asia
United Synagogue Commission on Jewish Education
University Consortium in Educational Media and Technology, UCEMT
University Council for Educational Administration, UCEA
Western College Association, WCA
Western Educational Society for Telecommunications, WEST

Zaire/Zaire

Centrale des Enseignants Zairois, CEZ

Paläontologie

Paleontology

Argentinien/Argentina

Asociación Paleontológica Argentina

Belgien/Belgium

Société Belge de Géologie, de Paléontologie et d'Hydrologie
Société Royale d'Archéologie et de Paléontologie

Volksrepublik China/People's Republic of China

Chinese Society of Paleontology

Bundesrepublik Deutschland (BRD)/Federal Republic of Germany

Paläontologische Gesellschaft

Frankreich/France

Société d'Etudes Paléontologiques et Palethnographiques de Provence

Grossbritannien/Great Britain

Palaeontographical Society
Palaeontological Association

Indien/India

International Paleontological Union, IPU

Italien/Italy

Istituto Italiano di Paleontologia Umana

Japan/Japan

Nihon koseibutsu gakkai

Schweiz/Switzerland

Société Paléontologique Suisse

Sri Lanka/Sri Lanka

Ceylon Palaeological Society

Vereinigte Staaten von Amerika (USA)/United States of America (USA)

Paleontological Research Institution, PRI
Paleontological Society, PS
Society of Economic Paleontologists and Mineralogists, SEPM
Society of Vertebrate Paleontology, SVP

Papierverarbeitung

Paper Processing

Australien/Australia

APPITA

Bundesrepublik Deutschland (BRD)/Federal Republic of Germany

Fachnormenausschuss Papier und Pappe
Forschungsgemeinschaft Kraftpapiere und Papiersäcke
Internationale Arbeitsgemeinschaft der Papierhistoriker, IPH
Kuratorium für Forschung und Nachwuchsausbildung der Zellstoff- und Papierindustrie
Verein der Zellstoff- und Papier-Chemiker und -Ingenieure

Grossbritannien/Great Britain

Pira

Japan/Japan

Kami parupu gijutsu kyokai

Ungarn/Hungary

Papír- és Nyomdaipari Müszaki Egyesület

Union der Sozialistischen Sowjetrepubliken (UdSSR)/Union of Soviet Socialist Republics (U.S.S.R.)

Scientific and Engineering Society of the Paper and Wood-Working Industry

Vereinigte Staaten von Amerika (USA)/United States of America (USA)

Institute of Paper Chemistry, IPC

Paradontologie

Paradontology

Bundesrepublik Deutschland (BRD)/Federal Republic of Germany

Deutsche Arbeitsgemeinschaft für Paradontologie

Schweiz/Switzerland

Arbeitsgemeinschaft zur Erforschung der Paradontopathien

Parasitologie

Parasitology

Chile/Chile

Federación Latinoamericana de Parasitología
Sociedad Chilena de Parasitología

Bundesrepublik Deutschland (BRD)/Federal Republic of Germany

Deutsche Gesellschaft für Parasitologie

Grossbritannien/Great Britain

British Society for Parasitology

Indien/India

Indian Association of Parasitologists

Japan/Japan

Nihon kiseichu gakkai

Mexiko/Mexico

Asociación Mexicana de Profesores de Microbiología y Parasitología en Escuelas de Medicina
Federación Latinoamericana de Parasitología, FLAP
Sociedad Mexicana de Parasitología

Niederlande/Netherlands

Nederlandse Vereniging voor Parasitologie

Österreich/Austria

Internationale Gesellschaft für das Studium Infektiöser und Parasitärer Erkrankungen

Paraguay/Paraguay

Instituto Nacional de Parasitología

Philippinen/Philippines

Philippine Society of Parasitology

Polen/Poland

Polskie Towarzystwo Parazytologiczne

Portugal/Portugal

Sociedade Portuguesa de Parasitologia

Vereinigte Staaten von Amerika (USA)/United States of America (USA)

American Association of Veterinary Parasitologists, AAVP
American Society of Parasitologists
World Federation of Parasitologists

Parlamentarismus

Parliamentarism

Bundesrepublik Deutschland (BRD)/Federal Republic of Germany

Kommission für Geschichte des Parlamentarismus und der Politischen Parteien

Pathologie

Pathology

Argentinien/Argentina

Sociedad Argentina de Anatomía Normal y Patológica

Australien/Australia

Victorian Society of Pathology and Experimental Medicine

Belgien/Belgium

Société Européenne de Physio-Pathologie Respiratoire

Bulgarien/Bulgaria

Gesellschaft für Pathologie

Chile/Chile

Sociedad Chilena de Patología de la Adaptación y del Mesenquima
Sociedad de Anatomía Normal y Patológica de Chile

Dänemark/Denmark

Scandinavian Society of Pathology and Microbiology

Bundesrepublik Deutschland (BRD)/Federal Republic of Germany

Deutsche Gesellschaft für Pathologie

Frankreich/France

Comité International Permanent des Congrès de Pathologie Comparée
Société de Pathologie Exotique
Société Française de Pathologie Respiratoire
Société Internationale de Psychopathologie de l'Expression, SIPE

Grossbritannien/Great Britain

Association of Clinical Pathologists
College of Pathologists
Federation of British Plant Pathologists, FBPP
International Council of Societies of Pathology, ICSP

International Standing Committee on Physiology and Pathology of Animal Reproduction
Pathological Society of Great Britain and Ireland

Israel/Israel

Israel Society of Clinical Pathology

Italien/Italy

Centro di Studi di Patologia Molecolare Applicata alla Clinica
European Society of Pathology
World Association of Anatomic and Clinical Pathology Societies

Japan/Japan

Nihon byori gakkai
Nihon rinsho byori gakkai
Nihon senten ijo gakkai

Kolumbien/Colombia

Sociedad Colombiana de Patología

Mexiko/Mexico

Asociación Mexicana de Patologos

Polen/Poland

Polskie Towarzystwo Anatomopatologów

Rumänien/Romania

Societatea de Patologie Infecţioasă

Schweiz/Switzerland

Internationale Gesellschaft für Geographische Pathologie

Spanien/Spain

Sociedad Española de Patologia Digestiva y de la Nutrición

Union der Sozialistischen Sowjetrepubliken (UdSSR)/Union of Soviet Socialist Republics (U.S.S.R.)

All-Union Scientific Medical Society of Anatomists-Pathologists

Uruguay/Uruguay

Sociedad Uruguaya de Patologia Clínica

Vereinigte Staaten von Amerika (USA)/United States of America (USA)

American Association of Pathologists and Bacteriologists, AAPB
American Board of Oral Pathology, AMBOP
American Board of Pathology, ABP
American Osteopathic College of Pathologists, AOCP
American Psychopathological Association, APPA
American Society for Experimental Pathology, ASEP
American Society of Clinical Pathologists, ASCP
American Society of Psychopathology of Expression, ASPE
Armed Forces Institute of Pathology
Association of Pathology Chairmen
College of American Pathologists, CAP
International Academy of Pathology, IAP
Inter-Society Committee on Pathology Information, ICPI
Latin American Society of Pathology

Pediatrie

Pediatrics

Argentinien/Argentina

Sociedad Argentina de Pediatría

Australien/Australia

Australian Paediatric Association
International Paediatric Association, IPA
Paediatric Society of Victoria

Belgien/Belgium

Association des Pédiatres Cardiologues Européens
Association pour l'Étude Médico-Sociale sur la Croissance et le Développement de l'Enfant
Association Professionnelle Belge des Pédiatres
Confédération Européenne des Syndicats Nationaux, Associations et Sections Professionnelles des Pédiatres

Bolivien/Bolivia

Sociedad de Pediatría de Cochabamba

Brasilien/Brazil

Sociedade de Pediatria da Bahia

Bulgarien/Bulgaria

Gesellschaft der Kinderärzte

Chile/Chile

Sociedad Chilena de Pediatría
Sociedad de Pediatría de Valparaiso

Costa Rica/Costa Rica

Asociación de Pediatría

Dänemark/Denmark

Dansk Pædiatrisk Selskab, DPS

Bundesrepublik Deutschland (BRD)/Federal Republic of Germany

Deutsche Gesellschaft für Kinderheilkunde

Ecuador/Ecuador

Sociedad Ecuatoriana de Pediatría

El Salvador/El Salvador

Central American Paediatric Society
Sociedad de Pediatría de El Salvador

Frankreich/France

Association des Pédiatres de Langue Française
Société Française de Chirurgie Infantile
Société Française de Pédiatrie
Société Provençale de Pédiatrie
Syndicat National des Pédiatres Français, SNPF

Griechenland/Greece

Elliniki Paidiatriki Etairia

Grossbritannien/Great Britain

Association for Child Psychology and Psychiatry
British Association of Paediatric Surgeons, BAPS
British Paediatric Association, BPA
European Society for Paediatric Nephrology

Guatemala/Guatemala

Asociación Pediátrica de Guatemala

Iran/Iran

Association of Paediatricians

Israel/Israel

Clinical Paediatric Club of Israel
Israel Pediatric Society

Italien/Italy

Società Italiana di Pediatria

Japan/Japan

Nihon shoni geka gakkai
Nihon shonika gakkai

Kanada/Canada

Canadian Paediatric Society

Kolumbien/Colombia

Sociedad Colombiana de Pediatría y Puericultura
Sociedad de Pediatría y Puericultura del Atlántico

Luxemburg/Luxembourg

Société Luxembourgeoise de Pédiatrie

Mexiko/Mexico

Sociedad Mexicana de Pediatría

Niederlande/Netherlands

European Society for Paediatric Endocrinology
Nederlandse Vereniging voor Kindergeneeskunde

Österreich/Austria

Österreichische Gesellschaft für Kinderheilkunde

Pakistan/Pakistan

Afro-Asian Paediatric Association

Paraguay/Paraguay

Sociedad de Pediatría y Puericultura del Paraguay

Peru/Peru

Sociedad Latinoamericana de Investigación Pediatrica

Philippinen/Philippines

Philippine Pediatric Society

Polen/Poland

Polskie Towarzystwo Pediatryczne

Portugal/Portugal

Sociedade Portuguesa de Pediatria

Rumänien/Romania

Societatea de Pediatrie

Spanien/Spain

Sociedad de Pediatria de Madrid y Region Centro

Taiwan/Taiwan

Pediatric Association of the Republic of China

Union der Sozialistischen Sowjetrepubliken (UdSSR)/Union of Soviet Socialist Republics (U.S.S.R.)

All-Union Scientific Medical Society of Paediatricians

Uruguay/Uruguay

Sociedad Uruguaya de Pediatría

Venezuela/Venezuela

Sociedad Venezolana de Puericultura y Pediatría

Vereinigte Staaten von Amerika (USA)/United States of America (USA)

Ambulatory Pediatric Association
American Academy of Pediatrics, AAP
American Board of Pediatrics, ABP
American College of Osteopathic Pediatricians, ACOP
American Pediatric Society, APS
Association of Medical School Pediatric Department Chairmen
Florida Pediatric Society
New England Pediatric Society
North Pacific Pediatric Society
Society for Pediatric Research, SPR
Society for Pediatric Urology

Demokratische Republik Vietnam /Democratic Republic of Viet-Nam

Association of Paediatrics

Pharmakognosie

Pharmacognosy

Japan/Japan

Nihon shoyaku gakkai

Vereinigte Staaten von Amerika (USA)/United States of America (USA)

American Society of Pharmacognosy, ASP

Pharmakologie

Pharmacology

Argentinien/Argentina

Sociedad Argentina de Farmacologia y Terapéutica

Belgien/Belgium

Société Belge de Pharmaco-Therapie

Brasilien/Brazil

Instituto Nacional de Farmacologia

Volksrepublik China/People's Republic of China

Chinese Society of Pharmacology

Bundesrepublik Deutschland (BRD)/Federal Republic of Germany

Deutsche Pharmakologische Gesellschaft

Ecuador/Ecuador

Sociedad Latinoamericana de Farmacologia

Grossbritannien/Great Britain

British Pharmacological Society

Italien/Italy

International Society for Biochemical Pharmacology, ISBP

Japan/Japan

Nihon yakuri gakkai

Kanada/Canada

Pharmacological Society of Canada

Schweden/Sweden

International Union of Pharmacology, IUPHAR

Tschechoslowakei (CSSR)/Czechoslovakia

Československá farmakologická společnost, sekce Čs. lékařské společnosti J. E. Purkyně

Union der Sozialistischen Sowjetrepubliken (UdSSR)/Union of Soviet Socialist Republics (U.S.S.R.)

All-Union Scientific Medical Society of Pharmacologists

Venezuela/Venezuela

Sociedad Latinoamericana de Farmacologia

Vereinigte Staaten von Amerika (USA)/United States of America (USA)

American Society for Clinical Pharmacology and Therapeutics
American Society for Pharmacology and Experimental Therapeutics, ASPET
Behavioral Pharmacology Society, BPS

Pharmazie

Pharmacy

Argentinien/Argentina

Asociación Farmacéutica y Bioquimica Argentina
Sociedad Argentina de Farmacia y Bioquimica Industrial

Australien/Australia

Association of Medical Directors of the Australian Pharmaceutical Industry
Australian Pharmaceutical Sciences Association

Barbados/Barbados

Barbados Pharmaceutical Society

Belgien/Belgium

Comité International de Médecine et de Pharmacie Militaires, CIMPM
Groupe Européen pour l'Etude des Lysosomes, EGSL

Brasilien/Brazil

Academia Nacional de Farmacia
Associação Brasileira de Farmacêuticos
Secção de Farmacia Galénica

Bulgarien/Bulgaria

Gesellschaft der Pharmazeuten in Bulgarien
Republican Scientific Pharmaceutical Association of Bulgaria

Chile/Chile

Colegio de Farmacéuticos de Chile
Colegio Farmacéutico de Chile

Dänemark/Denmark

Danmarks Farmaceutiske Selskab

Bundesrepublik Deutschland (BRD)/Federal Republic of Germany

Deutsche Pharmazeutische Gesellschaft
Deutsches Insulin-Komitee
Internationale Gesellschaft für Geschichte der Pharmazie

Finnland/Finland

Suomen Farmaseuttinen Yhdistys

Frankreich/France

Académie de Pharmacie de Paris
Société de Médecine, Chirurgie et Pharmacie de Toulouse
Société de Pharmacie de Bordeaux
Société de Pharmacie de la Méditerranée Latine
Société de Pharmacie de Lyon
Société de Pharmacie de Marseille
Société de Pharmacie de Toulouse
Société d'Histoire de la Pharmacie
Société Française de Phytiatrie et de Phytopharmacie, C.N.R.A.

Ghana/Ghana

Pharmaceutical Society of Ghana

Grossbritannien/Great Britain

Pharmaceutical Society of Great Britain
Society for Drug Research

Guatemala/Guatemala

Sociedad de Ciencias Naturales y Farmacia

Indien/India

Indian Pharmaceutical Association
Pharmacy Council of India

Irische Republik/Irish Republic

Pharmaceutical Society of Ireland

Italien/Italy

Società Italiana di Scienze Farmaceutiche

Japan/Japan

Nihon kosei busshitsu gakujutsu kyogikai
Nihon yakugakkai

Kanada/Canada

Canadian Pharmaceutical Association

Mexiko/Mexico

Federación Panamericana Farmacéutica y Bioquímica

Niederlande/Netherlands

International Academy for the History of Pharmacy
Koninklijke Nederlandse Maatschappij ter Bevordering der Pharmacie
World Organization of Societies of Pharmaceutical History

Norwegen/Norway

Norsk Farmaceutisk Selskap

Österreich/Austria

Österreichische Gesellschaft für Geschichte der Pharmazie

Philippinen/Philippines

Colegio Médico-Farmacéutico de Filipinas
Philippine Pharmaceutical Association

Polen/Poland

Polskie Towarzystwo Farmaceutyczne

Portugal/Portugal

Sociedade Farmacêutica Lusitana

Rumänien/Romania

Societatea de Farmacie
Societatea de Medicină şi Farmacie Militară

Schweiz/Switzerland

Europäische Gesellschaft für Arzneimitteltoxikologie
Société Suisse de Pharmacie

Spanien/Spain

Academia Cientifico-Deontológica de La Hermandad Médico-Farmacéutica de San Cosme y San Damián
Consejo General de Colegios Oficiales de Farmacéuticos
Real Academia de Farmacia

Trinidad und Tobago/Trinidad and Tobago

Pharmaceutical Society of Trinidad and Tobago

Türkei/Turkey

Türk Eczacilari Birliği

Ungarn/Hungary

Magyar Gyógyszerészeti Társaság

Union der Sozialistischen Sowjetrepubliken (UdSSR)/Union of Soviet Socialist Republics (U.S.S.R.)

All-Union Pharmaceutical Society

Uruguay/Uruguay

Asociación de Quimica y Farmacia del Uruguay

Venezuela/Venezuela

Colegio de Farmacéuticos del Distrito Federal y Estado Miranda

Vereinigte Staaten von Amerika (USA)/United States of America (USA)

American Association of Colleges of Pharmacy, AACP

American College of Apothecaries, ACA
American College of Pharmacists, ACP
American Council of Pharmaceutical Education
American Council on Pharmaceutical Education, ACPE
American Institute of the History of Pharmacy, AIHP
American Pharmaceutical Association, APhA
American Society of Consultant Pharmacists, ASCP
American Society of Hospital Pharmacists, ASHP
California Pharmaceutical Association
Drug Information Association, DIA
Jewish Pharmaceutical Society of America, JPSA
National Association of Boards of Pharmacy, NABP
National Catholic Pharmacists Guild of the United States, NCPG
National Council of State Pharmaceutical Association Executives
National Pharmaceutical Association, NPA
United States Pharmacopeial Convention
Women's Auxiliary of the American Pharmaceutical Association

Philologie

Philology

Belgien/Belgium

Fédération Belge des Alliances Françaises et Institutions Associées

Chile/Chile

Asociación de Lingüística y Filología de Améria Latina, ALFAL

Dänemark/Denmark

Filologisk-Historisek Samfund

Bundesrepublik Deutschland (BRD)/Federal Republic of Germany

Allgemeiner Deutscher Neuphilologen-Verband
Deutscher Altphilologen-Verband
Deutscher Philologen-Verband, DPhV
Internationale Neuphilologen-Vereinigung

Finnland/Finland

Klassillis-Filologinen Yhdistys
Kotikielen Seura

Frankreich/France

Association Française des Professeurs de Langues Vivantes
Association Guillaume Budé, CSSF
Société des Etudes Latines, CSSF

Grossbritannien/Great Britain

Philological Society

Irische Republik/Irish Republic

Clódhanna Teoranta - Conradh na Gaeilge

Italien/Italy

Keats-Shelley Memorial Association
Società Filologica Romana

Kolumbien/Colombia

Instituto Caro y Cuervo

Mexiko/Mexico

Instituto de Filología Hispánica

Niederlande/Netherlands

Vereniging "Het Nederlands Philologen-Congres"

Österreich/Austria

Arbeitsgemeinschaft der Altphilologen Österreichs
Eranos Vindobonensis
Gesellschaft für Klassische Philologie in Innsbruck

Polen/Poland

Polskie Towarzystwo Filologiczne

Rumänien/Romania

Societatea de Ştiinţe Filologice din R.S.R.

Schweiz/Switzerland

Collegium Romanicum
Schweizerische Akademische Gesellschaft der Anglisten

Spanien/Spain

Instituto "Antonio de Nebrija" de Filología
Seminario de Filologia Vasca "Julio de Urquijo"

Südafrika/South Africa

Classical Association of Johannesburg
Classical Association of South Africa
Federasie van Rapportryekorpse

Vereinigte Staaten von Amerika (USA)/United States of America (USA)

American Philological Association, APA

Philosophie

Philosophy

Australien/Australia

Australasian Association for the History and Philosophy of Science
Australasian Association of Philosophy
Australasian Association of Philosophy

Belgien/Belgium

Centrum voor de Studie van de Mens
Société Belge de Logique et de Philosophie des Sciences
Société Belge de Philosophie
Société Internationale pour l'Etude de la Philosophie Médiévale, SIEPM
Société Philosophique de Louvain

Brasilien/Brazil

Inter-American Philosophical Society
Sociedade Brasileira de Filosofia

Deutsche Demokratische Republik (DDR)/ German Democratic Republic

Nationalkomitee für Philosophie und Geschichte der Wissenschaften

Bundesrepublik Deutschland (BRD)/Federal Republic of Germany

Allgemeine Gesellschaft für Philosophie in Deutschland
Cusanus-Gesellschaft, Vereinigung zur Förderung der Cusanus-Forschung
Gemeinnütziger Verein zur Förderung von Philosophie und Theologie
International Committee on the Teaching of Philosophy
Johann-Gottfried-Herder-Forschungsrat
Kant-Gesellschaft
Keyserling-Gesellschaft für Freie Philosophie
Nietzsche-Gesellschaft
Philosophischer Fakultätentag
Schopenhauer-Gesellschaft

Finnland/Finland

Suomen Filosofinen Yhdistys

Frankreich/France

Académie des Sciences Morales et Politiques
Conseil International de la Philosophie et des Sciences Humaines, CIPSH
Institut International de Philosophie, IIP
Société de Philosophie de Bordeaux
Société de Philosophie de Toulouse
Société d'Etudes Philosophiques
Société Française de Philosophie, CSSF
Société Française d'Etudes Nietzschéennes
Union Internationale d'Histoire et de Philosophie des Sciences

Grossbritannien/Great Britain

Anthroposophical Society in Great Britain
Aristotelian Society
Belfast Natural History and Philosophical Society, BNHPS
British Society for Phenomenology
British Society for the Philosophy of Science, BSPS
British Society of Aesthetics, BSA
Cambridge Philosophical Society
General Anthroposophical Society
Hull Literary and Philosophical Society
Institute for the Comparative Study of History, Philosophy and the Sciences, ICS
Leeds Philosophical and Literary Society
Leicester Literary and Philosophical Society
Literary and Philosophical Society of Liverpool
Literary and Philosophical Society of Newcastle upon Tyne
Manchester Literary and Philosophical Society
Mind Association
National Secular Society
Philosophical Society of England
Royal Institute of Philosophy
Royal Philosophical Society of Glasgow
South Place Ethical Society
Swedenborg Society
Teilhard de Chardin Association of Great Britain and Ireland
Verulam Institute
World Union of Pythagorean Organizations, WUPO
Yorkshire Philosophical Society, YPS

Honduras/Honduras

Sociedad de Filosofía y Estudios Sociológicos

Indien/India

Mythic Society

Iran/Iran

Philosophy and Humanities Society

Irische Republik/Irish Republic

University Philosophical Society

Israel/Israel

Israel Society of Logic and Philosophy of Science
Jerusalem Philosophical Society

Italien/Italy

Associazione Internazionale Filosofia, Arti e Scienze
Società Italiana per gli Studi Filosofici e Religiosi

Japan/Japan

Bigakkai
Chusei tetsugakkai
Kagaku kisoron gakkai
Kyoiku tetsugakkai
Kyoto tetsugakkai
Nihon hotetsu gakkai
Nihon rinri gakkai
Nihon tetsugakkai
Tetsugakkai

Kanada/Canada

Canadian Philosophical Association

Mexiko/Mexico

Anuarios de Filosoia y Letras
Sociedad Mexicana de Historia y Filosofia de la Medicina

Nicaragua/Nicaragua

Academia Nacional de Filosofia

Niederlande/Netherlands

Algemene Nederlandse Vereniging voor Wijsbegeerte
Bataafsch Genootschap der Proefondervindelijke Wijsbegeerte
Genootschap voor Wetenschappelijke Filosofie
International Humanist and Ethical Union, IHEU
Nederlands Klages-Genootschap
Nederlandse Vereniging voor Logica en Wijsbegeerte der Exacte Wetenschappen
Vereniging voor Calvinistische Wijsbegeerte
Vereniging voor Filosofie-Onderwijs
Vereniging voor Wijsbegeerte te s'-Gravenhage
Wijsgerige Vereniging "Sint Thomas van Aquino"

Österreich/Austria

Akademische Gesellschaft für Philosophie, Psychologie und Psychotherapie
Gesellschaft für Ethische Kultur
Philosophische Gesellschaft Wien
Weltunion der Katholischen Philosophischen Gesellschaften

Pakistan/Pakistan

Pakistan Philosophical Congress

Polen/Poland

Polskie Towarzystwo Filozoficzne

Schweiz/Switzerland

Fédération Internationale des Sociétés de Philosophie, FISP
Schweizerische Philosophische Gesellschaft

Spanien/Spain

Consejo Nacional de Colegios Oficiales de Doctores y Licenciados en Filosofia y Letras y en Ciencias
Real Academia de Ciencias Morales y Politicas

Sri Lanka/Sri Lanka

Ceylon Humanist Society

Sudan/Sudan

Philosophical Society

Taiwan/Taiwan

Society for Philosophy of Life
World Wide Ethical Society

Türkei/Turkey

Yeni Felsefe Cemiyeti

Vereinigte Staaten von Amerika (USA)/United States of America (USA)

American Catholic Philosophical Association, ACPA
American Philosophical Association, APA
American Philosophical Society, APS
American Society for Political and Legal Philosophy
American Society of Christian Ethics, ASCE
Association for Realistic Philosophy, ARP
Council for Philosophical Studies
Hegel Society of America
International Association for Philosophy of Law and Social Philosophy
International Institute of Philosophy, IIP
International Phenomenological Society
Jesuit Philosophical Association of the United States and Canada
National Council for Critical Analysis, NCCA
Charles S. Peirce Society
Personalist Group-Western Division
Personalistic Discussion Group-Eastern Division
Philosophy of Education Society, PES
Philosophy of Science Association, PSA
Pythagorean Philosophical Society
Society for American Philosophy, SAP
Society for Ancient Greek Philosophy, SAGP
Society for Asian and Comparative Philosophy
Society for Natural Philosophy
Society for Phenomenology and Existential Philosophy, SPEP
Society for Philosophy of Creativity, SPC
Society for the Philosophical Study of Dialectical Materialism, SPSDM
Society for the Study of Process Philosophies, SSPP
Southern Society for Philosophy and Psychology
Voltaire Society, VS

Phonetik

Phonetics

Frankreich/France

Collège International de Phonologie Expérimentale

Grossbritannien/Great Britain

International Phonetic Association, IPA

Japan/Japan

Nippon onsei gakkai

Photobiologie
Photobiology

Grossbritannien/Great Britain

British Photobiology Society
International Committee of Photobiology

Photogrammetrie
Photogrammetry

Belgien/Belgium

Société Belge de Photogrammétrie

Dänemark/Denmark

Dansk Fotogrammetrisk Selskab

Bundesrepublik Deutschland (BRD)/Federal Republic of Germany

Deutsche Gesellschaft für Photogrammetrie

Frankreich/France

Société Française de Photogrammétrie

Grossbritannien/Great Britain

Photogrammetric Society

Israel/Israel

Photogrammetric Society of Israel

Italien/Italy

International Society for Photogrammetry, ISP

Japan/Japan

Nihon shashin sokuryo gakkai

Österreich/Austria

Österreichische Gesellschaft für Photogrammetrie

Portugal/Portugal

Associação Portuguesa de Fotogrametria

Vereinigte Staaten von Amerika (USA)/United States of America (USA)

American Society of Photogrammetry, ASP
International Society for Photogrammetry, ISP
Legislative Council for Photogrammetry, LCP

Phototechnik
Photographic Engineering

Australien/Australia

Institute of Photographic Technology

Belgien/Belgium

Association Belge de Photographie et de Cinématographie

Bundesrepublik Deutschland (BRD)/Federal Republic of Germany

Deutsche Gesellschaft für Photographie, DGPh
Fachnormenausschuss Phototechnik

Frankreich/France

Société Française de Photographie et Cinématographie

Grossbritannien/Great Britain

Royal Photographic Society of Great Britain

Irische Republik/Irish Republic

Photographic Society of Ireland, PSI

Japan/Japan

Nihon shashin gakkai

Schweiz/Switzerland

Internationaler Verband der Photographischen Kunst

Spanien/Spain

Real Sociedad Fotográfica Española

Vereinigte Staaten von Amerika (USA)/United States of America (USA)

International Committee on High-Speed Photography
Society of Photographic Scientists and Engineers, SPSE

Phtisiologie
Phtisiology

Argentinien/Argentina

Sociedad de Tisiologia y Neumonologia del Hospital Tornu y Dispensarios

Bulgarien/Bulgaria

Gesellschaft der Phthiseologen

Mexiko/Mexico

Sociedad Mexicana de Tisiologia

Peru/Peru

Sociedad Peruana de Tisiologia y Enfermedades Respiratorias

Rumänien/Romania

Societatea de Ftiziologie

Union der Sozialistischen Sowjetrepubliken (UdSSR)/Union of Soviet Socialist Republics (U.S.S.R.)

All-Union Scientific Medical Society of Phthisiologists

Venezuela/Venezuela

Sociedad de Tisiologia y Neumonologia de Venezuela
Sociedad Venezolana de Tisiologia y Neumonologia

Physik

Physics

Argentinien/Argentina

Academia Nacional de Ciencias Exactas, Fisicas y Naturales
Asociación Fisica Argentina

Australien/Australia

Australian Institute of Physics
Hospital Physicists' Association

Brasilien/Brazil

Latin American Centre for Physics

Bulgarien/Bulgaria

Physikalische und Mathematische Gesellschaft Bulgariens

Chile/Chile

Sociedad Chilena de Fisica

Volksrepublik China/People's Republic of China

Chinese Society of Physics

Dänemark/Denmark

Foreningen af Fysik- og Kemilærere ved Gymnasier og Seminarier
Fysisk Forening
Jydsk Selskab for Fysik og Kemi
Selskabet for Højmoleculaere Materialer

Deutsche Demokratische Republik (DDR)/German Democratic Republic

Nationalkomitee der Internationalen Union für reine und angewandte Physik
Nationalkomitee für Medizinische Physik
Physikalische Gesellschaft in der DDR

Bundesrepublik Deutschland (BRD)/Federal Republic of Germany

Deutsche Arbeitsgemeinschaft Vakuum
Deutsche Physikalische Gesellschaft, DPG
Deutscher Arbeitskreis Vakuum, DAV
Internationale Union für Reine und Angewandte Physik
Kolloid-Gesellschaft
Physikalische Gesellschaft Württemberg-Baden-Pfalz
Physikalisch-Medizinische Gesellschaft
Physikalisch-Medizinische Sozietät
Verband Deutscher Physikalischer Gesellschaften

Finnland/Finland

Suomen Fyysikkoseura

Frankreich/France

Comité International des Dérivés Tensio-Actifs, CID
Société des Sciences Physiques et Naturelles de Bordeaux
Société Française de Physique, CSSF
Union des Physiciens, CSSF
Union des Professeurs de Spéciales (Mathématiques et Physiques)

Grossbritannien/Great Britain

Association of Public Analysts, APA
Association of Public Analysts of Scotland
British Cryogenics Council
Faraday Society
Hospital Physicists' Association, HPA
Institute of Physics
International Union of Pure and Applied Physics, IUPAP
Physical Society
Royal Physical Society of Edinburgh

Guatemala/Guatemala

Academia de Ciencias Médicas, Fisicas y Naturales de Guatemala

Israel/Israel

Israel Physical Society
Organization of Physics Teachers in Israel
Physical Society of Israel

Italien/Italy

Società Italiana di Fisica

Japan/Japan

Kobunshi gakkai
Nihon butsuri gakkai

Nihon shinku kyokai
Oyo butsuri gakkai

Jugoslawien/Yugoslavia

Association of Mathematicians, Physicists and Astronomers of Slovenia
Association of the Mathematicians' and Physicists' Societies of the F.S.R. of Yugoslavia
Mathematical and Physical Society of Serbia
Mathematicians' and Physicists' Society of the S. R. of Bosnia and Herzegovina
Mathematicians' and Physicists' Society of the S. R. of Macedonia

Kanada/Canada

Canadian Association of Physicists
International Association of Meteorology and Atmospheric Physics, IAMAP

Kolumbien/Colombia

Academia Colombiana de Ciencias Exactas, Fisicas y Naturales

Marokko/Morocco

Société des Sciences Naturelles et Physiques du Maroc

Neuseeland/New Zealand

Institute of Physics and Physical Society

Niederlande/Netherlands

International Association for Statistics in Physical Sciences, IASPS

Norwegen/Norway

Fysikkforeningen
Norsk Fysisk Selskap

Österreich/Austria

Chemisch-Physikalische Gesellschaft in Wien
Mathematisch-Physikalische Gesellschaft in Innsbruck
Österreichische Physikalische Gesellschaft

Peru/Peru

Academia Nacional de Ciencias Exactas, Fisicas y Naturales de Lima

Polen/Poland

Polskie Towarzystwo Fizyczne

Portugal/Portugal

Sociedade Portuguesa de Quimica e Fisica

Rumänien/Romania

Societatea de Ştiinţe Fizice şi Chimice din R.S.R.

Schweden/Sweden

International Organization for Medical Physics, IOMP
Svenska Fysikersamfundet

Schweiz/Switzerland

Europäische Physikalische Gesellschaft
Physikalische Gesellschaft Zürich
Société de Physique et d'Histoire Naturelle
Société Suisse de Physique
Verein Schweizerischer Mathematik- und Physiklehrer

Spanien/Spain

Academia de Ciencias Exactas, Fisico-Quimicas y Naturales
Real Academia de Ciencias Exactas, Fisicas y Naturales
Real Sociedad Española de Fisica y Quimica

Taiwan/Taiwan

Association for Physics and Chemistry Education of the Republic of China

Tschechoslowakei (CSSR)/Czechoslovakia

Jednota československých matematiků a fysiků

Ungarn/Hungary

Eötvös Loránd Fizikai Társulat

Venezuela/Venezuela

Academia de Ciencias Fisicas, Matemáticas y Naturales

Vereinigte Staaten von Amerika (USA)/United States of America (USA)

American Association of Electromyography and Electrodiagnosis
American Association of Physicists in Medicine, AAPM
American Association of Physics Teachers, AAPT
American Board of Health Physics, ABHP
American Carbon Committee
American Institute of Medical Climatology, AIMC
American Institute of Physics, AIP
American Physical Society, APS
American Vacuum Society, AVS
Carnegie Institution of Washington
Cryogenic Society of America
Fiber Society
Franklin Institute
Health Physics Society, HPS
International Commission on Physics Education
International Confederation for Thermal Analysis, ICTA
International Organization for Medical Physics, IOMP
Society of Rheology, SR

Demokratische Republik Vietnam /Democratic Republic of Viet-Nam

Association of Physics

Physiologie
Physiology

Argentinien/Argentina

Sociedad Argentina de Ciencias Fisiológicas
Sociedad Argentina de Fisiología

Brasilien/Brazil

Latin American Association of Physiological Sciences

Bulgarien/Bulgaria

Gesellschaft für Physiologie

Chile/Chile

Asociación Latinoamericana de Ciencias Fisiológicas

Volksrepublik China/People's Republic of China

Chinese Society of Physiology

Bundesrepublik Deutschland (BRD)/Federal Republic of Germany

Deutsche Physiologische Gesellschaft

Frankreich/France

Société Française de Physiologie et de Médecine Aéronautiques et Cosmonautiques

Grossbritannien/Great Britain

Ergonomics Research Society
International Standing Committee on Physiology and Pathology of Animal Reproduction
Physiological Society
Physiology Commission
Society for Comparative Physiology
Society for the Study of Physiological Patterns, SSPP

Japan/Japan

Nihon seiri gakkai
Nihon shokubutsu seiri gakkai

Kanada/Canada

Canadian Physiological Society

Mexiko/Mexico

Sociedad Mexicana de Ciencias Fisiológicas

Polen/Poland

Polskie Towarzystwo Fizjologiczne

Rumänien/Romania

Societatea de Fiziologie

Schweden/Sweden

Kungliga Fysiografiska Sällskapet i Lund

Schweiz/Switzerland

Union Internationale des Sciences Physiologiques

Taiwan/Taiwan

Chinese Physiological Society

Union der Sozialistischen Sowjetrepubliken (UdSSR)/Union of Soviet Socialist Republics (U.S.S.R.)

All-Union Scientific Medical Society of Pathophysiologists

Uruguay/Uruguay

Unión Latinoamericana de Sociedades de Fisiología

Vereinigte Staaten von Amerika (USA)/United States of America (USA)

American Physicians' Society for Physiologic Tension Control
American Physiological Society, APS
Association for the Psychophysiological Study of Sleep
Bio-Feedback Research Society, BFRS
Human Factors Society, HFS
Society of General Physiologists, SGP

Physiotherapie
Physiotherapy

Australien/Australia

Australian Physiotherapy Association

Belgien/Belgium

Association des Kinésithérapeutes de Belgique, AKB

Bulgarien/Bulgaria

Gesellschaft der Physiotherapeuten

Dänemark/Denmark

Danske Fysioterapeuter, DF

Bundesrepublik Deutschland (BRD)/Federal Republic of Germany

Ärztliche Gesellschaft für Physiotherapie
Verband Deutscher Physiotherapeuten, VDPh

Finnland/Finland

Suomen Lääkintävoimistelijaliitto

Frankreich/France

Comité National d'Union Scientifique des Masseurs Kinésithérapeutes-Rééducateurs Français

Confédération Européenne de Thérapie Physique
Fédération Européenne des Masseurs-Kinésithérapeutes Practiciens en Physiothérapie
Fédération Française des Masseurs Kinésithérapeutes Rééducateurs, FFMKR

Grossbritannien/Great Britain

Chartered Society of Physiotherapy, CSP
Mobile Physiotherapy Service Association
Physiotherapists Association

Italien/Italy

Unione Nazionale Chinesiologi, UNC

Kolumbien/Colombia

Asociación Colombiana de Fisioterapia

Niederlande/Netherlands

Nederlands Genootschap voor Fysiotherapie

Norwegen/Norway

Norske Fysioterapeuters Forbund, NFF

Polen/Poland

Magistrów Wychowania Fizycznego Pracujacych w Rehabilitacji

Portugal/Portugal

Associação Portuguesa de Fisioterapeutas
Sociedade Portuguesa de Medicina Fisica e Reabilitação

Schweden/Sweden

Legitimerade Sjukgymnasters Riksförbund
Svenska Fysioterapeutiska Föreningen, SFF

Schweiz/Switzerland

Schweizerischer Verband Staatlich Anerkannter Physiotherapeuten, SVP

Taiwan/Taiwan

Institute of Introversive Centripetal Contraction Physiotherapy

Türkei/Turkey

Türkiye Fizikoterapi ve Rehabilitasyon Cemiyeti

Union der Sozialistischen Sowjetrepubliken (UdSSR)/Union of Soviet Socialist Republics (U.S.S.R.)

All-Union Scientific Medical Society of Physical Therapists and Health-Resort Physicians

Vereinigte Staaten von Amerika (USA)/United States of America (USA)

National Association of Physical Therapists, NAPT

Phytiatrie

Phytiatrics

Frankreich/France

Société Française de Phytiatrie et de Phytopharmacie, C.N.R.A.

Phytomedizin

Phytomedicine

Bundesrepublik Deutschland (BRD)/Federal Republic of Germany

Deutsche Phytomedizinische Gesellschaft

Vereinigte Staaten von Amerika (USA)/United States of America (USA)

International Organization of Citrus Virologists, IOCV

Phytopathologie

Phytopathology

Belgien/Belgium

Association pour les Études et Recherches de Zoologie Appliquée et de Phytopathologie

Grossbritannien/Great Britain

Collaborative International Pesticides Analytical Committee, CIPAC

Japan/Japan

Nihon shokubutsu byori gakkai

Schweiz/Switzerland

Association Internationale pour la Physiologie des Plantes

Vereinigte Staaten von Amerika (USA)/United States of America (USA)

American Phytopathological Society, APS

Pietismus

Pietism

Bundesrepublik Deutschland (BRD)/Federal Republic of Germany

Historische Kommission zur Erforschung des Pietismus an der Universität Münster

Politologie
Political Science

Australien/Australia

Australian Institute of Political Science

Belgien/Belgium

Association Internationale de Science Politique, AISP
Institut Belge de Science Politique

Brasilien/Brazil

Instituto Brasileiro de Relações Internacionais
Instituto Nacional de Ciência Politica

Burma/Burma

Burma Council of World Affairs

Costa Rica/Costa Rica

Instituto Costarricense de Ciencias Políticas y Sociales

Dänemark/Denmark

Mellemfolkeligt Samvirke
Udenrigspolitiske Selskab

Deutsche Demokratische Republik (DDR)/ German Democratic Republic

Akademie für Staats- und Rechtswissenschaft "Walter Ulbricht"

Bundesrepublik Deutschland (BRD)/Federal Republic of Germany

Akademie für Politische Bildung
Akademie für Wirtschaft und Politik
Akademie Kontakte der Kontinente
Arbeitsgemeinschaft Wissenschaft und Politik
Arbeitskreis für Ost-West-Fragen
Arbeitskreis Rhetorik in Wirtschaft, Politik und Verwaltung
Deutsche Gesellschaft für Auswärtige Politik
Deutsche Vereinigung für Politische Wissenschaft
Deutscher Politologen-Verband
Georg-von-Vollmar-Akademie
Hamburger Gesellschaft für Völkerrecht und Auswärtige Politik
Hermann-Ehlers-Gesellschaft
Interparlamentarische Arbeitsgemeinschaft
Kommission für Geschichte des Parlamentarismus und der Politischen Parteien
Konferenz der Dekane der Rechtswissenschaftlichen und Rechts- und Staatswissenschaftlichen Fakultäten in der Bundesrepublik Deutschland und West-Berlin
Politische Akademie Eichholz
Rechts- und Staatswissenschaftliche Vereinigung
Seminar für Staatsbürgerkunde
Verein für Kommunalwirtschaft und Kommunalpolitik
Verein für Kommunalwissenschaften

Frankreich/France

Académie des Sciences Morales et Politiques
Académie Diplomatique Internationale
Académie Internationale de Science Politique et d'Histoire Constitutionnelle
Association d'Etudes et d'Information Politiques Internationales
Association pour le Développement de la Science Politique Européenne, ADESPE
Centre d'Archives et de Documentation Politiques et Sociales
Centre d'Etudes de Politique Etrangère

Grossbritannien/Great Britain

British Council of the European Movement
Fabian Society
Hansard Society for Parliamentary Government
Institute for the Study of Conflict
Parliamentary and Scientific Committee
Political and Economic Planning, PEP
Political Studies Association of the United Kingdom, PSA
Royal Institute of International Affairs

Indien/India

Indian Council of World Affairs

Israel/Israel

Israel Political Sciences Association

Italien/Italy

International Research Centre for Peace
Istituto di Studi Europei "Alcide d Gasperi"
Istituto Giangiacomo Feltrinelli
Istituto per gli Studi di Politica Internazionale

Japan/Japan

Ajia seikei gakkai
Kokka gakkai
Nihon kokusai seiji gakkai

Kanada/Canada

Canadian Institute of International Affairs
Canadian Political Science Association

Kuba/Cuba

Instituto de Política Internacional

Neuseeland/New Zealand

New Zealand Institute of International Affairs

Niederlande/Netherlands

International Peace Research Association, IPRA

Nigeria/Nigeria

Nigerian Institute of International Affairs

Österreich/Austria

Österreichische Gesellschaft für Aussenpolitik und Internationale Beziehungen

Paraguay/Paraguay

Academia Paraguaya de Ciencias Históricas, Politicas y Sociales

Rumänien/Romania

Academia de Ştiinţe Sociale şi Politice
Asociatia Română de Ştiinţe Politice

Schweden/Sweden

Utrikespolitiska Institutet

Schweiz/Switzerland

Association Suisse de Science Politique
Schweizerische Gesellschaft für Aussenpolitik

Spanien/Spain

Instituto de Estudios Politicos
Real Academia de Ciencias Morales y Politicas

Sri Lanka/Sri Lanka

Ceylon Institute of World Affairs

Südafrika/South Africa

South African Bureau of Racial Affairs, SABRA
South African Institute of International Affairs
South African Institute of Race Relations

Venezuela/Venezuela

Academia de Ciencias Politicas y Sociales

Vereinigte Staaten von Amerika (USA)/United States of America (USA)

Academy of Political Science
American Academy of Political and Social Science
American Institute for Marxist Studies, AIMS
American Peace Society
American Political Science Association
Caucus for a New Political Science, CNPS
Foreign Policy Association
Industrial Relations Research Association, IRRA
Institute for Mediterranean Affairs
International Association of Educators for World Peace, IAEWP
Adlai Stevenson Institute of International Affairs

Poliomyelitis

Polyomyelitis

Belgien/Belgium

Association Européenne contre la Poliomyélite et les Maladies Associées

Dänemark/Denmark

World Committee for Comparative Leukemia Research

Grossbritannien/Great Britain

Spastics Society

Pressewesen

Press

Costa Rica/Costa Rica

Academia Costarricense de Periodoncia

Bundesrepublik Deutschland (BRD)/Federal Republic of Germany

Gesellschaft für Deutsche Presseforschung
Studienkreis für Presserecht und Pressefreiheit

Japan/Japan

Nihon shinbun gakkai

Vereinigte Staaten von Amerika (USA)/United States of America (USA)

American Association of Schools and Departments of Journalism, AASDJ
American Council on Education for Journalism, ACEJ
Associated Collegiate Press, ACP
Association for Education in Journalism, AEJ
Journalism Association of Community Colleges
Journalism Education Association, JEA

Privatrecht

Civil Law

Bundesrepublik Deutschland (BRD)/Federal Republic of Germany

Deutscher Rat für Internationales Privatrecht

Italien/Italy

Istituto Internazionale per l'Unificazione del Diritto Privato

Niederlande/Netherlands

Conférence de La Haye de Droit International Privé

Protestantismus

Protestantism

Bundesrepublik Deutschland (BRD)/Federal Republic of Germany

Gesellschaft für Evangelische Theologie
Luther-Gesellschaft

Frankreich/France

Société de l'Histoire du Protestantisme Français

Österreich/Austria

Gesellschaft für die Geschichte des Protestantismus in Österreich

Psychiatrie

Psychiatry

Argentinien/Argentina

Sociedad Argentina de Ciencias Neurológicas, Psiquiátricas y Neuroquirúrgicas

Australien/Australia

Australian and New Zealand College of Psychiatrists

Brasilien/Brazil

Sociedade Brasileira de Psiquiatria, Neurologia e Medicina Legal

Bulgarien/Bulgaria

Gesellschaft der Neurologen, Psychiater und Neurochirurgen

Chile/Chile

Sociedad de Neurología, Psiquiatría y Medicina Legal

Dänemark/Denmark

Dansk Psykiatrisk Selskab

Bundesrepublik Deutschland (BRD)/Federal Republic of Germany

Deutsche Gesellschaft für Psychiatrie und Nervenheilkunde
Deutsche Vereinigung für Kinder- und Jugendpsychiatrie

Frankreich/France

Association Internationale de Psychiatrie Infantile et des Professions Affiliées
Congrès de Psychiatrie et de Neurologie de Langue Française
Société d'Etudes Psychiques
Syndicat des Psychiatres Français

Grossbritannien/Great Britain

Association for Child Psychology and Psychiatry
Association of Psychiatric Treatment of Offenders
British Association for Social Psychiatry
Incorporated Society for Psychical Research, SPR
Royal College of Psychiatrists
Society for Psychical Research
World Psychiatric Association

Irische Republik/Irish Republic

Irish Society of Medical and Psychiatric Social Workers

Israel/Israel

Israel Neuropsychiatric Association

Italien/Italy

Società Italiana di Psichiatria, SIP

Japan/Japan

Nihon seishin shinkei gakkai

Kolumbien/Colombia

Sociedad Colombiana de Psiquiatría

Mexiko/Mexico

Sociedad Mexicana de Neurología y Psiquiatría

Nicaragua/Nicaragua

Sociedad Nicaraguense de Psiquiatría y Psicología

Niederlande/Netherlands

Nederlandse Vereniging van Psychiaters in Dienstverband
Nederlandse Vereniging voor Psychiatrie en Neurologie

Österreich/Austria

Gesellschaft Österreichischer Nervenärzte und Psychiater
Internationale Vereinigung für Selbstmordprophylaxe, IVSP
Wiener Verein für Psychiatrie und Neurologie

Peru/Peru

Asociación Latinoamericana de Psiquiatria

Polen/Poland

Polskie Towarzystwo Psychiatryczne

Rumänien/Romania

Societatea de Psihiatrie

Schweden/Sweden

Svenska Psykiatriska Föreningen

Schweiz/Switzerland

Schweizerische Gesellschaft für Psychiatrie
Union Europäischer Kinderpsychiater

Spanien/Spain

Asociación Mediterránea de Psiquiatria

Türkei/Turkey

Türk Nöro-Psikiyatri Cemiyet
Türkiye Akil Hifzissihhasi Cemiyeti

Union der Sozialistischen Sowjetrepubliken (UdSSR)/Union of Soviet Socialist Republics (U.S.S.R.)

All-Union Scientific Medical Society of Neuropathologists and Psychiatrists

Venezuela/Venezuela

Sociedad Venezolana de Psiquiatría y Neurología

Vereinigte Staaten von Amerika (USA)/United States of America (USA)

American Academy of Child Psychiatry, AACP
American Association of Psychiatric Services for Children, AAPSC
American Board of Psychiatry and Neurology, ABPN
American College of Neuropsychiatrists, ACN
American College of Psychiatrists
American Ontoanalytic Association, AOA
American Orthopsychiatric Association, AOA
American Psychiatric Association, APA
American Psychopathological Association, APPA
American Schizophrenia Association
American Society for Adolescent Psychiatry
American Society for Psychical Research, ASPR
Association for Advancement of Behavior Therapy, AABT
Association for Poetry Therapy, APT
Association for Research and Enlightenment, ARE
Association for Research in Nervous and Mental Disease, ARNMD
Association for Sane Psychiatric Practices, ASPP
Association of Existential Psychology and Psychiatry
Eastern Psychiatric Research Association, EPRA
Group for the Advancement of Psychiatry, GAP
Institute on Hospital and Community Psychiatry
International Association for Child Psychiatry and Allied Professions
International Transactional Analysis Association, ITAA
National Guild of Catholic Psychiatrists
New York Committee for the Investigation of Paranormal Occurrences
North Carolina Neuropsychiatric Association
North Pacific Society of Neurology and Psychiatry
Northern California Psychiatric Society
Society of Biological Psychiatry, SBP
Texas Neuropsychiatric Association

Demokratische Republik Vietnam /Democratic Republic of Viet-Nam

Association of Neuro-Psychiatry and Surgery

Psychoanalyse

Psychoanalysis

Argentinien/Argentina

Sociedad de Psicología Médica, Psicoanálisis y Psico-somática

Bundesrepublik Deutschland (BRD)/Federal Republic of Germany

Deutsche Psychoanalytische Gesellschaft
Deutsche Psychoanalytische Vereinigung

Frankreich/France

Congrès des Psychoanalystes de Langues Romanes

Grossbritannien/Great Britain

British Psychoanalytical Society
Institute of Psycho-Analysis
International Psycho-Analytical Association

Irische Republik/Irish Republic

Irish Psychoanalytical Association

Niederlande/Netherlands

Nederlands Psychoanalytisch Genootschap

Österreich/Austria

Wiener Psychoanalytische Vereinigung

Schweiz/Switzerland

Fédération Européenne de Psychoanalyse

Vereinigte Staaten von Amerika (USA)/United States of America (USA)

American Academy of Psychoanalysis
American Psychoanalytic Association, APsaA
Analytical Psychology Club of New York, APCNY
Association for Advancement of Psychoanalysis, AAP
Association for Applied Psychoanalysis, AAP
Association for Group Psychoanalysis and Process
Association for Psychoanalytic Medicine, APM
Association of Medical Group Psychoanalysts, AMGP
Council of Psychoanalytic Psychotherapists, CPP
National Psychological Association for Psychoanalysis, NPAP

Psychobiologie

Psychobiology

Bundesrepublik Deutschland (BRD)/Federal Republic of Germany

Psychobiologische Gesellschaft

Psychologie

Psychology

Ägypten/Egypt

Egyptian Association for Psychological Studies

Argentinien/Argentina

Sociedad Argentina de Psicologia
Sociedad de Psicologia Médica, Psicoanálisis y Psico-somática

Australien/Australia

Australian Institute of Industrial Psychology
Australian Psychological Society
Sydney University Psychological Society

Belgien/Belgium

Association de l'Europe Occidentale pour la Psychologie Aéronautique
Association Internationale de Psychologie Appliquée, AIPA

Volksrepublik China/People's Republic of China

Chinese Society of Psychology

Dänemark/Denmark

Dansk Psykologforening, DP

Deutsche Demokratische Republik (DDR)/German Democratic Republic

Gesellschaft für Psychologie in der DDR

Bundesrepublik Deutschland (BRD)/Federal Republic of Germany

Berufsverband Deutscher Psychologen
Deutsche Gesellschaft für Analytische Psychologie, DGAP, C. G. Jung-Gesellschaft
Deutsche Gesellschaft für Psychologie
Studiengesellschaft für Praktische Psychologie

Finnland/Finland

Mainonnan Sosiaalipsykologinen Seura

Frankreich/France

Association de Psychologie Scientifique de Langue Française
Centre d'Etudes Supérieures de Psychologie Sociale
Section de Psychologie Expérimentale et du Comportement Animal de l'UIBS
Société de Psychologie Médicale de Langue Française
Société d'Ergonomie de Langue Française
Société Française de Psychologie, SFP
Société Française d'Etude des Phénomènes Psychiques
Société Internationale d'Ethnopsychologie Normale et Pathologique
Société Médico-Psychologique

Grossbritannien/Great Britain

Association for Child Psychology and Psychiatry
British Institute of Practical Psychology, BIPP
British Psychological Society, BPS
Ergonomics Research Society
European Brain and Behaviour Society
Experimental Psychology Society, EPS
Guild of Pastoral Psychology
National Institute of Industrial Psychology, NIIP
Royal Medico-Psychological Association, RMPA
Society for Multivariate Experimental Psychology (European Branch)
Society for the Study of Addiction, SSA
Society for the Study of Normal Psychology
Society of Analytical Psychology
Tavistock Institute of Medical Psychology

Israel/Israel

Israel Psychological Association

Italien/Italy

Centro Didattico Nazionale di Studi e Documentazione
Società Italiana di Parapsicologia

Japan/Japan

Nihon hanzai shinri gakkai
Nihon kyoiku shinri gakkai
Nihon oyo shinri gakkai
Nihon shakai shinri gakkai
Nihon shinri gakkai

Jugoslawien/Yugoslavia

Jugoslovensko Udruženje Psihologa

Kanada/Canada

Canadian Psychological Association

Republik Korea /Republic of Korea

Korean Psychological Association

Mexiko/Mexico

Sociedad Mexicana de Estudios Psico-Pedagógicos

Neuseeland/New Zealand

New Zealand Psychological Society

Nicaragua/Nicaragua

Sociedad Nicaraguense de Psiquiatría y Psicología

Niederlande/Netherlands

International Ergonomics Association

Norwegen/Norway

Norsk Papapsykologisk Selskap
Norsk Psykologforening, NPF

Österreich/Austria

Akademische Gesellschaft für Philosophie, Psychologie und Psychotherapie
Berufsverband Österreichischer Psychologen, BÖP
Gesellschaft für Jugendkriminologie und Psychogogik
Österreichische Gesellschaft für Psychologie

Polen/Poland

Polskie Towarzystwo Psychologiczne, PTP

Puerto Rico/Puerto Rico

Asociación de Psicólogos de Puerto Rico

Schweden/Sweden

Sveriges Psykologförbund

Schweiz/Switzerland

Schweizerische Gesellschaft für Psychologie
Schweizerischer Berufsverband für Angewandte Psychologie

Spanien/Spain

Instituto Nacional de Psicología Aplicada y Psicotecnía

Taiwan/Taiwan

Chinese Association of Psychological Testing
Chinese Psychological Association

Ungarn/Hungary

Magyar Pszichológiai Társaság, MTA

Vereinigte Staaten von Amerika (USA)/United States of America (USA)

Academy of Psychologists in Marital Counseling, APMC
Academy of Psychosomatic Medicine, APM
Academy of Religion and Mental Health, ARMH
American Academy on Mental Retardation, AAMR
American Association on Mental Deficiency, AAMD
American Board of Professional Psychology, ABPP
American Board of Professional Psychology in Hypnosis, ABPPH
American Psychological Association, APA
American Psychosomatic Society, APS
American Society of Adlerian Psychology, ASAP
American Society of Psychopathology of Expression, ASPE
Arizona State Psychological Association
Association for Advancement of Behavior Therapy, AABT
Association for Humanistic Psychology, AHP
Association for Poetry Therapy, APT
Association for the Psychophysiological Study of Sleep
Association of Aviation Psychologists
Association of Existential Psychology and Psychiatry
Behavioral Research Council, BRC
California State Psychological Association
Christian Association for Psychological Studies, CAPS
Colorado Psychological Association
Eastern Psychological Association
Florida Psychological Association
Georgia Psychological Association
Indiana Psychological Association
Industrial Relations Research Association, IRRA
Inter-American Society of Psychology
International Association for the Scientific Study of Mental Deficiency
International Association of Individual Psychology, IAIP
International Council of Psychologists, ICP
International Organization for the Study of Group Tensions
International Society for the Study of Symbols, ISSS
International Union of Psychological Science, IUPS
Kansas Psychological Association
Kentucky Psychological Association
Maine Psychological Association
Massachusetts Psychological Association
Michigan Psychological Association
Minnesota Psychological Association
National Association of School Psychologists, NASP
National Psychological Association, NPA
New England Psychological Association
New York State Psychological Association
Ohio Psychological Association
Oregon Psychological Association
Parapsychological Association, PA
Pennsylvania Psychological Association
Psychologists Interested in Religious Issues, PIRI
Psychology Society
Psychometric Society
Psychonomic Society
San Francisco Bay Area Psychological Association
Society for Personality Assessment, SPA
Society for Psychophysiological Research
Society for the Psychological Study of Social Issues, SPSSI
Society of Engineering Psychologists, SEP
Society of Experimental Social Psychology, SESP
Society of Multivariate Experimental Psychology, SMEP
Southern Society for Philosophy and Psychology
Southwestern Psychological Association
Tennessee Psychological Association
Texas Psychological Association

Utah Psychological Association
Washington State Psychological Association
West Virginia Psychological Association
Wisconsin Psychological Association

Psychophysik

Psychophysics

Bundesrepublik Deutschland (BRD)/Federal Republic of Germany

Psychophysikalische Gesellschaft, PPG

Psychotherapie

Psychotherapy

Bundesrepublik Deutschland (BRD)/Federal Republic of Germany

Allgemeine Ärztliche Gesellschaft für Psychotherapie
Deutsche Gesellschaft für Psychotherapie und Tiefenpsychologie

Frankreich/France

Société de Recherches Psychothérapiques de Langue Française

Grossbritannien/Great Britain

Association of Psychotherapists and Society of Psychotherapy
Institute of Group-Analysis
Society of Psychotherapists

Österreich/Austria

Akademische Gesellschaft für Philosophie, Psychologie und Psychotherapie
Österreichische Ärztegesellschaft für Psychotherapie

Schweiz/Switzerland

Internationale Gesellschaft für Ärztliche Psychotherapie, IGAP

Vereinigte Staaten von Amerika (USA)/United States of America (USA)

American Academy of Psychotherapists, AAP
American Association of Religious Therapists, AART
American Group Psychotherapy Association, AGPA
American Society of Group Psychotherapy and Psychodrama
Association for the Advancement of Psychotherapy, AAP
Bridge
Council of Psychoanalytic Psychotherapists, CPP
Institute for Rational Living, IRL
International Council of Group Psychotherapy

Publizistik

Journalism

Bundesrepublik Deutschland (BRD)/Federal Republic of Germany

Akademie für Publizistik
Deutsche Gesellschaft für Psychotherapie und Tiefenpsychologie
Deutsche Gesellschaft für Publizistik- und Zeitungswissenschaft
Deutsche Studiengesellschaft für Publizistik
Gesellschaft für Publizistische Bildungsarbeit

Pulvermetallurgie

Powder Metallurgy

Bundesrepublik Deutschland (BRD)/Federal Republic of Germany

Fachnormenausschuss Pulvermetallurgie, FNP
Forschungsgemeinschaft Pulvermetallurgie

Schweden/Sweden

Pulvermetallurgiska Föreningen

Radiologie

Radiology

Argentinien/Argentina

Colegio Interamericano de Radiologia
Sociedad Argentina de Radiología

Australien/Australia

Australasian Institute of Radiography

Belgien/Belgium

Société Belge de Radiologie
Société Européenne de Radiobiologie
Société Royale Belge de Radiologie

Bulgarien/Bulgaria

Gesellschaft der Röntgenologen und Radiologen

Dänemark/Denmark

Dansk Radiologisk Selskab, DRS

Bundesrepublik Deutschland (BRD)/Federal Republic of Germany

Deutsche Röntgengesellschaft, Gesellschaft für Medizinische Radiologie, Strahlenbiologie und Nuklearmedizin

Fachnormenausschuss Radiologie, FNR

El Salvador/El Salvador

Asociación de Radiólogos de América Central y Panamá

Finnland/Finland

Pohjoismainen Radiologiyhdistys
Radiological Society of Finland

Frankreich/France

Association Européenne de Radiologie
Fédération Nationale des Syndicats Départamentaux de Médecins Electro-Radiologistes Qualifiés
Société Française d'Electroradiologie Médicale
Société Médicale Internationale d'Endoscopie et de Radiocinématographie, SMIER

Griechenland/Greece

Greek Radiological Society

Grossbritannien/Great Britain

Association for Radiation Research, ARR
British Institute of Radiology, BIR
Faculty of Radiologists
International Commission on Radiological Protection, ICRP
International Society of Radiographers and Radiological Technicians, ISRRT
International Society of Radiology
Society for Radiological Protection, SRP
Society of Radiographers

Israel/Israel

Israel Radiological Society

Italien/Italy

Società Italiana di Radiologia Medica e Medicina Nucleare, SIRMN

Japan/Japan

Nihon hoshasei doi genso kyokai
Nihon hoshasen eikyo gakkai
Nihon igaku hoshasen gakkai
Nihon shika hoshasen gakkai

Kolumbien/Colombia

Sociedad Colombiana de Radiología

Kuba/Cuba

Grupo Nacional de Radiología
Sociedad de Radiología de La Habana

Luxemburg/Luxembourg

Société Luxembourgeoise de Radiologie, ALR

Niederlande/Netherlands

Nederlandse Vereniging voor Radiologie

Norwegen/Norway

Norsk Forening for Medicinisk Radiologi

Österreich/Austria

Österreichische Röntgengesellschaft, Gesellschaft für Medizinische Radiologie und Nuklearmedizin

Polen/Poland

Polskie Lekarskie Towarzystwo Radiologiczne

Portugal/Portugal

Sociedade Portuguesa de Radiologia e Medicina Nuclear

Rumänien/Romania

Societatea de Radiologie

Schweden/Sweden

Svensk Förening för Medicinisk Radiologi

Schweiz/Switzerland

Société Suisse de Radiologie et Médecine Nucléaire

Spanien/Spain

Sociedad Española de Radiología y Electrología Médicas y de Medicina Nuclear, SEREM

Taiwan/Taiwan

Radiological Society of the Republic of China

Tschechoslowakei (CSSR)/Czechoslovakia

Czech Radiological Society

Türkei/Turkey

Türk Tibbi Elektro Radyografi Cemiyeti
Türk Tibbî Radyoloji Cemiyeti

Union der Sozialistischen Sowjetrepubliken (UdSSR)/Union of Soviet Socialist Republics (U.S.S.R.)

All-Union Scientific Medical Society of Roentgenologists and Radiologists

Uruguay/Uruguay

Gremial Uruguaya de Médicos Radiólogos
Sociedad de Radiología del Uruguay

Venezuela/Venezuela

Sociedad Venezolana de Radiología

Vereinigte Staaten von Amerika (USA)/United States of America (USA)

American Academy of Dental Radiology, AADR
American Board of Radiology, ABR
American College of Radiology, ACR
American Osteopathic College of Radiology, AOCR
American Radiography Technologists, ART
American Radium Society, ARS

American Registry of Radiologic Technologists, ARRT
American Society of Radiologic Technologists, ASRT
American Veterinary Radiology Society, AVRS
Arizona Radiological Society
Arkansas Radiological Society
Association of University Radiologists, AUR
California Radiological Society
Illinois Radiological Society
International Commission on Radiation Units and Measurements, ICRU
Kansas Radiological Society
Maine Radiological Society
Mississippi Radiological Society
North Florida Radiological Society
Northeastern New York Radiological Society
Oregon Radiological Society
Pacific Northwest Radiological Society
Pennsylvania Radiological Society
Radiological Society of North America, RSNA
Rocky Mountain Radiological Society
South Carolina Radiological Society
Utah State Radiological Society
Washington State Radiological Society
Wisconsin Radiological Society

Demokratische Republik Vietnam /Democratic Republic of Viet-Nam

Association of Radiology

Raumfahrttechnik

Space-Flight Engineering

Bulgarien/Bulgaria

Astronautische Gesellschaft Bulgariens

Bundesrepublik Deutschland (BRD)/Federal Republic of Germany

Deutsche Gesellschaft für Luft- und Raumfahrt, DGLR
Deutsche Gesellschaft für Raketentechnik und Raumfahrt, DGRR
Deutsche Raketengesellschaft, DRG
Hermann-Oberth-Gesellschaft
Wissenschaftliche Gesellschaft für Luft- und Raumfahrt, WGLR

Frankreich/France

Académie Internationale d'Astronautique
Association Aéronautique et Astronautique de France, AAAF
Fédération Internationale d'Astronautique
Société Française d'Astronautique

Israel/Israel

Israel Astronautical Society
Israel Society of Aeronautics and Astronautics

Italien/Italy

Associazione Italiana per le Scienze Astronautiche

Japan/Japan

Nihon koku uchu gakkai

Norwegen/Norway

Norsk Astronautisk Forening

Polen/Poland

Polskie Towarzystwo Astronautyczne

Taiwan/Taiwan

Astronautical Society of the Republic of China

Vereinigte Staaten von Amerika (USA)/United States of America (USA)

Aerospace Electrical Society, AES
American Astronautical Society, AAS
American Institute of Aeronautics and Astronautics, AIAA
National Aerospace Education Council, NAEC
Reaction Research Society, RRS

Raumplanung

Space Planning

Australien/Australia

Australian Planning Institute
Town and Country Planning Association of Victoria

Belgien/Belgium

Conférence des Régions de l'Europe du Nord-Ouest

Bundesrepublik Deutschland (BRD)/Federal Republic of Germany

Akademie für Raumforschung und Landesplanung
Deutscher Verband für Wohnungswesen, Städtebau und Raumplanung

Österreich/Austria

Österreichisches Institut für Raumplanung, ÖIFR

Rechtsphilosophie

Judicial Philosophy

Bundesrepublik Deutschland (BRD)/Federal Republic of Germany

Internationale Vereinigung für Rechts- und Sozialphilosophie

Niederlande/Netherlands

Vereniging voor Wijsbegeerte des Rechts

Rechtswissenschaft

Jurisprudence

Ägypten/Egypt

Egyptian Society of International Law
Egyptian Society of Political Economy, Statistics and Legislation

Äthiopien/Ethiopia

International African Law Association, IALA

Argentinien/Argentina

Academia Nacional de Derecho y Ciencias Sociales
Academia Nacional de Derecho y Ciencias Sociales
Colegio de Abogados de Buenos Aires

Australien/Australia

Law Association for Asia and the Western Pacific, LAWASIA
Law Society of New South Wales
Medico Legal Society of New South Wales

Belgien/Belgium

Fédération Internationale pour le Droit Européen, FIDE
Institut Belge de Droit Comparé
Institut de Droit International, IDI

Brasilien/Brazil

Inter-American Judicial Commission

Bulgarien/Bulgaria

Bulgarische Vereinigung für Internationales Recht

Chile/Chile

Asociación Judicial de Chile
Federacion International de Abogadas, FIDA

Dänemark/Denmark

International Law Association
Juridisk Forening

Deutsche Demokratische Republik (DDR)/ German Democratic Republic

Akademie für Staats- und Rechtswissenschaft "Walter Ulbricht"
Vereinigung Demokratischer Juristen Deutschlands

Bundesrepublik Deutschland (BRD)/Federal Republic of Germany

Bund für Lebensmittelrecht und Lebensmittelkunde
Deutsche Gesellschaft für Baurecht
Deutsche Vereinigung für Gewerblichen Rechtsschutz und Urheberrecht
Deutscher Juristentag
Deutscher Rechtshistorikertag
Gesellschaft für Rechtsvergleichung
Internationale Gesellschaft für Urheberrecht, INTERGU
Internationale Vereinigung für Rechtswissenschaften
Internationale Vereinigung Juristischer Bibliotheken
Johannes-Althusius-Gesellschaft
Konferenz der Dekane der Rechtswissenschaftlichen und Rechts- und Staatswissenschaftlichen Fakultäten in der Bundesrepublik Deutschland und West-Berlin
Rechts- und Staatswissenschaftliche Vereinigung

El Salvador/El Salvador

Asociación de Abogados de El Salvador

Fidschi/Fiji

Fiji Law Society

Finnland/Finland

International Law Association
Juridiska Föreningen i Finland
Suomalainen Lakimiesyhdistys

Frankreich/France

Association Internationale pour l'Enseignement du Droit Comparé
Comité Européen de Droit Rural
Institut International de Droit d'Expression Française, IDEF
Institut International de Droit Spatial
Société de Législation Comparée, CSSF
Société d'Histoire du Droit, CSSF
Société d'Histoire du Droit Normand

Ghana/Ghana

Ghana Bar Association

Grossbritannien/Great Britain

Association of Law Teachers, ALT
Bar Association for Commerce, Finance and Industry
British Academy of Forensic Sciences
British Institute of International and Comparative Law
Council of Legal Education
Divorce Law Reform Union
Electoral Reform Society
Forensic Science Society, FSS
General Council of the Bar
Holborn Law Society
International Law Association, ILA
Justice
Law Society
Law Society of Scotland
Mansfield Law Club

Royal Faculty of Procurators in Glasgow
Selden Society
Society of Public Teachers of Law, SPTL
Society of Writers to Her Majesty's Signet, WSSociety
Stair Society

Indien/India

Asian African Legal Consultative Committee
Bar Association of India
Indian Law Institute

Irische Republik/Irish Republic

Honourable Society of King's Inns
Incorporated Law Society of Ireland

Israel/Israel

Israel Bar Association

Italien/Italy

Associazione Forense Italiana
International Juridical Organization for Developing Countries, IJO
Istituto di Diritto Internazionale
Istituto di Diritto Romano e dei Diritti dell'Oriente Mediterraneo
Istituto Italiano di Diritto Spaziale
Istituto Juridico Español en Roma

Japan/Japan

Hikakuho gakkai
Hogaku kyokai
Hoseishi gakkai
Keizaiho gakkai
Kokusaiho gakkai
Minji soshoho gakkai
Nihon hoi gakkai
Nihon hoshakai gakkai
Nihon koho gakkai
Nihon kuho gakkai

Jugoslawien/Yugoslavia

Association of Jurists of the S. R. of Serbia
League of Jurists' Associations of the S. R. of Croatia
Society of Jurists of the S. R. of Bosnia and Herzegovina
Society of Jurists of the S. R. of Macedonia
Society of Jurists of the S. R. of Montenegro
Society of Jurists of the S. R. of Slovenia
Union of Jurists' Associations of Yugoslavia

Kanada/Canada

Canadian Bar Association

Kenia/Kenya

Mombasa Law Society

Kolumbien/Colombia

Academia Colombiana de Jurisprudencia
Sociedad Juridica de la Universidad Nacional

Libanon/Lebanon

Association Libanaise des Sciences Juridiques

Mexiko/Mexico

Academia Mexicana de Jurisprudencia y Legislación
Barra Mexicana-Colegio de Abogados
Instituto Latinoamericana de Derecho Comparado, Torre de Humanidades

Neuseeland/New Zealand

New Zealand Law Society

Niederlande/Netherlands

Akademie voor Internationaal Recht
Hague Academy of International Law
Internationaal Juridisch Instituut
International Law Association
Vereniging voor Agrarisch Recht

Nigeria/Nigeria

Nigerian Bar Association

Norwegen/Norway

Norsk Forening for Internasjonal Rett

Österreich/Austria

Wiener Juristische Gesellschaft

Peru/Peru

Sociedad Peruana de Derecho Internacional

Rumänien/Romania

Asociatia de Drept Internaţional si Relaţii Internaţionale din R.S.R.
Asociatia Juristilor din R.S.R.

Schweden/Sweden

International Law Association

Schweiz/Switzerland

Mechanlizenz
Schweizerische Vereinigung für Internationales Recht
Schweizerischer Juristenverein

Senegal/Senegal

Centre d'Études et de Documentation Législatives Africaines, CEDLA

Spanien/Spain

Real Academia de Jurisprudencia y Legislación

Taiwan/Taiwan

Chinese Society of International Law
International Association for Insurance Law, China Section
Society of Chinese Constitutional Law

Trinidad und Tobago/Trinidad and Tobago

Trinidad and Tobago Law Society

Türkei/Turkey

Türk Hukuk Kurumu

Venezuela/Venezuela

Colegio de Abogados del Distrito Federal

Vereinigte Staaten von Amerika (USA)/United States of America (USA)

American Academy of Matrimonial Lawyers
American Arbitration Association
American Bar Association
American Business Law Association, ABLA
American Forensic Association, AFA
American Indian Law Center
American Judicature Society
American Law Institute
American Society of International Law
Association for Counselor Education and Supervision, ACES
Association of American Law Schools, AALS
Center for Law and Education
Conservation Law Society of America, CLSA
Council on Engineering Laws, CEL
Council on Legal Education for Professional Responsibility, CLEPR
Council on Legal Education Opportunity, CLEO
Federal Bar Association
Inter-American Bar Association
International Association of Police Professors, IAPP
International Bar Association, IBA
Law Enforcement Association on Professional Standards, Education and Ethical Practice
Law School Admission Test Council
Pacific Law and Society Association, PLSA
Society of Medical Jurisprudence, SMJ

Regeltechnik

Controlling System

Bundesrepublik Deutschland (BRD)/Federal Republic of Germany

Internationaler Verband für Automatische Regelung

Rehabilitation

Rehabilitation

Argentinien/Argentina

Patronato de Leprosos de la República Argentina

Bundesrepublik Deutschland (BRD)/Federal Republic of Germany

Deutsche Gesellschaft für Rehabilitation

Finnland/Finland

Societas Medicinae Physicalis et Rehabilitationis Fenniae

Grossbritannien/Great Britain

World Commission for Cerebral Palsy of the International Society for Rehabilitation of the Disabled

Spanien/Spain

Instituto Nacional de Reeducación de Inválidos
Sociedad Española de Rehabilitación

Sri Lanka/Sri Lanka

Asian Pacific League of Physical Medicine and Rehabilitation

Türkei/Turkey

Türk Sakatlar Cemiyeti
Türkiye Fizikoterapi ve Rehabilitasyon Cemiyeti

Vereinigte Staaten von Amerika (USA)/United States of America (USA)

Action for Brain-Handicapped Children, ABC
American Academy of Physical Medicine and Rehabilitation, AAPMR
American Association for Rehabilitation Therapy, AART
American Board of Physical Medicine and Rehabilitation, ABPMR
American Congress of Rehabilitation Medicine, ACRM
American Corrective Therapy Association, ACTA
American Osteopathic College of Physical Medicine and Rehabilitation, AOCPMR
American Rehabilitation Committee, ARC
American Rehabilitation Counseling Association, ARCA
Association of Medical Rehabilitation Directors and Coordinators, AMRDC
Braille Institute of America, BIA
Commission on Accreditation of Rehabilitation Facilities, CARF
Eastern Conference of Rehabilitation Teachers of the Visually Handicapped
Educational Guidance Center for the Mentally Retarded, EGC

International Association of Rehabilitation Facilities
International Society for Rehabilitation of the Disabled
National Rehabilitation Association, NRA
Society for the Rehabilitation of the Facially Disfigured

Rheumatologie

Rheumatology

Chile/Chile

Liga Panamericana contra el Reumatismo
Sociedad Chilena de Reumatología

Bundesrepublik Deutschland (BRD)/Federal Republic of Germany

Deutsche Gesellschaft für Rheumatologie

Grossbritannien/Great Britain

Arthritis and Rheumatism Council for Research
British Association of Physical Medicine and Rheumatology
British Rheumatism and Arthritis Association, BRA
Heberden Society

Indien/India

South East Asia and Pacific League Against Reumatism

Israel/Israel

Israel Association for Physical Medicine and Rheumatology

Italien/Italy

Società Italiana di Reumatologia

Schweiz/Switzerland

Europäische Rheumaliga
Schweizerische Gesellschaft für Physikalische Medizin und Rheumatologie, SGPMR

Vereinigte Staaten von Amerika (USA)/United States of America (USA)

American Rheumatism Association, ARA
International League Against Rheumatism
Oklahoma Rheumatism Society

Röntgenologie

Roentgenology

Bulgarien/Bulgaria

Gesellschaft der Röntgenologen und Radiologen

Bundesrepublik Deutschland (BRD)/Federal Republic of Germany

Deutsche Röntgengesellschaft, Gesellschaft für Medizinische Radiologie, Strahlenbiologie und Nuklearmedizin

Island/Iceland

Félag Islenzkra Röntgenlækna

Österreich/Austria

Österreichische Röntgengesellschaft, Gesellschaft für Medizinische Radiologie und Nuklearmedizin

Union der Sozialistischen Sowjetrepubliken (UdSSR)/Union of Soviet Socialist Republics (U.S.S.R.)

All-Union Scientific Medical Society of Roentgenologists and Radiologists

Vereinigte Staaten von Amerika (USA)/United States of America (USA)

American College of Foot Roentgenologists, ACFR
American Roentgen Ray Society, ARRS
Council on Roentgenology of the American Chiropractic Association
New England Roentgen Ray Society
New York Roentgen Society

Säugetierkunde

Mammals Science

Bundesrepublik Deutschland (BRD)/Federal Republic of Germany

Deutsche Gesellschaft für Säugetierkunde

Vereinigte Staaten von Amerika (USA)/United States of America (USA)

American Society of Mammalogists, ASM

Schiffsbautechnik

Shipbuilding Engineering

Volksrepublik China/People's Republic of China

Chinese Society of Marine Engineering

Bundesrepublik Deutschland (BRD)/Federal Republic of Germany

Fachnormenausschuss Schiffbau, HNA
Forschungszentrum des Deutschen Schiffbaues
Gesellschaft für Kernenergie-Verwertung in Schiffbau und Schiffahrt
Schiffsbautechnische Gesellschaft
Studiengesellschaft zur Förderung der Kernenergieverwertung in Schiffbau und Schiffahrt

Grossbritannien/Great Britain

British Ship Research Association, BSRA
Research Organisation of Ships' Compositions Manufacturers, ROSCM

Japan/Japan

Kansai zosen kyokai
Nihon zosen gakkai

Union der Sozialistischen Sowjetrepubliken (UdSSR)/Union of Soviet Socialist Republics (U.S.S.R.)

A. N. Krylov Scientific and Engineering Society of the Shipbuilding Industry

Vereinigte Staaten von Amerika (USA)/United States of America (USA)

Amateur Yacht Research Society, AYRS

Schmiertechnik

Lubrication Technique

Bundesrepublik Deutschland (BRD)/Federal Republic of Germany

Gesellschaft für Tribologie und Schmiertechnik

Schweisstechnik

Welding Technique

Dänemark/Denmark

Dansk Svejseteknisk Landsvorening

Bundesrepublik Deutschland (BRD)/Federal Republic of Germany

Deutscher Verband für Schweißtechnik, DVS
Fachnormenausschuss Schweisstechnik, FNS
Forschungsstelle für Acetylen
Gesellschaft zur Förderung der Forschung auf dem Gebiet der Bohr- und Schweißtechnik, GFBS

Finnland/Finland

Suomen Hitsausteknillinen Yhdistys

Grossbritannien/Great Britain

Welding Institute

Italien/Italy

Istituto Italiano della Saldatura

Japan/Japan

Nihon yosetsu kyokai
Yosetsu gakkai

Schweden/Sweden

Svenstekniska Föreningen

Vereinigte Staaten von Amerika (USA)/United States of America (USA)

American Council of the International Institute of Welding
American Welding Society, AWS
Welding Research Council, WRC

Seerecht

Maritime Law

Belgien/Belgium

Comité Maritime International, CMI

Bundesrepublik Deutschland (BRD)/Federal Republic of Germany

Deutscher Verein für Internationales Seerecht

Grossbritannien/Great Britain

British Maritime Law Association, BMLA

Italien/Italy

Associazione Italiana di Diritto Marittimo

Segelflugforschung

Glider Flying Research

Bundesrepublik Deutschland (BRD)/Federal Republic of Germany

Gesellschaft zur Förderung der Segelflugforschung

Niederlande/Netherlands

International Technical and Scientific Organization for Soaring Flight

Seismologie

Seismology

Chile/Chile

Asociación Chilena de Sismología e Ingeniería Antisísmica

Bundesrepublik Deutschland (BRD)/Federal Republic of Germany

Forschungsgemeinschaft Seismik

Frankreich/France

Association Internationale de Seismologie et de Physique de l'Intérieur de la Terre

Japan/Japan

Jishin gakkai

Mexiko/Mexico

Sociedad Mexicana de Ingenieria Sismica

Neuseeland/New Zealand

New Zealand Society for Earthquake Engineering
Seismological Society of the South-West Pacific, SSSWP

Vereinigte Staaten von Amerika (USA)/United States of America (USA)

Earthquake Engineering Research Institute, EERI
Jesuit Seismological Association, JSA
Seismological Society of America, SSA

Serologie

Serology

Italien/Italy

Istituto Sieroterapico Milanese

Sexualforschung

Sexual Research

Bundesrepublik Deutschland (BRD)/Federal Republic of Germany

Deutsche Gesellschaft für Sexualforschung

Silikoseforschung

Silicose Research

Bundesrepublik Deutschland (BRD)/Federal Republic of Germany

Gesellschaft zur Förderung der Lufthygiene und Silikoseforschung

---

Sinologie

Sinology

Grossbritannien/Great Britain

China Society

Japan/Japan

Nihon Chugoku gakkai
Tokyo Shina gakkai

Republik Korea /Republic of Korea

Korean Association of Sinology

Singapur/Singapore

China Society

Vereinigte Staaten von Amerika (USA)/United States of America (USA)

American Association of Teachers of Chinese Language and Culture
Center for Chinese Research Materials
China Institute in America, CIA

Sozialgeschichte

Social History

Bundesrepublik Deutschland (BRD)/Federal Republic of Germany

Gesellschaft für Sozial- und Wirtschaftsgeschichte

Frankreich/France

Commission Internationale d'Histoire des Mouvements Sociaux et des Structures Sociales
Institut d'Histoire Sociale

Grossbritannien/Great Britain

Robert Owen Bicentenary Association

Italien/Italy

Istituto Giangiacomo Feltrinelli

Japan/Japan

Keizaigakushi gakkai

Niederlande/Netherlands

Internationaal Instituut voor Sociale Geschiedenis

Sozialhygiene

Social Hygiene

Deutsche Demokratische Republik (DDR)/German Democratic Republic

Akademie für Sozialhygiene

Bundesrepublik Deutschland (BRD)/Federal Republic of Germany

Deutsche Gesellschaft für Sozialhygiene und Prophylaktische Medizin

Vereinigte Staaten von Amerika (USA)/United States of America (USA)

American Social Health Association, ASHA

Sozialmedizin

Social Medicine

Argentinien/Argentina

Sociedad Argentina de Medicina Social

Belgien/Belgium

Association Belge d'Hygiène et de Médecine Sociale
Association pour l'Étude Médico-Sociale sur la Croissance et le Développement de l'Enfant

Bundesrepublik Deutschland (BRD)/Federal Republic of Germany

Bayerische Akademie für Arbeitsmedizin und Soziale Medizin
Deutsche Gesellschaft für Gerichtliche und Soziale Medizin
Deutsche Gesellschaft für Sozialmedizin

Frankreich/France

Société Française d'Hygiène, de Médecine Sociale et de Génie Sanitaire
Union Européenne de Médecine Sociale, UEMS

Italien/Italy

Congrès International de Médecine Légale et de Médecine Sociale de Langue Française
Società Italiana di Medicina Sociale

Niederlande/Netherlands

Algemene Nederlandse Vereniging voor Sociale Geneeskunde

Österreich/Austria

International Federation for Hygiene, Preventive Medicine and Social Medicine

Ungarn/Hungary

International Academy of Legal Medicine and of Social Medicine

Sozialpädiatrie

Social Pediatrics

Bundesrepublik Deutschland (BRD)/Federal Republic of Germany

Deutsche Gesellschaft für Sozialpädiatrie, Vereinigung für Gesundheitsfürsorge im Kindesalter

Sozialphilosophie

Social Philosophy

Bundesrepublik Deutschland (BRD)/Federal Republic of Germany

Internationale Vereinigung für Rechts- und Sozialphilosophie

Sozialpolitik

Social Politics

Belgien/Belgium

Centre International de Documentation Economique et Sociale Africaine, CIDESA
Coopération Internationale pour le Développement Socio-Economique, CIDSE

Bundesrepublik Deutschland (BRD)/Federal Republic of Germany

Aktionsgemeinschaft Soziale Marktwirtschaft
Deutsche Sozialpolitische Gesellschaft
Europäische Vereinigung für Eigentumsbildung, Hermann-Lindrath-Gesellschaft
Europäische Vereinigung für Wirtschaftliche und Soziale Entwicklung, CEPES
Wirtschafts- und Sozialpolitische Vereinigung

Japan/Japan

Shakai seisaku gakkai

Schweiz/Switzerland

Association Internationale de la Sécurité Sociale, AISS

Taiwan/Taiwan

Association for Socio-Economic Development in China
China Social Security Association

Vereinigte Staaten von Amerika (USA)/United States of America (USA)

Institute for Mediterranean Affairs

Soziologie

Sociology

Ägypten/Egypt

Social Sciences Association of Egypt

Argentinien/Argentina

Academia Nacional de Derecho y Ciencias Sociales

Fachgebiete / Classified Subject List

Academia Nacional de Derecho y Ciencias Sociales
Asociación Latinoamericana de Sociología
Asociación Latinoamericana de Sociología, ALAS
Instituto Internacional de Sociología

Australien/Australia

Australian Association of Social Workers
Social Responsibility in Science - Sydney Group
Social Science Research Council of Australia
Society for Social Responsibility in Science
Sociological Association of Australia and New Zealand
Victorian Society for Social Responsibility in Science

Belgien/Belgium

Association Internationale pour le Progrès Social, AIPS
Commission Internationale Scientifique sur la Famille
Fédération Internationale des Instituts de Recherches socio-réligieuses, FERES
Union Internationale d'Etudes Sociales, UIES

Brasilien/Brazil

Conselho Nacional Serviço Social
Instituto do Ceará
Latin American Center for Research in the Social Sciences

Bulgarien/Bulgaria

Gesellschaft für Soziologie

Chile/Chile

Instituto Latinoamericano de Planificación Económica y Social

Costa Rica/Costa Rica

Instituto Costarricense de Ciencias Políticas y Sociales

Bundesrepublik Deutschland (BRD)/Federal Republic of Germany

Akademie der Arbeit
Arbeitsgemeinschaft für Betriebliche Altersversorgung
Arbeitsgemeinschaft Sozialwissenschaftlicher Institute
Arbeitskreis für Geistige und Soziale Erneuerung
Deutsche Gesellschaft für Soziologie
Deutscher Berufsverband der Sozialarbeiter und Sozialpädagogen, DBS
Deutscher Landesausschuss des International Council on Social Welfare
Europäische Gesellschaft für Ländliche Soziologie
Evangelische Sozialakademie
Gemeinschaft für Christlich-Soziale Schulung und Öffentliche Meinungsbildung
Gesellschaft für Empirische Soziologische Forschung
Gesellschaft für Sozialen Fortschritt
Gesellschaft für Wirtschafts- und Sozialwissenschaften (Verein für Socialpolitik)
Gesellschaft für Wirtschaftswissenschaftliche und Soziologische Forschung
Gesellschaft für Wissenschaft und Leben im Rheinisch-Westfälischen Industriegebiet
Hans-Böckler-Gesellschaft
Sozialakademie

Frankreich/France

Association Internationale des Sociologues de Langue Française, AISLF
Centre d'Archives et de Documentation Politiques et Sociales
Centre d'Etudes de la Socio-Economie
Centre d'Etudes Sociologiques
Comité International pour la Documentation des Sciences Sociales, CIDSS
Conférence Internationale de Sociologie Religieuse
Conseil International des Sciences Sociales
Société d'Economie et de Sciences Sociales
Société d'Etudes et de Documentation Economiques, Industrielles et Sociales, SEDEIS
Société d'Etudes pour le Développement Economique et Social
Société Française de Sociologie

Grossbritannien/Great Britain

British Society for Social Responsibility in Science, BSSRS
British Sociological Association, BSA
Fabian Society
Institute of Community Studies
Institute of Jewish Affairs
Institute of Race Relations
National Institute for Social Work Training
Social Science Research Council

Honduras/Honduras

Sociedad de Filosofía y Estudios Sociológicos

Irische Republik/Irish Republic

Economic and Social Research Institute
Irish Society of Medical and Psychiatric Social Workers
Statistical and Social Inquiry Society of Ireland, SSISI

Israel/Israel

Israel Association for Social Work

Italien/Italy

Associazione Italiana di Scienze Sociali
Cenacolo Triestino
International Sociological Association, ISA
Istituto di Studi e Ricerche "Carlo Cattaneo"
Istituto di Studi sul Lavoro
Società Italiana di Ergonomia
Società Italiana di Sociologia

Japan/Japan

Kokka gakkai
Nihon hoshakai gakkai
Nihon kyoiku shakai gakkai
Nihon shakai gakkai

Kanada/Canada

Canada Council for the Encouragement of the Arts, Humanities and Social Sciences
Social Science Research Council of Canada

Kolumbien/Colombia

Centro Interamericano de Vivienda y Planeamiento

Demokratische Volksrepublik Korea / Democratic People's Republic of Korea

Academy of Social Science

Libanon/Lebanon

Mediterranean Social Sciences Research Council, MSSRC

Liechtenstein/Liechtenstein

Forschungsgesellschaft für das Weltflüchtlingsproblem

Marokko/Morocco

Centre d'Etudes, de Documentation et d'Information Economiques et Sociales
Société d'Etudes Economiques, Sociales et Statistiques du Maroc

Mexiko/Mexico

Asociación Latinoamericana de Sociología, ALAS

Monaco/Monaco

Centre International d'Etude des Problèmes Humains

Niederlande/Netherlands

Research Group for European Migration Problems, REMP

Österreich/Austria

Europäisches Koordinationszentrum für Sozial-Wissenschaftliche Forschung und Dokumentation
Österreichische Gesellschaft für Soziologie
Sozialwissenschaftliche Arbeitsgemeinschaft

Paraguay/Paraguay

Academia Paraguaya de Ciencias Históricas, Politicas y Sociales

Polen/Poland

Kierunki
Polskie Towarzystwo Socjologiczne

Rumänien/Romania

Academia de Ştiinţe Sociale şi Politice
Comitetul National de Sociologie

Schweden/Sweden

Scandinavian Committee of Schools of Social Work
Socialstyrelsen
Studieförbundet Närnigslio och Samhälle

Schweiz/Switzerland

Centre International pour la Terminologie des Sciences Sociales

Taiwan/Taiwan

China Social Education Society
Sociological Society of China

Tunesien/Tunisia

Centre d'Etudes Humaines et Sociales

Venezuela/Venezuela

Academia de Ciencias Politicas y Sociales

Vereinigte Staaten von Amerika (USA)/United States of America (USA)

American Academy of Political and Social Science
American Association of University Professors of Urban Affairs and Environmental Sciences, AAUP-UAES
American Council of Learned Societies, ACLS
American Sociological Association, ASA
American Sociometric Association, ASA
Association for the Sociology of Religion, ASR
Association of Social and Behavioral Scientists, ASBS
Center for Community Change
Center for Urban and Regional Studies, CURS
Community Resources Workshop Association, CRWA
Conference on Jewish Social Studies, CJSS
Council on Social Work Education, CSWE
Federation of Mc Guffey Societies
Human Relations Area Files, HRAF
Human Resources Research Organization, HumRRO
Industrial Relations Research Association, IRRA
International Association for Philosophy of Law and Social Philosophy
International Association for Research in Income and Wealth, IARIW
International Association of Schools of Social Work
National Council for the Social Studies, NCSS
National Institute of Social and Behavioral Science, NISBS
National Institute of Social Sciences, NISS
Pacific Law and Society Association, PLSA
Pacific Sociological Association
Rural Sociological Society, RSS
Social Science Education Consortium, SSEC
Social Science Research Council, SSRC
Society for Automation in the Social Sciences, SASS
Society for the Comparative Study of Society and History

Society for the Philosophical Study of Dialectical Materialism, SPSDM
Society for the Psychological Study of Social Issues, SPSSI
Sociological Research Association, SRA
Sociologists for Women in Society, SWS
Southern Sociological Society

Spektrochemie

Spectrochemistry

Bundesrepublik Deutschland (BRD)/Federal Republic of Germany

Gesellschaft zur Förderung der Spektrochemie und Angewandten Spektroskopie

Spektroskopie

Spectroscopy

Bundesrepublik Deutschland (BRD)/Federal Republic of Germany

Gesellschaft zur Förderung der Spektrochemie und Angewandten Spektroskopie

Grossbritannien/Great Britain

Photoelectric Spectrometry Group, PSG

Japan/Japan

Nihon bunko gakkai

Vereinigte Staaten von Amerika (USA)/United States of America (USA)

Coblentz Society
Federation of Analytical Chemistry and Spectroscopy, FACSS
Society for Applied Spectroscopy, SAS

Speläologie

Speleology

Bundesrepublik Deutschland (BRD)/Federal Republic of Germany

Verband der Deutschen Höhlen- und Karstforscher

Frankreich/France

Fédération Française de Spéléologie

Grossbritannien/Great Britain

British Speleological Association, BSA
Cave Research Group of Great Britain, CRG
Spelaeological Society

Italien/Italy

International Speleological Congresses

Jugoslawien/Yugoslavia

Speleological Association of Slovenia

Monaco/Monaco

Association de Préhistoire et de Spéléologie

Peru/Peru

Sociedad Peruana de Espeleologia

Ungarn/Hungary

Magyar Karszt- és Barlangkutató Társulat

Vereinigte Staaten von Amerika (USA)/United States of America (USA)

Cave Research Associates, CRA
National Speleological Society, NSS

Spielzeugforschung

Toys' Research

Bundesrepublik Deutschland (BRD)/Federal Republic of Germany

Internationaler Rat für Kinderspiel und Spielzeug

Sportausbildung

Sports Instruction

Australien/Australia

Australian Physical Education Association

Bundesrepublik Deutschland (BRD)/Federal Republic of Germany

Arbeitsgemeinschaft der Direktoren der Institute für Leibesübungen an Universitäten und Hochschulen der Bundesrepublik Deutschland, AID
Bundesverband Deutscher Leibeserzieher
Internationaler Verband für Leibeserziehung und Sport der Mädchen und Frauen
Verband Deutscher Leibeserzieher an den Höheren Schulen

Finnland/Finland

Suomen Voimistelunopettajaliitto

Frankreich/France

Association Internationale des Ecoles ou Instituts Supérieurs d'Education Physique et Sportive, AIESEP
Conseil International pour l'Education Physique et le Sport

Fédération Internationale Catholique d'Education Physique et Sportive, FICEP

Griechenland/Greece

Association Internationale des Entraîneurs d'Athlétisme

Grossbritannien/Great Britain

Association of Organisers of Physical Education in Scotland, AOPES
Association of Principals of Women's Colleges of Physical Education
British Association of Organisers and Lecturers in Physical Education, BAOLPE
Conference of Lecturers in Physical Education in Scotland
Incorporated British Association for Physical Training, BAPT
Northern Ireland Physical Education Association, NIPEA
Physical Education Association of Great Britain and Northern Ireland
Swimming Teachers' Association of Great Britain and the Commonwealth, STA
Welsh Association of Physical Education

Japan/Japan

Nihon taiiku gakkai

Niederlande/Netherlands

Koninklijke Nederlandse Vereniging van Leraren en Onderwijzers in de Lichamelijke Opvoeding

Schweden/Sweden

Svenska Gymnastiklläraresällskapet

Schweiz/Switzerland

Schweizerischer Turnlehrerverein

Vereinigte Staaten von Amerika (USA)/United States of America (USA)

American Academy of Physical Education, AAPE
American Association for Health, Physical Education and Recreation, AAHPER
International Association of Physical Education and Sports for Girls and Women, IAPESGW
International Council on Health, Physical Education, and Recreation, ICHPER
National Association for Physical Education of College Women, NAPECW
National College Physical Education Association for Men, NCPEAM
Society of State Directors of Health, Physical Education and Recreation, SSDHPER

Städteplanung

Town Planning

Australien/Australia

Australian Institute of Urban Studies
Australian Planning Institute
Town and Country Planning Association of Victoria

Belgien/Belgium

Association Internationale des Urbanistes, AIU

Brasilien/Brazil

Centro de Pesquisa e Treinamento para Desenvolvimento de Comunidade de Brasilia

Dänemark/Denmark

Dansk Byplanlaboratorium
Vej- og Byplanforeningen

Bundesrepublik Deutschland (BRD)/Federal Republic of Germany

Deutsche Akademie für Städtebau und Landesplanung
Deutscher Verband für Wohnungswesen, Städtebau und Raumplanung

Frankreich/France

Comité Permanent International des Techniques et de L'Urbanisme Souterrains, CPITUS
Société Française des Urbanistes

Grossbritannien/Great Britain

London Society
National Housing and Town Planning Council
Royal Town Planning Institute
Town and Country Planning Association

Italien/Italy

Istituto Nazionale di Urbanistica, INU

Japan/Japan

Nihon toshi keikaku gakkai

Jugoslawien/Yugoslavia

Savez Urbanističkih Društava Jugoslavije

Kanada/Canada

Town Planning Institute of Canada

Niederlande/Netherlands

Bond van Nederlandse Stedebouwkundigen, BNS
International Federation for Housing and Planning, IFHP

Peru/Peru

Instituto de Urbanismo del Perú

Polen/Poland

Towarzystwo Urbanistów Polskich

Taiwan/Taiwan

Chinese Institute of Urban Planning

Ungarn/Hungary

Magyar Urbanisztikai Társaság, MUT

Stahlbau

Steel Construction

Bundesrepublik Deutschland (BRD)/Federal Republic of Germany

Deutscher Ausschuß für Stahlbau, DASt
Deutscher Stahlbau-Verband, DSTV
Forschungsgesellschaft Stahlverformung

Statistik

Statistics

Ägypten/Egypt

Egyptian Society of Political Economy, Statistics and Legislation

Argentinien/Argentina

Dirección General de Estadística e Investigaciones
Dirección Nacional de Estadística y Censos

Australien/Australia

Statistical Society of Australia

Belgien/Belgium

Conseil Supérieur de Statistique

Bolivien/Bolivia

Dirección General de Estadística y Censos

Chile/Chile

Servicio Nacional de Estadística

Costa Rica/Costa Rica

Dirección General de Estadistica y Censos

Bundesrepublik Deutschland (BRD)/Federal Republic of Germany

Deutsche Gesellschaft für Medizinische Dokumentation und Statistik
Deutsche Statistische Gesellschaft, DStG

Ecuador/Ecuador

Dirección General de Estadística y Censos

El Salvador/El Salvador

Dirección General de Estadística y Censos

Finnland/Finland

Suomen Tilastoseura

Frankreich/France

Société de Statistique de Paris
Société de Statistique, d'Histoire et d'Archéologie de Marseille et de Provence

Grossbritannien/Great Britain

Association of Track and Field Statisticians, ATFS
Institute of Statisticians
Manchester Statistical Society
Royal Statistical Society

Irische Republik/Irish Republic

Statistical and Social Inquiry Society of Ireland, SSISI

Island/Iceland

Hagstofa Islands

Italien/Italy

Istituto Centrale di Statistica
Società Italiana di Statistica, SIS

Japan/Japan

Keizai tokei kenkyukai
Nihon tokei gakkai
Tokei kagaku kenkyukai

Kolumbien/Colombia

Departamento Administrativo Nacional de Estadística

Marokko/Morocco

Société d'Etudes Economiques, Sociales et Statistiques du Maroc

Mexiko/Mexico

Dirección General de Estadística
Sociedad Mexicana de Geografía y Estadística
Sociedad Nuevoleonesa de Historia, Geografía y Estadística

Niederlande/Netherlands

International Association for Statistics in Physical Sciences, IASPS
International Statistical Institute, ISI
Nederlandse Stichting voor Statistiek
Vereniging voor Statistiek, VVS

Norwegen/Norway

Statistisk Sentralbyrå

Österreich/Austria

Österreichische Gesellschaft für Statistik und Informatik

Peru/Peru

Dirección Nacional de Estadística y Censos
Instituto Peruano de Estadística

Schweden/Sweden

Statistika Föreningen

Schweiz/Switzerland

Schweizerische Gesellschaft für Statistik und Volkswirtschaft

Spanien/Spain

Instituto Nacional de Estadistica

Taiwan/Taiwan

Chinese Statistical Association

Uruguay/Uruguay

Centro de Estadísticas Nacionales y Comercio Internacional del Uruguay, CENCI
Dirección General de Estadística y Censos

Venezuela/Venezuela

Sociedad Venezolana de Estadística

Vereinigte Staaten von Amerika (USA)/United States of America (USA)

American Statistical Association
Association for Jewish Demography and Statistics, American Branch
Institute of Mathematical Statistics, IMS
Inter-American Statistical Institute, IASI

Sterilität

Sterility

Argentinien/Argentina

Sociedad Argentina para el Estudio de la Esterilidad

Österreich/Austria

Österreichische Gesellschaft zum Studium der Sterilität und Fertilität

Steuerrecht

Tax Law

Bundesrepublik Deutschland (BRD)/Federal Republic of Germany

Deutsche Vereinigung für Internationales Steuerrecht

Japan/Japan

Nihon zeiho gakkai

Niederlande/Netherlands

International Bureau of Fiscal Documentation
International Fiscal Association, IFA

Taiwan/Taiwan

National Tax Research Association of China

Stoffwechselkrankheiten

Metabolism Diseases

Bundesrepublik Deutschland (BRD)/Federal Republic of Germany

Deutsche Gesellschaft für Verdauungs- und Stoffwechselkrankheiten

Stomatologie

Stomatology

Belgien/Belgium

Groupement International pour la Recherche Scientifique en Stomatologie, GIRS
Union des Dentistes et Stomatologistes de Belgique, UDS

Bulgarien/Bulgaria

Association Stomatologique Scientifique Bulgare
Wissenschaftliche Vereinigung für Stomatologie

Deutsche Demokratische Republik (DDR)/German Democratic Republic

Deutsche Gesellschaft für Stomatologie

Frankreich/France

Société de Stomatologie de France

Italien/Italy

International Stomatological Association
Società Italiana di Stomatologia

Japan/Japan

Nihon kokoka gakkai

Peru/Peru

Academia de Estomatologia del Perú

Polen/Poland

Polskie Towarzystwo Stomatologiczne

Rumänien/Romania

Societatea de Stomatologie

Spanien/Spain

Consejo General de Colegios de Odontólogos y Estomatólogos de España

Tschechoslowakei (CSSR)/Czechoslovakia

Československá stomatologická společnost

Union der Sozialistischen Sowjetrepubliken (UdSSR)/Union of Soviet Socialist Republics (U.S.S.R.)

All-Union Scientific Medical Society of Stomatologists

Strafrecht

Penal Law

Bulgarien/Bulgaria

Bulgarische Vereinigung für Strafrecht

Frankreich/France

Association Internationale de Droit Pénal, AIDP
Société Internationale de Droit Pénal Militaire et de Droit de la Guerre

Grossbritannien/Great Britain

Howard League for Penal Reform and Howard Centre of Penology

Strahlenforschung

Radiation Research

Bundesrepublik Deutschland (BRD)/Federal Republic of Germany

Deutsche Röntgengesellschaft, Gesellschaft für Medizinische Radiologie, Strahlenbiologie und Nuklearmedizin
Gesellschaft für Strahlenforschung

Niederlande/Netherlands

International Society for Radiation Research

Strahlenschutz

Protection against Radiation

Bundesrepublik Deutschland (BRD)/Federal Republic of Germany

Arbeitsgemeinschaft für Strahlenschutz

Strassenwesen

Roads System

Volksrepublik China/People's Republic of China

Academy of Highway Sciences

Bundesrepublik Deutschland (BRD)/Federal Republic of Germany

Dokumentation "Straße"
Forschungsgesellschaft für das Straßenwesen

Österreich/Austria

Österreichische Gesellschaft für Strassenwesen

Taiwan/Taiwan

China Road Federation

Vereinigte Staaten von Amerika (USA)/United States of America (USA)

Highway Research Board, HRB

Technik

Technics

Argentinien/Argentina

Comisión Panamericana de Normas Técnicas, COPANT
Consejo Nacional de Investigaciones Cientificas y Técnicas
Instituto Nacional de Tecnología Industrial, INTI

Australien/Australia

Agricultural Engineering Society
Agricultural Technologists of Australasia
Australasian Institute of Medical Laboratory Technology
Australian Federation for Medical and Biological Engineering
Australian Society of Dairy Technology
Commonwealth Scientific and Industrial Research Organization, CSIRO
Institute of Instrumentation and Control Australia
Institution of Engineering

Society of Instrument Technology

Belgien/Belgium

Institut Belge de Régulation et d'Automatisme, IBRA
Organisation Internationale pour l'Avancement de la Recherche aux Hautes Pressions, IRAP
Union Internationale pour la Science, la Technique et les Applications du Vide, UISTAV
Union Radio-Scientifique Internationale, URSI

Bermudas/Bermudas

Bermuda Technical Society

Bolivien/Bolivia

Asociación de Ingenieros y Geólogos de Yacimientos Petrolíferos Fiscales Bolivianos, AIGYPFB
Centro de Investigación y Documentación Científica y Tecnológica

Brasilien/Brazil

Associação Interamericana de Engenharia Sanitaria
Conselho Regional de Engenharia e Arquitetura
Instituto de Engenharia de São Paulo
Sociedade de Engenharia do Rio Grande do Sul

Bulgarien/Bulgaria

Wissenschaftliche und Technische Vereinigung bulgarischer Land- und Feldvermesser
Wissenschaftliche und Technische Vereinigung der chemischen Industrie
Wissenschaftliche und Technische Vereinigung der Forsttechnik
Wissenschaftliche und Technische Vereinigung der Nahrungsmittelindustrie
Wissenschaftliche und Technische Vereinigung für Bergbau, Geologie und Metallurgie
Wissenschaftliche und Technische Vereinigung für Textilien und Bekleidung
Wissenschaftliche und Technische Vereinigung für Ziviltechnik
Wissenschaftliche und Technische Vereinigung landwirtschaftlicher Spezialisten

Chile/Chile

Comisión Nacional de Investigación Científica y Tecnológica, CONICyT
Corporación de Fomento de la Producción, CORFO

Volksrepublik China/People's Republic of China

Academy of Hydrotechnology
Academy of Machine Building and Technical Sciences
Chinese Scientific and Technological Association
Chinese Society of Civil Engineering

Dänemark/Denmark

Danmarks Teknisk-Videnskabelige Forskningsråd
Danmarks Textiltekniske Forening
Dansk Gasteknisk Forening
Dansk Kedelforening
Dansk Selskab for Bygningsstatik
Dansk Teknisk Lærerforening
Nordforsk-Nordiska Samarbetsorganisationen för Teknisk-Naturvetenskaplig Forskning
Nordiska Samarbetsutskottet för Träteknisk Forskning

Bundesrepublik Deutschland (BRD)/Federal Republic of Germany

Arbeitsgemeinschaft der Wissenschaftlichen Institute des Handwerks in den EWG-Ländern
Arbeitsgemeinschaft Industrieller Forschungsvereinigungen, AIF
Arbeitskreis der Direktoren an Deutschen Ingenieurschulen
Ausschuss für Blitzableiterbau, ABB
Deutsche Gesellschaft für Chemisches Apparatewesen, DECHEMA
Deutsche Gesellschaft für Geschichte der Medizin, Naturwissenschaften und Technik
Deutsche Gesellschaft für Zerstörungsfreie Prüfverfahren
Deutsche Kommission für Ingenieurausbildung
Deutscher Verband Technisch-Wissenschaftlicher Vereine, DVT
Deutscher Verein von Gas- und Wasserfachmännern, DVGW
Deutsches Komitee Instandhaltung
Europäische Föderation für Chemie-Ingenieur-Wesen
Fachnormenausschuss Chemischer Apparatebau
Fachnormenausschuss Dampferzeuger und Druckbehälter
Fachnormenausschuss Dichtungen
Fachnormenausschuss Druckgasanlagen
Fachnormenausschuss Laborgeräte
Fachnormenausschuss Rohre, Rohrverbindungen und Rohrleitungen
Fachnormenausschuss Rundstahlketten
Fachnormenausschuss Schmiedetechnik
Fachnormenausschuss Siebböden und Kornmessung, FNSK
Fachnormenausschuss Stahldraht und Stahldrahterzeugnisse
Fachnormenausschuss Theatertechnik, FNTh
Fachnormenausschuss Vakuumtechnik, FNV
Fachnormenausschuss Verpackung
Fachnormenausschuss Waagenbau
Gemeinschaftsausschuss der Technik
Georg-Agricola-Gesellschaft zur Förderung der Geschichte der Naturwissenschaften und der Technik
Internationale Akademie für Bäderkunde und Bädertechnik, IAB
Max-Eyth-Gesellschaft für Agrartechnik
Technische Akademie
Technisch-Literarische Gesellschaft, TELI
VDI-Dokumentationsstelle

Verband der Dozenten an Deutschen Ingenieurschulen
Verein für Gerbereichemie und -Technik
Vereinigung der Technischen Überwachungs-Vereine

Finnland/Finland

Suomen Teknillinen Seura
Svenska Tekniska Vetenskapsakademien i Finland
Teknillisten Oppilaitosten Opettajain Yhdistys
Teknillisten Tieteiden Akatemia
Tekniska Föreningen i Finland
Vakaustoimisto
Valtion Teknillistieteellinen Toimikunta

Frankreich/France

Association Européenne pour l'Administration de la Recherche Industrielle, EIRMA
Association Française pour le Développement de l'Enseignement Technique
Association Nationale de la Recherche Technique
Bureau International des Poids et Mesures, BIPM
Commission Internationale du Génie Rural, CIGR
Organisation Internationale de Métrologie Légale, OIML
Société d'Encouragement pour l'Industrie Nationale
Société d'Etude de la Propulsion par Réaction

Ghana/Ghana

Council for Scientific and Industrial Research

Grossbritannien/Great Britain

Association of Principals of Technical Institutions in Northern Ireland, APTI
Association of Scientific, Technical and Managerial Staffs
Association of Technical Institutions, ATI
Associations of Principals of Technical Institutions, APTI
Biological Engineering Society, BES
British Food Manufacturing Industries Research Association, BFMIRA
British Institute of Cleaning Science, BICS
British Launderers' Research Association, BLRA
British Scientific Instrument Research Association, SIRA
British Society for Strain Measurement
European Committee for Future Accelerators
European Technological Forecasting Association
Filtration Society
Flour Milling and Baking Research Association, FMBRA
High Pressure Technology Association, HPTA
Institute of Brewing
Institute of Materials Handling, IMH
Institute of Measurement and Control
Institute of Science Technology, IST
Institution of the Rubber Industry
International Union for Electrodeposition and Surface Finishing
Lambeg Industrial Research Association, LIRA
Newcomen Society for the Study of the History of Engineering and Technology
Society of Dairy Technology, SDT
Spring Research Association, SRA

Honduras/Honduras

Servicio Técnico Interamericano de Cooperación Agrícola

Indien/India

Indian Ceramic Society
Indian Jute Industries' Research Association
Indian Rubber Manufacturers' Research Association

Israel/Israel

Ceramic Research Association of Israel

Italien/Italy

Committee on Science and Technology in Developing Countries
International Centre for Advanced Technical and Vocational Training
International Union of Professors and Lecturers in Technical and Scientific Universities and in Post-Graduate Institutes for Technical and Scientific Studies

Japan/Japan

Denpun kogyo gakkai
Kogyo kayaku kyokai
Nihon gomu kyokai
Nihon hakko kogakkai
Nihon kogakkai
Nihon ME gakkai
Nihon shohin gakkai
Sekiyu gijutsu kyokai

Jugoslawien/Yugoslavia

"Nikola Tesla" Society
Society for Promoting the Activities of the Technical Museum of Croatia

Kanada/Canada

Association of Scientists, Technologists and Engineers of Canada
Association of Scientists, Technologists and Engineers of Canada
Engineering Institute of Canada
World Association of Industrial and Technological Research Organizations, WAITRO

Kenia/Kenya

East African Industrial Research Organization

Kolumbien/Colombia

Instituto Colombiano de Normas Técnicas, ICONTEC

Volksrepublik Kongo/People's Republic of the Congo

Conseil National de la Recherche Scientifique et Technique

Kuba/Cuba

Sociedad Cubana de Historia de la Ciencia y de la Técnica

Madagaskar/Madagascar

Comité de la Recherche Scientifique et Technique

Mauritius/Mauritius

Société de Technologie Agricole et Sucrière de l'Ile Maurice

Mexiko/Mexico

Centro Cientifico y Técnico Francés en México
Sociedad Mexicana de Historia de la Ciencia y la Tecnología

Niederlande/Netherlands

International Association for Hydraulic Research, IAHR

Nigeria/Nigeria

Commission for Technical Cooperation in Africa South of the Sahara, CCTA

Norwegen/Norway

Industriens Forskningsforening
Norges Tekniske Vitenskapsakademi
Norges Teknisk-Naturvitenskapelige Forskningsråd
Norges Yrkeslærarlag
Polytekniske Forening
Studieselskapet for Norsk Industri

Österreich/Austria

Österreichisches Institut für Verpackungswesen, ÖIV
Österreichisches Verpackungszentrum, ÖVZ

Panama/Panama

Asociación Interamericana de Ingenieria Sanitaria

Paraguay/Paraguay

Servicio Técnico Interamericano de Cooperación Agrícola

Philippinen/Philippines

United Technological Organizations of the Philippines

Polen/Poland

Polskie Towarzystwo Zootechniczne

Portugal/Portugal

Sociedade de Estudos Técnicos, SARL-SETEC

Schweden/Sweden

Biotekniska Nämnden
Ingeniörsvetenskapsakademien
Nordiska Samarbetsorganisationen för Teknisk-Naturvetenskaplig Forskning, NORDFORSK
Scandinavian Committee on Production Engineering Research
Skandinaviska Telesatellitkommittén, STSK
Statens Tekniska Forskningsråd
Svenska Kommunaltekniska Föreningen

Schweiz/Switzerland

Comité International de Thermodynamique et de Cinétique Electro-Chimiques, CITCE
Schweizerischer Technischer Verband

Südafrika/South Africa

Associated Scientific and Technical Societies of South Africa
Cape Chemical and Technological Society
South African Council for Scientific and Industrial Research

Taiwan/Taiwan

China Packaging Institute, CPI
Chinese Institute of Civil Engineering
Sino-American Technical Cooperation Association
Surveying Engineering Association of China

Türkei/Turkey

Türkiye Bilimsel ve Teknik Araştirma Kurumu

Ungarn/Hungary

Müszaki és Természettudományi Egyesületek Szövetsége
Szilikátipari Tudományoş Egyesület

Union der Sozialistischen Sowjetrepubliken (UdSSR)/Union of Soviet Socialist Republics (U.S.S.R.)

All-Union Council of Scientific and Engineering Societies
Scientific and Engineering Society of Flour-Grinding and Peeling Industries and Elevator Economy
Scientific and Engineering Society of the Oil and Gas Industry

Uruguay/Uruguay

Academia Nacional de Ingenieria
Centro de Documentación Cientifica, Técnica y Económica
Consejo Nacional de Investigaciones Científicas y Técnicas

Venezuela/Venezuela

Asociación Venezolana de Ingenieria Sanitaria
Sociedad Venezolana de Ingenieria Hidráulica
Sociedad Venezolana de Ingenieria Vial

Vereinigte Staaten von Amerika (USA)/United States of America (USA)

American Association of Professors in Sanitary Engineering, AAPSE
American Automatic Control Council, AACC
American Engineering Association, AEA
American Institute for Human Engineering and Development, AIHED
American Robot Society
American Society for Abrasive Methods, ASAM
American Society for Artificial Internal Organs, ASAIO
American Society for Engineering Education, ASEE
American Society for Technion-Israel Institute of Technology
American Society of Certified Engineering Technicians, ASCET
American Society of Extra-Corporeal Technology, AmSECT
American Society of Medical Technologists, ASMT
American Society of Sanitary Engineering, ASSE
American Technical Education Association, ATEA
Art and Technology
Association of Operating Room Technicians, AORT
Biomedical Engineering Society
Cast Iron Pipe Research Association, CIPRA
Coastal Engineering Research Council, CERC
Cooling Tower Institute, CTI
Coordinating Research Council
Council for Technological Advancement, CTA
Council of Engineering and Scientific Society Executives, CESSE
Council of Engineers and Scientists Organizations, CESO
Cryogenics Engineering Conference, CEC
Engineering College Administrative Council, ECAC
Engineering Manpower Commission, EMC
Engineering Research Council, ERC
Engineering Societies of New England
Environmental Engineering Intersociety Board, EEIB
Environmental Technology Seminar
Fiber Society
Georgia Engineering Society
Industrial Research Institute, IRI
Institute of Gas Technology, IFT
Instrument Society of America, ISA
Inter-American Association of Sanitary Engineering
International Federation for Medical and Biological Engineering, IFMBE
International Society of Explosives Specialists, ISES
Joint Technical Advisory Council, JTAC
National Academy of Engineering
National Association of Industrial and Technical Teacher Educators, NAITTE
National Association of Trade and Technical Schools, NATTS
National Council of Engineering Examiners, NCEE
National Council of Technical Schools, NCTS
National Technical Association, NTA
Numerical Control Society, NCS
Pan-American Federation of Engineering Societies, UPADI
Screw Research Association, SRA
Society for the History of Technology, SHOT
Society of Engineering Science, SES
Society of Professional Well Log Analysts, SPWLA
Southern Association of Science and Industry, SASI
United Engineering Trustees, UET
United Inventors and Scientists of America, UISA
United States Institute for Theatre Technology, USITT

Demokratische Republik Vietnam /Democratic Republic of Viet-Nam

Engineering Association
Viet-Nam Association for the Popularization of Scientific and Technical Knowledge

Terrarienkunde

Terrariums Science

Bundesrepublik Deutschland (BRD)/Federal Republic of Germany

Deutsche Gesellschaft für Herpetologie und Terrarienkunde

Textilforschung

Textiles Research

Argentinien/Argentina

Federación Lanera Argentina

Volksrepublik China/People's Republic of China

Academy of Textile Engineering
Chinese Society of Textile Engineering
Shanghai Academy of Textile Engineering
Wu-Hsi Academy of Textile Engineering

Bundesrepublik Deutschland (BRD)/Federal Republic of Germany

Fachnormenausschuss Textil- und Textilmaschinenindustrie
Forschungsgemeinschaft Bekleidungsindustrie
Forschungskuratorium Gesamttextil
Verein der Textil-Chemiker und Coloristen, VTCC

Finnland/Finland

Suomen Tekstiiliteknillinen Liito

Frankreich/France

Centre International d'Etude des Textiles Anciens, CIETA

Grossbritannien/Great Britain

Cotton, Silk and Man-Made Fibres Research Association

Dyers and Cleaners Research Organisation, DCRO
Hosiery and Allied Trades Research Association, HATRA
Lace Research Association, LRA
Scottish Textile Research Association, STRA
Textile Institute
Wool Industries Research Association, WIRA

Indien/India

Ahmedabad Textile Industries Research Association
Bombay Textile Research Association
Silk and Art Silk Mills' Research Association
Wool Research Association

Japan/Japan

Sen'i gakkai

Taiwan/Taiwan

China Textile Institute

Togo/Togo

Compagnie Française pour le Développement des Fibres Textiles, CFDT

Ungarn/Hungary

Textilipari Müszaki és Tudományos Egyesület

Vereinigte Staaten von Amerika (USA)/United States of America (USA)

American Association for Textile Technology, AATT
Institute of Textile Technology, ITT
Textile Research Institute, TRI

Theaterwissenschaft

Theatrical Science

Argentinien/Argentina

Instituto Nacional de Estudios del Teatro

Belgien/Belgium

Centre International pour l'Etude de la Marionnette Traditionnelle, CIPEMAT

Bundesrepublik Deutschland (BRD)/Federal Republic of Germany

Dramaturgische Gesellschaft

Frankreich/France

Association Internationale des Critiques de Théâtre
Association Internationale du Théâtre pour l'Enfance et la Jeunesse
Fédération Internationale pour la Recherche Théâtrale
Institut International du Théâtre, IIT
Section Internationale des Bibliothèques, Musées des Arts du Spectacle, SIBMAS
Société d'Histoire du Théâtre

Griechenland/Greece

Hetairia Hellinon Theatricon Syngrapheon

Grossbritannien/Great Britain

British Ballet Organisation, BBO
British Children's Theatre Association, BCTA
British Drama League
British Puppet and Model Theatre Guild
British Theatre Museum Association, BTMA
Drama Association of Wales
Educational Drama Association, EDA
Educational Puppetry Association, EPA
English Stage Society
Incorporated Society of Authors, Playwrights and Composers
Institute of Choreology
Marlowe Society
National Association of Drama Advisers, NADA
National Council for Civic Theatres, NCCT
National Drama Festivals Association, NDFA
National Operatic and Dramatic Association, NODA
Player-Playwrights
Poets' Theatre Guild
Royal Academy of Dancing, RAD
Royal Academy of Dramatic Art, RADA
Scottish Community Drama Association, SCDA
Society for Theatre Research, STR
Society of Teachers of Speech and Drama
Theatres Advisory Council

Italien/Italy

Accademia Nazionale di Arte Drammatica "Silvio d'Amico"
Accademia Nazionale di Danza
Associazione Nazionale Esercenti Teatri, ANET
Associazione Nazionale Imprese Teatrali, ANIT

Japan/Japan

Nihon engeki gakkai

Kanada/Canada

Canadian Theatre Center

Mexiko/Mexico

Academia de Arte Dramática
Academia de Dramática

Niederlande/Netherlands

Stichting Nederlands Centrum van het Internationaal Theater Instituut

Rumänien/Romania

Asociatia Oamenilor de Arta din Instituţule Teatrale şi Muzicale

Schweiz/Switzerland

Schweizerische Gesellschaft für Theaterkultur

Spanien/Spain

Instituto del Teatro

Ungarn/Hungary

Eastern European Theatre Committee
Szinháztudományi Intézet

Union der Sozialistischen Sowjetrepubliken (UdSSR)/Union of Soviet Socialist Republics (U.S.S.R.)

A. A. Yablochkina All-Russia Theatrical Society

Vereinigte Staaten von Amerika (USA)/United States of America (USA)

Actors' Studio
American Center for Stanislavski Theatre Art
American Dance Guild, ADG
American Educational Theatre Association, AETA
American Mime Theatre
American National Theatre and Academy, ANTA
American Place Theatre
American Playwrights Theatre, APT
American Society for Theatre Research, ASTR
Ballet Society
Blackfriars' Guild
Burlesque Historical Society, BHS
Cecchetti Council of America, CCA
Children's Theatre Conference, CTC
Chinese Musical and Theatrical Association
Christian Society for Drama
Committee on Research in Dance, CORD
Drama Desk (Theatre)
Friars Club
Group of Ancient Drama, GOAD
International Theatre Institute of the United States
International Thespian Society, ITS
National Association for Regional Ballet
National Association of Dramatic and Speech Arts, NADSA
National Association of the Legitimate Theatre
National Theatre Arts Conference, NTAC
National Theatre Conference, NTC
National Theatre Institute, NTI
New Dramatists
New York Drama Critics Circle
North American Ballet Association, NABA
Salmagundi Club, SC
Secondary School Theatre Conference, SSTC
Society of Stage Directors and Choreographers
Theatre Communications Group, TCG
Theatre Guild-American Theatre Society
Theatre Historical Society, THS
Theatre Incorporated
United Scenic Artists, USA

Theologie
Theology

Belgien/Belgium

Centre International d'Etudes de la Formation Religieuse
Fédération Internationale des Instituts de Recherches socio-réligieuses, FERES
Ruusbroec-Genootschap

Dänemark/Denmark

Danske Bibelselskab
Kirkeligt Centrum

Bundesrepublik Deutschland (BRD)/Federal Republic of Germany

Gemeinnütziger Verein zur Förderung von Philosophie und Theologie
Paulus-Gesellschaft

Frankreich/France

Société des Etudes Juives, CSSF

Grossbritannien/Great Britain

Alcuin Club
Associates of the late Rev. Dr. Bray
Churches' Fellowship for Psychical and Spiritual Studies
Clinical Theology Association
Ecclesiological Society
Institute of Religion and Medicine, IRM
International Organization for the Study of the Old Testament, IOSOT
Modern Churchmen's Union
National Society
Society for the Study of the New Testament

Indien/India

Islamic Research Association

Israel/Israel

Israel Society for Biblical Research

Italien/Italy

Società Italiana per gli Studi Filosofici e Religiosi

Japan/Japan

Nihon dokyo gakkai
Nihon indogaku bukkyo gakkai
Nihon kirisutokyo gakkai
Nihon shukyo gakkai
Nippon bukkyo gakkai
Shinto gakkai
Shinto shukyo gakkai

Kanada/Canada

Canadian Society of Biblical Studies

Khmer-Republik/Khmer Republic

Association des Bouddhistes du Cambodge

Niederlande/Netherlands

International Association for the History of Religions
Vereeniging "Sint Lucas"

Pakistan/Pakistan

Jamiyatul Falah

Schweiz/Switzerland

Schweizerische Theologische Gesellschaft

Spanien/Spain

Federación Española de Religiosos de Enseñanza, FERE
Instituto de Estudios Islámicos

Sri Lanka/Sri Lanka

Buddhist Academy of Ceylon
Maha Bodhi Society of Ceylon

Taiwan/Taiwan

China Spiritual Therapy Study Association
Chinese Buddhist Association
Confucius-Mencius Society of the Republic of China
Taoism Association of China

Vereinigte Staaten von Amerika (USA)/United States of America (USA)

Academy of Religion and Mental Health, ARMH
Accrediting Association of Bible Colleges, AABC
American Association of Theological Schools in the United States and Canada
American Teilhard de Chardin Association, ATCA
American Theological Society, Midwest Division
Association for Professional Education for Ministry
Association for the Sociology of Religion, ASR
Association of Baptist Professors of Religion, ABPR
Association of Episcopal Colleges, AEC
Biblical Theologians
Catholic Theological Society of America, CTSA
College Theology Society, CTS
Conference on Christianity and Literature, CCL
Council for Religion in Independent Schools, CRIS
Council on the Study of Religion, CSR
New Testament Colloquium
Society for Religion on Higher Education
Society for the Arts, Religion and Contemporary Culture, ARC

Republik Vietnam /Republic of Viet-Nam

Hoi Khong-Hoc Viet-Nam
Hoi Phat Hoc Nam Viet

Theosophie
Theosophy

Grossbritannien/Great Britain

Theosophical Society in England, TS
Theosophical Society in Northern Ireland
Theosophical Society in Scotland
Theosophical Society in Wales

Indien/India

Theosophical Society, TS
United Lodge of Theosophists

Irische Republik/Irish Republic

Theosophical Society in Ireland

Pakistan/Pakistan

Karachi Theosophical Society

Schweiz/Switzerland

Theosophische Gesellschaft in Europa

Sri Lanka/Sri Lanka

Theosophical Society of Ceylon

Trinidad und Tobago/Trinidad and Tobago

Theosophical Society of Trinidad

Republik Vietnam /Republic of Viet-Nam

Hoi Thong Thien Hoc Viet-Nam

Therapeutik
Therapeutics

Argentinien/Argentina

Sociedad Argentina de Farmacología y Terapéutica

Australien/Australia

Australian Association of Occupational Therapists

Frankreich/France

Association Internationale do Thalassothérapie
Société Française de Thérapeutique et de Pharmacodynamie
Union Internationale Thérapeutique

Grossbritannien/Great Britain

Association of Occupational Therapists
British Hypnotherapy Association
British Society for Music Therapy
British Society of Hypnotherapists, BSH
Scottish Association of Occupational Therapists, SAOT

World Confederation for Physical Therapy, WCPT
World Federation of Occupational Therapists, WFOT

Union der Sozialistischen Sowjetrepubliken (UdSSR)/Union of Soviet Socialist Republics (U.S.S.R.)

All-Union Scientific Medical Society of Therapists

Vereinigte Staaten von Amerika (USA)/United States of America (USA)

American Association for Inhalation Therapy, AAIT
American Massage and Therapy Association
American Occupational Therapy Association, AOTA
American Osteopathic Academy of Sclerotherapy, AOAS
American Physical Therapy Association, APTA
American Registry of Inhalation Therapists, ARIT
American Society for Clinical Pharmacology and Therapeutics
American Society for Pharmacology and Experimental Therapeutics, ASPET
National Association for Music Therapy, NAMT
Northern California Occupational Therapy Association

Tiefenpsychologie

Depth Psychology

Bundesrepublik Deutschland (BRD)/Federal Republic of Germany

Deutsche Gesellschaft für Psychotherapie und Tiefenpsychologie
Deutsche Gesellschaft für Psychotherapie und Tiefenpsychologie

Topographie

Topography

Grossbritannien/Great Britain

London Topographical Society, LTS

Toxikologie

Toxicology

Argentinien/Argentina

Sociedad de Medicina Legal y Toxicología

Chile/Chile

Sociedad Chilena de Nutrición, Bromatología y Toxicología

Bundesrepublik Deutschland (BRD)/Federal Republic of Germany

International Society for Homotoxicology and Antihomotoxcological Therapy

Frankreich/France

Association Européenne des Centres de Lutte contre les Poisons
Comité Européen Permanent de Recherches pour la Protection des Populations contre les Risques d'Intoxication à Long Terme

Grossbritannien/Great Britain

International Association of Forensic Toxicologists

Schweiz/Switzerland

Europäische Gesellschaft für Arzneimitteltoxikologie

Vereinigte Staaten von Amerika (USA)/United States of America (USA)

American Association of Poison Control Centers, AAPCC
International Society on Toxinology
Society of Toxicology

Transportwesen

Transport

Ägypten/Egypt

Communication and Transportation Research Executive Organization

Australien/Australia

Institute of Transport

Bulgarien/Bulgaria

Wissenschaftliche und Technische Vereinigung für Transport

Dänemark/Denmark

Trafikøkonomiske Udvalg

Grossbritannien/Great Britain

Chartered Institute of Transport
Transport Ticket Society

Italien/Italy

Centro Italiano Studi Containers

Japan/Japan

Nihon kotsu gakkai

Südafrika/South Africa

Institute of Transport

Ungarn/Hungary

Közlekedéstudományi Egyesület, KTE

Union der Sozialistischen Sowjetrepubliken (UdSSR)/Union of Soviet Socialist Republics (U.S.S.R.)

Scientific and Engineering Society of Municipal Economy and Motor Transport

Vereinigte Staaten von Amerika (USA)/United States of America (USA)

American Academy of Transportation
National Capital Historical Museum of Transportation, NCHMT

Traumatologie

Traumatology

Argentinien/Argentina

Sociedad Argentina de Ortopedía y Traumatología

Belgien/Belgium

Société Internationale de Chirurgie Orthopédique et de Traumatologie, SICOT

Bulgarien/Bulgaria

Gesellschaft der Orthopäden und Traumatologen

Frankreich/France

Société Française de Chirurgie Orthopédique et de Traumatologie

Italien/Italy

Società Italiana di Ortopedia e Traumatologia, SIOT

Mexiko/Mexico

Sociedad Latinoamericana de Ortopedia y Traumatologia

Peru/Peru

Sociedad Peruana de Ortopedia y Traumatología

Polen/Poland

Polskie Towarzystwo Ortopedyczne i Traumatologiczne

Schweiz/Switzerland

Internationale Gesellschaft für Skitraumatologie

Türkei/Turkey

Türk Ortopedi Şirürjisi ve Travmatoloji Cemiyeti

Union der Sozialistischen Sowjetrepubliken (UdSSR)/Union of Soviet Socialist Republics (U.S.S.R.)

All-Union Scientific Medical Society of Traumatic Surgeons and Orthopaedists

Venezuela/Venezuela

Sociedad Venezolana de Cirugia Ortopédica y Traumatologia

Vereinigte Staaten von Amerika (USA)/United States of America (USA)

American Association for the Surgery of Trauma, AAST
Rocky Mountain Traumatologic Society

Tribologie

Tribology

Bundesrepublik Deutschland (BRD)/Federal Republic of Germany

Gesellschaft für Tribologie und Schmiertechnik

Trocknungstechnik

Desiccation Technique

Bundesrepublik Deutschland (BRD)/Federal Republic of Germany

Forschungsvereinigung für Luft- und Trocknungstechnik

Tropenmedizin

Tropical Medicine

Belgien/Belgium

Société Belge de Médecine Tropicale

Bundesrepublik Deutschland (BRD)/Federal Republic of Germany

Deutsche Tropenmedizinische Gesellschaft

Grossbritannien/Great Britain

International Filariasis Association, IFA
Royal Society of Tropical Medicine and Hygiene

Iran/Iran

International Congresses on Tropical Medicine and Malaria, ICTMM

Japan/Japan

Nihon nettai igakkai

Niederlande/Netherlands

Nederlandse Vereniging voor Tropische Geneeskunde

Vereinigte Staaten von Amerika (USA)/United States of America (USA)

American Society of Tropical Medicine and Hygiene, ASTMH
Gorgas Memorial Institute of Tropical and Preventive Medicine
International Society of Tropical Dermatology, ISTD

Ultraschallforschung
Ultrasonics Research

Bundesrepublik Deutschland (BRD)/Federal Republic of Germany

Wissenschaftliche Vereinigung für Ultraschallforschung

Umweltschutz
Environment Protection

Belgien/Belgium

Comité International de Recherche et d'Etude de Facteurs de l'Ambiance, CIFA

Bundesrepublik Deutschland (BRD)/Federal Republic of Germany

Aktionsgemeinschaft Natur- und Umweltschutz Baden-Württemberg
Bundesverband für Umweltschutz

Grossbritannien/Great Britain

Centre for Environmental Studies

Luxemburg/Luxembourg

Académie Scientifique Internationale pour la Protection de la Vie, l'Environnement et la Biopolitique

Unfallmedizin
Accident Medicine

Bundesrepublik Deutschland (BRD)/Federal Republic of Germany

Deutsche Gesellschaft für Unfallheilkunde, Versicherungs-, Versorgungs- und Verkehrsmedizin

Schweden/Sweden

International Association for Accident and Traffic Medicine

Unfallschutz
Accident Protrection

Finnland/Finland

Tapaturmantorjunta

Urgeschichte
Prehistory

Deutsche Demokratische Republik (DDR)/ German Democratic Republic

Nationalkomitee für Ur- und Frühgeschichte
Quartärkomitee

Bundesrepublik Deutschland (BRD)/Federal Republic of Germany

Berliner Gesellschaft für Anthropologie, Ethnologie und Urgeschichte
Deutsche Quartärvereinigung
Hugo-Obermaier-Gesellschaft für Erforschung des Eiszeitalters und der Steinzeit

Grossbritannien/Great Britain

International Union for Quaternary Research, INQUA
Prehistoric Society

Marokko/Morocco

Société de Préhistoire du Maroc

Monaco/Monaco

Association de Préhistoire et de Spéléologie

Schweiz/Switzerland

Schweizerische Gesellschaft für Ur- und Frühgeschichte

Spanien/Spain

Servicio de Investigación Prehistórica de la Excelentisima Diputación Provincial
Sociedad Española de Antropologia, Etnografia y Prehistoria

Urologie

Urology

Bundesrepublik Deutschland (BRD)/Federal Republic of Germany

Berufsverband der Deutschen Fachärzte für Urologie
Deutsche Gesellschaft für Urologie

Frankreich/France

Association Française d'Urologie
Société Française d'Urologie
Société Internationale d'Urologie, SIU
Syndicat National des Urologistes Français

Grossbritannien/Great Britain

British Association of Urological Surgeons, BAUS

Israel/Israel

Urological Society of Israel

Italien/Italy

Società Italiana di Urologia

Japan/Japan

Nihon hinyokika gakkai

Niederlande/Netherlands

Nederlandse Vereniging voor Urologie

Österreich/Austria

Österreichische Gesellschaft für Urologie

Polen/Poland

Polskie Towarzystwo Urologiczne, PTU

Türkei/Turkey

Türk Üroloji Cemiyeti

Union der Sozialistischen Sowjetrepubliken (UdSSR)/Union of Soviet Socialist Republics (U.S.S.R.)

All-Union Scientific Medical Society of Urological Surgeons

Venezuela/Venezuela

Sociedad Venezolana de Urología

Vereinigte Staaten von Amerika (USA)/United States of America (USA)

American Board of Urology
American Fertility Society, AFS
American Urological Association, AUA
Clinical Society of Genito-Urinary Surgeons
Society for Pediatric Urology

Venereologie

Venereology

Frankreich/France

Syndicat National des Dermatologistes, Syphiligraphes et Vénéréologistes

Grossbritannien/Great Britain

Institute of Technicians in Venereology
International Union Against the Venereal Diseases and the Treponematoses, IUVDT
Medical Society for the Study of Venereal Diseases, MSSVD

Israel/Israel

Israel Society of Dermatology and Venereology

Italien/Italy

Association des Dermatologistes et Syphiligraphes de Langue Française
Società Italiana di Dermatologia e Sifilografia

Portugal/Portugal

Sociedade Portuguesa de Dermatologia e Venerologia

Schweiz/Switzerland

Schweizerische Gesellschaft für Dermatologie und Venereologie

Union der Sozialistischen Sowjetrepubliken (UdSSR)/Union of Soviet Socialist Republics (U.S.S.R.)

All-Union Scientific Society of Venereologists and Dermatologists

Vereinigte Staaten von Amerika (USA)/United States of America (USA)

American Venereal Disease Association, AVDA
Committee to Eradicate Syphilis, CES

Demokratische Republik Vietnam /Democratic Republic of Viet-Nam

Association of Dermatology and Venereal Diseases

Verdauungskrankheiten

Digestive Diseases

Bundesrepublik Deutschland (BRD)/Federal Republic of Germany

Deutsche Gesellschaft für Verdauungs- und Stoffwechselkrankheiten

Italien/Italy

International Society for the Study of Diseases of the Colon and Rectum

Verfahrenstechnik

Processing Technique

Bundesrepublik Deutschland (BRD)/Federal Republic of Germany

Forschungsgesellschaft Verfahrenstechnik
Verfahrenstechnische Gesellschaft im VDI, VTG

Verkehrsmedizin

Traffic Medicine

Bundesrepublik Deutschland (BRD)/Federal Republic of Germany

Deutsche Gesellschaft für Unfallheilkunde, Versicherungs-, Versorgungs- und Verkehrsmedizin
Deutsche Gesellschaft für Verkehrsmedizin

Italien/Italy

Società Italiana di Medicina del Traffico

Japan/Japan

Nihon kotsu igakkai

Schweden/Sweden

International Association for Accident and Traffic Medicine

Verkehrsunfallforschung

Traffic Accidents Study

Bundesrepublik Deutschland (BRD)/Federal Republic of Germany

Gesellschaft für Ursachenforschung bei Verkehrsunfällen, GUVU

Frankreich/France

Prévention Routière Internationale, PRI

Verkehrswesen

Traffic

Bundesrepublik Deutschland (BRD)/Federal Republic of Germany

Gesellschaft für Rationale Verkehrspolitik
Gesellschaft zur Förderung des Verkehrs
Internationaler Verband für Verkehrsschulung und Verkehrserziehung, IVV
Studiengesellschaft für den Kombinierten Verkehr
Studiengesellschaft für Unterirdische Verkehrsanlagen, STUVA
Wissenschaftlicher Verein für Verkehrswesen, WVV

Frankreich/France

Commission Internationale d'Etudes de la Police de Circulation, CIEPC

Grossbritannien/Great Britain

National Association for Road Safety Instruction in Schools

Schweden/Sweden

Statens Trafiksäkerhetsrad

Vereinigte Staaten von Amerika (USA)/United States of America (USA)

American Driver and Traffic Safety Education Association, ADTSEA
North American Professional Driver Education Association, NPDEA

Verkehrswissenschaft

Traffic Science

Bundesrepublik Deutschland (BRD)/Federal Republic of Germany

Deutsche Akademie für Verkehrswissenschaft
Deutsche Verkehrswissenschaftliche Gesellschaft, DVWG
Gesellschaft zur Förderung der Wirtschafts- und Verkehrswissenschaftlichen Forschung
Wissenschaftlicher Verein für Verkehrswesen, WVV

Versicherungsmathematik

Insurance Mathematics

Australien/Australia

Institute of Actuaries of Australia and New Zealand

Dänemark/Denmark

Danske Aktuarforening

Bundesrepublik Deutschland (BRD)/Federal Republic of Germany

Deutsche Gesellschaft für Versicherungs-Mathematik (Deutscher Aktuarverein)

Finnland/Finland

Finlands Aktuarieförening

Frankreich/France

Institut des Actuaires Français

Grossbritannien/Great Britain

Faculty of Actuaries in Scotland
Institute of Actuaries

Italien/Italy

Istituto Italiano degli Attuari

Niederlande/Netherlands

Actuarieël Genootschap, AG

Norwegen/Norway

Norske Aktuarforening

Portugal/Portugal

Instituto dos Actuarios Portugueses

Schweden/Sweden

Svenska Aktuarieföreningen

Spanien/Spain

Instituto de Actuarios Españoles

Taiwan/Taiwan

Actuarial Institute of the Republic of China

Türkei/Turkey

Türkiye Aktüerler Cemiyeti

Vereinigte Staaten von Amerika (USA)/United States of America (USA)

American Academy of Actuaries
Conference of Actuaries in Public Practice, CAPP
Society of Actuaries
Western Actuarial Bureau

Versicherungsmedizin

Insurance Medicine

Bundesrepublik Deutschland (BRD)/Federal Republic of Germany

Deutsche Gesellschaft für Unfallheilkunde, Versicherungs-, Versorgungs- und Verkehrsmedizin

Grossbritannien/Great Britain

Assurance Medical Society, AMS

Italien/Italy

Società Italiana di Medicina Legale e delle Assicurazioni

Japan/Japan

Nihon hoken igakkai

Schweiz/Switzerland

Internationales Komitee für Lebensversicherungsmedizin

Vereinigte Staaten von Amerika (USA)/United States of America (USA)

Association of Life Insurance Medical Directors of America, ALIMDA

Versicherungswissenschaft

Insurance Science

Bundesrepublik Deutschland (BRD)/Federal Republic of Germany

Arbeitsgemeinschaft der Versicherungswissenschaftler an Hochschulen
Deutsche Versicherungs-Akademie, DVA
Deutscher Verein für Versicherungswissenschaft
Gesellschaft für Versicherungswissenschaft und -gestaltung

Grossbritannien/Great Britain

Chartered Insurance Institute

Japan/Japan

Nihon hoken gakkai

Niederlande/Netherlands

Vereniging voor Verzekeringswetenschap

Vereinigte Staaten von Amerika (USA)/United States of America (USA)

Insurance Company Education Directors Society, ICEDS

Versorgungsmedizin

Supply Medicine

Bundesrepublik Deutschland (BRD)/Federal Republic of Germany

Deutsche Gesellschaft für Unfallheilkunde, Versicherungs-, Versorgungs- und Verkehrsmedizin

Versuchstierkunde

Experimental Animals Science

Bundesrepublik Deutschland (BRD)/Federal Republic of Germany

Gesellschaft für Versuchstierkunde

Vereinigte Staaten von Amerika (USA)/United States of America (USA)

American Association for Accreditation of Laboratory Animal Care, AAALAC
American Association for Laboratory Animal Science
American College of Laboratory Animal Medicine, ACLAM

Verwaltungswissenschaft

Administration Science

Argentinien/Argentina

Consejo Internacional de Administración Cientifica

Belgien/Belgium

Institut Belge des Sciences Administratives
Institut International des Sciences Administratives, IISA

Brasilien/Brazil

Instituto Municipal de Administração e Ciências Contábeis

Bundesrepublik Deutschland (BRD)/Federal Republic of Germany

Arbeitskreis Rhetorik in Wirtschaft, Politik und Verwaltung
Ausschuss für Wirtschaftliche Verwaltung
Bundesverband Deutscher Verwaltungs- und Wirtschafts-Akademien
Fachnormenausschuss Bürowesen

Grossbritannien/Great Britain

Royal Institute of Public Administration

Japan/Japan

Nihon gyosei gakkai

Kuba/Cuba

Instituto de Administración

Mexiko/Mexico

Asociación Mexicana de Administración Cientifica

Spanien/Spain

Instituto de Estudios de Administración Local

Taiwan/Taiwan

China Association of the Five Principles of Administrative Authority
Municipal Administration Association of China
Public Administration Society of China

Vereinigte Staaten von Amerika (USA)/United States of America (USA)

American Society for Public Administration
Association of University Programs in Hospital Administration, AUPHA
Center for Community Change
Commission on Administrative Affairs
National Conference of Professors of Educational Administration, NCPEA
National Conference on the Administration of Research, NCAR

Veterinärmedizin

Veterinary Medicine

Argentinien/Argentina

Distrito Sanidad Vegetal y Fiscalización

Australien/Australia

Australian Veterinary Association
Sydney University Veterinary Society

Belgien/Belgium

Comité de Liaison des Vétérinaires de la CEE
Ordre des Médecins-Vétérinaires Belges
Union Européenne des Vétérinaires Praticiens
Union Vétérinaire Belge

Brasilien/Brazil

Sociedade Paranaense de Medicina Veterinária

Chile/Chile

Comité Chileno Veterinario de Zootecnia
Sociedad de Medicina Veterinaria de Chile

Volksrepublik China/People's Republic of China

Chinese Society of Animal Husbandry and Veterinary Sciences

Dänemark/Denmark

Danske Dyrlægeforening, DdD

Bundesrepublik Deutschland (BRD)/Federal Republic of Germany

Berliner Wissenschaftliche Gesellschaft für Tierärzte
Bundesarbeitsgemeinschaft der Beamteten Tierärzte
Bundesverband Praktischer Tierärzte, BpT
Deutsche Tierärzteschaft

Deutsche Veterinärmedizinische Gesellschaft
Münchener Tierärztliche Gesellschaft
Weltgesellschaft für Buiatrik

El Salvador/El Salvador

Regional International Organization of Plant Protection and Animal Health

Finnland/Finland

Suomen Eläinlääkäriliitto

Frankreich/France

Académie Vétérinaire de France
Association Centrale des Vétérinaires, ACV
Association Mondiale des Anatomistes Vétérinaires
Association Mondiale des Vétérinaires Microbiologistes, Immunologistes et Spécialistes des Maladies Infectieuses, AMVMI
Ordre National des Vétérinaires Français
Société Vétérinaire Pratique de France
Union Européenne des Vétérinaires Practiciens, UEVP

Griechenland/Greece

Union des Vétérinaires Grecs

Grossbritannien/Great Britain

Animal Diseases Research Association
Association of Veterinary Teachers and Research Workers, AVTRW
British Cattle Veterinary Association, BCVA
British Small Animal Veterinary Association
British Veterinary Association, BVA
Pig Health Control Association
Royal College of Veterinary Surgeons, RCVS
Society of Veterinary Ethology, SVE
World Veterinary Poultry Association, WVPA

Irische Republik/Irish Republic

Veterinary Council

Israel/Israel

Israel Veterinary Medical Association

Italien/Italy

European Association of Veterinary Anatomists
Federazione Nazionale degli Ordini dei Veterinari Italiani, FNOVI
Società Italiana delle Scienze Veterinarie

Jamaika/Jamaica

British Caribbean Veterinary Association

Japan/Japan

Nihon dobutsu shinri gakkai
Nihon jui gakkai

Jugoslawien/Yugoslavia

Savez Veterinarskih Društava Jugoslavije

Kenia/Kenya

East African Veterinary Research Organization

Luxemburg/Luxembourg

Syndicat National des Vétérinaires du Grand-Duché de Luxembourg

Neuseeland/New Zealand

New Zealand Veterinary Association

Niederlande/Netherlands

Koninklijke Nederlandse Maatschappij voor Diergeneeskunde
World Small Animal Veterinary Association, WSAVA
World Veterinary Association, WVA

Norwegen/Norway

International Committee on Laboratory Animals, ICLA
Norske Veterinærforening, DNV

Österreich/Austria

Bundeskammer der Tierärzte Österreichs
Österreichische Gesellschaft der Tierärzte

Philippinen/Philippines

Philippine Veterinary Medical Association

Polen/Poland

International Commission on Trichinellosis
Polskie Towarzystwo Nauk Weterynaryjnych
Zrzeszenie Lekarzy i Techników Weterynarii

Portugal/Portugal

Sindicato Nacional dos Médicos Veterinários
Sociedade Portuguesa de Ciências Veterinárias
Sociedade Portuguesa de Patologia Aviária
Sociedade Portuguesa Veterinária de Estudos Sociológicos

Schweden/Sweden

Sveriges Veterinärförbund

Schweiz/Switzerland

Gesellschaft Schweizerischer Tierärzte, GST

Spanien/Spain

Asociación del Cuerpo Nacional Veterinario
Asociacion Internacional Veterinaria de Produccion Animal
Consejo General de Colegios Veterinarios
Sociedad Veterinaria de Zootecnia de España

Taiwan/Taiwan

Association of Animal Husbandry and Veterinary Medicine of Taiwan

Türkei/Turkey

Türk Veteriner Hekimleri Derneği

Ungarn/Hungary

European Society for Animal Blood-Group Research
Magyar Agrártudomanyi Egyesület Állatorvosok Társasága

Vereinigte Staaten von Amerika (USA)/United States of America (USA)

American Academy of Veterinary Dermatology
American Animal Hospital Association, AAHA
American Association of Avian Pathologists
American Association of Bovine Practitioners, AABP
American Association of Equine Practitioners, AAEP
American Association of Sheep and Goat Practitioners, AASP
American Association of Veterinary Anatomists, AAVA
American College of Laboratory Animal Medicine, ACLAM
American College of Veterinary Pathologists, ACVP
American Fertility Society, AFS
American Society of Veterinary Ophthalmology, ASVO
American Society of Veterinary Physiologists and Pharmacologists, ASVPP
American Veterinary Medical Association, AVMA
American Veterinary Radiology Society, AVRS
Association for Gnotobiotics
Association of American State Boards of Examiners in Veterinary Medicine, AASBEVM
Association of American Veterinary Medical Colleges, AAVMC
Association of State and Territorial Public Health Veterinarians
California Veterinary Medical Association
Conference of Public Health Veterinarians, CPHV
Conference of Research Workers in Animal Diseases, CRWAD
Council of American Official Poultry Tests
Flying Veterinarians Association, FVA
Industrial Veterinarians' Association, IVA
Iowa Veterinary Medical Association
National Assembly of Chief Livestock Health Officials, NACLHO
National Association of Federal Veterinarians, NAFV
United States Animal Health Association
Women's Veterinary Medical Association, WVMA
World Association for the Advancement of Veterinary Parasitology, WAAVP
World Association of Veterinary Pathologists

Völkerrecht

International Law

Bundesrepublik Deutschland (BRD)/Federal Republic of Germany

Deutsche Gesellschaft für Völkerrecht
Hamburger Gesellschaft für Völkerrecht und Auswärtige Politik

Niederlande/Netherlands

Volkenrechtelijk Instituut

Volkswirtschaft

Political Economy

Belgien/Belgium

Association Scientifique Européenne d'Economie Appliquée
Centre International de Documentation Economique et Sociale Africaine, CIDESA
Centre International de Recherches et d'Information sur l'Economie Collective, CIRIEC
Comité d'Etudes Economiques de l'Industrie du Gaz, COMETEC-GAZ

Bulgarien/Bulgaria

Gesellschaft der Bulgarischen Wirtschaftler

Costa Rica/Costa Rica

Junta Nacional de Planeamiento Económico

Dänemark/Denmark

Danske Økonomers Forening
Nationalekonomisk Forening
Selskabet for Historie og Samfundokønomi

Bundesrepublik Deutschland (BRD)/Federal Republic of Germany

Deutsche Volkswirtschaftliche Gesellschaft
Vereinigung Europäischer Konjunktur-Institute
Volks- und Betriebswirtschaftliche Vereinigung im Rheinisch-Westfälischen Industriegebiet

Frankreich/France

Association Française de Science Economique

Grossbritannien/Great Britain

Association of Home Economists of Great Britain
Scottish Economic Society
United Kingdom Federation for Education in Home Economics

Italien/Italy

Società Italiana degli Economisti

Japan/Japan

Kokumin keizai kenkyu kyokai
Nihon kasei gakkai

Niederlande/Netherlands

Vereniging voor de Staathuishoudkunde

Norwegen/Norway

Statsøkonomisk Forening

Österreich/Austria

Nationalökonomische Gesellschaft

Panama/Panama

Consejo de Economía Nacional

Schweden/Sweden

Nationalekonomiska Föreningen

Schweiz/Switzerland

Schweizerische Gesellschaft für Statistik und Volkswirtschaft

Taiwan/Taiwan

Chinese Home Economics Association

Tschad/Chad

Société Nationale de Commercialisation du Tchad, SONACOT

Union der Sozialistischen Sowjetrepubliken (UdSSR)/Union of Soviet Socialist Republics (U.S.S.R.)

K. D. Pamfilov Academy of Municipal Economy
Scientific and Engineering Society of Municipal Economy and Motor Transport

Vereinigte Staaten von Amerika (USA)/United States of America (USA)

American Home Economics Association, AHEA
Home Economics Education Association, HEEA

Vulkanologie

Volcanology

Belgien/Belgium

Association Internationale de Volcanologie et de Chimie de l'Intérieur de la Terre, AIVCIT

Japan/Japan

Nihon kazan gakkai

Wärmetechnik

Thermo Engineering

Australien/Australia

Australian Institute of Refrigeration, Air Conditioning and Heating

Dänemark/Denmark

Dansk Selskab for Opvarmnings- og Ventilationsteknik

Bundesrepublik Deutschland (BRD)/Federal Republic of Germany

Arbeitsgemeinschaft Wärmebehandlung und Werkstofftechnik
Wissenschaftlich-Technische Arbeitsgemeinschaft für Härtereitechnik und Wärmebehandlung

Italien/Italy

Comitato Termotecnico Italiano, CTI

Vereinigte Staaten von Amerika (USA)/United States of America (USA)

Calorimetry Conference

Wasserwirtschaft

Water Economy

Bundesrepublik Deutschland (BRD)/Federal Republic of Germany

Deutscher Verband für Wasserwirtschaft
Deutscher Verein von Gas- und Wasserfachmännern, DVGW

Wehrkunde

Military Science

Bundesrepublik Deutschland (BRD)/Federal Republic of Germany

Arbeitskreis für Wehrforschung
Deutsche Gesellschaft für Heereskunde
Gesellschaft für Wehrkunde

Grossbritannien/Great Britain

Air Raid Protection Institute, ARPCo
Institute for Strategic Studies, ISS
International Association of Museums of Arms and Military History, IAMAM
Military Historical Society, MHS
Society for Army Historical Research, SAHR
Society of Army Historical Research

Irische Republik/Irish Republic

Military History Society of Ireland

Japan/Japan

Koeki jigyo gakkai

Peru/Peru

Centro de Estudios Histórico-Militares del Perú

Schweiz/Switzerland

Organisation Internationale de Protection Civile, OIPC

Vereinigte Staaten von Amerika (USA)/United States of America (USA)

Academy of International Military History, AIMH
Association of Military Schools and Colleges of the US, AMCS

Wehrtechnik

Military Technique

Bundesrepublik Deutschland (BRD)/Federal Republic of Germany

Deutsche Gesellschaft für Wehrtechnik
Gesellschaft für Historische Waffen- und Kostümkunde
Luftwaffenakademie Neubiberg

Grossbritannien/Great Britain

Arms and Armour Society
International Association of Museums of Arms and Military History, IAMAM

Weltraumforschung

Interstellar Space Research

Bundesrepublik Deutschland (BRD)/Federal Republic of Germany

Gesellschaft für Weltraumforschung

Frankreich/France

Comité de Recherches Spatiales
Groupement Industriel Européen d'Etudes Spatiales
Organisation Européenne de Recherches Spaciales, ESRO

Griechenland/Greece

Greek National Committee for Space Research

Grossbritannien/Great Britain

British Unidentified Flying Object Research Association, BUFORA
Commonwealth Consultative Space Research Committee
Inter-Union Commission on Allocation of Frequencies for Radio Astronomy and Space Science, IUCAF
National Investigating Committee for Aerial Phenomena, NICAP

Norwegen/Norway

Komité for Romforskning

Schweden/Sweden

Forskningsrådens Rymdnämnd
Svenska Interplanetariska Sällskapet

Vereinigte Staaten von Amerika (USA)/United States of America (USA)

Aerial Phenomena Research Organization, APRO
Universities Space Research Association, USRA

Werbewissenschaft

Advertising Science

Argentinien/Argentina

Federación Interamericana de Instituto de Ensenanza Publicitaria

Belgien/Belgium

Centre de Recherche, d'Etude et de Documentation en Publicité, CREDOP
Centre d'Etude Belge de Publicité, CEBSP

Bundesrepublik Deutschland (BRD)/Federal Republic of Germany

Deutsche Werbewissenschaftliche Gesellschaft, DWG
Fördergemeinschaft für Absatz- und Werbeforschung

Frankreich/France

Association Internationale des Ecoles de Publicité

Österreich/Austria

Österreichische Werbewissenschaftliche Gesellschaft

Vereinigte Staaten von Amerika (USA)/United States of America (USA)

American Academy of Advertising, AAA
Copy Research Council, CRC
Media Research Directors Association, MRDA

Werkzeugtechnik

Tools Technique

Bundesrepublik Deutschland (BRD)/Federal Republic of Germany

Fachnormenausschuss Werkzeuge und Spannzeuge
Verein zur Förderung von Forschungs- und Entwicklungsarbeiten in der Werkzeugindustrie

Grossbritannien/Great Britain

Cutlery and Allied Trades Research Association, CATRA
Machine Tool Industry Research Association, MTIRA
Society of Instrument Technology

Wirtschaftsgeschichte

Economic History

Deutsche Demokratische Republik (DDR)/German Democratic Republic

Nationalkomitee der Wirtschaftshistoriker

Bundesrepublik Deutschland (BRD)/Federal Republic of Germany

Gesellschaft für Sozial- und Wirtschaftsgeschichte

Finnland/Finland

Taloushistoriallinen Yhdistys

Grossbritannien/Great Britain

Economic History Society

Japan/Japan

Keizaigakushi gakkai

Niederlande/Netherlands

Vereniging "Het Nederlandsch Economisch-Historisch Archief"

Schweiz/Switzerland

Association Internationale d'Histoire Economique

Vereinigte Staaten von Amerika (USA)/United States of America (USA)

Business History Conference
Economic History Association, EHA

Wirtschaftspolitik

Economic Policy

Ägypten/Egypt

Egyptian Society of Political Economy, Statistics and Legislation

Argentinien/Argentina

Comité de Industrialización de Algas, CODIA

Australien/Australia

Committee for Economic Development of Australia

Belgien/Belgium

Société Royale d'Economie Politique de Belgique

Bundesrepublik Deutschland (BRD)/Federal Republic of Germany

Europäische Vereinigung für Wirtschaftliche und Soziale Entwicklung, CEPES
Gesellschaft zum Studium Strukturpolitischer Fragen
Wirtschafts- und Sozialpolitische Vereinigung
Wirtschaftspolitische Gesellschaft von 1947

Frankreich/France

Société d'Economie Politique

Guatemala/Guatemala

Secretaria Permanente del Tratado General de Integración Económica Centroamericana

Italien/Italy

Istituto di Economia Politica

Japan/Japan

Keizai riron gakkai
Nihon keizai seisaku gakkai

Kolumbien/Colombia

Consejo Nacional de Politica Económica Planeación

Österreich/Austria

Österreichische Gesellschaft für Wirtschaftspolitik

Ungarn/Hungary

Magyar Iparjogvédelmi Egyesület

Wirtschaftswissenschaft

Economics

Äthiopien/Ethiopia

Economic Commission for Africa, ECA

Fachgebiete / Classified Subject List

Argentinien/Argentina

Academia de Ciencias Económicas
Colegio de Graduados en Ciencias Económicas

Australien/Australia

Economic Society of Australia and New Zealand
Economic Teachers Association of Australia
New Economics Association
Sydney University Economics Society
University of New South Wales Commerce Society

Bangla Desh/Bangla Desh

Economic Association

Bolivien/Bolivia

Instituto Nacional de Comercio

Brasilien/Brazil

Instituto Brasileiro da Economia

Chile/Chile

Comisión Económica para América Latina, CEPAL
Comité de Programación Económica y Reconstrucción, COPERE
Instituto Latinoamericano de Planificación Económica y Social

Deutsche Demokratische Republik (DDR)/ German Democratic Republic

Nationalkomitee der Wirtschaftswissenschaftler

Bundesrepublik Deutschland (BRD)/Federal Republic of Germany

Absatzwirtschaftliche Gesellschaft Nürnberg
Akademie für Wirtschaft und Politik
Arbeitsgemeinschaft Deutscher Wirtschaftswissenschaftlicher Forschungsinstitute
Arbeitsgemeinschaft zur Förderung der Partnerschaft in der Wirtschaft, AGP
Arbeitskreis Rhetorik in Wirtschaft, Politik und Verwaltung
Bremer Ausschuß für Wirtschaftsforschung
Bundesarbeitsgemeinschaft Wirtschaftswissenschaftlicher Vereinigungen, BAWV
Bundesverband Deutscher Verwaltungs- und Wirtschafts-Akademien
Deutsche Weltwirtschaftliche Gesellschaft
Gesellschaft für Öffentliche Wirtschaft und Gemeinwirtschaft
Gesellschaft für Wirtschafts- und Sozialwissenschaften (Verein für Socialpolitik)
Gesellschaft für Wirtschaftswissenschaftliche und Soziologische Forschung
Gesellschaft zur Erforschung des Markenwesens
Gesellschaft zur Förderung der Wirtschafts- und Verkehrswissenschaftlichen Forschung
Gesprächskreis Wissenschaft und Wirtschaft, GKWW
List-Gesellschaft
Verein für Kommunalwirtschaft und Kommunalpolitik
Wilhelm-Vershofen-Gesellschaft
Wirtschaftsakademie Berlin
Wirtschaftsakademie für Lehrer
Wuppertaler Kreis

Finnland/Finland

Ekonomiska Samfundet i Finland
Kansantaloudellinen Yhdistys

Frankreich/France

Association Internationale des Sciences Economiques, AISE
Association pour l'Etude des Problèmes de l'Europe, AEPE
Association Scientifique Européenne d'Economie Attliquéu, ASEPELT
Société d'Economie et de Sciences Sociales
Société d'Etudes Economiques de Marseille
Société d'Etudes Economiques et Documentaires
Société d'Etudes et de Documentation Economiques, Industrielles et Sociales, SEDEIS
Société d'Etudes et d'Informations Economiques
Société d'Etudes pour le Développement Economique et Social

Ghana/Ghana

Economic Society of Ghana

Grossbritannien/Great Britain

Britain in Europe
Economic Research Council
Economics Association
Institute of Economic Affairs, IEA
London and Cambridge Economic Service
Political and Economic Planning, PEP
Royal Economic Society, RES

Guatemala/Guatemala

Consejo Económico Centroamericano

Indien/India

Asian Relations Organization
Indian Economic Association

Irische Republik/Irish Republic

Economic and Social Research Institute

Italien/Italy

Cenacolo Triestino
Centro Internazionale di Studi e Documentazione sulle Comunità Europea
Istituto per il Rinnovamento Economico, I.R.E.
Istituto per l'Economia Europea
Società Italiana di Economia Demografia e Statistica

Japan/Japan

Ajia seikei gakkai
Keizai tokei kenkyukai
Kokusai keizai gakkai
Kyoto daigaku Keizai gakkai
Riron keiryo keizai gakkai
Shakai keizaishi gakkai
Tokyo daigaku Keizai gakkai

Jugoslawien/Yugoslavia

Economists' Society of the S. R. of Croatia
Economists' Society of the S. R. of Serbia
Yugoslav Economists' Association

Kanada/Canada

Canadian Economics Association
Department of Economics and Accounting

Republik Korea /Republic of Korea

Korean Economic Association
Kyungle-Kwahak-Shimuihoe

Kuba/Cuba

Sociedad Económica de Amigos del País

Marokko/Morocco

Centre d'Etudes, de Documentation et d'Information Economiques et Sociales
Société d'Etudes Economiques, Sociales et Statistiques du Maroc

Niederlande/Netherlands

Nederlands Economisch Instituut

Nigeria/Nigeria

Nigerian Economic Society

Philippinen/Philippines

Philippine Economic Society

Polen/Poland

Polskie Towarzystwo Ekonomiczne

Portugal/Portugal

Sociedade de Ciências Económicas
Sociedade Portuguesa de Ciencias Economicas

Schweden/Sweden

Studieförbundet Närnigslio och Samhälle

Schweiz/Switzerland

Confédération Internationale des Associations de Diplômés en Sciences Economiques et Commerciales, CIADEC

Spanien/Spain

Real Sociedad Económica de Amigos del Pais de Tenerife

Südafrika/South Africa

Economic Society of South Africa

Taiwan/Taiwan

Economic Development Institute, Republic of China

Tschechoslowakei (CSSR)/Czechoslovakia

Czechoslovak Economic Association

Türkei/Turkey

Türk Ekonomi Kurumu

Uruguay/Uruguay

Centro de Documentación Científica, Técnica y Económica
Centro de Estadísticas Nacionales y Comercio Internacional del Uruguay, CENCI

Vereinigte Staaten von Amerika (USA)/United States of America (USA)

Accrediting Commission for Business Schools, ACBS
American Business Communication Association, ABCA
American Economic Association
American Institute for Marxist Studies, AIMS
American Institute of Planners
American Real Estate and Urban Economics Association, AREUEA
Association for Education in International Business
Association for University Business and Economic Research, AUBER
Econometric Society, ES
Industrial Relations Research Association, IRRA
International Society for Business Education, ISBE
Joint Council on Economic Education, JCEE

Wohnungswesen

Housing

Bundesrepublik Deutschland (BRD)/Federal Republic of Germany

Deutscher Verband für Wohnungswesen, Städtebau und Raumplanung
Forschungsgemeinschaft Bauen und Wohnen

Zellstofftechnik

Cellulose Technique

Bundesrepublik Deutschland (BRD)/Federal Republic of Germany

Kuratorium für Forschung und Nachwuchsausbildung der Zellstoff- und Papierindustrie
Verein der Zellstoff- und Papier-Chemiker und -Ingenieure

Frankreich/France

Organisation Internationale de Recherche sur la Cellule

Zivilisationskrankheiten

Diseases of Civilization

Bundesrepublik Deutschland (BRD)/Federal Republic of Germany

Internationale Gesellschaft für Erforschung von Zivilisationskrankheiten und Vitalstoffen

Zoologie

Zoology

Australien/Australia

Australian Mammal Society
Royal Zoological Society of New South Wales
Royal Zoological Society of South Australia
Zoological Board of Australia

Belgien/Belgium

Association pour les Études et Recherches de Zoologie Appliquée et de Phytopathologie
Société Royale de Zoologie d'Anvers
Société Royale Zoologique de Belgique

Brasilien/Brazil

Congresso da América do Sul da Zoologia

Chile/Chile

Comité Chileno Veterinario de Zootecnia

Bundesrepublik Deutschland (BRD)/Federal Republic of Germany

Deutsche Zoologische Gesellschaft
Dokumentationsstelle für Tierzucht und Tierernährung
Internationaler Verband von Direktoren Zoologischer Gärten

Finnland/Finland

Societas pro Fauna et Flora Fennica
Societas Zoologica Botanica Fennica Vanamo

Frankreich/France

Section de Psychologie Expérimentale et du Comportement Animal de l'UIBS
Société Zoologique de France, CSSF

Grossbritannien/Great Britain

Animal Breeding Research Organisation
Association for the Study of Animal Behaviour, ASAB
Association of British Zoologists, ABZ
Bee Research Association, BRA
British Arachnological Society
British Deer Society, BDS
British Ichthyological Society, BIS
British Section of the Society of Protozoologists
Conchological Society of Great Britain and Ireland
Federation of Zoological Gardens of Great Britain and Northern Ireland, Zoo Federation
International Commission on Zoological Nomenclature, ICZN
Laboratory Animal Science Association, LASA
Loch Ness Phenomena Investigation Bureau, LNPIB
Mammal Society
North of England Zoological Society
Royal Zoological Society of Scotland, RZSS
Wildlife Sound Recording Society, WSRS
Zoological Society of Glasgow and West of Scotland
Zoological Society of London
Zoological Society of Northern Ireland

Indien/India

Academy of Zoology
Indian Association of Systematic Zoologists
Zoological Society of India

Irische Republik/Irish Republic

Royal Zoological Society of Ireland

Israel/Israel

Israel Association for Applied Animal Genetics
Zoological Society of Israel

Italien/Italy

Federazione Europea di Zootecnica

Japan/Japan

Nihon chikusan gakkai
Nihon dobutsu gakkai
Nihon oyo dobutsu konchu gakkai

Malaysia/Malaysia

Malayan Zoological Society

Mali/Mali

International African Migratory Locust Organisation

Malta/Malta

World's Poultry Science Association, WPSA

Niederlande/Netherlands

European Federation of Branches of the World's Poultry Science Association
International Ethological Committee
Nederlandse Dierkundige Vereniging
Nederlandse Zoötechnische Vereniging
Stichting Koninklijk Zoölogisch Genootschap "Natura Artis Magistra"

Obervolta/Upper Volta

Organization for Co-ordination and Co-operation in the Control of Major Endemic Diseases

Österreich/Austria

Zoologisch-Botanische Gesellschaft in Wien

Peru/Peru

Instituto Nacional de Zoonosis e Investigación Pecuaria

Polen/Poland

Polskie Towarzystwo Zoologiczne
Polskie Towarzystwo Zootechniczne

Portugal/Portugal

Sociedade Portuguesa de Especialistas de Pequenos Animais

Sambia/Zambia

International Red Locust Control Service, IRLCS

Spanien/Spain

Patronato de Biología Animal

Tschechoslowakei (CSSR)/Czechoslovakia

Československá zoologická společnost při ČSAV

Uruguay/Uruguay

Sociedad Zoológica del Uruguay

Venezuela/Venezuela

Comité Permanente para los Congresos Latinoamericanos de Zoología

Vereinigte Staaten von Amerika (USA)/United States of America (USA)

American Society of Animal Science, ASAS
American Society of Zoologists, ASZ
Animal Behavior Society, ABS
Asia-Pacific Rodent Control Society
Hibernation Information Exchange, HIE
New York Zoological Society
Pacific Northwest Bird and Mammal Society
Poultry Science Association, PSA
San Francisco Zoological Society
Society of Nematologists, SON
Society of Systematic Zoology, SSZ

Zukunftsforschung

Future Research

Belgien/Belgium

Société Belge des Auteurs, Compositeurs et Editeurs, SABAM

Dänemark/Denmark

Dansk Forfatterforening

Bundesrepublik Deutschland (BRD)/Federal Republic of Germany

Gesellschaft für Zukunftsfragen
Zentrum Berlin für Zukunftsforschung

Grossbritannien/Great Britain

International Future Research Congress

Vereinigte Staaten von Amerika (USA)/United States of America (USA)

Institute for Twenty-First Century Studies, ITFCS
Science Fiction Research Association, SFRA
World Future Society, WFS